A. D. ALEXANDROW

KONVEXE POLYEDER

MATHEMATISCHE LEHRBÜCHER UND MONOGRAPHIEN

HERAUSGEGEBEN VON DER
DEUTSCHEN AKADEMIE DER WISSENSCHAFTEN ZU BERLIN
FORSCHUNGSINSTITUT FÜR MATHEMATIK

II. ABTEILUNG
MATHEMATISCHE MONOGRAPHIEN

BAND VIII

KONVEXE POLYEDER

VON

A. D. ALEXANDROW

AKADEMIE-VERLAG · BERLIN
1958

A. D. ALEXANDROW

KONVEXE POLYEDER

DEUTSCHE ÜBERSETZUNG
unter wissenschaftlicher Redaktion
von Prof. Dr. WILHELM SÜSS, Freiburg i. Br.

MIT 161 ABBILDUNGEN IM TEXT

AKADEMIE-VERLAG · BERLIN
1958

А. Д. Александров
Выпуклые многогранники

Erschienen im Staatsverlag für technisch-theoretische Literatur der UdSSR
Moskau-Leningrad 1950

Übersetzt aus dem Russischen von HILDEGARD ABETZ, Freiburg i. Br.

Herausgegeben mit Unterstützung des Kulturfonds der DDR

Erschienen im Akademie-Verlag GmbH, Berlin W 8, Mohrenstraße 39
Lizenz-Nr. 202 · 100/54/58

Gesamtherstellung: VEB Druckerei „Thomas Müntzer" Bad Langensalza
Bestell- und Verlagsnummer: 5279
Printed in Germany

Meinem Lehrer

Boris Nikolajewitsch Delaunay

gewidmet

A. Alexandrow

VORWORT ZUR DEUTSCHEN AUSGABE

Die Theorie der geschlossenen konvexen Polyeder und Flächen hatte, nachdem zuerst H. Brunn durch seine fruchtbaren elementaren Methoden bereits die Aufmerksamkeit auf dieses geometrische Gebiet gelenkt hatte, um die Jahrhundertwende in den Verfahren von H. Minkowski einen einheitlichen klassischen Aufbau gefunden und sich in ihren neuen Ergebnissen das Bürgerrecht als selbständiges Teilgebiet der Geometrie erworben. Eine große Zahl von Einzeluntersuchungen, vielfach durch W. Blaschkes „Kreis und Kugel" angestoßen, bauten auf der Grundlage der Brunn-Minkowskischen Theorie auf, worüber das Buch von Bonnesen und Fenchel [43] einen ausgezeichneten umfassenden Überblick gibt.

Einen großen grundlegenden Fortschritt über den Bestand der Theorie hinaus, wie er in diesem Buch dargestellt ist, hat A. D. Alexandrow und seine Schule erzielt. Seit nunmehr zwanzig Jahren hat A. D. Alexandrow das gesamte genannte Gebiet mit seinen Arbeiten bedeutend erweitert und seine Grundlagen vertieft. Überraschend ist dabei, wie elementar oft die Methoden sind, welche bei systematischem Einsatz unter der Leitung einiger weniger topologischer Hilfsmittel wie z. B. des Satzes von der Invarianz des Gebiets die entscheidenden Fortschritte ermöglichen. Die imponierende Gestalt, welche die Theorie unter den Händen von A. D. Alexandrow und seinen Mitarbeitern und Schülern inzwischen gewonnen hat, liegt in zwei Monographien dargestellt vor, von denen die erste 1948 im Original und 1955 unter dem Titel „Die innere Geometrie der konvexen Flächen" [12] in deutscher Übersetzung erschienen ist. Beide Monographien stellen insofern eine Einheit dar, als sie viele methodische und inhaltliche Verwandtschaften aufweisen und erst gemeinsam das Werk der Leningrader Geometer-Schule in seinem Reichtum an schönen Ergebnissen und hinsichtlich der Reichweite der verwandten Methoden wiedergeben. So ist es verständlich, wenn jetzt auch die deutsche Übersetzung des 1950 erschienenen russischen Originals der zweiten, den konvexen Polyedern gewidmeten Monographie erscheint.

Ihrem Gegenstand entsprechend ist die Theorie der konvexen Polyeder gegenüber derjenigen der konvexen Flächen von geringerem Schwierigkeitsgrad. Die Darstellung ist außerdem verhältnismäßig breit angelegt. Sie führt den Leser sehr geschickt schrittweise an die Probleme heran und scheut sich nicht, zum leichteren Verständnis einer schwierigeren Ideenkette oder eines längeren Beweises sich gedanklich zu wiederholen. Nach Form und Inhalt ist somit das vorliegende Buch bereits einem jungen Mathematiker gut verständlich. Arbeitet er sich in den Gegenstand ein, so findet er eine Menge interessanter Fragen und angreifbarer noch ungelöster Probleme fast jedem Kapitel beigefügt, mit denen er sich bei wachsender mathematischer Reife mit Sinn und Aussicht auf Erfolg befassen kann. Möchte hierdurch die deutsche Übersetzung dazu beitragen, daß die von dem Buch ausgehenden Impulse auch bei denjenigen Mathematikern zu neuer Aktivität in dem behandelten schönen geometrischen Gebiet führen, denen die russischen Schriften bisher unzugänglich waren!

Freiburg i. Br., im September 1957 W. Süss

INHALTSVERZEICHNIS

VORWORT ZUR RUSSISCHEN AUSGABE

1. Über Inhalt und Ziele des Buches. Das vorliegende Buch soll keine umfassende Darstellung dessen sein, was man bisher über konvexe Polyeder weiß. Es ist im wesentlichen der Frage gewidmet, durch welche Größen und bis zu welchem Grade ein konvexes Polyeder bestimmt werden kann.

Für alle Größen eines Polyeders, wie Längen der Kanten, Flächeninhalte der Seitenflächen usw., hat diese Frage zwei Aspekte:

Erstens fragen wir danach, ob diese Größen ein Polyeder bis auf Bewegungen oder andere einfache Transformationen (Spiegelungen, Parallelverschiebungen, Ähnlichkeiten) eindeutig bestimmen, so, wie ein Dreieck durch die Seiten bis auf Bewegungen, durch die Winkel bis auf Ähnlichkeiten festgelegt ist. Auf diese Frage antworten allgemeine Sätze über die Eindeutigkeit, bis auf Bewegungen oder andere einfache Transformationen, eines konvexen Polyeders mit bestimmten Stücken.

Zweitens fragen wir nach notwendigen und hinreichenden Bedingungen, denen gewisse Größen genügen müssen, damit überhaupt ein konvexes Polyeder mit diesen Größen existiert, so, wie für die Existenz eines Dreiecks mit den Seiten a, b, c notwendig und hinreichend ist, daß die Summe zweier Seiten größer ist als die dritte, d. h. daß die drei Ungleichungen $a + b > c$, $b + c > a$, $c + a > b$ erfüllt sind. Da sich die Notwendigkeit der entsprechenden Bedingungen in allen Fällen sehr einfach ergibt, wird der Kern des Problems immer darin bestehen, den hinreichenden Charakter dieser Bedingungen nachzuweisen. Es ist also zu zeigen, daß bei ihrem Erfülltsein ein Polyeder mit jenen Größen existiert.

Demnach handelt es sich um allgemeine Existenzsätze für konvexe Polyeder mit gewissen gegebenen Größen. Dabei werden Größen betrachtet, welche ein Polyeder bestimmen, d. h. solche, für die ein entsprechender Eindeutigkeitssatz gilt, wie etwa analog die Angabe der Seiten a, b, c ein Dreieck bestimmt.

Einen ersten allgemeinen Eindeutigkeitssatz hat CAUCHY 1813 bewiesen.[1] Er lautet: Zwei geschlossene konvexe Polyeder, die auf ein und dieselbe Weise aus entsprechend kongruenten Flächen zusammengesetzt sind, sind kongruent. Oder in Form eines Eindeutigkeitssatzes: Ein geschlossenes konvexes Polyeder,

[1] Im Beweis CAUCHYS [1], einem Muster an Scharfsinn, waren jedoch Fehler, welche dann von anderen Geometern korrigiert wurden. Ein fehlerloser und klarer Beweis wird im Buch von J. HADAMARD [2] gegeben. Wenn wir vom Satze CAUCHYS als vom ersten allgemeinen Eindeutigkeitssatz sprechen, denken wir nicht an solche im wesentlichen trivialen Sätze wie z. B. den Eindeutigkeitssatz eines geschlossenen konvexen Polyeders mit gegebenen Ecken.

das auf vorgeschriebene Weise aus gegebenen Flächen zusammengesetzt ist, ist bis auf Bewegungen oder bis auf Bewegungen und Spiegelungen eindeutig bestimmt.[1]

1897 bewies MINKOWSKI Existenz und Eindeutigkeit (bis auf Translationen) eines geschlossenen konvexen Polyeders, für das die Stellungen und die Flächeninhalte der Seitenflächen gegeben sind.[2]

Damit war eigentlich der Kreis der allgemeinen Existenz- und Eindeutigkeitssätze erschöpft[3]. Mir ist es gelungen, diesen durch neue Theoreme zu ergänzen und alle diese Sätze, einschließlich derjenigen von CAUCHY und MINKOWSKI, durch eine einheitliche Methode zu erfassen. Für die Eindeutigkeitssätze ist dies die Methode, mit der CAUCHY seinen Satz bewies; bei den Existenzsätzen aber ist sie neu in der Theorie der Polyeder und gründet sich auf die Anwendung der Topologie in Gestalt des sogenannten Satzes von der Invarianz des Gebietes. Auf demselben Wege sind von S. P. OLOWJANISCHNIKOW zwei neue Existenz- und Eindeutigkeitssätze gefunden worden [5].

Schließlich hat die Theorie der konvexen Polyeder so an Umfang und innerer Geschlossenheit gewonnen, daß sie uns einer selbständigen systematischen Darstellung wert zu sein scheint. Eine solche Darstellung zu geben, soll das Hauptziel des Buches sein.

Um es verständlich und einem möglichst großen Leserkreise interessant zu machen, habe ich eine Darstellung der grundlegenden Tatsachen über konvexe Polyeder mit aufgenommen; dies schien um so notwendiger, als ihre systematische und hinreichend vollständige Darstellung in unserer Literatur fehlt.

Die Topologie, auf die wir bereits Bezug nahmen, erweckt bei denjenigen, die nicht mit ihr vertraut sind, oft die Vorstellung von etwas außerordentlich Schwierigem und Abstraktem. Sie ist jedoch ihrem Ursprung nach im wesentlichen die Beschreibung anschaulicher räumlicher Vorstellungen in mathematischer Sprache. In diesem Sinne ist die Topologie ein Teil der allgemeinen Geometrie, und darum müssen die auf sie gegründeten Methoden als geometrisch angesehen werden, wenn sie auch abstrakt sind. Um die Anwendung der Topologie möglichst verständlich zu machen, legen wir ihre Grundbegriffe dar, soweit sie für unsere Zwecke benötigt

---

[1] Zwei Polyeder weisen „ein und denselben Aufbau" auf, wenn man ihre Seitenflächen, Kanten und Ecken so einander zuordnen kann, daß die entsprechenden Seitenflächen (Kanten) in entsprechenden Kanten (Ecken) zusammentreffen. Wenn dazu außerdem entsprechende Kanten gleichlang und die Winkel an entsprechenden Ecken auf entsprechenden Seitenflächen auch kongruent sind, so sind die Polyeder „auf ein und dieselbe Weise aus kongruenten Seitenflächen aufgebaut".

[2] Die genaue Formulierung der MINKOWSKIschen Sätze [3] zusammen mit den Existenzbedingungen eines Polyeders mit gegebenen Stellungen und Flächeninhalten der Seitenflächen wird in der weiteren Darstellung an passender Stelle gegeben.

[3] Wir haben Sätze der oben beschriebenen Art im Auge. Von ihnen unterscheidet sich der wichtige Satz über die Existenz eines geschlossenen konvexen Polyeders mit vorgeschriebenem Strukturschema, der 1915 von STEINITZ aufgestellt wurde. Er gehört nicht zu unserem Problemkreis, da das Strukturschema ein Polyeder offensichtlich nicht eindeutig bestimmt. Sein Beweis ist im Buche von L. A. LJUSTERNIK [4] wiedergegeben.

werden. Im übrigen spielen ihre abstrakten Begriffe nur in einem Teil des Buches eine Rolle.

Ferner enthält das Buch außer den grundlegenden Resultaten die sich unmittelbar daran anschließenden Ergebnisse, wie z. B. den Satz vom Polyeder größten Rauminhalts bei gegebener Oberfläche und die „Starrheitssätze".[1]

Schließlich werden außer den benutzten grundlegenden Methoden auch andere Wege erläutert, so daß eine nahezu erschöpfende Darstellung des Gegenstandes, wie er sich heute darbietet, erreicht wird.[2]

Die Theorie der Polyeder und die mit ihr verbundenen geometrischen Methoden sind nicht nur um ihrer selbst willen interessant. Sie haben in der allgemeinen Flächentheorie in weitem Maße Anwendung gefunden. Und wenn man auch nicht immer aus einem Satz über Polyeder durch Grenzübergang einen entsprechenden Satz über gekrümmte Flächen herleiten kann, so zeigen doch die Sätze über Polyeder jedenfalls die Richtung an, in der die entsprechenden Aussagen über gekrümmte Flächen zu suchen sind. Außerdem eröffnet sich im Falle der Polyeder eine elementargeometrische Grundlage für allgemeinere Ergebnisse. Um diese Zusammenhänge deutlich zu machen, habe ich an fast jedes Kapitel einen Paragraphen angeschlossen, welcher der Verallgemeinerung der darin betrachteten Probleme gewidmet ist. Wir haben dabei Verallgemeinerungen nicht nur auf krumme Flächen, sondern auch auf Polyeder in LOBATSCHEWSKIschen und anderen Räumen im Auge. Sie werden in Form eines Referates dargestellt und finden in den grundlegenden Ausführungen keine Verwendung. Alles dies erhellt das zweite Ziel des Buches: den Inhaltsreichtum und die Zusammenhänge in der Theorie der Polyeder und ihren geometrischen Methoden aufzuzeigen.

2. Über Reihenfolge und Art der Darstellung. Wie aus der Überschrift hervorgeht, werden im ersten Kapitel alle grundlegenden Begriffe und Eigenschaften der konvexen Polyeder eingeführt, die in der weiteren Darstellung benutzt werden. Es werden keinerlei Kenntnisse außer denjenigen der Elementargeometrie vorausgesetzt.

Das zweite Kapitel „Methode und Ergebnisse" enthält die Grundzüge der verwendeten Methode (§§ 1 und 2) und eine Übersicht über die wichtigsten Resultate (§§ 3 bis 6), die sich in den folgenden Kapiteln ergeben werden. Diese Übersicht (sie spielt im weiteren keine Rolle) wurde deshalb aufgenommen, damit sich der Leser über die weiteren Kapitel unterrichten und dasjenige auswählen kann, das ihm am interessantesten erscheint.

Was die Methode betrifft, so wird in Kap. II, § 1 die CAUCHYsche Beweismethode für die Eindeutigkeitssätze beschrieben, denen die Kapitel III und VI gewidmet sind. Diese Methode ist völlig elementar. Kap. II, § 2 bringt den

---

[1] Der allgemeine Begriff der Starrheitssätze wird in Kap. II, § 6 erklärt.

[2] Von allem mir bekannten Material habe ich nur den Beweis der Starrheit eines geschlossenen konvexen Polyeders nach der Methode von M. DEHN [6] weggelassen. Die Arbeit von DEHN ist abgedruckt in [7]. Wir erhalten jedoch in Kap. X auf anderem Wege schärfere Ergebnisse.

Grundgedanken der Beweismethode bei den Existenzsätzen, welche in den Kapiteln IV, V, VII und IX behandelt werden. Diese Methode stützt sich wesentlich auf die Verwendung gewisser Begriffe und Ergebnisse der Topologie. Zur Erleichterung für den mit diesen Fragen nicht vertrauten Leser ist das nötige topologische Rüstzeug in den ergänzenden Paragraphen 8 und 9 des II. Kapitels dargestellt. Somit sind topologische Vorkenntnisse zum Verständnis des Buches nicht erforderlich. Im übrigen kommt man mit Ausnahme der Kapitel IV, VII und IX überall auch ohne diese topologischen Grundbegriffe aus.

Das folgende Schema zeigt die gegenseitige Abhängigkeit der Kapitel voneinander. Daraus ist z. B. ersichtlich, daß die Kapitel III, VI und IX vollkommen unabhängig voneinander sind.

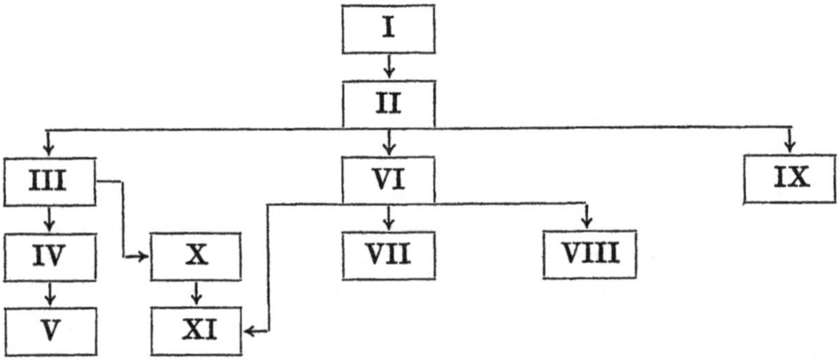

Abgesehen von den topologischen Grundbegriffen, die, wie schon gesagt, in den §§ 8 und 9 des Kap. II dargestellt und nur in den Kap. IV, VII und IX angewandt werden, kommen wir im übrigen mit den einfachsten Mitteln aus (Elementargeometrie, Vektoraddition und in Kap. X und XI Ableitungen). Lediglich in Kap. VII, § 2 und den §§ 2 und 3 des VIII. Kapitels werden Elemente der Analysis benutzt (Extremum einer Funktion mehrerer Veränderlicher, Integration).

Alles dieses bezieht sich nicht auf die ergänzenden Paragraphen „Verallgemeinerungen", welche sich am Ende fast jeden Kapitels befinden. Während die Darstellung des Hauptteils möglichst ausführlich ist, wird in diesen Paragraphen nur eine Übersicht der Verallgemeinerungen gegeben, wobei die verschiedensten Hilfsmittel bis zu den additiven Mengenfunktionen, Differentialgleichungen usw. benutzt werden. Diese Paragraphen haben keine Bedeutung für das Verständnis des wesentlichen Inhalts und sind ebenso wie andere Stellen im Text, die ergänzenden Charakter tragen, klein gedruckt.

Im Laufe der Darstellung habe ich eine Reihe von Aufgaben formuliert. In der Mehrzahl sind es Übungsaufgaben. Einige stellen ungelöste Probleme dar und können Gegenstand selbständiger Untersuchungen werden.

3. Bemerkungen für Spezialisten. Abgesehen von Sätzen und Beweisen, die aus früher veröffentlichten Arbeiten schon bekannt sind und die abgeändert und vervollständigt wurden,[1] enthält das Buch eine ganze Reihe von Ergebnissen, die zum ersten Male veröffentlicht werden. Dazu gehören alle Sätze über Polyeder mit Rand (Kap. III, § 5; Kap. V, Kap. VI, § 5; Kap. IX, § 1), die Sätze über unendliche Polyeder (Kap. VI, §§ 4 und 5; Kap. VII, §§ 3 und 4) und schließlich die Starrheitssätze (Kap. X und XI).[2] Viele dieser Ergebnisse halte ich nicht für besonders bedeutend, aber einige sind zweifellos bemerkenswert. Ebenso wird der Fachmann in den Paragraphen „Verallgemeinerungen" einiges Neue finden.

Ich möchte noch bemerken, daß bis vor kurzem unendliche konvexe Polyeder überhaupt nicht untersucht worden sind. Ich hoffe, dieses Buch wird im Anschluß an die ersten Arbeiten von mir und S. P. Olowjanischnikow zeigen, daß deren Studium einiges Interesse neben dem der geschlossenen Polyeder besitzt, um so mehr, als man nicht von einem wirklich unendlichen Polyeder sprechen kann, sondern von einem endlichen, das unbeschränkt fortsetzbar ist, wofür man sehr einfache notwendige und hinreichende Bedingungen angeben kann (Kap. I, § 1, Nr. 6).

Polyeder mit Rand sind in Anbetracht der naturgemäßen Fülle der Möglichkeiten nur in geringem Umfang Gegenstand der Untersuchung gewesen, und die hier dargestellten Ergebnisse sind, soweit mir bekannt ist, überhaupt die ersten. Die Frage der Krümmung solcher Polyeder, die in Kap. V, § 2 fast vollständig gelöst ist, erscheint uns besonders interessant.

In Kap. VI, § 5 und in Kap. VII, § 4 veröffentliche ich einige elegante Schlußfolgerungen von A. W. Pogorelow, die er mir zu diesem Zweck mitgeteilt hat. An etlichen Stellen benutze ich andere Bemerkungen von ihm und solche von W. A. Salgaller. W. A. Salgaller und J. F. Borisow haben das Manuskript gelesen und mir geholfen, Fehler und Ungenauigkeiten zu beseitigen. J. F. Borisow hat Kap. II, § 9 und Kap. I, § 7, Nr. 9 geschrieben. Ihnen allen spreche ich aufrichtigen Dank für die Hilfe bei meiner Arbeit aus.

---

[1] Neben den schon zitierten Arbeiten von Cauchy, Minkowski und Olowjanischnikow handelt es sich um meine Arbeiten:

a) Ein elementarer Beweis des Satzes von Minkowski und einiger anderer Sätze über konvexe Polyeder [8].

b) Anwendung des Satzes über die Invarianz des Gebietes auf Existenzbeweise [9].

c) Die Existenz eines konvexen Polyeders und einer konvexen Fläche mit gegebener Metrik [10].

d) Existenz und Eindeutigkeit einer konvexen Fläche mit gegebener Gesamtkrümmung [11].

[2] Eine Ausnahme bildet der allgemeine Satz über die Starrheit eines geschlossenen konvexen Polyeders, für welchen ein anderer Beweis in meinem Buch [12] veröffentlicht ist.

KAPITEL I

GRUNDBEGRIFFE UND EINFACHSTE EIGENSCHAFTEN KONVEXER POLYEDER

§ 1. Definition des konvexen Polyeders

1. Ein Körper, der von endlich vielen Polygonen begrenzt wird, oder eine Fläche, die aus endlich vielen Polygonen zusammengesetzt ist, heißt ein Polyeder. Wir werden unter einem *Polyeder* hauptsächlich eine polyedrische Fläche verstehen, d. i. eine aus endlich vielen Polygonen gebildete Figur. In gewissen Fällen wäre es geeigneter, das Polyeder als einen Körper aufzufassen; beispielsweise, wenn von einem Punkt im Innern des Polyeders die Rede ist oder von einem Polyeder, das in einem anderen enthalten ist. In solchen Fällen behalten wir uns vor, von einem *körperlichen Polyeder* zu sprechen. Im übrigen ist der wechselseitige Zusammenhang und der Unterschied zwischen diesen Begriffen so einfach, daß ihre eventuelle Verwechslung bei der Bezeichnung keine wesentlichen Mißverständnisse hervorrufen kann; um so mehr, als wir es hauptsächlich mit Polyedern zu tun haben werden, welche ganze Oberflächen körperlicher Polyeder bilden, wie z. B. die ganze Würfeloberfläche. So ist beispielsweise der Sinn des Ausdruckes „im Innern des Polyeders" auch ohne Hinweis darauf, daß das Polyeder als Körper gedacht ist, offensichtlich.

Die Polygone, welche ein Polyeder bilden (oder ein körperliches Polyeder begrenzen), heißen *Seitenflächen* des Polyeders, wobei Polygone, die in einer und derselben Ebene liegen und Seiten oder Abschnitte von Seiten gemeinsam haben, zu einem Polygon vereinigt werden und eben dadurch eine Seitenfläche bilden. Die Seiten und Ecken der Seitenfläche heißen entsprechend *Kanten* und *Ecken* des Polyeders.

Unter einem *Polygon* verstehen wir hier, wie auch weiterhin, ein beliebiges ebenes Gebiet, das von endlich vielen Strecken oder endlich vielen Strecken und Halbgeraden berandet wird, wobei die Berandung des Gebietes ebenfalls als zum Polygon gehörig betrachtet wird.[1] Aus dieser Definition folgt, daß wir nicht nur endliche, sondern auch *unendliche Polygone* erfassen, jedoch mit der Bedingung, daß das Polygon jedenfalls nur endlich viele Seiten und Ecken hat. Das unendliche Polygon hat, im Unterschied zum Endlichen, mindestens zwei unendlich lange Seiten, die Halbgeraden sind.

[1] Zum Begriff des „Gebietes" gehört der Zusammenhang, d. h. die Möglichkeit, zwei beliebige Punkte des Gebietes durch einen in seinem Inneren verlaufenden Streckenzug zu verbinden. Daher bezeichnen wir z. B. zwei sich in einer Ecke berührende Dreiecke nicht als ein Polygon, sondern als zwei Polygone.

Entsprechend soll ein Polyeder unendlich oder endlich heißen, je nachdem, ob es unendliche Seitenflächen besitzt oder nicht. Da nach Definition die Anzahl der Seitenflächen eines Polyeders endlich ist und jede Seitenfläche nur endlich viele Seiten und Ecken hat, so besitzt ein unendliches wie ein endliches Polyeder nur endlich viele Seitenflächen, Kanten und Ecken; nur können unter seinen Flächen und Kanten unendliche auftreten. Das einfachste Beispiel für ein unendliches Polyeder ist eine polyedrische Ecke mit ins Unendliche fortgesetzten Seitenflächen. Bringt man solch eine polyedrische Ecke mit Ebenen zum Schnitt, so erhält man leicht andere Beispiele für unendliche Polyeder (Abb. 1). (Man kann als ein unendliches Polyeder auch eine Fläche bezeichnen, die aus unendlich vielen Polygonen besteht; solche Polyeder werden wir aber gar nicht behandeln; sie fallen aus dem Rahmen unserer Betrachtung, weil zu ihrer Bestimmung unendlich viele Vorgaben nötig sind.)

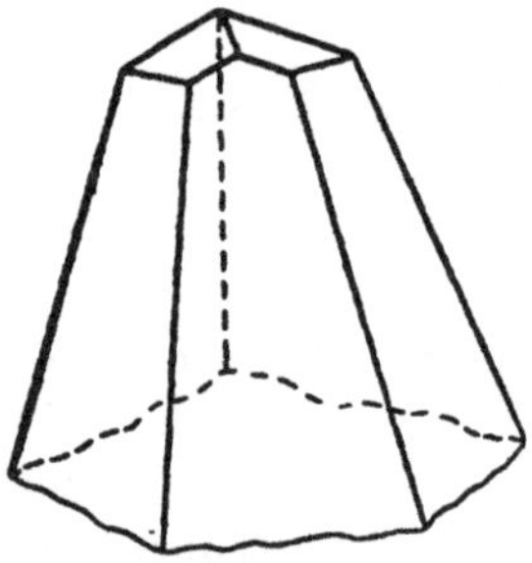

Abb. 1

2. Das konvexe Polyeder. Wir geben nun die Definition für den Gegenstand dieses Buches, das konvexe Polyeder.

Eine Figur heißt ein konvexes Polyeder, wenn sie aus endlich vielen ebenen Polygonen so zusammengesetzt ist, daß folgende Eigenschaften gelten:

1. Man kann von einem Polygon zu einem anderen übergehen längs eines Weges, der durch Polygone mit gemeinsamen Seiten oder gemeinsamen Seitenabschnitten verläuft[1]*;*

2. die Figur liegt ganz auf einer Seite der Ebene eines jeden der Polygone, aus denen sie zusammengesetzt ist.

Die zweite Bedingung ist die der Konvexität; die erste bedeutet, daß ein Polyeder nicht in Teile zerfällt, die nur Ecken oder gar nichts gemeinsam haben.

Ein Körper, der von endlich vielen ebenen Polygonen begrenzt ist, derart, daß er auf einer Seite der Ebene jedes dieser Polygone liegt, heißt ein körperliches konvexes Polyeder.[2]

Aus dem Vergleich der beiden gegebenen Definitionen ist ersichtlich, daß *die ganze Oberfläche, wie auch jeder beliebige Teil der Oberfläche eines körperlichen konvexen Polyeders ein konvexes Polyeder ist,* vorausgesetzt natürlich, daß der betrachtete Teil der Oberfläche aus Polygonen besteht und nicht in Stücke zerfällt, deren Polygone nicht an Seiten zusammenhängen.

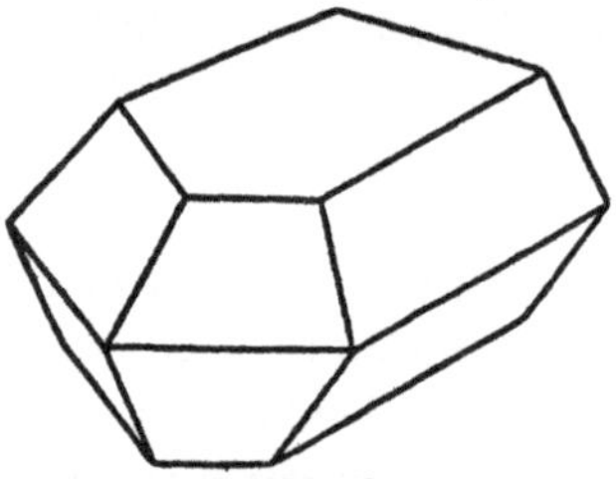

Abb. 2a

[1] Das Polyeder auf Abb. 3 besitzt zwei Seitenflächen, von denen die eine mit der anderen einen Seitenabschnitt, aber keine ganze Seite gemeinsam hat. Dies ist nur für ein konvexes Polyeder möglich, das kein körperliches Polyeder berandet.

[2] In die mengentheoretische Sprache übersetzt bedeutet Körper ein abgeschlossenes Gebiet. Die Oberfläche des Körpers ist sein Rand. In der vorhergehenden Definition wird unter einer Figur nichts anderes als eine Punktmenge verstanden.

Umgekehrt kann man zeigen: *Jedes konvexe Polyeder ist die ganze Oberfläche oder Teil der Oberfläche eines körperlichen konvexen Polyeders.*

Stellen wir uns irgendein konvexes Polyeder P vor! Legen wir die Ebenen durch alle seine Seitenflächen, so liegt nach Voraussetzung das Polyeder auf einer Seite jeder dieser Ebenen Q_i. Betrachten wir nun die von den Ebenen Q_i begrenzten Halbräume, die das Polyeder P enthalten, so ist der Durchschnitt dieser Halbräume ein körperliches konvexes Polyeder. Denn nach Konstruktion liegt er

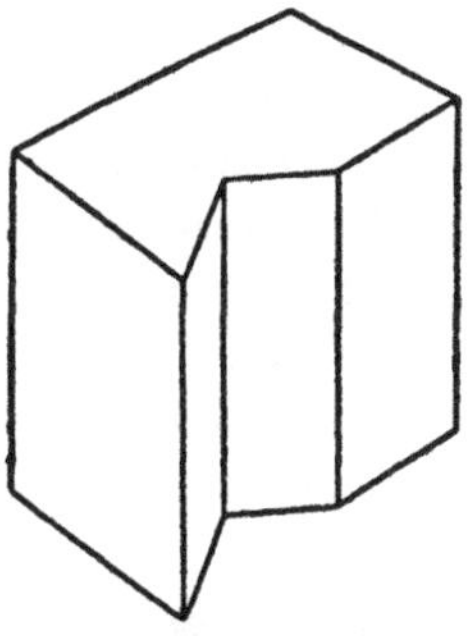

Abb. 2b

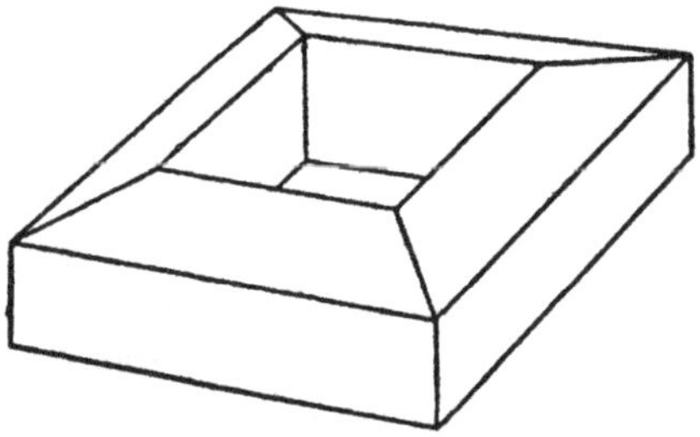

Abb. 2c

auf einer Seite jeder der Ebenen Q_i und wird von Polygonen begrenzt, die aus den Ebenen dadurch ausgeschnitten werden, daß diese sich gegenseitig durchdringen. Das Polyeder P, von dem wir ausgegangen sind, ist dann ein Teil der Oberfläche oder die ganze Oberfläche des konstruierten körperlichen Polyeders.

Die Abbildungen 1 und 2a stellen konvexe, Abb. 2b und 2c nichtkonvexe Polyeder dar. Man macht sich die Sätze über konvexe Polyeder, die in diesem Kapitel bewiesen werden, am besten anhand der Abbildungen 2b und 2c klar; denn keiner der Sätze ist für eines dieser Polyeder richtig.

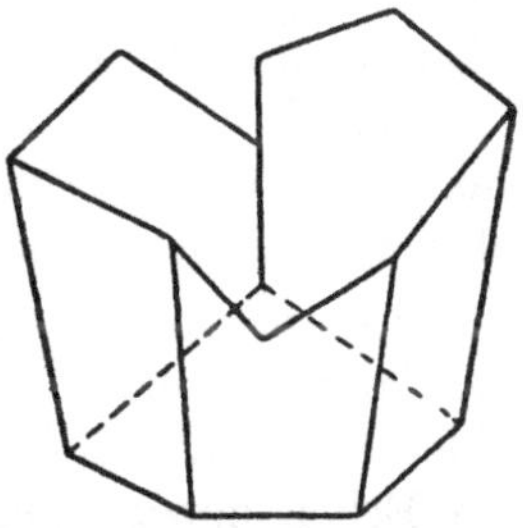

Abb. 3

3. Polyeder mit Rand; geschlossene und unendliche Polyeder. Aus der Bedingung, daß ein konvexes Polyeder auf einer Seite der Ebene jeder seiner Seitenflächen liegt, folgert man leicht, daß in jeder seiner Kanten nicht mehr als zwei Seitenflächen zusammentreffen und daß kein innerer Punkt einer Seitenfläche auch einer anderen Seitenfläche angehören kann.

Ein Polyeder, das nur Teil der Oberfläche eines körperlichen konvexen Polyeders ist, wird dadurch gekennzeichnet, daß es Kanten hat, welche nur einer Seitenfläche angehören. Diese Kanten beranden den Teil der gesamten Fläche, welcher das Polyeder darstellt. Daher sprechen wir von dem *Rand* eines solchen Polyeders; er wird von den „berandenden" Kanten gebildet, solchen Kanten also, die nur einer Seitenfläche angehören (Abb. 3). Dabei wird auch ein zum Rand gehöriger Seitenabschnitt einer Seitenfläche mit zu den berandenden Kanten gerechnet, wie in Abb. 3.

Konvexe Polyeder ohne Rand bilden die ganze Oberfläche körperlicher Polyeder und heißen daher naturgemäß *vollständig*.

Endliche vollständige Polyeder, solche also, die endliche körperliche Polyeder beranden, nennt man *geschlossen*.

Bei den unendlichen vollständigen konvexen Polyedern muß man unterscheiden zwischen solchen, welche Ecken haben, und denen, die keine haben. Jedes in beiden Richtungen unendliche Prisma, wie z. B. eine unendliche rechtwinklige Röhre, ist ein Polyeder ohne Ecken.

Umgekehrt ist ein Polyeder, das keine Ecken hat, ein in beiden Richtungen unendliches Prisma. Tatsächlich kann eine Kante eines eckenlosen Polyeders keinen Endpunkt haben, und folglich ist jede Kante eine ganze Gerade. Da es keine Ecken gibt, schneiden sich diese Geraden nicht, und die Seitenflächen eines solchen Polyeders erweisen sich daher als Streifen zwischen Paaren paralleler Geraden oder als Halbebenen (wie bei den Seitenflächen eines Zweiflachs). Hieraus geht hervor, daß ein solches Polyeder ein unendliches Prisma ist. (Dieses muß aber nicht geschlossen sein, wie z. B. das Zweiflach.)

Somit sind unendliche Prismen durch das Fehlen von Ecken charakterisiert.

Unter den vollständigen konvexen Polyedern zeichnen sich die Prismen noch durch die Eigenschaft aus, Geraden zu enthalten: *Ein vollständiges konvexes Polyeder, welches eine Gerade enthält, ist ein Prisma.*

Es möge P ein solches vollständiges konvexes Polyeder sein, das eine Gerade L enthält. Da es auf einer Seite der Ebene jeder seiner Seitenflächen liegt, kann von diesen Ebenen keine die Gerade L schneiden; also sind die Ebenen aller Seitenflächen des Polyeders P parallel zu der Geraden L. Daraus folgt, daß das Polyeder ein Prisma ist, dessen Kanten zu L parallel sind.

Ein unendliches Prisma ist durch seinen Querschnitt bestimmt, so daß sich die Eigenschaften der Prismen auf diejenigen von Polygonen zurückführen lassen. Aus diesem Grunde schließen wir Prismen aus unseren Betrachtungen aus, abgesehen von einigen Fällen, die wir uns besonders vorbehalten.

Wir werden uns stets in erster Linie mit geschlossenen Polyedern beschäftigen und dann mit unendlichen vollständigen Polyedern mit Ecken; diese nennen wir schlechthin unendlich, ohne auf die Vollständigkeit und das Vorhandensein von Ecken hinzuweisen. Um Begriffsverwirrungen zu vermeiden, werden wir aber solche Polyeder nötigenfalls unendlichen Polyedern mit Rand oder Prismen gegenüberstellen. Wenn nichts anderes verabredet ist, soll daher im weiteren ein „*unendliches Polyeder*" vollständig und konvex, aber kein Prisma sein.

4. Eine andere Definition der Konvexität. Wir haben ein Polyeder als konvex bezeichnet, wenn es auf einer Seite der Ebene jeder seiner Seitenflächen liegt. Bei Körpern benutzt man gewöhnlich eine andere Definition der Konvexität, die nicht nur auf Polyeder anwendbar ist und daher größere Allgemeinheit besitzt. Danach heißt ein Körper (oder eine Punktmenge) konvex, wenn er mit zwei beliebigen Punkten auch deren Verbindungsstrecke enthält. Beispiele konvexer

Körper sind der Würfel, die Kugel, der Kreiszylinder. Kreis, Strecke und die ganze Ebene sind Beispiele ebener konvexer Figuren.

Für körperliche Polyeder sind beide Definitionen der Konvexität äquivalent.

Der Beweis beruht auf folgender einfachen, aber wichtigen Bemerkung, die wir das Trennbarkeitslemma nennen:

Ein körperliches Polyeder P sei konvex im Sinne unserer ursprünglichen Definition. Dann gibt es zu jedem P nicht angehörenden Punkt eine Seitenebene des Polyeders, die den Punkt von P trennt (in dem Sinne, daß der gegebene Punkt und alle inneren Punkte von P auf verschiedenen Seiten dieser Ebene liegen).

Wenn nämlich der Punkt A nicht zum Polyeder gehört, dann schneidet die Strecke, die ihn mit einem beliebigen inneren Punkt B verbindet, die Oberfläche des Polyeders und hat mit mindestens einer seiner Seitenflächen Q einen Punkt gemeinsam. Dabei kann die Strecke AB nicht in der Ebene der Seitenfläche Q liegen; denn andernfalls ginge diese Ebene durch den inneren Punkt B und das Polyeder läge nicht auf einer Seite der Ebene von Q. Also schneidet die Strecke AB notwendig die Ebene der Seitenfläche Q.

Da aber das Polyeder konvex ist, liegt es nach Definition auf einer Seite der Ebene der Seitenfläche Q, und zwar auf der gleichen Seite wie der Punkt B. Die Ebene der Seitenfläche Q trennt also das Polyeder vollkommen vom Punkt A. Damit ist das Trennbarkeitslemma bewiesen.

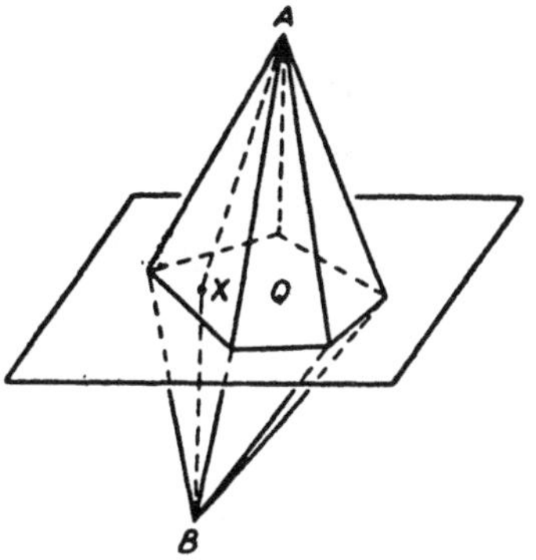

Abb. 4

Jetzt beweisen wir: Ist ein körperliches Polyeder P konvex in dem Sinne, daß es auf einer Seite der Ebene jeder seiner Seitenflächen liegt, dann enthält es auch die Verbindungsstrecke je zweier seiner Punkte.

Nehmen wir entgegen der Behauptung an, es gäbe zwei Punkte A und B von P, deren Verbindungsstrecke AB einen nicht zum Polyeder P gehörenden Punkt C enthielte. Dann gäbe es nach dem „Trennbarkeitslemma" eine Ebene, welche die Strecke AC schneidet und den Punkt C von P trennt. Das ist aber unmöglich, denn dann würde diese Ebene die Strecke AB schneiden und dadurch die Punkte A und B voneinander trennen.

Nun beweisen wir die Umkehrung: Ein Polyeder P sei konvex in dem Sinne, daß es mit zwei Punkten auch deren Verbindungsstrecke enthält. Nehmen wir an, das Polyeder P läge nicht auf einer Seite der Ebene irgendeiner seiner Seitenflächen Q; dann gäbe es zwei Punkte A und B des Polyeders, die auf verschiedenen Seiten dieser Ebene lägen (Abb. 4). Verbinden wir A und B mit allen Punkten X der Seitenfläche Q, so erhalten wir zwei Pyramiden mit der gemeinsamen Grundfläche Q, welche demnach im Innern des aus den Pyramiden zusammengesetzten Polyeders liegt. Da aber alle Strecken AX und BX im Polyeder liegen sollen, befände sich auch Q im Innern des Polyeders P und könnte folglich keine Seitenfläche gewesen sein.

Auf diese Weise ergibt sich die eine Eigenschaft der Konvexität aus der anderen, womit ihre Äquivalenz bewiesen ist.

Körperliche konvexe Polyeder sind ein Spezialfall konvexer Körper: es sind konvexe Körper, welche von einer endlichen Zahl von Polygonen begrenzt werden. Analog sind konvexe „Flächenpolyeder" spezielle konvexe Flächen, wenn man unter einer konvexen Fläche die ganze Oberfläche oder ein beliebiges Stück der Oberfläche eines konvexen Körpers versteht.

Dieselben Überlegungen können auch auf Polygone angewandt werden, wenn man anstelle der Seitenflächen und Ebenen die Seiten und ihre Trägergeraden betrachtet. Ganz genau so beweist man für sie die Äquivalenz beider Definitionen der Konvexität:

1. Ein Polygon ist konvex, wenn es (in der Ebene!) auf einer Seite jeder Geraden liegt, welche eine seiner Seiten enthält.

2. Ein Polygon ist konvex, wenn es zu jedem Punktepaar auch die Verbindungsstrecke dieser Punkte enthält.

Man kann beweisen, daß beide Definitionen der folgenden äquivalent sind:

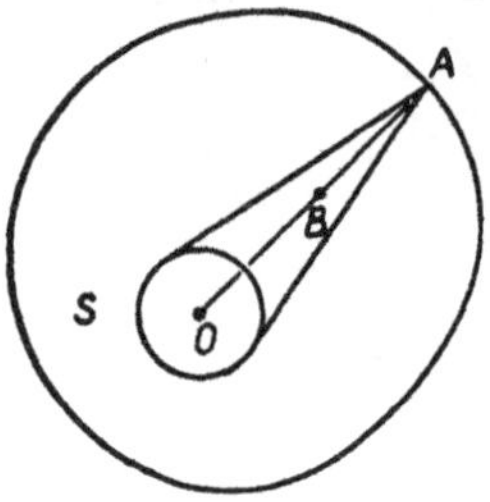

Abb. 5

3. Ein Polygon ist konvex, wenn alle seine Winkel konvex, d. h. kleiner als 180° sind. (Den Beweis lassen wir weg, da dieses Ergebnis nicht verwandt wird; es kann als Aufgabe dienen. Als Aufgabe kann auch der Beweis des analogen Ergebnisses für Polyeder dienen: ein körperliches Polyeder ist konvex, wenn alle seine Zweiflache konvex sind.)

Wir führen noch zwei einfache Eigenschaften konvexer Figuren (d. h. Mengen) an, die wir ständig auf Polyeder anwenden und als bekannt voraussetzen werden.

1. *Der Durchschnitt F einer beliebigen Zahl konvexer Figuren F_s ist selbst eine konvexe Figur.* Gehören nämlich die Punkte A und B zu F, so auch zu jeder Figur F_s. Wegen der Konvexität der letzteren enthält jede von ihnen die Strecke AB, also ist sie auch in F enthalten, womit dessen Konvexität bewiesen ist.

Insbesondere ist darum der Durchschnitt eines konvexen Polyeders und einer Ebene konvex und kann ein Punkt, eine Strecke (oder eine Halbgerade) oder ein konvexes Polygon sein. Ist die gegebene Ebene eine Seitenflächenebene, so kann sie nicht ins Innere des Polyeders gehen, und ihr Durchschnitt mit dem Polyeder reduziert sich dann auf das konvexe Polygon, welches die betreffende Seitenfläche ist. *Daher sind alle Seitenflächen eines vollständigen konvexen Polyeders konvex.*

2. *Eine Strecke, die von einem beliebigen inneren Punkt O eines konvexen Polyeders ausgeht, schneidet seine Oberfläche in höchstens einem Punkt.* Der innere Punkt O zeichnet sich nämlich dadurch aus, daß man ihm eine ganz im Körper liegende Kugel S umbeschreiben kann. Schneidet nun eine von O ausgehende Strecke die Oberfläche des Körpers nacheinander in zwei Punkten B und A, so liegen auf Grund der Konvexität alle Strecken, welche A mit Punkten der Kugel S verbinden, im Körper (Abb. 5). Diese Strecken füllen einen ganzen Kegel, und

daher müssen alle Punkte der Strecke OA, außer Punkt A, auch innere Punkte sein, entgegen der Voraussetzung, daß Punkt B auf der Oberfläche des betrachteten Körpers liegt.

5. Polyedrische Ecken und sphärische Polygone. Eine polyedrische Ecke ist nichts anderes als ein Polyeder mit einer einzigen Ecke [die wir Scheitel der polyedrischen Ecke nennen (Übers.)] und ohne berandende Kanten. Wir denken uns also seine Seitenflächen als ins Unendliche verlaufend.

Beschreibt man um den Scheitel einer polyedrischen Ecke die Einheitskugel, so schneidet sie auf dieser ein sphärisches Polygon aus, das von Großkreisbögen berandet wird. Wenn umgekehrt auf einer Kugel ein solches Polygon gegeben ist, so bilden die aus dem Mittelpunkt durch seine Punkte geführten Strahlen eine polyedrische Ecke.

Den Konvexitätsbegriff bestimmt man für sphärische Polygone genau so wie für ebene, wobei man die Geraden durch Großkreise und die geraden Strecken durch Großkreisbögen ersetzt, die nicht größer sind als ein Halbkreis. Für sphärische Polygone kann man dieselben drei Definitionen der Konvexität geben. Die Äquivalenz der zwei ersten wird ähnlich bewiesen, wie es oben für Polyeder geschah. Die Äquivalenz mit der dritten (daß alle Winkel kleiner als 180° sind) wird beiläufig in Kap. III, § 1, Nr. 2 bewiesen werden.

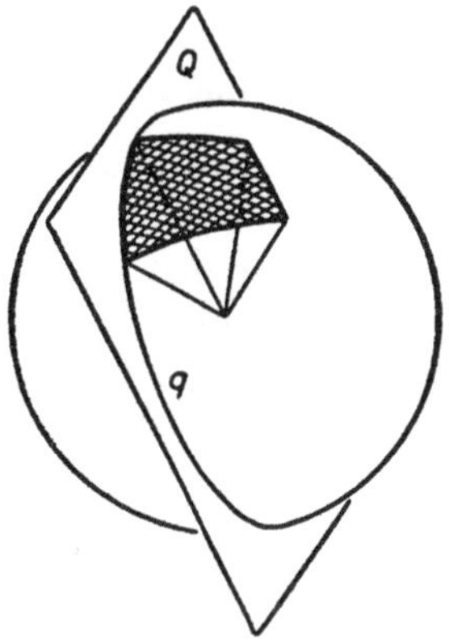

Abb. 6

Man kann sich ferner leicht überzeugen, daß bei der Gegenüberstellung polyedrischer Ecken und sphärischer Polygone, welche in der obigen Konstruktion gegeben ist, den konvexen Polyederecken konvexe sphärische Polygone entsprechen und umgekehrt. Beispielsweise wird aus Abb. 6 unmittelbar klar, daß die Lage der Polyederecke auf einer Seite der Ebene der Seitenfläche Q äquivalent ist der Lage des sphärischen Polygons auf einer Seite des Großkreises q, in welchem die Ebene Q die Kugel schneidet.

Zweiecke, welche von zwei halben Großkreisen begrenzt werden, die diametral entgegengesetzte Punkte verbinden, aber auch jede Halbkugel gehören zu den konvexen sphärischen Polygonen. Den Zweiecken entsprechen in Zweiflache und den Halbkugeln in Ebenen entartete polyedrische Ecken.

6. Eine Bemerkung über unendliche Polyeder. Man könnte denken, daß die Betrachtung unendlicher konvexer Polyeder weniger augenscheinlichen und wirklichen Sinn hat als die endlicher Polyeder.

Dieser Einwand läßt sich jedoch völlig entkräften. Denn anstelle eines unendlichen konvexen Polyeders kann man immer ein endliches konvexes Polyeder mit Rand im Auge haben, welches die Eigenschaft besitzt, daß bei unendlicher Verlängerung seine äußeren Seitenflächen sich nicht schneiden, mit Ausnahme eines Paares benachbarter Seitenflächen, welche eine ins Unendliche verlaufende gemeinsame Kante haben.

Man kann die Bedingungen angeben, die notwendig und hinreichend dafür sind, daß ein gegebenes endliches konvexes Polyeder mit Rand eine unendliche Fortsetzung der äußeren Seitenflächen zuläßt, ohne daß neue Durchschneidungen auftreten, d. h., daß es als „endlicher" Repräsentant eines unendlichen Polyeders mit allen seinen Ecken, Kanten und Seitenflächen angesehen werden kann. Formulieren wir eine solche Bedingung; sie besteht aus zwei Teilen.

1. In den Ecken des Randes laufen nur je zwei äußere Seitenflächen zusammen, die an einer Kante aneinander angrenzen, aber keine Seitenfläche endet dort von innen her mit einem Punkt (d. h. so, wie in der Ecke A, aber nicht B auf Abb. 7).

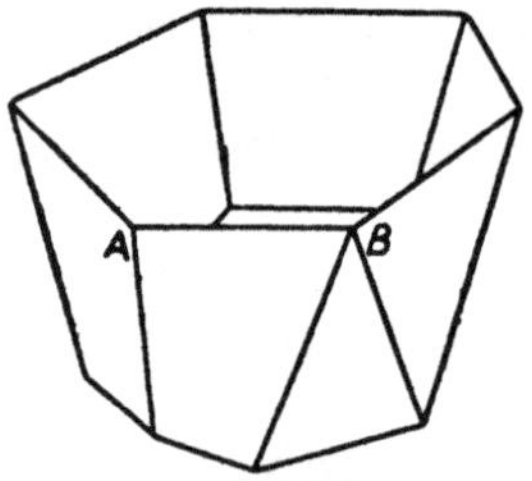

Abb. 7

2. Auf jeder äußeren Seitenfläche laufen die Kanten bei Verlängerung über den Rand hinaus auseinander oder parallel, aber sie laufen nicht zusammen.

Die Notwendigkeit beider Teile dieser Bedingung ist offensichtlich. Den Beweis ihrer Hinlänglichkeit überlassen wir dem Leser als Aufgabe; wir brauchen ihn nicht.

Eine andere Bedingung besteht in der Konvexität des sphärischen Bildes eines Polyeders. Der Begriff des sphärischen Bildes und die Notwendigkeit dieser Bedingung werden in § 5 dieses Kapitels dargelegt, und die Hinlänglichkeit wird später in Kap. VII, § 5 bewiesen.

7. Aufgaben. Zu den im Verlaufe der Darstellung formulierten Aufgaben fügen wir noch zwei hinzu: 1. Man beweise: Ist ein endliches körperliches Polyeder im Inneren nicht leer und kann sein Durchschnitt mit jeder seiner Stützebenen[1] in sich in einen Punkt zusammengezogen werden, so ist dies Polyeder konvex. (Eine Figur läßt sich in sich in einen Punkt zusammenziehen, wenn man sie stetig, ohne über ihren Rand hinauszugehen, so deformieren kann, daß sie sich in einen Punkt zusammenzieht. Solche Figuren, wie zwei Punkte, ein geschlossener Streckenzug, ein Polygon mit „Löchern" lassen sich nicht in sich in einen Punkt zusammenziehen.) 2. Man beweise: Wenn ein endliches „Flächenpolyeder" die gleichen Eigenschaften besitzt, ist es geschlossen und konvex. (Dabei wird vorausgesetzt, daß die Seitenflächen nur an den Kanten paarweise zusammentreffen, aber das Vorhandensein eines Randes wird nicht von vornherein ausgeschlossen.)

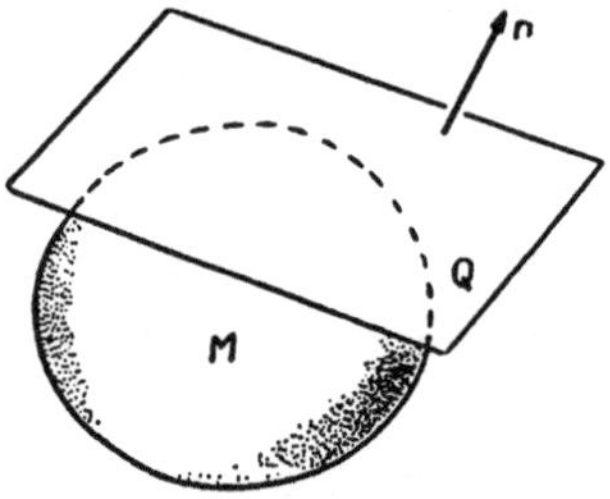

Abb. 8

§ 2. Die Bestimmung eines Polyeders durch die Ebenen seiner Seitenflächen

1. Die Stützebene. Als *Stützebene* einer Figur bezeichnet man eine Ebene, die mit der Figur mindestens einen Punkt gemeinsam hat, jedoch derart, daß die ganze Figur völlig in einem von dieser Ebene begrenzten Halbraum liegt (Abb. 8). Zum Halbraum rechnen wir die ihn begrenzende Ebene hinzu; diese Festsetzung haben wir immer im Auge außer in wenigen Fällen, für die ein besonderer Vorbehalt gemacht wird, in denen man den Halbraum dann als „*offen*" bezeichnet. Hieraus folgt,

[1] Über den Begriff der Stützebene siehe § 2, Nr. 1.

daß z. B. für eine ebene Figur die diese enthaltende Ebene selbst in allen Punkten Stützebene ist.

Wenn man den Begriff der Stützebene anwendet, kann man sagen, daß ein konvexes Polyeder dadurch definiert wird, daß die Ebene jeder seiner Seitenflächen eine Stützebene ist. Jedoch besitzt ein Polyeder natürlich auch andere Stützebenen, die es nur in den Ecken oder an den Kanten berühren. Für körperliche konvexe Polyeder gilt folgender einfache

Satz 1. *Der Durchschnitt eines körperlichen konvexen Polyeders und einer seiner Stützebenen ist entweder ein Punkt, d. h. eine Ecke des Polyeders, oder eine Strecke (oder eine Halbgerade), d.h. eine Kante des Polyeders, oder eine Seitenfläche. Durch jede Ecke geht eine Stützebene, welche mit dem Polyeder keine anderen Punkte gemeinsam hat. Auch durch jede Kante geht eine Stützebene, welche mit dem Polyeder keine anderen Punkte gemeinsam hat, außer den Punkten dieser Kante. Die Ebene jeder Seitenfläche ist eine Stützebene und hat mit dem Polyeder keine anderen Punkte gemeinsam außer denen der Seitenfläche.*

Beweis. Der Durchschnitt einer Ebene und eines konvexen Polyeders ist konvex, wie der Durchschnitt zweier konvexer Figuren. Daher kann er entweder ein Punkt oder eine Strecke (oder Halbgerade) oder ein konvexes Polygon sein. (Ganze Geraden sind durch die in § 1, Nr. 3[1] angenommene Bedingung ausgeschlossen, daß ein Polyeder keine Geraden enthält.)

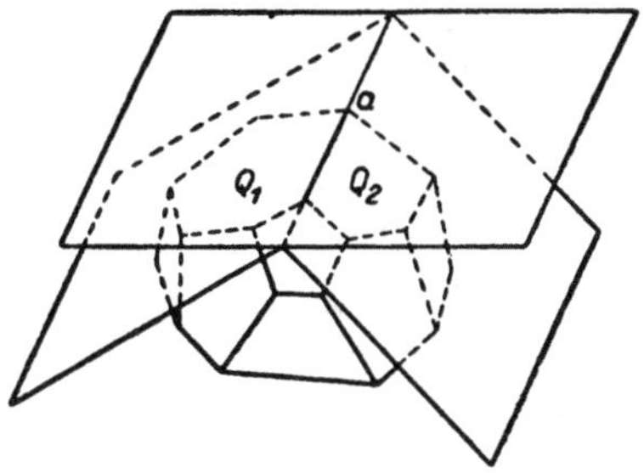

Abb. 9

Wenn eine Ebene mit einem Polyeder nur einen Punkt gemeinsam hat, so ist dieser Punkt eine Ecke, da die Ebene offensichtlich das Polyeder nicht allein in einem inneren Punkt einer Kante oder Seitenfläche berühren kann. Analog muß eine Strecke allein, die eine Ebene und ein Polyeder gemeinsam haben, eine Kante sein. Damit ist die erste Behauptung des Satzes bewiesen.

Die Ebene jeder Seitenfläche ist nach der Definition des konvexen Polyeders eine Stützebene. Ihr Durchschnitt mit dem Polyeder ist ein konvexes Polygon, das sich eben als die Seitenfläche erweist.

Wenn in einer Kante a die Seitenflächen Q_1 und Q_2 zusammentreffen, liegt das Polyeder zwischen den Ebenen dieser Seitenflächen, d. h. in dem Zweiflach zwischen ihnen. Daher ist jede Ebene, welche im Supplementwinkel durch a geht, Stützebene längs der Kante a (Abb. 9).

In einer Ecke A treffen mindestens drei Seitenflächen zusammen; daher ist das Polyeder in einer dreiseitigen oder mehrseitigen polyedrischen Ecke eingeschlossen. Diese Ecke ist von den Ebenen dieser Seitenflächen begrenzt. Aber durch

[1] Überall in diesem Buche werden die Hinweise folgendermaßen angegeben: Bei Verweisung auf Stellen im Paragraphen wird nur die Nummer des Punktes oder Satzes (oder Lemmas) angegeben; bei Verweisung auf einen anderen Paragraphen desselben Kapitels wird außerdem die Nummer des Paragraphen angegeben; bei Hinweis auf ein anderes Kapitel endlich wird noch die Nummer dieses Kapitels hinzugefügt.

den Scheitel der polyedrischen Ecke kann man sicher eine Ebene legen, die mit ihr keine anderen Punkte gemeinsam hat. Es genügt, eine Stützebene längs einer Kante zu nehmen und sie etwas um die Gerade zu drehen, welche in ihr durch den Scheitel senkrecht zu dieser Kante läuft (Abb. 10). Die Ebene ist dann eine Stützebene des Polyeders allein in der Ecke A.

2. Die äußere Normale. Die Stützzahl. Liegt irgendeine Figur M (eine Punktmenge) auf einer Seite einer Ebene Q, so nennen wir das auf Q errichtete Lot, welches ins Innere des (offenen) Halbraumes weist, in dem sich keine Punkte von M befinden, die *äußere Normale* der Ebene Q in bezug auf die Figur M. Ebenso definiert man die äußere Normale einer Stützebene. Die äußere Normale werden wir gewöhnlich durch einen Einheitsvektor darstellen, welchen wir mit $\mathfrak{n}$ bezeichnen (Abb. 8).

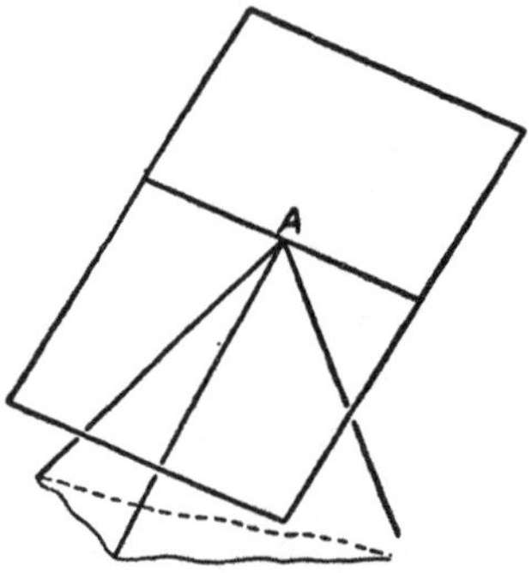

Abb. 10

Wenn wir von der Stellung einer Ebene sprechen, so wollen wir darunter immer die Richtung eines zur Ebene senkrechten Vektors verstehen. Handelt es sich um eine Stützebene, so ist die Stellung immer durch ihre äußere Normale bestimmt. Ist dies die Ebene einer Seitenfläche irgendeines Polyeders, so verstehen wir unter der Stellung der Seitenfläche die Richtung der äußeren Flächennormalen.

Wählt man im Raum einen Koordinatenursprung O, so ist die Lage jeder „orientierten" Ebene durch ihre Normale $\mathfrak{n}$ und den Abstand h vom Ursprung O festgelegt; dabei gilt dieser Abstand immer als positiv, wenn der Ursprung auf der Seite der Ebene liegt, welche der Richtung der Normalen $\mathfrak{n}$ entgegengesetzt ist; andernfalls gilt er als negativ (Abb. 11). Den so definierten, mit Vorzeichen versehenen Abstand nennen wir die *Stützzahl* der Ebene oder der Seitenfläche, wenn es sich um die Ebene der Seitenfläche eines Polyeders handelt. Wir werden kurz von *Stützzahlen eines Polyeders* sprechen, wobei wir die Stützzahlen aller seiner Seitenflächen im Sinn haben.

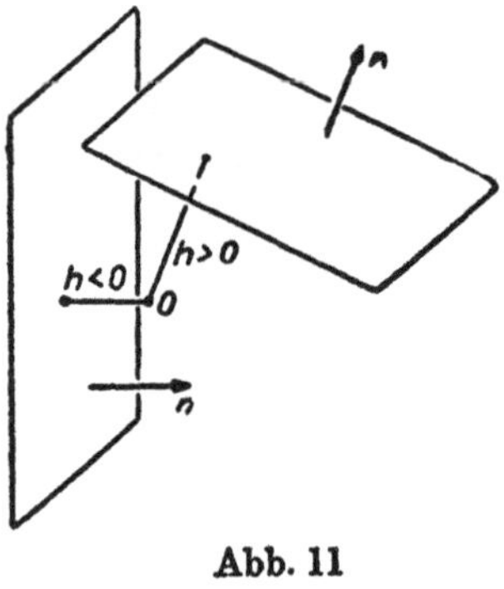

Abb. 11

Wir wollen beweisen, daß jedes vollständige konvexe Polyeder durch die Lage der Ebenen seiner Seitenflächen einschließlich der Angabe ihrer äußeren Normalen eindeutig bestimmt ist. Mit anderen Worten, es ist festgelegt durch die äußeren Normalen und die Stützzahlen.

Satz 2. *Ein körperliches konvexes Polyeder ist der Durchschnitt von Halbräumen, welche von den Ebenen seiner Seitenflächen begrenzt werden. (Da jede Ebene zwei Halbräume bestimmt, handelt es sich offensichtlich um die das Polyeder enthaltenden Halbräume.)*

Beweis. Erstens liegt ein körperliches konvexes Polyeder nach Definition auf einer Seite der Ebene jeder Seitenfläche, d. h. es liegt immer in einem der durch sie bestimmten Halbräume. Daher ist es auch im Durchschnitt aller dieser Halbräume enthalten.

Zweitens ist nach dem in § 1, Nr. 4 bewiesenen Trennbarkeitslemma jeder Punkt außerhalb des Polyeders von diesem durch die Ebene irgendeiner Seitenfläche getrennt, d.h., er fällt nicht in mindestens einen der betrachteten Halbräume. Daher enthält der Durchschnitt dieser Halbräume das Polyeder, aber keine weiteren Punkte, d. h. er fällt mit dem Polyeder zusammen, w. z. b. w.

Satz 3. *Ein vollständiges konvexes Polyeder ist bestimmt durch die Angabe der Ebenen seiner Seitenflächen und ihrer äußeren Normalen.*

Sind nämlich einmal die äußeren Normalen angegeben, so sind damit auch die Halbräume gegeben, welche das Polyeder enthalten. Nach Satz 2 stellt ein körperliches Polyeder, welches von einem gegebenen vollständigen Polyeder P berandet wird, den Durchschnitt solcher Halbräume dar und ist folglich durch sie vollständig bestimmt. Mit ihm ist auch seine Oberfläche P bestimmt, und der Satz ist damit bewiesen.

Ohne Angabe der äußeren Normalen kommt man nicht aus, da man verschiedene konvexe Polyeder konstruieren kann, bei denen alle ihre Seitenflächenebenen die gleichen sind. Ein Beispiel bilden zwei Polyeder, in die ein Tetraeder durch irgendeine alle seine Seitenflächen schneidende Ebene geteilt wird (Abb. 12).

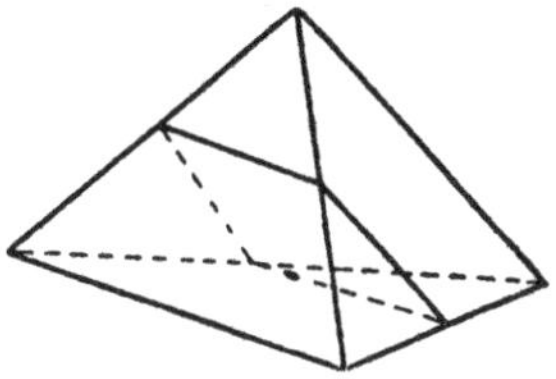

Abb. 12

Aufgabe. Man suche die Bedingungen dafür, daß die Ebenen der Seitenflächen eines gegebenen endlichen konvexen Polyeders ein anderes endliches konvexes Polyeder beranden. Man löse dieses Problem unter Zulassung unendlicher Polyeder. Zuerst behandle man die analoge Aufgabe für Polygone.

3. Wir beweisen noch einen Satz, welcher in gewissem Sinn eine Umkehrung des Satzes 2 dargestellt.

Satz 4. *Der Durchschnitt von endlich vielen Halbräumen ist ein körperliches konvexes Polyeder unter der notwendigen Bedingung, daß dieser Durchschnitt innere Punkte besitzt*[1]. *Sind die äußeren Normalen der diese Halbräume begrenzenden Ebenen nicht in einen Halbraum gerichtet*[2], *so ist das Polyeder endlich; andernfalls ist es unendlich.*

[1] Der Durchschnitt der gegebenen Halbräume kann möglicherweise natürlich auch keine inneren Punkte haben; so reduziert sich z. B. bei zwei entgegengesetzt gelegenen Halbräumen mit gemeinsamer berandender Ebene der Durchschnitt auf eine Ebene. Von vornherein können die gegebenen Halbräume auch überhaupt keine Punkte gemeinsam haben; dann ist ihr „Durchschnitt" leer.

[2] Die Normalen $\mathfrak{n}_1, \ldots, \mathfrak{n}_m$ sind in einen Halbraum R gerichtet, wenn sie, von einem Punkt der den Halbraum begrenzenden Ebene abgetragen, in diesem Halbraum liegen. Dabei ist es nicht ausgeschlossen, daß ein Teil von ihnen in der berandenden Ebene liegt. Ist dies nicht der Fall, so sagen wir, daß die Normalen ins Innere des Halbraumes R gehen. Geht keine Normale ins Innere, so liegen sie alle in der Ebene, und das Polyeder ist ein Prisma.

Möge der Durchschnitt der von den Ebenen $Q_1, Q_2, \ldots, Q_m$ begrenzten Halbräume innere Punkte besitzen. Dann stellt er einen Körper dar, welcher von Polygonen begrenzt wird, die aus den Ebenen Q_i durch die Geraden ausgeschnitten werden, in denen diese Ebenen einander schneiden. Außerdem liegt er auf einer Seite jeder Ebene Q_i. Er ist also ein körperliches konvexes Polyeder; wir nennen es P.

Sind die äußeren Normalen der Ebenen Q_i in einen Halbraum R (Abb. 13) gerichtet, so bildet die Richtung der äußeren Normalen $\mathfrak{m}$ dieses Halbraumes mit keiner der Normalen einen spitzen Winkel. Deshalb schneidet eine in dieser Richtung von einem beliebigen Punkt des Polyeders P aus gezogene Halbgerade keine der Ebenen Q_i und liegt eben darum in P. Also enthält das Polyeder P die Halbgerade und ist daher unendlich.

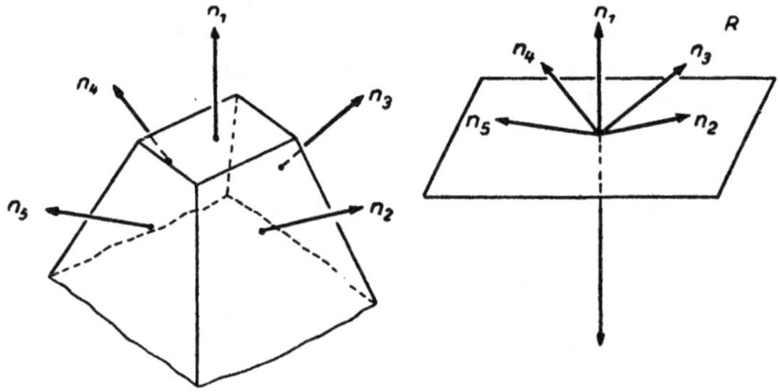

Abb. 13

Weisen die äußeren Normalen der Ebenen Q_i nicht in einen Halbraum, so kann das Polyeder P nicht unendlich sein. Wäre es unendlich, so enthielte es eine Halbgerade, z. B. eine unendliche Kante. Die das Polyeder begrenzenden Ebenen könnten diese Kante nicht schneiden. Daher wären ihre äußeren Normalen alle in einen Halbraum gerichtet, welcher von einer zu dieser Halbgeraden senkrechten Ebene begrenzt wäre. Der Satz ist damit vollständig bewiesen.

4. Wir haben festgestellt, daß der Durchschnitt einer endlichen Zahl von Halbräumen ein konvexes körperliches Polyeder ist, wenn er innere Punkte besitzt. Unter den diese Halbräume begrenzenden Ebenen können jedoch „überflüssige" sein, welche nicht Ebenen von Seitenflächen des Polyeders sind, sondern es nur in Kanten oder Ecken berühren oder mit ihm überhaupt keine Punkte gemeinsam haben. So entsteht die Frage, welcher Art die notwendigen und hinreichenden Bedingungen sind, unter denen die Ebenen mit den gegebenen äußeren Normalen $\mathfrak{n}_1, \mathfrak{n}_2, \ldots, \mathfrak{n}_m$ und den Stützzahlen $h_1, h_2, \ldots, h_m$ tatsächlich Ebenen der Seitenflächen irgendeines körperlichen konvexen Polyeders sind. Diese Frage beantwortet ein Satz, welcher in Kap. II, § 4, Nr. 6 formuliert wird. Unter Wiederholung der allgemeinen Bemerkungen im Vorwort kann man sagen, es erhebt sich die Frage nach dem Existenzsatz eines Polyeders mit gegebenen Normalen und Stützzahlen (entsprechend dem schon bewiesenen Eindeutigkeitssatz, wonach durch diese Angaben ein körperliches konvexes Polyeder vollständig bestimmt ist).

§ 3. Eindeutige Bestimmung eines geschlossenen Polyeders durch seine Ecken

1. Die konvexe Hülle. Als konvexe Hülle irgendeiner Punktmenge bezeichnen wir den Durchschnitt aller diese Punktmenge enthaltenden körperlichen konvexen Polyeder.

Die konvexe Hülle jeder Punktmenge M ist konvex, da, wie in § 1, Nr. 4 bewiesen wurde, der Durchschnitt einer beliebigen Zahl konvexer Mengen eine konvexe Menge ist.

Da die konvexe Hülle der Menge M selbst konvex ist und in allen M enthaltenden konvexen Polyedern als ihr Durchschnitt enthalten ist, stellt sie gewissermaßen die kleinste konvexe Menge dar, welche M umschließt. Gleichzeitig wird sie durch M vollständig bestimmt, insofern als durch M die Gesamtheit aller M enthaltenden konvexen Polyeder festgelegt wird.

Das Wesen der konvexen Hülle besteht gerade darin, daß sie in gewissem Sinne die kleinste konvexe Menge ist, welche die gegebene Menge M enthält[1].

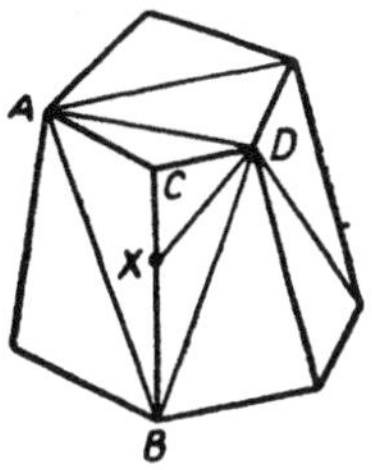

Abb. 14

2. Satz 1. *Ein endliches körperliches konvexes Polyeder ist die konvexe Hülle der Menge seiner Ecken.*

Zum Beweis wählen wir eine beliebige Ecke A des gegebenen Polyeders und zerlegen alle Flächen, welche nicht an A heranreichen, durch Diagonalen in Dreiecke, deren Ecken auch Ecken des Polyeders sind. Verbindet man den Punkt A mit den Punkten eines beliebigen solchen Dreiecks, so erhält man eine dreiseitige Pyramide, d. i. ein Tetraeder (Abb. 14). Alle solchen Tetraeder sind im Polyeder enthalten, da es konvex ist, und das Polyeder setzt sich aus diesen Tetraedern zusammen.

Die konvexe Hülle der Menge der Ecken enthält alle Verbindungsstrecken der Ecken, da sie konvex ist. Aber mit der Strecke BC und dem Punkt D enthält sie das Dreieck BCD, weil es aus Strecken DX besteht, welche von D zu Punkten X der Strecke BC laufen. Schließlich enthält sie mit dem Dreieck BCD und dem Punkt A auch das Tetraeder $ABCD$, insofern als es von Strecken ausgefüllt wird, welche von A zu Punkten des Dreiecks BCD gehen.

---

[1] Eine konvexe Hülle ist immer eine abgeschlossene Menge. Dies ist eine Folge des allgemeinen Satzes, daß der Durchschnitt abgeschlossener Mengen eine abgeschlossene Menge darstellt. Es ist allgemein üblich, eine konvexe Hülle als Durchschnitt beliebiger abgeschlossener konvexer Mengen zu definieren, welche eine gegebene Punktmenge M enthalten. In dieser allgemeinen Definition erkennt man die Idee der konvexen Hülle als kleinste abgeschlossene konvexe Menge, welche M enthält, besser. Diese Definition ist der unsrigen äquivalent. Streng genommen muß man zu den Polyedern Halbräume und den ganzen Raum rechnen, insofern als man Mengen betrachten kann, die sich in kein konvexes Polyeder einbetten lassen. Wir werden unsere Definition benutzen, da sie elementarer ist und für unsere Ziele völlig ausreicht, weil wir uns nur mit konvexen Polyedern befassen.

Hiernach ist klar, daß die konvexe Hülle der Menge der Ecken eines Polyeders alle Tetraeder enthält, in welche das Polyeder zerlegt ist, d. h. sie enthält das Polyeder selbst.

Andererseits enthält unser Polyeder sicher die konvexe Hülle der Menge seiner Ecken, da sie nach Definition in jedem konvexen Polyeder enthalten ist, welches diese Ecken enthält. Daher fallen das Polyeder und die konvexe Hülle der Menge seiner Ecken zusammen, w. z. b. w.

Da die konvexe Hülle der Menge M durch M bestimmt ist, folgt aus Satz 1, daß ein endliches körperliches konvexes Polyeder, und damit auch seine Oberfläche, also ein geschlossenes konvexes Polyeder, durch seine Ecken eindeutig bestimmt ist. Wir sagen, *ein geschlossenes konvexes Polyeder ist durch seine Ecken eindeutig „aufgespannt"*. Dies ist der Eindeutigkeitssatz für das geschlossene konvexe Polyeder mit gegebenen Ecken.

Schließen wir auch nicht-konvexe Polyeder in unsere Betrachtung ein, so erhalten wir keinen solchen Satz: in Abb. 15 sind zwei Polyeder dargestellt; eines

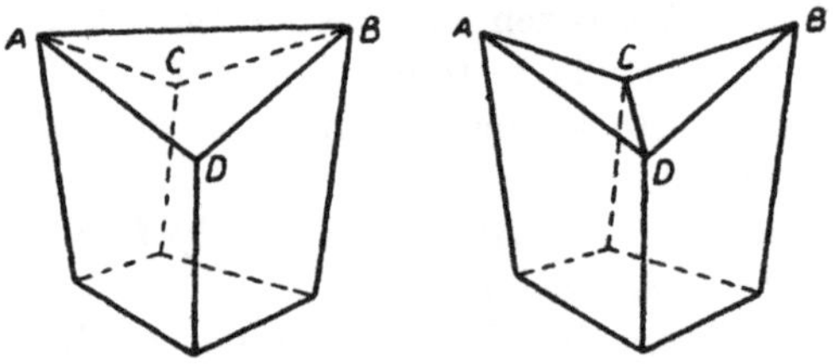

Abb. 15

von ihnen mit der Kante AB und den Seitenflächen ABC, ABD ist konvex, das andere mit der Kante CD ist nicht-konvex; wie man sieht, kann man sie so legen, daß ihre Ecken zusammenfallen.

3. Satz 2. *Die konvexe Hülle einer endlichen, nicht in einer Ebene liegenden Punktmenge $A_1, \ldots, A_m$ ist ein körperliches konvexes Polyeder; die konvexe Hülle einer endlichen in einer Ebene liegenden Punktmenge ist entweder ein konvexes Polygon oder eine Strecke oder ein Punkt. Ecken der konvexen Hülle (d. h. dieses Polyeders oder des Polygons oder der Strecke) können nur die gegebenen Punkte A_i sein, jedoch nicht unbedingt alle. Ein beliebiger der gegebenen Punkte A_k ist Ecke dann und nur dann, wenn er nicht in der konvexen Hülle der Menge der übrigen Punkte enthalten ist.*

Beweis. Ist nur ein Punkt A_1 gegeben, so ist er auch seine konvexe Hülle. Sind zwei oder mehr Punkte gegeben, welche aber alle auf einer Geraden liegen, so stellt ihre konvexe Hülle eine Strecke dar mit den äußersten Punkten als Endpunkten. Daher kann man im weiteren annehmen, daß die Punkte nicht auf einer Geraden liegen.

Nehmen wir an, der Satz gelte für $m-1$ Punkte und beweisen wir ihn für m Punkte.

Es seien m verschiedene Punkte $A_1, A_2, \ldots, A_m$ gegeben; wir wählen einen beliebigen von ihnen aus, etwa A_m. P sei die konvexe Hülle der Menge der übrigen

Punkte $A_1, A_2, \ldots, A_{m-1}$; nach Voraussetzung ist sie entweder ein Polyeder mit Ecken in Punkten A_i oder ein Polygon oder eine Strecke. Der Bestimmtheit halber nehmen wir an, P sei ein Polyeder. In den übrigen Fällen können sich die Überlegungen offenbar nur vereinfachen. Ist der Punkt A_m in P enthalten, so ändert sich die konvexe Hülle, wenn man ihn hinzufügt, nicht, und insbesondere kann er dann sicher nicht Ecke sein.

Nehmen wir daher an, der Punkt A_m läge nicht in P (Abb. 16). Ziehen wir von A_m aus die Verbindungsstrecken zu allen Punkten des Polyeders P, so erhalten wir das Polyeder P_1, das aus Pyramiden mit der Ecke A_m und mit Grundflächen auf Seitenflächen des Polyeders P gebildet wird. Das Polyeder P_1 ist sicher in der konvexen Hülle der Menge aller Punkte $A_1, A_2, \ldots, A_m$ enthalten, da in der Hülle das Polyeder P und jede Strecke, welche einen beliebigen seiner Punkte mit dem Punkt A_m verbindet, liegen müssen.

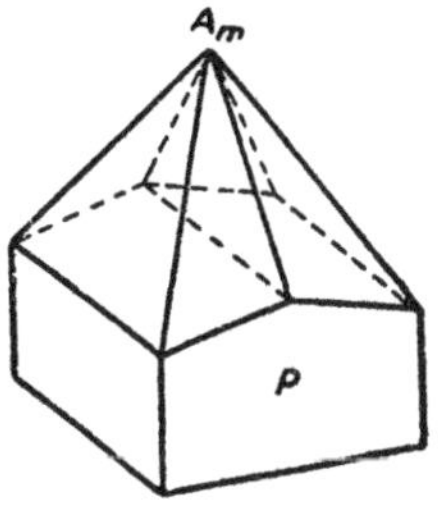

Abb. 16

Wir zeigen, daß das Polyeder P_1 konvex ist. Es seien B, C zwei seiner Punkte; nach Konstruktion liegen sie auf den Strecken $A_m B_0$, $A_m C_0$, welche A_m mit den Punkten B_0, C_0 des Polyeders P verbinden (Abb. 17). Letzteres ist aber konvex und enthält daher die Strecke $B_0 C_0$. Dann muß P_1 das ganze Dreieck $A_m B_0 C_0$ enthalten und damit auch die Strecke BC. Damit ist die Konvexität des Polyeders P_1 bewiesen.

Ist aber das Polyeder P_1 konvex und enthält es die Punkte $A_1, \ldots, A_m$, so umfaßt es sicher ihre konvexe Hülle. Da wir aber schon festgestellt haben, daß es auch in ihr enthalten sein muß, fällt es mit ihr zusammen.

Es bleibt zu beweisen, daß der Punkt A_m Ecke des Polyeders P_1 ist. Dies wird daraus klar, daß man nach dem „Trennbarkeitssatz" (§ 1, Nr. 1) das konvexe Polyeder P durch eine Ebene vom Punkt A_m trennen kann, so daß die Strecken, welche von A_m zu Punkten des Polyeders P laufen, diese Ebene schneiden müssen. Daher kann der Punkt A_m weder innerhalb einer Kante noch auf einer Seitenfläche des Polyeders P_1 und erst recht nicht in dessen Innerem liegen.

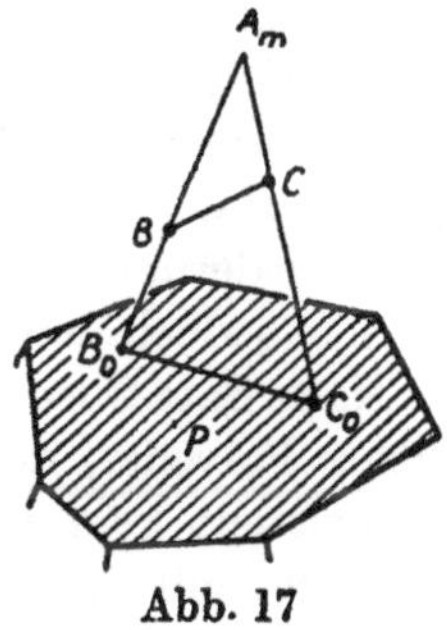

Abb. 17

So ist der Satz vollständig bewiesen.

Zusammen mit Satz 1 führt Satz 2 offenbar zu folgendem Ergebnis:

Satz 3. *Für die Existenz eines geschlossenen konvexen Polyeders mit gegebenen Ecken* $A_1, \ldots, A_m$ *ist es notwendig und hinreichend, daß die Punkte* A_i *nicht in einer Ebene liegen und daß keiner von ihnen in die konvexe Hülle der Menge der anderen fällt. Dann ist ein solches Polyeder mit gegebenen Ecken eindeutig bestimmt.*

Hierin liegt folglich eine Antwort auf solche Fragen vor, wie sie in der Einführung gestellt wurden: bis zu welchem Grade und unter welchen Bedingungen gegebene Stücke, wie hier die Angabe der Ecken, ein geschlossenes konvexes Polyeder bestimmen. Die Ecken kann man durch ihre Koordinaten angeben; dann lassen sich die ihnen auferlegten Bedingungen analytisch ausdrücken.

4. Ergänzung eines Polyeders mit Rand zu einem geschlossenen. Aus den Sätzen 1 und 2 ergibt sich noch ein Theorem, das wir gelegentlich gebrauchen werden.

Satz 4. *Jedes endliche konvexe Polyeder mit Rand kann man eindeutig zu einem geschlossenen ergänzen, ohne neue Ecken hinzuzufügen.*

Mit anderen Worten, es existiert zu jedem endlichen konvexen Polyeder P ein eindeutig bestimmtes geschlossenes konvexes Polyeder $\overline{P}$, derart, daß P ein Teil von $\overline{P}$ ist und $\overline{P}$ keine anderen Ecken außer denen des Polyeders P besitzt. (Dabei müssen nicht unbedingt alle Ecken des Polyeders P Ecken des Polyeders $\overline{P}$ sein. Jedes Polyeder mit Rand hat zwei Arten von Ecken: innere, d. h. solche, welche nicht auf dem Rand liegen, und auf dem Rand liegende. Alle inneren Ecken bleiben Ecken des Polyeders $\overline{P}$, die auf dem Rande liegenden jedoch nicht unbedingt. So ist es beispielsweise, wenn P ein Würfel ist, aus dessen einer Seitenfläche irgendein Polygon ausgeschnitten ist.)

Beweis. P sei ein endliches konvexes Polyeder mit Rand und R die konvexe Hülle seiner Ecken. R enthält alle Ecken des Polyeders P und also auch die sie verbindenden Strecken, d. h. Kanten und Diagonalen der Seitenflächen; dann enthält R auch alle Seitenflächen des Polyeders P, so daß P sicher in R enthalten ist.

Gemäß § 1, Nr. 2 ist andererseits das Polyeder P ein Teil der Oberfläche irgendeines körperlichen konvexen Polyeders Q. Letzteres enthält alle Ecken des Polyeders P, also auch ihre konvexe Hülle R. So erweist sich, daß, während P in R und R in Q enthalten ist, P selbst zugleich auf der Oberfläche des Polyeders Q liegt. Folglich ist P ein Teil der Oberfläche des Polyeders R, d. h. ein Teil eines geschlossenen konvexen Polyeders. (Liegt nämlich der Punkt X des Polyeders P nicht auf der Oberfläche des Polyeders R, so liegt er innerhalb R, denn R enthält P. Wiederum enthält Q aber R, so daß X auch innerhalb Q liegt. Das widerspricht jedoch dem, daß P ein Teil der Oberfläche des Polyeders Q ist.)

Nach Satz 2 ist R als konvexe Hülle der Ecken des Polyeders P ein körperliches Polyeder, dessen Ecken mit Ecken des Polyeders P zusammenfallen, und es existiert kein anderes körperliches konvexes Polyeder mit denselben Ecken. Dasselbe gilt folglich auch für das geschlossene Polyeder, welches die Oberfläche der Hülle R bildet, so daß der Satz bewiesen ist.

5. Aufgaben. 1. Man gebe die notwendigen und hinreichenden Bedingungen dafür an, daß eine Randecke eines konvexen Polyeders mit Rand Ecke bleibt, wenn man dies Polyeder gemäß Satz 4 zu einem geschlossenen ergänzt.

2. Man beweise, daß die konvexe Hülle einer beliebigen Punktmenge M der Durchschnitt aller M enthaltenden Halbräume ist (wenn nur M in mindestens einem Halbraum liegt). Von dieser Definition der konvexen Hülle ausgehend, beweise man Satz 1 und 2 des vorliegenden Paragraphen.

3. Man beweise, daß der Durchschnitt aller konvexen Mengen, welche eine gegebene Menge M enthalten, die Summe der Tetraeder ist, deren Ecken mit den Punkten dieser Menge M zusammenfallen. (Es wird nicht vorausgesetzt, daß die Menge M nur aus einer endlichen Zahl von Punkten besteht. Die Tetraeder können sich überdecken. Als Grenzfälle kommen zu den Tetraedern Dreiecke, Strecken und Punkte hinzu.)

4. Es seien die Punkte $A_1, A_2, \ldots, A_n$ und die vom Ursprung O zu ihnen laufenden Vektoren $\mathfrak{a}_i = \overrightarrow{OA_i}$ gegeben. Den Punkten A_i seien Zahlen $m_i \geq 0$ (Massen) zugeordnet. Den Schwerpunkt dieser Massen bezeichnen wir mit A; er ist Endpunkt des Vektors $\mathfrak{a} = \overrightarrow{OA}$, welcher durch die Gleichung bestimmt ist

$$\mathfrak{a} = \frac{m_1 \mathfrak{a}_1 + m_2 \mathfrak{a}_2 + \cdots + m_n \mathfrak{a}_n}{m_1 + m_2 + \cdots + m_n} = \frac{\Sigma m_i \mathfrak{a}_i}{\Sigma m_i}$$

(unter der Voraussetzung, daß $\Sigma m_i > 0$, so daß nicht alle m_i gleich Null sind). Man beweise, daß die konvexe Hülle der Punktmenge A_i der geometrische Ort der Schwerpunkte aller möglichen in diese Punkte gebetteten Massen ist.

Man beweise, daß der Durchschnitt aller konvexen Mengen, welche eine gegebene Menge M enthalten, der geometrische Ort der Schwerpunkte von Massen ist, die sich in alle möglichen vier Punkte von M legen lassen. (Es wird nicht vorausgesetzt, daß M aus endlich vielen Punkten besteht. Man vergleiche diese Aufgabe mit Aufgabe 3.)

5. Ein Halbraum, welcher von einer Ebene mit der Gleichung $Ax + By + Cz + D = 0$ begrenzt wird, ist bestimmt durch die Ungleichung $Ax + By + Cz + D \leq 0$ (oder umgekehrt ≥ 0). Daher ist ein Polyeder als Durchschnitt von Halbräumen durch ein System linearer Ungleichungen bestimmt.

Gegeben seien die Punkte $A_1, \ldots, A_m$ mit den Koordinaten x_1, y_1, z_1 usw. Man gebe das System linearer Ungleichungen an, welches die konvexe Hülle dieser Punktmenge bestimmt. Die Koeffizienten sollen durch die Koordinaten der gegebenen Punkte ausgedrückt werden.

§ 4. Eindeutige Bestimmung eines unendlichen Polyeders durch seine Ecken und die Grenzecke

1. Die Grenzecke. Ein unendliches konvexes Polyeder ist im Unterschied zum geschlossenen nicht durch die Ecken allein bestimmt. So besitzt eine konvexe polyedrische Ecke nur eine Ecke [die wir ihren Scheitel nennen (d. Übers.)] und wird nicht allein durch deren Angabe bestimmt, sondern außerdem durch die Angabe der Richtungen ihrer Kanten. Unser Ziel wird es sein zu beweisen, daß auch jedes unendliche konvexe Polyeder durch seine Ecken und die Richtungen der unendlichen Kanten festgelegt wird.

Jedoch erweist es sich als viel günstiger, anstelle der Richtungen der unendlichen Kanten eine polyedrische Ecke zu betrachten, deren Kanten den unendlichen Kanten eines Polyeders parallel laufen. Diese polyedrische Ecke legen wir durch folgende Konstruktion fest:

Es sei P das gegebene unendliche Polyeder. Wir wählen einen beliebigen Punkt O und ziehen von ihm aus alle Halbgeraden, die den Halbgeraden auf dem Polyeder P parallel laufen (und die gleiche Richtung haben). Diese Halbgeraden erfüllen eine gewisse Kegelfläche mit der Spitze im Punkt O. Diese Fläche nennen wir *Grenzecke* des Polyeders P.

Aus dieser Definition wird klar, daß die Grenzecke nur eine Parallelverschiebung erfährt, wenn man den Punkt O durch einen anderen ersetzt. In der weiteren Darstellung sehen wir immer eine Grenzecke als bis auf Parallelverschiebungen eindeutig gegeben an.

Wir beweisen nun, daß eine derart bestimmte Kegelfläche tatsächlich eine polyedrische Ecke darstellt, deren Kanten den unendlichen Kanten des Polyeders P parallel laufen.

Q sei eine unendliche Seitenfläche des Polyeders P und q_1, q_2 seien ihre unendlichen Kanten. Eine beliebige, auf der Seitenfläche Q liegende Halbgerade p muß in den Winkel zwischen den Kanten q_1 und q_2 gerichtet sein (Abb. 18). Dann ist klar, daß alle vom Punkt O ausgehenden Halbgeraden, welche den auf der Seitenfläche Q liegenden Halbgeraden parallel laufen, den Winkel V_Q zwischen den Halbgeraden erfüllen, welche den Kanten q_1 und q_2 parallel laufen[1]. Diesen Winkel kann man als Grenzecke der Seitenfläche Q bezeichnen.

Aus dem Gesagten wird offenbar, daß die Grenzecke eines Polyeders sich aus den Grenzecken seiner unendlichen Seitenflächen zusammensetzt; grenzen die

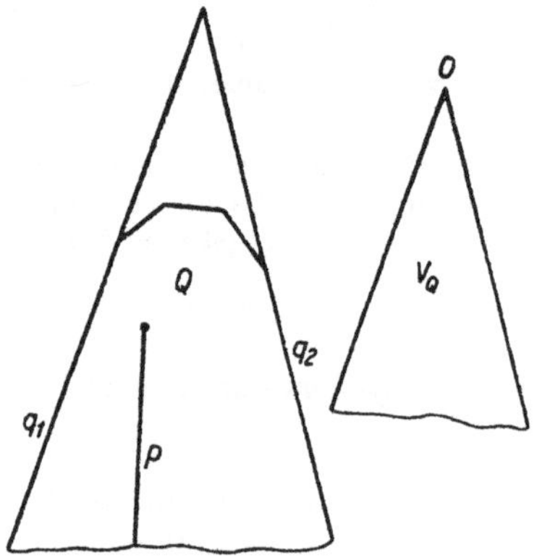

Abb. 18

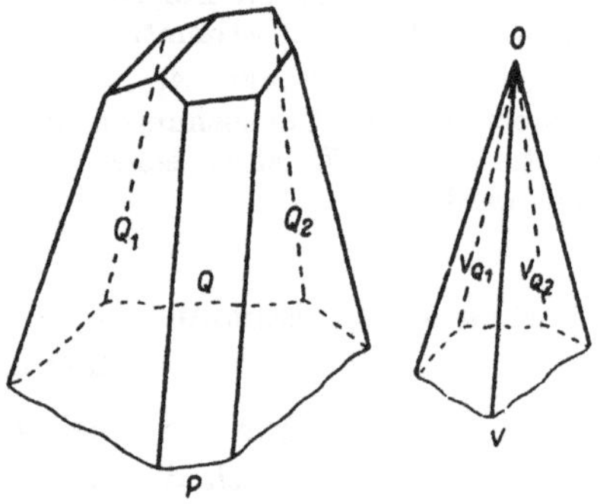

Abb. 19

Seitenflächen Q' Q'' längs der unendlichen Kante q aneinander, so stoßen dabei ihre Grenzecken $V_{Q'}$, $V_{Q''}$ in einer zu q parallelen Kante aneinander. *Folglich ist eine Grenzecke wirklich eine polyedrische Ecke, deren Kanten und Seitenflächen den unendlichen Kanten und Seitenflächen des Polyeders parallel laufen* (Abb. 19).

Sind die unendlichen Kanten der Seitenfläche Q parallel, so besitzt sie keine Halbgeraden anderer Richtung und ihre Grenzecke reduziert sich daher auf eine Halbgerade. Auf der Grenzecke des Polyeders entspricht ihr eine „Seitenfläche“, welche in eine Kante ausgeartet ist. Sind alle unendlichen Kanten des Polyeders parallel, so artet auch seine Grenzecke ganz in eine Halbgerade aus (Abb. 20a).

Laufen alle unendlichen Kanten des Polyeders parallel zu einer Ebene, so artet die Grenzecke in eine ebene Ecke aus (Abb. 20b). Immer, wenn wir von einer Grenzecke reden, gelten diese Fälle nicht als von vornherein ausgeschlossen.

[1] Da wir annehmen, es handle sich um ein konvexes Polyeder, ist die Seitenfläche Q ein konvexes Polygon, und dann läßt sich das Gesagte offensichtlich sehr einfach beweisen. Die Definition der Grenzecke kann man jedoch auch auf nicht-konvexe Polyeder anwenden; dann wird die Sachlage schwieriger, obwohl unsere Folgerungen im wesentlichen trotzdem gültig bleiben.

Zieht sich ein unendliches Polyeder Q unbeschränkt und ähnlich auf einen Punkt O zusammen, so geht es offensichtlich in der Grenze in seine Grenzecke über (Abb. 21). Bei unbeschränkter ähnlicher Verkleinerung eines unendlichen Polyeders P von einem Punkt aus gehen daher seine unendlichen Seitenflächen in ihre Grenzecken und es selbst in seine Grenzecke über. Folglich kann eine Grenzecke auch definiert werden als Ergebnis einer unbeschränkten ähnlichen Verkleinerung eines Polyeders.

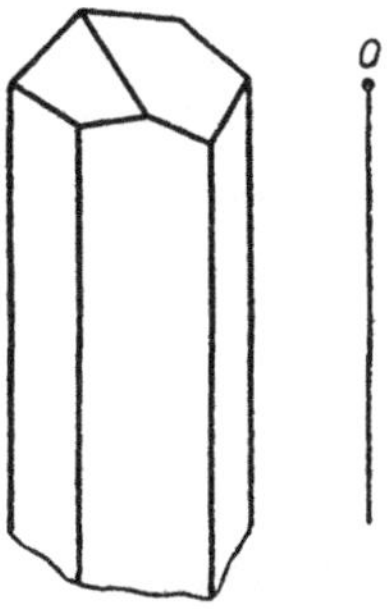

Abb. 20 a

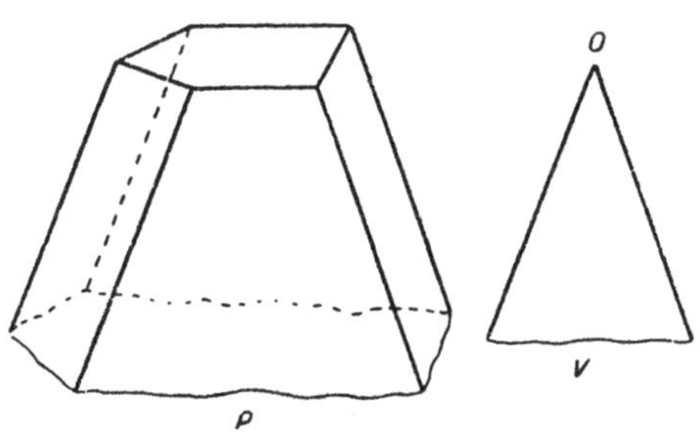

Abb. 20 b

Daraus läßt sich leicht folgern, daß, wenn der Scheitel O einer Grenzecke im Polyeder liegt, auch sie selbst im Polyeder enthalten ist (wenn das Polyeder konvex ist). Beim Zusammenziehen des Polyeders P auf den Punkt O bewegen sich nämlich alle seine Punkte X auf den Strecken OX. Wegen der Konvexität des Polyeders sind die Strecken OX in ihm enthalten, und das Polyeder tritt folglich beim Zusammenziehen nicht aus den Grenzen seiner ursprünglichen Lage. Daher ist auch die Grenzecke in ihm enthalten.

Es ist ferner leicht zu beweisen, *daß die Grenzecke eines konvexen Polyeders selbst konvex ist.* Nehmen wir einen Punkt O auf der unendlichen Seitenfläche Q des Polyeders P und lassen wir es sich auf den Punkt O zusammenziehen. Da P konvex ist, bleibt es stets auf einer Seite der Seitenebene Q. In der Grenze erhalten wir die Grenzecke V, welche, wie sich erweist, auch auf derselben Seite der Seitenebene Q liegt. Aber diese Ebene ist jetzt die entsprechende Seitenebene V_Q der Grenzecke selbst. Damit haben wir bewiesen, daß die Grenzecke V auf einer Seite der Ebene jeder ihrer Seitenflächen liegt, d. h. daß sie konvex ist.

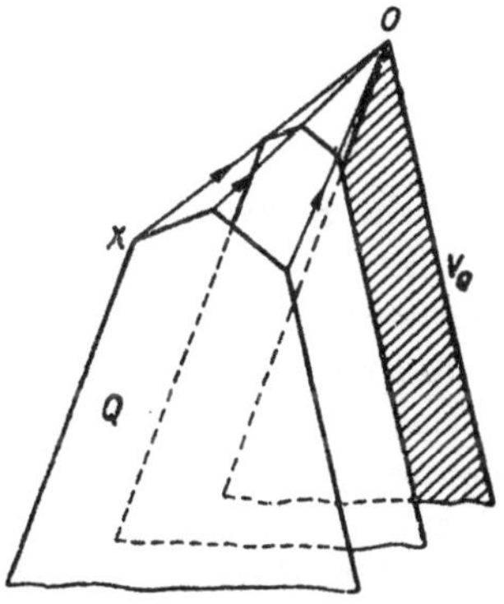

Abb. 21

Alle erhaltenen Ergebnisse fassen wir in folgendem Satz über die Grenzecke zusammen:

Satz 1. *P sei ein unendliches konvexes Polyeder. Zieht man von einem beliebigen Punkt O aus alle Halbgeraden, welche den auf P liegenden Halbgeraden parallel sind, so erhält man die Grenzecke V_P des Polyeders P. Dies ist eine konvexe polyedrische*

Ecke (oder eine ebene Ecke oder eine Halbgerade), deren Kanten und Seitenflächen den unendlichen Kanten und Seitenflächen des Polyeders parallel laufen (dabei entsprechen nur den Seitenflächen von P nicht in Kanten ausgeartete Seitenflächen von V_P, bei denen die unendlichen Kanten nicht parallel sind). Liegt der Punkt O im Polyeder P, so liegt auch die Ecke V_P in P (Abb. 22). *Diese Ecke V_P kann man ebenso als Ergebnis (d. h. Grenzlage) einer unbeschränkten ähnlichen Verkleinerung des Polyeders P erhalten.*

Aus letzterem wird das Wesen des Begriffes der Grenzecke besonders klar. Sie ist eine solche polyedrische Ecke, welche die Eigenschaften des Polyeders in seinem unendlich weit entfernten Teil festlegt, während man die endlichen Teile unberücksichtigt läßt. Ein aus unendlich großer Entfernung betrachtetes Polyeder erscheint als seine Grenzecke.

2. Satz 2. *Eine konvexe polyedrische Ecke ist die Oberfläche der konvexen Hülle der Menge ihrer Kanten und ist daher eindeutig bestimmt durch die Angabe ihres Scheitels und der Richtungen der Kanten. Wir sagen, sie ist durch ihre Kanten aufgespannt.*

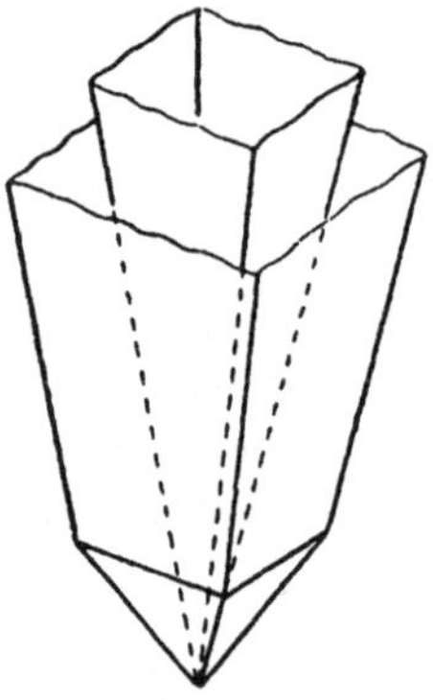
Abb. 22

Wenn nämlich eine körperliche Ecke konvex ist, so enthält sie mit zwei vom Scheitel ausgehenden Strahlen p und q notwendig die ebene Ecke zwischen ihnen, da diese Ecke von den Strecken ausgefüllt wird, welche Punkte auf p und q miteinander verbinden. Aus demselben Grunde enthält sie mit drei Strahlen p, q, r auch das Dreiflach mit den Kanten p, q, r.

Daraus folgt, daß die konvexe Hülle der Menge der Kanten einer polyedrischen Ecke alle körperlichen Ecken mit drei Seitenflächen enthält, deren Kanten auf denselben Strahlen liegen. Gleichzeitig wird die körperliche polyedrische Ecke selbst aus solchen dreiseitigen Ecken gebildet. Sie fällt daher mit der konvexen Hülle der Menge ihrer Kanten zusammen. Damit ist der Satz bewiesen.

Aus den Sätzen 1 und 2 ergibt sich

Satz 3. *Die Angabe der Grenzecke eines unendlichen konvexen Polyeders ist äquivalent der Angabe der Richtungen der unendlichen Kanten dieses Polyeders; d. h. die Grenzecke bestimmt diese Richtungen und wird selbst von ihnen festgelegt als Oberfläche der konvexen Hülle der Menge der Halbgeraden, welche von irgendeinem Punkt aus in den Richtungen der unendlichen Kanten des Polyeders gezogen werden.*

Dieser Satz folgt offensichtlich daraus, daß die Kanten der Grenzecke und die unendlichen Kanten des Polyeders parallel sind und daß eine konvexe polyedrische Ecke durch ihren Scheitel und die Richtungen der Kanten bestimmt ist.

Aus Satz 3 ergibt sich unter anderem, daß man die Grenzecke eines unendlichen konvexen Polyeders auch als polyedrische Ecke definieren kann, welche durch Halbgeraden aufgespannt ist, die von einem beliebigen Punkt aus in den Richtungen der unendlichen Kanten des Polyeders gelegt werden, d. h. als Oberfläche der konvexen Hülle der Menge solcher Halbgeraden.

Wir bemerken, daß man die Grenzecke eines unendlichen konvexen Polyeders P noch auf zwei Arten erhalten kann.

Erstens: Man wählt auf dem Polyeder P oder in seinem Inneren einen beliebigen Punkt O und zieht von ihm aus alle Halbgeraden, welche in dem vom Polyeder P berandeten Körper enthalten sind. Dann erfüllen sie eine körperliche Ecke, deren Oberfläche die Grenzecke des Polyeders ist.

Zweitens: Man legt durch irgendeinen Punkt O die Ebenen, welche den Ebenen der unendlichen Seitenflächen des Polyeders P parallel sind. Dann beranden sie eine körperliche Ecke, deren Oberfläche die Grenzecke ist. Genau genommen handelt es sich um die körperliche Ecke, welche man als Durchschnitt der Halbräume erhält, die von den gelegten Ebenen begrenzt werden, deren äußere Normalen zu den äußeren Normalen der unendlichen Seitenflächen des Polyeders parallel laufen. (Ohne diese Bedingung ist die Definition nicht eindeutig, da z. B. drei Ebenen gleichzeitig acht dreiseitige Ecken begrenzen können.)

Daß die beiden angegebenen Konstruktionen tatsächlich eine Grenzecke ergeben, werden wir nicht beweisen, weil wir davon keinen Gebrauch machen werden. Außerdem ist das Ergebnis einleuchtend genug, und der genaue Beweis kann als gute Aufgabe dienen.

3. Im weiteren werden wir folgendes Lemma benötigen:

Lemma. *Enthält ein körperliches konvexes Polyeder P eine Halbgerade a, so enthält es auch jede zu dieser parallele und gleich gerichtete Halbgerade b, welche von einem beliebigen Punkt B des Polyeders P ausgeht.*

Es sei R ein Halbraum, welcher durch irgendeine Seitenebene des Polyeders P berandet wird und P enthält. Die Halbgerade a und der Punkt B liegen in diesem Halbraum. Dann verläuft aber die von B ausgehende Halbgerade b, welche zu a parallel ist, auch in R. Daher liegt die Halbgerade b in jedem Halbraum, der von irgendeiner Seitenebene des Polyeders P berandet wird und P enthält. Da aber das Polyeder P der Durchschnitt solcher Halbräume ist, ist die Halbgerade b in ihm enthalten, w. z. b. w.

Satz 4. *Ein unendliches konvexes Polyeder ist durch die Angabe seiner Ecken und der Grenzecke eindeutig bestimmt. Es ist die Oberfläche der konvexen Hülle der aus seinen Ecken und der Grenzecke gebildeten Figur, wenn nur der Scheitel der Grenzecke sich innerhalb des Polyeders befindet.*

Da nach Satz 3 die Angabe der Grenzecke der Angabe der Richtungen der unendlichen Kanten eines Polyeders äquivalent ist, kann man Satz 4 auch so formulieren:

Ein unendliches konvexes Polyeder ist bestimmt durch die Angabe seiner Ecken und der Richtungen der unendlichen Kanten. Es ist die Oberfläche der konvexen Hülle einer Figur, welche von seinen Ecken und von Halbgeraden gebildet wird, die von einem beliebigen seiner Punkte aus in den Richtungen der unendlichen Kanten gezogen werden.

Beweis. P sei ein unendliches konvexes Polyeder und $\bar{R}$ die konvexe Hülle der durch seine Ecken und die Grenzecke V gebildeten Figur. Wir nehmen an, der Scheitel der Ecke V läge innerhalb des Polyeders P. Dann ist auch die Ecke V

selbst in P enthalten, oder richtiger in dem körperlichen Polyeder $\overline{P}$, welches von der polyedrischen Fläche P berandet wird. Da die konvexe Hülle $\overline{R}$ der Ecken und der Grenzecke V der Durchschnitt aller diese enthaltenden körperlichen konvexen Polyeder ist, so ist sie im Polyeder $\overline{P}$ enthalten.

Wir beweisen, daß auch umgekehrt $\overline{P}$ in $\overline{R}$ enthalten ist. Da die Ecken des Polyeders $\overline{P}$ in $\overline{R}$ enthalten sind, so sind wegen der Konvexität des Körpers $\overline{R}$ in ihm auch alle endlichen Kanten des Polyeders $\overline{P}$ enthalten. Ferner enthält $\overline{R}$ die Ecke V und deshalb auch ihre Kanten, d. h. Halbgeraden, welche den unendlichen Kanten des Polyeders $\overline{P}$ parallel laufen. Nach dem oben bewiesenen Lemma enthält dann aber $\overline{R}$ auch die parallelen Halbgeraden, welche von beliebigen seiner Punkte ausgehen. Wenn wir die Ecken des Polyeders $\overline{P}$ als diese Punkte ansehen, so überzeugen wir uns, daß $\overline{R}$ auch alle unendlichen Kanten des Polyeders $\overline{P}$ enthält. Also enthält $\overline{R}$ alle Kanten des Polyeders $\overline{P}$. Wenn aber eine konvexe Figur alle Kanten eines konvexen Polyeders enthält, so enthält sie offensichtlich auch das Polyeder selbst.[1] Daher enthält $\overline{R}$ mit den Kanten des Polyeders $\overline{P}$ auch alle seine Seitenflächen, d. h. seine ganze Oberfläche. Mit ihr enthält $\overline{R}$ auch das Polyeder selbst.

(Der strenge Beweis dieser letzteren, einleuchtenden Behauptung läuft auf folgendes hinaus. X sei ein beliebiger Punkt innerhalb des Polyeders $\overline{P}$. Legen wir eine Ebene durch den Punkt X und zwei beliebige Punkte auf der Oberfläche des Polyeders $\overline{P}$. Diese Ebene schneidet $\overline{P}$ in einem konvexen Polygon, dessen Seiten auf der Oberfläche von $\overline{P}$ liegen und deshalb in der konvexen Hülle $\overline{R}$ enthalten sind. Sind aber alle Seiten eines konvexen Polygons in einer konvexen Figur $\overline{R}$ enthalten, so ist es auch das ganze Polygon selbst. So erweist sich, daß ein beliebiger Punkt X eines Polyeders $\overline{P}$ in $\overline{R}$ liegt, d. h. das Polyeder $\overline{P}$ ist ganz in $\overline{R}$ enthalten.)

Wir haben so bewiesen, daß $\overline{R}$ in $\overline{P}$ und auch $\overline{P}$ in $\overline{R}$ enthalten ist, d. h. daß sie zusammenfallen. Zugleich fallen ihre Oberflächen zusammen, so daß das Polyeder P Oberfläche der konvexen Hülle $\overline{R}$ seiner Ecken und der Grenzecke ist, w. z. b. w.

4. Vergleichen wir den eben bewiesenen Satz 4 mit § 3, Satz 1, welcher besagt, daß ein geschlossenes konvexes Polyeder durch die Angabe seiner Ecken bestimmt wird! Man kann annehmen, daß die Richtungen der unendlichen Kanten gleichsam „die unendlich fernen Ecken“ eines unendlichen Polyeders angeben.

[1] Beweis (Abb. 23). Q sei ein konvexes Polygon und A eine seiner Ecken. Das Polygon Q liegt in dem Winkel zwischen den Halbgeraden p und q, die von der Ecke A längs den in ihr zusammenlaufenden Seiten ausgehen. Es sei X ein beliebiger Punkt des Polygons Q. Wir legen durch ihn eine Gerade, welche die Halbgeraden p und q schneidet. Diese Gerade schneidet den Umfang des Polygons in zwei Punkten Y und Z. Wenn daher eine konvexe Figur alle Seiten des Polygons Q enthält, so enthält sie auch die Strecke YZ und mit ihr den Punkt X. Daher sind alle Punkte X des Polygons Q in dieser Figur enthalten.

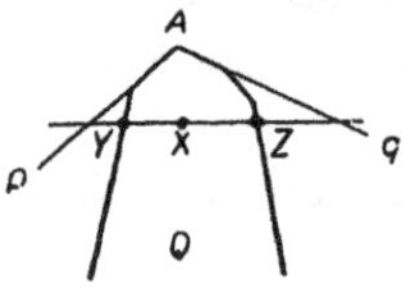

Abb. 23

(Diese Bemerkung benutzt die Existenz von Ecken. Ohne dies kann sie ungültig sein, da eine Halbebene eine Gerade enthalten kann, welche eine andere, nicht in der gegebenen enthaltene Halbebene begrenzt.)

Dies wird besonders klar, wenn man sich ein unendliches Polyeder als Grenzfall endlicher Polyeder vorstellt. Insbesondere werden Kanten, die in einer Ecke zusammenlaufen, zu Parallelen, wenn die Ecke ins Unendliche rückt, und so ist klar, daß parallele unendliche Kanten eine „unendlich ferne Ecke" angeben, in Übereinstimmung damit, daß sie die gleiche Richtung haben. Diese Bemerkung könnte man dem Beweis des Satzes 4 zugrunde legen. Wir führen jetzt auf ihrer Grundlage den Beweis des Satzes, daß die Oberfläche der konvexen Hülle einer Figur, welche von einer endlichen Zahl von Punkten und der polyedrischen Ecke V gebildet wird, ein unendliches konvexes Polyeder mit der Grenzecke V ist. Gegeben seien die Punkte $A_1, \ldots, A_m$ und die konvexe polyedrische Ecke V, als deren Scheitel wir einen der Punkte $A_1, \ldots, A_m$ annehmen (Abb. 24). Wir konstruieren

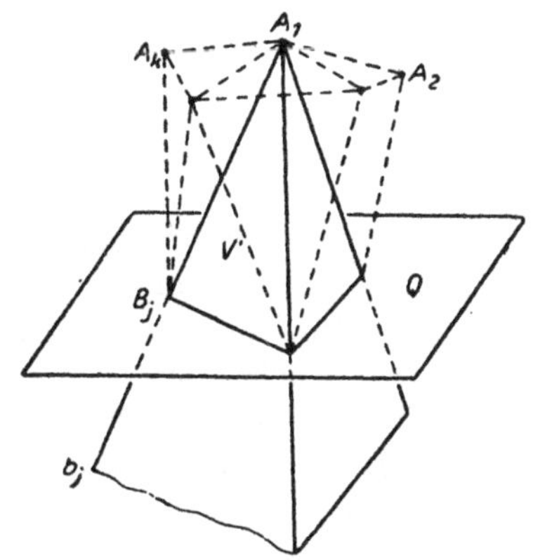

Abb. 24

eine Ebene Q, welche alle Kanten der Ecke V schneidet, so daß die Pyramide V' von der Ecke V abgeschnitten wird. Die Ebene Q wählen wir so weit vom Scheitel der Ecke V entfernt, daß alle Punkte A_i auf derselben Seite von ihr liegen wie der Scheitel. Die Ebene Q schneidet die Kanten $b_1, \ldots, b_n$ der Ecke V in den Punkten $B_1, B_2, \ldots, B_n$. Nach § 2, Satz 2 ist die konvexe Hülle der Menge aller Punkte A_i und B_j irgendein konvexes Polyeder P', welches die Pyramide V' enthält. (In Abb. 24 sind die Kanten des Polyeders P' punktiert gezeichnet.)

Entfernt man die Ebene Q ins Unendliche, so vergrößert sich das Polyeder P' und ergibt in der Grenze das Polyeder P, welches die gegebene Ecke V ganz enthält. Dies Polyeder P ist die konvexe Hülle der Punkte $A_1, \ldots, A_m$ und der Ecke V.

Entfernt man den Punkt B_j ins Unendliche entlang der Kante b_j der Ecke V, so wird jede Strecke $A_k B_j$, welche von einem gegebenen Punkt A_k ausgeht, parallel zur Kante b_j. Daraus kann man schließen, daß die unendlichen Kanten des Polyeders P den Kanten der Ecke V parallel sind, so daß V seine Grenzecke ist, insofern als nach Satz 3 die Grenzecke eben dadurch bestimmt ist, daß ihre Kanten den unendlichen Kanten des Polyeders parallel laufen.

Diese Überlegung bedarf in einigen Punkten einer Präzisierung. Es ist der Beweis nötig, daß das Polyeder P als Grenzlage konvexer Polyeder selbst konvex ist. Auch muß bewiesen werden, daß es unendliche Kanten hat, welche allen Kanten der Ecke V, und nicht nur einigen von ihnen, entsprechend parallel sind, und anderes mehr.

Wir überlassen die Präzisierung dieser Überlegung dem Leser und geben jetzt einen erschöpfenden Beweis des angeführten Satzes auf Grund anderer Erwägungen, ohne den Grenzübergang von endlichen Polyedern zu benutzen.

5. Satz 5. *Die Oberfläche der konvexen Hülle einer Figur, welche von einer endlichen Zahl von Punkten $A_1, \ldots, A_m$ und einer konvexen polyedrischen Ecke V gebildet wird, ist ein konvexes Polyeder P, für welches V Grenzecke ist.*

(Entartet die Ecke V in eine ebene Ecke oder in eine Halbgerade und liegen die Punkte $A_1, \ldots, A_m$ mit V in einer Ebene, so entartet das Polyeder P in ein Polygon. Um zusätzliche Voraussetzungen zu vermeiden, werden wir stillschweigend voraussetzen, daß dieser Fall nicht ausgeschlossen ist. Wir erinnern noch daran, daß wir gemäß der in § 1, Nr. 3 festgesetzten Bedingung annehmen, unendliche Polyeder enthielten keine Geraden.)

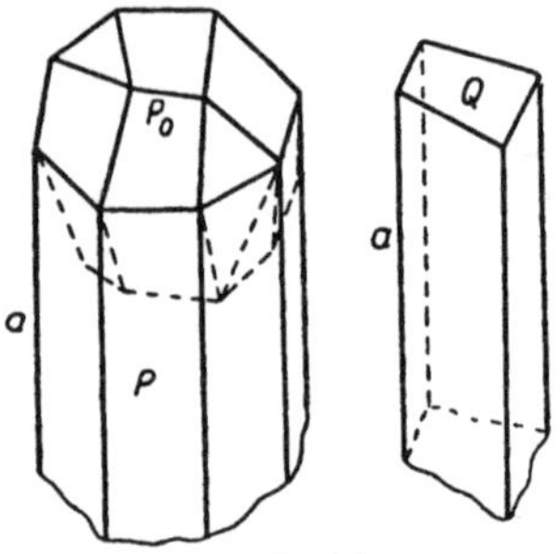

Abb. 25

Den Scheitel der Ecke V kann man als einen der Punkte A_i betrachten; man muß ihn nur zu diesen Punkten hinzunehmen. Zur Erleichterung werden wir unter Polyedern und Ecken körperliche Polyeder und Ecken verstehen.

Den Beweis führen wir durch Induktion nach der Anzahl der Kanten der Ecke V. Die Ecke V möge sich auf die Halbgerade a reduzieren. Wir konstruieren die konvexe Hülle der Menge der gegebenen Punkte $A_1, \ldots, A_m$. Nach § 3, Satz 2 ist sie ein konvexes Polyeder P_0. Wir verschieben die Halbgerade a parallel zu sich selbst derart, daß ihr Anfangspunkt das ganze Polyeder P_0 durchläuft. Sie beschreibt dann einen Körper P (Abb. 25).

Der Punkt X liege innerhalb des Polyeders P_0. Die zu a parallele, von X ausgehende Halbgerade a_X schneidet die Oberfläche des Polyeders P_0. Daraus folgt, daß man denselben Körper erhält, wenn man den Anfangspunkt der Halbgeraden a nur längs der Seitenflächen des Polyeders P_0 verschiebt. Aber bei der Bewegung entlang der Seitenfläche Q beschreibt die Halbgerade a ein nach einer Seite unendliches Prisma mit der Grundfläche Q und Seitenkanten, welche zu a parallel sind. Der ganze Körper P besteht aus solchen Prismen und stellt daher ein Polyeder dar.

Das Polyeder P ist konvex. Wenn nämlich X und Y zwei seiner Punkte sind, dann liegen sie nach Konstruktion auf den Halbgeraden a_X und a_Y, welche von gewissen Punkten X_0, Y_0 des Polyeders P_0 ausgehen und zu der Halbgeraden a parallel sind (Abb. 26). Die Strecke X_0Y_0 ist im Polyeder P_0 enthalten, da es konvex ist. Darum sind die Halbgeraden, welche von Punkten dieser Strecke ausgehen und zu a parallel laufen, in P enthalten. Aber sie bilden einen ebenen Streifen zwischen a_X und a_Y, und darum erweist sich, daß mit den Punkten X und Y das Polyeder P auch die Strecke XY enthält, womit seine Konvexität bewiesen ist.

Das Polyeder P ist konvex und enthält die Punkte A_i und die Halbgerade a; daher enthält es auch ihre konvexe Hülle R.

Andererseits enthält die konvexe Hülle R offensichtlich das Polyeder P_0 als konvexe Hülle der Punkte $A_1, \ldots, A_m$ allein. Wenn ein konvexes Polyeder P_0 und die Halbgerade a enthält, so enthält es außerdem nach dem in Nr. 3 bewiesenen Lemma jede zu a parallele Halbgerade, welche von Punkten des Polyeders P_0 ausgeht. Die konvexe Hülle R besitzt als Durchschnitt solcher Polyeder dieselbe Eigenschaft, d. h. sie enthält alle Halbgeraden a, welche von den Punkten des Polyeders P_0 ausgehen. Das bedeutet jedoch, daß sie das ganze Polyeder P enthält.

Die konvexe Hülle R enthält also das Polyeder P und ist selbst in ihm enthalten; folglich ist das Polyeder P diese konvexe Hülle.

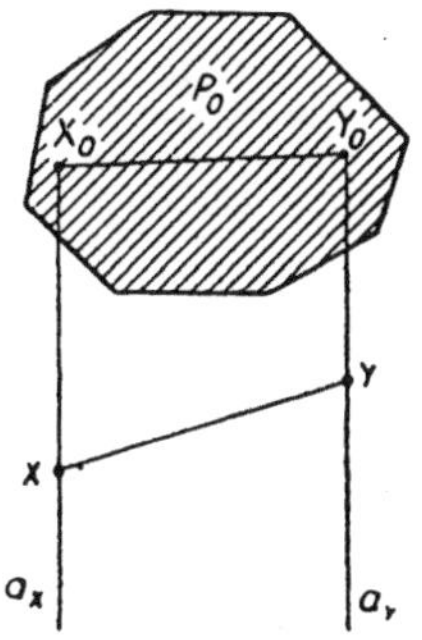

Abb. 26

Wie aus seiner Konstruktion klar wird, laufen alle unendlichen Kanten des Polyeders P zur Halbgeraden a parallel. Daher ist seine Grenzecke diese Halbgerade.

Hiermit ist der Satz für den Fall bewiesen, daß die Ecke V sich auf eine Halbgerade reduziert.

Ist die Ecke V mit n Kanten $a_1, a_2, \ldots, a_n$ gegeben, so konstruieren wir das gesuchte Polyeder P schrittweise. Zuerst verschieben wir den Anfangspunkt der Kante a_1 auf dem Polyeder P_0 und erhalten so ein Polyeder P_1; darauf verschieben wir den Anfangspunkt der Kante a_2 auf P_1 und erhalten das Polyeder P_2 usw.

Wir nehmen an, der Satz gelte im Falle einer Ecke mit $n-1$ Kanten und beweisen ihn für eine Ecke V mit den n Kanten $a_1, \ldots, a_n$. Legen wir eine Ebene durch die Kanten a_1 und a_{n-1}, so trennt sie die Kante a_n ab, und wir erhalten eine Ecke V' mit den $n-1$ Kanten $a_1, a_2, \ldots, a_{n-1}$ (Abb. 27a). P' sei die konvexe Hülle der Figur, welche von den gegebenen Punkten $A_1, \ldots, A_m$ und der Ecke V' gebildet wird. Nach Voraussetzung ist sie ein konvexes Polyeder mit der Grenzecke V'.

Verschiebt man den Anfangspunkt der Halbgeraden a_n, d. i. der n-ten Kante der gegebenen Ecke V, über alle Punkte des Polyeders P', so erhält man einen Körper P. Ersetzt man P_0 durch P' und a durch a_n und wiederholt die vorausgehenden Überlegungen, so überzeugt man sich, daß der Körper P ein konvexes Polyeder ist, welches die konvexe Hülle der Figur darstellt, die von dem Polyeder P' und der Halbgeraden a_n gebildet wird.[1] Aber P' ist selbst die konvexe Hülle einer Figur, welche von den Punkten $A_1, \ldots, A_m$ und der Ecke V' gebildet wird, und

[1] Das Polyeder P' ist jetzt unendlich, und daher ist es möglich, daß eine Halbgerade, welche vom Inneren des Polyeders P' ausgeht, seine Oberfläche nicht schneidet. Aber dann schneidet sie seine Oberfläche bei Verlängerung nach der entgegengesetzten Seite, da P' sonst eine ganze Gerade enthielte, was nach Voraussetzung ausgeschlossen ist. Daher lassen sich alle früheren Schlüsse wörtlich wiederholen.

die Ecke V' (nach Satz 2) ist die konvexe Hülle der Menge ihrer Kanten $a_1, a_2, \ldots, a_{n-1}$. Daraus ergibt sich, daß das Polyeder P die konvexe Hülle der Menge der Punkte $A_1, \ldots, A_m$ und aller Halbgeraden $a_1, \ldots, a_m$ ist, d.h. die konvexe Hülle einer Figur, welche von den Punkten $A_1, \ldots, A_m$ und der Ecke V gebildet wird.[1]

Es bleibt zu beweisen, daß die Ecke V seine Grenzecke ist. Da V' die Grenzecke des Polyeders P' ist, so sind die unendlichen Kanten von V' und P' entsprechend parallel. Läßt man die Halbgerade a_n die Punkte des Polyeders P' durchlaufen, so entstehen keine neuen unendlichen Kanten außer solchen, die zu a_n parallel laufen; denn zu P' kommen lediglich Prismen hinzu, deren Grundflächen auf seinen Seitenflächen liegen und deren Seitenkanten zu a_n parallel sind.[2] Daraus folgt, daß die unendlichen Kanten des Polyeders P nur zu den Halbgeraden $a_1, \ldots, a_n$ parallel sein können, d. h. zu den Kanten der Ecke V. Es bleibt jedoch zu beweisen, daß jeder Halbgeraden a_j tatsächlich mindestens eine Kante des Polyeders P entspricht.

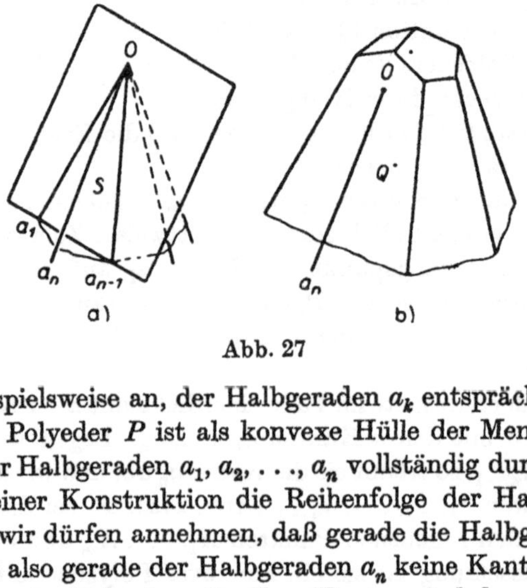

Abb. 27

Nehmen wir beispielsweise an, der Halbgeraden a_k entspräche keine Kante des Polyeders P. Das Polyeder P ist als konvexe Hülle der Menge der Punkte $A_1, A_2, \ldots, A_m$ und der Halbgeraden $a_1, a_2, \ldots, a_n$ vollständig durch diese bestimmt. Daher kann bei seiner Konstruktion die Reihenfolge der Halbgeraden a_j keine Rolle spielen, und wir dürfen annehmen, daß gerade die Halbgerade a_k die letzte, nämlich a_n ist, daß also gerade der Halbgeraden a_n keine Kante auf P entspricht.

V'' sei Grenzecke des Polyeders P. Ihre Kanten sind denen des Polyeders P parallel, und darum stellen alle diese Kanten Halbgeraden a_j dar; nach unserer Annahme wird aber jedenfalls a_n so nicht dargestellt. Daher ist V'' nur ein Teil der Ecke V mit allen Kanten $a_1, \ldots, a_n$.

Die Kante a_n wird von der Ecke V'' durch deren Seitenebene S mit den Kanten a_1, a_{n-1} abgetrennt (oder mit anderen Kanten, wenn etwa a_1 oder a_{n-1} keine

[1] Diese Schlußfolgerungen gründen sich auf die einleuchtende Bemerkung: wenn G die konvexe Hülle einer Figur F und G' die konvexe Hülle der Figur $F + F'$ ist, so ist G' auch die konvexe Hülle der Figur $G + F'$. Der Beweis folgt aus der Definition der konvexen Hülle.

[2] Das Polyeder ist aus solchen Prismen mit Grundflächen auf den Seitenflächen von P' zusammengesetzt; aber jetzt können diese Prismen unendliche Grundflächen haben; das sind die unendlichen Seitenflächen des Polyeders P'.

Kanten der Ecke V'' sind). Nach Satz 1 über die Grenzecke besitzt das Polyeder P eine zu S parallele Seitenfläche Q (Abb. 27b). Verschiebt man den Scheitel der Ecke V'' auf der Seitenfläche Q, dann überzeugt man sich, daß die Kante a_n außerhalb des Polyeders P liegt. Dies widerspricht jedoch der Konstruktion des Polyeders P, nach der P von Halbgeraden, welche zu a_n parallel laufen, beschrieben wird.

Auf diese Weise ist bewiesen, daß jeder Kante der Ecke V eine parallele unendliche Kante des Polyeders P entspricht, so daß V auch seine Grenzecke ist.

Der Satz ist vollständig bewiesen.

Satz 5a. *Unter den Voraussetzungen von Satz 5 kann das Polyeder P nur in den gegebenen Punkten $A_1, A_2, \ldots, A_m$ Ecken haben. Ein beliebiger dieser Punkte ist Ecke dann und nur dann, wenn er nicht in der konvexen Hülle der Figur enthalten ist, welche von den übrigen Punkten A_i und der Ecke V gebildet wird (natürlich unter der Bedingung, daß der Scheitel der Ecke V in einem der übrigen Punkte liegt).*

Daß die Ecken des Polyeders P nur in den Punkten $A_1, \ldots, A_m$ liegen können, ist aus seiner Konstruktion ersichtlich. Diese begannen wir mit der Konstruktion der konvexen Hülle P_0 der Menge der Punkte $A_1, \ldots, A_m$. Nach § 3, Satz 2 liegen deren Ecken nur in diesen Punkten; zieht man die Halbgeraden, was zur Konstruktion des Polyeders P führt, so können keine neuen Ecken hinzukommen.

Es sei P' die konvexe Hülle der Figur, welche von der Ecke V und allen Punkten A_i außer A_m gebildet wird. Gemäß dem eben Gesagten ist sie ein konvexes Polyeder mit Ecken allein in den Punkten $A_1, \ldots, A_{m-1}$. Ist der Punkt A_m in P' enthalten, so ändert sich nichts, wenn man ihn hinzunimmt. Daher fallen P' und P zusammen, so daß auch P keine Ecke A_m besitzt.

Ist umgekehrt der Punkt A_m keine Ecke des Polyeders P, so liegt er in P'. Nach Satz 4 ist nämlich P die konvexe Hülle seiner Grenzecke V und seiner Ecken. Da A_m nicht zu ihnen gehört, fällt P mit P' zusammen, so daß auch P' den Punkt A_m enthält.

Der Satz ist bewiesen.

Wir bemerken, daß nach Satz 4 ein Polyeder die konvexe Hülle seiner Ecken und der Grenzecke V ist, unabhängig davon, wo im Polyeder der Scheitel der Ecke V liegt. Nach Satz 5 liegen die Ecken des Polyeders P in den Punkten A_i, und aus der eben gemachten Bemerkung folgt, daß man den Scheitel der Ecke V beliebig in P wählen kann, insbesondere in einem beliebigen Punkt des Polyeders P_0, welches die konvexe Hülle der Menge der Punkte A_i bildet.

6. Satz 6. *Die konvexe Hülle einer endlichen Menge von Halbgeraden, welche von einem Punkt aus ins Innere eines Halbraumes gehen, ist eine körperliche konvexe polyedrische Ecke. Als Kanten dienen ihr die gegebenen Halbgeraden, jedoch nicht unbedingt alle. Eine beliebige von ihnen ist ihre Kante dann und nur dann, wenn sie nicht in die konvexe Hülle der Menge der übrigen Halbgeraden fällt. (Liegen die Halbgeraden in einer Ebene, so ist ihre konvexe Hülle eine ebene Ecke.)*

Die Halbgeraden $a_1, \ldots, a_m$ mögen vom Punkt O aus ins Innere des Halbraumes R gehen, welcher von der durch den Punkt O gehenden Ebene Q begrenzt wird. Dann schneidet jede Ebene Q', welche im Inneren des Halbraumes R

parallel zu Q läuft, die Halbgeraden $a_1, \ldots, a_m$ in gewissen Punkten $A_1, \ldots, A_m$. Gemäß § 3, Satz 2 ist die konvexe Hülle der Menge der Punkte $O, A_1, \ldots, A_m$ ein körperliches konvexes Polyeder. Dies Polyeder stellt eine Pyramide dar mit der Ecke O und mit der Grundfläche auf der Ebene Q'. Offenbar ist auch diese Pyramide P die konvexe Hülle der Menge der Strecken $OA_1, \ldots, OA_m$.

Rückt man jetzt die Ebene Q' ins Unendliche, so verwandelt sich die Pyramide P in der Grenze in die körperliche konvexe polyedrische Ecke V, welche die konvexe Hülle der Menge der Strahlen $a_1, \ldots, a_m$ ist. (Dies wird klar daraus, daß eine solche konvexe Hülle alle Strecken OA_i und daher auch alle Pyramiden P enthalten muß.)

Nach § 3, Satz 2 ist der Punkt A_k Ecke der Pyramide P dann und nur dann, wenn er nicht in die konvexe Hülle der Menge der übrigen Punkte $O, A_1, \ldots, A_{k-1}, A_{k+1}, \ldots, A_m$ fällt. Daher ist auch die Strecke OA_k Kante der Pyramide P dann und nur dann, wenn sie nicht in die konvexe Hülle der Menge der übrigen Strecken OA_i fällt. In der Grenze erhalten wir dasselbe Ergebnis für die Halbgerade a_k. Dies wird völlig klar, wenn man berücksichtigt, daß sich die Pyramide P bei Verschiebung der Ebene Q' ins Unendliche derart vom Punkt O aus ähnlich vergrößert, daß jede Kante Kante bleibt, und daß keine Strecke OA_k Kante wird, die nicht schon Kante ist. So ist der Satz bewiesen.

(Wir bemerken: Gehen die Halbgeraden $a_1, a_2, \ldots, a_m$ nicht in einen Halbraum, so ist der ganze Raum ihre konvexe Hülle. Gehen sie in einen Halbraum R, aber nicht ins Innere irgendeines Halbraumes, so ist ihre konvexe Hülle entweder der Halbraum R oder ein Zweiflach, dessen Kante auf der R begrenzenden Ebene liegt.)

7. Aufgaben. 1. Man beweise folgende Verallgemeinerung der Sätze 5 und 6: Die konvexe Hülle einer endlichen Menge von Punkten A_i und Halbgeraden a_j, welche von einigen dieser Punkte aus ins Innere eines Halbraumes gehen, ist ein körperliches konvexes Polyeder. Seine Grenzecke ist die konvexe Hülle der Menge der von einem Punkt ausgehenden Halbgeraden a_j. Seine Ecken liegen nur in den Punkten A_i, ein beliebiger dieser Punkte ist jedoch dann und nur dann Ecke, wenn er nicht ins Innere der konvexen Hülle der Menge der übrigen Punkte und der Halbgeraden a_j fällt. Die Halbgeraden a_j kann man derart parallel verschieben, daß ihre Anfangspunkte die konvexe Hülle der Menge der Punkte A_i nicht verlassen; dabei ändert sich das Polyeder nicht.

2. Man beweise die Sätze 2—6, indem man von der Definition der konvexen Hülle als Durchschnitt von Halbräumen ausgeht, welche eine gegebene Menge enthalten. (Vgl. § 3, Aufgabe 2.)

3. Man beweise die Sätze 5 und 5a durch Induktion nach der Anzahl der Punkte $A_1, A_2, \ldots, A_m$.

4. Man beweise, daß die ergänzend in Nr. 2 angeführten Definitionen der Grenzecke der ursprünglichen (im Falle konvexer Polyeder) äquivalent sind.

5. Man beweise, daß jedes unendliche konvexe Polyeder mit Rand eindeutig zu einem vollständigen ergänzt werden kann, ohne daß neue Ecken in Erscheinung treten. Man suche die Bedingungen dafür, daß eine gegebene Randecke des ursprünglichen Polyeders nicht Ecke des konstruierten vollständigen Polyeders wird. (Vgl. § 3, Satz 4 und § 3, Aufgabe 1.)

6. V sei eine körperliche konvexe polyedrische Ecke mit dem Scheitel A. $\mathfrak{a}_1, \ldots, \mathfrak{a}_n$ seien Vektoren längs ihrer Kanten. Man beweise, daß V der geometrische Ort der End-

punkte X der Vektoren $\mathfrak{x} = \overrightarrow{OX} = \mathfrak{a} + \sum_{i=1}^{n} \alpha_i \mathfrak{a}_i$ ist, wobei $\mathfrak{a} = \overrightarrow{OA}$ der Vektor ist, welcher vom Ursprung O aus zum Scheitel A weist und die $\alpha_i \geq O$ sind.

7. Gegeben seien die Punkte $A_1, \ldots, A_n$ und die von diesen Punkten ausgehenden Halbgeraden $b_1, b_2, \ldots, b_k \cdot \mathfrak{a}_i = \overrightarrow{OA_i}$ seien Vektoren vom Ursprung zu den Punkten A_i, und $\mathfrak{b}_i$ Vektoren auf den Halbgeraden b_i. Man beweise, daß die konvexe Hülle der Menge der Punkte A_i und der Halbgeraden b_i der geometrische Ort der Endpunkte der Vektoren $\mathfrak{x} = \overrightarrow{OX} = \sum_{i=1}^{n} \alpha_i \mathfrak{a}_i + \sum_{i=1}^{k} \beta_i \mathfrak{b}_i$ ist, wobei alle $\alpha_i, \beta_i \geq 0$ sind und $\sum_{i=1}^{n} \alpha_i = 1$ ist. (Vgl. § 3, Aufgabe 4.)

§ 5. Das sphärische Bild

1. Das sphärische Bild. Es sei F eine konvexe Fläche und E die Einheitssphäre, d. h. die Sphäre mit dem Radius 1. Wir wählen auf F eine Punktmenge M und legen durch jeden Punkt dieser Menge alle Stützebenen von F. Legt man vom Mittelpunkt der Kugel E die äußeren Normalen dieser Ebenen, so erfüllen ihre Endpunkte auf E eine gewisse Menge, welche das *sphärische Bild* der Menge M heißt.

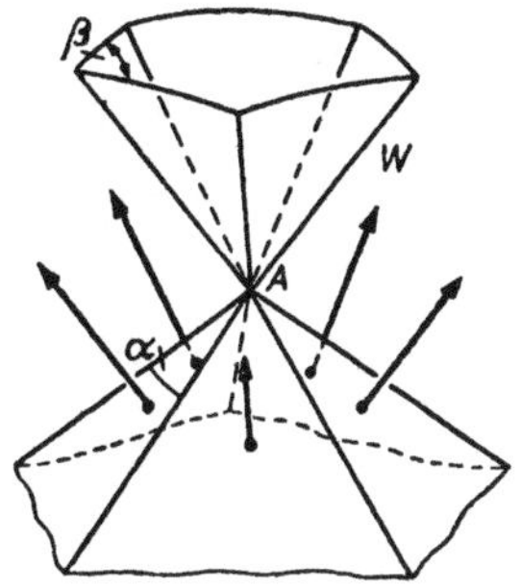

Abb. 28

Diese Definition ist insbesondere auf konvexe Polyeder anwendbar. Hat das Polyeder einen Rand, so sind die Stützebenen, welche es nur in den Randpunkten stützen, ausgeschlossen. Ist die Menge M auf dem Polyeder P das Innere einer Seitenfläche[1], so besteht ihr sphärisches Bild aus einem Punkt. Ist M eine Kante ohne Endpunkte, so ist ihr sphärisches Bild ein Großkreisbogen, dessen Endpunkte in den Punkten liegen, welche die sphärischen Bilder der in der Kante M zusammenlaufenden Seitenflächen darstellen; dies wird daraus klar, daß jede Zwischenebene zwischen den in der Kante zusammenstoßenden Seitenebenen Stützebene ist.

Besteht M aus einer Ecke A, so ist ihr sphärisches Bild ein Teil der Kugel E; er wird von der körperlichen Ecke ausgeschnitten, die von den Normalen aller Stützebenen in der Ecke A gebildet wird. Diese körperliche Ecke W stellt, wie man sich leicht überzeugen kann, eine konvexe polyedrische Ecke dar mit Kanten, welche zu den in A zusammentreffenden Seitenflächen des Polyeders senkrecht sind (Abb. 28).

Sind Q_1 und Q_2 Stützebenen in der Ecke A, so ist das Polyeder in dem Zweiflach zwischen ihnen eingeschlossen, und darum ist jede „Zwischenebene" Q auch Stützebene in der Ecke A. Die Normalen N solcher Ebenen Q erfüllen die ebene Ecke zwischen den Normalen N_1 und N_2 der Ebenen Q_1 und Q_2 (Abb. 29). Das bedeutet, daß die Ecke W mit den Strahlen N_1 und N_2 die ebene Ecke zwischen ihnen enthält. Daher ist die Ecke W konvex.

[1] Die Endpunkte muß man ausschließen, da sie Ecken des Polyeders sind und da ihre sphärischen Bilder sphärische Polygone sind. Analog wird in der vorhergehenden Behauptung vom Inneren einer Seitenfläche gesprochen, d. h. mit Ausschluß der Kanten und Ecken.

Die Seitenflächen der Ecke W werden von den Normalen der Ebenen gebildet, welche das Polyeder längs den in der Ecke A zusammenlaufenden Kanten berühren. Sie stellen daher ebene Ecken dar, welche zu diesen Kanten senkrecht sind. Jeder Neigungswinkel β_i der körperlichen Ecke W ergänzt folglich den Winkel zwischen zwei entsprechenden Kanten des Polyeders, d. h. den ebenen Winkel α_i auf der Seitenfläche bei der Ecke A, zu π:

$$\alpha_i = \pi - \beta_i\,. \tag{1}$$

So ist das sphärische Bild einer Ecke ein konvexes sphärisches Polygon mit den Winkeln β_i. Die Ecken dieses Polygons sind, entsprechend den Kanten der Ecke W, die sphärischen Bilder des Inneren der Seitenflächen, und die Seiten stellen, entsprechend den Seitenflächen der Ecke W, die sphärischen Bilder der Kanten mit Ausschluß der Endpunkte dar.

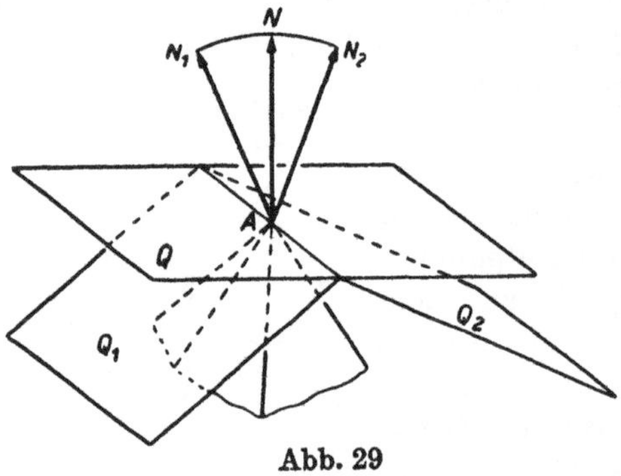

Abb. 29

Das sphärische Bild eines Eckpunktes ist natürlich dasselbe wie das einer polyedrischen Ecke, welche von den in dem Eckpunkt zusammenlaufenden Seitenflächen gebildet wird. Alle unsere Schlußfolgerungen gelten für eine beliebige konvexe polyedrische Ecke.

Ist nun M ein beliebiger Teil eines gegebenen konvexen Polyeders P, so setzt sich sein sphärisches Bild aus den sphärischen Bildern der zu M gehörenden Ecken, Kantenabschnitte und der Stücke des Inneren von Seitenflächen zusammen. Da die sphärischen Bilder der Kanten und Seitenflächen in den sphärischen Bildern der Ecken enthalten sind, in denen sie zusammentreffen, so besteht das sphärische Bild eines Polyeders aus den sphärischen Bildern seiner Ecken und derjenigen Kanten, deren beide Endpunkte auf dem Rand liegen.[1] Nach Voraussetzung werden dabei Randecken und Randkanten ausgeschlossen. Z. B. besitzt die Mantelfläche eines Prismas keine inneren Ecken, und ihr sphärisches Bild reduziert sich auf einen Großkreis.

Jede Stützebene, die das Polyeder in einer Ecke berührt, berührt es in keiner anderen, wenn sie es nicht in einer Kante oder Seitenfläche berührt. Darum haben die Polygone, welche die sphärischen Bilder der Ecken darstellen, keine gemeinsamen inneren Punkte und können nur an Seiten und Ecken aneinandergrenzen, welche den Kanten und Seitenflächen entsprechen, auf denen die Ecken des Polyeders liegen. Daraus folgt, daß das sphärische Bild des ganzen Polyeders

[1] Besitzt ein Polyeder einen Rand, so werden die Randecken ausgeschlossen. Aber auf einem Polyeder mit Rand kann es Kanten geben, welche keine Randkanten sind und deren beide Endpunkte auf dem Rand liegen. Ihre sphärischen Bilder sind dann nicht in denen der Ecken enthalten, und man muß sie zum sphärischen Bild des Polyeders besonders hinzunehmen. Dabei kann es vorkommen, daß die sphärischen Bilder gewisser Ecken durch Großkreisbögen verbunden werden, welche die sphärischen Bilder solcher Kanten sind.

ein sphärisches Polygon darstellt, welches aus den sphärischen Bildern der Ecken des Polyeders besteht.

Ist das Polyeder geschlossen, so bedeckt sein sphärisches Bild die ganze Kugel und zerlegt sie in sphärische konvexe Polygone, welche den Polyederecken entsprechen.

Alle gewonnenen Ergebnisse fassen wir in folgendem Satz zusammen:

Satz 1. *Das sphärische Bild eines konvexen Polyeders besteht aus konvexen sphärischen Polygonen $S_1, \ldots, S_m$, welche die sphärischen Bilder seiner Ecken sind. Diese Polygone haben keine inneren Punkte gemeinsam. Die gemeinsame Seite zweier Polygone S_k, S_l ist das sphärische Bild der Kante (ohne Endpunkte), welche die entsprechenden Ecken verbindet. Eine gemeinsame Ecke der Polygone $S_k, \ldots, S_q$ ist das sphärische Bild des Inneren der Seitenfläche, welcher die Ecken des Polyeders angehören, die diesen Polygonen entsprechen. Die Eckwinkel der Polygone S_i sind gleich den Ergänzungswinkeln [bis π] der ebenen Eckwinkel in den entsprechenden Ecken des Polyeders.*

2. Der Flächeninhalt des sphärischen Bildes. V sei eine konvexe polyedrische Ecke mit n Seitenflächen und $\alpha_1, \ldots, \alpha_n$ seien ihre ebenen Eckwinkel. Ihr sphärisches Bild ist ein sphärisches n-Eck mit den Winkeln $\beta_i = \pi - \alpha_i$. Nun wird der Flächeninhalt ω eines sphärischen n-Ecks durch dessen Winkel durch die Formel ausgedrückt:

$$\omega = \sum_{i=1}^{n} \beta_i - (n-2)\,\pi\,, \tag{2}$$

d. h. er ist gleich der Differenz zwischen seiner Winkelsumme und der Winkelsumme des ebenen Polygons mit derselben Eckenzahl n.[1] Da aber $\beta_i = \pi - \alpha_i$ ist, so gilt

$$\omega = 2\,\pi - \sum_{i=1}^{n} \alpha_i\,. \tag{3}$$

[1] Beweis: Wir beweisen diese Formel zuerst für ein sphärisches Dreieck $B_1B_2B_3$ mit den Winkeln $\beta_1, \beta_2, \beta_3$ (Abb. 30). Wir verlängern die Seiten des Dreiecks und erhalten drei Großkreise, deren Schnittpunkte noch ein Dreieck $B_1' B_2' B_3'$ bilden, das bezüglich des Kugelmittelpunktes zum Dreieck $B_1 B_2 B_3$ symmetrisch liegt. Je zwei Großkreise begrenzen zwei Zweiecke mit den Ecken B_1B_1', B_2B_2', B_3B_3'. Die Winkel dieser Zweiecke sind entsprechend $\beta_1, \beta_2, \beta_3$. Es verhält sich offensichtlich der Flächeninhalt jedes Zweiecks zum Flächeninhalt der ganzen Kugel wie sein Winkel zu $2\,\pi$. Daher ist die Summe der Flächeninhalte aller sechs betrachteten Zweiecke

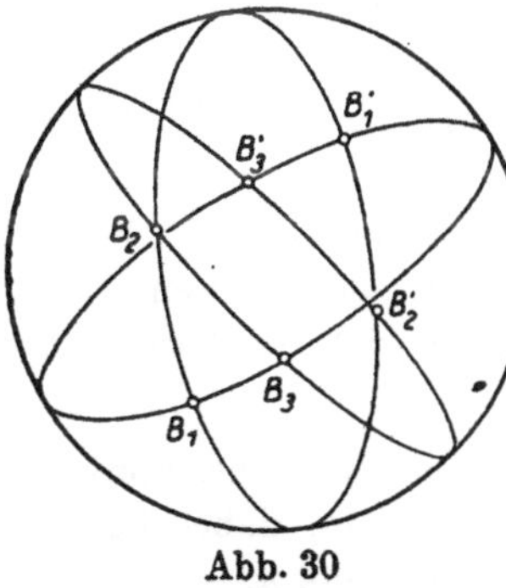

Abb. 30

$$\frac{2\,(\beta_1 + \beta_2 + \beta_3)}{2\,\pi}\,4\,\pi = 4\,(\beta_1 + \beta_2 + \beta_3)\,.$$

Gleichzeitig ist unmittelbar ersichtlich, daß unsere Zweiecke die ganze Kugel und dabei dreimal beide Dreiecke $B_1B_2B_3$ und $B_1' B_2' B_3'$ bedecken. Daher ist die Summe ihrer Flächeninhalte gleich $4\,\pi + 4\,\omega$, wobei ω der Flächeninhalt des Dreiecks $B_1B_2B_3$ ist. Deshalb ist $4\,(\beta_1 + \beta_2 + \beta_3) = 4\,\pi + 4\,\omega$, d. h. $\omega = \beta_1 + \beta_2 + \beta_3 - \pi$, wie es auch in Formel (2) verlangt wird.

Ist nun ein sphärisches n-Eck gegeben, so zerlegen wir es mittels Diagonalen in n-2 Dreiecke. Dann ergibt die Addition der Flächeninhalte dieser Dreiecke und gleichzeitig der Winkel sofort die Formel (2) für unser n-Eck.

Da der Flächeninhalt ω positiv ist, enthält diese Formel unter anderem die bekannte Tatsache, daß die Summe der ebenen Eckwinkel einer konvexen polyedrischen Ecke immer kleiner als 2π ist.

Die Summe der Winkel α_i nennen wir den *Vollwinkel um die Ecke* und bezeichnen ihn mit Θ; die Differenz $2\pi - \Theta$ nennen wir *Krümmung der Ecke*. Deshalb besagt die Formel (3), daß die Krümmung des Scheitels einer konvexen polyedrischen Ecke gleich dem Flächeninhalt ihres sphärischen Bildes ist.

Die *Krümmung* eines beliebigen Polyederteiles wird definiert als die Summe der Krümmungen der in ihm enthaltenen Ecken, die nicht auf seinem Rand liegen. Gleichzeitig setzt sich gemäß Satz 1 das sphärische Bild eines beliebigen Teiles eines Polyeders zusammen aus den sphärischen Bildern der in ihm enthaltenen Ecken. Daher ist auch für einen beliebigen Polyederteil der Flächeninhalt des sphärischen Bildes gleich der Krümmung.

Bei einer Deformation des Polyeders, welche die Längen der Kurven auf ihm unverändert läßt, ändern sich auch seine Winkel nicht, da sie durch die Längen festgelegt sind; z. B. ist die Länge der Kurve, welche auf dem Polyeder in einem konstanten kleinen Abstand r von der Ecke A verläuft, offenbar gleich Θr, wobei Θ der Vollwinkel um A ist. Die Längen der Kurven auf einem Polyeder bestimmen, wie man sagt, seine „*innere Metrik*", und darum hängt die Krümmung und mit ihr auch der Flächeninhalt des sphärischen Bildes nur von der inneren Metrik des Polyeders ab. (Den Begriff der inneren Metrik definieren wir genauer in § 6, Nr. 2.)

Die gewonnenen Ergebnisse kann man in folgendem Satze zusammenfassen:

Satz 2. *Der Flächeninhalt des sphärischen Bildes eines beliebigen Teiles eines konvexen Polyeders ist gleich seiner Krümmung; weil aber die Krümmung nur von der inneren Metrik des Polyeders abhängt, so gilt dasselbe für den Flächeninhalt des sphärischen Bildes. Bei jeder Deformation des Polyeders, die seine Konvexität nicht zerstört und die Längen der Kurven auf ihm nicht ändert (d. h. die seine Metrik nicht ändert), bleibt der Flächeninhalt des sphärischen Bilde sunverändert.*

Dies ist das elementare Analogon des berühmten Satzes von Gauss, der besagt, daß der Flächeninhalt des sphärischen Bildes jeder stetig gekrümmten Fläche bei einer Deformation der Fläche invariant bleibt, bei der sich die Längen der Kurven auf ihr nicht ändern.

3. Das sphärische Bild eines unendlichen Polyeders. Ein geschlossenes konvexes Polyeder besitzt Stützenebenen aller verschiedenen Stellungen, daher bedeckt sein sphärisches Bild die ganze Sphäre und hat den Flächeninhalt 4π.

Ein unendliches konvexes Polyeder enthält immer eine Halbgerade. Deshalb läßt sich zu jeder seiner Stützebenen Q eine Stützebene dieser Halbgeraden mit paralleler äußerer Normale finden; man muß nur die Ebene Q so ins Innere des Polyeders verschieben, daß sie diese Halbgerade stützt. Daraus folgt, daß das sphärische Bild eines unendlichen Polyeders im sphärischen Bild der Halbgeraden enthalten ist. Es ist unmittelbar ersichtlich, daß letzteres eine Halbsphäre bedeckt, welche von einem zu der Halbgeraden senkrechten Äquator berandet wird. *Daher ist das sphärische Bild eines unendlichen Polyeders immer in einer Halbsphäre enthalten, und sein Flächeninhalt ist folglich nicht größer als* 2π.

Wir beweisen den genaueren

Satz 3. *Das sphärische Bild eines unendlichen konvexen Polyeders fällt mit dem sphärischen Bild seiner Grenzecke zusammen.*

P sei ein unendliches konvexes Polyeder und V seine Grenzecke. Den Scheitel der Ecke V wählen wir im Inneren des Polyeders; dann ist, wie in § 4, Nr. 1 gezeigt wurde, die Ecke V im Polyeder enthalten. Dabei kann man offenbar für jede Stützebene Q des Polyeders eine Stützebene der Ecke V mit paralleler äußerer Normale finden; man muß nur die Ebene Q ins Innere des Polyeders verschieben, bis sie die Ecke V stützt. Hieraus folgt, daß das sphärische Bild des Polyeders im sphärischen Bild seiner Grenzecke enthalten ist.

Wir wollen beweisen, daß umgekehrt das sphärische Bild der Ecke V im sphärischen Bild des Polyeders P enthalten ist. Da nach Satz 1 beide sphärischen Bilder sphärische Polygone darstellen, so genügt es offenbar zu beweisen, daß jeder innere Punkt N des sphärischen Bildes der Ecke V im sphärischen Bild des Polyeders P enthalten ist.

Gemäß dem in Nr. 1 Bewiesenen setzt sich der Rand des sphärischen Bildes einer polyedrischen Ecke aus den sphärischen Bildern ihrer Kanten zusammen. Daher entspricht der innere Punkt N des sphärischen Bildes der Ecke V einer Stützebene Q, welche die Ecke V nur in ihrem Scheitel berührt. Dann liegt die ganze Ecke V, mit Ausnahme ihres Scheitels, innerhalb eines von dieser Ebene begrenzten Halbraumes R.

Da nach Definition die Ecke V aus Halbgeraden besteht, welche zu den auf dem Polyeder liegenden Halbgeraden parallel sind, weisen alle auf P liegenden Halbgeraden in denselben Halbraum R. Daraus folgt, daß im entgegengesetzten Halbraum R_1 nur ein endlicher Teil des Polyeders P enthalten sein kann. Verschieben wir die Ebene Q parallel in den Halbraum R_1, so erreicht sie eine solche Lage, daß das ganze Polyeder P auf einer Seite von ihr liegt, d. h. wir erhalten seine zu Q parallele Stützebene. So gehört der Punkt N, welcher auf der Sphäre der Ebene Q entspricht, auch zu dem sphärischen Bild des Polyeders P. Folglich enthält das sphärische Bild des Polyeders P dasjenige der Ecke V; da wir jedoch anfangs das Umgekehrte bewiesen haben, fallen sie zusammen, w. z. b. w.

Das sphärische Bild jeder polyedrischen Ecke stellt, wie gezeigt wurde, ein konvexes Polygon dar; die Ecken dieses Polygons S sind die sphärischen Bilder des Inneren der Seitenflächen der Ecke V. Die Seitenflächen der Ecke V sind den unendlichen Seitenflächen des Polyeders P parallel, deren unendliche Kanten nicht parallel laufen.

Hieraus und aus dem Beweis, daß die sphärischen Bilder des Polyeders P und der Ecke V zusammenfallen, ergibt sich folgendes:

Das sphärische Bild eines unendlichen konvexen Polyeders ist ein sphärisches konvexes Polygon S, dessen Ecken den unendlichen Seitenflächen mit nicht-parallelen unendlichen Kanten entsprechen. Die sphärischen Bilder der Seitenflächen mit parallelen unendlichen Kanten fallen auf die Seiten des Polygons S (welche den diesen Polyederkanten parallelen Kanten der Grenzecke entsprechen). Die sphärischen Bilder der endlichen Seitenflächen fallen ins Innere des Polygons S.

Reduziert sich die Grenzecke auf eine Halbgerade, d. h. sind alle unendlichen Kanten des Polyeders einander parallel, so stellt das Polygon S eine Halbsphäre dar. Reduziert sich aber die Grenzecke auf eine ebene Ecke, so ist das Polygon S ein Zweieck.

Wir bemerken, daß Satz 3 zu einer neuen Definition der Grenzecke führt. Diese ist eine polyedrische Ecke, deren sphärisches Bild mit demjenigen des Polyeders zusammenfällt. Das beruht auf der Tatsache, daß eine polyedrische Ecke durch ihr sphärisches Bild bis auf Translationen bestimmt wird. Ist nämlich V die gegebene polyedrische Ecke und W eine polyedrische Ecke, welche von den Normalen der Stützebenen der Ecke V erfüllt wird, so sind die Kanten und Seitenflächen der Ecke W zu den Seitenflächen und Kanten der Ecke V entsprechend senkrecht. Daher besteht ein wechselseitiges Verhältnis zwischen den Ecken von V und W, und sie bestimmen einander. Die Kanten der einen sind senkrecht zu den Seitenflächen der anderen und umgekehrt. Jede von ihnen wird erfüllt von den Normalen der Stützebenen der anderen.

4. Polare Polyeder. Die wechselseitige Bestimmtheit der polyedrischen Ecken V und W, auf die eben hingewiesen wurde, hängt auf interessante Weise mit der Existenz aufeinander wechselseitig bezogener Polygone und Polyeder zusammen.

Ist P ein konvexes Polyeder und O ein Punkt in seinem Inneren, so kann man, wie sich zeigt, ein konvexes Polyeder P' konstruieren, dessen Seitenflächen zu den Strahlen, welche von O aus durch die Ecken gehen, senkrecht sind und dessen Ecken auf den Strahlen liegen, die von O aus senkrecht zu den Seitenflächen des Polyeders P laufen. Die Seitenflächen und Ecken der Polyeder P und P' entsprechen sich wechselseitig. Den Kanten des einen entsprechen die Kanten des anderen: der Kante, welche die Ecken C_1 und C_2 des Polyeders P verbindet, entspricht die Kante, in welcher die den Ecken C_1 und C_2 zugeordneten Seitenflächen des Polyeders P' aneinander angrenzen.

Sind Polyeder in dieser Weise aufeinander bezogen, so nennt man sie zueinander *polar*. Das einfachste Beispiel bilden ein Würfel und ein Oktaeder, dessen Ecken in den Mittelpunkten der Seitenflächen des Würfels liegen (Abb. 31). Überhaupt entspricht jedem Polyeder P, welches einer Kugel umbeschrieben ist, ein Polyeder P_1, das der Kugel einbeschrieben ist und dessen Ecken in den Berührungspunkten der Kugel mit den Seitenflächen des Polyeders P liegen.

Analog definiert man polare Polygone: die Ecken des einen liegen auf den Strahlen, welche senkrecht zu den Seiten des anderen sind, und umgekehrt (Abb. 32).

Die Konstruktion eines Polyeders, das zu einem gegebenen polar ist, erfolgt durch eine Polartransformation, welche Punkten Ebenen zuordnet und umgekehrt. Und zwar entspricht jedem Punkt C die Ebene, welche zu dem Strahl $\overrightarrow{OC}$ senkrecht ist und die von O einen Abstand hat, welcher dem Abstand OC umgekehrt proportional ist. Wenn $\mathfrak{c}$ ein

Vektor vom Ursprung O zu dem Punkt C ist, so lautet die Gleichung der entsprechenden Ebenen $\mathfrak{c}\,\mathfrak{x} = 1$ (oder $\mathfrak{c}\,\mathfrak{x} = r$, wobei r eine beliebige positive Konstante ist). Nach dieser Regel entspricht jeder Ecke C_i des gegebenen Polyeders mit dem Punkt O im Inneren die Seitenebene eines anderen Polyeders.

Bewegt man einen Punkt B auf der Ebene $\mathfrak{c}\,\mathfrak{x} = 1$, welche dem Punkt C entspricht, so ist beständig $\mathfrak{c}\,\mathfrak{b} = 1$. Das bedeutet, daß die Ebenen $\mathfrak{b}\,\mathfrak{x} = 1$, welche den Punkten B entsprechen, durch den Punkt C gehen. Der Ebene $\mathfrak{c}\,\mathfrak{x} = 1$ als geometrischem Ort dieser Punkte entspricht daher der Punkt C als Zentrum des Bündels derjenigen Ebenen, welche den Punkten der Ebene $\mathfrak{c}\,\mathfrak{x} = 1$ zugeordnet sind. Mit anderen Worten, es bleibt die Inzidenz des Punktes und der Ebene erhalten, und Punkte und Ebenen vertauschen nur ihre Rollen[1].

Vollkommen analog stellt man in der Ebene eine polare Zuordnung zwischen Punkten und Geraden her.

Zuerst wollen wir die polare Zuordnung in der Ebene betrachten und ihre Eigenschaften erklären und dann analog dazu die Polarität im Raume untersuchen.

Q sei ein endliches konvexes Polygon, welches in einer Ebene R liegt. In seinem Inneren wählen wir einen Punkt O und errichten in ihm das Einheitslot OO' zur Ebene R. Ziehen wir

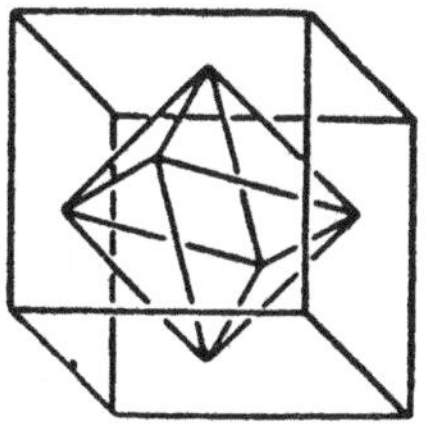

Abb. 31

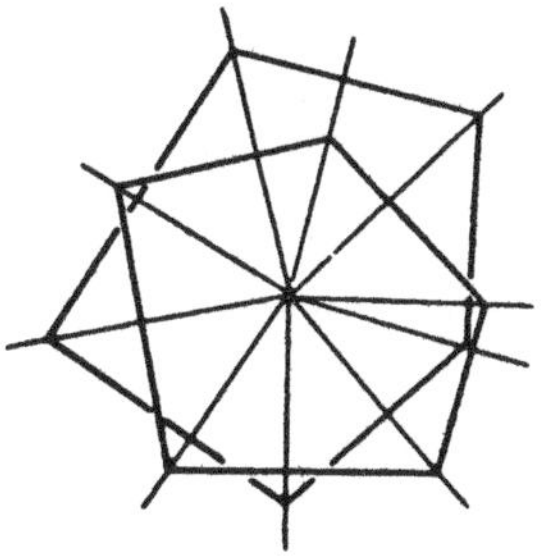

Abb. 32

von O' aus Halbgeraden nach allen Punkten des Polygons Q, so erhalten wir die konvexe polyedrische Ecke V (Abb. 33).

Wir konstruieren nun eine polyedrische Ecke V_1 mit O' als Scheitel, die aus den Normalen der Stützebenen der Ecke V gebildet wird, und bringen sie mit einer Ebene R_1 zum Schnitt, welche zu R parallel ist. Im Schnitt erhalten wir das konvexe Polygon Q_1, dessen Ecken Schnittpunkte der Kanten der Ecke V_1 mit der Ebene R_1 sind.

Man sieht leicht, daß die Verlängerung des Lotes OO' die Ebene R_1 in dem Punkt O_1 schneidet, welcher innerhalb des Polygons Q_1 liegt (weil die Ebene, welche im Punkt O' zu OO' senkrecht ist, Stützebene der Ecke V_1 ist und diese nur in ihrem Scheitel O' berührt).

a_i sei eine Seite des Polygons Q und e_i der Strahl, der von O aus senkrecht zu der diese Seite enthaltenden Geraden läuft (Abb. 34). Eine Ebene E, welche durch den Punkt O' und den Strahl e_i geht, ist senkrecht zur Ebene derjenigen Seitenfläche der Ecke V, welche der Seite a_i entspricht. Aber dieser Seitenfläche der Ecke V entspricht eine senkrechte Kante der Ecke V_1; diese liegt folglich in der Ebene E. Daher muß die entsprechende Ecke A_i' des Polygons Q_1 auf dem vom Punkt O_1 ausgehenden und zu e_i parallelen Strahl e_i' liegen (insofern als die Ebene E die Ebenen R und R_1 in parallelen Geraden schneidet).

[1] Die betrachtete polare Beziehung ist ein Spezialfall der Polarität bezüglich einer beliebigen Fläche zweiter Ordnung. Solche allgemeinen Polaritäten werden in der projektiven Geometrie untersucht. In unserem Fall handelt es sich um die Polarität bezüglich der Einheitskugel.

Projiziert man das Polygon Q_1 auf die Ebene R des Polygons Q, so wird aus dem Gesagten klar, daß man ein Polygon Q' erhält, dessen Ecken auf Strahlen liegen, welche zu den Seiten des Polygons Q senkrecht sind.

Wie am Schluß des vorhergehenden Abschnittes Nr. 3 bemerkt wurde, besteht aber zwischen den polyedrischen Ecken V und V_1 ein wechselseitiges Verhältnis. Folglich ist das Verhältnis zwischen den Polygonen Q und Q_1 und also auch zwischen Q und Q' wechselseitig. Wie die Ecken des Polygons Q' auf Strahlen liegen, die von O aus senkrecht zu den Seiten des Polygons Q laufen, so liegen daher auch die Ecken des Polygons Q auf Strahlen, welche von O aus senkrecht zu den Seiten des Polygons Q' verlaufen. Also sind diese Polygone zueinander polar.

Geht der Strahl $O'X_1$ durch einen inneren Punkt X_1 des Polygons Q_1, d. h. ins Innere der Ecke V_1, so ist die zu diesem Strahl senkrechte Ebene Stützebene der Ecke V. Sie schneidet daher die Ebene R in einer Geraden x derart, daß das Polygon Q auf einer Seite dieser Geraden liegt. Wenn der Punkt X_1 auf dem Rand des Polygons Q_1 liegt, dann ist die entsprechende Gerade x Stützgerade des Polygons Q. So stehen den inneren Punkten des Polygons Q_1, also auch Q', Geraden gegenüber, welche Q nicht schneiden, und den Randpunkten des Polygons Q' entsprechen die Stützgeraden des Polygons Q.

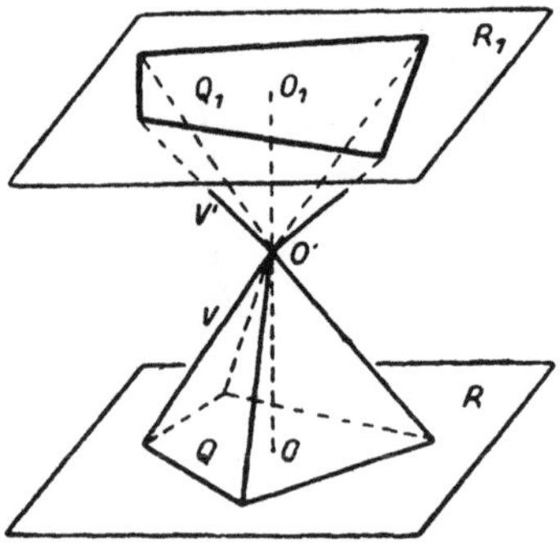

Abb. 33

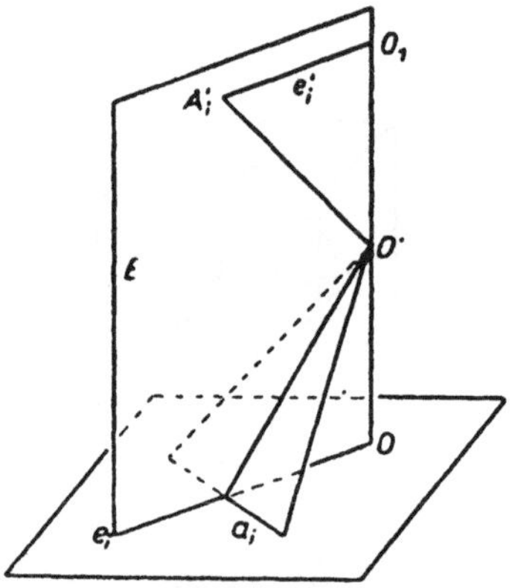

Abb. 34

Wir wählen den Punkt O' als Koordinatenursprung im Raum und den Punkt O als Koordinatenursprung in der Ebene R. Die Achsen x_1, x_2 seien parallel der Ebene R und die Achse x_3 möge die Richtung von $O'O$ haben. Die Lage des Punktes X ist im Raum durch den Vektor (x_1, x_2, x_3) und in der Ebene R durch den Vektor (x_1, x_2) festgelegt.

Die Gleichung der Ebene, die durch O' geht und senkrecht zum Strahl $O'C$ ist, lautet

$$c_1 x_1 + c_2 x_2 + c_3 x_3 = 0 , \tag{1}$$

wobei c_1, c_2, c_3 die Koordinaten des Punktes C sind (das Skalarprodukt des Vektors (c_1, c_2, c_3) des Punktes C und des Vektors (x_1, x_2, x_3) eines Punktes auf der Ebene ist gleich Null).

Liegt der Punkt C in der Ebene R, so ist $c_3 = 1$. Wählt man auf der konstruierten Ebene (1) deren Schnittpunkte mit der Ebene R_1, auf welcher $x_3 = -1$ ist, so erhält man anstelle von (1) die Gleichung

$$c_1 x_1 + c_2 x_2 = 1 . \tag{2}$$

Dies ist nichts anderes als die Gleichung der Geraden c, welche dem Punkt C entspricht; denn wir stellen ja gerade jedem Punkt C die Schnittgerade der Ebene R_1 mit der Ebene gegenüber, welche zu dem Strahl $O'C$ senkrecht ist oder die Projektion dieser Geraden auf die Ebene R.

Folglich läuft unsere Konstruktion analytisch darauf hinaus, daß jedem Punkt C (c_1, c_2) der Ebene R eine Gerade mit der Gleichung (2) gegenübergestellt wird. Auf Grund der Wechselseitigkeit gilt auch das Umgekehrte. Wir bemerken: durchläuft der Punkt C die Gerade c', so drehen sich die ihm entsprechenden Geraden um den Punkt C', dem die Gerade c' entspricht. Der Bewegung des Punktes C auf der Geraden c' entspricht nämlich eine Drehung des Strahles $O'C$ in der Ebene (O', c'); dann gehen die zu ihm senkrechten Ebenen unverändert durch den Strahl $O'C'$, welcher zu der Ebene (O', c') senkrecht ist. Dies bedeutet jedoch, daß die dem Punkt C jeweils entsprechenden Geraden durch den Punkt C' gehen.

Diese Beziehung zwischen Geraden und Punkten heißt Polarität (bezüglich der Peripherie des Einheitskreises mit dem Mittelpunkt O).

Die Polarität im Raum wird vollkommen analog definiert: dem Punkt mit den Koordinaten c_1, c_2, c_3 entspricht die Ebene mit der Gleichung $c_1 x_1 + c_2 x_2 + c_3 x_3 = 1$, d.h. dem Endpunkt des im Ursprung O angetragenen Vektors $\mathfrak{c}$ wird die Ebene $\mathfrak{c}\,\mathfrak{x} = 1$ zugeordnet. Sie ist senkrecht zu $\mathfrak{c}$ und ihr Abstand vom Ursprung ist gleich dem Kehrwert der Länge des Vektors $\mathfrak{c}$.

Bei der Konstruktion dieser Zuordnung kann man analog verfahren. Wir stellen uns den Raum als dreidimensionale Ebene (Hyperebene) R im vierdimensionalen Raum vor. Im Ursprung O, der in R liegt, errichten wir das Einheitslot OO' auf der Hyperebene R und ziehen die x_4-Achse von O' nach O. Auf der anderen Seite von O' legen wir im Abstand Eins vom Punkt O' die dreidimensionale Ebene R_1, welche zu R parallel ist. Jedem Punkt C auf der Hyperebene R entspricht ein Strahl $O'C$, und diesem Strahl entspricht eine zu ihm senkrechte, durch O' gehende dreidimensionale Ebene. Ihr Schnitt mit der Hyperebene R_1 ergibt eine zweidimensionale Ebene, deren Projektion auf R die dem Punkt C entsprechende Ebene ist.

Ist P ein konvexes Polyeder (in der Hyperebene R), mit dem inneren Punkt O, so erfüllen die Strahlen, welche vom Punkt O' aus durch seine Punkte gehen, eine vierdimensionale polyedrische Ecke V. Die Normalen der Stützhyperebenen dieser Ecke erfüllen die Ecke V', deren Schnitt mit der Hyperebene R_1 das Polyeder P' ergibt, das zu P polar ist, wenn man es nur auf die Hyperebene R projiziert.

Die Beziehungen zwischen den Polyedern P und P' sind analog denen zwischen den Polarpolygonen Q und Q'. Der Ecke C des einen entspricht eine Seitenebene des anderen, welche zum Strahl OC senkrecht ist und umgekehrt. Der Kante C_1C_2, welche die Ecken C_1 und C_2 verbindet, entspricht eine senkrechte Kante, in der die diesen Ecken zugeordneten Seitenflächen aneinandergrenzen. Das alles erkennt man unmittelbar aus den wechselseitigen Beziehungen der Elemente der (vierdimensionalen) polyedrischen Ecken V und V_1. Den dreidimensionalen und den zweidimensionalen Seitenflächen und Kanten der einen entsprechen die zu ihnen senkrechten Kanten, die zwei- und dreidimensionalen Seitenflächen der anderen. Daher erhalten wir in den Schnitten mit den Hyperebenen R und R_1 eine analoge Beziehung der Seitenflächen, Kanten und Ecken des Polyeders P zu den Ecken, Kanten und Seitenflächen des Polyeders P'.

Das Polyeder P, welches durch seine Ecken als deren konvexe Hülle bestimmt ist, steht dem Polyeder P' gegenüber, welches als Schnitt von Halbräumen bestimmt ist, die von seinen Seitenebenen berandet werden.

Aufgabe. P sei ein geschlossenes konvexes Polyeder, O ein Punkt in seinem Inneren und S die Einheitssphäre mit dem Mittelpunkt O. Das Polyeder P bestimmt zwei Zerlegungen der Sphäre S in konvexe sphärische Polygone. Einmal wird die Sphäre in Polygone zerlegt, die sphärische Bilder der Ecken des Polyeders sind; ein anderes Mal in Polygone, welche die Projektionen der Seitenflächen des Polyeders auf die Sphäre S sind, wenn man sie durch Strahlen aus dem Mittelpunkt O projiziert. Man überzeuge sich, daß das zu P polare

Polyeder (bezüglich Punkt O) dieselben Zerlegungen erzeugt, jedoch mit vertauschten Rollen.

Zuerst kann man sich davon überzeugen, daß für polare Polygone die völlig analoge Behauptung gilt. Nur handelt es sich hier um Zerlegungen der Peripherie des Einheitskreises in Bögen.

§ 6. Das Netz

1. Das Netz. Es handelt sich um das gewöhnliche Zusammenheften eines Polyeders aus Polygonen, die aus Papier ausgeschnitten sind. Eine Gesamtheit von Polygonen mit einer Vorschrift, wie sie an den Seiten zu verheften sind, ist ein Netz. Diese Verheftungsvorschrift gibt an, welche Seite eines Polygons mit welcher Seite eines anderen oder desselben zu verheften ist und in welcher Richtung. Die Angabe der Richtung ist notwendig, weil man zwei Strecken AB und CD auf zwei Arten aneinanderlegen kann: entweder so, daß der Endpunkt A mit C und B mit D zusammenfällt, oder so, daß A mit D und B mit C zusammenfällt. Das Verheften der Seiten ein und desselben Polygons nennen wir „Selbstverheftung". Sie findet z. B. bei dem bekannten kreuzförmigen Netz eines Würfels statt Abb. 35).

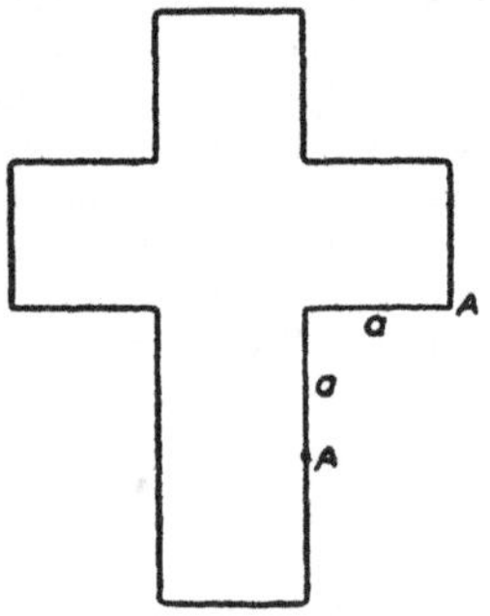

Abb. 35

Da ein Polygon, das von mehreren Streckenzügen berandet wird, in einfache Polygone zerlegt werden kann, d. h. in solche, bei denen jedes von einem Streckenzug ohne mehrfache Punkte berandet wird, betrachten wir Netze, welche nur aus solchen einfachen Polygonen bestehen. Ein einfaches Polygon kann endlich oder unendlich sein; in letzterem Falle besitzt es eine endliche Zahl endlicher und zwei unendliche Seiten.

Einen beliebigen inneren Punkt einer Polygonseite kann man in dem Falle als Ecke ansehen, daß man die Seite durch ihn in zwei Teilseiten zerlegt denkt (wie z. B. im Netz des Würfels, Abb. 35). Deshalb bedeutet es keine Einschränkung anzunehmen, daß immer ganze Seiten verheftet werden.

Um zu einer genauen Formulierung zu gelangen, bezeichnen wir als *Netz* eine Gesamtheit endlich vieler einfacher, endlicher oder unendlicher Polygone mit einer Vorschrift, wie man sie an ihren Seiten „verheftet". Unter dem Verheften verstehen wir eine Identifizierung; d. h. beim Verheften zweier Strecken entsteht zwischen ihren Punkten eine umkehrbar eindeutige Beziehung, und einander zugeordnete Punkte werden identifiziert und als ein Punkt des Netzes angesehen. Die Verheftungsvorschrift gibt einfach die Zuordnungen zwischen den Punkten der Seiten an. Darunter wird natürlich folgende Bedingung mitverstanden: ist der Punkt A mit B und B mit C identifiziert worden, so ist A mit C identifiziert.[1]

[1] Ist z. B. die Seite A_1B_1 des Polygons Q_1 mit der Seite A_2B_2 des Polygons Q_2 verheftet (der Endpunkt A_1 mit dem Endpunkt A_2) und die Seite A_2C_2 des Polygons Q_2 mit der Seite A_3C_3 des Polygons Q_3 (Endpunkt A_2 mit Endpunkt A_3), so gelten die Ecken A_1, A_2, A_3 als ein Punkt des Netzes.

Wir werden stets voraussetzen, daß die Verheftungsvorschrift folgenden Bedingungen genügt:

1. Beliebige beim Verheften zu identifizierende Seitenabschnitte haben immer gleiche Längen. (Mit anderen Worten, bei der Zuordnung zwischen identifizierten Punkten zu verheftender Seiten bleiben die Längen erhalten.)

2. Von jedem Polygon kann man zu jedem anderen längs eines Weges gelangen, der über Polygone mit verhefteten Seiten führt.

Diese Bedingung bedeutet, daß das Netz nicht in völlig unzusammenhängende Teile zerfällt.

3. Jede Seite jedes Polygons wird entweder mit keiner Seite oder nur mit einer Seite zusammengeheftet.

Dies bedeutet, daß sich beim Verheften kein verzweigtes Polyeder ergeben darf.

Seiten, welche nicht mit anderen verheftet sind, bilden „den Rand" des Netzes. Sind solche Seiten nicht vorhanden, so sagen wir, das Netz hat keinen Rand.

Die Seiten und Ecken der Polygone des Netzes nennen wir Kanten und Ecken des Netzes und betrachten dabei identifizierte Seiten und Ecken entsprechend als eine Kante und eine Ecke des Netzes.

Ein Polyeder ist nichts anderes als ein Spezialfall eines Netzes: es ist zusammengesetzt aus Polygonen, den Seitenflächen, und die beim Netz gedachten, allgemein gesagt, nur abstrakten Identifizierungen sind in ihm verwirklicht. So betrachten wir mit den Netzen gleichzeitig auch Polyeder. Sehen wir ein Polyeder jedoch als Netz an, so lassen wir seine Räumlichkeit völlig außer acht. Ebenso wird uns nicht der spezielle Aufbau des Polyeders oder Netzes interessieren. Wir richten unsere Aufmerksamkeit vielmehr darauf, was alle Netze eines Polyeders und überhaupt alle Netze gemeinsam haben, die man durch Aufschneiden und Verheften auseinander erhalten kann. Dies Gemeinsame ist ihre „innere Metrik". Wir geben sogleich ihre genaue Definition.

2. Die innere Metrik. X und Y seien zwei Punkte eines Netzes R. Man kann sie in R durch Streckenzüge verbinden, wobei man von einem Polygon zu einem anderen durch identifizierte Punkte ihrer Ränder gelangt[1]. Die genaue untere Grenze der Längen solcher Streckenzüge nennt man die *Entfernung* der Punkte X und Y im Netz R und bezeichnet sie mit $\varrho_R(X, Y)$.

Diese Entfernung, als Funktion des Punktepaares X, Y betrachtet, heißt die Metrik des Netzes R.

Wenn zwischen den Punkten der Netze R und R' eine Beziehung hergestellt werden kann, bei der die Entfernungen zwischen den Paaren entsprechender Punkte gleich sind:

$$\varrho_R(X, Y) = \varrho_{R'}(X', Y'),$$

so nennt man diese Beziehung *isometrisch*, und die Netze heißen *isometrisch*. (Zu identifizierende Punkte des Netzes gelten natürlich als ein Punkt.)

[1] Die Möglichkeit, längs eines solchen Weges von einem Polygon zu einem beliebigen anderen überzugehen und folglich beliebige zwei Punkte X, Y aus R zu verbinden, ist in der Definition des Netzes vorgesehen. Siehe Bedingung 2.

Wir werden sagen, man erhält das Netz R' aus dem Netz R durch Aufschneiden und Verheften, wenn man die Polygone des Netzes R in Teilpolygone zerschneiden und diese längs der Seiten so verheften kann, daß man ein Netz erhält, welches mit R' vollständig gleichgeartet ist, d. h. das aus ebensolchen Polygonen unter derselben Verheftungsvorschrift zusammengesetzt ist (wobei die Verheftungsvorschrift in diesem Netz auf natürliche Weise definiert ist: Verheftet werden Seiten, die in R zusammengeheftet waren oder Seiten, in denen aufgeschnitten wurde).

Netze, die man durch Aufschneiden und Verheften auseinander erhält, sind isometrisch; denn diese Operationen verändern die im Netz gezogenen Streckenzüge im wesentlichen nicht. Sie verbinden nur identifizierte Punkte oder trennen Punkte beim Aufschneiden und machen aus einem Punkt zwei zu identifizierende.

Man kann die umgekehrte Behauptung beweisen:

Isometrische Netze entstehen auseinander durch Aufschneiden und Verheften.

Da wir diese Behauptung in ihrer allgemeinen Form nicht brauchen werden, lassen wir sie ohne Beweis; die Durchführung des Beweises bereitet im übrigen keine große Mühe.

Alle die Tatsachen, welche nur von der inneren Metrik eines Netzes und insbesondere eines Polyeders abhängen, bilden seine *innere Geometrie*. Isometrische Netze haben ein und dieselbe innere Geometrie, ebenso wie insbesondere ein Netz und ein aus ihm verheftetes Polyeder.

Zu den Begriffen der inneren Geometrie gehören außer der Entfernung selbst oder der Metrik ϱ_k die Längen, Winkel und Flächeninhalte.

Die Länge eines Streckenzuges im Netz ist die Summe der Längen seiner Teilstrecken. Jede genügend kleine Strecke XY im Netz ist die kürzeste Verbindung ihrer Endpunkte und ihre Länge ist daher gleich der Entfernung $\varrho_k(X, Y)$. Die Länge wird folglich durch die Metrik bestimmt.

Da die Winkel eines ebenen Dreiecks durch die Seitenlängen festgelegt sind, können die Winkel auch durch die Metrik bestimmt werden und bleiben bei einer isometrischen Abbildung erhalten. Die analoge Bemerkung gilt für den Flächeninhalt.

Ein Polyeder ist, wie wir schon sagten, nichts anderes als ein Netz, in welchem die im Netz gewöhnlich nur angegebenen Verheftungen tatsächlich verwirklicht sind. Daher kann man auf Polyeder denselben Begriff ihrer inneren Geometrie anwenden; sie wird durch die auf dem Polyeder selbst gemessenen Entfernungen definiert. Wird zwischen den Punkten zweier Polyeder eine Beziehung hergestellt, derart, daß diese Entfernungen zwischen entsprechenden Punktepaaren gleich sind, so heißt diese Beziehung *isometrisch*, und die Polyeder selbst, welche eine solche Beziehung zulassen, heißen *isometrisch*. Derartige Polyeder haben ein und dieselbe innere Geometrie. Als Beispiel können die Mantelflächen von Prismen dienen, deren Grundflächenumfänge und seitliche Kanten gleich lang sind.

Die Rolle geradliniger Strecken spielen in der inneren Geometrie die kürzesten Verbindungslinien zweier gegebener Polyeder- oder Netzpunkte, welche auf dem Polyeder oder entsprechend im Netz verlaufen. Solche Linien nennen wir einfach *Kürzeste*. Eine Kürzeste, welche zwei Punkte auf einer Seitenfläche verbindet, stellt eine geradlinige Strecke dar, verbindet sie aber Punkte verschiedener Seitenflächen, so stellt sie einen Streckenzug dar mit Strecken auf mehreren Seitenflächen. Beispiele von Kürzesten auf einem Würfel werden in Abb. 36 gegeben. Die Eigenschaften von Kürzesten in Netzen werden später in § 8 behandelt.

3. Das Verheften eines Polyeders. Wir sagen, *ein Polyeder P ist aus einem Netz R verheftet*, wenn die Identifizierungen, welche im Netz nur angegeben werden, im Polyeder tatsächlich verwirklicht sind. Genau genommen bedeutet dies, daß das Polyeder eine Zerlegung R' in Stücke, in „Polygone" Q' zuläßt. Diese werden von Linien, den „Kanten" begrenzt, welche in den „Ecken" der Zerlegung R' zusammentreffen. R' muß zwei Bedingungen erfüllen:

1. Das Netz R und die Zerlegung R' haben ein und dieselbe Struktur, d. h. jedem Polygon, jeder Kante oder Ecke des Netzes R entspricht ein „Polygon", eine „Kante" oder „Ecke" der Zerlegung R', derart, daß bei dieser Zuordnung die Zugehörigkeitsbeziehungen (zwischen Kante und Polygon, Ecke und Kante) erhalten bleiben.

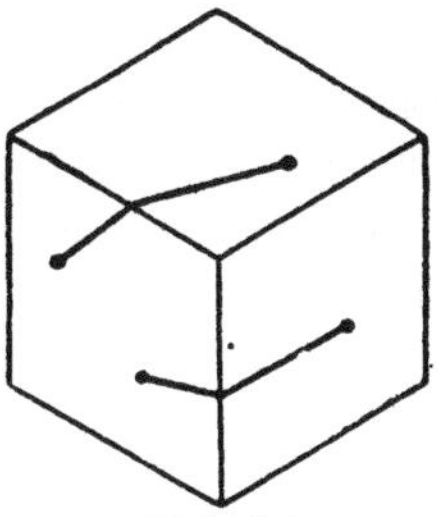

Abb. 36

2. Wenn das „Polygon" Q' aus R' dem Polygon Q aus R entspricht, dann kann man Q' so in die Ebene ausbreiten, daß es mit Q zusammenfällt; dabei fallen seine Kanten und Ecken mit den entsprechenden Kanten und Ecken des Polygons Q zusammen. Anschaulich bedeutet die begriffliche Operation des Ausbreitens in die Ebene eine isometrische Abbildung, d. h. eine solche Zuordnung zwischen den Punkten des Polygons Q' und den Punkten eines ebenen Polygons, bei der die Kurvenlängen unverändert bleiben[1].

Da die Polygone der Zerlegung R' und des Netzes R entsprechend isometrisch sind und an entsprechenden Kanten und Ecken aneinander angrenzen, erweist sich, daß die Längen beliebiger Streckenzüge in R und R' entsprechend gleich sind. Dies bedeutet, daß das Polyeder P zu dem Netz R isometrisch ist. Deshalb sind Polyeder, welche ein und dieselben Netze zulassen, oder, was dasselbe ist, die aus gleichen Netzen verheftet sind, zueinander isometrisch. Überhaupt könnte man das Verheften eines Polyeders aus einem Netz kurz als isometrische Abbildung des Netzes auf das Polyeder definieren.

Aus der gegebenen Definition des Verheftens eines Polyeders aus einem Netz ist klar, daß die Polygone und die Kanten des Netzes den Seitenflächen und Kanten des Polyeders auch überhaupt nicht zu entsprechen brauchen. In Abb. 37 sind zwei Netze eines regelmäßigen Tetraeders in Form von Parallelogrammen dargestellt, die in Dreiecke zerlegt sind. Die zu verheftenden Ecken sind mit denselben Buchstaben bezeichnet. Im ersten Falle entsprechen die Dreiecke des

[1] Dasselbe Verfahren kann man etwas anders beschreiben. Jedes „Polygon" Q' besteht, allgemein gesagt, aus mehreren polygonischen Stücken von Seitenflächen des Polyeders P. Das Ausbreiten in die Ebene besteht darin, daß diese Stücke in die Ebene auseinandergelegt und genauso aneinandergelegt werden, wie sie im Polyeder aneinanderlagen. Die Bedingung, daß man Q' in die Ebene abwickeln kann, besagt, daß man ein solches Aneinanderfügen seiner Stücke tatsächlich in der Ebene verwirklichen kann.

Netzes den Seitenflächen des Tetraeders, im zweiten nicht. Beide Netze haben die gleiche Struktur.[1] Das zweite erhält man aus dem ersten, wenn man das erste Dreieck an das vierte anlegt, die Dreiecke 2 und 3 längs der Linie *BA* und die Dreiecke 4 und 1 in *DC* aufschneidet und aus den sich ergebenden Dreieckstücken neue Dreiecke verheftet. Verfährt man mit dem zweiten Netz ähnlich und ebenso mit dem daraus entstehenden, so erhält man unendlich viele verschiedene Netze eines regelmäßigen Tetraeders, die jedoch alle dieselbe Struktur haben.

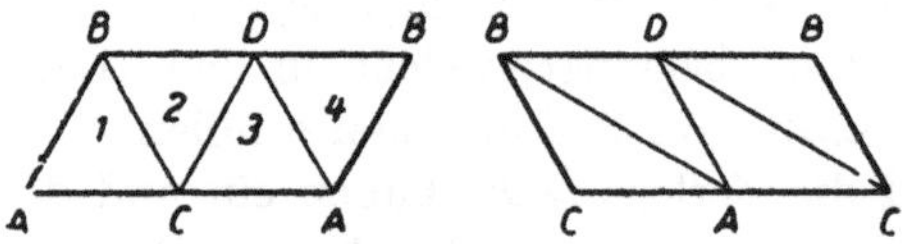

Abb. 37

In Abb. 38a ist das Netz eines Tetraeders dargestellt; Seiten mit gleicher Bezeichnung sind zu verheften; in Abb. 38b ist punktiert angegeben, in welchen Linien die Tetraederkanten verlaufen; Abb. 38c zeigt das schon verheftete Tetraeder mit Angabe der Linien, längs deren man es aufschneiden muß, um umgekehrt das Netz der Abb. 38a zu erhalten; außer längs der punktierten Linien muß man es an den Kanten aufschneiden, die in der Ecke *A* zusammentreffen. Das gegebene Netz ist insofern interessant, als in ihm ziemlich schwierige „Selbstverheftungen" von Dreiecken auftreten.

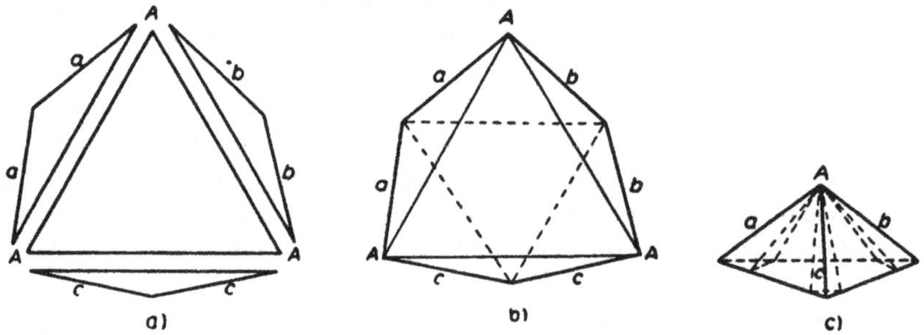

Abb. 38

Die Aufgabe, welche wir lösen werden, besteht erstens darin, zu erkennen, in welchem Grade ein konvexes Polyeder durch sein Netz bestimmt wird, und zweitens, welchen notwendigen und hinreichenden Bedingungen ein von vornherein gegebenes Netz genügen muß, damit man aus ihm ein konvexes Polyeder verheften kann.

Erinnert man sich an das Vorwort, so kann man sagen, daß man als erstes den Eindeutigkeitssatz für ein konvexes Polyeder mit gegebenem Netz aufstellen muß. Diese Aufgabe lösen wir in Kap. III und z. T. in Kap. V, § 2.

[1] Die Netze haben dieselbe Struktur, wenn sich ihre Polygone und Kanten so einander zuordnen lassen, daß entsprechende Polygone längs entsprechender Kanten verheftet werden.

Eine der notwendigen Bedingungen, der man das Netz unterwerfen muß, legen wir in der folgenden Nummer fest; andere werden im folgenden Paragraphen erläutert. Danach erhebt sich die Frage, wie man den hinreichenden Charakter der gefundenen Bedingungen beweist, d. h. es wird sich um den Beweis der Existenzsätze eines konvexen Polyeders mit gegebenem Netz handeln. Der Lösung dieses Problems sind Kap. IV und Kap. V, § 1 gewidmet. Die Formulierungen der grundlegenden Ergebnisse der Kap. III, IV und V werden in Kap. II, § 3 gegeben.

4. Die Krümmung. Als *Vollwinkel* um einen inneren, d. h. nicht auf dem Rand liegenden Punkt des Netzes bezeichnen wir die Summe der in ihm zusammenstoßenden Winkel. Liegt dieser Punkt innerhalb einer Kante, in der zwei Seitenflächen aneinandertreffen, so setzt sich sein Vollwinkel aus zwei gestreckten Winkeln zusammen und ist daher gleich 2π. Den Vollwinkel um einen inneren Punkt eines Polygons des Netzes setzen wir naturgemäß gleich 2π. (Analog

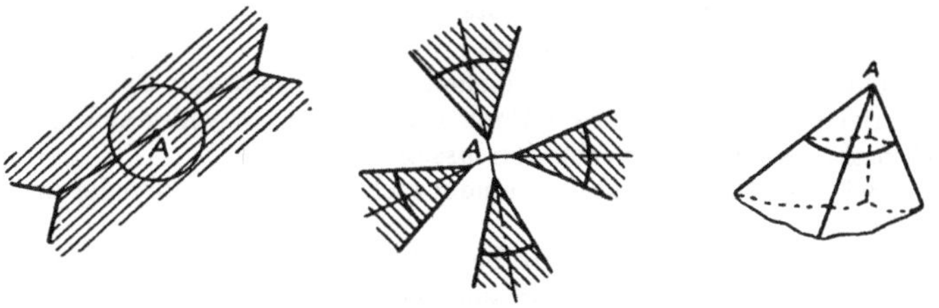

Abb. 39

definiert man den Vollwinkel eines Punktes auf dem Rand des Netzes; er kann sich nur dann von π unterscheiden, wenn der Punkt eine Randecke ist.)

Konstruiert man in den Polygonen, die im Punkt A zusammenstoßen, Kreissektoren mit kleinem Radius r, so bildet ihre Summe eine Umgebung des Punktes A; bezeichnen wir den Vollwinkel um den Punkt A mit Θ, so ist die Länge des Kreises dieser Umgebung Θr (Abb. 39). Ist Θ gleich 2π, so läßt sich diese Umgebung auf einen ebenen Kreis auflegen, und daher unterscheidet sich ein Punkt mit dem Vollwinkel 2π im Sinne der inneren Metrik in nichts von einem inneren Punkt einer Seitenfläche. Das wird deutlich an Punkten, die im Inneren einer nicht zum Rand gehörigen Kante liegen. Punkte, deren Vollwinkel nicht gleich 2π sind, müssen immer Ecken des Netzes sein. Man kann sie als *echte Ecken* bezeichnen.

Die Differenz $2\pi - \Theta$, wobei Θ der Vollwinkel um den inneren Punkt A eines Netzes ist, nennen wir die *Krümmung* des Punktes A. Da Θ nur in den Ecken von 2π verschieden sein kann, so gibt es nur endlich viele Punkte mit einer von Null verschiedenen Krümmung. Insofern als die Winkel durch die innere Metrik bestimmt werden, gehört die Krümmung auch zu den Begriffen der inneren Geometrie.

Als Krümmung eines beliebigen Teiles des Netzes bezeichnen wir die Summe der Krümmungen der in diesem Teil enthaltenen echten Ecken.

Ist die Krümmung in allen Punkten des Netzes ≥ 0, so sprechen wir von einem *Netz* oder einer *polyedrischen Metrik positiver Krümmung.*

In einer konvexen polyedrischen Ecke beträgt die Summe der ebenen Eckenwinkel immer weniger als 2π, so daß ihre Krümmung positiv ist. Daher hat ein konvexes Polyeder immer eine positive Krümmung. So haben wir *eine Bedingung* gefunden, *die notwendig dafür ist, daß sich aus einem gegebenen Netz ein konvexes Polyeder verheften läßt: die Summe der Winkel, welche in jeder Ecke des Netzes zusammenstoßen, darf nicht größer als 2π sein.*

(Da ein konvexes Polyeder mit Rand Teil eines vollständigen konvexen Polyeders ist, darf die Summe der Winkel, welche in jeder seiner Randecken und folglich auch in jeder Randecke seines Netzes aneinanderstoßen, auch nicht größer als 2π sein.)

5. Aufgaben. 1. Man beweise, daß a) eine Kürzeste auf einem Polyeder beim Übergang über eine Kante mit dieser gleiche Winkel (nicht Nebenwinkel) bildet; b) eine Kürzeste zu einer geradlinigen Strecke wird, wenn man nacheinander diejenigen Seitenflächen in die Ebene ausbreitet, durch welche die Kürzeste geht; c) eine Kürzeste auf einem konvexen Polyeder nicht durch eine Ecke gehen kann.

2. Man betrachte Kürzeste auf Mantelflächen von Prismen und Pyramiden.

3. Man gebe Beispiele an, wann zwei Punkte auf einem Polyeder sich nicht durch eine, sondern durch mehrere Kürzeste verbinden lassen.

4. Man gebe Beispiele für Kürzeste auf einem nicht-konvexen Polyeder an, welche durch seine Ecken gehen.

5. Durch welche Eigenschaften wird ein beliebiges Netz einer Mantelfläche eines Prismas (einer Pyramide) gekennzeichnet, das nur aus einem Polygon besteht?

6. Man beweise, daß jedes geschlossene konvexe Polyeder ein Netz zuläßt, das aus einem sternförmigen Polygon besteht, ähnlich dem natürlichen Netz einer Pyramide. (Die „Spitzen" des Sterns müssen in einer Ecke zusammentreffen.)

7. Man beweise, daß jedes gegebene (endliche) Polyeder nur eine endliche Anzahl von Netzen besitzt, deren Ecken nur Ecken des Polyeders entsprechen und deren Kantenlängen nicht größer als die des Polyeders sind.

§ 7. Topologische Eigenschaften der Polyeder und Netze

1. Die Topologie untersucht die Eigenschaften von Figuren, welche bei beliebigen umkehrbar eindeutigen und beiderseits stetigen Transformationen erhalten bleiben. Lassen sich die Punkte zweier Figuren in eine umkehrbar eindeutige und beiderseits stetige Beziehung setzen[1], so heißen diese Figuren *homöomorph* und die Beziehung selbst *Homöomorphismus* oder *topologische Abbildung* der einen Figur auf die andere. Offensichtlich sind zwei Figuren, die ein und derselben dritten homöomorph sind, es auch untereinander: es genügt, diejenigen ihrer Punkte einander zuzuordnen, welche ein und demselben Punkt der dritten Figur entsprechen.

[1] Eine Zuordnung φ zwischen den Punkten X einer Figur und den entsprechenden Punkten $Y = \varphi(X)$ einer anderen heißt umkehrbar eindeutig, wenn jedem Punkt X nur ein Punkt Y entspricht und umgekehrt. Die Zuordnung φ ist stetig, wenn daraus, daß die Punkte X_n gegen X konvergieren, folgt, daß die entsprechenden Punkte Y_n gegen den Punkt Y konvergieren, welcher X entspricht. Sie ist beiderseits stetig, wenn dasselbe für die umgekehrte Zuordnung φ^{-1} zwischen den Punkten X und den Punkten Y gilt.

Eine Eigenschaft einer Figur heißt *topologisch*, wenn sie bei beliebigen topologischen Abbildungen erhalten bleibt; hat eine gegebene Figur eine solche Eigenschaft, so haben auch alle zu ihr homöomorphen dieselbe Eigenschaft.

In diesem Paragraphen geben wird die grundlegenden topologischen Eigenschaften konvexer Polyeder und ihrer Netze an.

2. Satz 1. *Ein geschlossenes konvexes Polyeder ist einer Sphäre homoömorph.*

Wir wählen einen Punkt O im Inneren eines geschlossenen konvexen Polyeders P und beschreiben um ihn eine Sphäre S. Wir legen von O aus Strahlen in allen Richtungen und ordnen diejenigen Punkte des Polyeders P und der Sphäre S einander zu, welche auf ein und denselben Strahlen liegen. Jeder Strahl schneidet die Sphäre und das Polyeder in genau einem Punkt, daher ist die hergestellte Zuordnung umkehrbar eindeutig.

Sie ist auch beiderseits stetig. Bewegt man nämlich einen Punkt auf dem Polyeder stetig, so dreht sich der durch diesen Punkt gehende Strahl stetig um den Punkt O, und darum bewegt sich auch der entsprechende Punkt auf der Sphäre stetig auf ihr. Bewegt sich umgekehrt ein Punkt der Sphäre stetig, so dreht sich der durch ihn gehende Strahl ebenfalls stetig, und daher bewegt sich auch der Punkt X, in welchem der Strahl das Polyeder schneidet, stetig auf diesem[1]. Ebenso wie die direkte Zuordnung zwischen den Polyederpunkten und den Punkten der Sphäre ist also auch die umgekehrte Zuordnung stetig, d. h. die betrachtete Zuordnung ist beiderseits stetig.

Jedes endliche konvexe Polyeder mit Rand ist Teil eines geschlossenen; projizieren wir es auf dieselbe Art auf eine Sphäre, so können wir uns daher überzeugen, daß es einem gewissen sphärischen Polygon homöomorph ist. Besteht der Polyederrand aus einem einzigen geschlossenen Streckenzug, so ist auch dieses Polygon von einem geschlossenen sphärischen Streckenzug berandet. Solch ein Polygon ist einer Kreisperipherie homoömorph. (Diese Behauptung beweisen wir nicht, da wir sie für evident halten. Der strenge Beweis bietet gedanklich keine Schwierigkeiten, ist aber zeitraubend.)

Besteht der Polyederrand aus mehreren geschlossenen Streckenzügen, so ist das entsprechende sphärische Polygon ebenso gebaut. Es ist einem Kreis mit einer entsprechenden Zahl kreisförmiger Löcher homöomorph. (Diese Behauptung beweisen wir nicht, da wir sie nicht brauchen werden.)

3. Satz 2. *Ein unendliches konvexes Polyeder, dessen Grenzecke weder in eine ebene Ecke noch in eine Halbgerade entartet, kann man auf eine Ebene projizieren, derart, daß jedem Punkt der Ebene ein und nur ein Punkt des Polyeders entspricht. Daher ist dieses Polyeder der Ebene homöomorph.*

Beweis. Es sei V die nicht entartete Grenzecke eines unendlichen Polyeders. Dann kann man in ihrem Inneren eine Halbgerade a ziehen. Liegt der Punkt A

[1] Das ist völlig evident, wenn der Punkt X sich auf einer Seitenfläche bewegt; aber auch beim Durchgang durch Kanten und Ecken wird die Stetigkeit nicht zerstört; denn jeder Strahl, der sich in der Umgebung eines Strahles befindet, welcher das Polyeder im Punkt A einer Kante oder in einer Ecke A schneidet, durchdringt selbst das Polyeder in einem Punkt X in der Umgebung von Punkt A.

auf dem Polyeder, so kann man ihn als Scheitel der Ecke V ansehen; dann liegt die ganze Ecke V im Polyeder (s. § 4, Satz 1). Daher ist die Halbgerade, die vom Punkt A aus in der Richtung von a läuft, im Inneren des Polyeders enthalten.

Hieraus folgt, daß jede zu a parallele Gerade b das Polyeder nur in einem Punkt schneidet (weil eine vom Schnittpunkt ausgehende Halbgerade, welche in der Richtung von a verläuft, schon ganz innerhalb des Polyeders liegt).

Wir wollen beweisen, daß gleichzeitig jede zu a parallele Gerade das Polyeder schneidet. Wir nehmen das Gegenteil an: b sei eine zu a parallele Gerade, die das Polyeder nicht schneidet. Sie kann nicht in seinem Inneren liegen, da ein Polyeder keine Gerade enthält. Folglich liegt sie außerhalb des Polyeders.

Wir bringen das Polyeder mit einer Ebene zum Schnitt, welche durch irgendeinen inneren Punkt des Polyeders und durch die Gerade b verläuft. Im Schnitt erhalten wir ein konvexes Polygon, das auf einer Seite der Geraden b liegt. Es ist

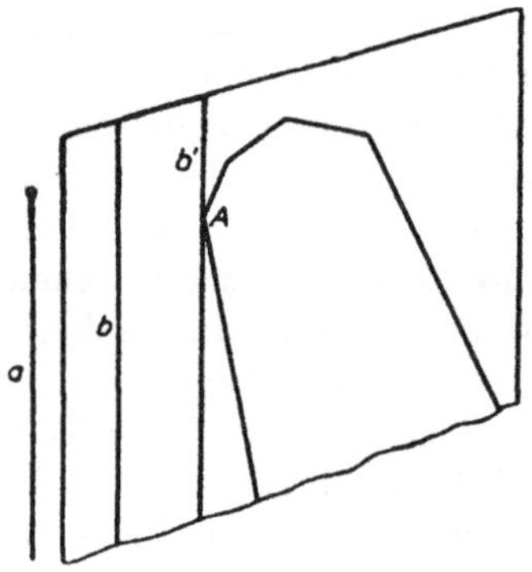

Abb. 40

unmittelbar einleuchtend, daß dieses Polygon eine zu b parallele Stützgerade b' besitzt (Abb. 40). Aber der Teil dieser Geraden, welcher vom Berührungspunkt A aus in Richtung der Halbgeraden a liegt, muß nach dem vorher Bewiesenen innerhalb des Polyeders liegen und kann demgemäß kein Teil der Stützgeraden b' sein. Der Widerspruch, welcher sich ergibt, zeigt, daß jede zu a parallele Gerade b das Polyeder schneiden muß.

Also schneidet jede solche Gerade das Polyeder, und zwar nur in einem Punkt. Projizieren wir das Polyeder mittels solcher Geraden auf eine Ebene, so erhalten wir die Projektion, deren Existenz im Satz behauptet wird, w. z. b. w.

Ein Polyeder mit einer in eine ebene Ecke oder in eine Halbgerade entartenden Grenzecke kann nicht auf die ganze Ebene projiziert werden, und keine seiner Projektionen ist eindeutig (d. h. auf einige Punkte der Ebene werden mehrere oder sogar unendlich viele Punkte des Polyeders projiziert). Ist die Projektionsrichtung zu einer Halbgeraden parallel, welche in der Grenzecke verläuft, so gleiten einige Projektionsgeraden über unendliche Seitenflächen, während andere das Polyeder überhaupt nicht schneiden.

Man kann sich leicht überzeugen, daß sich das Polyeder im Falle einer ebenen Grenzecke V auf einen Streifen zwischen einem Paar paralleler Geraden projizieren läßt; diese Geraden sind die Projektionen unendlicher Seitenflächen, die der Ebene der Ecke V parallel sind. Entartet jedoch die Ecke V in eine Halbgerade a, so stellt die Projektion parallel dieser Halbgeraden ein konvexes Polygon dar, dessen Seiten die Projektionen unendlicher Seitenflächen sind.

Jedenfalls ergibt die Projektion hier keine umkehrbar eindeutige Abbildung auf die ganze Ebene, und darum ist eine andere Konstruktion notwendig.

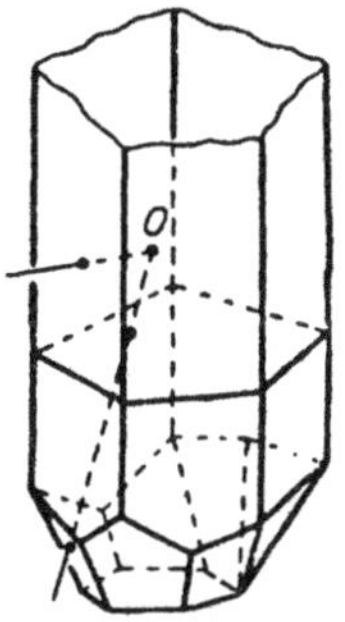

Abb. 41

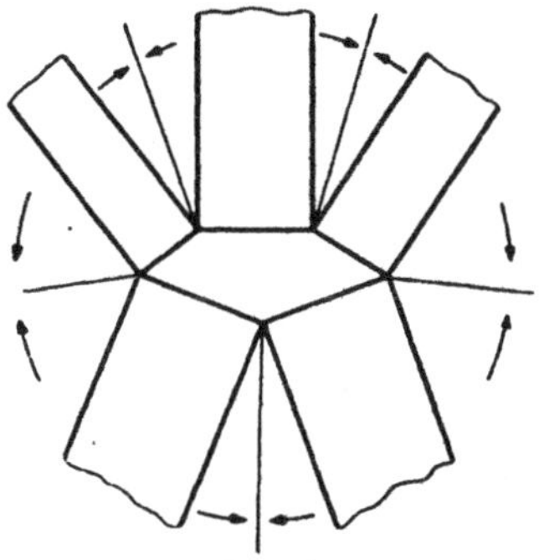
Abb. 42

Wir wollen ein Polyeder P betrachten, dessen Grenzecke sich auf eine Halbgerade reduziert. Alle seine unendlichen Kanten sind einander parallel. Bringt man sie mit einer senkrechten Ebene zum Schnitt, so schneidet man vom Polyeder ein nach einer Seite unendliches Prisma P' ab (zu welchem wir seine Grundfläche hinzurechnen). Wir wählen einen inneren Punkt O dieses Prismas. Jeder Strahl, der von O ausgeht und P' schneidet, schneidet auch P und umgekehrt (Abb. 41). Ordnet man die Punkte auf ein und denselben Strahlen einander zu, so erhalten wir als Ergebnis eine umkehrbar eindeutige und beiderseits stetige Zuordnung der Punkte auf P und P' (Punkte, die P und P' gemeinsam sind, entsprechen sich selbst).

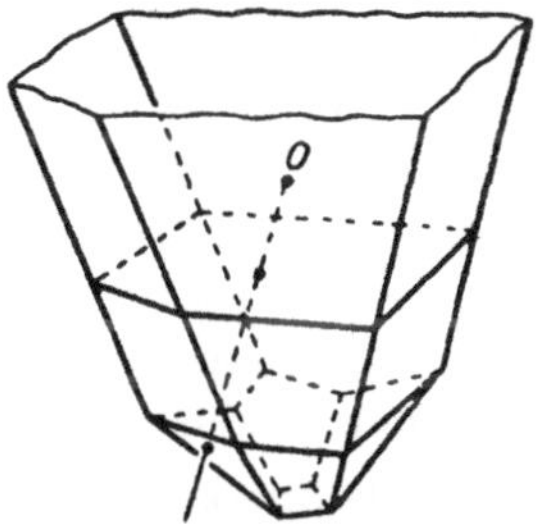

Abb. 43

Das Prisma P' kann man offensichtlich auf die Ebene umkehrbar eindeutig und beiderseits stetig abbilden. Es genügt, seine Mantelfläche auf die Ebene der Grundfläche zu breiten und sie so zu dehnen, daß sie sie ganze Ebene bedeckt (Abb. 42).

Damit ist bewiesen, daß das Polyeder P einer Ebene homöomorph ist.

Wir betrachten nun ein Polyeder P, dessen Grenzecke eben ist, aber sich nicht auf eine Halbgerade reduziert. Ein solches Polyeder besitzt zwei unendliche Seitenflächen, welche zur Ebene der Ecke V parallel sind, mit unendlichen Kanten, die zu den Kanten der Ecke V parallel sind; alle seine übrigen unendlichen Seitenflächen haben paarweise parallele Kanten. Wir bringen das Polyeder P mit einer Ebene zum Schnitt, welche alle seine endlichen Seitenflächen abtrennt (Abb. 43). Im Ergebnis erhalten wir ein Polyeder P' mit einer endlichen Seitenfläche, die in P enthalten ist und mit unendlichen Seitenflächen, die auf Seitenflächen des Polyeders P liegen.

Wir wählen einen Punkt O in seinem Inneren. Man überzeugt sich leicht, daß jeder Strahl, der von O ausgeht und ein Polyeder schneidet, auch das andere schneidet. So wird das Polyeder P auf P' umkehrbar eindeutig und beiderseits stetig abgebildet.

Ferner kann man leicht sehen, daß sich das Polyeder P', analog wie vorher, umkehrbar eindeutig und beiderseits stetig auf die Ebene abbilden läßt. Damit ist bewiesen, daß das Polyeder P auch der Ebene homöomorph ist. (Diese Schlußfolgerung wenden wir auf jedes unendliche Polyeder an.)

Unsere Darlegungen führen uns zu folgendem Satz:

Satz 3. *Ein unendliches konvexes Polyeder ist der Ebene homöomorph.*

4. Das Verheften eines Polyeders aus einem Netz stellt eine solche Abbildung des Netzes auf das Polyeder dar, die, wie aus der Definition dieser Abbildung klar ist (§ 6, Nr. 3), umkehrbar eindeutig und beiderseits stetig ist, wobei die Bedingung unerläßlich ist, daß man die kraft des „Verheftungsgesetzes" zu identifizierenden Netzpunkte als einen Punkt des Netzes ansieht. Daher ist ein Netz, aus dem man ein gegebenes Polyeder zusammenheften kann, ihm notwendig homöomorph.

Wenn wir dies sagen, meinen wir hier wie überall, daß die zu verheftenden Punkte als ein Punkt gerechnet werden.

Auf Grund dieser Bemerkung folgt aus den Sätzen 1 und 3

Satz 4. *Das Netz eines geschlossenen konvexen Polyeders ist einer Sphäre, das Netz eines unendlichen konvexen Polyeders einer Ebene homöomorph.*

(Hieraus läßt sich auch schließen, daß das Netz eines endlichen Polyeders mit Rand einem sphärischen Polygon homöomorph ist, während das eines unendlichen Polyeders mit Rand einem unendlichen Polygon homoömorph ist.)

Diese dem Netz auferlegte Bedingung ist jedoch in der Hinsicht unpraktisch, daß sie nicht von vornherein eine einfache Art erkennen läßt, wie man bei einem gegebenen Netz prüfen kann, ob es einer Kugel homöomorph ist oder nicht. Darum ersetzen wir diese Bedingung durch eine andere, welche für ein beliebiges Netz ganz einfach nachprüfbar ist. Sie wird in einem Satz von Euler angegeben, den wir auch beweisen werden.

5. Als *Streckennetz* bezeichnen wir eine beliebige Menge endlich vieler einfacher (d. h. ohne Selbstüberschneidungen), nicht-geschlossener Streckenzüge, welche auf dem Polyeder liegen und keine gemeinsamen Punkte außer den Endpunkten besitzen. Jeden Streckenzug nennen wir „Kante", die Endpunkte des Streckenzuges „Ecken" des Streckennetzes. Im allgemeinen wird ein solches Streckennetz das Polyeder in mehrere Gebiete zerlegen[1]. Zerlegt es das Polyeder überhaupt nicht, so schließen wir, daß es nur ein Gebiet gibt. Das einfachste Beispiel eines Streckennetzes ist das Streckennetz der Kanten des Polyeders selbst; seine Seitenflächen sind hier die Gebiete.

[1] Ein Gebiet bilden alle Punkte, welche man miteinander durch Streckenzüge verbinden kann, ohne das Streckennetz zu schneiden.

Im allgemeinen kann ein Streckennetz aus mehreren Teilen bestehen, welche keine paarweise gemeinsamen Punkte haben. Jeden solchen Teil, der nicht weiter zerfällt, nennen wir zusammenhängende Komponente des Netzes.

Satz 5. (Verallgemeinerter EULERscher Satz.) *Ist auf einem geschlossenen konvexen Polyeder ein Streckennetz gegeben und ist e die Zahl seiner Ecken, k die Zahl der Kanten, l die Zahl der zusammenhängenden Komponenten und f die Zahl der Gebiete, in welche das Polyeder durch das Streckennetz zerlegt wird, so gilt*

$$e - k + f = l + 1. \qquad (1)$$

Ist insbesondere das Streckennetz zusammenhängend (d. h. besteht es aus nur einer Komponente), so gilt $e - k + f = 2$.

Der Beweis gründet sich auf folgenden unmittelbar einleuchtenden Satz, bekannt unter dem Namen JORDANscher Satz: *Jeder geschlossene Streckenzug auf einem geschlossenen konvexen Polyeder zerlegt es.* Obgleich dieser Satz so einleuchtend ist, erweist sich sein strenger Beweis als nicht sehr einfach; er wird ergänzend in der letzten Nummer dieses Paragraphen durchgeführt. Jetzt setzen wir den JORDANschen Satz als richtig voraus und beweisen den verallgemeinerten EULERschen Satz.

Für ein „leeres Streckennetz", d. h. wenn es kein Streckennetz auf dem Polyeder gibt, ist der Satz gültig; denn in diesem Fall ist $e = k = l = 0$, und es gibt nur ein Gebiet, so daß $f = 1$ ist und die Gleichung (1) erfüllt ist. Der Satz ist daher bewiesen, wenn wir zeigen können, daß man, ohne die Größe $e - k + f - l$ zu ändern, das ganze Netz abbauen kann, wenn man die Kanten einzeln beseitigt.

Wir betrachten die folgenden drei Arten, die Kanten eines Streckennetzes zu beseitigen.

1. Man beseitigt eine Kante mit einem freien Endpunkt. Dann vermindern sich die Anzahlen k der Kanten und e der Ecken je um 1, aber die Anzahlen f der Gebiete und l der Komponenten ändern sich offenbar nicht. Daher bleibt die Größe $e - k + f - l$ unverändert.

2. Man entfernt eine Kante, welche gemeinsamer Rand (oder Teil des Randes) zweier Gebiete ist. Dann vereinigen sich diese Gebiete und ihre Anzahl f vermindert sich um 1. Auch die Anzahl k der Kanten vermindert sich um 1. Eine Kante, welche Gebiete trennt, besitzt keine freien Endpunkte; daher bleiben die Endpunkte erhalten, so daß sich die Zahl e nicht ändert. Auch die Anzahl l der Komponenten bleibt unverändert, weil ein Gebiet von einem geschlossenen Streckenzug begrenzt wird, der bei Entfernung einer Kante nicht in unzusammenhängende Teile zerfallen kann.

Also ändert sich die Größe $e - k + f - l$ nicht.

3. Man beseitigt eine Kante mit zwei freien Endpunkten. Eine solche Kante stellt selbst eine zusammenhängende Komponente des Streckennetzes dar, und darum vermindert sich die Zahl l um 1. Auch die Zahl k der Kanten nimmt um 1 ab. Die Anzahl e der Ecken verringert sich um 2; die Zahl f der Gebiete bleibt offensichtlich erhalten. Also ändert sich die Größe $e - k + f - l$ wiederum nicht.

Jetzt sei ein beliebiges Netz gegeben. Wir verwenden das erste und dritte Verfahren und entfernen alle Kanten mit freien Endpunkten. Bleiben danach noch Kanten übrig, so bilden sie geschlossene Streckenzüge und zerlegen daher (auf Grund des JORDANschen Satzes!) das Polyeder in Gebiete. In diesem Fall ist das zweite Verfahren anwendbar, welches früher oder später offenbar zum Auftreten freier Endpunkte führt. Dann entfernen wir wieder die Kanten mit freien Endpunkten usw., solange bis wir das ganze Streckennetz zum Verschwinden gebracht haben. Bei keiner der Operationen ändert sich die Zahl $e - k + f - l$, und bei Fehlen des Streckennetzes ist sie gleich 1. Darum ist auch für das ursprüngliche Streckennetz $e - k + f - l = 1$, w. z. b. w.

Nun sei R ein Netz, aus dem man ein geschlossenes konvexes Polyeder verheften kann. Nach Definition bedeutet dies, daß man das Polyeder P in Gebiete zerlegen kann, welche den Polygonen des Netzes entsprechen, derart, daß die gemeinsamen Randstrecken der Gebiete den zu verheftenden Seiten der entsprechenden Polygone zugeordnet sind. Diese Randstrecken stellen Streckenzüge dar, die ein Streckennetz auf dem Polyeder P bilden. Die Anzahlen e der Ecken, k der Kanten und f der Gebiete dieses Streckennetzes sind entsprechend gleich den Zahlen der Ecken, Kanten und Polygone des Netzes (wobei die von uns angenommene Bedingung gilt, daß zu verheftende Seiten und Ecken als eine Kante und eine Ecke anzusehen sind).

Wir hatten auch vorausgesetzt, daß das Netz aus einfachen Polygonen besteht (d. h. aus Polygonen, von denen jedes durch einen geschlossenen Streckenzug begrenzt wird). Wir beweisen, daß unter dieser Voraussetzung das Streckennetz zusammenhängend ist. Es seien A und B beliebige Ecken des Netzes (entsprechend des Streckennetzes). Gehören sie einem Polygon an, so sind sie durch einen Streckenzug verbunden, da das Polygon einfach ist. Gehören sie jedoch verschiedenen Polygonen Q und R an, so kann man von Q zu R längs eines Weges über Polygone mit gemeinsamen Ecken oder Seiten gelangen. Wenn wir auf den Rändern dieser Polygone entlanggehen, verbinden wir daher die Ecken A und B durch eine Kette von Kanten. Sobald aber zwei beliebige Ecken durch eine Kette von Kanten verbunden sind, ist das Streckennetz zusammenhängend.

Also ist die Komponentenzahl unseres Streckennetzes $l = 1$, und daher dem EULERschen Satz zufolge $e - k + f = 2$.

Diese Betrachtungen haben zu folgendem Satz geführt:

Satz 6. *Kann man aus einem Netz ein geschlossenes konvexes Polyeder zusammenheften, so erfüllen notwendig die Zahl f der Polygone des Netzes, die Zahl k der Kanten und e der Ecken die EULERsche Beziehung $e - k + f = 2$.*

Der verallgemeinerte EULERsche Satz hat topologischen Charakter; bei einer topologischen Transformation können die Streckenzüge, die das Streckennetz bilden, zu Kurven werden, aber es ändert sich weder ihre Anzahl, noch die der Ecken oder der Gebiete. Daher gilt dieselbe Beziehung zwischen ihnen für die Streckennetze auf jeder Fläche, welche einem geschlossenen konvexen Polyeder homöomorph ist, und darum auch für solche auf jeder Fläche, die einer Sphäre homöomorph ist. In Verbindung hiermit kann man Satz 6 auch topologisch formulieren: *für jedes Netz, das einer Sphäre homöomorph ist, gilt* $e - k + f = 2$. *Dabei kann man die Polygone des Netzes selbst auch beliebigen topologischen Transformationen unterwerfen, so daß man sie sich als „gekrümmte Polygone" denken kann.*

6.[1] Satz 7. (Umkehrung des EULERschen Satzes.) *Genügt ein Netz ohne Rand, welches aus endlichen Polygonen zusammengesetzt ist, der EULERschen Bedingung* $e - k + f = 2$, *so ist es einer Sphäre homöomorph.*

Beim Beweis lassen wir topologische Transformationen von Polygonen zu, so daß nichts außer ihrer Seitenzahl und der Verheftungsvorschrift eine Rolle spielen wird.

Besteht ein Netz aus mehr als einem Polygon, so erhalten wir, wenn wir an eines von ihnen ein anderes, an dieses ein drittes „ankleben" usw., ein nur aus einem Polygon bestehendes Netz. Dabei verheften wir jedesmal je ein Seitenpaar, welches nach der im Netz angegebenen Vorschrift zu verheften ist. Daher vermindert sich bei jedem Verheften die Anzahl der Polygone und der Kanten um 1,

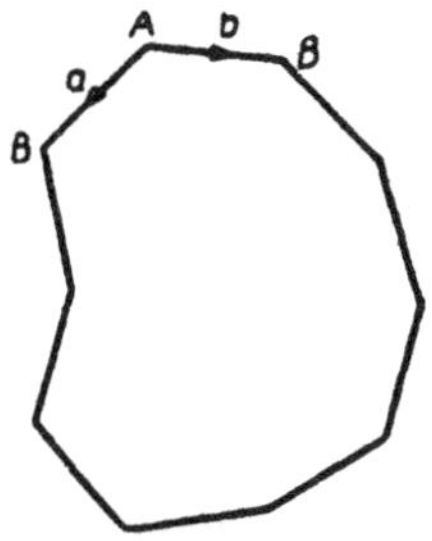

Abb. 44

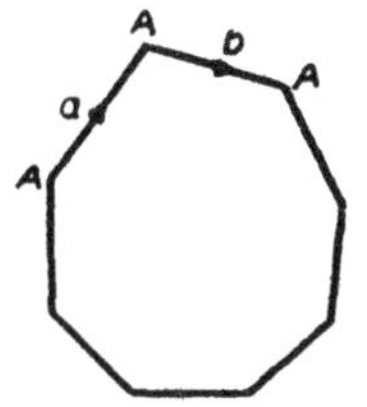

Abb. 45

die Zahl der Ecken dagegen bleibt gleich, so daß die Größe $e - k + f$ sich nicht ändert und gleich 2 bleibt. In dem gewonnenen Netz ist $f = 1$ und also $e = k + 1$.

Das einzige Polygon des sich ergebenden Netzes besitzt $2k$ Seiten, da die Seiten paarweise verheftet werden und jedes ihrer Paare eine Kante ergibt. Die Anzahl der Ecken des Polygons ist gleich der Anzahl der Seiten, d. h. auch $2k$. (Man verwechsele nicht die Polygonecken mit den Netzecken! Die zu verheftenden Ecken des Polygons gelten als eine Netzecke.)

Wir wollen zeigen, daß unser Polygon ein Paar zu verheftender Seiten a und b mit gemeinsamem Endpunkt besitzt; verheftet man a mit b, so entspricht dabei dieser gemeinsame Endpunkt sich selbst und ergibt nur eine Netzecke. (Markiert man auf diesen Seiten die Richtungen, welche beim Verheften zusammenfallen, so sind sie entgegengesetzt; Abb. 44.)

Gäbe es nämlich kein solches Paar zu verheftender Seiten, so entspräche bei keinem zu verheftenden Seitenpaar ein Endpunkt sich selbst (diese Seiten sind entweder nicht benachbart oder benachbart, aber sie haben ein und dieselbe Richtung, wie in Abb. 45).[2] Daher würden alle Endpunkte von Seiten, d. h.

[1] Alle weiteren Schlußfolgerungen der §§ 6—8 haben nur für Kap. IV Bedeutung.

[2] Eine solche Verheftung scheint unmöglich; man muß sich aber erinnern, daß die Verheftungen von vornherein gegeben sind und daß darum solche Verheftungen nicht als von vornherein ausgeschlossen gelten können.

alle $2k$ Ecken des Polygons, wenigstens paarweise verheftet und ergäben also nicht mehr als k Ecken des Netzes. Die Anzahl der Netzecken wäre folglich $e \leq k$. Dagegen gilt $e = k + 1$. Darum muß es ein Paar benachbarter zu verheftender Seiten geben, welche entgegengesetzt gerichtet sind.

Wir führen die Verheftung zweier solcher Seiten a und b aus (das ist möglich, da wir beliebige topologische Deformationen der Polygone zulassen). Wir erhalten ein neues Polygon mit einer geringeren Anzahl von Seiten. Für dieses Polygon gilt offensichtlich wiederum $e' = k' + 1$, und man kann die gleichen Überlegungen darauf anwenden. Wir wiederholen diese Operation und gelangen schließlich zu einem „Polygon" mit nur zwei Seiten a und b (Abb. 46). Man sieht unmittelbar, daß die Verheftung dieser Seiten dieses Polygon in eine Fläche verwandelt, die einer Sphäre homöomorph ist (Abb. 46); man kann sich dies leicht so vorstellen, daß die Ränder eines Sphärenabschnittes längs eines Bogens verheftet werden. Der Satz ist damit bewiesen.

Im Zusammenhang mit dem in der vorhergehenden Nummer formulierten EULERschen Satz in seiner topologischen Form gelangen wir zu folgendem Satz:

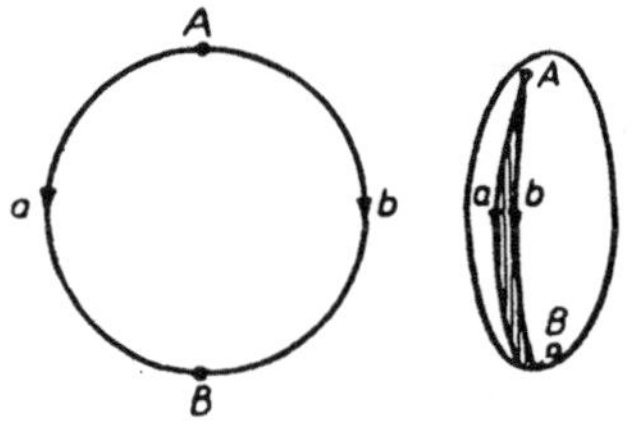

Abb. 46

Dafür, daß ein Netz ohne Rand, das aus endlichen Polygonen besteht, einer Sphäre homöomorph ist, ist notwendig und hinreichend, daß es der EULERschen Bedingung $e - k + f = 2$ genügt.

Diese Bedingung charakterisiert also das Gesetz, wie man eine Fläche vom Typus einer Sphäre aus einfachen Stücken zusammenheftet.

7. Netze mit Rand. Man kann Satz 7 durch folgende Behauptung ergänzen: *für jedes Netz ohne Rand, das aus endlichen Polygonen zusammengesetzt ist, kann die* EULER*sche Zahl* $e - k + f$ *nicht größer als* 2 *sein.*

Nehmen wir an, es wäre $e - k + f > 2$ und wiederholen wir die im Anfang des Beweises von Satz 7 durchgeführte Überlegung, so gelangen wir zu einem Netz aus einem Polygon, für das $f = 1$ und $e > k + 1$ ist. Führen wir diese Überlegung fort, so finden wir ein Paar benachbarter Seiten a und b, die in entgegengesetzter Richtung zu verheften sind (Abb. 44). Heften wir diese zusammen und wiederholen wir denselben Gedankengang, so kommen wir schließlich auf ein Polygon mit zwei Seiten, welche zu einer Kante zu verheften sind, und mit zwei Ecken, d. h. wir erhalten ein Netz mit $f = 1$, $k = 1$, $e = 2$. Für dieses gilt $e - k + f = 2$; da sich aber bei keiner der Operationen die EULERsche Zahl geändert hat, war sie auch zu Anfang entgegen unserer Annahme gleich 2.

Dasselbe Ergebnis gilt auch für Netze mit Rand. Allgemein läßt sich folgender Satz formulieren:

Satz 8. *Für jedes Netz, welches aus endlichen Polygonen besteht, gilt* $e - k + f \leq 2 - h$, *wobei* e, k *und* f *die übliche Bedeutung haben und* h *die Zahl der geschlossenen Streckenzüge ist, die den Netzrand bilden. Gilt* $e - k + f = 2 - h$, *so ist dabei das Netz einem sphärischen Polygon homöomorph, das von* h *geschlossenen Streckenzügen begrenzt wird; umgekehrt ist für ein solches Netz* $e - k + f = 2 - h$.

Insbesondere ist für ein Netz ohne Rand $h = 0$, und deshalb sind hierin alle vorhergehenden Ergebnisse inbegriffen.[1]

Beweis. Für Netze ohne Rand ($h = 0$) ist der angegebene Satz schon in den bewiesenen Behauptungen enthalten. Wir betrachten ein Netz mit Rand. Einen beliebigen dieses Netz berandenden geschlossenen Streckenzug kann man durch ein einfaches Polygon mit derselben Seitenzahl zuheften. Wir erhalten ein neues Netz, bei welchem die Anzahlen der Ecken und Kanten die gleichen sind, während die Anzahl der Polygone sich um 1 vermehrt und die der berandenden Streckenzüge sich um 1 vermindert hat, d. h. für das neue Netz ist die Zahl $e - k + f + h$ die gleiche geblieben. Kleben wir aber auf diese Art den Rand zu, so erhalten wir ein Netz ohne Rand, für welches $e - k + f + h \leq 2$ ($h = 0$) ist. Da diese Zahl sich nicht ändert, gilt dasselbe für das Netz, von dem wir ausgegangen sind.

Galt für das ursprüngliche Netz $e - k + f = 2 - h$, so gelangen wir durch Zukleben der Ränder zu einem Netz ohne Ränder, für welches $e - k + f = 2$ ist. Dieses Netz ist nach Satz 7 einer Sphäre homöomorph, und darum ist das Ausgangsnetz einem sphärischen Polygon homöomorph. Umgekehrt läßt sich jedes Netz, das einem sphärischen Polygon homöomorph ist, durch Zukleben zu einem Netz vervollständigen, welches einer Sphäre homöomorph ist, und daher gilt für dieses $e - k + f = 2 - h$.

Der Satz ist damit vollständig bewiesen.

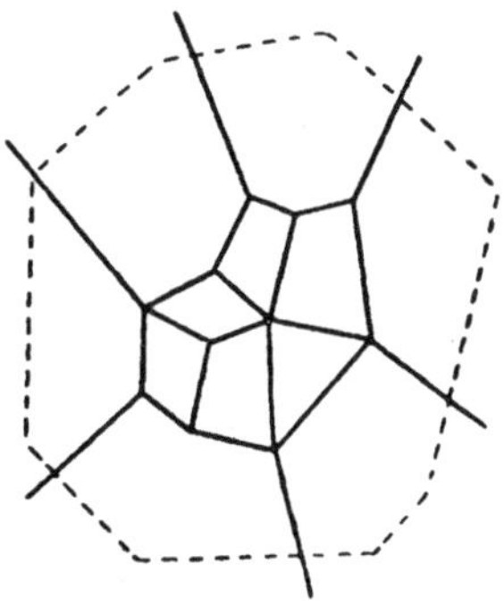

Abb. 47

8. Unendliche Netze. Für unendliche Netze kann man analoge Zusammenhänge zwischen ihrer topologischen Struktur und der Eulerschen Zahl erhalten. Da unendliche konvexe Polyeder und also auch ihre Netze einer Ebene homöomorph sind, so untersuchen wir die Eulersche Beziehung für solche Netze.

Satz 9. *Dafür, daß ein Netz ohne Rand, das unendliche Polygone enthält, einer Ebene homöomorph ist, ist notwendig und hinreichend, daß seine Eulersche Zahl gleich Eins ist:* $e - k + f = 1$.

Die Notwendigkeit. Wir bilden das Netz auf eine Ebene ab und schneiden aus ihm einen endlichen Teil aus, der von einem geschlossenen Streckenzug berandet wird. Dies machen wir derart, daß in diesem endlichen Teil alle Ecken, alle endlichen Kanten und Polygone, von jeder unendlichen Kante ein Abschnitt und von jedem unendlichen Polygon ein endliches Stück enthalten ist. (Abb. 47.)

[1] Daß der Rand eines endlichen Netzes aus geschlossenen Streckenzügen zusammengesetzt ist, wird in dem Sinn verstanden, daß man beim Fortschreiten von einer Randkante zur nächsten mit gleicher gemeinsamer Ecke (sie kann gemeinsam sein durch Verheftung von an diesen Kanten angrenzenden Polygonseiten des Netzes) usw. einen geschlossenen Streckenzug erhält. Dies ist offensichtlich, insofern als die Zahl der Kanten endlich ist und deren Reihe sich schließen muß. Gibt es mehrere derartige geschlossene Streckenzüge, so haben sie keine gemeinsamen Punkte, weil in einer Randecke nur zwei Randkanten zusammentreffen, und daher ist eine Kette aneinander angrenzender Randkanten durch eine beliebige unter ihnen eindeutig bestimmt.

Als Ergebnis erhalten wir ein endliches Netz mit derselben Anzahl f von Polygonen, zu der Zahl e der Ecken und k der Kanten jedoch addiert sich die Zahl der Ecken des berandenden Streckenzuges und die Zahl seiner Seiten. Aber die Zahl der Ecken und der Seiten dieses Streckenzuges ist ein und dieselbe, und deshalb ist die Eulersche Zahl für unser endliches Netz der gleiche Wert $e - k + f$ wie auch für das ursprüngliche.

Unser endliches Netz wird von einem Streckenzug berandet und ist einem Polygon homöomorph. Also ist nach Satz 8 $e - k + f = 2 - 1 = 1$, w. z. b. w.

Die Hinlänglichkeit. Gegeben sei ein unendliches Netz ohne Rand mit der Eulerschen Zahl $e - k + f = 1$. Q_1 sei ein unendliches Polygon des Netzes, Q_2 ein unendliches Polygon, das längs einer unendlichen Seite L_1 mit ihm verheftet ist, usw. Da die Zahl aller Polygone endlich ist und die Seiten paarweise verheftet werden, muß sich die erhaltene Folge so schließen, daß ihr letztes Polygon Q_n mit Q_1 längs einer unendlichen Kante L_n verheftet wird. Im Ergebnis erhält man eine zyklische Folge unendlicher Polygone $Q_1, Q_2, \ldots, Q_n$, die in den unendlichen Seiten $L_1, L_2, \ldots, L_n$ aneinandergrenzen. Insbesondere kann das Polygon Q_1 mit sich selbst verheftet sein, dann besteht die Folge nur aus ihm allein.

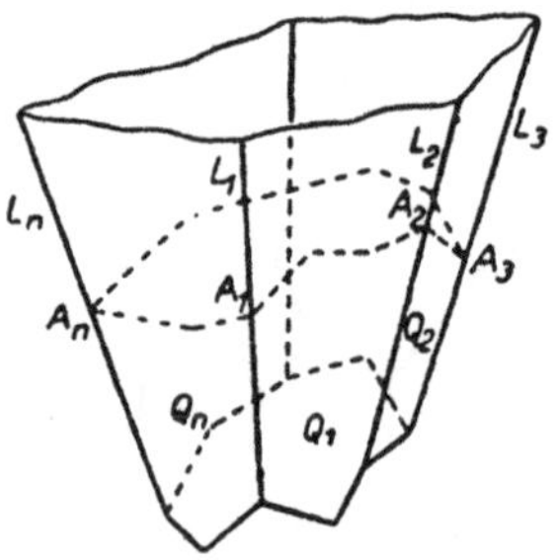

Abb. 48

Bleiben im Netz noch unendliche Polygone übrig, so wählen wir ein beliebiges von ihnen und konstruieren, von diesem ausgehend, genauso eine andere zyklische Folge. Wir wiederholen diese Konstruktion und zerlegen die Menge aller unendlichen Polygone des Netzes in die Folgen $R^1, R^2, \ldots, R^m$. Jede von ihnen stellt gleichsam ein unendliches Ende des Netzes dar.

Wir wählen auf den Kanten $L_1, L_2, \ldots, L_n$, in welchen die Polygone der ersten Folge R^1 aneinander angrenzen, die Punkte $A_1, A_2, \ldots, A_n$ und verbinden sie nacheinander durch Streckenzüge in den Polygonen $Q_1, Q_2, \ldots, Q_n$. Als Ergebnis erhalten wir einen geschlossenen Streckenzug M^1, welcher unendliche Teile dieser Polygone abtrennt (Abb. 48; die Abb. ist nur bedingt richtig, da die Verheftung nur abstrakt durchgeführt ist).

Führt man dieselbe Operation mit allen Folgen R^i durch, so erhält man ein endliches Netz mit derselben Zahl f von Polygonen. Die Zahl e seiner Ecken steigt um die Zahl der Ecken der Streckenzüge M^i, und die Zahl k der Kanten um die Zahl der Seiten der Streckenzüge M^i. Aber bei jedem geschlossenen Streckenzug ist die Anzahl der Ecken gleich der Anzahl der Seiten, und daher ist die Eulersche Zahl des gewonnenen endlichen Netzes dieselbe wie beim ursprünglichen: $e - k + f = 1$.

Nach Satz 8 ist dies für ein Netz mit Rand dann und nur dann möglich, wenn das Netz einem gewöhnlichen Polygon homöomorph ist, das von einem geschlossenen Streckenzug berandet wird. Daher gibt es nur einen Streckenzug M und demgemäß *nur eine Folge unendlicher Polygone des Ausgangsnetzes.*

Wir bilden nun unser endliches Netz auf ein konvexes Polygon ab. Von seinen Ecken aus ziehen wir Halbgeraden, welche das äußere Gebiet in unendliche Polygone zerlegen. Auf jedes von ihnen kann man einen unendlichen Teil des entsprechenden Polygons des ursprünglichen Netzes abbilden, welcher bei der Konstruktion des Streckenzugs M abgetrennt wurde. Als Ergebnis erhält man eine Abbildung des ganzen ursprünglichen Netzes auf die Ebene. Also ist es einer Ebene homöomorph, w. z. b. w.

Die eben durchgeführte Betrachtung zeigt, daß ein abgeschnittener Teil eines Netzes die Eulersche Zahl $e - k + f = 1$ dann und nur dann besitzt, wenn er von nur einem Streckenzug M berandet wird. Dies entspricht der Tatsache, daß das ursprüngliche unendliche Netz nur ein „unendliches Ende" besitzt. Dem Bewiesenen zufolge ist die Gleichung $e - k + f = 1$ notwendig und hinreichend dafür, daß ein unendliches Netz einer Ebene homöomorph ist. Daher ist das Vorhandensein nur eines unendlichen Endes ebenfalls notwendig und hinreichend, d. h. wir erhalten folgenden Satz:

Satz 10. *Soll ein Netz ohne Rand einer Ebene homöomorph sein, so ist dafür notwendig und hinreichend, daß es ein unendliches Ende hat (d. h. daß es mindestens ein unendliches Polygon enthält und daß alle seine unendlichen Polygone eine zyklische Folge bilden, wenn man sie, wie im Netz angegeben, längs der unendlichen Seiten verheftet).*

Wir bemerken, daß die Konstruktion der Streckenzüge M^i das Problem eines unendlichen Netzes mit m „unendlichen Enden" R^i zurückführt auf das Problem eines Netzes mit m berandenden Streckenzügen. Das erlaubt uns, für unendliche Netze sofort einen zu Satz 8 analogen Satz zu formulieren:

Für jedes Netz ohne Rand mit unendlichen Polygonen ist $e - k + f \leq 2 - m$, wobei m die Zahl der „Enden" ist; hierbei gilt $e - k + f = 1$ dann und nur dann, wenn das Netz einer Ebene homöomorph ist (ein unendliches Ende)[1]. Man kann ferner folgenden allgemeinen Satz erhalten: *für unendliche Netze mit Rand ist $e - k + f \leq 2 - m - h$, wobei h die Anzahl der geschlossenen oder unendlichen Streckenzüge ist, welche den Rand bilden.*

Im übrigen werden wir diese Ergebnisse nicht brauchen.

9. Der Jordansche Satz. Der Satz behauptet, *daß jede einfache geschlossene Kurve, die auf einer Fläche liegt, welche einer Sphäre homöomorph ist, diese Fläche in zwei Gebiete zerlegt.* Wir werden diesen anschaulich einleuchtenden Satz nicht in voller Allgemeinheit beweisen. Uns genügt es, ihn nur für den Fall zu beweisen, daß die zu betrachtende Kurve ein einfacher geschlossener Streckenzug auf einem geschlossenen konvexen Polyeder ist.

Es sei also ein geschlossenes konvexes Polyeder P und auf ihm ein geschlossener Streckenzug C gegeben, der keine mehrfachen Punkte besitzt. Wir wählen einen beliebigen inneren Punkt O des Polyeders P und ziehen von ihm aus einen Strahl L, der den Streckenzug C nicht schneidet. Dann ist klar, daß eine „genügend spitze" dreiseitige Pyramide mit der Ecke O, die in ihrem Inneren ein Stück des Strahles L enthält, P schneidet, ebenfalls ohne C zu treffen. Wir wählen diese Pyramide so lang, daß ihre Grundfläche T außerhalb P liegt und konstruieren einen Pyramidenstumpf P' mit der Grundfläche T, welcher in seinem Inneren das Polyeder P enthält (Abb. 49a).

[1] Fügen wir zu jedem Ende eine abstrakte Ecke hinzu und nehmen wir an, daß in dieser alle seine unendlichen Kanten zusammentreffen, so erhalten wir ein abstraktes Netz ohne Rand mit m abstrakten Ecken, entsprechend den m Enden. Diese Bemerkung gibt auch einen neuen Beweis der angeführten Verallgemeinerung des Satzes 9.

Von dem Punkt O aus projizieren wir P auf P'. Dann geht der Streckenzug C in den Streckenzug C' auf P' über. Dabei trifft nach unserer Konstruktion der Streckenzug C' das Dreieck T nicht. Offenbar ist unser Satz bewiesen, sobald wir zeigen können, daß C' das Polyeder P', aus dem die Seitenfläche T entfernt ist, in zwei Gebiete zerlegt (wobei wir annehmen, daß die Seitenfläche T mit ihren Kanten entfernt wurde).

Den Pyramidenstumpf P' ohne die Grundfläche T projizieren wir von einem Punkt O' im Inneren von T aus auf die Ebene E seiner zweiten Grundfläche (stereographische Projektion, Abb. 49b). Da die angegebene Projektion offensichtlich eine umkehrbar eindeutige Abbildung des durchlöcherten Polyeders P' auf die ganze Ebene E herstellt, so bleibt zu beweisen, daß der einfache Streckenzug C'', auf welchen C' projiziert wird, die Ebene E in zwei Gebiete zerlegt. Dazu müssen wir eine Einteilung der Punkte der Ebene E (außer den Punkten des Streckenzuges C'') in zwei Klassen I und II vornehmen, derart, daß die zu einer Klasse gehörigen Punkte immer durch einen Streckenzug verbindbar sind, der mit C'' keine Punkte gemeinsam hat, und daß für ein beliebiges Punktepaar aus verschiedenen Klassen kein solcher Streckenzug existiert.

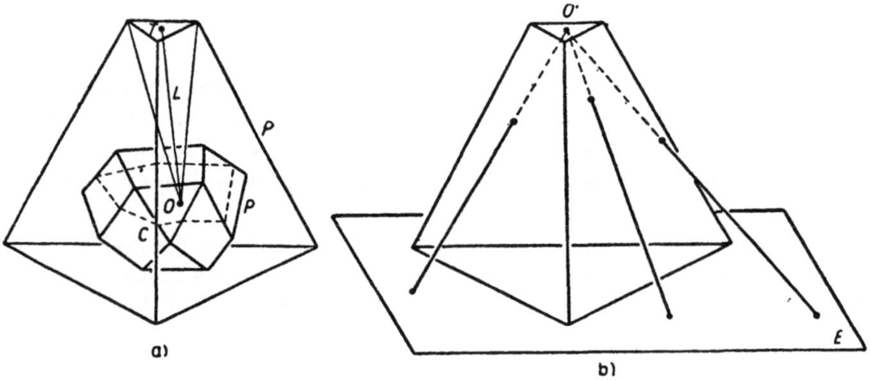

Abb. 49

Wir wählen in der Ebene eine Richtung, welche keiner der Seiten des Streckenzugs C'' parallel ist, und definieren die Klassen I und II folgendermaßen: Ein Punkt gehört zur Klasse I, wenn ein von ihm aus in der gewählten Richtung gezogener Strahl den Streckenzug C'' in einer geraden Anzahl von Punkten schneidet (wenn der Strahl durch eine Ecke des Streckenzugs C'' geht, so gilt diese Ecke nur dann als Schnittpunkt, wenn die Glieder des Streckenzuges C'', welche in dieser Ecke zusammentreffen, auf verschiedenen Seiten des Strahls liegen); anderenfalls gehört der Punkt der Klasse II an.

Wir wollen beweisen, daß die Klassen I und II die geforderten Eigenschaften besitzen. Vor allem bemerken wir, daß es in beiden Klassen sicherlich Punkte gibt. Um sich hiervon zu überzeugen, genügt es, durch einen inneren Punkt m einer Seite des Streckenzuges C'' eine zur gegebenen Richtung parallele Gerade zu ziehen. Dann gehören die Punkte dieser Geraden, welche auf verschiedenen Seiten des Punktes m liegen und ihm genügend naeh sind, zu verschiedenen Klassen.

Es seien nun zwei Punkte p und q durch einen Streckenzug verbindbar, welcher mit C'' keine Punkte gemeinsam hat. Bewegen wir uns stetig auf diesem Streckenzug, dann gelangen wir vom Punkt p zu Punkt q, ohne einmal auf C'' zu geraten. Aber bei einer solchen Bewegung des Punktes kann sich die Zahl der Schnittpunkte des von ihm in der angegebenen Richtung ausgehenden Strahles mit dem Streckenzug nur ändern, wenn der Strahl auf neue Ecken des Streckenzugs C'' stößt oder aufhört, durch frühere Ecken zu gehen. Hierbei läßt sich leicht nachprüfen, daß sich die Zahl der Schnittpunkte nur bei solchen Ecken ändert, in denen die Glieder des Streckenzuges auf einer Seite des Strahles liegen, und beim Durchgang des Strahles durch jede solche Ecke ändert sich die Zahl der Schnittpunkte um ± 2[1] (Abb. 50). Also bleibt die Anzahl der Schnittpunkte gerade bzw. ungerade und die Punkte p und q gehören einer Klasse an. Damit ist bewiesen, daß man Punkte verschiedener Klassen nicht durch einen Streckenzug verbinden kann, welcher mit C'' keine Punkte gemeinsam hat.

Es bleibt zu beweisen, daß die Punkte einer Klasse sich immer durch einen Streckenzug verbinden lassen, welcher C'' nicht schneidet. Die Punkte p und q mögen zu einer Klasse gehören. Wir verbinden p und q durch die Strecke pq. Liegt auf pq eine Ecke des Streckenzugs C'', deren angrenzende Glieder auf einer Seite der Strecke pq liegen, so ersetzen wir einen genügend kleinen Abschnitt der Strecke pq, der durch diese Ecke geht, durch zwei Strecken, die mit C'' keine Punkte gemeinsam haben. Analog ersetzen wir die Abschnitte der Strecke pq, welche auf Gliedern des Streckenzugs C'' liegen. Als Ergebnis erhalten wir einen Streckenzug R, welcher die Punkte p und q verbindet und mit C'' keine gemeinsamen Punkte besitzt außer den Schnittpunkten, die entstehen, wenn ein Glied des Streckenzuges R auf ein Glied des Streckenzuges C'' trifft und es durchdringt (Abb. 51 a).

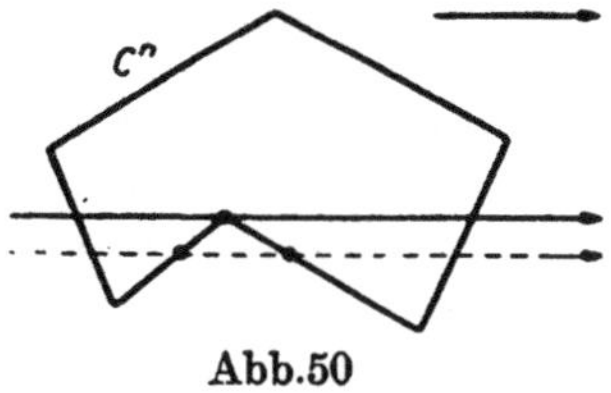

Abb. 50

p' sei der erste und q' der letzte dieser Schnittpunkte. Wir wählen auf dem Abschnitt pp' des Streckenzuges R einen Punkt p'' nahe p' und ziehen von ihm aus einen Streckenzug R', welcher „längs C''" in einer der beiden Richtungen verläuft (diesen Streckenzug erhält man durch kleine Parallelverschiebungen der Glieder des Streckenzuges C''). Der Streckenzug R' hat nach Konstruktion keine gemeinsamen Punkte mit C'' und schneidet R in einem Punkt q'', nahe q', da er in der Nachbarschaft von C'' verläuft.

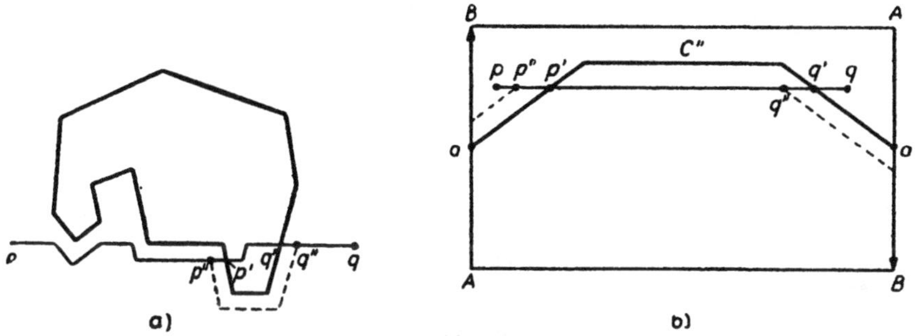

Abb. 51

Wir betrachten nun den Streckenzug R'', welcher aus dem Abschnitt pp'' des Streckenzuges R, aus dem Abschnitt $p''q''$ von R' und dem Abschnitt $q''q$ von R besteht (siehe Abb. 51 a). Dieser Streckenzug könnte nur einen Schnittpunkt mit C'' haben, und zwar den Punkt q', wenn letzterer innerhalb der Strecke $q''q$ läge.[2] Aber dann bliebe beim Über-

[1] An dieser Stelle stützen wir uns auf die Tatsache, daß von jeder Ecke des Streckenzugs C'' genau zwei Glieder ausgehen, d. h. wir benutzen die Geschlossenheit dieses Streckenzuges.

[2] Dieser Fall mag undenkbar scheinen; jedoch ist die Tatsache, daß die Strecke $q''q$ C'' nicht schneidet, nicht weniger offensichtlich als der Jordanscһe Satz selbst, der eine bestimmte topologische Eigenschaft der Sphäre ausdrückt. Es ist nützlich sich zu überzeugen, daß die angeführte Tatsache auf Flächen anderer topologischer Struktur nicht eintreten kann. Auf Abb. 51 b ist das Netz eines Möbiusschen Bandes dargestellt (die gegenüberliegenden Seiten eines Rechtecks werden so verheftet, daß die Richtungen der Pfeile zusammenfallen), auf welchem unsere Konstruktion dazu führt, daß die Strecke $q''q$ den geschlossenen Streckenzug C'' in dem Punkt q' schneidet. (Da die Seiten des Rechtecks so verheftet werden, daß die Pfeile zusammenfallen, bildet die punktierte Linie in Wirklichkeit eine Linie.)

gang von q'' zu q die Anzahl der Schnittpunkte des von diesen Punkten ausgehenden Strahles mit dem Streckenzug C'' nicht gerade bzw. ungerade und die Punkte q'' und q gehörten zu verschiedenen Klassen. Aber q'' und p gehören einer Klasse an, so daß dann auch p und q entgegen der Voraussetzung zu verschiedenen Klassen gehörten. Also besitzt R'' mit C'' überhaupt keine gemeinsamen Punkte, und damit ist der Satz bewiesen.

§ 8. Einige Sätze aus der inneren Geometrie der Netze[1]

1. Die Kürzesten. Eine Kurve im Netz R, die von allen Kurven in diesem Netz mit denselben Endpunkten die kleinste Länge besitzt, nennen wir eine *Kürzeste.*

A. *Eine Kürzeste setzt sich aus endlich vielen geradlinigen Strecken in den Polygonen des Netzes zusammen. Sie geht durch einen inneren Punkt einer Kante hindurch, ohne „gebrochen" zu werden, d. h. die Winkel, welche sie auf beiden Seiten mit der Kante bildet, sind gleich (Abb. 52). Eine Kürzeste kann durch keinen Punkt gehen, dessen Vollwinkel* $< 2\pi$ *ist.* (Eine Kürzeste kann stets durch einen Punkt gehen, dessen Vollwinkel $> 2\pi$ ist, wie man an einfachsten Beispielen

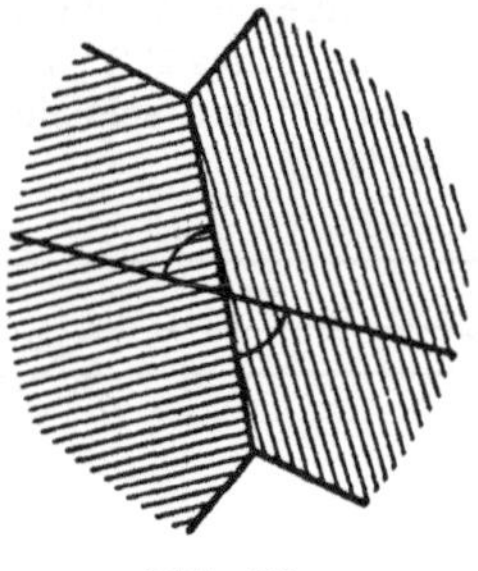

Abb. 52

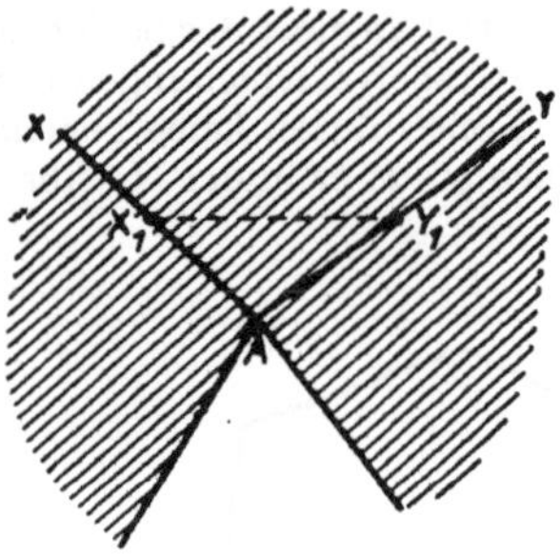

Abb. 53

leicht einsieht. Dieser Fall interessiert uns aber nicht, da wir uns mit Netzen positiver Krümmung befassen.)

Der Beweis dieser Behauptungen gründet sich auf folgende einfache Bemerkung: Ist A ein Punkt einer Kürzesten, so reduziert sich auf einem genügend kleinen Abschnitt AB diese Kürzeste auf eine geradlinige Strecke in einem Polygon des Netzes. Dies ist in der Tat so, weil die Umgebung eines Netzpunktes sich aus Polygonwinkeln zusammensetzt oder, was noch einfacher ist, einen Teil des Inneren eines Polygons darstellt.

Wäre der Vollwinkel um den Punkt A kleiner als 2π, so würden die in A zusammentreffenden Strecken AX, AY einer Kürzesten mindestens auf einer Seite einen Winkel bilden, der kleiner als π wäre. Dann könnte man in der Nähe von A gelegene Punkte X_1, Y_1 auf diesen Strecken auf dieser Seite durch eine Strecke verbinden (Abb. 53) und damit die Kürzeste verkürzen, was nach ihrer Definition unmöglich ist. Die Konstruktion der Strecke X_1Y_1 bezeichnen wir naturgemäß als Abtrennung des Winkels im Punkte A.

Würde eine Kürzeste beim Durchgang durch einen inneren Punkt A einer Kante gebrochen, so bildeten ihre in A zusammentreffenden Abschnitte auf einer

[1] Diese Sätze verwenden wir nur in den Kap. IV und V.

Seite einen Winkel, der kleiner wäre als π. Wir könnten ihn abtrennen und die Kürzeste wieder verkürzen, was unmöglich ist.

Es sei nun L ein Abschnitt einer Kürzesten, welcher in einem gegebenen Polygon des Netzes liegt.[1] Jeder seiner Punkte hat eine Umgebung, in welcher L geradlinig ist, woraus hervorgeht, daß ganz L ein Strecke ist.

Eine Kürzeste schneidet jedes Polygon nur endlich oft. Schnitte sie nämlich das Polygon Q unendlich oft, so müßten die Längen ihrer in Q liegenden Abschnitte gegen Null streben; andernfalls wäre sie unendlich lang. Dann müßten sich aber diese Abschnitte auf eine der Ecken des Polygons Q zusammendrängen. Diese Ecke müßte als Grenzpunkt der Abschnitte zur Kürzesten gehören. Aber in der Umgebung der Ecke muß die Kürzeste eine geradlinige Strecke sein und kann daher keinesfalls das Polygon Q unendlich oft schneiden. Der sich ergebende Widerspruch zeigt, daß die Anzahl der Abschnitte einer Kürzesten in einem Polygon endlich ist, wie behauptet wurde.

B. *Besitzt ein Netz einen Rand, so kann eine Kürzeste teilweise auf dem Rand verlaufen* (wie die Linie CB in Abb. 54). *Dabei können ihre Abschnitte nur in solchen Ecken des Randes Winkel bilden, in denen der Eckenwinkel größer als π ist.*

Abb. 54

Es seien AX und AY zwei Abschnitte einer Kürzesten, die in einem Punkt A auf dem Netzrand zusammentreffen und miteinander einen gewissen Winkel bilden. Wäre dieser Winkel α auf der inneren Seite des Netzes kleiner als π, so könnte man ihn abtrennen (Abb. 53). Dann hätten wir die Kürzeste durch eine noch kürzere Linie ersetzt, was unmöglich ist. Folglich ist der Winkel $\alpha < \pi$ und erst recht der Vollwinkel um den Punkt A größer als π.

C. *In einem Netz positiver Krümmung besitzt jede innerhalb dieses Netzes verlaufende Kürzeste eine Umgebung, die man in die Ebene abwickeln kann; dabei geht die Kürzeste in eine geradlinige Strecke über.* (Unter Abwicklung in die Ebene verstehen wir eine isometrische Abbildung.)

Liegt ein Endpunkt der Kürzesten in einem Punkt O, dessen Vollwinkel $< 2\pi$ ist, so kann man seine Umgebung nicht in die Ebene abwickeln. Aber dann kann man die Umgebung längs einer von O ausgehenden Strecke aufschneiden und sie auf die Ebene abwickeln. Die Möglichkeit, die Umgebungen der Endpunkte einer Kürzesten in die Ebene abzuwickeln, fassen wir eben in diesem Sinne auf.

Satz C folgt aus Satz A. Nach Satz A kann nämlich eine Kürzeste nicht durch einen Punkt gehen, dessen Vollwinkel $< 2\pi$ ist. Daher hat in einem Netz positiver Krümmung jeder innere Punkt einer Kürzesten eine Umgebung, die sich in die

[1] Es ist natürlich nicht ausgeschlossen, daß eine Kürzeste ein Polygon des Netzes mehrmals durchläuft und daher in dem Polygon mehrere Strecken besitzt. Ein Beispiel für den mehrfachen Durchgang einer Kürzesten durch ein Polygon des Netzes läßt sich leicht in einem Netz konstruieren, welches im ganzen nur aus einem Polygon besteht, ähnlich wie das kreuzförmige Netz eines Würfels (Abb. 35).

Ebene abwickeln läßt. Gemäß Satz A erscheint eine Kürzeste in jeder solchen Umgebung als Strecke. Wählen wir endlich viele solcher Umgebungen, welche gemeinsam die ganze Kürzeste bedecken, so erhalten wir eine Umgebung der Kürzesten, welche man in die Ebene abwickeln kann; dabei verwandelt sich die Kürzeste ganz in eine Strecke.

D. *In einem Netz positiver Krümmung haben zwei Kürzeste AB und AC, welche von einem Punkt A aus zu verschiedenen Punkten B und C gehen, entweder keine Punkte außer A gemeinsam, oder eine von ihnen ist einfach ein Teil der anderen.*

Zum Beweis nehmen wir an, daß die Kürzesten AB und AC einen Punkt D gemeinsam haben, aber in dem Abschnitt AD nicht zusammenfallen (Abb. 55). Dabei schließen wir nicht aus, daß D der Endpunkt einer von ihnen sein kann, sagen wir $D = B$. Dann haben die Abschnitte AD dieser Kürzesten gleiche Längen, weil wir sonst, indem wir den längeren durch den kürzeren ersetzen, die entsprechende Kürzeste abkürzen könnten. Daher erhalten wir zwischen den Punkten A und C zwei Kürzeste, die auf dem Abschnitt CD zusammenfallen und sich im weiteren Verlauf in verschiedene Abschnitte AD verzweigen.

Abb. 55

Aber dann bilden ihre Zweige drei Winkel, von welchen zwei als Winkel zwischen A D und DC gleich π sind. Man erhält einen Vollwinkel um den Punkt D, in dem die Verzweigung stattfindet, der größer ist als 2π, was ausgeschlossen ist, da positive Krümmung vorausgesetzt wurde. Also müssen die Kürzesten auch auf dem Abschnitt AD zusammenfallen.

Nach genau denselben Überlegungen können sie sich auch weiterhin nirgends verzweigen. Daher fallen sie völlig miteinander zusammen, so daß die eine ein Teil der anderen ist.

E. *In einem beliebigen Netz lassen sich je zwei Punkte durch eine Kürzeste verbinden.*

Es seien zwei Punkte A und B eines Netzes R gegeben. Ein Streckenzug von der Länge l möge sie verbinden. Dann kann man die Kürzeste AB offenbar nur unter den kürzeren Kurven suchen.

Es sei G die Menge aller Punkte X des Netzes R, welche von A einen Abstand $\varrho_R(AX) \leq l$ haben. Offensichtlich hat jeder Netzpunkt und insbesondere jeder Punkt der Menge G eine Umgebung, in welcher sicherlich eine Kürzeste existiert und als Streckenzug erscheint. Man kann annehmen, daß jede solche Umgebung aus Polygonen besteht, die Teile der Polygone des Netzes sind.

Nach einem bekannten Satz von Borel kann man aus den gegebenen Umgebungen endlich viele auswählen, welche die Menge G bedecken. Dann kann man sie alle in Dreiecke zerlegen, die wir mit T_i bezeichnen.

Im Ergebnis ist die Menge G bedeckt von Dreiecken T_i, welche einander nicht überschneiden; in jedem von ihnen existiert sicherlich eine Kürzeste, welche darin eine Strecke darstellt.

Es genügt offenbar, die Kürzeste AB unter den Streckenzügen zu suchen, die Glieder in den verschiedenen Dreiecken T_i haben. (Über G kann die Kürzeste nicht hinausgehen, da sonst ihre Länge größer als l wäre; denn alle Punkte, die von A nicht weiter als l entfernt sind, sind in G enthalten.) Die Länge des Streckenzuges mit Gliedern in den Dreiecken ist offensichtlich eine Funktion endlich vieler Veränderlicher, die in einem endlichen abgeschlossenen Bereich variieren.[1] Also erreicht die Funktion ein Minimum, d. h. es existiert eine Kürzeste AB.

Alle gewonnenen Ergebnisse A—E lassen sich in folgendem Satz zusammenfassen:

Satz 1. *In einem beliebigen Netz mit positiver Krümmung lassen sich je zwei Punkte durch eine Kürzeste verbinden. Sie setzt sich aus Strecken in den Polygonen des Netzes zusammen. Innerhalb des Netzes geht sie durch Kanten, ohne „gebrochen" zu werden, und sie besitzt eine Umgebung, welche sich in die Ebene abwickeln läßt; dabei geht die Kürzeste in eine geradlinige Strecke über. Hat jedoch das Netz einen Rand und trifft ihn die Kürzeste, so kann sie nur in den Randecken gebrochen werden, an denen die Winkel größer als π sind.*

2. Die Krümmung eines geodätischen Polygons. Als *geodätisches Polygon* bezeichnen wir einen beliebigen Teil eines Netzes, der durch eine geschlossene, aus Kürzesten bestehende Linie begrenzt wird und einem Kreis homöomorph ist, d. h. einen Teil, der ähnlich wie ein einfaches ebenes Polygon umkehrbar eindeutig und stetig auf einen Kreis abgebildet werden kann, natürlich unter Berücksichtigung der im Netz gegebenen Identifizierungen (Verheftungen). Da Kürzeste aus Abschnitten auf den Netzpolygonen bestehen, wird ein geodätisches Polygon durch Streckenzüge ausgeschnitten, welche aus solchen Abschnitten bestehen; daher stellt ein solches Polygon natürlicherweise selbst ein gewisses Netz dar, welches aus Stücken der Polygone des ursprünglichen Netzes besteht. Im Unterschied zu einem gewöhnlichen Polygon kann jedoch ein geodätisches in seinem

[1] Man kann diese Funktion z. B. folgendermaßen genau definieren. Auf jeder Seite a_j der Dreiecke T_i bestimmen wir die Lage eines Punktes durch den Abstand x_j, den er von einem der Endpunkte hat. Wir betrachten solche Streckenzüge, die die Punkte A und B verbinden, welche die Seiten der Dreiecke T_i in einer gewissen gegebenen Reihenfolge schneiden: $a_{j1}, a_{j2}, a_{j3}, \ldots$ (fällt der Streckenzug auf irgendeinem Abschnitt mit der Seite a_k zusammen, so wollen wir nicht sagen, daß er a_k schneidet, sondern daß er die Seiten schneidet, die a_k in seinen Endpunkten erreichen). Die Länge des betrachteten Streckenzuges ist offensichtlich eine vollständig bestimmte stetige Funktion der Veränderlichen $x_{j1}, x_{j2}, \ldots$ und erreicht daher ein Minimum. Wir betrachten alle möglichen Folgen von Seiten $a_{j1}, a_{j2}, \ldots$, wie sie durch die Schnittpunkte mit den Streckenzügen AB entstehen können. Jeder dieser Folgen entspricht ihre Funktion und ihr Minimum. Das kleinste dieser Minima ergibt die Kürzeste AB. Daß es sich hier um viele Funktionen handelt, widerspricht nicht dem zu Anfang Gesagten, daß nämlich die Länge des Streckenzuges AB eine stetige Funktion ist; denn eine beliebige Anzahl von Funktionen kann man zu einer einzigen zusammenfassen, aber in einer größeren Zahl von Veränderlichen. Z. B. können $f(x)$ $(a \leq x \leq b)$ und $g(x)$ $(c \leq x \leq d)$ aufgefaßt werden als Funktion

$$\varphi(x, y) = \begin{matrix} f(x) \ (a \leq x \leq b, \quad y = y_0 < c)\,, \\ g(y) \ (c \leq y \leq d, \quad x = x_0 < a)\,. \end{matrix}$$

Inneren echte Ecken des Netzes enthalten. Als Beispiel kann das geodätische Dreieck ABC in Abb. 56 dienen, wo ein gewöhnlicher Würfel die Rolle des Netzes spielt.

Da ein geodätisches Polygon selbst ein Netz darstellt, werden seine Winkel genauso definiert wie die Winkel an den Randecken eines Netzes (d. h. als Summen der in einer Randecke zusammenstoßenden Winkel ebener Polygone, welche das durch das geodätische Polygon gegebene Netz bilden).

Satz 2. *Die Differenz zwischen der Winkelsumme eines geodätischen n-Ecks und derjenigen eines ebenen n-Ecks ist gleich seiner Krümmung, d. h. wenn* $\alpha_1, \ldots, \alpha_n$ *die Winkel eines geodätischen n-Ecks sind und* $\omega_1, \ldots, \omega_m$ *die Krümmungen der Netzecken, welche in seinem Inneren enthalten sind, so ist*

$$\sum_{i=1}^{n} \alpha_i - (n-2)\pi = \sum_{j=1}^{m} \omega_j . \tag{1}$$

Zum Beweis zerlegen wir ein gegebenes geodätisches Polygon P in Dreiecke T_i, derart, daß jedes von ihnen in einem Netzpolygon enthalten ist. Dabei kann es sein, daß einige Ecken dieser Dreiecke, welche auf dem Rand des Polygons liegen, nicht Ecken von P sind. Wir betrachten sie jedoch auch als Ecken des Polygons P, was die linke Seite von (1) nicht ändert, da der Winkel an einer solchen Ecke gleich π ist.

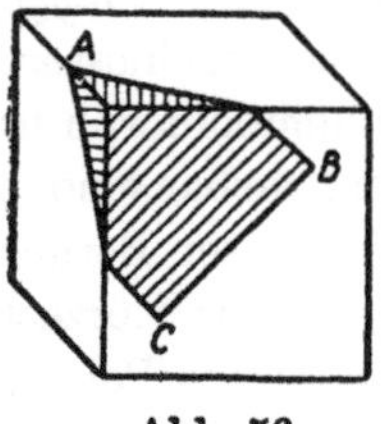

Abb. 56

Genau so kann es einige Ecken der Dreiecke T_i geben, welche innerhalb des Polygons P liegen, die nicht Ecken des Netzes sind. Durch „Zerlegung" des Netzes in die Dreiecke T_i machen wir jedoch diese Ecken zu Ecken des Netzes. Auch dies ändert die Summen der Krümmungen nicht, weil der Vollwinkel um eine solche neue Ecke gleich 2π und ihre Krümmung gleich Null ist.

So können wir annehmen, daß alle Ecken der Dreiecke T_i, welche auf dem Rand des Polyeders P liegen, Ecken von P sind und daß die Ecken dieser Dreiecke, die innerhalb P liegen, Ecken des Netzes sind.

Da jedes Dreieck T_i in einem Netzpolygon enthalten und darum ein gewöhnliches ebenes Dreieck ist, so ist seine Winkelsumme gleich π. Ist f die Anzahl aller Dreiecke T_i, so ist die Summe aller ihrer Winkel gleich $f\pi$. Andererseits ist diese Summe gleich der Summe der Winkel an allen Ecken auf dem Rand und im Inneren von P. Daher ist

$$f\pi = \sum_{i=1}^{n} \alpha_i + \sum_{j=1}^{m} \Theta_j , \tag{2}$$

wobei Θ_j der Vollwinkel um die entsprechende Ecke im Inneren von P ist.

Wenn k die Seitenzahl der Dreiecke T_i und e die Anzahl ihrer Ecken ist, so ist nach dem Eulerschen Satz $f - k + e = 1$ (§ 7, Satz 8). Zugleich ist die Anzahl aller Ecken gleich der Summe der Anzahlen der Ecken im Inneren und auf dem Rand, d. h. $e = m + n$; also ist

$$f - k + m + n = 1 . \tag{3}$$

Schließlich hat jedes Dreieck drei Seiten, und nur die n auf dem Rand liegenden Seiten gehören zu einem Dreieck, jede innere Seite aber gehört zwei Dreiecken an. Daher ist

$$3f = 2k - n\,. \tag{4}$$

Multipliziert man beide Seiten der Gleichung (3) mit 2 und berücksichtigt, daß auf Grund der Gleichung (4) $2k = 3f + n$ ist, so erhält man

$$f = 2m + n - 2\,. \tag{5}$$

Setzen wir diesen Ausdruck für f in die Formel (2) ein, so ergibt sich

$$2\pi m + \pi(n-2) = \sum_{i=1}^{n} \alpha_i + \sum_{j=1}^{m} \Theta_j$$

oder

$$\sum_{i=1}^{n} \alpha_i - (n-2)\pi = \sum_{j=1}^{m} (2\pi - \Theta_j) = \sum_{j=1}^{m} \omega_j\,,$$

denn nach Definition der Krümmung ist $\omega_j = 2\pi - \Theta_j$. Damit ist der Satz bewiesen.

Satz 3. *Die Gesamtkrümmung eines Netzes, das einer Sphäre homöomorph ist, ist gleich* 4π.

Zum Beweis schneiden wir aus dem Inneren eines der Polygone des Netzes R ein Polygon P aus. Wenn $\alpha_1, \ldots, \alpha_n$ seine Winkel sind, dann ist

$$\sum_{i=1}^{n} \alpha_i = (n-2)\pi\,. \tag{6}$$

Ist das Netz einer Sphäre homöomorph, so ist das Komplement $P' = R - P$ (der Rand wird hinzugerechnet) ein geodätisches Polygon. Nach Konstruktion enthält dieses Polygon alle Netzecken, und seine Gesamtkrümmung ist daher gleich der Gesamtkrümmung des Netzes. Ist Ω diese Gesamtkrümmung und sind $\alpha_1', \ldots, \alpha_n'$ die Winkel des geodätischen Polygons P', so ist nach Satz 2

$$\sum_{i=1}^{n} \alpha_i' - (n-2)\pi = \Omega\,. \tag{7}$$

Aber jede Ecke des Polygons P' ist gleichzeitig eine Ecke des Polygons P und ihr Vollwinkel ist gleich 2π, weil sie innerhalb eines Netzpolygons liegt. Folglich gilt

$$\alpha_i + \alpha_i' = 2\pi;$$

daraus ergibt sich

$$\sum_{i=1}^{n} \alpha_i' + \sum_{i=1}^{n} \alpha_i = 2\pi n$$

oder nach (6)

$$\sum_{i=1}^{n} \alpha_i' = (n+2)\pi\,.$$

Setzen wir dies in (7) ein, so erhalten wir

$$\Omega = 4\pi\,,$$

w. z. b. w.

3. Das Polygon mit der Krümmung Null.

Satz 4. *Enthält ein geodätisches Dreieck in seinem Inneren keine Punkte mit von Null verschiedener Krümmung, so läßt es sich auf die Ebene ausbreiten, d. h. es ist einem gewöhnlichen ebenen Dreieck isometrisch.*[1]

Es sei ABC ein geodätisches Dreieck, das keine Punkte mit einer von Null verschiedenen Krümmung besitzt. Dann ist nach Satz 2 die Summe seiner Winkel gleich π, so daß jeder Winkel kleiner als π ist.

Nach Satz 1 kann man die Umgebung der Seite AB in die Ebene ausbreiten, wobei AB in eine geradlinige Strecke übergeht. Da aber der Winkel bei B kleiner als π ist, so folgt hieraus, daß man von dem Dreieck ABC ein schmales Dreieck ABX abschneiden kann, dessen Ecke X auf der Seite BC liegt, so daß dieses Dreieck in die Ebene ausgebreitet werden kann.

Aber auf das übrigbleibende Dreick AXC kann man dieselben Überlegungen anwenden. Daher kann man den Punkt X in Richtung auf C fortbewegen und so einen immer größer werdenden Teil des Dreiecks ABC in die Ebene ausbreiten, bis es ganz in sie ausgebreitet ist.

Die strenge Durchführung dieser anschaulichen Überlegung bereitet natürlich keine Mühe.[2]

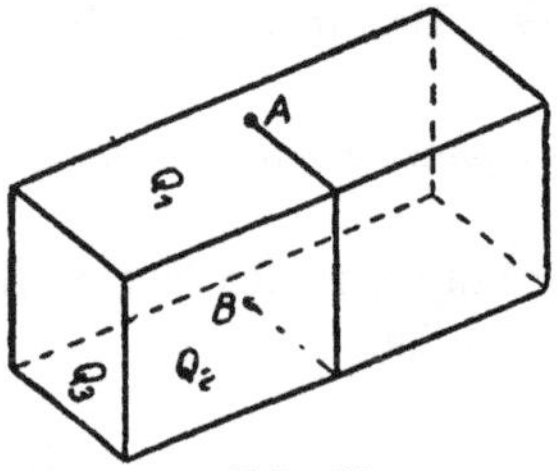

Abb. 57

Satz 5. *Enthält ein geodätisches Polygon Q in seinem Inneren keine Punkte mit einer von Null verschiedenen Krümmung, so kann man es durch einander nicht schneidende Diagonalen in Dreiecke zerlegen.*

Wir betrachten das Polygon Q als Netz und verstehen unter einer Diagonalen eine Kürzeste, welche in seinem Inneren von einer Ecke zu einer anderen läuft. (Ist jedoch Q Teil eines Netzes R, so braucht diese Kürzeste im Polygon Q keine Kürzeste im ganzen Netz R zu sein. Ein Beispiel bildet die Linie AB in Abb. 57; sie ist die Kürzeste in dem Teil von Q, welcher aus den Seitenflächen Q_1, Q_2, Q_3 besteht, aber sie ist keine Kürzeste auf dem ganzen abgebildeten Polyeder.)

Zum Beweis des Satzes bemerken wir, daß die Krümmung des Polygons Q gleich Null ist, und darum ist nach Satz 2 die Summe aller seiner Winkel $\alpha_1, \ldots, \alpha_n$ die gleiche wie bei einem ebenen Polygon mit der gleichen Anzahl n von Ecken, d. h. es ist

$$\alpha_1 + \alpha_2 + \ldots + \alpha_n = (n - 2)\,\pi .$$

Daher sind von seinen Winkeln mindestens drei kleiner als π.

---

[1] Zerlegt man ein Netz in Teile, so läßt es sich immer in die Ebene ausbreiten. Hier handelt es sich aber um die Ausbreitung in die Ebene, ohne irgendetwas aufzuschneiden, so daß alle im Netz angegebenen Verheftungen tatsächlich nicht und nur abstrakt durchgeführt werden müssen.

[2] Wir wollen beweisen, daß ein in die Ebene ausgebreitetes Dreieck die Grenzfigur abwickelbarer Dreiecke ist. Dann existiert ein äußerster Punkt X_0, so daß das Dreieck ABX_0 sich noch in die Ebene ausbreiten läßt. Der Punkt X_0 muß mit C zusammenfallen, da wir sonst, wenn wir unsere Überlegung anwenden, ein noch größeres abwickelbares Dreieck erhielten.

A, B und C seien Ecken, in denen die Winkel kleiner als π sind. Offensichtlich sind irgend zwei von ihnen nicht benachbart. (Wären sie alle drei einander benachbart, so reduzierte sich das Polygon auf ein Dreieck und brauchte nicht in Dreiecke zerlegt zu werden.) Die Ecken A und B mögen nicht benachbart sein. Sie teilen den Umfang des Polygons in zwei Streckenzüge, auf denen noch andere Ecken liegen (Abb. 58).

Wir wählen zwei beliebige dieser Ecken D und E, welche auf verschiedenen Streckenzügen liegen, und verbinden sie durch die Kürzeste DE im Polygon Q. Nach Satz 1 kann sie nicht durch die Ecken A, B gehen, da hier die Winkel kleiner als π sind. Also kann sie nicht ständig auf dem Umfang des Polygons verlaufen, sondern muß von irgendwelchen seiner Ecken aus in sein Inneres gehen. In Abb. 58a ist beispielsweise F eine solche Ecke. Dann stellt die Strecke EF eine Diagonale dar, welche das Polygon Q in zwei Polygone mit einer geringeren

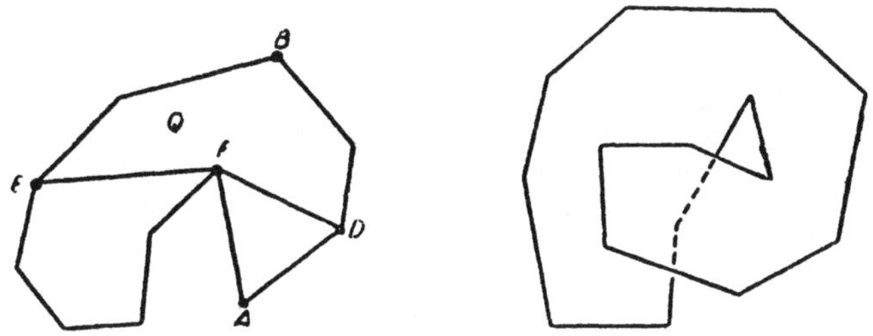

a) Abb. 58a

b) Abb. 58b

Eckenzahl zerlegt. Wir wenden auf jedes von ihnen dieselben Überlegungen an und zerlegen sie mittels Diagonalen usw., bis wir das Polygon in Dreiecke zerlegt haben.

Damit ist der Satz bewiesen.

Nach Satz 4 läßt sich jedes der Dreiecke, in die das Polygon Q zerlegt werden kann, in die Ebene ausbreiten. Breiten wir sie in die Ebene aus und legen wir sie längs der Seiten aneinander, längs deren sie auch im Polygon Q aneinander lagen, so breiten wir damit auch das Polygon Q in die Ebene aus. Legen wir die Dreiecke der Reihe nach aneinander, so können sie sich jedoch überdecken, so daß das abgewickelte Polygon Q sich selbst überdeckt (siehe Abb. 58b).

Zusammenfassend läßt sich folgender Satz formulieren:

Satz 6. *Ein geodätisches Polygon, das in seinem Inneren keine Punkte mit von Null verschiedener Krümmung besitzt, kann man in die Ebene ausbreiten, wobei es jedoch vorkommen kann, daß es sich selbst überdeckt.*

In § 3 wurde ein Satz bewiesen, der besagt, daß jedes endliche konvexe Polyeder P mit Rand auf eindeutige Weise zu einem geschlossenen Polyeder $\overline{P}$ ergänzt werden kann, ohne daß man neue Ecken hinzufügt (§ 3, Satz 4). Ist der Rand von P ein Streckenzug L, so besteht offensichtlich das Polyeder $\overline{P}$ aus dem Polyeder P und einem Polyeder Q, das längs des Streckenzuges L an P angrenzt (Abb. 59). Dieses Polyeder Q hat nur Randecken und kann daher nach Satz 6 in die Ebene ausgebreitet werden.

Wird das Polyeder P von mehreren Streckenzügen berandet, so gilt dasselbe für jedes der Stücke Q_i, welche das Polyeder P zu einem geschlossenen ergänzen.

Das gewonnene Ergebnis läßt sich in folgendem Satz ausdrücken, den wir in anschaulichen Begriffen formulieren:

Satz 7. *Jedes endliche konvexe Polyeder kann, und zwar eindeutig, zu einem geschlossenen ergänzt werden, indem man seine berandenden Streckenzüge mit solchen Polygonen ausklebt, welche keine inneren Ecken besitzen und sich daher auf die Ebene ausbreiten lassen (wobei sie sich möglicherweise überdecken).*

4. Aufgaben. 1. Man beweise, daß die Gesamtkrümmung (d. h. die Summe der Krümmungen aller Ecken) eines beliebigen endlichen Netzes sich durch die Formel

$$\omega = 2\pi\chi - \sum_{i=1}^{n} (\pi - \alpha_i)$$

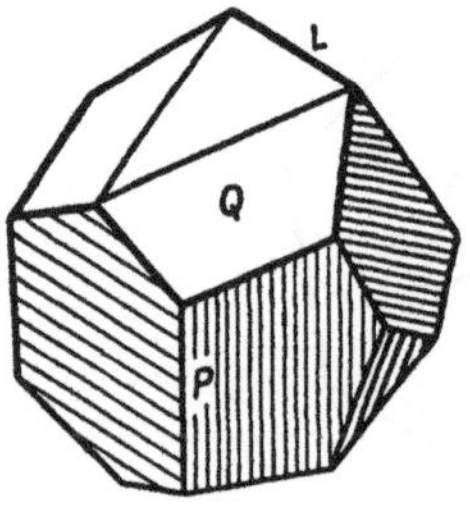

Abb. 59

ausdrücken läßt, wobei $\chi = e - k + f$ die EULERsche Zahl des Netzes ist und α_i die Winkel in seinen Randecken sind. Für ein Netz ohne Rand ist $\omega = 2\pi\chi$. (Es wird nicht vorausgesetzt, daß die Krümmung positiv ist. Man überprüfe dies an Beispielen in der Art des in Abb. 2c dargestellten.)

2. Man beweise, daß die Gesamtkrümmung eines unendlichen Netzes, das einer Ebene homöomorph ist, nicht größer als 2π ist. Man verallgemeinere dieses Ergebnis und zeige, daß für jedes unendliche Netz ohne Rand $\omega \leq 2\pi\chi$ ist. Welche Ungleichung gilt, wenn ein Rand vorhanden ist (in diese Ungleichung gehen auch die Winkel in den Randecken ein)? (Dies ist eine ziemlich schwierige Aufgabe.)

3. Man gebe ein Beispiel für Kürzeste auf einem nicht-konvexen Polyeder an, welche von einem Punkt ausgehen, in einem gewissen Abschnitt zusammenfallen und sich dann verzweigen und eine „Gabel" bilden.

4. Man schneide aus einem Würfel ein geodätisches Polygon aus, (ohne innere Ecken), welches sich überdeckt, wenn man es in die Ebene ausbreitet.

5. Man suche ein Beispiel für ein ebenes Polygon, welches sich überdeckt und sich auf kein konvexes Polyeder auflegen läßt. (Solch ein Beispiel werden wir in Kap. V, § 1, Nr. 8 geben.)

§ 9. Verallgemeinerungen

1. Konvexe Körper. Der Begriff des konvexen Körpers wurde in § 1 definiert. Eine Reihe von Begriffen und Ergebnissen der darauffolgenden Paragraphen läßt sich auf beliebige konvexe Körper verallgemeinern. So kann man beweisen, daß ein konvexer Körper in jedem Punkt seiner Oberfläche eine Stützebene besitzt und daß umgekehrt jeder Körper, der diese Eigenschaft hat, konvex ist. Jeder Punkt, welcher nicht zu dem konvexen Körper gehört, kann von ihm durch eine gewisse Stützebene getrennt werden. Daher ist ein konvexer Körper der Durchschnitt von Halbräumen, welche von seinen Stützebenen begrenzt werden. Umgekehrt ist der Durchschnitt beliebig vieler Halbräume ein konvexer Körper (wenn er überhaupt innere Punkte besitzt).

Konvexe Körper können endlich und unendlich sein. Für unendliche konvexe Körper kann man einen Grenzkegel definieren (analog der Grenzecke); er ist die Oberfläche eines Körpers, der von Strahlen erfüllt wird, welche von einem beliebigen seiner Punkte ausgehen und ganz in dem betrachteten konvexen Körper enthalten sind. Bei einer ähnlichen Verkleinerung geht die Oberfläche des Körpers in den Grenzkegel über. Das sphärische Bild des Grenzkegels fällt mit der abgeschlossenen Hülle des sphärischen Bildes der Körperoberfläche zusammen.

Eine der grundlegenden Methoden zur Untersuchung konvexer Körper ist die Methode der Approximation durch konvexe Polyeder. Wählt man auf einer Körperoberfläche einige Punkte und konstruiert man ihre konvexe Hülle, so erhält man ein diesem Körper einbeschriebenes konvexes Polyeder. Wird die Zahl der Punkte unendlich groß, indem man sie immer dichter anordnet, so konvergieren die entsprechenden konvexen Polyeder gegen den Körper. Es läßt sich leicht beweisen, daß die Stützebenen dieser Polyeder beim Grenzübergang Stützebenen des Körpers ergeben, woraus sich leicht ableiten läßt, daß durch jeden Punkt der Oberfläche des Körpers eine Stützebene geht.

Konvexe Flächen können vollständig — ganze Oberflächen konvexer Körper — oder unvollständig sein. Vollständige Flächen können entweder geschlossen sein und endliche konvexe Körper begrenzen, oder sie können unendlich sein, ohne aber Geraden zu enthalten, oder sie können unendliche Zylinder sein. Die geschlossenen sind einer Sphäre, die unendlichen (nicht Zylinder) einer Ebene homöomorph (der Beweis der ersten Behauptung ist analog dem Beweis für Polyeder, der Beweis der zweiten ist etwas anders). Eine unvollständige konvexe Fläche kann man zu einer vollständigen ergänzen, indem man die Oberfläche ihrer konvexen Hülle nimmt.

Den Begriff des Netzes kann man nicht auf allgemeine konvexe Flächen anwenden, da sich eine solche Fläche nicht aus Polygonen zusammensetzen läßt. Jedoch kann man völlig analog wie im Falle der Polyeder für beliebige Flächen den Begriff ihrer inneren Metrik einführen, die mit den auf der Fläche selbst gemessenen Entfernungen zwischen den Punkten der Fläche gegeben ist. Alle Eigenschaften der Fläche und von Figuren auf ihr, welche nur von der inneren Metrik abhängen, bilden die innere Geometrie der Fläche. Die innere Geometrie allgemeiner konvexer Flächen wird in meinem Buch „Die innere Geometrie der konvexen Flächen" untersucht [13]. Dort werden unter anderem analoge Fragen untersucht, wie sie hier für Polyeder behandelt wurden. An die Stelle der Angabe des Netzes tritt die abstrakte Angabe der inneren Metrik der Fläche.

2. Polyeder im n-dimensionalen Raum. Die Geometrie des n-dimensionalen Euklidischen Raumes kann analytisch, analog der gewöhnlichen analytischen Geometrie, aufgebaut werden, oder synthetisch, wobei man von Axiomen ausgeht, welche auf natürliche Weise die Axiome des dreidimensionalen Euklidischen Raums verallgemeinern[1]. Auf diesem synthetischen Wege erhält man die Grundlagen der n-dimensionalen Geometrie analog denen der dreidimensionalen. Auf diese Weise bereitet es keine Schwierigkeit, die Grundlagen der Theorie der Polyeder im n-dimensionalen Euklidischen Raum aufzubauen. Die Definition des körperlichen Polyeders führt von m zu $m + 1$: ein $(m + 1)$-dimensionales (körperliches) Polyeder ist ein in einer $(m + 1)$-dimensionalen Ebene liegender Körper, welcher in ihr innere Punkte besitzt und von endlich vielen m-dimensionalen Polyedern berandet wird. Ein n-dimensionales Polyeder ist ein Körper, der von endlich vielen $(n - 1)$-dimensionalen Polyedern berandet wird. Jedes solche $(n - 1)$-dimensionale Polyeder heißt Seitenfläche unter der

[1] Man führt den Begriff der m-dimensionalen Ebene P^m ein, $0 \leq m \leq n - 1$: eine nulldimensionale Ebene ist ein Punkt, eine eindimensionale eine Gerade, eine zweidimensionale eine gewöhnliche Ebene, eine dreidimensionale ein gewöhnlicher dreidimensionaler Raum usw. Inzidenzaxiome: 1. Durch je $m + 1$ Punkte „in allgemeiner Lage" (d. h. sie liegen nicht in einer Ebene mit geringerer als m-ter Dimension) geht genau eine m-dimensionale Ebene. 2. Haben zwei Ebenen P^m, P^k einen Punkt gemeinsam, so ist ihr Durchschnitt eine Ebene P^l; die Zahl ihrer Dimensionen genügt der Ungleichung $l \geq m + k - n$. (Beispielsweise können sich im vierdimensionalen Raum zweidimensionale Ebenen entweder in einem Punkt $l = 0$ oder in einer Geraden $l = 1$ schneiden.) 3. Im Raum gibt es wenigstens $n + 1$ Punkte in allgemeiner Lage (nicht in irgendeiner Ebene liegend). Die übrigen Axiome (Anordnung, Kongruenz, Stetigkeit, Parallelität) sind dieselben wie im dreidimensionalen Raum. Siehe: D. Hilbert [14] und N. W. Efimow [15].

Bedingung, daß zu ihm alle anderen hinzugefügt sind (wenn es sie gibt), welche in derselben $(n-1)$-dimensionalen Ebene liegen und mit ihm und ferner miteinander Stücke ihrer eigenen, d. h. $(n-2)$-dimensionalen, Seitenflächen gemeinsam haben.

Wenn man wie üblich die $(n-1)$-dimensionale Ebene einfach Ebene nennt, so läßt sich der Begriff des konvexen Polyeders wörtlich so wie in § 1 definieren, und genauso stellt man die Äquivalenz der beiden Definitionen der Konvexität fest. Ferner kann man alle Sätze der §§ 2—5 mit ihren Beweisen ohne jede Änderung auf n-dimensionale konvexe Polyeder übertragen. Man muß nur eine $(n-1)$-dimensionale Ebene als Ebene bezeichnen und daran denken, daß es noch Ebenen geringerer Dimensionen gibt. Z. B. kann die Randecke eines Polyeders in eine ebene Ecke beliebiger Dimension von $n-1$ bis 1 ausarten.

Die Begriffe des Halbraums, des Lotes auf eine Ebene und paralleler Ebenen definiert man genauso wie im drei dimensionalen Raum. Das sphärische Bild wird auf einer $(n-1)$-dimensionalen Sphäre konstruiert, welche man als geometrischen Ort der Punkte definiert, die von einem gegebenen Punkt, dem Mittelpunkt, gleichweit entfernt sind. Auf der Sphäre gibt es analog den Großkreisen „Groß-Sphären" mit Dimensionen von $n-2$ bis 1; man erhält sie als Schnitte der Sphäre mit Ebenen der Dimensionen von $n-1$ bis 2, welche durch den Mittelpunkt gehen. Eine eindimensionale Sphäre ist die Peripherie eines Kreises. Der Begriff des sphärischen Polygons weitet sich natürlicherweise aus zu dem Begriff des sphärischen Polyeders. Und hier besteht die gleiche Analogie zur gewöhnlichen Geometrie.

Auf Grund dieser allgemeinen Bemerkungen kann man ohne Mühe alle Ergebnisse der §§ 1—5 auf Polyeder im n-dimensionalen Raum verallgemeinern.

Die Begriffe des Netzes und der inneren Geometrie lassen auch eine natürliche Verallgemeinerung zu. Hier wird die Sache jedoch wesentlich schwieriger dadurch, daß nicht nur Ecken keine Umgebung zu haben brauchen, die einer $(n-1)$-dimensionalen Sphäre isometrisch ist (analog dem Kreis). Diese Eigenschaft können Punkte besitzen, die auf Seitenflächen beliebiger Dimension von $n-2$ bis 0 (d. h. bis zu Ecken) liegen. Bei einem konvexen Polyeder haben die Punkte innerhalb der $(n-2)$-dimensionalen Seitenflächen niemals solche Umgebungen. Das macht den Begriff der Krümmung komplizierter. Es treten sozusagen Krümmungen verschiedener Dimensionen von 1 bis $n-1$ auf, entsprechend den Seitenflächen mit Dimensionen von $n-2$ bis 0. Der Begriff dieser Krümmungen läßt sich elementar fassen. Wir gehen darauf jedoch nicht ein.

3. Polyeder auf der n-dimensionalen Sphäre und im Lobatschewskischen Raum. Der dreidimensionale sphärische Raum ist nichts anderes als eine Sphäre im vierdimensionalen Raum, und in ihm lassen sich konvexe Polyeder natürlich definieren. Ersetzt man die Strecken durch Großkreisbögen und die Ebenen durch zweidimensionale „Groß-Kugeln", so kann man die Schlußfolgerungen der §§ 1—3, 6 und 7 leicht auf einen solchen Raum verallgemeinern. Unendliche Polyeder gibt es hier nicht. Der Begriff des spärischen Bildes kann auf den sphärischen Raum übertragen werden, obgleich es keine parallelen Geraden gibt. Man ordnet einer Groß-Sphäre ihre Mittelpunkte zu (auf der ganzen dreidimensionalen Sphäre) und einem Punkt eine Groß-Sphäre, in welcher er Mittelpunkt ist. Um Zweideutigkeiten zu vermeiden, die damit verbunden sind, daß eine Groß-Sphäre wie auch ein Großkreis zwei diametral entgegengesetzte Mittelpunkte hat, kann man diametral entgegengesetzt gelegene Punkte identifizieren. Dann erhält man den sogenannten elliptischen Riemannschen Raum.

Zieht man vom Mittelpunkt einer Sphäre aus im vierdimensionalen Raum Strahlen durch die Punkte ihrer Oberfläche, so werden den Polyedern auf der Sphäre polyedrische Ecken zugeordnet. Daher ist die Theorie der Polyeder im sphärischen Raum der Theorie der polyedrischen Ecken im vierdimensionalen Euklidischen Raum äquivalent.

Völlig analoge Überlegungen lassen sich auf den n-dimensionalen sphärischen Raum übertragen, der nichts als eine Sphäre im $(n+1)$-dimensionalen Euklidischen ist.

Der Lobatschewskische Raum unterscheidet sich vom Euklidischen durch das Fehlen des Axioms von der Eindeutigkeit der Geraden, welche durch einen gegebenen Punkt geht und zu einer gegebenen Geraden parallel ist. Daher lassen sich alle Schlußfolgerungen, in denen der Begriff der Parallelität nicht (mittelbar oder unmittelbar) gebraucht wird, wörtlich auf den LOBATSCHEWSKIschen Raum übertragen. So kann man auf ihn den Begriff des konvexen Polyeders übertragen und alle diesbezüglichen Schlußfolgerungen, die sich nicht auf die Parallelität stützen, d. h. alles außer den Begriffen der Grenzecke und des sphärischen Bildes.

Um zu einer anschaulichen Vorstellung der konvexen Polyeder und beliebiger konvexer Körper im LOBATSCHEWSKIschen Raum zu gelangen, interpretieren wir ihn als das Innere einer Kugel E im EUKLIDischen Raum und stellen die LOBATSCHEWSKIschen Geraden als EUKLIDische Strecken dar. Dann fallen die Strecken im Sinne der Geometrie LOBATSCHEWSKIS und EUKLIDS zusammen, und daher ist jeder konvexe Körper im LOBATSCHEWSKIschen Raum ein konvexer Körper im EUKLIDischen Raum, bei dem alle nicht im Inneren der Kugel E gelegenen Punkte ausgenommen sind. Umgekehrt stellt jeder derartige EUKLIDische konvexe Körper H einen konvexen Körper H' im LOBATSCHEWSKIschen Raum dar.

Trifft der Körper H die Oberfläche der Kugel E, so bedeutet dies, daß der Körper H' unendlich ist. Da aber H mehrfach die Oberfläche von E treffen kann, kann ein unendlicher konvexer Körper im LOBATSCHEWSKIschen Raum mehrere (und sogar unendlich viele!) „unendliche Enden“ haben.

Eine LOBATSCHEWSKIsche Ebene wird als Stück einer Ebene dargestellt, das in der Kugel E liegt, und daher stellen konvexe Polyeder im LOBATSCHEWSKIschen Raum EUKLIDische konvexe Polyeder dar mit Ausschluß der Punkte, die nicht im Inneren der Kugel E liegen. Unendliche konvexe Polyeder im LOBATSCHEWSKIschen Raum können eine beliebige endliche Zahl „unendlicher Enden“ haben, während im EUKLIDischen Raum unendliche konvexe Polyeder nur ein oder zwei solche Enden besitzen (und dann sind es Prismen). Dieser Umstand bereichert und kompliziert die Theorie der unendlichen konvexen Polyeder im LOBATSCHEWSKIschen Raum beträchtlich.

Endliche Polyeder im LOBATSCHEWSKIschen Raum werden durch endliche EUKLIDische Polyeder dargestellt, und ihre Theorie bietet fast nichts Neues.

Der Begriff des Netzes wird im LOBATSCHEWSKIschen Raum genauso definiert wie im EUKLIDischen, man muß nur von Polygonen in der LOBATSCHEWSKIschen Ebene sprechen.

Die Ergebnisse der §§ 1—3, 6, 8 und 7 lassen sich in dem Teil, welcher endliche Polyeder betrifft, wörtlich auf den LOBATSCHEWSKIschen Raum übertragen. Was aber die unendlichen Polyeder und die Verallgemeinerungen des Begriffes vom sphärischen Bild angeht, so sind sie noch wenig untersucht und ihre allseitige Erforschung kann als Thema einer rein geometrischen Arbeit dienen, die, wie man annehmen kann, interessante und inhaltsreiche Ergebnisse verspricht.

KAPITEL II

METHODE UND ERGEBNISSE

§ 1. Das Lemma von CAUCHY

1. Alle Eindeutigkeitssätze oder, was dasselbe ist, alle Sätze über die Kongruenz von Polyedern mit gewissen übereinstimmenden Stücken, welche wir unten in den §§ 3 und 4 formulieren, werden in den Kapiteln III und VI mittels einer einheitlichen Methode bewiesen. Es ist das die Methode, mit der CAUCHY seinen Satz von der Kongruenz geschlossener konvexer Polyeder bewies, die gleichartig aus kongruenten Seitenflächen zusammengesetzt sind. Die Methode CAUCHYs stellt eine der schönsten Überlegungen dar, welche die Geometrie überhaupt kennt; dies ist sichtlich die allgemeine Ansicht. Diese Methode gründet sich auf ein topologisches Lemma, welches wir das Lemma von CAUCHY nennen wollen. Zunächst beweisen wir dieses Lemma, und dann zeigen wir, wie CAUCHY selbst es angewandt hat; dadurch wird das allgemeine Schema seiner Anwendung zum Beweise von Eindeutigkeitssätzen klar.

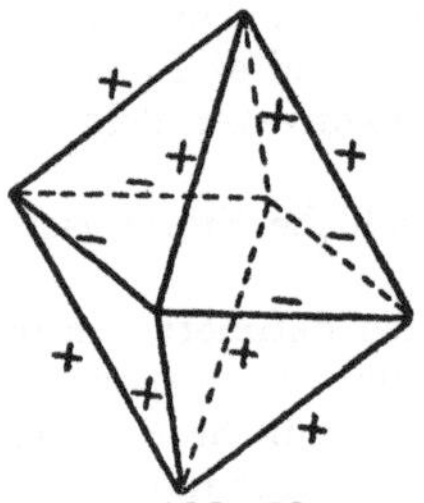

Abb. 60

Das Lemma von CAUCHY. *Auf einem geschlossenen konvexen Polyeder seien gewisse Kanten mit den Zeichen + oder — versehen. Umläuft man eine Ecke, in der solche bezeichneten Kanten zusammentreffen, so können die Zeichen wechseln. Es wird behauptet, daß es beim Umlaufen jeder solchen Ecke unmöglich mindestens vier Zeichenwechsel geben kann (zur Veranschaulichung siehe Abb. 60).*

Man kann diesem Lemma eine rein topologische Form geben:

Auf einer Fläche, die einer Sphäre homöomorph ist, sei ein „Streckennetz" (Liniennetz) gegeben, d. h. es seien endlich viele Streckenzüge gegeben (oder beliebige andere Linien, deren jede einer geradlinigen Strecke homöomorph ist), welche keine paarweise gemeinsamen Punkte besitzen außer den Endpunkten — den „Ecken des Netzes". (Ein solches ist *das Liniennetz der mit Zeichen versehenen Polyederkanten.*) *Ferner sei unter den Gebieten, in welche dieses Liniennetz das Polyeder zerlegt, keines nur von zwei Kanten begrenzt.* (Diese Bedingung entspricht der Tatsache, daß auf einem Polyeder niemals zwei Ecken durch zwei Kanten verbunden werden.)[1] *Es wird behauptet, daß man den Kanten des Liniennetzes die*

[1] Ohne diese Bedingung ist das Lemma unrichtig. Es genügt, auf einer Sphäre eine beliebige gerade Anzahl von Meridianen zu wählen und sie abwechselnd mit + oder — zu bezeichnen. Man kann auch kompliziertere Beispiele angeben.

Zeichen + und — unmöglich so zuordnen kann, daß beim Umlaufen jeder solchen Ecke mindestens vier Zeichenwechsel auftreten.

Es läßt sich sogar noch etwas mehr beweisen. *N sei die Gesamtzahl der Zeichenwechsel beim Umlaufen aller Ecken und E die Gesamtzahl der Ecken des Liniennetzes. Dann ist*

$$N \leq 4E - 8 . \tag{1}$$

Aus dieser Ungleichung ergibt sich die Behauptung des Lemmas unmittelbar.

2. Wir geben den CAUCHYschen Beweis der Ungleichung (1) wieder. Er stützt sich auf die Abzählung der Zeichenwechsel beim Umlaufen der Gebiete, in welche die Fläche durch die Kanten des Liniennetzes zerlegt wird. Sind beim Umlaufen der Ecke A zwei Kanten benachbart, so sind sie es auch beim Umlaufen des Gebietes, zu dessen Rand sie gehören. Auch die Umkehrung gilt. Zählt man daher die Zeichenwechsel beim Umlaufen der Gebiete, so ist ihre Gesamtzahl N.

Diese einfache Bemerkung fordert eine nähere Begründung. Wir führen auf der Oberfläche eine Orientierung ein und umlaufen ein Gebiet gemäß dieser Orientierung. Wir setzen voraus, daß eine Kante AB beim Umlaufen eines Gebietes G in der Richtung von A nach B durchschritten wird. Wir biegen nun um die Ecke B, indem wir auf dem Gebiet solange längs der Kante AB fortschreiten, bis wir zur nächsten Kante BC gelangen (Abb. 61). Diese Kante folgt auf AB beim Umlaufen des Gebietes G wie auch der Ecke B. Auf diese Weise wird ein Zeichenwechsel von AB zu BC in beiden Fällen berücksichtigt.

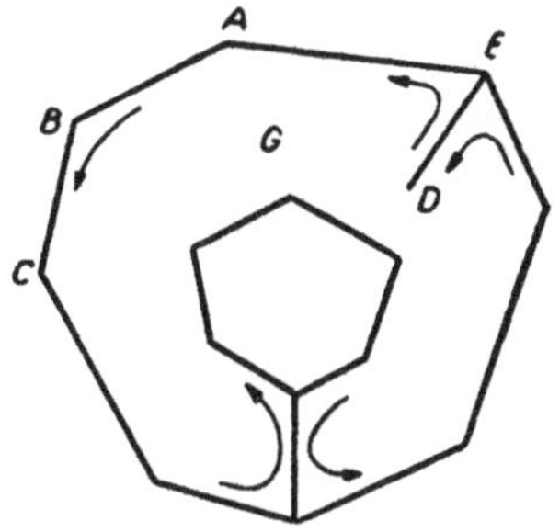

Abb. 16

Wir umlaufen das Gebiet G weiter längs der Kante BC von B nach C usw. Das setzen wir solange fort, bis wir eine schon durchlaufene Kante erreichen, und zwar so, daß das weitere Umlaufen in derselben Richtung wie das erste Mal geschieht.

Man beachte, daß das Liniennetz Kanten enthalten kann, welche das Gebiet G nicht von den anderen abtrennen, z. B. deshalb, weil die betrachtete Kante in G ein freies Ende hat oder beispielsweise zwei G begrenzende geschlossene Konturen verbinden kann (s. Abb. 61). Jede solche Kante wird zweimal durchlaufen: erst in der einen, dann in der anderen Richtung. So kann man annehmen, daß jede Kante zum Rand verschiedener Gebiete je einmal oder zum Rand ein- und desselben Gebietes zweimal gehört und in zwei entgegengesetzten Richtungen durchlaufen wird. Wenn daher beispielsweise zwei Kanten AB und BC die Gebiete G und H trennen, so werden sie in G von AB nach BC und in H von BC nach AB durchlaufen, was ein vollständiges Umlaufen von B ergibt. Ist die Ecke D ein freies Ende der Kante DE, so biegen wir beim Umlaufen von G um die Ecke D und kehren zu derselben Kante DE zurück. Damit umlaufen wir auch die Ecke D.

Wenn wir sagen, ein Gebiet habe n Kanten, so meinen wir, daß eine Kante, welche das Gebiet nicht von einem andern abtrennt, zweimal gezählt wird. Die

Anzahl der Zeichenwechsel beim Umlaufen eines Gebietes kann nicht größer als die Zahl n seiner Kanten sein, außerdem ist sie gerade, da wir bei einem vollen Umlaufen zum Ausgangszeichen zurückkehren. Ist F_n die Anzahl der Gebiete mit n Kanten, so erhalten wir daher für die Gesamtzahl N der Zeichenwechsel die Abschätzung

$$N \leq 2\,F_3 + 4\,F_4 + 4\,F_5 + \cdots . \tag{2}$$

Hierbei benutzen wir die Tatsache, daß es nach Voraussetzung keine Gebiete mit zwei Kanten gibt, d. h. $F_2 = 0$.

Unter Anwendung der verallgemeinerten EULERschen Formel formen wir nun die Abschätzung (2) um.

Sind E, K, F die Anzahlen der Ecken, Kanten und Gebiete eines Liniennetzes, so gilt

$$E - K + F \geq 2 . \tag{3}$$

Für ein zusammenhängendes Liniennetz ist nach dem EULERschen Satz $E - K + F = 2$, und für ein Liniennetz aus H zusammenhängenden Komponenten ist $E - K + F = 1 + H$, wie das in Kap. I, § 7 (Satz 5) bewiesen wurde.

Da jede Kante entweder zwei Gebieten angehört oder bei einem Gebiet zweimal gezählt wird, gilt

$$2\,K = \sum_n n\,F_n . \tag{4}$$

Die Gesamtzahl der Gebiete F ist

$$F = \sum_n F_n . \tag{5}$$

Aus Formel (3) folgt, daß

$$4\,E - 8 \geq 4\,K - 4\,F$$

ist, und wenn wir K und F aus (4) und (5) einsetzen, so erhalten wir

$$4\,E - 8 \geq \sum_n 2\,(n-2)\,F_n = 2\,F_3 + 4\,F_4 + 6\,F_5 + \cdots . \tag{6}$$

Die rechte Seite dieser Ungleichung ist nicht kleiner als die rechte Seite der Ungleichung (2); denn für $n \geq 3$ ist die Zahl $2\,(n-2)$ nicht kleiner als die größte gerade Zahl, die n nicht übertrifft. Folglich ergibt sich aus (2) und (6)

$$N \leq 4\,E - 8 , \tag{1}$$

w. z. b. w.

Aus der Ungleichung (1) kann man eine kleine Verschärfung des Lemmas von CAUCHY erhalten:

Unter den Voraussetzungen des CAUCHYschen Lemmas können beim Umlaufen aller Ecken unmöglich je mindestens vier Zeichenwechsel auftreten, auch dann noch, wenn man dabei a) drei Ecken ausnimmt, an deren jeder nur zwei Zeichenwechsel stattfinden, oder b) zwei Ecken ausnimmt, an deren einer kein Zeichenwechsel und an deren zweiter nur zwei Zeichenwechsel auftreten, oder c) eine Ecke ausnimmt, an der die Zahl der Zeichenwechsel < 4 ist. Sonst wäre $N \geq 4\,E - 6$, entgegen der Ungleichung (1).

Wir werden dieses genauere CAUCHYsche Lemma gelegentlich benutzen.

3. Der angeführte Beweis des CAUCHYschen Lemmas erscheint angesichts seines arithmetischen Charakters etwas geheimnisvoll und macht die Begründung dieses Lemmas nicht anschaulich. Daher ist es sicher nicht überflüssig, noch einen rein geometrischen Beweis zu geben.

Wir führen den Beweis indirekt, indem wir annehmen, in einem Liniennetz auf der Sphäre sei eine solche Vorzeichenverteilung auf den Kanten gegeben, daß man bei jeder Ecke nicht weniger als vier Zeichenwechsel erhält. Wir wählen eine mit $+$ bezeichnete Kante AB dieses Liniennetzes. In der Ecke B laufen außerdem andere Kanten zusammen, und zwar so, daß um B nicht weniger als vier Zeichenwechsel auftreten. Daher geht von B mindestens eine mit $+$ bezeichnete Kante BC aus, derart, daß sie zusammen mit der Kante AB die in B zusammentreffenden, mit — bezeichneten Kanten voneinander trennt. Von der Ecke C geht wiederum eine mit $+$ bezeichnete Kante CD aus, die zusammen mit BC die mit —

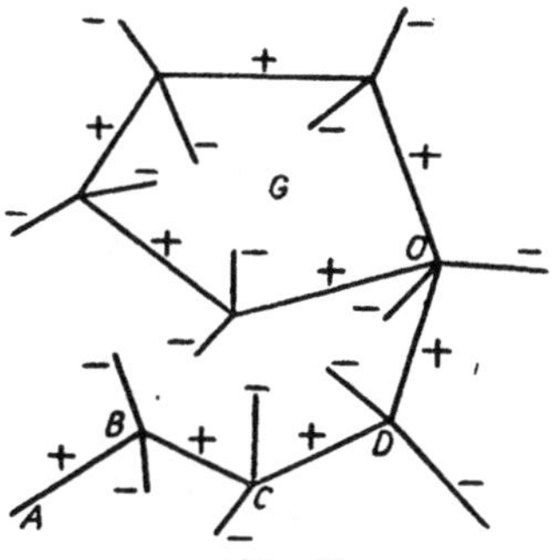

Abb. 62

bezeichneten Kanten voneinander trennt. Wir schreiten also von der Kante AB aus längs der Kanten BC, CD usw. fort. Da die Anzahl der Ecken endlich ist, so kehren wir in einem gewissen Augenblick zu einer schon durchlaufenen Ecke O zurück und erhalten eine geschlossene Kontur L (Abb. 62). Im Spezialfall kann O mit A zusammenfallen. Die Kontur L zerlegt die Sphäre in zwei Gebiete; wir betrachten eines von ihnen und nennen es G.

Alle Kanten der Kontur L haben das Vorzeichen $+$, und jedes Paar benachbarter Kanten trennt die mit — bezeichneten voneinander, mit Ausnahme vielleicht der in der Ecke O zusammentreffenden Kanten. Daher sind im Gebiet G mit — bezeichnete Kanten enthalten, welche von allen seinen Ecken außer vielleicht von O ausgehen.

Wir wollen zeigen, daß sich im Inneren des Gebietes G Ecken des Liniennetzes befinden. Wäre dies nicht der Fall, so lägen die Endpunkte aller in ihm enthaltenen Kanten in seinen Ecken. Aber von allen Ecken außer vielleicht allein von O gehen Kanten ins Innere des Gebietes G, und daher müssen irgend zwei benachbarte Ecken durch eine solche Kante verbunden werden. (Um sich davon zu überzeugen, genügt es, sich G als Polygon vorzustellen; die Kanten innerhalb G werden durch einander nicht schneidende Linien dargestellt, welche die Ecken des Polygons verbinden. Aber sich nicht schneidende Diagonalen kann man von allen Ecken außer von zweien aus ziehen. Gehen aber von allen Ecken außer von einer Kanten aus, so gibt es unter ihnen eine Kante, die zwei benachbarte Ecken verbindet. Den strengen Beweis führt man durch Induktion nach der Anzahl der Ecken.)

Sind aber zwei benachbarte Ecken X und Y der Kontur L innerhalb G durch eine Kante verbunden, so ergibt sich ein zweieckiges Gebiet, welches von zwei Kanten XY begrenzt wird. Gibt es in G keine Ecken, so ist dies ein zweieckiges Gebiet im Netz. Nach Voraussetzung besitzt das Liniennetz keine solchen Gebiete. Folglich ist die Voraussetzung, daß es innerhalb G keine Ecken des Netzes gebe, falsch.

Es sei A_1 eine Ecke im Inneren von G; von ihr gehe eine mit $+$ bezeichnete Kante A_1B_1 aus. Wie vorher schließen wir auch jetzt, daß zu der Ecke B_1 noch eine Kante B_1C_1 führt, die auch das Vorzeichen $+$ trägt und zusammen mit A_1B_1 die mit — bezeichneten Kanten, die in B_1 zusammentreffen, voneinander trennt.

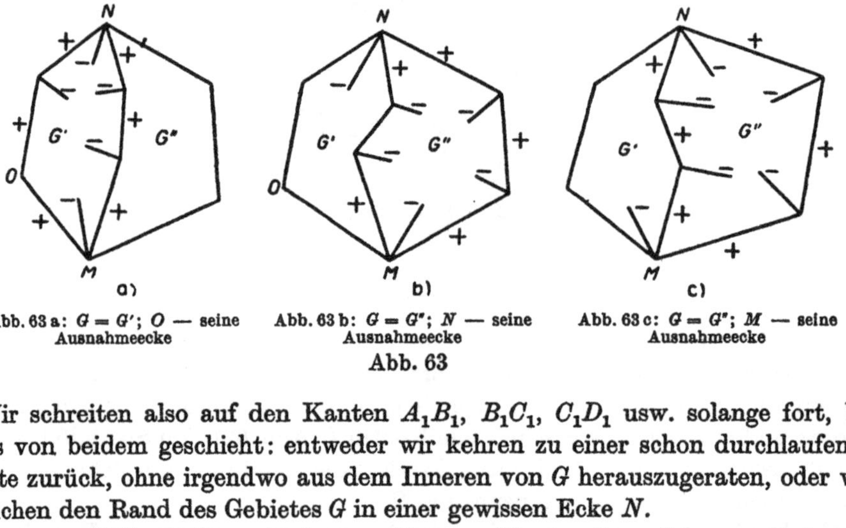

Abb. 63a: $G = G'$; O — seine Ausnahmeecke
Abb. 63b: $G = G''$; N — seine Ausnahmeecke
Abb. 63c: $G = G''$; M — seine Ausnahmeecke

Abb. 63

Wir schreiten also auf den Kanten A_1B_1, B_1C_1, C_1D_1 usw. solange fort, bis eines von beidem geschieht: entweder wir kehren zu einer schon durchlaufenen Kante zurück, ohne irgendwo aus dem Inneren von G herauszugeraten, oder wir erreichen den Rand des Gebietes G in einer gewissen Ecke N.

Im ersten Fall erhalten wir eine geschlossene Kontur L_1, welche aus G ein einfach zusammenhängendes Gebiet G_1 abtrennt. Auf dieses Gebiet G_1 lassen sich die gleichen Überlegungen anwenden wie auf G.

Im zweiten Falle gehen wir von der Ecke N aus in umgekehrter Richtung zum Ausgangspunkt A_1 zurück und weiter darüber hinaus. Schließt sich der so entstehende Weg, so haben wir wieder den ersten Fall. Endet er aber in einer gewissen Ecke M des Gebietes G, so erhalten wir eine Linie MN, welche G in zwei einfach zusammenhängende Teile G' und G'' zerlegt.

Sind die Ecken M und N von O verschieden, so gehen von jeder von ihnen Kanten mit dem Vorzeichen — ins Innere von G, d. h. von G' oder G''. Daher ist mindestens eins der Gebiete G' und G'' so geartet, daß von allen Ecken außer vielleicht von einer aus mit — bezeichnete Kanten in sein Inneres gehen. (Drei hierbei mögliche Fälle sind auf den Abb. 63a, b, c dargestellt; unter jeder einzelnen von ihnen ist das Gebiet angegeben, das die geforderte Eigenschaft besitzt, und seine Ausnahmeecke.) Wir bezeichnen dieses Gebiet mit G_1. Fällt etwa N mit O zusammen, dann nehmen wir als G_1 dasjenige der Gebiete G' oder G'', in welches von der Ecke M aus Minuskanten laufen. So kann man in allen Fällen aus dem Gebiet G ein Gebiet G_1 abtrennen, das dieselben Eigenschaften besitzt wie das Gebiet G. Dann können wir aber unter Wiederholung unserer Überlegung aus G_1 ein Gebiet G_2 abtrennen usw. Dies ließe sich unendlich oft wiederholen. Das ist jedoch unmöglich angesichts der endlichen Zahl der Kanten des Liniennetzes. Folglich kann es überhaupt kein Netz mit der vorausgesetzten Verteilung von Vorzeichen geben, w. z. b. w.

4. Jetzt zeigen wir, wie sich das Lemma von CAUCHY zum Beweis seines Satzes von der Kongruenz geschlossener konvexer Polyeder anwenden läßt, die gleichartig aus kongruenten Seitenflächen zusammengesetzt sind.

CAUCHY beweist das folgende Lemma: sind zwei konvexe polyedrische Ecken aus entsprechend kongruenten ebenen Ecken zusammengesetzt, die in derselben Reihenfolge aufeinander folgen, so sind diese polyedrischen Ecken entweder kongruent oder die Differenzen ihrer entsprechenden Flächenwinkel wechseln beim Umlaufen einer Ecke das Vorzeichen mindestens viermal. (Dieses Lemma wird in Kap. III, § 1 bewiesen.)

Es seien nun P_1 und P_2 zwei Polyeder, welche den Bedingungen des CAUCHYschen Satzes genügen. Sind alle ihre Flächenwinkel paarweise gleich, so sind die Polyeder selbst kongruent. Sind dagegen nicht alle Flächenwinkel gleich, so bezeichnen wir jede Kante des Polyeders P_1 mit $+$ ($-$), bei der der Flächenwinkel größer (kleiner) ist als bei der entsprechenden Kante des Polyeders P_2. Dann gibt es nach dem eben angeführten Lemma bei jeder Ecke, zu der mindestens eine bezeichnete Kante führt, nicht weniger als vier Zeichenwechsel. Nach dem CAUCHYschen Lemma ist dies aber unmöglich. Folglich kann es in den Polyedern P_1 und P_2 keine entsprechenden ungleichen Flächenwinkel geben, und der Satz ist somit bewiesen.

Natürlich läßt sich das Lemma von CAUCHY nicht in allen Fällen so unmittelbar anwenden. Jedoch führen einfache ergänzende Überlegungen, wenn sie nötig sind, immer zum Ziel, wobei die Bedingung notwendig ist, daß von vornherein die Lemmas bewiesen sind, welche die nötigen Eigenschaften der Zeichenanordnung auf dem betrachteten Liniennetz sicherstellen.

Daher gehen die Kapitel III und VI, welche den Kongruenzsätzen bei Polyedern gewidmet sind, gerade von dem Beweis solcher Lemmas aus.

§ 2. Das Abbildungslemma[1]

1. Alle Existenzsätze für konvexe Polyeder, die wir in den §§ 3—5 formulieren, werden (abgesehen von zwei oder drei sehr einfachen Sätzen) mittels einer ein-

[1] In diesem Paragraphen werden einige Kenntnisse aus der Topologie verwandt. Der mit ihr nicht vertraute Leser muß zuerst § 8 dieses Kapitels durchlesen, wo in einfachster Form alles nötige Rüstzeug gegeben wird. Das Abbildungslemma wenden wir im übrigen nur in den Kapiteln IV, VII und IX an.

heitlichen Methode bewiesen; diese gründet sich auf einen topologischen Satz, welcher zuerst im Jahre 1912 von BROUWER aufgestellt wurde und unter dem Namen des Satzes von der Invarianz des Gebietes bekannt ist: *Läßt sich eine offene Menge G des n-dimensionalen EUKLIDischen Raumes, topologisch auf eine Menge G' des n-dimensionalen EUKLIDischen Raumes abbilden, so ist G' auch eine offene Menge*[1].

Aus diesem Satz leiten wir ein Lemma ab, das wir „Abbildungslemma" nennen; in der einheitlichen Anwendung dieses Lemmas besteht die Methode der Existenzbeweise, von der die Rede ist.

Einen topologischen Raum, in dem jeder Punkt eine Umgebung besitzt, welche dem Inneren eines n-dimensionalen Würfels homöomorph ist, nennen wir eine *n-dimensionale Mannigfaltigkeit*[2].

Wir erinnern uns, daß eine Menge M (im topologischen Raum) *zusammenhängend* heißt, wenn sie sich nicht in zwei nichtleere bezüglich M abgeschlossene Teilmengen zerlegen läßt (d. h. derart, daß jeder Häufungspunkt einer jeden dieser Teilmengen M^i, der zu M gehört, in M^i enthalten ist).

Als *zusammenhängende Komponente* der Menge M bezeichnen wir jede zusammenhängende Teilmenge M' der Menge M, welche in keiner zusammenhängenden Teilmenge von M enthalten ist, abgesehen natürlich von M' selbst. Die Menge M ist die Summe ihrer zusammenhängenden Komponenten.

2. Das Abbildungslemma. *$\mathfrak{A}$ und $\mathfrak{B}$ seien zwei Mannigfaltigkeiten derselben Dimension n. Gegeben sei eine Abbildung φ der Mannigfaltigkeit $\mathfrak{A}$ in die Mannigfaltigkeit $\mathfrak{B}$, welche folgenden Bedingungen genügt:*

1. In jeder zusammenhängenden Komponente der Mannigfaltigkeit $\mathfrak{B}$ sind Bilder von Punkten aus $\mathfrak{A}$ enthalten.

2. φ ist umkehrbar eindeutig.

3. φ ist stetig.

4. Sind die Punkte B_m $(m = 1, 2, \ldots)$ der Mannigfaltigkeit $\mathfrak{B}$ Bilder von Punkten A_m der Mannigfaltigkeit $\mathfrak{A}$ und konvergieren die Punkte B_m gegen den Punkt B, so existiert in $\mathfrak{A}$ ein Punkt A, der auf B abgebildet wird, derart, daß es eine Teilfolge A_{m_i} aus den Punkten A_m gibt, die gegen A konvergiert.

Unter diesen Bedingungen ist $\varphi(\mathfrak{A}) = \mathfrak{B}$, d. h. alle Punkte der Mannigfaltigkeit $\mathfrak{B}$ sind Bilder der Punkte der Mannigfaltigkeit $\mathfrak{A}$.

Wegen der Bedingung 4. ist die Abbildung φ beiderseits stetig. Es sei nämlich $B_m = \varphi(A_m)$, $B = \varphi(A)$ und B_m konvergiere gegen B $(m = 1, 2, \ldots)$. Wir nehmen an, die Punkte A_m konvergieren nicht gegen A. Dann gibt es eine solche

[1] Der Beweis dieses Satzes wird in § 9 dieses Kapitels dargelegt. Übrigens spielt sein Beweis selbst für uns keine Rolle.

[2] Gewöhnlich schließt der Begriff der Mannigfaltigkeit die Forderung nach dem Zusammenhang und der Möglichkeit der Zerlegung in Simplexe ein; diese Forderungen lassen wir fallen.

Umgebung des Punktes A, außerhalb welcher unendlich viele Punkte A_m liegen; dies seien die Punkte $A_{m_1}, A_{m_2}, \ldots$ Es ergibt sich[1]

$$B_{m_j} = \varphi(A_{m_j}); \quad B_{m_j} \to B; \quad B = \varphi(A) ,$$

und keine Teilfolge der Punkte A_{m_j} kann gegen A konvergieren.

Dies widerspricht aber der Bedingung 4., weil der umkehrbaren Eindeutigkeit der Abbildung φ zufolge nur der gegebene Punkt A in B abgebildet wird. Folglich müssen die Punkte A_m gegen A konvergieren, d. h. φ ist beiderseits stetig.

Da die Abbildung φ umkehrbar eindeutig und beiderseits stetig ist, ist sie topologisch. Auf Grund des Satzes von der Invarianz des Gebietes folgt hieraus, daß das Bild der Mannigfaltigkeit $\mathfrak{A}$, d. h. $\varphi(\mathfrak{A})$, eine offene Menge in $\mathfrak{B}$ ist. Sei nämlich $B \in \varphi(\mathfrak{A})$ Bild eines Punktes A aus $\mathfrak{A}$ und U_B eine dem Inneren eines Würfels homöomorphe Umgebung des Punktes $B \in \mathfrak{B}$, d. h. homöomorph dem n-dimensionalen EUKLIDischen Raum. Wegen der Stetigkeit der Abbildung φ existiert eine Umgebung V_A des Punktes A, deren Bild in U_B enthalten ist. Der Punkt A besitzt eine einem n-dimensionalen Würfel homöomorphe Umgebung; ihr Durchschnitt mit V_A ist auch eine Umgebung des Punktes A und wird in U_B abgebildet. Diese Umgebung W_A ist offensichtlich einer offenen Menge des n-dimensionalen EUKLIDischen Raumes homöomorph. Dem Satz von der Invarianz des Gebietes zufolge ist demnach ihr topologisches Bild $\varphi(W_A)$ in U_B eine offene Menge, d. h. eine Umgebung des Punktes B. Also hat jeder Punkt $B \in \varphi(\mathfrak{A})$ eine in $\varphi(\mathfrak{A})$ enthaltene Umgebung, und das bedeutet, daß $\varphi(\mathfrak{A})$ eine offene Menge ist.

Zugleich folgt aus Bedingung 4., daß $\varphi(\mathfrak{A})$ auch in $\mathfrak{B}$ abgeschlossen ist. Konvergieren nämlich die Punkte $B_n = \varphi(A_n)$ gegen B, so existiert nach Bedingung 4. ein Punkt A aus $\mathfrak{A}$, der in B abgebildet wird, d. h. B gehört zu $\varphi(\mathfrak{A})$ und $\varphi(\mathfrak{A})$ ist folglich abgeschlossen.

$\varphi(\mathfrak{A})$ ist also sowohl offen als auch abgeschlossen in $\mathfrak{B}$ und hat Punkte in jeder zusammenhängenden Komponente der Mannigfaltigkeit $\mathfrak{B}$; somit erstreckt sie sich auf ganz $\mathfrak{B}$. Da nämlich $\varphi(\mathfrak{A})$ offen ist, ist ihr Komplement $\mathfrak{B} - \varphi(\mathfrak{A})$ abgeschlossen. Darum sind die Durchschnitte der Mengen $\varphi(\mathfrak{A})$ und $\mathfrak{B} - \varphi(\mathfrak{A})$ mit einer beliebigen Menge $\mathfrak{M}$ aus $\mathfrak{B}$ abgeschlossen bezüglich $\mathfrak{M}$.[2] Für $\mathfrak{M}$ nehmen wir eine zusammenhängende Komponente $\mathfrak{B}'$ der Mannigfaltigkeit $\mathfrak{B}$. Dann ergibt die Formel $\mathfrak{B}' = \varphi(\mathfrak{A})\, \mathfrak{B}' + (\mathfrak{B} - \varphi(\mathfrak{A}))\, \mathfrak{B}'$ eine Zerlegung der Komponente $\mathfrak{B}'$ in zwei relativ zu ihr abgeschlossene Mengen. Wegen des Zusammenhanges der Menge $\mathfrak{B}'$ ist eine solche Zerlegung unmöglich, so daß eine der Mengen leer sein muß. Nach der Bedingung 1. gibt es aber in $\mathfrak{B}'$ Punkte aus $\varphi(\mathfrak{A})$, d. h.

[1] Der Pfeil zeigt die Konvergenz an: die Punkte B_{m_j} konvergieren gegen B, d. h. für jede noch so kleine Umgebung des Punktes kann man eine Zahl angeben, derart, daß B_{m_j} mit allen größeren Zahlen j als ein j_0 alle in dieser Umgebung enthalten sind.

[2] Eine abgeschlossene Menge enthält nach Definition alle ihre Häufungspunkte. Daher enthält z. B. der Durchschnitt der Mengen $\varphi(\mathfrak{A})$ und $\mathfrak{M}$ alle seine in $\mathfrak{M}$ enthaltenen Häufungspunkte und ist folglich bezüglich $\mathfrak{M}$ abgeschlossen.

$\mathfrak{B}' \varphi(\mathfrak{A})$ ist nicht leer. Also ist $(\mathfrak{B} - \varphi(\mathfrak{A})) \mathfrak{B}'$ leer. Es ist folglich $\mathfrak{B}' = \varphi(\mathfrak{A}) \mathfrak{B}'$. Summieren wir über alle zusammenhängenden Komponenten, so erhalten wir $\mathfrak{B} = \varphi(\mathfrak{A})$. Das Lemma ist damit bewiesen.

3. Jetzt zeigen wir, wie man das Abbildungslemma auf die Existenzbeweise anwendet. Wir skizzieren beispielsweise den Beweis des Minkowskischen Satzes von der Existenz eines geschlossenen konvexen Polyeders mit gegebenen Orientierungen[1] und Flächeninhalten der Seitenflächen. (Ausführlicher Beweis siehe Kap. VII, § 1.)

Wir klären zunächst die notwendigen Bedingungen, denen die Einheitsvektoren der äußeren Normalen $\mathfrak{n}_1, \mathfrak{n}_2, \ldots, \mathfrak{n}_n$ und die Flächeninhalte der Seitenflächen $F_1, F_2, \ldots, F_n$ genügen müssen. Es sind dies folgende:

1. Die Vektoren $\mathfrak{n}_i$ sind nicht komplanar.
2. Es sind alle $F_i > 0$.
3. $\sum\limits_{i=1}^{n} \mathfrak{n}_i F_i = 0$.

Die Notwendigkeit der beiden ersten Bedingungen ist offensichtlich. Die dritte besagt, daß der vektorielle Flächeninhalt eines geschlossenen Polyeders gleich Null ist. Sie läßt sich leicht beweisen.

T sei irgendeine Ebene und $\mathfrak{n}$ ihre Normale. Dann ist das Skalarprodukt $\mathfrak{n}\,\mathfrak{n}_i$ gleich dem Kosinus des Winkels zwischen $\mathfrak{n}$ und der Normalen $\mathfrak{n}_i$ der i-ten Seitenfläche; daher ist $(\mathfrak{n}\,\mathfrak{n}_i) F_i$ nichts anderes als der Flächeninhalt der Projektion dieser Seitenfläche auf die Ebene T, versehen mit dem entsprechenden Vorzeichen, das von dem Winkel zwischen $\mathfrak{n}$ und $\mathfrak{n}_i$ abhängt.

Projizieren wir ein geschlossenes konvexes Polyeder auf die Ebene T, so bedeckt seine Projektion auf dieser ein gewisses Polygon, und zwar zweimal: einmal „positiv" und einmal „negativ". Im Ergebnis ist die Summe der mit Vorzeichen versehenen Projektionen der Seitenflächen gleich Null, d. h.

$$\sum_{i=1}^{n} \mathfrak{n}\,\mathfrak{n}_i F_i = \mathfrak{n} \sum_{i=1}^{n} \mathfrak{n}_i F_i = 0 .$$

Da man aber die Ebene T und also auch den Vektor $\mathfrak{n}$ willkürlich wählen kann, so ist notwendig

$$\sum_{i=1}^{n} \mathfrak{n}_i F_i = 0 .$$

Der Minkowskische Satz behauptet, daß die angegebenen Bedingungen nicht nur notwendig, sondern auch hinreichend sind für die Existenz eines konvexen Polyeders mit gegebenen Normalen $\mathfrak{n}_i$ und Flächeninhalten F_i der Seitenflächen; d. h. *wenn gegebene Einheitsvektoren $\mathfrak{n}_i$ und die Zahlen F_i diesen Bedingungen genügen, dann existiert ein geschlossenes konvexes Polyeder mit den äußeren Normalen $\mathfrak{n}_i$ und den Flächeninhalten F_i der Seitenflächen.*

[1] Die Orientierung der Seitenfläche wird von ihrer äußeren Normalen bestimmt.

Es sei $\mathfrak{B}$ die Menge aller Zahlen-n-tupel $F_1, \ldots, F_n$ (bei festen Vektoren $\mathfrak{n}_1, \ldots, \mathfrak{n}_n$), welche den gestellten Bedingungen genügen. Mann kann $\mathfrak{B}$ als Teilmenge eines n-dimensionalen Raumes R^n mit den Koordinaten $F_1, \ldots, F_n$ darstellen. Die Vektorgleichung $\sum_{i=1}^{n} \mathfrak{n}_i F_i = 0$ ist drei skalaren Gleichungen äquivalent und definiert folglich in R^n eine $(n-3)$-dimensionale Ebene — den linearen Raum R^{n-3}. In diesem linearen Raum definieren die Ungleichungen $F_i > 0$ eine offene Menge. Als Schnitt von R^{n-3} mit den offenen Halbräumen $F_i > 0$ ist sie konvex und folglich zusammenhängend. Diese Menge ist unsere Mannigfaltigkeit $\mathfrak{B}$. (Vorausgesetzt wird, daß $\mathfrak{B}$ nicht leer ist: der Existenzsatz besagt, daß bei Existenz von Zahlen F_i, die den Bedingungen genügen, d. h. wenn $\mathfrak{B}$ nicht leer ist, ein Polyeder existiert.)

Wir betrachten nun alle geschlossenen konvexen Polyeder P mit gegebenen äußeren Normalen $\mathfrak{n}_i$ ihrer Seitenflächen. Solche Polyeder existieren. Nach der Bedingung sind nämlich die Vektoren $\mathfrak{n}_i$ nicht komplanar, und es existieren $F_i > 0$ derart, daß $\sum_{i=1}^{n} \mathfrak{n}_i F_i = 0$ ist. Daher weisen die Vektoren $\mathfrak{n}_i$ nicht in einen Halbraum. In diesem Falle begrenzen die Ebenen, welche eine Kugel in den Punkten mit den Normalen $\mathfrak{n}_i$ berühren, ein endliches (körperliches) konvexes Polyeder. Sein Rand ist ein geschlossenes konvexes Polyeder, dessen Seitenflächen die äußeren Normalen $\mathfrak{n}_i$ haben.

Jedes Polyeder P wird durch die Angabe der Stützzahlen $h_1, \ldots, h_n$ bestimmt (s. Kap. I, § 2). Daher kann man die Menge aller Polyeder P als Teilmenge des n-dimensionalen Raums R_1^n mit den Koordinaten $h_1, \ldots, h_n$ darstellen. Man kann sich leicht überzeugen, daß diese Teilmenge offen ist, denn bei kleinen Verschiebungen der Ebenen der Seitenflächen verschwinden die Seitenflächen nicht.

Wir vereinigen in einer Klasse alle Polyeder P, die einander kongruent und parallel sind. Da eine Translation durch drei Komponenten bestimmt wird, ist jede Klasse durch $n-3$ Veränderliche vorgegeben. (Als Repräsentanten einer Klasse kann man z. B. ein Polyeder mit dem Schwerpunkt im Ursprung wählen.) Die Menge aller dieser Klassen A bildet eine $(n-3)$-dimensionale Mannigfaltigkeit $\mathfrak{A}$.

Also besitzen die Mannigfaltigkeiten $\mathfrak{A}$ und $\mathfrak{B}$ ein und dieselbe Dimension $n-3$. Da die Flächeninhalte der Seitenflächen eines Polyeders immer den Bedingungen des Satzes genügen, haben wir eine natürliche Abbildung φ der Mannigfaltigkeit $\mathfrak{A}$ in $\mathfrak{B}$ vor uns. Wenn wir zeigen, daß die Abbildung allen Bedingungen des Abbildungslemmas genügt, so erweist sich damit, daß jeder Punkt aus $\mathfrak{B}$ ein Bild eines Punktes aus $\mathfrak{A}$ ist, d. h. daß für jede Menge von Zahlen $F_1, \ldots, F_n$, welche den Bedingungen des Satzes genügen, ein Polyeder mit solchen Flächeninhalten der Seitenflächen existiert.

Da $\mathfrak{B}$ zusammenhängend ist, wird die Bedingung 1. des Abbildungslemmas automatisch erfüllt. Die umkehrbare Eindeutigkeit der Abbildung φ folgt aus dem auch von Minkowski entdeckten Eindeutigkeitssatz (der Beweis findet sich in

Kap. VI, § 3): *ein geschlossenes konvexes Polyeder ist bis auf Parallelverschiebungen eindeutig bestimmt, wenn seine Normalen* $\mathfrak{n}_i$ *und die Flächeninhalte* F_i *der Seitenflächen gegeben sind.* In der Sprache der Mannigfaltigkeiten $\mathfrak{A}$ und $\mathfrak{B}$ ausgedrückt, bedeutet dies, daß jedem gegebenen Punkt $B \in \mathfrak{B}$ nur eine Klasse $A \in \mathfrak{A}$ zugeordnet sein kann. Die Stetigkeit der Abbildung φ ist ersichtlich aus der stetigen Abhängigkeit der Flächeninhalte der Seitenflächen von ihrer Lage, d. h. von den Stützzahlen. Es bleibt die vierte Bedingung des Lemmas, welche sich ohne besondere Mühe beweisen läßt (s. Kap. VII, § 1).

Somit haben wir uns überzeugt, daß alle Bedingungen des Abbildungslemmas erfüllt sind, und damit ist der Satz bewiesen.

4. An diesem Beispiel sieht man die grundlegenden Bedingungen der Anwendbarkeit unserer Methode. Sie läßt sich in den Fällen benutzen, wenn der Existenzsatz die Form hat: „Für jedes a existiert ein b, und umgekehrt existiert für jedes b ein a."[1] In unserem Beispiel bezeichnet a ein geschlossenes konvexes Polyeder, b die Menge der Zahlen F_i und die ihnen entsprechenden Einheitsvektoren $\mathfrak{n}_i$; dabei werden nur solche F_i und $\mathfrak{n}_i$ zugelassen, für welche die Bedingungen des Satzes zutreffen. Der MINKOWSKIsche Satz behauptet, daß für jedes Polyeder a eine Menge b der Flächeninhalte und Normalen seiner Seitenflächen und auch für jede Menge b von Zahlen F_i und Vektoren $\mathfrak{n}_i$, welche den nötigen Bedingungen genügen, ein entsprechendes Polyeder a existiert. Derartige Behauptungen sind ihrem Wesen nach Sätze über notwendige und hinreichende Bedingungen. So handelt es sich in unserem Beispiel um die notwendigen und hinreichenden Bedingungen dafür, daß die gegebenen Zahlen F_i und die Einheitsvektoren $\mathfrak{n}_i$ entsprechend Flächeninhalte und Normalen der Seitenflächen eines geschlossenen konvexen Polyeders sein können. Die Notwendigkeit der Bedingungen ist oft klar, und wesentlich ist nur der Beweis, daß sie auch hinreichen. Alle in diesem Buche bewiesenen Sätze über die Existenz oder über notwendige und hinreichende Bedingungen haben eben diesen Charakter.

Ferner muß bei der vorgelegten Methode dem Existenzbeweis ein entsprechender Eindeutigkeitssatz vorausgehen. Die Zuordnung φ ergibt sich aus den unmittelbar betrachteten Objekten gewöhnlich ganz von selbst; um die umkehrbare Eindeutigkeit der Abbildung sicherzustellen, konstruiert man die Mannigfaltigkeit speziell im Hinblick auf den genauen Wortlaut des entsprechenden Eindeutigkeitssatzes; dazu faßt man zur Definition der Elemente der Mannigfaltigkeit die uns interessierenden Objekte in Klassen zusammen oder versieht sie mit zusätzlichen Unterscheidungsmerkmalen.

So besteht im Beweis des MINKOWSKIschen Satzes die Mannigfaltigkeit $\mathfrak{A}$ aus Klassen von Polyedern, die sich nur durch Parallelverschiebung unterscheiden. Oder ein anderes Beispiel: beim Existenzbeweis eines Polyeders mit gegebenem Netz wird die Zuordnung zwischen Netz und Polyeder auf natürliche Weise eindeutig, wenn man das Polyeder mit dem auf ihm eingetragenen Liniennetz der Kanten eines gewissen Netzes betrachtet. Wir beschränken uns deswegen auf Netze und Liniennetze mit einer gewissen fest vorgegebenen Struktur. Um schließlich die Zuordnung auch umkehrbar eindeutig zu machen, vereinigen wir die Polyeder in einer Klasse, die zusammen mit den auf ihnen eingetragenen Liniennetzen durch eine Bewegung oder durch eine Bewegung und eine Spiegelung zusammenfallen. Die betrachtete Mannigfaltigkeit $\mathfrak{A}$ besteht aus diesen Klassen. Dabei könnte es vorkommen, daß $\mathfrak{A}$ leer ist. Jedoch ist im Beweis der ersten Forderung des Abbildungslemmas offensichtlich schon der Beweis enthalten, daß die Mannigfaltigkeit $\mathfrak{A}$ nicht leer ist. Im übrigen ist, formal gesprochen, eine leere Menge auch eine n-dimensionale Mannigfaltigkeit, da die Definition der Mannigfaltigkeit keine Forderung enthält, daß sie nicht leer sein dürfe.

[1] Diese Tatsache an sich bedeutet natürlich nicht das Vorhandensein einer eindeutigen Beziehung zwischen den Objekten.

5. Diese allgemeine Methode wendet man natürlich nicht nur auf Existenzbeweise für Polyeder an. Man kann sie z. B. zum Beweis des „Fundamentalsatzes der Algebra" über die Existenz von n Wurzeln eines Polynoms n-ten Grades benutzen. Als Mannigfaltigkeit $\mathfrak{B}$ wählt man eine Mannigfaltigkeit von Polynomen n-ten Grades mit komplexen Koeffizienten und höchstem Koeffizienten Eins; ausgenommen sind Polynome mit mehrfachen Wurzeln. $\mathfrak{A}$ ist die Mannigfaltigkeit der Mengen A mit je n verschiedenen komplexen Zahlen ohne Angabe der Reihenfolge. Beide Mannigfaltigkeiten sind $2\,n$-dimensional.[1] Man kann andere Beispiele angeben, wie sich dieselbe Methode auf algebraische Probleme anwenden läßt. Die Anwendung auf einen Existenzsatz in der Funktionentheorie einer komplexen Veränderlichen wurde von G. M. Golusin [16] durchgeführt.[2] Es sei darauf hingewiesen, daß es bis jetzt keine andere Methode gibt, mit deren Hilfe man alle in diesem Buche gewonnenen Existenzsätze beweisen könnte; die analoge Methode, von der § 6, Nr. 7 und 8 handeln, rechnen wir dabei nicht mit. Übrigens sind dies überhaupt alle bisher bekannten allgemeinen Existenzsätze des betrachteten Typus für konvexe Polyeder (d. h. unter der Bedingung, daß es sich um Größen handelt, welche ein Polyeder bestimmen). Nur für den Satz Minkowskis und analoge Sätze (§ 4, Satz 9 und 11) sind andere Beweismethoden bekannt.

§ 3. Die Bestimmung eines Polyeders durch ein Netz (Überblick über die Ergebnisse der Kap. III, IV und V)

1. Es handelt sich um die Verheftung eines Polyeders aus einem Netz, wie dies in Kap. I, § 6 definiert wurde.

In Kap. I, §§ 6 und 7 wurden die Bedingungen klargelegt, denen das Netz eines geschlossenen konvexen Polyeders genügen muß:

1. „Die Bedingung der Positivität der Krümmung": die Summe der Winkel, die bei Verheftung in einer Netzecke aneinanderstoßen, darf für keine Ecke größer als 2π sein.

Die Summe der Winkel, die in einer Ecke eines konvexen Polyeders zusammentreffen, ist immer kleiner als 2π. Wenn wir die Winkelsumme 2π zulassen, so bedeutet das nur, daß die Netzecke beim Verheften keine Polyederecke, sondern einen Punkt innerhalb einer Seitenfläche oder Kante ergibt.

Daher ist diese Bedingung notwendig für das Netz jedes konvexen Polyeders.

2. „Die Eulersche Bedingung": Bezeichnen f, k und e die Anzahlen der Polygone, Kanten und Ecken eines Netzes, so muß $f - k + e = 2$ sein.

Die Notwendigkeit dieser Bedingung für das Netz eines geschlossenen konvexen Polyeders beweist Kap. I, § 7, Satz 6. (Wir erinnern daran, daß zu verheftende Seiten und Ecken entsprechend als eine Kante oder eine Ecke des Netzes gelten und daß alle Polygone eines Netzes nach Voraussetzung einfach sind.)

Man müßte noch hinzufügen, daß ein Netz keine unendlichen Polygone enthält und keinen Rand hat. Aber in Kap. I, Satz 7 und 8 wurde festgestellt, daß für solche Netze immer $f - k + e < 2$ ist; daher sichert die Eulersche Bedingung schon die Endlichkeit der Polygone und das Fehlen eines Randes.

---

[1] Ein solcher Beweis ist in meiner Schrift wiedergegeben [9].

[2] Es ist möglich, daß noch andere, vielleicht noch frühere Anwendungen derselben Methode bekannt sind.

2. Rechnet man ein beliebiges zweimal bedecktes konvexes Polygon, d. h. ein aus zwei aufeinanderliegenden kongruenten Polygonen zusammengeheftetes Gebilde, zu den geschlossenen konvexen Polyedern, so kann man folgendes behaupten:

1. Die formulierten Bedingungen sind nicht nur notwendig, sondern auch hinreichend dafür, daß man aus einem gegebenen Netz ein geschlossenes konvexes Polyeder verheften kann. Dabei kann es nur zwei solcher Polyeder geben: eines ist das Spiegelbild des anderen oder, was dasselbe ist, man erhält das eine aus dem anderen, indem man es „auf die linke Seite umstülpt". (Besitzt das Polyeder eine Symmetrieebene, so ergibt sich beide Male das gleiche Polyeder. Polyeder, die sich nur durch ihre Lage im Raum unterscheiden, gelten dabei als nicht verschieden.)

Den Fall eines doppelt bedeckten Polygons müssen wir unbedingt berücksichtigen, da ein Netz z. B. aus zwei Quadraten bestehen kann, welche der Vorschrift nach an den Seiten miteinander verheftet werden müssen. Offensichtlich sind hier alle gestellten Bedingungen erfüllt. Obgleich dieser Fall eine Ausartung darstellt, schließen wir ihn dennoch nicht aus, da dies die Formulierung unseres Ergebnisses komplizieren würde. Fernerhin wird in diesem Paragraphen und in den Kapiteln III und IV, die dem Beweis des angeführten Ergebnisses und anderer mit diesem verbundenen gewidmet sind, ein doppelt bedecktes konvexes Polygon als konvexes Polyeder angesehen, wenn nur nicht ausdrücklich das Gegenteil vereinbart ist.

Genauer gesagt, wir wollen Satz 1 direkt in etwas anderer Form beweisen. Wie in Kap. I, § 7 (Satz 6) bewiesen wurde, ist ein Netz, das der EULERschen Bedingung $f - k + e = 2$ genügt, einer Sphäre homöomorph. Daher kann man Satz 1 so formulieren:

1. Aus jedem Netz, das einer Sphäre homöomorph ist und dessen Winkelsummen in den Ecken $\leq 2\pi$ sind, kann man ein und nur ein geschlossenes konvexes Polyeder verheften, das eindeutig bis auf Bewegungen oder bis auf Bewegungen und Spiegelungen bestimmt ist.*

3. Der Vorzug der EULERschen Bedingung besteht darin, daß sie sich, wie auch andere Bedingungen, die nach Definition dem Netz auferlegt werden, ohne Mühe für jedes gegebene Netz nachprüfen läßt; so kann man immer die Frage lösen, ob sich aus dem Netz ein geschlossenes konvexes Polyeder verheften läßt oder nicht. Dabei wird durchaus nicht von vornherein vorausgesetzt, daß man aus einem gegebenen Netz überhaupt irgendein Polyeder verheften kann: eine solche Möglichkeit läßt sich beweisen, wenn die angeführten Bedingungen erfüllt sind. Da es nur ein solches konvexes Polyeder geben kann (eindeutig bis auf Bewegungen und „Umstülpen auf die linke Seite"), erhält man es bei Verheften des Netzes gleichsam von selbst.[1] Jedoch können wir nicht von vornherein sagen, was für ein Polyeder sich ergibt. Es kann sein, daß die Polygone und Kanten des Netzes den Seitenflächen und Kanten des Polyeders überhaupt nicht entsprechen; von

[1] Aus dem Netz eines konvexen Polyeders kann man natürlich beliebig viele nichtkonvexe Polyeder verheften. Man braucht das Polyeder z. B. nur in der Umgebung einer seiner Ecken einzudrücken. Daher muß man die Worte „von selbst" in dem Sinne verstehen, daß man beim Verheften nur auf die Konvexität zu achten hat.

vornherein weiß man nur, daß die Netzecken, deren Winkelsummen $< 2\pi$ sind, Polyederecken sein werden. Beispiele für Netze, deren Kanten den Polyederkanten nicht entsprechen, wurden in Kap. I, § 6 angeführt (Abb. 37 und 38).

Auf Grund des Netzes die Struktur eines Polyeders zu bestimmen, d.h. im Netz die wirklichen Polyederkanten zu finden, ist ein Problem, dessen allgemeine Lösung offenbar hoffnungslos schwierig ist. Nur für das Tetraeder kann man es ganz einfach lösen[1]. Das liegt daran, daß mit Vermehrung der Ecken die Anzahl der verschiedenen Polyederstrukturen äußerst schnell wächst.

Ist $n(e)$ die Zahl der Strukturen eines Polyeders mit e Ecken, so ist $n(4) = 1$, $n(5) = 2$, $n(6) = 7$, $n(7) = 34$, $n(8) = 257$. Außerdem kann sich bei stetiger Veränderung des Netzes auch die Struktur des Polyeders verändern. Ein einfaches Beispiel hierfür gibt Abb. 64, wo die Polyeder (*b*) und (*c*) aus (*a*) durch stetiges Herabdrücken der Ecken A und B entstehen. Die punktierte Linie AB auf dem Polyeder (*b*) bzw. (*c*) entspricht einer Kante seines Netzes, welches dieselbe Struktur hat wie das natürliche Netz des Polyeders (*a*).

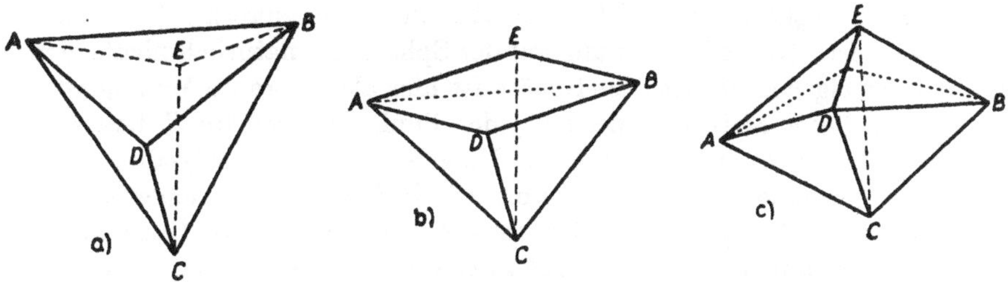

Abb. 64

4. Da das Netz nicht eindeutig mit dem Polyeder in Zusammenhang steht, ist natürlich zu fragen, welche Größen im Netz in eindeutiger Beziehung zum Polyeder stehen.

Wie schon in Kap. I, § 6, Nr. 2 gesagt wurde, bestimmt ein Netz die „*innere Metrik*" eines Polyeders. X und Y seien zwei Punkte des Polyeders P; als ihre Entfernung auf dem Polyeder P nehmen wir die untere Grenze der Längen der sie verbindenden auf P liegenden Streckenzüge. Diese Entfernung $\varrho_P(XY)$ als Funktion des Punktepaares X, Y heißt die innere Metrik des Polyeders.

R sei ein Netz des Polyeders P. Sind X' und Y' zwei Netzpunkte, so kann man sie im Netz R durch Streckenzüge verbinden; diese bestehen aus Strecken, welche

[1] Die Kanten des Polyeders müssen die kürzesten Verbindungslinien der Netzecken sein, an denen die Winkelsumme $< 2\pi$ ist. Außerdem müssen zwischen den ebenen Winkeln der Seitenflächen bei einer Ecke folgende Ungleichungen erfüllt sein: Keiner der Winkel ist größer als die Summe der übrigen. Wenn man in einem Netz die Kürzesten zu ziehen versteht, wofür man brauchbare Hilfsmittel angeben kann, so erhält man eine endliche Anzahl von Möglichkeiten, von denen man eine der Struktur des Polyeders entsprechende auswählen muß. Prinzipiell ist es also möglich, das Problem der Verheftung eines Polyeders tatsächlich zu lösen. Im übrigen scheint mir dies nicht interessant: wichtiger ist, daß man auf Grund der Eindeutigkeit beim Verheften „von selbst" das Polyeder erhält, das man braucht.

auf den Netzpolygonen liegen und in den identifizierten Randpunkten dieser Polygone miteinander verbunden sind. Die genaue untere Grenze der Längen solcher Streckenzüge bezeichnet man natürlicherweise als Entfernung $\varrho_R(X'Y')$ zwischen den Punkten X' und Y' in R. Gehen die Punkte X', Y' beim Verheften des Polyeders P aus dem Netz R in die Punkte X, Y auf P über, so ist offensichtlich $\varrho_R(X'Y') = \varrho_P(XY)$. Die Verheftung des Polyeders P aus dem Netz R ist mit anderen Worten nichts anderes als eine isometrische Abbildung von R auf P, d. h. eine Abbildung, bei der die Entfernungen erhalten bleiben. Alle Netze ein und desselben Polyeders sind offenbar untereinander isometrisch (d. h. sie lassen sich aufeinander abbilden, wobei die Entfernungen erhalten bleiben).

Ein Netz kann man als konkretes Hilfsmittel zur Angabe der inneren Metrik eines Polyeders behandeln. Wie wir schon zeigten, ist kraft der Eulerschen Bedingung das Netz eines geschlossenen konvexen Polyeders einer Sphäre homöomorph. Bilden wir das Netz R auf eine Sphäre S ab, so übertragen wir auf S die Metrik ϱ_R des Netzes R, d. h. wir ordnen jedem Punktepaar X, Y der Sphäre S eine Entfernung $\varrho_R(XY)$ zu, welche dem Abstand der entsprechenden Punkte im Netz R gleich ist. (Diese Entfernung auf der Sphäre hat natürlich nichts gemeinsam mit ihrer eigenen Metrik; die Sphäre ist hier als abstrakte Mannigfaltigkeit gedacht.) In dieser Metrik ϱ_R besitzt jeder Punkt der Sphäre S dieselbe Umgebung wie der Punkt im Netz, d. h. die Umgebung ist einer polyedrischen Ecke oder insbesondere einem Ebenenstück isometrisch. Letzteres gilt sicher für Punkte, die im Inneren von Polygonen oder Kanten des Netzes liegen: die Umgebung eines Punktes der zweiten Art setzt sich aus zwei Halbumgebungen zusammen; diese liegen auf Polygonen, welche längs der gegebenen Kante verheftet sind. Ist in einer Ecke A des Netzes die Winkelsumme nicht gleich 2π, so ist ihre Umgebung einer polyedrischen Ecke isometrisch. Von der inneren Metrik aus gesehen ist A vollständig charakterisiert durch die Summe der in ihr zusammentreffenden Winkel, oder mit anderen Worten, durch den Vollwinkel Θ um A. Die Differenz $2\pi - \Theta$ nannten wir die Krümmung der Ecke A. Die Winkelbedingung, welche dem Netz eines konvexen Polyeders auferlegt ist, besagt, daß die Krümmung keiner Ecke negativ ist.[1]

Eine Metrik, die sich mittels eines Netzes angeben läßt, nennen wir *polyedrische Metrik*, und wenn die Krümmungen aller Ecken ≥ 0 sind, sprechen wir von einer *Metrik positiver Krümmung* (den Fall, daß überhaupt keine Ecken mit einer Krümmung $\neq 0$ vorhanden sind, schließen wir aus; bei Netzen, die einer Sphäre homöomorph sind, kann dieser Fall sicher nicht eintreten).

[1] Ist umgekehrt auf einer Sphäre S eine Metrik ϱ gegeben, derart, daß jeder Punkt der Sphäre S eine einer polyedrischen Ecke isomorphe Umgebung besitzt, und daß die Entfernung zwischen je zwei Punkten X und Y in der Metrik ϱ der genauen unteren Grenze der Längen der Kurven gleich ist, welche die Punkte X und Y verbinden, wobei die Länge in der Metrik ϱ selbst gemessen wird, so läßt sich diese Metrik mittels eines Netzes angeben. Es genügt, jeden Punkt O mit einer Umgebung aus Dreiecken zu umfassen, von denen eine Ecke in O liegt und endlich viele solcher Umgebungen auszuwählen, welche die ganze Sphäre S bedecken. Die gewonnenen Dreiecke ergeben in ihren Überschneidungen endlich viele Polygone, welche das geforderte Netz bilden.

Den oben formulierten Existenzsatz eines Polyeders mit gegebenem Netz kann man nun folgendermaßen ausdrücken:

*1**. Für jede polyedrische Metrik positiver Krümmung, die auf einer Sphäre vorgegeben ist, existiert ein geschlossenes konvexes Polyeder, das diese Metrik realisiert und bis auf Bewegungen oder bis auf Bewegungen und Spiegelungen eindeutig ist.* (Die Behauptung, daß das Polyeder P die auf S vorgegebene Metrik ϱ_R realisiert, bedeutet, daß P eine im Sinne der Metrik ϱ_R isometrische Abbildung auf S gestattet.)

In dieser Formulierung gibt es keine Mehrdeutigkeit: das Polyeder und seine Metrik stehen in umkehrbar eindeutigem Verhältnis, wenn man kongruente Polyeder nicht unterscheidet.

Also gibt Satz 1** Antwort auf die im Anfang dieses Abschnittes gestellt Frage. Die innere Metrik ist diejenige Netzfunktion, die in eindeutiger Beziehung zum Polyeder steht.

5. Die in Satz 1* enthaltene Behauptung der Eindeutigkeit beweisen wir in Kap. III, § 3 in folgender etwas stärkeren Form:

2. Ist eine isometrische Abbildung eines geschlossenen konvexen Polyeders auf ein anderes gegeben, so kann diese Abbildung durch Bewegungen oder durch Bewegungen und Spiegelungen verwirklicht werden. Insbesondere kann es sich natürlich um die Abbildung eines Polyeders auf sich selbst handeln.[1] Dies ist eine gewisse Verschärfung des schon in § 1 erwähnten Satzes von CAUCHY: zwei geschlossene konvexe Polyeder, die gleichartig aus kongruenten Seitenflächen zusammengesetzt sind, sind kongruent. Der Beweis unseres Satzes läuft auf den CAUCHYschen Satz hinaus, mit der Verallgemeinerung, daß es sich nicht um wirkliche Seitenflächen zu handeln braucht, sondern um beliebige Polygone, aus denen das Polyeder besteht, auch wenn einige dieser Polygone nicht ganze Seitenflächen, sondern nur Teile von solchen sind. Diese Verallgemeinerung des Satzes von CAUCHY erhalten wir als direkte Folge des Satzes.

3. Bestehen zwei geschlossene konvexe Polyeder in gleicher Weise aus Polygonen mit entsprechend gleichen Winkeln, so sind alle Flächenwinkel dieser Polyeder entsprechend gleich.

Der mit dem CAUCHYschen Beweise vertraute Leser wird selbst feststellen, daß CAUCHY selbst eben diesen Satz bewiesen hat, wenn er ihn auch nicht formulierte, und zwar nur mit der Einschränkung, daß es sich bei ihm um Seitenflächen von Polyedern handelt. Der Satz 3 besitzt selbständiges Interesse, weil Polyeder mit gleichen ebenen Winkeln weit davon entfernt sein können, isometrisch zu sein; ein einfaches Beispiel bilden alle rechtwinkligen Parallelepipede.

Den Existenzsatz für ein geschlossenes konvexes Polyeder mit gegebenem Netz beweisen wir in Kap. IV, §§ 1—3, und stützen uns dabei speziell auf Satz 2.

---

[1] In Kap. III, § 5 beweisen wir, daß dasselbe nicht nur für geschlossene, sondern auch für beliebige konvexe Polyeder gilt, deren Gesamtkrümmung wie beim geschlossenen Polyeder gleich 4π ist. Z. B. kann man einen beliebig schmalen Ausschnitt einer Würfeloberfläche, der alle Ecken des Würfels enthält, nicht verbiegen, ohne daß die Konvexität verloren geht!

6. Das Netz eines unendlichen konvexen Polyeders muß abgesehen von den in Nr. 1 gezeigten, für alle Netze gemeinsamen Bedingungen noch zwei anderen genügen.

1. Das Netz ist einer Ebene homöomorph.

2. Die Summe der Winkel, welche in einer Ecke zusammentreffen, ist für jede Ecke $\leq 2\pi$.

Die Notwendigkeit der ersten Bedingung wird daraus klar, daß ein unendliches konvexes Polyeder einer Ebene homöomorph ist. Die zweite Bedingung ist aus demselben Grunde notwendig, aus dem sie im Falle des Netzes eines geschlossenen konvexen Polyeders notwendig ist.

Zählt man zu den unendlichen konvexen Polyedern auch zweimal bedeckte unendliche konvexe Polygone hinzu, so kann man folgendes behaupten:

4. Aus jedem Netz, das einer Ebene homöomorph ist und dessen Winkel an den Ecken eine Summe von $\leq 2\pi$ *ergeben, läßt sich ein unendliches konvexes Polyeder verheften.*[1]

Diesen Satz beweisen wir in Kap. IV, § 4.

Die Bedingung, ein Netz müsse einer Ebene homöomorph sein, ist zwei Bedingungen äquivalent, welche sich für jedes gegebene Netz ganz einfach nachprüfen lassen:

1a) Das Netz enthält wenigstens ein unendliches Polygon.

1b) Sind f, k *und* e *die Anzahlen der Polygone, Kanten und Ecken eines Netzes, so gilt* $f - k + e = 1$.

Daß diese Bedingungen der Tatsache äquivalent sind, daß das Netz einer Ebene homöomorph ist, wurde in Kap. I, § 7 (Satz 9) bewiesen.

Ein unendliches Polyeder ist im allgemeinen durch sein Netz nicht eindeutig bestimmt, wie man schon an dem Beispiel einer polyedrischen Ecke sieht, die man immer verbiegen kann, ohne ihre Seitenflächen zu ändern, wenn deren mehr als drei sind. Der einzige Fall, daß eine solche Eindeutigkeit eintritt, ist in folgendem Satz enthalten:

5. Ist die Gesamtkrümmung, d. h. die Summe der Krümmungen der Netzecken gleich 2π, *so läßt sich aus dem Netz nur ein (bis auf Bewegungen oder bis auf Bewegungen und Spiegelungen eindeutiges) unendliches konvexes Polyeder verheften. Oder: Ist die Krümmung eines unendlichen konvexen Polyeders gleich* 2π, *so führt jede isometrische Abbildung des Polyeders auf ein ebenfalls konvexes Polyeder zu Bewegungen oder Bewegungen und Spiegelungen.*

Die Gesamtkrümmung eines unendlichen konvexen Polyeders übersteigt 2π niemals. Für Polyeder mit einer Gesamtkrümmung $< 2\pi$ gilt folgender Satz:

6. R sei ein Netz, das den oben angeführten notwendigen Bedingungen genügt und dessen Gesamtkrümmung $\omega < 2\pi$ *ist. Im Netz R sei eine Orientierung gegeben.*

[1] In der Sprache der Metrik kann man diesen Satz so formulieren: Jede vollständige auf einer Ebene gegebene polyedrische Metrik positiver Krümmung läßt sich durch ein unendliches konvexes Polyeder realisieren. Vollständig heißt dabei eine Metrik, in der jede beschränkte unendliche Punktmenge einen Häufungspunkt hat.

L sei eine Halbgerade auf einem seiner unendlichen Polygone. V sei eine konvexe polyedrische Ecke mit der Krümmung ω und mit gegebener Orientierung, d. h. mit gegebenem Umlaufsinn um die Ecke, und L_1 irgendeine ihrer Erzeugenden. Es existiert ein konvexes Polyeder P, das aus dem Netz R verheftet ist und V als Grenzecke hat, und zwar derart, daß bei unbeschränkter ähnlicher Verkleinerung von P in V die L entsprechende Linie auf P in L_1 übergeht, während die durch die Orientierung des Netzes R festgelegte Orientierung auf P in die gegebene Orientierung der Ecke V übergeht. Dieses Polyeder P ist eindeutig bis auf Parallelverschiebung bestimmt, wenn die Ecke V im Raum festliegt. (Beweis s. Kap. IV, § 5.)

Für die Eindeutigkeit des Polyeders sind hier folglich außer der Angabe des Netzes R die Angabe der Grenzecke V, der entsprechenden Halbgeraden L und L_1 und auch der entsprechenden Orientierungen auf R und V erforderlich. Ein Wechsel der Orientierung bei gegebenem V kann nicht durch einfache Spiegelung bewirkt werden, da bei einer Spiegelung des Polyeders P auch seine Grenzecke gespiegelt und folglich, allgemein gesprochen, von der gegebenen Ecke V verschieden wird. Läßt man R, V und L unverändert und dreht man L_1 um die Ecke V, so dreht sich das Polyeder P gleichsam um die Ecke V, wobei seine Gestalt sich im allgemeinen ändert. Genauso wird sich das Polyeder P auch bei stetiger Veränderung der Ecke V verformen. Die Gleichheit der Krümmungen des Netzes R und der Ecke V ist notwendig, da, wie Kap. I, § 5, Satz 3 zeigt, die Krümmung eines unendlichen konvexen Polyeders der Krümmung seiner Grenzecke gleich ist.

Die Sätze 5 und 6 gehen auf S. P. Olowjanischnikow [17] zurück. Satz 5 und die in Satz 6 enthaltene Eindeutigkeitsbehauptung beweisen wir in Kap. III (§§ 3, 4). Ebenda (§ 2) beweisen wir den Satz für unendliche Polyeder, in Analogie zu Satz 3.

7. Sind bei zwei unendlichen konvexen Polyedern, die gleichartig aus beliebigen Polygonen mit entsprechend gleichen Winkeln zusammengesetzt sind, die Grenzecken kongruent, so sind auch die Flächenwinkel dieser Polyeder gleich. (Reduziert sich die Grenzecke eines der Polyeder auf eine Halbgerade, so ist die letztere Bedingung überflüssig, da dann allein aus der Gleichheit entsprechender Winkel der Polygone die Gleichheit der Grenzecken folgt.)

Schließlich machen wir analoge Aussagen für Polyeder, die je von einem Streckenzug begrenzt werden. In diesem Falle muß man, um die Richtigkeit der Behauptungen der Sätze 2 und 3 zu sichern, den Polyederrändern eine zusätzliche Bedingung auferlegen: die Winkel zwischen den benachbarten Kanten zweier Polyeder müssen entsprechend gleich sein (s. Kap. III, § 5).

Wir kennen jedoch keine brauchbaren notwendigen und hinreichenden Bedingungen, unter denen man aus einem gegebenen Netz ein konvexes Polyeder mit Rand verheften kann. Die triviale Bedingung, daß man das Netz zum Netz eines geschlossenen (oder unendlichen) Polyeders ergänzen kann, reicht nicht aus. In einer Reihe von Fällen gestattet sie jedoch, leicht nachprüfbare hinreichende Bedingungen zu formulieren. Entsprechende Ergebnisse werden wir in Kap. V, § 1 gewinnen.

Die Frage, wann ein Polyeder mit Rand durch sein Netz (seine Metrik) bestimmt wird und wann es Verbiegungen (d. h. stetige Deformationen unter Erhaltung der Metrik) zuläßt, wird in Kap. III, § 5 und in Kap. V, § 2 behandelt. Dabei gewinnen wir eine Reihe interessanter Ergebnisse; aber zu einer erschöpfenden Lösung dieser Frage gelangen wir auch nicht.

§ 4. Polyeder mit gegebenen Stellungen der Seitenflächen (Überblick über die Ergebnisse der Kapitel VI, VII und VIII)

1. Die Stellung einer Seitenfläche eines konvexen Polyeders wird durch ihre äußere Normale angegeben. Wir werden die Seitenflächen und Stützebenen eines Polyeders nur in dem Fall als parallel ansehen, wenn ihre äußeren Normalen parallel sind.[1] Daß die Probleme, welche Polyeder mit angegebenen Stellungen der Seitenflächen betreffen, nicht trivial sind, erhellt unter anderem daraus, daß diese Stellungen im allgemeinen die Struktur eines Polyeders durchaus noch nicht festlegen, wie dies an dem einfachen Beispiel der auf Abb. 65 dargestellten Polyeder zu sehen ist.

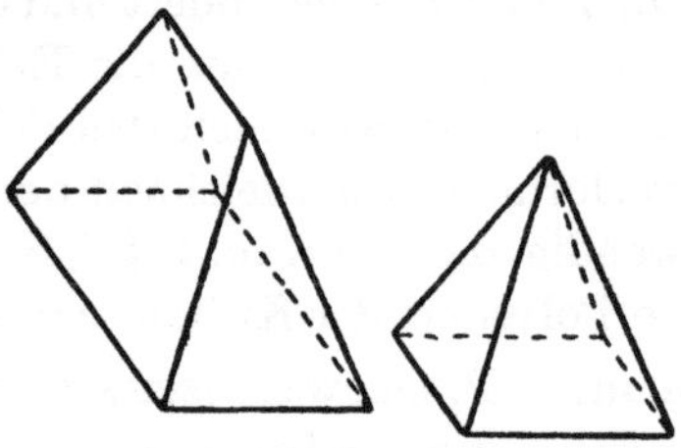

Abb. 65

In der Anwendung auf konvexe Polygone jedoch sind alle weiterhin angeführten Sätze entweder einfach trivial, wie z. B. unser grundlegender Satz 8, oder sie lassen sich ganz einfach beweisen; eine gewisse Ausnahme bilden Satz 10 und 11, deren Beweis auch für Polygone nicht so einfach ist.

In Kap. VI, §§ 1—3 beweisen wir folgenden Satz:

8. Entspricht bei zwei geschlossenen konvexen Polyedern jeder Seitenfläche des einen eine parallele Seitenfläche des anderen und umgekehrt und können ihre entsprechenden Seitenflächen nicht durch Parallelverschiebung echt ineinander eingebettet werden (d. h. sie ragen übereinander hinaus oder sie fallen zusammen), so sind die Polyeder kongruent und parallel gelegen. Besitzt eines der Polyeder keine Seitenfläche mit derselben äußeren Normalen wie das andere, so kann man sogar annehmen, daß die Seitenfläche gleichsam vorhanden, aber in eine Kante ausgeartet ist, die in der entsprechenden Stützebene liegt. Diese Kante darf sich dann nicht echt in die entsprechende Seitenfläche des anderen Polyeders einbetten lassen.

[1] Wenn wir von parallelen Vektoren sprechen, so meinen wir damit hier wie weiterhin gleichzeitig, daß sie gleich gerichtet sind.

Man kann diesen Satz auch in folgender Form ausdrücken:

Zwei geschlossene konvexe Polyeder sind entweder kongruent und parallel gelegen, oder eines von ihnen besitzt wenigstens eine Seitenfläche Q, derart, daß sich ein in der zu Q parallelen Stützebene liegendes Randelement (Seitenfläche, Kante oder Ecke) des zweiten Polyeders mittels Parallelverschiebung in Q einbetten läßt.

Eine spezielle Folge von Satz 8 ist der schon erwähnte Eindeutigkeitssatz Minkowskis:

9. *Sind bei zwei geschlossenen konvexen Polyedern die Seitenflächen entsprechend parallel und haben sie gleiche Flächeninhalte, so sind die Polyeder kongruent und parallel gelegen.* Ein geschlossenes konvexes Polyeder ist mit anderen Worten durch die Orientierungen und Flächeninhalte seiner Seitenflächen eindeutig bestimmt. Man kann nämlich gleichgroße Polygone nicht ineinander einbetten (wenn sie nicht kongruent sind), und daher ist dieser Satz in Satz 8 enthalten.

Es lassen sich beliebig viele derartige Folgerungen aus Satz 8 nennen. So wollen wir die Funktion $f(Q)$ eines konvexen Polygons Q als monoton bezeichnen, wenn $f(Q_1) < f(Q_2)$ ist immer dann, wenn Q_1 in Q_2 enthalten ist und nicht mit Q_2 zusammenfällt. Haben zwei geschlossene konvexe Polyeder entsprechend parallele Seitenflächen und gibt es für jedes Paar paralleler Seitenflächen $Q_i^{(1)}$ und $Q_i^{(2)}$ eine monotone Funktion f_i, derart, daß $f_i(Q_i^{(1)}) = f_i(Q_i^{(2)})$ ist, so sind die Polyeder kongruent und parallel gelegen. Auf Grund der Monotonie der Funktionen f_i folgt nämlich aus der Gleichung $f_i(Q_i^{(1)}) = f_i(Q_i^{(2)})$, daß sich die parallelen Seitenflächen $Q_i^{(1)}$, $Q_i^{(2)}$ nicht ineinander einbetten lassen, und daher ergibt sich die Kongruenz der Polyeder aus Satz 8.

Nehmen wir für alle f_i den Flächeninhalt, so erhalten wir Satz 9, nehmen wir für alle f_i den Umfang, so erhalten wir den Satz von der eindeutigen Bestimmung eines Polyeders durch die Stellungen und Umfänge der Seitenflächen, usw.

Satz 8 läßt sich zur Lösung einiger, wenn auch speziellerer, so doch wichtiger Probleme anwenden, die in Kap. VIII behandelt werden. So wird mit seiner Hilfe der Satz von Lindelöf [18] bewiesen.[1]

10. *Unter allen geschlossenen konvexen Polyedern mit gegebenen Stellungen und gegebenem Oberflächeninhalt schließt das einer Kugel umbeschriebene Polyeder das größte Volumen ein.*

Dieser Satz ergibt sich als spezielle Folge eines Satzes von Minkowski, der von großem selbständigen Interessen ist. Es handelt sich um die Linearkombination konvexer Körper und um ihre gemischten Rauminhalte (s. Kap. VI, § 2 und Kap. VII, §§ 2 und 3). Eine andere Anwendung von Satz 8 betrifft das Auffinden aller möglichen Paralleloeder, d. h. (körperlicher) konvexer Polyeder, mit denen man den Raum ausfüllen kann, indem man sie ähnlich wie Bienenwaben an ganzen Seitenflächen parallel aneinanderlegt (s. Kap. VIII, § 1).

2. Minkowski bewies nicht nur die Eindeutigkeit, sondern auch die Existenz eines geschlossenen Polyeders mit gegebenen Stellungen und Flächeninhalten der Seitenflächen.

---

[1] Einen anderen Beweis gab 1897 Minkowski [3] in derselben Arbeit, in der er die Sätze 9 und 11 bewies.

11. *Wenn die Einheitsvektoren* $\mathfrak{n}_1, \ldots, \mathfrak{n}_m$ *und die Zahlen* $F_1, \ldots, F_n$ *den Bedingungen genügen:*

1. die Vektoren $\mathfrak{n}_1, \ldots, \mathfrak{n}_m$ sind alle verschieden und nicht komplanar;
2. es sind alle Zahlen $F_i > 0$;
3. $\sum_{i=1}^{m} \mathfrak{n}_i F_i = 0$, *so existiert ein geschlossenes konvexes Polyeder, bei welchem* $\mathfrak{n}_i$ *die äußeren Normalen und* F_i *die Inhalte der Seitenflächen sind.*

Diesen Satz beweisen wir in Kap. VII, § 1 mit einer Methode, die sich auf das „Abbildungslemma" stützt; in Kap. VII, § 2 geben wir auch den Beweis von Minkowski selbst wieder.

Es sind keine anderen, dem Satz 11 analogen Existenzsätze bekannt. Wir besitzen z. B. einen Eindeutigkeitssatz für ein Polyeder mit gegebenen Umfängen der Seitenflächen; aber wir haben keinen entsprechenden Existenzsatz aus dem einfachen Grunde, weil keine notwendigen Bedingungen bekannt sind, denen die Umfänge der Seitenflächen eines geschlossenen konvexen Polyeders genügen müssen. Gelänge es, derartige Bedingungen klarzulegen, so würde, wie man annehmen muß, unsere Methode es erlauben, auch einen entsprechenden Existenzsatz zu beweisen. Diese Bemerkung bezieht sich auf beliebige andere monotone Funktionen der Seitenflächen.

Es ist klar, daß hier immer einige nicht-triviale Bedingungen auftreten müssen. Ein geschlossenes konvexes Polyeder mit m Seitenflächen gegebener Orientierungen wird durch m Abstände seiner Seitenebenen von irgendeinem Punkt in seinem Inneren festgelegt. Jedoch bestimmt die Angabe beispielsweise von m Umfängen $l_1, \ldots, l_m$ seiner Seitenflächen es nur eindeutig bis auf Parallelverschiebungen; das ergibt nicht m, sondern im ganzen nur $m - 3$ Veränderliche, insofern als eine Parallelverschiebung durch drei Komponenten des Verschiebungsvektors angegeben wird. Daher müssen die Umfänge Bedingungen genügen, die in dem m-dimensionalen Gebiet positiver Werte von $l_1, \ldots, l_m$ ein $(m - 3)$-dimensionales Gebiet von Werten ausscheiden, welche für die Umfänge der Seitenflächen tatsächlich in Frage kommen. Die ganze Schwierigkeit liegt im Auffinden der Bedingungen, welche dieses Gebiet mit den Werten $l_1, \ldots, l_m$ festlegen, die für die Umfänge der Seitenflächen zulässig sind.

3. Die Bedingung der Kongruenz geschlossener Polyeder, die in Satz 8 gegeben wurde, hat keinen Sinn bei der Anwendung auf die unendlichen Seitenflächen unendlicher Polyeder; sie läßt sich nicht erfüllen, wenn Polyeder kongruent und parallel gelegen sind, weil man ein beliebiges von zwei kongruenten und parallel gelegenen unendlichen Polygonen in das andere einbetten kann, wie es in Abb. 66 zu sehen ist. Die Erfüllung dieser Bedingung aber nur für die endlichen Seitenflächen zu verlangen, reicht sichtlich nicht hin, wie man an dem sehr einfachen Beispiel in Abb. 67 sehen kann. Daher muß man den unendlichen Seitenflächen notwendig eine zusätzliche Bedingung auferlegen:

Unendliche Polyeder müssen kongruente und parallele „unendliche Teile" haben, d. h. von jedem von ihnen muß sich ein (genügend großer) endlicher Teil abtrennen lassen, derart, daß sich die übrigbleibenden unendlichen Teile durch Parallelverschiebung ineinander überführen lassen.

Diese Bedingung ist offensichtlich der Tatsache äquivalent, daß man mittels einer einzigen Parallelverschiebung die Ebenen aller unendlichen Seitenflächen der Polyeder ineinander überführen kann. Wenn wir diese Bedingung einführen, erhalten wir den Satz, welcher in Kap. VI, § 4 bewiesen wird:

12. Sind bei zwei unendlichen konvexen Polyedern die unendlichen Teile kongruent und parallel und kann man keine endliche Seitenfläche durch Parallelverschiebung in die zu ihr parallele Seitenfläche des anderen Polyeders einbetten, so sind die Polyeder kongruent und parallel gelegen.

Im Falle endlicher nicht-geschlossener Polyeder erhalten wir in Kap .VI, § 5 analoge Sätze, wenn wir einige Bedingungen einführen, die wir den äußeren, d. h. am Rand liegenden, Seitenflächen und Randkanten dieser Polyeder auferlegen. Satz 12, der von den unendlichen Polyedern handelt, läßt sich leicht auf endliche

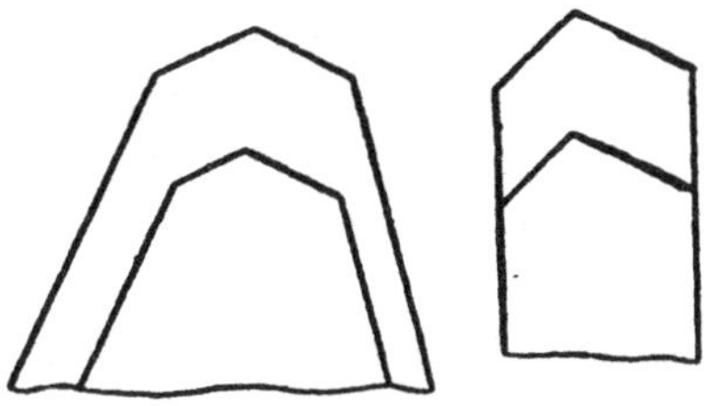

Abb. 66

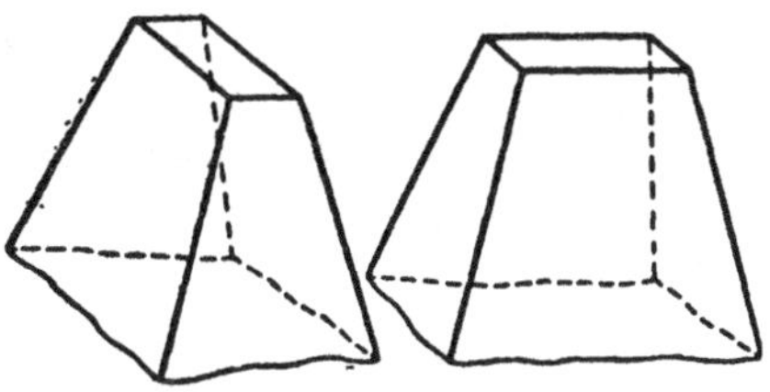

Abb. 67

übertragen, wenn man sich an die in Kap. I, § 1, Nr. 6 gemachten Bemerkungen erinnert, wo davon die Rede ist, unendliche Polyeder durch endliche zu ersetzen, die aber eine Verlängerung ihrer äußeren Seitenflächen zulassen. In diesem Zusammenhang sei bemerkt, daß man Sätze dieser Art als Sätze über Polyeder ansehen kann, deren Rand gegeben ist, die aber selbst diesen oder jenen Bedingungen unterworfen sind. Dies ist nichts anderes als eine „Randwertaufgabe“, allerdings im Rahmen der Elementargeometrie. Allgemein handelt es sich in Randwertaufgaben um eine Funktion (oder, wenn man will, um eine Fläche), welche auf dem Rand irgendeines gegebenen Gebietes vorgeschrieben ist und im Gebiet selbst diesen oder jenen Bedingungen genügen muß — gewöhnlich irgendeiner Differentialgleichung. (Der Zusammenhang unserer Sätze über Polyeder mit solchen Randwertaufgaben für Differentialgleichungen wird in den Paragraphen „Verallgemeinerungen“ der Kapitel VI und VII näher erklärt.)

4. Aus Satz 12 über die Kongruenz unendlicher Polyeder kann man eine Folgerung ziehen, welche dem Satz 9 Minkowskis analog ist:

Sind die unendlichen Teile zweier unendlicher konvexer Polyeder kongruent und parallel und sind ihre endlichen Seitenflächen paarweise parallel und haben sie gleiche Flächeninhalte, so sind die Polyeder kongruent und liegen parallel. Ein analoges Ergebnis erhalten wir, wenn wir anstelle des Flächeninhaltes beliebige monotone Funktionen der Seitenflächen nehmen; die Schlußfolgerung ist dieselbe wie oben in Nr. 1.

Zugleich kann man, ähnlich wie in Satz 11 über die Existenz eines geschlossenen konvexen Polyeders mit gegebenen Stellungen und Flächeninhalten der Seitenflächen, analoge Theoreme für unendliche Polyeder formulieren. Dazu erklären wir zuerst die notwendigen Bedingungen, denen die Normalen und Flächeninhalte der Seitenflächen eines unendlichen Polyeders mit parallelen unendlichen Kanten genügen müssen.

Der unendliche Teil eines solchen Polyeders stellt ein nach einer Seite hin unendliches konvexes Prisma Π dar; ist $\mathfrak{n}$ der Vektor, welcher entlang einer Kante von Π nach der Seite des endlichen Teils des Polyeders weist, so müssen die äußeren Normalen der endlichen Seitenflächen des Polyeders mit $\mathfrak{n}$ spitze Winkel bilden (Abb. 68).

Die Projektionen der endlichen Seitenflächen auf eine Ebene Q, die auf $\mathfrak{n}$ senkrecht steht, bedecken das Polygon, das beim Schnitt des Prismas Π mit dieser Ebene entsteht. Sind $\mathfrak{n}_i$ die äußeren Normalen, F_i die Flächeninhalte der endlichen Seitenflächen und ist F der Flächeninhalt des besagten Polygons, so gilt daher

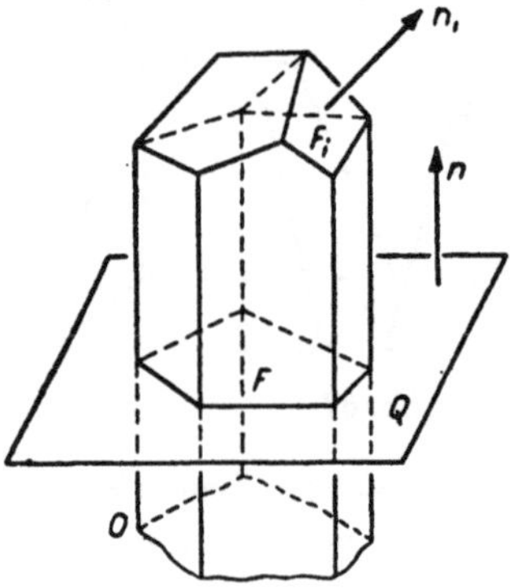

Abb. 68

$$F = \sum_i (\mathfrak{n}\,\mathfrak{n}_i)\, F_i\,,$$

weil $(\mathfrak{n}\,\mathfrak{n}_i)\, F_i$ nichts anderes ist als der Flächeninhalt der Projektion der i-ten Seitenfläche auf die Ebene Q.

Es erweist sich, daß diese Bedingungen auch hinreichend sind für die Existenz eines konvexen Polyeders mit einem gegebenen unendlichen Teil und gegebenen Flächeninhalten und Normalen der endlichen Seitenflächen. Wir formulieren den entsprechenden Satz, dessen Beweis wir in Kap. VII, § 3 bringen:

13. Gegeben sei ein unendliches konvexes Prisma Π und $\mathfrak{n}$ sei ein Einheitsvektor längs seiner Kanten. F sei der Inhalt eines Schnittes dieses Prismas mit einer zu $\mathfrak{n}$ senkrechten Ebene. Ferner seien $\mathfrak{n}_1, \ldots, \mathfrak{n}_m$ Einheitsvektoren, die mit $\mathfrak{n}$ spitze Winkel bilden. Schließlich seien $F_1, \ldots, F_m$ solche positiven Zahlen, daß

$$\sum_{i=1}^{m} (\mathfrak{n}\,\mathfrak{n}_i)\, F_i = F$$

ist. Dann existiert ein konvexes Polyeder mit dem unendlichen Teil Π, dessen endliche Seitenflächen die äußeren Normalen $\mathfrak{n}_i$ und die Flächeninhalte F_i haben.

Kraft der oben angeführten Folgerung aus Satz 12 ist ein derartiges Polyeder eindeutig bis auf Parallelverschiebung entlang dem Vektor $\mathfrak{n}$ bestimmt, weil nur bei einer solchen Verschiebung das Prisma Π in sich selbst übergeht.

Auf unendliche Polyeder mit nicht-parallelen unendlichen Kanten trifft ein viel allgemeineres Ergebnis zu:

14. Q sei ein unendlicher Teil irgendeines unendlichen konvexen Polyeders mit nicht-parallelen unendlichen Kanten (Abb. 69). S sei ein sphärisches Polygon, das durch die sphärischen Bilder der Seitenflächen von Q aufgespannt ist, und $\mathfrak{n}_1, \ldots, \mathfrak{n}_m$ *seien Vektoren, welche vom Mittelpunkt aus nach inneren Punkten des Polygons S weisen. Schließlich seien* $f_1, \ldots, f_m$ *beliebige monotone stetige Funktionen eines Polygons, die zusammen mit seinem Flächeninhalt gegen Null und Unendlich streben.*

Dann existiert bei Vorgabe ganz beliebiger positiver Zahlen $a_1, \ldots, a_m$ *ein unendliches konvexes Polyeder mit dem unendlichen Teil Q und endlichen Seitenflächen; diese haben die äußeren Normalen* $\mathfrak{n}_1, \ldots, \mathfrak{n}_m$, *wobei die Funktionen* $f_1, \ldots, f_m$ *für diese Seitenflächen die Werte* $a_1, \ldots, a_m$ *annehmen, so daß für die Seitenfläche mit der Normalen* $\mathfrak{n}_i$ $f_i = a_i$ *ist.*

Als Folgerung aus Satz 12, der im Beginn dieses Abschnittes angeführt wurde, ergibt sich, daß ein derartiges Polyeder eindeutig ist, weil bei festem Q keine Verschiebung möglich ist.

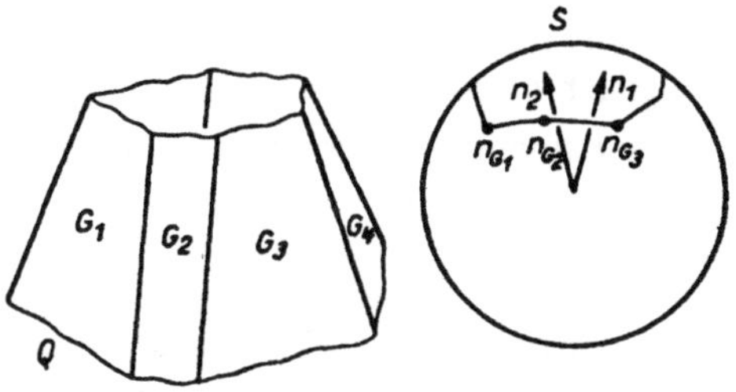

Abb. 69

Die Notwendigkeit der Bedingungen, die in Satz 14 den Normalen auferlegt werden, wurde schon in § 2 vermerkt. Das sphärische Bild eines unendlichen konvexen Polyeders stellt ein sphärisches konvexes Polygon dar, das von den sphärischen Bildern seiner unendlichen Seitenflächen aufgespannt ist, in dem Sinne, daß seine Ecken Endpunkte der vom Mittelpunkt der Sphäre aus gezogenen äußeren Normalen der Seitenflächen mit nicht-parallelen unendlichen Kanten sind, während die Endpunkte der Normalen der Seitenflächen mit parallelen unendlichen Kanten auf seinen Seiten liegen. Die Endpunkte der Normalen der endlichen Seitenflächen dagegen liegen im Inneren dieses sphärischen Polygons.

Die Angabe des unendlichen Teiles Q ist der Angabe seiner Seitenebenen äquivalent. Jedoch können nicht alle Ebenen als Seitenebenen irgendeines unendlichen Polyeders dienen. Dazu ist es dem Gesagten zufolge notwendig, daß die vom Mittelpunkt der Sphäre ausgehenden Normalen dieser Ebenen zu allen Ecken und möglicherweise zu den Seiten irgendeines konvexen sphärischen Polygons hinführen. Dies reicht jedoch noch nicht hin: nötig sind Bedingungen für die Entfernungen dieser Ebenen vom Ursprung. Sie werden unten in Nr. 7 klargelegt.

Auf den ersten Blick erscheint Satz 14 wegen seiner Allgemeinheit erstaunlich. In Wirklichkeit ist er jedoch viel oberflächlicher als die Sätze 11 und 13, obgleich in letzteren nur der Flächeninhalt eine Rolle spielt. Dies wird aus dem Beweis von Satz 14 sichtbar, welcher von A. W. POGORELOW vorgeschlagen wurde und der in Kap. VII, § 4 übernommen wird. Wir erhalten dabei sogar ein etwas allgemeineres Ergebnis, welches die Bedingung, daß die Funktionen f_i zusammen mit dem Flächeninhalt gegen Null streben sollen, aufhebt.

Für Polyeder mit Rand sind uns, abgesehen von den ziemlich trivalen Folgerungen der Sätze 8, 13 und 14, keine ähnlichen Sätze bekannt. Die Schwierigkeit besteht hier in der Formulierung der Bedingungen, denen gleichzeitig die Flächeninhalte der Seitenflächen und der Rand eines Polyeders genügen müssen, da zwischen ihnen offenbar eine gewisse Abhängigkeit besteht.

5. Alle oben formulierten Sätze 9—14 lassen sich wörtlich auf einen Raum beliebiger Dimension verallgemeinern, wobei man aber die Beweismethode für die Sätze 9, 10 und 12 ändern muß.[1] Anders verhält sich Satz 8 über die allgemeine Bedingung der Kongruenz geschlossener Polyeder. Daß dies Theorem im vierdimensionalen Raum nicht gilt, ersieht man aus folgendem einfachen Beispiel: Bei einem Würfel mit der Kante 2 und einem rechtwinkligen Parallelepiped (im vierdimensionalen Raum) mit den Kanten 1, 1, 3, 3 sind die Seitenflächen nicht ineinander enthalten, obgleich diese Polyeder nicht kongruent sind.

6. Ein geschlossenes oder unendliches konvexes Polyeder ist bestimmt durch seine Seitenebenen: es ist der Rand des Durchschnitts der von diesen Ebenen begrenzten Halbräume. Wenn die Einheitsvektoren $\mathfrak{n}_i$ der äußeren Flächennormalen gegeben sind, sind die Seitenebenen bestimmt, sofern außerdem ihre Abstände vom Koordinatenursprung gegeben sind, wobei diese Abstände als positiv gelten, wenn die Richtung vom Ursprung zur Ebene mit der Richtung der äußeren Normalen zusammenfällt, im entgegengesetzten Falle jedoch als negativ. Mit dieser Zeichenfestsetzung nennen wir diese Abstände *Stützzahlen* des Polyeders.[2] Die Stützzahl h_i ist nichts anderes als der rechte Teil in der Normalform der Seitenebenengleichung

$$\mathfrak{n}_i \mathfrak{x} = h_i ,$$

wobei $\mathfrak{n}_i$ der Einheitsvektor der Normalen und $\mathfrak{x}$ der Vektor ist, der vom Koordinatenursprung zu einem variablen Punkt der Ebene geht.

Der Halbraum, der das Polyeder enthält, ist bestimmt durch die Ungleichung

$$\mathfrak{n}_i \mathfrak{x} \leq h_i$$

(und nicht durch die entgegengesetzte, da $\mathfrak{n}_i$ die äußere Normale ist, d. h. sie geht in den Halbraum, der das Polyeder nicht enthält). Das Polyeder selbst ist der Rand des Durchschnitts dieser Halbräume.

[1] Einen solchen allgemeinen Beweis der Sätze 9 und 10 hat MINKOWSKI gegeben. Wir stellen ihn in Kap. VIII, § 3 dar. Ein allgemeiner Beweis von Satz 12 stammt von POGORELOW; er wird in Kap. VII, § 5 wiedergegeben.

[2] Der mit der Theorie der konvexen Körper vertraute Leser wird bemerken, daß die Stützzahlen nichts anderes sind als die Werte der Stützfunktion des Polyeders für die Einheitsvektoren seiner äußeren Flächennormalen. Ihre Angabe ersetzt die Angabe der Stützfunktion. Daher ihr Name. MINKOWSKI [3] nennt sie in seiner Arbeit „Allgemeine Lehrsätze über die konvexen Polyeder" Tangentialparameter. Der Begriff der Stützfunktion wurde von MINKOWSKI eingeführt.

Die Stützzahlen können nicht willkürlich sein. Es seien $\mathfrak{n}_1, \ldots, \mathfrak{n}_m$ die Einheitsvektoren der äußeren Normalen, $h_1, \ldots, h_m$ die Stützzahlen. Der Vektor $\mathfrak{n}_k$ sei dargestellt als Linearkombination der anderen Vektoren $\mathfrak{n}_i$ mit nicht-negativen Koeffizienten:

$$\mathfrak{n}_k = \sum_{i \neq k} \nu_{ki} \mathfrak{n}_i \; (\nu_{ki} \geq 0) \,. \tag{1}$$

Wenn $\mathfrak{x}$ der Vektor ist, der vom Ursprung zu dem inneren Punkt X der k-ten Seitenfläche geht, so ist

$$\mathfrak{n}_k \mathfrak{x} = h_k \,. \tag{2}$$

Da der Punkt X dem Polyeder angehört und auf keiner der anderen Seitenebenen liegt, so ist gleichzeitig für $i \neq k$

$$\mathfrak{n}_i \mathfrak{x} < h_i \,.$$

Multiplizieren wir diese Ungleichungen mit der Zahl $\nu_{ki} \geq 0$, so erhalten wir

$$\sum \nu_{ki} \mathfrak{n}_i \mathfrak{x} < \sum \nu_{ki} h_i$$

oder infolge von (1) und (2)

$$h_k < \sum_{i \neq k} \nu_{ki} h_i \,. \tag{3}$$

Wenn aber der Vektor $\mathfrak{n}_k$ dargestellt ist als Linearkombination der anderen Vektoren $\mathfrak{n}_i$ mit nicht-positiven Koeffizienten:

$$\mathfrak{n}_k = \sum_{i \neq k} \nu_{ki} \mathfrak{n}_i \quad (\nu_{ki} \leq 0) \,, \tag{4}$$

so erhalten wir ebenso

$$h > \sum_{i \neq k} \nu_{ki} h_i \,. \tag{5}$$

Damit die gegebenen Zahlen $h_1, \ldots, h_m$ Stützzahlen eines konvexen Polyeders mit den äußeren Normalen $\mathfrak{n}_1, \ldots, \mathfrak{n}_m$ sind, ist es folglich nötig, daß jeder Zerlegung (1) oder (4) eines beliebigen Vektors $\mathfrak{n}_k$ mit durchweg nicht-negativen oder nicht-positiven Koeffizienten ν_{ki} die Ungleichung (3) oder (5) entspricht.

In Kap. VII, §§ 5 und 6, werden wir beweisen, daß diese Bedingung auch hinreichend ist:

15. Gegeben seien m verschiedene nicht-komplanare Einheitsvektoren $\mathfrak{n}_1, \ldots, \mathfrak{n}_m$. Jedem dieser Vektoren seien $h_1, \ldots, h_m$ *je so zugeordnet, daß, wenn der Vektor $\mathfrak{n}_k$ als Linearkombination anderer Vektoren mit durchweg nicht-negativen oder durchweg nicht-positiven Koeffizienten dargestellt ist:*

$$\mathfrak{n}_k = \sum_{i \neq k} \nu_{ki} \mathfrak{n}_i \,,$$

gilt

$$h_k < \sum_{i \neq k} \nu_{ki} h_i \,, \quad \textit{wenn alle} \quad \nu_{ki} \geq 0 \,,$$

und

$$h_k > \sum_{i \neq k} \nu_{ki} h_i \,, \quad \textit{wenn alle} \quad \nu_{ki} \leq 0 \,.$$

Dann existiert ein konvexes Polyeder, dessen Seitenflächen die äußeren Normalen $\mathfrak{n}_1, \ldots, \mathfrak{n}_m$ *und entsprechend die Stützzahlen* $h_1, \ldots, h_m$ *haben.*

Wenn die Vektoren $\mathfrak{n}_i$ *in einen Halbraum gerichtet sind, ist dieses Polyeder unendlich. Andernfalls ist es geschlossen (unter der Annahme, daß der Halbraum die ihn begrenzende Ebene enthält).*[1]

Es ist hinreichend, zu fordern, daß nur die Ungleichungen für die Zahlen h_k *erfüllt sind, welche den Zerlegungen jedes Vektors* $\mathfrak{n}_k$ *nach drei anderen Vektoren* $\mathfrak{n}_i$ *entsprechen.*

Die letzte Bemerkung ist aus folgendem Grunde wesentlich. Wenn der Vektor $\mathfrak{n}_k$ eine Zerlegung nach vier oder mehr gegebenen Vektoren mit positiven (negativen) Koeffizienten zuläßt, so läßt er unendlich viele solcher Zerlegungen zu. Die Zerlegung nach drei Vektoren aber kann überhaupt nur eine sein. Daher erlaubt die letzte Bemerkung, sich auf eine endliche Zahl von Ungleichungen für die Zahlen h_k zu beschränken und macht eben dadurch die Bedingungen des Satzes tatsächlich nachprüfbar.

Auf den ersten Blick mag der Beweis des Satzes 15 einfach scheinen: „Nehmen wir den Durchschnitt der Halbräume $\mathfrak{n}_i \mathfrak{x} \leq h_i$; er gibt das gesuchte Polyeder". Aber dieser Schluß ist voreilig, weil noch unbekannt ist, ob dieser Durchschnitt nicht leer ist. Gerade hierin besteht die erste Schwierigkeit im Beweis des Satzes 15.

7. Aus Satz 15 kann man leicht die Bedingung herleiten, welche notwendig und hinreichend dafür ist, daß die gegebenen Ebenen die Ebenen unendlicher Seitenflächen irgendeines konvexen Polyeders sind:

16. Damit die Ebenen $P_1, \ldots, P_m$ *mit den Normalen* $\mathfrak{n}_1, \ldots, \mathfrak{n}_m$ *die Ebenen unendlicher Seitenflächen irgendeines konvexen Polyeders sind (mit den äußeren Normalen* $\mathfrak{n}_1, \ldots, \mathfrak{n}_m$*), ist notwendig und hinreichend, daß erstens die Normalen* $\mathfrak{n}_1, \ldots, \mathfrak{n}_m$ *in die Ecken und vielleicht außerdem in Punkte auf den Seiten irgendeines sphärischen konvexen Polygons weisen* (und zwar des Polygons, welches das sphärische Bild des ganzen Polyeders mit gegebenen unendlichen Seitenflächen darstellt), *und zweitens, daß die Stützzahlen* $h_1, \ldots, h_m$ *der Ebenen* $P_1, \ldots, P_m$ *den Bedingungen des Satzes 15 genügen.*

Die Notwendigkeit der Bedingungen ist uns schon bekannt. Sie sind auch hinreichend. Satz 15 zufolge existiert tatsächlich bei Erfüllung seiner Bedingungen ein Polyeder mit den Normalen $\mathfrak{n}_i$ und den Stützzahlen h_i. Es ist unendlich, da die Normalen $\mathfrak{n}_i$ in einen Halbraum gerichtet sind, und alle seine Seitenflächen sind unendlich, weil die Normale zu einer endlichen Seitenfläche ins Innere

[1] In meiner Arbeit [9] ist dieser Satz unrichtig formuliert: die Ungleichungen für h_k, die den Zerlegungen der Vektoren $\mathfrak{n}_k$ mit nicht-positiven ν_{ki} entsprechen, wurden vergessen. Die Ungleichungen mit nicht-negativen ν_{ki} allein sind nicht hinreichend, wie aus folgendem einfachen Beispiel ersichtlich ist. Nehmen wir die Vektoren $\mathfrak{n}_1$, $\mathfrak{n}_2$, $\mathfrak{n}_3$, $\mathfrak{n}_4$ der äußeren Flächennormalen eines regulären Tetraeders. Keiner von ihnen läßt sich nach den übrigen anders zerlegen als mit negativen Koeffizienten. Daher fallen die Bedingungen für h_k mit positiven Koeffizienten ν_{ki} fort, und wenn man die Bedingungen mit negativen ν_{ki} wegfallen läßt, erhält man gar keine Bedingungen. Dabei lassen sich die Ebenen der Seitenflächen eines regulären Tetraeders leicht so bewegen, daß sie kein Polyeder mit entsprechenden äußeren Normalen beranden.

eines sphärischen Polygons ginge, das durch die Enden der Normalen zu unendlichen Seitenflächen aufgespannt wäre, während doch nach Voraussetzung alle Normalen $\mathfrak{n}_i$ auf dem Rand eines solchen Polygons liegen.

Wenn die Vektoren $\mathfrak{n}_i$ zum Rand eines konvexen Polygons weisen und nicht komplanar sind oder, was gleichbedeutend ist, auf der Oberfläche einer konvexen Polyederecke liegen, so wird offensichtlich keiner von ihnen nach den anderen mit negativen Koeffizienten zerlegt. Daher fällt die entsprechende Bedingung des Satzes 15 einfach weg.

Die Tatsache, daß der Vektor $\mathfrak{n}$ sich nach drei Vektoren $\mathfrak{n}_1$, $\mathfrak{n}_2$, $\mathfrak{n}_3$ mit positiven Koeffizienten zerlegen läßt, bedeutet, daß er ins Innere einer dreiseitigen Ecke mit den Kanten $\mathfrak{n}_1$, $\mathfrak{n}_2$, $\mathfrak{n}_3$ zeigt. Wenn alle Vektoren $\mathfrak{n}_i$ auf der Oberfläche einer konvexen Polyederecke liegen, kann daher keiner von ihnen nach drei (oder mehr) anderen mit positiven Koeffizienten zerlegt werden.

Es bleibt eine Möglichkeit: daß der Vektor $\mathfrak{n}_k$ mit zwei anderen $\mathfrak{n}_i$, $\mathfrak{n}_j$ in einer Ebene liegt und im Winkel zwischen ihnen verläuft. Dann läßt er sich auch nach ihnen mit positiven Koeffizienten zerlegen. Das bedeutet, daß der Endpunkt des Vektors $\mathfrak{n}_k$ innerhalb der Seite des sphärischen Polygons liegt, die von den Enden der betrachteten drei Vektoren aufgespannt ist. Ein solcher Vektor ist, wie wir wissen, die Normale zu einer unendlichen Seitenfläche mit parallelen unendlichen Kanten.

Folglich vereinfachen sich im gegebenen Falle die Bedingungen des Satzes 15 außerordentlich und bedürfen eines Beweises nur für die Vektoren, welche ins Innere der Seiten des sphärischen Polygons zeigen. Wenn aber solche Vektoren überhaupt nicht da sind, kann es für die Vektoren $\mathfrak{n}_i$ keine der Zerlegungen geben, die in Satz 15 eine Rolle spielen und darum auch keine Bedingungen, d. h. beliebige Ebenen mit solchen Normalen $\mathfrak{n}_i$ sind Ebenen unendlicher Seiten irgendeines Polyeders.

Ein besonderer Fall ergibt sich, wenn alle Vektoren $\mathfrak{n}_i$ komplanar sind, so daß das durch ihre Enden aufgespannte sphärische Polygon als Halbsphäre erscheint. Dies entspricht dem Fall, daß der unendliche Teil eines Polyeders ein Prisma ist. Hier müssen die Bedingungen für die Zahlen h_i voll in Rechnung gezogen werden. Aber h_i kann man als Stützzahlen eines Polygons ansehen, das sich beim Schnitt des Prismas ergibt. Dann genügt es, in Satz 15 die Zerlegungen nach zwei Vektoren zu betrachten.

Die Theoreme 15 und 16 lassen sich auf einen Raum beliebiger Dimension n verallgemeinern, nur mit der Änderung, daß man im n-dimensionalen Raum die Zerlegungen nach n Vektoren vornehmen muß.

§ 5. Polyeder mit Ecken auf gegebenen Strahlen (Überblick über die Ergebnisse des Kapitels IX)

1. Nehmen wir im Raume einen beliebigen Punkt O und legen wir durch ihn die Strahlen $l_1, \ldots, l_m$, die nicht in einen Halbraum zeigen mögen. Wir werden geschlossene konvexe Polyeder betrachten mit Ecken auf diesen Strahlen; nach unserer Voraussetzung muß der Punkt O innerhalb eines solchen Polyeders liegen. Derartige Polyeder existieren: beispielsweise ein Polyeder, das einer Kugel mit dem Mittelpunkt O einbeschrieben ist.

Es seien $r_1, \ldots, r_m$ die Abstände der Polyederecken vom Punkt O. Die Zahlen r_i sind nicht willkürlich; das geht hervor aus folgendem Satz.

17. Damit die positiven Zahlen $r_1, \ldots, r_m$ die Entfernungen von O bis zu den Ecken eines geschlossenen konvexen Polyeders auf den Strahlen $l_1, \ldots, l_m$ sind, ist folgende Bedingung notwendig und hinreichend:

Wenn $\mathfrak{e}_i$ die Einheitsvektoren längs der Strahlen l_i bedeuten und wenn $\mathfrak{e}_k = \sum \nu_{ik} \mathfrak{e}_i$ eine Zerlegung eines beliebigen Vektors $\mathfrak{e}_k$ nach anderen Vektoren mit nicht-negativen Koeffizienten ist, dann gilt

$$\frac{1}{r_k} < \sum \frac{\nu_{ki}}{r_i}.$$

Es ist hinreichend, wenn diese Ungleichungen für die Zerlegung der Vektoren $\mathfrak{e}_k$ nach drei anderen erfüllt sind.

Der Beweis dieses Satzes ist elementar. Man nimmt die Punkte A_i auf den gegebenen Strahlen und konstruiert dann die konvexe Hülle der Menge dieser Punkte. Man erhält das Polyeder P. Damit einer der Punkte A_i seine Ecke sei, ist notwendig und hinreichend, daß er nicht in die konvexe Hülle der Menge der übrigen fällt. Hieraus folgen auch die notwendigen und hinreichenden Bedingungen des Satzes, wie in Kap. IX, § 1 gezeigt werden wird.

Zwischen Satz 17 und dem im letzten Paragraphen angeführten Satz 15 besteht eine formale Analogie, die einen einfachen geometrischen Grund hat. Er besteht darin, daß ein Polyeder mit Ecken auf den Strahlen $\mathfrak{e}_i$ durch Polartransformation in ein Polyeder umgeformt wird, dessen Seitenflächen die äußeren Normalen $\mathfrak{e}_i$ haben. Dabei sind die Stützzahlen des zweiten Polyeders $h_i = \frac{1}{r_i}$, wenn r_i die Abstände der Ecken des ersten Polyeders vom Punkt O sind. (Die Polartransformation wurde in Kap. I, § 5, Nr. 4 behandelt.) Jedoch gibt es keinen vollen Übergang von Satz 17 zu Satz 15, da in Satz 17 alle $r_i > 0$ sind, während in Satz 15 $h_i < 0$ möglich ist.

2. Wir stellen folgende Frage: Es seien $l_1, \ldots, l_m$ Strahlen durch den Punkt O, die nicht in einen Halbraum gerichtet sind. Welcher Art sind die Bedingungen, die notwendig und hinreichend sind, damit die gegebenen Zahlen $\omega_1, \ldots, \omega_m$ Krümmungen (Flächeninhalte der sphärischen Bilder) der Ecken eines geschlossenen konvexen Polyeders sind, die entsprechend auf den Strahlen $l_1, \ldots, l_m$ liegen? (Voraussetzung ist, daß das Polyeder keine anderen Ecken hat.) Und in welchem Maß wird das Polyeder durch die Bedingungen bestimmt, daß seine Ecken auf gegebenen Strahlen liegen und gegebene Krümmungen haben? Die Antwort auf die erste Frage gibt der folgende Satz:

18. Lassen wir vom Punkt O die Strahlen $l_1, \ldots, l_m$ ausgehen, die nicht in einen Halbraum gerichtet sein mögen. $\Omega_{i_1, \ldots, i_k}$ sei der Flächeninhalt des sphärischen Bildes einer körperlichen Ecke, welche die konvexe Hülle aller Strahlen $l_{i_1}, \ldots, l_{i_k}$

ist. Damit die Zahlen $\omega_1, \ldots, \omega_m$ die Flächeninhalte der sphärischen Bilder der *Ecken eines konvexen Polyeders mit Ecken auf den Strahlen* $l_1, \ldots, l_m$ *sind, sind folgende Bedingungen notwendig und hinreichend:*

1. Es sind alle $\omega_i > 0$.

2. $\sum_{i=1}^{m} \omega_i = 4\pi$.

3. Für jede Gesamtheit von Strahlen $l_{i_1}, \ldots, l_{i_k}$ gilt

$$\sum \omega_{j_p} > \Omega_{i_1, \ldots, i_k}$$

wobei die Summe über alle Strahlen l_{j_p} *erstreckt wird, die nicht in die konvexe Hülle der Gesamtheit der Strahlen* $l_{i_1}, \ldots, l_{i_k}$ *fallen.* Man betrachtet natürlich nur solche Gesamtheiten von Strahlen $l_{i_1}, \ldots, l_{i_k}$, deren konvexe Hülle nicht der ganze Raum ist: sonst ist die letzte Bedingung sinnlos.

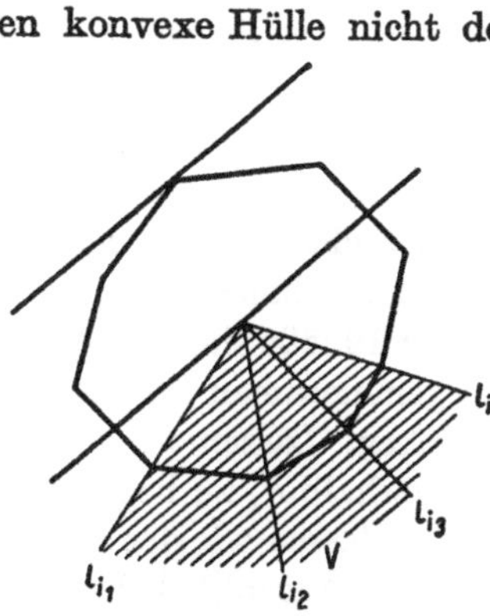

Abb. 70

Die Notwendigkeit der Bedingungen 1. und 2. ist offensichtlich: Bedingung 2. bedeutet, daß das sphärische Bild eines geschlossenen konvexen Polyeders die ganze Sphäre bedeckt.

Wir beweisen die Notwendigkeit der dritten Bedingung. Es sei P ein geschlossenes konvexes Polyeder, dessen Ecken auf den Strahlen $l_1, \ldots, l_m$ liegen. Wir betrachten die Strahlen $l_{i_1}, \ldots, l_{i_k}$; V sei ihre konvexe Hülle, wobei V sich nicht auf den ganzen Raum ausdehnt. Die konvexe Hülle einer endlichen Gesamtheit von einem Punkt O ausgehender Strahlen ist eine körperliche konvexe polyedrische Ecke mit dem Scheitel O.

Es seien die Strahlen $l_{j_1}, \ldots, l_{j_l}$ und entsprechend auch die Ecken $A_{j_1}, \ldots, A_{j_l}$ außerhalb V gelegen. Eine Stützebene von V schneidet das Polyeder P, und bei Parallelbewegung vom Punkt O weg wird sie in einem bestimmten Augenblick zur Stützebene in einer gewissen, nicht in V fallenden Ecke. (Abb. 70 zeigt das analoge Bild im Falle eines Polygons.) Folglich besitzt jede Stützebene an V eine ihr parallele Stützebene an P in einer der Ecken $A_{j_1}, \ldots, A_{j_l}$. Außerdem befinden sich in diesen Ecken auch andere Stützebenen, z. B. die Ebenen der V nicht schneidenden Seitenflächen. Daher ist das sphärische Bild der polyedrischen Ecke V im sphärischen Bild der Ecken $A_{j_1}, \ldots, A_{j_l}$ enthalten und fällt nicht mit ihnen zusammen. Daraus ergibt sich auch die Ungleichung

$$\sum_{p=1}^{l} \omega_{j_p} > \Omega_{i_1, \ldots, i_k}.$$

Daß die Bedingungen des Satzes 18 hinreichen, wird in Kap. IX, § 1 bewiesen werden, d. h. wir werden die Existenz eines konvexen Polyeders beweisen, dessen Ecken auf gegebenen Strahlen liegen und gegebene Flächeninhalte sphärischer Bilder haben.

Bei einer Ähnlichkeitstransformation mit dem Mittelpunkt O bleiben die Ecken auf denselben Strahlen und ihre sphärischen Bilder ändern sich offensichtlich nicht. Andere Transformationen sind unmöglich, d. h. das Polyeder wird durch die Strahlen l_i, auf denen seine Ecken liegen, und durch die Krümmungen der Ecken ω_i eindeutig bestimmt bis auf eine Ähnlichkeitstransformation mit dem gemeinsamen Strahlenursprung als Mittelpunkt.

Dies folgt aus folgendem allgemeinen Satz:

19. Wenn die Ecken endlicher körperlicher konvexer Polyeder auf den nämlichen Strahlen liegen, die von einem inneren Punkt O dieser Polyeder ausgehen, so sind diese Polyeder entweder ähnlich mit dem Ähnlichkeitszentrum im Punkt O, oder sie haben ein Paar auf einem Strahl liegende Ecken, derart, daß das sphärische Bild der einen von ihnen im sphärischen Bild der anderen enthalten ist, ohne mit ihm zusammenzufallen.

Wenn die Flächeninhalte der sphärischen Bilder gleich sind, ist die zweite Möglichkeit ausgeschlossen, und die Polyeder müssen ähnlich sein. Anstatt des Flächeninhalts kann man eine beliebige monotone Funktion des sphärischen Polygons nehmen (oder, was gleichbedeutend ist, einer polyedrischen Ecke).

Satz 19 läßt sich sehr einfach beweisen. Die Polyeder P_1 und P_2 mögen Ecken auf gemeinsamen Strahlen haben, die von einem gemeinsamen inneren Punkt O ausgehen. Lassen wir P_2 ähnlich auf den Punkt O zusammenschrumpfen, so daß es innerhalb P_1 zu liegen kommt. Die sphärischen Bilder ändern sich dabei nicht.

Jetzt lassen wir das Polyeder P_2 ähnlich vom Punkt O aus wachsen. In einem gewissen Augenblick berührt es das Polyeder P_1 in einem Punkt. Wenn dieser Punkt keine Ecke ist, berühren sich die Polyeder P_1 und P_2 an einer Seitenfläche oder Kante (sie können sich nicht schneiden, da P_2 noch nicht aus P_1 heraustritt). Aber da die Ecken der Polyeder P_1 und P_2 auf gemeinsamen Strahlen liegen, so haben sie dann mindestens eine gemeinsame Ecke, die der Seitenfläche oder Kante angehört, an der sie sich berühren. Daher fallen im Moment des Berührens der Polyeder P_1 und P_2 irgendwelche ihrer Ecken A_1 und A_2 zusammen. Weil jedoch P_2 in P_1 liegt, ist die polyedrische Ecke V_2 bei A_2 in der polyedrischen Ecke V_1 bei A_1 eingeschlossen. Daher ist eine Stützebene an V_1 auch Stützebene an V_2, d. h. das sphärische Bild der Ecke A_2 enthält das sphärische Bild der Ecke A_1.

Wenn die Flächeninhalte aller sphärischen Bilder nach Voraussetzung gleich sind, fallen folglich die sphärischen Bilder der Ecken A_2 und A_1 zusammen. Eben deshalb fallen auch die Ecken V_1 und V_2 zusammen, d. h. die Kanten der Polyeder P_1 und P_2, welche sich in ihrer gemeinsamen Ecke $A_1 = A_2$ treffen, liegen aufeinander. Da alle ihre Ecken auf gemeinsamen Strahlen liegen, fallen die Endpunkte der aufeinanderfallenden Kanten auch zusammen. Wenn wir auf sie dieselbe Überlegung anwenden usw., werden wir uns überzeugen, daß die Polyeder P_1 und P_2 zusammenfallen, so daß die ursprünglichen Polyeder bis auf eine Ähnlichkeitstransformation mit Ähnlichkeitszentrum in O gleich sind, w. z. b. w.

3. Jetzt wollen wir uns den unendlichen Polyedern zuwenden, wobei wir körperliche Polyeder im Auge haben. Man könnte unendliche konvexe Polyeder mit Ecken auf gegebenen von O ausgehenden Strahlen betrachten, aber wir wollen uns auf die Behandlung von Polyedern mit Ecken auf gegebenen parallelen Strahlen beschränken, was einem unendlich weit entfernten Punkt O entspricht. Im übrigen lassen sich die Ergebnisse, welche wir erhalten werden, ohne Schwierigkeit auf den Fall eines nicht unendlich weit entfernten Punktes O übertragen.

Die Forderung, daß der Punkt O innerhalb des Polyeders liegen soll, läuft für einen unendlich weit entfernten Punkt darauf hinaus, daß jede den gegebenen Strahlen parallele Gerade entweder das Polyeder überhaupt nicht schneidet oder eine mit ihm gemeinsame Halbgerade besitzt.

Die Angabe paralleler Strahlen, auf denen die Ecken des Polyeders liegen müssen, ist äquivalent der Angabe einer zu diesen Strahlen senkrechten Ebene T und der Projektionen $A_1, \ldots, A_m$ der Ecken auf diese Ebene. Das Polyeder muß so liegen, daß jede zur Ebene T senkrechte Gerade dieses entweder überhaupt nicht schneidet oder eine Halbgerade mit ihm gemeinsam hat. Dann bedeckt die Projektion des Polyeders auf die Ebene T diese Ebene entweder einmal ganz, oder sie bedeckt auf ihr irgendein konvexes endliches oder unendliches Polygon, wobei das Innere dieses Polygons einmal bedeckt wird, und seine Seiten sind die Projektionen der zur Ebene T senkrechten Seitenflächen.

Da ein unendliches konvexes Polyeder nicht allein durch die Ecken, sondern auch durch die Grenzecke bestimmt ist, wird in den betrachteten Aufgaben die Grenzecke vorkommen, die wir hier als körperliche Ecke auffassen. Wie schon angegeben wurde, kann sie in eine Halbgerade oder in einen ebenen Winkel ausarten.

Die Grenzecke eines Polyeders ist bis auf Parallelverschiebungen festgelegt. Der Bestimmtheit halber werden wir annehmen, daß ihr Scheitel mit der Ecke O_1 des Polyeders zusammenfällt, die auf den gegebenen Punkt A_1 projiziert wird.

Die Grenzecke liegt bezüglich der Ebene T ebenso wie das Polyeder: eine zu T senkrechte Gerade schneidet sie entweder nicht oder hat mit ihr eine Halbgerade gemeinsam. Beweis: Die Gerade L sei senkrecht zur Ebene T und schneide die Grenzecke V des Polyeders P. Da der Scheitel O_1 der Grenzecke dem Polyeder angehört, erhalten wir bei einer ähnlichen Zusammenziehung des Polyeders zur Ecke O_1 hin die Polyeder P', die in P enthalten sind und die Ecke V enthalten; im Limes konvergieren sie gegen V. Da die Gerade L die Ecke V schneidet, schneidet sie auch alle Polyeder P' und hat mit ihnen eine Halbgerade gemeinsam. (Bei Vergrößerung von P' bis P und entsprechender Verlagerung der Geraden L erhielten wir sonst eine Gerade L_1, welche P nicht in einer Halbgeraden schneidet, entgegen der Voraussetzung, der die Lage des Polyeders P unterworfen sein sollte.) Der Limes dieser Halbgeraden aber ist eine der Ecke V und der Geraden gemeinsame Halbgerade.

Ferner wird vorausgesetzt, daß die Bedingungen, denen die Lage des Polyeders und der Grenzecke hinsichtlich der Ebene T unterworfen war, erfüllt sind.

Jetzt formulieren wir einen dem Satz 18 analogen Satz:

20. Es seien auf der Ebene T die Punkte $A_1, \ldots, A_m$ gegeben und diesen Punkten A_i die Zahlen $\omega_1, \ldots, \omega_m$ zugeordnet. Damit diese Zahlen Flächeninhalte *der sphärischen Bilder der Ecken eines unendlichen konvexen Polyeders mit den Punkten $A_1, \ldots, A_m$ als Projektionen der Ecken sein können, sind folgende Bedingungen notwendig und hinreichend:*

1. Es sind alle $\omega_i > 0$ und $< 2\pi$.

2. $\sum_{i=1}^{m} \omega_i \leq 2\pi$.

Die Notwendigkeit der ersten Bedingung ist offensichtlich; die Notwendigkeit der zweiten wurde in Kap. I, § 5, Nr. 3 bewiesen: das sphärische Bild eines unendlichen Polyeders ist in einer Halbsphäre enthalten und hat folglich einen Flächeninhalt $\leq 2\pi$. Das Interessante an Satz 20 liegt darin, daß die Krümmungen der Ecken außer diesen trivialen keinen Bedingungen unterworfen sind.

Bei Parallelverschiebung des Polyeders senkrecht zur Ebene T bleiben die Projektionen seiner Ecken und ihre sphärischen Bilder unverändert. Jedoch ist im allgemeinen ein Polyeder durch diese Größen nicht eindeutig bis auf eine Parallelverschiebung bestimmt; das zeigt der Satz:

21. Ein unendliches konvexes Polyeder mit gegebenen Punkten $A_1, \ldots, A_m$ und gegebenen Größen $\omega_1, \ldots, \omega_m$ ist eindeutig bis auf eine Parallelverschiebung *dann und nur dann bestimmt, wenn $\sum_{i=1}^{m} \omega_i = 2\pi$, d. h. wenn der Flächeninhalt seines sphärischen Bildes gleich 2π ist.*

In Kap. I, § 5, Nr. 3 wurde bewiesen, daß das sphärische Bild der Grenzecke mit dem sphärischen Bild des Polyeders zusammenfällt. Daher läßt sich im Falle $\sum_{i=1}^{m} \omega_i = 2\pi$ die Grenzecke auf eine Halbgerade zurückführen und ist folglich von vornherein festgelegt. Wenn aber der Flächeninhalt des sphärischen Bildes des Polyeders und also auch der Grenzecke $< 2\pi$ ist, so kann sich die Grenzecke noch ändern. Dies führt zu folgendem allgemeinen Satz, welcher die Sätze 20 und 21 einschließt:

22. Es seien auf der Ebene T die Punkte $A_1, \ldots, A_m$ gegeben und ihnen Zahlen $\omega_1, \ldots, \omega_m$ zugeordnet, derart, daß 1. $0 < \omega_i < 2\pi$ für alle i, 2. $\sum_{i=1}^{m} \omega_i \leq 2\pi$. Ferner sei V eine konvexe polyedrische Ecke mit einem Flächeninhalt des sphärischen Bildes, der gleich $\sum_{i=1}^{m} \omega_i$ ist. Diese Ecke sei so gelegen, daß jede zur Ebene T senkrechte Gerade sie entweder nicht schneidet oder eine Halbgerade mit ihr gemeinsam hat.[1]

Dann existiert ein unendliches konvexes Polyeder, für welches 1. die Punkte A_i Projektionen der Ecken, 2. die Zahlen ω_i die Flächeninhalte der sphärischen Bilder der entsprechenden Ecken sind und 3. die Ecke V seine Grenzecke ist.

Ein solches Polyeder ist eindeutig bestimmt bis auf Parallelverschiebungen senkrecht zur Ebene T.

[1] V kann eine Halbgerade oder eine ebene Ecke sein.

Der Beweis für Satz 22 wird in Kap. IX, § 2 gegeben.

Die in diesem Satz enthaltene Behauptung der Eindeutigkeit ist eine Folge eines allgemeinen Theorems, welches zu Satz 19 analog und ebenso einfach zu beweisen ist (s. Kap. IX, § 2).

Für Polyeder mit Rand ergeben sich ebenfalls analoge Existenz- und Eindeutigkeitssätze.

4. Wenn die Grenzecke V und die Projektionen $A_1, \ldots, A_m$ der Polyederecken auf die Ebene T gegeben sind, so müssen zur Bestimmung des Polyeders noch die Abstände $p_1, \ldots, p_m$ der Ecken von der Ebene T angegeben werden; sie gelten als positiv auf der einen Seite von T und als negativ auf der anderen. Die Bedingungen, die notwendig und hinreichend sind dafür, daß bei gegebener Grenzecke V und gegebenen Projektionen $A_1, \ldots, A_m$ der Polyederecken die Zahlen $p_1, \ldots, p_m$ die Abstände der Ecken sind, lassen sich nur etwas umständlich formulieren, und wir werden sie hier nicht anführen. Jedoch kann man sie leicht aus der Tatsache ableiten, daß der Punkt B_k mit dem Abstand p_k von A_k dann und nur dann eine Ecke des Polyeders ist, wenn er nicht in die konvexe Hülle der Grenzecke und der anderen Ecken B_i fällt.

5. Alle in diesem Paragraphen formulierten Sätze lassen sich zusammen mit ihren Beweisen wörtlich auf konvexe Polyeder im Raum beliebiger Dimension ausdehnen: man muß nur überall entsprechend statt 4π oder 2π den Flächeninhalt der ganzen Einheitssphäre oder Einheitshalbsphäre in diesem Raume nehmen. Insbesondere gelten sie alle für konvexe Polygone, wenn man 4π und 2π durch 2π bzw. π ersetzt. Die Sätze 20, 21 und 22 für unendliche Polygone lassen sich ganz leicht beweisen. Die Grenzecke gibt die Richtungen der unendlichen Seiten, und daher läßt sich das Polygon unmittelbar konstruieren, wenn die Winkel α_i an seinen Ecken und die Eckenprojektionen auf die Gerade T gegeben sind. (Die Rolle der Krümmung ω_i spielen hier offensichtlich die Größen $\pi - \alpha_i$.) Satz 18 ist für endliche Polygone längst nicht so augenscheinlich, und wir kennen keinen anderen Beweis für ihn als die einfache Wiederholung dessen, was für Polyeder gesagt wurde.

6. Zum Schluß kehren wir zu der Bemerkung zurück, die im Anfang dieses Paragraphen bei der Behandlung der Polartransformation eines Polyeders gemacht wurde. Die Polartransformation eines konvexen Polyeders P bezüglich einer Einheitssphäre mit dem Mittelpunkt in einem inneren Punkt O ordnet ihm ein gleichfalls konvexes Polyeder P' zu. Dabei sind die Seitenflächen des Polyeders P' senkrecht zu den von O aus durch die Ecken des Polyeders P gehenden Strahlen, und umgekehrt liegen die Ecken des Polyeders P' auf Strahlen, welche von O aus senkrecht zu den Seitenflächen des Polyeders P verlaufen. (S. Kap. I, § 5, Nr. 4.) Zwischen den Seitenflächen und Ecken beider Polyeder besteht volle Wechselseitigkeit: jeder Seitenfläche des einen entspricht eine Ecke des anderen und umgekehrt, wobei den einer gegebenen Seitenfläche angehörenden Ecken Seitenflächen entsprechen, die in der entsprechenden Ecke zusammentreffen. Wir projizieren das Polyeder P' vom Punkt O aus auf die Sphäre E. Die Sphäre wird

in konvexe sphärische Polygone S'_i zerlegt, welche Projektionen der Seitenflächen Q' des Polyeders P' darstellen. Die Ecken dieser Polygone sind Projektionen der Ecken des Polyeders P' (s. Abb. 32 auf S. 41, wo der Einfachheit halber polare Polygone dargestellt sind. Anstelle einer Sphäre muß man für sie die Peripherie des Einheitskreises mit dem Mittelpunkt O wählen).

Die Strahlen, welche von O aus durch die Ecken irgendeiner Seitenfläche Q'_i des Polyeders P' gehen, sind Normalen der in der entsprechenden Ecke A_i zusammentreffenden Seitenflächen des Polyeders P. Daher ist das Polygon S'_i ein sphärisches Polygon, das durch die Endpunkte der Normalen der in der Ecke A_i zusammentreffenden Seitenflächen aufgespannt ist. Dieses Polygon ist mit anderen Worten nichts anderes als das sphärische Bild der Ecke A_i.

Also ist die Projektion einer Seitenfläche des Polyeders P' auf die Sphäre S das sphärische Bild der entsprechenden Ecke des Polyeders P. Wegen der vollen Umkehrbarkeit des Verhältnisses der Polyeder P und P' zueinander kann man ihre Rollen vertauschen.

Unter Anwendung dieser Bemerkungen kann man jedem Satz über Polyeder mit Ecken auf gegebenen Strahlen einen Satz über Polyeder mit zu diesen Strahlen senkrechten Seitenflächen gegenüberstellen. So wandelt sich z. B. Satz 18 in folgenden Satz um:

23. Vom Punkt O mögen Strahlen $l_1, \ldots, l_m$ ausgehen, die nicht in einen Halbraum weisen. $\Omega_{i_1, \ldots, i_k}$ sei der Flächeninhalt des sphärischen Bildes einer körperlichen Ecke, welche die konvexe Hülle der Menge der Strahlen $l_{i_1}, \ldots, l_{i_k}$ bildet. Dafür, daß unter den geschlossenen konvexen Polyedern mit dem inneren Punkt O und mit zu den Strahlen l_i senkrechten Seitenflächen ein Polyeder existiert, bei welchem die Flächeninhalte $\omega_1, \ldots, \omega_m$ der Projektionen seiner Seitenflächen auf die Einheitssphäre mit dem Mittelpunkt O gegeben sind, sind folgende Bedingungen notwendig und hinreichend: 1. Es sind alle $\omega_i > 0$; 2. $\sum_{i=1}^{m} \omega_i = 4\pi$; 3. für jede Menge von Strahlen $l_{i_1}, \ldots, l_{i_k}$, die in einen Halbraum weisen, ist $\sum_j \omega_j > \Omega_{i_1, \ldots, i_k}$, wobei die Summe über alle j erstreckt wird, welche den nicht in die konvexe Hülle der Menge aller Strahlen $l_{i_1}, \ldots, l_{i_k}$ fallenden Strahlen l_j entsprechen.

Satz 19 ändert sich in folgende Behauptung:

24. Wenn bei zwei geschlossenen konvexen Polyedern mit gemeinsamen inneren Punkten die Seitenflächen entsprechend parallel sind, so fallen entweder die polyedrischen Ecken, welche die parallelen Seitenflächen dieser Polyeder von einem gewissen inneren Punkt O aus projizieren, zusammen, so daß die Polyeder ähnlich sind mit dem Ähnlichkeitszentrum in O, oder unter diesen Ecken, welche die Seitenflächen eines beliebigen der zwei Polyeder projizieren, ist wenigstens eine, welche in sich eine Ecke enthält, die die parallele Seitenfläche des anderen projiziert (aber nicht mit ihr zusammenfällt).

Insbesondere ist daher ein Polyeder durch die Angaben des Satzes 23 bis auf Ähnlichkeiten bestimmt.

Völlig analog den Sätzen 18 und 19 können natürlich auch Satz 23 und 24 unmittelbar bewiesen werden.

Die Sätze über unendliche Polyeder mit Ecken auf gegebenen parallelen Strahlen erlauben keine solche Polartransformation, weil bei ihnen der Mittelpunkt O im Unendlichen liegt. Wählt man den Punkt O aber nicht im Unendlichen, so ergeben sich auch für unendliche Polyeder Sätze, die von einer Polartransformation ausgehen.

§ 6. Starrheitssätze
(Überblick über die Ergebnisse der Kapitel X und XI)

1. Das Polyeder P_0 möge irgendeiner Deformation unterliegen, d. h. gegeben sei eine von dem Parameter t abhängende Schar von Polyedern P_t, wobei dem Wert $t = 0$ das Ausgangspolyeder P_0 entspricht. Geeigneterweise denkt man sich den Parameter t als Zeit; in Verbindung hiermit werden wir von einer Bewegung der Polyederelemente sprechen, welche seine Deformation hervorruft: von einer Bewegung der Ecken, einer Drehung der Seitenflächen usw.

Ist x irgendeine auf das Polyeder bezogene Größe, wie z. B. der Flächeninhalt einer Seitenfläche, die Länge einer Kante usw., so wird sie bei einer Deformation eine Funktion des Parameters t. Die Ableitung $\frac{dx}{dt}$ werden wir oft *Änderungsgeschwindigkeit* der Größe x nennen. Die Größe x nennen wir *stationär*, wenn ihre Änderungsgeschwindigkeit zu Anfang gleich Null ist: $\left(\frac{dx}{dt}\right)_{t=0} = 0$.

Gegenstand der Untersuchung werden nicht endliche Deformationen von Polyedern, sondern „Anfangsdeformationen" sein, d. h. unendlich kleine Deformationen erster Ordnung im Anfangsmoment. Es werden uns mit anderen Worten nicht die Veränderungen dieser oder jener Polyederelemente oder der mit ihnen verbundenen Größen selbst interessieren, sondern nur die Bestandteile erster Ordnung bezüglich t; nicht die Zuwächse Δx, sondern die Differentiale dx oder, was dasselbe ist, die Anfangsgeschwindigkeiten $\left(\frac{dx}{dt}\right)_{t=0}$.

Das Polyeder P_0 heißt infinitesimal *starr* unter diesen oder jenen Bedingungen, wenn jede seiner diesen Bedingungen unterworfenen Anfangsdeformationen sich auf eine Bewegung wie die eines festen Körpers reduziert (oder allgemeiner auf irgendeine sicher triviale Transformation). Das bedeutet, daß unter diesen Bedingungen alle Elemente des Polyeders stationär sind, wenn man nur seine Bewegung ausschließt, indem man z. B. eine Ecke, die Richtung einer von ihr ausgehenden Kante und die Stellung einer an diese Kante angrenzenden Seitenebene festhält.

Die Starrheitssätze laufen auf Behauptungen folgender Art hinaus: Ein Polyeder ist starr, wenn bei seinen Deformationen irgendwelcher Art gewisse auf das Polyeder bezogene gegebene Größen stationär sind. Beispielsweise hat schon CAUCHY diesen Satz im Grunde genommen bewiesen, wenn auch nicht formuliert.[1] *Sind alle Seitenflächen eines geschlossenen konvexen Polyeders starr, so ist es auch selbst starr.* Wir lassen also zu, daß ein geschlossenes konvexes Polyeder sich so deformiert, daß seine Struktur sich nicht ändert, sondern daß seine Seitenebenen sich mit bestimmten Geschwindigkeiten bewegen (sich verschieben und drehen). Sind die Seitenflächen starr, d. h. sind die Längen der Kanten und die Winkel der Seitenflächen stationär, dann reduziert sich die Anfangsdeformation des Polyeders auf eine Bewegung.

Dieser Satz ist dem CAUCHYschen Satz über Polyeder, die gleichartig aus kongruenten Seitenflächen zusammengesetzt sind, analog. Die Analogie wird besonders klar, wenn man bemerkt, daß man der Definition der Starrheit folgende Form geben kann: Das Polyeder P_0 ist starr, wenn unter gegebenen Bedingungen jedes deformierte Polyeder P_t mit einer Genauigkeit erster Ordnung[2] bezüglich t gleich P_0 ist. Diese Definition ist offensichtlich der vorhergehenden äquivalent. Gleichzeitig zeigt sie, daß die Starrheitssätze Aussagen über die Kongruenz mit einer Genauigkeit erster Ordnung sind. Diese Bemerkung bringt einen auf den Gedanken, für jeden Kongruenzsatz einen entsprechenden Starrheitssatz zu suchen. Natürlich ist ein solcher Übergang von den einen zu den anderen Sätzen im allgemeinen nicht trivial, da erstens die Starrheitssätze nicht Sätze über die genaue Kongruenz, sondern nur über eine Kongruenz mit einer Genauigkeit erster Ordnung sind, und zweitens ihre Bedingungen nicht in der genauen Gleichheit dieser oder jener Polyederelemente bestehen, sondern nur in ihrem stationären Charakter, d. h. in der Gleichheit der Elemente der Polyeder P_0 und P_t mit einer Genauigkeit erster Ordnung bezüglich t. Trotzdem entspricht jedem in den §§ 3—5 formulierten Kongruenzsatz (oder, was dasselbe ist, Eindeutigkeitssatz) ein zugeordneter Starrheitssatz mit geringen Änderungen der Bedingungen oder des Ergebnisses.

Im weiteren formulieren wir einige von den in Kap. X und XI bewiesenen Starrheitssätzen als Beispiele.

2. *Entsprechend Satz 2 in § 4 über die Kongruenz isometrischer Polyeder gilt folgendes Theorem:*

25. Läßt sich ein geschlossenes konvexes Polyeder so deformieren, daß die Abstände im Sinne seiner inneren Metrik zwischen seinen Ecken stationär sind, so reduziert sich seine Anfangsdeformation auf eine Bewegung. Kürzer: Ein geschlossenes konvexes Polyeder mit stationärer innerer Metrik ist starr. Dieses Ergebnis läßt sich in etwas anderer Form ausdrücken:

25. Auf dem geschlossenen konvexen Polyeder P_0 sei eines seiner Netze R_0 angegeben, dessen Ecken alle in Ecken oder auf Kanten des Polyeders P_0 liegen. Läßt*

[1] Diesen Satz hat DEHN [6] zum ersten Mal klar formuliert und bewiesen. DEHN bemerkte nicht, daß die wörtliche Wiederholung der Überlegungen CAUCHYS, die ihn auf den Satz von der Kongruenz von Polyedern mit kongruenten Seitenflächen führten, auch diesen Starrheitssatz ergibt. Die Methode DEHNS ist von der CAUCHYS völlig verschieden. Noch einen anderen Beweis gab H. WEYL [19].

[2] D. h. es existieren Polyeder P_0^t, die P_0 kongruent sind, derart, daß das Maximum der Abstände ihrer Ecken von den entsprechenden Ecken von P_t bei kleinen t eine kleine Größe höherer Ordnung als t ist.

sich das Polyeder P_0 so deformieren, daß auf ihm keine neuen Ecken auftreten außer vielleicht solchen Ecken des Netzes R_0, die auf seinen „alten" Kanten liegen, so läßt sich das Netz R_0 auch deformieren;[1] *sind dabei die Längen seiner Kanten und die Winkel seiner Polygone stationär, so ist das Polyeder starr, d. h. seine Anfangsdeformation reduziert sich unausweichlich auf eine Bewegung. Kurz: Ein geschlossenes konvexes Polyeder mit stationärem Netz ist starr.*

In den Sätzen 25 und 25* ist weder die Knickung der Seitenflächen und Kanten noch auch die Zerstörung der Konvexität des Polyeders von vornherein ausgeschlossen. Jedoch dürfen neue Ecken nur innerhalb „alter" Kanten auftreten. Gibt es solche „neuen" Ecken, so können auch sie zu den übrigen Ecken des Satzes 25 gezählt werden. Die Zerstörung der Konvexität des Polyeders kann dadurch hervorgerufen werden, daß es in einer neuen Ecke „nach innen durchbricht".

Satz 25* oder 25 enthält als Folge den oben angeführten Starrheitssatz eines Polyeders mit starren Seitenflächen. Auch er besitzt freilich größere Allgemeinheit, da in ihm das Knicken der Seitenflächen erlaubt ist. Jedoch ist beispielsweise ein Würfel mit einer herausgenommenen Seitenfläche starr, wenn seine Seitenflächen starr sind, aber er ist nicht-starr, wenn man die Knickung der Seitenflächen entlang den Diagonalen zuläßt. (Die erste Behauptung folgt aus der offensichtlichen Starrheit von Dreiflachen mit stationären ebenen Winkeln; die zweite Behauptung läßt sich direkt nachprüfen.)

Die Unterschiede des Satzes 25* von dem Kongruenzsatz der Polyeder mit gleichartigen Netzen bestehen abgesehen vom allgemeinen Unterschied jedes Starrheitssatzes von den Kongruenzsätzen in folgendem:

1. In dem Kongruenzsatz fehlt die Bedingung, daß die Ecken des Netzes in Ecken oder auf Kanten des Polyeders liegen: sie können beim Verheften ins Innere der Kanten fallen. In Satz 25* jedoch erweist sich diese Beschränkung als notwendig: ohne sie ist der Satz falsch, wie in Kap. X, § 1 gezeigt wird.

2. Der Kongruenzsatz gilt für Polyeder, die in Polygone ausarten, Satz 25* jedoch gilt für sie nicht. [Gestattet man die Zerstörung der Konvexität, so ist dies trivial: man braucht bloß die Polygone längs der Diagonalen zu knicken. Aber auch ohne Zerstörung der Konvexität ist ein doppelt bedecktes Polygon (außer einem Dreieck) nicht-starr. Wir nehmen z. B. ein doppelt bedecktes Quadrat $ABCD$ mit der Seite a und lassen die Ecke D aus seiner Ebene in die Höhe $h = v\,t$ wandern, wobei v die Bewegungsgeschwindigkeit der Ecke D ist. Wir erhalten ein Tetraeder mit der Kante $CD = \sqrt{a^2 + h^2} \approx a + \frac{1}{2}\frac{h^2}{a} = a + \frac{1}{2}\frac{v^2}{a}t^2$. Daraus ist ersichtlich, daß die Änderung der Abstände zwischen den Ecken bezüglich t von zweiter Ordnung ist, d. h. diese Abstände sind stationär, obwohl die Ecke D

[1] Wir beweisen, daß es auf einem Polyeder P_t, das nahe P_0 ist, immer ein Netz gibt, das nahe R_0 ist; infolgedessen kann man von einer Deformation des Netzes sprechen. Die Deformation des Polyeders P_0 unterliegt einigen allgemeinen Bedingungen, welche wir hier nicht formulieren. Sie laufen kurz darauf hinaus, daß auf dem Polyeder keine neuen Ecken außer den Netzecken auftreten.

sich mit positiver Geschwindigkeit bewegt. Analoge Überlegungen lassen sich natürlich auf Polygone mit einer beliebigen Seitenzahl > 3 anwenden.]

3. In dem Kongruenzsatz wird die Konvexität der Polyeder vorausgesetzt, in Satz 25 oder 25* dagegen wird die Zerstörung der Konvexität bei der Deformation nicht von vornherein ausgeschlossen: sie kann ausgelöst werden durch das Knicken der Seitenflächen mit dem Entstehen neuer Ecken auf den Kanten. (Der Satz behauptet jedoch, daß diese Punktbewegung ins Innere des Polyeders bei stationärem Netz die Anfangsgeschwindigkeit Null hat.) In dieser Beziehung ist Satz 25 allgemeiner als Satz 2.

Analog § 3, Satz 3 über die Gleichheit der Flächenwinkel bei kongruenten ebenen Winkeln gilt folgender Satz:

26. Wird ein geschlossenes konvexes Polyeder so deformiert, daß die Winkel auf seinen Seitenflächen stationär sind, so sind auch seine Flächenwinkel stationär. Dabei braucht man unter den Seitenflächen nicht wirkliche Seitenflächen zu verstehen, sondern nur beliebige ihrer Teile; in diese werden sie durch Strecken zerlegt, welche sich jedoch im Inneren der wirklichen Seitenflächen nicht schneiden. Die Deformation des Polyeders besteht in einer Bewegung der Ebenen dieser Stücke der Seitenflächen.

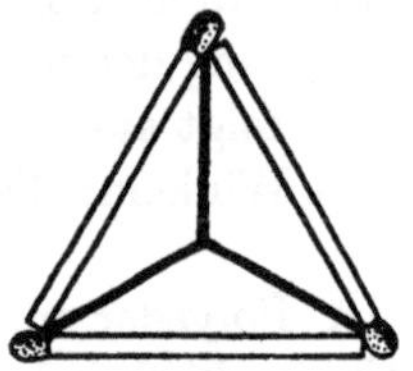
Abb. 71

Auch für unendliche Polyeder gelten Starrheitssätze, welche den in § 3 formulierten Kongruenzsätzen analog sind. Ihre Formulierung ergibt sich, grob gesprochen, durch einfaches Einsetzen des Begriffes stationär anstelle von kongruent. In Kap. X werden sie genau formuliert und bewiesen.

3. Satz 26 gestattet eine interessante mechanische Deutung:

27. Gegeben sei ein System von Stäben, die in den Enden so durch Scharniere verbunden sind, daß sie ein System von Kanten eines geschlossenen konvexen Polyeders bilden. In den Stäben eines solchen Systems sind Spannungen unmöglich, wenn nicht äußere Kräfte auf sie wirken, und sofern die Stäbe nicht gebogen sind und sich im Gleichgewicht befinden.

Ein Beispiel für ein System mit Spannungen ohne Einwirkung äußerer Kräfte kann man aus drei Streichhölzern und drei Gummifäden erhalten (Abb. 71). Die Streichhölzer legt man längs der Seiten eines gleichseitigen Dreiecks, die Gummifäden laufen aus den Ecken in den Dreiecksschwerpunkt. Dort werden sie vereinigt und gespannt. Daher sind in diesem System Spannungen vorhanden, obwohl es sich im Gleichgewicht befindet und keine Kräfte von außen einwirken. Satz 27 behauptet, daß für das System der Kanten eines geschlossenen konvexen Polyeders ein ähnlicher Gleichgewichtszustand mit Spannungen unmöglich ist.

Der Zusammenhang der Sätze 26 und 27 wird in Kap. X, § 4 vollständig geklärt; ebendort werden analoge Ergebnisse für gewisse andere Stabsysteme aufgestellt.

4. In § 4 wurden allgemeine Sätze über die Kongruenz konvexer Polyeder mit parallelen Seitenflächen dargelegt. Auch diesen Sätzen entsprechen Starrheitssätze. Zu ihrer Formulierung führen wir den Begriff einer *wesentlich monotonen Funktion* eines Polygons ein. Wir werden sagen, daß die Funktion $f(Q)$ eines konvexen Polygons Q wesentlich monoton ist, wenn bei einer Parallelbewegung einer beliebigen seiner Seiten nach außen die Funktion sich mit einer Geschwindigkeit ändert, die größer als Null ist; d. h. wenn h_i der Abstand eines gegebenen Punktes innerhalb Q von der die i-te Seite enthaltenden Geraden ist, so gilt $\frac{\partial f}{\partial h_i} > 0$.

Als Beispiel können der Flächeninhalt und der Umfang eines Polygons dienen.

Wir formulieren einen Starrheitssatz, der zu § 4, Satz 8 über die Kongruenz geschlossener konvexer Polyeder analog ist:

28. Läßt sich ein geschlossenes konvexes Polyeder durch Parallelverschiebungen seiner Seitenebenen so deformieren, daß für jede Seitenfläche eine gewisse (im allgemeinen für jede Seitenfläche eine besondere) ihrer wesentlich monotonen Funktionen stationär ist, so reduziert sich die infinitesimale Anfangsdeformation des Polyeders auf eine Parallelverschiebung.

Im Unterschied zu dem in § 4 genannten Ergebnis aus Satz 8 unterliegt hier die Funktion der Seitenflächen der Bedingung einer wesentlichen, nicht einer einfachen Monotonie. Ohne diese Bedingung ist Satz 28 falsch. Setzen wir z. B. $f(Q) = [F(Q) - 1]^3$, wobei $F(Q)$ der Flächeninhalt des Polyeders Q ist. Diese Funktion ist, wie man leicht sieht, monoton: Ist Q_2 ind Q_1 enthalten, so gilt $F(Q_1) > F(Q_2)$ und daher $f(Q_1) > f(Q_2)$. Für $F(Q) = 1$ ist sie jedoch nicht wesentlich monoton, da $\frac{\partial f}{\partial h_i} = 3\,[F(Q) - 1]^2 \frac{\partial F}{\partial h_i}$ ist, so daß für $F = 1$ $\frac{\partial f}{\partial h_i} = 0$ ist. Nimmt man daher einen Würfel mit der Kante Eins und bewegt man eine seiner Seitenflächen mit beliebiger Geschwindigkeit, so ist die Funktion f für alle seine Seitenflächen stationär, obwohl die Deformation sich offensichtlich nicht einmal mit einer Genauigkeit nur erster Ordnung auf eine Verschiebung reduziert.

Auch für unendliche Polyeder gibt es zu dem Satz 28 analoge Starrheitssätze; bei ihnen besteht eine zusätzliche Bedingung darin, daß die unendlichen Seitenebenen überhaupt unbeweglich (oder zum mindesten stationär) sein müssen; dafür wird die Bedingung, daß irgendwelche wesentlich monotonen Funktionen stationär sein müssen, nur den endlichen Seitenflächen auferlegt.

Diese Sätze werden in Kap. XI genau formuliert und bewiesen.

5. Die in den §§ 3 und 4 formulierten Kongruenzsätze werden, wie erwähnt, mit Hilfe des CAUCHYschen Lemmas bewiesen. Wie sich zeigt, ist dieses Lemma im Falle der Starrheitssätze in ihren allgemeinen Formulierungen, in denen wir sie beweisen, nicht anwendbar, da man seine Grundbedingung, daß beim Umlaufen einer Ecke unmöglich nur zwei Zeichenwechsel auftreten können, nicht von vornherein sicherstellen kann. Beispielsweise kann bei stationären ebenen Winkeln in einer konvexen polyedrischen Ecke die Zahl der Zeichenwechsel der Veränderungsgeschwindigkeit ihrer Flächenwinkel gleich zwei sein, wenn es Flächenwinkel gibt, die gleich π sind. Das entspricht gerade der Tatsache, daß wir die Zerlegung einer wirklichen Seitenfläche eines Polyeders in einzelne Teile zulassen. Die Möglichkeit des Vorhandenseins von nur zwei Zeichenwechseln in diesem Falle läßt sich leicht an Beispielen feststellen (s. Kap. X, § 1). Wir beweisen jedoch, daß in diesem Falle die Zeichenverteilung einer zusätzlichen Bedingung unterworfen ist, welche das Ergebnis des CAUCHYschen Lemmas trotzdem noch sichert; es ist unmöglich, daß beim Umlaufen jeder Ecke, zu der mit Vorzeichen versehene Kanten hinführen, mindestens vier Zeichenwechsel oder zwei Zeichenwechsel mit der genannten zusätzlichen Bedingung auftreten. Dieses „verstärkte CAUCHYsche Lemma" wird in Kap. IX, § 2 bewiesen, und mit seiner Hilfe beweisen wir alle Starrheitssätze der Kapitel X und XI.

6. Auch dem allgemeinen Satz 19 über die Ähnlichkeit von Polyedern, deren Ecken auf gegebenen Strahlen liegen und deren sphärische Bilder sich nicht ineinander einlagern lassen, entspricht ein Starrheitssatz. Zu seiner Formulierung führen wir den Begriff der wesentlich monotonen Funktion eines sphärischen Polygons ein, wie er ebenso für ein ebenes Polygon eingeführt wurde.

Ein konvexes sphärisches Polygon wird von Großkreisen begrenzt, auf denen seine Seiten liegen. Drehen wir einen solchen Großkreis um zwei seiner diametral entgegengesetzt gelegenen Punkte, die keiner Seite angehören, dann deformiert sich das Polygon. Wir nennen eine Funktion f eines sphärischen Polygons *wesentlich monoton*, wenn sie mit positiver Geschwindigkeit wächst, sobald sich eine beliebige gegebene Seite des Polygons mit positiver Geschwindigkeit von ihm aus nach außen dreht. Wie man leicht sieht, besitzt insbesondere der Flächeninhalt diese Eigenschaft.

Der Satz 19 entsprechende Starrheitssatz behauptet:

29. *Deformiert sich ein geschlossenes konvexes Polyeder infolge einer Bewegung seiner Ecken auf gegebenen, von einem Punkt O in seinem Inneren ausgehenden Strahlen so, daß für das sphärische Bild jeder Ecke irgendeine seiner wesentlich monotonen Funktionen stationär ist, so reduziert sich die Anfangsdeformation des Polyeders auf eine ähnliche Abbildung bezüglich des Zentrums O.*

Dieses Theorem läßt sich beinahe genau so einfach beweisen wie Satz 19 (s. Kap. IX, § 1). Ähnliche Sätze gelten auch für unendliche Polyeder unter der zusätzlichen Bedingung, daß ihre Grenzecke stationär ist (s. Kap. IX, § 2).

7. Nun erklären wir den tiefen Zusammenhang zwischen den Starrheitssätzen einerseits und den Existenz- und Eindeutigkeitssätzen andererseits. Es zeigt sich, daß man unter sehr allgemeinen Bedingungen aus den Starrheitssätzen Existenz- und Eindeutigkeitssätze ableiten kann.

Es seien $a_1, \ldots, a_n$ irgendwelche Parameter, die ein Polyeder bis auf eine gewisse triviale Transformation bestimmen, und $b_1, \ldots, b_n$ seien andere auf das Polyeder bezogene Parameter, von denen wir beweisen wollen, daß sie das Polyeder auch bis auf dieselbe Transformation bestimmen; es handelt sich also um Existenz- und Eindeutigkeitssätze eines Polyeders mit gegebenen $b_1, \ldots, b_n$. Betrachten wir beispielsweise geschlossene Polyeder mit $n + 1$ Ecken, die auf gegebenen, von einem gemeinsamen Punkt O ausgehenden Strahlen liegen, so können die Parameter $a_1, \ldots, a_n$ die Verhältnisse der Abstände von n Ecken vom Punkt O zu dem Abstand zwischen O und der $(n + 1)$-ten Ecke sein. Diese Verhältnisse bestimmen das Polyeder bis auf Ähnlichkeiten mit dem Ähnlichkeitszentrum O. Als Parameter $b_1, \ldots, b_n$ kann man Krümmungen, d. h. Flächeninhalte der sphärischen Bilder der n Ecken nehmen; die Krümmung der $(n + 1)$-ten Ecke wird festgelegt durch die Bedingung, daß die Gesamtkrümmung eines geschlossenen Polyeders gleich 4π ist.

Da die Parameter a_i das Polyeder bestimmen, sind die Größen b_i Funktionen dieser Parameter:

$$b_i = f_i(a_i, \ldots, a_n) \quad (i = 1, \ldots, n)\,. \tag{1}$$

Wir setzen voraus, daß diese Funktionen differenzierbar sind, so daß gilt

$$db_i = \frac{\partial b_i}{\partial a_i} da_1 + \cdots + \frac{\partial b_i}{\partial a_n} da_n \; (i = 1, \ldots, n) . \tag{2}$$

(Diese Bedingung der Differenzierbarkeit gilt für alle Parameter $b_i = f(a_1, \ldots, a_n)$, die von natürlichem Interesse sind. Insbesondere sind auch in dem angeführten Beispiel die Krümmungen der Ecken differenzierbare Funktionen der Entfernungen der Ecken vom Punkt O; hiervon kann man sich leicht überzeugen.)

Der Starrheitssatz eines Polyeders P_0 besteht bei stationären b_i offenbar in folgendem: sind alle $db_i = 0$, so sind bei den auf P_0 bezogenen Werten $a_i = a_i^0$ alle $da_i = 0$. Das homogene System (2) besitzt mit anderen Worten keine andere außer der trivialen Lösung. Das ist der Tatsache äquivalent, daß die Determinante des Systems (2), d. h. die Funktionaldeterminante des Funktionensystems (1), von Null verschieden ist. Bekanntlich sind aber in diesem Fall die Funktionen (1) in Umgebungen der Werte $a_i = a_i^0$ und $b_i = b_i^0$ $(i = 1, 2, \ldots, n)$ umkehrbar, welche dem gegebenen Polyeder P_0 entsprechen. Sind Größen b_i angegeben, die den b_i^0 nahe sind, so können wir, und zwar auf eindeutige Weise, ihnen entsprechende Größen a_i finden, welche den a_0 nahe sind; daher existiert ein Polyeder P, das P_0 nahe ist (eindeutig bis auf triviale Transformationen) und die gegebenen Größen b_i besitzt.

Also ergeben sich aus den Starrheitssätzen in einer kleinen Umgebung eines gegebenen Polyeders P_0 die Existenz- und Eindeutigkeitssätze.

8. Die beiden folgenden einfachen Lemmas geben die Bedingungen an, unter denen dieses Ergebnis auf vollständige Existenz- und Eindeutigkeitssätze erweitert werden kann.

Lemma A. *$\mathfrak{A}$ und $\mathfrak{B}$ seien zwei Mannigfaltigkeiten, und es sei eine eindeutige stetige Abbildung φ der Mannigfaltigkeit $\mathfrak{A}$ in $\mathfrak{B}$ gegeben, die folgenden Bedingungen genügt:*

1. *Ist der Punkt B aus $\mathfrak{B}$ das Bild des Punktes A aus $\mathfrak{A}$: $B = \varphi(A)$, so existiert eine Umgebung des Punktes B, welche die inverse Abbildung φ^{-1} in $\mathfrak{A}$ gestattet.*

2. *In jeder zusammenhängenden Komponente der Mannigfaltigkeit $\mathfrak{B}$ sind Bilder von Punkten aus $\mathfrak{A}$ enthalten.*

3. *$\varphi(\mathfrak{A})$ ist abgeschlossen; d. h. konvergieren die Punkte $B_n = \varphi(A_n)$ gegen B, so ist B das Bild eines gewissen Punktes aus $\mathfrak{A}$.*

Dann ist φ eine Abbildung von $\mathfrak{A}$ auf $\mathfrak{B}$.

Wenn $B \in \varphi(\mathfrak{A})$ ist, so hat der Bedingung 1. zufolge B eine in $\varphi(\mathfrak{A})$ enthaltene Umgebung; also ist $\varphi(\mathfrak{A})$ eine offene Menge.

Verbinden wir dieses Ergebnis mit den Forderungen 2. und 3., so erhalten wir genau wie im Abbildungslemma $\varphi(\mathfrak{A}) = \mathfrak{B}$.[1] Ist $\mathfrak{A}$ eine Mannigfaltigkeit von Polyedern, die nur bis auf triviale Transformationen betrachtet werden, und ist $\mathfrak{B}$ eine Mannigfaltigkeit gegebener Punkte $B(b_1, \ldots, b_n)$, für welche der Starrheitssatz gilt, so folgt aus diesem Satz, wie eben gezeigt wurde, die Bedingung 1. des Lemmas A. Sobald die zwei anderen Bedingungen erfüllt sind, gilt deshalb der vollständige Existenzsatz. Ein solcher Beweis des Satzes 1 für die Existenz eines geschlossenen konvexen Polyeders mit gegebenem Netz wird im Kapitel VI meines Buches „Die innere Geometrie der konvexen Flächen" gegeben.

Lemma *B*. *$\mathfrak{A}$, $\mathfrak{B}$ und φ mögen dieselbe Bedeutung haben wie in Lemma A, wobei φ eine Abbildung von $\mathfrak{A}$ auf $\mathfrak{B}$ ist (was unter den Bedingungen des Lemmas A z. B. eintritt). Außerdem seien folgende Bedingungen erfüllt:*

---

[1] Häufiger wird diese Methode als das Verfahren stetiger Fortsetzung dargestellt. Es sei $B_0 \in \varphi(\mathfrak{A})$ und B_1 ein beliebiger solcher Punkt B, daß eine stetige Kurve B_t $(0 \leq t \leq 1)$ existiert, die B_0 mit B_1 verbindet. Dann folgt aus Bedingung 1. des Lemmas A, daß bei kleinen t $B_t \in \varphi(\mathfrak{A})$ ist. T sei die genaue obere Grenze derjenigen t, bei welchen $B_t \in \varphi(\mathfrak{A})$ ist. Dann ist nach Bedingung 3. $B_T \in \varphi(\mathfrak{A})$, und bei $T < 1$ könnte man gemäß Bedingung 1. $t > T$ wählen, derart, daß $B_t \in \varphi(\mathfrak{A})$ ist. Folglich ist $T = 1$ und $B_1 \in \varphi(\mathfrak{A})$. Die Bedingung 2. stellt sicher, daß sich ein beliebiger Punkt B aus $\mathfrak{B}$ mit irgendeinem Punkt aus $\varphi(\mathfrak{A})$ verbinden läßt.

1. *Ist der Punkt B aus 𝔅 Bild eines Punktes A aus 𝔄, so gibt es eine Umgebung des Punktes A, deren Abbildung in eine Umgebung von B umkehrbar eindeutig und beiderseits stetig ist.*

2. *Die Mannigfaltigkeit 𝔄 ist zusammenhängend,*[1] *aber die Mannigfaltigkeit 𝔅 ist einfach zusammenhängend, d. h. man kann jede geschlossene Kurve in ihr auf einen Punkt zusammenziehen.*

Dann ist die Abbildung φ umkehrbar eindeutig.

Dieses Lemma ist in der Topologie wohl bekannt. Die Abbildung φ, welche den Bedingungen des Lemmas B genügt, ist nichts anderes als die Abbildung der Überlagerung der Mannigfaltigkeit 𝔄 auf 𝔅; ist 𝔅 einfach zusammenhängend, so ist bekanntlich eine solche Abbildung ein Homöomorphismus, d. h. sie ist insbesondere umkehrbar eindeutig. Man kann übrigens das Lemma B leicht beweisen, ohne sich auf die Theorie der Überlagerungsmannigfaltigkeiten zu berufen. Das wollen wir nun tun.

Wir nehmen an, φ sei nicht umkehrbar eindeutig. Dann gibt es in 𝔅 einen Punkt B, welcher Bild zweier verschiedener Punkte A_0 und A_1 aus 𝔄 ist. Wegen des Zusammenhangs der Mannigfaltigkeit 𝔄 existiert eine stetige Kurve L, die A_0 mit A_1 verbindet, d. h. jedem t aus der Strecke (0, 1) läßt sich ein Punkt $A(t)$ zuordnen, derart, daß $A(t)$ stetig von t abhängt und $A(0) = A_0$, $A(1) = A_1$ ist.

Das Bild dieser Kurve ist eine gewisse Kurve $M = \varphi(L)$ mit den Punkten $B(t) = \varphi(A(t))$; diese Kurve ist geschlossen, da $\varphi(A_0) = \varphi(A_1) = B$ ist. Gemäß Bedingung 2. kann man die Kurve M in einen Punkt B_0 zusammenziehen, d. h. es existiert eine stetige Familie von Kurven $M(s)$ $(0 \leq s \leq 1)$, derart, daß $M(0) = M$, $M(1) = B_0$ ist; damit meinen wir, daß die Punkte $B(t, s)$ der Kurven $M(s)$ so beschaffen sind, daß 1. $B(t), s)$ stetig von den beiden Argumenten $0 \leq t \leq 1$, $0 \leq s \leq 1$ abhängt, und 2. bei gegebenem s $B(t, s)$ eine Parameterdarstellung der Kurve $M(s)$ ist.

Nach der ersten Bedingung des Lemmas ist die Abbildung umkehrbar eindeutig und beiderseits stetig in der Umgebung jedes Punktes $A \in$ 𝔄.

Gemäß dem Borelschen Lemma kann man die Kurve L mit endlich vielen solchen Umgebungen $U_1, \ldots, U_m$ überdecken und die Kurve L in Teilbogen $L_1, \ldots, L_m$ zerlegen, welche entsprechend in $U_1, \ldots, U_m$ enthalten sind: jedem Bogen L_i entspricht ein Segment $\tau_i = [t_{i-1}, t_i]$ auf der Strecke [0, 1], derart, daß $A(t) \in U_i$ ist, wenn $t \in \tau_i$ ist.

Entsprechend ist die Kurve M von Umgebungen $v_i = \varphi(U_i)$ überdeckt und läßt sich in Bogen $M_i = \varphi(L_i)$ zerlegen. s_0 sei so klein, daß die Kurve $M(s_0, t_0)$ in der Umgebung $v = \sum_i v_i$ der Kurve $M = M(O)$ liegt. Wir wählen einen beliebigen dem Segment τ_i angehörenden Wert des Parameters t. Dann ist der Punkt $B(t, s_0) \in v_i = \varphi(U_i)$, und wir können ihm eindeutig sein Urbild zuordnen, welches wir mit $A(t, s_0)$ bezeichnen. Im Ergebnis werden den Bogen der Kurve $M(s_0)$, welche den Segmenten τ_i entsprechen, gewisse Kurven $L_i(s_0)$ in 𝔄 zugeordnet. Diese Kurven haben der Reihe nach gemeinsame Endpunkte, weil die Bogen M_i gemeinsame Endpunkte haben, welche denselben Umgebungen angehören, in denen die Abbildung φ umkehrbar eindeutig ist. Folglich bilden die Kurven $L_i(s_0)$ zusammen eine Kurve $L(s_0)$, deren Endpunkte offenbar in den Punkten A_0 und A_1 liegen. Das Bild der Kurve $L(s_0)$ ist die Kurve $B(t, s_0)$.

Man kann dieselbe Überlegung wiederholen, indem man diesmal nicht von der Kurve $A(t)$, sondern von der Kurve $L(s_0)$ ausgeht usw. Wir gelangen zu dem Ergebnis, daß man jeder Kurve $M(s)$ eine Kurve $L(s)$ zuordnen kann, welche die Punkte A_0 und A_1 verbindet und

[1] Wir brauchen z. B. nur einen offenen rechteckigen Streifen 𝔄 auf die Mantelfläche eines Zylinders 𝔅 so „aufzuwickeln", daß die Enden des Streifens zur Deckung kommen, und schon erhalten wir eine nicht-eindeutige Abbildung, für die alle Bedingungen des Lemmas außer dem einfachen Zusammenhang von 𝔅 erfüllt sind.

auf $M(s)$ abgebildet wird.[1] Aber $M(1)$ ist nur ein Punkt B_0, während $L(1)$ eine Kurve ist, die zwei Punkte A_0 und A_1 verbindet. Daher ist die Abbildung φ der Kurve $L(1)$ auf $M(1) = B_0$ in einer beliebigen Umgebung jedes Punktes, z. B. A_0, nicht umkehrbar eindeutig. Dies widerspricht den Bedingungen des Lemmas. Also ist die Voraussetzung, daß sich zwei Punkte A_0 und A_1 in einen Punkt B_0 abbilden lassen, falsch; die Abbildung φ muß umkehrbar eindeutig sein, w. z. b. w.

9. $\mathfrak{A}$ sei eine Mannigfaltigkeit von Polyedern, die bis auf gewisse triviale Transformationen als eindeutig bestimmt betrachtet werden, und $\mathfrak{B}$ eine Mannigfaltigkeit gegebener $B\ (b_1, \ldots, b_n)$, für welche der Starrheitssatz erfüllt ist. Wie gezeigt, folgt dann aus diesem Satz die erste Bedingung des Lemmas B. Ist $\mathfrak{A}$ zusammenhängend und $\mathfrak{B}$ einfach zusammenhängend, so ist die Abbildung φ der Mannigfaltigkeit $\mathfrak{A}$ auf $\mathfrak{B}$ umkehrbar eindeutig; es gilt also der Eindeutigkeitssatz bis auf eine entsprechende triviale Transformation. Ist beispielsweise $\mathfrak{A}$ eine Mannigfaltigkeit von Polyedern, deren Ecken auf gegebenen Strahlen liegen und die bis auf Ähnlichkeiten betrachtet werden, und ist $\mathfrak{B}$ eine Mannigfaltigkeit zulässiger Werte von Flächeninhalten von sphärischen Bildern ω_i, so ist $\mathfrak{A}$ offensichtlich zusammenhängend und $\mathfrak{B}$ sicherlich einfach zusammenhängend, weil $\mathfrak{B}$ konvex ist, wie aus den in Satz 18 angeführten Bedingungen klar wird, die $\mathfrak{B}$ bestimmen. Eine analoge Lage gibt es auch in anderen Fällen; z. B. in Satz 11 von Minkowski, wo $\mathfrak{A}$ eine Mannigfaltigkeit von Polyedern mit gegebenen Orientierungen der Seitenflächen und $\mathfrak{B}$ eine Mannigfaltigkeit zulässiger Werte der Flächeninhalte der Seitenflächen ist; die Mannigfaltigkeit $\mathfrak{B}$ ist in diesem Falle auch konvex und darum einfach zusammenhängend. (Für die Existenzsätze eines Polyeders mit gegebenem Netz bin ich jedoch nicht in der Lage, den einfachen Zusammenhang einer Mannigfaltigkeit zulässiger Netze festzustellen.)

So erhalten wir folgende allgemeine Methode zum Beweis von Existenz- und Eindeutigkeitssätzen:

1. Wir beweisen den entsprechenden Starrheitssatz und leiten aus ihm die Existenz und Eindeutigkeit „in kleinen Umgebungen" ab.

2. Wir beweisen, daß die Bedingungen des Lemmas A erfüllt sind und erhalten dann den vollständigen Existenzsatz.

3. Wir beweisen, daß auch die Bedingungen des Lemmas B erfüllt sind und erhalten dann den Eindeutigkeitssatz.

Diese Methode hat ihre Vorzüge:

Erstens reduziert sich der Starrheitssatz, wie gezeigt wurde, auf ein lineares Problem: auf die Untersuchung der Gleichungen (2), und er läßt sich daher recht leicht lösen, besonders wenn man das Problem analytisch behandelt. Aus demselben Grunde läßt sich diese Methode leichter auf Aufgaben ausdehnen, welche gekrümmte Flächen betreffen, wo die Mannigfaltigkeiten $\mathfrak{A}$ und $\mathfrak{B}$ funktionale Räume unendlicher Dimension sind.[2]

Zweitens ist im Unterschied zu dem, was die auf das Abbildungslemma gestützte Methode verlangt, für den Existenzbeweis der volle Eindeutigkeitssatz nicht erforderlich.

Läßt sich der Eindeutigkeitssatz jedoch direkt beweisen, so gibt das Abbildungslemma einen kürzeren Weg für den Existenzbeweis. Außerdem erscheinen die Existenzsätze von einem rein geometrischen Gesichtspunkt aus etwas künstlich, da sie Begriffe und Sätze der Differentialrechnung heranziehen.

10. Wir kehren zurück zu der Frage, wann der Starrheitssatz für Polyeder mit stationärem Netz ungültig wird. Wir haben gezeigt, daß dieser Satz nicht für Polyeder gilt, die

---

[1] Streng begründet man diese Schlußfolgerung so: für kleine s ist die Behauptung richtig. S sei die genaue obere Grenze solcher s. Lassen wir $s \to S - 0$ streben, so erhalten wir eine Kurve $L(S)$; auf sie lassen sich dieselben Überlegungen anwenden, und folglich muß $S = 1$ sein.

[2] Eben dieser Methode bediente sich Weyl zur Lösung des Problems der Existenz einer geschlossenen konvexen Fläche mit gegebener Metrik.

in Polygone ausarten, und zwar nicht einmal, wenn man die Erhaltung der Konvexität zur Bedingung macht. Wir werden uns auf Grund völlig anderer Gedankengänge sofort hiervon überzeugen.

Es sei $\mathfrak{B}$ eine Mannigfaltigkeit von Netzen mit gegebener Eckenzahl und $\mathfrak{A}$ eine Mannigfaltigkeit geschlossener konvexer Polyeder, die bis auf Bewegungen, aber nicht bis auf Spiegelungen betrachtet werden. Da man aus einem Netz zwei zueinander symmetrische Polyeder verheften kann, so ist die Abbildung $\mathfrak{A}$ auf $\mathfrak{B}$ nicht umkehrbar eindeutig, sondern zweiblättrig. Der nicht-eindeutige Charakter, welcher mit dem Vorhandensein von Symmetrieelementen bei irgendeinem nicht-ausgearteten Polyeder zusammenhängt, läßt sich ausschließen, indem man seine Ecken entsprechend den Netzecken benennt.[1] Für ein ausgeartetes Polyeder ist das jedoch unmöglich: spiegelt man es an seiner Ebene, so gehen alle seine Ecken in sich selbst über. Beliebig kleine Verschiebungen seiner Ecken nach verschiedenen Seiten seiner Ebene führen zu symmetrischen Polyedern, d. h. sie geben den Übergang von einem Blatt der Mannigfaltigkeit $\mathfrak{A}$ zu dem anderen. Die Menge ausgearteter Polyeder wird in $\mathfrak{B}$ eindeutig abgebildet und stellt die Menge von Verzweigungen der Mannigfaltigkeit $\mathfrak{A}$ bei ihrer Abbildung auf $\mathfrak{B}$ dar, ähnlich dem Verzweigungspunkt der Funktion $\sqrt{x + i\,y}$. Daher kann die Abbildung von $\mathfrak{A}$ auf $\mathfrak{B}$ in der Umgebung ausgearteter Polyeder nicht umkehrbar eindeutig sein, also kann auch der Starrheitssatz für sie nicht gelten. Beim Existenzbeweis eines Polyeders mit gegebenem Netz, welcher sich auf einen Starrheitssatz gründet, muß man ausgeartete Polyeder und ihre Netze ausschließen.

11. Zum Schluß noch eine allgemeine Bemerkung. $\mathfrak{A}$ und $\mathfrak{B}$ seien wie oben Mannigfaltigkeiten von Polyedern A, die durch die Parameter $a_1, \ldots, a_n$ bestimmt sind, und einiger gegebener Größen $B\,(b_1, \ldots, b_n)$. Die Abbildung φ der Mannigfaltigkeit $\mathfrak{A}$ auf $\mathfrak{B}$ sei durch die stetig differenzierbaren Funktionen (1) gegeben. Die Menge derjenigen A, in denen der Starrheitssatz ungültig wird, ist die Menge der Nullstellen der Jacobischen Determinante dieses Funktionensystems. Diese Menge ist folglich abgeschlossen. Enthält sie einen inneren Punkt A, so sind die Funktionen (1) in einer Umgebung dieses Punktes voneinander abhängig, und die Abbildung φ ist daher nicht umkehrbar eindeutig. Ist also φ umkehrbar eindeutig, d. h. gilt der Eindeutigkeitssatz, *so ist die Menge, in welcher der Starrheitssatz ungültig wird, eine abgeschlossene nirgends dichte Menge.*

§ 7. Der Übergang von Polyedern zu gekrümmten Flächen

1. Die allgemeinen Sätze über konvexe Polyeder, von denen in den §§ 3—6 die Rede war, haben nicht nur an sich, sondern auch von dem Gesichtspunkt aus Bedeutung, daß sie Verallgemeinerungen auf mehr oder weniger willkürliche konvexe Flächen gestatten. Bei der Untersuchung von Problemen aus der Theorie der konvexen Flächen erweist es sich als nützlich, zu Anfang diese Probleme für Polyeder zu stellen und zu lösen. In manchen Fällen erlaubt dies, die gestellte Aufgabe aus der Theorie der Flächen durch Grenzübergang von Polyedern zu allgemeinen konvexen Flächen zu lösen. In anderen Fällen, wenn ein solcher Grenzübergang nicht gelingt, erhalten wir wenigstens eine Orientierung in der Frage.

Dank der Anschaulichkeit und Einfachheit der Eigenschaften der Polyeder zeigt sich eine solche Behandlung oft als sehr nützlich, besonders in Fragen der Geometrie „im Großen“

[1] Besitzt ein Polyeder P_0 eine Symmetrieebene und sind X und Y zwei zueinander symmetrische seiner Ecken, so führen symmetrische Verschiebungen zu Paaren zueinander symmetrischer Polyeder, die P_0 nahe sind. Läßt man sie jedoch mittels Spiegelung zusammenfallen, so deckt sich die Ecke X mit Y und umgekehrt; identifiziert man dagegen nur gleich benannte Ecken, so ist ein solches Zusammenfallen ausgeschlossen. Analoge Überlegungen lassen sich im Falle des Vorhandenseins anderer Symmetrieelemente anwenden. Die Zweiblättrigkeit der Abbildung $\mathfrak{A}$ auf $\mathfrak{B}$ läßt sich ausschalten, wenn man eine Orientierung der Netze einführt und dadurch $\mathfrak{B}$ verdoppelt.

oder bei der Anwendung auf nicht-reguläre Flächen, wenn die in der Theorie der Flächen üblichen analytischen Methoden ihren Automatismus verlieren.[1]

Da konvexe Polyeder unser Thema sind, beschränken wir uns darauf, am Ende fast jeden Kapitels in dem Paragraphen „Verallgemeinerungen" ohne Beweis die entsprechenden Sätze für die sonstigen konvexen Flächen anzuführen, wobei wir auf die Quellen verweisen, in denen diese Sätze bewiesen werden. Hier machen wir nur einige allgemeine Bemerkungen, vor allem darüber, welche Angaben für eine allgemeine konvexe Fläche den untersuchten Angaben für Polyeder entsprechen.

2. In § 3 wurde schon klargelegt, daß die Angabe des Netzes eines Polyeders der Angabe seiner inneren Metrik äquivalent ist. Bei einer allgemeinen konvexen Fläche muß es sich auch um ihre innere Metrik handeln, d. h. um die Funktion ihrer Punktepaare, welche die auf der Fläche gemessene Entfernung zwischen diesen Punkten angibt; nach Definition ist diese gleich der genauen unteren Grenze der Längen der Kurven, die auf der Fläche liegen und die gegebenen Punkte verbinden.

Auf einer Sphäre S (oder auf einer anderen Mannigfaltigkeit) sei eine stetige Funktion $\varrho(XY)$ ihrer Punktepaare vorgegeben; wir sagen, $\varrho(XY)$ sei die *Metrik* der Fläche F oder die Fläche F realisiere die Metrik $\varrho(XY)$, wenn eine topologische Abbildung h der Sphäre S auf die Fläche F existiert, derart, daß für jedes Punktepaar X, Y $\varrho(XY) = \varrho_F(h(X)\,h(Y))$ ist, wobei ϱ_F die innere Metrik der Fläche F ist.

Es seien F_i und $\mathfrak{n}_i$ die Flächeninhalte und die äußeren Normalen der Seitenflächen eines Polyeders P. Wir betrachten die Einheitssphäre E, auf welche die sphärische Abbildung durchgeführt wird. Ist M irgendeine Menge auf E, so ist

$$F_P(M) = \sum_{\mathfrak{n}_i \in M} F_i$$

der Flächeninhalt derjenigen Menge auf P, welche bei der sphärischen Abbildung das vollständige Urbild der Menge M ist. (Es wird über alle Seitenflächen summiert, deren Normalen nach M weisen.) $F_P(M)$ ist eine Mengenfunktion auf der Sphäre E, welche *Flächenfunktion* des Polyeders P genannt wird. Die Angabe der Flächeninhalte und der Normalen der Seitenflächen ist offensichtlich der Angabe der Flächenfunktion äquivalent. Für eine willkürliche konvexe Fläche Φ wird die Flächenfunktion genau so bestimmt:

$F_\Phi(M)$ ist der Flächeninhalt derjenigen Menge N auf Φ, die bei der sphärischen Abbildung das vollständige Urbild der Menge M ist, d. h. durch jeden Punkt von N geht mindestens eine Stützebene, deren äußere Normale nach M weist. (Man kann beweisen, daß $F_\Phi(M)$ eine total additive Funktion ist, die jedenfalls für alle Borelschen Mengen M bestimmt ist.)[2]

Gegeben seien die Strahlen $\bar{e}_i$, welche vom Punkt O ausgehen, oder die entsprechenden Punkte auf der Einheitssphäre E mit dem Mittelpunkt in O. ω_i seien die Flächeninhalte der sphärischen Bilder der auf den Strahlen $\bar{e}$ liegenden Ecken des Polyeders P. Ist M eine Menge auf E, so ist

$$\omega_{P,O}(M) = \sum_{\bar{e}_i \in M} \omega_i$$

der Flächeninhalt derjenigen Menge auf P, deren Zentralprojektion die Menge M ist. Die Mengenfunktion $\omega_{P,O}(M)$ hängt nicht nur vom Polyeder ab, sondern auch von der Wahl des Punktes O oder der Sphäre E; daher nennen wir sie den Flächeninhalt des sphärischen Bildes, das auf die Sphäre E bezogen ist. Die Angabe der Strahlen $\bar{e}_i$ und der sphärischen Bilder der Ecken ω_i ist offensichtlich der Angabe dieser Funktion äquivalent.

[1] Die konsequente Durchführung der Methode der Annäherung durch Polyeder in der Anwendung auf die innere Geometrie willkürlicher konvexer Flächen wird in meinem Buch „Die innere Geometrie der konvexen Flächen" [12] gezeigt.

[2] Siehe: A. D. Alexandrow [20]. In dieser Arbeit wird der Begriff der Flächenfunktion erstmalig eingeführt.

Analog wird diese Funktion für eine willkürliche konvexe Fläche Φ definiert: $\omega_{\Phi,O}(M)$ ist der Flächeninhalt des sphärischen Bildes derjenigen Menge auf Φ, deren Zentralprojektion vom Punkt O auf die Sphäre E die Menge M ist. (Man kann beweisen, daß $\omega_{\Phi,O}(M)$ eine total-additive Funktion ist, die jedenfalls für alle BORELschen Mengen definiert ist.)[1]

Analog wird für eine unendliche konvexe Fläche die Funktion $\omega_{\Phi,T}(M)$ definiert: d. h. der Flächeninhalt des sphärischen Bildes, welches der Ebene T zugeordnet ist: für die gegebene Menge M auf der Ebene T ist $\omega_{\Phi,T}(M)$ auch der Flächeninhalt des sphärischen Bildes derjenigen Menge auf der Fläche Φ, deren Projektion M ist.

Schließlich muß man anstelle der Stützzahlen bei einem Polyeder im Falle einer willkürlichen konvexen Fläche ihre Stützfunktion $H(\mathfrak{u})$ betrachten. Für einen Einheitsvektor $\mathfrak{n}$ ist $H(\mathfrak{n})$ der Abstand vom Ursprung O nach der Stützebene Q mit der äußeren Normalen $\mathfrak{n}$; der Abstand gilt als positiv, wenn die Richtung von O nach Q mit der Richtung des Vektors $\mathfrak{n}$ zusammenfällt, und als negativ, wenn diese Richtung $\mathfrak{n}$ entgegengesetzt ist. Ist $\mathfrak{u}$ kein Einheitsvektor, so ist $H(\mathfrak{u}) = |\mathfrak{u}| \cdot H\left(\frac{\mathfrak{u}}{|\mathfrak{u}|}\right)$.

Es sei noch bemerkt, daß man anstelle einer polyedrischen Grenzecke bei einer allgemeinen unendlichen konvexen Fläche den „Grenzkegel“ betrachten muß, der völlig analog definiert ist.

Benutzt man die eingeführten allgemeinen Begriffe, so lassen sich die Eindeutigkeits- und Starrheitssätze für allgemeine konvexe Flächen leicht formulieren, entsprechend den oben angeführten Sätzen für Polyeder. Zur Formulierung der Existenzsätze sind noch Bedingungen erforderlich, die den entsprechenden Größen auferlegt werden müssen. Für die Funktionen $H(\mathfrak{u})$, $F_\Phi(M)$, $\omega_{\Phi,E}(M)$ und $\omega_{\Phi,T}(M)$ gewinnt man diese Bedingungen leicht aus den Bedingungen der Sätze über Polyeder. Sie werden in den letzten Paragraphen der Kapitel VII und IX formuliert. Eine Ausnahme stellt die Metrik $\varrho(XY)$ dar: die ihr aufzuerlegenden notwendigen Bedingungen kann man nicht durch einfache Übertragung der Bedingungen der Sätze über Polyeder gewinnen.[2]

3. Die Eindeutigkeits- und Starrheitssätze können nicht ohne weiteres mittels Grenzübergang von den Polyedern auf andere konvexe Flächen übertragen werden. Damit dies möglich wird, muß man diese Sätze durch Abschätzungen der Deformation eines Polyeders ergänzen, die abhängig ist von der Veränderung der Größen, welche in diesen Sätzen eine Rolle spielen; dabei dürfen diese Abschätzungen nicht von der Eckenzahl abhängen oder sie dürfen jedenfalls bei unendlicher Vermehrung der Eckenzahl nicht ausarten.

Betrachten wir z. B. den Satz 3 über die Kongruenz isometrischer geschlossener konvexer Polyeder. Ihm muß ein bisher nicht allgemein bewiesener Satz über die Kongruenz isometrischer geschlossener konvexer Flächen entsprechen. Die Durchführung des Beweises des zu vermutenden Satzes durch Abschätzungen der Deformation eines Polyeders in Abhängigkeit von der Veränderung seiner inneren Metrik ist übrigens von ST. COHN-VOSSEN [22] angegeben worden und besteht in folgendem: r_{ij} und ϱ_{ij} seien die Entfernungen zwischen der i-ten und der j-ten Ecke eines Polyeders, die entsprechend im Raum und auf dem Polyeder selbst gemessen werden. Ferner seien P_1 und P_2 zwei geschlossene konvexe Polyeder, deren Ecken einander umkehrbar eindeutig zugeordnet sind, und $r_{ij}^{(1)}$, $r_{ij}^{(2)}$, $\varrho_{ij}^{(1)}$ und $\varrho_{ij}^{(2)}$ seien die oben eingeführten Entfernungen zwischen ihren Ecken. Die Größe $\Delta r = \max |r_{ij}^{(1)} - r_{ij}^{(2)}|$ charakterisiert offensichtlich die Größe der räumlichen Deformation beim Übergang von P_1 zu P_2, und $\Delta\varrho = |\varrho_{ij}^{(1)} - \varrho_{ij}^{(2)}|$ die Größe der inneren Deformation. Es ist eine Abschätzung

$$\Delta r \leq f(\Delta\varrho) \tag{1}$$

[1] Siehe mein Buch: „Die innere Geometrie ...“, [13], Kap. V, §§ 2, 4.

[2] Diese Bedingungen kann man in demselben Buch von mir finden oder in anderer Form in meinem Artikel [21].

erforderlich, in der die stetige Funktion f für $\Delta\varrho = 0$ verschwinden muß und nicht von den Polyedern P_1 und P_2, sondern nur von ihren allgemeinsten Formelementen, wie z. B. den Radien der Kugeln, die P_1 und P_2 enthalten und in ihnen enthalten sind, abhängen darf. Wir nehmen an, wir hätten eine solche Abschätzung gefunden. F_1 und F_2 seien zwei isometrische geschlossene konvexe Flächen. Auf ihnen wählen wir hinreichend dichte Netze von Punkten A_i^1, A_i^2, die einander wegen der isometrischen Abbildung von F_1 auf F_2 entsprechen. Wir beschreiben F_1 und F_2 die geschlossenen konvexen Polyeder P_1 und P_2 mit Ecken in diesen Punkten ein. Je dichter das Netz der Punkte A_i, desto mehr nähert sich dann, wie sich zeigt, der auf einem Polyeder gemessene Abstand zwischen ihnen dem auf der Fläche gemessenen Abstand. Da aber die Flächen isometrisch sind, strebt also die Größe $\Delta\varrho$ für die Polyeder P_1 und P_2 entsprechend der Verdichtung des Netzes der Punkte A_i gegen Null.

Besitzen wir die Abschätzung (1) mit den verlangten Eigenschaften, so erhalten wir bei $\Delta\varrho \to 0 : \Delta r \to 0$. Aber $\Delta r = \max |r_{ij}^{(1)} - r_{ij}^{(2)}|$ ist nichts anderes als die maximale Differenz der räumlichen Entfernungen zwischen den entsprechenden Punkten A_i, A_j der Flächen F_1 und F_2. Daher muß $\Delta r = 0$ sein, d. h. die Flächen F_1 und F_2 sind kongruent.

Eine analoge Behandlung ist a priori für jeden beliebigen anderen Eindeutigkeitssatz möglich. Soviel ich jedoch weiß, ist für keinen von ihnen eine Abschätzung des gewünschten Typus bekannt, und deshalb bleibt eine solche Behandlung der Übertragung von Eindeutigkeitssätzen von Polyedern auf allgemeine konvexe Flächen einstweilen im Gebiet der reinen Vermutung.

Ebenso steht es mit den Starrheitssätzen. Daher werden diese Sätze für konvexe Flächen mit anderen Methoden bewiesen. Außerdem sind beispielsweise die Eindeutigkeits- und Starrheitssätze einer geschlossenen konvexen Fläche mit gegebener (stationärer) innerer Metrik bisher überhaupt nicht ohne zusätzliche Voraussetzungen über eine gewisse Regularität der Fläche bewiesen worden. So können in Fragen der Eindeutigkeit und Starrheit die Sätze über Polyeder nur als Hinweis auf ein Ergebnis dienen, nach dem man beim Übergang zu beliebigen konvexen Flächen streben kann.

4. Mit den Existenzsätzen verhält es sich viel einfacher: alle oben angeführten Existenzsätze für konvexe Polyeder lassen sich mittels Grenzübergang auf allgemeine konvexe Flächen übertragen. Dieser Übergang wird in großen Zügen folgendermaßen durchgeführt:

Gesetzt den Fall, wir wollten die Existenz einer konvexen Fläche mit gegebenen Größen B_0 beweisen. Der entsprechende Existenzsatz für konvexe Polyeder sei schon bekannt. Dann beweisen wir den Konvergenzsatz: Konvergieren die konvexen Polyeder P_n gegen die Fläche F, so konvergieren ihre gegebenen B_{P_n} in diesem oder jenem Sinne gegen die gegebenen, auf F bezogenen Größen B_F. Von der Konvergenz der gegebenen Größen B wird nur verlangt, daß sie eindeutig ist, d. h. die B_n können im Sinne dieser Konvergenz nicht zwei Grenzwerte haben. Danach konstruieren wir eine Folge der gegebenen B_n, welche gegen B_0 konvergieren und auf die Polyeder bezogen sind. Nach dem Existenzsatz für Polyeder existieren konvexe Polyeder P_n mit gegebenen B_n. Von diesen Polyedern wählen wir eine konvergente Folge P_{n_i} aus, was, wie sich zeigt, immer möglich ist. Der Grenzwert dieser Folge ist eine gewisse konvexe Fläche. Nach dem Konvergenzsatz konvergieren die B_{n_i} gegen B_F und gleichzeitig konvergieren nach Angabe die B_{n_i} gegen B_0, und da es nur einen Grenzwert der gegebenen Größen B_{n_i} geben kann, so ist $B_F = B_0$, d. h. die Fläche F hat die gegebenen Größen B_0.

Stellen die gegebenen Größen B_0 eine Stützfunktion $H(\mathfrak{n})$ dar, so ist die Konvergenz der gegebenen B_m gegen B_0 einfach eine Konvergenz der Stützfunktionen, oder sie ist eine Konvergenz der Stützzahlen h_i gegen die Werte der Stützfunktion $H(\mathfrak{n})$ für Vektoren $\mathfrak{n}_i$ unter der Bedingung, daß die Menge der Punkte $\mathfrak{n}_i$ sich auf der Sphäre unbeschränkt verdichtet.

Ist B_0 die auf der Sphäre S gegebene Metrik $\varrho(XY)$, so muß man sie durch polyedrische Metriken positiver Krümmung annähern. Der Konvergenzsatz der Metriken sieht so aus:

Konvergieren geschlossene oder unendliche vollständige konvexe Flächen Φ_n gegen Φ und konvergieren die Punkte X_n, Y_n auf Φ_n entsprechend gegen X, Y, so konvergieren die Größen $\varrho_{\Phi_n}(X_n Y_n)$ gegen $\varrho_\Phi(XY)$. Ist B_0 eine der Funktionen der Menge $F(M)$ oder $\omega(M)$ auf der Einheitssphäre E, so muß man die Konvergenz im Sinne einer schwachen Konvergenz verstehen. Sind $\varphi_n(M)$ und $\varphi(M)$ total-additive Funktionen einer Menge auf der Sphäre E, so sagt man, φ_n konvergiere schwach gegen φ, wenn für jede stetige Funktion $f(X)$ des Punktes X auf der Sphäre E

$$\lim_{n\to\infty} \int_E f(X)\,\varphi_n(dM) = \int_E f(X)\,\varphi(dM)$$

ist, wobei das Integral im Sinne RADONS verstanden wird.[1] Die vorgegebenen Funktionen $F(M)$ und $\omega(M)$ muß man im Sinne einer schwachen Konvergenz durch „diskrete" Funktionen $F_n(M)$ und $\omega_n(M)$ annähern, welche in den gegebenen Punkten endliche Werte haben und für alle diese Punkte nicht enthaltenden M zu Null werden.

Die Methode des Grenzübergangs von Polyedern zu anderen Flächen hat erstmalig MINKOWSKI angewandt für den Beweis der Existenz einer geschlossenen konvexen Fläche Φ mit gegebener GAUSSscher Krümmung $K(\mathfrak{n})$, die als Funktion der äußeren Normalen vorgegeben ist. Ist M eine Menge auf der Sphäre E, so ist $F(M) = \int\limits_M \frac{d\omega}{K(\mathfrak{n})}$ (wobei $d\omega$ das Flächenelement auf E ist) nichts anderes als der Flächeninhalt derjenigen Menge auf der Fläche Φ, deren sphärisches Bild M ist. Folglich ist der angeführte Satz MINKOWSKIS ein Spezialfall des allgemeinen Existenzsatzes einer geschlossenen konvexen Fläche mit vorgegebener Flächenfunktion $F(M)$.

§ 8. Grundbegriffe der Topologie

1. Anschauliche Grundlagen. Die Topologie kann man anschaulich als den Teil der allgemeinen Geometrie definieren, in welchem man seine Aufmerksamkeit bei Untersuchung einer Figur nur auf das wechselseitige Aneinandergrenzen ihrer Teile richtet. Dem allgemeinen Begriff des „Aneinandergrenzens" liegt die anschauliche Vorstellung zu Grunde, welche durch folgende Behauptung hervorgerufen wird: Die Kreisperipherie grenzt mit dem Inneren des Kreises aneinander; eine Halbsphäre grenzt an die andere, so daß eine Sphäre als aus zwei aneinandergrenzenden Halbsphären zusammengesetzt erscheint; schließt man den Äquator aus, so grenzen die Halbsphären schon nicht mehr aneinander: sie sind sozusagen durch einen Schnitt im Äquator voneinander getrennt.

Wir wollen versuchen, unsere anschauliche Vorstellung des Aneinandergrenzens noch etwas zu analysieren. Jede geometrische Figur ist eine Menge oder, wie man in der Elementargeometrie sagt, „ein geometrischer Ort" von Punkten, und in dieser Menge tritt ein anschaulich verständliches Aneinandergrenzen ihrer Teile auf. Grundlegend erscheint der Begriff vom Aneinandergrenzen eines Punktes mit einer Punktmenge.

[1] Diesen Begriff der Konvergenz, der dem Begriff der schwachen Konvergenz von Funktionalen entspricht, kann man durch einfache geometrische Eigenschaften charakterisieren. Ist beispielsweise $\varphi_n(M) \geq 0$ für alle M (wie das für unsere Funktionen F und ω gilt), so konvergiert φ_n schwach gegen φ dann und nur dann, wenn $\lim\limits_{n\to\infty} \varphi_n(E) = \varphi(E)$ und für jedes abgeschlossene M $\lim\limits_{n\to\infty} \varphi_n(M) \leq \varphi(M)$ ist. Ein Beweis dieser und anderer Charakterisierungen der schwachen Konvergenz von Mengenfunktionen wird in meiner Arbeit „Additive set functions in abstract spaces" gegeben, Matem. sbornik, 13. Bd. (55), 2.—3. Heft (1943), s. die Zusammenfassung und die §§ 15—17 dieser Arbeit. Beweise für die Sätze schwacher Konvergenz der Funktionen F und ω für konvergierende konvexe Flächen stehen in meinen Arbeiten [23], [9], [13].

In unserer Vorstellung grenzt ein Punkt mit einer Menge aneinander, wenn er ihr unendlich nah ist, wie z. B. die Ecke eines Quadrates seinem Inneren; die Tatsache, daß ein Punkt zu einer Menge gehört, werden wir auch als Aneinandergrenzen ansehen.

Denken wir weiter über den Begriff des Aneinandergrenzens nach, so bemerken wir, daß zwei Mengen — zwei Figuren (oder zwei Teile einer Figur) — dann und nur dann aneinandergrenzen, wenn mindestens in einer von ihnen ein Punkt vorhanden ist, welcher an die andere angrenzt.

Betrachten wir die eben angeführten Beispiele, so können wir uns anschaulich überzeugen, daß die Kreisperipherie gerade in diesem Sinne mit ihrem Inneren aneinandergrenzt, daß aber zwei Halbsphären bei ausgeschlossenem Äquator nicht aneinandergrenzen (weil jeder Punkt der einen Halbsphäre von den Punkten der anderen um nicht weniger als seine Entfernung vom Äuqator entfernt ist).

2. Der allgemeine topologische Raum. Die abstrakte Verallgemeinerung dieser anschaulichen Vorstellungen führt zum Begriff des allgemeinen topologischen Raumes. Es möge also eine Menge gewisser Elemente geben, die wir Punkte nennen.

Eine Menge heißt ein allgemeiner topologischer Raum, wenn jedem ihrer Teile, d. h. jeder in ihr enthaltenen Menge M, nach irgendeiner Vorschrift Punkte, die mit M aneinandergrenzen, oder, wie man sagt, Berührungspunkte der Menge M zugeordnet sind. Dabei gelten auch die Punkte der Menge M selbst als ihre Berührungspunkte. Wir fügen jedoch die natürliche Bedingung hinzu, daß „bei Hinzunahme der Menge die Zahl der Berührungspunkte nicht abnimmt“, d. h., streng genommen, daß jeder Berührungspunkt für M_1 auch ein solcher für M_2 ist, wenn M_1 in M_2 enthalten ist.

Wir bezeichnen zwei Mengen in einem allgemeinen topologischen Raum als aneinandergrenzend, wenn mindestens eine von ihnen Berührungspunkte der anderen enthält. Es ist klar, daß diese Definitionen in etwas anderen Worten das wiederholen, was oben über das Aneinandergrenzen von Figuren und Punkten gesagt wurde.

Das elementarste Beispiel eines allgemeinen topologischen Raumes ist der n-dimensionale „Zahlen“- oder EUKLIDische Raum.[1] Seine Punkte sind alle möglichen Folgen von n Zahlen $(x_1, x_2, \ldots, x_n)$. Ein Punkt $a = (a_1, a_2, \ldots, a_n)$ gilt als Berührungspunkt einer Menge A, wenn es in A Punkte $x = (x_1, x_2, \ldots, x_n)$ gibt, welche a beliebig nahe sind; d. h. zu jedem $\varepsilon > 0$ gibt es einen Punkt x, derart, daß $|x_1 - a_1| < \varepsilon, \ldots, |x_n - a_n| < \varepsilon$ ist. Dann gehört der Punkt a entweder der Menge A an, oder es gibt in A eine Folge von Punkten x^i, die gegen a konvergiert, also derart, daß die Differenzen der Koordinaten der Punkte x^i und des Punktes a gegen Null streben.

Eine Zahlengerade ist nichts anderes als ein eindimensionaler Zahlenraum. Analog ist eine Zahlenebene (x, y) ein zweidimensionaler Zahlenraum.

Unterwirft man die Zahlen x_i der Bedingung, daß sie alle in gegebenen Grenzen eingeschlossen sind, z. B. $0 < x_i < 1$ $(i = 1, \ldots, n)$, so heißt ein solcher Raum ein n-dimensionaler (Zahlen-)Würfel, genauer das Innere eines Würfels, im Unterschied zu einem vollständigen Würfel, der auch die Seitenflächen einschließt und durch die Ungleichungen $0 \leq x_i \leq 1$ bestimmt wird.

Auf Grund folgender Definition der Berührungspunkte ist auch der dreidimensionale EUKLIDische Raum ein topologischer Raum: der Punkt a ist ein Berührungspunkt der Menge A, wenn es in A Punkte x gibt, die a beliebig nahe sind.

Als Beispiel eines allgemeinen topologischen Raumes kann auch ein beliebiges Netz dienen. Dabei zählen die Punkte, die miteinander verheftet werden, als ein Punkt. Ist M eine Punktmenge des Netzes, so gilt der Netzpunkt a als Berührungspunkt von M, wenn es Punkte der Menge M gibt, welche a oder dem mit a zu verheftenden Punkt beliebig nahe sind.

---

[1] Er heißt EUKLIDisch, wobei man jedoch alle seine Eigenschaften außer den topologischen außer Betracht läßt.

Jede Punktmenge A in einem allgemeinen topologischen Raum R kann kraft folgender Definition selbst als ein allgemeiner topologischer Raum betrachtet werden: Ist die Menge M in A enthalten, so zählt ein zu A gehöriger Punkt a als Berührungspunkt der Menge M in A, wenn er in ganz R ihr Berührungspunkt ist. Man sagt, A ist ein *Unterraum* des Raumes R.

In diesem Sinne ist jede Figur A im Euklidischen Raum ein allgemeiner topologischer Raum. Ein zu A gehöriger Punkt a gilt als Berührungspunkt der in A enthaltenen Menge M, wenn es Punkte der Menge M gibt, die ihm beliebig nahe sind.

Genauso erweist sich jeder Teil eines n-dimensionalen Zahlenraums als allgemeiner topologischer Raum.

3. Abgeschlossene und offene Mengen; der Rand. Es handelt sich hier um Mengen in einem beliebigen allgemeinen topologischen Raum.

Eine Menge heißt *abgeschlossen*, wenn sie alle ihre Berührungspunkte enthält.

Eine Menge heißt *offen*, wenn ihr Komplement (d. h. die Menge aller ihr nicht angehörenden Punkte) abgeschlossen ist. Dies ist der folgenden Definition äquivalent: eine Menge ist offen, wenn keiner ihrer Punkte Berührungspunkt ihres Komplements ist, während dann dieses selbst alle seine Berührungspunkte enthält, d. h. abgeschlossen ist.

Ein Punkt heißt *Randpunkt* der Menge M, wenn er sowohl für M wie auch für deren Komplement Berührungspunkt ist. Der *Rand* einer Menge ist die Menge aller ihrer Randpunkte.

Ein Punkt heißt *innerer* Punkt einer Menge, wenn er nicht auf ihrem Rand liegt, d. h. wenn er nicht Berührungspunkt des Komplements ist. Aus dieser Definition wird klar, daß eine offene Menge dadurch ausgezeichnet ist, daß alle ihre Punkte innere Punkte sind.

Beispiele. Ein Halbraum zusammen mit seiner berandenden Ebene ist eine abgeschlossene Menge; ohne die Ebene ist er eine offene Menge; die erwähnte Ebene ist deren Rand.

Ein Würfel ist im n-dimensionalen Raum durch die Ungleichungen $0 \leq x_i \leq 1$ ($i = 1, \ldots, n$) bestimmt. Sein Inneres wird von Punkten gebildet, für welche $0 < x_i < 1$ ist. Sein Rand besteht aus Punkten, für die $0 \leq x_i \leq 1$ ($i = 1, \ldots, n$) ist, wobei mindestens in einem Fall das Gleichheitszeichen gilt.

Als *Umgebung* eines Punktes bezeichnet man in der Regel eine beliebige diesen Punkt enthaltende offene Menge. Die Umgebung umfaßt also den Punkt so, daß letzterer nicht Berührungspunkt der Komplementärmenge sein kann. Dies macht den anschaulichen Sinn des Wortes „Umgebung" klar.

4. Der Zusammenhang. Eine Menge heißt *zusammenhängend*, wenn man sie nicht in zwei nicht aneinandergrenzende Teile zerlegen kann. Gemäß der Definition des Aneinandergrenzens bedeutet dies, daß die Menge nicht in zwei Teile zerlegt werden kann, derart, daß keiner von ihnen Berührungspunkte des anderen enthält.

Betrachtet man die Menge M selbst als Raum (Unterraum des ganzen gegebenen Raumes), so lassen sich in ihm *bezüglich M selbst naturgemäß abgeschlossene und offene Mengen definieren*; wir sprechen kurz von abgeschlossenen und offenen Mengen in M.

Es gilt der Satz:

Eine Menge M ist dann und nur dann zusammenhängend, wenn sie sich nicht in zwei Teile zerlegen läßt, welche in M abgeschlossene (oder offene) Mengen sind.

Gegeben sei eine nicht-zusammenhängende Menge M, die also eine Zerlegung in zwei Teile M_1 und M_2 zuläßt, derart, daß keiner dieser Teile Berührungspunkte des anderen enthält. Dann enthalten M_1 und M_2 selbst alle ihre Häufungspunkte in M und sind daher in M abgeschlossen. Da sie aber zueinander komplementär sind, sind sie gleichzeitig offen in M.

Jetzt sei M in die Teile M' und M'' zerlegt, die in M abgeschlossen sind. Dies bedeutet, daß M' und M'' selbst ihre Berührungspunkte in M enthalten, d. h. nicht aneinandergrenzen, und darum ist M nicht zusammenhängend. Da M' und M'' einander zu M ergänzen, so ist, insofern als M' abgeschlossen ist, M'' offen und analog ist M' auch offen. Folglich ist eine Zerlegung in zwei abgeschlossene Mengen immer eine Zerlegung in offene Mengen. Genauso beweist man die Umkehrung: eine Zerlegung in offene Mengen erweist sich immer als eine Zerlegung in abgeschlossene.

Somit ist der Satz vollständig bewiesen.

Ein Teil M_1 einer Menge M heißt deren *zusammenhängende Komponente*, wenn M_1 zusammenhängend und in keinem zusammenhängenden Teil der Menge M außer in sich selbst enthalten ist.

Jede Menge ist entweder zusammenhängend, oder sie zerfällt in zusammenhängende Komponenten, die keine Punkte gemeinsam haben.

Der Beweis fußt auf folgendem Satz:

Haben die zusammenhängenden Mengen M_ξ mindestens einen Punkt a gemeinsam, so bilden diese Mengen in ihrer Vereinigung eine zusammenhängende Menge.

Wir beweisen zuerst diesen letzten Satz. Die zusammenhängenden Mengen M_ξ mögen in ihrer Vereinigung die Menge M bilden. Wäre M nicht zusammenhängend, so zerfiele sie in die nicht aneinandergrenzenden Teile M' und M''.

Da M' und M'' in der Vereinigung ganz M bilden, gibt es für jede Menge M_ξ nur zwei Möglichkeiten: entweder sie ist ganz in einer der Mengen M', M'' enthalten oder sie hat mit diesen beiden Mengen Punkte gemeinsam.

Die zweite Möglichkeit ist ausgeschlossen. Besteht nämlich M_ξ aus den zwei Teilen M'_ξ und M''_ξ, die zu M' und M'' gehören, so grenzen, insofern als M' und M'' nicht aneinandergrenzen, M'_ξ und M''_ξ auch nicht aneinander. Im Ergebnis erweist sich M_ξ entgegen der Voraussetzung als nicht-zusammenhängend.

Ist aber die zweite Möglichkeit ausgeschlossen, so ist jedes M_ξ ganz in M' oder M'' enthalten. Insofern als alle M_ξ einen Punkt gemeinsam haben, müßten dann auch M' und M'' einen Punkt gemeinsam haben, d. h. sie würden aneinandergrenzen. Der erhaltene Widerspruch beweist, daß eine Zerlegung der ganzen Menge M in nicht aneinandergrenzende Teile M' und M'' unmöglich ist, daß also M zusammenhängend ist.

Wir beweisen nun die oben angeführte Behauptung über das Zerfallen in zusammenhängende Komponenten. Jeder Punkt stellt eine zusammenhängende Menge dar, insofern als er überhaupt unzerlegbar ist.

Wir wählen irgendeinen Punkt x einer gegebenen Menge M und bilden die Vereinigung aller zusammenhängenden Mengen, die x enthalten und in M enthalten sind. Solche Mengen gibt es, insofern als der Punkt x selbst eine von ihnen darstellt. Die erhaltene Menge — wir bezeichnen sie mit $M(x)$ — ist gemäß dem eben bewiesenen Satz zusammenhängend. Nach ihrer Konstruktion selbst ist sie in keiner zusammenhängenden Menge enthalten und erweist sich folglich als zusammenhängende Komponente.

Ist $M(y)$ eine Menge, die auf die gleiche Weise für einen anderen Punkt y bestimmt ist, so ist sie auch zusammenhängend. Besitzt sie mit $M(x)$ Punkte gemeinsam, so ist demselben Satz zufolge die Vereinigung $M(x) \cup M(y)$ eine zusammenhängende Menge. Sie enthält den Punkt x und muß deshalb in $M(x)$ enthalten sein, da nach Konstruktion die Menge $M(x)$ alle den Punkt x enthaltenden zusammenhängenden Mengen umfaßt. Dasselbe gilt hinsichtlich $M(y)$. Besitzen die Mengen $M(x)$ und $M(y)$ gemeinsame Punkte, so fallen sie daher zusammen.

Definieren wir für jeden Punkt x seine Menge $M(x)$, so sehen wir, daß diese Mengen entweder zusammenfallen oder keine Punkte gemeinsam haben. Also zerfällt die ganze Menge M in zusammenhängende Komponenten $M(x)$, die keine Punkte gemeinsam haben, w. z. b. w.

Wir merken noch zwei Sätze an:

1. Existiert in einer Menge M für je zwei Punkte eine diese enthaltende zusammenhängende Menge, so ist M selbst zusammenhängend.

2. *In einer zusammenhängenden offenen Menge im* EUKLIDischen *Raum (oder im n-dimensionalen Zahlenraum) lassen sich je zwei Punkte durch einen Streckenzug verbinden.*

Diese Sätze werden wir nicht benutzen; wir stellen ihren Beweis dem Leser anheim.

5. Abbildungen. X und Y seien zwei Mengen in einem Raum oder in verschiedenen Räumen. Ordnet man jedem Punkt x aus X einen Punkt y aus Y zu, so nennt man dies eine *Abbildung* der Menge X in Y. Bezeichnet man die Abbildung selbst mit φ, so schreibt man: $y = \varphi(x)$. Dabei ordnet man jedem Teil X' der Menge X einen Teil Y' der Menge Y zu: $Y' = \varphi(X')$. Hier heißt Y' das *Bild* von X' und X' das *Urbild* von Y'.

Eine auf einer Strecke X definierte Funktion $y = f(x)$ der reellen Veränderlichen x ist nichts anderes als eine Abbildung dieser Strecke in die Zahlengerade. Analog ist eine Funktion von n Veränderlichen eine Abbildung des Teils des n-dimensionalen Raums, für welchen sie definiert ist, in die Zahlengerade.

Eine Abbildung heißt *stetig*, wenn sie das Aneinandergrenzen nicht zerstört (eine solche Zerstörung ist anschaulich ein Zerreißen). Mit anderen Worten, eine Abbildung φ ist stetig, wenn sie die Häufungspunkte erhält; d. h. ist x ein Häufungspunkt für X', so ist $\varphi(x)$ ein Häufungspunkt für $\varphi(X')$.

In einem Zahlenraum grenzt ein Punkt x mit X' aneinander, wenn es in X' Punkte x' mit den Koordinaten $x'_1, \ldots, x'_n$ gibt, die den Koordinaten des Punktes x beliebig nahe sind; dies ist der Tatsache äquivalent, daß es in X' eine Folge von Punkten $x^{(1)}, x^{(2)}, \ldots$, gibt, die in dem Sinne gegen x konvergieren, daß die Differenzen zwischen den Koordinaten $x^{(k)}_i - x_i$ der Punkte $x^{(k)}$ und des Punktes x gegen Null streben. Stetigkeit bedeutet daher für eine Abbildung φ aus einem Zahlenraum in einen anderen, daß, sofern $x^{(k)} \to x$ strebt, in Analogie zu der gewöhnlichen Definition der Stetigkeit von Funktionen auch $\varphi(x^{(k)}) \to \varphi(x)$ konvergiert.

Eine Abbildung φ heißt *umkehrbar eindeutig*, wenn nicht nur jedem Punkt x ein einziger Punkt $y = \varphi(x)$ zugeordnet ist, sondern wenn verschiedenen x verschiedene y zugeordnet sind. Mit anderen Worten, es entspricht jedes y nur einem x. Dann ist die Umkehrabbildung φ^{-1}, welche den Punkten y die Punkte x zuordnet, eindeutig.

Sind sowohl die direkte Abbildung φ als auch die inverse φ^{-1} stetig, so heißt die Abbildung φ selbst *beiderseits stetig*.

Eine umkehrbar eindeutige und beiderseits stetige Abbildung nennt man *topologisch* (oder *Homöomorphismus*). Gestattet die Menge X eine solche Abbildung auf die Menge Y, so heißt X *homöomorph* zu Y. Da jedoch auf Grund der umkehrbaren Eindeutigkeit und beiderseitigen Stetigkeit beide Mengen hier die gleiche Rolle spielen, so kann man sagen, daß sie zueinander homöomorph sind.

Die umkehrbare Eindeutigkeit einer Abbildung bedeutet, daß bei einer derartigen Abbildung die Punkte sich weder zerspalten noch zusammenfallen. Die beiderseitige Stetigkeit bedeutet, daß kein Aneinandergrenzen verschwindet noch neu auftritt. Vom Gesichtspunkt des Aneinandergrenzens allein (sieht man von anderen Eigenschaften der Elemente und Mengen ab) haben darum zwei homöomorphe Mengen die gleiche Struktur. Topologisch sind sie völlig äquivalent. Alle topologischen Schlußfolgerungen, d. h. auf das Aneinandergrenzen gegründete Schlußfolgerungen, die für eine von ihnen gelten, gelten auch für die andere. Dies ist der Tatsache völlig äquivalent, daß zwei kongruente Figuren (d. h. solche, die eine Abbildung zulassen, welche die Entfernungen zwischen ihren Punkten nicht ändert) geometrisch gleichartig sind. Wie die geometrischen, auf den Begriff der Entfernung gegründeten Eigenschaften bei solchen Figuren gleichartig sind, so sind auch die topologischen Eigenschaften, die auf dem Begriff des Aneinandergrenzens fußen, bei zwei homöomorphen Mengen gleichartig.

6. Die Mannigfaltigkeit. Unter einer n-dimensionalen Mannigfaltigkeit verstehen wir in diesem Buch einen topologischen Raum, derart, daß jeder seiner Punkte eine Umgebung besitzt, welche dem Inneren eines n-dimensionalen Würfels homöomorph ist[1]. Es ist dies mit anderen Worten ein solcher Raum, in dem jeder Punkt eine Umgebung besitzt, in welcher man Koordinaten $x_1, \ldots, x_n$ einführen kann, die sich in gewissen Grenzen verändern, sagen wir $a - \varepsilon < x_i < a + \varepsilon$ $(i = 1, 2, \ldots, n)$; dabei ist die Zuordnung der Punkte und der Mengen $(x_1, x_2, \ldots, x_n)$ ihrer Koordinaten umkehrbar eindeutig und beiderseits stetig.

Jede offene Menge im n-dimensionalen Zahlenraum ist eine n-dimensionale Mannigfaltigkeit. In einem solchen Raum sind nämlich schon Koordinaten eingeführt. Eine offene Menge ist dadurch charakterisiert, daß keiner ihrer Punkte a an ihr Komplement angrenzt. Dies bedeutet, daß alle Punkte, deren Koordinaten denen des Punktes a nahe sind, auch in der gegebenen Menge enthalten sind. D. h. zusammen mit dem Punkt a $(a_1, \ldots, a_n)$ enthält sie alle Punkte x mit Koordinaten $x_1, x_2, \ldots, x_n$, derart, daß $|a_i - x_i| < \varepsilon$ ist, also $a - \varepsilon < x_i < a + \varepsilon$ $(i = 1, \ldots, n)$ ist. Nach Definition bedeutet dies auch, daß diese Menge eine n-dimensionale Mannigfaltigkeit ist.

Als Beispiel einer zweidimensionalen Mannigfaltigkeit kann ein beliebiges Netz ohne Rand dienen. Jeder seiner Punkte besitzt eine Umgebung, welche einem Quadrat, oder, was gleichbedeutend ist, einem Kreis homöomorph ist. Für Punkte im Inneren von Netzpolygonen ist dies klar; weiter setzt sich die Umgebung eines Punktes im Inneren einer Kante aus zwei „Halbumgebungen“ zusammen, welche auf Polygonen liegen, die an der gegebenen Kante miteinander zu verheften sind; schließlich setzt sich die Umgebung einer Ecke aus Winkelsektoren zusammen, die gemäß der „Verheftungsvorschrift“ von Polygonen in ihr zusammentreffen.

Mittels Verheftung, d. h. Identifizierung, kann man dreidimensionale Mannigfaltigkeiten konstruieren. Wir nehmen beispielsweise einen Würfel und identifizieren symmetrische Punkte seiner gegenüberliegenden Seitenflächen; im Ergebnis erhalten wir eine gewisse dreidimensionale Mannigfaltigkeit. Dasselbe Verfahren verwendet man bei der Konstruktion n-dimensionaler Mannigfaltigkeiten: sie werden aus „Netzen“ verheftet, die durch n-dimensionale Polyeder gebildet werden. Die topologische Struktur der Mannigfaltigkeit wird dann durch das Verheftungsgesetz des Netzes festgelegt. Man vergleiche dies mit dem Eulerschen Satz, welcher die charakteristische Eigenschaft des Verheftungsgesetzes der Sphäre aus dem Netz formuliert.

In unserem Buche werden die Mannigfaltigkeiten nicht durch eine solche Konstruktion definiert, sondern in Übereinstimmung mit der allgemeinen Definition durch Einführung von Koordinaten in die Umgebungen jedes Elementes, d. h. jedes Punktes der Mannigfaltigkeit. Z. B. bilden alle geschlossenen konvexen Polyeder mit e Ecken eine $3\,e$-dimensionale Mannigfaltigkeit. Jede Ecke ist durch drei Koordinaten festgelegt und alle e Ecken durch $3\,e$ Koordinaten. Ein geschlossenes konvexes Polyeder wird durch seine Ecken und darum durch dieselben $3\,e$ Koordinaten festgelegt.

Ist ein Polyeder P_0 gegeben, so fällt bei genügend kleinen Verschiebungen seiner Ecken keine von ihnen in die konvexe Hülle der übrigen. Daher läßt sich durch die verschobenen Ecken auch ein Polyeder mit ebenfalls e Ecken aufspannen. Die Koordinaten der Ecken lassen sich folglich in der Umgebung der auf das Polyeder P_0 bezogenen Werte ändern, und so läßt sich die „Umgebung“ dieses Polyeders auf einen $3\,e$-dimensionalen Würfel abbilden.

In einer solchen Mannigfaltigkeit von Polyedern kann man die Angrenzung auf natürliche Weise definieren. Das Polyeder P_0 grenzt an die Menge der Polyeder P, wenn es unter den letzteren solche gibt, deren Ecken denen von P_0 beliebig nahe sind.

Analog definierte Mannigfaltigkeiten werden in den Existenzbeweisen in den Kapiteln IV, VII und IX eine Rolle spielen.

[1] Gewöhnlich schließt man in den Begriff einer Mannigfaltigkeit noch die Forderung nach ihrem Zusammenhang und nach der Möglichkeit ein, sie mit nicht mehr als einer abzählbaren Anzahl von Umgebungen bedecken zu können, welche dem Inneren eines Würfels homöomorph sind (und auch die Forderung, daß sie sich in Simplexe zerlegen läßt). Wir lassen diese Forderungen fallen.

§ 9. Der Satz von der Invarianz des Gebietes

1. Wir beweisen den Satz, auf welchen sich das Abbildungslemma gründet, und zwar: *Bei einer topologischen Abbildung einer n-dimensionalen Mannigfaltigkeit R_1 in eine n-dimensionale Mannigfaltigkeit R_2 geht jede offene Menge der Mannigfaltigkeit R_1 in eine offene Menge der Mannigfaltigkeit R_2 über.*[1]

Eine offene Menge ist dadurch ausgezeichnet, daß jeder ihrer Punkte ein innerer Punkt ist, d. h. daß er eine Umgebung besitzt, welche einer n-dimensionalen Kugel homöomorph ist und in der betrachteten Menge liegt. Als eine solche Umgebung kann man immer ein konvexes n-dimensionales Polyeder mit möglichst kleiner Eckenzahl nehmen. Ein solches Polyeder heißt n-dimensionales Simplex. Es hat $n + 1$ Ecken. Simplexe sind für $n = 0, 1, 2, 3$ entsprechend der Punkt, die Strecke, das Dreieck und das Tetraeder. Jede $(n - 1)$-dimensionale Seitenfläche eines n-dimensionalen Simplexes ist offensichtlich ein $(n - 1)$-dimensionales Simplex.

Es ist völlig offenbar, daß es genügt, das Folgende zu beweisen:

Bei einer topologischen Abbildung φ eines n-dimensionalen Simplexes T in einen n-dimensionalen EUKLIDischen *Raum E geht jeder innere Punkt p des Simplexes T in einen inneren Punkt der Menge $\Phi = \varphi(T)$ über.*

Der Beweis besteht darin, daß wir die inneren Punkte des Simplexes durch eine solche Eigenschaft kennzeichnen, die bei topologischen Abbildungen offensichtlich erhalten bleibt.

Vor allem führen wir den Begriff der abgeschlossenen Überdeckung einer abgeschlossenen Menge ein: *eine endliche Menge abgeschlossener Mengen $A_1, A_2, \ldots, A_s$ nennen wir abgeschlossene Überdeckung der Menge Φ, wenn die Vereinigung dieser Mengen die Menge Φ ergibt.*

Die Zahl k nennen wir die Multiplizität der Überdeckung, wenn ein Punkt der Menge Φ existiert, der gleichzeitig k Mengen A_i angehört, und wenn außerdem kein Punkt aus Φ gleichzeitig einer größeren Anzahl von Mengen A_i angehört. Wenn die Durchmesser[2] aller Mengen A_i kleiner als die Zahl $\varepsilon > 0$ sind, so werden wir von einer „*ε-Überdeckung*" sprechen.

Unter Anwendung dieser Begriffe geben wir eine topologisch invariante Charakteristik der inneren Punkte einer abgeschlossenen, im n-dimensionalen EUKLIDischen Raum liegenden Menge:

Dafür, daß der Punkt p der abgeschlossenen Menge Φ im n-dimensionalen EUKLIDischen *Raum ein innerer Punkt ist, ist notwendig und hinreichend, daß eine abgeschlossene Überdeckung $\alpha = \{A_1, \ldots, A_s\}$ der Menge Φ von der Multiplizität $n + 1$ existiert, derart, daß 1. p der einzige Punkt aus Φ ist, welcher $n + 1$ Mengen A_i angehört, 2. jede Überdeckung α'*

[1] Das formulierte Theorem kann trivial erscheinen, da bei der topologischen Abbildung eines Raumes auf einen anderen nach Definition der topologischen Abbildung eine offene Menge in eine offene übergeht. Aus dem Gesagten folgt jedoch nur, daß das Bild einer offenen Menge bezüglich des Bildes des Raumes R_1 in R_2 offen ist; beispielsweise ist bei einer identischen Abbildung einer Geraden auf eine Ebene das Bild der Geraden offensichtlich keine offene Menge bezüglich der Ebene, obwohl es bezüglich sich selbst natürlich offen ist. Die Behauptung, welche wir beweisen wollen, besteht darin, daß unter den Bedingungen des Satzes das Bild jeder offenen Menge eine Menge ist, die bezüglich des ganzen Raumes R_2 offen ist. Man kann sich leicht davon überzeugen, daß dies der folgenden, in ihrer Form anschaulicheren Behauptung äquivalent ist: das topologische Bild der Mannigfaltigkeit R_1 in der Mannigfaltigkeit R_2 hat keinen Rand.

[2] Als Durchmesser einer Menge bezeichnet man die obere Grenze der Entfernungen zwischen ihren Punkten. Unter der Entfernung zwischen zwei Punkten versteht man wie gewöhnlich die Quadratwurzel aus der Summe der Quadrate der Differenzen ihrer Koordinaten.

der Menge Φ, welche sich von α nur in einer genügend kleinen Umgebung $U(p)$ des Punktes p[1] *unterscheidet, eine Multiplizität $\geq n + 1$ besitzt (hier verstehen wir unter $U(p)$ die Umgebung des Punktes p bezüglich der Menge Φ, d. h. den Durchschnitt der Umgebung des Punktes p im n-dimensionalen Euklidischen Raum mit der Menge Φ).*

Diese Behauptung ist dem zu beweisenden Satz äquivalent. Um sich davon zu überzeugen, genügt es zu zeigen, daß alle Bedingungen, die hier einen inneren Punkt eines n-dimensionalen Simplexes charakterisieren, bei einer topologischen Abbildung erhalten bleiben. Es leuchtet unmittelbar ein, daß die Begriffe der Multiplizität einer Überdeckung und einer „genügend kleinen" Umgebung $U(p)$ topologisch invariant sind. Es bleibt nachzuprüfen, daß die abgeschlossene Überdeckung des Simplexes T bei einer topologischen Abbildung in die abgeschlossene Überdeckung seines Bildes $\Phi = \varphi(T)$ übergeht und umgekehrt. Da die Elemente der abgeschlossenen Überdeckung des Simplexes wie auch das Simplex selbst abgeschlossene und beschränkte Mengen des Euklidischen Raumes sind, läuft alles auf den Beweis der Behauptung hinaus: das topologische Bild einer abgeschlossenen beschränkten Menge des n-dimensionalen Euklidischen Raums im n-dimensionalen Euklidischen Raum ist eine abgeschlossene und beschränkte Menge. Der Beweis ist ganz einfach: die Beschränktheit des Bildes folgt unmittelbar aus dem Satz von Weierstrass, der besagt, daß eine auf einer abgeschlossenen beschränkten Menge gegebene stetige Funktion nach oben und unten beschränkt ist; die Abgeschlossenheit ergibt sich aus dem Satz von Bolzano-Weierstrass. (M sei ein Häufungspunkt[2] des Bildes. Der gegen ihn konvergierenden Punktfolge entspricht eine unendliche Punktfolge im Urbild, welche nach dem Satz von Bolzano-Weierstrass einen Häufungspunkt hat; wegen der Stetigkeit der topologischen Abbildung wird dieser Häufungspunkt in den zu untersuchenden Punkt M abgebildet, und letzterer gehört daher dem Bild an; also enthält das Bild alle seine Häufungspunkte, d. h. es ist abgeschlossen.)

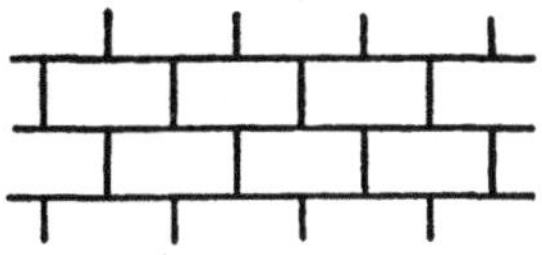

Abb. 72

2. Wir kehren zu der formulierten Eigenschaft der inneren Punkte zurück und beweisen zuerst, daß kein Punkt der Menge Φ, der nicht ein innerer Punkt ist, diese Eigenschaft besitzt. Dafür besitzen wir folgendes

Lemma 1. *Bei beliebig kleinem $\varepsilon > 0$ existiert eine abgeschlossene ε-Überdeckung des Rande $s\dot{T}$ des n-dimensionalen Simplexes T mit einer Multiplizität $\leq n$.*

Zuerst geben wir eine ε-Überdeckung (mit beliebig kleinem ε) eines n-dimensionalen Raumes E mit der Multiplizität $n + 1$ an. Für $n = 1$ konstruiert man die nötige Überdeckung durch Zerlegung einer Geraden in gleiche Strecken. Für $n > 1$ konstruiert man die gesuchte Überdeckung durch Induktion: ein n-dimensionaler Raum läßt sich durch $(n - 1)$-dimensionale Ebenen in genügend dünne parallele Schichten zerlegen. Eine dieser Ebenen zerlegen wir auf die schon festgestellte Art in gleiche $(n - 1)$-dimensionale Würfel und projizieren diese Zerlegung orthogonal auf alle übrigen $(n - 1)$-dimensionalen Ebenen. Dann wird jede Schicht in n-dimensionale Parallelepipede zerlegt. Verschieben wir die benachbarten Schichten parallel, so erreichen wir, daß jede Ecke eines Parallelepipeds ins Innere der $(n - 1)$-dimensionalen Seitenfläche eines Parallelepipeds der benachbarten Schicht fällt (auf Abb. 72 ist der Fall $n = 2$ dargestellt). Dann ist offensichtlich die Multiplizität der Überdeckung des Raumes durch solche Parallelepipede um 1 größer als die Multiplizität der Überdeckung der $(n - 2)$-dimensionalen Ebenen und daher gleich $n + 1$.

---

[1] Es möge die Überdeckung α aus den Mengen $A_1, \ldots, A_s$ und die Überdeckung α' aus den Mengen $A'_1, \ldots, A'_t$ bestehen, wobei im allgemeinen $s \neq t$ ist. Wir bezeichnen mit $\bar{A}_i$ (entsprechend mit $\bar{A}'_i$) denjenigen Teil der Menge A_i (entsprechend A'_i), welcher mit $U(p)$ keine Punkte gemeinsam hat. Wir sagen, die Überdeckung α' unterscheide sich von α nur in $U(p)$, wenn jedes $\bar{A}_i$ mit einem gewissen $\bar{A}'_j$ zusammenfällt und umgekehrt.

[2] Der Punkt m heißt Häufungspunkt der Menge M, wenn jede seiner Umgebungen eine unendliche Menge von Punkten aus M enthält, die von m verschieden sind.

E möge nun ein beliebiges n-dimensionales Simplex T enthalten. Wir konstruieren die soeben angegebene ε-Überdeckung des Raumes E. Aus der Konstruktion ist klar, daß diejenigen Punkte des Raumes E, welche gleichzeitig $n+1$ Würfeln der Überdeckung angehören, so gelegen sind, daß die kleinste Entfernung zwischen zwei solchen Punkten größer als eine gewisse Zahl $\delta > 0$ ist.

Auf dem Rand $\tilde{T}$ des Simplexes T seien solche Punkte vorhanden. Wir wählen im Raum E eine Richtung, die keiner der $(n-1)$-dimensionalen Seitenflächen des Simplexes T parallel ist, und führen in dieser Richtung eine so kleine Parallelverschiebung des Simplexes T aus, daß dabei kein Punkt des Raumes E, welcher $n+1$ Würfeln der Überdeckung angehört und nicht auf $\tilde{T}$ liegt, auf $\tilde{T}$ fällt. (Die nicht auf $\tilde{T}$ liegenden und nicht $n+1$ Würfeln der Überdeckung angehörenden Punkte können $\tilde{T}$ nicht beliebig nahe sein, da sie sonst einen Häufungspunkt hätten und sich deshalb unter ihnen Punkte befänden, die einander beliebig nahe wären.) Da überdies die Richtung der Verschiebung so gewählt wird, daß jeder auf $\tilde{T}$ gelegene Punkt aufhört zu $\tilde{T}$ zu gehören, so bleiben als Ergebnis der Verschiebung keine Punkte auf $\tilde{T}$ übrig, welche $n+1$ Würfeln der Überdeckung des Raumes E angehören. Dann bildet aber der Durchschnitt dieser Würfel mit $\tilde{T}$, da sie abgeschlossene Mengen (weil der Durchschnitt einer beliebigen Anzahl abgeschlossener Mengen selbst abgeschlossen ist) mit einem Durchmesser $< \varepsilon$ sind, die geforderte Überdeckung des Randes $\tilde{T}$. Das Lemma ist bewiesen.

p sei kein innerer Punkt der Menge Φ. Wir betrachten die abgeschlossene Überdeckung $\alpha = \{A_1, \ldots, A_s\}$ der Menge Φ mit der Multiplizität $n+1$. Wir nehmen an, p sei der einzige Punkt aus Φ, welcher $n+1$ Mengen A_i angehört und zeigen, daß man eine andere abgeschlossene Überdeckung α' konstruieren kann, welche eine Multiplizität $\leq n$ hat und mit der Überdeckung α überall mit Ausnahme einer beliebig kleinen Umgebung $U(p)$ des Punktes p zusammenfällt (die Umgebung $U(p)$ wählt man bezüglich der Menge Φ).

Wir konstruieren ein n-dimensionales Simplex T, das in seinem Inneren den Punkt p enthält und dessen Durchschnitt mit Φ in $U(p)$ enthalten ist. Da p der einzige Punkt der Menge Φ ist, welcher $n+1$ Mengen A_i angehört, so gehört kein Punkt des Randes $\tilde{T}$ des Simplexes T mehr als n Mengen A_i an. Daraus folgt, daß bei genügend kleinem $\varepsilon > 0$ jede in $\tilde{T}$ enthaltene Menge M mit dem Durchmesser $< \varepsilon$ mit höchstens n Mengen A_i gemeinsame Punkte besitzt. Wäre dies nicht der Fall, so wählen wir eine gegen Null konvergierende Folge positiver Zahlen ε_j $(j = 1, 2, \ldots)$, und suchen für jedes ε_j auf T eine Menge M_j mit einem Durchmesser $< \varepsilon_j$ die mit $n+1$ Mengen $A_{i_1}, \ldots, A_{i_{n+1}}$ Punkte gemeinsam hat. Da es nur eine endliche Zahl verschiedener Kombinationen von $n+1$ Mengen aus endlich vielen Mengen A_i gibt, so befinden sich unter diesen Mengen $n+1$ Mengen $A^1, \ldots, A^{n+1}$, derart, daß beliebig große Zahlen j existieren, für welche alle Mengen $A^1, \ldots, A^{n+1}$ mit den Mengen M_j Punkte gemeinsam haben; folglich existiert für jede Zahl j ein Punkt b_j, der $\tilde{T}$ angehört und von keiner der Mengen $A^1, \ldots, A^{n+1}$ um mehr als ε_j entfernt ist.[1] Da die Punkte b_j alle in einem beschränkten Teil des Raums liegen (nämlich auf $\tilde{T}$), so besitzt nach dem Satz von Bolzano-Weierstrass die Menge der Punkte b_j einen Häufungspunkt b auf $\tilde{T}$. In einer beliebig kleinen Umgebung des Punktes b befinden sich Punkte b_j mit beliebig großen Nummern, die daher jeder der Mengen $A^1, \ldots, A^{n+1}$ beliebig nahe sind. Also ist der Punkt b ein Häufungspunkt jeder der Mengen $A^1, \ldots, A^{n+1}$ und gehört wegen deren Abgeschlossenheit ihnen allen gleichzeitig an, was nach Voraussetzung ausgeschlossen ist.

Wir wählen daher ein $\varepsilon > 0$ derart, daß die auf $\tilde{T}$ liegenden Mengen vom Durchmesser $< \varepsilon$ sich nicht mit mehr als n Mengen A_i gleichzeitig schneiden können. Nach Lemma 1 konstruieren wir eine $\frac{\varepsilon}{2}$-Überdeckung $\beta = \{B_1, \ldots, B_m\}$ des Randes $\tilde{T}$ des Simplexes T. Da p

[1] Als Entfernung eines Punktes von einer Menge bezeichnet man die untere Grenze seiner Entfernungen von den Punkten dieser Menge.

kein innerer Punkt der Menge Φ ist, befindet sich im Inneren des Simplexes T ein Punkt O, der nicht der Menge Φ angehört. Wir projizieren die Mengen B_j $(j = 1, \ldots, m)$ vom Punkt O aus, d. h. wir konstruieren die Mengen B_j', von denen jede aus einer entsprechenden Menge B_j und den geradlinigen Strecken (mit ihren Endpunkten) besteht, welche die Punkte der Menge B_j mit dem Punkt O verbinden.

Wir konstruieren nun die abgeschlossene Überdeckung α_β der Menge Φ und des Simplexes T. Und zwar ersetzen wir zuerst jede Menge A_i durch denjenigen Teil von ihr, der keine inneren Punkte des Simplexes T enthält (liegt A_i ganz innerhalb T, so lassen wir es einfach beiseite); dabei wird A_i offensichtlich durch eine gewisse abgeschlossene Menge A_i'' ersetzt. Den Teil der Überdeckung innerhalb des Simplexes T ersetzen wird durch die Überdeckung des Simplexes T mit den „Pyramiden" B_j' (Abb. 73). Dann „kleben" wir die Pyramiden B_j' nach folgender Vorschrift an die Mengen A_i: hat B_j' gemeinsame Punkte mit gewissen Mengen A_j'', so kleben wir B_j' an eine und nur eine dieser Mengen; besitzt B_j' mit keiner Menge A_j'' gemeinsame Punkte, so lassen wir es unverändert. Danach definieren wir die Überdeckung α_β so: als ihre Elemente dienen die Mengen, die sich aus den Mengen A_i'' ergaben, dadurch daß zu jeder von diesen alle an sie angeklebten Mengen B_j' hinzu-

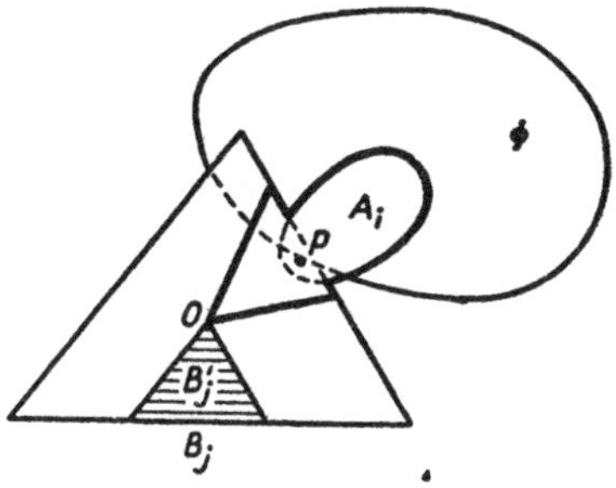

Abb. 73

genommen werden (wurde an die Menge A_i'' nichts angeklebt, so gehört sie ohne Veränderung zum Bestand der Überdeckung α_β), und auch die Mengen B_j', die an nichts angeklebt sind (Abb. 73).

Wir behaupten, daß kein von O verschiedener Punkt mehr als n Mengen der Überdeckung α_β angehört. Es kann nämlich jeder außerhalb T gelegene Punkt nur in dem Fall $n + 1$ Mengen aus α_β angehören, daß er $n + 1$ entsprechenden Mengen aus α angehört; dies ist ausgeschlossen, da der Punkt p innerhalb T liegt. Befände sich ein solcher Punkt b im Inneren von T, so würde seine Projektion vom Punkt O auf $\tilde{T}$ gleichzeitig $n + 1$ Mengen B_j angehören, was ebenfalls unmöglich ist. Es bleiben noch die auf $\tilde{T}$ liegenden Punkte zu untersuchen. a sei einer dieser Punkte. Da jede Menge B_j einen Durchmesser $< \frac{\varepsilon}{2}$ hat, so hat die Vereinigung aller Mengen B_j, welche den Punkt a enthalten (es sind ihrer nach Konstruktion nicht mehr als n) einen Durchmesser $< \varepsilon$ und besitzt daher mit nicht mehr als n Mengen A_i'' gemeinsame Punkte. Also ist sowohl die Anzahl der Pyramiden B_j', die den Punkt a enthalten, als auch die Zahl der Mengen A_i'', an welche sie bei der Bildung der Überdeckung α_β angeklebt werden können, nicht größer als n. Da aber jede Pyramide B_j' an nicht mehr als eine Menge A_i'' angeklebt wird, ist die Anzahl der Mengen der Überdeckung α_β, welche den Punkt a enthalten, gleichfalls nicht größer als n.

Jetzt ersetzen wir jede Menge der Überdeckung α_β durch ihren Durchschnitt mit der Menge Φ und erhalten so die Überdeckung α der Menge Φ, die sich von der ursprünglichen Überdeckung α nur innerhalb $U(p)$ unterscheidet und eine Multiplizität $\leq n$ besitzt (da der Punkt O außerhalb Φ liegt und beim Übergang von α_β zu α' außer Betracht kommt).

So haben wir klargestellt, daß das von uns angeführte Kennzeichen der inneren Punkte hinreicht, da es für nicht-innere Punkte sicher nicht gilt. Es bleibt zu beweisen, daß dieses Merkmal notwendig ist, d. h. daß es für jeden inneren Punkt der Menge Φ gilt.

3. Es sei nun p ein innerer Punkt. Wir wählen ein Simplex T, das in Φ enthalten ist und in seinem Inneren den Punkt p enthält. Durch den Punkt p legen wir $(n-1)$-dimensionale Ebenen, die den $(n-1)$-dimensionalen Seitenflächen des Simplexes T parallel sind.

Jede solche Ebene zerlegt den Raum und also auch die Menge Φ in zwei Teile. Einer dieser Teile enthält nur eine Ecke des Simplexes T, der andere alle übrigen. Die Teile, welche je eine Ecke des Simplexes enthalten, bezeichnen wir mit $A_1, \ldots, A_{n+1}$. Diese Mengen bilden offensichtlich eine abgeschlossene Überdeckung α der Menge Φ, und dabei ist p der einzige Punkt aus Φ, der $n+1$ Mengen der Überdeckung angehört (Abb. 74). Wir wollen folgendes zeigen: ist die Umgebung $U(p)$ des Punktes p so klein, daß sie den Rand des Simplexes T nicht schneidet, so kann man, wenn man die Überdeckung α in der Umgebung $U(p)$ verändert, unmöglich eine Überdeckung von kleinerer Multiplizität erhalten.

Die Überdeckung α in der Umgebung $U(p)$ möge beliebig abgeändert werden. Eine solche Abänderung läuft im allgemeinen darauf hinaus, daß die Mengen A_i durch andere ersetzt

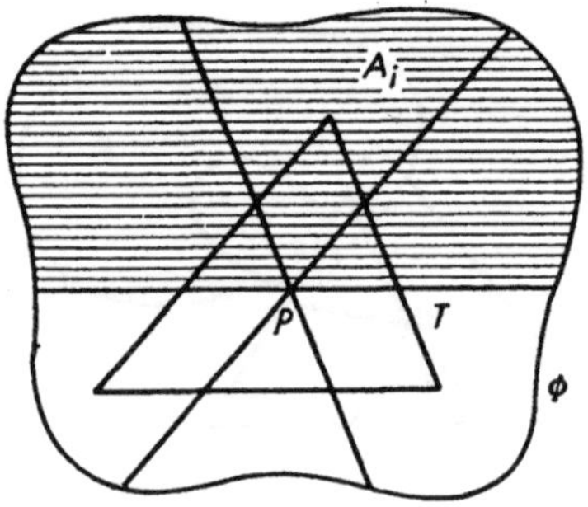

Abb. 74

werden, welche mit den ursprünglichen außerhalb $U(p)$ zusammenfallen, und außerdem können neue Mengen auftreten, die ganz in $U(p)$ liegen. Jede dieser „neuen" Mengen vereinigen wir mit einer der deformierten Mengen A_i und bezeichnen die gewonnenen Mengen mit $\tilde{A}_i$. Wir zeigen, daß ein Punkt existiert, der allen Mengen $\tilde{A}_i$ gleichzeitig angehört. Dafür benutzen wir folgendes Lemma:

Spernersches Lemma. *K sei eine beliebige simpliziale Zerlegung des n-dimensionalen Simplexes T*[1] *mit den Ecken $e_1, e_2, \ldots, e_{n+1}$. Jeder Ecke e'_k der simplizialen Zerlegung K sei eine Ecke $S(e'_k) = e_{i_k}$ des Simplexes T zugeordnet, welche derjenigen seiner Seitenflächen niedrigster Dimension angehört, auf der e'_k liegt (das Simplex selbst gilt als seine n-dimensionale Seitenfläche, und man kann daher dem inneren Punkt e'_k eine beliebige Ecke des Simplexes zuordnen). Dann existiert ein n-dimensionales Simplex T_i der simplizialen Zerlegung K, derart, daß seine Ecken in verschiedene (und folglich in alle) Ecken des Simplexes T abgebildet werden.*

Ein Simplex T_i, dessen Ecken alle in verschiedene Ecken des Simplexes T abgebildet werden, nennen wir „normal". Das Lemma ist bewiesen, wenn wir feststellen können, daß die Anzahl normaler Simplexe ungerade ist. Dies läßt sich durch Induktion nach n beweisen. Für $n = 0$ ist die Behauptung trivial. Sie möge auch für $n-1$ gelten. Wir greifen von dem Simplex T die Seitenfläche $|e_1 \ldots e_n|$ heraus. Die $(n-1)$-dimensionale Seitenfläche des

[1] Als Triangulation eines Simplexes T bezeichnen wir eine solche Zerlegung T in Simplexe T_i, bei welcher der Durchschnitt zweier Simplexe T_i und T_j Seitenfläche eines jeden von ihnen ist (eine Seitenfläche beliebiger Dimension). Die Ecken der Simplexe T_i heißen Ecken der Triangulation.

Simplexes T_i, deren Ecken in $e_1, \ldots, e_n$ abgebildet werden, nennen wir „bezeichnet". Besitzt das Simplex T_i bezeichnete Seiten, ohne normal zu sein, so gibt es offenbar zwei solcher Seiten. Wäre die Anzahl der normalen Simplexe gerade, so wäre die Gesamtzahl der bezeichneten Seitenflächen bei allen Simplexen T_i auch gerade. Da jedoch jede bezeichnete, innerhalb T liegende Seitenfläche zwei Simplexen angehört, so ist die Gesamtzahl solcher Seitenflächen selbst gerade. Folglich muß die Anzahl der bezeichneten Seitenflächen, welche auf den $(n - 1)$-dimensionalen Seitenflächen des Simplexes T liegen, gerade sein. Nach Definition der Abbildung S können aber solche Seitenflächen nur auf der Seitenfläche mit den Ecken $e_1, \ldots, e_n$ liegen. Das kann nach der Induktionsvoraussetzung nicht sein, da die bezeichneten, auf der Seitenfläche $|e_1, \ldots, e_n|$ liegenden Seitenflächen die Rolle normaler Simplexe bei derjenigen Abbildung spielen, welche die simpliziale Zerlegung der Seitenfläche $|e_1, \ldots, e_n|$ als Folge der Abbildung S erfährt. Das Lemma ist bewiesen.

Wir beweisen nun, daß die Mengen $\tilde{A}_i$ einen gemeinsamen Punkt haben. Dafür wählen wir eine beliebige simpliziale Zerlegung K unseres Simplexes T. Wir bestimmen irgendeine Abbildung S der Ecken der simplizialen Zerlegung K in die Ecken des Simplexes T mit der Bedingung, daß sowohl die Ecke T als auch die in sie abzubildende Ecke der simplizialen Zerlegung ein und derselben Menge $\tilde{A}_i$ angehören. Da die Menge $\tilde{A}_i$, welche die gegebene Ecke enthält, mit der gegenüberliegenden Seitenfläche nach Konstruktion keine Punkte gemeinsam hat, genügt die Abbildung S der Voraussetzung des Spernerschen Lemmas, und darum läßt sich ein Simplex finden, dessen Ecken sich in verschiedene Ecken des Simplexes T abbilden lassen und allen Mengen $\tilde{A}_1, \ldots, \tilde{A}_{n+1}$ angehören (da jede Ecke von T nur einer der Mengen $\tilde{A}_i$ angehört). Weil die simpliziale Zerlegung K beliebig klein sein kann, so folgt aus der Abgeschlossenheit der Mengen $\tilde{A}_i$ leicht, daß sie einen Punkt gemeinsam haben. Beim Übergang zu den Mengen $\tilde{A}_i$ konnten wir jedoch die Multiplizität der Überdeckung nur vermindern. Daher hatte die ursprüngliche Überdeckung, die wir aus α durch willkürliche Veränderung in der Umgebung $U(p)$ erhielten, die Multiplizität $\geq n + 1$. Damit ist der Beweis des Satzes erbracht.

KAPITEL III

DIE EINDEUTIGKEIT EINES POLYEDERS MIT GEGEBENEM NETZ

§ 1. Einige Lemmas über polyedrische Ecken

1. Der Beweis der Eindeutigkeitssätze eines konvexen Polyeders mit gegebenem Netz gründet sich auf das CAUCHYsche Lemma (Kap. II, § 1); um aber dieses Lemma anwenden zu können, müssen wir zuerst einige Lemmas über konvexe polyedrische Ecken beweisen.

Beschreibt man um den Scheitel einer polyedrischen Ecke V eine Einheitssphäre, so schneidet V auf dieser Sphäre ein Polygon V' aus, dessen Seiten und Winkel den ebenen Winkeln und Flächenwinkeln der polyedrischen Ecke V entsprechend gleich sind. Ist die polyedrische Ecke V konvex, so ist das sphärische Polygon V' auch konvex, d. h. es liegt auf einer Seite jedes Großkreises, welcher eine seiner Seiten enthält. Ist umgekehrt auf der Sphäre ein konvexes Polygon gegeben und projizieren wir es aus dem Sphärenmittelpunkt, so erhalten wir eine konvexe polyedrische Ecke.

Anstelle von polyedrischen Ecken werden wir daher konvexe sphärische Polygone untersuchen. Dabei lassen wir die Existenz von Winkeln zu, die gleich π sind, wobei wir allerdings zwei Seiten, welche einen solchen Winkel bilden, nicht als eine Seite rechnen. Bei einer polyedrischen Ecke entspricht dem das Vorhandensein von Flächenwinkeln, die gleich π sind. Sphärische Polygone, die nur zwei von π verschiedene Winkel haben und die sich also auf Zweiecke reduzieren, schließen wir jedoch überall außer in Lemma 1 aus der Betrachtung aus. Dem entspricht das Ausschließen polyedrischer Ecken, die sich auf Zweiflache reduzieren.

Ferner werden wir in diesem Paragraphen ein sphärisches Polygon oft einfach Polygon nennen. (Dies ist um so eher zulässig, als alle gewonnenen Ergebnisse auch für ebene Polygone zutreffen.)

2. Lemma 1. *Grenzen zwei konvexe sphärische Polygone P und P_1 in der Seite AM aneinander und sind die Summen ihrer Winkel an den Ecken A und M nicht größer als π, so bilden sie zusammen auch ein konvexes Polygon $P + P_1$.*

Es seien AB und ML Seiten des Polygons P, die an AM angrenzen (Abb. 75). Jeder der drei Großkreise AM, AB, ML bestimmt auf der Kugel eine gewisse Halbkugel, in welcher das Polygon P liegt. Der Durchschnitt dieser Halbkugeln stellt ein sphärisches Dreieck T dar, welches das Polygon P enthält. Genauso ist das Polygon P_1 in dem Dreieck T_1 enthalten, welches von der Seite AM und der Verlängerung der Seiten AB_1 und ML_1 von P_1 begrenzt wird. Da die Summen der Winkel der Dreiecke T und T_1 an den Ecken A und M nicht größer als π sind, so ist das Dreieck T_1 seinerseits im Dreieck T_2 enthalten, welches von der Seite AM und den Verlängerungen der Seiten AB und ML begrenzt wird. Die Dreiecke T und T_2 bilden zusammen das Zweieck $T + T_2$, das in sich das Polygon $P + P_1$ enthält.

Wir ziehen jetzt einen Großkreis, der irgendeine von AM verschiedene Seite des Polygons P enthält. Da das Polygon P konvex ist, liegt es auf einer Seite von diesem Großkreis. Dieser Großkreis hat mit mindestens einer Seite des Dreiecks T (die von AM verschieden ist) einen Punkt gemeinsam. Er verläuft entweder längs einer von ihnen oder er schneidet sie beide. Daher kann er nicht ins Innere des Dreiecks T_2 gehen. Sonst schnitte er nämlich jede (von AM verschiedene) Seite des Dreiecks T_2, und wir erhielten einen Großkreis, welcher mit mindestens einer Seite des Zweiecks $T + T_2$ zwei Punkte gemeinsam hätte; dies ist aber unmöglich, da ein Großkreis einen halben Großkreis (eine Seite des Zweiecks $T + T_2$) nur in einem Punkt schneiden kann.

Folglich liegt das Dreieck T_2 und um so mehr das Polygon P_1 auf einer Seite eines solchen Großkreises, und zwar auf derselben Seite, auf welcher das Polygon P liegt. Auf Grund derselben Überlegungen liegt das Polygon P auf einer Seite jedes Großkreises, der eine beliebige von AM verschiedene Seite des Polygons P_1 enthält. Folglich liegt das Polygon $P + P_1$ auf einer Seite von jedem Großkreis, welcher eine seiner Seiten enthält, und das bedeutet auch, daß es konvex ist.

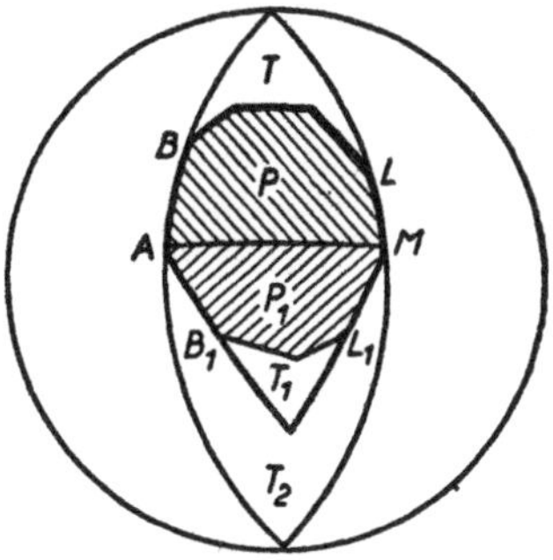

Abb. 75

Aus dem eben bewiesenen Lemma ergibt sich der folgende Satz:

Satz 1. *Sind alle Winkel eines sphärischen Polygons nicht größer als π, so ist das Polygon konvex.*

Den Beweis führt man durch Induktion nach der Anzahl der Winkel. Für ein Dreieck leuchtet die Behauptung unmittelbar ein. Wir nehmen an, sie gelte für Polygone mit einer Anzahl von Winkeln, die kleiner als n ist ($n > 3$) und beweisen sie für ein n-Eck.

Wir zerlegen das gegebene n-Eck P durch eine Diagonale in zwei Polygone P_1 und P_2[1]. War bei P kein Winkel größer als π, so gilt dasselbe für die Polygone P_1 und P_2. Gleichzeitig ist die Anzahl der Winkel bei jedem von ihnen kleiner als n,

[1] Daß die Möglichkeit besteht, ein Polygon mit Winkeln, die kleiner als π sind, durch eine Diagonale zu zerlegen, läßt sich einfach beweisen. Man kann beispielsweise das Argument anwenden, mit dessen Hilfe dies in Kap. I, § 8, Nr. 3 für ein Polygon in einem Netz bewiesen worden ist. Wir setzen stillschweigend voraus, daß das Polygon P einfach ist und von einem Streckenzug begrenzt wird, was für uns genügt. Ein ringförmiges Polygon läßt sich möglicherweise nicht durch eine Diagonale zerlegen, man kann es aber durch mehrere Diagonalen zerlegen und weiterhin die folgende, auf Lemma 1 beruhende Überlegung anwenden.

und daher sind sie gemäß der Voraussetzung konvex. Aber das Polygon P ist so aus ihnen zusammengesetzt, daß die Summen ihrer Winkel an ihren gemeinsamen Ecken nicht größer als π sind, da diese Summen Winkel von P selbst sind. Darum ist nach Lemma 1 das Polygon P konvex, w. z. b. w.

3. Satz 2. *Es seien P und P' zwei konvexe Polygone mit derselben Anzahl von Ecken $A_1, A_2, \ldots, A_n$ und $A'_1, A'_2, \ldots, A'_n$* (Abb. 76). *Ferner seien folgende zwei Voraussetzungen erfüllt:*

1. alle Seiten außer $A_n A_1$ und $A'_n A'_1$ sind entsprechend kongruent, d. h.

$$A_1 A_2 = A'_1 A'_2, \ldots, A_{n-1} A_n = A'_{n-1} A'_n ; \tag{1}$$

2. die Winkel zwischen diesen Seiten sind beim ersten Polygon nicht größer als beim zweiten, d. h.

$$\sphericalangle A_2 \leq \sphericalangle A'_2, \ldots, \sphericalangle A_{n-1} \leq \sphericalangle A'_{n-1}, \tag{2}$$

wobei mindestens in einem Falle das Zeichen „kleiner" gilt.

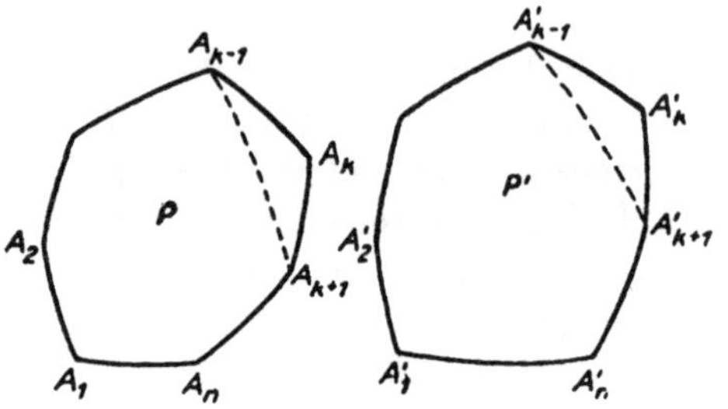

Abb. 76

Dann ist die ausgenommene Seite des ersten Polygons kleiner als beim zweiten, d. h.

$$A_n A_1 < A'_n A'_1 . \tag{3}$$

In etwas anderer, möglicherweise anschaulicherer Formulierung lautet dieser Satz:

Erhält man ein konvexes Polygon P' aus einem konvexen Polygon P durch eine Deformation, bei der alle Seiten außer einer „Ausnahme"-Seite ihre Längen beibehalten, während die Winkel zwischen diesen Seiten wachsen (oder wenigstens keiner von ihnen kleiner wird und mindestens einer wächst), so wird die „Ausnahme"-Seite länger, so daß sie beim Polygon P' größer ist als bei P.

Den Beweis führen wir durch Induktion nach der Anzahl der Ecken der Polygone.

Für Dreiecke läuft der Satz auf folgendes hinaus: Sind bei zwei Dreiecken zwei Seiten des einen Dreiecks zwei Seiten des anderen kongruent ($A_1 A_2 = A'_1 A'_2$ und $A_2 A_3 = A'_2 A'_3$), sind aber die zwischen diesen Seiten eingeschlossenen Winkel nicht gleich ($\sphericalangle A_2 < \sphericalangle A'_2$), so ist die dritte Seite dort kleiner, wo der Winkel kleiner ist ($A_3 A_1 < A'_3 A'_1$). Für ebene Dreiecke wird dieser bekannte Satz in allen Elementarlehrbüchern bewiesen; für sphärische Dreiecke läßt er sich wörtlich genauso beweisen.

Also gilt unser Satz für Dreiecke, und jetzt werden wir ihn für n-Ecke ($n > 3$) beweisen, wobei wir voraussetzen, daß er für ($n - 1$)-Ecke gültig ist.

Es mögen also die n-Ecke P und P' den Bedingungen des Satzes genügen. Es bestehen zwei Möglichkeiten:

1. Alle Winkel $A_2, \ldots, A_{n-1}$ sind wirklich kleiner als die entsprechenden Winkel $A'_2, \ldots, A'_{n-1}$.

2. Unter den angegebenen Winkeln gibt es gleiche, z. B. $\sphericalangle A_k = \sphericalangle A'_k$.

Zuerst beweisen wir den Satz für den zweiten Fall. Zu diesem Zweck ziehen wir die Diagonalen $A_{k-1} A_{k+1}$ und $A'_{k-1} A'_{k+1}$ und schneiden von unseren Polygonen je ein Dreieck ab: $T = A_{k-1} A_k A_{k+1}$ und $T' = A'_{k-1} A'_k A'_{k+1}$. Diese Dreiecke sind kongruent (da ihre Winkel A_k und A'_k nach Voraussetzung gleich und die sie einschließenden Seiten nach der Bedingung des Satzes kongruent sind). Daraus folgt, daß die nach Abschneiden dieser Dreiecke übrigbleibenden Polygone Q und Q' dieselben Eigenschaften besitzen wie die ursprünglichen Polygone P und P'. Tatsächlich sind auf Grund der Kongruenz der Dreiecke T und T' die Seiten $A_{k-1} A_{k+1}$ und $A'_{k-1} A'_{k+1}$ der Polygone Q und Q' gleich. Die Winkel bei den Ecken A_{k-1} und A_{k+1} des Polygons Q sind nicht größer als die Winkel bei den entsprechenden Ecken des Polygons Q', da sich diese Winkel durch Subtraktion der gleichen Winkel der Dreiecke T und T' aus den Winkeln der Polygone P und P' ergeben. Alle übrigen Winkel und Seiten der Polygone Q und Q' sind dieselben wie bei P und P', d. h. sie stehen in denselben Beziehungen zueinander wie diese.

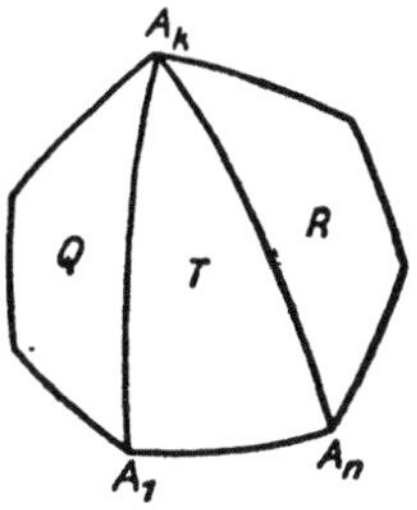

Abb. 77

Also genügen die Polygone Q und Q' denselben Bedingungen. Aber sie haben eine Ecke weniger, so daß nach Voraussetzung der Satz für sie gilt. Folglich ist

$$A_n A_1 < A'_n A'_1,$$

w. z. b. w.

Wir untersuchen jetzt den Fall, daß alle Winkel $A_2, \ldots, A_{n-1}$ des Polygons P wirklich kleiner sind als die entsprechenden Winkel des Polygons P'.

Wir wählen irgendeine Ecke A_k des Polygons P, welche nicht auf der Verlängerung der Seite $A_1 A_n$ liegt (da wir das Vorhandensein von Ecken, die gleich π sind, nicht ausschließen, könnte es sein, daß die Ecke A_2 oder A_{n-1} auf der Verlängerung der Seite $A_1 A_n$ liegt). Wir betrachten das Dreieck $T = A_k A_1 A_n$ (Abb. 77).

Das Polygon P läßt sich im allgemeinen in drei Teile zerlegen: in das Dreieck T und die an den Seiten $A_k A_1$, $A_k A_n$ an es angrenzenden Polygone Q und R. (Es ist nicht ausgeschlossen, daß eines der Polygone Q und R in eine Strecke ausartet.)

Wir wollen das Dreieck T stetig so verändern, daß sein Winkel A_k wächst, während die Längen der Seiten $A_k A_1$, $A_k A_n$ unverändert bleiben. Nach dem schon angeführten Satz über Dreiecke wird sich dann die Seite $A_1 A_n$ verlängern, so daß nach der Deformation

$$A_1 A_n < A''_1 A''_n \tag{3'}$$

gilt.

Während die Seiten $A_k A_1$, $A_k A_n$ sich auseinanderbewegen, verschieben wir gleichzeitig die an sie angrenzenden Polygone Q und R. Im Ergebnis wird das ganze Polygon $P = Q + T + R$ so deformiert, daß nur sein Winkel A_k wächst. Offensichtlich können wir den Winkel A_k bis zu einer beliebigen Größe $\leq \pi$ wachsen lassen und ihn insbesondere gleich dem Winkel A'_k des Polygons P' machen. Wird hierbei das durch Deformation aus dem Polygon P gewonnene Polygon P'' konvex, so kann man darauf dieselben Gedankengänge anwenden. Jetzt ist aber einer seiner Winkel A''_k gleich dem Winkel A'_k, d. h. wir haben den schon betrachteten Fall vor uns, daß gleiche Winkel vorhanden sind. Auf Grund des Bewiesenen kann man daher in diesem Falle behaupten, daß

$$A''_1 A''_n < A'_1 A'_n \tag{4}$$

ist.

Dies ergibt zusammen mit (3′)

$$A_1 A_n < A'_1 A'_n ,$$

w. z. b. w.

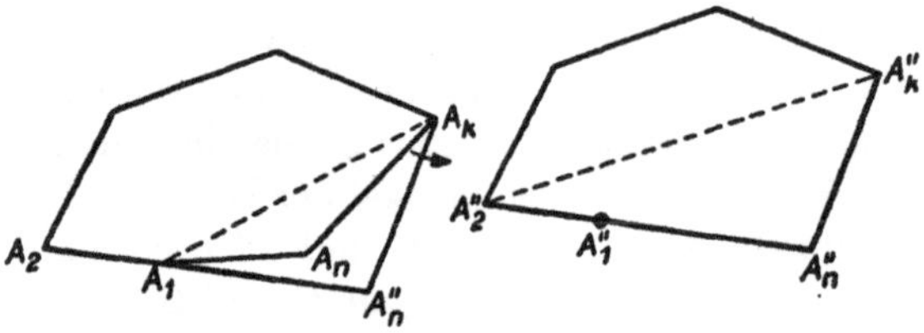

Abb. 78

Alles dieses gilt jedoch nur unter der Bedingung, daß das Polygon P'' konvex bleibt. Es ist jedoch möglich, daß bei der betrachteten Deformation des Polygons seine Konvexität zerstört wird, bevor der Winkel A_k die gewünschte Größe erreicht. Wir wollen erklären, wie eine solche Zerstörung der Konvexität vor sich gehen kann[1].

Nach Satz (1) ist ein Polygon, dessen Winkel nicht größer als π sind, konvex. Daher kann eine Zerstörung der Konvexität nur dadurch hervorgerufen werden, daß einige Winkel bei ihrem Wachsen größer als π werden. Bei der betrachteten Deformation ändern sich jedoch nur die Winkel A_k, A_1, A_n. Der Winkel A_k wird nicht größer als π, da er nur bis zur Größe des Winkels A'_k des konvexen Polygons P' wächst. Aber der Winkel A_1 oder A_n kann auch wachsen und in einem Augenblick gleich π und weiterhin größer als π werden[2]. (Daß dies tatsächlich möglich ist, ersieht man aus Abb. 78, wo der Einfachheit halber ebene Polygone dargestellt sind; für sphärische Polygone ist die Lage analog.)

[1] Es ist interessant zu bemerken, daß CAUCHY, der diesen Satz bewies, die angeführte Möglichkeit außer acht ließ und daher eigentlich den Beweis des Satzes nicht gab. Diese Lücke wurde erst beträchtlich später von anderen ausgefüllt.

[2] Wenn in dem Dreieck $A_k A_1 A_n$ der Winkel A_k wächst, während die Längen der Seiten $A_k A_1$, $A_k A_n$ unverändert bleiben, so wird der Winkel A_1 (entsprechend A_n) kleiner oder größer je nachdem,, ob der Winkel A_n (entsprechend A_1) im Dreieck spitz oder stumpf ist. Dies ist aus Abb. 7 unmittelbar ersichtlich.

Wurde der Winkel A_1 in einem gewissen Augenblick gleich π, so stellen wir in diesem Augenblick unsere Deformation des Polygons P ein. (Es kann sein, daß der Winkel A_1 beim ursprünglichen Polygon P selbst gleich π ist. Dann wenden wir gleich die unten folgende Konstruktion an.)

Wir haben nun das Polygon P'' vor uns, dessen Winkel A_1'' gleich π ist und bei dem deshalb $A_1'' A_2''$ und $A_1'' A_n''$ eine einzige Seite bilden.

Wir konstruieren das Dreieck $A_k'' A_2'' A_n''$ und lassen jetzt den Winkel A_k'' in diesem Dreieck genauso wachsen, wie dies oben für das Dreieck $A_k'' A_1'' A_n''$ geschah. Dann wird die Seite $A_2'' A_n''$ länger. An ihr tragen wir die unveränderliche Seite $A_2 A_1$ an, so daß die Seite $A_1'' A_n''$ selbst dauernd länger wird.

Bei der betrachteten Deformation wächst der Winkel A_k, die Winkel A_2 und A_n können jedoch entweder wachsen oder kleiner werden. Es ergeben sich daher mehrere Möglichkeiten:

1. Man kann den Winkel A_k bis zur Größe des Winkels A_k' wachsen lassen, wobei man die Konvexität des Polygons nicht zerstört und den Winkel A_2 kleiner als A_2' läßt.

Dann haben wir wiederum den Fall, daß Winkel gleich sind.

2. Der Winkel A_2 wächst und wird gleich A_2', bevor A_k die Größe von A_k' erreicht.

Dann erhalten wir wieder den Fall, daß Winkel gleich sind.

3. Die Konvexität wird zerstört: der Winkel A_n wird gleich π und größer als π.

Dann konstruieren wir in dem Augenblick, wenn $\sphericalangle A_n = \pi$ ist, das Dreieck $A_k A_2 A_{n-1}$ und wiederholen für dieses dieselbe Überlegung. Jetzt kann die Konvexität aber schon nicht mehr zerstört werden, da es genügt, einen beliebigen der drei betrachteten Winkel A_k, A_2, A_{n-1} auf die Größe des entsprechenden Winkels im konvexen Polygon P' zu bringen.

Also können wir auf die eine oder andere Weise ein konvexes Polygon P''' konstruieren, bei dem mindestens einer der Winkel A_i''' dem entsprechenden Winkel A_i' gleich ist. Wie schon bewiesen, kann man dann den Schluß ziehen, daß

$$A_1''' A_n''' < A_1' A_n'$$

ist, und da sich beim Übergang von P zu P''' die Seite $A_1 A_n$ dauernd verlängert hat, ist $A_1 A_n < A_1''' A_n'''$ und folglich

$$A_1 A_n < A_1' A_n' .$$

Der Beweis unseres Satzes ist somit erbracht.

(Wir haben tatsächlich bewiesen, daß sich das Polygon P stetig so deformieren läßt, daß seine Konvexität nicht zerstört wird, die Winkel $A_2, \ldots, A_{n-1}$ nicht kleiner werden und mindestens einer von ihnen die erforderliche Größe erreicht. Durch wiederholte derartige Deformationen kann man das Polygon P in P' verwandeln. Dabei werden die Voraussetzungen des Satzes niemals zerstört, während die Seite $A_1 A_n$ stetig wächst.)

4. Lemma 2. *Sind bei zwei konvexen sphärischen Polygonen die Seiten entsprechend gleich, und gibt es unter entsprechenden Winkeln ungleiche, so ändern*

beim Umlaufen dieser Polygone die Differenzen entsprechender Winkel ihr Vorzeichen mindestens viermal, d. h. ist $A_1 A_2 = B_1 B_2, \ldots, A_n A_1 = B_n B_1$, so sind entweder alle Differenzen $\delta = \sphericalangle A_i - \sphericalangle B_i$ gleich Null, oder es treten in ihrer Reihe $\delta_1, \delta_2, \ldots, \delta_n, \delta_1$ mindestens vier Zeichenwechsel auf.

Sind nicht alle Differenzen δ_i gleich Null, so müssen sie das Zeichen wechseln. Ist nämlich beispielsweise $\sphericalangle A_2 \leq \sphericalangle B_2, \ldots, \sphericalangle A_{n-1} \leq \sphericalangle B_{n-1}$ und gilt mindestens in einem Falle das Kleiner-Zeichen, so muß nach Satz 2 entgegen der Voraussetzung $A_1 A_2 < B_1 B_2$ sein.

Treten Zeichenwechsel auf, so gibt es ihrer eine gerade Anzahl, weil wir beim Umlaufen zu der Differenz zurückkehren, von der wir ausgegangen waren. Folglich genügt es zu zeigen, daß es nicht nur zwei Zeichenwechsel geben kann.

Wir nehmen jedoch an, daß genau zwei Zeichenwechsel auftreten; es seien z. B. die Winkel $A_1, \ldots, A_m$ größer als die Winkel $B_1, \ldots, B_m$ und die Winkel $A_{m+1}, \ldots, A_n$ kleiner als die Winkel $B_{m+1}, \ldots, B_n$ (wobei wir natürlich nicht ausschließen, daß unter diesen Winkeln gleiche sein können).

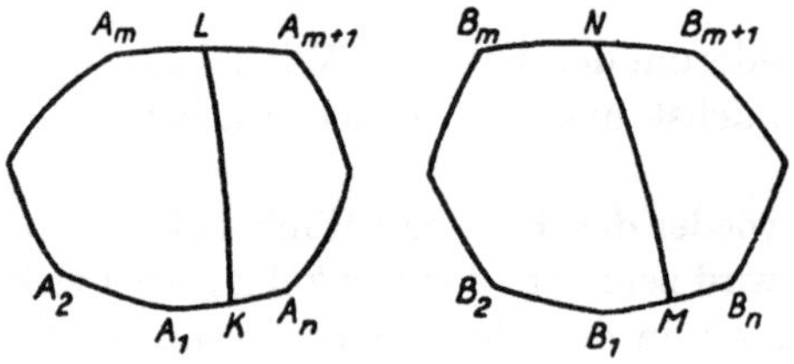

Abb. 79

Wir halbieren die Seiten $A_1 A_n, A_m A_{m+1}, B_1 B_n, B_m B_{m+1}$ durch die Punkte K, L, M, N und ziehen KL und MN (Abb. 79). Vergleichen wir die Polygone $A_1 \cdots A_m LK$ und $B_1 \cdots B_m NM$, so sehen wir, daß alle ihre Seiten außer LK und MN nach Voraussetzung gleich sind, während die Winkel $A_1, \ldots, A_m$ größer als die Winkel $B_1, \ldots, B_m$ sind. Daher muß nach Satz 2 $LK > NM$ sein. Vergleichen wir aber ebenso die Polygone $A_{m+1} \cdots A_n KL$ und $B_{m+1} \cdots B_n MN$, so muß aus demselben Grunde $LK < NM$ sein. Der gewonnene Widerspruch zeigt, daß es nicht nur zwei Zeichenwechsel geben kann und daß folglich mindestens vier Zeichenwechsel auftreten müssen.

5. Lemma 2 läßt sich leicht für polyedrische Ecken wiederholen. Dabei nehmen wir zu den polyedrischen Ecken auch „ausgeartete“ hinzu, d. h. solche, die sich auf doppelt bedeckte ebene Winkel reduzieren, welche kleiner als π sind.

Lemma 2a. *Sind bei zwei konvexen polyedrischen Ecken, die sich nicht auf Zweiflache reduzieren und die möglicherweise ausarten, die ebenen Winkel entsprechend gleich, während unter entsprechenden Flächenwinkeln ungleiche auftreten, so ändern beim Umlaufen der Scheitel der gegebenen polyedrischen Ecken die Differenzen der entsprechenden Flächenwinkel ihr Zeichen mindestens viermal.* (Wie am Anfang dieses Paragraphen ausgemacht wurde, sind auch Flächenwinkel zulässig, die gleich π sind. Es handelt sich um ebene Winkel zwischen benachbarten Kanten, die Kanten solcher Flächenwinkel einbegriffen.)

Wenn nämlich beide polyedrischen Ecken nicht ausarten, so erhalten wir, wenn wir ihren Ecken gleiche Sphären umbeschreiben, auf diesen Kugeln Polygone, die den Bedingungen des Lemmas 2 genügen, so daß in diesem Fall das Lemma 2a eine einfache Wiederholung von Lemma 2 ist.

Es möge nun mindestens eine der polyedrischen Ecken ausarten. Wir bezeichnen sie mit V_1, die andere mit V_2. p_1, q_1 seien diejenigen Kanten der Ecke V_1, an denen die Flächenwinkel gleich Null sind. Ist der Flächenwinkel bei der Kante p_2 der Ecke V_2, die der Kante p_1 entspricht, auch gleich Null, so ist er es auch bei der Kante q_2, und die Ecken V_1 und V_2 sind gleich.

Wir nehmen daher an, der Winkel bei der Kante p_2 sei nicht gleich Null. Dann ist er auch bei der Kante q_2 nicht gleich Null. Folglich sind die Winkel bei den Kanten p_2, q_2 größer als bei p_1, q_1. Gleichzeitig sind die Summen der ebenen Winkel der polyedrischen Ecke V_2 zwischen den Kanten p_2 und q_2 auf beiden Seiten gleich, da sie auf der Ecke V_1 gleich sind. Daher gibt es auf der Ecke V_2 auf beiden Seiten zwischen den Kanten p_2 und q_2 Kanten, bei denen die Winkel kleiner als π sind. Weil aber die Ecke V_1 ausartet, so sind die Flächenwinkel an ihren entsprechenden Kanten gleich π. Also treten bei der Ecke V_2 auf beiden Seiten zwischen den Kanten p_2 und q_2 Kanten auf, bei welchen die Flächenwinkel kleiner sind als bei den entsprechenden Kanten der Ecke V_1. Da jedoch die Winkel an den Kanten p_2, q_2 selbst größer sind als bei p_1, q_1, so erhalten wir genau vier Zeichenwechsel. Das Lemma ist damit bewiesen.

§ 2. Die Gleichheit der Flächenwinkel bei Gleichheit der ebenen Winkel

1. Wir zählen hier zu den konvexen Polyedern auch doppelt bedeckte konvexe Polygone hinzu, d. h. „Polyeder", die aus zwei aufeinandergelegten kongruenten Polygonen zusammengesetzt sind[1].

Außerdem lassen wir eine Zerlegung der Seitenflächen des Polyeders in endlich viele Polygone zu, von denen jedes als „Seitenfläche" gilt. Demgemäß kann es beim Polyeder zwei Arten von Kanten und Ecken geben: „echte" und „unechte". Jede Kante ist gemeinsame Seite zweier „Seitenflächen". Unechte Kanten sind diejenigen, an denen die Flächenwinkel gleich π sind, d. h. sich auf Ebenen reduzieren. Unechte Ecken sind die, bei welchen sich die polyedrischen Ecken auf Zweiflache oder insbesondere auf eine Ebene reduzieren, was eintritt, wenn die Ecke innerhalb einer wirklichen Seitenfläche des Polyeders liegt. Diese Erweiterung der Begriffe der Seitenfläche, der Kante und Ecke erweist sich als praktisch, und wir verwenden sie weiterhin, ohne dies besonders zu erwähnen.

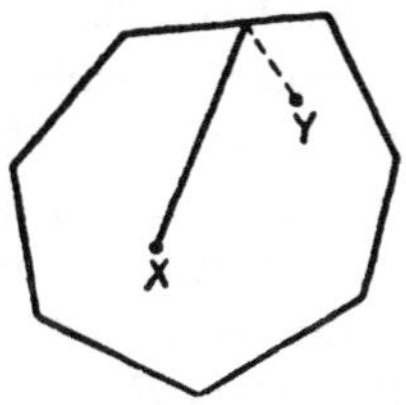

Abb. 80

[1] Die Punkte innerhalb dieser Polygone fallen zwar zusammen, gelten aber doch als verschieden; es ist praktisch, sie als auf verschiedenen Seiten desjenigen „doppelt bedeckten" Polygons liegend anzunehmen, welches zwei aufeinandergelegte Polygone bilden. Die Entfernung zwischen den Punkten „auf verschiedenen Seiten" des doppelt bedeckten Polygons wird auf einer Linie gemessen, die den Rand des Polygons „überschreitet" (Abb. 80). Das natürliche Netz eines solchen Polyeders besteht aus zwei gleichen Polygonen, die längs entsprechender Seiten zu verheften sind.

Wir sagen, zwei Polyeder haben eine gleichartige Struktur, wenn sich zwischen ihren Elementen: Seitenflächen, Kanten und Ecken eine umkehrbar eindeutige Zuordnung herstellen läßt, welche die Zugehörigkeiten aufrecht erhält. Gehört z. B. die Kante a (Ecke A) auf dem Polyeder P der Seitenfläche Q (Kante q) an, so gehört die entsprechende Kante a_1 (Ecke A_1) auf dem Polyeder P_1 zu der entsprechenden Seitenfläche Q_1 (Kante q_1).

2. Satz 1. *Sind bei zwei geschlossenen konvexen Polyedern gleichartiger Struktur entsprechende Winkel auf entsprechenden Seitenflächen gleich, so sind die Flächenwinkel an den entsprechenden Kanten ebenfalls gleich.*

Es seien P_1 und P_2 zwei Polyeder, welche den Bedingungen des Satzes genügen. Wir bezeichnen jede Kante des Polyeders P_1 mit $+$ oder $-$, je nachdem, ob der Flächenwinkel an dieser Kante größer oder kleiner ist als der Flächenwinkel bei der entsprechenden Kante des Polyeders P_2. Kanten mit gleichen Flächenwinkeln bleiben ohne Vorzeichen.

Wir untersuchen die Zeichenwechsel, die sich beim Umlaufen einer Ecke ergeben.

Hier muß man zwei Fälle unterscheiden, je nachdem, ob die gegebene Ecke eine echte ist oder nicht.

Es seien A_1, A_2 entsprechende Ecken der Polyeder P_1, P_2. Eine echte Ecke ist, wie wir wissen, dadurch ausgezeichnet, daß die Summe der in ihr zusammentreffenden ebenen Winkel kleiner als 2π ist. Da aber nach Voraussetzung entsprechende ebene Winkel auf den Polyedern P_1 und P_2 gleich sind, so sind die Ecken A_1 und A_2 gleichzeitig entweder beide echt oder beide unecht.

Sind die Ecken A_1 und A_2 echt, so können wir das Lemma 2a, § 1, anwenden, demzufolge unter der Bedingung der Gleichheit ebener Winkel die Differenzen der Flächenwinkel entweder alle gleich Null sind oder das Vorzeichen mindestens viermal wechseln.

Sind aber die Ecken A_1 und A_2 unecht, so unterscheiden wir zwei Fälle: 1. Zu beiden Ecken führen echte Kanten, aber der echten Kante, die zu A_1 führt, entspricht eine unechte Kante, die zu A_2 führt. 2. Der zweite Fall schließt alle übrigen Möglichkeiten ein: entweder es gibt bei mindestens einer der Ecken keine echten Kanten, oder sie entsprechen einander. Wir zeigen, daß im ersten Fall die Zahl der Zeichenwechsel um die Ecke A_1 gleich vier ist und daß man im zweiten Fall die Ecken A_1 und A_2 gänzlich ausschließen kann.

1. Es möge der erste Fall vorliegen. a_1, a_1' seien echte Kanten, die in der Ecke A_1 zusammentreffen, und b_2, b_2' seien echte Kanten, welche in der Ecke A_2 zusammentreffen (Abb. 81). Da sich eine polyedrische Ecke bei einer unechten Kante auf einen Flächenwinkel reduziert, so sind die zwei in ihr zusammentreffenden echten Kanten die Fortsetzung voneinander. Entspricht der echten Kante a_1 des Polyeders P_1 die unechte Kante a_2 des Polyeders P_2, so entspricht daher der Kante a_1' auch eine unechte Kante a_2'. Dann entsprechen aber den echten Kanten b_2, b_2' des Polyeders P_2 die unechten Kanten b_1, b_1' des Polyeders P_1. Bei den echten Kanten sind die Flächenwinkel kleiner als π, bei den unechten aber

gleich π. Daher sind die Vorzeichen der Differenzen der Winkel bei den Kanten a_1 und a_2, b_1 und b_2, a_1' und a_2', b_1' und b_2' der Reihe nach —, +, —, +, was genau vier Zeichenwechsel ergibt. (Andere bezeichnete Kanten gibt es nicht, da sie alle, wie bei der Ecke A_1, so auch bei A_2, unecht und deshalb die Winkel bei ihnen gleich sind.)

2. Im zweiten Falle kann man drei Möglichkeiten unterscheiden:

2a) bei keiner der Ecken A_1 und A_2 treten echte Kanten auf;
2b) sie treten nur bei einer dieser Ecken auf;
2c) sie treten bei beiden auf und entsprechen einander (Abb. 82).

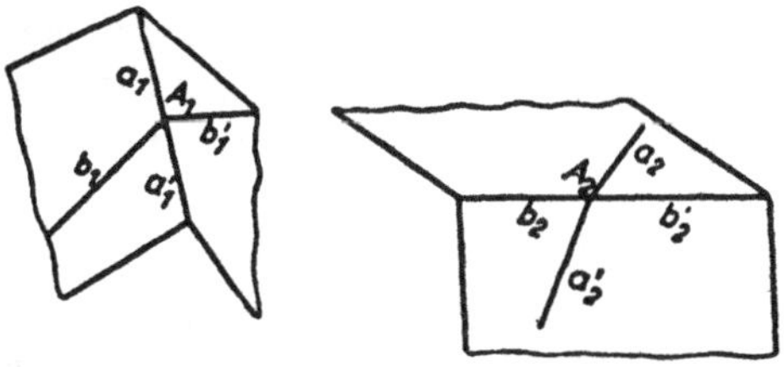

Abb. 81

2a) Sind alle Kanten bei den Ecken A_1, A_2 unecht, so sind alle Flächenwinkel um die Ecken A_1 und A_2 gleich π. Daher haben die Kanten an der Ecke A_1 alle keine Vorzeichen, so daß man die Ecken A_1, A_2 und alle in ihnen zusammentreffenden Kanten ausschließen kann.

2b) und 2c) Es sei z. B. bei der Ecke A_1 eine echte Kante a_1 und folglich auch eine echte Kante a_1', welche die Verlängerung von a_1 ist. a_2 und a_2' seien die entsprechenden Kanten bei der Ecke A_2. Führen dann zur Ecke A_2 echte Kanten,

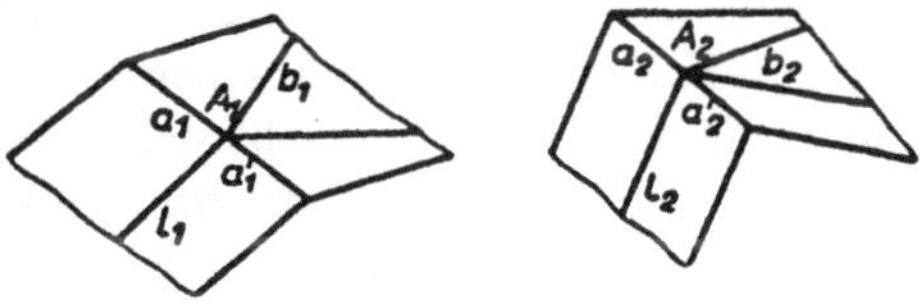

Abb. 82

so sind es a_2 und a_2' (Fall 2c). Die übrigen Kanten $b_1, \ldots, l_1$, die zu A_1 führen, sind unecht und ihnen entsprechen die unechten Kanten $b_2, \ldots, l_2$. Darum besitzen die Kanten $b_1, \ldots, l_1$ kein Vorzeichen, und man kann sie ausschließen. Die Kanten a_2 und a_2' sind sicherlich eine die Verlängerung der anderen, da die ebenen Winkel zwischen ihnen dieselben sind wie zwischen a_1 und a_1', d. h. sie sind gleich π. Die Flächenwinkel bei den Kanten a_2 und a_2' sind gleich, und daher haben die Kanten a_1 und a_1' ein und dasselbe Vorzeichen. Folglich können wir die Ecken A_1 und A_2 überhaupt ausschließen, wenn wir die Kanten $a_1 + a_1'$ und $a_2 + a_2'$ einander zuordnen; dabei bekommt die Kante $a_1 + a_1'$ natürlich dasselbe Vorzeichen, das an den Kanten a_1 und a_1' stand.

Alle unechten Ecken, für welche der zweite Fall gilt, kann man also gänzlich ausschließen. Dann ergibt sich aus allem Bewiesenen folgendes: gibt es auf dem Polyeder P_1 überhaupt mit Vorzeichen versehene Kanten, so treten bei jeder Ecke, zu der sie führen, mindestens vier Vorzeichenwechsel auf. Aber nach dem CAUCHYschen Lemma (Kap. II, § 1) ist das unmöglich. Also gibt es gar keine mit Vorzeichen versehenen Kanten. Das bedeutet aber, daß die entsprechenden Flächenwinkel der Polyeder P_1 und P_2 gleich sind. Damit ist der Satz bewiesen.

3. Satz 2. *P_1 sei ein unendliches konvexes Polyeder; von keiner seiner Ecken möge mehr als eine unendliche Kante ausgehen, sogar wenn man alle oder einige unechte Ecken ausschließt (dabei vereinigt man jede Kante, welche durch eine solche unechte Ecke geteilt wird, zu einer einzigen[1]). Hat dann das Polyeder P_2 dieselbe Struktur wie P_1 und sind entsprechende Winkel auf entsprechenden Seitenflächen der Polyeder P_1 und P_2 gleich, so sind die Flächenwinkel an ihren entsprechenden Kanten ebenfalls gleich.*

Bevor wir zum Beweise schreiten, wollen wir noch einige Bemerkungen machen. Sind alle unendlichen Kanten des Polyeders P_1 parallel, so kann von einer Ecke sicher nur eine unendliche Kante ausgehen. Für derartige Polyederpaare behauptet Satz 2, daß die Gleichheit der Winkel auf den Seitenflächen immer die Gleichheit der Flächenwinkel nach sich zieht. Ein Polyeder mit parallelen unendlichen Kanten zeichnet sich dadurch aus, daß seine Gesamtkrümmung gleich 2π ist, da nur bei Parallelität der unendlichen Kanten das sphärische Bild eines unendlichen Polyeders die ganze Halbsphäre bedeckt. Daraus folgt, daß in Satz 2 der folgende Satz enthalten ist:

Satz 3. *Sind bei zwei unendlichen konvexen Polyedern gleichartiger Struktur mit der Gesamtkrümmung 2π entsprechende Winkel auf entsprechenden Seitenflächen gleich, so sind die Flächenwinkel bei ihren entsprechenden Kanten auch gleich.*

Hat ein unendliches Polyeder jedoch eine Gesamtkrümmung $< 2\pi$, so besitzt es nicht-parallele unendliche Kanten, und von einer Ecke können mehrere unendliche Kanten ausgehen. Im letzteren Falle läßt sich Satz 2 nicht anwenden, und es sind zusätzliche Bedingungen erforderlich, die wir in § 4 betrachten wollen. Daß hier aus der Gleichheit der ebenen Winkel nicht die Gleichheit der Flächenwinkel folgt, zeigt das Beispiel einer polyedrischen Ecke, welche man deformieren kann, ohne ihre ebenen Winkel zu verändern.

Jetzt beweisen wir Satz 2.

P_1 und P_2 seien Polyeder, die den Bedingungen des Satzes 2 genügen. Zu jedem von ihnen fügen wir je eine uneigentliche Ecke hinzu und nehmen an, in

[1] Sofern wir unechte Ecken zulassen, welche die Kanten zerlegen, ist diese Abmachung notwendig. Nehmen wir z. B. eine polyedrische Ecke P; sie läßt zweifellos Deformationen zu, welche die ebenen Winkel nicht ändern, die Flächenwinkel aber ändern. Auf jeder Kante der Ecke P wählen wir je einen Punkt und verbinden diese Punkte, indem wir sie als unechte Ecken A_i betrachten, durch (unechte) Kanten. Danach geht von jeder Ecke A_i je eine unendliche Kante aus, von der echten Ecke O der Ecke V jedoch gehen nur endliche Kanten OA_i aus. Nur wenn wir die unechten Ecken A_i ausschließen, ergibt sich, daß von der Ecke O mehr als eine unendliche Kante ausgeht.

diesen Ecken träfen ihre unendlichen Kanten zusammen. Dann erhalten wir die abstrakten Polyeder $\overline{P}_1$, $\overline{P}_2$ von gleichartiger Struktur, die der Sphäre homöomorph sind. Auf dem Polyeder $\overline{P}_1$ lassen sich je zwei Ecken durch höchstens eine Kante verbinden. Für eigentliche Ecken ist dies klar. Verbindet aber die Kante AB die eigentliche Ecke A mit der uneigentlichen Ecke B, so ist sie einfach eine unendliche Kante des Polyeders P_1. Da jedoch nach Voraussetzung von einer Ecke A des Polyeders P_1 nur eine unendliche Kante ausgehen kann, so ist auch in diesem Fall die Kante AB die einzige, welche die Ecken A und B verbindet.

Ist aber ein Polyeder der Sphäre homöomorph und lassen sich je zwei seiner Ecken durch höchstens eine Kante verbinden, so ist auf das Netz seiner Kanten das CAUCHYsche Lemma anwendbar. Wir versehen die Kanten des Polyeders P_1 mit den Vorzeichen der Differenzen der Flächenwinkel von P_1 und P_2. Stellen wir dieselben Überlegungen an wie beim Beweis von Satz 1, dann überzeugen wir uns, daß erstens bei jeder echten Ecke mindestens vier Zeichenwechsel auftreten, wenn nur zu der Ecke mindestens eine bezeichnete Kante führt. Zweitens können für unechte Ecken zwei Fälle eintreten: entweder es treten bei einer solchen Ecke genau vier Zeichenwechsel auf oder man kann eine solche Ecke völlig ausschließen. Also gibt es bei jeder der übrigbleibenden, mit Vorzeichen versehenen Ecken mindestens vier Zeichenwechsel. Nach der Voraussetzung des Satzes hebt der Ausschluß unechter Ecken die Tatsache nicht auf, daß von einer Ecke des Polyeders P_1 maximal eine unendliche Kante ausgeht. Daher ist auch nach einem solchen Ausschluß auf das übrigbleibende Netz auf dem Polyeder $\overline{P}_1$, welches wir aus P_1 durch Hinzufügen einer uneigentlichen Ecke erhielten, das Lemma von CAUCHY anwendbar. Auf dem Polyeder $\overline{P}_1$ treten bei jeder der übrigbleibenden (mit Vorzeichen versehenen) Ecken mindestens vier Zeichenwechsel auf; die einzige Ausnahme kann nur eine uneigentliche Ecke bilden: die Anzahl der Zeichenwechsel bei ihr könnte sogar gleich Null sein. Wie in Kap. II, § 1 angemerkt wurde, erlaubt das CAUCHYsche Lemma jedoch eine Präzisierung: sein Ergebnis stimmt auch bei Vorhandensein einer Ecke, bei der die Anzahl der Zeichenwechsel kleiner als vier ist. Wenden wir daher das CAUCHYsche Lemma mit dieser Ergänzung an, so bemerken wir, daß die sich ergebende Zeichenverteilung unmöglich ist, d. h. daß alle Kanten ohne Vorzeichen sein müssen und daher alle Differenzen der eigentlichen Flächenwinkel der Polyeder P_1 und P_2 gleich Null sind.

4. Völlig analog zu Satz 2 gilt

Satz 4. *P_1 sei ein endliches konvexes Polyeder, das von einem geschlossenen Streckenzug berandet wird, der so beschaffen ist, daß keine seiner inneren, d. h. nicht auf dem Rande liegenden Ecken sich mit dem Rand durch mehr als eine Kante verbinden läßt. Hat dann das Polyeder P_2 dieselbe Struktur wie P_1 und sind die Winkel auf entsprechenden Seitenflächen bei entsprechenden inneren Ecken der Polyeder P_1 und P_2 gleich, so sind auch die Flächenwinkel bei ihren entsprechenden Kanten gleich.*

Wir fügen zu dem Polyeder P_1 eine uneigentliche Ecke hinzu, nachdem wir den ganzen Rand des Polyeders P_1 mit ihr identifiziert haben; zu dieser Ecke führen alle Kanten, die von innen zum Rand des Polyeders gehen. Im Ergebnis erhalten wir ein abstraktes Polyeder, das der Sphäre homöomorph ist. Dann führt die wörtliche Wiederholung der Überlegungen, die wir im Beweis von Satz 2 anwandten, zum Beweis von Satz 4.[1]

Wir bemerken, *daß Satz 4 in sich Satz 1 und auch Satz 2 einschließt.* Sind die Polyeder P_1 und P_2 geschlossen und sind ihre entsprechenden Winkel auf den Seitenflächen gleich, so erhalten wir, wenn wir die Winkel bei einer Ecke abtrennen, die Polyeder P'_1 und P'_2 mit Rand, welche den Bedingungen des Satzes 4 genügen. Sind jedoch die Polyeder P_1 und P_2 unendlich, so erhalten wir, wenn wir von ihren unendlichen Seitenflächen unendliche Stücke abschneiden, ohne die Ecken in Mitleidenschaft zu ziehen, wiederum Polyeder P'_1 und P'_2, die den Bedingungen von Satz 4 genügen. Für Polyeder, die von mehreren geschlossenen Streckenzügen berandet werden, müßte man mehrere uneigentliche Ecken einführen, aber dann bringt das präzisierte CAUCHYsche Lemma keinerlei Ergebnis. Hier sind noch zusätzliche Bedingungen erforderlich, aber die Frage, welcher Art diese Bedingungen sein müssen, ist noch völlig offen.

§ 3. Die Eindeutigkeit eines Polyeders mit gegebenem Netz

1. Wie im vorhergehenden, so zählen wir auch in diesem Paragraphen doppelt bedeckte konvexe Polygone zu den konvexen Polyedern hinzu. Liegen die Punkte X und Y auf verschiedenen Seiten eines derartigen ausgearteten Polyeders P, so mißt man die Entfernung zwischen ihnen durch die Länge des kürzesten Streckenzuges, der von X zum Rand von P und weiter zu Y führt (siehe Abb. 80). Fallen die Punkte X und Y zusammen, während sie als auf verschiedenen Seiten liegend angesehen werden, so ist daher die Entfernung zwischen ihnen gleich Null. Dem Beweis der Kongruenz von Polyedern mit denselben Netzen schicken wir einige Lemmas voraus. Im Unterschied zu der im vorangehenden Paragraphen angenommenen Voraussetzung werden in diesen Lemmas unter den Seitenflächen eines Polyeders nur seine wirklichen Seitenflächen verstanden. Ein ausgeartetes Polyeder besteht nur aus zwei zusammenfallenden Seitenflächen.

Lemma 1. *Ist eine Linie L auf einem konvexen Polyeder P eine Kürzeste (d. h. die kürzeste aller Linien, welche gegebene Punkte verbinden), so stellt sie einen Streckenzug dar, der auf jeder Seitenfläche höchstens eine Strecke hat.*[2]

[1] Bei den Schlußfolgerungen über die Anzahl der Zeichenwechsel spielt nur die Konvexität der polyedrischen Ecken eine Rolle, und daher genügt es zu fordern, daß bei den Polyedern P_1 und P_2 alle polyedrischen Ecken konvex sind; die Polyeder selbst brauchen nicht konvex zu sein. Solche Polyeder kann man lokal konvex nennen. Ein vollständiges Polyeder, das lokal konvex ist, ist sicher konvex, hat es aber einen Rand, so braucht es im ganzen nicht konvex zu sein.

[2] Es soll sich also um ein vollständiges Polyeder handeln oder zumindest um eines, dessen Seitenflächen alle konvex sind. Andernfalls kann sich die Behauptung des Lemmas als unrichtig erweisen, wovon man sich an einfachen Beispielen überzeugen kann.

Die Punkte X und Y der Kürzesten L mögen auf einer Seitenfläche Q liegen. Wegen der Konvexität der Seitenfläche Q liegt auf ihr die geradlinige Strecke XY. Diese Strecke gibt sicher die kürzeste Verbindung der Punkte X und Y, und wenn der Abschnitt $\widehat{XY}$ der Linie L nicht mit der Strecke XY zusammenfiele, so könnten wir ihn durch diese Strecke ersetzen und die Linie L verkürzen, entgegen der Tatsache, daß sie die Kürzeste ist. Daraus wird klar, daß der ganze Teil der Linie L, der auf Q liegt, sich auf eine Strecke reduziert.

Lemma 2. *Ist eine nach einer Seite unendliche Linie L auf einem unendlichen konvexen Polyeder P auf jedem ihrer Teilstücke eine Kürzeste, so stellt sie, von einem geeigneten Punkt ausgehend, eine Halbgerade dar, welche auf einer unendlichen Seitenfläche des Polyeders P liegt.*

Nach Lemma 1 kann nämlich ein beliebig langer Abschnitt der Linie L auf jeder Seitenfläche maximal eine Strecke haben. Da die Anzahl der Seitenflächen endlich ist, muß die Linie L, wenn man von einem passenden Punkt ausgeht, im Bereich einer Seitenfläche Q bleiben, und da sie auf jedem Teilstück die Kürzeste und unendlich ist, so ist sie auf Q eine Halbgerade.

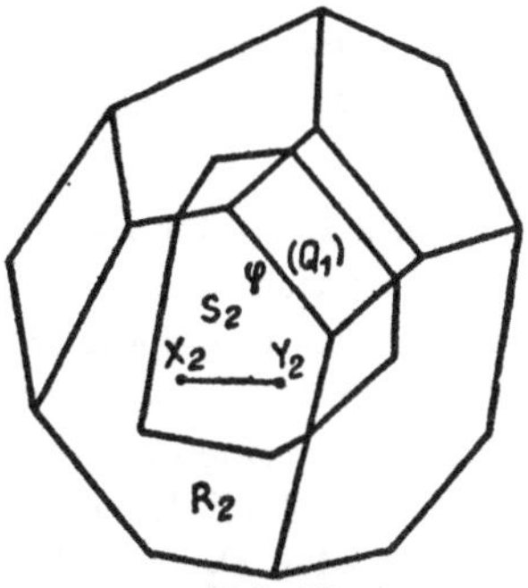

Abb. 83

Lemma 3. *Sind die Polyeder P_1 und P_2 aus ein und demselben Netz R verheftet, so existiert eine isometrische, d. h. die Längen erhaltende, Abbildung des einen von ihnen auf das andere.*

Jedem Punkt X des Netzes R entsprechen nämlich die Punkte X_1, X_2 der Polyeder P_1 und P_2, so daß jedem Punkt X_1 auf P_1 ein Punkt X_2 auf P_2 entspricht. Diese Zuordnung ist isometrisch, weil je zwei einander entsprechende Linien L_1 und L_2 auf P_1 und P_2 ein und derselben Linie L auf dem Netz R entsprechen und folglich dieselbe Länge haben. Kraft des Lemmas 3 reduziert sich die Frage nach der Kongruenz von Polyedern, die aus einem Netz verheftet sind, auf die Frage nach der Kongruenz isometrischer Polyeder.

Lemma 4. *Gegeben seien eine isometrische Abbildung φ des konvexen Polyeders P_1 auf das konvexe Polyeder P_2 und die inverse Abbildung φ^{-1}* von P_2 auf P_1. *Die Bilder der Seitenflächen des Polyeders P_1, die auf den Seitenflächen des Polyeders P_2 liegen, zerlegen diese in „neue" Seitenflächen, und umgekehrt zerlegen auch die Bilder der Seitenflächen des Polyeders P_2 P_1 in „neue" Seitenflächen. Es wird behauptet, daß im Ergebnis die Polyeder P_1 und P_2 gleichartig aus kongruenten neuen Seitenflächen zusammengesetzt sind.*

Es sei Q_1 eine Seitenfläche des Polyeders P_1 und $\varphi(Q_1)$ ihr Bild auf dem Polyeder P_2. $\varphi(Q_1)$ möge mindestens teilweise auf der Seitenfläche R_2 des Polyeders P_2 liegen, so daß diese den Teil $S_2 = R_2\,\varphi(Q_1)$ gemeinsam haben. Wir zeigen, daß S_2 ein konvexes Polygon ist (Abb. 83).

X_2 und Y_2 seien Punkte von S_2, und X_1, Y_1 seien diejenigen Punkte auf der Seitenfläche Q_1, die bei der Abbildung φ in X_2 bzw. Y_2 übergehen. Da die Seitenfläche Q_1 konvex ist, gehört die Strecke X_1Y_1 ihr an, und darum ist ihr Bild $\varphi(X_1Y_1)$ in $\varphi(Q_1)$ enthalten. Da die Strecke X_1Y_1 Kürzeste auf P_1 ist, so muß auf Grund der Isometrie der Abbildung φ die Linie $\varphi(X_1Y_1)$ die Kürzeste zwischen X_2 und Y_2 auf P_2 sein. Aber diese Punkte liegen auf nur einer Seitenfläche R_2; folglich stellt die Kürzeste zwischen ihnen auf P_2 die geradlinige Strecke X_2Y_2 dar. Die Strecke X_2Y_2 ist somit gleichzeitig in $\varphi(Q_1)$ und in R_2 und also auch in S_2 enthalten, womit die Konvexität des Polygons S_2 bewiesen ist.

Die Figur $S_2 = R_2\varphi(Q_1)$ wird aus der Seitenfläche R_2 durch die Bilder der Kanten herausgetrennt, welche die Seitenfläche Q_1 beranden. Da die Kanten des Polyeders kürzeste Linien auf ihm sind, so sind wegen der Isometrie der Abbildung φ ihre Bilder auch Kürzeste. Die Bilder der unendlichen Kanten sind unendlich; sie sind Kürzeste auf jedem Teilstück. Auf Grund der Lemmas 1 und 2 ist daher der Teil des Bildes jeder Kante, welcher auf der Seitenfläche R_2 liegt, eine Strecke oder eine Halbgerade (wenn die Kante unendlich ist). Die Figur S_2 läßt sich folglich aus R_2 durch endlich viele Strecken oder möglicherweise auch Halbgeraden abtrennen und stellt daher ein endliches oder unendliches Polygon dar.

Da die Polyeder P_1 und P_2 endlich viele Seitenflächen haben, ist die Anzahl aller Durchschnitte der Seitenflächen des Polyeders P_2 mit den Bildern der Seitenflächen des Polyeders P_1 endlich. Nach dem Bewiesenen ist jeder derartige Durchschnitt ein konvexes Polygon, und daher erweist sich das Polyeder P_2 als unterteilt in eine endliche Anzahl konvexer neuer Seitenflächen. Betrachten wir die inverse Abbildung φ^{-1} des Polyeders P_2 auf P_1, so ergibt sich genauso, daß das Polyeder P_1 in endlich viele konvexe neue Seitenflächen zerlegt wird. Wir wollen zeigen, daß die Abbildung φ die neuen Seitenflächen des Polyeders P_1 in die neuen Seitenflächen des Polyeders P_2 überführt. S_1 sei eine neue Seitenfläche auf dem Polyeder P_1; sie ist der Durchschnitt irgendeiner seiner Seitenflächen Q_1 mit dem Bild einer Seitenfläche R_2 des Polyeders P_2 bei der inversen Abbildung φ^{-1}:

$$S_1 = Q_1\varphi^{-1}(R_2)\,.$$

Aber dann ist $\varphi(S_1) = \varphi(Q_1)R_2$, d. h. S_1 geht in die neue Seitenfläche S_2 auf dem Polyeder P_2 über, die der Durchschnitt seiner Seitenfläche R_2 mit $\varphi(Q_1)$ ist.

So überführt die Abbildung φ die neuen Seitenflächen auf P_1 in die neuen Seitenflächen auf P_2, und da diese Abbildung isometrisch ist, erweist sich damit, daß P_1 und P_2 gleichartig aus kongruenten Seitenflächen zusammengesetzt sind.

Auf Grund von Lemma 4 reduziert sich die Frage nach der Kongruenz isometrischer Polyeder auf die Frage nach der Kongruenz von Polyedern, die gleichartig aus kongruenten „neuen" Seitenflächen zusammengesetzt sind.

2. Satz 1. *Gibt es eine isometrische Abbildung φ eines geschlossenen konvexen Polyeders auf ein anderes, so kann man diese Abbildung durch Bewegung oder durch Bewegung und Spiegelung realisieren*; d. h. mit Hilfe einer solchen Bewegung

oder Bewegung mit Spiegelung fallen Punkte zusammen, die einander gemäß der Abbildung φ entsprechen.[1]

(Nach Lemma 3 ist in diesem Satz schon der Satz von der Kongruenz geschlossener konvexer Polyeder mit gleichartigen Netzen enthalten.)

Es sei eine isometrische Abbildung φ des geschlossenen konvexen Polyeders P_1 auf das geschlossene konvexe Polyeder P_2 gegeben. Nach Lemma 4 sind P_1 und P_2 gleichartig aus kongruenten neuen Seitenflächen zusammengesetzt, die einander bei der Abbildung φ entsprechen. Da diese neuen Seitenflächen kongruent sind, so sind insbesondere ihre Winkel entsprechend gleich, und dann sind nach § 2, Satz 1 auch die Flächenwinkel bei den entsprechenden („neuen") Kanten gleich. Daraus läßt sich leicht die Schlußfolgerung ziehen (siehe unten Lemma 5), daß die Polyeder kongruent sind und daß ihre entsprechenden Elemente (neue Seitenflächen, Kanten und Ecken) sich mittels Bewegung oder Bewegung und Spiegelung zur Deckung bringen lassen. Ihre entsprechenden Elemente sind aber diejenigen, die einander durch die Abbildung φ zugeordnet werden, weil sie gerade die neuen Seitenflächen auf P_1 in die neuen Seitenflächen auf P_2 überführt. Folglich kann man die Abbildung φ durch Bewegung oder durch Bewegung und Spiegelung verwirklichen. Eine erschöpfende Begründung der letzteren Schlußfolgerung ist in folgendem Lemma enthalten:

Lemma 5. *Gibt es eine isometrische Abbildung φ des konvexen Polyeders P_1 auf das konvexe Polyeder P_2, derart, daß dabei die „neuen" Seitenflächen in „neue" Seitenflächen übergehen und daß die Flächenwinkel bei den entsprechenden (neuen) Kanten gleich sind, so kann man φ durch Bewegung oder Bewegung und Spiegelung verwirklichen.*

Q_1 sei irgendeine neue Seitenfläche des Polyeders P_1 und Q_2 die ihr entsprechende Seitenfläche auf P_2. Da die Abbildung φ isometrisch ist, so sind Q_1 und Q_2 kongruente Polygone, und durch Bewegung kann man Q_1 so auf Q_2 legen, daß jeder Punkt auf Q_1 gerade mit dem Punkt auf Q_2 zusammenfällt, welcher ihm bei der Abbildung φ entspricht.[2]

Im Ergebnis fallen die Kanten der Seitenfläche Q_1 mit den entsprechenden Kanten der Seitenfläche Q_2 zusammen. Erweist sich hierbei, daß die Polyeder P_1 und P_2 auf verschiedenen Seiten der Ebene ihrer gemeinsamen Seitenfläche $Q_1 = Q_2$ liegen, so spiegeln wir P_1 an dieser Ebene. Da entsprechende Flächenwinkel bei entsprechenden Kanten gleich sind, so kommen alle Seitenflächen des Polyeders P_1, die an Q_1 angrenzen, auf die entsprechenden Seitenflächen des Polyeders P_2 zu liegen und fallen sogar mit ihnen zusammen.

---

[1] Dieser Satz ist etwas schärfer in der Form als die einfache Behauptung der Kongruenz der Polyeder P_1 und P_2; denn wenn P_1 und P_2 kongruent sind, so lassen sie sich zwar mittels Bewegung oder Bewegung und Spiegelung zur Deckung bringen, aber es ist a priori noch nicht klar, daß hierbei genau diejenigen ihrer Elemente zur Deckung kommen, die einander bei der gegebenen Abbildung φ entsprechen.

[2] Dieser Zusatz ist nicht überflüssig, wenn die Seitenfläche Q_1 eine Bewegung zuläßt, die sie mit sich selbst zur Deckung bringt.

Die entsprechenden Kanten und Ecken, die der Seitenfläche $Q_1 = Q_2$ gemeinsam sind, fallen bei diesen Seitenflächen zusammen, und diese liegen auf einer Seite dieser Kanten. Infolge der Isometrie der Abbildung φ müssen dann aber auch alle übrigen entsprechenden Elemente dieser Seitenflächen zusammenfallen. Indem wir jetzt von diesen Seitenflächen zu den benachbarten übergehen usw., überzeugen wir uns, daß alle Elemente des Polyeders P_1 mit den entsprechenden Elementen des Polyeders P_2 zusammenfallen. Es zeigt sich also, daß die Abbildung φ mittels Bewegung oder Bewegung und Spiegelung verwirklicht wird.

3. Satz 2. *Wenn es eine isometrische Abbildung eines unendlichen konvexen Polyeders P_1 mit der Gesamtkrümmung 2π auf ein konvexes Polyeder P_2 gibt, so läßt sich diese Abbildung durch Bewegung oder durch Bewegung und Spiegelung verwirklichen.*

Da sich die Gesamtkrümmung bei der isometrischen Abbildung nicht ändert, so ist sie beim Polyeder P_2 auch gleich 2π. Wenden wir Lemma 4 an, so ergibt sich, daß die Polyeder P_1 und P_2 gleichartig aus kongruenten neuen Seitenflächen zusammengesetzt sind. Folglich sind die Winkel auf diesen Seitenflächen entsprechend gleich, und dann sind nach § 2, Satz 3 auch die Flächenwinkel an entsprechenden Kanten gleich. Bei Anwendung des Lemmas 5 ergibt sich daher, daß die gegebene Abbildung von P_1 auf P_2 durch Bewegung oder durch Bewegung und Spiegelung verwirklicht wird.

Wir bemerken, daß es sich, wie klar ersichtlich, in den Sätzen 1 und 2 um die Abbildung eines Polyeders auf sich selbst handeln kann, so daß z. B. ein geschlossenes konvexes Polyeder, welches eine nicht-identische isometrische Abbildung auf sich selbst zuläßt, notwendig symmetrisch ist.

§ 4. Unendliche Polyeder mit einer Krümmung, die kleiner als 2π ist

1. Da die Krümmung durch die ebenen Winkel vollständig bestimmt wird, so folgt aus der Gleichheit der ebenen Winkel zweier Polyeder die Gleichheit ihrer Vorzeichen, so daß, wenn die Krümmung bei dem einen von ihnen $< 2\pi$ ist, sie es auch beim andern ist. Die Gleichheit der ebenen Winkel allein ist in diesem Falle für die Gleichheit der Flächenwinkel noch nicht hinreichend, wie dies am Beispiel der Verbiegung einer polyedrischen Ecke sichtbar wird. Als zusätzliche Bedingung könnte man die Gleichheit der Flächenwinkel bei entsprechenden unendlichen Kanten fordern. Diese Bedingung erweist sich jedoch als zu stark, und es genügt, etwas weniger zu verlangen. Zur Erklärung einer schwächeren Bedingung machen wir einige Bemerkungen. Wie in § 2 werden wir annehmen, daß die wirklichen Seitenflächen eines Polyeders in endlich viele Polygone zerlegt sind, welche ebenfalls als „Seitenflächen" angesehen werden. Dementsprechend können auch unter den Ecken und Kanten „unechte" sein.

P sei ein unendliches konvexes Polyeder. Wir teilen seine unendlichen Kanten in Klassen auf und zählen zu einer Klasse je zwei parallele Kanten q und r, sofern sie einer Seitenfläche angehören oder zwischen ihnen eine Folge paralleler Kanten besteht, von denen beliebige zwei benachbarte paarweise einer Seitenfläche angehören (Abb. 84). Gibt es keine derartige Folge, so werden wir die Kanten q und r als zu verschiedenen Klassen gehörig ansehen, auch wenn diese Kanten zueinander parallel sind. Man kann zeigen, daß dieser Fall nur für unechte Kanten eintreten kann, die auf parallelen Seitenflächen liegen. Im weiteren hat jedoch diese Bemerkung keinerlei Bedeutung.

Es seien $\alpha_1, \ldots, \alpha_n$ die Flächenwinkel an allen Kanten $p_1, \ldots, p_n$ einer Klasse. Dieser Klasse schreiben wir als ihren „Flächenwinkel" die Zahl zu

$$\alpha = \pi - \sum_{i=1}^{n} (\pi - \alpha_i) . \tag{1}$$

Hier ist $\pi - \alpha_i$ offenbar nichts anderes als der Winkel zwischen den Normalen der Seitenflächen, die in der Kante p_i zusammentreffen, und $\pi - \alpha$ ist der Winkel zwischen den Normalen der Seitenflächen, die von außen an die äußeren Kanten der gegebenen Klasse angrenzen (die Seitenflächen Q und R, Abb. 84). Der Winkel α selbst ist der Winkel zwischen eben diesen Seitenflächen. Die Gleichung $\pi - \alpha = \sum (\pi - \alpha_i)$ folgt daraus, daß alle Kanten p_i parallel und folglich alle angeführten Normalen komplanar sind.

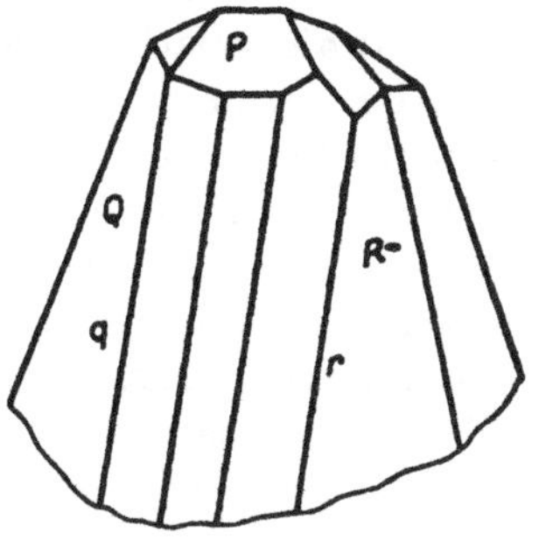

Abb. 84

Bei unendlicher ähnlicher Verkleinerung des Polyeders P auf irgendeinen Punkt geht dieses in seine Grenzecke V über. Dabei vereinigen sich die parallelen Kanten, und die Kanten einer Klasse ergeben auf V eine einzige Kante p. In dieser Kante treffen die Seitenflächen der Ecke V zusammen, welche denjenigen Seitenflächen des Polyeders entsprechen, die von außen an die äußeren Kanten der gegebenen Klasse angrenzen. Der Flächenwinkel zwischen ihnen ist derselbe, nämlich α. Der „Flächenwinkel" einer Klasse von Kanten ist folglich nichts anderes als der entsprechende Flächenwinkel der Grenzecke V. Die Ecke V kann in eine ebene Ecke ausarten, wenn das Polyeder P parallele Seitenflächen hat. Dann muß man V als doppelt überdeckt ansehen und die Kanten auf ihrer einen und ihrer anderen Seite unterscheiden. (Wir lassen uns nicht auf eine strenge Begründung dieser Bemerkung ein, da es im weiteren genügt, den formalen Begriff des Flächenwinkels einer Klasse unendlicher Kanten im Auge zu haben.)

Haben die unendlichen Polyeder P_1 und P_2 eine gleichartige Struktur und entsprechend gleiche ebene Winkel, so entsprechen den unendlichen, zu einer Klasse gehörenden Kanten des Polyeders P_2 ebenfalls unendliche Kanten einer Klasse und umgekehrt. Die Klassen der Kanten und gleichzeitig die Kanten der Grenzecken V_1 und V_2 befinden sich also in umkehrbar eindeutiger Zuordnung.

Eine zusätzliche Bedingung, welche die Gleichheit der Flächenwinkel bei Gleichheit der ebenen Winkel sicherstellt, läßt sich folgendermaßen formulieren:

Bei entsprechenden Klassen von Kanten, d. h. bei entsprechenden Kanten der Grenzecken, müssen die Flächenwinkel gleich sein.[1]

Besitzen die Polyeder keine parallelen unendlichen Kanten, so reduziert sich diese Bedingung natürlich auf die einfache Gleichheit der Flächenwinkel bei allen entsprechenden unendlichen Kanten.

2. Wir beweisen nun, daß die eingeführte Bedingung tatsächlich hinreicht:

Satz 1. *Sind bei zwei unendlichen konvexen Polyedern gleicher Struktur die entsprechenden ebenen Winkel und auch die Flächenwinkel bei den entsprechenden Klassen unendlicher Kanten gleich, so sind alle entsprechenden Flächenwinkel dieser Polyeder ebenfalls gleich.*

Die Polyeder P_1 und P_2 mögen den Bedingungen des Satzes genügen. Zu diesen Polyedern nehmen wir uneigentliche Ecken hinzu und betrachten die Kanten einer Klasse als in einer uneigentlichen Ecke zusammentreffend. Diese Ecken sehen wir als benachbart an, wenn sie den Klassen von Kanten entsprechen, die sich beim Umlaufen des unendlichen Teils des Polyeders als benachbart erweisen. Benachbarte uneigentliche Ecken verbinden wir durch uneigentliche Kanten. Wir bezeichnen die Kanten mit den Vorzeichen + oder —, je nach dem Vorzeichen der Differenz der Flächenwinkel; Kanten mit gleichen Flächenwinkeln und auch uneigentliche Kanten lassen wir unbezeichnet. Ecken, zu denen bezeichnete Kanten laufen, nennen wir bezeichnet.

Wie im Beweis von Satz 1, § 2 kann man zwei Arten eigentlicher Ecken unterscheiden: echte und unechte. Wir wiederholen die Überlegungen, welche zum Beweis des erwähnten Satzes führten und können so alle unechten Ecken ausschließen, bei denen nicht vier Zeichenwechsel auftreten, und auch alle „unbezeichneten" Ecken. Danach bleiben bei jeder der übrigen eigentlichen Ecken mindestens vier Zeichenwechsel. Uneigentliche nicht bezeichnete Ecken kann man auch ausschließen.

Wir zeigen, daß bei einem „halben Umlaufen" einer bezeichneten uneigentlichen Ecke von einer uneigentlichen Kante zu einer anderen mindestens ein Zeichenwechsel auftritt. $\alpha_1^{(1)}, \ldots, \alpha_n^{(1)}$ seien Flächenwinkel bei denjenigen Kan-

[1] Die Winkel auf den Seitenflächen der Grenzecke V werden durch die ebenen Winkel des Polyeders P bestimmt: sie sind den Winkeln zwischen den unendlichen Kanten der entsprechenden Seitenflächen des Polyeders gleich. Daher folgt aus der Gleichheit der ebenen Winkel der Polyeder P_1 und P_2 die Gleichheit der ebenen Winkel auf den Seitenflächen ihrer Grenzecken V_1 und V_2. Dann führt die Gleichheit der Flächenwinkel bei V_1 und V_2 zur Kongruenz von V_1 und V_2 selbst. Sofern als die ebenen Winkel bei V_1 und V_2 ein und dieselben sind, sind ihre Flächenwinkel nicht alle unabhängig. Für die Gleichheit aller Flächenwinkel genügt es, die Gleichheit aller ebenen Winkel mit Ausnahme dreier benachbarter zu fordern. (Dies läßt sich leicht nachprüfen, wenn man die Konvexität der Ecken V_1 und V_2 bedenkt.) Man kann also die gestellte Bedingung abschwächen; sie erweist sich insbesondere für Grenzecken mit drei Seitenflächen überhaupt als überflüssig. Gibt es daher bei den Polyedern P_1 und P_2 nur drei Klassen von Kanten, so ist es für die Gleichheit aller Flächenwinkel hinreichend, wenn nur alle ebenen Winkel gleich sind.

ten, die in einer derartigen Ecke A_1 auf dem Polyeder P_1 zusammentreffen, und $\alpha_1^{(2)}, \ldots, \alpha_n^{(2)}$ seien die entsprechenden Flächenwinkel des Polyeders P_2. Nach der Formel (1) sind die Flächenwinkel bei den Klassen dieser Kanten

$$\alpha^{(1)} = \pi - \sum (\pi - \alpha_i^{(1)}), \quad \alpha^2 = \pi - \sum (\pi - \alpha^{(2)}) .$$

Nach der Voraussetzung des Satzes ist jedoch $\alpha^{(1)} = \alpha^{(2)}$. Daraus folgt

$$\sum \alpha_i^{(1)} = \sum \alpha_i^{(2)}, \quad \text{oder} \quad \sum (\alpha_i^{(1)} - \alpha_i^{(2)}) = 0 .$$

Folglich sind die Differenzen $\alpha_i^{(1)} - \alpha_i^{(2)}$ entweder alle gleich Null oder sie wechseln das Vorzeichen mindestens einmal.

Wir nehmen jetzt ein zweites Exemplar P_1' des Polyeders P_1. Seine Kanten versehen wir mit Vorzeichen, die denen der entsprechenden Kanten des Polyeders P_1 entgegengesetzt sind. Wir identifizieren die entsprechenden uneigentlichen Kanten und Ecken der Polyeder P_1 und P_1' und erhalten ein abstraktes „Polyeder" $P_1 + P_1'$, das der Sphäre homöomorph ist. Auf ihm treten an jeder bezeichneten eigentlichen Ecke mindestens vier Zeichenwechsel auf, weil das auf dem Polyeder P_1 der Fall ist. Ferner tritt bei jeder uneigentlichen bezeichneten Ecke des Polyeders P_1 mindestens ein Zeichenwechsel auf, und die Kanten von P_1' tragen entgegengesetzte Vorzeichen. Beim Umlaufen einer uneigentlichen Ecke auf dem „Polyeder" $P_1 + P_1'$ treten daher auch mindestens vier Zeichenwechsel auf: je einer beim Durchschreiten von P_1 und P_1' und zwei beim Übergang von P_1 zu P_1' und umgekehrt.

So gibt es um jede mit Vorzeichen versehene Ecke mindestens vier Zeichenwechsel. Nach dem Cauchyschen Lemma ist dies jedoch unmöglich, so daß es überhaupt keine bezeichneten Ecken geben darf. Man muß nur nachprüfen, daß das Polyeder $P_1 + P_1'$ tatsächlich den Voraussetzungen genügt, unter denen dieses Lemma anwendbar ist. Es gibt zwei derartige Voraussetzungen: das Polyeder ist der Sphäre homöomorph, und keine zwei seiner Ecken A, B sind durch zwei Kanten verbunden. Die erste Bedingung ist erfüllt. Die zweite ist offenbar erfüllt, wenn A und B beide eigentliche oder uneigentliche Ecken sind. Ist aber A eine eigentliche und B eine uneigentliche, so ist AB eine unendliche Kante des Polyeders P_1 (oder P_1'), und in der Ecke B können nur Kanten derselben Klasse zusammentreffen. Sie sind jedoch alle parallel, und darum können von der einen Ecke A nicht zwei verschiedene Kanten nach ein und derselben uneigentlichen Ecke ausgehen.

Das Cauchysche Lemma ist folglich anwendbar und der Satz somit bewiesen.

3. Wir wenden uns nun der Kongruenzbedingung isometrischer unendlicher Polyeder mit einer Krümmung $< 2\pi$ zu. Sie ist völlig analog zu der Bedingung von Satz 1. (Wir bemerken, daß jedes unendliche Polyeder mit einer Krümmung $< 2\pi$, wie in Kap. V, § 2 gezeigt werden wird, eine stetige Verbiegung zuläßt, so daß eine zusätzliche Bedingung für die Kongruenz solcher isometrischer Polyeder immer notwendig ist.)

P_1 sei ein unendliches konvexes Polyeder und φ seine isometrische Abbildung auf ein konvexes Polyeder P_2. Bildet man P_1 auf P_2 ab und umgekehrt, so zerlegen die Bilder der (echten) Seitenflächen des Polyeders P_1 die (echten) Seitenflächen des Polyeders P_2 und umgekehrt. Nach § 3, Lemma 4, erweisen sich die Polyeder P_1 und P_2 im Ergebnis als in gleicher Weise aus kongruenten neuen Seitenflächen zusammengesetzt. Es befinden sich insbesondere ihre unendlichen (neuen) Seitenflächen und folglich auch die unendlichen (neuen)[1] Kanten in paarweiser Zuordnung. Aus der Kongruenz entsprechender Seitenflächen geht klar hervor, daß Seitenflächen mit parallelen Kanten Seitenflächen mit ebenfalls parallelen Kanten entsprechen. Demgemäß ist jeder Klasse einander paralleler Kanten auf P_1 eine Klasse einander paralleler Kanten auf P_2 zugeordnet. Wir erinnern daran, daß wir bei einer Klasse solcher Kanten als Flächenwinkel den Winkel zwischen denjenigen Seitenflächen bezeichnen, die von außen an die äußeren Kanten der Klasse angrenzen (wie die Seitenflächen Q und R, Abb. 84).

Die zusätzliche in Frage stehende Bedingung besteht in folgendem: *die Flächenwinkel bei entsprechenden Klassen unendlicher (neuer) Kanten der Polyeder P_1 und P_2 müssen gleich sein.*

Treten insbesondere auf den Polyedern P_1 und P_2 überhaupt keine parallelen Kanten auf, so läuft die Bedingung darauf hinaus, daß die isometrische Abbildung die unendlichen Kanten des Polyeders P_1 in die unendlichen Kanten des Polyeders P_2 überführen muß und daß die Flächenwinkel bei entsprechenden unendlichen Kanten gleich sein müssen.

Wir wollen nun der angeführten Bedingung eine andere, anschaulichere Form geben und sogleich ihren hinreichenden Charakter beweisen:

Satz 2. *Wenn eine isometrische Abbildung eines unendlichen konvexen Polyeders auf ein anderes existiert, derart, daß die Flächenwinkel bei entsprechenden Klassen unendlicher (neuer) Kanten gleich sind, so läßt sich diese Abbildung durch Bewegung oder durch Bewegung und Spiegelung verwirklichen.*

Nach § 3, Lemma 4, führt die isometrische Abbildung eines Polyeders auf ein anderes dazu, daß die Polyeder gleichartig aus kongruenten neuen Seitenflächen zusammengesetzt sind. Es sind insbesondere die Winkel auf den neuen Seitenflächen entsprechend gleich; daher kann man angesichts der Gleichheit der Flächenwinkel bei entsprechenden Klassen neuer Kanten Satz 1 anwenden, demzufolge alle Flächenwinkel bei entsprechenden Kanten gleich sind. Auf Grund von § 3, Lemma 5, schließen wir daher, daß sich die gegebene isometrische Abbildung durch Bewegung oder durch Bewegung und Spiegelung verwirklichen läßt.

4. Jetzt geben wir der Bedingung des Satzes 2 eine andere Form und untersuchen zu diesem Zweck die Grenzecken $V(P_1)$ und $V(P_2)$ der isometrischen Polyeder P_1 und P_2. Jeder Klasse von Kanten des Polyeders P_i ist eine parallele Kante p der Ecke $V(P_i)$ zugeordnet, in welche alle Kanten der gegebenen Klasse übergehen, wenn sich das Polyeder unbegrenzt ähnlich auf die Grenzecke zusammenzieht. Die Seitenflächen, die von außen an die äußeren Kanten der gegebenen

[1] Es können natürlich unter den neuen Seitenflächen auch alte sein, wenn sie nicht in Teile zerfallen. Unter den unendlichen Kanten befinden sich jedoch immer, wenn nicht die alten selbst, so doch ihre unendlichen Teile.

Klasse angrenzen, gehen hierbei in die Seitenflächen der Grenzecke über, welche in der Kante p zusammentreffen, so daß die Flächenwinkel zwischen diesen und den anderen Seitenflächen entsprechend gleich sind. Die Bedingung des Satzes 2 bedeutet also, *daß die Flächenwinkel bei entsprechenden Kanten der Grenzecken $V(P_1)$ und $V(P_2)$ gleich sein müssen.*

Man muß freilich im Auge behalten, daß einer neuen Kante des Polyeders P_i, die auf einer seiner unendlichen Seitenflächen liegt, nicht eine echte Kante der Ecke $V(P_i)$ entspricht, sondern ihre Erzeugende, die auf ihrer entsprechenden Seitenfläche verläuft. Unter der Gleichheitsbedingung der Flächenwinkel ist jedoch jeder wirklichen Kante der Ecke $V(P_1)$ eine wirkliche Kante der Ecke $V(P_2)$ zugeordnet und umgekehrt. Bei den unechten Kanten jedoch sind die Flächenwinkel immer gleich π. *Daher reicht es hin, nur die echten Kanten der Grenzecken $V(P_1)$ und $V(P_2)$ zu betrachten.*

In der echten Kante der Ecke $V(P_i)$ treffen ihre Seitenflächen zusammen, welche den Seitenflächen des Polyeders P_i zugeordnet sind, bei welchen die unendlichen Kanten nicht parallel sind. *Daher läuft die Gleichheitsbedingung der Flächenwinkel bei solchen Kanten einfach darauf hinaus, daß die Seitenflächen der Polyeder P_i mit nicht-parallelen unendlichen Kanten einander entsprechen und gleiche Flächenwinkel bilden müssen.* Die Zuordnung der Seitenflächen wird durch die gegebene isometrische Abbildung φ hergestellt: die unendliche Seitenfläche Q_2 mit nicht-parallelen Kanten auf P_2 entspricht der Seitenfläche Q_1 auf P_1, sofern das Bild der Seitenfläche Q_1 die Seitenfläche Q_2, wenn auch nicht ganz, überdeckt. Die nicht vollständige Überdeckung der Seitenfläche Q_2 durch das Bild der Seitenfläche Q_1 kann daraus hervorgehen, daß ein Teil von Q_2 a priori einer Seitenfläche Q_1' zugeordnet sein kann, die an Q_1 angrenzt und parallele unendliche Kanten besitzt. Soweit gemäß Satz 2 die Polyeder einfach kongruent sind, kann eine solche teilweise Überdeckung im übrigen nicht tatsächlich eintreten.

5. Wir wollen der Bedingung des Satzes 2 noch eine neue Form geben, in welcher sie weiterhin in Kap. IV eine Rolle spielen wird. Zu diesem Zweck führen wir zuerst einige Definitionen ein.

Es sei P ein unendliches konvexes Polyeder. Als Strahl auf P wollen wir eine nach einer Seite hin unendliche Linie bezeichnen, die auf dem Polyeder P liegt und auf jeder ihrer endlichen Teilstrecken eine Kürzeste ist. Solche Linien wurden schon in § 3 untersucht, und dort wurde in Lemma 2 bewiesen, daß jede solche Linie, die von einem gewissen Punkt ausgeht, sich auf eine Halbgerade reduziert, welche auf einer der unendlichen Seitenflächen des Polyeders P liegt. L' und L'' seien zwei Strahlen auf dem Polyeder P. Auf P geben wir einen Umlaufsinn an. Die unendlichen Seitenflächen des Polyeders wickeln wir in die Ebene ab, indem wir sie im Umlaufsinn der Reihe nach aneinander anlegen; dabei fangen wir bei der Seitenfläche an, auf welcher der Strahl L' liegt (oder zumindest sein unendlicher Teil). Dann ergeben die Strahlen L' und L'' auf der Ebene zwei Halbgeraden (Abb. 85). Den Winkel zwischen diesen Halbgeraden, von L' nach L'' in der angegebenen Umlaufsrichtung gerechnet, nennen wir den Winkel zwischen

L' und L'' (genauer ist das der Winkel von L' nach L'' im gegebenen Umlaufsinn; bei anderer Umlaufsrichtung ist der Winkel ein anderer).

Die Begriffe des Strahles und des Winkels zwischen den Strahlen gehören offensichtlich in die innere Geometrie des Polyeders. Daher gehen bei einer isometrischen Abbildung eines Polyeders auf einen anderen die Strahlen in Strahlen über, und die Winkel zwischen den Strahlen bleiben erhalten.

Wir beweisen nun das folgende Lemma:

Lemma 1. *P sei ein unendliches konvexes Polyeder und V(P) seine Grenzecke.*

1. Bei unendlicher ähnlicher Verkleinerung des Polyeders P auf die Ecke V(P) hin geht jeder Strahl auf dem Polyeder P in eine Erzeugende der Ecke V(P) über (d. h. in eine Halbgerade, die auf der Ecke $V(P)$ liegt und von ihrem Scheitel ausgeht). Diese Erzeugende nennen wir die *Grenzerzeugende* des Strahles L.

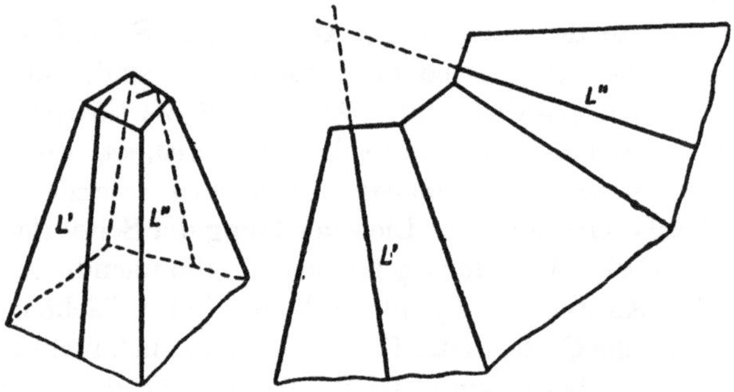

Abb. 85

2. Wie jedem Strahl eine Grenzerzeugende zugeordnet ist, so ist auch umgekehrt jede Erzeugende eine Grenzerzeugende für irgendeinen Strahl (und für alle einander parallelen Strahlen).

3. Der Winkel zwischen den Strahlen ist gleich dem Winkel zwischen ihren Grenzerzeugenden.

Beweis. Der von irgendeinem Punkt ausgehende Strahl L stellt eine Halbgerade dar, die auf einer unendlichen Seitenfläche des Polyeders P liegt. Bei unendlicher ähnlicher Verkleinerung auf den Scheitel der Ecke $V(P)$ hin reduziert sich ein beliebiger endlicher Teil des Polyeders auf den Scheitel der Ecke $V(P)$, und jede Halbgerade reduziert sich auf eine zu ihr parallele Halbgerade, die von dem Scheitel ausgeht. Daher reduziert sich auch der Strahl L auf eine solche Halbgerade, womit die erste Behauptung des Lemmas bewiesen ist.

Jeder Seitenfläche oder Ecke $V(P)$ entspricht eine ihr parallele unendliche Seitenfläche des Polyeders P, und jeder auf der einen Seitenfläche liegenden Halbgeraden kann man eine parallele Halbgerade auf der anderen zuordnen. Daher läßt sich jeder Erzeugenden v der Ecke $V(P)$ eine parallele Halbgerade L auf dem Polyeder P zuordnen. v ist offenbar die Grenzerzeugende für L. Damit ist die zweite Behauptung des Lemmas bewiesen, daß die Erzeugenden und Strahlen in umkehrbarer Zuordnung stehen.

Es seien schließlich L' und L'' zwei Strahlen auf dem Polyeder P. Wickelt man die unendlichen Seitenflächen des Polyeders P in die Ebene ab und zieht man sie ähnlich von einem Punkt aus zusammen, so geht jede Seitenfläche in eine Ecke über, die einer Seitenfläche der Grenzecke entspricht. Gleichzeitig gehen die Strahlen L' und L'' in ihre Grenzerzeugenden über, während der Winkel zwischen ihnen sich offensichtlich nicht ändert. Die Winkel zwischen den Strahlen sind somit den Winkeln zwischen ihren Grenzerzeugenden gleich; dabei werden diese Winkel auf der Ecke V selbst gemessen (oder, was dasselbe ist, in ihrem Netz), unter der Bedingung, daß der auf dem Polyeder angegebene Umlaufsinn auf die Grenzecke V übertragen wird. Lemma 1 ist damit bewiesen.

Hieraus läßt sich leicht der folgende Satz ableiten:

Lemma 2. *Jeder isometrischen Abbildung eines unendlichen Polyeders P_1 auf ein anderes P_2 entspricht eine vollständig bestimmte isometrische Abbildung der Grenzecke $V(P_1)$ auf die Grenzecke $V(P_2)$.*

Bei einer isometrischen Abbildung gehen nämlich die Strahlen in Strahlen über und die Winkel zwischen den Strahlen bleiben erhalten.

Stützt man sich auf das letzte Ergebnis, so kann man Satz 2 eine wesentlich neue Form geben:

Satz 3. *Dafür, daß die isometrische Abbildung φ eines unendlichen konvexen Polyeders P_1 auf ein anderes P_2 sich durch Bewegung oder durch Bewegung und Spiegelung verwirklichen läßt, ist es notwendig und hinreichend, daß die durch die Abbildung φ hervorgerufene isometrische Abbildung der Grenzecke $V(P_1)$ auf $V(P_2)$ sich durch Bewegung oder durch Bewegung und Spiegelung verwirklichen läßt.*

Die Notwendigkeit der Bedingung ist einleuchtend, da man die Grenzecke $V(P_1)$ fest mit dem Polyeder P_1 verbinden kann; bei einer Bewegung, die P_1 mit P_2 zur Deckung bringt, wird die Ecke $V(P_1)$ zur Grenzecke für P_2.

Zum Beweis des hinreichenden Charakters bemerken wir, daß jeder unendlichen Kante des Polyeders P_i eine parallele Kante seiner Grenzecke $V(P_i)$ entspricht. Aus der Definition der isometrischen Zuordnung der Ecken $V(P_1)$ und $V(P_2)$ wird klar, daß ihre entsprechenden Kanten oder überhaupt allgemein Erzeugenden entsprechenden (möglicherweise neuen) Kanten der Polyeder P_1 und P_2 zugeordnet sind. Da die Ecken $V(P_1)$ und $V(P_2)$ durch Bewegung zur Deckung gebracht werden, so sind ihre Flächenwinkel bei entsprechenden Kanten gleich. Wie schon angemerkt wurde, sind diese Flächenwinkel den Flächenwinkeln bei den Klassen der Kanten der Polyeder P_1 und P_2 gleich. Die Bedingung des Satzes 2 erweist sich somit als erfüllt, und die Abbildung φ läßt sich durch Bewegung oder durch Bewegung und Spiegelung verwirklichen.[1] Anschaulich gesprochen kann man die Scheitel der Ecken $V(P_1)$ und $V(P_2)$ in den entsprechen-

[1] Tritt das Zusammenfallen der Ecken $V(P_1)$ und $V(P_2)$ ohne Spiegelung ein, so geht das Zusammenfallen der Polyeder P_1 und P_2 genau so vor sich, da die Spiegelung eines Polyeders die Spiegelung seiner Grenzecke hervorruft. Die einzige Ausnahme können Polyeder darstellen, deren Grenzecken in ebene Ecken ausarten. Die Spiegelung einer solchen Ecke an ihrer Ebene läßt sie nicht nur mit sich selbst zusammenfallen, sondern sie vertauscht auch ihre Kanten nicht miteinander.

den Ecken der Polyeder einlagern und P_1 so verschieben, daß $V(P_1)$ mit $V(P_2)$ zusammenfällt; dann fällt auch das Polyeder P_1 selbst mit dem Polyeder P_2 zusammen.

Es muß noch bemerkt werden, daß man dem Satz 3 nicht folgende einfache Form geben kann: zwei isometrische Polyeder P_1 und P_2 sind kongruent, wenn ihre Grenzecken kongruent sind. Eine derartige Behauptung wäre einfach falsch.

In Kap. V, § 2 wird nämlich bewiesen, daß sich ein beliebiges unendliches konvexes Polyeder stetig so verbiegen läßt, daß sich seine Grenzecke nur dreht und gar nicht deformiert wird. Bei einer solchen Verbiegung erhalten wir Polyeder, die dem ursprünglichen isometrisch sind und dieselben Grenzecken besitzen, ihm aber nicht kongruent sind. Die einzige Ausnahme bilden Polyeder, die sich auf polyedrische Ecken reduzieren, da sie mit ihren Grenzecken zusammenfallen.

Aus dieser Bemerkung geht klar hervor, daß unsere ständigen zusätzlichen Feststellungen, es handle sich um die Elemente von Polyedern und Grenzecken,

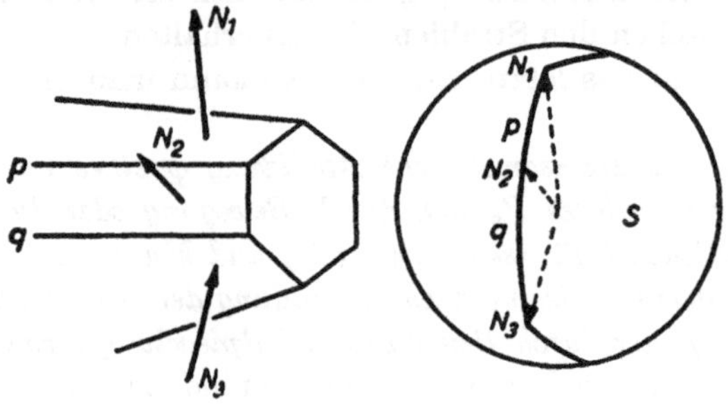

Abb. 86

die einander gerade kraft einer gegebenen isometrischen Abbildung entsprechen, in keiner Weise überflüssig sind.

6. Zum Schluß geben wir noch kurz eine Form der Voraussetzung des Satzes 2 an, die sich auf die Untersuchung der sphärischen Bilder isometrischer Polyeder gründet.

Das sphärische Bild eines unendlichen konvexen Polyeders ist ein konvexes sphärisches Polygon. Der Rand dieses Polygons S wird durch die sphärischen Bilder der unendlichen Kanten gebildet. Die sphärischen Bilder der parallelen Kanten stellen Bogen ein und desselben Großkreises dar und bilden daher eine Seite des Polygons S (Abb. 86). Die Ecken des Polygons S sind die sphärischen Bilder der Seitenflächen mit nicht-parallelen Kanten. Alles dies wird völlig klar, wenn man sich erinnert, daß das sphärische Bild eines Polyeders mit dem sphärischen Bild seiner Grenzecke zusammenfällt. Die Länge der Seite des Polygons S mißt den Winkel zwischen den Normalen der angrenzenden Seitenflächen der Grenzecke, d. h. den Winkel zwischen den Normalen der entsprechenden Seitenflächen des Polyeders. Aber der Winkel zwischen den Normalen ist gleich der Ergänzung des Flächenwinkels zu π. Die Seiten des Polygons S bestimmen daher auch die Flächenwinkel zwischen den Seitenflächen.

Die isometrische Abbildung φ des Polyeders P_1 auf P_2 erzeugt natürlicherweise die Zuordnung ψ der sphärischen Bilder dieser Polyeder: dem sphärischen Bild des Punktes X_1 des Polyeders P_1 wird das sphärische Bild des Punktes $\varphi(X_1)$ des Polyeders P_2 zugeordnet. Da das sphärische Bild eines Punktes nicht allein ein einziger Punkt zu sein braucht, so kann diese Zuordnung in beiden Richtungen nicht-eindeutig sein. Jedoch erhält sie die

Flächeninhalte, insofern als der Flächeninhalt eines sphärischen Bildes bei einer isometrischen Transformation des Polyeders sich nicht ändert.

Da die Längen der Seiten der Polygone S_1 und S_2, welche die sphärischen Bilder der Polyeder P_1 und P_2 darstellen, durch die Flächenwinkel zwischen den Seitenflächen mit nicht-parallelen unendlichen Kanten bestimmt werden, so reduziert sich die Bedingung des Satzes 2 darauf, *daß die Polygone S_1 und S_2 entsprechend kongruente Seiten haben müssen.* Hierbei wird die Zuordnung der Seiten durch die isometrische Abbildung von P_1 auf P_2 so bestimmt, wie es gerade angeführt wurde.

Das sphärische Bild S der polyedrischen Ecke V bestimmt diese Ecke vollkommen (die Kanten der Ecke V sind senkrecht zu den Seitenflächen der Ecke S', die S aus dem Sphärenmittelpunkt projiziert, und umgekehrt: die Kanten der Ecke S' sind senkrecht zu den Seitenflächen der Ecke V). Daher ist die Gleichheit der Grenzecken der Kongruenz der sphärischen Bilder der Polyeder äquivalent, und man kann dem Satz 3 folgende Form geben:

Satz 4. *Gegeben sei die isometrische Abbildung φ eines unendlichen konvexen Polyeders P_1 auf ein anderes P_2. Sie bestimmt die Abbildung ψ des Randes des sphärischen Bildes S_1 des Polyeders P_1 auf den Rand des sphärischen Bildes S_2 des Polyeders P_2. Die Abbildung φ läßt sich durch Bewegung dann und nur dann verwirklichen, wenn sich die Abbildung ψ durch Bewegung verwirklichen läßt.*

§ 5. Polyeder mit Rand

1. Vor allem heben wir einige interessante Folgen hervor, die sich aus den Sätzen in §§ 3 und 4 für konvexe Polyeder mit Rand ergeben. Jedes solche Polyeder ist nach Definition Teil eines geschlossenen oder unendlichen konvexen Polyeders. Daher kann insbesondere seine Gesamtkrümmung nicht mehr als 4π betragen, und wenn es unendlich ist, kann sie nicht einmal größer als 2π sein. Jedoch kann nicht nur ein geschlossenes konvexes Polyeder die Gesamtkrümmung 4π haben. Die Gesamtkrümmung ist nämlich die Summe der Krümmungen der Ecken; trennen wir daher aus einem geschlossenen konvexen Polyeder einen beliebigen Teil heraus, der weder in seinem Inneren noch auf dem Rand Ecken enthält, so erhalten wir ein konvexes Polyeder mit derselben Gesamtkrümmung 4π. Es ist lediglich nötig, daß der übrige Teil des Polyeders zusammenhängend ist, sonst gilt er nach Definition nicht als Polyeder. Es zeigt sich, daß, wie groß der herausgetrennte Teil des Polyeders auch sein mag, welcher keine Ecken enthält, der übrige Teil des Polyeders sich dennoch nicht unter Erhaltung seiner Konvexität verbiegen läßt! Es gilt also

Satz 1. *Ist die Gesamtkrümmung eines konvexen Polyeders P_1 gleich 4π, so läßt sich jede isometrische Abbildung φ von ihm auf ein ebenfalls konvexes Polyeder P_2 durch Bewegung oder durch Bewegung und Spiegelung verwirklichen.*

Beweis. Wir konstruieren die konvexe Hülle des Polyeders P_1, nehmen ihre Oberfläche und erhalten so das geschlossene konvexe Polyeder $\overline{P}_1$. Zu dem Polyeder P_1 wird die Figur $\overline{P}_1 - P_1$ hinzugefügt, welche aus einzelnen Stücken bestehen kann. Da die Gesamtkrümmung des Polyeders P_1 gleich 4π ist, so kann der ihm angefügte Teil $\overline{P}_1 - P_1$ schon keine Ecken enthalten, und man kann folglich jedes seiner zusammenhängenden Stücke in die Ebene abwickeln. Zum Beweis (s. Kap. I, § 8, Nr. 3) reicht es hin, der Reihe nach diejenigen Teile der

Seitenflächen in die Ebene abzuwickeln, welche in jeden zusammenhängenden Teil der Figur $\overline{P}_1 - P_1$ fallen (Abb. 87).

Da P_2 dem Polyeder P_1 isometrisch ist, so hat es dieselbe Gesamtkrümmung 4π, und daher lassen sich auf das Polyeder P_2 die gleichen Gedankengänge anwenden. Wir ergänzen es zu dem geschlossenen Polyeder $\overline{P}_2$, wobei jeder zusammenhängende Teil der Figur $\overline{P}_2 - P_2$ in die Ebene abgewickelt werden kann.

Die isometrische Abbildung φ des Polyeders P_1 auf P_2 stellt eine bestimmte isometrische Zuordnung ihrer Ränder her. Und diese bestimmt die isometrische Zuordnung der Ränder der Figuren $\overline{P}_1 - P_1$ und $\overline{P}_2 - P_2$, d. h. ihre entsprechenden Strecken haben gleiche Längen.

Wir zeigen, daß auch die Winkel an den Rändern dieser Figuren entsprechend gleich sind, natürlich nur, wenn man die Winkel nicht im Raum, sondern auf den Polyedern oder, was dasselbe ist, in den abgewickelten Figuren $\overline{P}_1 - P_1$, $\overline{P}_2 - P_2$ mißt.

Wir betrachten irgendein Paar entsprechender Punkte A_1, A_2 auf den Rändern der Polyeder P_1 und P_2. Auf den Polyedern P_1 und P_2 kann keiner dieser Punkte eine Ecke sein, da andernfalls beim Übergang von P_1 zu $\overline{P}_1$ (oder von P_2 zu $\overline{P}_2$) zur Krümmung von P_1 die Krümmung der Ecke A_1 hinzukäme und die Gesamtkrümmung des Polyeders $\overline{P}_1$ größer als 4π wäre. Ist aber ein Punkt auf einem Polyeder keine Ecke, so beträgt der volle Winkel um ihn 2π. Die vollen Winkel um die Punkte A_1 und A_2 auf den Polyedern $\overline{P}_1$ und $\overline{P}_2$ setzen sich zusammen aus den Winkeln auf den Polyedern P_1 und P_2 und den Winkeln auf den Ergänzungen $\overline{P}_1 - P_1$ und $\overline{P}_2 - P_2$. Auf Grund der Isometrie sind die Winkel auf den Polyedern P_1 und P_2 gleich. Folglich sind auch die Winkel auf $\overline{P}_1 - P_1$ und $\overline{P}_2 - P_2$ gleich.

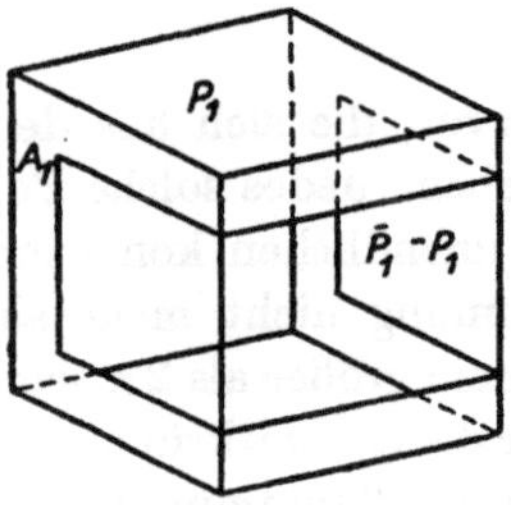

Abb. 87

So bestehen also die Figuren $\overline{P}_1 - P_1$ und $\overline{P}_2 - P_2$ aus Stücken, die in die Ebene abwickelbar sind und die entsprechend kongruente Seiten und gleiche Winkel haben. Daher sind sie isometrisch, und da P_1 und P_2 auch isometrisch sind, so sind auch die geschlossenen Polyeder $\overline{P}_1$ und $\overline{P}_2$ isometrisch. Nach § 3, Satz 1 läßt sich ihre Isometrie durch Bewegung oder durch Bewegung und Spiegelung verwirklichen; dabei fallen ihre Elemente zusammen, deren Zuordnung durch die Isometrie zwischen P_1 und P_2 und gleichzeitig zwischen $\overline{P}_1 - P_1$ und $\overline{P}_2 - P_2$ bestimmt wurde. Folglich erweist sich auch die Isometrie zwischen P_1 und P_2 als durch Bewegung oder Bewegung und Spiegelung verwirklicht.

Unter Anwendung von § 3, Satz 2 läßt sich genau so der folgende Satz beweisen:

Satz 2. *Ist die Gesamtkrümmung eines unendlichen Polyeders mit Rand gleich 2π, so läßt sich jede isometrische Abbildung von ihm auf ein ebenfalls konvexes Polyeder durch Bewegung oder durch Bewegung und Spiegelung verwirklichen.*

Schließlich ergibt sich aus dem Kongruenzsatz isometrischer geschlossener konvexer Polyeder noch folgendes Ergebnis:

Satz 3. *Wir bezeichnen als polyedrische Mütze ein konvexes Polyeder mit ebenem Rand, welches so beschaffen ist, daß seine Orthogonalprojektion auf die Randebene eindeutig ist* (d. h. jede zu dieser Ebene senkrechte Gerade schneidet das Polyeder nur in einem Punkt oder berührt es nur). *Es zeigt sich, daß isometrische polyedrische Mützen kongruent sind; die isometrische Abbildung einer von ihnen auf eine andere läßt sich durch Bewegung oder durch Bewegung und Spiegelung verwirklichen.*

Zum Beweis legen wir an die Ränder der gegebenen Mützen ihnen symmetrische Mützen an. Dann erhält man geschlossene konvexe Polyeder, und waren die Mützen isometrisch, so sind auch diese Polyeder isometrisch. Wenden wir nun § 3, Satz 1 über geschlossene Polyeder an, so erhalten wir Satz 3.

2. Wir stellen nun eine allgemeine Kongruenzbedingung isometrischer Polyeder mit Rand auf, die nicht von deren Gesamtkrümmung abhängt.

Satz 4. *Sind bei zwei konvexen Polyedern, deren jedes von einem geschlossenen Streckenzug berandet wird und die die gleiche Struktur haben, entsprechende Winkel auf entsprechenden Seitenflächen gleich und sind außerdem auch die Winkel zwischen den Randkanten an allen entsprechenden Randecken gleich, so sind die entsprechenden Flächenwinkel dieser Polyeder ebenfalls gleich.*

Wie in den Sätzen des § 2, so ist auch hier die Existenz unechter Ecken und Kanten zugelassen, so daß die „Seitenflächen" ebenfalls nur Stücke wirklicher Seitenflächen sein können.

Genau wie früher kann man aus diesem Satz unter Anwendung von § 3, Lemma 4, folgendes ableiten:

Satz 5. *Gibt es eine isometrische Abbildung eines konvexen, von einem geschlossenen Streckenzug begrenzten Polyeders auf ein anderes konvexes Polyeder und erhält diese Abbildung die Winkel zwischen den Randkanten an allen Randecken, so läßt sich eine derartige Abbildung durch Bewegung oder durch Bewegung und Spiegelung verwirklichen.*

Es genügt Satz 4 zu beweisen.

P_1 und P_2 seien zwei Polyeder, die den Bedingungen dieses Satzes genügen. Wir verteilen an die Kanten des Polyeders P_1 Vorzeichen gemäß der wiederholt angewandten Bedingung. Die Randkanten werden natürlich nicht bezeichnet.

Wie im Beweis von § 2, Satz 1 schließen wir unechte Ecken aus, an denen kein Zeichenwechsel stattfindet, und auch überhaupt alle nicht-bezeichneten Ecken. An jeder der übrigen inneren Ecken treten mindestens vier Zeichenwechsel auf.

A_1 und A_2 seien entsprechende Randecken der Polyeder P_1 und P_2. In die in ihnen zusammentreffenden Randkanten a_1, b_1 und a_2, b_2 spannen wir ebene Ecken ein. Wegen der Konvexität der Polyeder erhalten wir an den Ecken A_1 und A_2 konvexe polyedrische Ecken. Nach den Bedingungen des Satzes sind ihre entsprechenden ebenen Winkel gleich. Wir vergleichen ihre Flächenwinkel und verteilen um die Ecke A_1 die Zeichen + und — gemäß unserer Regel. Nach § 1, Lemma 2a muß es dann um diese Ecke A_1 mindestens vier Zeichenwechsel geben, wenn nur die Ecke A_1 bezeichnet ist. Bei Verteilung der Vorzeichen auf dem Polyeder P_1 haben wir jedoch die Randkanten a_1, b_1 überhaupt nicht bezeichnet. Die Tatsache, daß diese Kanten nicht bezeichnet wurden, vermindert die Anzahl der Zeichenwechsel höchstens um zwei. Bei „halbem Umlaufen" der Ecke A_1 auf dem Polyeder P_1 von der Kante a_1 zu der Kante b_1 muß es deshalb mindestens einen Zeichenwechsel geben.

Wir nehmen nun ein zweites Exemplar P_1' des Polyeders P_1. An seine Kanten setzen wir Vorzeichen, welche denen der entsprechenden Kanten des Polyeders P_1 entgegengesetzt sind. Wir identifizieren die entsprechenden Randkanten und Randecken der Polyeder P_1 und P_1' und erhalten das abstrakte „Polyeder" $P_1 + P_1'$, das der Sphäre homöomorph ist. An jeder der bezeichneten Ecken dieses Polyeders treten mindestens vier Zeichenwechsel auf.

Es sind also an den Kanten des Polyeders $P_1 + P_1'$ die Vorzeichen $+$ und $-$ so verteilt, daß an jeder bezeichneten Ecke die Anzahl der Zeichenwechsel mindestens vier beträgt. Gemäß dem CAUCHYschen Lemma ist dies aber unmöglich. Auf dem Polyeder P_1 kann es demnach überhaupt keine bezeichneten Kanten geben, und Satz 4 ist damit bewiesen.[1]

In den Sätzen 4 und 5 wird vorausgesetzt, daß die Polyeder je von einem geschlossenen Streckenzug berandet werden, d. h. daß sie einer Kreisscheibe homöomorph sind. Ist dies nicht der Fall, so ist unsere Überlegung unanwendbar. In Verbindung hiermit kann man die Aufgabe stellen: man verallgemeinere die Sätze 4 und 5 auf konvexe Polyeder einer anderen topologischen Struktur.

3. Wie schon in Kap. I, § 1, Nr. 6 bemerkt wurde, ist die Untersuchung unendlicher konvexer Polyeder äquivalent der Betrachtung endlicher Polyeder mit Rand, welche die Eigenschaft besitzen, daß ihre äußeren Seitenflächen unendliche Fortsetzungen zulassen, ohne daß bei ihnen neue Schnitte auftreten. Die notwendigen und hinreichenden Bedingungen hierfür wurden am gleichen Ort angegeben. In Verbindung hiermit lassen sich die Sätze über unendliche Polyeder, welche in den §§ 2—4 bewiesen wurden, automatisch auf entsprechende Polyeder mit Rand übertragen.

---

[1] In zwei Beziehungen läßt sich dieser Satz etwas erweitern. Erstens kann man anstelle von Polyedern, die im ganzen konvex sind, Polyeder betrachten, die nur lokal konvex sind, d. h. solche, deren polyedrische Ecken wie bei den berandenden Ecken konvex sind (wenn man die Winkel bei den Randecken noch durch die ebenen Winkel zwischen den Randkanten ergänzt). Zweitens genügt es zu fordern, daß die Gleichheitsvoraussetzung der Winkel zwischen den Randkanten für alle Randecken *mit Ausnahme von vielleicht dreien* erfüllt ist. Eine solche Verstärkung des Ergebnisses ergibt sich leicht aus der Anwendung des CAUCHYschen Lemmas in seiner präzisierten Formulierung; sie hat einen bestimmten Sinn. Wendet man nämlich den EULERschen Satz an, so kann man leicht berechnen, daß, sofern E, E', K die Anzahlen aller Ecken, Randecken und aller Kanten sind, $3E - 3 = K + E'$ ist. Das Polyeder wird aber durch $3E - 6$ Veränderliche eindeutig bis auf Bewegungen bestimmt ($3E$ Koordinaten der Ecken minus 6 Parameter, die die Lage im Raum festlegen). Sein Netz aber wird durch K Kanten vorgegeben. Da nun $3E - 6 = K + E' - 3$ ist, so sind zur Vorgabe des Polyeders nicht noch 3, sondern $E' - 3$ Parameter nötig; d. h. man muß die Winkel nicht bei allen E' Randecken, sondern nur bei $E' - 3$ von ihnen angeben.

Auch für unendliche konvexe Polyeder, die zwar nicht vollständig sind, sondern je von einem unendlichen Streckenzug mit einer endlichen Anzahl von Seiten begrenzt werden, gelten außerdem Sätze, welche den hier gewonnenen Sätzen 3—5 analog sind. Wenn jedoch unendliche Kanten nicht parallel sind, so muß man notwendig noch die Bedingung über die Flächenwinkel zwischen unendlichen Seitenflächen einführen, genau so wie in § 4, Satz 1 und 2. Die Formulierungen und Beweise der Sätze für unendliche Polyeder mit Rand überlassen wir dem Leser.

§ 6. Verallgemeinerungen

1. Die in diesem Kapitel bewiesenen Sätze lassen sich in verschiedenen Richtungen erweitern:

1. Die Untersuchung isometrischer Abbildungen konvexer Polyeder nicht unbedingt auf Polyeder sondern auf beliebige konvexe Flächen.

2. Die Untersuchung isometrischer Abbildungen konvexer Flächen auf andere.

3. Die Übertragung der gewonnenen Sätze auf nicht-euklidische Räume: auf den Lobatschewskischen und den sphärischen Raum.

4. Verallgemeinerungen auf mehr als dreidimensionale Räume.

In allen diesen Fällen halten wir die Forderung nach der Konvexität aufrecht. Ließen wir diese entfallen, so erhielten wir einen völlig unübersehbaren Problemkreis. Eines der Probleme möchten wir jedoch anführen, welches für uns das interessanteste aller Verbiegungsprobleme ist:

Existieren geschlossene Polyeder, die stetige Verbiegungen ohne Knickung der Seitenflächen zulassen, oder gestattet kein geschlossenes Polyeder solche stetigen Verbiegungen? (Alle bekannten Beispiele verbiegbarer Polyeder sind keine wirklichen Beispiele: diese Polyeder weisen Selbstdurchdringungen auf und lassen sich folglich, obwohl sie entsprechend konstruiert sind, dennoch nicht verbiegen.)

Wir werden im weiteren in den Nummern 2—5 der Reihe nach die Verallgemeinerungen der Sätze dieses Kapitels in den vier hier angeführten Richtungen betrachten.

2. Die Frage nach isometrischen Abbildungen geschlossener und unendlicher konvexer Polyeder auf beliebige konvexe Flächen wurde erstmalig von S. P. Olowjanischnikow vollständig gelöst [24], [5]. Aus seinen Arbeiten lassen sich folgende Ergebnisse ziehen:

1. *Ist eine isometrische Abbildung eines endlichen konvexen Polyeders P mit der Gesamtkrümmung 4π auf eine konvexe Fläche F gegeben, so reduziert sich diese Abbildung auf eine Bewegung oder Bewegung und Spiegelung, so daß F unbedingt selbst ein Polyeder ist, das P kongruent ist.*

2. *Ist eine isometrische Abbildung eines unendlichen konvexen Polyeders P mit der Gesamtkrümmung 2π auf eine konvexe Fläche F gegeben, so reduziert sich diese Abbildung auf eine Bewegung oder Bewegung und Spiegelung, so daß F unumgänglich ein P kongruentes Polyeder ist.*

3. *P sei ein unendliches konvexes Polyeder mit einer Krümmung kleiner als 2π, $V(P)$ seine Grenzecke, F eine unendliche konvexe Fläche und $V(F)$ ihr Grenzkegel (d. h. das Ergebnis einer unbegrenzten Verkleinerung von F auf einen Punkt hin). Die isometrische Abbildung φ von P auf F induziert die isometrische Abbildung ψ von $V(P)$* auf $V(F)$. Die Abbildung φ *reduziert sich auf eine Bewegung oder Bewegung und Spiegelung dann und nur dann, wenn sich die Abbildung ψ auf eine solche reduziert.*

4. Auch § 5, Satz 3 über polyedrische Mützen läßt sich erweitern:

Eine konvexe Fläche, die einen ebenen Rand besitzt und einer polyedrischen Mütze isometrisch ist, ist selbst eine dieser kongruente polyedrische Mütze.

Die Beweise dieser Sätze bestehen aus je zwei Teilen: erstens wird bewiesen, daß die Fläche F, die dem Polyeder P isometrisch ist, selbst ein Polyeder ist, wenn die gestellten Bedingungen erfüllt sind; danach bezieht man sich einfach auf die schon bewiesenen Sätze über die Abbildung eines Polyeders auf ein anderes. Der erste Teil des Beweises gründet sich darauf, daß die Seitenflächen des Polyeders bei isometrischer Abbildung in gewisse abwickelbare Flächen so übergehen, daß ihre Stützebenen unumgänglich durch Punkte gehen, die den Ecken des Polyeders entsprechen[1]. Danach ist es relativ leicht zu beweisen, daß bei entsprechenden Bedingungen die Fläche F ein Polyeder ist.

3. Die Frage nach der Unverbiegbarkeit geschlossener konvexer Flächen hat eine lange Geschichte. Schon im Jahre 1838 sprach Minding die Vermutung aus, daß die Sphäre unverbiegbar sei. 1854 veröffentlichte Jellett einen falschen Beweis dieser Vermutung, und erst im Jahre 1899 wurde sie von Liebmann und Minkowski unabhängig voneinander in der Form bewiesen, daß eine hinreichend reguläre (bei Minkowski eine zweimal stetig differenzierbare) Fläche, die einer Sphäre isometrisch ist, selbst eine dieser kongruente Sphäre ist. Einen anderen Beweis gab Hilbert im Jahre 1901. Danach befaßten sich mit der Frage der Unverbiegbarkeit geschlossener konvexer Flächen Liebmann, Weyl, Blaschke, aber nur für unendlich kleine Verbiegungen. Schließlich bewies im Jahre 1927 St. Cohn-Vossen, daß allgemein jede zwei isometrische analytische geschlossene konvexe Flächen mit überall positiver Krümmung kongruent sind. Später gelang es ihm, die Forderung nach dem analytischen Charakter auf eine dreifache stetige Differenzierbarkeit abzuschwächen. Die Methode Cohn-Vossens stellt ein Analogon zur Methode Cauchys dar. Im Jahre 1946 gab Herglotz einen neuen, sehr einfachen Beweis desselben Satzes, wobei er übrigens die Bedingung fallen ließ, daß die Krümmung überall wesentlich positiv ist.[2]

Alle diese Ergebnisse haben einen gemeinsamen Mangel. Es wird gefordert, daß die gegebene Fläche und auch die ihr isometrische vom Gesichtspunkt ihrer räumlichen Form aus und nicht nur im Sinne der inneren Metrik hinreichend regulär sind. Daher erlaubt keines von ihnen auch nur zu behaupten, daß jede konvexe Fläche, die einer Sphäre isometrisch ist, selbst eine Sphäre ist unabhängig von vorher angenommenen Forderungen ihrer Regularität.

Allgemeine Ergebnisse, die von diesem Mangel frei sind und sich zudem nicht nur auf geschlossene konvexe Flächen beziehen, gewann A. W. Pogorelow im Jahre 1948. Wir sagen, eine Fläche habe eine beschränkte spezifische Krümmung, wenn das Verhältnis des Überschusses der Winkelsumme eines geodätischen Dreiecks über π, d. h. $\alpha + \beta + \gamma - \pi$, zum Flächeninhalt dieses Dreiecks durch ein und dieselbe Zahl für alle Dreiecke nach oben beschränkt ist. Es ist wichtig, im Auge zu behalten, daß diese Bedingung schon einen vollständig innergeometrischen Charakter hat und dabei sehr allgemein ist. Die Ergebnisse Pogorelows laufen darauf hinaus, daß *für konvexe Flächen beschränkter spezifischer Krümmung dieselben Sätze 1—4 gelten, welche im vorangehenden Abschnitt für Polyeder formuliert wurden;* bei ihrer Formulierung muß man lediglich „konvexes Polyeder" durch „konvexe Fläche beschränkter Krümmung" ersetzen [26]. Die Beweise Pogorelows gründen sich auf die Kombinierung einer Reihe scharfsinniger Überlegungen, die im Wesen verschieden sind von den Methoden Cohn-Vossens und anderer. Beschränkt man sich aber von vornherein auf reguläre Flächen, so vereinfachen sich diese Beweise beträchtlich.

Die Frage nach isometrischen Abbildungen allgemeiner konvexer Flächen, die keine Polyeder sind und keine beschränkte Krümmung haben, bleibt bisher offen. Es bestehen jedoch Gründe für die Vermutung, daß alle Sätze 1—4 über Polyeder auch für beliebige konvexe Flächen Geltung haben.

---

[1] Wie man leicht sieht, wäre andernfalls der Flächeninhalt des sphärischen Bildes einer Fläche, in welche die Seitenflächen mit Ausschluß der Ecken übergehen, positiv. Dabei bleibt bei jeder isometrischen Abbildung einer konvexen Fläche auf eine andere der Flächeninhalt des sphärischen Bildes erhalten. Dieses allgemeine Ergebnis wird in meinem Buch [12] „Die innere Geometrie . . .", Kap. V, gewonnen. Olowjanischnikow kommt ohne es aus, indem er direkt die angeführte Behauptung über die Stützebenen beweist. Diese Ableitung ist ziemlich schwierig.

[2] Cohn-Vossen [22], Efimow [25]. Diese Arbeiten geben vollständige Rechenschaft über die gestellte Frage.

4. Wendet man sich dem nicht-euklidischen Raum zu, so kann man bemerken, daß die Lemmas in § 1 Axiome über Parallele gar nicht verwenden, da sie von sphärischen Polygonen sprechen. Auf Grund seines topologischen Charakters ist das Cauchysche Lemma überhaupt nicht an diese oder jene Art von Geometrie im gegebenen Raum gebunden. Deshalb lassen sich § 2, Satz 1 und § 3, Satz 1 über geschlossene konvexe Polyeder zusammen mit ihren Beweisen ganz wörtlich in den nicht-euklidischen Raum übertragen (in den Lobatschewskischen und den sphärischen Raum), mit Ausnahme einer Ergänzung, die im Falle des sphärischen Raumes notwendig ist. Das liegt daran, daß das Lemma Cauchys wesentlich das Fehlen zweieckiger Seitenflächen beim Polyeder verwendet. Im Lobatschewskischen Raum wie auch im euklidischen kommen keine Zweiecke vor, und darum ist diese Bemerkung nicht wesentlich. Im sphärischen Raum jedoch existieren Zweiecke: es sind dies gewöhnliche Zweiecke, welche auf der Sphäre durch zwei halbe Großkreise berandet werden. In Verbindung hiermit können Polyeder im sphärischen Raum zweieckige Seitenflächen haben. Wie sich beweisen läßt, hat jedoch ein konvexes Polyeder im sphärischen Raum keine zweieckigen Seitenflächen, abgesehen von dem Fall, daß es durchweg aus Zweiecken besteht. Dann besitzt es nur zwei Ecken, in denen alle seine zweieckigen Seitenflächen zusammentreffen, die an den Seiten aneinandergrenzen. (Der Grenzfall eines solchen Polyeders mit zwei Ecken ist die Sphäre — die „Ebene" des sphärischen Raums.) Man kann sich leicht unmittelbar davon überzeugen, daß solche Polyeder mit zwei Ecken (außer dem äußersten Fall der „Ebene") verbiegbar sind, so daß für sie § 2, Satz 1 und § 3, Satz 1 nicht erfüllt sind.

Die Sätze in § 5 über endliche nicht-geschlossene Polyeder lassen sich ebenfalls wörtlich auf nicht-euklidische Räume übertragen (den Lobatschewskischen und den sphärischen), wenn man Polyeder ausschließt, die sich zu solchen mit zwei Ecken ergänzen lassen.

Im Fall der Sätze über unendliche Polyeder verhält es sich anders, da in ihnen der Begriff der Parallelität eine wesentliche Rolle spielt. Auch sie lassen sich jedoch in den Lobatschewskischen Raum übertragen, wenn man die Parallelität im Sinne Lobatschewskis versteht: zwei unendliche Kanten bezeichnen wir als parallel, wenn sie in einer Ebene liegen und sich asymptotisch nähern. Nimmt man diese Definition an, so kann man § 2, Satz 2 und § 3, Satz 2 über Polyeder mit parallelen unendlichen Kanten und § 4, Satz 1 und 2 über Polyeder mit nicht-parallelen unendlichen Kanten auf den Lobatschewskischen Raum übertragen. Alle zu ihrem Beweis führenden Überlegungen bleiben in Kraft. Genau so läßt sich § 2, Satz 3 ohne Änderungen auf den Lobatschewskischen Raum übertragen.

In diesen Sätzen handelt es sich um Polyeder, die einer Ebene homöomorph sind. Es zeigt sich jedoch, daß ein unendliches konvexes Polyeder im Lobatschewskischen Raum, das Ecken hat (und sich deshalb nicht auf ein unendliches Prisma reduzieren läßt), einer Ebene auch nicht homöomorph zu sein braucht. Man kann zeigen, daß es einem beliebigen endlich-zusammenhängenden Gebiet in der Ebene homöomorph sein kann, d. h. einer Ebene mit einer beliebigen endlichen Anzahl von „Löchern".[1] Es erweitert sich daher der Kreis aller möglichen Sätze über unendliche konvexe Polyeder im Lobatschewskischen

[1] Wir verwenden das bekannte Modell des Lobatschewskischen Raums als des Inneren einer euklidischen Kugel K, in der die Sehnen der Kugel K als Geraden gelten und als Ebenen die Großkreise in dieser Kugel. Insofern als die Geraden Lobatschewskis und Euklids hier zusammenfallen, ist dann der Körper, der in der Kugel K enthalten und im euklidischen Sinne konvex ist, im Sinne der Geometrie Lobatschewskis konvex und umgekehrt. Der Rand der Kugel K besteht aus den unendlich weit entfernten Punkten des Lobatschewskischen Raums. Wir wählen ein konvexes Polyeder, das in der Kugel K liegt, derart, daß seine Ecken $A_1, \ldots, A_n$ auf der Oberfläche der Kugel liegen, während die Ecken $B_1, \ldots, B_m$ im Inneren liegen. Dies Polyeder ist ein unendliches konvexes Polyeder im Sinne der Geometrie Lobatschewskis: seine unendlichen Kanten treffen in den unendlich weit entfernten Punkten A_i zusammen. Es ist offensichtlich einer Kugel mit Ausnahme der n Punkte $A_1, \ldots, A_n$ und daher einem ebenen Gebiet mit $n - 1$ „Löchern" homöomorph.

Raum aufs äußerste im Vergleich zu dem, was im euklidischen Raum möglich ist. Die ins einzelne gehende Untersuchung unendlicher konvexer Polyeder im LOBATSCHEWSKIschen Raum verspricht sichtlich viel Interessantes.

Als Aufgabe über Polyeder, die einer Ebene homöomorph sind, kann man die Frage nach ihrer Grenzecke stellen. Da eine ähnliche Verkleinerung im LOBATSCHEWSKIschen Raum unmöglich ist, läßt sich die Grenzecke $V(P, O)$ eines Polyeders P an der Ecke O als Rand einer körperlichen Ecke definieren, die von Strahlen erfüllt wird, welche von O ausgehen und in dem vom Polyeder P begrenzten Körper enthalten sind. Hängt diese Ecke vom Punkt O ab? In welcher Beziehung befinden sich ihre Seitenflächen und Kanten zu den unendlichen Seitenflächen und Kanten des Polyeders?

5. Eine Verallgemeinerung der in diesem Kapitel bewiesenen Sätze auf mehr als dreidimensionale Polyeder hat keinen Sinn, *da schon im vierdimensionalen Raum nicht einmal eine konvexe polyedrische Ecke V Verbiegungen zuläßt.* Zum Beweis beschreiben wir um den Scheitel einer solchen Ecke eine dreidimensionale Sphäre. Auf ihr schneidet diese Ecke ein konvexes Polyeder P aus, welches ein geschlossenes Polyeder im dreidimensionalen sphärischen Raum ist. Wie aber oben angemerkt wurde, gilt der Satz von der Unverbiegbarkeit eines geschlossenen konvexen Polyeders auch im sphärischen Raum. Daher erweist sich auch die Ecke V als unverbiegbar. Um so mehr gilt dasselbe in einem Raum höherer Dimension. Hieraus folgt, daß in einem mehr als dreidimensionalen Raum kein konvexes Polyeder nicht-triviale isometrische Abbildungen zuläßt.

Die Frage nach der Gleichheit von Flächenwinkeln unter der Bedingung der Gleichheit der Winkel auf zweidimensionalen Seitenflächen erweist sich aus genau denselben Überlegungen als trivial.

KAPITEL IV

DIE EXISTENZ EINES POLYEDERS MIT GEGEBENEM NETZ

Die ersten drei Paragraphen dieses Kapitels sind dem Existenzbeweis eines geschlossenen konvexen Polyeders mit gegebenem Netz gewidmet; dieser Beweis wird mittels einer Methode durchgeführt, welche sich auf das Abbildungslemma gründet (Kap. II, § 2). In § 1 wird eine Mannigfaltigkeit $\mathfrak{M}$ von Netzen einer vorgegebenen Struktur definiert und untersucht. In § 2 betrachten wir eine Mannigfaltigkeit $\mathfrak{P}$ von Polyedern, die sich aus den Netzen der gegebenen Struktur verheften lassen. Der Beweis wird in § 3 zum Abschluß gebracht, wo wir das Abbildungslemma auf die Abbildung der Mannigfaltigkeit $\mathfrak{P}$ in $\mathfrak{M}$ anwenden.

Die letzten zwei Paragraphen (§§ 4 und 5) sind den unendlichen Polyedern gewidmet. Die Verallgemeinerungen der Ergebnisse des ganzen Kapitels im Sinne des letzten Paragraphen von Kap. III legen wir in Kap. V, § 3 dar.

§ 1. Eine Mannigfaltigkeit von Netzen

1. Wir wollen Netze betrachten, die der Sphäre homöomorph sind und deren Winkelsumme um jede Ecke $\leq 2\pi$ ist. Unser endgültiges Ziel ist es zu beweisen, daß sich aus jedem derartigen Netz ein geschlossenes konvexes Polyeder verheften läßt. Zu diesem Ziel gelangen wir in § 3. Hier hingegen erhalten wir Hilfssätze, welche sich auf Netze beziehen.

Da man jedes endliche Polygon in Dreiecke zerlegen kann, so kann man sich auf Netze beschränken, die nur aus Dreiecken bestehen. Wir werden in den §§ 1—3 keinerlei Netze betrachten außer solchen, die der Sphäre homöomorph und aus Dreiecken zusammengesetzt sind, und daher werden wir solche einfach als Netze bezeichnen.

Ein Netz, für das die Summe der Winkel in den Ecken $\leq 2\pi$, ist nennen wir ein *Netz positiver Krümmung*. Ist aber in jeder Ecke des Netzes die Winkelsumme wirklich kleiner als 2π, so sagen wir, das Netz besitze keine überflüssigen Ecken oder es habe eine *im strengen Sinne* positive Krümmung.

Wie schon in Kap. I, § 6 angegeben wurde, hat ein Netz seine Metrik. Man kann in ihm kürzeste Linien zwischen zwei beliebigen Punkten ziehen (Kap. I, § 8, Satz 1). Eine solche Kürzeste besteht aus Strecken, welche auf den Netzpolygonen liegen, wobei der Übergang von einer Strecke zur folgenden durch identifizierte Punkte der Polygonränder vor sich geht. Wir benutzen einige einfache Sätze über kürzeste Linien und die Krümmung in Netzen. Die Beweise dieser Sätze wurden in Kap. I, § 8 gegeben.

Zweckmäßigerweise stellt man sich ein Netz als auf irgendeine Sphäre S abgebildet vor, so daß seine Metrik und insbesondere die Kürzesten auf die Sphäre S übertragen sind.

Lassen sich zwei Netze so aufeinander abbilden, daß die Entfernungen zwischen entsprechenden ihrer Punktepaare gleich sind, so sagen wir, die Netze sind isometrisch.[1] Läßt sich aus einem Netz ein geschlossenes konvexes Polyeder verheften, so wollen wir der Kürze halber sagen, das Netz sei realisierbar. Sofern ein gegebenes Netz realisierbar ist, läßt sich offensichtlich jedes ihm isometrische Netz durch dasselbe Polyeder realisieren. Daher kann man anstatt eines Netzes immer ein ihm isometrisches Netz betrachten.

2. Lemma 1. *Ein Netz kann nicht weniger als drei Ecken besitzen, bei denen die Winkelsummen kleiner als 2π sind. Hat ein Netz nur drei solche Ecken und sind in allen seinen übrigen Ecken (wenn es sie überhaupt gibt) die Winkelsummen gleich 2π, so ist es durch ein doppelt überdecktes Dreieck realisierbar.*

Die Gesamtkrümmung eines Netzes, das einer Sphäre homöomorph ist, beträgt nämlich 4π (siehe Kap. I, § 8, Satz 3), und die Krümmung einer Ecke ist kleiner als 2π. Hieraus folgt die erste Behauptung des Lemmas.

Das Netz R möge jetzt nur drei Ecken A, B und C mit Winkelsummen $< 2\pi$ haben, in allen seinen übrigen Ecken seien die Winkelsummen gleich 2π. Wir bilden das Netz auf die Sphäre S ab und verbinden die Ecken A, B und C durch Kürzeste. Die Sphäre wird in zwei Dreiecke zerlegt, die in ihrem Inneren keine Punkte enthalten, bei welchen die Winkelsummen $\neq 2\pi$ sind. Daher lassen sich die Dreiecke in die Ebene abwickeln (Kap. I, § 8, Satz 4). Legt man sie darauf so aufeinander, daß ihre entsprechenden Seiten zusammenfallen, so erhält man ein doppelt überdecktes Dreieck, welches das Netz R realisiert.

Lemma 2. *Jedes Netz positiver Krümmung ist einem Netz isometrisch, das folgenden Bedingungen genügt: 1) es besteht nur aus Dreiecken, 2) es hat keine „überflüssigen" Ecken, d. h. keine Ecken, bei denen die Winkelsummen gleich 2π sind, 3) bei keinem seiner Dreiecke sind irgend zwei Ecken miteinander zu verheften, d. h. entsprechen irgend zwei Ecken derselben Netzecke.*

Beweis. R sei ein gegebenes Netz und $A_1, \ldots, A_e$ seien seine nicht überflüssigen Ecken. Nach Lemma 1 ist $e \geq 3$. Wir bilden das Netz R auf die Sphäre S ab. Wir verbinden die Ecke A_1 durch Kürzeste mit den übrigen Ecken $A_2, \ldots, A_e$ und schneiden so die Sphäre S — oder, was dasselbe ist, das Netz R — entlang dieser Kürzesten auf (siehe Abb. 88a, welche einen bedingt „topologischen" Charakter hat).

Da die von einem Punkt ausgehenden Kürzesten sich nicht schneiden können, so erhalten wir als Ergebnis einer solchen Zerschneidung ein (geodätisches) Polygon Q, das dem Kreis homöomorph ist. Es enthält in seinem Inneren keine Ecken,

[1] Man kann sich leicht davon überzeugen, daß man, sofern zwei Netze isometrisch sind, von einem von ihnen zum anderen übergehen kann durch endlich viele Operationen des Auseinanderschneidens und Verheftens.

und gemäß Kap. I, § 8, Satz 5 kann man es daher durch Diagonalen in Dreiecke zerlegen, deren jedes in die Ebene abwickelbar ist.

Wir wollen jedoch beweisen, daß sich das Polygon Q durch Diagonalen derart in Dreiecke zerlegen läßt, daß sich im gewonnenen Netz bei keinem Dreieck zwei Ecken miteinander verheften lassen, d. h. daß sie nicht einer Ecke des Netzes entsprechen.

Im Polygon Q gibt es zwei Arten von Ecken: $e - 1$ Ecken entsprechen den Ecken $A_2, A_3, \ldots, A_e$ des Netzes und die anderen $e - 1$ Ecken entsprechen allein

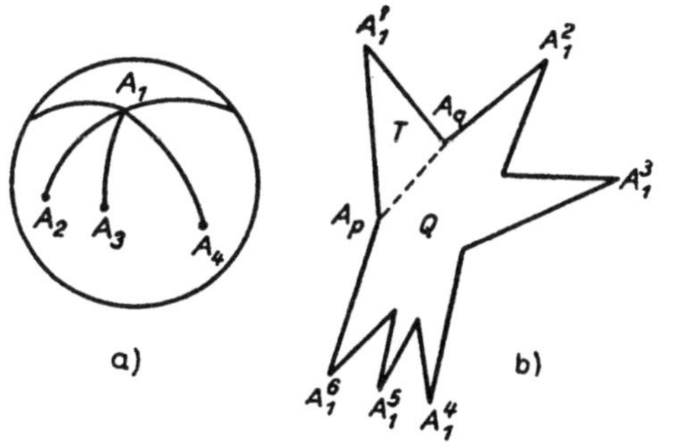

Abb. 88

der Ecke A_1 (Abb. 88b). Diese Ecken der „zweiten Art“ $A_1^1, A_1^2, \ldots, A_1^{e-1}$ liegen auf dem Umfang des Polygons Q mit den anderen abwechselnd. Da nur Ecken der zweiten Art ein und derselben Ecke des Netzes entsprechen, müssen wir folgendes beweisen:

Das Polygon Q läßt sich durch Diagonale derart in Dreiecke zerlegen, daß in jedem von diesen maximal eine Ecke der „zweiten Art“ angehört.

Zum Beweis bemerken wir, daß die Summe der Winkel bei den Ecken der „zweiten Art“ nichts anderes ist als der Vollwinkel um die Ecke A_1; nach Voraussetzung ist sie folglich kleiner als 2π. Daher kann der größte Winkel höchstens bei einer der Ecken der zweiten Art größer als π oder gleich π sein.

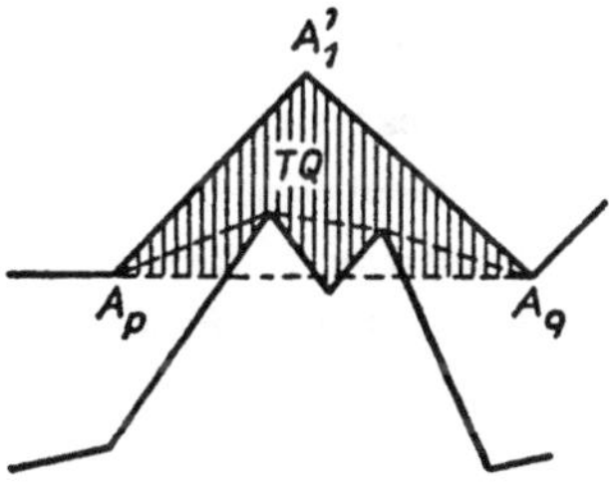

Abb. 89

Bei der Ecke A_1^1 sei der Winkel kleiner als π. Ihr mögen die Ecken A_p, A_q benachbart sein. Wir zeichnen die Strecke $A_p A_q$ und betrachten das Dreieck $T = A_1^1 A_p A_q$ (Abb. 88b). Da der Winkel des Polygons Q bei der Ecke A_1^1 kleiner als π ist, so ist er auch ein Winkel des Dreiecks T, so daß der Durchschnitt TQ des Dreiecks T und des Polygons Q ein gewisses Polygon darstellt; insbesondere kann er mit dem Dreieck T zusammenfallen. Im letzteren Falle erhalten wir, wenn wir es von Q abschneiden, das Polygon $Q - T$, bei welchem eine Ecke der zweiten Art weniger auftritt. Andernfalls ziehen wir im Polygon TQ eine Kürzeste aus Streckenzügen, welche die Ecken A_p und A_q verbinden (Abb. 89); dieser

Streckenzug $\overset{\frown}{A_p A_q}$ ist offensichtlich kürzer als der Streckenzug, welcher von den Seiten $A_p A_1^1$ und $A_q A_1^1$ gebildet wird:

$$\overset{\frown}{A_p A_q} < A_p A_1^1 + A_1^1 A_q\,. \tag{1}$$

Läge auf der Linie $\overset{\frown}{A_p A_q}$ irgendeine Ecke der „zweiten Art" A_1^j, so erhielten wir

$$A_p A_1^j + A_1^j A_q < A_p A_1^1 + A_1^1 A_q\,,$$

und folglich wäre mindestens eine der Strecken $\overset{\frown}{A_p A_1^j}$, $\overset{\frown}{A_1^j A_q}$ dieser Linie kürzer als die entsprechende Strecke $A_p A_1^1$ oder $A_1^1 A_q$; beispielsweise wäre

$$\overset{\frown}{A_p A_1^j} < A_p A_1^1\,. \tag{2}$$

Auf Grund der ursprünglichen Konstruktion ist jedoch die Seite $A_p A_1^1$ die Kürzeste zwischen den Ecken A_p und A_1 im gegebenen Netz. Die Linie $\overset{\frown}{A_p A_1^j}$ aber verbindet ebenfalls die Ecke A_p mit A_1. Sie kann nicht kürzer als die Kürzeste sein, und daher ist die Ungleichung (2) und gleichzeitig auch (1) unmöglich. Folglich ist auch die Annahme falsch, auf der Linie $\overset{\frown}{A_p A_q}$ läge irgendeine Ecke der zweiten Art.

Damit ist der Beweis erbracht, daß das Polygon, welches durch die Linie $\overset{\frown}{A_p A_q}$ von Q abgeschnitten wird, nur eine Ecke A_1^1 der zweiten Art enthält. Nach seiner Abtrennung bleibt ein Teil des Polygons Q übrig, der aus einigen Polygonen mit einer kleineren Anzahl von Ecken der zweiten Art besteht. Auf jedes dieser Polygone lassen sich alle vorhergehenden Überlegungen anwenden: wir können von ihnen Polygone abschneiden, deren jedes eine Ecke der zweiten Art besitzt usw., solange bis wir alles in Polygone zerlegt haben, von welchen jedes nur eine oder keine Ecke der zweiten Art enthält. Danach bleibt übrig, jedes dieser Polygone in Dreiecke zu zerlegen, und wir gelangen zum nötigen Ergebnis.

Die bewiesenen Lemmas 1 und 2 zeigen, *daß es hinreicht, sich auf die Untersuchung von Netzen zu beschränken, welche aus Dreiecken bestehen und folgenden Bedingungen genügen: 1. es ist die Anzahl der Ecken* $e > 3$, *2. es gibt keine „überflüssigen" Ecken, 3. bei keinem Dreieck sind die Ecken miteinander zu verheften.* Im folgenden betrachten wir diese Bedingungen als erfüllt, ohne daß besonders darauf hingewiesen wird.

3. Sieht man beim Begriff des Netzes von metrischen Beziehungen ab und betrachtet man es rein kombinatorisch, d. h. hat man lediglich die in ihm gegebenen Identifizierungen der Seiten und Ecken der Dreiecke im Auge, so verwandelt sich das Netz in das, was wir einen *Komplex* nennen wollen. Folglich ist ein „Komplex" eine Menge endlich vieler abstrakter Dreiecke mit vorgegebener Identifizierung ihrer Seiten und Ecken, welche den in der Definition des Netzes enthaltenen Bedingungen genügt.

Es ist dies eine gewisse Verallgemeinerung des Begriffes des Komplexes, wie er in der kombinatorischen Topologie angenommen wurde. Und zwar fordern wir nicht, daß bei zwei Dreiecken nur je eine Seite oder je eine Ecke sich identifizieren lasse. Aber nach der am Ende des vorhergehenden Abschnittes gestellten Bedingung ist die Verheftung eines Dreiecks mit sich selbst nicht gestattet.

Da unser Netz einer Sphäre homöomorph ist, so ist, wenn man sich die Dreiecke als willkürliche topologische Bilder gewöhnlicher Dreiecke vorstellt, der Komplex einer Sphäre homöomorph. Man kann deshalb kurz sagen, ein Komplex ist eine Menge topologischer Dreiecke mit solchen Identifizierungen ihrer Seiten und Ecken, kraft deren diese Menge der Sphäre homöomorph ist.

Sind die Dreiecke eines gegebenen Komplexes K als ebene Dreiecke vorgegeben und vollziehen sich die Identifizierungen der Seiten unter Erhaltung der Längen, so erhalten wir ein Netz. In diesem Fall sagen wir, der Komplex K verwandle sich in ein Netz der Struktur von K.

K sei ein gegebener Komplex, und f, k, e seien die Anzahlen seiner Dreiecke, Kanten und Ecken. Da ebene Dreiecke durch die Längen ihrer Seiten eindeutig bestimmt sind, so reicht es hin, den Kanten des Komplexes K bestimmte Längen vorzuschreiben, um ihn in ein bestimmtes Netz umzuformen. Ein Netz der Struktur von K wird folglich durch die Angabe von k Parametern — den Längen der Kanten $r_1, \ldots, r_k$ — festgelegt.

Bedient man sich des k-dimensionalen Raumes, so wird die Menge aller Netze der Struktur von K in ihm als ein gewisses Gebiet $\mathfrak{M}^0$ dargestellt. Die einzigen Bedingungen, denen die Längen der Kanten genügen müssen, sind die „Dreiecksungleichungen": die Summe der Längen je zweier Seiten eines Dreiecks muß größer sein als die Länge seiner dritten Seite[1]:

$$r_i + r_j > r_l.$$

Dies sind lineare Ungleichungen, und daher bestimmt jede von ihnen einen gewissen Halbraum. Die Überschneidung dieser Halbräume bildet eben das Gebiet $\mathfrak{M}^0$. (Beiläufig ist zu sehen, daß es das Innere einer konvexen polyedrischen Ecke mit dem Scheitel im Ursprung darstellt.) Dieses Gebiet ist sicher nicht leer: es reicht hin, allen Kanten ein und dieselbe Länge vorzuschreiben, um allen Dreiecksungleichungen zu genügen. Es existiert also für einen beliebigen Komplex K ein Netz der Struktur von K aus gleichseitigen Dreiecken.

Die Menge der Netze wirklich positiver Krümmung wird durch eine Menge $\mathfrak{M}$ dargestellt, welche ein Teil des Gebietes $\mathfrak{M}^0$ ist.

Die Summe $\sum_i \varphi_{ij}$ der Winkel, die in einer Ecke zusammentreffen (i ist die Nummer der Ecke, j die Nummer des Winkels bei dieser Ecke), ist eine stetige Funktion der Längen der Kanten. $\mathfrak{M}$ wird durch die Ungleichungen bestimmt:

$$\sum_j \varphi_{ij} < 2\pi \qquad (i = 1, 2, \ldots, e)$$

und stellt folglich eine offene Menge dar. *Dies ist die Mannigfaltigkeit von Netzen wirklich positiver Krümmung, welche wir im weiteren betrachten wollen.*

[1] Der positive Charakter der Längen folgt schon aus diesen Ungleichungen: $r_i + r_j > r_l$, $r_i + r_l > r_j$, und folglich $2r_i + r_j + r_l > r_j + r_l$, woraus sich $r_i > 0$ ergibt.

Es könnte sein, daß $\mathfrak{M}$ leer ist; aber davon haben wir nicht zu reden, da wir beweisen wollen, daß man, wenn es Netze positiver Krümmung der Struktur von K gibt, aus jedem von ihnen ein konvexes Polyeder verheften kann. *Darum werden wir voraussetzen,* $\mathfrak{M}$ *sei nicht leer*[1].

4. Lemma 3. *Ist die Anzahl der Ecken des Komplexes K größer als drei, so stellt die Mannigfaltigkeit $\mathfrak{M}$ nur einen Teil des Gebietes $\mathfrak{M}^0$ dar und hat folglich in $\mathfrak{M}^0$ einen Rand.*

Zuerst beweisen wir, daß es in einem Komplex mit mehr als drei Ecken mindestens eine Ecke gibt, in der mindestens drei Dreiecke zusammentreffen. Dafür genügt es zu zeigen, daß ein Komplex im ganzen nur drei Ecken besitzt, wenn in jeder seiner Ecken höchstens zwei Dreiecke zusammentreffen.

ABC sei ein Dreieck eines derartigen Komplexes. An seine Seite AB sei das Dreieck ABD angeheftet (Abb. 90). Dann treffen in den Ecken A und B schon zwei Dreiecke zusammen, und wenn keine anderen an diese angrenzen können, so sind offensichtlich die Seiten AC und BC mit AD und BD verheftet. (Es könnte sein, daß BC sich mit AC und BD mit AD verheften läßt. Dann aber würden beim Dreieck ABC die Ecken A und B identifiziert, was nach der in Nr. 2 angenommenen Voraussetzung ausgeschlossen ist.) Es bleiben nur drei Ecken, und es läßt sich nichts mehr zum Komplex hinzufügen, da keine freien Seiten übrig sind. Somit ist unsere Behauptung bewiesen.

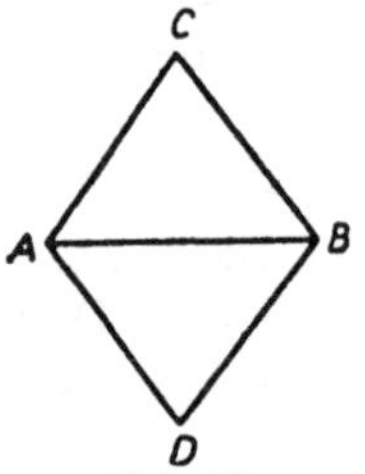

Abb. 90

Der Komplex K möge nun mehr als drei Ecken haben. Wie wir eben gezeigt haben, befindet sich dann in ihm eine Ecke A, in welcher mindestens drei Dreiecke zusammentreffen.

Zuerst schreiben wir allen Kanten des Komplexes K gleiche Längen vor, d. h. wir wählen ein Netz aus regulären Dreiecken. Dann vermindern wir um ein und denselben Betrag die Längen aller Kanten, die in A zusammentreffen, wobei wir die Längen der übrigen Kanten unverändert lassen. Die in A zusammentreffenden Winkel wachsen dann und kommen π beliebig nahe. Da es ihrer mindestens drei sind, wird ihre Summe $\geq 2\pi$.

Auf diese Weise erhalten wir Netze, welche der Mannigfaltigkeit $\mathfrak{M}$ nicht angehören, und das Lemma ist bewiesen.

---

[1] Daß $\mathfrak{M}$ leer ist, bedeutet, daß sich der Komplex K nicht in ein Netz verwandeln läßt, dessen Winkelsummen bei allen Ecken kleiner als 2π sind. Man kann leicht Beispiele solcher Komplexe konstruieren, indem man bei einigen Dreiecken die Verheftung der Ecken zu einem Punkt zuläßt. Nach der am Ende von Nr. 2 angenommenen Voraussetzung sind jedoch bei uns solche „Selbstverheftungen" ausgeschlossen. Für einen Komplex ohne Selbstverheftungen ist es wahrscheinlich, daß er sich immer in ein Netz wirklich positiver Krümmung umformen läßt, so daß in der Tat bei unserer Voraussetzung die Menge $\mathfrak{M}$ nicht leer sein kann. Wir wissen jedoch nicht, wie sich dies in allgemeiner Form beweisen läßt. Für den Fall, daß sich im Komplex K je zwei Dreiecke maximal an einer Seite oder Ecke verheften lassen, ist dies bewiesen.

Der Rand der Mannigfaltigkeit $\mathfrak{M}$ besteht aus Punkten, die den Netzen entsprechen, bei denen die Winkelsumme in jeder Ecke kleiner als oder gleich 2π und mindestens bei einer Ecke gleich 2π ist.

Wie wir schon anmerkten, wird nämlich die Mannigfaltigkeit $\mathfrak{M}$ durch e Ungleichungen bestimmt:

$$\sum_j \varphi_{ij} < 2\pi \qquad (i = 1, 2, \ldots, e), \tag{3}$$

wobei φ_{ij} den j-ten Winkel bei der i-ten Ecke bedeutet. Der Winkel φ_{ij} ist eine stetige Funktion der Längen der Kanten. Daher kann sich keine dieser Ungleichungen am Rand der Mannigfaltigkeit $\mathfrak{M}$ umkehren, und mindestens eine von ihnen muß in eine Gleichung übergehen.

Hieraus folgt auch, *daß der Rand der Mannigfaltigkeit aus Stücken von e Flächen $F_1, F_2, \ldots, F_e$ besteht, welche durch die Gleichungen*

$$\sum_j \varphi_{ij} = 2\pi \qquad (i = 1, 2, \ldots, e) \tag{4}$$

dargestellt werden, wobei man die Winkel φ_{ij} als Funktion der Kantenlängen, d. h. der Koordinaten in unserem k-dimensionalen Raum, betrachten muß[1].

Jetzt beweisen wir das letzte Lemma, welches beim Beweis unseres Satzes von der Realisierbarkeit von Netzen positiver Krümmung in § 3 eine entscheidende Rolle spielen wird.

Lemma 4. *Auf dem Rand jeder zusammenhängenden Komponente der Mannigfaltigkeit $\mathfrak{M}$ gibt es einen Punkt, der so beschaffen ist, daß in einer gewissen Umgebung von ihm keine Punkte anderer zusammenhängender Komponenten der Mannigfaltigkeit $\mathfrak{M}$ auftreten*[2].

Beweis. $\mathfrak{M}'$ sei irgendeine zusammenhängende Komponente der Mannigfaltigkeit $\mathfrak{M}$. Es sei X_0 ein Punkt auf ihrem Rand, welcher der kleinsten Anzahl von Flächen $F_1, \ldots, F_e$ angehört, sagen wir den Flächen $F_1, \ldots, F_l$. Wir zeigen, daß dieser Punkt den Forderungen des Lemmas genügt[3].

Der Punkt X_0 stellt ein Netz R_0 dar, bei welchem die Winkelsummen an den Ecken $A_1, \ldots, A_l$ gleich 2π sind, während sie bei allen übrigen Ecken A_i kleiner als 2π sind. Es läßt sich offenbar ein so kleines $\varepsilon > 0$ angeben, derart, daß bei

[1] Die Mengen F_i, welche durch die Gleichungen (4) bestimmt werden, bezeichnen wir bedingt als Flächen. In der Tat können einige von ihnen leer sein. Denn wenn in der i-ten Ecke nur zwei Dreiecke und folglich nur zwei Winkel zusammentreffen, so ist ihre Summe natürlich immer kleiner als 2π. (In allen anderen Fällen bestimmt die Gleichung (4) wirklich eine $(k-1)$-dimensionale Fläche in unserem k-dimensionalen Raum; wir benötigen dies jedoch nicht und werden es daher nicht beweisen.)

[2] In der Tat müssen sicher fast alle Punkte des Randes diese Eigenschaft besitzen. Dies ersieht man leicht aus dem analytischen Charakter der Funktion $\Sigma\varphi_{ij}$. Wir kommen aber mit elementaren Mitteln aus und erhalten ein für uns genügendes Ergebnis. Wir bemerken noch, daß wir nicht wissen, ob die Mannigfaltigkeit $\mathfrak{M}$ immer zusammenhängend ist. Gelänge es, ihren Zusammenhang leicht zu beweisen, so vereinfachte sich der ganze Beweis.

[3] Tatsächlich ist diese kleinste Anzahl von Flächen gleich Eins, wobei fast alle Punkte des Randes je auf nur einer Fläche F_i liegen. Wir verzichten auf einen Beweis, da wir diese Tatsache nicht benötigen.

einer beliebigen Veränderung der Kantenlängen des Netzes R_0, die kleiner als ε ist, bei keiner der Ecken A_i $(i > l)$ die Winkelsumme gleich 2π wird. Wir beschränken uns nur auf solche Veränderungen der Kantenlängen. Dies bedeutet, daß wir uns auf eine so kleine Umgebung W des Punktes X_0 beschränken, daß es in dieser Umgebung keine Punkte anderer Flächen F_i außer $F_1, \ldots, F_l$ gibt.

Wir untersuchen die Dreiecke des Netzes R_0, welche in seiner Ecke A_1 zusammentreffen. r sei die Kante eines von ihnen, die der Ecke A_1 gegenüberliegt. Da ein Dreieckswinkel eine wachsende Funktion der gegenüberliegenden Seite ist, so ist die Winkelsumme bei der Ecke A_1, d. h. $\sum \varphi_{ij}$, auch eine wachsende Funktion der Länge der Kante r. (Die Kante r kann der Ecke A_1 noch in einem anderen Dreieck gegenüberliegen; dann ist aber die Schlußfolgerung über die Winkelsumme um so richtiger. Die Kante r kann nicht an A_1 angrenzen, da dann bei irgendeinem Dreieck zwei Ecken in A_1 fielen, entgegen der Bedingung, die wir den untersuchten Netzen auferlegt haben.)

Verkürzen wir die Kante r, so erhalten wir das Netz R_1 mit einer Winkelsumme an der Ecke A_1, die kleiner als 2π ist, und verlängern wir die Kante r, so erhalten wir das Netz R_2, dessen Winkelsumme bei A_1 größer als 2π ist.

Den Netzen R_1 und R_2 entsprechen die Punkte X_1 und X_2. Man kann die Umgebungen U_1 und U_2 dieser Punkte so wählen, daß in jedem Punkt aus U_1 $\sum \varphi_{1j} < 2\pi$ und in jedem Punkt aus U_2 $\sum \varphi_{1j} > 2\pi$ ist. Man kann die Umgebungen U_1 und U_2 natürlich kongruent und parallelgelagert wählen, so daß bei einer Parallelverschiebung, die den Punkt X_1 in X_2 überführt, die Umgebung U_1 mit U_2 zusammenfällt, (Auf Abb. 91a sind U_1 und U_2 der Einfachheit wegen als Quadrate dargestellt.)

Der Kante r entspricht die Achse der Koordinate r in unserem k-dimensionalen Raum, wo die Kantenlängen als Koordinaten dienen. Die Veränderung nur einer Kante r wird durch Verschiebung längs der Achse r dargestellt.

Auf Grund der Kongruenz und Parallelität der Umgebungen U_1 und U_2 lassen sich ihre entsprechenden Punkte Y_1 und Y_2 durch Strecken verbinden, die der Achse r parallel sind. Alle solchen Strecken erfüllen eine gewisse Umgebung V des Punktes X_0, die den Charakter eines Prismas hat.

Wir beweisen, daß es gerade in dieser Umgebung keine Punkte anderer zusammenhängender Komponenten der Mannigfaltigkeit $\mathfrak{M}$ außer $\mathfrak{M}'$ gibt.

In den Punkten Y_1, Y_2 ist die Summe $\sum \varphi_{1j}$ entsprechend kleiner oder größer als 2π, und sie wächst beim Übergang von Y_1 zu Y_2 monoton. Daher gibt es auf der Strecke $Y_1 Y_2$ einen, und zwar einen einzigen Punkt Y, in dem $\sum \varphi_{1j} = 2\pi$ ist. Das bedeutet, daß jede derartige Strecke $Y_1 Y_2$ mit Endpunkten in den Umgebungen U_1 und U_2 in einem Punkt durch die Fläche F_1 geschnitten wird. Also wird auch das ganze „Prisma“ V durch die Fläche F_1 in zwei Teile V_1 und V_2 zerlegt.

Im Gebiet V_2 ist die Ungleichung $\sum \varphi_{1j} > 2\pi$ erfüllt, und daher kann keiner ihrer Punkte der Mannigfaltigkeit $\mathfrak{M}$ angehören. Aber der Punkt X_0 liegt auf dem Rand der zusammenhängenden Komponente $\mathfrak{M}'$ der Mannigfaltigkeit $\mathfrak{M}$. Daher gibt es in der Nähe von X_0 und folglich im Gebiet V_1 Punkte aus $\mathfrak{M}'$. Wir beweisen gleich, daß das ganze Gebiet V_1 in $\mathfrak{M}'$ enthalten ist.

Wir nehmen das Gegenteil an: es sei Y ein Punkt aus V_1, der nicht $\mathfrak{M}'$ angehört (Abb. 91b). Es sei ferner Z irgendein Punkt aus V_1, der $\mathfrak{M}'$ angehört. Nach Konstruktion des „Prismas“ V liegen die Punkte Y und Z auf Strecken, die von gewissen Punkten Y_1, Z_1 des Gebietes U_1 ausgehen. Ziehen wir die Strecke $Y_1 Z_1$, so erhalten wir daher einen stetigen Streckenzug $L = YY_1 + Y_1 Z_1 + Z_1 Z$, welcher die Punkte Y und Z verbindet und nicht aus V_1 heraustritt.

Da der Punkt Z in der Komponente $\mathfrak{M}'$ liegt, der Punkt Y aber außerhalb, so muß der Streckenzug L den Rand der Komponente $\mathfrak{M}'$ schneiden.

Der Schnittpunkt muß als Punkt des Randes auf gewissen Flächen F_i liegen. Da er im Gebiet V_1 liegt, kann er nicht der Fläche F_1 angehören. Außerdem haben

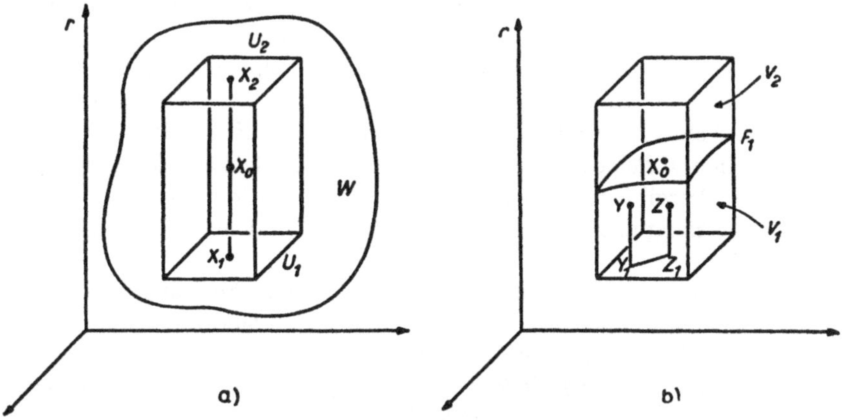

Abb. 91

wir uns von vornherein auf das Gebiet W beschränkt, wo es keine Punkte anderer Flächen F_i außer $F_1, \ldots, F_l$ gibt. Folglich kann der Schnittpunkt nur auf den Flächen $F_2, \ldots, F_l$ liegen. Nach der Definition des Punktes X_0 jedoch gehört kein Punkt des Randes der Komponente $\mathfrak{M}'$ weniger als l Flächen F_i an. Es ergibt sich ein Widerspruch, und das beweist, daß das Gebiet V_1 tatsächlich ganz in der Komponente $\mathfrak{M}'$ enthalten ist.

Gleichzeitig treten aber im Gebiet V_2 gar keine Punkte der Mannigfaltigkeit $\mathfrak{M}$ auf, so daß das „Prisma“ V sich als solche Umgebung des Punktes X_0 erweist, in der keine Punkte anderer Komponenten der Mannigfaltigkeit $\mathfrak{M}$ außer $\mathfrak{M}'$ vorkommen. Das Lemma ist bewiesen.

§ 2. Eine Mannigfaltigkeit von Polyedern

1. In Übereinstimmung damit, daß wir eine Mannigfaltigkeit von Netzen einer gegebenen Struktur K betrachten, wollen wir konvexe Polyeder untersuchen, die sich aus Netzen solcher Struktur verheften lassen. Natürlich wissen wir einstweilen nicht, ob überhaupt ein solches Polyeder existiert, sogar wenn Netze positiver Krümmung der Struktur K existiêren. Dennoch wollen wir in diesem Paragraphen unsere Überlegungen so anstellen, als ob derartige Polyeder existierten; im folgenden Paragraphen werden wir dann zeigen, daß sie tatsächlich immer existieren.

Wir betrachten also konvexe Polyeder, die sich aus Netzen positiver Krümmung der Struktur K verheften lassen. Nach Definition (Kap. I, § 8, Nr. 3) bezeichnet man ein Polyeder P als aus einem Netz R verheftet, wenn es eine Zerlegung in (nicht unbedingt ebene) Dreiecke zuläßt, derart, daß 1. der Komplex dieser Dreiecke dieselbe Struktur besitzt wie der Komplex K und 2. jedes Dreieck der Zerlegung sich in die Ebene abwickeln läßt, wobei sich seine Seiten als entsprechend gleich den Seiten des entsprechenden Dreiecks des Netzes R erweisen. Ebenda in Kap. I, § 8, Nr. 3 wurde darauf hingewiesen, daß die Verheftung nichts anderes ist als eine isometrische Abbildung eines Netzes auf ein Polyeder. So wird bei der Verheftung des Polyeders P aus dem Netz R eine bestimmte Abbildung von diesem auf das Polyeder P und dadurch auch eine Abbildung des Komplexes K auf das Polyeder hergestellt. *Das Polyeder P mit vorgegebener Abbildung eines gewissen Netzes R und dadurch des Komplexes K auf das Polyeder nennen wir ein K-trianguliertes Polyeder.* Den Komplex von Dreiecken, der sich dabei auf dem Polyeder P ergibt, nennen wir seine K-Triangulation. Anschaulich gesprochen ist ein K-trianguliertes Polyeder ein Polyeder mit auf ihm aufgezeichneter K-Triangulation.

Wir untersuchen nur Netze mit wirklich positiver Krümmung; bei ihnen sind die Winkelsummen in allen Ecken $< 2\pi$, und darum sind die Ecken der K-Triangulation unbedingt Ecken des Polyeders.

Wir nennen zwei K-triangulierte Polyeder kongruent, wenn eine Bewegung oder Bewegung mit Spiegelung existiert, welche diese Polyeder zusammen mit ihren K-Triangulierungen zum Zusammenfallen bringt, d. h. so, daß die Abbildungen des Komplexes K auf dieses Polyeder auch zusammenfallen.[1]

So zerfallen alle K-triangulierten Polyeder in Klassen von einander kongruenten Polyedern. Unsere Aufgabe ist es, die Menge dieser Klassen mittels einer geeigneten Definition der Umgebungen in eine Mannigfaltigkeit zu verwandeln. Es ist dies „eine Mannigfaltigkeit $\mathfrak{P}$ von K-triangulierten Polyedern“.

2. Das folgende Lemma beweisen wir in der Annahme, daß die Triangulation Ecken haben kann, die nicht Ecken des Polyeders sind. Diese Verschärfung benötigen wir jedoch nur in § 3. Im vorliegenden Paragraphen wird überall außer in Lemma 1 angenommen, daß die Ecken der Triangulation Ecken des Polyeders sind.

[1] Läßt ein gegebenes Netz R verschiedene Abbildungen auf ein gegebenes Polyeder zu, so entspricht jeder Abbildung ihr K-trianguliertes Polyeder. Z. B. läßt sich ein beliebiges gegebenes reguläres Tetraeder in verschiedene K-triangulierte Tetraeder umwandeln, wenn man die Zuordnung seiner Ecken zu den Ecken des Netzes ändert. Diese K-triangulierten Tetraeder sind einander jedoch alle kongruent. In Abb. 37 (S. 48) wurden verschiedene Netze eines regulären Tetraeders angegeben, die gleichartige Struktur haben. Diesen Netzen entsprechen nicht nur verschiedene, sondern auch einander nicht kongruente K-triangulierte Tetraeder.

Lemma 1. *Auf dem konvexen Polyeder P_0 möge eine Triangulation T_0 gegeben sein, deren jedes Dreieck sich in die Ebene abwickeln läßt. Dann existiert eine Größe $\varepsilon > 0$, derart, daß man in dem Fall, daß die Ecken des Polyeders P von den Ecken der Triangulation T_0 um weniger als ε entfernt sind (wobei jeder Ecke der Triangulation T_0 eine und nur eine Ecke des Polyeders P entspricht), auf P, und zwar auf eine einzige Weise, eine Triangulation konstruieren kann, die T_0 nahe ist und dieselbe Struktur hat.*

Beweis. Wir nehmen an, wir hätten ein beliebiges der Polyeder P mittels geringer Verschiebung der Ecken der Triangulation T_0 erhalten (d. h. als Oberfläche der konvexen Hülle dieser verschobenen Ecken). Bei der Verschiebung dieser Ecken werden die Seitenflächen des ursprünglichen Polyeders P_0, allgemein gesagt, geknickt.

Die Anzahl verschiedener Arten, auf die die Seitenflächen des Polyeders P_0 geknickt werden können, wobei sie Polyeder P verschiedener Struktur ergeben, ist offensichtlich endlich, und wir betrachten Polyeder P einer einzigen Struktur. Wir triangulieren alle Seitenflächen dieser Polyeder P gleichartig, wobei wir die

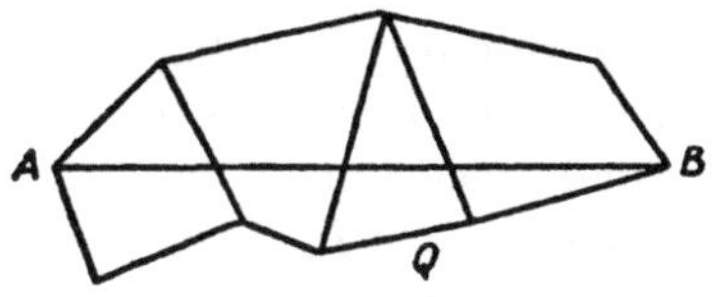

Abb. 92

Ecken dieser Polyeder als Ecken der Triangulation nehmen, und analog triangulieren wir das Polyeder P_0 (Ecken der Triangulation sind hier die Ecken aus T_0). Im Ergebnis können wir annehmen, daß die Polyeder P und P_0 gleichartig aus dreieckigen Seitenflächen konstruiert sind, von denen einige in einer Ebene liegen können.

Jetzt wickeln wir irgendeine Kante AB der Triangulation T_0 in die Ebene ab zusammen mit allen Seitenflächen des Polyeders P_0, über die sie verläuft; das gewonnene Netz nennen wir Q (Abb. 92). Die Verschiebung der Ecken der Triangulation T_0 beim Übergang zum Polyeder P ruft eine Änderung der dieses Netz Q bildenden Seitenflächen hervor. Da aber die Änderung der Seitenflächen stetig mit stetiger Verschiebung der Ecken vor sich geht, so findet sich eine Größe $\delta_{AB} > 0$ derart, daß bei Verschiebungen, die kleiner sind als δ_{AB}, die Änderung des Netzes Q so klein wird, daß die Strecke AB in ihrem Inneren bleibt.

Wählen wir ε kleiner als alle solchen δ für alle Kanten der Triangulation T_0 und für alle möglichen Strukturen der Polyeder P, so erhalten wir gerade das gesuchte ε. Insofern als nämlich die Ecken der Triangulation T bei Verschiebungen, die kleiner als ε sind, nicht über ihre Kanten hinausgehen (wie sie bei Verschiebungen $< \delta_{AB}$ nicht über AB hinausgehen), begrenzen die Kanten, welche in T_0 ein Dreieck berandeten, weiterhin ein gewisses Dreieck, und die Struktur der Triangulation bleibt folglich erhalten. Außerdem gewinnt man nur eine veränderte Triangulation, da es z. B. in dem veränderten Netz Q nur eine die Ecken A und B verbindende

Strecke gibt. (Auf dem Polyeder P sind auch andere geodätische Strecken AB möglich, aber sie können der gegebenen schon nicht beliebig nahe sein, da sie von ihr immer eine endliche Entfernung haben, die von der „Breite" des Netzes Q abhängt.)

Es existiert also auf jedem Polyeder P mit Ecken, die denen der Triangulation T_0 nahe sind, eine und nur eine Triangulation T, die dieselbe Struktur hat und T_0 nahe ist, wie hinsichtlich ihrer Lage, so auch hinsichtlich der Längen ihrer Kanten.

3. Wir geben nun eine Definition der Umgebungen in der Mannigfaltigkeit von K-triangulierten Polyedern. P_0 sei ein K-trianguliertes Polyeder und A, B, C seien drei seiner Ecken, welche drei gegebenen Ecken ABC des Komplexes K entsprechen. Wir wählen ein CARTESisches Koordinatensystem x, y, z und bringen das Polyeder P_0 durch Bewegung in eine solche Lage, daß die Ecke A sich im Ursprung, B auf der positiven Halbachse x und C in der x-y-Ebene auf der Halbebene $y > 0$ befindet. Artet das Polyeder P_0 nicht in ein doppelt bedecktes Polygon aus, so nehmen wir noch seine Ecke D, die nicht in der x-y-Ebene liegt, und überführen sie — wenn nötig, durch Spiegelung an der Ebene $z = 0$ — in den Halbraum $z > 0$. Wenn die Lage des Polyeders solchen Bedingungen unterworfen ist, sind keine Bewegungen und Spiegelungen möglich. Bringen wir daher ein anderes K-trianguliertes Polyeder P_1, das P_0 kongruent ist, in dieselbe Stellung, so fällt es gleichzeitig mit der Triangulation mit P_0 zusammen. Besitzen nämlich die Polyeder P_1 und P_0 gleichartige K-Triangulationen, so existiert eine Abbildung des Polyeders P_1 auf P_0, welche ihre K-Triangulationen zum Zusammenfallen bringt. Dies ist eine isometrische Abbildung von P_1 auf P_0, und nach Kap. III, § 3, Satz 1 verwirklicht man eine solche Abbildung durch Bewegung oder Bewegung und Spiegelung. Aber Bewegung und Spiegelung des Polyeders P_1 sind unter den gegebenen, den Ecken A. B, C und D auferlegten Bedingungen unmöglich. Daher müssen als Ergebnis des Zusammenfallens der Polyeder P_1 und P_0 ihre Triangulationen unbedingt auch zusammenfallen. Folglich wird unter den gegebenen Bedingungen, die den Ecken A, B, C und D auferlegt sind, jede Klasse kongruenter K-triangulierter Polyeder durch ein Polyeder repräsentiert, und wir können daher von der Mannigfaltigkeit von Polyedern reden statt von der Mannigfaltigkeit ihrer Klassen.

Das Polyeder P_0 möge nicht in ein Polygon ausarten. Bei hinreichend kleinen, im übrigen aber willkürlichen Verschiebungen, die jedoch die den Ecken A, B und C auferlegten Bedingungen aufrechterhalten, erhalten wir dann neue konvexe Polyeder P. Jedes von ihnen ist der Rand der konvexen Hülle der verschobenen Ecken. Sind die Verschiebungen der Ecken genügend klein, so gestattet nach Lemma 1 das Polyeder P eine einzige K-Triangulation, die der K-Triangulation des Polyeders P_0 nahe ist. So erweisen sich die Polyeder P, welche P_0 genügend nahe sind, als K-trianguliert. Sie sind einander alle nicht kongruent, weil unter der ihrer Lage auferlegten Bedingung jeder Klasse kongruenter Polyeder nur ein Polyeder entspricht. (Man muß im Auge behalten, daß die Ecke D bei kleinen Verschiebungen der Ecken im Halbraum $z > 0$ bleibt.) Die Menge dieser Polyeder P betrachten wir als Umgebung des Polyeders P_0.

Nun möge das Polyeder P_0 in ein doppelt bedecktes Polygon ausarten. Es liegt in der Ebene $z = 0$, und wir unterscheiden auf ihm zwei Seiten: eine obere, in den Halbraum $z > 0$ gerichtete, und eine untere, in den Halbraum $z < 0$ gerichtete. Auf die eine Seite wird der eine Teil des Komplexes K abgebildet, auf die andere Seite der andere Teil. Daher unterscheiden sich die Seiten des ausgearteten K-triangulierten Polyeders durch die ihnen entsprechenden Teile des Komplexes K.

Bei genügend kleinen Verschiebungen der Ecken, welche die der Lage der Ecken A, B und C auferlegten Bedingungen erhalten, geht das Polyeder P_0 in ihm nahe Polyeder P über. Sind die Verschiebungen der Ecken genügend klein, so drehen sich die Seitenflächen wenig, und keine von ihnen wird senkrecht zur Ebene $z = 0$. Daher kann man auf den Polyedern P zwei Teile unterscheiden: einen oberen, nach der Seite $z > 0$ gewandten, und einen unteren, nach der Seite $z < 0$ gerichteten. Nach Lemma 1 lassen die Polyeder P K-Triangulationen zu, die der K-Triangulation des Polyeders P_0 nahe sind. Wir konstruieren diese K-Triangulationen so, daß auf die obere (untere) Seite des Polyeders P der Teil des Komplexes K abgebildet wird, welcher dem oberen (unteren) Teil des Polyeders P_0 entspricht.

Die so gewonnenen K-triangulierten Polyeder P sind einander nicht kongruent. Wegen der Bedingung, die der Lage der Ecken A, B und C auferlegt wurde, könnten nämlich zwei kongruente K-triangulierte Polyeder nicht nur in dem Fall zusammenfallen, daß das eine dem anderen bezüglich der Ebene $z = 0$ symmetrisch wäre. Bei Spiegelung an dieser Ebene vertauschen jedoch die obere und untere Seite ihre Plätze, und nach Voraussetzung entsprechen ihnen verschiedene Teile des Komplexes K. Obgleich symmetrische Polyeder kongruent sind, sind folglich die Abbildungen des Komplexes K auf ihnen verschieden, und daher gehören diese Polyeder verschiedenen Klassen kongruenter K-triangulierter Polyeder an.

Die Menge aller Polyeder P, die wir auf die angegebene Art gewonnen haben, nehmen wir als Umgebung des ausgearteten Polyeders P_0.

Man kann kurz sagen, *daß wir als Umgebung eines K-triangulierten Polyeders P_0 die Menge aller K-triangulierten Polyeder ansehen, welche zusammen mit ihren K-Triangulationen P_0 nahe sind.*

4. Wir haben gezeigt, daß alle Polyeder P mit Ecken, die den Ecken von P_0 nahe sind, einander benachbarte K-Triangulationen zulassen und einander nicht kongruent sind. Ist die Anzahl der Ecken des Komplexes K und also auch unserer Polyeder gleich e, so gibt es im ganzen $3e$ veränderliche Koordinaten der Ecken. Bei den Ecken A, B und C bleiben aber entsprechend je 3, 2, 1 Koordinaten unverändert. Folglich haben wir nur $3e - 6$ veränderliche Koordinaten, wobei ihre Veränderungen in genügend kleinen Grenzen willkürlich sind und zu verschiedenen K-triangulierten Polyedern führen.

Dies bedeutet, *daß jedes K-triangulierte Polyeder P_0 eine Umgebung hat, die einem $(3e - 6)$-dimensionalen Würfel homöomorph ist. Daher stellt sich die Menge* *aller K-triangulierten Polyeder tatsächlich als eine Mannigfaltigkeit der Dimension* $3e - 6$ *dar.* (Man muß natürlich daran denken, daß kongruente K-triangulierte Polyeder nicht unterschieden werden.)

Lemma 2. *Ist e die Anzahl der Ecken des Komplexes K und k die Anzahl seiner Kanten, so ist* $3e - 6 = k$. *Daher ist die Anzahl der Dimensionen der Mannigfaltigkeit* $\mathfrak{P}$ *gleich der Anzahl der Dimensionen der Mannigfaltigkeit von Netzen* $\mathfrak{M}$.

Es sei f die Anzahl der Dreiecke des Komplexes K. Jedes Dreieck hat drei Seiten, und die Seiten sind paarweise identifiziert; darum ist $3f = 2k$. Nach dem Eulerschen Satz gilt $f - k + e = 2$ oder $3f - 3K + 3e = 6$; da aber $3f = 2k$ ist, gilt $3e - 6 = k$.

5. Lemma 3. *Die Folge K-triangulierter Polyeder* P_n *sei so beschaffen, daß ihre Netze* R_n *gegen ein gewisses Netz* R *konvergieren.*[1] *Dann kann man aus den Polyedern* P_n *eine Teilfolge von Polyedern* P_{n_i} *auswählen, die zusammen mit ihren K-Triangulationen gegen ein gewisses, K-trianguliertes Polyeder P konvergieren* (d. h. die K-Triangulation des Polyeders P ist die Grenze der K-Triangulationen der Polyeder P_{n_i}).

In diesem Lemma sind die Polyeder nur bis auf Bewegungen eindeutig festgelegt; sonst wäre das Lemma falsch: man könnte Polyeder P_n wählen, die sich ins Unendliche entfernen. Hierbei kann man annehmen, daß alle Polyeder P_n den Koordinatenursprung enthalten. Da ihre Netze konvergieren, so sind die Entfernungen zwischen ihren Ecken gleichmäßig beschränkt, und die Polyeder selbst sind in einer gewissen Kugel enthalten, deren Mittelpunkt im Koordinatenursprung liegt.

Wir numerieren die Ecken des Komplexes K; dann sind die Ecken der Polyeder P_n (und ihrer Netze R_n) entsprechend numeriert. Wir wählen von den Polyedern eine Folge aus, in welcher die ersten Ecken konvergieren, dann wählen wir aus dieser Folge eine andere, in der die zweiten Ecken konvergieren usw. So erhalten wir eine Folge, in der alle Ecken konvergieren. Der Kürze wegen bezeichnen wir die Polyeder dieser Folge ebenfalls mit P_n und ihre Netze mit R_n. Das konvexe Polyeder P, welches durch die Grenzpunkte der Ecken (d. i. der Rand ihrer konvexen Hülle) aufgespannt ist, ist die Grenze der Polyeder P_n. Wir beweisen, daß es den Forderungen des Lemmas genügt.

Zu diesem Zweck beweisen wir erst, daß, sofern eine Kante des Polyeders P_n mit keiner Kante des Netzes R zusammenfällt, die Anzahl ihrer Schnittpunkte mit allen Netzkanten eine gewisse Zahl N_0 nicht überschreiten kann, die für alle Kanten aller Polyeder P_n gemeinsam ist. (Hier betrachtet man das Netz R_n als auf P_n abgebildet, und es erweist sich folglich als dessen K-Triangulation R_n.)

[1] Die Konvergenz der Netze ist die Konvergenz der Längen ihrer Kanten, wie dies aus der Definition der Mannigfaltigkeit von Netzen $\mathfrak{M}$ klar wird. Die Netze positiver Krümmung konvergieren sicher gegen ein Netz nicht-negativer Krümmung. Allgemein gesprochen könnten im Netz R und der K-Triangulation des Polyeders P auch unechte Ecken auftreten. Der Beweis des Lemmas hängt im wesentlichen hiervon nicht ab. Im weiteren benötigen wir jedoch dieses Lemma nur für den Fall, daß auch das Grenznetz eine positive Krümmung besitzt.

L sei obere Schranke der Längen der Kanten der Polyeder P_n und h untere Schranke der Höhen der Dreiecke der Netze R_n; es ist $h > 0$, weil die Netze R_n gegen ein gewisses Netz R konvergieren. Schließlich sei m die größte Anzahl von Winkeln, die in einer Ecke des Netzes R_n zusammentreffen (es ist ein und dieselbe Anzahl für alle R_n, da sie die gleiche Struktur K haben). Ich behaupte, daß man

$$N_0 = \frac{2Lm}{h} + m \tag{1}$$

wählen kann.

Wir nehmen das Gegenteil an. Dann gibt es auf einem gewissen Polyeder P_n eine Kante a, welche mit den Kanten des Netzes R_n eine Anzahl

$$N > \frac{2Lm}{h} + m \tag{2}$$

von Schnittpunkten hat.

Diese Kante a wird durch N Schnittpunkte in $N + 1$ Strecken zerlegt. Wir zeigen, daß es unter diesen Strecken mindestens m aufeinander folgende Strecken gibt, welche die Länge $< \frac{h}{2}$ haben. Andernfalls entfiele nämlich auf je m aufeinander folgende Strecken mindestens eine von der Länge $\geq \frac{h}{2}$. Die Anzahl von Folgen aus m aufeinander folgenden Strecken unter allen $N + 1$ Strecken ist gleich $\left[\frac{N+1}{m}\right]$ (der ganze Teil des Quotienten $\frac{N+1}{m}$); aber nach der Ungleichung (2) ist

$$\left[\frac{N+1}{m}\right] \geq \left[\frac{N}{m}\right] \geq \left[\frac{2L}{h} + 1\right] > \frac{2L}{h}.$$

Entfiel daher auf jede solche Folge mindestens eine Strecke von der Länge $\geq \frac{h}{2}$, so ist die gesamte Länge dieser Strecken $\geq \left[\frac{N+1}{m}\right] \frac{h}{2} > L$. Dies ist jedoch unmöglich, da die ganze Länge der Kante a nicht größer als L ist. Es existiert folglich eine Folge von m Strecken der Länge $< \frac{h}{2}$.

Die erste der m aufeinanderfolgenden Strecken der Länge $< \frac{h}{2}$ — die Strecke EF — möge im Dreieck ABC des Netzes R_n (Abb. 93a) liegen; ihre Endpunkte sind von der Ecke A weniger weit entfernt als um die Hälfte der Seiten AB und AC und liegen darum näher der Ecke A als den Ecken B und C. Um uns hiervon zu überzeugen, fällen wir vom Punkt F aus das Lot FH auf die Seite AB; da $FH \leq EF$ ist, so ist EF nur dann kleiner als die halbe Höhe, die von der Ecke C gefällt ist, wenn $FA < \frac{1}{2} AC$ ist; die analoge Überlegung gilt für Punkt E.

Die Kante a geht über das Dreieck ABC hinaus und fällt in das benachbarte Dreieck ACD, wo sie wieder eine Strecke hat, die kleiner als $\frac{h}{2}$ ist. Daher verläuft sie auch in diesem Dreieck näher der Ecke A als den anderen. Da wir nacheinander m solche Strecken haben, in der Ecke A aber höchstens m Winkel zusammentreffen, so kehrt die Kante a, die Ecke A umgehend, zur Seite AB zurück und schneidet sie sogar wieder (Abb. 93b). Dies ist jedoch unmöglich. Die Ecke A ist nämlich eine Ecke des Netzes R_n, also auch eine Ecke des Polyeders P_n. Daher muß von ihr nach irgendeiner anderen Ecke eine Kante b des Polyeders P_n ausgehen. Auf Grund des Vorhergegangenen muß aber diese Kante die Kante a schneiden, und das ist unmöglich, da sich die Kanten nur in den Ecken treffen.

Wir haben so bewiesen, daß die Anzahl der Schnittpunkte einer beliebigen Kante jedes Polyeders P_n mit den Kanten des Netzes R_n die Zahl N_0 nicht übersteigt, die durch die Formel (1) festgelegt wurde. Daraus erhellt, daß auch umgekehrt keine Kante des Netzes R_n die Kanten des Polyeders P_n öfter schneiden kann als eine gewisse Anzahl von Malen, die allen Polyedern P_n gemeinsam ist.[1]

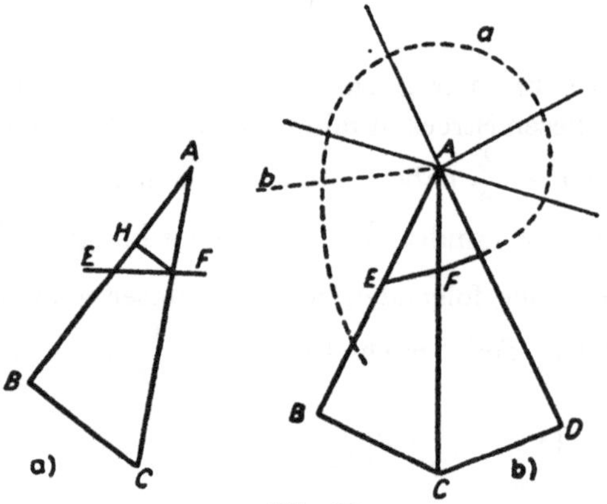

Abb. 93

Jetzt versehen wir die Kanten jedes Netzes R_n mit Indizes, indem wir entsprechenden Kanten ein und denselben Index zuschreiben. Wir nehmen die ersten Kanten aller dieser Netze. Gibt es unter ihnen unendlich viele, die mit den Kanten der entsprechenden Polyeder P_n zusammenfallen, so kann man eine Folge P_{n_i} auswählen, derart, daß in ihr diese Kanten konvergieren. Schneiden aber unendlich viele der ersten Kanten nur die Kanten der Polyeder P_n, so kann man angesichts der Beschränktheit der Anzahl der Schnittpunkte eine Folge P_{n_i} wählen, derart, daß in ihr diese Schnittpunkte gegen gewisse Grenzlagen konvergieren. Dann konvergieren auch die Strecken zwischen benachbarten Schnittpunkten, und folglich konvergieren wiederum die ersten Kanten der Netze. Wenden wir weiter dieselbe Überlegung auf die zweiten Kanten an, danach auf die dritten usw., so erhalten wir schließlich eine solche Folge von Polyedern P_{n_j}, in der alle Kanten der Netze R_{n_j} konvergieren.

[1] Die Zahl der Kanten eines beliebigen Polyeders P_n ist nämlich nicht größer als eine gewisse Zahl N_1, welche nur von der Anzahl der Ecken abhängt, welche bei allen P_n ein und dieselbe ist. Daher ist die Gesamtzahl der Schnittpunkte aller Kanten nicht größer als $N_0 N_1$, und demnach entfallen auf jede Kante des Netzes sicher nicht mehr als $N_0 N_1$ Schnittpunkte.

Die Grenzlagen dieser Kanten bilden auf dem Grenzpolyeder P ein Streckennetz derselben Struktur und zerlegen es in Dreiecke, die in ihrem Inneren keine Ecken des Polyeders enthalten. Die Dreiecke der Netze R_{n_j} sind nämlich aus Stücken der Seitenflächen der Polyeder P_{n_j} zusammengesetzt, die an den Strecken der Kanten aneinandergrenzen. Diese Stücke der Seitenflächen konvergieren gegen gewisse (möglicherweise ausartende) Polygone auf den Seitenflächen des Grenzpolyeders P, und die Stücke von P, die aus diesen Polygonen zusammengesetzt sind, werden durch die Grenzlagen der Kanten der Netze R_{n_j} begrenzt. Bei Abwicklung in die Ebene erweisen sich diese Stücke als Grenzlagen der Dreiecke der Netze R_{n_j}, d. h. sie sind selber Dreiecke. Es zeigt sich daher, daß auf P eine gewisses Netz derselben Struktur wie auch die Netze R_{n_j} aufgezeichnet ist, das Kantenlängen besitzt, sie den Grenzen der Kantenlängen dieser Netze gleich sind. Folglich ist es auch das Grenznetz R. Die Elemente (Ecken, Kanten, Dreiecke) der Netze R_{n_j}, die auf den Polyedern P_{n_j} aufgezeichnet sind, konvergieren gegen die entsprechenden Elemente des Netzes R, das auf dem Polyeder P aufgezeichnet ist. Das bedeutet, daß die K-triangulierten Polyeder P_{n_j} gegen das K-triangulierte Polyeder P zusammen mit ihren K-Triangulationen R_{n_j} konvergieren. Das Lemma ist bewiesen.

§ 3. Die Existenz eines geschlossenen konvexen Polyeders mit gegebenem Netz

Satz. *Aus jedem Netz, das der Sphäre homöomorph ist und dessen Winkelsummen in den Ecken $\leq 2\pi$ sind, läßt sich ein geschlossenes konvexes Polyeder verheften.*

Nach § 1, Lemma 2, ist jedes solche Netz einem Netz „positiver Krümmung" isometrisch, in dessen sämtlichen Ecken die Winkelsummen kleiner als 2π sind. Daher genügt es, sich auf die Untersuchung nur solcher Netze zu beschränken. Ferner ist nach § 1, Lemma 1, ein Netz mit nur drei Ecken durch ein doppelt bedecktes Dreieck realisierbar. Daher läßt sich der Beweis durch Induktion nach der Anzahl der Ecken des Netzes führen: wir nehmen an, der Satz sei für alle Netze mit einer Eckenzahl kleiner als e ($e > 3$) bewiesen, und beweisen ihn für Netze, deren Eckenzahl gleich e ist. Schließlich genügt es bei gegebenem e offensichtlich, sich auf die Untersuchung von Netzen einer beliebigen gegebenen Struktur K zu beschränken. Wir müssen also folgendes beweisen:

K sei ein Komplex mit einer Anzahl von Ecken $e > 3$, der eine Umwandlung in Netze positiver Krümmung erlaubt.[1]

Ist jedes Netz positiver Krümmung mit einer Eckenzahl kleiner als e realisierbar, so ist auch jedes Netz R der Struktur K mit positiver Krümmung realisierbar.

Wir betrachten die Mannigfaltigkeit $\mathfrak{M}$ von Netzen R und die Mannigfaltigkeit $\mathfrak{P}$ K-triangulierter Polyeder P. Da jedem K-triangulierten Polyeder P nach

[1] In § 1 wurde an einem Beispiel gezeigt, daß nicht jeder Komplex diese Eigenschaft besitzt.

Definition ein bestimmtes auf ihm aufgezeichnetes Netz R entspricht, so wird dadurch eine natürliche Abbildung φ der Mannigfaltigkeit $\mathfrak{P}$ in die Mannigfaltigkeit $\mathfrak{M}$ festgelegt. Wir müssen zeigen, *daß φ eine Abbildung auf ganz $\mathfrak{M}$ ist;* dadurch wird auch bewiesen, daß jedem Netz R ein aus ihm verheftetes Polyeder P entspricht. Nach § 2 Lemma 2, besitzen die Mannigfaltigkeiten $\mathfrak{M}$ und $\mathfrak{P}$ ein und dieselbe Dimension, und daher läßt sich das Abbildungslemma anwenden (Kap. II, § 2). Nach diesem Lemma genügt es zur Feststellung dessen, daß φ $\mathfrak{P}$ auf ganz $\mathfrak{M}$ abbildet, folgende Eigenschaften dieser Abbildung zu beweisen:

1. In jeder zusammenhängenden Komponente der Mannigfaltigkeit $\mathfrak{M}$ gibt es Bilder der Punkte der Mannigfaltigkeit $\mathfrak{P}$, d. h. realisierbare Netze R.

2. φ ist umkehrbar eindeutig.

3. φ ist stetig.

4. Sind die Punkte R_n aus der Mannigfaltigkeit $\mathfrak{M}$ Bilder der Punkte P_n aus der Mannigfaltigkeit $\mathfrak{P}$ und konvergieren sie gegen den Punkt R ($R \in \mathfrak{M}$), so existiert ein Punkt P aus $\mathfrak{P}$, der in R abgebildet wird, und es gibt eine Teilfolge P_{n_j}, die gegen P konvergiert. Mit anderen Worten, konvergieren die Netze R_n gegen R und sind aus ihnen die Polyeder P_n verheftet, so existieren ein K-trianguliertes Polyeder P und eine Teilfolge P_{n_j} von Polyedern P_n, derart, daß die Polyeder P_{n_j} mit ihren K-Triangulationen R_{n_j} gegen P konvergieren.

Diese letztere Behauptung stellt eben den Inhalt von § 2, Lemma 3 dar, und daher bleiben die ersten drei Eigenschaften der Abildung φ zu beweisen.

Schon in § 2 wurde die Einschränkung gemacht, daß die Existenz von Polyedern, welche Netze der Struktur K zulassen, nicht von vornherein bekannt ist, d. h. die Mannigfaltigkeit $\mathfrak{P}$ könnte leer sein, und dann wäre die Abbildung φ ihres Sinnes beraubt. Die erste der aufgezählten Forderungen besteht jedoch darin, daß es in jeder zusammenhängenden Komponente der Mannigfaltigkeit $\mathfrak{M}$ realisierbare Netze gibt. Dies schließt offenbar die Behauptung in sich ein, daß K-triangulierbare Polyeder existieren. Folglich enthält der Beweis, daß die erste Forderung erfüllt ist, auch den Beweis, daß die Mannigfaltigkeit $\mathfrak{P}$ nicht leer ist. Wir beweisen jedoch zuerst die zweite und dritte Eigenschaft der Abbildung φ, weil sie gleichzeitig aus den schon gewonnenen Ergebnissen folgen.

Die Abbildung φ ist umkehrbar eindeutig. Die Eindeutigkeit der Abbildung φ ist nämlich in ihrer Definition enthalten, weil sie jedem K-triangulierten Polyeder ein Netz zuordnet, das seine K-Triangulation ist. Besitzen zwei Polyeder P_1 und P_2 ein und dasselbe Netz, so ist damit gleichzeitig eine isometrische Zuordnung zwischen ihnen hergestellt, die das auf P_1 aufgezeichnete Netz R in das auf P_2 aufgezeichnete Netz R überführt. Nach Kap. III, § 3, Satz 1 wird eine solche isometrische Abbildung des Polyeders P_1 auf P_2 durch Bewegung oder durch Bewegung und Spiegelung verwirklicht. Und gemäß der Definition der Kongruenz K-triangulierter Polyeder bedeutet dies, daß die K-triangulierten Polyeder P_1 und P_2 kongruent sind. Folglich entsprechen nicht-kongruenten K-triangulierten Polyedern verschiedene Netze, so daß die Abbildung φ umkehrbar eindeutig ist.

Die Abbildung φ ist stetig. Diese Eigenschaft der Abbildung φ ist nämlich in der Definition der Umgebungen in der Mannigfaltigkeit $\mathfrak{P}$ enthalten. Nach dieser Definition besteht die Umgebung des K-triangulierten Polyeders P_0 aus Polyedern mit benachbarten K-Triangulationen. Das bedeutet, daß benachbarten K-triangulierbaren Polyedern benachbarte Netze entsprechen, d. h. die Abbildung φ ist stetig.

Es bleibt zu beweisen, *daß es in jeder zusammenhängenden Komponente der Mannigfaltigkeit $\mathfrak{M}$ realisierbare Netze gibt.*

Zum Beweis betrachten wir wie in § 1 die Mannigfaltigkeit $\mathfrak{M}^0$ aller Netze der Struktur K. Nach § 1, Lemma 3, bildet die Mannigfaltigkeit $\mathfrak{M}$ einen Teil der Mannigfaltigkeit $\mathfrak{M}^0$ und hat in ihr einen Rand (weil nach Voraussetzung die Anzahl der Ecken e des Komplexes K größer als drei ist).

Der Rand der Mannigfaltigkeit $\mathfrak{M}$ besteht aus Netzen, deren Winkelsummen in allen Ecken $\leq 2\pi$ und in einigen von ihnen gleich 2π sind. Nach § 1, Lemma 2, ist jedes solche Netz einem Netz mit einer geringeren Eckenzahl als e isometrisch, und nach Voraussetzung der Induktion sind alle solchen Netze realisierbar. Der Rand der Mannigfaltigkeit $\mathfrak{M}$ in $\mathfrak{M}^0$ besteht folglich aus realisierbaren Netzen.

$\mathfrak{M}'$ sei eine zusammenhängende Komponente der Mannigfaltigkeit $\mathfrak{M}$. Nach § 1, Lemma 5, gibt es auf ihrem Rand einen solchen Punkt, d. h. ein Netz R_0, in dessen kleiner Umgebung U es keine Punkte, d. h. Netze aus anderen zusammenhängenden Komponenten der Mannigfaltigkeit $\mathfrak{M}$ gibt. Da das Netz R_0 auf dem Rand der Mannigfaltigkeit $\mathfrak{M}$ liegt, läßt es sich durch ein gewisses konvexes Polyeder P_0 realisieren. Jedoch sind nicht alle Ecken des Netzes R_0 Ecken dieses Polyeders, da an einigen von ihnen die Winkelsummen gleich 2π sind. Diesen Ecken entsprechen auf dem Polyeder P_0 Punkte $A_1, \ldots, A_l$, die innerhalb ihrer Kanten oder Seitenflächen liegen. Wir bewegen diese Punkte um eine genügend kleine Entfernung nach außen und konstruieren die konvexe Hülle der Menge dieser verschobenen Punkte und Ecken des Polyeders P_0. Der Rand dieser konvexen Hülle ist ein konvexes Polyeder P mit Ecken, die den Ecken des Netzes R_0 nahe sind, das auf P_0 aufgezeichnet ist; dabei entsprechen den Punkten $A_1, \ldots, A_l$ schon wirkliche Ecken des Polyeders P. Nach § 1, Lemma 1, gestattet das Polyeder P eine K-Triangulation R, die dem Netz R_0 nahe ist. Aber alle Ecken dieser K-Triangulation liegen in wirklichen Ecken des Polyeders P, und darum sind die Winkelsummen in allen Ecken des Netzes R kleiner als 2π. Das Netz R gehört folglich der Mannigfaltigkeit $\mathfrak{M}$ an. Da es aber dem Netz R_0 nahe ist und es in der Nähe des Netzes R_0 keine anderen Netze aus $\mathfrak{M}$ gibt, außer denen, die der betrachteten zusammenhängenden Komponente $\mathfrak{M}'$ angehören, so gehört R dieser zusammenhängenden Komponente an. Das Netz R ist aber durch das Polyeder P realisiert. Es gibt demnach in einer beliebigen zusammenhängenden Komponente der Mannigfaltigkeit $\mathfrak{M}$ realisierbare Netze.

Wir haben also bewiesen, daß alle Bedingungen des Abbildungslemmas erfüllt sind, und damit ist unser Satz von der Existenz eines konvexen Polyeders mit gegebenem Netz bewiesen.

§ 4. Die Existenz eines unendlichen konvexen Polyeders mit gegebenem Netz

1. Wie in Kap. I, §§ 6 und 7 bewiesen wurde, muß das Netz eines unendlichen konvexen Polyeders unbedingt zwei Bedingungen genügen: 1. „der Bedingung der positiven Krümmung", die verlangt, daß die Summen der Winkel um die Ecken des Netzes nicht größer als 2π sind, und 2. muß das Netz einer Ebene homöomorph sein. Nach Kap. I, § 7, Satz 10 ist diese zweite Bedingung den beiden folgenden äquivalent:

2a. das Netz enthält mindestens ein unendliches Polygon,

2b. das Netz hat ein unendliches Ende, d. h. wenn wir von einem unendlichen Polygon zu einem anderen übergehen, welches an einer unendlichen Seite mit dem ersten verheftet ist, von diesem zum folgenden usw., so kehren wir zum Ausgangspolygon zurück und erschöpfen dabei alle unendlichen Polygone des Netzes. (Insbesondere kann ein Netz nur ein unendliches Polygon enthalten, und dann besteht eine solche zyklische Folge aus ihm allein: es wird mit sich selbst verheftet.)

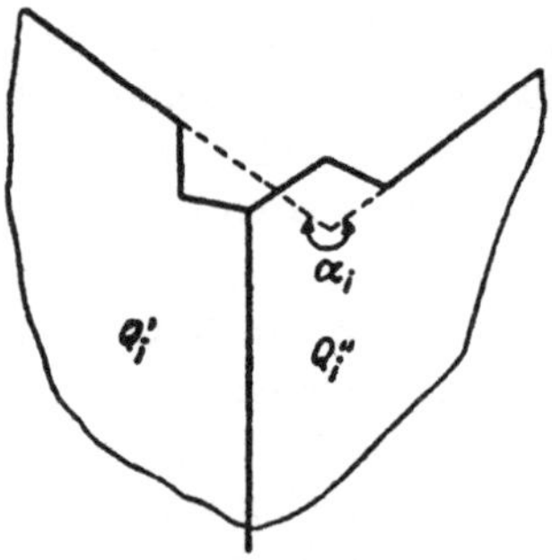

Abb. 94

Die Bedingungen 1, 2a, 2b, lassen sich leicht für jedes gegebene Netz nachprüfen.

Jetzt beweisen wir, daß sie hinreichen, um aus einem Netz ein unendliches konvexes Polyeder zu verheften.

Satz. *Genügt ein Netz den Bedingungen 1, 2a und 2b, so kann man aus ihm ein unendliches konvexes Polyeder verheften.*

2. Wir schreiten zum Beweis des formulierten Satzes. R sei ein beliebiges gegebenes Netz, das den Bedingungen 1, 2a und 2b genügt.

Wir untersuchen ein unendliches Polygon Q_i unseres Netzes. Sind seine unendlichen Seiten nicht parallel, so kann man sie verlängern, bis sie einander schneiden, und dann bezeichnen wir den von ihnen gebildeten Winkel, welcher den unendlichen Teil Q_i enthält, als Winkel α_i zwischen den unendlichen Seiten des Polygons Q_i. Sind die unendlichen Seiten des Polygons parallel, so nehmen wir $\alpha_i = 0$ an. Ist $\alpha_i \geq \pi$, so ziehen wir im Polygon Q_i von einer geeigneten Ecke aus eine Halbgerade, welche es in zwei Polygone Q_i' und Q_i'' mit den Winkeln α_i' und α_i'' teilt, die gleich $\frac{\alpha_i}{2}$ sind (Abb. 94). Zerlegen wir so alle Polygone Q_i, in denen $\alpha_i \geq \pi$ ist, so erhalten wir ein Netz, in dem bei allen unendlichen Polygonen die Winkel $\alpha_i < \pi$ sind. Daher kann man voraussetzen, daß das betrachtete Netz eben ein solches ist.

3. Es seien beim Polygon Q_i die unendlichen Seiten parallel. Lassen sie sich nicht miteinander, sondern mit den Seiten anderer Polygone identifizieren, so erhalten wir, wenn wir Q_i an eines dieser Polygone Q_j anheften, das Polygon $Q_i + Q_j$. Der Winkel zwischen den unendlichen Seiten des Polygons $Q_i + Q_j$ ist derselbe wie bei Q_j. (Heftet man Q_i an Q_j, so können sich, allgemein gesagt, die endlichen Teile dieser Polygone überdecken; das kann man aber vermeiden, wenn man diese Teile abschneidet und sie als neue Polygone des Netzes ansieht.) Wenn wir diese Operation des Anheftens mit allen unendlichen Polygonen mit parallelen unendlichen Seiten durchführen, so gelangen wir zu einem Netz R; wenn es in diesem auch ein unendliches Polygon mit parallelen Seiten gibt, so sind diese Seiten miteinander identifiziert. Da aber die unendlichen Polygone eine zyklische Folge bilden, wenn man über ihre zu identifizierenden unendlichen Seiten fortschreitet, so kann man annehmen, daß es in dem Netz R entweder überhaupt kein unendliches Polygon mit parallelen Seiten gibt oder daß es zwar ein solches Polygon, aber keine anderen unendlichen Polygone gibt.

Wir betrachten beide Fälle gesondert.

4. Vorher beweisen wir ein einfaches Lemma, das wir auch in Kap. V, § 1 benötigen.

Lemma. *Das Netz R, welches der Sphäre homöomorph ist, möge aus zwei Teilen R_1 und R_2 bestehen, welche den Rand L gemeinsam haben; es möge dabei eine isometrische Abbildung des Netzes R auf sich selbst existieren, welche R_1 und R_2 miteinander vertauscht und ihren Rand L unverändert läßt. Dann besitzt das geschlossene konvexe, aus dem Netz R verheftete Polyeder P eine Symmetrieebene, welche den Streckenzug L enthält.*

Das Polyeder P besteht nämlich aus den beiden Teilen P_1 und P_2, welche den Netzen R_1 und R_2 entsprechen. Nach der Voraussetzung des Satzes erlaubt das Polyeder P eine isometrische Abbildung auf sich, die darin besteht, daß die entsprechenden Punkte seiner Teile P_1 und P_2 ihre Plätze vertauschen, wobei die Punkte ihres gemeinsamen Randes L unverändert bleiben. Jede isometrische Abbildung eines geschlossenen konvexen Polyeders läuft auf Bewegung oder Bewegung und Spiegelung hinaus. Im vorliegenden Fall ist die Bewegung ausgeschlossen, insofern als alle Punkte des geschlossenen Streckenzuges L, welcher P_1 von P_2 trennt, fest bleiben. Die Vertauschung der Teile P_1 und P_2 wird folglich durch Spiegelung an einer Ebene verwirklicht, und da hierbei nur die Punkte dieser Ebene unbeweglich bleiben, so liegt in ihr der Streckenzug L, und das Lemma ist bewiesen.

5. Im Netz R möge es ein einziges unendliches Polygon Q mit parallelen Seiten a', a'' geben, und A', A'' seien die Ecken, von denen sie ausgehen. An diesen Seiten tragen wir gleiche Strecken $A'B'$ und $A''B''$ von solcher Länge ab, daß die Strecke $B'B''$ im Inneren des auf die Ebene abgewickelten Polygons Q verläuft. Wir trennen vom Polygon Q den unendlichen Teil ab, der von der Strecke $B'B''$ abgeschnitten wird, und erhalten ein Netz R_1 aus endlichen Polygonen. In diesem Netz läßt sich nur die Strecke $B'B''$ mit keiner anderen Seite identifizieren. Wir nehmen ein zweites Exemplar R_2 desselben Netzes und identifizieren in den Netzen R_1 und R_2 die freien Seiten $B'B''$, wobei wir gleichzeitig entsprechende Ecken zur Deckung bringen. Es ergibt sich dann das Netz $R_1 + R_2$, das bezüglich der Strecke $B'B''$ symmetrisch ist (Abb. 95). Die Summe der Winkel, die in der Ecke B $(= B' = B'')$ zusammentreffen, ist gleich 2π. Außerdem ist das Netz $R_1 + R_2$ offensichtlich der Sphäre homöomorph. Folglich genügt $R_1 + R_2$

allen Bedingungen, denen das Netz eines geschlossenen konvexen Polyeders genügen muß, und man kann aus ihm ein solches Polyeder verheften. Dieses Polyeder besteht aus den beiden Teilen P_1 und P_2 entsprechend den beiden Hälften des Netzes R_1 und R_2. Nach dem bewiesenen Lemma ist das Polyeder $P_1 + P_2$ bezüglich einer gewissen Ebene T symmetrisch, welche den geschlossenen Streckenzug $L = B'B''$ enthält (die Punkte B' und B'' werden zu dem einen Punkt B verheftet).

Daraus, daß der Vollwinkel um jeden Punkt des Streckenzuges L gleich 2π ist, folgt, daß es in der Ebene T keine Ecken des Polyeders $P_1 + P_2$ gibt und daß T nur von einzelnen Kanten geschnitten werden kann, die auf Grund der Symmetrie des Polyeders $P_1 + P_2$ senkrecht zu T sind. Dies gestattet uns, den Teil P_2 wegfallen und auf P_1 die an T anstoßenden Seitenflächen ins Unendliche verlaufen zu lassen. Das unendliche Prisma, das hierbei zu P_1 hinzugefügt wird, ist, wie man leicht sieht, eben aus dem unendlichen Streifen zusammengeheftet, den wir vorher vom Polygon Q abgeschnitten haben. Das aus P_1 durch Verlängerung der Seitenflächen gewonnene unendliche Polygon realisiert das Netz R.

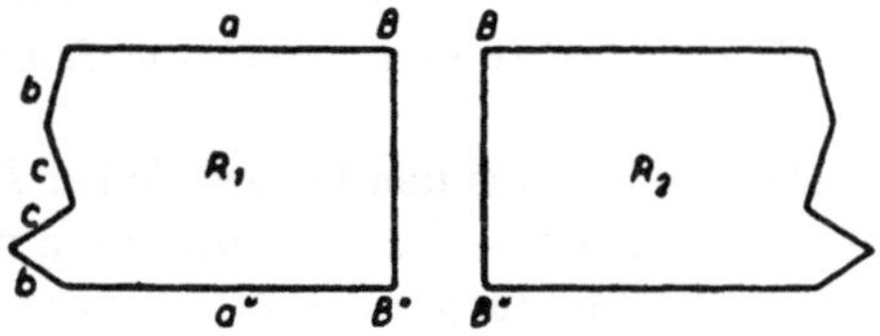

Abb. 95

6. Es gebe nun im Netz R keine unendlichen Polygone mit parallelen Seiten. $A_1, \ldots, A_n$ seien Ecken, von denen unendliche Seiten ausgehen. Auf ihnen tragen wir gleiche Strecken $A_i B_i$ einer solchen Länge l ab, daß in den unendlichen Polygonen Q_i die Strecken $B_i B_{i+1}$ jeweils ganz im Inneren ihres Polygons Q_i verlaufen. Schneiden wir von den Polygonen Q_i ihre unendlichen Teile ab, die durch die Strecken $B_i B_{i+1}$ abgeschnitten werden, so erhalten wir ein Netz R aus endlichen Polygonen. In diesem Netz lassen sich nur die Seiten $B_i B_{i+1}$ mit keinen anderen identifizieren (Abb. 96).

Q_i' sei ein durch die Strecke $B_i B_{i+1}$ abgetrennter endlicher Teil des Polygons Q_i. Verlängert man die Länge l der Seiten $A_i B_i$ und $A_{i+1}Bi_{i+1}$ und unterwirft man gleichzeitig Q_i einer ähnlichen Verkleinerung, so daß die Längen der Seiten $A_i B_i$ und $A_{i+1}B_{i+1}$ konstant bleiben, so reduziert sich das Polygon Q_i' auf ein gleichschenkliges Dreieck. Daraus läßt sich leicht schließen, daß sich bei Vergrößerung von l die Winkel an den Ecken B_i und B_{i+1} im Polygon Q_i' auf Winkel eines solchen gleichschenkligen Dreiecks reduzieren und folglich schließlich kleiner werden als ein gewisses $\alpha < \frac{\pi}{2}$. Wählt man daher l genügend groß, so sind die Winkel an allen Ecken B_i der Polygone Q_i' kleiner als $\frac{\pi}{2}$, und ihre Summen an jeder gemeinsamen Ecke B_i sind kleiner als π. Wir wählen l so groß und betrachten das entsprechende Netz R_1.

Wir nehmen das zweite Exemplar R_2 desselben Netzes und identifizieren in den Netzen R_1 und R_2 ihre freien Kanten $B_i B_{i+1}$. Wir erhalten das Netz $R_1 + R_2$, das bezüglich der aus diesen Kanten zusammengesetzten Linie $B_1 B_2 \cdots B_n$ symmetrisch ist. Da im Netz R_1 die Winkel an den Ecken B_i kleiner als π waren, so sind sie im Netz $R_1 + R_2$ kleiner als 2π. Schließlich ist das Netz $R_1 + R_2$ offensichtlich der Sphäre homöomorph.[1]

Aus diesem Netz läßt sich demnach ein geschlossenes konvexes Polyeder verheften. Dieses Polyeder besteht aus den zwei Teilen P_1 und P_2 entsprechend den zwei Teilen R_1 und R_2 seines Netzes. Wie oben folgt aus der umkehrbaren Symmetrie dieser Teile des Netzes, daß das Polyeder $P_1 + P_2$ eine gewisse Symmetrieebene T besitzt, die seine Teile P_1 und P_2 trennt.

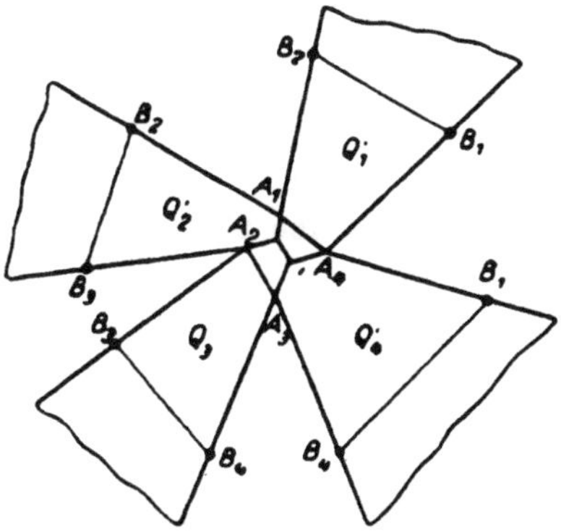

Abb. 96

Wir wiederholen diese Konstruktion bei immer größer werdenden Längen l (die wir bei der Konstruktion auf den unendlichen Kanten des Netzes abtrugen). Auf den sich ergebenden Polyedern $P_1 + P_2$ untersuchen wir nur die Teile P_1. Bei $l \to \infty$ ergeben letztere, wie man fast anschaulich sehen kann, in der Grenze ein gewisses unendliches Polyeder, welches das Netz R realisiert.

Man muß nur zeigen, daß man aus den bei der Vergrößerung von l gewonnenen Polyedern P_1 tatsächlich eine Teilfolge von Polyedern auswählen kann, welche gegen ein gewisses Grenzpolyeder P konvergieren. (Seine Metrik fällt sicher mit der Metrik des Netzes R zusammen, insofern als die Metriken auf den Polyedern P_1 sowohl gegen die Metrik auf P als auch gegen die Metrik in R konvergieren müssen.)

Wir betrachten die mögliche Struktur des Polyeders $P_1 + P_2$ etwas genauer.

Im Inneren des Teiles P_1 gibt es offenbar genauso viele Ecken, als es wesentliche Ecken A_i im ursprünglichen Netz R gab; wir bezeichnen ihre Anzahl mit e.

[1] Sind f, k und e die Anzahlen der Polygone, Kanten und Ecken des Netzes R und ist n die Anzahl seiner unendlichen Polygone, so ist im Netz $R_1 + R_2$ die Anzahl der Polygone, Kanten und Ecken $\bar{f} = 2f$, $\bar{k} = 2k + n$, $\bar{e} = 2e + n$ und daher $\bar{f} - \bar{k} + \bar{e} = 2(f - k + e) = 2$.

Der Rand des Teiles P_1 stellt ein Polygon dar, das in der Ebene T liegt. Es kann zwei Arten von Ecken dieses Polygons geben: Erstens Punkte D_i, die nicht Ecken des Polyeders $P_1 + P_2$ sind. Durch jeden solchen Punkt verläuft eine Kante des Polyeders $P_1 + P_2$, die auf Grund der Symmetrie zu T senkrecht ist (Abb. 97). Eine solche Kante muß in einer der e Ecken A_i enden, und daher gibt es jedenfalls nicht mehr als e solcher Kanten. Zweitens die Punkte C_j, die Ecken des Polyeders $P_1 + P_2$ sind. Jeder von ihnen kann sich nur aus einem gewissen Punkt B_i

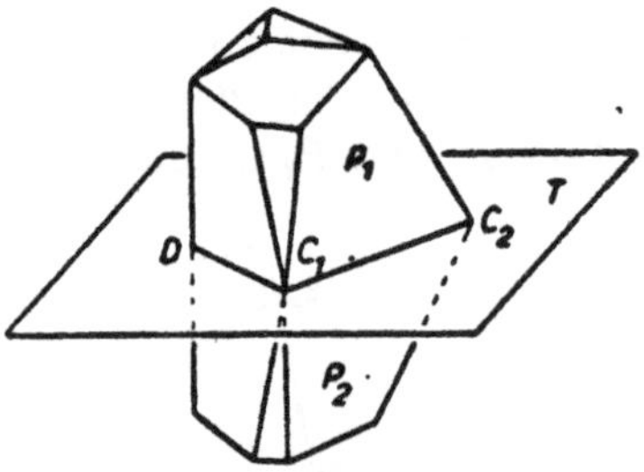

Abb. 97

des Netzes ergeben, und darum gibt es in dem Netz R nicht mehr dieser Ecken als unendliche Polygone Q_i; es seien ihrer m. Von jeder solchen Ecken können ins Innere von P_1 einige Kanten gehen, aber ihre Gesamtzahl ist jedenfalls nicht größer als $e\,m$.

Es seien nun P_1^n die Polyeder, die sich für immer größere $l_n \to \infty$ ergaben.

Abb. 97a

Wir bewegen die Gesamtheit dieser P_1^n in eine solche Lage, daß bei ihnen allen irgendeine Ecke, z. B. A_1^n, zusammenfällt, und daß die äußeren Normalen der Ebenen T_1^n gleichgerichtet sind. Dabei kommen alle für den Teil P^n inneren Ecken des Polyeders $P_2^n + P_1^n$ in einen begrenzten Teil des Raums zu liegen, und jetzt ist die Existenz einer Teilfolge von Polyedern P_1^n schon sichtbar (wir behalten der Einfachheit halber ihre Indizes bei), für welche erstens alle Ecken A_i^n gegen gewisse Punkte A_i konvergieren; zweitens die zu T^n senkrechten Kanten $A_i^n D_i^n$, wenn solche überhaupt existieren, von den konvergierenden Ecken A_i^n ausgehen und darum gegen einander parallele Strahlen konvergieren, die von den Punkten A_i ausgehen; drittens für ein und dieselben Paare (i, j) Kanten $A_i^n C_j^n$ existieren, deren Richtungen gegen gewisse Grenzstrahlen konvergieren, die von den Punkten A_i ausgehen.

Die Polyeder P_1^n selbst konvergieren, wie das der Leser selbst verfolgen kann, gegen die konvexe Hülle der Menge der Grenzecken A_i und der von ihnen ausgehenden Grenzstrahlen. Diese Hülle ergibt auch das Polyeder P, welches das Netz R realisiert. Auf Abb. 97a ist als Beispiel ein Polyeder dargestellt, welches man durch Grenzübergang aus den Polyedern der Abb. 97 erhält.

§ 5. Die Existenz eines unendlichen Polyeders mit gegebenem Netz und gegebener Grenzecke

1. In Kap. III, § 3 wurde bewiesen, daß ein unendliches konvexes Polyeder, dessen Krümmung gleich 2π ist, durch sein Netz eindeutig bestimmt wird (bis auf Bewegungen oder Bewegungen und Spiegelungen). Besitzt ein Netz die Krümmung 2π, so läßt sich daher zu dem im vorhergehenden Paragraphen bewiesenen Existenzsatz nichts hinzufügen. Wir bemerken, daß ein Netz mit der Krümmung 2π dadurch gekennzeichnet ist, daß in ihm alle unendlichen Polygone parallele unendliche Seiten haben; dies entspricht dem ersten Fall, der im vorhergehenden Paragraphen untersucht wurde. Ist aber die Krümmung des Netzes k'einer als 2π, so lassen sich aus ihm, wie sich zeigt, nicht eines, sondern unendlich viele nicht-kongruente konvexe Polyeder mit gleichen Grenzecken verheften.

Bevor wir den entsprechenden Satz formulieren, rufen wir uns einige Definitionen ins Gedächtnis zurück. Als Strahl in einem Netz R oder auf einem Polyeder P bezeichnen wir eine nach einer Seite hin unendliche Linie, die auf jedem endlichen Abschnitt als Kürzeste erscheint. Bei unbegrenzter ähnlicher Verkleinerung auf einen Punkt hin geht das unendliche konvexe Polyeder P in eine polyedrische Ecke über — in die Grenzecke V des Polyeders P. Ist die Krümmung des Polyeders P gleich 2π, so artet V in eine Halbgerade aus, und diesen Fall schließen wir hier aus; allgemein kann aber V auch ein doppelt überdeckter ebener Winkel sein. Bei Zusammenziehung des Polyeders P auf die Ecke V geht ein beliebiger Strahl L auf P in eine der Erzeugenden der Ecke V über — in die Grenzerzeugende des Strahles L. War auf dem Polyeder P eine Orientierung angegeben, so wird sie in der Grenze auf die Ecke V übertragen. (S. Kap. III, § 4, Nr. 5, Lemma 1.)

S a t z. *Das Netz R, das den für das Netz eines unendlichen konvexen Polyeders notwendigen Bedingungen genügt, möge eine Krümmung kleiner als 2π haben. Es möge eine Orientierung besitzen, und in ihm sei der Strahl L vorgegeben. (Er geht von einem gewissen Punkt aus und stellt eine Halbgerade dar, die auf einem seiner unendlichen Polygone verläuft).*[1] *Schließlich sei V eine konvexe polyedrische Ecke mit einer Krümmung, die der Krümmung des Netzes R gleich ist, und mit gegebenem Umlaufsinn um die Ecke, und $\bar{L}$ sei eine ihrer Erzeugenden. Es existiert ein unendliches konvexes Polyeder P, das aus dem Netz R verheftet ist, V als seine Grenzecke besitzt und so beschaffen ist, daß die Linie, die auf ihm dem Strahl L entspricht, $\bar{L}$ als Grenzerzeugende hat, während die Orientierung des Polyeders P, welche durch die Orientierung des Netzes R festgelegt ist, mit der Orientierung der Ecke V zusammenfällt.*

Dieses Polyeder P ist eindeutig bis auf Parallelverschiebungen bestimmt. (Wir setzen voraus, daß die Krümmung des Netzes R größer als Null ist; andernfalls ist die Eindeutigkeitsbehauptung falsch.)

Die Behauptung der Eindeutigkeit ist in Kap. III, § 4, Satz 3 enthalten.

---

[1] S. Kap. III, § 3, Lemma 2.

Dieser Satz behauptet nämlich, daß man die isometrische Abbildung eines Polyeders P auf ein anderes, die eine kongruente Abbildung ihrer Grenzecken induziert, durch Bewegung oder Bewegung und Spiegelung verwirklichen kann. Insofern als in diesem Falle das Netz, die Grenzecke V, die Orientierung und die Grenzerzeugende eines gewissen Strahles L gegeben sind, ist die Abbildung des Polyeders P auf ein anderes Polyeder P_1 mit denselben Daten notwendig isometrisch und induziert eine identische Transformation der Ecke V. Letzteres folgt daraus, daß bei der Abbildung von P auf P_1 die Ecke V, die Grenzerzeugende und die Orientierung erhalten bleiben müssen. Folglich reduziert sich die Abbildung von P auf P_1 auf Bewegung oder Bewegung und Spiegelung; die Spiegelung wird jedoch durch die Forderung ausgeschlossen, daß die Orientierung des Polyeders P_1 mit der gegebenen Orientierung der Ecke V zusammenfallen muß. Die Drehung ist darum ausgeschlossen, weil sie eine Drehung der Grenzecke hervor-

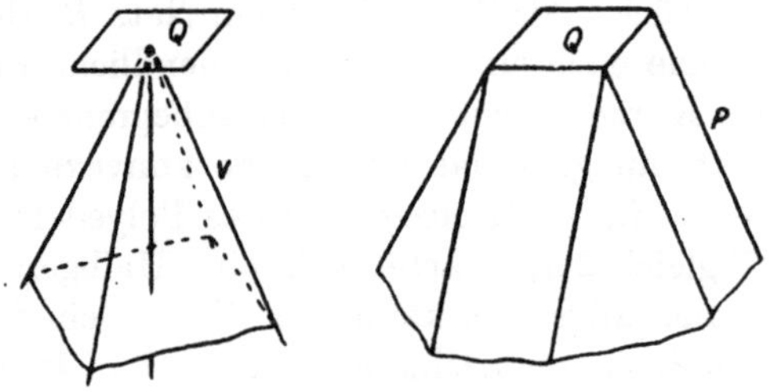

Abb. 98

ruft. Es bleibt nur die Parallelverschiebung, insofern als die Grenzecke mit dem Polyeder eindeutig bis auf Parallelverschiebungen verbunden ist.

In dem formulierten Satz wird also ein vollständiges System von Daten gegeben, die das Polyeder P bestimmen. Man kann noch anmerken, daß die Vorgabe des Strahles L und seiner Grenzerzeugenden $\bar{L}$ offensichtlich der Vorgabe eines anderen Strahles L_1 und einer anderen Grenzerzeugenden $\bar{L}_1$ äquivalent ist, wenn nur die Winkel zwischen L und L_1, $\bar{L}$ und $\bar{L}_1$, die in den durch die Orientierung des Netzes R und der Ecke V angegebenen Richtungen gemessen werden, gleich sind.

2. Da man bei dem gegebenen Netz R die Grenzecke V und die Erzeugende $\bar{L}$ ziemlich willkürlich wählen kann, so erhalten wir, wenn wir sie ändern, neue Polyeder mit demselben Netz. Also ist in dem gegebenen Satz schon die Behauptung der Möglichkeit der Verbiegung eines unendlichen konvexen Polyeders mit einer Krümmung kleiner als 2π enthalten. Diese Frage untersuchen wir genauer in Kap. V, § 2; wir geben aber sogleich ein elegantes Beispiel der Verbiegung eines unendlichen konvexen Polyeders.

Gegeben seien ein reguläres n-Eck Q und eine reguläre Ecke V mit n Seitenflächen, deren Scheitel wir so in den Polygonmittelpunkt legen, daß die Symmetrieachse der Ecke V senkrecht zur Ebene Q ist (Abb. 98).

Die Oberfläche der konvexen Hülle der auf diese Weise gewonnenen Figur $Q + V$ ist ein unendliches konvexes Polyeder P mit der Grenzecke V und mit Ecken nur in den Ecken des Polygons Q (Kap. I, § 4, Satz 5 und 5a).

Die Figur $Q + V$ besitzt eine n-fache Symmetrieachse, und darum besitzt diese auch das Polyeder P, wie man die Ecke V auch um ihre Achse drehen mag. Die Summe der Krümmungen der Ecken des Polyeders ist gleich der Krümmung seiner Grenzecke V (Kap. I, § 5, Satz 3). Da aber die Ecken des Polyeders bei einer Drehung um die Symmetrieachse ineinander übergehen, so stellen ihre Krümmungen immer den n-ten Teil der Krümmung der Ecke V dar unabhängig von der Drehung der Ecke V.

Dreht man die Ecke V um die Achse, so ändert sich das Polyeder P. Seine Seitenfläche Q jedoch bleibt unverändert, und nach dem Bewiesenen bleiben auch die Krümmungen seiner Ecken unverändert. Daher bleiben die Vollwinkel auf seinem unendlichen Teil und dessen endliche Seiten unverändert. Dies bedeutet, daß, obwohl der unendliche Teil seine Form ändert, sein Netz unverändert bleibt. Um sich hiervon zu überzeugen, genügt es, ihn längs eines Strahls aufzuschneiden und in die Ebene abzuwickeln; dann erhält man ein unendliches Polygon mit gegebenen Winkeln und gegebenen endlichen Seiten.

Also entspricht der Drehung der Ecke V um die Achse eine Verbiegung des Polyeders P, wobei seine Seitenfläche Q ganz unbeweglich bleibt. Es ist interessant, diese Verbiegung anschaulich zu sehen. Hier ändern sich die Grenzecke und die Orientierung nicht, aber es ändert sich die Zuordnung der Strahlen auf der Ecke V und auf dem unendlichen Teil des Polyeders P.

Dasselbe Ergebnis erhält man, wenn man anstelle von Q eine konvexe Mütze mit symmetrischer Grundfläche nimmt, wobei man die Ecke V nicht unbedingt regulär wählt, aber dennoch so, daß sie dieselbe Symetrieachse hat wie die Grundfläche der Mütze.

3. Der oben formulierte allgemeine Satz stammt von S. P. Olowjanischnikow [5]; der von ihm gegebene Beweis benutzt die Existenz eines geschlossenen konvexen Polyeders mit gegebenem Netz, ähnlich dem Beweis des Satzes im vorhergehenden Paragraphen. Man kann ihn jedoch direkt auf Grund des Abbildungslemmas durchführen. Wir geben hier diesen unabhängigen Beweis, obgleich der Beweis von S. P. Olowjanischnikow etwas einfacher ist, insofern als er den Satz über das geschlossene Polyeder *schon benutzt*. Zum Schluß zeigen wir, wie man auf demselben Weg einen unabhängigen Existenzbeweis eines unendlichen konvexen Polyeders mit gegebenem Netz der Krümmung 2π geben kann.

4. Wir wollen Netze betrachten, die den für Netze eines unendlichen konvexen Polyeders mit der Krümmung ω für $0 < \omega < 2\pi$ notwendigen Bedingungen genügen. Diese Netze sind der Ebene homöomorph. Wir bilden ein solches Netz R auf die (topologische) Ebene E ab, oder mit anderen Worten: wir stellen uns das Netz R als verheftet vor; $A_1, \ldots, A_e$ seien Punkte der Ebene E, die denjenigen Ecken des Netzes entsprechen, in denen die Winkelsummen kleiner als 2π sind. Gibt es nur einen solchen Punkt, so erhalten wir, wenn wir die Ebene E, d. h. das verheftete Netz R an dem Strahl aufschneiden, welcher von diesem Punkt ausgeht, einen ebenen Winkel, aus welchem sich eine beliebige polyedrische Ecke der Krümmung ω verheften läßt. Für $e = 1$ gilt also der Satz, und man kann ihn weiter durch Induktion nach der Anzahl der Ecken beweisen.

5. Es sei $e > 1$. Wir ziehen vom Punkt A_1 aus den Strahl a und auch alle Kürzesten $A_1 A_i$ zu allen übrigen Punkten $A_2, \ldots, A_e$. Wir schneiden die Ebene E längs dieser Linien auf und erhalten so ein unendliches (abstraktes) Polygon Q. In ihm gibt es zwei Ecken A_1, von denen die unendlichen Seiten a ausgehen. Wir verbinden diese Punkte durch eine Linie, die im Polygon Q eine Kürzeste ist (Abb. 99). Nach Kap. I, § 8, Satz 1 ist sie ein geodätischer Streckenzug mit Ecken nur in den Ecken des Polygons oder insbesondere ganz ohne Ecken und schneidet vom Polygon Q einen endlichen Teil ab, welcher möglicherweise nicht aus einem, sondern aus mehreren Polygonen besteht. Jeden dieser Teile zerlegen wir durch Diagonalen in Dreiecke (dies ist möglich auf Grund Kap. I, § 8, Satz 5). Im Ergebnis erhält man ein Netz R_1, das zu R isometrisch und so beschaffen ist, daß 1. in ihm keine „überflüssigen" Ecken auftreten, in denen die Winkelsummen gleich 2π sind, 2. es aus Dreiecken und einem unendlichen Polygon besteht. Folglich genügt es sich auf Netze zu beschränken, die keine „überflüssigen" Ecken haben.

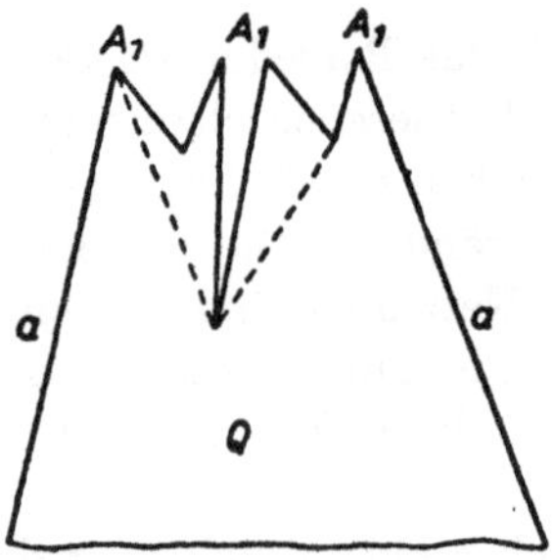

Abb. 99

Wir sehen von metrischen Beziehungen ab und verwandeln das Netz in einen der Ebene homöomorphen „Komplex"; dieser Komplex besteht aus topologischen Dreiecken und einem topologischen Polygon, das auf einer Seite offen ist. Die umgekehrte Umformung eines solchen Komplexes in ein Netz reduziert sich auf die Angabe 1. der Seitenlängen der Dreiecke und 2. der Winkel des unendlichen Polygons (dann sind die Winkel und Seiten dieses Polygons gegeben, und es ist folglich vollständig bestimmt). Ändert man jedoch die Winkel an den Ecken des unendlichen Polygons, von denen die unendlichen Seiten ausgehen und läßt man nur die Summe dieser Winkel unverändert, so erhält man isometrische Netze.[1] Daher ist es praktischer, die unendlichen Seiten zu verheften; dann verwandelt sich das unendliche Polygon in eine Figur, die einem unendlichen Kegel mit Ausschluß einer Umgebung der Spitze homöomorph ist; diese Figur nennen wir „Trichter". Ein Trichter wird durch die Angabe seiner Seiten und Winkel vollständig bestimmt, weil wir, wenn wir ihn längs irgendeines Strahles aufschneiden, ein bestimmtes unendliches Polygon erhalten.

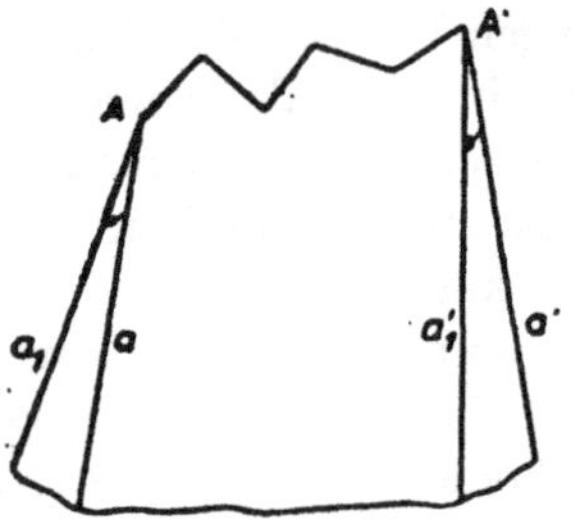

Abb. 100

[1] Dies ist aus Abb. 100 ersichtlich. Die Veränderung der Winkel an den Ecken A und A' unter Erhaltung ihrer Summe läuft darauf hinaus, daß der Winkel zwischen a' und a_1' abgeschnitten und an die Seite a angelegt wird; anstelle eines Polygons mit den unendlichen Seiten a und a' erhalten wir ein Polygon mit den Seiten a_1 und a_1'.

Wir betrachten also einen Komplex K, der einer Ebene homöomorph und aus topologischen Dreiecken und einem topologischen Trichter zusammengesetzt ist. Die Umformung dieses Komplexes in ein Netz reduziert sich auf die Angabe 1. von k Längen seiner Kanten, d. h. von Dreiecksseiten $r_1, \ldots, r_k$ und 2. von n Winkeln $\alpha_1, \ldots \alpha_n$ des Trichters, was im ganzen $k + n$ Veränderliche ergibt. Hat das Netz R eine positive Krümmung, d. h. sind die Winkelsummen in allen Ecken kleiner als 2π, so wird diese Bedingung bei kleinen Veränderungen der Variablen r_i und α_j nicht zerstört. Zugleich können kleine Veränderungen dieser Variablen willkürlich sein. Für die Kantenlängen ist das einleuchtend. Zur Veränderung des Winkels α_j ziehen wir aus der entsprechenden Ecke des Trichters irgendeinen Strahl und schneiden an ihm den Trichter auf. An beide Seiten des Schnittes kann man die Seiten eines beliebigen ebenen Winkels ankleben, woraus klar wird, daß die Winkel beliebige Zunahmen gestatten. Wickeln wir den aufgeschnittenen Trichter in die Ebene ab, so erhalten wir ein unendliches Polygon (dabei ist es freilich nicht ausgeschlossen, daß es sich selbst überdeckt). Seine unendlichen Seiten sind nicht parallel, da sonst die Krümmung des Netzes gleich 2π wäre. Daher läßt sich von diesem Polygon ein unendlicher Winkelsektor abschneiden und dadurch der Winkel α_j des Trichters verkleinern. So erweist sich die Menge aller Netze R von positiver Krümmung und gegebener Struktur K natürlicherweise als $(k + n)$-dimensionale Mannigfaltigkeit $\mathfrak{M}$.

6. Der Angabe des Netzes müssen wir jedoch noch die Angabe der polyedrischen Ecke V hinzufügen, welche als Grenzecke des entsprechenden Polyeders dienen soll. Wir wollen alle möglichen konvexen polyedrischen Ecken mit einer gegebenen Anzahl h von Kanten untersuchen; dabei haben wir wirkliche Kanten im Auge, d. h. Kanten, an denen die Flächenwinkel kleiner als π sind. Bei gegebener Ecke wird ein solcher Winkel durch die Richtungen seiner Kanten bestimmt, d. h. durch $2h$ Veränderliche; und wenn man die Drehung des Winkels als ganzem um die Ecke ausschließt, so bleiben nur $2h - 3$ Veränderliche übrig. Schließlich müssen wir mit dem gegebenen Netz eine polyedrische Ecke verbinden, welche dieselbe Krümmung ω besitzt. Dadurch wird eine weitere Veränderliche ausgeschlossen, und es verbleiben $2h - 4$ Veränderliche. Wir erhalten auf diese Weise eine $(2h - 4)$-dimensionale Mannigfaltigkeit $\mathfrak{B}$ von konvexen polyedrischen Ecken mit gegebener Krümmung ω.

Ferner müssen wir im Netz R den Umlaufsinn um seinen Trichter und auf der Ecke V den Umlaufsinn um den Scheitel angeben.

Irgendeinem Strahl L im Netz R müssen wir die Erzeugende $\bar{L}$ der polyedrischen Ecke V zuordnen, welche für den entsprechenden Strahl des aus dem Netz R verhefteten Polyeders P die Grenzerzeugende sein soll. Aber erstens sind offensichtlich die Angaben der untereinander parallelen Strahlen L und zweitens die Angabe des Strahles L und der Erzeugenden $\bar{L}$ der Angabe eines beliebigen anderen Strahles L_1 und einer anderen Erzeugenden $\bar{L}_1$ äquivalent; es müssen nur die Winkel zwischen L und L_1, $\bar{L}$ und $\bar{L}_1$ gleich sein, wobei man die Winkel natürlich in der Richtung zählt, die durch die Orientierung des Netzes R und der Ecke V angegeben ist. Daher kann man einfach von der Herstellung einer Zuordnung der

Richtungen der Strahlen im Netz R und auf der Ecke V reden; ist der Strahl L gegeben, so haben wir die Möglichkeit, eine beliebige Erzeugende $\bar{L}$ zu wählen, und deren gibt es eine einparametrische Familie. Daher führt die Willkür in der Angabe der Zuordnung von Richtungen im Netz R und auf der Ecke V zu einem weiteren variablen Parameter.

Wir müssen also eine Mannigfaltigkeit von Netzen R und Ecken V mit Orientierungen und mit gegebenen Zuordnungen der Richtungen untersuchen. Wir bezeichnen diese Mannigfaltigkeit mit $\mathfrak{M}\,\mathfrak{B}$; wie wir gezeigt haben, ist ihre Dimension gleich

$$(k + n) + (2\,h - 4) + 1 = k + n + 2\,h - 3\,. \qquad (1)$$

7. Es seien gegeben das Netz R_0 und die Ecke V_0 mit derselben Krümmung. L und $\bar{L}$ seien entsprechende Strahlen im Netz R_0 und auf der Ecke V_0. Wir haben auf diese Weise den „Punkt" (R_0, V_0) unserer Mannigfaltigkeit $\mathfrak{M}\,\mathfrak{B}$. Ohne die Allgemeinheit einzuschränken, kann man annehmen, daß der Strahl L von einer gewissen Ecke A des Trichters des Netzes R_0 ausgeht. Wir schneiden den Trichter längs dieses Strahls auf und kleben in den erhaltenen Schnitt die Sektoren S mit stetig solange wachsenden Winkeln ein, bis sich das Netz R_0 in das Netz R_1 verwandelt, in dessen Ecke A die Winkelsumme gleich $2\,\pi$ ist. Die Krümmung des Netzes vermindert sich dabei um die Größe $2\,\pi - \Theta$, wobei Θ die Summe der Winkel um die Ecke A im ursprünglichen Netz R_0 ist. Sie wird aber nicht gleich Null, da nach Voraussetzung die Anzahl der Ecken des Netzes R_0 größer als Eins ist. Gleichzeitig mit einer solchen Veränderung des Netzes R kann man die Ecke V stetig so verändern, daß ihre Krümmung ständig gleich der Krümmung des Netzes ist. Dafür genügt es, z. B. ihre ebenen Winkel in gleichem Maße stetig zu vergrößern. So gelangen wir zu der Ecke V_1 mit derselben Krümmung wie das Netz R_1. Die Zuordnung der Strahlen L und $\bar{L}$ läßt sich so erhalten: als Strahl L kann man jedesmal eine der Seiten des im ursprünglichen Netz R_0 gelegten Schnittes nehmen und für den Strahl $\bar{L}$ eine beliebige der Erzeugenden auf der veränderten Ecke V, wenn die Erzeugende sich nur stetig verändert.

Man kann also von einem beliebigen Punkt (R_0, V_0) der Mannigfaltigkeit $\mathfrak{M}\,\mathfrak{B}$ zu einem Punkt (R_1, V_1) gelangen, „der auf ihrem Rand liegt", wobei im Netz R_1 nur der Winkel bei der gegebenen Ecke der Trichters gleich $2\,\pi$ ist und es daher in der Nähe des Punktes (R_1, V_1) keine Punkte aus anderen zusammenhängenden Komponenten der Mannigfaltigkeit $\mathfrak{M}\,\mathfrak{B}$ gibt außer der zusammenhängenden Komponente, die den gegebenen Punkt (R_1, V_1) enthält. Zum Beweis stellen wir die „Punkte" (R, V), die (R_1, V_1) nahe sind, durch Punkte im $(k + n + 2\,h - 3)$-dimensionalen Raum dar, wo eine der Koordinaten der Winkel α des Trichters an der Ecke A ist; es werden hierbei alle Netze R betrachtet und nicht nur Netze mit positiver Krümmung. Der Rand der Mannigfaltigkeit $\mathfrak{M}\,\mathfrak{B}$ wird durch die Gleichung $\alpha + \sum_i \varphi_i = 2\,\pi$ dargestellt, wobei φ_i die übrigen Winkel sind, welche in der Ecke A zusammentreffen. Diese Fläche zerlegt die Umgebung des Punktes (R_1, V_1) in zwei Teile: im einen ist $\alpha > 2\,\pi - \sum \varphi_i$, im anderen ist $\alpha < 2\,\pi - \sum \varphi_i$. Liegen die Punkte (R', V'), (R'', V'') auf einer Seite, so lassen sie sich in einer gegebenen Umgebung durch eine stetige Kurve verbinden, die ganz auf derselben Seite der Fläche $\alpha + \sum_i \varphi_i = 2\pi$ verläuft. Ist die Umgebung klein, so bleiben die Summen der Winkel an allen Ecken außer der Ecke A kleiner als 2π, und die Bedingungen, die die Veränderlichen beschränken, welche eine konvexe polyedrische Ecke vorgeben, werden auch nicht zerstört. Daher liegt der angegebene Weg in der Mannigfaltigkeit $\mathfrak{M}\,\mathfrak{V}$, und das bedeutet, daß alle Punkte dieser Mannigfaltigkeit, die nahe (R_1, V_1) sind, einer einzigen zusammenhängenden Komponente angehören.

Man kann das Netz R_1 durch ein Netz ersetzen, das die überflüssige Ecke A nicht mehr enthält. Nach Induktionsvoraussetzung gilt der Satz für Netze mit einer geringeren Anzahl von Ecken. Daher läßt sich aus dem Netz R_1 ein konvexes Polyeder P_1 mit gegebener Grenzecke V verheften. Der Ecke A entspricht auf dem Polyeder P_1 ein Punkt, der innerhalb einer Seitenfläche oder Kante liegt. Wir bewegen ihn um eine genügend kleine Entfernung nach außen und konstruieren ein Polyeder P mit dieser herausbewegten Ecke und auch mit allen Ecken des Polyeders P_1 und derselben Grenzecke V. Es läßt sich leicht zeigen, daß das Polyeder P, das P_1 genügend nahe ist, ein Netz R zuläßt, das R_1 nahe ist (dies beweist man genau so wie § 2, Lemma 1). Aber die Netze, die R_1 nahe sind, entsprechen „Punkten“ (R, V) aus der gegebenen zusammenhängenden Komponente der Mannigfaltigkeit $\mathfrak{M}\,\mathfrak{V}$. Es gibt demnach in jeder zusammenhängenden Komponente dieser Mannigfaltigkeit „realisierbare Punkte“ (R, V), d. h. Netze R, aus welchen sich Polyeder mit der Ecke V verheften lassen.

8. Wir betrachten jetzt die Menge aller unendlichen konvexen Polyeder, welche man aus Netzen der Struktur K verheften kann und welche Grenzecken mit h Kanten besitzen. Auf jedem solchen Polyeder zeichnen wir sein Netz auf und erhalten ein „K-trianguliertes“ Polyeder P. Zugleich mit der K-Triangulation wird auf das Polyeder P die Orientierung seines Netzes übertragen, so daß es sich um ein orientiertes K-trianguliertes Polyeder handelt. Zwei K-triangulierte Polyeder gelten als kongruent, wenn sie sich durch Bewegung oder Bewegung und Spiegelung zusammen mit ihren K-Triangulationen zur Deckung bringen lassen. Wir werden kongruente K-triangulierte Polyeder einfach nicht unterscheiden.

Ein unendliches konvexes Polyeder P wird durch die Angabe seiner Ecken und der Grenzecke festgelegt, wobei die Grenzecke eindeutig bis auf Parallelverschiebungen bestimmt ist. Hat das Polyeder e Ecken, so ergibt das $3e$ ihrer veränderlichen Koordinaten; besitzt die Grenzecke h Kanten, so ergibt das $2h$ Veränderliche, welche ihre Richtungen bestimmen; da aber die Polyeder als eindeutig bis auf Bewegungen (und Spiegelungen) betrachtet werden, so muß man 6 Veränderliche ausschließen, und es bleiben nur $3e + 2h - 6$ Veränderliche übrig, die das Polyeder P bestimmen.

Die Menge aller K-triangulierten Polyeder P mit Grenzecken mit h Seitenflächen formen wir in die Mannigfaltigkeit $\mathfrak{P}$ um, wobei wir folgende Definition der Umgebungen einführen: *die Umgebung eines Polyeders P_0 besteht aus allen Polyedern P, die zusammen mit ihren K-Triangulationen P_0 nahe sind.*

Die Nähe der Polyeder P wird durch die Nähe ihrer Ecken und der Richtungen der Kanten der Grenzecken bestimmt. *Jedes Polyeder P, das einem gegebenen P_0 nahe ist, erlaubt eine einzige K-Triangulation, die der K-Triangulation des Polyeders P_0 nahe ist.* Dies wird durch dieselben einleuchtenden Überlegungen bewiesen, mit denen die analoge Behauptung für geschlossene Polyeder in § 2 bewiesen wurde (§ 2, Lemma 1). Dabei folgt aus der Nähe der Längen der Kanten der K-Triangulationen naher Polyeder schon offensichtlich die Nähe der Winkel ihrer Trichter. Indem wir alle $3e + 2h - 6$ Veränderlichen wenig verändern, erhalten wir also K-triangulierte Polyeder, die dem gegebenen zusammen mit ihren K-Triangulationen nahe sind. Alle diese Polyeder sind auch in dem Fall verschieden, daß das Polyeder P_0 in ein doppelt überdecktes Polygon ausartet. Irgend zwei solche Polyeder könnten kongruent sein, wenn sie bezüglich seiner Ebene symmetrisch wären. Aber in diesem Fall sind ihre Orientierungen offenbar entgegengesetzt, und folglich sind sie bei Berücksichtigung der Orientierung nicht kongruent.[1]

$\mathfrak{P}$ ist demnach tatsächlich eine Mannigfaltigkeit von der Dimension $3e + 2h - 6$.

9. Jedem Polyeder aus $\mathfrak{P}$ entspricht eindeutig 1. sein Netz, das seine K-Triangulation ist, 2. seine Grenzecke V, 3. die Zuordnung der Richtungen seiner Strahlen und der Erzeugenden der Ecke V, welche bei unendlicher Verkleinerung des Polyeders in die Ecke V hergestellt wird.

Damit ist die eindeutige Abbildung der Mannigfaltigkeit $\mathfrak{P}$ in die Mannigfaltigkeit $\mathfrak{M}\,\mathfrak{V}$ hergestellt, und um unseren Satz zu beweisen, genügt es zu zeigen, daß hier alle Bedingungen des Abbildungslemmas erfüllt sind.

Vor allem zeigen wir, daß die Dimensionen der Mannigfaltigkeiten $\mathfrak{P}$ und $\mathfrak{M}\,\mathfrak{V}$ gleich sind. f, k und e seien die Anzahlen der Dreiecke, Kanten und Ecken des Komplexes K. Nach der EULERschen Formel ist

$$f - k + e = 1 . \tag{2}$$

Der Komplex K besitzt einen Trichter mit n Seiten, mit denen die n Seiten seiner Dreiecke identifiziert sind; ihre übrigen Seiten sind paarweise miteinander identifiziert. Daher gilt

$$3f = 2k - n . \tag{3}$$

Aus den Formeln (2) und (3) folgt, daß

$$k + n = 3e - 3$$

ist. Daher erhalten wir für die Anzahl der Dimensionen der Mannigfaltigkeit $\mathfrak{M}\,\mathfrak{V}$ (Formel 1):

$$k + n + 2h - 3 = 3e + 2h - 6,$$

d. h. sie ist gleich der Anzahl der Dimensionen der Mannigfaltigkeit $\mathfrak{P}$.

[1] Die Orientierung wird vom Polyeder P_0 auf augenscheinlichem Wege auf nahe Polyeder übertragen, und insbesondere wenn P_0 ausartet, muß man sich daran erinnern, daß es zwei Seiten hat, denen die Seiten der ihm nahen Polyeder entsprechen. Im übrigen kann man genau wie im Fall geschlossener Polyeder ohne Orientierung auskommen.

Wir haben schon gezeigt, daß in jeder zusammenhängenden Komponente der Mannigfaltigkeit $\mathfrak{M}$ $\mathfrak{P}$ Bilder der Punkte aus $\mathfrak{P}$ enthalten sind. Die übrigen Eigenschaften der Abbildung φ werden ganz analog aufgestellt, wie es in § 3 für geschlossene Polyeder geschehen ist. Ihre Stetigkeit ist in der Definition der Umgebungen in der Mannigfaltigkeit $\mathfrak{P}$ enthalten. Die umkehrbare Eindeutigkeit folgt aus Kap. III, § 4, Satz 3; nach diesem Satz sind zwei isometrische Polyeder mit gleichen Grenzecken und gleicher Zuordnung der Richtungen der Strahlen und der Erzeugenden ihrer Grenzecken kongruent.

Die letzte für uns erforderliche Eigenschaft der Abbildung φ erhält man schließlich aus einem Lemma, das § 2, Lemma 1 völlig analog ist. Die Änderungen in seiner Formulierung und die Ergänzungen im Beweis, die damit verbunden sind, daß außer den Längen der Kanten auch die Winkel des Trichters ein Netz bestimmen, sind so einleuchtend, daß keine Notwendigkeit besteht, besonders davon zu sprechen.

Es sind folglich alle Bedingungen des Abbildungslemmas erfüllt, und damit ist unser Satz bewiesen.

10. Dieselbe Methode wenden wir auf den Existenzbeweis eines unendlichen konvexen Polyeders mit gegebenem Netz von der Krümmung 2π an. Wir brauchen hier nur Netze mit der Krümmung 2π zu untersuchen; bei ihnen verwandelt sich der Trichter in eine „Röhre", da die unendlichen Polygone eines solchen Netzes parallele Seiten haben. Auf Grund der vorhergehenden Überlegungen kann man aus dem Netz überflüssige Ecken ausschließen, in denen die Winkelsummen gleich 2π sind. Das Netz einer gegebenen Struktur K wird nun durch k Längen der Kanten und n Winkel der Röhre bestimmt, wobei diese Winkel durch die Gleichung

$$\sum_{i=1}^{n} \alpha_i = n\pi$$

verbunden sind. Wir erhalten folglich eine $(k + n - 1)$-dimensionale Mannigfaltigkeit $\mathfrak{M}$ von Netzen der gegebenen Struktur und von positiver Krümmung. Netze mit nur einer Ecke kann es hier nicht geben, weil die Krümmung einer Ecke kleiner als 2π ist. Netze mit nur zwei Ecken lassen sich offenbar durch doppelt überdeckte ebene Streifen realisieren. Daher läßt sich die Existenz eines Polyeders mit gegebenem Netz wiederum durch Induktion nach der Anzahl der Ecken beweisen.

Die Mannigfaltigkeit $\mathfrak{P}$ von K-triangulierten Polyedern wird hier genauso wie früher bestimmt. Die Anzahl von Veränderlichen, welche ein Polyeder bestimmen, ist $3e$ Koordinaten von Ecken vermehrt um 2 Veränderliche, welche die Richtung seiner Grenzhalbgeraden bestimmen, vermindert um 6 Veränderliche, die mit der Bewegung des Polyeders als ganzen verbunden sind. Insgesamt ist die Mannigfaltigkeit $\mathfrak{P}$ $(3e - 4)$-dimensional.

Die Anwendung der Eulerschen Formel $f - k + e = 1$ führt zu der Beziehung

$$3e - 4 = k + n - 1,$$

d. h. die Mannigfaltigkeiten $\mathfrak{M}$ und $\mathfrak{P}$ haben die gleiche Dimension.

Es läßt sich ferner die natürliche Abbildung φ der Mannigfaltigkeit $\mathfrak{P}$ in $\mathfrak{M}$ bestimmen. Ihre umkehrbare Eindeutigkeit folgt aus der Eindeutigkeit eines Polyeders mit gegebenem Netz von der Krümmung 2π (Kap. III, § 3, Satz 2). Die übrigen Eigenschaften der Abbildung φ, die für die Anwendung des Abbildungslemmas notwendig sind, werden analog bewiesen wie für den Fall geschlossener Polyeder. Im Ergebnis erweisen sich alle Forderungen des Abbildungslemmas als erfüllt, und wir beschließen unsere Ausführungen über die Existenz eines Polyeders mit beliebigem Netz von der Krümmung 2π.

KAPITEL V

DIE VERHEFTUNG UND VERBIEGUNG VON POLYEDERN MIT RAND

§ 1. Die Verheftung von Polyedern mit Rand

1. In Kap. IV handelte es sich um Netze, in welchen die Seiten der Polygone paarweise verheftet werden, so daß das Netz keinen Rand besitzt. Gibt es aber bei den Netzpolygonen Seiten, die mit keinen anderen Seiten zu verheften sind, so hat das Netz einen Rand, und wir nennen solche freien Seiten seiner Polygone *Randkanten* des Netzes.

Stellt man sich die zu verheftenden Seiten und Ecken als identifiziert vor, so gelangt man auf natürliche Weise dazu, daß der Rand des Netzes aus endlich vielen geschlossenen Streckenzügen besteht, die durch seine Randkanten gebildet werden; schließt das Netz unendliche Polygone ein, so kann sein Rand auch unendliche Streckenzüge enthalten, von denen sich jeder aus endlich vielen endlichen und zwei unendlichen Randkanten zusammensetzt; insbesondere können die Randkanten fehlen. Ein Polyeder, das man aus einem solchen Netz verheften kann, hat einen entsprechenden Rand.

Die Frage nach den Bedingungen, unter denen man aus einem gegebenen Netz mit Rand ein konvexes Polyeder verheften kann, können wir nicht völlig lösen, und darum sind wir genötigt, uns auf allgemeine Angaben und einzelne, mehr oder weniger spezielle Ergebnisse zu beschränken. Im weiteren werden auch einfache Beispiele von Netzen gegeben, aus denen sich keine konvexen Polyeder verheften lassen, obgleich sie gewissen offensichtlich notwendigen Bedingungen genügen.

Den Zugang zur Lösung der gestellten Frage gibt folgender Satz:

Satz 1. *Der Rand des Netzes R möge aus geschlossenen oder unendlichen Streckenzügen $L_1, \ldots, L_n$ bestehen. Dafür, daß man aus dem Netz R ein konvexes Polyeder verheften kann, ist notwendig und hinreichend, daß Netze $R_1, \ldots, R_n$ existieren, die jedes von einem Streckenzug berandet werden, derart, daß die Identifizierung ihrer Ränder mit den Streckenzügen $L_1, \ldots, L_n$ ein Netz $R + R_1 + \cdots + R_n$ ergibt, aus dem sich ein konvexes Polyeder verheften läßt.* Das Netz $R + R_1 + \cdots + R_n$ hat keinen Rand, und die Frage nach den Bedingungen, unter denen sich aus ihm ein konvexes Polyeder verheften läßt, wird durch die in Kap. IV, §§ 1—4 bewiesenen Sätze beantwortet.

Der Beweis ist völlig einleuchtend. Gibt es solche Netze $R_1, \ldots, R_n$, so erhalten wir, wenn wir aus dem Netz $R + R_1 + R_2 + \cdots + R_n$ ein konvexes Polyeder verheften und von ihm einen Teil abtrennen, der dem gegebenen

Netz R entspricht, ein konvexes Polyeder mit dem Netz R. Die Bedingung ist folglich hinreichend.

Es möge sich andererseits aus dem Netz R ein konvexes Polyeder P verheften lassen. Nach Definition ist es ein Teil eines vollständigen konvexen geschlossenen oder unendlichen Polyeders $\overline{P}$ ohne Rand. Dann stellt die Differenz $\overline{P} - P$, wenn man ihren Rand hinzunimmt, ein oder mehrere konvexe Polyeder $P_1, \ldots, P_n$ dar. Aus deren Netzen $R_1, \ldots, R_n$ zusammen mit R bildet man das Netz $R + R_1 + \cdots + R_n$ des vollständigen Polyeders $\overline{P}$, und damit ist die Notwendigkeit der Bedingung bewiesen.

Satz 1 reduziert die Frage nach der möglichen Verheftung eines konvexen Polyeders aus einem Netz mit Rand auf die Frage nach der Auswahl entsprechender Netze $R_1, \ldots, R_n$. In gewissen Fällen gelingt es eine solche Auswahl zu treffen. Damit sie möglich ist, muß das Netz R drei sicherlich notwendigen Bedingungen genügen:

1. Das Netz R muß einem ebenen Polygon homöomorph sein, das endlich oder unendlich ist, das aber, allgemein gesagt, von mehreren Streckenzügen berandet wird.[1]

2. Die Winkelsummen um alle, sowohl um die inneren, als auch um die auf dem Rand liegenden Ecken des Netzes R müssen $\leq 2\pi$ sein.

3. Die Krümmung des Netzes R (d. h. die Summe der Krümmungen seiner inneren Ecken) muß $\leq 4\pi$ sein, wenn das Netz endlich, und sie muß $\leq 2\pi$ sein, wenn es unendlich ist.

Die Notwendigkeit dieser Bedingungen ist augenscheinlich, da jedes konvexe Polyeder mit Rand diese Eigenschaften besitzt. Ein unendliches vollständiges Polyeder $\overline{P}$ ist einer Ebene homöomorph und hat eine Krümmung $\leq 2\pi$; daher ist das Polyeder P, das ein Teil von $\overline{P}$ ist, einem Polygon homöomorph und besitzt eine Krümmung $\leq 2\pi$. Ein geschlossenes Polyeder $\overline{P}$ ist einer Sphäre homöomorph und hat eine Krümmung 4π; eine Sphäre mit einem ausgeschlossenen Punkt kann man aber auf die Ebene abbilden, und darum ist das Polyeder P als Teil von $\overline{P}$ einem ebenen Polygon homöomorph, seine Krümmung ist aber nicht größer als bei $\overline{P}$, d. h. $\leq 4\pi$. Jedes an R angeklebte Netz R_i muß seinerseits dieselben Eigenschaften 2) und 3) besitzen und einem Polygon homöomorph sein, das von einem geschlossenen oder unendlichen Streckenzug begrenzt wird.

Die Bedingung des Satzes 1 läuft im Ergebnis darauf hinaus, daß die Summen der Winkel in den zu identifizierenden Punkten der Ränder der Netze R und R_i

[1] Man kann dieselbe Bedingung anders ausdrücken, ohne den Begriff des Homöomorphismus heranzuziehen. Und zwar so: Sind f, k und e die Anzahlen der Polygone, Kanten und Ecken des Netzes R und ist n die Anzahl der dieses begrenzenden Streckenzüge, so muß im Falle eines endlichen Netzes $f - k + e = 2 - n$, im Falle eines unendlichen Netzes aber $f - k + e = 1 - n$ sein. Zum Beweis der Äquivalenz beider Bedingungen genügt es folgendes zu bemerken: heften wir an jeden Streckenzug, der ein gegebenes Netz begrenzt, ein von dem Streckenzug begrenztes Polygon an, so erhalten wir ein Netz $\overline{R}$ ohne Rand, bei welchem entsprechend $f - k + e = 2$ und $f - k + e = 1$ ist, so daß $\overline{R}$ entsprechend einer Sphäre oder Ebene homöomorph ist.

nicht größer als 2π sein dürfen. Da diese Bedingung für jeden zum Rand des Netzes R gehörigen Streckenzug L_i und für das entsprechende Netz R_i unabhängig erfüllt sein muß, so ist die Frage nach der Verheftung eines Polyeders aus einem Netz, welches von einem Streckenzug begrenzt wird, grundlegend. Ein solches Netz ist einem Kreis oder einer Halbebene homöomorph, je nachdem ob es endlich oder unendlich ist.

2. Hier und weiterhin werden Ergebnisse dargestellt, welche man durch die auf Satz 1 fußende „Verheftungsmethode" erhält. Wenn wir nichts Zusätzliches vereinbaren, werden wir dabei im Auge haben, *daß es sich um Netze handelt, die den oben angeführten Bedingungen 1), 2) und 3)* genügen.

Unter dem Winkel an einer Randecke eines Netzes wollen wir die Summe der Winkel seiner Polygone an dieser Ecke verstehen; drückt man es so aus, so ist es günstig, sich das Netz, wenn auch nur abstrakt, als verheftet vorzustellen.

Wir erinnern daran, daß man als „*Mütze*" ein solches konvexes Polyeder bezeichnet, das von einem ebenen geschlossenen Streckenzug berandet wird und dessen Projektion auf die Ebene dieses Streckenzuges mit dem von diesem Streckenzug berandeten Polygon zusammenfällt.

Satz 2. *Dafür, daß sich aus einem Netz R, welches einem Kreis homöomorph ist, eine Mütze verheften läßt, ist es notwendig und hinreichend, daß die Winkel an jeder seiner Randecken nicht größer als π ist.*

Wir beweisen die Notwendigkeit dieser Bedingung. P sei eine Mütze; fügen wir an sie die Mütze P_1 an, welche bezüglich der Ebene des sie berandenden Streckenzuges symmetrisch ist, so erhalten wir das geschlossene konvexe Polyeder $P + P_1$ (wie auf Abb. 97a, S. 192). Die Randecken der Mütze sind entweder seine Ecken oder Punkte im Inneren von Kanten. Die Winkelsummen um sie sind $\leq 2\pi$. Aber jede von ihnen setzt sich aus Winkeln auf P und P_1 zusammen, und da wegen der Symmetrie von P und P_1 diese Winkel gleich sind, so ist die Summe der Winkel an jeder Randecke der Mütze P nicht größer als π.

Es sei nun R ein Netz, das den Bedingungen des Satzes genügt, und R_1 sei ein zweites Exemplar eines ebensolchen Netzes. Identifizieren wir die entsprechenden Elemente der Ränder dieser Netze, so erhalten wir das Netz $R + R_1$, das einer Sphäre homöomorph ist, und da die Winkelsummen an den Randecken von R und R_1 nicht größer als π sind, so sind an allen Ecken des Netzes $R + R_1$ die Winkelsummen $\leq 2\pi$. Daher läßt sich aus diesem Netz ein geschlossenes konvexes Polyeder P verheften, das aus zwei Teilen P und P_1 besteht, die den Netzen R und R_1 entsprechen.

Gemäß dem Lemma in Kap. IV, § 4 ist das Polyeder $\overline{P}$ bezüglich der Ebene, die den gemeinsamen Rand seiner Teile P und P_1 enthält, symmetrisch. Daraus wird klar, daß P eine Mütze ist. Sie ist aus dem Netz R verheftet, und der Satz ist auf diese Weise bewiesen.

Wir erinnern daran, daß nach Kap. III, § 5, Satz 3 *eine Mütze mit gegebenem Netz bis auf Bewegungen und Spiegelungen eindeutig bestimmt ist, so daß man aus dem Netz R im wesentlichen nur eine Mütze oder die ihr symmetrische verheften kann.*

Nennt man unendliche Mütze ein unendliches konvexes Polyeder, dessen Rand aus einem unendlichen ebenen Streckenzug besteht, der sich auch in das von diesem Streckenzug berandete Polygon projizieren läßt, so kann man folgenden Satz formulieren:

Satz 3. *Dafür, daß sich aus einem einer Halbebene homöomorphen Netz R eine unendliche Mütze verheften läßt, ist es notwendig und hinreichend, daß die Winkel an seinen Randecken nicht größer als π sind.*

Der Beweis wiederholt fast wörtlich den Beweis von Satz 2. Ein gewisser Unterschied entsteht in seinem letzten Punkt, wo man auf die eindeutige Bestimmtheit des Polyeders $P + P_1$ mit dem gegebenen Netz $R + R_1$ Bezug nehmen muß. Ist die Krümmung dieses Netzes kleiner als 2π, so ist, wie wir wissen, ein solches Polyeder nicht eindeutig bestimmt. Wie in Kap. IV, § 5 bewiesen wurde, kann man seine Grenzecke willkürlich auswählen, wenn nur die Krümmung dieser Ecke gleich derjenigen des Polyeders ist. Daher kann man die Grenzecke des Polyeders $P + P_1$ von vornherein so auswählen, daß ihre Teile V und V_1, die den Teilen P und P_1 des Polyeders entsprechen, zueinander symmetrisch sind. Bei der Vertauschung von P und P_1 erhalten wir dann eine Abbildung des Polyeders $P + P_1$, welche seine Grenzecke $V + V_1$ und auch deren Erzeugenden, die den gemeinsamen unendlichen Kanten bei P und P_1 entsprechen, unverändert läßt. Daher muß kraft Kap. III, § 4, Satz 3 die Vertauschung von P und P_1 sich durch Spiegelung verwirklichen lassen; und hieraus ergibt sich unmittelbar, daß P eine unendliche Mütze ist.

Eindeutige Bestimmtheit einer unendlichen Mütze mit gegebenem Netz besteht im allgemeinen nicht. Die Entscheidung der Frage, wann es dennoch eine Eindeutigkeit gibt oder die Frage nach zusätzlichen Daten, die eine unendliche Mütze vollständig bestimmen, überlassen wir dem Leser; sie läßt sich leicht auf Grund der Sätze über unendliche Polyeder gewinnen (Kap. III, §§ 3 und 4 und Kap. IV, § 5).

Die Sätze 2 und 3 charakterisieren die Netze der Mützen vollständig durch die Bedingung über die Winkel an den Randecken. Wir weisen noch auf eine weitere Charakteristik dieser Netze hin:

Satz 4. *Dafür, daß die Winkel eines Netzes an den Randecken nicht größer als π sind, ist es notwendig und hinreichend, daß sich jedes Paar innerer Punkte des Netzes in ihm durch eine kürzeste Linie verbinden läßt, die ganz innerhalb des Netzes verläuft.* (Man kann sagen, ein solches Netz sei „in sich konvex".)

Hier ist es praktisch, sich das Netz als — wenn auch nur abstrakt — verheftet vorzustellen. Die kürzeste Linie, welche innere Punkte im Netz verbindet, kann nur in denjenigen Ecken auf den Rand des Netzes treffen, wo der Winkel größer als π ist: sonst könnte man sie durch eine kürzere Linie ersetzen, indem man den von ihr gebildeten Winkelabschnitte (Kap. I, § 8, Satz 1, Abb. 53). Daraus ergibt sich Satz 4.

In Verbindung mit den Sätzen 2—4 stellen wir folgende Aufgabe: Ein Netz, in dem keine Winkel auf dem Rand größer sind als π, braucht auch nicht einem

Kreis oder einer Halbebene homöomorph zu sein. Man beschränke sich auf Netze, die einem Teil einer Ebene homöomorph sind und beweise, daß solcherart nur die Netze der Mäntel von geraden, geschlossenen oder offenen Prismen sein können; im zweiten Fall (eines offenen Prismas) ist das Netz einem ebenen Streifen zwischen einem Paar paralleler Geraden isometrisch.

3. In dieser Nummer und weiterhin in den Punkten 5—7 geben wir einige hinreichende Kriterien der Verheftbarkeit eines konvexen Polyeders aus einem gegebenen Netz, welche sich in bestimmten Fällen auch als notwendig erweisen. Diese Kriterien sind derart, daß sich für jedes gegebene Netz leicht unmittelbar nachprüfen läßt, ob sie erfüllt sind oder nicht. Sie gründen sich auf folgende Konstruktion:

Ein Netz R sei von einem geschlossenen Streckenzug L mit den Ecken $A_1, \ldots, A_n$ und den Winkeln $\alpha_1, \ldots, \alpha_n$ berandet. Auf der Ebene konstruieren wir einen

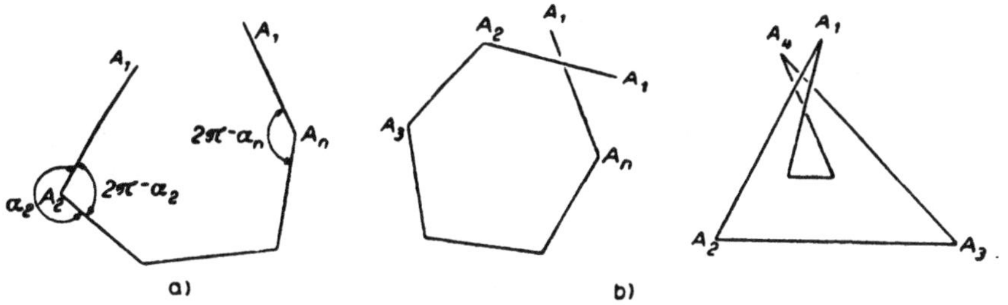

Abb. 101

Streckenzug L^0, dessen Glieder der Reihe nach in der Länge den Kanten $A_1 A_2, \ldots, A_{n-1} A_n, A_n A_1$ gleich sind, während die Winkel zwischen den Gliedern auf einer Seite gleich $\alpha_2, \ldots, \alpha_n$ sind (Abb. 101). Auf der gegenüberliegenden Seite sind die Winkel $\beta_i = 2\pi - \alpha_i$. Wir nennen diese Seite die „äußere Seite“ des Streckenzuges L^0, da sie der äußeren Seite des Streckenzuges L bezüglich des Netzes R entspricht. (In Abb. 101a ist diese „äußere Seite“ des Streckenzuges L^0 nicht gegen den unendlichen Teil der Ebene gewandt.) Allgemein gesprochen ist der Streckenzug L^0 nicht geschlossen; seine Endpunkte entsprechen allein der Ecke A_1 des Streckenzuges L. Es ist jedoch nicht ausgeschlossen, daß der Strekkenzug L^0 geschlossen sein kann oder daß er sich selbst schneidet (Abb. 101b). Natürlicherweise nennt man die angeführte Konstruktion des Streckenzuges L^0 *Abwicklung des Streckenzuges* L, der in der Ecke A_1 aufgerissen ist. Genauso kann man den Streckenzug L abwickeln, der in einem beliebigen seiner Punkte A_i aufgerissen wird.

Ist das Netz R von einem unendlichen Streckenzug begrenzt, so wird die Abwicklung dieses Streckenzuges genau analog bestimmt, nur muß man ihn nicht aufreißen, da er nicht geschlossen ist.

Satz 5. *Dafür, daß sich aus einem endlichen, durch die Streckenzüge* $L_1, \ldots, L_n$ *berandeten Netz* R *ein konvexes Polyeder mit der Krümmung* 4π *verheften läßt, ist* *es notwendig und hinreichend, daß die abgewickelten Streckenzüge $L_1^0, \ldots, L_n^0$ geschlossen sind und auf der Ebene die Polygone $Q_1, \ldots, Q_n$ beranden, welche auf den „äußeren" Seiten dieser Streckenzüge liegen.*

(Unter einem Polygon verstehen wir ein Netz, das keine inneren Ecken besitzt. Wickeln wir der Reihe nach die das Netz bildenden Dreiecke in die Ebene ab, so wickeln wir auch das ganze Netz in die Ebene ab. Dabei ist es möglich, daß es sich selbst überdeckt. Wir verstehen folglich ein „Polygon" in so verallgemeinertem Sinne, daß wir Selbstüberdeckung zulassen.)

Der Beweis von Satz 5 ist einleuchtend. Es sei die Bedingung des Satzes erfüllt. Kleben wir an das Netz R Polygone Q_i an, dann erhalten wir das Netz $\overline{R} = R + Q_1 + \cdots + Q_n$, das einer Sphäre homöomorph ist. Die Winkel der Polygone Q_i ergänzen die Winkel des Netzes R zu 2π, so daß erstens die Bedingung über die Winkelsummen erfüllt ist und man aus dem Netz $\overline{R}$ ein geschlossenes konvexes Polyeder $\overline{P}$ verheften kann. Zweitens zeigt dies, daß kein Punkt des Polyeders $\overline{P}$, der Punkten im Inneren oder auf dem Rand der Polygone Q_i entspricht, Ecke des Polyeders sein kann: sonst wäre die Winkelsumme um sie kleiner als 2π. Folglich liegen alle Ecken innerhalb desjenigen Teiles P des Polyeders $\overline{P}$, welcher dem ursprünglichen Netz R entspricht. Darum ist die Krümmung von P gleich der Krümmung von $\overline{P}$, d. h. sie ist gleich 4π. Damit ist der hinreichende Charakter der Bedingung des Satzes bewiesen.

Zum Beweis der Notwendigkeit nehmen wir an, aus dem Netz R sei ein konvexes Polyeder P mit der Krümmung 4π verheftet. Es ist ein Teil des geschlossenen konvexen Polyeders $\overline{P}$, und da die Krümmung des Polyeders $\overline{P}$ gleich 4π ist, so besitzt $\overline{P}$ keine anderen Ecken außer den inneren Ecken des Polyeders P. Folglich besteht die Ergänzung P auf $\overline{P}$ aus Stücken Q_i, die sich in die Ebene abwickeln lassen. Die Winkelsummen an den gemeinsamen Ecken des Polyeders P und der Polygone Q_i sind gleich 2π, da sie nicht Ecken des Polyeders $\overline{P}$ sind. Aber das bedeutet auch gerade, daß die Winkel β der Polygone Q_i die Winkel α auf P zu 2π ergänzen, d. h. die Ränder der Polygone Q_i ergeben sich durch Abwicklung der P berandenden Streckenzüge.[1]

Wir erinnern daran, daß nach Kap. III, § 5, Satz 1 ein konvexes Polyeder mit der Krümmung 4π durch sein Netz eindeutig bis auf Bewegungen und Spiegelungen bestimmt wird. *Unter den Bedingungen des Satzes 5 läßt sich daher aus dem Netz R im wesentlichen ein einziges Polyeder (oder ein ihm symmetrisches) verheften.*

Satz 6. *Dafür, daß sich aus einem von den Streckenzügen $L_1, L_2, \ldots, L_n$ berandeten unendlichen Netz R ein konvexes Polygon verheften läßt, ist es hinreichend, und wenn die Krümmung des Netzes gleich 2π ist, auch notwendig, daß die abgewickelten Streckenzüge $L_1^0, \ldots, L_n^0$ geschlossen sind und die auf den „äußeren" Seiten dieser Streckenzüge liegenden Polygone beranden.*

---

[1] Ein Ausnahmefall ergibt sich, wenn gewisse Streckenzüge L_i, die P beranden, gemeinsame Ecken besitzen. Dann kann man sie als einen Streckenzug zählen, und das entsprechende Polygon Q besteht dann aus mehreren Polygonen Q_i. Streng genommen müßte man diesen Fall in den Voraussetzungen des Satzes besonders aufführen.

Der Beweis unterscheidet sich im wesentlichen nicht vom Beweis des Satzes 5. Ist die Krümmung des Netzes gleich 2π, so gilt die entsprechende Eindeutigkeitsbehauptung auch auf Grund von Kap. III, § 5, Satz 2.

Ist das Netz R gegeben, so macht die Abwicklung der es berandenden Streckenzüge in die Ebene keine Mühe, und darum läßt sich die Erfüllung der Bedingungen der Sätze 5 und 6 immer leicht nachprüfen.

4. Der allgemeine Satz 1, welcher den vorhergehenden Schlußfolgerungen zu Grunde liegt, erlaubt eine Präzisierung, die sich bei der Untersuchung der Verbiegungen konvexer Polyeder, welcher der folgende Paragraph gewidmet ist, als besonders nützlich erweist.

Satz 7. *Dafür, daß sich aus einem Netz R, das von den Streckenzügen $L_1, \ldots, L_n$ berandet ist, ein konvexes Polyeder verheften läßt, ist notwendig und hinreichend, daß ebene, möglicherweise sich selbst überdeckende Polygone $Q_1, \ldots, Q_n$ existieren, deren Seiten den Gliedern der Streckenzüge $L_1, \ldots, L_n$ entsprechend gleich sind und deren Winkel nicht größer sind als die Komplemente der Winkel an den entsprechenden Ecken dieser Streckenzüge. Es ist hierbei zulässig, auf den Streckenzügen L_i eine beliebige Anzahl von zusätzlichen Ecken einzuführen. Die Streckenzüge L_i und entsprechend die Polygone Q_i können auch unendlich sein.* (Gemäß der oben angenommenen Bedingung wird hierunter verstanden, daß das Netz R einem ebenen Polygon homöomorph ist und daß die Winkelsummen um seine Ecken $\leq 2\pi$ sind.)

Der hinreichende Charakter der Bedingung ist offensichtlich, da wir, wenn wir die Glieder der Streckenzüge L_i mit den Seiten der Polygone Q_i identifizieren, ein Netz erhalten, bei welchem zufolge der den Winkeln der Polygone auferlegten Bedingung die Winkelsumme um jede Ecke $\leq 2\pi$ ist. Dieses Netz $\bar{R}$ besitzt keinen Rand, und man kann aus ihm ein konvexes Polyeder verheften,[1] und gleichzeitig läßt sich auch aus dem gegebenen Netz R ein konvexes Polyeder verheften.

Zum Beweis der Notwendigkeit nehmen wir an, aus dem Netz R sei ein konvexes Polyeder P verheftet. $\bar{P}$ sei der Rand seiner konvexen Hülle; $\bar{P}$ ist ein geschlossenes oder unendliches Polyeder ohne Rand, von welchem P einen Teil darstellt. Da die konvexe Hülle allein durch die Ecken vollständig bestimmt wird, treten auf der Ergänzung $\bar{P} - P$ keinerlei Ecken auf; sie liegen alle im Inneren oder auf dem Rand des Polyeders P. $\bar{P} - P$ zerfällt in die Teile $Q_1, \ldots, Q_n$ entsprechend jedem Streckenzug $L_1, \ldots, L_n$, der das Netz R berandet, und da diese Q_i im Inneren keine Ecken enthalten, so lassen sie sich alle in die Ebene abwickeln.

Ist A irgendeine Ecke auf dem Rand des Polyeders P und sind α und β ihre Winkel auf P und auf dem entsprechenden Polgyon Q_i, so ist gemäß der grundlegenden Eigenschaft der Winkelsummen um die Ecken $\alpha + \beta \leq 2\pi$. Die in die

[1] Das ist uns bekannt, wenn $\bar{R}$ einer Sphäre oder Ebene homöomorph ist. Sind das Netz R und die Polygone Q_i endlich, so ist das Netz $\bar{R} = R + Q_1 + \cdots + Q_n$ einer Sphäre homöomorph. Ist aber R unendlich oder gibt es unter den Polygonen Q_i unendliche, so ist, wie man leicht zeigen kann, das Netz $\bar{R}$ notwendig einer Ebene homöomorph, ausgenommen den Fall, wenn es das Netz eines unendlichen Prismas darstellt. Wir lassen diese Bemerkung ohne Beweis.

Ebene abgewickelten Q_i stellen demnach Polygone mit Seiten dar, die den Gliedern der Streckenzüge L_i gleich sind, und mit den Winkeln $\beta \leq 2\pi - \alpha$, w. z. b. w.

Satz 7 führt das Problem der Verheftung eines Polyeders aus einem Netz auf das planimetrische Problem der Existenz eines Polygons mit gegebenen Seiten und Winkeln zurück, die nach oben auf bestimmte Weise beschränkt sind. Wir besitzen jedoch keinerlei Lösung dieses Problems, von speziellen Fällen abgesehen, die schon in den oben bewiesenen Sätzen enthalten sind. Die Aufgabe ist recht interessant aber sicherlich ebenso schwierig. Jedenfalls trägt Satz 7 fast nichts zur Lösung der Frage nach den Verheftungsbedingungen eines Polyeders aus einem gegebenen Netz bei. Es handelt sich natürlich um Bedingungen, die eine hinreichend wirksame Nachprüfung erlauben auf dem Wege der Konstruktion oder der Berechnung mit reellen Zahlen.

Wir merken nur ein Ergebnis an, welches der Leser bei Verwendung von Satz 7 selbst gewinnen kann. Das Netz R sei durch die geschlossenen Streckenzüge L_i

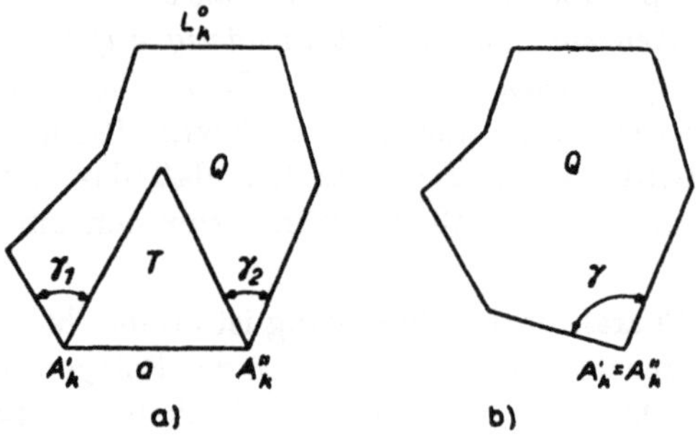

Abb. 102

berandet. Alle seine Winkel seien $\leq \pi$ außer vielleicht den zwei Winkeln α_i, β_i für jeden Streckenzug L_i, wobei die Ecken A_i, B_i dieser Winkel den entsprechenden Streckenzug L_i in Teile gleicher Länge zerlegen. Dann kann man aus dem Netz R ein konvexes Polyeder verheften.

5. Satz 8. *R sei ein endliches oder unendliches Netz, das von den geschlossenen Streckenzügen $L_1, \ldots, L_m$ berandet wird. $L_1^0, \ldots, L_m^0$ seien Streckenzüge, die sich durch Abwicklung der Streckenzüge L_k ergeben haben, welche in willkürlichen Ecken A_k aufgeschnitten wurden; die Winkel an diesen bezeichnen wir mit δ_k. Dafür, daß sich aus dem Netz R ein konvexes Polyeder verheften läßt, ist hinreichend, und wenn alle Winkel auf dem Netzrand $\geq \pi$ sind und an jedem Streckenzug L_k mindestens ein Winkel größer als π ist, auch notwendig, daß für jeden Streckenzug L_k folgende Bedingungen erfüllt sind:*

A. Der Streckenzug L_k^0 zusammen mit der Strecke $A_k' A_k''$, die seine Endpunkte verbindet, berandet das sich möglicherweise selbst überdeckende Polygon Q, welches auf der „äußeren" Seite von L_k^0 liegt.

B. Auf der Strecke $a = A_k' A_k''$ als Basis läßt sich ein gleichschenkliches Dreieck T konstruieren, das in Q enthalten ist, derart, daß die Winkel γ_1, γ_2 des Polyeders $Q - T$ an den Endpunkten der Strecke a der Ungleichung $\gamma_1, + \gamma_2 \leq 2\pi - \delta_k$ genügen (Abb. 102a).

Ist der Streckenzug L_k^0 geschlossen und verschwindet deshalb die Strecke $A_k' A_k''$, so reduzieren sich die Bedingungen A. und B. darauf, daß A. der Streckenzug L_k^0 das Polygon Q berandet, das auf seiner äußeren Seite liegt und B. der Winkel γ dieses Polygons an der Ecke, die den zusammengefallenen Endpunkten des Streckenzuges L^0 entspricht, (d. h. die der Ecke A_k des Streckenzuges L_k entspricht) $\leq 2\pi - \delta_k$ sein muß (Abb. 102b).

Der Einfachheit halber richten wir unsere Aufmerksamkeit auf ein Netz, das von nur einem geschlossenen Streckenzug L berandet wird. Seine Ecken seien $A_1, \ldots, A_n$, seine Winkel $\alpha_1, \ldots, \alpha_n$; bei der Abwicklung zerreiße L in der Ecke A_1. Wir nehmen an, die Bedingungen des Satzes seien erfüllt. Nach Konstruktion des Streckenzuges L^0 sind seine Winkel auf der äußeren Seite

$$\beta_2 = 2\pi - \alpha_2, \ldots, \quad \beta_n = 2\pi - \alpha_n. \tag{1}$$

Ist der Streckenzug L^0 nicht geschlossen, so erhalten wir das Polygon $Q' = Q - T$ mit den Winkeln γ_1, γ_2 an den Ecken A_1', A_1'', wobei nach der Bedingung

$$\gamma = \gamma_1 + \gamma_2 \leq 2\pi - \alpha_1 \tag{2}$$

ist. Wir identifizieren diejenigen Seiten des Polygons Q' miteinander, welche die Schenkel des Dreiecks T sind, und erhalten ein Netz Q'' mit einer inneren Ecke, an welcher der Winkel offensichtlich kleiner als 2π ist.

Infolge von (1) und (2) sind die Winkel auf dem Rand dieses Netzes $\gamma \leq 2\pi - \alpha_1$, $\beta_2 = 2\pi - \alpha_2, \ldots, \beta_n = 2\pi - \alpha_n$. Identifizieren wir die Randkanten dieses Netzes, d. h. die Glieder des Streckenzuges L^0, mit den entsprechenden Randkanten des Netzes R, so erhalten wir das Netz $R + Q''$, das einer Sphäre homöomorph ist und an dessen Ecken die Winkelsummen je $\leq 2\pi$ sind. Aus einem solchen Netz kann man ein konvexes Polyeder verheften und darum läßt sich auch aus dem gegebenen Netz R ein konvexes Polyeder verheften.

Ist der Streckenzug L^0 geschlossen, so betrachten wir das von ihm berandete Polygon Q als Netz Q'', und dann führt dieselbe Identifizierung der Polygonseiten mit den Kanten des Netzes R zum erforderlichen Ergebnis.

Die Hinlänglichkeit der Bedingungen des Satzes ist somit bewiesen. Wird das Netz von mehreren Streckenzügen berandet, so muß man lediglich die entsprechende Anzahl von Netzen Q_i'' anheften.

Wir beweisen die Notwendigkeit der Bedingung des Satzes unter der Voraussetzung, daß auf dem Rand des Netzes R alle Winkel $\geq \pi$ sind und mindestens einer größer ist als π. Aus dem Netz R sei ein konvexes Polyeder P verheftet. Es ist ein Teil eines gewissen geschlossenen oder unendlichen konvexen Polyeders $\overline{P} = P + Q$, wobei Q die Ergänzung von P zu $\overline{P}$ ist unter Einschluß des Randes. Q ist auch ein konvexes Polyeder; in der weiteren Überlegung unterscheiden wir Q nicht von irgendeinem seiner Netze.

Ist das Netz R von mehreren Streckenzügen berandet, so zerfällt $\overline{P} - P$ in mehrere Polyeder, und dann muß man in der weiteren Erörterung unter Q ein beliebiges von ihnen verstehen.

Wir zeigen, daß die Summe der Krümmungen der Ecken des Polyeders $\overline{P}$, die im Inneren oder auf dem Rand von Q liegen, nicht größer als 2π ist. Wir bezeichnen diese Summe mit $\omega(\overline{Q})$ im Unterschied zur Krümmung $\omega(Q)$ von Q selbst, welche die Summe der Krümmungen seiner inneren Ecken ist. ($\omega(\overline{Q})$ ist die Krümmung der abgeschlossenen Hülle von Q auf $\overline{P}$.)

Sind $\beta_1, \ldots, \beta_n$ die Winkel auf dem Rand von Q, so haben wir für $\omega(Q)$

$$\omega(Q) = 2\pi - \sum_{i=1}^{n} (\pi - \beta_i). \tag{3}$$

Der Vollwinkel um die i-te Ecke auf dem Rand setzt sich aus dem Winkel β_i auf Q und dem Winkel α_i auf P oder, was dasselbe ist, auf dem Netz R zusammen. Daher ist die Krümmung einer solchen Ecke $\omega_i = 2\pi - \alpha_i - \beta_i$, und die Summe dieser Krümmungen ist

$$\sum \omega_i = \sum_{=1}^{n} (2\pi - \alpha_i - \beta_i). \tag{4}$$

Nimmt man (3) und (4) zusammen, so erhält man für die Summen der Krümmungen aller Ecken den Ausdruck

$$\omega(\overline{Q}) = 2\pi - \sum_i (\pi - \beta_i) + \sum_i (2\pi - \alpha_i - \beta_i) = 2\pi - \sum_i (\alpha_i - \pi), \tag{5}$$

und da nach der Bedingung alle Winkel $\alpha_i \geq \pi$ sind und mindestens einer von ihnen größer als π ist, so gilt

$$\omega(\overline{Q}) < 2\pi. \tag{6}$$

Da der Vollwinkel bei keiner Ecke des konvexen Polyeders P größer als 2π ist und die Winkel auf dem Rand von P nicht kleiner als π sind, so sind dagegen bei Q keine Winkel größer als π. Daher lassen sich nach Satz 4 je zwei innere Punkte auf Q durch eine Linie verbinden, die in Q Kürzeste ist und innerhalb von Q verläuft.

Benutzt man dasselbe Verfahren des „Abschneidens" eines Winkels, der kleiner als π ist, das im Beweis von Satz 4 angewandt wurde, so überzeugt man sich leicht, daß die kürzeste Linie AB in Q, welche zwei beliebige Punkte A und B aus Q verbindet, entweder ganz innerhalb Q verläuft (unter Ausschluß vielleicht ihrer Endpunkte, wenn sie auf dem Rand liegen), oder mit einer Strecke des Randes des Polyeders Q zusammenfällt. Wie in Kap. I, § 8, Nr. 1 gezeigt wurde, kann eine Kürzeste, die im Inneren eines Netzes verläuft, nicht durch einen Punkt gehen, in dem die Winkelsumme kleiner als 2π ist. Wenn ein innerer Punkt X der Kürzesten AB auf dem Rand des Polyeders Q liegt, so kann die Winkelsumme um ihn auch nicht kleiner als 2π sein. Sonst wäre nämlich der Winkel bei X auf der Seite von Q kleiner als π, weil er auf der Seite von P nach Voraussetzung $\geq \pi$ ist; dann könnte man aber den Winkel bei X in Q abschneiden und dadurch die Kürzeste AB abkürzen, was nach ihrer Definition unmöglich ist.

So ist kein Winkel auf dem Rand von Q größer als π, und man kann jedes Punktepaar aus Q in Q durch eine kürzeste Linie verbinden, die nicht durch die Ecken des Polyeders $\overline{P}$ geht.

A und B seien nun zwei Punkte des Polyeders Q, welche Ecken des Polyeders $\overline{P}$ sind, und ihre Krümmungen seien ω_A, ω_B. Wir haben bewiesen, daß die Summe der Krümmungen aller zu Q gehörenden Ecken kleiner als 2π ist, und daher gilt

$$\frac{\omega_A + \omega_B}{2} < \pi. \tag{7}$$

Wir ziehen in Q die kürzeste Linie AB. In der Ebene konstruieren wir zwei kongruente Dreiecke $A'B'C'$ und $A''B''C''$ mit den Basen

$$A'B' = A''B'' = AB$$

und mit den Winkeln

$$\sphericalangle A' = \sphericalangle A'' = \frac{\omega_A}{2}, \qquad \sphericalangle B' = \sphericalangle B'' = \frac{\omega_B}{2}. \tag{8}$$

Da $\frac{1}{2}(\omega_A + \omega_B) < \pi$ ist, existieren derartige Dreiecke.

Wir schneiden $P + Q$ entlang der Linie AB auf und kleben an beiden Seiten des Schnittes die Basen der Dreiecke $A'B'C'$, $A''B''C''$ derart an, daß ihre Ecken A', A'' und B', B'' entsprechend mit den Punkten A und B zusammenfallen. Die übrigen Seiten der Dreiecke verheften wir miteinander: $A'C'$ mit $A''C''$ und $B'C'$ mit $B''C''$. Auf diesem Wege erhalten wir an Stelle von $P + Q$ ein neues Netz $P + Q'$, oder $R + Q'$. Dabei werden zu den Vollwinkeln um die Ecken A und B Winkel hinzugefügt, die deren Krümmungen ω_A, ω_B gleich sind, d. h. genauso viel, wie an 2π fehlte. Daher hören die Punkte A und B auf, Ecken zu sein. Aber es erscheint eine neue Ecke $C = C' = C''$ mit der Krümmung ω_C, die der Summe der Krümmungen ω_A, ω_B gleich ist. Es ist nämlich infolge von (8)

$$\sphericalangle C' = \sphericalangle C'' = \pi - \frac{\omega_A + \omega_B}{2},$$

die Summe dieser Winkel aber ist der Vollwinkel um C, d.h. $2\pi - \omega_C$, woraus

$$\omega_C = \omega_A + \omega_B \tag{9}$$

folgt.

Insofern als die Winkelsummen um alle inneren Punkte der Kürzesten AB gleich 2π sind, treten beim Ankleben der Dreiecke $A'B'C'$ und $A''B''C''$ an den Schnitt längs AB an diesem Schnitt keinerlei Ecken auf.

So sind die Winkelsummen an jeder Ecke $\leq 2\pi$, und da die Winkel auf dem Rand von $P \geq \pi$ sind, so sind sie bei $Q' \leq \pi$.

Auf diese Weise besitzt das Netz Q eine Ecke weniger als Q'; auf Grund von (9) ist aber seine Krümmung dieselbe wie bei Q, und die Winkel auf dem Rand sind auch $\leq \pi$. Besitzt daher Q' mehr als eine Ecke, so gelangen wir unter Wiederholung derselben Konstruktion zu einem Netz Q'' usw., bis wir ein Netz S erhalten, bei welchem nur ein Punkt O eine (wesentliche) Ecke des Netzes $R+S$ ist (oder, was dasselbe ist, eine Ecke eines aus ihm verhefteten Polyeders; ein solches Polyeder existiert, insofern als alle Winkelsummen um die Ecken dieses Netzes nicht größer als 2π sind). Das Netz R blieb bei dieser Konstruktion ohne Änderung.

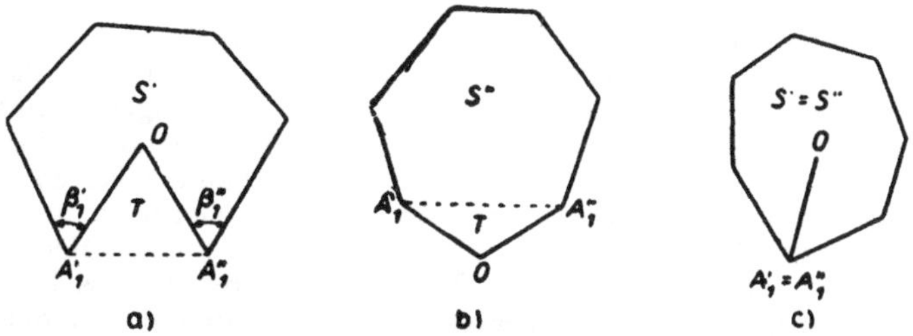

Abb. 103

Der Punkt O möge im Inneren von S liegen. Dann sind die Winkelsummen im Netz $R+S$ an allen Punkten auf dem gemeinsamen Rand L der Netze R und S gleich 2π, und darum sind die Winkel auf S

$$\beta_1 = 2\pi - \alpha_1, \ldots, \qquad \beta_n = 2\pi - \alpha_n, \tag{10}$$

wobei α_i die Winkel auf R sind.

Wir ziehen die Kürzeste OA_1, die den Punkt O mit der Ecke A_1 des Randes des Netzes S verbindet. Da das Netz S keine wesentlichen Ecken hat außer O, so kann man S, wenn man es längs OA_1 aufschneidet, in die Ebene abwickeln, wobei wir das Polygon S' erhalten (Abb. 103a). Seine Winkel sind $\beta_2, \ldots, \beta_n$ und an den Ecken A_1', A_1'' β_1', β_1'', wobei

$$\beta_1' + \beta_1'' = \beta_1 = 2\pi - \alpha_1 \tag{11}$$

ist.

Aus den Beziehungen (10) folgt, daß der Streckenzug $\widehat{A_1' A_1''}$ nichts anderes ist als der Streckenzug L^0, der sich durch Abwicklung des Streckenzuges L ergab, welcher das Netz R begrenzt. Ziehen wir daher die Strecke $A_1' A_1''$, so erhalten wir das Polygon S'', das von dieser Strecke und dem Streckenzug L^0 berandet wird. Hiermit ist bewiesen, daß die Bedingung A. unseres Satzes erfüllt ist.

Ergibt sich das Polygon S'' aus S' durch Hinzufügen des Dreiecks $T = OA_1' A_1''$ (Abb. 103a), so bedeutet dies, daß erstens $S' = S'' - T$ ist, und zweitens besagt die Formel (11), daß die Bedingung B. unseres Satzes über die Winkelsumme $\gamma_1 = \beta_1'$, $\gamma_2 = \beta_2''$ des Polygons $S' = S'' - T$ an den Ecken A_1', A_1'' erfüllt ist.

Erhält man aber das Polygon S'' aus S' durch Subtraktion des Dreiecks $OA_1' A_1''$ (Abb. 103b), so sind die Winkel γ_1, γ_2 an seinen Ecken A_1', A_2'' kleiner als bei S'; und im äußersten Fall, wenn das Dreieck $OA_1'A_1''$ in eine Strecke ausartet (Abb. 103c), fallen S'' und S' zusammen. Daher ist in jedem Falle

$$\gamma_1 \leq \beta_1', \ \gamma_2 \leq \beta_1''$$

und infolge von (11)

$$\gamma_1 + \gamma_2 \leq 2\pi - \alpha_1 .$$

Sogar wenn wir aus dem Polygon S'' kein Dreieck T herausschneiden, ergibt sich dann, daß die Bedingung B. unseres Satzes erfüllt ist. (Man kann natürlich aus S'' ein beliebig schmales Dreieck herausschneiden; dann verkleinern sich lediglich die Winkel γ_1 und γ_2.)

Somit ist bewiesen, daß die Bedingungen A. und B. erfüllt sind, wenn die wesentliche Ecke O im Inneren des Netzes S liegt.

Es möge nun O auf dem Rand des Netzes S liegen. Dann gibt es im Inneren von S überhaupt keine wesentlichen Ecken, und daher stellt S selbst ein Polygon dar mit den Winkeln $\beta_i = 2\pi - \alpha_i$ an allen Randecken mit Ausnahme von $A_1 = 0$; der Winkel bei $A_1 = 0$ aber ist offensichtlich $\gamma \leq 2\pi - \alpha_1$. Man erhält hier also gerade den Fall, daß der Streckenzug L^0 geschlossen ist. Er begrenzt das Polygon S, und der Winkel an seinen zusammenfallenden Endpunkten ist $\gamma \leq 2\pi - \alpha_1$.

Der Satz ist hiermit vollständig bewiesen[1].

Man muß bemerken, daß sich für jedes gegebene Netz R leicht nachprüfen läßt, ob die Bedingungen A. und B. dieses Satzes erfüllt sind. Für die Bedingung A. ist das völlig offenbar, weil die Konstruktion des Streckenzuges L^0 keine Schwierigkeit macht, wenn die Randkanten und die Winkel α_i gegeben sind. Für die Bedingung B. ist dies auch leicht. Wir setzen voraus, die Bedingung A. sei schon erfüllt, so daß ein Polygon Q vorhanden ist, das von dem Streckenzug L^0 und der Strecke $A_1'A_1''$ berandet wird. Wir errichten auf dieser Strecke in ihrem Mittelpunkt das Lot ins Innere von Q und wählen seinen ersten Schnittpunkt B mit dem Streckenzug L^0. Dann konstruieren wir das Dreieck $BA_1'A_1''$; es ist dies das größte gleichschenklige Dreieck T, das in Q enthalten ist. Sind die Winkel an den Ecken A_1' A_1'' in $Q - T$ so beschaffen, daß ihre Summe $\gamma_1 + \gamma_2 \leq 2\pi - \alpha_1$ ist, so ist die Bedingung B. erfüllt. Ist aber $\gamma_1 + \gamma_2 > 2\pi - \alpha_1$, so kann sie nicht erfüllt sein, da bei jedem kleineren Dreieck T die Summe der Winkel $\gamma_1 + \gamma_2$ noch größer ist.

6. Der folgende Satz gibt hinreichende Bedingungen an, unter denen man aus einem gegebenen Netz ein konvexes Polyeder verheften kann, das ein Teil eines unendlichen konvexen Polyeders ist, und welche in gewissem Sinn den Bedingungen von Satz 8 entgegengesetzt sind.

Satz 9. *R sei ein Netz, das einem Kreis homöomorph ist, L der es berandende Streckenzug, L^0 ein Streckenzug, der sich durch Abwicklung des Streckenzuges L ergibt, indem man diesen in irgendeiner Ecke A_1 aufreißt, deren Winkel wir mit α_1 bezeichnen. Wir nehmen an, man könne von den Endpunkten des Streckenzuges L^0 aus zwei Strahlen l_1, l_2 ziehen, derart, daß A. diese zusammen mit dem Streckenzug L^0 ein unendliches (möglicherweise sich selbst überdeckendes) Polygon Q beranden, das auf der äußeren Seite von L^0 liegt, B. die Summe der*

---

[1] Das Verfahren, zwei Ecken auf dem Wege des Verheftens von Dreiecken auf eine zu reduzieren, das in diesem Beweis angewandt wird, erweist sich auch bei anderen Fragen als nützlich. So kann man z. B. mit seiner Hilfe folgenden Satz beweisen: es sei eine Mütze mit der Krümmung $\omega < 2\pi$ gegeben; ihre Randkanten seien $a_1, \ldots, a_n$ und ihre Winkel $\alpha_1, \ldots, \alpha_n$; dann existiert eine pyramidale Mütze (d.h. der Mantel einer Pyramide) mit denselben Größen $a_1, \ldots, a_n$ und $\alpha_1, \ldots, \alpha_n$, und sie hat dabei das größte Volumen unter allen Mützen mit diesen Bestimmungsgrößen. Man kann ferner hieraus auch folgenden Satz ableiten: unter allen konvexen Polyedern, die einer Kreisscheibe homöomorph sind, welche ferner die gegebene Krümmung $\omega < 2\pi$, den gegebenen Umfang des berandenden Streckenzuges und eine Anzahl von Ecken haben, die nicht größer als das gegebene n ist, besitzt den größten Flächeninhalt die Mantelfläche einer regulären Pyramide mit $(n-1)$ Seitenflächen und zwar nur sie, wenn man von den zu ihr isometrischen Polyedern absieht. Den Beweis überlassen wir dem Leser.

Winkel γ_1, γ_2 des Polygons Q an den Endpunkten der Strahlen l_1, l_2 gleich (oder kleiner als) $2\pi-\alpha_1$ ist. Dann läßt sich aus dem Netz R ein konvexes Polyeder verheften, das ein Teil eines unendlichen konvexen Polyeders ist.

$\alpha_1, \ldots, \alpha_n$ seien die Winkel des Netzes R an den Ecken des Streckenzuges L^0. Die Winkel des Polygons Q sind entsprechend $\beta_2 = 2\pi - \alpha_2, \ldots, \beta_n = 2\pi - \alpha_n$ und γ_1, γ_2, wobei $\gamma_1 + \gamma_2 \leq 2\pi - \alpha_1$ ist (Abb. 104). Wir identifizieren die unendlichen Seiten l_1, l_2 des Polygons Q miteinander und seine endlichen Seiten mit den entsprechenden Randkanten des Netzes R und erhalten das Netz $R+Q$, das einer Ebene homöomorph ist. Kraft der den Winkeln des Polygons Q auferlegten Bedingungen sind in diesem Netz die Winkelsummen um jede Ecke $\leq 2\pi$, und man kann aus ihm ein konvexes Polyeder verheften. Der Teil von ihm, der dem gegebenen Netz R entspricht, ist das aus dem Netz verheftete konvexe Polyeder, und der Satz ist somit bewiesen.

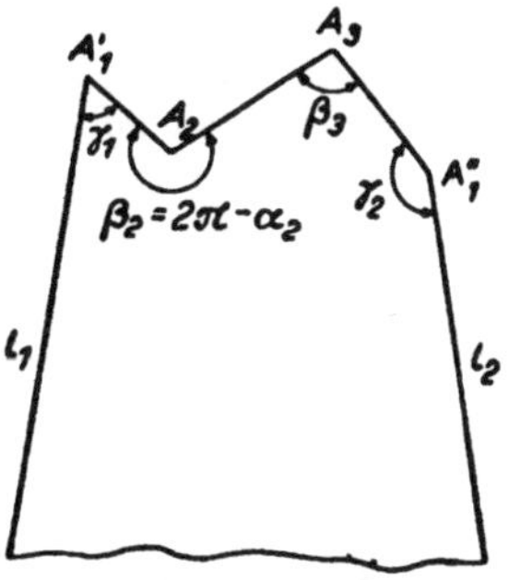

Abb. 104

Die Bedingung des Satzes 9 gestattet für jedes gegebene Netz eine unmittelbare Nachprüfung. Wir wickeln den Streckenzug L ab und ziehen von einem seiner Endpunkte aus einen Strahl l_1 so, daß der Winkel γ_1 auf der äußeren Seite von L^0 möglichst klein ist, bei welchem l_1, die äußere Seite des Streckenzuges L^0 und mindestens irgendein vom Punkt A_1'' ausgehender Strahl l ein gewisses Gebiet begrenzen können, das möglicherweise sich selbst bedeckt. (Die Möglichkeit, einen solchen Strahl l_1 zu ziehen, läßt sich durch endlich viele Operationen nachprüfen, wenn auch nur darum, daß man die Nachprüfung nur für endlich viele Kombinationen von Strahlen l_1, l, die zu Ecken des Streckenzuges L^0 gehen, durchführen muß.) Danach ziehen wir vom Punkt A_1'' aus den Strahl l_2, welcher mit der äußeren Seite des Streckenzuges L^0 den Winkel $\gamma_2 = 2\pi - \alpha_1 - \gamma_1$ bildet. Begrenzen hierbei die Strahlen l_1, l_2 und der Streckenzug L^0 ein auf der äußeren Seite von L^0 liegendes unendliches, möglicherweise sich selbst bedecken-

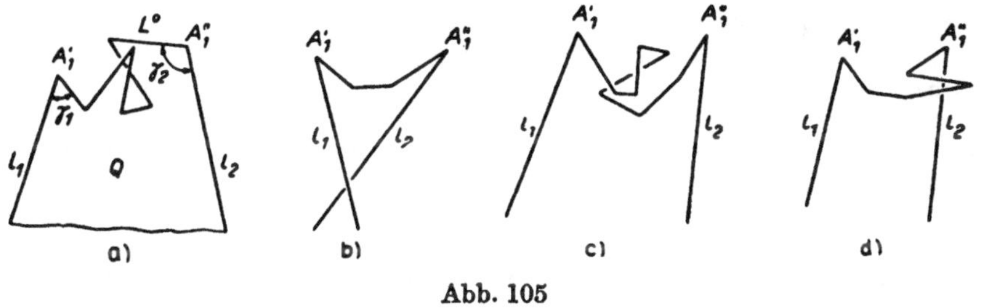

Abb. 105

des Polygon Q (Abb. 105a), so ist die Bedingung erfüllt. Es ist jedoch möglich, daß man kein Polygon Q erhält. Dies kann aus verschiedenen Gründen vorkommen:

1) Die Strahlen l_1, l_2 und der Streckenzug L^0 beranden ein auf dessen Außenseite gelegenes endliches Polygon (Abb. 105b).

2) Die Linie L^0 schneidet sich selbst so, daß sie kein Polygon Q begrenzen kann, das auf ihrer äußeren Seite liegt (Abb. 105c).

3) Der Strahl l_1 oder l_2 schneidet den Streckenzug L^0 so, daß er zusammen mit L^0 kein auf der Außenseite von L^0 liegendes Gebiet beranden kann (Abb. 105d).

In keinem der Fälle 1), 2) und 3) und bei keiner anderen Wahl des von A_1' ausgehenden Strahles l_1, sind die Bedingungen des Satzes 9 erfüllt. Man kann nämlich γ_1 nicht verkleinern, und vergrößert man γ_1, so muß man γ_2 verkleinern, was nicht zur Ausschaltung irgendeines der Fälle 1), 2) oder 3) führen kann.

Da das in Satz 9 gewonnene Polyeder ein Teil eines unendlichen ist, ist seine Krümmung nicht größer als 2π. Daher ist die Bedingung des Satzes sicher nur auf Netze mit einer Krümmung $\leq 2\pi$ anwendbar.

Die Frage, in welchem Maße die Bedingungen des Satzes 9 mit der Einschränkung der Krümmung sich als notwendig erweisen, bleibt offen, wenn man von folgendem einfachen Fall absieht.

Wir nehmen an, daß keine Winkel α_i des Netzes R außer vielleicht einem größer als π sind. In diesem Fall ergibt sich ein nach der äußeren Seite hin konvexer Streckenzug L^0, und man kann γ_1 gleich Null wählen. Das einzige Hindernis bei der Konstruktion des in Satz 9 geforderten Polygons Q kann nur Fall 1) in Abb. 105b sein.

Das hier vom Streckenzug L^0 und den Strahlen l_1, l_2 berandete Polygon besitzt die Winkel $\gamma_1 = 0$, $\gamma_2 = 2\pi - \alpha_1$, ferner $2\pi - \alpha_2, \ldots, 2\pi - \alpha_n$ und den Winkel zwischen l_1 und l_2. Die Summe aller Winkel eines $(n+2)$-Ecks ist gleich $n\pi$; daher gilt $\sum_{i=1}^{n} (2\pi - \alpha_i) + \varphi = n\pi$, und da $\varphi > 0$ ist, haben wir

$$\sum_{i=1}^{n} (\pi - \alpha_i) < 0 . \tag{12}$$

Bezeichnet ω die Summe der Krümmungen der inneren Ecken des Netzes R, so ist nach Kap. I, § 8, Satz 2 gleichzeitig

$$\sum_{i=1}^{n} (\pi - \alpha_i) = 2\pi - \omega ,$$

was zusammen mit (12) $\omega > \pi$ ergibt. Daher ist die Konstruktion nur für $\omega > 2\pi$ unmöglich.

Dies führt uns zu folgendem Satz:

Satz 10. *Sind bei einem Netz, das einer Kreisscheibe homöomorph ist, keine Winkel auf dem Rand außer vielleicht einem größer als π und ist die Summe der Krümmungen der inneren Ecken des Netzes nicht größer als 2π, so läßt sich aus einem solchen Netz ein konvexes Polyeder verheften, welches ein Teil eines unendlichen konvexen Polyeders ist.*

7. Die Sätze 9 und 10 lassen sich nicht auf Netze R verallgemeinern, die von mehreren Streckenzügen L_i berandet werden, da wir sonst, wenn wir an jeden Streckenzug L_i ein entsprechendes unendliches Polygon Q_i anklebten, ein unendliches Netz erhielten, das nicht einer Ebene homöomorph ist. Aus einem solchen Netz läßt sich sicher kein konvexes Polyeder verheften außer vielleicht einem unendlichen Prisma. Aber in diesem Fall stellte das Netz R selbst nur einen Teil eines solchen Prismas dar und hätte die Krümmung Null.

Aus demselben Grund lassen sich die Sätze 9 und 10 nicht auf unendliche Netze verallgemeinern, abgesehen von denjenigen, aus welchen sich ein Teil eines unendlichen Prismas verheften läßt.

Überdies läßt sich beweisen, daß mit Ausnahme von Netzen, die Teil eines unendlichen Prismas sind, die Bedingungen der Sätze 9 und 10 für kein Netz außer dem einer Kreisscheibe homöomorphen überhaupt erfüllt sein können.

Dafür kann man im Fall eines Netzes, das von mehreren geschlossenen oder unendlichen Streckenzügen L_i berandet wird, für jeden dieser Streckenzüge die hinreichenden Bedingungen der Sätze 4—10 anwenden und auf diese Weise einen allgemeinen Satz erhalten, der den hinreichenden Teil der Bedingungen aller dieser Sätze umfaßt.

8. Zum Schluß führen wir einige einfache Beispiele von Netzen an, aus denen man keine konvexen Polyeder verheften kann, obgleich sie den sicherlich notwendigen Bedingungen 1) bis 3) genügen, die schon in Nr. 1 angeführt wurden.

In Abb. 106 ist ein Polygon Q dargestellt, das sich selbst überdeckt. Zerschneidet man es in Dreiecke, so erhält man ein Netz im gewöhnlichen Sinn, aus welchem sich jedoch kein konvexes Polyeder verheften läßt, wenn die Seite a hinreichend klein ist. Ließe sich nämlich aus einem Polygon Q mit beliebig kleiner Seite a ein konvexes Polyeder verheften, so erhielte man in der Grenze bei verschwindender Seite a aus dem Grenzpolygon Q ein Gebiet auf einer gewissen konvexen Fläche, was sicher unmöglich ist, weil hier die Winkelsumme bei dem Punkt a größer als 2π ist.[1]

Die Krümmung des Polygons Q ist gleich Null, und daher zeigt das gegebene Beispiel, daß sich sogar aus einem Netz mit der Krümmung Null nicht immer ein konvexes Polyeder verheften läßt. Die Frage nach den notwendigen und hinreichenden Bedingungen, unter denen dies möglich ist, bleibt völlig offen.

In Abb. 107a ist ein reguläres Tetraeder dargestellt, von dessen einer Seitenfläche das Dreieck T abgeschnitten ist. Setzt man an die Ränder des Ausschnittes neue Seitenflächen an, wie z. B. auf Abb. 107b, so erhält man ein nicht-konvexes Polyeder P, das sich nicht in ein konvexes verbiegen läßt. Daher kann man aus dem Netz dieses Polyeders kein konvexes Polyeder verheften. Der Beweis fußt darauf, daß das Tetraeder mit entferntem Dreieck T keine Verbiegung zuläßt, d. h. es existiert kein isometrisches, ihm aber nicht kongruentes konvexes Polyeder. Diese leicht nachprüfbare Behauptung ist ein Spezialfall eines Satzes, der im folgenden Paragraphen bewiesen wird (§ 2, Satz 3). Existierte ein

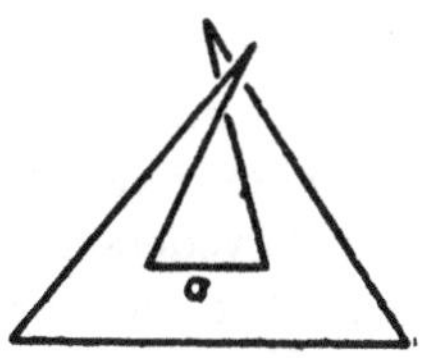

Abb. 106

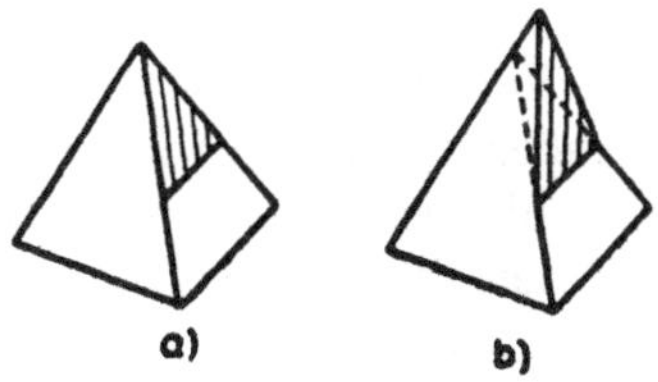

Abb. 107

konvexes Polyeder, das dem Polyeder P isometrisch ist, so wäre zugleich sein Teil, der dem Tetraeder mit dem Ausschnitt T entspricht, ein konvexes Polyeder, das dem Tetraeder mit dem Ausschnitt isometrisch, aber nicht kongruent wäre.

§ 2, Satz 3 gestattet, beliebig viele ähnliche Beispiele von Netzen zu konstruieren, aus welchen sich kein konvexes Polyeder verheften läßt.

§ 2. Die Verbiegung konvexer Polyeder

1. Wenn wir sagen, ein konvexes Polyeder P läßt eine Verbiegung zu, so meinen wir, daß eine stetige Familie von konvexen Polyedern P_t existiert, die P isometrisch, aber nicht kongruent sind. Genauer gesagt, besitzt diese Familie folgende Eigenschaften: 1. jedem Wert des Parameters t aus einem gewissen Intervall, z. B. $0 \leq t \leq 1$, entsprechen ein konvexes Polyeder P_t und die isometrische Abbildung φ_t des gegebenen Polyeders P auf P_t, wobei $P_0 = P$ und φ_0 die identische Abbildung von P auf sich selbst ist, während φ_t sich bei $t \neq 0$ nicht auf eine Bewegung reduziert; 2. die Familie von Polyedern P_t ist stetig, d. h. bei $t \to t_0$ treffen diejenigen Punkte $\varphi_t(X)$ der Polyeder P_t, die einem beliebigen gegebenen Punkt X des Polyeders P entsprechen, im Punkt $\varphi_{t_0}(X)$ des Polyeders P_{t_0} zusammen. Im weiteren wird der Terminus „Verbiegung" in eben diesem Sinne verstanden, so daß *Verbiegungen, welche die Konvexität zerstören* oder ein *Polyeder* in ein Nicht-Polyeder *verwandeln*, ausgeschlossen sind. Jedes konvexe Polyeder

[1] Es ist interessant sich zu überzeugen, daß ein Polygon Q mit einer sehr kleinen Seite a auf kein konvexes Polyeder aufgelegt werden kann. Bei wie kleinem a tritt eine solche Erscheinung auf?

erlaubt eine stetige Verbiegung unter Zerstörung der Konvexität; es genügt, das Polyeder stetig ins Innere in die Umgebung einer beliebigen Ecke durchzudrücken.[1]

In Kap. III, §§ 3 und 5 wurde bewiesen, *daß konvexe Polyeder, und zwar endliche, deren Krümmung gleich* 4π *ist, und unendliche, deren Krümmung gleich* 2π *ist, keine isometrischen Abbildungen zulassen außer Bewegungen und Spiegelungen, und darum sind sie um so mehr unverbiegbar*. Daher kann es sich lediglich um Verbiegungen von Polyedern handeln, die endlich sind und eine Krümmung kleiner als 4π haben und um solche, die unendlich sind und deren Krümmung kleiner als 2π ist.

Wir werden jedoch zeigen, daß es unter solchen Polyedern auch unverbiegbare gibt und sogar solche, die keine isometrischen Abbildungen außer den trivialen, d. h. außer Bewegungen und Spiegelungen, zulassen (Satz 3 und 4).

In Kap. IV, § 5, Nr. 2 wurde darauf hingewiesen, daß jedes vollständige (d. h. keinen Rand besitzende) unendliche Polyeder mit einer Krümmung kleiner als 2π eine stetige Verbiegung gestattet. In Nr. 6 werden wir dieses Ergebnis noch präzisieren. Außerdem zeigen wir, daß jedes Polyeder, das einen Teil eines verbiegbaren darstellt, selbst eine Verbiegung erlaubt. Daher zeigt sich, daß ein Polyeder, das einen Teil eines vollständigen unendlichen Polyeders mit der Krümmung kleiner als 2π darstellt, verbiegbar ist. (Satz 7 über die Verbiegbarkeit eines Teils eines verbiegbaren Polyeders mag zuerst als völlig offenbar erscheinen. Eine solche Schlußfolgerung wäre jedoch übereilt, weil bei einer gegebenen Verbiegung eines Polyeders P ein gewisser Teil von ihm, allgemein gesagt, unverändert bleiben kann. Es lassen sich leicht entsprechende Beispiele auswählen; eines von ihnen stellt die Verbiegung eines unendlichen Polyeders dar, die in Kap. IV, § 5, Nr. 2 untersucht wurde. Der hier zu gebende Beweis des Satzes 7 erweist sich als nicht so einfach.)

Diese Bemerkungen zeigen, daß unsere Aufgabe sich auf die Untersuchung der Verbiegbarkeit von endlichen Polyedern reduziert, deren Krümmung kleiner als 4π ist, und von unendlichen Polyedern, deren Krümmung kleiner als 2π ist, die aber Teile von vollständigen unendlichen Polyedern mit der Krümmung 2π sind.

Da die Krümmung eines Polyeders an seine inneren Ecken gebunden ist, handelt es sich um Polyeder, welche man aus vollständigen erhält, wenn man die Teile entfernt, die mindestens eine Ecke im Inneren oder auf dem Rand enthalten.

Wir kennen keine Bedingungen, die notwendig und hinreichend sind für die Verbiegbarkeit eines konvexen Polyeders, so daß die gestellte Aufgabe nicht vollständig gelöst werden wird, obwohl die später dargelegten Ergebnisse an eine solche Lösung sichtlich ziemlich nahe heranführen.

Am Anfang beschränken wir uns auf die Untersuchung konvexer Polyeder, die einer Kreisscheibe homöomorph sind, d. h. die endlich sind und von nur einem ge-

---

[1] O sei eine Ecke des Polyeders P_0 und Q_0 eine Stützebene, welche P_0 nur im Punkt O berührt. Bewegt man diese Ebene parallel nach innen, so erhält man die Ebenen Q_t, welche von P_0 die Pyramiden R_t abschneiden. Spiegelt man bei jedem t die Pyramide R_t an den Ebenen Q_t, so erhalten wir eine stetige Familie von Polyedern P_t, welche P_0 isometrisch und nicht-konvex sind.

schlossenen Streckenzug ohne mehrfache Punkte berandet werden. Dieser Fall ist nicht nur von einem einleuchtenden Gesichtspunkt aus besonders interessant, sondern auch der charakteristischste, da, wie wir dann zeigen werden, alle für ihn gewonnenen Ergebnisse sich auf Polyeder einer anderen topologischen Struktur übertragen lassen.

2. P sei ein konvexes Polyeder, das einem Kreis homöomorph ist, und L der berandende geschlossene Streckenzug. Q sei ein Polygon, das einem Kreis in der Art homöomorph ist, daß der es berandende Streckenzug unter Erhaltung der Längen eine Abbildung ψ auf den Streckenzug L zuläßt. Dies bedeutet offensichtlich, daß bei der Einführung von zusätzlichen Ecken (wenn dies notwendig ist) auf dem Streckenzug L und dem Polygon Q die Seiten des Polygons den Gliedern des Streckenzuges L entsprechend gleich sind. Hier wie überall im weiteren verstehen wir unter einem Polygon ein Netz, das im Inneren keine Ecken besitzt und so beschaffen ist, daß es sich, da es verheftet ist, in ein ebenes Polygon umformen läßt, das sich jedoch selbst überdecken kann.

Identifizieren wir die Randpunkte des Polyeders P und des Polygons Q, die einander bei der Abbildung ψ entsprechen, so erhalten wir ein einer Sphäre homöomorphes Netz $P + Q$; wenn wir das sagen, unterscheiden wir das Polyeder P nicht von irgendeinem seiner Netze. Dafür, daß man aus dem Netz $P + Q$ ein konvexes Polyeder verheften kann, ist notwendig und hinreichend, daß die Vollwinkel, d. h. die Winkelsummen um alle seine Ecken $\leq 2\pi$ sind. Da diese Bedingung für die Ecken des Polyeders P sicher erfüllt ist, Q aber keine inneren Ecken hat, so muß gefordert werden, *daß die Winkelsummen an den zu identifizierenden Randpunkten des Polyeders P und des Polygons Q nicht größer als 2π sind.* Ist diese „*Winkelbedingung*" erfüllt, so erhalten wir ein geschlossenes Polyeder $\overline{P} = P' + Q'$, wobei die Teile P' und Q' dem Polyeder P und dem Polygon Q entsprechend isometrisch sind.

Diese Konstruktion des Polyeders $\overline{P}$ nennen wir *Anheften des Polygons Q an den Rand des gegebenen Polyeders P*. Da das geschlossene Polyeder $\overline{P}$ durch sein Netz eindeutig (bis auf Bewegungen und Spiegelungen) bestimmt wird, so wird bei dem gegebenen Polyeder P die Operation des Anheftens durch die Vorgabe des Polygons Q und die Abbildung ψ seiner Ränder auf den Rand des Polyeders P eindeutig bestimmt.

Das Anheften ist immer möglich. Und zwar muß man nur für $\overline{P}$ den Rand der konvexen Hülle des Polyeders P nehmen. Dann besitzt $\overline{P}$ keine anderen Ecken außer denen von P selbst; daher läßt sich die Ergänzung $\overline{P} - P$ in die Ebene abwickeln, und fügt man an sie ihren Rand an, so erhält man das Polygon Q. Durch Anheftung dieses Polygons an das Polyeder P ergibt sich $\overline{P}$.

Das durch eine solche Konstruktion verwirklichte Anheften kann man *trivial* nennen.

Die Anheftungen der Polygone Q und Q' mit den Abbildungen ψ und ψ' ihrer Ränder an den Rand des Polyeders P gelten als gleichartig dann und nur dann, wenn die Netze $P + Q$ und $P + Q'$ isometrisch sind und zwar so, daß die isometrische Abbildung φ des Netzes $P + Q$ auf $P + Q'$ das Polyeder P in sich und

Q in Q' überführt. Das bedeutet erstens, daß die Polygone Q und Q' isometrisch sind und man die Abbildung φ für sie einfach als ihre Aufeinanderlegung betrachten kann, und zweitens erhält dieses Aufeinanderlegen die Zuordnung der Ränder der Polygone Q und Q' zum Rand des Polyeders P. (Diese zweite Bedingung ist darum wesentlich, weil bei Kongruenz der Polygone Q und Q' die Methoden, sie an das Polyeder P anzuheften, verschieden sein können, d. h. die Aufeinanderlegung φ des Polygons Q auf Q' braucht diejenigen Punkte ihrer Ränder, welche (kraft der Abbildungen ψ und ψ') ein und demselben Punkt X auf dem Rand des Polyeders P entsprechen, nicht zur Deckung zu bringen.)

Satz 1. *Dafür, daß ein einem Kreis homöomorphes konvexes Polyeder P eine nicht-triviale isometrische Abbildung zuläßt, ist es notwendig und hinreichend, daß es eine nicht-triviale Anheftung gestattet.* (Es handelt sich um eine isometrische Abbildung auf ein ebenfalls konvexes Polyeder, und eine solche Abbildung gilt als trivial, wenn sie sich auf Bewegungen oder Bewegungen und Spiegelungen reduziert.)

Die Bedingung ist notwendig. Ein Polyeder P möge eine nicht-triviale isometrische Abbildung φ auf ein Polyeder P' erlauben. $\overline{P}$ und $\overline{P}'$ seien die Ränder der konvexen Hüllen der Polyeder P und P', so daß $\overline{P} = P + Q$, $\overline{P}' = P' + Q'$ ist, wobei Q und Q' sich auf die Ebene abwickeln lassen.

Infolge der Isometrie der Polyeder P und P' kann man das Polyeder $\overline{P}'$ als Ergebnis des Anheftens des Polygons Q' an das gegebene Polyeder P ansehen. Damit identifizieren wir die Punkte der Polyeder P und $\overline{P}'$, die einander bei der Abbildung φ entsprechen, und erhalten zwei Netze $P + Q$ und $P + Q'$, die durch Anheften der Polygone Q und Q' an P gebildet werden.[1]

Entgegen dem zu Beweisenden nehmen wir an, daß beide Anheftungen gleichartig sind, so daß es eine isometrische Abbildung des Netzes $P + Q$ auf $P + Q'$ gibt, die P in sich überführt. Dies ist offenbar der Tatsache äquivalent, daß es eine isometrische Abbildung des Polyeders $\overline{P} = P + Q$ auf $\overline{P}' = P' + Q'$ gibt, die P in P' überführt. Da diese Polyeder geschlossen sind, erweist sich eine solche Abbildung notwendig als trivial, und gleichzeitig erweist sich auch die Abbildung von P auf P' als trivial. Indem wir aber P und P' als Netze betrachteten, haben wir ihre Punkte identifiziert, die einander bei der gegebenen isometrischen Abbildung des Polyeders P auf P' entsprechen. Daher reduziert sich eben dieses φ auf die gewonnene triviale Abbildung. Das widerspricht der ursprünglichen Voraussetzung, und damit ist die Notwendigkeit der Bedingung des Satzes bewiesen.

Es möge nun das Polyeder P außer der trivialen noch eine andere Anheftung erlauben, so daß wir zwei geschlossene Polyeder $\overline{P} = P + Q$ und $\overline{P} = P' + Q'$ haben, wobei P' zu P isometrisch ist, während Q und Q' sich in die Ebene abwickeln lassen und $\overline{P}$ der Rand der konvexen Hülle des Polyeders P ist. Da Q' sich in die Ebene abwickeln läßt, besitzt das Polyeder $\overline{P}'$ keine anderen Ecken

[1] Hier muß man besonders die nicht-triviale Abbildung der Polyeder von ihrer Nicht-Kongruenz unterscheiden, weil das gegebene Polyeder P nicht-triviale isometrische Abbildungen auf sich zuläßt; dann könnte das Polyeder P' einfach mit P zusammenfallen, obgleich die Abbildung φ weder identisch noch irgendeine andere von den trivialen wäre.

außer denen des Polyeders P', und es ist folglich der Rand von dessen konvexer Hülle. Angesichts der Tatsache aber, daß die betrachteten Anheftungen verschieden sind, sind die Polyeder $\bar{P}$ und $\bar{P}'$ nicht isometrisch und um so weniger kongruent. Und da aus der Kongruenz der Polyeder P und P' sich die Kongruenz ihrer konvexen Hüllen ergäbe, so sind auch P und P' nicht kongruent, w. z. b. w.

3. Wir führen nun den Begriff der „Deformation der Anheftung" ein. Das Polyeder P bildet zusammen mit dem angehefteten Polygon Q das Netz $P + Q$, und unter einer Deformation der Anheftung verstehen wir eine stetige Veränderung dieses Netzes, derart, daß dabei das Polyeder P unverändert bleibt, während das Polygon Q sich ändert (jedoch ein Polygon bleibt), oder es bleibt Q selbst unverändert, es ändert sich aber die Methode, wie es an das Polyeder P angeheftet wird.

In ganz strengen Begriffen kann die Deformation der Anheftung in folgender Weise definiert werden.

Jedem Wert des Parameters t im Intervall $[0, 1]$ sei eine Anheftung (Q_t, ψ_t) des Polygons Q_t an den Rand des gegebenen Polyeders P zugeordnet, die durch die Abbildung ψ_t des Randes von Q_t auf den Rand von P gegeben ist. Bei jedem t_0 und $t \to t_0$ mögen die Polygone Q_t gegen Q_{t_0} konvergieren, so daß für jeden Punkt X auf dem Rand von P $\psi_t^{-1}(X) \to \psi_{t_0}^{-1}(X)$ ist, d. h. entsprechende Punkte auf den Rändern der Polygone Q_t konvergieren gegen den entsprechenden Punkt auf dem Rand von Q_t. Sind nicht alle Anheftungen (Q_t, ψ_t) gleich und ist die Anheftung (Q_0, ψ_0) trivial, so sagen wir, es gäbe eine Deformation der trivialen Anheftung.

Satz 2. *Damit das einem Kreis homöomorphe konvexe Polyeder P verbiegbar ist, ist notwendig und hinreichend, daß eine Deformation der ihm entsprechenden trivialen Anheftung existiert.*

Überdies entspricht jeder Deformation einer trivialen Anheftung eine bestimmte Verbiegung des Polyeders P und umgekehrt.

Der Beweis ist aus Satz 1 ersichtlich, weil auf Grund dieses Satzes eine Deformation der Anheftung einer Deformation des Polyeders entspricht und umgekehrt. Man muß nur beweisen, daß beide Deformationen gleichzeitig stetig sind. Wir beschränken uns auf den Beweis dessen, daß einer stetigen Deformation der Anheftung tatsächlich eine Verbiegung des Polyeders P im strengen Sinne der am Beginn dieses Paragraphen gegebenen Definition entspricht. Die umgekehrte Behauptung stellt eine fast augenscheinliche Folge der Definitionen selbst dar; man muß nur die konvexen Hüllen $\bar{P}_t = P_t + Q_t$ der Polyeder P_t betrachten, die man aus dem gegebenen P durch Verbiegung gewonnen hat.

Um eine Bewegung des Polyeders P auszuschließen, wählen wir auf ihm drei Ecken A, B und C, und nachdem wir die Koordinatenachsen x, y, z im Raum festgelegt haben, verschieben wir das Polyeder P so, daß die Ecke A in den Ursprung, B auf die positive x-Halbachse und C auf die Halbebene $y > 0$ der x-y-Ebene fällt. Jedes Polyeder P', das P isometrisch ist, werden wir als so gelegen betrachten, daß die Lagen seiner entsprechenden Ecken A', B', C' denselben Bedingungen unterworfen sind.

Um eine Spiegelung auszuschließen, orientieren wir das Polyeder P, indem wir auf ihm den Umlaufsinn irgendeiner kleinen Kontur angeben, und untersuchen lediglich solche zu P isometrische Polyeder P', welche sich aus P durch isometrische Abbildungen ergeben, die den Schraubsinn aufrechterhalten, welcher durch den gegebenen Umlaufsinn und die äußere Normale festgelegt wird. Da bei einer Spiegelung die Orientierung einer solchen Schraube in die entgegengesetzte verwandelt wird, so schließt die gegebene Bedingung eine Spiegelung aus, und wenn sie für ein gegebenes P' nicht erfüllt ist, so wählen wir stattdessen ein symmetrisches Polyeder. Sind Bewegung und Spiegelung ausgeschlossen, so kann man sagen, daß die Verbiegung nur eine wirkliche Deformation des Polyeders darstellt. (Eben von solchen Verbiegungen unter Ausschluß von Bewegungen wird behauptet, daß sie den Deformationen der Anheftung eindeutig entsprechen.)

Jedem t aus einem gegebenen Intervall möge eine Anheftung eines Polygons Q_t an ein Polyeder P entsprechen, so daß diese Anheftungen eine stetige Deformation einer trivialen darstellen. Wir haben dann eine stetige Familie von Netzen $R_t = P + Q_t$ und eine Familie aus ihr verhefteter geschlossener Polyeder $\overline{P}_t = P_t + Q_t$, wo die P_t zu P isometrisch sind. Wir beweisen, daß bei $t \to t_0$ die Polyeder P_t gegen P_{t0} konvergieren. Wir nehmen das Gegenteil an; es sei eine Folge $t_n \to t_0$ gegeben, derart, daß die P_t nicht gegen P_0 konvergieren. Angesichts der Stetigkeit der Familie von Netzen R_t (nach Kap. IV, § 2, Lemma 3) kann man jedoch aus den Polyedern $\overline{P}_{tn}$ eine Teilfolge auswählen, die gegen das Polyeder $\overline{P}$ mit dem Grenznetz R_{t0} konvergiert. Da geschlossene konvexe Polyeder mit gleichartigen Netzen kongruent sind, Bewegung und Spiegelung aber ausgeschlossen sind, so fällt dieses Polyeder $\overline{P}$ mit $\overline{P}_{t0}$ zusammen. Hiermit ist bewiesen, daß die Polyeder $\overline{P}_{tn}$ gegen $\overline{P}_{t0}$ konvergieren müssen. Mit ihnen konvergieren auch die P_{tn} gegen P_{t0} und überdies, wenn X irgendein Punkt des Polyeders P und φ_t die isometrische Abbildung von P auf P_t ist, so konvergieren die $\varphi_{tn}(X)$ gegen $\varphi_{t0}(X)$. Angesichts der oben den Ecken A, B und C auferlegten Bedingungen und der Konvergenz von $\overline{P}_{tn}$ gegen $\overline{P}_{t0}$ konvergieren nämlich sicher die Punkte $\varphi_{tn}(A)$, $\varphi_{tn}(B)$ und $\varphi_{tn}(C)$ gegen $\varphi_{t0}(A)$, $\varphi_{t0}(B)$, $\varphi_{t0}(C)$. Die Angabe von drei Punkten bestimmt aber die Lage aller übrigen Punkte des Polyeders P_{t0} vollständig, und daher konvergiert $\varphi_{tn}(X)$ gegen $\varphi_{t0}(X)$ auch bei jedem Punkt X.

Gemäß der Definition bedeutet dies, daß die Familie der Polyeder P_t das Ergebnis der Verbiegung des gegebenen Polyeders P darstellt.

Diese Folgerung ist durchaus nicht trivial, da sie sich auf den Satz von der Kongruenz geschlossener konvexer Polyeder mit gemeinsamem Netz gründet. Ohne ihn kann man von der Konvergenz von $\overline{P}_{tn}$ gegen $\overline{P}_{t0}$ und daher auch von der Stetigkeit der erhaltenen Familie von Polyedern nicht überzeugt sein.

4. Satz 2 reduziert die Frage nach der Verbiegung eines konvexen Polyeders auf die rein planimetrische Aufgabe über die mögliche Deformation eines gegebenen Polygons unter Erhaltung der Anheftungsbedingungen, d. h. im Grunde unter Erhaltung der gegebenen oberen Grenzen seiner Winkel. Für konvexe

Polygone läßt sich diese Aufgabe vollständig lösen, was zu folgendem Ergebnis führt:

Satz 3. *Das Polyeder P möge sich aus einem geschlossenen konvexen Polyeder $\overline{P}$ durch Entfernen eines gewissen seiner Teile ergeben, welcher in die Ebene abgewickelt werden kann und sich in ein konvexes Polygon Q verwandelt, wenn man zu dem Ausschnitt Q seinen Rand hinzunimmt.* (Da sich Q in die Ebene abwickeln läßt, gibt es in seinem Inneren keine Ecken.)

1. Liegen auf dem Rand des Ausschnittes $\overline{P} - P$ mindestens zwei Ecken des Polyeders $\overline{P}$, so ist das Polyeder P verbiegbar. (Als Grenzfall wird einfach ein Ausschnitt des Polyeders $\overline{P}$ entlang der geodätischen Linie angenommen, die zwei seiner Ecken verbindet.)

2. Liegt auf dem Rand des Ausschnittes $\overline{P} - P$ nur eine Ecke A des Polyeders $\overline{P}$ und sind α, α_0 die Winkel bei A auf $\overline{P} - P$ und auf P, so ist das Polyeder P verbiegbar dann und nur dann, wenn $\alpha \geq \alpha_0$ ist, oder mit anderen Worten, wenn der

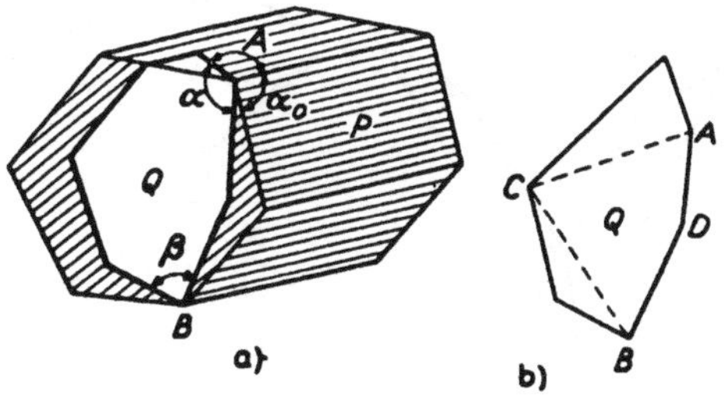

Abb. 108

mit $\overline{P} - P$ zusammen ausgeschnittene Winkel α nicht kleiner als die Hälfte des Vollwinkels $\alpha_0 + \alpha$ an der Ecke A ist. Darüber hinaus läßt das Polyeder bei $\alpha < \alpha_0$ überhaupt keine nicht-trivialen isometrischen Abbildungen zu.

3. Liegen auf dem Rand des Ausschnittes $\overline{P} - P$ keine Ecken des Polyeders $\overline{P}$, so ist das Polyeder P unverbiegbar.

Die letzte Behauptung ist in Kap. III, § 5, Satz 1 enthalten, da unter ihren Bedingungen die Krümmung des Polyeders P gleich 4π ist.

Wir bemerken: da P alle Ecken des Polyeders $\overline{P}$ enthält, so ist $\overline{P}$ der Rand der konvexen Hülle des Polyeders P und ergibt sich daher aus P durch triviale Anheftung des Polygons Q. In Verbindung hiermit läßt sich das Polyeder P charakterisieren als eines, das eine triviale Anheftung eines konvexen Polygons gestattet.

Wir beweisen die erste Behauptung des Satzes. A und B seien diejenigen Ecken des Polygons Q, welche den Ecken des Polyeders $\overline{P}$ entsprechen, und α, β seien die Winkel an diesen Ecken auf Q (Abb. 108a). Sind α_0, β_0 die Winkel an diesen Ecken auf dem Polyeder P, so ist $\alpha + \alpha_0 < 2\pi$, $\beta + \beta_0 < 2\pi$, d. h.

$$\alpha < 2\pi - \alpha_0, \quad \beta < 2\pi - \beta_0. \tag{1}$$

Wir wählen auf dem Rand des Polygons Q zwei Punkte C und D, welche die Punkte A und B trennen (Abb. 108b). Wir konstruieren das konvexe Viereck

$ABCD$ und dehnen seine Diagonale CD, ohne seine Seiten zu ändern.[1] Dabei bewegen wir die Teile AC, CB, BD, DA des Randes des Polygons Q, ohne ihre Form zu ändern. Dann wachsen die Winkel α, β bei A und B, die übrigen Winkel des Polygons Q aber bleiben unverändert. Bei genügend kleiner Deformation bleiben die Ungleichungen (1) erhalten, und da alle übrigen Winkel nicht wachsen, wird die Anheftungsbedingung nicht zerstört. Dies in Verbindung mit Satz 2 beweist die erste Behauptung.

Im Grenzfall, wenn das Polygon in die Strecke AB ausartet, ist die Schlußfolgerung dieselbe; man muß nur diese Strecke als doppelt bedeckt ansehen und sie in ein Viereck deformieren.

Wir beweisen die zweite Behauptung des Satzes. A sei diejenige Ecke des Polygons Q, welche einer Ecke des Polyeders $\overline{P}$ entspricht, und α sei der Winkel

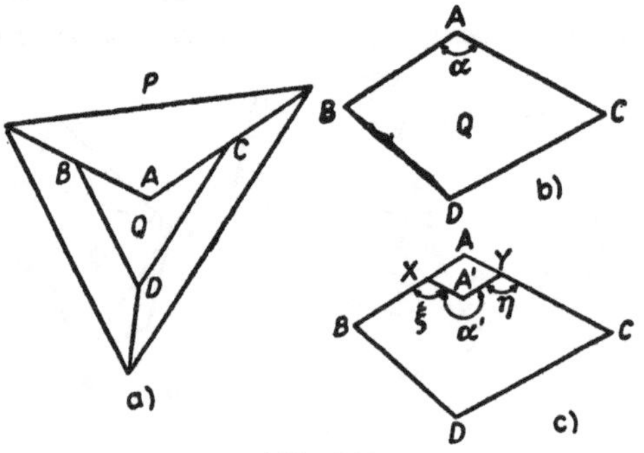

Abb. 109

in Q an dieser Ecke (Abb. 109a, b). Ist α_0 der Winkel an derselben Ecke auf dem Polyeder P, so gilt dann

$$\alpha < 2\pi - \alpha_0, \tag{2}$$

aber für den Winkel an einem beliebigen anderen Punkt B auf dem Rand des Polygons Q erhalten wir entsprechend $\beta = 2\pi - \beta_0$. Bei einer Deformation des Polygons Q, welche die Anheftungsbedingungen für die Winkel nicht zerstört, kann darum keiner der Winkel β wachsen. Bei einer Deformation eines konvexen Polygons, die ohne Zerstörung der Konvexität vor sich geht, ändern dabei die Zuwüchse der Winkel beim Umlaufen des Polygons mindestens vier Mal ihr Vorzeichen, so daß es mindestens zwei wachsende Winkel geben muß. (Siehe Lemma 4, Kap. III, § 1, welches sich zusammen mit seinem Beweis wörtlich auf ebene Polygone übertragen läßt.)

Eine Deformation, welche die Konvexität zerstört, führt zur Eindrückung mindestens einer Ecke nach innen, und der Winkel bei ihr wächst, da er größer als π wird. Daher ist für keine Ecke außer A ein solches Durchdrücken nach innen möglich.

[1] Es wird nicht ausgeschlossen, daß dieses Viereck in Wirklichkeit ein Dreieck ist (wenn A und B benachbarte Ecken sind und der Punkt D auf der Seite AB liegt).

Nehmen wir auf den Seiten des Polygons Q, die von der Ecke A ausgehen, die Punkte X und Y und spiegeln wir den Streckenzug XAY an der Geraden XY, so erhalten wir ein Polygon Q' mit der nach innen tretenden Ecke A' und zwei neuen heraustretenden Ecken X und Y (Abb. 109c). Die Winkel bei ihnen sind

$$\alpha' = 2\pi - \alpha; \quad \xi, \eta < \pi.$$

Die Winkel ξ_0, η_0 bei den X und Y entsprechenden Punkten auf dem Polyeder P sind gleich π, da diese Punkte keine Ecken auf $\overline{P}$ sind. Daher ist $\xi + \xi_0 < 2\pi$, $\eta + \eta_0 < 2\pi$, d. h. die Anheftungsbedingung wird hier nicht zerstört. Für den Punkt A' haben wir

$$\alpha' + \alpha_0 = 2\pi - \alpha + \alpha_0.$$

Für $\alpha \geq \alpha_0$ ist daher $\alpha' + \alpha_0 \leq 2\pi$, und die Anheftungsbedingung wird auch im Punkt A' nicht zerstört. Für $\alpha < \alpha_0$ ist dagegen $\alpha' + \alpha_0 > 2\pi$, d. h. diese Bedingung wird zerstört.

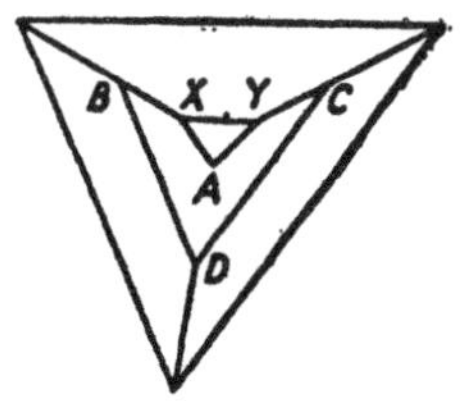

Abb. 110

Ist $\alpha \geq \alpha_0$, so erhalten wir folglich, wenn wir die Ecke A stetig ins Innere des Polygons Q drücken, (es entspricht dem eine stetige, von A ausgehende Bewegung der Punkte X, Y), seine Deformation, welche die Anheftungsbedingungen nicht zerstört, und nach Satz 2 entspricht dem eine stetige Verbiegung des Polyeders P. Bei einer solchen Verbiegung treten auf P zwei neue Ecken X und Y auf, die sich von der Ecke A aus bewegen. Im Beispiel der Abb. 109 besteht diese Verbiegung in der Knickung des „Mützenschirmes" ABC, welche man auf Abb. 110 anschaulich verfolgen kann.

Ist $\alpha < \alpha_0$, so wird die Bedingung des Anheftens zerstört, und man kann sie durch keine Deformation des Polygons Q' wiederherstellen. Die Winkel an allen Ecken außer X und Y dürfen nämlich dabei nicht wachsen; dann aber verkleinert sich gemäß Kap. III, § 1, Lemma 3 die Strecke XY, und daher wächst der Winkel α' noch mehr. Wegen Satz 1 gestattet daher für $\alpha < \alpha_0$ das Polyeder P überhaupt keine nicht-trivialen isometrischen Abbildungen.

5. Satz 4. *Das Polyeder P möge sich aus dem geschlossenen konvexen Polyeder $\overline{P}$ durch Entfernen eines seiner Teile $\overline{P} - P$ ergeben, welcher in seinem Inneren keine Ecken enthält und daher in die Ebene abgewickelt werden kann. Das aus diesem Teil bestehende Polygon Q sei nicht-konvex. n möge die Anzahl der Ecken des Polyeders $\overline{P}$ bezeichnen, die auf dem Rand des Ausschnittes $\overline{P} - P$ oder, was dasselbe ist, auf dem Rand des Polyeders P liegen.*

1. Für $n \geq 3$ ist das Polyeder P verbiegbar.

2. Für $n = 2$ kann P sowohl verbiegbar als auch unverbiegbar sein.

3. Für $n = 1$ kann P sowohl verbiegbar als auch unverbiegbar sein, wobei im Unterschied zum Fall des konvexen Polygons Q das Polyeder P auch bei $\alpha < \alpha_0$ verbiegbar sein kann; dabei sind α und α_0 die Winkel auf Q an den Ecken, welche der einzigen Ecke des Polyeders $\overline{P}$ entsprechen, die auf dem Rand von P liegt. Bei gegebenem Vollwinkel $\alpha + \alpha_0$ kann P bei beliebig kleinem α verbiegbar sein.

4. Für $n = 0$ ist P unverbiegbar.

Letzteres folgt aus der Unverbiegbarkeit eines Polyeders, dessen Krümmung gleich 4π ist.

Wir beweisen die erste Behauptung des Satzes. A, B und C seien Ecken des Polygons Q, welche den auf dem Rand von P liegenden Ecken des Polyeders $\overline{P}$ entsprechen (Abb. 111a). Genau wie in Satz 3 können dann die Winkel α, β und γ an diesen Ecken ohne Verletzung der Anheftungsbedingungen wachsen.

Wir untersuchen das Viereck $ABCD$, dessen Ecke D auf dem Umfang des Polygons Q zwischen den Punkten A und C liegt. Wir deformieren dieses Viereck und mit ihm das Polygon Q, indem wir die Streckenzüge $\widehat{AB}$, $\widehat{BC}$, $\widehat{CD}$, $\widehat{DA}$ bewegen, ohne ihre Form zu verändern. Dann bleiben alle Winkel des Polygons unverändert außer den Winkeln α, β, γ, δ an den Ecken A, B, C und D. In gewissen Grenzen sind für die Winkel α, β und γ beliebige Veränderungen zulässig, der Winkel δ aber darf sich nur verkleinern, damit die Anheftungsbedingung nicht verletzt wird. Aber eine Deformation, welche den Winkel δ verkleinert, ist immer

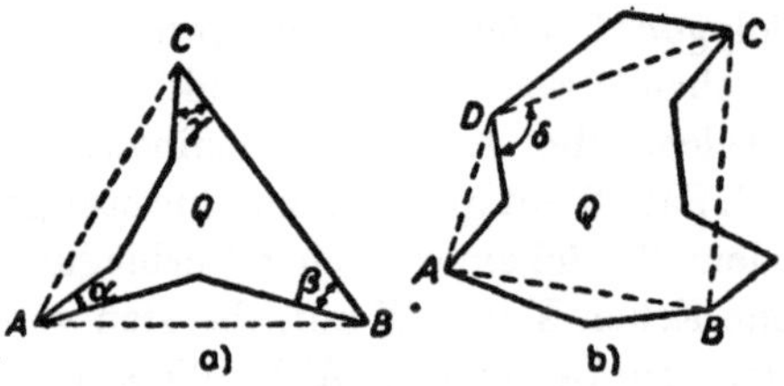

Abb. 111

möglich. So verkleinert sich in dem in Abb. 111b dargestellten Fall der Winkel δ, wenn man die Diagonale AC verkürzt. Bei einer anderen Struktur des Polygons Q ist es möglich, daß die Verkürzung der Diagonalen AC zu einer Vergrößerung des Winkels δ führt, dann muß man aber umgekehrt die Diagonale AC verlängern, und der Winkel δ wird wiederum kleiner. (Ein besonderer Fall entsteht, wenn alle drei Punkte A, B, C auf einer Geraden liegen, so daß bei unveränderlichen Längen der Strecken AB und BC die „Diagonale" nur kürzer werden kann. Der Satz behält seine Richtigkeit auch in diesem Fall; zum Beweis sind jedoch zusätzliche Überlegungen erforderlich, welche wir fortlassen.)

Liegen die Punkte A, B, C nicht auf einer Geraden, so ist jedenfalls bewiesen, daß eine Deformation, die die Anheftungsbedingung nicht verletzt, möglich ist, und die erste Behauptung des Satzes ist bewiesen.

Wir wenden uns nun dem Fall zu, daß auf dem Rand des Polyeders P nicht mehr als zwei Ecken des Polyeders $\overline{P}$ liegen. Daß das Polyeder P dann verbiegbar sein kann, läßt sich sofort beweisen, wenn die Winkel des Polygons Q an den entsprechenden Ecken so groß sind, daß ihre Durchdrückung nach innen die Anheftungsbedingung nicht zerstört, wie im Fall des konvexen Polygons Q. Daher bleiben uns noch Beispiele eines unverbiegbaren oder im Gegenteil eines verbiegbaren Polyeders P anzugeben, aber nur dann, wenn der Winkel an der Ecke des Polygons Q, welche der einzigen auf dem Rand von P liegenden Ecke des Polyeders $\overline{P}$ entspricht, beliebig klein ist.

Wir wenden uns jetzt der Abb. 112a zu, wo ein Würfel mit einem herausgeschnittenen nicht-konvexen Polygon Q dargestellt wird, das auf Abb. 112b einzeln gezeigt ist. Verändert man, ohne die Längen der Seiten von Q zu ändern, die Winkel α, β, γ, φ so, daß β abnimmt, so nehmen, wie sich leicht nachprüfen läßt, auch die Winkel γ und φ ab, während der Winkel α wächst. Das veränderte Polygon Q (Abb. 112c) hält die Anheftungsbedingungen aufrecht, so daß der Würfel mit dem angegebenen Ausschnitt verbiegbar ist. Wir merken an, daß das Poly-

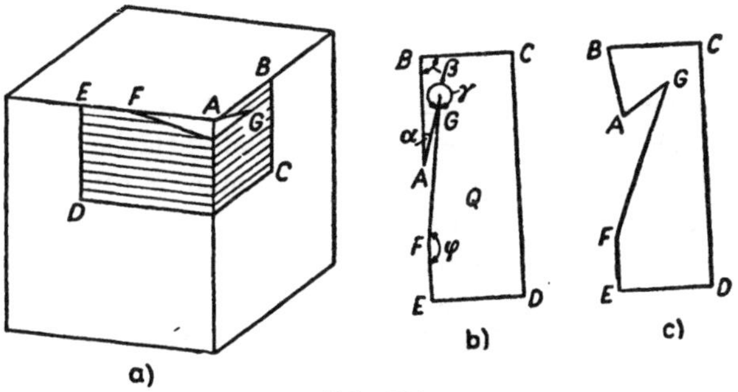

Abb. 112

gon Q nur an die Ecke A des Würfels heranreicht und an dieser einen beliebig kleinen Winkel α haben kann. Die gewonnene Verbiegung ist freilich recht kompliziert; es erscheinen bei ihr auf dem Würfel drei neue Ecken B, F, G.

Wir legen zwei Aufgaben vor, die in Verbindung mit Satz 4 entstehen. 1. Man untersuche die Verbiegbarkeitsbedingungen eines Polyeders, welches sich aus einem geschlossenen durch Abtrennen eines Polygons Q der Gestalt der Abb. 113a

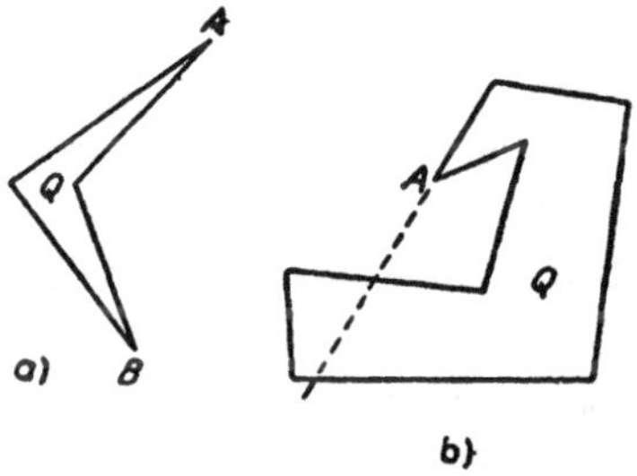

Abb. 113

ergibt, unter der Bedingung, daß die Ecken A und B in den Ecken des geschlossenen Polyeders liegen. (Der allgemeine Fall eines Polygons Q von analoger Gestalt wird ebenso untersucht.) Sowohl Verbiegbarkeit als auch Unverbiegbarkeit sind hier möglich; das kann von verschiedenen Bedingungen abhängen. 2. Man beweise, daß ein Polyeder, das man aus einem geschlossenen $\overline{P}$ durch Abtrennen eines Polygons Q der Art wie in Abb. 113b gewonnen hat, verbiegbar ist, wenn A die Ecke des geschlossenen Polyeders $\overline{P}$ ist und die Fortsetzung mindestens einer der Seiten der Ecke A das Polygon Q schneidet. Es reicht überdies für die

Verbiegbarkeit hin, wenn eine solche Fortsetzung einer Seite Q nach Drehung um A um den Winkel $\alpha \leq \pi - \frac{\theta}{2}$ schneidet, wobei θ der Vollwinkel um die Ecke A des Polyeders $\overline{P}$ ist.

6. Satz 5. *Läßt sich ein einem Kreis homöomorphes Polyeder P aus einem geschlossenen konvexen Polyeder P_0 durch Entfernen seines Teiles $P_0 - P$ gewinnen, der in seinem Inneren mindestens eine Ecke enthält, so ist das Polyeder P verbiegbar.*

Das Polyeder P möge man auf die angegebene Art aus P_0 gewonnen haben und $\overline{P}$ sei der Rand seiner konvexen Hülle. Wir zeigen, daß $\overline{P}$ mindestens eine Seitenfläche besitzt, welche keine Fortsetzung einer Seitenfläche des Polyeders P ist.

Wir nehmen das Gegenteil an. Dann erhält man $\overline{P}$ offenbar durch einfache Fortsetzung der äußeren Seitenflächen des Polyeders P. Da P in P_0 enthalten ist und P_0 deshalb sicherlich $\overline{P}$ umfaßt, so muß jede Seitenfläche des Polyeders $\overline{P}$, welche Fortsetzung einer Seitenfläche des Polyeders P ist, auch P_0 angehören. Die Fortsetzung der Seitenflächen des Polyeders P bestimmt aber das geschlossene konvexe Polyeder $\overline{P}$ eindeutig. So zeigt sich, daß alle Seitenflächen des geschlossenen Polyeders auch P_0 angehören, woraus klar wird, daß $\overline{P}$ und P_0 zusammenfallen. Die konvexe Hülle des Polyeders P hat jedoch keine anderen Ecken außer denen von P selbst, und daher zeigt sich, daß P und P_0 ein und dieselben Ecken besitzen; dies widerspricht aber der Bedingung, daß sich P aus P_0 durch Entfernen eines Gebietes ergibt, welches in seinem Inneren mindestens eine Ecke besitzt.

Folglich hat $\overline{P}$ mindestens eine Seitenfläche, welche keine Fortsetzung irgendeiner Seitenfläche des Polyeders P ist. Da P und $\overline{P}$ gemeinsame Ecken besitzen, so liegen die Ecken dieser Seitenfläche auf dem Rand des Polyeders P. Es sind ihrer offensichtlich mindestens drei, und daher ergibt sich P aus $\overline{P}$ durch Entfernen des Teils $\overline{P} - P$, auf dessen Rand mindestens drei Ecken liegen. Und dann erweist sich das Polyeder P nach Satz 4 als verbiegbar, w. z. b. w.[1]

7. Wir zeigen nun, daß die Untersuchung lediglich der Polyeder, die einem Kreis homöomorph sind, im wesentlichen keine Einschränkung bedeutet.

Satz 6. *Ein endliches konvexes Polyeder, das von mehreren Streckenzügen berandet wird, ist dann und nur dann verbiegbar, wenn es ein Teil eines verbiegbaren konvexen Polyeders ist, das nur von einem dieser Streckenzüge berandet wird.*

Das gegebene Polyeder P, welches von den Streckenzügen $L_1, \ldots, L_n$ begrenzt wird, sei unverbiegbar. Das Polyeder $P_1 = P + Q_2 + \cdots + Q_n$ möge sich aus P durch Zukleben aller Streckenzüge L_i außer L_1 ergeben haben. Beispielsweise kann P_1 der Rand der konvexen Hülle des Polyeders P nach Subtraktion des Polygons sein, welches den Streckenzug L_i zuheftet. Wir fordern jedoch

[1] Der besondere Fall der Behauptung des Satzes 4, daß drei Ecken auf einer Geraden liegen, wird hier ausgeschlossen, da es sich um drei Ecken handelt, die einer Seitenfläche auf $\overline{P} - P$ angehören. Bei Abwicklung der Seitenfläche in die Ebene können sie nicht auf einer Geraden liegen.

gar nicht, daß $Q_2, \ldots, Q_n$ Polygone seien; wichtig ist nur, daß sie konvexe Polyeder sind, deren jedes von einem Streckenzug L_i berandet wird.

Da das Polyeder P unverbiegbar ist, so müssen die einzig möglichen Verbiegungen des Polyeders P_1 sich auf Verbiegungen jedes Q_i bei Unveränderlichkeit seines Randes L_i reduzieren. Eine derartige Verbiegung ist jedoch unmöglich, da ein Polyeder, das man an Q_i anheften kann, bei unveränderlichem Rand eindeutig bestimmt ist. (Satz 4, Kap, III, § 5 behauptet sogar zudem, daß eine Verbiegung des Polyeders Q_i unmöglich ist, wenn nur die Winkel zwischen seinen Randkanten vorgegeben sind.)

Damit ist bewiesen, wenn das Polyeder P unverbiegbar ist, kann kein es enthaltendes Polyeder, welches nur von einem der Streckenzüge $L_1, \ldots, L_n$ berandet wird, verbiegbar sein.

Nun sei das Polyeder P verbiegbar. $\overline{P} = P + Q_1 + \cdots + Q_n$ sei der Rand seiner konvexen Hülle. Der Verbiegung des Polyeders P entspricht eine Deformation seiner konvexen Hülle und zugleich eine Deformation der Polygone Q_i.[1] Besitzen daher alle Streckenzüge $L_1, \ldots, L_n$, welche P beranden, keine gemeinsamen Ecken, so muß es wegen der Unabhängigkeit der Anheftungsbedingungen für jeden Streckenzug unter den Polygonen Q_i mindestens eines, z. B. Q_1, geben, derart, daß man es deformieren kann, während man die anderen unverändert läßt. Dann erweist sich das Polyeder $P_1 = P + Q_2 + \cdots + Q_n$, das von dem einen Streckenzug L_1 berandet wird, als verbiegbar.

Besitzen einige der Streckenzüge $L_1, \ldots, L_n$ gemeinsame Ecken, so ist unsere Überlegung nicht anwendbar. In diesem Fall gibt es zwei Gesichtspunkte. Man kann erstens zwei Streckenzüge mit gemeinsamer Ecke als einen rechnen. Das ausgeschnittene Polygon ist an dieser Ecke eingeschnürt, und man muß sie als zwei zusammenfallende Ecken zählen. Bei einer Deformation der Anheftung und folglich bei einer Verbiegung des Polyeders ist ein Auseinanderbewegen dieser Ecken zugelassen. Zweitens kann man zwei Streckenzüge mit gemeinsamer Ecke als zwei verschiedene Streckenzüge ansehen. Bei einer Verbiegung des Polyeders ist dann eine Auseinanderbewegung in dieser Ecke nicht zulässig. Es scheint sehr wahrscheinlich, daß in diesem Fall Satz 6 ebenfalls gilt; wir besitzen jedoch hierfür keinen erschöpfenden Beweis. Die vollständige Lösung dieser Frage stellt eine interessante Aufgabe dar.

8. Satz 7. *Ist das Polyeder P ein Teil eines verbiegbaren endlichen konvexen Polyeders P_0, so ist auch das Polyeder P verbiegbar.*

(Diese Behauptung mag auf den ersten Blick ganz trivial erscheinen. Dies ist jedoch nicht ganz so; denn bei einer gegebenen Verbiegung des Polyeders P_0 kann ein gewisser Teil P von ihm unverändert bleiben. Es lassen sich leicht entsprechende Beispiele wählen.)

---

[1] Hier und weiterhin reden wir der Einfachheit halber von der Deformation eines Polygons, wobei wir die Deformation einer Anheftung im Sinne der oben in Nr. 3 gegebenen strengen Definition im Auge haben.

Das Polyeder P_0 sei verbiegbar, so daß wir eine Familie von zu ihm isometrischen Polyedern P_t haben. Wir nehmen entgegen dem Satz an, daß P_0 einen unverbiegbaren Teil P enthält, welcher folglich auch in allen P_t enthalten ist. $\overline{P}$ und $\overline{P}_t$ seien die Ränder der konvexen Hüllen der Polyeder P und P_t. Eine konvexe Hülle wird durch die Ecken bestimmt; fiele daher $\overline{P}_t$ bei irgendeinem t nicht mit $\overline{P}$ zusammen, so hätte sie Ecken außer denen des Polyeders P. Dann ergäbe sich aber P aus dem geschlossenen Polyeder $\overline{P}_t$ durch Ausschluß eines gewissen Gebietes, welches im Inneren eine Ecke enthielte, und nach Satz 5 erwiese sich das Polyeder P als verbiegbar (wenn P nicht von nur einem Streckenzug begrenzt ist, so gilt nach Satz 6 dieselbe Schlußfolgerung). Dies widerspricht der Voraussetzung, und daher müssen $\overline{P}_t$ und $\overline{P}$ bei allen t zusammenfallen. Folglich bleibt die konvexe Hülle der Polyeder P_t unverändert und fällt mit der konvexen Hülle des Polyeders P_0 zusammen, woraus folgt, daß die Polyeder P_t selbst mit P_0 zusammenfallen. Diese Schlußfolgerung bezieht sich auf eine beliebige Verbiegung des Polyeders P_0; damit erweist es sich entgegen der Voraussetzung als unverbiegbar, und der Satz ist bewiesen.

Das gewonnene Ergebnis zusammen mit der ersten Behauptung des Satzes 3 führt zu der Schlußfolgerung, daß wenn aus dem geschlossenen Polyeder P_0 ein Teil Q herausgeschnitten wird, der sich in ein Polygon abwickeln läßt, das übrigbleibende Polyeder sicher verbiegbar ist, wenn Q eine Strecke (eine Geodätische) enthält, die zwei Ecken des Polyeders P_0 verbindet. Das bei Entfernen des nichtkonvexen Polygons Q übrigbleibende Polyeder kann folglich nur dann unverbiegbar sein, wenn Q keine solche Strecke enthält.

Den Sätzen 3—7 zufolge bleibt nur die Frage nach der Verbiegbarkeit oder Unverbiegbarkeit eines Polyeders zu untersuchen, das man aus einem geschlossenen P_0 durch Entfernen eines Teils gewinnt, der sich in ein nicht-konvexes Polygon Q abwickeln läßt und auf dem Rand höchstens zwei Ecken des Polyeders P_0 enthält; im letzten Falle braucht man dabei nur solche Ausschnitte zu betrachten, welche keine diese Ecken verbindende Geodätische enthalten. Auf Grund von Satz 2 reduziert sich die Aufgabe auf die Frage nach der Möglichkeit einer Deformation des Polygons Q unter Erhaltung der Anheftungsbedingung. Diese Frage bleibt jedoch völlig ungelöst.

9. Jetzt wenden wir uns den Verbiegungen unendlicher konvexer Polyeder zu.

Wie in Kap. III, §§ 3 und 5 bewiesen wurde, ist ein unendliches Polyeder mit der Krümmung 2π unverbiegbar, selbst wenn es einen Rand besitzt. Daher müssen wir hier Polyeder mit einer Krümmung kleiner als 2π behandeln. Dabei muß man zwei Möglichkeiten unterscheiden:

1. das unendliche Polyeder P ist ein Teil eines Polyeders mit der Krümmung 2π;
2. das unendliche Polyeder P ist ein unendliches vollständiges Polyeder, dessen Krümmung kleiner als 2π ist, oder ein Teil eines solchen vollständigen Polyeders.

Da ein unendliches Polyeder mit der Krümmung 2π ähnlich wie ein geschlossenes unverbiegbar ist, so lassen sich auf Polyeder des ersten Typs die Methoden und Schlußfolgerungen der vorausgehenden Nummern anwenden. Neu ist in gewisser Weise der Fall, daß ein gegebenes unendliches Polyeder sich aus einem vollständigen mit der Krümmung 2π durch Ausschluß irgendeines unendlichen Stückes ergibt.

Als äußersten Fall kann man Polyeder betrachten, die man aus vollständigen mit Hilfe unendlicher Zerschneidungen erhält. Schneidet man ein Polyeder entlang einem unendlichen Strahl auf, der von einer Ecke ausgeht, so wird es verbiegbar. Ist aber der Schnitt im Anfang genügend stark gekrümmt und wird erst dann gerade, wenn er ins Unendliche geht, so kann das Polyeder unverbiegbar sein.

Wir werden uns jedoch bei der Untersuchung dieses Falls nicht aufhalten. Der Begriff der Deformation einer Anheftung läßt sich natürlich auf unendliche Polygone verallgemeinern, und mit ihm läßt sich auf den angegebenen Fall auch die auf dieser Deformation fußende Methode übertragen.

Betrachtet man unendliche Polyeder, die sich aus vollständigen mit der Krümmung 2π durch Entfernen endlicher oder unendlicher Stücke ergeben und wendet man Überlegungen an, die den oben auf endliche Polyeder angewandten völlig analog sind, so wird der Leser selbst in der Lage sein, die Sätze über die Verbiegung solcher Polyeder ähnlich den Sätzen 1—7 zu formulieren und zu beweisen. Ähnlich dem in den Sätzen 3 und 4 Gesagten können insbesondere solche Polyeder sowohl verbiegbar als auch unverbiegbar sein.

Für Polyeder des zweiten Typs läßt sich die Frage eindeutig beantworten: sie sind alle verbiegbar. Für vollständige Polyeder werden alle ihre möglichen Verbiegungen durch einen Satz bestimmt, welcher sich aus dem in Kap. IV, § 5 bewiesenen Satz von Olowjanischnikow ergibt:

Satz 8. *P_0 sei ein unendliches vollständiges konvexes Polyeder mit einer Krümmung kleiner als 2π, V_0 seine Grenzecke und G_0 die Erzeugende der Ecke V_0, die für einen gewissen gegebenen Strahl L_0 auf P_0 die Grenzerzeugende ist. V_1 sei eine polyedrische Ecke, die V_0 isometrisch ist, und G_1 ihre Erzeugende. Dann gilt folgendes:*

1. Die Ecke V_0 kann so in V_1 verbogen werden, daß die Erzeugende G_0 in G_1 übergeht;

2. diese Verbiegung der Ecke V_0 bestimmt eindeutig die Verbiegung des Polyeders P_0 in das Polyeder P_1 mit der Grenzecke V_1, wobei die Erzeugende G_1 die Grenzerzeugende für den Strahl auf P_1 wird, der auf Grund der Isometrie dem Strahl L_0 entspricht.

Andere Verbiegungen des Polyeders P_0 gibt es nicht.

Daß die Verbiegung von V_0 in V_1 die Verbiegung von P_0 in P_1 eindeutig bestimmt, bedeutet, daß der Familie von Ecken V_t mit den Erzeugenden G_t eine bestimmte Familie von Polyedern P_t entspricht, wenn man Parallelverschiebungen unberücksichtigt läßt, die weder die Grenzecke noch die Grenzerzeugende verändern.

Die erste Behauptung über die Verbiegbarkeit der polyedrischen Ecke ist klar genug und ihr strenger Beweis macht keine Mühe. Wir beweisen die zweite Behauptung.

Die Familie von polyedrischen Ecken V_t mit den bezeichneten Erzeugenden G_t möge die Verbiegung der Ecke V_0 mit der Erzeugenden G_0 in V_1, G_1 realisieren.[1] Nach dem Satz OLOWJANISCHNIKOWS (Kap. IV, § 5 und Kap. III. § 4, Satz 3) entspricht — und zwar auf eindeutige Weise — jedem V_t mit bezeichneter Erzeugenden G_t ein Polyeder P_t, das P_0 isometrisch und ebenso orientiert ist, unter der Bedingung, daß der Strahl L_0 der Erzeugenden G_t entspricht. (Die Orientierung muß bei stetiger Verbiegung natürlich erhalten bleiben.) Die Tatsache, daß die Polyeder P_t eine stetige Familie bilden, beweist man genauso wie die analoge Behauptung in Satz 2 auf der Grundlage des Eindeutigkeitssatzes (Kap. III, § 4).

Da umgekehrt jede Verbiegung eines Polyeders die Verbiegung seiner Grenzecke erzeugt, so gestattet das Polyeder P_0 keine weiteren Verbiegungen.

10. Wir machen noch auf zwei Fragen aufmerksam. Man kann einfache Beispiele isometrischer konvexer Polyeder angeben, welche keine Verbiegung des einen in das andere unter Erhaltung der Konvexität zulassen (man suche solche Beispiele). Nichtsdestoweniger kann man annehmen, daß folgender Satz gilt: zwei genügend nahe isometrische Polyeder lassen sich ineinander verbiegen. Genauer gesagt: konvergieren die konvexen Polyeder P_t, welche dem Polyeder P isometrisch sind, gegen P, so läßt sich P in ein beliebiges der Polyeder P_t mit genügend großem Index verbiegen.

Die zweite Frage bezieht sich auf nicht-konvexe Polyeder. Es ist kein Beispiel eines geschlossenen Polyeders bekannt, das stetige Verbiegungen ohne Knickung der Seitenflächen zuläßt. (Bekannte Beispiele bilden Polyeder mit Selbstüberschneidungen; sie gestatten offensichtlich keine Verbiegungen, die sich wirklich an Modellen durchführen lassen.) Ein sehr interessantes Problem der Theorie der Polyeder bildet die Lösung der Frage: sind alle geschlossenen Polyeder nicht ohne Knickung der Seitenflächen verbiegbar oder lassen sich verbiegbare angeben?

§ 3. Verallgemeinerungen zu den Kap. IV und V

1. Bei der Übertragung der Sätze der Kap. IV und V auf den nicht-euklidischen LOBATSCHEWSKIschen und den sphärischen Raum muß es sich um Netze handeln, welche aus Polygonen im Sinne der Geometrie des entsprechenden Raumes gebildet werden. So sind es im sphärischen Raum gewöhnliche sphärische Polygone auf einer Sphäre, deren Radius gleich dem Radius des gegebenen sphärischen Raumes ist.

Behält man diese Bedingung im Auge, *so kann man den Existenzsatz eines geschlossenen konvexen Polyeders mit gegebenem Netz im LOBATSCHEWSKIschen oder im sphärischen Raum ohne irgendwelche Änderungen formulieren.* Sein Beweis bleibt auch fast unverändert, weil er im wesentlichen nicht mit dem Parallelenaxiom verbunden ist. Die Änderungen, welche man in den in Kap. IV, §§ 1—3 ausgeführten Beweis einführen muß, überlassen wir dem Leser. Hier geben wir nur diejenigen Punkte des Beweises an, die eine solche Änderung erfordern.

Vor allem bemerken wir, daß sich der Beweis bedeutend einfacher auf den LOBATSCHEWSKIschen als auf den sphärischen Raum übertragen läßt. Die tiefere Ursache hierfür

[1] Es ist nicht ausgeschlossn, daß die Ecken V_0 und V_1 gleich sind, aber die Erzeugenden G_0 und G_1 auf ihnen eine verschiedene Lage einnehmen. Wir nehmen dann an, V_1 falle mit V_0 zusammen und reduzieren die Verbiegung von V_0 in V_1 zu einer Verbiegung von V_0 in sich selbst, bei welcher die Erzeugende G_0 in G_1 übergeht.

besteht darin, daß die Axiomatik der sphärischen Geometrie sich von der euklidischen nicht nur durch das Fehlen des Parallelenaxioms, sondern auch der Axiome der Verknüpfung und der Anordnung unterscheidet; z. B. lassen sich im zweidimensionalen sphärischen Raum oder einfach auf der Sphäre zwei sich diametral gegenüberliegende Punkte durch unendlich viele verschiedene „Geraden" verbinden, deren Rolle die Großkreisbogen spielen. Letzteres führt insbesondere dazu, daß im sphärischen Raum die Behauptung der Zerlegbarkeit jedes Polygons durch Diagonalen in Dreiecke nicht gültig ist (hiervon kann man sich leicht an Beispielen überzeugen).

Wir wenden uns dem Kap. IV, § 1, Lemma 1 zu und bemerken folgendes. Die Behauptung, die Anzahl der Ecken eines Netzes sei nicht kleiner als drei, gilt auch im Lobatschewskischen Raum. Da nämlich der Lobatschewskische Raum eine negative Krümmung besitzt, setzt sich die vollständige (oder Gesamt-)Krümmung des Netzes, die nach wie vor 4π beträgt (die Tatsache, daß die Gesamtkrümmung eines Netzes, das einer Sphäre homöomorph ist, gleich 4π ist, hängt überhaupt nicht von der Krümmung des Raumes ab), aus den positiven Krümmungen der Ecken und den negativen Krümmungen der Netzpolygone zusammen. Daher ist die Summe der Krümmungen der Ecken größer als 4π, und da die Krümmung jeder Ecke kleiner als 2π ist, gibt es mindestens drei Ecken. Im Falle des sphärischen Raumes zeigt dieselbe Überlegung, daß die Summe der Krümmungen der Ecken kleiner als 4π ist. In diesem Falle existieren Netze, die gar keine Ecken besitzen (ein Polyeder mit einem solchen Netz ist einfach eine Sphäre) und auch Netze mit zwei Ecken (jedes solche Netz kann man als Zweieck darstellen, das an den Seiten verheftet ist); Netze mit einer Ecke existieren nicht, wie man zeigen kann. Um im nichteuklidischen Raum eine Behauptung zu erhalten, die Lemma 1 ersetzt, genügt es jetzt, sich unmittelbar davon zu überzeugen, daß alle Netze, die nicht mehr als drei Ecken haben, realisierbar sind.

Beim Beweis des Lemmas 2 muß man ebenfalls zwei Fälle unterscheiden. Im Lobatschewskischen Raum läßt sich der Beweis wörtlich wiederholen. Im sphärischen Raum ist, wie schon erwähnt, der Satz von der Triangulierbarkeit eines Polygons ungültig. Dennoch erweist sich Lemma 2 als richtig, aber zu seinem Beweis muß man einige zusätzliche Überlegungen heranziehen. Sich im einzelnen hiervon einen Begriff zu bilden, ist eine interessante Aufgabe, die wir dem Leser vorschlagen.

Der Beweis des Lemmas 3 verlangt lediglich unbedeutende Änderungen. Der Beweis von Lemma 4 fußt auf der Tatsache, daß der Winkel eines Dreiecks eine wesentlich monotone Funktion der gegenüberliegenden Seite ist, was auch in nicht-euklidischen Räumen gilt. Schließlich macht die Anwendung des Eindeutigkeitssatzes eines Polyeders mit gegebenem Netz nach dem, was in Kap. III, § 6, Nr. 4 erklärt wurde, es nicht zweifelhaft, daß sich der Beweis dieses Satzes wörtlich auf nicht-euklidische Räume übertragen läßt, wenn man aus der Betrachtung Figuren mit zwei Ecken ausschließt. Sie interessieren uns aber deshalb nicht, weil der Eindeutigkeitssatz nur auf Polyeder mit mindestens drei Ecken Anwendung findet.

Verfolgt der Leser auf diese Weise den Beweis von Anfang bis zu Ende und führt er die entsprechenden Änderungen ein, so kann er die Existenz eines Polyeders mit gegebenem Netz auch für nicht-euklidische Räume beweisen.

Gleichzeitig mit dem genannten Satz lassen sich auf diese Räume die Folgerungen aus ihm verallgemeinern, die wir in § 1 des vorliegenden Kapitels bezüglich der Verheftung endlicher Polyeder mit Rand (die allgemeinen Sätze 1 und 7, § 1, Satz 2 über eine Mütze) und in § 2 bezüglich der Verbiegungen endlicher Polyeder gewonnen haben (§ 2, Satz 1—7). An diesen Beweisen muß nichts geändert werden.

Im sphärischen Raum gibt es keine unendlichen Polygone, und darum kann dort die Frage nach der Verheftung unendlicher Polyeder nicht entstehen.

Im Lobatschewskischen Raum erweist sich im Gegenteil diese Frage als wesentlich inhaltsreicher als im euklidischen. In letzterem ist, abgesehen von den unendlichen Prismen, jedes vollständige unendliche konvexe Polyeder einer Ebene homöomorph. Im

LOBATSCHEWSKIschen Raum hingegen existieren, wie schon in Kap. III, § 6 gezeigt wurde, unendliche konvexe Polyeder, die einem beliebigen ebenen, von endlich vielen Kurven begrenzten Gebiet homöomorph sind.

In Verbindung hiermit hat der Existenzsatz eines unendlichen Polyeders mit gegebenem Netz im LOBATSCHEWSKIschen Raum folgendes Aussehen:

Aus jedem Netz, das aus endlichen und unendlichen Polygonen in der LOBATSCHEWSKIschen Ebene zusammengesetzt ist, das keinen Rand besitzt und einem beliebigen ebenen Gebiet homöomorph ist,[1] *läßt sich im entsprechenden*[2] *LOBATSCHEWSKIschen Raum ein konvexes Polyeder verheften.*

Der Beweis dieses Satzes wird auf der Grundlage des Satzes vom geschlossenen Polyeder durchgeführt. Und zwar läßt sich aus einem Netz R ein endlicher Teil R' so herausschneiden, daß man aus ihm ein geschlossenes Polyeder verheften kann; danach erweitern wir diesen Teil R' auf das ganze Netz R und erhalten in der Grenze ein unendliches Polyeder, das aus dem Netz R verheftet ist.[3]

Der Satz OLOWJANISCHNIKOWS läßt sich nicht auf den LOBATSCHEWSKIschen Raum ausdehnen, solange der Begriff der Grenzecke in diesem Raum nicht ergründet ist. Wir sprachen schon in Kap. III, § 6 von dieser Aufgabe. Ihre Lösung und mehr noch die Erforschung der Verbiegungen aller unendlichen Polyeder einer beliebigen topologischen Struktur im LOBATSCHEWSKIschen Raum bilden ein recht interessantes Problem.

2. An die Verallgemeinerung der Existenzsätze eines Polyeders mit gegebenem Netz auf krumme Flächen kann man von zwei Gesichtspunkten aus herantreten.

Der erste konkretere, dafür aber weniger allgemeine Gesichtspunkt besteht darin, daß man an Stelle eines aus ebenen Polygonen zusammengesetzten Netzes ein „Netz" betrachten kann, das von endlich vielen Stücken beliebiger konvexer Flächen gebildet wird. Unter „Netz" versteht man dann die Menge der Stücke $G_1, \ldots, G_n$ von konvexen Flächen mit folgenden Eigenschaften.

1. Jedes Stück G_i ist einem endlichen oder unendlichen Polygon homöomorph und von rektifizierbaren Kurven berandet.

Der Rand jedes Stückes läßt sich willkürlich in Strecken — die Seiten — zerlegen, die Zerlegungspunkte gelten als Ecken.

2. Die Seiten der Stücke G_i lassen sich paarweise „verheften", d. h. miteinander so identifizieren, daß zu identifizierende Strecken immer gleiche Längen besitzen. Gewisse Seiten lassen sich möglicherweise nicht mit anderen verheften, dann bilden sie den Rand des „Netzes".

Im Spezialfall können diese G_i Stücke einer Ebene sein.

Wir sagen, eine Fläche F sei aus Stücken G_i verheftet, wenn sie so in Teile F_i zerlegt werden kann, daß

1. Jedes Stück G_i isometrisch auf den entsprechenden Teil F_i der Fläche F abgebildet werden kann (d. h. so, daß dabei jeder Kurve auf G_i auf F eine Kurve derselben Länge entspricht).

2. Bei solchen Abbildungen gehen die zu identifizierenden Strecken der Ränder der Stücke G_i in gemeinsame Strecken der Ränder der Teile F_i über.

Die Verheftung eines Polyeders aus einem Netz stellt lediglich einen Sonderfall der Verheftung im Sinne der eben gegebenen allgemeinen Definition dar. Als weitere Beispiele können die Verheftungen von Zylindern und Kegeln aus gewissen Stücken einer Ebene oder die Verheftung einer spindelförmigen Fläche aus einer Halbsphäre dienen.

---

[1] Daß das Gebiet von endlich vielen Kurven berandet wird, muß nicht hinzugefügt werden: dies folgt schon daraus, daß ein Netz nach Definition nur endlich viele Polygone enthält.

[2] Hier muß man daran erinnern, daß die LOBATSCHEWSKIschen Räume sich durch ihre Krümmung unterscheiden.

[3] Siehe A. D. ALEXANDROW [27], wo dieses Verfahren in der Anwendung auf den allgemeinen Fall einer nicht unbedingt polyedrischen Metrik durchgeführt wird.

Die Aufgabe besteht im Auffinden der Bedingungen, unter denen man aus einem gegebenen „Netz“ eine konvexe Fläche dieser oder anderer Art verheften kann, z. B. eine geschlossene. Die Lösung dieser Aufgabe gibt ein Satz, welchen ich „Verheftungssatz“ nenne. Die genaue allgemeine Formulierung dieses Satzes würde die Einführung einer Reihe von Definitionen erfordern. Dies tun wir nicht, sondern wir formulieren den Satz unter der Voraussetzung, daß Kurven, welche die Stücke G_i beranden, stückweise glatt sind und eine stückweise stetige geodätische Krümmung haben.

Letztere ist nichts anderes als die Krümmung, die auf dem Stück G_i selbst gemessen wird. Sie gilt als positiv, wenn der Rand in einem gegebenen Punkt mit der konvexen Seite ins Äußere von G_i gewandt ist, und als negativ im entgegengesetzten Fall.

Dafür daß sich aus einem „Netz“ R, das einer Sphäre homöomorph ist, eine geschlossene konvexe Fläche verheften läßt, ist die Erfüllung folgender Bedingungen notwendig und hinreichend:

1. *die Summe der Winkel der Stücke G_i, welche bei Identifizierung der Ränder in einem Punkt — einer Ecke — zusammentreffen, muß für jede Ecke $\leq 2\pi$ sein;*
2. *die Summe der geodätischen Krümmungen in den zu identifizierenden Punkten der Ränder der Stücke G_i muß überall ≥ 0 sein.*

Sind die Seiten der Stücke G_i Geodätische, so ist ihre geodätische Krümmung überall gleich Null. Die letzte Bedingung ist dann automatisch erfüllt, und es bleibt nur die erste übrig.

So unterscheidet sich die Bedingung der Verheftbarkeit einer ganzen konvexen Fläche aus geodätischen Polygonen, die aus irgendwelchen konvexen Flächen ausgeschnitten sind, in nichts von der Bedingung der Verheftbarkeit eines konvexen Polyeders aus ebenen Polygonen.

Analoge Sätze lassen sich für „Netze“ einer anderen topologischen Struktur formulieren; die Bedingungen 1) und 2) bleiben unverändert.

Dieser Verheftungssatz stellt ein sehr starkes Hilfsmittel zur Erforschung konvexer Flächen, besonders ihrer Verbiegung, dar [28], [13]. Er wird jedoch auf der Grundlage der Verallgemeinerung der Sätze über Polyeder in anderer, abstrakterer Richtung bewiesen.

3. Dieser zweite, abstraktere, aber dafür allgemeinere Gesichtspunkt besteht in folgendem. Wie in Kap. I, § 6 erklärt wurde, ist die Angabe des Netzes der Angabe der inneren Metrik eines Polyeders äquivalent. Die Metrik bestimmt die auf dem Polyeder selbst gemessenen Entfernungen zwischen seinen Punkten. Ist beispielsweise ein Netz R einer Sphäre homöomorph, so übertragen wir, wenn wir es auf die Sphäre S abbilden, auf S die Metrik ϱ, die durch das Netz R vorgegeben ist. Der Verheftung eines Polyeders P aus dem Netz R entspricht in diesem Sinne die isometrische Abbildung der Sphäre S mit der Metrik ϱ auf das Polyeder P.

In Verbindung damit kann es sich bei beliebigen Flächen auch um die Existenz einer Fläche mit gegebener Metrik handeln.

F sei eine Fläche und X und Y seien zwei ihrer Punkte. Als Entfernung $\varrho_F(XY)$ der Punkte X und Y auf F nimmt man die untere Grenze der Längen der Kurven, die auf F liegen und die Punkte X und Y verbinden. Diese Entfernung, als Funktion des Punktepaares X, Y betrachtet, ist die innere Metrik der Fläche F.

Mit diesen Begriffen kann man die Aufgabe der Verallgemeinerung des Existenzsatzes eines Polyeders mit gegebenem Netz auf folgende Weise stellen.

Auf der Sphäre S sei eine stetige Funktion des Punktepaares $\varrho(XY)$ gegeben, d.h. eine abstrakte Metrik, welche den drei für jede Metrik notwendigen Bedingungen genügt.[1] Es fragt sich, welcher Art die zusätzlichen, notwendigen und hinreichenden Bedingungen sind, unter denen die Sphäre S mit der Metrik ϱ isometrisch auf irgendeine geschlossene konvexe Fläche F abgebildet werden kann. D.h. wann existiert eine Abbildung φ der Sphäre S

[1] Es läßt sich leicht nachprüfen, daß ϱ_F diesen drei Bedingungen genügt: 1) $\varrho(XY) = 0$ dann und nur dann, wenn $X = Y$ ist, 2) $\varrho(XY) = \varrho(YX)$ und 3) $\varrho(XY) + \varrho(YZ) \geq \varrho(XZ)$.

auf irgendeine Fläche F, derart, daß $\varrho(XY) = \varrho_F(\varphi(X)\varphi(Y))$ ist, wobei ϱ_F die innere Metrik der Fläche F ist?

Die analoge Frage kann man für unendliche Flächen F stellen, wobei man die Metrik auf der Ebene angibt.

Diese Fragen sind für allgemeine konvexe Flächen wie im euklidischen, so auch im Lobatschewskischen und sphärischen Raum vollständig gelöst.

Ich werde jedoch hier die entsprechenden Ergebnisse nicht darstellen und verweise den Leser auf mein Buch „Die innere Geometrie der konvexen Flächen".[1]

Beschränkt man sich auf reguläre Flächen, so kann man ihre Metrik durch ein Linienelement mit der bestimmten Gaussschen Krümmung K angeben. Auf dieser Basis wurde der Existenzsatz einer geschlossenen konvexen Fläche mit gegebenem Linienelement positiver Krümmung schon im Jahre 1916 von H. Weyl angegeben, und sein Beweis wurde von H. Levi im Jahre 1938 durchgeführt[2]. Dieses spezielle Problem ist daher unter dem Namen Weylsches Problem bekannt. Von einer Fläche mit der gegebenen Metrik sagt man deshalb, sie realisiere diese Metrik.

Wir formulieren einen allgemeinen Satz über die Realisierbarkeit einer durch das Linienelement vorgegebenen Metrik vermittels einer konvexen Fläche in einem Raum der konstanten Krümmung K_0 (d.h. im euklidischen bei $K_0 = 0$, im Lobatschewskischen bei $K_0 < 0$, und im sphärischen bei $K_0 > 0$).

In einem Gebiet G einer Sphäre sei eine Metrik gegeben, die durch ein Linienelement bestimmt ist, dessen Gausssche Krümmung überall $\geq K_0$ ist. Je zwei Punkte des Gebietes G mögen durch eine im Sinne der gegebenen Metrik kürzeste Linie verbindbar sein. (Insbesondere ist diese Bedingung sicherlich erfüllt, wenn G die ganze Sphäre ist. (Dann existiert im Raum von der konstanten Krümmung K_0 eine konvexe Fläche F, welche die gegebene Metrik realisiert, d. h. das Gebiet G mit der gegebenen Metrik gestattet eine isometrische Abbildung auf die Fläche F. (Der vollständige Beweis dieses Satzes ist noch nicht veröffentlicht.)

Die Beweise der Existenzsätze einer konvexen Fläche mit gegebener Metrik gründen sich vor allem auf die Approximation einer gegebenen Metrik durch „polyedrische Metriken" S_n, d.h. durch Metriken, welche durch Netze aus ebenen Dreiecken gegeben werden.

Auf Grund der Existenzsätze für Polyeder mit gegebenem Netz, d.h. mit gegebener Metrik ϱ_n, sind wir der Existenz von Polyedern P_n mit den Metriken ϱ_n sicher. Der Limes einer aus diesen Polyedern ausgewählten konvergenten Folge gibt die Fläche, welche die Grenzmetrik, d.h. eben die gegebene Metrik ϱ, besitzt.[3]

Im Falle einer Metrik hingegen, welche durch ein Linienelement mit hinreichend regulären Koeffizienten angegeben wird, kann das Existenzproblem einer Fläche mit solcher Metrik als Existenzproblem der Lösung einer gewissen partiellen Differentialgleichung formuliert werden. Eben auf dieser Ebene wird das Problem bei Weyl und Levi betrachtet.

4. Über die Verbiegungen konvexer Flächen lassen sich eine Reihe von Sätzen beweisen, die den Sätzen in § 2 dieses Kapitels analog sind. Vor allem zeigen wir, daß der Satz von Olowjanischnikow in Kap. IV, § 5 über unendliche Polyeder sich auf willkürliche unendliche konvexe Flächen in folgender Form verallgemeinern läßt:

F sei eine unendliche vollständige konvexe Fläche mit der Gesamtkrümmung $\omega(F) < 2\pi$. L sei ein Strahl auf F, d.h. eine nach einer Seite hin unendliche Kurve, welche die Kürzeste zwischen zwei beliebigen ihrer Punkte darstellt. Durch Angabe des Umlaufsinns einer gewissen Kontur sei die Fläche F orientiert.

---

[1] Eine kurze Darstellung findet sich in meiner Arbeit [21].

[2] Siehe den Artikel N. W. Efimow [25], wo eine Übersicht dieser Arbeiten gegeben wird. Die Übersetzung der Arbeit Weyls befindet sich in [29], und ebenda werden auch Übersetzungen der Arbeiten Levis gegeben, die zur Durchführung des Weylschen Beweises erforderlich sind.

[3] In der Anwendung auf den einfachsten Fall von Flächen im euklidischen Raum und der durch ein Linienelement vorgegebenen Metrik wird diese Methode in allen Einzelheiten in meiner Arbeit dargestellt [10]. Für den allgemeinen Fall siehe mein Buch [12].

Wir geben einen willkürlichen konvexen Kegel K vor mit der einzigen Bedingung, daß seine Krümmung (der Rauminhalt des sphärischen Bildes) gleich $\omega(F)$ ist. Auf dem Kegel K geben wir eine willkürliche Erzeugende G vor.

Es wird behauptet, daß eine konvexe Fläche F' existiert, die F isometrisch und so beschaffen ist, daß 1. K ihr Grenzkegel ist, 2. G die Grenzerzeugende des Strahles L' auf F' ist, der auf Grund der Isometrie dem Strahl L entspricht, 3. bei Zusammenziehung der Fläche F' auf den Kegel K die Orientierung, welche auf der Fläche kraft der isometrischen Abbildung der ursprünglichen Fläche F induziert wird, die auf dem Kegel K vorgegebene Orientierung ergibt.

Dieser Satz wurde von OLOWJANISCHNIKOW auf dem Wege des Grenzübergangs von Polyedern bewiesen [5]. In ihm ist die Behauptung enthalten, daß jede unendliche konvexe Fläche mit einer Krümmung $< 2\pi$ nicht-triviale isometrische Abbildungen zuläßt. Jedoch bleibt die Frage nach der Möglichkeit ihrer stetigen Verbiegung im allgemeinen Fall einstweilen ungelöst. A.W. POGORELOW hat bewiesen, daß eine Fläche F, wenn sie eine beschränkte spezifische Krümmung (s. Kap. III, § 6, Nr. 3) besitzt, auch stetige Verbiegungen zuläßt und daß diese alle durch die Verbiegungen des Kegels K mit der vorbezeichneten Erzeugenden G bestimmt werden. Dies ist ein vollständiges Analogon zu § 2, Satz 8. Man muß annehmen, daß dasselbe Ergebnis auch ohne die Voraussetzung der Beschränktheit der spezifischen Krümmung gültig ist.

Von den Verbiegungssätzen endlicher konvexer Flächen geben wir folgende an:

Ist eine konvexe Fläche, die einem Kreis homöomorph ist, so beschaffen, daß je zwei ihrer Punkte auf ihr sich durch eine kürzeste Linie verbinden lassen, so ist diese Fläche einer Mütze isometrisch. (Definition s. Kap. III, § 6) [12].

Wahrscheinlich kann eine derartige Fläche immer stetig in eine Mütze verbogen werden. Jedoch ist dies nicht einmal für beliebige reguläre Flächen bewiesen.

Schneidet man aus einer geschlossenen konvexen Fläche ein geodätisches Polygon heraus, dessen Inneres eine von Null verschiedene Gesamtkrümmung hat, so gestattet die übrigbleibende Fläche nicht-triviale isometrische Abbildungen.

Wahrscheinlich läßt eine solche Fläche immer stetige Verbiegungen zu, sogar wenn aus ihr nicht ein Polygon, sondern ein beliebiges Gebiet ausgeschnitten wird, dessen Krümmung nicht Null ist.

Dies ist jedoch einstweilen lediglich für dreimal stetig differenzierbare Flächen bewiesen.

Die Beweise der angeführten Sätze gründen sich auf den Verheftungssatz, d.h. im wesentlichen auf dieselbe Anheftungsmethode, die in § 2 für Polyeder angewandt wurde.

5. Jetzt untersuchen wir die Frage nach der Verallgemeinerung unserer Sätze auf Räume von mehr als drei Dimensionen. Der Bestimmtheit halber wollen wir von dreidimensionalen Polyedern im vierdimensionalen euklidischen Raum reden.

Entsprechend muß sich ein Netz aus dreidimensionalen Polyedern Q_i mit zu identifizierenden Seitenflächen zusammensetzen. In den Kanten eines derartigen Netzes treffen je einige Polyeder Q_i zusammen, und dafür daß man vom Netz gerade eines konvexen Polyeders sprechen kann, ist es notwendig, daß die Summe der Flächenwinkel dieser Polyeder Q_i um jede Kante nicht größer als 2π ist.

Diese Bedingung ist jedoch *durchaus nicht hinreichend* dafür, daß man beispielsweise aus einem ihr genügenden Netz (das einer Sphäre homöomorph ist) ein geschlossenes konvexes Polyeder verheften kann. Die Ursache hierfür wollen wir sogleich erklären.

A sei eine Ecke des Netzes R; sie muß Ecke des aus R verhefteten Polyeders P sein. Die gleichweit von A entfernten Punkte auf P bilden auf einer dreidimensionalen Sphäre mit A als Mittelpunkt ein geschlossenes konvexes Polyeder Q_A. Dieses Polyeder bestimmt die polyedrische Ecke an der Ecke A des Polyeders P. Das Netz dieses Polyeders Q_A wird im Netz R durch Punkte gebildet, die von seinem Punkt A gleichweit entfernt sind. Aber das geschlossene konvexe Polyeder Q_A wird durch sein Netz eindeutig bestimmt. Wir gelangen daher zu folgendem Ergebnis: schon beliebig kleine Umgebungen der Ecken des Netzes bestimmen die polyedrischen Ecken des Polyeders vollständig, das man aus ihm verheften kann. Sind die Ecken A und B durch eine Kante verbunden, so besitzen die polyedrischen Ecken an ihr gemeinsame Seitenflächen um diese Kante. Entsprechend müssen die sphärischen Polyeder Q_A, Q_B gleiche ebene Winkel und Flächenwinkel an ihren der Kante AB entsprechenden Ecken haben. Indessen werden die Flächenwinkel des Polyeders durch sein Netz im Großen bestimmt, und sie ändern sich, allgemein gesagt, sogar dann, wenn man es in demjenigen Teil ändert, der sozusagen keine Beziehung zur Kante AB hat.

Dies führt zum Schluß, daß sich nicht einmal ein Netz mit Rand, das nur zwei Ecken hat, in Form eines Polyeders realisieren zu lassen braucht. Davon kann man sich an einfachen Beispielen unmittelbar überzeugen. Ein Netz mit zwei Ecken gewinnt man, wenn man aus einem beliebigen Netz die Umgebung einer Kante herausschneidet. *Daher braucht sich ein dreidimensionales Netz nicht einmal in der Umgebung einer Kante im vierdimensionalen Raum verheften zu lassen.* Um so mehr gilt das im Falle höherer Dimensionen.

Andererseits läßt sich leicht der Satz beweisen:

Dafür, daß sich ein Netz, das einer dreidimensionalen Sphäre homöomorph ist und aus Tetraedern besteht (was offenbar der allgemeine Fall ist) zu einem konvexen Polyeder verheften läßt, ist es hinreichend, daß es sich in der Umgebung jeder seiner Kanten verheften läßt.

Auf diese Weise reduziert sich die ganze Frage auf die Bedingungen der Verheftbarkeit eines Netzes in der Umgebung einer Kante. Die Auffindung solcher Bedingungen ist eine schwierige, wenn nicht hoffnungslose Aufgabe.

6. Für reguläre $(n-1)$-dimensionale Flächen im n-dimensionalen Raum steht die Sache einfacher. Die Bedingungen der Realisierbarkeit eines kleinen Gebietes einer $(n-1)$-dimensionalen abstrakten RIEMANNschen Mannigfaltigkeit in Form einer Fläche im n-dimensionalen Raum wurden schon lange untersucht, und ihre erschöpfende Erforschung geschah durch NINA ARKADJEWNA ROSENSOHN [30].[1] Ferner ist bekannt, daß, allgemein gesprochen, bei $n > 3$ eine $(n-1)$-dimensionale Fläche im n-dimensionalen Raum überhaupt nicht verbiegbar ist, nicht einmal in kleinen Teilen. Hieraus kann man folgern:

Dafür daß eine RIEMANNsche Metrik mit überall positiver Krümmung, die auf einer $(n-1)$-dimensionalen Sphäre vorgegeben ist, sich im Großen durch eine Fläche im n-dimensionalen Raum realisieren läßt, ist es notwendig und hinreichend, daß sie sich in jedem beliebig kleinen Gebiet realisieren läßt. Die Bedingungen der Realisierbarkeit im Kleinen sind bekannt, und damit ist die Frage vollständig gelöst. Für eine Mannigfaltigkeit, die von einer Sphäre verschieden ist, braucht dieses Ergebnis nicht zu gelten, da seine Ableitung sich auf den einfachen Zusammenhang der Sphäre stützt.

[1] Die ersten Mitteilungen finden sich in EISENHARTS Buch [31].

KAPITEL VI

KONGRUENZBEDINGUNGEN VON POLYEDERN MIT PARALLELEN SEITENFLÄCHEN

§ 1. Hilfssätze über konvexe Polygone

1. Wir sagen, ein Polygon P_1 lasse sich in ein Polygon P_2 einlagern, wenn alle Punkte des Polygons P_1 in P_2 liegen. Wenn außerdem das Polygon P_2 nicht mit P_1 zusammenfällt, so sprechen wir davon, daß sich das Polygon P_1 ins Innere von P_2 einlagern läßt. Unter einem Polygon werden wir überall ein endliches ebenes konvexes Polygon verstehen außer in Lemma 4a, wo es sich um unendliche konvexe Polygone handelt. Wir betrachten Paare konvexer Polygone und vergleichen die Längen ihrer Seiten mit parallelen äußeren Normalen. Der Kürze wegen nennen wir diese Seiten einfach parallel. Gibt es hierbei für die Seite l eines Polygons keine ihr parallele des anderen Polygons, so nehmen wir an, daß diese existiert, aber ihre Länge gleich Null ist: sie artet in diejenige Ecke aus, in der die Stützgerade zu l parallel ist.

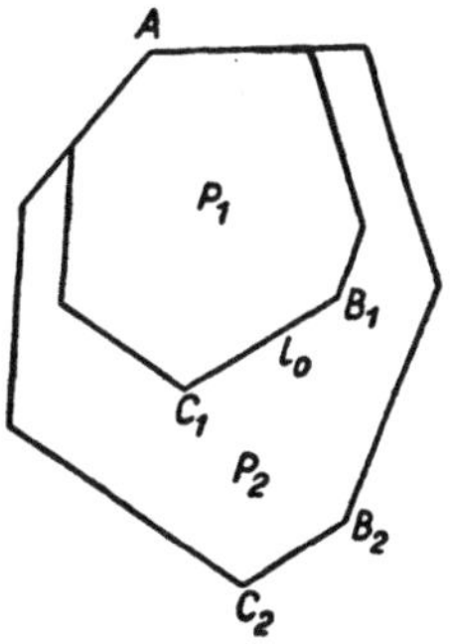

Abb. 114

Da wir nur parallele Seiten von Polygonen vergleichen, so lassen wir den Hinweis hierauf oft aus. Schließlich sagen wir, die Seiten $l_1, \ldots, l_n$ seien größer als die Seiten $l'_1, \ldots, l'_n$, wenn $l_1 \geq l'_1, \ldots, l_n \geq l'_n$ und mindestens für ein Paar $l_i > l'_i$ ist. Unter analogen Bedingungen sagen wir, die Seiten $l'_1, \ldots, l'_n$ seien kleiner als die Seiten $l_1, \ldots, l_n$.

Alle aufgezählten Vereinbarungen werden in allen Paragraphen des vorliegenden Kapitels angewandt.

2. Lemma 1. *Sind beim Polygon P_1 alle Seiten außer vielleicht allein l_0 kleiner als in P_2, so läßt sich P_1 durch Parallelverschiebung ins Innere von P_2 einlagern.*

Wir wählen auf P_1 und P_2 die Ecken A_1 und A_2, durch welche die Stützgeraden mit äußeren Normalen verlaufen, die der Normalen von l_0 antiparallel sind, und verschieben P_1 so parallel, daß die Ecke A_1 mit A_2 zusammenfällt.[1] Wir zeigen, daß dann P_1 innerhalb P_2 liegt.

Die Ecke $A = A_1 = A_2$ und die Seite l_0 zerlegt den Rand des Polygons P_1 in zwei Streckenzüge AB_1 und AC_1 (Abb. 114). Ihnen entsprechen auf dem Rand des Polygons P_2 zwei Streckenzüge AB_2 und AC_2. Wir beweisen, daß der Streckenzug AB_1 den Streckenzug AB_2 nicht schneiden und nicht aus dem Polygon P_2 herausgehen kann.

[1] Verlaufen solche Stützgeraden längs der Seiten, so wählen wir ein beliebiges Paar ihrer entsprechenden Ecken.

Es seien $l_1^{(1)}, l_2^{(1)}, \ldots$ und $l_1^{(2)}, l_2^{(2)}, \ldots$ aufeinander folgende Seiten der Streckenzüge AB_1 und AB_2, angefangen an der Ecke A. Da $l_1^{(1)} \leq l_1^{(2)}$ usw., verläuft jedenfalls die erste Strecke des Streckenzuges AB_1 in P_2. Wir nehmen an, der Streckenzug AB_1 ginge aus P_2 heraus, indem er AB_2 im Punkt D schneidet (Abb. 115a). Dieser Punkt möge den Seiten $l_h^{(1)}$ und $l_k^{(2)}$ angehören. Die Seiten $l_i^{(1)}$ und $l_i^{(2)}$ ($i = 1, 2 \ldots$) sind parallel, und der Übergang von l_i zu l_{i+1} ist mit einer Drehung um einen gewissen Winkel verbunden. Daher kann die Seite $l_h^{(1)}$ nur in dem Falle $l_k^{(2)}$ schneiden, daß ihr Drehungswinkel kleiner ist, d. h. wenn $h < k$ ist.

Wir projizieren nun die Streckenzüge AB_1 und AB_2 auf eine Gerade a, die zur Seite l_0 parallel ist. Da diese Streckenzüge einander im Punkt D schneiden, sind die Projektionen ihrer Strecken AD gleich. Gleichzeitig ist $h < k$, und daher ist

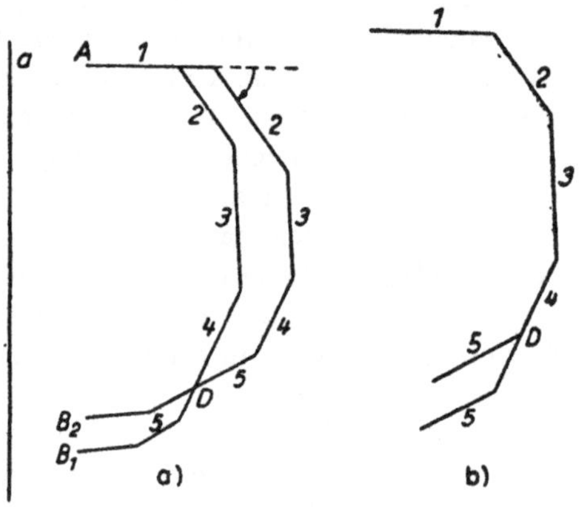

Abb. 115

die Projektion der aus den Seiten $l_1^{(1)}, l_2^{(1)}, \ldots, l_k^{(1)}$ zusammengesetzten Strecke des Streckenzuges AB_1 größer als die Projektion der entsprechenden Strecke des Streckenzuges AB_2. Da die Seiten beider Streckenzüge parallel sind, so ist dies nur in dem Falle möglich, daß unter den Seiten $l_i^{(1)}$ solche sind, die größer als die entsprechenden $l_i^{(2)}$ sind. Das widerspricht aber der Voraussetzung des Lemmas. Folglich kann der Streckenzug AB_1 den Streckenzug AB_2 nicht schneiden.

Ein besonderer Fall ist in Abb. 115b dargestellt. Alle Seiten $l_i^{(1)}$ und $l_i^{(2)}$ fallen bis zu $i = k - 1$ zusammen, und die Seite $l_k^{(1)}$ geht über P_2 hinaus. Dieser Fall führt zu demselben Widerspruch: $l_k^{(1)}$ ist größer als $l_k^{(2)}$.

Also kann der Streckenzug AB_1 nicht aus P_2 herausgehen und AB_2 schneiden. Ebenso kann natürlich auch der Streckenzug AC_1 nicht aus P_2 herausgehen und AC_2 schneiden. Aber auch die (zu l_0 parallele) Seite B_2C_2 können sie nicht schneiden. Sonst wäre z. B. die Projektion des Streckenzuges AB_1 auf die Gerade a größer als die Projektion des Streckenzuges AB_2, entgegen der Tatsache, daß die Seiten bei AB_1 kleiner sind als die Seiten bei AB_2. So liegen die Streckenzüge AB_1 und AC_1 in P_2, und folglich liegt auch der ganze Rand des Polygons P_1 in P_2.

Die Ränder der Polygone P_1 und P_2 können nicht zusammenfallen, da P_1 kleinere Seiten hat als P_2. Somit liegt P_1 im Inneren von P_2, w. z. b. w.

Lemma 2. *Die zwei konvexen Streckenzüge Q_1 und Q_2 mögen in einem Winkel mit dem Scheitel O liegen, ihre Endpunkte auf dessen Schenkeln, und mit ihrer konvexen Seite seien sie gegen O gewandt (Abb. 116). Trifft dann irgendein Strahl aus O früher auf Q_1 als auf Q_2, so besitzt Q_1 eine Seite, die kleiner ist als bei Q_2.* (Es handelt sich um parallele Seiten, wobei der Leser sich an die Bedingung über Seiten von der Länge Null erinnern muß.)

Zum Beweis ziehen wir Q_2 ähnlich vom Punkt O aus zusammen. Die Seiten des Streckenzuges Q_2 werden hierbei kleiner. In dem Augenblick, wo Q_2 in einem Teil des Winkels ist, der vom Streckenzug Q_1 begrenzt wird, sich aber mit Q_1 noch berührt, ist eine Seite, an welcher Q_1 und Q_2 einander berühren, bei Q_2 nicht kleiner als bei Q_1 (Abb. 117a). Daher war bis zur ähnlichen Verkleinerung diese Seite des Streckenzuges Q_2 größer als bei Q_1, w. z. b. w.

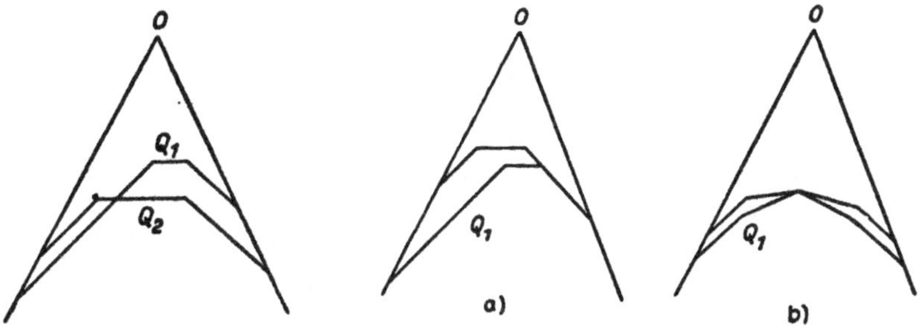

Abb. 116 Abb. 117

Es kann geschehen, daß in diesem Augenblick Q_1 und Q_2 sich nur in einer Ecke berühren (Abb. 117b). Dann treffen aber, wie aus der Abbildung ersichtlich, in dieser Ecke solche Seiten des Streckenzuges Q_2 zusammen, die in Q_1 keine parallelen Seiten haben, d. h. es entsprechen diesen Seiten auf Q_1 Seiten der Länge Null. Folglich sind diese Seiten bei Q_2 größer als die ihnen parallelen bei Q_1.

3. Das folgende Lemma wird unmittelbar bei der Aufstellung der Kongruenzbedingungen von Polyedern in den §§ 3 und 4 angewandt:

Lemma 3. *Lassen sich zwei konvexe Polygone nicht durch Parallelverschiebung ineinander einlagern, so ändern die Differenzen der Längen ihrer parallelen Seiten beim Umlaufen eines beliebigen dieser Polygone ihr Vorzeichen mindestens viermal.*

P_1 und P_2 seien unsere Polygone (Abb. 118). Wir bezeichnen eine Seite des Polygons P_1 mit $+$, wenn sie größer ist als die entsprechende Seite des Polygons P_2, und mit — im entgegengesetzten Fall (mit Berücksichtigung der Bedingung über Seiten der Länge Null), und im Falle der Kongruenz der Seiten lassen wir die Seite von P_1 unbezeichnet. Den Seiten des Polygons P_2 ordnen wir die entgegengesetzten Vorzeichen zu. Es ist zu beweisen, daß beim Umlaufen von P_1 (oder P_2) mindestens vier Zeichenwechsel auftreten.

Wir nehmen an, es träten überhaupt keine Zeichenwechsel auf. Dann sind, sagen wir, alle Seiten des Polygons P_1 kleiner als die Seiten des Polygons P_2 oder ihnen kongruent,[1] und nach Lemma 1 kann man P_1 in P_2 einlagern. Dies widerspricht jedoch der Voraussetzung, und darum muß es Zeichenwechsel geben. Da ihre Anzahl offenbar gerade ist, genügt es zu beweisen, daß es nicht nur zwei Zeichenwechsel geben kann.

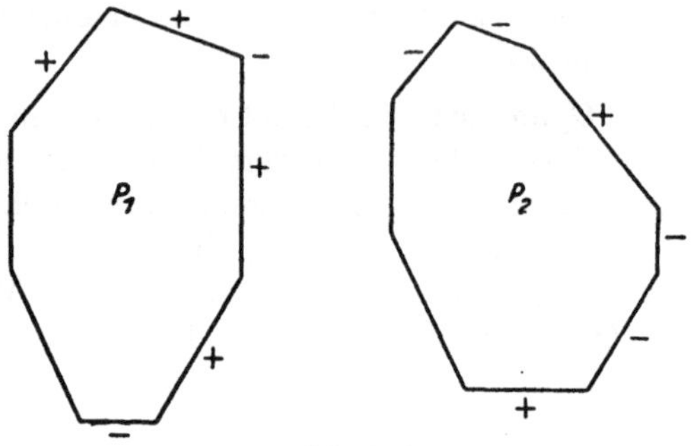

Abb. 118

Nehmen wir jedoch an, es gäbe nur zwei Zeichenwechsel, dann werden die Ränder der Polygone P_1 und P_2 in je zwei Streckenzüge P_1', P_1'' und P_2', P_2'' zerlegt: P_1' hat kleinere Seiten als P_2', aber P_1'' hat größere Seiten als P_2'', d. h. die Seiten von P_1' sind mit Minus bezeichnet, die Seiten von P_1'' mit Plus (Abb. 119).

Die Summe der Winkel zwischen den äußeren Normalen aufeinander folgender Seiten eines konvexen Polygons ist gleich 360°. Wird P_1 in zwei Streckenzüge P_1' und P_1'' zerlegt, so werden die Winkel zwischen den Normalen der diese Streckenzüge beschließenden Seiten von deren Winkelsumme gebildet. Daher ist mindestens für einen der Streckenzüge P_1' und P_1'' die Winkelsumme zwischen den äußeren Normalen kleiner als 180°. Wir nehmen an, dies sei für P_1'' und folglich auch für P_2'' der Fall, da ihre Seiten parallele äußere Normalen haben. Legt man in diesem Fall zwei Stützgeraden an P_1'', so ist P_1'' mit der konvexen Seite gegen den Scheitel des Winkels gewandt, der durch diese Geraden gebildet wird (Abb. 119).

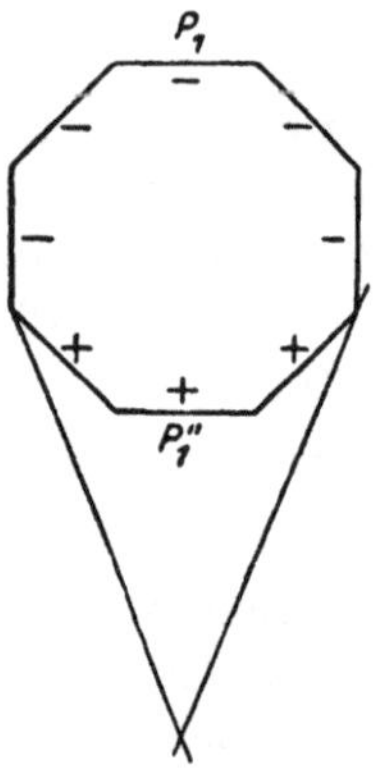

Abb. 119

Wäre die Summe der Winkel zwischen den äußeren Normalen der Seiten des Streckenzuges P_1'' größer als 180°, so wäre sie für P_1' kleiner als 180°. Durch Vertauschung der Bezeichnung der Polygone erhielten wir dann dennoch, daß die Winkelsumme zwischen den äußeren Normalen bei P_1'' kleiner ist als 180°. Man kann demnach annehmen, daß diese Winkelsumme gerade bei P_1'' kleiner ist als 180°. Uns ist es hier wichtig, daß die Seiten bei P_1'' größer sind als bei P_2''.

[1] Erinnern wir uns daran, daß nur Seiten mit parallelen äußeren Normalen verglichen werden und daß wir die Seiten $l_1, \ldots, l_n$ als kleiner als die Seiten $l_1', \ldots, l_n'$ ansehen, wenn $l_1 \leq l_1', \ldots, l_n \leq l_n'$ und mindestens für ein Paar $l_i < l_i'$ ist!

P_1' hat kleinere Seiten als P_2'. Wir verbinden die Endpunkte des Streckenzuges P_1' und genau so die Endpunkte des Streckenzuges P_2' durch eine geradlinige Strecke und erhalten zwei konvexe Polygone. Nach Lemma 1 läßt sich das erste von ihnen in das zweite einlagern. Folglich kann man P_1 so parallel verschieben, daß der Streckenzug P_1' innerhalb P_2 liegt. Dann muß der Streckenzug P_1'' aus P_2 herausgehen, da sich nach Voraussetzung P_1 nicht in P_2 einlagern läßt. Auf P_1'' befindet sich nun ein Punkt A, durch welchen eine Stützgerade a von P_1 verläuft, ohne P_2 zu schneiden.[1] Verschiebt man diesen Punkt erst nach einer, dann nach der anderen Seite auf P_1'' und dreht man zugleich die Stützgerade, so erhalten wir zwei Geraden b und c, die sowohl für P_1 als auch für P_2 Stützgeraden sind (Abb. 120). Diese Geraden berühren P_1 in den Ecken B_1, C_1, die P_1'' angehören, da P_1' innerhalb P_2 liegt. Da aber die Seiten und damit auch die Stützgeraden an P_1'' und P_2'' entsprechend parallel sind, so berühren b und c P_2 in den Ecken B_2, C_2, die zu P_2'' gehören.

Wir haben also folgende Lage: die Streckenzüge B_1C_1 und B_2C_2, welche Teile der Streckenzüge P_1'' und P_2'' sind, liegen mit ihren Endpunkten auf den Geraden b und c, die einen Winkel mit dem Scheitel O bilden. Beide Streckenzüge sind mit ihrer konvexen Seite gegen O gewandt, da die Winkelsummen zwischen den äußeren Normalen an P_1'' und auch an P_2'' kleiner als 180° sind, und darum ist der Drehungswinkel der Stützgeraden a von der Lage b bis zur Lage c kleiner als 180°.

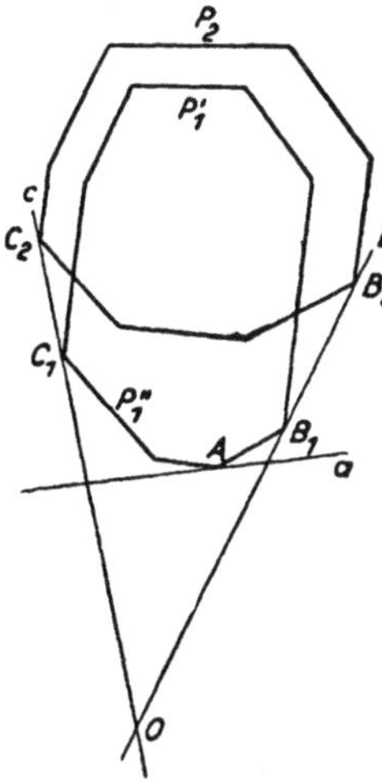

Abb. 120

Auf dem Streckenzug B_1C_1 liegt der Punkt A, durch welchen die Stützgerade a verläuft, ohne P_2 zu schneiden. Daher trifft der von O zum Punkt A verlaufende Strahl B_1C_1 früher als B_2C_2.

Wir wenden nun Lemma 2 an und schließen, daß der Streckenzug B_1C_1 Seiten hat, die kleiner sind als bei B_2C_2. D. h. P_1'' besitzt Seiten, die kleiner sind als bei P_2''. Dies widerspricht jedoch der Voraussetzung, daß die Seiten des Streckenzuges P_1'' größer sind als die Seiten des Streckenzuges P_2''. Folglich ist die Annahme, es träten auf dem Polygon P_1 nur zwei Zeichenwechsel auf, unmöglich, und das Lemma ist bewiesen.

4. Das folgende Lemma werden wir in § 4 bei der Untersuchung unendlicher Polyeder benötigen.

Lemma 4. *Zwei konvexe Streckenzüge mögen gemeinsame Endpunkte haben und die äußeren Normalen an ihre Seiten seien in eine Halbebene gerichtet*[2] *(Abb. 121).*

[1] Da P_1 über P_2 hinausgeht, so gibt es eine Gerade d, die Stützgerade an P_2 ist und P_1 schneidet. Wir ziehen die Stützgerade a an P_1, welche d parallel ist und auf derjenigen Seite von d liegt, auf der P_2 nicht liegt. Diese Gerade a ist so beschaffen, wie wir sie brauchen.

[2] Die Halbebene enthält die sie berandende Gerade. Die Streckenzüge können Seiten mit antiparallelen Normalen haben, die eben parallel zu dieser Geraden gerichtet sind.

Fallen dann diese Streckenzüge nicht zusammen, so ändern beim Durchlaufen von einem Endpunkt der Streckenzüge zum anderen die Differenzen der Längen ihrer parallelen Seiten das Vorzeichen mindestens zweimal, außer in dem Ausnahmefall, daß die äußeren Seiten parallel, die übrigen Seiten der Streckenzüge aber entsprechend gleich sind (Abb. 121c).

(Hier wie auch früher wird folgender Sachverhalt mit darunter verstanden: ist auf dem einen Streckenzug keine Seite, die einer Seite des anderen Streckenzuges parallel ist, so nimmt man an, sie sei vorhanden, habe aber die Länge Null; als parallel auf zwei Streckenzügen gelten Seiten mit parallelen äußeren Normalen.)

Wir betrachten zwei nicht zusammenfallende Streckenzüge L_1 und L_2, die den Voraussetzungen des Lemmas genügen. Wir ziehen die Strecke AB, die ihre Endpunkte verbindet und erhalten zwei konvexe Polygone P_1, P_2 mit der ge-

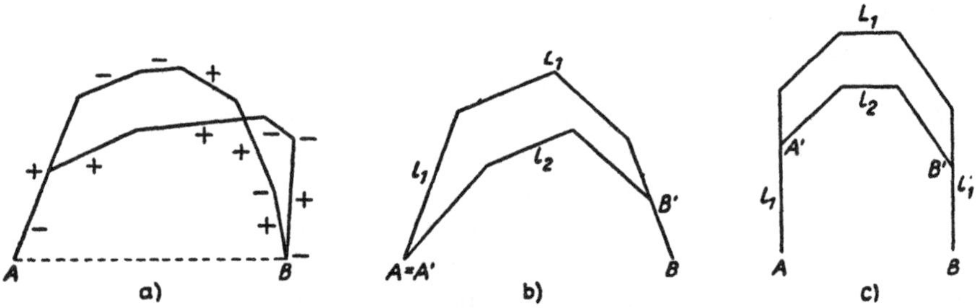

Abb. 121

meinsamen Seite AB. Da die Streckenzüge L_1 und L_2 nicht zusammenfallen, gibt es für diese Polygone nur zwei Möglichkeiten:

1. Keins von ihnen läßt sich in das andere einlagern (Abb. 121a).
2. Eins von ihnen läßt sich in das andere einlagern (Abb. 121b, c).

Im ersten Falle macht es sichtlich keine Parallelverschiebung möglich, ein Polygon in das Innere des anderen einzulagern. Daher ändern nach Lemma 3 die Differenzen der Längen der Seiten dieser Polygone ihr Vorzeichen mindestens viermal. Die Seite AB ist ihnen gemeinsam, und ihr ist kein Vorzeichen zugeordnet. Schließen wir sie aus, so schließen wir daher höchstens einen Zeichenwechsel aus, der beim Übergang über diese Seite auftreten kann. Es bleiben mindestens drei Zeichenwechsel übrig, die sich auf die gegebenen Streckenzüge selbst beziehen.

Wir nehmen nun an, eines der Polygone, sagen wir das vom Streckenzug L_2 berandete, lasse sich ins Innere des anderen P_1 einlagern. Schreiten wir dann vom Endpunkt A aus entlang dem Streckenzug L_2, so finden wir auf ihm einen solchen Punkt A', an dem er ins Innere des Polygons P_1 eindringt (Abb. 121c). Es ist natürlich nicht ausgeschlossen, daß dies im Punkt A selbst geschieht, so daß $A' = A$ ist (Abb. 121b). Auf dem Streckenzug L_1 liegt der Punkt A' entweder innerhalb einer gewissen Seite l_1 oder er ist der Anfang einer gewissen Seite l_1. Im ersten Fall ist die entsprechende Seite l_2 des Streckenzuges L_2 kürzer als l_1.

Im zweiten Fall besitzt der Streckenzug L_2 überhaupt keine zu l_1 parallele Seite; dann nehmen wir jedoch an, sie sei vorhanden, habe aber die Länge Null. Folglich ist in jedem Falle $l_1 > l_2$.

Durchschreiten wir den Streckenzug L_2 von seinem anderen Endpunkt B aus, so finden wir genau so einen Punkt B' und ein Paar paralleler Seiten, von denen die Seite des Streckenzuges L_1 größer ist als die Seite des Streckenzuges L_2: $l'_1 > l'_2$.

Folglich gelangen wir von beiden Endpunkten des Streckenzuges L_2 aus zunächst zu Seiten, die auf ihm mit dem Vorzeichen Minus bezeichnet sind, entsprechend dem Vorzeichen der Differenz $l_2 - l_1$ und $l'_2 - l'_1$. Die Seiten l_1, l'_1 (d. h. auch l_2, l'_2) sind verschieden; sonst gehörten die Punkte A', B' einer Seite an, und der Streckenzug L_2 könnte nicht in diesen beiden Punkten ins Innere des Polygons P_1 dringen, da er zugleich konvex ist.

Jetzt wollen wir zwei Fälle unterscheiden:

1. Die Seiten l_1, l'_1, also auch l_2, l'_2, sind nicht parallel.

2. Diese Seiten sind parallel, d. h. ihre äußeren Normalen sind antiparallel.

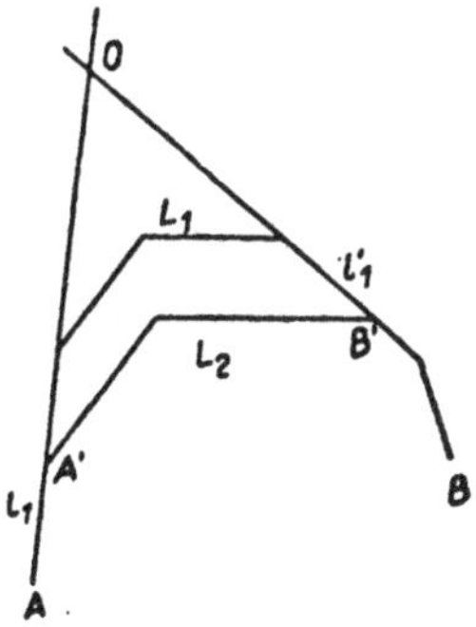

Abb. 122

Im ersten Fall verlängern wir die Seiten l_1, l'_1, bis sie einander schneiden (Abb. 122). Dann liegen die Strecken $\widehat{A'B'}$ unserer Streckenzüge L_1 und L_2 in einem Winkel mit dem Scheitel O, wobei der Streckenzug L_1 näher an dem Scheitel O verläuft als der Streckenzug L_2. Gemäß Lemma 2 gibt es in diesem Fall auf dem Abschnitt $\widehat{A'B'}$ des Streckenzuges L_2 längere Seiten als die ihnen parallelen Seiten auf L_1. Diese Seiten auf L_2 werden nach unserer Regel mit Plus bezeichnet. So zeigt sich, daß es auf dem Streckenzug L_2 zwischen den äußeren Seiten l_2, l'_2, die mit Minus bezeichnet sind, mindestens eine mit Plus bezeichnete Seite gibt, was mindestens zwei Zeichenwechsel ergibt.

Nun bleibt noch der Fall zu betrachten, daß die Seiten l_1, l'_1 und mit ihnen auch l_2, l'_2 parallel sind. Da nach Voraussetzung die äußeren Normalen der Seiten unserer Streckenzüge in eine Halbebene gehen, sind dann die Seiten l_1, l'_1 (l_2, l'_2) die äußeren Seiten des Streckenzuges L_1 (L_2). Die Seiten l_1, l_2 gehen von dem gemeinsamen Punkt A aus; da aber $l_1 > l_2$ ist, so stellt l_2 nur einen Teil von l_1 dar. Eine analoge Lage haben wir für die Seiten l'_1, l'_2.

Wir fügen an die Seiten l_2, l'_2 die kleinere der Differenzen $l_1 - l_2$, $l'_1 - l'_2$ an. Dann wird der Streckenzug L_2 durch den neuen $\overline{L}_2$ ersetzt, von dem mindestens eine äußere Seite mit einer äußeren des Streckenzuges L_1 zusammenfällt. Die Anzahl der Zeichenwechsel der Differenzen der Seiten der Streckenzüge L_1, L_2 wächst hierbei offensichtlich nicht. Danach bleiben zwei Möglichkeiten:

1. Die Streckenzüge L_1 und $\overline{L}_2$ fallen zusammen, und dies ist der Ausnahmefall, von dem im Lemma gesprochen wird.

2. Die Streckenzüge L_1, $\overline{L}_2$ fallen nicht zusammen. Schließen wir ihre zusammenfallenden äußeren Seiten aus, so erhalten wir aber in diesem Falle zwei

Streckenzüge, deren äußere Seiten nicht parallel sind. Dann kann man alle vorausgehenden Überlegungen anwenden, so daß die Anzahl der Zeichenwechsel für die Streckenzüge L_1, $\overline{L}_2$ mindestens zwei beträgt.[1] Da aber für die Streckenzüge L_1, L_2 die Anzahl der Zeichenwechsel nicht geringer ist als für L_1, $\overline{L}_2$, so ist sie erst recht mindestens zwei. Somit ist das Lemma bewiesen.

Wir geben diesem Lemma noch eine andere Formulierung, eben diejenige, in der es bei der Untersuchung unendlicher Polyeder angewandt werden wird. Es wird sich hier um unendliche Polygone mit aufeinander liegenden unendlichen Seiten handeln. Dabei werden wir eine unendliche Seite als kürzer als die andere ansehen, wenn sie nur ein Teil von ihr ist (Abb. 123). In Übereinstimmung hiermit bestimmt sich das Vorzeichen der Differenz der unendlichen Seiten.

Lemma 4a. *Bei zwei unendlichen konvexen Polygonen mögen die unendlichen Seiten entsprechend so aufeinanderliegen, daß in fernen Teilen die Polygone vollständig aufeinanderliegen (Abb. 123). Fallen dann diese Polygone nicht zusammen, so ändern die Differenzen ihrer parallelen Seiten das Vorzeichen mindestens zweimal, außer in dem einen Ausnahmefall, daß die unendlichen Seiten parallel und die übrigen Seiten entsprechend kongruent sind; in diesem Fall lassen sich die Polygone durch Parallelverschiebung längs der unendlichen Seiten zur Deckung bringen.*

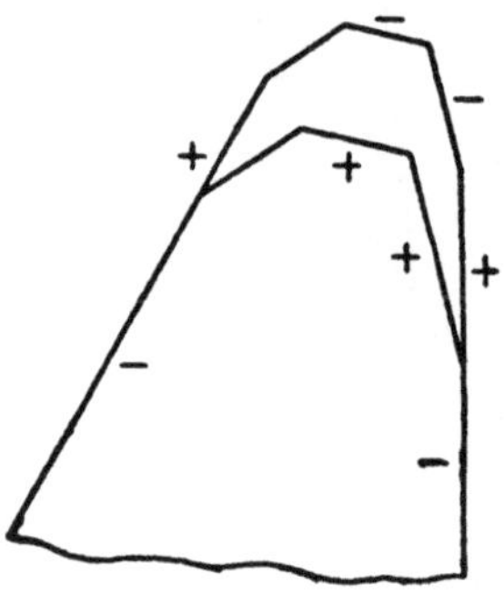
Abb. 123

Um dieses Lemma auf das vorhergehende zurückzuführen, genügt es, auf den unendlichen Seiten irgendwelche Punkte A, B zu wählen und sie als die Endpunkte der Streckenzüge L_1, L_2 anzusehen.

(Man merkt leicht, daß auch umgekehrt Lemma 4 aus Lemma 4a folgt: man muß nur die äußeren Seiten der Streckenzüge L_1 und L_2 ins Unendliche fortsetzen. Wir merken noch an, daß man die unendlichen Seiten eines Polygons, wenn sie einander nicht parallel, aber den unendlichen Seiten eines anderen parallel sind, immer durch Parallelverschiebung aufeinanderlegen kann. Sind aber die unendlichen Seiten parallel, so ist zum Aufeinanderlegen notwendig, daß die Entfernungen zwischen ihnen in beiden Polygonen gleich sind. Übereinstimmend hiermit kann man Lemma 4a formulieren, indem man fordert, daß die Polygonseiten nicht aufeinanderliegen, sondern nur ein Aufeinanderlegen durch Parallelverschiebung gestatten.)

5. Bemerkung. Lemma 3 mit seinem Beweis läßt sich leicht auf willkürliche geschlossene konvexe Kurven verallgemeinern. P sei eine geschlossene konvexe Kurve und $l(\varphi)$ die Länge des Bogens der Kurve P, die aus Punkten besteht, durch welche die Stützgeraden mit den äußeren Normalen verlaufen, die in den Bogen φ des Einheitskreises E weisen, wenn man sie aus dessen Mittelpunkt ab-

[1] Für Polygone, die von den Streckenzügen L_1, $\overline{L}_2$ und der Strecke berandet werden, die ihre Endpunkte verbindet, betrachten wir dieselben zwei Fälle wie oben: 1. die Polygone lassen sich nicht in einander einlagern, 2. ein Polygon liegt im Inneren des anderen.

trägt. $l(\varphi)$ ist eine Funktion der Bogenlänge auf E. Der Satz, welcher das Lemma 3 verallgemeinert, lautet:

Kann von zwei geschlossenen konvexen Kurven P_1 und P_2 nicht eine durch Parallelverschiebungen ins Innere der anderen eingelagert werden, so kann man den Einheitskreis mindestens in vier Bogen φ_k zerlegen, derart, daß $l_1(\varphi_k) - l_2(\varphi_k)$ das Vorzeichen beim Übergang von einem Bogen zum benachbarten wechselt.

Im Fall zweimal differenzierbarer Kurven ist $l(\varphi)$ das Integral des Krümmungsradius über $d\varphi$. Daher folgt aus dem angeführten Satz zugleich der bekannte „Vierscheitelsatz" eines Ovals: auf jedem Oval (d. h. auf einer geschlossenen zweimal stetig differenzierbaren konvexen Kurve) gibt es mindestens zwei Maxima und zwei Minima der Krümmung. Zum Beweis genügt es, statt P_1 ein Oval und statt P_2 einen Kreis derselben Länge zu nehmen [32][1].

Analog zum Lemma 3 kann man einen Satz über $2n$ Scheitel eines Ovals beweisen: schneidet ein Oval P einen Kreis in $2n$ Punkten, so gibt es auf ihm $2n$ „Scheitel", d. h. $2n$ Punkte, in denen die Krümmung ein Extremum aufweist.

Unter Verwendung der Funktion $l(\varphi)$ kann man genauso Sätze über konvexe Kurven erhalten, die den übrigen oben bewiesenen Lemmas völlig analog sind. Für unendliche Kurven (analog Lemma 4a) braucht man das Zusammenfallen ihrer unendlichen Bogen nicht zu verlangen. Eine schwächere notwendige Bedingung zu finden, stellen wir dem Leser anheim.

§ 2. Über die Linearkombination von Polyedern

1. Wir wählen im Raum den Koordinatensprung O und bestimmen die Lage eines beliebigen Punktes X durch den Vektor $\mathfrak{x} = \overrightarrow{OX}$, der vom Ursprung O aus zu ihm führt.

Eine beliebige Punktmenge M wird als Menge der Endpunkte der Vektoren $\mathfrak{x} = \overrightarrow{OX}$ angegeben, die von O aus zu den Punkten der Menge X führen. Addiert man zu allen Vektoren $\mathfrak{x}$ ein und denselben Vektor $\mathfrak{a}$, so erfährt die Menge M eine Verschiebung um diesen Vektor. Multipliziert man alle Vektoren $\mathfrak{x}$ mit ein und derselben positiven Zahl λ, so verlängern sie sich auf das λ-fache. Im Ergebnis erfährt die Menge M eine ähnliche Trandformation mit dem Ähnlichkeitskoeffizienten λ und dem Ähnlichkeitszentrum O. Wir nennen die neue Menge λM.

Es seien nun M_1, M_2 irgend zwei Punktmengen und λ_1, λ_2 zwei beliebige gegebene positive Zahlen. Wir wollen die Vektoren $\mathfrak{x}_1$, $\mathfrak{x}_2$ vom Ursprung zu den Punkten der Mengen M_1, M_2 ziehen und jedes Mal den Vektor

$$\mathfrak{x} = \lambda_1 \mathfrak{x}_1 + \lambda_2 \mathfrak{x}_2$$

bilden. Durchlaufen die Endpunkte der Vektoren $\mathfrak{x}_1$, $\mathfrak{x}_2$ unabhängig voneinander die Mengen M_1 und M_2, so beschreibt der Endpunkt des Vektors $\mathfrak{x}$ eine gewisse

---

[1] Ebenda ist die Literatur über diesen Satz angegeben, der seinerzeit viele Geometer beschäftigte.

Punktmenge M. Diese Menge nennt man *Linearkombination der Mengen* M_1, M_2 *mit den Koeffizienten* λ_1, λ_2 und bezeichnet sie mit

$$M = \lambda_1 M_1 + \lambda_2 M_2 .$$

Ein besonders einfacher Fall ergibt sich, wenn $\lambda_1 + \lambda_2 = 1$ ist. Wie aus der analytischen Geometrie bekannt ist, teilt dann der Endpunkt des Vektors $\mathfrak{x} = \lambda_1 \mathfrak{x}_1 + \lambda_2 \mathfrak{x}_2 = (1 - \lambda_2) \mathfrak{x}_1 + \lambda_2 \mathfrak{x}_2$ die Strecke zwischen den Endpunkten der Vektoren $\mathfrak{x}_1$, $\mathfrak{x}_2$ im Verhältnis λ_2: $(1 - \lambda_2)$. Folglich wird die Menge durch Punkte gebildet, welche diejenigen Strecken im gegebenen Verhältnis λ: $(1 - \lambda)$ teilen, deren Endpunkte in den Mengen M_1, M_2 liegen. Insbesondere erhalten wir für $\lambda = 1/2$ die „Halbsumme" der Mengen M_1 und M_2; sie wird durch die Mitten der Strecken gebildet, deren Endpunkte in M_1 und M_2 liegen (siehe unten Abb. 125).

In den folgenden Paragraphen dieses Kapitels benötigen wir lediglich die „Halbsummen" der konvexen (körperlichen) Polyeder; wie gezeigt werden wird, ist eine solche Halbsumme selbst ein konvexes Polyeder. Allgemeine Linearkombinationen werden in Kap. VIII, § 3 angewendet. Die Linearkombinationen beliebiger konvexer Körper wurden vor etwa fünfzig Jahren zuerst betrachtet und untersucht; die Lehre über sie ist zu einer ausgedehnten Theorie herangewachsen. Ihre Grundelemente bilden den Inhalt dieses Paragraphen und des Kap. VIII, §3.

Genau analog der Linearkombination zweier Mengen kann man die Linearkombination einer beliebigen Anzahl von Mengen M_i mit den Koeffizienten λ_i definieren:

$$M = \lambda_1 M_1 + \cdots + \lambda_n M_n .$$

Dieses M ist die Menge der Endpunkte der Vektoren $\mathfrak{x} = \lambda_1 \mathfrak{x}_1 + \cdots + \lambda_n \mathfrak{x}_n$, die sich ergeben, wenn die Endpunkte der Vektoren $\mathfrak{x}_i$ unabhängig voneinander jeweils ihre Mengen M_i beschreiben. Angesichts des assoziativen Charakters der Vektoraddition kann man die Menge M schrittweise erhalten, indem man zunächst die Linearkombination $\lambda_1 M_1 + \lambda_2 M_2 = M'$, darauf $M' + \lambda_3 M_3$ usw. bildet. Daher können wir uns auf die Untersuchung der Linearkombination zweier Mengen beschränken.[1]

2. Lemma 1. *Bei Verschiebung des Ursprungs und bei Parallelverschiebungen der Mengen* M_1, M_2 *erfährt ihre Linearkombination nur eine Parallelverschiebung.*

Verschiebt man den Ursprung von O nach O', so wird zu allen Vektoren $\mathfrak{x}_1$, $\mathfrak{x}_2$ ein und derselbe Vektor $\mathfrak{a} = \overrightarrow{O'O}$ hinzugefügt. Daher kommt zum Vektor $\mathfrak{x} = \lambda_1 \mathfrak{x}_1 + \lambda_2 \mathfrak{x}_2$ der Vektor $(\lambda_1 + \lambda_2)\, \mathfrak{a}$ hinzu. Jetzt wird aber der Vektor $\mathfrak{x} + (\lambda_1 + \lambda_2)\, \mathfrak{a}$ vom neuen Ursprung O' aus abgetragen, und zum selben Punkt

[1] Man kann auch Linearkombinationen unter Zulassung negativer λ_i betrachten. Die Menge $-M$ wird von den Endpunkten der Vektoren $-\mathfrak{x}$ erfüllt, die den Vektoren $\mathfrak{x}$ entgegengesetzt sind, welche von O aus zu Punkten der Menge M führen. Daher ist $-M$ bezüglich des Ursprungs zu M symmetrisch. Die Multiplikation mit einem negativen λ_i besteht in einer ähnlichen Veränderung im Verhältnis $|\lambda_i|:1$ und Spiegelung im Ursprung O. Die Linearkombination mit negativen λ_i reduziert sich auf die Linearkombination mit den Koeffizienten $|\lambda_i|$, aber für Mengen, die den gegebenen bezüglich des Ursprungs symmetrisch sind.

weist vom alten Ursprung O aus der Vektor $\mathfrak{x} + (\lambda_1 + \lambda_2)\,\mathfrak{a} - \mathfrak{a}$. Daher wird die ganze Menge $M = \lambda_1 M_1 + \lambda_2 M_2$, die durch die Endpunkte dieser Vektoren gebildet wird, um den Vektor $(\lambda_1 + \lambda_2 - 1)\,\mathfrak{a}$ verschoben.

Ist insbesondere $\lambda_1 + \lambda_2 = 1$, so ändert sich M überhaupt nicht. (Dies ist übrigens daraus ersichtlich, daß M, wie oben erklärt, in diesem Falle durch Punkte gebildet wird, welche die Strecken mit den Endpunkten in M_1 und M_2 im gegebenen Verhältnis teilen.)

Wird die Menge M_1 um den Vektor $\mathfrak{a}_1$ verschoben, so kommt zu allen Vektoren $\mathfrak{x}_1$ der Vektor $\mathfrak{a}_1$ hinzu, und zu allen Vektoren $\mathfrak{x} = \lambda_1 \mathfrak{x}_1 + \lambda_2 \mathfrak{x}_2$ wird der Vektor $\lambda_1 \mathfrak{a}_1$ hinzugefügt. Daher wird die Menge $M = \lambda_1 M_1 + \lambda_2 M_2$ um den Vektor $\lambda_1 \mathfrak{a}_1$ verschoben. Bei Verschiebungen der Mengen M_1 und M_2 um die Vektoren $\mathfrak{a}_1$ und $\mathfrak{a}_2$ verschiebt sich die Menge M um den Vektor $\lambda_1 \mathfrak{a}_1 + \lambda_2 \mathfrak{a}_2$.

(Dieselben Ergebnisse gelten natürlich für die Linearkombination einer beliebigen Anzahl von Mengen M_i.)

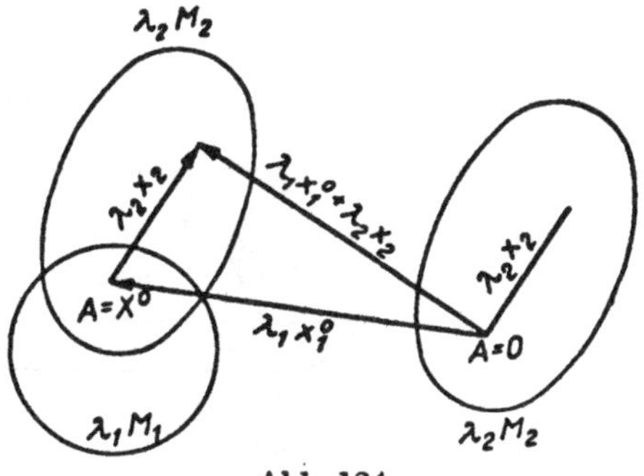

Abb. 124

Bei der Untersuchung von Linearkombinationen braucht man Mengen, die man durch Parallelverschiebung auseinander erhält, nicht als wesentlich verschieden anzusehen. Daher kann man sowohl die „Summanden" M_1, M_2 als auch ihre Linearkombination $M = \lambda_1 M_1 + \lambda_2 M_2$ bis auf beliebige Parallelverschiebungen als eindeutig betrachten. Lemma 1 zeigt eben, daß Verschiebungen des Ursprungs und der Summanden auf die Menge M keinen Einfluß haben, wenn man Parallelverschiebungen außer acht läßt.

Diese Bemerkung führt zu folgendem anschaulichen Verständnis der Linearkombination $M = \lambda_1 M_1 + \lambda_2 M_2$.

Wir unterwerfen die Mengen M_1, M_2 Ähnlichkeitstransformationen und erhalten die Mengen $\lambda_1 M_1$, $\lambda_2 M_2$. Danach *wählen wir in der Menge $\lambda_2 M_2$ einen beliebigen Punkt A und lagern den Punkt A durch Parallelverschiebung der Menge $\lambda_2 M_2$ in alle Punkte der Menge $\lambda_1 M_1$ ein. Dann ist die Menge M, die von der Menge $\lambda_2 M_2$ beschrieben wird, $\lambda_1 M_1 + \lambda_2 M_2$* (Abb. 124). Wir können nämlich den Punkt A als Ursprung nehmen. Verschiebt man dann den Punkt A in den Punkt X^0 der Menge $\lambda_1 M_1$, so wird die verschobene Menge $\lambda_2 M_2$ von den Endpunkten der Vektoren $\lambda_1 \mathfrak{x}_1^0 + \lambda_2 \mathfrak{x}_2$ erfüllt. Verschiebt man den Punkt $A = X^0$ auf der Menge $\lambda_1 M_1$, so erhalten wir die ganze Menge $M = \lambda_1 M_1 + \lambda_2 M_2$.

In der Bestimmung der Linearkombination spielt die Reihenfolge der Summanden keine Rolle (angesichts des kommutativen Gesetzes der Vektoraddition). Daher kann man in der dargestellten Konstruktion die Rollen der Mengen M_1 und M_2 vertauschen. (Dies kann nur zu einer Parallelverschiebung ihrer auf diesem Wege konstruierten Linearkombination führen.)

Auf Grund der gegebenen Konstruktion erhält man leicht die folgende Schlußfolgerung:

Lemma 2. *Sind M_1 und M_2 nicht-parallele Strecken, so ist $\lambda_1 M_1 + \lambda_2 M_2$ ein Parallelogramm mit Seiten, die den Strecken $\lambda_1 M_1$ und $\lambda_2 M_2$ gleich und parallel sind. Sind M_1 und M_2 parallele Strecken, so ist $\lambda_1 M_1 + \lambda_2 M_2$ eine ihnen parallele Strecke; ihre Länge ist die folgende Linearkombination ihrer Längen: $l = \lambda_1 l_1 + \lambda_2 l_2$.*

Zum Beweis genügt es, die Strecken M_1 und M_2 ähnlich zu transformieren und die Strecke $\lambda_1 M_1$ mit ihrem Endpunkt über die Strecke $\lambda_2 M_2$ zu verschieben.

3. Lemma 3. ***Eine Linearkombination konvexer Mengen ist eine konvexe Menge (Abb. 125).***

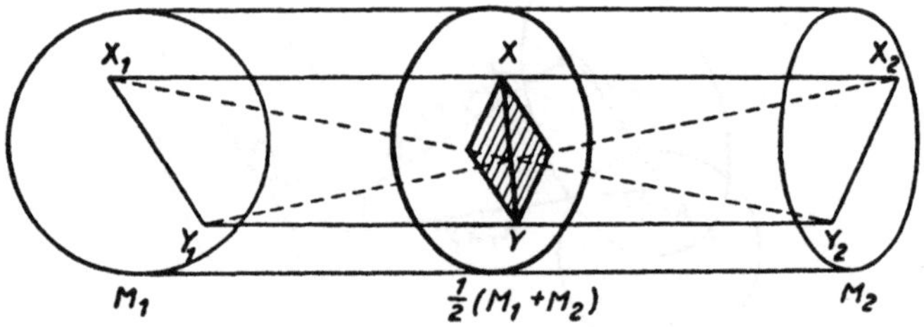

Abb. 125

Es seien X und Y zwei Punkte der Menge $M = \lambda_1 M_1 + \lambda_2 M_2$. Man erhält sie als Kombinationen gewisser Punkte X_1, X_2 und Y_1, Y_2 aus der Menge M_1 und M_2 (d. h. $\overrightarrow{OX} = \lambda_1 \overrightarrow{OX_1} + \lambda_2 \overrightarrow{OX_2}$ und ebenso für Y).

Sind die Mengen M_1 und M_2 konvex, so enthalten sie die Strecken $X_1 Y_1$ und $X_2 Y_2$. Dann enthält die Menge M offensichtlich die Linearkombination dieser Strecken, und diese Linearkombination selbst enthält die Punkte X und Y. Aber nach Lemma 2 ist eine Linearkombination von Strecken ein Parallelogramm oder eine Strecke, und daher enthält sie mit den Punkten X und Y auch die sie verbindende Strecke.

Bei konvexen M_1 und M_2 enthält folglich die Menge $M = \lambda_1 M_1 + \lambda_2 M_2$ mit einem beliebigen Punktepaar X, Y auch die sie verbindende Strecke, d. h. sie ist auch konvex.

(Konstruieren wir schrittweise die Linearkombination einer beliebigen Anzahl konvexer Mengen, so gelangen wir zu derselben Schlußfolgerung über die Konvexität der Linearkombination $\lambda_1 M_1 + \lambda_2 M_2 + \cdots + \lambda_n M_n$.)

4. Als „Seitenfläche" (in Anführungszeichen) der Menge M wollen wir ihren Durchschnitt mit einer Stützebene bezeichnen. Bei einem konvexen Polyeder kann sie z. B. Seitenfläche im gewöhnlichen Sinne, Kante oder Ecke sein.

Lemma 4. *Q_1 und Q_2 seien Stützebenen der Mengen M_1 und M_2 mit parallelen äußeren Normalen und G_1 und G_2 die entsprechenden „Seitenflächen" dieser Mengen. Dann ist $Q = \lambda_1 Q_1 + \lambda_2 Q_2$ eine Stützebene der Menge $M = \lambda_1 M_1 + \lambda_2 M_2$* mit *derselben äußeren Normalen, und die ihr entsprechende „Seitenfläche" G der Menge M ist eine ebensolche Linearkombination von „Seitenflächen" G_1 und G_2, d. h. $G = \lambda_1 G_1 + \lambda_2 G_2$. Umgekehrt erhält man jede Stützebene und „Seitenfläche" einer Menge eben auf diese Weise.* (Streng genommen muß man hinzufügen, daß abgeschlossene Mengen gemeint sind.)

Da bei Parallelverschiebungen der Mengen M_1 und M_2 die Menge M lediglich eine Parallelverschiebung erfährt, so kann man M_1 und M_2 so verschieben, daß die Ebenen Q_1 und Q_2 zusammenfallen. Außerdem kann man den Ursprung auf die Ebene $Q = Q_1 = Q_2$ verschieben. Dann wird die erste Behauptung des Lemmas einleuchtend. Die Menge $M = \lambda_1 M_1 + \lambda_2 M_2$ liegt auf derselben Seite von der Ebene Q wie die Mengen M_1 und M_2 selbst. Der Durchschnitt der Menge M mit der Ebene Q, d. h. die „Seitenfläche" G, ergibt sich als Linearkombination der

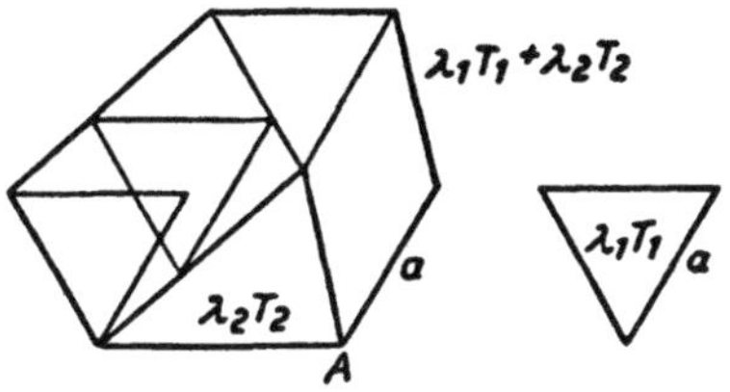

Abb. 126

„Seitenflächen" G_1 und G_2. Z. B. ist auf Abb. 127 (p. 252) die untere Seitenfläche des mittleren Polyeders die Halbsumme der unteren Kanten der zu addierenden Polyeder. (Verschiebt man aber die Mengen M_1 und M_2 in ihre Ausgangslagen, so erfahren sowohl die Menge M als auch die Ebene Q und die „Seitenfläche" G nur eine entsprechende Parallelverschiebung.)

Zum Beweis der umgekehrten Behauptung wählen wir irgendeine Stützebene Q der Menge M und die Stützebenen Q_1, Q_2 der Mengen M_1 und M_2 mit parallelen äußeren Normalen.[1] Wir verschieben M_1 und M_2 so, daß die Ebenen Q, Q_1 und Q_2 zusammenfallen. Dann ist es ganz ebenso klar, daß die Ebene Q und die ihr entsprechende „Seitenfläche" G Linearkombinationen der Ebenen Q_1 und Q_2 und der ihnen entsprechenden Seitenflächen G_1 und G_2 sind.

Genau dieselbe Schlußfolgerung läßt sich auf ebene Figuren anwenden, wobei man die Stützebene durch eine Stützgerade und die „Seitenfläche" durch eine „Seite" ersetzt, d. h. durch den Durchschnitt der Figur mit ihrer Stützgeraden. (Z. B. ist auf Abb. 126 die Seite a' eine Linearkombination der Ecke A und der Seite a.)

[1] Bei M_1 und M_2 gibt es solche Stützebenen. Hätte z. B. M_1 keine solche Stützebene, so enthielte M_1 Punkte, die von der Ebene Q beliebig weit in Richtung ihrer äußeren Normalen entfernt wären. Dann ist aber offenbar, daß auch in der Menge M solche beliebig fernen Punkte vorkämen, entgegen der Tatsache, daß sie die Stützebene Q hat.

5. Lemma 5. *Eine Linearkombination von Polygonen, die in parallelen Ebenen liegen, ist ein Polygon, das in einer parallelen Ebene liegt.* (Insbesondere kann eines der Polygone in eine Strecke oder sogar in einen Punkt ausarten.)

Man kann annehmen, die Polygone lägen in einer Ebene, da ihre Parallelverschiebung nur eine Parallelverschiebung ihrer Linearkombination hervorrufen kann.

Es seien zwei Dreiecke T_1, T_2 gegeben. Die Figuren $\lambda_1 T_1$, $\lambda_2 T_2$ sind diesen ähnliche Dreiecke. Ihre Linearkombination $\lambda_1 T_1 + \lambda_2 T_2$ kann man konstruieren, indem man irgendeine Ecke des Dreiecks $\lambda_1 T_1$ in alle Punkte des Dreiecks $\lambda_2 T_2$ schiebt.

Aus Abb. 126 ist unmittelbar ersichtlich, daß im Ergebnis ein Sechseck beschrieben wird. In speziellen Fällen kann es in ein Fünfeck, ein Viereck oder Dreieck ausarten (letzteres, wenn T_1 und T_2 ähnlich sind und parallel liegen). Den Beweis kann man auf die letzte Bemerkung im vorhergehenden Abschnitt gründen. Die „Seiten" der Menge $\lambda_1 T_1 + \lambda_2 T_2$ sind Linearkombinationen von Seiten

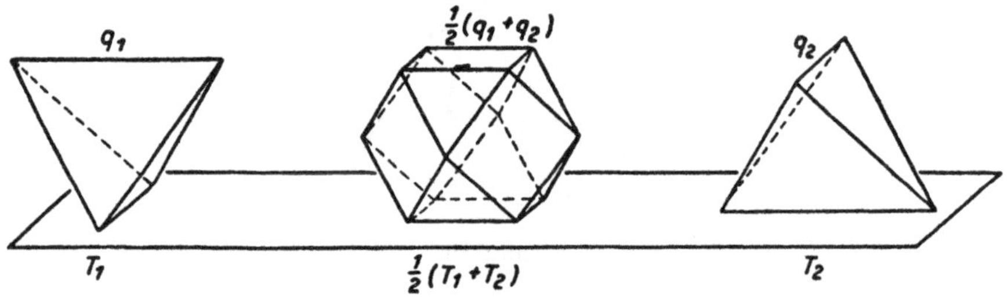

Abb. 127

oder Ecken der Dreiecke T_1 und T_2. Da es von beiden nur endlich viele gibt, hat die Menge $\lambda_1 T_1 + \lambda_2 T_2$ nur eine endliche Anzahl von „Seiten", so daß sie ein Polygon darstellt. Da man eine echte Seite nur aus der Linearkombination einer Seite mit einer Ecke oder mit einer Seite erhalten kann, die in einer parallelen Stützgeraden liegt, so gibt es maximal sechs mögliche Kombinationen, die zu den Seiten auf $\lambda_1 T_1 + \lambda_2 T_2$ führen.

Es seien nun M_1 und M_2 zwei beliebige Polygone. Wir zerlegen sie in Dreiecke T_1^i und T_2^j. Die Linearkombination $\lambda_1 M_1 + \lambda_2 M_2$ setzt sich offensichtlich aus Linearkombinationen aller möglichen Paare von Dreiecken $\lambda_1 T_1^i + \lambda_2 T_2^j$ zusammen. (Diese Linearkombinationen überdecken einander natürlich.) Nach dem Bewiesenen sind diese Linearkombinationen Polygone. Daher setzt sich $\lambda_1 M_1 + \lambda_2 M_2$ aus endlich vielen Polygonen zusammen und ist folglich auch ein Polygon, w. z. b. w.

Lemma 6. *Die Linearkombination körperlicher Polyeder ist ein körperliches Polyeder.*

Der Beweis ist derselbe wie auch für Lemma 5. Zuerst überzeugen wir uns, daß eine Linearkombination von Tetraedern ein Polyeder ist (Abb. 127). Danach zerlegen wir beliebige gegebene Polyeder in Tetraeder und sehen, daß ihre Linearkombination sich aus Linearkombinationen dieser Tetraeder zusammensetzt und folglich auch ein Polyeder ist.

Die anschauliche Betrachtung der Linearkombination zweier Tetraeder bietet gewisse Schwierigkeiten. Daher kann man sich an Lemma 4 halten, genau wie es in der Schlußfolgerung von Lemma 5 geschah. Sind T_1 und T_2 zwei Tetraeder, so ist die Menge $\lambda_1 T_1 + \lambda_2 T_2$ nach Lemma 3 konvex. Nach Lemma 4 sind ihre „Seitenflächen" Linearkombinationen der „Seitenflächen" der Tetraeder T_1 und T_2, d. h. ihrer echten Seitenflächen, Kanten und Ecken. Da es nur endlich viele aller dieser Elemente gibt, so gibt es auch nur endlich viele ihrer Kombinationen. Daher hat $\lambda_1 T_1 + \lambda_2 T_2$ endlich viele „Seitenflächen" und erweist sich also als ein Polyeder.

(Eine echte Seitenfläche von $\lambda_1 T_1 + \lambda_2 T_2$ kann sich als Linearkombination einer Seitenfläche auf T_1 (oder T_2) mit einer Seitenfläche, Kante oder Ecke auf T_2 (oder T_1) oder als Linearkombination zweier nicht-paralleler Kanten ergeben, die in parallelen Stützebenen liegen. In letzterem Fall ist sie nach Lemma 2 ein Parallelogramm. Bei „allgemeiner" Lage der Tetraeder T_1 und T_2 sind die Seitenflächen des einen weder den Seitenflächen noch den Kanten des andern parallel; die Kanten, welche in parallelen Stützebenen liegen, sind auch nicht parallel. Daher gewinnt man die Seitenflächen auf $\lambda_1 T_1 + \lambda_2 T_2$ durch Linearkombination der Seitenflächen mit den Ecken und der Kanten mit den Kanten (s. Abb. 127). Die Betrachtung der Linearkombination $\lambda_1 T_1 + \lambda_2 T_2$ in diesem allgemeinen Fall und die Untersuchung aller ihrer möglichen Ausartungen kann als gute Übung in der anschaulichen Geometrie dienen.)

6. Nun kann man ein Ergebnis gewinnen, welches das Endziel der Schlußfolgerungen dieses Paragraphen ist.

Satz. *Die Linearkombination von körperlichen konvexen Polyedern ist ein körperliches konvexes Polyeder*: $P = \lambda_1 P_1 + \lambda_2 P_2$.

Ist Q eine „Seitenfläche" des Polyeders P (d. h. eine Seitenfläche, Kante oder Ecke), so ist $Q = \lambda_1 Q_1 + \lambda_2 Q_2$, wobei Q_1 und Q_2 „Seitenflächen" von P_1 und P_2 sind, welche in Stützebenen mit parallelen äußeren Normalen liegen. Q ist eine echte Seitenfläche, wenn Q_1 und Q_2 1) zwei Seitenflächen, oder 2) eine Seitenfläche und eine Kante, oder 3) eine Seitenfläche und eine Ecke, oder 4) ein Paar nichtparalleler Kanten sind. Q ist eine Kante, wenn Q_1 und Q_2 parallele Kanten oder eine Kante und eine Ecke sind.

Der Beweis folgt unmittelbar aus den vorhergehenden Lemmas. Nach Lemma 6 ist P ein Polyeder und nach Lemma 3 ist es konvex. Ferner ist nach Lemma 4 jede „Seitenfläche" Q des Polyeders P eine Linearkombination der „Seitenflächen" Q_1 und Q_2, die auf P_1 und P_2 in Stützebenen mit parallelen Normalen liegen. Sind dabei Q_1 und Q_2 parallele Kanten oder eine Kante und eine Ecke, so ergibt ihre Linearkombination die parallele Kante $\lambda_1 Q_1 + \lambda_2 Q_2$. Sind Q_1 und Q_2 Ecken, so ergeben sie die Ecke $\lambda_1 Q_1 + \lambda_2 Q_2$. In allen übrigen Fällen ist $\lambda_1 Q_1 + \lambda_2 Q_2$ eine echte Seitenfläche (wie aus Lemma 2 und 5 ersichtlich ist). Diese übrigen Fälle erschöpfen sich in den vier Möglichkeiten, die im Satz angegeben sind. (Auf

Abb. 127 sind die dreieckigen Seitenflächen des mittleren Polyeders Linearkombinationen von Seitenflächen und Ecken der Tetraeder T_1 und T_2, und die viereckigen sind Linearkombinationen von Kanten.)

Konstruiert man der Reihe nach die Linearkombination einiger Polyeder, so erhalten wir für beliebig viele von ihnen ein analoges Ergebnis.

§ 3. Eine Kongruenzbedingung geschlossener Polyeder

1. Wir wollen Paare geschlossener konvexer Polyeder oder, was äquivalent ist, Paare endlicher körperlicher konvexer Polyeder betrachten. (In diesem Paragraphen bedeutet „konvexes Polyeder" immer eben ein körperliches endliches konvexes Polyeder.) Ihre Stützebenen nennen wir nur dann parallel, wenn die äußeren Normalen dieser Ebenen parallel sind.

P_1 und P_2 seien zwei konvexe Polyeder. Q_1 sei eine Seitenfläche des Polyeders P_1 und Q_2 eine „Seitenfläche", d. h. eine Seitenfläche, Kante oder Ecke des Polyeders P_2, die in einer zur Ebene von Q_1 parallelen Stützebene liegt. Diese „Seitenfläche" Q_2 nennen wir die Seitenfläche des Polyeders P_2, die der Seitenfläche Q_1 parallel ist. Entsprechend werden die Seitenflächen des Polyeders P_1 definiert, die den Seitenflächen von P_2 parallel sind. Also liegen zwei „parallele Seitenflächen" in Stützebenen mit parallelen äußeren Normalen, und mindestens eine von ihnen ist tatsächlich eine Seitenfläche, die andere aber kann eine Kante oder Ecke sein.

Satz 1. *Sind bei zwei konvexen Polyedern alle Paare paralleler Seitenflächen so beschaffen, daß man keine Seitenfläche durch Parallelverschiebung ins Innere der anderen einlagern kann, so sind diese Polyeder kongruent und parallel gelegen.* (Mit anderen Worten, es muß möglich sein, durch eine Parallelverschiebung die Paare paralleler Seitenflächen zur Deckung zu bringen, wenn man bei keinem ihrer Paare die eine ins Innere der andren einlagern kann.)

Da sich eine Ecke immer ins Innere einer Seitenfläche einlagern läßt, so können unter den Bedingungen des Satzes parallele Seitenflächen entweder beide tatsächlich Seitenflächen sein, oder eine ist tatsächlich eine Seitenfläche und die andere eine Kante.

Die Polyeder P_1 und P_2 mögen den Voraussetzungen des Satzes genügen; wir betrachten ihre Halbsumme

$$P = \frac{1}{2}(P_1 + P_2).$$

Nach dem im vorangehenden Paragraphen Bewiesenen ist P ein konvexes Polyeder, dessen Seitenflächen eins von dreien darstellen:

1. die Halbsumme der parallelen tatsächlichen Seitenflächen der Polyeder P_1 und P_2;

2. die Halbsumme der parallelen Seitenflächen, von welchen die eine eine tatsächliche Seitenfläche und die andere eine Kante ist;

3. die Halbsumme der nicht-parallelen Kanten.

(Die Halbsumme einer Seitenfläche und einer Ecke gibt es nicht wegen der Voraussetzungen des Satzes, wie dies soeben angemerkt wurde.)

Jede Kante des Polyeders P ist die Halbsumme von parallelen Kanten, die auf P_1 und P_2 in parallelen Stützebenen liegen, oder die Halbsumme einer Kante und einer Ecke. In diesem Falle nehmen wir an, daß sie auch die Halbsumme von Kanten ist, deren eine jedoch die Länge Null hat. (Diese Vereinbarung über Kanten der Länge Null entspricht der analogen Vereinbarung über die Seiten eines Polygons, die in § 1 angenommen wurde.) Also entsprechen jeder Kante des Polyeders P je eine Kante auf P_1 und P_2.

Wir bezeichnen eine Kante des Polyeders P mit Plus oder Minus, je nachdem, ob die entsprechende Kante auf P_1 länger oder kürzer ist als auf P_2; sind die Kanten auf P_1 und P_2 gleichlang, so lassen wir die Kante auf P ohne Vorzeichen.

Wir beweisen, daß es in diesem Fall beim Umlaufen jeder Seitenfläche Q des Polyeders P mindestens vier Zeichenwechsel geben muß, wenn es nur auf dieser Seitenfläche bezeichnete Kanten gibt. Wir untersuchen der Reihe nach jeden der drei oben angeführten Typen von Seitenflächen.

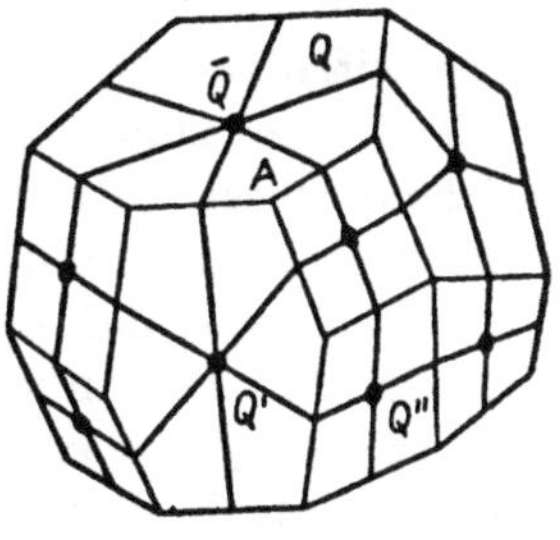

Abb. 128

1. Die Seitenfläche Q ist die Halbsumme zweier tatsächlicher Seitenflächen Q_1 und Q_2. Nach der Voraussetzung des Satzes lassen sich Q_1 und Q_2 nicht ineinander einlagern. Auf Grund von § 1, Lemma 3 muß die Anzahl der Zeichenwechsel beim Umlaufen einer beliebigen von ihnen, also auch beim Umlaufen von Q, mindestens vier sein. Eine Ausnahme bildet der Fall, daß die Seiten der Seitenflächen Q_1 und Q_2 gleich, d. h. daß Q_1 und Q_2 kongruent und parallel gelegen sind.

2. Die Seitenfläche Q ist die Halbsumme der tatsächlichen Seitenfläche Q_1 und der Kante Q_2 (oder umgekehrt). Da sich nach Voraussetzung Q_2 nicht in Q_1 einlagern läßt, müssen auf Q_1 die zu Q_2 parallelen Seiten kürzer als Q_2 sein. Zugleich gibt es natürlich auf Q_1 Seiten, die Q_2 nicht parallel sind; ihnen entsprechen auf Q_2 „Seiten" der Länge Null.

Hieraus ist ersichtlich, daß beim Umlaufen von Q genau vier Zeichenwechsel auftreten.

3. Die Seitenfläche Q ist die Halbsumme der nicht-parallelen Kanten Q_1 und Q_2. Dann ist Q ein Parallelogramm mit Seiten, die gleich $\frac{1}{2} Q_1$ und $\frac{1}{2} Q_2$ sind. Der Seite $\frac{1}{2} Q_1$ entsprechen Q_1 und ein Endpunkt von Q_2, d. h. eine „Seite" der Länge Null. Das Analoge gilt für $\frac{1}{2} Q_2$. Folglich sind die Seiten des Parallelogramms Q abwechselnd mit Plus und Minus bezeichnet, was vier Zeichenwechsel ergibt.

So ergeben sich beim Umlaufen jeder Seitenfläche des Polyeders P, die bezeichnete Kanten hat, mindestens vier Zeichenwechsel. Wir wählen innerhalb jeder Seitenfläche je einen Punkt und verbinden diese Punkte durch Linien, wenn sie Seitenflächen angehören, die an einer Kante aneinander angrenzen. Dann erhalten wir ein Liniennetz $\overline{P}$, das dem Polyeder P dual ist (Abb. 128). Der Seitenfläche Q auf P entspricht die Ecke $\overline{Q}$ auf $\overline{P}$; der Kante von P, an welcher die Seitenflächen Q' und Q'' aneinandergrenzen, entspricht auf $\overline{P}$ die Kante $\overline{Q'}\,\overline{Q''}$; der Ecke A auf P entspricht die Seitenfläche auf $\overline{P}$, die von denjenigen Kanten auf $\overline{P}$ begrenzt wird, welche den in A zusammentreffenden Kanten auf P entsprechen. Den Kanten des Polyeders P, die einer Seitenfläche angehören, entsprechen die in der Ecke zusammentreffenden Kanten des Liniennetzes $\overline{P}$. Bezeichnen wir diese Kanten mit denselben Vorzeichen, so ergibt sich, daß es um jede Ecke des Liniennetzes $\overline{P}$ mindestens vier Zeichenwechsel gibt, wenn nur zu dieser Ecke mindestens eine bezeichnete Kante führt. In diesem Fall folgt aber aus dem CAUCHYschen Lemma, daß es überhaupt keine bezeichneten Kanten geben kann.[1] Folglich treten auch auf dem Polyeder P keine bezeichneten Kanten auf.

Hieraus folgt:

Ist die Seitenfläche Q auf P die Halbsumme zweier tatsächlicher Seitenflächen, so sind diese Seitenflächen kongruent und liegen parallel; auf P gibt es überhaupt keine Seitenflächen, welche Halbsummen einer Seitenfläche und einer Kante oder zweier Kanten sind, da, wie gezeigt wurde, um eine solche Seitenfläche genau vier Zeichenwechsel auftreten müssen.

Folglich besitzen die Polyeder P_1 und P_2 paarweise kongruente und parallele Seitenflächen, so daß sie kongruent und parallel gelegen sind.

2. Aus Satz 1 kann man diese Folgerung ziehen:

Satz 2. *$f(Q)$ sei eine monotone Funktion des konvexen Polyeders Q, d. h. $f(Q)$ sei eine solche Zahl, daß $f(Q_1) > f(Q_2)$ ist, wenn sich Q_2 ins Innere von Q_1 einlagern läßt. Ist dann bei zwei konvexen Polyedern $f(Q_1) = f(Q_2)$ für jedes Paar paralleler Seitenflächen Q_1 und Q_2, so sind diese Polyeder kongruent und liegen parallel. Oder in noch allgemeinerer Form:*

Die konvexen Polyeder P_1 und P_2 mögen paarweise parallele Seitenflächen Q_1^1, Q_2^1; ...; Q_1^n, Q_2^n haben. Sind $f_1, \ldots, f_n$ monotone Polygonfunktionen und ist $f_i(Q_1^i) = f_i(Q_2^i)$ $(i = 1, 2, \ldots, n)$, so sind die Polyeder P_1 und P_2 kongruent und parallel gelegen.

In der Tat lassen sich wegen der Monotonie der Funktionen f_i die Seitenflächen Q_1^i und Q_2^i nicht ineinander einlagern; daher folgt der angegebene Satz unmittelbar aus Satz 1.

Als Beispiele monotoner Funktionen können der Flächeninhalt, der Umfang, das Trägheitsmoment bezüglich des Schwerpunktes usw. dienen. Insbesondere erhalten wir, wenn $f(Q)$ der Flächeninhalt ist, den Satz MINKOWSKIS:

Zwei konvexe Polyeder mit paarweise parallelen und flächengleichen Seitenflächen sind kongruent und liegen parallel.

Schon in Kap. II, § 4, Nr. 5 wurde an einem einfachen Beispiel gezeigt, daß sich unser Satz 1 und folglich auch Satz 2 nicht auf einen mehr als dreidimen-

---

[1] Die Voraussetzungen des CAUCHYschen Lemmas (Kap. II, § 1) sind hier erfüllt, da es im Liniennetz $\overline{P}$ keine zweieckigen Gebiete gibt, insofern als auf dem Polyeder P keine Ecken auftreten, in denen nur zwei Kanten zusammentreffen.

sionalen Raum verallgemeinern lassen. Es ist dies das Beispiel eines vierdimensionalen Würfels mit der Kante 2 und eines vierdimensionalen rechtwinkligen Parallelepipeds mit den Kanten 1, 1, 3, 3. MINKOWSKI bewies indessen seinen Satz in einem Raum beliebiger Dimension. Dieser Beweis MINKOWSKIS gründet sich auf völlig andere Gedankengänge und wird in Kap. VII, § 2 dargelegt.

Wir bemerken noch, daß es infolge des sich auf 8 belaufenden „Vorrates", den es in der Abschätzung der Anzahl der Zeichenwechsel nach dem CAUCHYschen Lemma gibt, in Satz 1 genügt, die Erfüllung seiner Bedingungen für alle Paare paralleler Seitenflächen mit Ausnahme von einem zu fordern. Daraus kann man leicht schließen, daß sich Satz 1 in folgender etwas schärferer Form ausdrücken läßt:

Für zwei beliebige geschlossene konvexe Polyeder gibt es nur zwei Möglichkeiten: entweder sie sind kongruent und liegen parallel, oder sie besitzen mindestans *zwei* Paar paralleler Seitenflächen, derart, daß sich die eine von ihnen durch Parallelverschiebung ins Innere der anderen einlagern läßt. Dabei ist die eine der Seitenflächen immer eine echte Seitenfläche, die andere kann eine echte Seitenfläche, eine Kante oder Ecke sein.

§ 4. Kongruenzbedingungen unendlicher Polyeder

1. Die im vorhergehenden Paragraphen aufgestellte Kongruenzbedingung geschlossener Polyeder verliert für unendliche Polyeder ihren Sinn. Sie kann, allgemein gesagt, in der Anwendung auf ihre unendlichen Seitenflächen einfach nicht erfüllt sein, weil von zwei unendlichen konvexen Polyedern immer eines im Inneren des anderen gelegen sein kann, wovon man sich leicht überzeugen kann. Dennoch kann man diese Bedingung allein auf die endlichen Seitenflächen anwenden und für die unendlichen Seitenflächen eine Bedingung einführen, derart, daß diese beiden Bedingungen zusammen die Kongruenz unendlicher Polyeder sichern.

Diese zusätzliche Bedingung besteht in folgendem:

Unendliche Polyeder müssen kongruente und parallele Teile haben[1], d. h. man kann von ihnen einen endlichen Teil so abschneiden, daß die übrigbleibenden unendlichen Teile sich durch Parallelverschiebung zur Deckung bringen lassen. Das ist der Tatsache äquivalent, daß sich durch Parallelverschiebung die Ebenen der unendlichen Seitenflächen beider Polyeder zur Deckung bringen lassen.

Bezüglich der endlichen Seitenflächen haben wir dieselben Bedingungen im Auge wie im vorangehenden Paragraphen. Zwei Seitenflächen gelten als parallel dann und nur dann, wenn ihre äußeren Normalen parallel sind. Besitzt ein Polyeder keine Seitenfläche, die einer Seitenfläche des anderen parallel ist, so nehmen

[1] Wie schon in Kap. I, § 1 gezeigt wurde, ist die Untersuchung unendlicher Polyeder der Betrachtung endlicher Polyeder äquivalent, deren äußere Seitenflächen eine unendliche Fortsetzung gestatten, ohne daß neue Schnitte auftreten. Daher lassen sich die gegebene Bedingung und mit ihr der weiter folgende Satz 1 leicht für solche endlichen Polyeder wiederholen.

wir an, daß sie vorhanden ist, aber in eine Kante oder Ecke ausartet, die in der Stützebene mit derselben äußeren Normalen liegen.

Der Terminus „parallele Seitenflächen“ wird im weiteren eben in diesem Sinne verstanden.

2. Nun formulieren wir den Satz über die Kongruenz unendlicher Polyeder.

Satz 1. *Bei zwei unendlichen konvexen Polyedern seien die unendlichen Teile kongruent und parallel, und alle Paare endlicher paralleler Seitenflächen seien so beschaffen, daß sich keine Seitenfläche durch Parallelverschiebung ins Innere der anderen einlagern läßt. Dann sind diese Polyeder kongruent und liegen parallel.*

Der Terminus „ins Innere einlagern“ wird genau so verstanden wie in den §§ 1 und 3, d. h. so, daß ein Polygon im anderen enthalten ist und nicht mit ihm zusammenfällt.

Da sich ein Punkt immer ins Innere einer Seitenfläche einlagern läßt, so können unter den Voraussetzungen des Satzes parallele Seitenflächen entweder beide tatsächlich Seitenflächen sein, oder eine ist tatsächlich eine Seitenfläche, die andere aber eine Kante.

Die Polyeder P_1 und P_2 mögen den Bedingungen des Satzes genügen. Auf Grund der ersten dieser Bedingungen kann man annehmen, daß die unendlichen Teile dieser Polyeder zusammenfallen. Folglich liegen ihre unendlichen Kanten und Seitenflächen entsprechend aufeinander.

Wir stellen uns P_1 und P_2 als körperliche Polyeder vor und konstruieren ihre Halbsumme

$$P = \frac{1}{2}(P_1 + P_2).$$

Da die unendlichen Teile der Polyeder P_1 und P_2 zusammenfallen, hat ihre Halbsumme P denselben unendlichen Teil; es erscheinen hier keine neuen unendlichen Seitenflächen und Kanten, und die Form der Seitenflächen kann sich nur im endlichen Teil ändern. Auf den endlichen Teil des Polyeders P aber lassen sich alle dieselben Überlegungen anwenden, welche im vorhergehenden Paragraphen benutzt wurden. Daher können wir ihr Ergebnis sogleich formulieren.

Bezeichnet man eine Kante des Polyeders P mit dem Vorzeichen der Differenz $l_1 - l_2$ der entsprechenden Kanten l_1 und l_2 der Polyeder P_1 und P_2, so treten beim Umlaufen jeder endlichen Seitenfläche des Polyeders P mindestens vier Zeichenwechsel auf, wenn nur nicht mindestens eine Kante dieser Seitenfläche ohne Vorzeichen bleibt (unbezeichnete Kanten sind die, für welche $l_1 - l_2 = 0$ ist).

3. Wir wenden uns nun den unendlichen Seitenflächen zu. Nach der Bedingung der Lage der Polyeder P_1 und P_2 liegen ihre unendlichen Kanten entsprechend aufeinander. Die unendliche Kante l_1 des Polyeders P_1 werden wir länger als die entsprechende Kante l_2 des Polyeders P_2 annehmen, wenn l_2 nur ein Teil von l_1 ist. Die umgekehrte Ungleichheit wird analog definiert, als gleich jedoch gelten diese Kanten dann, wenn sie zusammenfallen. Gemäß dieser Bedingung wird das Vorzeichen der Differenz der unendlichen Kanten $l_1 - l_2$ bestimmt, und dieses

Vorzeichen wird der entsprechenden Kante des „mittleren“ Polyeders P zugeschrieben. Unbezeichnet bleiben nur Kanten, denen auf P_1 und P_2 zusammenfallende unendliche Kanten entsprechen.

Die angenommene Bedingung über das Vorzeichen der Differenz unendlicher Kanten deckt sich mit der in § 1, Lemma 4a angenommenen Bedingung über das Vorzeichen der Differenz unendlicher Seiten von Polygonen. Da außerdem bei aufeinanderliegenden unendlichen Seitenflächen der Polyeder P_1 und P_2 die unendlichen Kanten aufeinanderliegen, so haben wir es eben mit den Bedingungen dieses Lemmas zu tun. Wenden wir es an, so gelangen wir daher zu folgender Schlußfolgerung bezüglich der möglichen Verteilungen der Vorzeichen auf der Kontur einer beliebigen unendlichen Seitenfläche Q des mittleren Polyeders P:

1. Keine Kante dieser Seitenfläche ist bezeichnet, und dann fallen die ihr entsprechenden Seitenflächen Q_1 und Q_2 auf P_1 und P_2 zusammen.

2. Auf der Kontur der Seitenfläche Q treten mindestens zwei Zeichenwechsel auf.

3. Die unendlichen Kanten der Seitenflächen Q_1 und Q_2 sind parallel, und ihre endlichen Kanten sind entsprechend gleich. Dies entspricht dem Ausnahmefall, von dem in § 1, Lemma 4a besonders die Rede war.

4. Wir untersuchen diesen Ausnahmefall genauer. Er möge für das Paar der Seitenflächen Q_1, Q_2 der Polyeder P_1 und P_2 eintreten. Die Seitenflächen Q_1 und Q_2 sind kongruent und parallel, weil ihre Kanten gleich und parallel sind. Es bestehen daher für diese Seitenflächen nur zwei Möglichkeiten:

3a. Die Seitenflächen Q_1 und Q_2 fallen zusammen, d. h. es tritt der erste der drei soeben angegebenen Fälle ein.

3b. Eine dieser Seitenflächen, sagen wir Q_1, ist ins Innere der anderen verschoben.

Wir zeigen, daß die Seitenflächen Q_1 und Q_2 zusammenfallen, wenn sie keine Kanten mit den endlichen Seitenflächen ihrer Polyeder gemeinsam haben. Die gemeinsamen Kanten der unendlichen Seitenflächen liegen nämlich in den Schnittgeraden der Ebenen dieser Seitenflächen. Bei den Polyedern P_1 und P_2 liegen nach der vorausgesetzten Lage die unendlichen Kanten entsprechend aufeinander, und folglich fallen auch die Schnitte der Ebenen dieser Seitenflächen zusammen. Sind daher die Seitenflächen Q_1, Q_2 nur von den Schnitten mit den Ebenen anderer unendlicher Seitenflächen berandet, so fallen sie notwendig zusammen.

Schließen wir von der Betrachtung den Fall des Zusammenfallens der Seitenflächen Q_1 und Q_2 aus, so haben wir für sie folgende Lage: eine von ihnen, sagen wir Q_1, ist ins Innere der anderen verschoben und mindestens eine dieser Seitenflächen hat mit den endlichen Seitenflächen ihres Polyeders Kanten gemeinsam.

Die entsprechende Seitenfläche Q des mittleren Polyeders P ist die Halbsumme der Seitenflächen Q_1, Q_2 (§ 2, Satz Nr. 6), und da Q_1 und Q_2 kongruent und parallel sind, so ist Q ihnen auch kongruent und parallel. Da die Seitenfläche Q_1 ins Innere von Q_2 verschoben ist, gelten gemäß der Vereinbarung ihre unendlichen Kanten als kürzer als die Kanten der Seitenfläche Q_2, und darum bezeichnen wir beide unendlichen Kanten der Seitenfläche Q mit Minus. Gleichzeitig besitzt keine endliche Kante der Seitenfläche Q ein Vorzeichen, weil die endlichen Kanten der Seitenflächen Q_1, Q_2 kongruent sind. Nach Annahme hat mindestens eine der Seitenflächen Q_1, Q_2, sagen wir Q_1, eine Kante l_1, welche auch der endlichen Seitenfläche R_1 angehört. Dann gehört die entsprechende Kante l der Seitenfläche Q auch einer endlichen Seitenfläche an, und zwar derjenigen Seitenfläche R, welche die „Halbsumme" der Seitenfläche R_1 und der ihr parallelen Seitenfläche R_2 des Polyeders P_2 ist. Die Kante l besitzt kein Vorzeichen, und wir bezeichnen sie mit Plus. Da die unendlichen Kanten der Seitenfläche Q mit Minus bezeichnet sind, ergeben sich dann auf ihrer Kontur zwei Zeichenwechsel. Die Anzahl der Zeichenwechsel auf den endlichen Seitenflächen verringert sich aber offensichtlich nicht.[1]

Also kann man im dritten, im Ausnahmefall (wenn er sich nicht auf den ersten reduziert) immer noch überflüssige Vorzeichen einführen, so daß auf der Kontur einer unendlichen Seitenfläche zwei Zeichenwechsel auftreten. Wir nehmen eine solche Zeichenverteilung auf allen unendlichen Seitenflächen, wo dies nötig ist, an.

5. Fassen wir nun alle unsere Schlußfolgerungen bezüglich der Zeichenverteilung auf den endlichen und unendlichen Seitenflächen zusammen, so gelangen wir zu folgendem Ergebnis:

Besitzt eine endliche Seitenfläche auf dem Polyeder P bezeichnete Kanten, so treten auf ihrer Kontur mindestens vier Zeichenwechsel auf; hat aber eine unendliche Seitenfläche bezeichnete Kanten, so treten auf ihrer Kontur mindestens zwei Zeichenwechsel auf.

Wir nehmen an, auf dem Polyeder P befänden sich bezeichnete Kanten. Auf seinen unendlichen Seitenflächen ziehen wir einen geschlossenen Streckenzug mit Ecken innerhalb der unendlichen Kanten, welcher den unendlichen Teil des Polyeders abtrennt. Es bleibt das endliche Polyeder P' übrig. Wir nehmen ein zweites Exemplar P'' dieses Polyeders P' mit derselben Vorzeichenverteilung auf seinen Kanten und identifizieren die entsprechenden Seiten und Ecken der P' und P'' berandenden Streckenzüge.[2] Danach lassen wir diese Streckenzüge und auch ihre Ecken fort. Wir erhalten dann das abstrakte Polyeder $P' + P''$, welches offenbar einer Sphäre homöomorph ist und keine Ecken besitzt, die nur zwei Kanten gemeinsam sind. Auf diesem Polyeder gibt es bezeichnete Kanten, und besitzt irgendeine seiner Seitenflächen eine bezeichnete Kante, so ist die Anzahl der Zeichenwechsel um sie mindestens vier. Für Seitenflächen, welche den endlichen Seitenflächen des Polyeders P entsprechen, ist dies ja aus dem Vorhergehenden ersichtlich. Entspricht aber eine Seitenfläche einer unendlichen Seitenfläche des Polyeders P, so setzt sich ihre Kontur aus zwei gleichartigen Teilen zusammen,

[1] Die zusätzliche Annahme, daß die Seitenfläche R, die mit Q an der Kante l zusammengrenzt, endlich ist, ist wesentlich, da es sonst sein könnte, daß wir bei Anwendung derselben Überlegungen auf die unendliche Seitenfläche R die Kante l mit Minus bezeichnen müßten.

[2] Diese Identifizierung ist abstrakt gedacht. Man sieht jedoch leicht, daß man das Polyeder P' von P durch eine gewisse Ebene abschneiden kann, und daß sich dann P'' aus P' durch einfache Spiegelung an dieser Ebene ergibt.

auf deren jedem mindestens zwei Zeichenwechsel auftreten. In der Summe ergibt das mindestens vier Zeichenwechsel.

Gehen wir aber zum dualen Polyeder aber, so überzeugen wir uns genauso wie in § 3, daß eine solche Zeichenverteilung dem CAUCHYschen Lemma widerspricht. Daher ist die Annahme, es seien beim mittleren Polyeder P bezeichnete Kanten vorhanden, unmöglich: alle seine Kanten müssen ohne Vorzeichen sein. Hieraus folgt genau wie in § 3, daß die Seitenflächen unserer ursprünglichen Polyeder P_1 und P_2 nicht nur parallel, sondern auch kongruent sind, d. h. die Polyeder sind selbst kongruent und parallel, w. z. b. w.

6. Aus dem bewiesenen Satz ergibt sich ähnlich wie aus § 3, Satz 2 sofort folgendes:

Satz 2. $f_1(Q)$, $f_2(Q)$ ... *seien solche Funktionen eines endlichen konvexen Polygons, daß* $f_i(Q) > f_i(Q'')$ *ist, wenn sich* Q'' *ins Innere von* Q' *einlagern läßt. Sind dann bei zwei unendlichen konvexen Polyedern* P', P'' *die unendlichen Teile kongruent und parallel, während für jedes Paar ihrer endlichen parallelen Seitenflächen* Q_i', Q_i'' $f_i(Q_i') = f_i(Q_i'')$ *ist, so sind diese Polyeder kongruent und liegen parallel.*

Insbesondere erhalten wir, wenn wir z. B. für sämtliche f_i den Flächeninhalt nehmen, folgendes:

Sind bei zwei unendlichen konvexen Polyedern die unendlichen Teile kongruent und parallel und sind ihre endlichen Seitenflächen paarweise parallel und flächengleich, so sind diese Polyeder kongruent und liegen parallel.

Man kann aber für die einen Seitenflächen die Gleichheit der Flächeninhalte, für die anderen die Gleichheit der Umfänge fordern usw.

§ 5. Ein anderer Beweis und eine Verallgemeinerung des Satzes über unendliche Polyeder. Über Polyeder mit Rand

1. A. W. POGORELOW hat einen anderen Beweis für Satz 1 des vorhergehenden Paragraphen vorgeschlagen, welcher bedeutende Vorzüge aufweist. Er läßt sich auf einen Raum beliebiger Dimension ausdehnen und erlaubt, ein allgemeineres Ergebnis zu gewinnen:

Satz 1. *Bei zwei unendlichen Polyedern mögen die Ebenen der unendlichen Seitenflächen zusammenfallen und jedes Paar ihrer parallelen endlichen Seitenflächen möge mindestens eine der beiden Eigenschaften besitzen: entweder ihre Ebenen fallen zusammen, oder man kann keine dieser Seitenflächen durch Parallelverschiebung ins Innere der anderen einlagern. Unter diesen Bedingungen fallen die Polyeder zusammen.*

(Handelt es sich um n-dimensionale Polyeder, so meinen wir, wenn wir von einem Paar paralleler Seitenflächen reden, daß mindestens eine von ihnen $(n-1)$-dimensional ist, die andere kann auch von geringerer Dimension sein, liegt aber in der parallelen $(n-1)$-dimensionalen Stützebene. Im n-dimensionalen Fall wird der Terminus „ins Innere einlagern" genau so verstanden wie früher.)

Die Verallgemeinerung im Vergleich zu Satz 1 des vorhergehenden Paragraphen besteht nicht nur im Übergang in einen Raum beliebiger Dimension, sondern noch darin, daß für endliche Seitenflächen zwei Voraussetzungen zugelassen sind. In Verbindung hiermit kann man denselben Satz für Polyeder mit Rand wiederholen:

Satz 1a. *Zwei endliche konvexe Polyeder, deren jedes von einem geschlossenen Streckenzug berandet wird, mögen sphärische Bilder haben, die in der Halbsphäre enthalten sind. Die Ebenen ihrer äußeren Seitenflächen mögen zusammenfallen, und für Paare paralleler innerer, d. h. den Rand nicht berührender Seitenflächen möge mindestens eins von beiden gelten: entweder ihre Ebenen fallen zusammen, oder keine dieser Seitenflächen läßt sich durch Parallelverschiebung ins Innere der anderen einlagern.*

Dann fallen die Ebenen aller Seitenflächen zusammen, und folglich fallen die inneren Seitenflächen vollständig zusammen, und die äußeren Seitenflächen lassen sich bis zum Zusammenfallen fortsetzen.

Satz 1 über unendliche Polyeder ist offenbar in der gegebenen Behauptung enthalten; man muß lediglich von den unendlichen genügend ferne Teile abschneiden und so zu Polyedern mit Rand übergehen.

Um sich zu überzeugen, daß auch umgekehrt die gegebene Behauptung sich aus Satz 1 ergibt, genügt es, die äußeren Seitenflächen der Polyeder so fortzusetzen, daß sich unendliche Polyeder ergeben. Dies ist darum möglich, weil ihre sphärischen Bilder in einer Halbsphäre enthalten sind. Vielleicht ist eine unendliche Fortsetzung nicht für alle äußeren Seitenflächen möglich; das spielt aber keine Rolle. Offensichtlich sind die Voraussetzungen des vorhergehenden Satzes für die gewonnenen unendlichen Polyeder erfüllt.

Wir bemerken, daß, wie man sich an einfachen Beispielen überzeugen kann, das angeführte Ergebnis sich nicht auf solche endlichen Polyeder mit Rand ausdehnen läßt, deren sphärische Bilder sich nicht in eine Halbsphäre einlagern lassen. Daher besteht der Kern des Ergebnisses in Satz 1 über unendliche Polyeder.

2. Wir beweisen Satz 1 für Polyeder, deren sphärisches Bild im Inneren einer Halbsphäre enthalten ist. (Hierdurch werden im dreidimensionalen Fall nicht nur Polyeder ausgeschlossen, bei denen alle unendlichen Kanten parallel sind, sondern auch die mit parallelen unendlichen Seitenflächen.) Unter dieser Voraussetzung wird der Beweis besonders einfach. Der allgemeine Fall wird zusätzlich kurz betrachtet.

Wir nehmen entgegen dem zu Beweisenden an, daß es zwei nichtzusammenfallende unendliche Polyeder P_1 und P_2 mit sphärischen Bildern innerhalb der Halbsphäre gibt, die den Bedingungen des Satzes genügen. Aus diesen Bedingungen folgt, daß ihre sphärischen Bilder zusammenfallen und die Normalen ihrer Stützebenen, die von einem Punkt aus abgetragen werden, eine konvexe körperliche Ecke V erfüllen.

Wir bezeichnen mit $h_1(\mathfrak{n})$, $h_2(\mathfrak{n})$ die Stützfunktionen der Polyeder P_1 und P_2, d. h. die Abstände ihrer Stützebenen vom Ursprung, die mit dem entsprechenden Vorzeichen genommen werden als Funktionen des Einheitsvektors der äußeren Normalen $\mathfrak{n}$.

Wäre $h_1(\mathfrak{n}) = h_2(\mathfrak{n})$ für alle $\mathfrak{n}$, so fielen die Polyeder zusammen. Daher gibt es eine Menge W von Vektoren $\mathfrak{n}$ aus der Ecke V, für welche $h_1(\mathfrak{n}) - h_2(\mathfrak{n}) > 0$ (oder

< 0) ist. Ohne die Allgemeingültigkeit einzuschränken, kann man annehmen, daß es in der Ecke V Einheitsvektoren gibt, für welche $h_1(\mathfrak{n}) - h_2(\mathfrak{n}) > 0$ ist.

Wir betrachten die Funktion $\varphi(\mathfrak{n})$, die für die Vektoren $\mathfrak{n}$ aus W durch die Gleichung

$$\varphi(\mathfrak{n}) = \frac{1}{h_1(\mathfrak{n}) - h_2(\mathfrak{n})} \tag{1}$$

definiert ist. Wir deuten diese Funktion geometrisch, indem wir jedem $\mathfrak{n}$ den Endpunkt des Vektors $\varphi(\mathfrak{n})\,\mathfrak{n}$ zuordnen, der aus dem Ursprung abgetragen wird. Der geometrische Ort dieser Punkte ist ein gewisses Polyeder R mit dem Rand im Unendlichen, das im Inneren der Ecke V außerhalb der Kugel mit dem Radius

$$r = \frac{1}{\sup\limits_{\mathfrak{n} \in W} [h_1(\mathfrak{n}) - h_2(\mathfrak{n})]}$$

liegt.

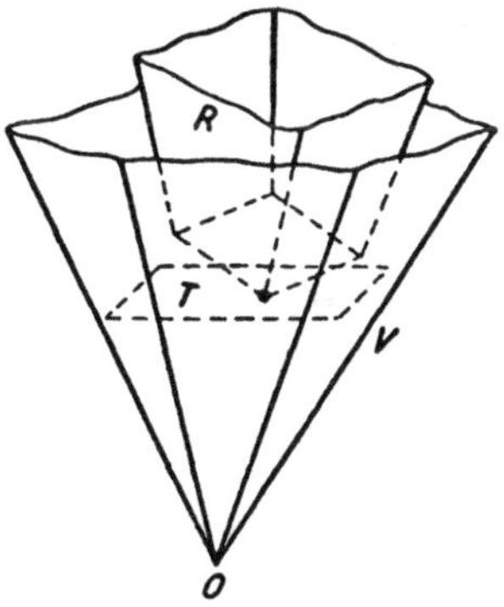

Abb. 129

Zum Beweis bemerken wir, daß wenn A eine Ecke des Polyeders P_1 (oder P_2) und $\mathfrak{a}$ der zu ihr führende Vektor ist, für die Normalen $\mathfrak{n}$ der Stützebenen in der Ecke A $h_1(\mathfrak{n}) = \mathfrak{a}\,\mathfrak{n}$ ist. Die Normalen der Ecke A bilden eine konvexe körperliche Ecke. Die ganze Ecke V läßt sich in solche Ecken V_1^i für das Polyeder P_1 und V_2^j für P_2 zerlegen. Wir betrachten die Zerlegung der Ecke V in die Ecken V^k, welche Durchschnitte der Ecken V_1^i und V_2^j sind. In jeder Ecke V_1^i ist $h_1(\mathfrak{n}) = \mathfrak{a}_1^i\,\mathfrak{n}$, und in der Ecke V_2^j ist $h_2(\mathfrak{n}) = \mathfrak{a}_2^j\,\mathfrak{n}$. Daher ist in $V^k = V_1^i V_2^j$ $h_1(\mathfrak{n}) - h_2(\mathfrak{n}) = \mathfrak{a}^k\,\mathfrak{n}$, wobei $\mathfrak{a}^k = \mathfrak{a}_1^i - \mathfrak{a}_2^j$ ist. Für $h_1(\mathfrak{n}) - h_2(\mathfrak{n}) \neq 0$ ist entsprechend $\varphi(\mathfrak{n}) = \dfrac{1}{\mathfrak{a}^k\,\mathfrak{n}}$ und $\mathfrak{a}^k\,\mathfrak{n}\,\varphi(\mathfrak{n}) = 1$, d. h. die Endpunkte der Vektoren $\varphi(\mathfrak{n})\,\mathfrak{n}$, die in der Ecke V^k verlaufen, gehören der Ebene

$$\mathfrak{a}^k\,\mathfrak{x} = 1 \tag{*}$$

an. Folglich ist die Menge der Endpunkte aller dieser Vektoren ein Polyeder mit Seitenflächen auf den Ebenen (*). Wir beschränken uns auf seinen Teil R, der in der Ecke W liegt, wo $h_1(\mathfrak{n}) - h_2(\mathfrak{n}) > 0$ ist. Auf dem Rand der Ecke W haben wir $h_1(\mathfrak{n}) - h_2(\mathfrak{n}) = 0$ (auf dem Rand der Ecke V folgt diese Gleichung aus der Bedingung, daß die Ebenen unendlicher Seitenflächen zusammenfallen). Daher wird bei Annäherung an den Rand der Ecke W $\varphi(\mathfrak{n}) \to \infty$, d. h. der Rand des Polyeders R liegt im Unendlichen. Daß R außerhalb einer gewissen Kugel liegt, ist daraus klar, daß angesichts der Beschränktheit der Funktionen $h_1(\mathfrak{n})$ und $h_2(\mathfrak{n})$ die Funktion $\varphi(\mathfrak{n}) = \dfrac{1}{h_1(\mathfrak{n}) - h_2(\mathfrak{n})}$ bei $h_1 - h_2 > 0$ von unten durch eine positive Zahl begrenzt wird.

Dank dieser Lage des Polyeders R existiert eine Ebene T, die nicht durch den Ursprung geht und die nur eine Ecke des Polyeders enthält, wobei das ganze Polyeder auf einer Seite von dieser Ebene liegt, und zwar auf derjenigen, wo der Koordinatenursprung nicht liegt (Abb. 129.)

(Eine solche Ebene existiert sicher. Nach der zu Anfang gemachten Voraussetzung sind nämlich die sphärischen Bilder der Polyeder P_1 und P_2 im Inneren einer Halbsphäre enthalten. Daher besitzt die durch Normalen gebildete körperliche Ecke V Stützebenen, die nur durch ihren Scheitel gehen. Eine Ebene, die einer solchen Ebene parallel ist und sich auf das Polyeder R stützt, berührt es in einer endlichen „Seitenfläche“. Reduziert sich diese „Seitenfläche“ nicht auf eine Ecke, so kann man durch eine kleine Drehung der Ebene erreichen, daß sie R nur in einer Ecke berührt.)

Es sei $\mathfrak{m}$ die Normale der Ebene T und p die Entfernung dieser Ebene vom Ursprung. Dann ist der Abstand zwischen dem Ursprung und der Ebene T in Richtung des gegebenen Vektors $\mathfrak{n}$

$$r(\mathfrak{n}) = \frac{p}{\mathfrak{n}\,\mathfrak{m}}. \tag{2}$$

Da das Polyeder R jenseits der Ebene T liegt, so ist $\varphi(\mathfrak{n}) \geq r(\mathfrak{n})$ oder infolge von (1) und (2)

$$h_1(\mathfrak{n}) - h_2(\mathfrak{n}) \leq \mathfrak{n}\,\frac{\mathfrak{m}}{p}. \tag{3}$$

Da aber nur eine Ecke des Polyeders in der Ebene T liegt, so erreicht man Gleichheit hier nur für den Einheitsvektor $\mathfrak{n}_0$, der in diese Ecke weist.

Durch Parallelverschiebung des Polyeders P_2 kann man erreichen, daß die Ungleichung (3) übergeht in

$$h_1(\mathfrak{n}) - h_2'(\mathfrak{n}) \leq 0, \tag{4}$$

wobei $h_2'(\mathfrak{n})$ die Stützfunktion des Polyeders P_2 nach der Verschiebung ist.[1]

Da man für $\mathfrak{n}_0$ die Gleichung $h_1(\mathfrak{n}) = h_2'(\mathfrak{n})$ erhält, so fallen die Stützebenen mit der Normalen $\mathfrak{n}_0$ bei den Polyedern P_1 und P_2 jetzt zusammen.

G_1, G_2 seien die Seitenflächen der Polyeder P_1 und P_2, die in dieser gemeinsamen Stützebene liegen; es ist nicht von vornherein ausgeschlossen, daß sie eine beliebige Anzahl von Dimensionen von 0 bis $n-1$ haben können.

Nach der Ungleichung (4) ist $h_1(\mathfrak{n}) < h_2'(\mathfrak{n})$ für $\mathfrak{n} \neq \mathfrak{n}_0$, d.h. die Stützebenen des Polyeders P_1 sind ins Innere von P_2 verschoben. Hieraus folgt offenbar, daß erstens die Seitenfläche G_1 im Inneren von G_2 enthalten ist und zweitens, daß die Seitenfläche G_2 $(n-1)$-dimensional sein muß: verschöben wir alle an sie angrenzenden Stützebenen ins Innere von P_2, so brächten wir sie sonst sofort zum Ver-

[1] Wie aus der analytischen Geometrie bekannt ist und wie man sich leicht unmittelbar überzeugen kann, ist nämlich die Stützzahl der Ebene mit der Normalen $\mathfrak{n}$ $h(\mathfrak{n}) = \mathfrak{n}\,\mathfrak{x}$, wobei $\mathfrak{x}$ ein Vektor aus dem Koordinatenursprung zu einem beliebigen Punkt der gegebenen Ebene ist. Verschiebt sich daher die Ebene um den Vektor $\mathfrak{a}$, so ist die neue Stützzahl $h'(\mathfrak{n}) = \mathfrak{n}\,\mathfrak{x} + \mathfrak{n}\,\mathfrak{a}$. Verschiebt man das Polyeder P_2 parallel um den Vektor $\frac{\mathfrak{m}}{p}$, so erhält man $h_2'(\mathfrak{n}) = h_2(\mathfrak{n}) + \mathfrak{n}\,\frac{\mathfrak{m}}{p}$, und folglich ist $h_1(\mathfrak{n}) - h_2'(\mathfrak{n}) = h_1(\mathfrak{n}) - h_2(\mathfrak{n}) - \mathfrak{n}\,\frac{\mathfrak{m}}{p} \leq 0$ (kraft der Untergleichung (3)).

schwinden. Alle diese Stützebene lassen sich deshalb verschieben, weil für alle $\mathfrak{n} \neq \mathfrak{n}_0$ $h_1(\mathfrak{n}) < h_2'(\mathfrak{n})$ ist (und für alle $\mathfrak{n}$ nahe $\mathfrak{n}_0$, insofern als alle $\mathfrak{n}$, für welche (4) gilt, im Inneren der Ecke W liegen).

Die Voraussetzung des Satzes besteht jedoch darin, daß keine $(n-1)$-dimensionale Seitenfläche G_2 in ihrem Inneren die Seitenfläche G_1 enthalten kann, welche in der parallelen Stützebene liegt. Der erhaltene Widerspruch zeigt, daß es keine solchen Vektoren $\mathfrak{n}$ gibt, für welche $h_1(\mathfrak{n}) \neq h_2(\mathfrak{n})$ ist. Daher müssen alle Stützebenen der Polyeder P_1 und P_2 zusammenfallen, d. h. die Polyeder selbst fallen zusammen. Damit ist der Satz bewiesen.

3. Wir geben jetzt den Beweis von Satz 1 für den allgemeinen Fall im dreidimensionalen Raum.

Wir nehmen wiederum an, daß zwei verschiedene unendliche Polyeder P_1 und P_2 existieren, die den Bedingungen des Satzes genügen. Dann fallen ihre Stützfunktionen nicht zusammen, und wir betrachten diejenigen Vektoren $\mathfrak{n}$, für welche $h_1(\mathfrak{n}) - h_2(\mathfrak{n}) > 0$ ist (oder $h_1 - h_2 < 0$, wenn es keine Vektoren mit $h_1 - h_2 > 0$ gibt). Wieder konstruieren wir den geometrischen Ort R der Endpunkte der Vektoren $\varphi(\mathfrak{n})\,\mathfrak{n}$, wobei

$$\varphi(\mathfrak{n}) = \frac{1}{h_1(\mathfrak{n}) - h_2(\mathfrak{n})}$$

ist. Dies ist ein Polyeder, was wie oben bewiesen wird.

Da $h_1 - h_2 > 0$ ist und die Vektoren $\mathfrak{n}$ in einen (abgeschlossenen) Halbraum weisen, liegt das Polyeder R auf einer Seite der Ebene T_0, welche durch den Ursprung geht und der Ebene parallel ist, die den genannten Halbraum begrenzt. Daher besitzt das Polyeder R eine Stützebene T, die zu T_0 parallel ist. H sei der Durchschnitt des Polyeders R und der Ebene T.

Wenn wir wie früher (Formeln (2)—(4)) argumentieren, gelangen wir dazu, daß für Vektoren $\mathfrak{n}$, die den nach H weisenden Vektoren nahe sind,

$$h_1(\mathfrak{n}) - h_2'(\mathfrak{n}) \leq 0 \tag{4}$$

ist, wobei $h_2'(\mathfrak{n})$ die Stützfunktion des Polyeders P_2 ist, das auf die entsprechende Weise verschoben ist, wobei das Gleichheitszeichen nur für nach H weisende Vektoren gilt.

Ist H ein Punkt (oder enthält es mindestens einen isolierten Punkt), so läßt sich vorhergehender Gedankengang wiederholen, und wir gelangen zu einem Widerspruch.

Wir nehmen daher an, daß H eine Kante oder Seitenfläche des Polyeders R enthält. Das Gebiet H kann sich nicht über die ganze Ebene T ausbreiten, da dann für alle $\mathfrak{n}$ $h_1(\mathfrak{n}) = h_2'(\mathfrak{n})$[1] wäre, d. h. die Polyeder P_1 und P_2 fielen entgegen der Voraussetzung zusammen. Folglich hat das Gebiet H einen Rand. Das weitere besteht darin, dies auch zu einem Widerspruch zu führen.

A sei ein Punkt auf dem Rand des Gebietes H und $\mathfrak{n}_0$ ein zu diesem Punkt weisender Vektor.

L_1, L_2 seien Stützebenen der Polyeder P_1, P_2 mit derselben Normalen $\mathfrak{n}_0$. Dann können folgende Möglichkeiten eintreten:

a) Die Ebenen L_1, L_2 enthalten nur die Ecken B_1, B_2 der Polyeder P_1, P_2.

---

[1] Hier gehört natürlich $\mathfrak{n}$ zu W. Es ist wichtig, daß $\mathfrak{n}_0$ innerhalb W ist, und daher gilt unsere Schlußfolgerung für alle Stützebenen, die der Ebene mit der Normalen $\mathfrak{n}_0$ nahe sind. Wäre nämlich $H = T$, so reduzierte sich das ganze Polyeder R auf die Ebene T, und dann genügte die Funktion $\mathfrak{n}\,\varphi(\mathfrak{n})$ der Gleichung der Ebene $\dfrac{\mathfrak{n}\,\mathfrak{a}}{h_1(\mathfrak{n}) - h_2(\mathfrak{n})} = p$, wobei $\mathfrak{a}$ ein gewisser Vektor und p eine gewisse konstante Zahl wären. Anders gesagt, die Funktion $h_1(\mathfrak{n}) - h_2(\mathfrak{n})$ und folglich auch $h_1(\mathfrak{n}) - h_2'(\mathfrak{n})$ wäre linear. Beim Bestehen der Ungleichung $h_1(\mathfrak{n}) - h_2'(\mathfrak{n}) \leq 0$ ist dies aber nur in dem Falle möglich, daß $h_1(\mathfrak{n}) = h_2'(\mathfrak{n})$ ist.

b) Die Ebene L_1 enthält die Kante K_1 des Polyeders P_1 und L_2 die Kante (oder Ecke) K_2 des Polyeders P_2.

c) Die Ebene L_1 enthält die Seitenfläche G_1 des Polyeders P_1 und L_2 die Seitenfläche (oder die Kante oder Ecke) G_2 des Polyeders P_2.

Alle anderen Möglichkeiten ergeben sich aus b) und c), wenn man die Rollen der Polyeder P_1 und P_2 vertauscht.

A) Im Falle a) ist die Umgebung eines Punktes auf dem Polyeder R eben. (Weist nämlich der Vektor $\mathfrak{a}_1$ zur Ecke B_1, so ist in dieser Ecke $h_1(\mathfrak{n}) = \mathfrak{a}_1 \mathfrak{n}$. Daher ist $h_1(\mathfrak{n}) - h_2(\mathfrak{n}) = (\mathfrak{a}_1 - \mathfrak{a}_2)\,\mathfrak{n} = \mathfrak{a}\,\mathfrak{n}$ und also $\mathfrak{a}\,\mathfrak{n}\,\varphi(\mathfrak{n}) = 1$, d. h. die Endpunkte der Vektoren $\varphi(\mathfrak{n})\,\mathfrak{n}$ liegen in einer Ebene.)

Da der Punkt A auf dem Rand des Gebietes H liegt, ist der Fall a) folglich ausgeschlossen.

C) Zu Fall c) bemerken wir, daß die Ungleichung (4) bedeutet, daß die Stützebenen des Polyeders P_2 entweder mit den Stützebenen von P_1 zusammenfallen oder ins Innere von P_1 verschoben sind, und daher ist die Seitenfläche G_2 in G_1 enthalten. Aber (da wir Vektoren $\mathfrak{n}$ betrachten, für welche $h_1(\mathfrak{n}) \neq h_2(\mathfrak{n})$ ist) nach der Bedingung des Satzes ist dies nur in dem Fall möglich, daß die Seitenflächen G_1 und G_2 zusammenfallen. Dann ist offensichtlich für Vektoren, die $\mathfrak{n}_0$ nahe sind, $h_1(\mathfrak{n}) = h_2'(\mathfrak{n})$. Da sich aber $h_2'(\mathfrak{n})$ von $h_2(\mathfrak{n})$ um einen Summanden der Art $\mathfrak{a}\,\mathfrak{n}$ unterscheidet, welcher der ausgeführten Verschiebung des Polyeders P_2 entspricht, so ist $h_1(\mathfrak{n}) - h_2(\mathfrak{n}) = \mathfrak{a}\,\mathfrak{n}$.

Dies bedeutet wie im Fall A), daß die Umgebung des Punktes A des Polyeders R eben ist, entgegen der Voraussetzung, daß A auf dem Rand des Gebietes H liegt.

B) Der Fall b) ist nur dann möglich, wenn die Kanten K_1, K_2 parallel sind oder eine von ihnen ein Punkt ist.

Da $h_1(\mathfrak{n}_0) - h_2'(\mathfrak{n}_0) = 0$ ist, so liegen nämlich die Kanten K_1, K_2 in einer gemeinsamen Stützebene. Sind sie nicht parallel, so überschneiden sich die Polyeder P_1 und P_2, und die Differenz $h_1(\mathfrak{n}) - h_2(\mathfrak{n})$ ändert offenbar das Vorzeichen für Vektoren $\mathfrak{n}$, die $\mathfrak{n}_0$ beliebig nahe sind. Daher erweist sich die Ungleichung (4) als unmöglich.

Sind aber die Kanten K_1, K_2 parallel (oder ist eine von ihnen ein Punkt), so haben sie ein gemeinsames Bündel von Stützebenen. Die Normalen $\mathfrak{n}$ dieser Ebenen liegen in einer Ebene. Entsprechend liegen auch die Endpunkte der Vektoren $\varphi(\mathfrak{n})\,\mathfrak{n}$, die zu Punkten des Polyeders R weisen, in derselben Ebene S. Der Schnitt der Ebenen S und T ist eine Gerade, und daher haben wir auf dem Polyeder R eine Kante r. Also muß der Punkt A auf dem Rand des Gebietes H im Inneren der Kante r des Polyeders R liegen.

A ist aber ein beliebiger Punkt auf dem Rand des Gebietes H, und daher erweist sich, daß es auf diesem Rand überhaupt keine Ecken geben kann. Dieser Rand besteht aus Geraden.

Mit anderen Worten, die Kante r des Polyeders R muß nach beiden Seiten hin unendlich sein. Die nach ihren Punkten weisenden Vektoren $\mathfrak{n}$ beschreiben einen Halbkreis. Das bedeutet, daß die Normalen $\mathfrak{n}$ der durch die Kanten K_1, K_2 der Polyeder P_1, P_2 verlaufenden Stützebenen einen Halbkreis beschreiben. Aber in diesem Falle arten die Polyeder in ebene Figuren aus.

Folglich gelangen wir auch hier zu einem Widerspruch. Damit ist der Satz bewiesen.

Im n-dimensionalen Raum muß man bei Benutzung analoger Gedankengänge analog den Fällen a), b), c) n Möglichkeiten betrachten.

4. In § 3 wurde an einem einfachen Beispiel gezeigt, daß eine mehrdimensionale Verallgemeinerung des dort bewiesenen Satzes über geschlossene Polyeder unmöglich ist. Daher kann auch der dem eben dargelegten analoge Beweis für den angeführten Satz nicht durchgeführt werden, wenn man nicht irgendwelche zusätzlichen Überlegungen heranzieht, die nur für den dreidimensionalen Raum wirksam sind. In dem dargestellten Beweis war wesentlich, daß die Vektoren $\mathfrak{n}$, für welche $h_1(\mathfrak{n}) - h_2(\mathfrak{n}) > 0$ (oder < 0) ist, in einen Halbraum weisen, und darum hatte das Polyeder R sicher eine Stützebene. Im Fall geschlossener Polyeder P_1, P_2 können die Vektoren $\mathfrak{n}$ mit $h_1(\mathfrak{n}) - h_2(\mathfrak{n}) > 0$ nicht in einen Halbraum gehen, und die Überlegung entfällt gleich von Anfang an.

Dennoch kann man überzeugt sein, daß der auf die Untersuchung der Differenz der Stützfunktionen $h_1(\mathfrak{n})-h_2(\mathfrak{n})$ gestützte Beweis auch für den Satz über geschlossene Polyeder möglich ist. Diese Überzeugung gründet sich u. a. darauf, daß eben auf diesem Wege der analoge Satz für gekrümmte Flächen bewiesen wird. Der Satz selbst wird in §6 formuliert. Die Durchführung dieses Beweises des Satzes über geschlossene Polyeder bildet eine interessante Aufgabe.

Das Interessante an ihr besteht in der Vervollkommnung der Methode. Ihre allgemeine Idee ist: auf Grund zweier gegebener Flächen eine dritte zu bilden, die in gewissem Sinne ihre Differenz darstellt und, nachdem man bei dieser Fläche die Existenz von Stützebenen festgestellt hat, diesen Umstand zum Widerspruch zu führen. In dieser allgemeinen Form wird die Methode auch in den Beweisen der Sätze über die Unverbiegbarkeit von Flächen angewandt, angefangen von der ersten Arbeit LIEBMANNS im Jahre 1899, wo die Unverbiegbarkeit der Sphäre erstmalig bewiesen wurde.

Besondere Kraft erlangte diese Methode in den Händen POGORELOWS: eben mittels dieser Methode bewies er seine Sätze über die Unverbiegbarkeit konvexer Flächen, die in Kap. III, §6 erwähnt wurden. In Verbindung hiermit wäre es auch von beträchtlichem Interesse, den Beweis des Eindeutigkeitssatzes eines geschlossenen konvexen Polyeders mit gegebenem Netz zu finden, der dem Beweis analog wäre, welchen POGORELOW für den entsprechenden Satz über gekrümmte Flächen mit beschränkter Krümmung gab.

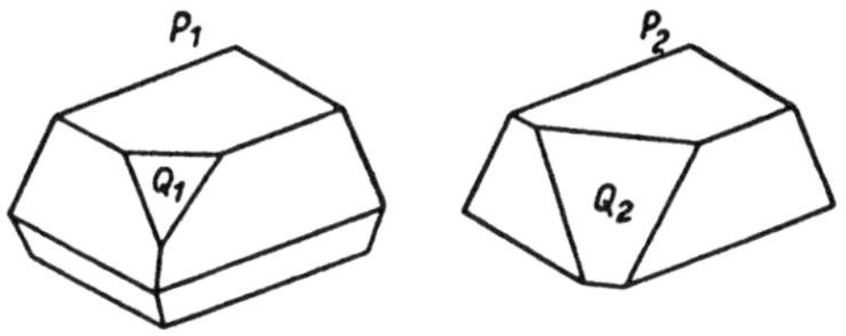

Abb. 130

5. Wir führen noch einen Satz über endliche Polyeder mit Rand an, für welche die Bedingung gilt, daß der Rand des Polyeders einen geschlossenen Streckenzug ohne mehrfache Punkte darstellt:

Satz 2. *Es seien zwei endliche konvexe Polyeder gegeben, deren jedes von einem geschlossenen Streckenzug begrenzt wird. Sie mögen folgenden Bedingungen genügen: 1. Jeder Seitenfläche des einen von ihnen entspricht eine parallele Seitenfläche des anderen und umgekehrt, wobei sich keine dieser Seitenflächen durch Parallelverschiebung ins Innere der anderen einlagern läßt. 2. Bei jeder äußeren Seitenfläche Q eines beliebigen der gegebenen Polyeder bilden alle ihre Randkanten einen Streckenzug, und auf der ihr parallelen Seitenfläche Q′ des anderen Polyeders gibt es entweder überhaupt keine Randkanten oder sie sind alle den Randkanten der Seitenfläche Q entsprechend parallel. Dabei sind alle Randkanten der Seitenfläche Q nicht größer oder im Gegenteil nicht kleiner als die ihnen parallelen Kanten der Seitenfläche Q′.*

Unter diesen Bedingungen sind die Polyeder kongruent und parallel gelegen.

Hier gelten wie immer Seitenflächen mit parallelen äußeren Normalen als parallel, und eine der einander parallelen Seitenflächen kann in eine Kante ausarten. Ein Ausarten in eine Ecke ist ausgeschlossen, da sich ein Punkt stets ins Innere einer Seitenfläche einlagern läßt. Bei der zweiten Bedingung werden unter parallelen Kanten auch Kanten mit parallelen äußeren Normalen verstanden; aber es handelt sich um Normalen in den Ebenen der Seitenflächen Q, Q'. Dabei wird wie auch oben überall angenommen, daß wenn auf der Seitenfläche Q' (oder Q) keine Kante ist, welche einer gegebenen Kante der Seitenfläche Q (oder Q') parallel ist, es diese Kante wohl gibt, sie aber die Länge Null hat. Bei der zweiten Bedingung wird auch zugelassen, daß die Seitenfläche Q', die der Seitenfläche Q parallel ist, in eine Kante ausarten kann. Auf Abb. 130 arten alle Seitenflächen des Polyeders P_2, die den äußeren Seitenflächen des Polyeders P_1 parallel sind, in Kanten aus. Die Seitenfläche Q_1 des Polyeders P_1, die der äußeren Seitenfläche Q_2 des Polyeders P_2 parallel ist, hat mit dem Rand von P_1 keine Punkte gemeinsam. Auf dieser Abbildung ist die zweite Bedingung des Satzes erfüllt; die erste Bedingung ist offensichtlich nicht erfüllt.

Im einfachsten Fall sind die äußeren Seitenflächen der Polyeder entsprechend parallel, arten nicht aus und haben entsprechend parallele Randkanten. Es ist wichtig, daß auf einer Seitenfläche alle diese Kanten nicht größer (oder kleiner) als auf der anderen sind. Insbesondere ist diese Bedingung sicherlich erfüllt, wenn es auf jeder äußeren Seitenfläche nur eine Randkante gibt und diese Kanten auf den parallelen äußeren Seitenflächen parallel sind.

6. Wir skizzieren den Beweis des formulierten Satzes unter Auslassung seiner Einzelheiten, die man im übrigen ohne besondere Mühe ergänzen kann.

Es seien P_1 und P_2 Polyeder, die den Bedingungen des Satzes genügen. Wir konstruieren ihre konvexen Hüllen $\bar{P}_1$, $\bar{P}_2$. Dies sind körperliche konvexe Polyeder, und P_1, P_2 sind Teile ihrer Ränder. Wir konstruieren die Halbsumme $\bar{P}$ der Polyeder $\bar{P}_1$ und $\bar{P}_2$:

$$\bar{P} = \frac{1}{2}(\bar{P}_1 + \bar{P}_2)\,.$$

Uns wird nicht das ganze Polyeder $\bar{P}$ beschäftigen, sondern nur der Teil P seiner Oberfläche, der aus Seitenflächen besteht, welche die Halbsummen der Seitenflächen oder Kanten der Ausgangspolyeder P_1, P_2 sind. Man kann sich überzeugen, daß P ein konvexes Polyeder ist, das auch von einem geschlossenen Streckenzug begrenzt wird. Alle seine Randkanten sind Halbsummen paralleler Randkanten (oder Kanten und Ecken) der Polyeder P_1, P_2. Die Seitenflächen des Polyeders P können von denselben drei Typen sein wie im Fall von Satz 1, § 3:

1. Halbsummen von parallelen echten Seitenflächen der Polyeder P_1 und P_2.
2. Halbsummen einer echten Seitenfläche Q des einen von ihnen und der Kante des anderen, wobei diese Kante in der zur Seitenfläche Q parallelen Stützebene liegt.
3. Halbsummen nicht-paralleler Kanten, die in parallelen Stützebenen liegen (z.B. der Kanten q_1, q_2, Abb. 127, S. 252). Diese Seitenflächen sind Parallelogramme.

Jede Kante p des Polyeders P ist die Halbsumme von parallelen Kanten p_1 und p_2 der Polyeder P_1 und P_2, wobei eine dieser Kanten in eine Ecke ausarten kann.

Wir bezeichnen jede Kante p des Polyeders P mit dem Vorzeichen der Differenz $p_1 - p_2$; ist aber $p_1 - p_2 = 0$, so lassen wir die Kante p ohne Vorzeichen. Benutzen wir das Lemma 3, §1 wörtlich genau so wie im Beweis von Satz 1, §3, dann überzeugen wir uns, daß wenn irgendeine Seitenfläche auf P bezeichnete Kanten hat, die Anzahl ihrer Zeichenwechsel beim Umlaufen dieser Seitenfläche mindestens vier beträgt. Insbesondere treten um jede Seitenfläche des dritten Typus immer vier Zeichenwechsel auf.

Infolge der Bedingung 2) des Satzes bilden die Randkanten einer beliebigen äußeren Seitenfläche Q des Polyeders P einen Streckenzug. Auf Grund derselben Bedingung sind alle Randkanten einer äußeren Seitenfläche des Polyeders P_1 nicht größer oder nicht kleiner als die Kanten der parallelen äußeren Seitenfläche des Polyeders P_2. Daher treten in der Folge der Randkanten der Seitenfläche Q keine Zeichenwechsel auf. Dies gilt um so mehr, wenn Q eine Seitenfläche des dritten Typus ist: in diesem Fall ist sie ein Parallelogramm und besitzt nur eine Randkante.

Wir nehmen nun ein zweites Exemplar P' desselben Polyeders P mit derselben Zeichenverteilung auf seinen Kanten. Wir identifizieren seine Randkanten mit den entsprechenden Randkanten des Polyeders P. Danach schließen wir die identifizierten Randkanten und auch ihre Endpunkte aus, so daß die Paare von Kanten der Polyeder P und P', die an deren Ränder heranreichen, zu einer Kante verschmelzen, wenn man nur ihre Endpunkte als solche aufhebt, d.h. so daß sie die Kante nicht begrenzen. Das so gewonnene abstrakte Polyeder $P + P'$ ist offensichtlich einer Sphäre homöomorph und besitzt keine Ecken, in denen nur je zwei Kanten zusammentreffen.

Das Polyeder $P+P'$ hat zwei Typen von Seitenflächen: die einen entsprechen den Seitenflächen auf P oder P', die keine Randkanten besaßen; die anderen sind jeweils aus zwei Exemplaren ein und derselben berandenden Seitenfläche des Polyeders P gebildet: das eine Exemplar gehört P an, das andere P'; sie wurden infolge der Identifizierung und des anschließenden Ausschlusses der Randkanten zu einer einzigen Seitenfläche.

Wir nehmen an, es gäbe auf $P+P'$ eine Seitenfläche mit bezeichneten Kanten. Ist dies eine Seitenfläche der ersten Art, so treten um sie mindestens vier Zeichenwechsel auf. Sie möge nun eine Seitenfläche des zweiten Typus sein; man kann sie dann mit $Q+Q'$ bezeichnen, wobei Q und Q' die sie bildenden berandenden Seitenflächen der Polyeder P und P' sind. Bei der Bildung von $Q+Q'$ wurden die Randkanten der Seitenfläche Q ausgeschlossen. Wie schon vermerkt wurde, gibt es aber auf diesen Kanten keine Zeichenwechsel; bei ihrem Ausschluß schlossen wir daher höchstens zwei Zeichenwechsel aus: einen beim Übergang zu diesen Kanten, den anderen beim Übergang von ihnen zu den folgenden. Folglich bleiben im restlichen Teil der Kontur der Seitenfläche Q mindestens zwei Zeichenwechsel übrig. Da aber die Seitenfläche Q' lediglich das zweite Exemplar derselben Seitenfläche Q ist, so gilt für sie dasselbe. Im Ergebnis haben wir beim Umlaufen von $Q+Q'$ mindestens vier Zeichenwechsel.

Also muß es um jede Seitenfläche des Polyeders $P+P'$, die mit Vorzeichen versehene Kanten hat, mindestens vier Zeichenwechsel geben. Aber genauso wie im Beweis von Satz 1, §3 überzeugen wir uns beim Übergang zum dualen Polyeder, daß es dem Cauchyschen Lemma zufolge überhaupt keine bezeichneten Kanten geben darf, d.h. alle Kanten der ursprünglichen Polyeder P_1 und P_2 müssen entsprechend kongruent sein. (Insbesondere gibt es überhaupt keine Seitenflächen des dritten Typus, welche durch die Halbsumme nicht-paralleler Kanten gebildet werden.) Hieraus folgt unmittelbar, daß die Polyeder P_1 und P_2 kongruent sind und parallel liegen, w. z. b. w.

Außer den Sätzen 1a und 2 sind uns keine anderen Sätze ähnlicher Art für Polyeder mit Rand bekannt.

§ 6. Verallgemeinerungen

1. Dem Satz über geschlossene Polyeder in §3 entspricht im Fall gekrümmter Flächen der folgende Satz:

Haben zwei analytische geschlossene Flächen mit überall positiver Krümmung die Eigenschaft, daß sich ihre Dupinschen Indikatrizen in jedem beliebigen Punktepaar mit parallelen äußeren Normalen nicht durch Parallelverschiebung ineinander einlagern lassen, so sind die Flächen kongruent und liegen parallel.

Mit anderen Worten, zwei analytische geschlossene Flächen mit überall positiver Krümmung sind entweder kongruent und parallel gelegen, oder sie enthalten solche Punkte mit parallelen Normalen, in welchen sich die Dupinschen Indikatrizen durch Parallelverschiebung eine in die andere einlagern lassen.

Die Dupinsche Indikatrix im Punkt A einer Fläche F ist, etwas ungenau ausgedrückt, eine Figur, die sich durch den Schnitt der Fläche F mit einer Ebene ergibt, die der Tangentenebene im Punkt A parallel und unendlich nahe ist. Der Schnitt eines Polyeders mit einer Ebene, die der Ebene der Seitenfläche parallel und ihr unendlich nahe ist, ist offenbar diese Seitenfläche selbst. Aus dieser Gegenüberstellung wird die Analogie des Satzes über Flächen zu dem Satz über Polyeder besonders klar.

Der Beweis des Satzes geht von der Untersuchung der Differenz der Stützfunktionen zweier Flächen aus und gründet sich wesentlich auf einfache geometrische Überlegungen, die jedoch nur dank der Voraussetzung des analytischen Charakters der Flächen zu einem Ergebnis führen.[1] Die Aufgabe, diese schwerwiegende Forderung zu beseitigen, ist wichtig,

---

[1] Siehe A. D. Alexandrow [33]. In dieser Arbeit wird der Satz in anderer Formulierung bewiesen, welche der hier gegebenen jedoch äquivalent ist.

aber auch schwierig. Um so beachtenswerter wäre es, wenn man einen solchen Satz formulierte und bewiese, welcher, während er für beliebige geschlossene konvexe Flächen ohne irgendwelche Regularitätsbedingungen gilt, als Spezialfälle den gegebenen Satz über analytische Flächen und den Satz in §3 über Polyeder enthält.

Dem Satz über Flächen kann man eine etwas schwächere analytische Formulierung geben.

Es sei $f(x,y;\mathfrak{n})$ eine Funktion des Einheitsvektors $\mathfrak{n}$ und zweier skalarer Veränderlicher, welche im Gebiet $x \geq y$ definiert und monoton ist, d.h. für jedes $\mathfrak{n}$ ist $f(x_1, y_1; \mathfrak{n}) > f(x_2, y_2; \mathfrak{n})$, wenn $x_1 > x_2$, $y_1 \geq y_2$ oder $x_1 \geq x_2$, $y_1 > y_2$ ist. Es seien F_1, F_2 zwei reguläre geschlossene konvexe Flächen und $R_1 \geq R_1'$, $R_2 \geq R_2'$ ihre Hauptkrümmungsradien in den Punkten mit den parallelen äußeren Normalen $\mathfrak{n}$. Ist für jedes $\mathfrak{n}$, d.h. für jedes solche Punktepaar, $f(R_1, R_1'; \mathfrak{n}) = f(R_2, R_2'; \mathfrak{n})$, so sind die Flächen kongruent und liegen parallel.[1] Mit anderen Worten, die Fläche wird durch die Vorgabe von $f(R, R'; \mathfrak{n})$ als einer Funktion der Normalen (d.h. $f = g(\mathfrak{n})$) bis auf Parallelverschiebungen eindeutig bestimmt.

Der Zusammenhang dieser Formulierung mit der ursprünglichen geometrischen erklärt sich aus folgender Überlegung. Ist $f(R_1, R_1'; \mathfrak{n}) = f(R_2, R_2'; \mathfrak{n})$ und, sagen wir, $R_1 > R_2$, so muß infolge der Monotonie der Funktion f $R_1' < R_2'$ sein. Wie bekannt, sind aber die Hauptkrümmungsradien den Quadraten der Halbachsen derjenigen Ellipse gleich, welche die DUPINsche Indikatrix darstellt. Haben aber bei zwei Ellipsen die Differenzen der Achsen verschiedene Vorzeichen, so lassen sich diese Ellipsen nicht durch Parallelverschiebung eine in die andere einlagern. (Es ist wichtig, daß die große Achse mit der großen und die kleine mit der kleinen verglichen wird, weil nach Voraussetzung $R \geq R'$ ist.) Die Umkehrung gilt im allgemeinen nicht, und darum ist die geometrische Formulierung wesentlich allgemeiner als die analytische.

Der angegebene Satz enthält eine unbeschränkte Menge besonderer Sätze, die man bei spezieller Wahl der Funktion $f(x, y; \mathfrak{n})$ gewinnt. Der erste dieser besonderen Sätze wurde im Jahre 1867 von CHRISTOFFEL bewiesen; in ihm ist $f = x + y$, d.h. es handelt sich um die Kongruenz von Flächen mit gleichen Summen der Hauptkrümmungsradien. Das nächste Ergebnis ist der Satz MINKOWSKIS aus dem Jahre 1899, wo $f = xy$ ist, d.h. es handelt sich um die Kongruenz von Flächen mit gleichen Produkten der Hauptkrümmungsradien, oder, was gleichbedeutend ist, mit gleichen GAUSSschen Krümmungen. Dieser Satz steht dem Satz MINKOWSKIS über die Kongruenz von Polyedern mit flächengleichen Seitenflächen nahe, weil die GAUSSsche Krümmung gleich dem Verhältnis unendlich kleiner Flächeninhalte auf dem sphärischen Bild und auf der Fläche ist, d.h. sie bestimmt die Abhängigkeit der Flächeninhalte auf einer Fläche von dem sphärischen Bild; damit erfüllt ihre Angabe dieselbe Rolle, welche die Angabe des Flächeninhalts einer Seitenfläche als Funktion der Normalen spielt.

Es lassen sich noch einige neuere spezielle Ergebnisse nennen, die sozusagen in unserem Satz mit enthalten sind.

Die gegebene analytische Formulierung erlaubt eine Reihe von Varianten je nach den Regularitätsbedingungen, die der Funktion f und den Flächen F_1, F_2 auferlegt werden.

Verlangt man, daß die Flächen F_1, F_2 analytisch sind, so kann die Funktion $f(x,y;\mathfrak{n})$ völlig willkürlich sein, wenn man von der Notwendigkeit der Bedingung der Monotonie in x, y absieht; sie braucht z.B. sogar bezüglich $\mathfrak{n}$ nicht meßbar zu sein.

---

[1] Hier kann man auch nicht-konvexe Flächen betrachten, jedoch nur solche, von denen jede eine Hüllfläche der Familie der Ebenen $\mathfrak{n}\mathfrak{x} = h(\mathfrak{n})$ ist, wobei $h(\mathfrak{n})$ eine Funktion des Einheitsvektors $\mathfrak{n}$ ist, die für alle $\mathfrak{n}$ bestimmt, eindeutig und analytisch ist. Bei einer solchen Fläche bedecken die Normalen $\mathfrak{n}$ ihrer Tangentenebenen eindeutig die ganze Sphäre. Ist sie nicht konvex, so hat sie daher Rückkehrkanten. Das wird nicht ausgeschlossen; in den entsprechenden Punkten existieren Krümmungsradien, aber mindestens einer von ihnen wird zu Null.

Verlangt man, daß die Funktion f dreifach stetig differenzierbar ist und der Forderung der „eigentlichen“ Monotonie: $\frac{\partial f}{\partial x}, \frac{\partial f}{\partial y} > 0$ genügt, so genügt es, von den Flächen F_1, F_2 vierfache Differenzierbarkeit zu verlangen.[1]

Ich hege die Überzeugung, daß die Funktion f völlig willkürlich sein kann und daß es genügt, von den Flächen zweimalige Differenzierbarkeit zu verlangen, wenn nur Hauptkrümmungsradien existieren. Die Versuche, den Satz in dieser allgemeinen Form zu beweisen, blieben jedoch bisher ergebnislos.

Der Satz führt in seiner analytischen Form auf die Frage nach der Eindeutigkeit der Lösung einer partiellen Differentialgleichung. Als Funktion, welche eine Fläche vorgibt, wählen wir die Stützfunktion für die Einheitsvektoren $h(\mathfrak{n}) = h(\xi, \eta)$, d.h. die Entfernung des Ursprungs von der Tangentenebene als Funktion der Normalen $\mathfrak{n}$ oder der Koordinaten ξ, η auf der Einheitssphäre. Die Hauptkrümmungsradien werden durch $h(\xi, \eta)$ und ihre Ableitungen bis zur zweiten Ordnung ausgedrückt [32]. Daher ist die Angabe von $f(R, R'; \mathfrak{n})$ als Funktion der Normalen, d.h. von $f(R, R'; \mathfrak{n}) = g(\mathfrak{n})$ äquivalent der partiellen Differentialgleichung zweiter Ordnung:

$$\Phi(h_{\xi\xi}, \ldots, h;\ \xi, \eta) = g(\xi, \eta)\,.$$

Es handelt sich um die Eindeutigkeit der Lösung dieser Gleichung auf der ganzen Sphäre bis auf einen Summanden $\mathfrak{a}\,\mathfrak{n}$, der einer Verschiebung entspricht. Dies ist eine Gleichung von hinreichend allgemeiner Form, insofern als die Funktion f lediglich der Bedingung der wesentlichen Monotonie $\frac{\partial f}{\partial x}, \frac{\partial f}{\partial y} > 0$ unterworfen ist. Aus dieser Bedingung ergibt sich, daß die Gleichung von elliptischem Typus ist.[2]

2. Für Flächen mit Rand und unendliche Flächen kann man Sätze formulieren, die den Sätzen 1 und 1a, §5 völlig analog sind. So haben wir analog zu Satz 1a folgenden Satz:

Es seien F_1 und F_2 zwei konvexe Flächen mit gemeinsamem sphärischen Bild, welches in einer Halbsphäre enthalten ist. Bei diesen Flächen mögen 1. die Tangentenebenen in den Randpunkten zusammenfallen, 2. in den inneren Punkten mit parallelen äußeren Normalen die Dupinschen Indikatrizes sich nicht eine ins Innere der anderen einlagern lassen.

Dann fallen die Flächen zusammen (eindeutig bis auf diejenigen ihrer Teile, die in Ebenen liegen, welche in Randpunkten berühren).

Der Beweis ist dem Beweis von Satz 1, §5 analog. Wir bezeichnen die Stützfunktionen der Flächen F_1, F_2 mit $h_1(\mathfrak{n})$, $h_2(\mathfrak{n})$ und konstruieren für jeden Einheitsvektor $\mathfrak{n}$ den Punkt, welcher der Endpunkt des Vektors $\varphi(\mathfrak{n})\,\mathfrak{n}$ ist, wobei $\varphi(\mathfrak{n}) = \frac{1}{h_1(\mathfrak{n}) - h_2(\mathfrak{n})}$ ist. Der geometrische Ort R dieser Punkte mit $\varphi(\mathfrak{n}) > 0$ (oder < 0) muß Stützebenen haben. Er erweist sich jedoch als Fläche nicht-positiver Krümmung und kann keine Stützebenen haben, ausgenommen den Fall, daß er selbst in eine Ebene ausartet. Dann ist aber $h_1(\mathfrak{n}) = h_2(\mathfrak{n})$, und die Flächen fallen zusammen.

Der Satz läßt sich zusammen mit dem skizzierten Beweis wörtlich auf Flächen im n-dimensionalen Raum verallgemeinern. Im Unterschied zum Fall einer geschlossenen Fläche spielen hier Regularitätsvoraussetzungen keinerlei Rolle.

Ob der gegebene Satz sich auch auf Flächen ausdehnen läßt, deren sphärisches Bild in einer abgeschlossenen Halbsphäre, jedoch nicht in ihrem Inneren enthalten ist, ist unbekannt. Für Flächen mit einem sphärischen Bild, das nicht in einer Halbsphäre liegt, ist er, wie man vermuten kann, ungültig; im übrigen müßte man zur Erhärtung hierfür ein entsprechendes Beispiel finden.

---

[1] Dies ist die größte bisher erreichte Abschwächung der den Flächen auferlegten Bedingungen, die von A. W. Pogorelow erreicht wurde; s. seine Note [34]. Ein Ergebnis mit stärkeren Forderungen gewann ich erstmalig in der Arbeit [35]. Einen anderen Beweis gab ich in meiner Arbeit [36].

[2] Siehe A. W. Pogorelow [26].

3. Es gelingt nicht, die in Nr. 1 angeführten Sätze über geschlossene Flächen auf mehrdimensionale Räume zu verallgemeinern. Ob dies durch einen Mangel der Methode hervorgerufen wird oder ob die Verallgemeinerung selbst unmöglich ist, wissen wir nicht. Die Unmöglichkeit einer Verallgemeinerung des Satzes über geschlossene Polyeder in §3 wurde schon am Beispiel in §3 festgestellt. Dort wurde gezeigt, daß nichtsdestoweniger der Satz MINKOWSKIS über die Kongruenz von Polyedern mit paarweise parallelen und flächengleichen Seitenflächen in einem Raum beliebiger Dimension gilt. Es sind keine anderen Sätze dieser Art mit anderen monotonen Funktionen der Seitenflächen anstatt des Flächeninhalts bekannt.[1]

Für geschlossene konvexe Flächen des n-dimensionalen Raums läßt sich ein hinreichend allgemeiner Satz formulieren. Für reguläre Flächen reduziert er sich auf die Behauptung:

Sind bei zwei geschlossenen konvexen Flächen in Punkten mit parallelen äußeren Normalen die gegebenen elementar-symmetrischen Funktionen der Hauptkrümmungsradien gleich, so sind die Flächen kongruent und liegen parallel. (Elementarsymmetrische Funktionen von $R_1, R_2, \ldots, R_{n-1}$ sind die Koeffizienten eines Polynoms mit den Wurzeln $R_1, \ldots, R_{n-1}$.)

Führt man an Stelle der Funktionen der Krümmungsradien die entsprechenden Mengenfunktionen auf der Sphäre ein, so kann man diesen Satz auf konvexe Flächen verallgemeinern, die keinen Regularitätsbedingungen unterworfen sind. Eben in dieser allgemeinen Form wurde der Satz von mir erstmalig aufgestellt. [20][2]

Es ist insbesondere das Integral des Produkts der Hauptkrümmungsradien einer Fläche Φ über der Menge der Normalen, d.h. über der betreffenden Menge auf der Einheitssphäre, der Flächeninhalt der entsprechenden Menge auf der Fläche. Wird es als Mengenfunktion auf der Sphäre betrachtet, so ist es die „Flächenfunktion" $F_\Phi(M)$. Die allgemeine Definition dieser Funktion wurde in Kap. II, §7, Nr. 2 gegeben.

Der eben erwähnte Satz enthält die Behauptung, daß willkürliche geschlossene konvexe Flächen mit gleichen Flächenfunktionen kongruent sind und parallel liegen.

Dies ist eine direkte Verallgemeinerung des MINKOWSKIschen Satzes über Polyeder auf willkürliche konvexe Flächen. Die Beweise der genannten Sätze gründen sich auf die sogenannte Theorie der gemischten Volumina, deren ursprünglicher Begriff in Kap. VIII, § 3 gegeben wird.

4. Auf den ersten Blick mag die Verallgemeinerung der Sätze dieses Kapitels auf Polyeder im nichteuklidischen Raum angesichts des Fehlens der Parallelverschiebung in einem solchen Raum ganz sinnlos scheinen. Definiert man jedoch den Parallelitätsbegriff in projektiven Begriffen, so stellt sich die Aufgabe nicht so absurd dar. Und zwar bedeutet in die projektive Sprache übertragen die paarweise Parallelität der Seitenflächen, daß sich die Ebenen der Seitenflächen paarweise in Geraden schneiden, die in einer (unendlich weit entfernten) Ebene liegen. Diese Bedingung läßt sich schon auf den sphärischen und den LOBATSCHEWSKIschen Raum übertragen. Dann kann man z.B. folgende Frage stellen: Es seien die Seitenflächen zweier sphärischer Polyeder einer entsprechenden Lagebedingung unterworfen, und sie mögen entsprechend gleiche Flächeninhalte haben. Gibt es dann eine gewisse einfache Transformation, welche ein Polyeder in das andere überführt, so wie dies eine Verschiebung im euklidischen Raum bewirkt? Diese Frage erscheint nicht sinnlos. Es kann sich jedoch zeigen, daß es keine solche einfache Transformation gibt, und dann wird die Frage uninteressant.

---

[1] Eine gewisse Verallgemeinerung des Satzes von MINKOWSKI kann man erhalten, wenn man von vornherein voraussetzt, daß die Polyeder P und P' gleichartige Struktur aufweisen. Jedoch erscheint uns dieses Ergebnis nicht interessant. Die Gleichheitsbedingung besteht hier in der Gleichheit der gemischten Flächeninhalte der Seitenflächen der Polyeder P, P' und der gegebenen Polyeder $P_1, \ldots, P_m$ derselben Struktur:

$$F_j(\underbrace{P\ldots P}_{n-m-1},\ P_1\ldots P_m) = F_j(\underbrace{P'\ldots P'}_{n-m-1},\ P_1\ldots P_m)$$

(s. Kap. VII, §2). Ohne die Voraussetzung einer gleichartigen Struktur gilt der Satz nicht.

[2] Im dritten Teil dieser Arbeit ist ein sogar wesentlich allgemeineres Ergebnis aufgestellt [37].

KAPITEL VII

EXISTENZSÄTZE FÜR POLYEDER MIT VORGEGEBENEN STELLUNGEN DER SEITENFLÄCHEN

§ 1. Die Existenz eines Polyeders mit gegebenen Flächeninhalten der Seitenflächen

1. Wir beweisen hier den Satz MINKOWSKIS.

Satz. *Sind* $\mathfrak{n}_1, \ldots, \mathfrak{n}_m$ *nicht-komplanare Einheitsvektoren und* $F_1, \ldots, F_m$ *solche positiven Zahlen, daß* $\sum_{i=1}^{m} F_i \mathfrak{n}_i = 0$ *ist, so existiert ein geschlossenes konvexes Polyeder, bei dem* $\mathfrak{n}_i$ *und* F_i *die äußeren Normalen und die Flächeninhalte seiner Seitenflächen sind.* (Nach Kap. VI, § 3, Satz 1 ist ein solches Polyeder bis auf Parallelverschiebungen eindeutig bestimmt. Hier und überall weiterhin versteht es sich ohne besondere zusätzliche Abmachungen, daß alle Vektoren $\mathfrak{n}_i$ verschieden sind.

Wie schon in Kap. II, § 2, Nr. 3 bemerkt wurde, sind die den Vektoren $\mathfrak{n}_i$ und den Zahlen F_i auferlegten Bedingungen offenbar dafür notwendig, daß diese Vektoren und Zahlen entsprechend als Normalen und Flächeninhalte der Seitenflächen eines geschlossenen konvexen Polyeders dienen können. Insbesondere bedeutet die Bedingung $\sum_{i=1}^{m} F_i \mathfrak{n}_i = 0$, daß der vektorielle Flächeninhalt des geschlossenen Polyeders gleich Null ist. Der MINKOWSKIsche Satz behauptet zugleich den hinreichenden Charakter dieser Bedingungen.

Wir machen auf einen im weiteren wichtigen Umstand aufmerksam: *aus den Bedingungen, die* $\mathfrak{n}_i$ *und* F_i *auferlegt sind, folgt, daß die Vektoren* $\mathfrak{n}_i$ *nicht in einen Halbraum weisen.* Sonst könnte der Vektor $\sum_{i=1}^{m} F_i \mathfrak{n}_i$ nicht gleich Null sein, da alle $F_i > 0$ sind.

In Übereinstimmung hiermit kann man im Satz MINKOWSKIS von vornherein fordern, daß die Vektoren $\mathfrak{n}_i$ nicht in einen (abgeschlossenen) Halbraum weisen; dann sind sie auch nicht komplanar.

2. Bevor wir uns dem Beweis des MINKOWSKIschen Satzes zuwenden, beweisen wir zwei Lemmas.

Lemma 1. *Welcher Art die nicht-komplanaren Vektoren* $\mathfrak{n}_i$ *auch sein mögen, es existiert ein konvexes Polyeder, bei welchem diese Vektoren Normalen der Seitenflächen sind. Weisen die Vektoren nicht in einen abgeschlossenen Halbraum, so ist jedes solche Polyeder geschlossen, im entgegengesetzten Fall ist es unendlich.*

Von einem gewissen Punkt O aus ziehen wir Strahlen l_i in Richtung der Vektoren $\mathfrak{n}_i$, und jeden Strahl l_i schneiden wir mit einer Ebene Q_i, die zu ihm senkrecht ist. Diese Ebenen beranden ein gewisses körperliches Polyeder. Bei willkürlicher Auswahl der Ebenen Q_i brauchen jedoch einige von ihnen das Polyeder P auch nicht zu berühren. Wählt man aber die Ebenen Q_i so aus, daß sie irgendeine Kugel, deren Mittelpunkt im Punkt O liegt, berühren, so ergibt offensichtlich jene Ebene Q_i auf dem Polyeder P_0 eine Seitenfläche, so daß ein solches einer Kugel umbeschriebenes Polyeder eine Seitenfläche zu jeder Normalen $\mathfrak{n}_i$ hat. Da die Vektoren $\mathfrak{n}_i$ nicht komplanar sind, reduziert sich dieses Polyeder nicht auf ein unendliches Prisma.

Weisen die Vektoren $\mathfrak{n}_i$ und damit auch die Strahlen l_i nicht in einen abgeschlossenen Halbraum, so findet sich für jeden von O aus gezogenen Strahl l ein Strahl l_i, der mit l einen spitzen Winkel bildet. In diesem Fall schneidet die Ebene Q_i den Strahl l. Folglich enthält das von diesen Ebenen berandete Polyeder P keinen Strahl und ist somit endlich. Weisen aber die Strahlen l_i in einen Halbraum, so bildet der Strahl l, welcher zur berandenden Ebene dieses Halbraumes senkrecht ist und in den entgegengesetzten Halbraum weist, mit allen l_i stumpfe oder rechte Winkel. Daher kann keine Ebene Q diesen Strahl l schneiden. Infolgedessen enthält das Polyeder P den Strahl l und ist somit unendlich.

Lemma 2. *Bei jedem geschlossenen konvexen Polyeder, dessen Flächeninhalt nicht größer als ein gegebenes F ist und bei dem der Flächeninhalt jeder Seitenfläche nicht kleiner als ein gegebenes $f > 0$ ist, sind die Stützzahlen nur in Abhängigkeit von F und f beschränkt, wenn der Ursprung innerhalb des Polyeders gewählt ist.*

Dieses Lemma läßt sich auf verschiedene Arten beweisen; insbesondere läßt es sich leicht aus der Maximaleigenschaft der Kugel ableiten, bei gegebenem Volumen den kleinsten Flächeninhalt zu besitzen.[1] Die angeführte Eigenschaft der

[1] Wegen dieser Eigenschaft der Kugel gilt für jeden konvexen Körper eine gewisse Ungleichung zwischen dem Flächeninhalt F und dem Rauminhalt V:

$$36\pi V^2 \leq F^3. \qquad (*)$$

Der Ursprung möge innerhalb des gegebenen Polyeders P liegen und F_i sei der Flächeninhalt, h_i die Stützzahl irgendeiner Seitenfläche dieses Polyeders. Dann enthält es eine Pyramide mit der Höhe h_i und der Grundfläche F_i; und daher ist sein Rauminhalt $V \geq \frac{1}{3} h_i F_i$. Andererseits ist nach der Ungleichung (*) $V \leq \frac{F^{3/2}}{6\sqrt{\pi}}$. Daher ist $h_i \leq \frac{F^{3/2}}{2\sqrt{\pi}F_i}$, so daß, wenn $F_i > f$ ist

$$h_i < \frac{F^{3/2}}{2\sqrt{\pi}f} \qquad (**)$$

ist, bei beliebigem i, w. z. b. w. Aus dem weiter unten folgenden Satz erhalten wir jedoch die Abschätzung $h_i < \frac{F}{\sqrt{\pi F_i}}$ bei beliebigem i und folglich $h_i < \frac{F}{\sqrt{\pi f}}$ oder

$$h_i < \frac{F\sqrt{f}}{\sqrt{\pi}f}. \qquad (***)$$

Aber es ist $f < \frac{1}{4} F$, da die Anzahl der Seitenflächen nicht kleiner als vier ist; daher ist die Abschätzung (***) genauer als (**); ist f im Vergleich zu F klein, so gilt sicher, wenn die Anzahl der Seitenflächen groß ist, daß die Abschätzung (***) viel genauer ist als (**).

Kugel läßt sich jedoch erstens nur umständlich beweisen, und zweitens läßt sich aus ihr nur eine grobe Abschätzung für die Stützzahlen des Polyeders in Abhängigkeit von F und f ableiten. Daher gewinnen wir Lemma 2 als Folge eines Satzes, der bei elementarem Beweis eine genaue Abschätzung für die Stützzahlen (richtiger die Breite) des Polyeders gibt.

Satz. *Als Breite eines Polyeders in einer gegebenen Richtung bezeichnen wir den Abstand zwischen seinen Stützebenen, die zu dieser Richtung senkrecht sind.*

Es sei F der Flächeninhalt eines geschlossenen konvexen Polyeders P, F_i der Flächeninhalt irgendeiner seiner Seitenflächen, B_i seine Breite in der zu dieser Seitenfläche senkrechten Richtung. Es gilt dann die Ungleichung

$$B_i < \frac{F - F_i}{\sqrt{\pi F_i}} \tag{1}$$

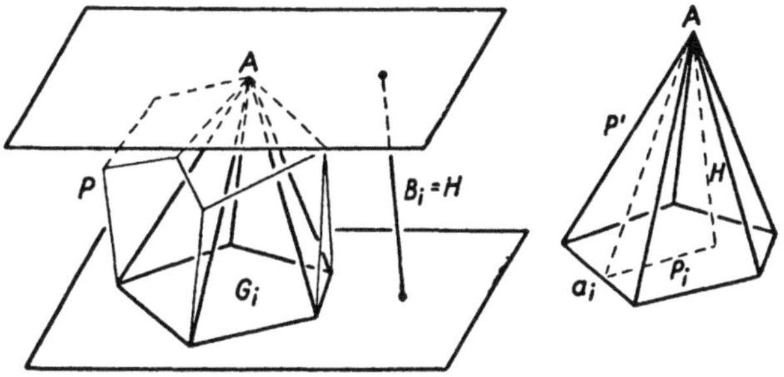

Abb. 131

(wobei diese Ungleichung genau ist in dem Sinne, daß Polyeder existieren, für welche der Bruch $\frac{\sqrt{\pi}\, B_i \sqrt{F_i}}{F - F_i}$ beliebig nahe an 1 herankommt).

G_i sei die gewählte Seitenfläche des Polyeders P. A sei ein Punkt, in welchem es die Stützebene berührt, die G_i parallel, aber gegenübergelegen ist. Wir konstruieren die Pyramide P' mit der Grundfläche G_i und der Ecke A (Abb. 131). Ihre Breite in der zur Seitenfläche G_i senkrechten Richtung ist offensichtlich dieselbe B_i wie auch beim ursprünglichen Polyeder P; die Seitenfläche G_i haben P und P' gemeinsam, aber der ganze Flächeninhalt F' der Pyramide P' ist nicht größer als der Flächeninhalt des Polyeders P. Stellen wir daher die Ungleichung (1) für die Pyramide P' auf, so gilt sie um so mehr für das Polyeder P.

Damit ist bewiesen, daß es genügt, die Ungleichung (1) für eine Pyramide zu beweisen, wobei man unter F_i und B_i entsprechend den Flächeninhalt S ihrer Grundfläche G_i und die Höhe H verstehen muß.

Wir betrachten also die Pyramide P'. $a_1, \ldots, a_n$ seien die Seiten ihrer Grundfläche, $p_1, \ldots, p_n$ deren Abstände von der Projektion der Spitze der Pyramide auf die Ebene der Grundfläche. Dann ist die Höhe der i-ten Seitenfläche gleich $\sqrt{H^2 + p_i^2}$, und ihr Flächeninhalt $\frac{1}{2}\, a_i \sqrt{H^2 + p_i^2}$. Daher ist der Flächeninhalt der

Mantelfläche der Pyramide (der volle Flächeninhalt F nach Abzug der Grundfläche S)

$$F - S = \frac{1}{2} \sum_{i=1}^{n} a_i \sqrt{H^2 + p_i^2}, \tag{2}$$

woraus

$$\frac{F-S}{H\sqrt{S}} = \frac{\sum_{i=1}^{n} a_i \sqrt{H^2 + p_i^2}}{2H\sqrt{S}} = \frac{\sum_{i=1}^{n} a_i \sqrt{1 + \frac{p_i^2}{H^2}}}{2\sqrt{S}} \tag{3}$$

folgt. Aber offensichtlich ist $\sum_{i=1}^{n} a_i \sqrt{1 + \frac{p_i^2}{H^2}} > \sum_{i=1}^{n} a_i = L$, wobei L der Umfang der Grundfläche der Pyramide ist. Daher ergibt (3)

$$\frac{F-S}{H\sqrt{S}} > \frac{L}{2\sqrt{S}}. \tag{4}$$

Und da bei gegebenem Umfang der Kreis, für welchen $L^2 = 4\pi S$ ist, den größten Flächeninhalt besitzt, so gilt immer[1]

$$\frac{L}{2\sqrt{S}} > \sqrt{\pi}, \tag{5}$$

und aus (4) folgt, daß

$$\frac{F-S}{H\sqrt{S}} > \sqrt{\pi} \tag{6}$$

ist. Dies ist die geforderte Ungleichung (1) für $S = F_i$ und $H = B_i$.

Aus dieser Ableitung wird klar, daß man in jeder der Ungleichungen (4), (5) und (6) sich der Gleichung beliebig annähern kann; man muß nur eine reguläre Pyramide mit genügend großer Seitenzahl und genügend großer Höhe wählen. Damit ist die zusätzliche Behauptung von der Genauigkeit der Ungleichung (1) ebenfalls bewiesen.

Das oben formulierte Lemma 2 ist in der Ungleichung (1) schon eingeschlossen. Liegt nämlich der Ursprung im Polyeder P, so ist die Stützzahl h_i der Seitenfläche G_i nicht größer als die Breite des Polyeders in der zur Seitenfläche G_i senkrechten Richtung, und da gemäß (1) $B_i < \frac{F}{\sqrt{\pi F_i}}$ ist, so gilt um so mehr $h_i < \frac{F}{\sqrt{\pi F_i}}$. Sind aber die Flächeninhalte aller Seitenflächen nicht kleiner als f,

---

[1] Um eine grobere Abschätzung zu gewinnen, kann man auch ohne die angeführte Maximaleigenschaft des Kreises auskommen. Ein Polygon vom Umfang L läßt sich sicher in ein Quadrat mit der Seite $\frac{1}{2} L$ einlagern, da seine maximale Breite nicht größer als die Hälfte des Umfangs sein kann. Als seinen Flächeninhalt haben wir daher $S < \frac{1}{4} L^2$ oder $\frac{L}{2\sqrt{S}} > 1$. Auf diese Weise ergibt diese schon ganz elementare Ableitung $\frac{F-S}{H\sqrt{S}} > 1$. Analog erhalten wir im n-dimensionalen Raum $F - S > HS^{\frac{n-2}{n-1}}$.

so schließen wir, daß die Stützzahlen aller Seitenflächen ein und derselben Ungleichung

$$h_i < \frac{F}{\sqrt{\pi f}}$$

genügen, wie dies auch Lemma 2 behauptet.

3. Unter Anwendung des Abbildungslemmas (Kap. II, § 2) beweisen wir nun den Satz MINKOWSKIS.

Es seien die Einheitsvektoren $\mathfrak{n}_1, \ldots, \mathfrak{n}_m$ gegeben, die nicht in einen abgeschlossenen Halbraum weisen. Nach Lemma 1 existieren geschlossene konvexe Polyeder, für welche diese Vektoren die Normalen der Seitenflächen sind. Jedes solche Polyeder wird bestimmt durch seine m Stützzahlen $h_1, \ldots, h_m$, und daher läßt es sich als Punkt im m-dimensionalen Raum R^m mit den Koordianten $h_1, \ldots, h_m$ darstellen.

Bei genügend kleinen Parallelverschiebungen der das Polyeder berandenden Ebenen verschwindet offensichtlich keine seiner Seitenflächen. Sind daher $h_1^0, \ldots, h_m^0$ die Stützzahlen irgendeines gegebenen Polyeders, so sind die Zahlen $h_1, \ldots, h_m$, die diesen $h_1^0, \ldots, h_m^0$ genügend nahe sind, auch Stützzahlen eines gewissen der betrachteten Polyeder. Folglich läßt sich die Menge aller betrachteten Polyeder auf eine offene Menge $\mathfrak{P}_0$ in unserem m-dimensionalen Raum R^m abbilden.

Wir dürfen jedoch Polyeder nicht unterscheiden, die sich durch Parallelverschiebung auseinander ergeben, da die Normalen und Flächeninhalte der Seitenflächen ein Polyeder nur eindeutig bis auf Parallelverschiebungen angeben. Daher dürfen wir nicht die Menge $\mathfrak{P}_0$ selbst betrachten, sondern die Mannigfaltigkeit $\mathfrak{P}$ von Klassen kongruenter und paralleler Polyeder. Wir wollen diese Mannigfaltigkeit definieren.

Verschiebt man eine Ebene mit der Normalen $\mathfrak{n}$ um den Vektor $\mathfrak{a}$, so erhält ihr Abstand vom Ursprung den Summanden $\mathfrak{a}\,\mathfrak{n}$. Bei einer Verschiebung des Polyeders um den Vektor $\mathfrak{a}$ erhält daher jede seiner Stützzahlen h_i den Summanden $\mathfrak{a}\,\mathfrak{n}_i$. Eine Klasse kongruenter und paralleler Polyeder zeichnet sich folglich dadurch aus, daß deren Stützzahlen die Form $h_i^0 + \mathfrak{x}\,\mathfrak{n}_i$ haben, wobei h_i^0 ($i = 1, \ldots, m$) die Stützzahlen eines der Polyeder dieser Klasse sind und $\mathfrak{x}$ ein willkürlicher Vektor ist. Die Gleichungen

$$h_i = h_i^0 + \mathfrak{x}\,\mathfrak{n}_i = h_i^0 + x\,n_{ix} + y\,n_{iy} + z\,n_{iz} \qquad (i = 1, \ldots, m)$$

bestimmen bei gegebenen h_i^0 im Raum R^m einen dreidimensionalen Raum. Ganz R^m kann in solche dreidimensionalen Räume zerlegt werden; sie sind einander alle parallel und bilden eine $(m - 3)$-dimensionale Mannigfaltigkeit R^{m-3}. Man kann sich vorstellen, daß R^m sich in R^{m-3} längs diesen dreidimensionalen Räumen projizieren läßt.[1] Dann wird die Polyedermenge $\mathfrak{P}_0$ in die Menge $\mathfrak{P}$ von

[1] Dies ist ähnlich der Tatsache, daß ein dreidimensionaler Raum sich in parallele Ebenen zerlegen läßt, welche eine eindimensionale Mannigfaltigkeit bilden. Längs diesen Ebenen läßt sich der Raum in eine Gerade projizieren.

Klassen kongruenter und paralleler Polyeder projiziert. Da $\mathfrak{P}_0$ offen ist, ist auch $\mathfrak{P}$ offen und stellt demnach eine $(m-3)$-dimensionale Mannigfaltigkeit im Sinne der von uns angenommenen Definition dar (Kap. II, § 8, Nr. 6). Diese Mannigfaltigkeit $\mathfrak{P}$ wollen wir untersuchen.

Anstatt Klassen von Polyedern zu betrachten, kann man natürlich je ein Polyeder aus jeder Klasse auswählen und mit diesen seine Untersuchungen anstellen.

Wir betrachten nun die Menge aller Gesamtheiten positiver Zahlen $F_1, \ldots, F_m$, die so beschaffen sind, daß

$$\sum_{i=1}^{m} F_i \mathfrak{n}_n = 0 \tag{7}$$

ist. Diese Vektorgleichung ergibt drei lineare Gleichungen und trennt daher im m-dimensionalen Raum mit den Koordinaten F_i einen $(m-3)$-dimensionalen Unterraum ab. Und die Bedingung, daß alle $F_i > 0$ sind, trennt im m-dimensionalen Raum eine positive Koordinatenecke ab. Ihr Schnitt mit dem angeführten Unterraum stellt offensichtlich eine offene konvexe $(m-3)$-dimensionale Menge dar. Diese Menge ist die Mannigfaltigkeit $\mathfrak{F}$ der zulässigen Werte von Zahlen $F_1, \ldots, F_m$.

Da Polyeder mit den Normalen $\mathfrak{n}_i$ existieren und die Flächeninhalte ihrer Seitenflächen positiv sind und der Bedingung (7) genügen, so ist daher die Mannigfaltigkeit $\mathfrak{F}$ nicht leer. Da sie eine konvexe Menge ist, ist sie zudem zusammenhängend.

4. Die Mannigfaltigkeiten $\mathfrak{P}$ und $\mathfrak{F}$ haben ein und dieselbe Dimension. Ferner haben wir eine natürliche Abbildung φ der Mannigfaltigkeit $\mathfrak{P}$ in $\mathfrak{F}$. Und zwar läßt sich jedem Polyeder P (oder jeder Klasse) aus $\mathfrak{P}$ die Gesamtheit der Flächeninhalte seiner Seitenflächen $(F_1, \ldots, F_m)$ zuordnen. Wenn wir beweisen, daß φ eine Abbildung der Mannigfaltigkeit $\mathfrak{P}$ auf ganz $\mathfrak{F}$ ist, so ist der Satz Minkowskis bewiesen. Dafür genügt es festzustellen, daß φ allen Bedingungen des Abbildungslemmas genügt (Kap. II, § 2). Wir prüfen die Erfüllung dieser Bedingungen der Reihe nach.

Die erste Bedingung fordert, daß sich in jeder zusammenhängenden Komponente der Mannigfaltigkeit $\mathfrak{F}$ Bilder von Punkten aus $\mathfrak{P}$ befinden. Im gegebenen Fall ist $\mathfrak{F}$ zusammenhängend, d. h. es besteht aus einer Komponente, und die Bedingung ist erfüllt, weil in $\mathfrak{F}$ das Bild der Mannigfaltigkeit $\mathfrak{P}$ enthalten ist.

Die zweite Bedingung fordert umkehrbare Eindeutigkeit der Abbildung φ. Nach dem in Kap. VI, § 3 Bewiesenen wird aber ein geschlossenes konvexes Polyeder durch die Stellungen und Flächeninhalte seiner Seitenflächen bis auf Parallelverschiebungen eindeutig bestimmt. Und dies bedeutet auch, daß die Zuordnung φ zwischen den Klassen kongruenter und paralleler Polyeder mit gegebenen Normalen $\mathfrak{n}_i$ einerseits und den Mengen der Flächeninhalte ihrer Seitenflächen $(F_1, \ldots, F_m)$ andererseits umkehrbar eindeutig ist.

Die dritte Bedingung — die Stetigkeit der Abbildung — wird auf offensichtliche Weise erfüllt: bei stetiger Veränderung des Polyeders auf dem Wege der

Parallelverschiebung der Ebenen seiner Seitenflächen ändern sich ihre Flächeninhalte stetig.

Es bleibt die vierte Bedingung: sind die Punkte $F^k = (F_1^k, \ldots, F_m^k)$ $(k = 1, 2 \ldots)$ aus der Mannigfaltigkeit $\mathfrak{F}$ Bilder der Punkte P^k aus $\mathfrak{P}$ und konvergieren die F^k gegen den Punkt $F = (F_1, \ldots, F_m)$, so existiert in $\mathfrak{P}$ ein Punkt P, der in F abgebildet wird, und es gibt eine Teilfolge P^{k_i} aus Punkten P^k, die gegen P konvergiert. Mit anderen Worten: konvergieren die Flächeninhalte der Seitenflächen $F_1^k, \ldots, F_m^k$ gewisser Polyeder P^k gegen gewisse positive Zahlen $F_1, \ldots, F_m$[1], so gibt es eine Teilfolge P^{k_i} aus Polyedern P^k, die gegen das Polyeder P konvergieren, welches eben die Flächeninhalte $F_1, \ldots, F_m$ der Seitenflächen besitzt.

Daß diese Bedingung erfüllt wird, folgt unmittelbar aus Lemma 2. Konvergieren nämlich einmal die Zahlen F_i^k gegen die positiven Zahlen F_i, so sind sie alle in gewissen positiven Schranken eingeschlossen. Daher sind die Flächeninhalte der Polyeder P^k, die gleich $\sum_{i=1}^{m} F_i^k$ sind, nicht größer als ein gewisses F und die Flächeninhalte F_i^k jeder Seitenfläche nicht kleiner als ein gewisses $f > 0$. Verschieben wir nun in diesem Falle die Polyeder P^k so, daß der Ursprung im Inneren von ihnen allen liegt, so erhalten wir infolge von Lemma 2 das Ergebnis, daß ihre Stützzahlen gleichmäßig beschränkt sind. Da wir die Polyeder als nur bis auf Parallelverschiebungen eindeutig untersuchen, so ist die angeführte Wahl ihrer Lage durchaus möglich. Sind aber alle Stützzahlen beschränkt, so läßt sich aus ihnen eine konvergierende Folge auswählen. Damit konvergieren auch die Ebenen der Seitenflächen der entsprechenden Polyeder P^{k_i}, d. h. es konvergieren die Polyeder selbst. Das Grenzpolyeder P hat offensichtlich die Grenzwerte der Flächeninhalte der Seitenflächen F_i zu Flächeninhalten der Seitenflächen.

Die letzte Bedingung des Abbildungslemmas ist also auch erfüllt, und wenn wir dieses Lemma anwenden, so sehen wir, daß jeder zulässigen Menge von Zahlen $F_1, \ldots, F_m$ ein Polyeder mit solchen Flächeninhalten der Seitenflächen entspricht; der Satz Minkowskis ist bewiesen.

5. Wir bemerken, daß alle unsere Überlegungen sich wörtlich für einen Raum beliebiger Dimension wiederholen lassen, wenn man den Satz anwendet, nach dem ein Polyeder durch die Stellungen und Flächeninhalte der Seitenflächen im n-dimensionalen Fall eindeutig bestimmt ist. Dieser n-dimensionale Eindeutigkeitssatz wird in Kap. VIII, § 3 bewiesen.

§ 2. Die Existenz eines Polyeders mit gegebenen Flächeninhalten der Seitenflächen nach Minkowski

1. Wir bringen hier den Beweis desselben Minkowskischen Satzes über die Existenz eines geschlossenen konvexen Polyeders mit gegebenen Stellungen und

[1] Nach der Bedingung muß die Menge $(F_1, \ldots, F_m)$ $\mathfrak{F}$ angehören und folglich müssen alle F_i positiv sein; aber die Gleichung $\sum_{i=1}^{m} \mathfrak{n}_i F_i = 0$ für die Zahlen F_i folgt daraus, daß dieser Gleichung die Zahlen F_i^k genügen, die gegen F_i konvergieren.

Flächeninhalten der Seitenflächen, der von MINKOWSKI selbst vorgeschlagen wurde. Er ist durch seine Einfachheit bemerkenswert und unterscheidet sich vorteilhaft von dem im vorhergehenden Paragraphen gegebenen Beweis dadurch, daß er sich nicht auf den entsprechenden Eindeutigkeitssatz stützt. Er läßt sich in Räumen beliebiger Dimension völlig gleichartig durchführen. Jedoch eignet sich die Methode MINKOWSKIS im Unterschied zu unserer Methode des Abbildungslemmas nur für den gegebenen Satz, und die Anwendung einer analogen Idee auf den Beweis anderer Existenzsätze stellt ein vollkommen offenes Problem dar. Hierüber werden wir am Ende dieses Paragraphen noch einige Worte sagen.

2. Wir beginnen mit einigen einfachen Bemerkungen. Am Anfang des § 1 wurde gezeigt, daß man im Satz MINKOWSKIS von vornherein fordern kann, daß die gegebenen Vektoren $\mathfrak{n}_i$ nicht in einen abgeschlossenen Halbraum weisen. Daher wollen wir annehmen, daß uns paarweise verschiedene Einheitsvektoren $\mathfrak{n}_1, \ldots, \mathfrak{n}_m$ gegeben sind, welche dieser Bedingung genügen.

Wir ziehen vom Koordinatenursprung O aus die Strahlen l_i in Richtung der gegebenen Vektoren $\mathfrak{n}_i$ und schneiden jeden Strahl durch eine Ebene Q_i, die zu ihm senkrecht ist und von O die positive Entfernung h_i besitzt. Wie in § 1, Lemma 1 gezeigt wurde, beranden diese Ebenen ein gewisses endliches körperliches Polyeder P. Da die Strahlen l_i vorgegeben sind, wird das Polyeder P durch die Entfernungen h_i der Ebenen Q_i vom Ursprung O vollständig bestimmt. Allgemein gesprochen, berührt bei willkürlichen h_i nicht jede Ebene Q_i das Polyeder P, so daß es nicht alle Seitenflächen mit den Normalen $\mathfrak{n}_1, \ldots, \mathfrak{n}_m$ zu haben braucht.

Wir betrachten alle Polyeder P unabhängig davon, ob bei ihnen alle Seitenflächen mit den Normalen $\mathfrak{n}_i$ vorhanden sind. Das Volumen des Polyeders P ist eine Funktion der Entfernungen h_i der es berandenden Ebenen vom Ursprung O.

Lemma. *Das Volumen eines Polyeders P ist eine differenzierbare Funktion der Zahlen h_i; dabei ist $\frac{\partial V}{\partial h_i} = F_i$, wobei F_i der Flächeninhalt der entsprechenden Seitenfläche des Polyeders P oder gleich Null ist, wenn die Ebene Q_i auf dem Polyeder P keine Seitenfläche ergibt.*

Die Ebene Q_i möge auf dem Polyeder P eine Seitenfläche mit dem Flächeninhalt F_i ergeben. Wir verschieben diese Ebene parallel um die kleine Entfernung Δh_i, d. h. wir lassen die Zahl h_i einen Zuwachs Δh_i erfahren. Ist $\Delta h_i > 0$, dann kommt zum Polyeder ein gewisser Teil mit der Höhe Δh_i hinzu, welcher eindeutig bis auf kleine Größen höherer Ordnung ein Prisma mit der Grundfläche F_i darstellt. Daher ist der Hauptteil des Zuwachses des Volumens des Polyeders $dV = F_i \, \Delta h_i$. Bei $\Delta h_i < 0$ fällt analog ein Teil des Polyeders fort, der sich von einem Prisma wenig unterscheidet. Daher ist allgemein $dV = F_i \, \Delta h_i$ und folglich

$$\frac{\partial V}{\partial h_i} = F_i .$$

Berührt die Ebene Q_i das Polyeder P überhaupt nicht, so ändert ihre kleine Verschiebung das Polyeder nicht, und daher ist in diesem Fall $\frac{\partial V}{\partial h_i} = 0$.

Die Ebene Q_i möge nun das Polyeder in der Kante L berühren. Bei ihrer Verschiebung vom Polyeder weg, d. h. bei $\Delta h_i > 0$, verändert sich das Polyeder nicht, und es ist $\Delta V = 0$. Verschiebt man aber die Ebene Q_i ins Innere des Polyeders, d. h. wählt man $\Delta h_i < 0$, so wird vom Polyeder eine „Stange" entfernt, deren Länge gleich der Länge der Kante L ist, und mit einem Querschnitt, dessen Flächeninhalt offensichtlich eine Größe der Ordnung $(\Delta h_i)^2$ ist (Abb. 132). Daher ist das Volumen der Stange, d. h. die Abnahme des Volumens des Polyeders, von der Ordnung $(\Delta h_i)^2$, so daß $dV = 0$ ist. Wir erhalten infolgedessen unabhängig vom Vorzeichen von Δh_i, daß $\frac{\partial V}{\partial h_i} = 0$ ist.

Berührt endlich die Ebene Q_i das Polyeder P in einer Ecke, so ist bei $\Delta h_i > 0$ wiederum $\Delta V = 0$, und bei $\Delta h_i < 0$ wird vom Polyeder eine Pyramide der Höhe $|\Delta h_i|$ entfernt, und ihr Volumen $|\Delta V|$ ist von der Ordnung $|\Delta h_i|^3$. Daher ist auch in diesem Fall $\frac{\partial V}{\partial h_i} = 0$.

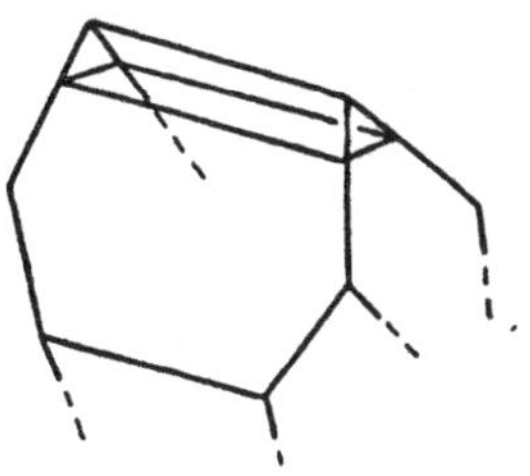
Abb. 132

Ergibt die Ebene Q_i auf dem Polyeder P keinerlei Seitenfläche, so nimmt man natürlicherweise an, daß eine solche Seitenfläche zwar besteht, aber den Flächeninhalt Null hat. Unter dieser Bedingung gilt die Formel $\frac{\partial V}{\partial h_i} = F_i$ ohne Einschränkung.

3. Jetzt wenden wir uns unmittelbar dem Minkowskischen Satz zu. Es seien gegeben die Einheitsvektoren $\mathfrak{n}_1, \ldots, \mathfrak{n}_m$, die nicht in einen Halbraum weisen, und die positiven Zahlen $F_1^0, \ldots, F_m^0$, welche der Bedingung

$$\sum_{i=1}^{m} F_i^0 \mathfrak{n}_i = 0 \tag{1}$$

genügen.

Wir betrachten alle Polyeder P, die von den Ebenen Q_i berandet werden, genau wie in Nr. 2. Die Entfernungen h_i dieser Ebenen vom Ursprung sind positiv.

Unter diesen Polyedern wählen wir diejenigen aus, welche durch Ebenen Q_i mit solchen Entfernungen h_i vom Ursprung berandet werden, die der Bedingung

$$\sum_{i=1}^{m} h_i F_i^0 = 1 \tag{2}$$

unterworfen sind. Wir zeigen, daß sich unter diesen Polyedern ein Polyeder mit größtem Volumen befindet.

Sind die Zahlen h_i genügend klein, so ist $\sum_{i=1}^{m} h_i F_i^0 < 1$; sind sie hingegen groß, so ist wegen der Positivität aller F_i^0 $\sum_{i=1}^{m} h_i F_i^0 > 1$. Hieraus wird klar, daß wir bei stetigem Wachsenlassen der Zahlen h_i, angefangen mit kleinen Werten, solche

Zahlen erhalten, daß die Bedingung (2) erfüllt ist. Folglich existieren Polyeder mit der Bedingung (2).

Die Werte der Zahlen h_i, die der Bedingung (2) genügen, sind beschränkt, da sie alle positiv und auch alle $F_i > 0$ sind, so daß jedes $h_i^0 < \frac{1}{F_i^0}$ ist. Daher sind die Polyeder P mit der Bedingung (2) gleichmäßig beschränkt, und es existiert für sie eine obere Grenze der Volumina. Da das Volumen vom Polyeder, d. h. von den Zahlen h_i stetig abhängt, so erreicht man diese obere Grenze für ein gewisses Polyeder P^0. Jedoch brauchten für dies Polyeder nicht alle $h_i^0 > 0$ zu sein, d. h. einige h_i^0 könnten gleich Null sein; dann gehörte es der betrachteten Menge von Polyedern nicht an. Wir zeigen, daß dennoch das Maximum des Volumens sich auch für Polyeder erreichen läßt, bei welchen alle $h_i > 0$ sind.

Hierzu bemerken wir, daß wenn man die Ebenen Q_i, die das Polyeder P^0 beranden, um ein und denselben Vektor $\mathfrak{a}$ verschiebt, das Polyeder P^0 sich ebenfalls um den Vektor $\mathfrak{a}$ verschiebt und sein Volumen sich ändert. Wählen wir daher die Verschiebung so, daß der Ursprung innerhalb des verschobenen Polyeders liegt, so erhalten wir ein Polyeder P^1 mit demselben Volumen und mit allen $h_i^1 > 0$. Wir zeigen, daß dieses Polyeder der betrachteten Menge angehört, d. h. der Bedingung (2) genügt.

Verschiebt sich nämlich die Ebene Q_i^0 mit der Normalen $\mathfrak{n}_i$ um einen gewissen Vektor $\mathfrak{a}$, so ändert sich ihre Entfernung h_i^0 vom Ursprung um $h_i^0 + \mathfrak{n}_i\,\mathfrak{a}$. Daher tritt nach der Verschiebung an die Stelle der Summe (2)

$$\sum_{i=1} (h_i^0 + \mathfrak{n}_i\,\mathfrak{a})\,F_i^0 = \sum_i h_i^0\,F_i^0 + \mathfrak{a} \sum_i \mathfrak{n}_i\,F_i^0\,.$$

Aber nach Beendigung (1), die den Zahlen F_i^0 auferlegt wurde, ist $\sum\limits_i \mathfrak{n}_i F_i^0 = 0$, und das Polyeder P^0 genügt der Bedingung (2), so daß $\sum\limits_i h_i^0 F_i^0 = 1$ ist. Folglich ist

$$\sum_i (h_i^0 + \mathfrak{n}_i\,\mathfrak{a})\,F_i = 1\,,$$

d. h. für das verschobene Polyeder P^1 ist die Bedingung (2) auch erfüllt.

Wir haben somit bewiesen, daß unter den Polyedern P mit der Bedingung (2) und mit allen $h_i > 0$ ein Polyeder größten Volumens existiert.

Da nach dem in Nr. 2 bewiesenen Lemma das Volumen des Polyeders P eine differenzierbare Funktion der Zahlen $h_1, \ldots, h_m$ ist, so handelt es sich um das Maximum der differenzierbaren Funktion $V\,(h_1, \ldots, h_m)$ unter der Bedingung (2). In diesem Fall muß aber gemäß der bekannten LAGRANGEschen Regel beim Maximum

$$\frac{\partial}{\partial h_i}[V\,h_1, \ldots, h_m) + \lambda \sum_i F_i^0\,h_i^0] = 0 \quad (i = 1, 2, \ldots, m) \tag{3}$$

sein, wobei λ ein gewisser numerischer Faktor ist [38], [39].

Sind F_i^1 die Flächeninhalte der Seitenflächen des Polyeders P^1 mit dem größten Volumen, so ist gemäß dem Lemma $\frac{\partial V}{\partial h_i} = F_i^1$ (man erinnere sich an die Bedingung über Seitenflächen des Flächeninhalts Null). Daher folgen aus (3) die Gleichungen

$$\mu F_i^1 = F_i^0, \quad (i = 1, \ldots, m) \tag{4}$$

wobei $\mu = -\frac{1}{\lambda}$ ist.

Die Gleichungen (4) bedeuten, daß die Flächeninhalte der Seitenflächen des Polyeders P^1 den gegebenen Zahlen F_i^0 proportional und daher alle positiv sind. Vergrößert man das Polyeder P^1 ähnlich auf das $\sqrt{\mu}$-fache, so werden die Flächeninhalte seiner Seitenflächen gleich $\mu F_i^1 = F_i^0$. Damit besitzt das $\sqrt{\mu}$-fach vergrößerte Polyeder P^1 die gegebenen Flächeninhalte der Seitenflächen F_i^0, und der Satz ist bewiesen.

Diese gesamte Überlegung gilt natürlich in einem Raum beliebiger Dimensionen n; man muß nur den Ähnlichkeitsfaktor $\sqrt{\mu}$ durch $\sqrt[n-1]{\mu}$ ersetzen.

4. Die Idee des dargelegten Beweises wird in vielen Existenzbeweisen angewandt und wurde in der Anwendung auf Differentialgleichungen z. B. von Riemann vorgeschlagen. Es sei gefordert, die Existenz irgendeines Objektes A zu beweisen, das den gegebenen Bedingungen B_0 genügt. Man wählt eine Funktion f des Objektes A derart, daß die notwendigen Bedingungen für ein Extremum auf rein formalem Wege dazu führen, daß A_0, wenn $f(A)$ bei $A = A_0$ ein Extrem hat, den Bedingungen B_0 oder, wie im Minkowskischen Satz, Bedingungen genügt, die einfach mit B_0 zusammenhängen [Gleichungen (4)]. Dann reduziert sich die Aufgabe auf den Beweis dessen, daß die Funktion $f(A)$ tatsächlich ein Maximum (Minimum) erreicht und daß auf sie die formalen notwendigen Bedingungen des Extrems anwendbar sind. In dem Fall, daß das Objekt A durch endlich viele Parameter bestimmt wird wie z. B. ein Polyeder, werden die Existenz eines Maximums (Minimums) durch die Stetigkeit der Funktion f und die Anwendbarkeit der Bedingungen des Extremums durch ihre Differenzierbarkeit gesichert. Wird aber das Objekt A durch unendlich viele Parameter (oder Funktionen) bestimmt wie z. B. ein willkürlicher konvexer Körper, so erweist sich der Beweis dieser beiden Punkte als wesentlich komplizierter. Eine Verallgemeinerung des Minkowskischen Satzes auf beliebige konvexe Körper wurde von mir [37] auf Grund dieser Idee bewiesen. Die Formulierung dieser Verallgemeinerung wird weiterhin in §6, Nr. 2 gegeben. Blaschke und Herglotz [40] haben einen Beweis des Weylschen Satzes skizziert (s. Kap. V, §3, Nr. 3), der auf derselben Idee des Extremums fußt; aber es gelang ihnen nicht ihn durchzuführen: beide von uns angemerkten Punkte blieben bei ihnen ohne Beweis.

Der Scharfsinn des Forschers besteht darin, für ein gegebenes Gebiet von Objekten A und Bedingungen B eine entsprechende Funktion $f(A)$ zu wählen. Es bildet eine interessante, aber sichtlich schwierige Aufgabe, auf diesem Wege einen Beweis anderer Existenzsätze für konvexe Polyeder zu finden, d. h. für jeden von ihnen eine entsprechende Funktion $f(A)$ des Polyeders zu wählen. Gelänge dies, so erwiese sich die Methode des Maximums als genauso allgemein wie auch unsere Abbildungsmethode. Ich kann hier keine Vermutung über die Möglichkeit einer Lösung der gestellten Aufgabe aufstellen; als einziger Hinweis für das Vorhandensein eines Existenzsatzes eines Polyeders mit gegebenem Netz kann die Arbeit von Blaschke und Herglotz dienen. In ihr handelt es sich aber um analytische Flächen im Bereich der Riemannschen Geometrie. Begriffe, die denen dieser Geometrie analog sind, wurden bislang überhaupt noch nicht auf Polyeder übertragen. Die Aufgabe einer solchen Übertragung hat in sich selbst außerordentliche Bedeutung.

§ 3. Die Existenz eines unendlichen Polyeders mit gegebenen Flächeninhalten der Seitenflächen

1. In diesem und dem folgenden Paragraphen werden Existenzsätze eines unendlichen konvexen Polyeders mit gegebenen Flächeninhalten der endlichen Seitenflächen und gegebenen Ebenen der unendlichen Seitenflächen bewiesen. Die Vorgabe dieser letzteren ist äquivalent der Angabe dessen, was oben in Kap. VI, § 4 der unendliche Teil eines Polyeders genannt wurde, d. h. eines Restes eines Polyeders nach Ausschluß aller seiner endlichen Seitenflächen und willkürlich großer Stücke seiner unendlichen Seitenflächen. Zwei unserer Polyeder haben ein und denselben unendlichen Teil, wenn ihre unendlichen Seitenflächen in einem hinreichend fernen Gebiet völlig zusammenfallen, und das ist offenbar dann und nur dann der Fall, wenn die Ebenen dieser Seitenflächen zusammenfallen. Die Bedingungen, unter welchen gegebene Ebenen die Ebenen unendlicher Seitenflächen irgendeines unendlichen konvexen Polyeders sind, werden in § 5 erklärt (§ 5, Satz 4; sie wurden auch in Kap. II, § 4 formuliert). Hier wird von vornherein angenommen, daß die gegebenen Ebenen den unendlichen Teil irgendeines konvexen Polyeders ergeben, und daher wollen wir von der Existenz eines Polyeders mit gegebenen Flächeninhalten der endlichen Seitenflächen und mit gegebenem unendlichen Teil sprechen.

Wie schon in Kap. I, § 5 gezeigt, stellt das sphärische Bild eines unendlichen konvexen Polyeders ein konvexes sphärisches Polygon dar, wobei die sphärischen Bilder seiner unendlichen Seitenflächen auf dem Rand dieses Polygons liegen. Die Ecken dieses Polygons sind sphärische Bilder der Seitenflächen mit nicht-parallelen unendlichen Kanten. Sind alle unendlichen Kanten des Polyeders parallel, so stellt sein sphärisches Bild eine Halbsphäre dar.

Aus dieser Bemerkung folgt: ist der unendliche Teil eines Polyeders gegeben, so ist der Rand seines sphärischen Bildes und damit auch das sphärische Bild selbst gegeben. Eine Ausnahme bildet der Fall, daß der Rand des sphärischen Bildes ein Großkreis ist, da er die Sphäre in zwei Halbsphären zerlegt, welche beide konvex sind. Ist jedoch der unendliche Teil eines Polyeders mit parallelen unendlichen Kanten gegeben, so ist die Richtung dieser Kanten ins Unendliche bestimmt, und das sphärische Bild eines solchen Polyeders muß mit der Halbsphäre zusammenfallen, in die der Vektor weist, welcher der Richtung der unendlichen Kanten entgegengesetzt ist.

Ist also der unendliche Teil eines Polyeders gegeben, so ist sein sphärisches Bild gegeben, und damit ist festgelegt, ins Innere welches Teils der Sphäre die Normalen seiner endlichen Seitenflächen weisen können. Wir meinen hier wie überall weiterhin äußere Normalen.

Lemma. *Q sei der unendliche Teil irgendeines konvexen Polyeders und S sein sphärisches Bild. $\mathfrak{n}_1, \ldots, \mathfrak{n}_m$ seien beliebige paarweise verschiedene Einheitsvektoren, die ins Innere des sphärischen Polygons S weisen. Dann existieren konvexe Polyeder mit dem unendlichen Teil Q, deren endliche Seitenflächen die äußeren Normalen $\mathfrak{n}_1, \ldots, \mathfrak{n}_m$* haben.

P_0 sei ein beliebiges unendliches Polyeder mit dem unendlichen Teil Q. Da die Vektoren $\mathfrak{n}_1, \ldots, \mathfrak{n}_m$ ins Innere seines sphärischen Bildes S weisen, so hat er damit die Stützebenen $R_1^0, \ldots, R_m^0$ mit den Normalen $\mathfrak{n}_1, \ldots, \mathfrak{n}_m$, wobei diese Ebenen das Polyeder nicht längs seiner unendlichen Seitenflächen oder Kanten berühren: sonst lägen die $\mathfrak{n}_i$ auf dem Rand des sphärischen Polygons S. Daher kann man die Ebene R_1^0 so weit ins Innere des Polyeders P_0 verschieben, daß sie von ihm alle seine endlichen Seitenflächen abschneidet. Als Ergebnis erhalten wir ein Polyeder P_1 mit demselben unendlichen Teil Q und mit einer einzigen endlichen Seitenfläche G_1 mit der Normalen $\mathfrak{n}_1$.

Da P_1 denselben unendlichen Teil Q besitzt, so ist sein sphärisches Bild ebenfalls S, und es hat daher die Stützebenen $R_2, \ldots, R_m$ mit den Normalen $\mathfrak{n}_2, \ldots, \mathfrak{n}_m$. Verschieben wir die Ebene R_2 so weit ins Innere des Polyeders P_1, daß sie seine Seitenfläche G_1 nicht vollständig abschneidet, so erhalten wir ein Polyeder P_2, das eine Seitenfläche G_2 mit der Normalen $\mathfrak{n}_2$ hat. Wir wiederholen diese Operation und gelangen zu einem Polyeder, das endliche Seitenflächen mit allen den gegebenen Normalen $\mathfrak{n}_1, \ldots, \mathfrak{n}_m$ und keine anderen besitzt.

2. In diesem Paragraphen betrachten wir Polyeder mit parallelen unendlichen Kanten; Polyeder mit nicht-parallelen unendlichen Kanten werden wir im folgenden Paragraphen untersuchen. Die Ergebnisse, welche man für die einen und die anderen erhält, sind prinzipiell verschieden.

Satz. *Gegeben sei der unendliche Teil eines konvexen Polyeders mit parallelen unendlichen Kanten. Er ist ein nach einer Seite hin unendliches Prisma Π. $\mathfrak{n}$ sei der Einheitsvektor, welcher der Richtung dieser Kanten ins Unendliche entgegengesetzt ist, und $\mathfrak{n}_1, \ldots, \mathfrak{n}_m$ seien beliebige verschiedene Einheitsvektoren, die mit $\mathfrak{n}$ spitze Winkel bilden; sie weisen damit ins Innere derjenigen von einem zu $\mathfrak{n}$ senkrechten Äquator berandeten Halbsphäre, in welche $\mathfrak{n}$ weist. Schließlich seien $F_1, \ldots, F_m$ solche positiven Zahlen, daß die Gleichung gilt*

$$\sum_{i=1}^{m} (\mathfrak{n}\,\mathfrak{n}_i)\, F_i = F\,, \tag{1}$$

in der F der Flächeninhalt des zu den unendlichen Kanten senkrechten Querschnitts des Prismas Π ist. Dann existiert ein konvexes Polyeder mit dem unendlichen Teil Π, dessen endliche Seitenflächen die äußeren Normalen $\mathfrak{n}_i$ und die Flächeninhalte F_i haben (Abb. 68, S. 98).

Die Notwendigkeit der den Vektoren $\mathfrak{n}_i$ auferlegten Bedingung wurde soeben erklärt. Die Notwendigkeit der Bedingung (1) für die Zahlen F_i ist einleuchtend: das Skalarprodukt $\mathfrak{n}\,\mathfrak{n}_i$ ist der Kosinus des Winkels zwischen der Ebene der Seitenfläche mit der Normalen $\mathfrak{n}_i$ und der Ebene des Querschnitts des Prismas Π; daher drückt die Gleichung (1) die Tatsache aus, daß der Flächeninhalt F dieses Schnittes gleich der Summe der Flächeninhalte der Projektion der endlichen Seitenfläche des entsprechenden Polyeders ist. Wir bemerken noch, daß gemäß dem in Kap. VI, § 4 Bewiesenen ein Polyeder mit den im Satz angeführten Größen: Π, $\mathfrak{n}_i$, F_i eindeutig bestimmt ist bis auf Verschiebungen entlang seinen unendlichen Kanten.

Wir beweisen unseren Satz unter Anwendung des Abbildungslemmas. Vor allem betrachten wir alle Polyeder P mit dem gegebenen unendlichen Teil Π und mit gegebenen Normalen $\mathfrak{n}_i$.

Nach dem oben bewiesenen Lemma existieren solche Polyeder. Jedes solche Polyeder wird durch die Stützzahlen $h_1, \ldots, h_m$ seiner endlichen Seitenflächen bestimmt. Und da bei kleinen Parallelverschiebungen der Seitenflächen keine von ihnen verschwindet, so gestatten die Zahlen $h_1, \ldots, h_m$ willkürliche Veränderungen in einer hinreichend kleinen Umgebung ihrer Werte, welche einem beliebigen gegebenen Polyeder P entsprechen. Infolgedessen läßt sich die Menge aller möglichen Werte der Stützzahlen $h_1, \ldots, h_m$ und mit ihr auch die Menge aller Polyeder P durch eine offene Menge $\mathfrak{P}_0$ im n-dimensionalen euklidischen Raum mit den Koordinaten $h_1, \ldots, h_m$ abbilden.

Wir dürfen jedoch Polyeder, die sich auseinander durch Parallelverschiebung entlang den Kanten des Prismas Π ergeben, nicht unterscheiden, da hierbei keines der Daten: Π, $\mathfrak{n}_i$, F_i sich ändert. Wir dürfen daher nicht die Menge $\mathfrak{P}_0$ selbst, sondern eine Mannigfaltigkeit $\mathfrak{P}$ von Klassen von Polyedern untersuchen, die sich auseinander durch die angeführten Parallelverschiebungen ergeben. Da eine Verschiebung in der gegebenen Richtung von einem Parameter, der Größe der Verschiebung, abhängt, so schließen wir eine Veränderliche aus, indem wir Polyeder identifizieren, die sich durch eine solche Verschiebung zur Deckung bringen lassen. Die Mannigfaltigkeit $\mathfrak{P}$ ist daher $(m-1)$-dimensional. Die genaue Definition dieser Mannigfaltigkeit wiederholt die Definition der entsprechenden Mannigfaltigkeit im Beweis des Minkowskischen Satzes in § 1.[1]

Wir betrachten nun die Menge aller Gesamtheiten von je m positiven Zahlen $F_1, \ldots, F_m$, die der Bedingung des Satzes

$$\sum_{i=1}^{m} (\mathfrak{n}\,\mathfrak{n}_i)\, F_i = F \tag{1}$$

genügen. Dies ist eine lineare Bedingung, und sie bestimmt daher im m-dimensionalen Raum mit den Koordinaten $F_1, \ldots, F_m$ eine $(m-1)$-dimensionale Ebene. Die Bedingung, daß alle $F_i > 0$ sind, trennt im m-dimensionalen Raum eine positive Koordinatenecke ab. Ihr Schnitt mit der angegebenen Ebene ist

[1] Ist $\mathfrak{a}$ der Verschiebungsvektor, so erhält die Entfernung vom Ursprung bis zur Ebene mit der Normalen $\mathfrak{n}_i$ bei einer solchen Verschiebung den Summanden $\mathfrak{n}_i\mathfrak{a}$. Die Stützzahlen h_i^0 werden daher durch $h_i = h_i^0 + \mathfrak{n}_i\mathfrak{a}$ ersetzt. Da eine Verschiebung nur in Richtung des gegebenen Vektors $\mathfrak{n}$ möglich ist, so ist $\mathfrak{a} = a\,\mathfrak{n}$. Folglich ist $h_i = h_i^0 + (\mathfrak{n}_i\mathfrak{n})\,a$ $(i = 1, \ldots, m)$. Bei gegebenen h_i und variablem a bestimmen diese Gleichungen im m-dimensionalen Raum mit den Koordinaten h_i eine Gerade. Da die Koeffizienten von a konstant sind, so sind alle diese Geraden parallel. Die Punkte dieser Geraden, die in das Gebiet $\mathfrak{P}_0$ fallen, bilden Polyeder ab, die sich aus einander durch Verschiebungen längs $\mathfrak{n}$ ergeben und daher der Identifizierung unterworfen sind. Diese Identifizierung reduziert sich offensichtlich auf die Projektion des Gebietes $\mathfrak{P}_0$ auf eine $(m-1)$-dimensionale Ebene entlang den angegebenen Geraden. Die Projektion einer offenen Menge ist eine offene Menge. Folglich ergibt die angeführte Identifizierung eine offene Menge $\mathfrak{P}$ auf der $(m-1)$-dimensionalen Ebene, d.h. eine $(m-1)$-dimensionale Mannigfaltigkeit.

offensichtlich eine konvexe $(m - 1)$-dimensionale Menge. Sie ist die Mannigfaltigkeit $\mathfrak{F}$ der zulässigen Werte der Zahlen $F_1, \ldots, F_m$. Da nach dem oben bewiesenen Lemma Polyeder mit den Normalen $\mathfrak{n}_i$ existieren und die Flächeninhalte ihrer Seitenflächen, wie gezeigt wurde, notwendig der Bedingung (1) genügen, so ist damit die Mannigfaltigkeit $\mathfrak{F}$ nicht leer. Da sie aber eine konvexe Menge ist, so ist sie zudem zusammenhängend.

Wir haben also die Mannigfaltigkeiten $\mathfrak{P}$ und $\mathfrak{F}$ von ein und derselben Dimension $m - 1$. Ordnet man jedem Polyeder, genauer jeder Klasse von Polyedern aus $\mathfrak{P}$ die Flächeninhalte ihrer Seitenflächen $F_1, \ldots, F_m$ zu, so erhält man eine eindeutige Abbildung φ der Mannigfaltigkeit $\mathfrak{P}$ in $\mathfrak{F}$. Es bleibt zu beweisen, daß φ den Bedingungen des Abbildungslemmas genügt.

1. Da $\mathfrak{F}$ zusammenhängend ist, so wird die Bedingung, daß in *jeder* zusammenhängenden Komponente von $\mathfrak{F}$ Bilder von Elementen aus $\mathfrak{P}$ enthalten sind, automatisch erfüllt.

2. Da nach dem in Kap. VI, § 4 Bewiesenen ein Polyeder mit gegebenem unendlichen Teil und mit gegebenen Flächeninhalten der Seitenflächen bis auf Parallelverschiebungen entlang den unendlichen Kanten eindeutig ist, so entspricht jeder Gesamtheit von Zahlen $(F_1, \ldots, F_m)$ aus $\mathfrak{F}$ eine Klasse von Polyedern aus $\mathfrak{P}$. Die Abbildung φ ist somit umkehrbar eindeutig.

3. Die Stetigkeit der Abbildung φ ist offensichtlich, da sie sich auf die Behauptung reduziert, daß sich bei stetiger Veränderung der Stützzahlen die Flächeninhalte der Seitenflächen auch stetig verändern.

4. Es bleibt die vierte Bedingung: konvergieren die Elemente $F^i = (F_1^i, \ldots, F_m^i)$, die Bilder der Elemente P^i aus $\mathfrak{P}$ sind, gegen das Element $F^0 = (F_1^0, \ldots, F_m^0)$, das $\mathfrak{F}$ angehört, so kann man aus $\mathfrak{P}$ eine konvergierende Folge so auswählen, daß ihr Limes ein Element P^0 ist, das in F^0 abgebildet wird, d. h. konvergieren bei den Polyedern P^i die Flächeninhalte der Seitenflächen $F_1^i, \ldots, F_m^i$ gegen positive Grenzwerte, so existiert eine Teilfolge von Polyedern P^i, die gegen ein Polyeder konvergieren, dessen Seitenflächen diese Grenzwerte als Flächeninhalte besitzen.

Wir betrachten alle Polyeder P mit dem unendlichen Teil Π und den Normalen $\mathfrak{n}_1, \ldots, \mathfrak{n}_m$. Wir verschieben alle diese Polyeder längs der unendlichen Kanten so, daß sie eine gemeinsame Stützebene R haben, die zu ihren unendlichen Kanten senkrecht ist. Dann sind sie alle in dem nach einer Seite hin unendlichen Prisma Π eingeschlossen und berühren seine Grundfläche G auf der Ebene R. Wir zeigen, daß in diesem Fall alle ihre Stützzahlen gleichmäßig beschränkt sind.

Insofern als nämlich alle Polyeder P in einem Prisma $\overline{\Pi}$ enthalten sind, schneiden es die Ebenen ihrer Seitenflächen. Schneidet dabei eine dieser Ebenen R_k das Prisma $\overline{\Pi}$ sehr weit entfernt, so schneidet sie die Grundfläche G vollständig von ihm ab (Abb. 133). Aber in diesem Fall kann das Polyeder mit einer solchen Ebene der k-ten Seitenfläche die Grundfläche G nicht berühren. Folglich kann keine der Ebenen R_k das Prisma Π sehr weit entfernt schneiden, und dies bedeutet, daß die Entfernungen dieser Ebenen vom Koordinatenursprung, d. h. die Stützzahlen, beschränkt sind. Sind die Stützzahlen aber einmal beschränkt, so läßt sich aus einer beliebigen Folge von Polyedern P^i eine konvergierende Teilfolge auswählen. Die Flächeninhalte der Seitenflächen dieser Polyeder konvergieren, und das Grenzpolyeder hat eben diese Grenzwerte als Flächeninhalte der Seitenflächen. Das bedeutet, daß auch die letzte Bedingung des Abbildungslemmas erfüllt ist.

Also sind alle Bedingungen des Abbildungslemmas erfüllt, und dann gilt auch sein Ergebnis: jede zur Mannigfaltigkeit $\mathfrak{F}$ gehörende Menge von Zahlen $F_1, \ldots, F_m$ entspricht einer gewissen Klasse von Polyedern aus der Mannigfaltigkeit $\mathfrak{P}$. Damit ist der Satz bewiesen.

3. Wir skizzieren noch einen Beweis desselben Satzes, der sich auf die Existenz eines geschlossenen Polyeders mit gegebenen Normalen und Flächeninhalten der Seitenflächen stützt.

Wie früher (s. Abb. 68, S. 98) seien Π ein unendliches Prisma, $\mathfrak{n}$ der Einheitsvektor, der den Kanten des Prismas entgegengesetzt parallel ist, $\mathfrak{n}_1, \ldots, \mathfrak{n}_m$ Einheitsvektoren, die mit $\mathfrak{n}$ spitze Winkel bilden, F der Flächeninhalt des Querschnitts des Prismas Π und schließlich $F_1, \ldots, F_m$ positive Zahlen, die der Bedingung

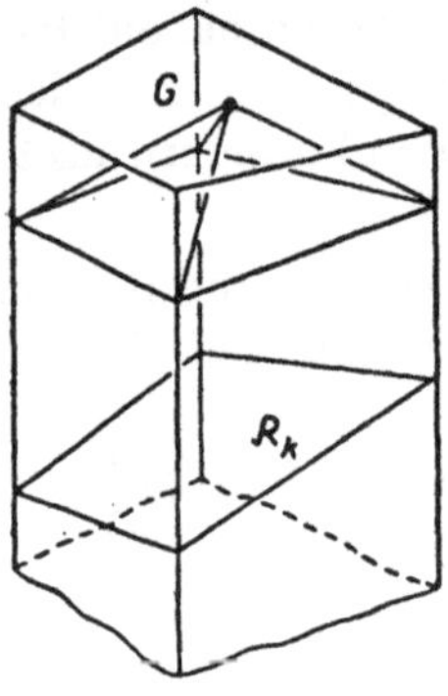

Abb. 133

$$\sum_{i=1}^{m} (\mathfrak{n}\,\mathfrak{n}_i)\, F_i = F \tag{1}$$

genügen. Außerdem seien $\mathfrak{m}_1, \mathfrak{m}_2, \ldots, \mathfrak{m}_k$ die Normalen der Seitenflächen des Prismas Π und $l_1, \ldots, l_k$ die Breiten seiner Seitenflächen, d.h. die Längen der Seiten seines Querschnitts. Dann folgt aus der Geschlossenheit des Polygons mit den Seiten $l_1, \ldots, l_k$, daß

$$\sum_{j=1}^{k} \mathfrak{m}_j l_j = 0 \tag{2}$$

ist. Man überzeugt sich leicht von der Möglichkeit, solche Zahlen $g_1, \ldots, g_k$ zu wählen, daß die Gleichung[1]

$$\sum_{i=1}^{m} \mathfrak{n}_i F_i + \sum_{j=1}^{k} \mathfrak{m}_j g_j - \mathfrak{n} F = 0 \tag{3}$$

erfüllt wird. Nimmt man an, es sei

$$H_j = g_j + l_j M \quad (j = 1, \ldots, k), \tag{4}$$

wobei M eine beliebige positive Zahl ist, dann erhalten wir gemäß Gleichung (2)

$$\sum_{i=1}^{m} \mathfrak{n}_i F_i + \sum_{j=1}^{k} \mathfrak{m}_j H_j - \mathfrak{n} F = 0\,. \tag{5}$$

Wir wählen M so groß, daß alle H_j positiv sind. Insofern als alle Vektoren $\mathfrak{n}_i$, $\mathfrak{m}_j$, $-\mathfrak{n}$ nicht in einen Halbraum weisen, existiert dann ein geschlossenes konvexes Polyeder P_M mit den Normalen $\mathfrak{n}_1, \ldots, \mathfrak{n}_m, \mathfrak{m}_1, \ldots, \mathfrak{m}_k, -\mathfrak{n}$ und den Flächeninhalten der Seitenflächen $F_1, \ldots, F_m, H_1, \ldots, H_k, F$. So verhält es sich bei beliebigem, hinreichend großem $M > 0$.

[1] Wir wählen ein rechtwinkliges Koordinatensystem mit den Grundvektoren $\mathfrak{n}$, $\mathfrak{a}$, $\mathfrak{b}$ und überzeugen uns, daß man wegen der Bedingung (1) nur den zwei Gleichungen genügen muß: $\Sigma\,\mathfrak{a}\,\mathfrak{n}_i F_i + \Sigma\,\mathfrak{n}\,\mathfrak{m}_i\, g_i = 0$ und ebenso mit $\mathfrak{b}$ anstatt $\mathfrak{a}$. Da die Anzahl der Seitenflächen des Prismas Π $k \geq 3$ ist, so haben wir zwei Gleichungen mit mindestens drei Unbekannten $g_1, \ldots, g_k$, so daß ihnen immer genügt werden kann.

Dies Polyeder besteht aus einer „Mütze" mit den Normalen $\mathfrak{n}_1, \ldots, \mathfrak{n}_m$, aus einer „Grundfläche" mit der Normalen $\mathfrak{n}$ und „seitlichen" Flächen mit den Normalen $\mathfrak{m}_1, \ldots, \mathfrak{m}_k$; diese Seitenflächen sind den Seitenflächen des Prismas Π parallel. Läßt man M unbeschränkt wachsen, so wachsen die „seitlichen" Flächen dieses Polyeders, und da die Flächeninhalte der anderen Seitenflächen vorgegeben sind, so können sich diese seitlichen Flächen allein unbeschränkt strecken. Die Differenzen ihrer Längen streben im Verhältnis zu M gegen Null, und daher verhalten sich ihre Flächeninhalte H_i etwa so wie ihre Breiten. Zugleich folgt aus (4), daß bei großem M die Verhältnisse der Flächeninhalte H_i den Verhältnissen der Breiten l_i der Seitenflächen des Prismas Π nahe sind. Für $M \to \infty$ konvergieren also die seitlichen Flächen des Polyeders P_M gegen die Seitenflächen des Prismas Π. Rückt man bei der Vergrößerung der Zahl M die „Grundfläche" des Polyeders P_M ins Unendliche, so erhält man daher in der Grenze ein unendliches Polyeder P mit dem unendlichen Teil Π und mit gegebenen Normalen $\mathfrak{n}_i$ und Flächeninhalten F_i der endlichen Seitenflächen.

Der skizzierte Beweis ist in der Beziehung interessant, daß er nicht von einem entsprechenden Eindeutigkeitssatz abhängt und sich zugleich mit der Verallgemeinerung des Existanzsatzes für ein geschlossenes Polyeder auf einen Raum beliebiger Dimension erweitern läßt. Die Durchführung dieser Verallgemeinerung überlassen wir dem Leser, indem wir die Sätze über ein geschlossenes Polyeder schon für bekannt halten.

§ 4. Ein allgemeiner Existenzsatz für unendliche Polyeder

1. In diesem Paragraphen werden unendliche Polyeder betrachtet, welche nicht-parallele unendliche Kanten haben. Für solche Polyeder läßt sich ein viel allgemeinerer Satz beweisen als nur der Existenzatz für ein Polyeder mit gegebenen Flächeninhalten der endlichen Seitenflächen und gegebenem unendlichen Teil. Und zwar kann man an Stelle des Flächeninhalts eine beliebige Funktion eines Polygons betrachten, welche den folgenden Bedingungen genügt:

1. Die Funktion $f(Q)$ ist für alle endlichen konvexen Polygone einschließlich der Grenzfälle der Strecke und des Punktes bestimmt. Dabei nimmt sie für kongruente und parallel gelegene Polygone gleiche Werte an.

2. $f(Q)$ ist monoton, d. h. ist Q_1 in Q_2 enthalten, so ist $f(Q_1) \leq f(Q_2)$.[1]

3. $f(Q)$ ist stetig, d. h. für $Q_n \to Q$, gilt $f(Q_n) \to f(Q)$.

4. Wachsen die Flächeninhalte der Polygone $Q_1, Q_2, \ldots, Q_n, \ldots$ unbegrenzt, so gilt auch $f(Q_n) \to \infty$.

Als Beispiele solcher Funktionen können der Flächeninhalt, der Umfang, der Durchmesser (d. h. die größte Entfernung zwischen den Punkten des Polygons), der Radius des kleinsten das Polygon enthaltenden Kreises usw. dienen. Die letzten drei der genannten Funktionen werden für ein Polygon, das in eine Strecke entartet, nicht Null. Der Umfang beispielsweise ist dann gleich der doppelten Länge der Strecke.

---

[1] Die Monotonie in diesem Sinne ist schwächer als in dem Sinn, wie sie in Kap. VI verstanden wird: dort wurde gefordert, daß $f(Q_1) < f(Q_2)$ ist, wenn Q_1 in Q_2 enthalten ist und nicht mit Q_2 zusammenfällt. Der Durchmesser eines Polygons beispielsweise ist in diesem stärkeren Sinne keine monotone Funktion (man kann von einem Polygon einen Teil abschneiden ohne den Durchmesser zu vermindern), aber er ist eine monotone Funktion im Sinne der eben formulierten Bedingung (2).

In Verbindung hiermit kommen wir überein, daß wir, falls ein Polyeder keine Seitenfläche mit der gegebenen Normalen $\mathfrak{n}$ hat, annehmen wollen, sie sei vorhanden, arte aber in eine Strecke oder einen Punkt aus. Im übrigen kann man das Ausarten in einen Punkt ausschließen, weil eine beliebige Funktion $f(Q)$ für alle Punkte ein und denselben Wert hat, den man gleich Null setzen kann; man muß ihn nur von der Funktion f abziehen.

Es sei Q_0 der unendliche Teil irgendeines unendlichen Polyeders mit nichtparallelen unendlichen Kanten. Setzen wir seine Seitenflächen fort, so erhalten wir natürlicherweise ein unendliches konvexes Polyeder ohne endliche Seitenflächen. Offensichtlich ist die Vorgabe von Q_0 der Vorgabe eines solchen Polyeders Q äquivalent.

R sei eine Stützebene des Polyeders Q mit der Normalen $\mathfrak{n}$, welche keine unendliche Kante oder Seitenfläche von Q enthält. Sie kann das Polyeder Q entweder in einer Ecke oder entlang einer endlichen Kante berühren. Den Wert der Funktion f für diesen gemeinsamen Teil RQ nennen wir ihren der Normalen $\mathfrak{n}$ entsprechenden Wert für das Polyeder Q. Ist f der Flächeninhalt, so ist dieser Wert sicher gleich Null. Ist f der Umfang, so ist dieser Wert gleich Null, wenn RQ eine Ecke ist; und ist RQ eine Kante, so ist $f(RQ)$ die doppelte Länge dieser Kante.

Satz. *Q sei ein unendliches konvexes Polyeder ohne endliche Seitenflächen. $\mathfrak{n}_1, \ldots, \mathfrak{n}_m$ seien Vektoren, die ins Innere seines sphärischen Bildes weisen. Ferner seien $f_1, \ldots, f_m$ Polygonfunktionen, die den oben formulierten Bedingungen genügen. Und schließlich seien $a_1, \ldots, a_m$ die Werte dieser Funktionen für das Polyeder Q, die entsprechend den Normalen $\mathfrak{n}_1, \ldots, \mathfrak{n}_m$ zugeordnet sind (die Funktionen f_i der Normalen $\mathfrak{n}_i$).*

Welcher Art die Zahlen $b_1, \ldots, b_m$ auch sein mögen: sind sie so beschaffen, daß $a_1 < b_1, \ldots, a_m < b_m$ ist, dann existiert ein konvexes Polyeder, bei welchem 1) der unendliche Teil derselbe ist wie bei Q; 2) die endlichen Seitenflächen die Normalen $\mathfrak{n}_1, \ldots, \mathfrak{n}_m$ haben; 3) für jedes i ($i = 1, 2, \ldots, m$) die Funktion f_i für die Seitenfläche mit der Normalen $\mathfrak{n}_i$ den Wert b_i annimmt.

Gemäß der vereinbarten Bedingung wird hier zugelassen, daß gewisse Seitenflächen in Kanten ausarten können.[1]

Dieser Satz stammt von Pogorelow, und der von ihm gegebene Beweis ist sehr einfach. Die Bezeichnungen Q, $\mathfrak{n}_i$, f_i, a_i mögen den in der Formulierung des Satzes angegebenen Sinn haben. Wir legen die Stützebenen mit den Normalen $\mathfrak{n}_i$ an das Polyeder Q und verschieben sie ins Innere von Q. Wir erhalten dann ein Polyeder, dessen endliche Seitenflächen die Normalen $\mathfrak{n}_i$ haben (s. § 3, Lemma in Nr. 1).

[1] Beispiel. Alle Funktionen f_i mögen den Umfang darstellen. (Dann ist nach Kap. VI, §4, Satz 2 das Polyeder mit gegebenen Q_i, $\mathfrak{n}_i$, $f_i(Q_i) = b_i$ eindeutig bestimmt.) Wir wählen ein beliebiges unendliches Polyeder P und fügen zu seinen Normalen noch die Normale $\mathfrak{n}$ einer durch eine seiner Kanten gehenden Stützebene hinzu. Wir zählen diese Kante als Seitenfläche und erhalten so ein Polyeder mit mehreren Q_i, $\mathfrak{n}_i$, $f_i(Q_i)$. Nach Kap. VI, §4, Satz 2 ist ein Polyeder mit solchen Größen eindeutig bestimmt. Es gibt folglich kein anderes mit denselben Größen, aber mit einer nicht-ausartenden Seitenfläche mit der Normalen $\mathfrak{n}$.

Bei kleinen Verschiebungen der angegebenen Ebenen sind die Werte der Funktion f_i für diese Seitenflächen nahe den Zahlen a_i, wie dies aus der Definition dieser Zahlen und der Stetigkeit der Funktionen f_i klar wird.

Hieraus folgt, daß, welcher Art die Zahlen $b_i > a_i$ $(i = 1, \ldots, m)$ auch seien, Polyeder existieren, welche denselben unendlichen Teil Q und die endlichen Seitenflächen Q_i mit den Normalen $\mathfrak{n}_i$ haben, wobei

$$f_i(Q_i) \leq b_i \quad (i = 1, \ldots, m) \tag{1}$$

ist.

Wir untersuchen alle Polyeder P, welche diesen Bedingungen genügen. Jedes von ihnen ist durch die Stützzahlen h_i seiner endlichen Seitenflächen festgelegt. Daher wird die Menge der Polyeder P durch eine Menge im m-dimensionalen Raum mit den Koordinaten $h_1, \ldots, h_m$ abgebildet. Aus den Ungleichungen (1) und der Stetigkeit der Funktionen f_i folgt, daß diese Menge abgeschlossen ist. Wir zeigen, daß sie auch beschränkt ist.

Wir nehmen das Gegenteil an. Dann existieren Polyeder P^n, deren Seitenflächenebenen Q_i^n das Polyeder Q in beliebig fernen Teilen schneiden. Aber das Polyeder Q dehnt sich ins Unendliche aus, und daher müssen bei solchen Polyedern P^n die Flächeninhalte mindestens gewisser Seitenflächen Q_i^n beliebig große Werte annehmen. Dann strebt aber auf Grund der den Funktionen f_i auferlegten Bedingung (4) $f_i(Q_i^n) \to \infty$. Dies wiederspricht jedoch den Ungleichungen (1), und damit ist die Beschränktheit der Menge $\mathfrak{P}$ bewiesen.

Da die Menge $\mathfrak{P}$ abgeschlossen und beschränkt ist, existiert unter den Polyedern P ein Polyeder P^0 mit minimalen Stützzahlen, d. h. ein Polyeder, das so beschaffen ist, daß für kein P mit den Bedingungen (1) $h_i \leq h_i^0$ für alle i und $< h_i^0$ mindestens für ein i sein kann.[1] Mit anderen Worten, es läßt sich die Ebene keiner der Seitenflächen des Polyeders P in sein Inneres verschieben, ohne daß die Bedingungen (1) verletzt werden.

Bei diesem Polyeder haben die Funktionen f_i eben die geforderten Werte b_i. Wir nehmen beispielsweise an, es sei $f_1(Q_1) < b_1$. Bei kleiner Verschiebung der Seitenfläche Q_1 wird dann diese Ungleichung nicht verletzt; verschiebt man die Seitenfläche Q_1 ins Innere des Polyeders, so werden die an Q_1 angrenzenden Seitenflächen kleiner, und auf Grund der Monotonie der Funktionen f_i wird die Bedingung (1) für sie nicht zerstört. Bei kleiner Verschiebung der Seitenfläche Q_1 ins Innere des Polyeders P^0 erhalten wir also ein Polyeder P mit denselben Bedingungen (1). Dies widerspricht jedoch der bestimmenden Minimaleigenschaft des Polyeders P^0.

Auf diese Weise ergibt das Polyeder P^0 mit den kleinsten Stützzahlen die geforderten Werte $f_i(Q_i) = b_i$, und der Satz ist bewiesen.

Aus dem Beweis erhellt, daß er sich wörtlich auf einen Raum beliebiger Dimension verallgemeinern läßt.

2. Der untersuchte Satz kann mit Hilfe des Abbildungslemmas nicht bewiesen werden, da ihm kein Eindeutigkeitssatz entspricht. In dem allgemeinen Eindeutigkeitssatz, der

[1] Offensichtlich muß es nicht eindeutig sein.

in Kap. VI, §4 aufgestellt wurde, müssen die Funktionen f_i streng monoton sein (d.h. $f(Q_1) < f(Q_2)$, wenn Q_1 in Q_2 enthalten ist, aber nicht mit Q_2 zusammenfällt), während hier lediglich ihre gewöhnliche Monotonie verlangt ist. Daß bei dieser schwächeren Bedingung keine Eindeutigkeit aufzutreten braucht, zeigt folgendes triviale Beispiel: Wir bestimmen die Funktion $f(Q)$ durch die Bedingungen: es sei $f(Q) = 1$, wenn der Flächeninhalt des Polygons Q kleiner als Eins ist, und im entgegengesetzten Fall sei $f(Q)$ gleich dem Flächeninhalt. Eine solche Funktion genügt offenbar allen im Satz verlangten Bedingungen, aber es gibt keine Eindeutigkeitssätze mit einer solchen Funktion, d.h. wenn alle f_i solche f sind: alle Polyeder, deren Flächeninhalte der Seitenflächen kleiner als Eins sind, haben ein und dieselben Werte der Funktion f für die Seitenflächen: $f(Q) = 1$.

Wir fordern, daß die im Satz auftretenden Funktionen f_i zwei zusätzlichen Bedingungen genügen:

a) die f_i sind streng monoton;

b) ist Q eine Strecke, so ist $f_i(Q) = 0$. Kraft der Bedingung b) sind alle in Satz 1 eine Rolle spielenden Zahlen a_i gleich Null; daher sind die den Funktionen f_i zugeschriebenen Werte b_i positiv, und keine Seitenflächen des Polyeders arten aus. Unter diesen zusätzlichen Bedingungen läßt sich unser Satz mit Hilfe des Abbildungslemmas beweisen.

$\mathfrak{P}$ sei eine Mannigfaltigkeit von Polyedern mit gegebenem unendlichen Teil Q und mit den Normalen $\mathfrak{n}_i$ der endlichen Seitenflächen. Sie läßt sich durch eine offene Menge im m-dimensionalen Raum mit den Koordinaten $h_1, \ldots, h_m$ abbilden, wobei h_i die Stützzahlen der endlichen Seitenflächen sind. (Polyeder, deren Seitenflächen in Kanten ausarten, sind ausgeschlossen, und nur deshalb ist die angeführte Menge offen.)

Alle Gesamtheiten positiver Zahlen $b_1, \ldots, b_m$ bilden im m-dimensionalen Raum mit den Koordinaten $b_1, \ldots, b_m$ eine positive Koordinatenecke, d.h. eine offene konvexe Menge. Die Mannigfaltigkeit $\mathfrak{B}$ aller solcher Gesamtheiten $B = (b_1, \ldots, b_m)$ ist m-dimensional und infolge der Konvexität zusammenhängend.

Wir ordnen jedem Polyeder P ein m-Tupel von Zahlen $(b_1, \ldots, b_m)$ nach folgender Regel zu: die Zahl b_i ist der Wert der Funktion f_i für die Seitenfläche mit der Normalen $\mathfrak{n}_i$. Wir erhalten dann die eindeutige Abbildung φ der Mannigfaltigkeit $\mathfrak{P}$ in $\mathfrak{B}$. Dabei ist auf Grund des Zusammenhangs der Mannigfaltigkeit $\mathfrak{B}$ die erste Bedingung des Abbildungslemmas automatisch erfüllt. Ferner folgt die umkehrbare Eindeutigkeit der Abbildung φ aus der Eindeutigkeit eines Polyeders mit gegebenem unendlichen Teil Q, mit den Normalen $\mathfrak{n}_i$ und den Werten der Funktionen f_i (Kap. VI, §4, Satz 2). Die Stetigkeit der Abbildung φ ist offensichtlich, weil mit stetiger Veränderung der Stützzahlen die Seitenflächen sich stetig ändern, während die Funktionen f_i gemäß der Bedingung stetig sind.

Es bleibt die letzte Bedingung des Abbildungslemmas. Im gegebenen Fall läuft sie auf folgendes hinaus. Die Zahlen $b_1^j, \ldots, b_m^j$ $(j = 1, 2, \ldots)$ seien die Werte der Funktionen $f_1, \ldots, f_m$ für die Seitenflächen der Polyeder $\mathfrak{P}^j$, und sie mögen entsprechend gegen die positiven Zahlen $b_1^0, \ldots, b_m^0$ konvergieren. Dann kann man aus der Folge von Polyedern P^j eine konvergierende Teilfolge P^i so auswählen, daß den Seitenflächen des Grenzpolyeders Werte der Funktionen f_k entsprechen, die gleich $b_1^0, \ldots, b_m^0$ sind.

Da die Zahlen $b_1^j, \ldots, b_m^j$ konvergieren, sind sie gleichmäßig beschränkt. Und wie schon in dem oben durchgeführten Beweis des Satzes gezeigt wurde, folgt hieraus die Beschränktheit der Stützzahlen der Polyeder P^j. Daher läßt sich aus den Polyedern P^j eine konvergierende Folge auswählen. Infolge der Stetigkeit der Funktionen f_k ergibt das Grenzpolyeder die Grenzwerte dieser Funktionen $f_k = b_k^0$.

Die letzte Bedingung des Abbildungslemmas ist folglich auch erfüllt, und wir erhalten bei Anwendung dieses Lemmas den Beweis des Satzes.

3. Der erste Beweis unseres Satzes ist natürlich besser: erstens erfordert er keine Kenntnis des Eindeutigkeitssatzes, und zweitens verwendet er nichts außer elementaren Überlegungen und grundlegenden Eigenschaften stetiger Funktionen. Daher ist der Satz selbst fast ebenso banal wie der Satz, daß eine stetige Funktion alle Zwischenwerte annimmt.

In diesem Punkt unterscheiden sich also unendliche Polyeder mit nicht-parallelen unendlichen Kanten wesentlich von geschlossenen und unendlichen Polyedern mit parallelen unendlichen Kanten. Für diese letzteren erhielten wir viel speziellere Sätze, in denen die Funktionen f_i den Flächeninhalt bezeichnen, während die Beweise dieser Sätze prinzipiell komplizierter sind. Dieser scharfe Unterschied hat eine ziemlich klare Ursache.

Im Fall unendlicher Polyeder mit nicht-parallelen unendlichen Kanten ist die einzige, den vorgeschriebenen Werten des Flächeninhalts aufzuerlegende Bedingung die der Positivität. In den zwei anderen Fällen aber bestehen noch zusätzliche Bedingungen; so im Falle eines geschlossenen Polyeders die Bedingung der Geschlossenheit

$$\sum_{i=1}^{m} F_i \mathfrak{n}_i = 0 . \tag{2}$$

Auf Grund dieser Bedingung ist die Anzahl der anzugebenden Zahlen F_i nicht m, sondern $m-3$. So muß es auch sein; denn ein Polyeder mit m Seitenflächen, das eindeutig bis auf Parallelverschiebungen betrachtet wird, ist durch $m-3$ Parameter bestimmt!

Folglich kann man einem geschlossenen Polyeder nur für $m-3$ Seitenflächen beliebig große Werte irgendeiner Funktion f zuschreiben. Für die drei übrigen Seitenflächen müssen die Werte der Funktionen f durch diese $m-3$ bestimmt werden. Nehmen wir aber z.B. für f den Umfang, so sehen wir keine Bedingung, die es ähnlich erlaubte, auf Grund der Umfänge gewisser $m-3$ Seitenflächen die Umfänge der drei übrigen zu finden.

In der Unmöglichkeit, solche Bedingungen zu finden und zu formulieren, liegt die Ursache dessen, daß der Satz über geschlossene Polyeder nicht auf entsprechende Art verallgemeinert werden kann. Man könnte natürlich das Vorhandensein einer solchen Bedingung in der Formulierung des verallgemeinerten Satzes fordern, und dann ließe er sich wörtlich genau so beweisen, wie der Existenzsatz eines Polyeders mit gegebenen Flächeninhalten der Seitenflächen in § 1 bewiesen wurde. Wir können aber kein einziges konkretes Beispiel einer Polygonfunktion angeben, die, ohne nur Funktion des Flächeninhalts zu sein, die geforderte Eigenschaft besäße, daß nämlich eine Methode angegeben werden könnte, auf Grund ihrer Werte für alle Seitenflächen außer für drei ihre Werte auch für diese drei Seitenflächen zu berechnen. Und ohne ein solches Beispiel erweist sich der allgemeine Satz gleichsam als leer, obgleich wir ihn formulieren und beweisen können.

Völlig analoge Bemerkungen kann man anläßlich der Verallgemeinerung des Satzes über unendliche Polyeder mit parallelen unendlichen Kanten machen.

Alles Gesagte führt natürlicherweise auf die Aufgabe: Beispiele für Polygonfunktionen zu finden, die nicht Funktionen allein des Flächeninhalts sind, für welche sich eine $(m-3)$-dimensionale Mannigfaltigkeit zulässiger Werte im Fall eines geschlossenen Polyeders mit m Seitenflächen und eine $(m-1)$-dimensionale im Falle eines unendlichen Polyeders mit parallelen unendlichen Kanten und m endlichen Seitenflächen klar bestimmen ließe.

Wir gestehen, daß wir keinen Zugang zur Lösung dieser Aufgabe sehen. Vielleicht gestatten die Funktionen des Flächeninhalts allein eine klare analytische Bestimmung der angeführten Mannigfaltigkeiten, wenn man in diese Definition noch irgendwelche natürlichen einfachen Bedingungen einfügt?

§ 5. Die Existenz eines konvexen Polyeders mit gegebenen Stützzahlen

1. Ist im Raum ein Koordinatenursprung gewählt, so wird die Lage einer beliebigen Ebene durch den Einheitsvektor $\mathfrak{n}$ ihrer Normalen und die Stützzahl h festgelegt. Die Gleichung einer solchen Ebene Q ist $\mathfrak{n}\,\mathfrak{x} = h$, wobei $\mathfrak{x}$ der Vektor vom Ursprung zu einem variablen Punkt der Ebene ist.

Der durch die Ebene berandete Halbraum, für welchen $\mathfrak{n}$ als äußere Normale dient, wird durch die Ungleichung $\mathfrak{n}\,\mathfrak{x} \leq h$ angegeben, d. h. er ist der geometrische Ort der Endpunkte der Vektoren $\mathfrak{x}$, die im Ursprung angetragen sind und dieser

Ungleichung genügen. Wir sagen, der Halbraum sei durch die Ebene Q berandet, wobei wir immer eben denjenigen Halbraum meinen, für welchen $\mathfrak{n}$ die äußere Normale ist.

Jedes konvexe Polyeder ist der Durchschnitt von Halbräumen, die von den Ebenen seiner Seitenflächen berandet werden (Kap. I, § 2, Satz 2). Hier wie überall in diesem Paragraphen verstehen wir unter einem konvexen Polyeder ein körperliches konvexes Polyeder, wobei wir nicht von vornherein ausschließen, daß es ein nach beiden Seiten hin unendliches Prisma sein kann (zu den Prismen zählen auch Zweiecke, Schichten zwischen Paaren paralleler Ebenen und einfach Halbräume).

Hauptziel dieses Paragraphen ist die Erklärung der Bedingungen, unter denen der Durchschnitt von Halbräumen, die von vorher angegebenen Ebenen Q_i bestimmt werden, ein konvexes Polyeder ist, für welches die Ebenen Q_i die Ebenen seiner Seitenflächen sind. Es handelt sich mit anderen Worten um die Bedingungen, welche man den äußeren Normalen $\mathfrak{n}_i$ und den Stützzahlen h_i auferlegen muß, damit sie äußere Normalen und Stützzahlen der Seitenflächen eines gewissen konvexen Polyeders sind.

Den Normalen $\mathfrak{n}_i$ selbst braucht man keinerlei Bedingungen aufzuerlegen, da gemäß § 1, Lemma 1 bei beliebigen $\mathfrak{n}_i$ ein konvexes Polyeder mit diesen äußeren Normalen existiert. Sind die Vektoren $\mathfrak{n}_i$ komplanar, so ist dieses Polyeder offenbar ein nach beiden Seiten hin unendliches Prisma. Weisen sie in einen Halbraum, so ist das Polyeder unendlich, andernfalls ist es endlich. Also muß es sich um Bedingungen handeln, die den Stützzahlen h_i bei gegebenen äußeren Normalen $\mathfrak{n}_i$ aufzuerlegen sind.

Vorgegebene Halbräume brauchen überhaupt keinen Durchschnitt zu haben. Haben sie aber einen Durchschnitt, der innere Punkte enthält, so ist er ein konvexes Polyeder (Kap. I, § 2, Satz 4). In diesem Falle kann es aber noch sein, daß nicht alle Ebenen, welche die gegebenen Halbräume beranden, Ebenen der Seitenflächen dieses Polyeders sind: einige von ihnen brauchen es gar nicht zu berühren oder sie berühren es nur in einer Kante oder Ecke.

In Verbindung hiermit teilt sich unsere Aufgabe in zwei:

1. die Bedingungen zu finden, unter denen die gegebenen Halbräume einen Durchschnitt P mit inneren Punkten haben;

2. die Bedingungen zu finden, unter welchen alle Ebenen, die diese Halbräume beranden, Ebenen der Seitenflächen des Polyeders P sind.

Die Antwort geben die zwei im weiteren folgenden Sätze. In diesen Sätzen handelt es sich um die Zerlegung eines beliebigen der Normalvektoren $\mathfrak{n}_k$ nach gewissen anderen von ihnen:

$$\mathfrak{n}_k = \sum_i \nu_{ki} \mathfrak{n}_i . \tag{1}$$

Hierbei werden nur solche Zerlegungen betrachtet, in denen 1. die Vektoren $\mathfrak{n}_i$ linear unabhängig sind und 2. die Koeffizienten ν_{ki} entweder alle positiv oder alle negativ sind.

(Die Zerlegung eines Vektors nach linear unabhängigen ist auf eindeutige Weise möglich. Und da die Anzahl aller anzugebenden Vektoren $\mathfrak{n}_j$ endlich ist, ist die Anzahl der zu untersuchenden Zerlegungen ebenfalls endlich. Im Raum können maximal drei Vektoren linear unabhängig sein. Daher handelt es sich um Zerlegungen nach maximal drei Vektoren. Da die Anzahl der Zerlegungen (1), die in den weiterhin folgenden Sätzen 1 und 2 zu berücksichtigen sind, endlich ist, so ist auch die Anzahl der in ihnen vorkommenden Bedingungen immer endlich, so daß sie stets einer tatsächlichen Nachprüfung zugänglich sind.)

Satz 1. *Dafür, daß der Durchschnitt der gegebenen Halbräume* $\mathfrak{n}_i \mathfrak{x} \leq h_i$ $(i = 1, \ldots, m)$ *innere Punkte hat, ist die Erfüllung folgender Bedingung notwendig und hinreichend: für jede Normale* $\mathfrak{n}_k$, *welche eine Zerlegung* (1) *nach anderen linear unabhängigen Normalvektoren mit negativen Koeffizienten* $\nu_{ki} < 0$ *zuläßt, müssen die entsprechenden Stützzahlen der Ungleichung*

$$h_k > \sum_i \nu_{ki} h_i \tag{2}$$

genügen.

(Läßt keiner der Vektoren $\mathfrak{n}_k$ eine Zerlegung nach anderen mit negativen Koeffizienten zu, so wird die Bedingung gegenstandslos, d. h. sie wird automatisch erfüllt. Dann besitzen die Halbräume sicher gemeinsame innere Punkte. Wie leicht zu sehen ist, tritt dies bestimmt ein in dem Fall, daß alle Vektoren $\mathfrak{n}_i$ ins Innere eines Halbraums weisen. Zugleich kann man sich überzeugen, daß, wenn sie nicht ins Innere eines Halbraums weisen, sich immer unter ihnen ein Vektor findet, der eine Zerlegung nach anderen mit negativen Koeffizienten zuläßt. Im äußersten Fall ist eine „Zerlegung" nach einem Vektor möglich, d. h. $\mathfrak{n}_k = -\mathfrak{n}_j$.)

Satz 2. *Besitzt der Durchschnitt der Halbräume* $\mathfrak{n}_i \mathfrak{x} \leq h_i$, *die von den Ebenen* Q_i *berandet werden, innere Punkte und stellt er somit ein gewisses konvexes Polyeder P dar, so ist dafür, daß alle Ebenen* Q_i *Ebenen von Seitenflächen dieses Polyeders sind, die Erfüllung der folgenden Bedingung notwendig und hinreichend: für jede Normale* $\mathfrak{n}_k$, *welche eine Zerlegung* (1) *nach anderen linear unabhängigen Normalen* $\mathfrak{n}_i$ *mit positiven Koeffizienten* $\nu_{ki} > 0$ *zuläßt, müssen die entsprechenden Stützzahlen der Ungleichung*

$$h_k < \sum_i \nu_{ki} h_i \text{ [1]} \tag{3}$$

genügen.

In den Sätzen 1 und 2 ist die Antwort auf die grundlegende Frage nach der Existenz eines Polyeders mit gegebenen Stützzahlen unmittelbar enthalten.

Satz 3. *Dafür, daß die gegebenen Einheitsvektoren* $\mathfrak{n}_j$ *und die gegebenen Zahlen* h_j *entsprechend äußere Normalen und Stützzahlen der Seitenflächen eines gewissen konvexen Polyeders sind, ist die Erfüllung der Bedingungen der beiden Sätze 1 und 2 notwendig und hinreichend.*

[1] In Satz 1 kann man annehmen, daß unter den Vektoren $\mathfrak{n}_j$ $(j = 1, \ldots, m)$ gleiche (Ebenen mit parallelen Normalen) vorkommen. In Satz 2 ist dies ausgeschlossen. Ist z. B. $\mathfrak{n}_1 = \mathfrak{n}_2$, so kann man diese Gleichung als Zerlegung von $\mathfrak{n}_1$ nach $\mathfrak{n}_2$ ansehen; dann muß gemäß (3) $h_1 < h_2$ sein. Aber $\mathfrak{n}_2 = \mathfrak{n}_1$ ist auch eine Zerlegung von $\mathfrak{n}_2$ nach $\mathfrak{n}_1$, und darum muß auch $h_2 < h_1$ sein. Es ergibt sich ein Widerspruch.

Um die Bedingungen der Sätze 1 und 2 besser verständlich zu machen, beweisen wir sogleich ihre Notwendigkeit.

2. Satz 1a. *Besitzt der Durchschnitt der Halbräume* $\mathfrak{n}_i\,\mathfrak{x} \leq h_i$ *innere Punkte, so genügen für einen beliebigen Vektor* $\mathfrak{n}_k$, *der eine Zerlegung* (1) *nach anderen mit negativen Koeffizienten zuläßt, die entsprechenden Stützzahlen der Ungleichung* (2).

(Diese Behauptung enthält sogar mehr als nur die Notwendigkeit der Bedingungen des Satzes 1, weil wir uns in ihr nicht auf Zerlegungen nach linear unabhängigen Vektoren $\mathfrak{n}_i$ beschränken, sondern beliebige Zerlegungen mit negativen Koeffizienten zulassen.)

Beweis. $\mathfrak{a}$ sei ein Vektor, der vom Koordinatenursprung zu einem der inneren Punkte des Durchschnitts der gegebenen Halbräume führt. Da dieser Punkt innerhalb aller dieser Halbräume liegt, so ist für alle i

$$\mathfrak{n}_i\,\mathfrak{a} < h_i\,. \tag{4}$$

Der Vektor $\mathfrak{n}_k$ möge sich nach anderen mit negativen Koeffizienten zerlegen lassen:

$$\mathfrak{n}_k = \sum_{i \neq k} \nu_{k_i}\,\mathfrak{n}_i \; (\nu_{k_i} < 0)\,. \tag{5}$$

Multiplizieren wir die Ungleichung (4) mit den entsprechenden ν_{k_i} und erinnern wir uns, daß sich bei Multiplikation mit einer negativen Zahl eine Ungleichung umkehrt, so erhalten wir nach Addition

$$\sum_i \nu_{k_i}\,\mathfrak{n}_i\,\mathfrak{a} > \sum_i \nu_{k_i} h_i$$

oder auf Grund der Gleichung (5)

$$\mathfrak{n}_k\,\mathfrak{a} > \sum_i \nu_{k_i} h_i\,. \tag{6}$$

Für $i = k$ ergibt aber die Ungleichung (4) $\mathfrak{n}_k\,\mathfrak{a} < h_k$. Daher folgt aus (6)

$$h_k > \sum_i \nu_{k_i} h_i\,,$$

w. z. b. w.

Satz 2a. *Sind die Ebenen* Q_i *mit den Normalen* $\mathfrak{n}_i$ *und den Stützzahlen* h_i *Ebenen der Seitenflächen eines konvexen Polyeders, so genügen für jede Zerlegung eines der Vektoren* $\mathfrak{n}_k$ *nach anderen mit positiven Koeffizienten* ν_{k_i} *die entsprechenden Stützzahlen der Ungleichung* (3), *d. h. es ist* $h_k < \sum_i \nu_{k_i} h_i$.

(Analog zu Satz 1a enthält auch dieser Satz etwas mehr als nur die Notwendigkeit der Bedingung des Satzes 2: hier gibt es keine Beschränkung auf Zerlegungen nach höchstens drei Vektoren $\mathfrak{n}_i$.)

Beweis. Der Vektor $\mathfrak{a}$ gehe vom Ursprung aus zu einem inneren Punkt der k-ten Seitenfläche des gegebenen Polyeders P. Sein Endpunkt liegt daher auf der Ebene Q_i, so daß

$$\mathfrak{n}_k\,\mathfrak{a} = h_k \tag{7}$$

ist. Da der Endpunkt des Vektors $\mathfrak{a}$ innerhalb einer Seitenfläche liegt, liegt er zugleich nicht auf einer der anderen Ebenen Q_i, d. h. er liegt innerhalb der von ihnen berandeten Halbräume. Daher ist

$$\mathfrak{n}_i \mathfrak{a} < h_i \quad (\text{für alle } i \neq k) . \tag{8}$$

Der Vektor $\mathfrak{n}_k$ lasse sich nach gewissen anderen mit positiven Koeffizienten zerlegen:

$$\mathfrak{n}_k = \sum_{i \neq k} \nu_{ki} \mathfrak{n}_i \qquad (\nu_{ki} > 0) . \tag{9}$$

Multipliziert man die entsprechenden Ungleichungen (8) mit den Koeffizienten ν_{ki} und addiert, so ergibt sich

$$\sum_i \nu_{ki} \mathfrak{n}_i \mathfrak{a} < \sum_i \nu_{ki} h_i$$

oder wegen (9)

$$\mathfrak{n}_k \mathfrak{a} < \sum_i \nu_{ki} h_i . \tag{10}$$

Auf Grund der Gleichung (7) ist aber $\mathfrak{n}_k \mathfrak{a} = h_k$, so daß (10)

$$h_k < \sum_i \nu_{ki} h_i$$

ergibt, w. z. b. w.

3. Zum Beweis der Hinlänglichkeit der Bedingungen der Sätze 1 und 2 benötigen wir zwei Lemmas.

Lemma 1. *Liegt ein konvexes Polyeder P im Halbraum $\mathfrak{n}\,\mathfrak{x} \leq h$, so hat es eine Stützebene mit der äußeren Normalen $\mathfrak{n}$.*

Ist das Polyeder P endlich, so ist die Behauptung trivial, da ein endliches Polyeder Stützebenen beliebiger Stellung besitzt. Ist das Polyeder P unendlich, so argumentieren wir folgendermaßen:

Die unendlichen Kanten des Polyeders P liegen in dem Halbraum $\mathfrak{n}\,\mathfrak{x} \leq h$, und daher entfernt sich entweder jede von ihnen von der diesen Halbraum berandenden Ebene Q oder sie ist ihr im äußersten Fall parallel. Deshalb entfernt sich auch jede unendliche Seitenfläche des Polyeders P entweder von der Ebene Q oder sie ist ihr parallel. Da eine Gerade oder Ebene, welche der gegebenen Ebene Q parallel ist, in konstanter Entfernung von Q verläuft, so erhellt daraus, daß sich im endlichen Teil des Polyeders P ein Punkt A befindet, welcher der Ebene Q am nächsten ist. Verschiebt man Q parallel in diesen Punkt, so erhält man die Stützebene des Polyeders P mit der äußeren Normalen $\mathfrak{n}$.

Lemma 2. *Liegt ein konvexes Polyeder P im Halbraum $\mathfrak{n}\,\mathfrak{x} \leq h_0$, so lassen sich drei oder weniger linear unabhängiger Normalen $\mathfrak{n}_j$ seiner Seitenflächen angeben, derart, daß folgendes gilt: 1) es gilt eine Zerlegung $\mathfrak{n} = \sum_j \nu_j \mathfrak{n}_j$, für welche alle $\nu_j > 0$ sind und 2) gilt die Ungleichung $h_0 \geq \sum_j \nu_j h_j$, wobei h_j die Stützzahlen der Seitenflächen mit den Normalen $\mathfrak{n}_j$ sind.* (Insbesondere gilt sicherlich die Gleichung $h_0 = \sum_j \nu_j h_j$, wenn die Ebene $\mathfrak{n}\,\mathfrak{x} = h_0$ Stützebene von P ist.)

Das konvexe Polyeder P möge in dem Halbraum $\mathfrak{n}\,\mathfrak{x} \leq h_0$ liegen. Gemäß Lemma 1 besitzt dann P eine Stützebene Q mit der äußeren Normalen $\mathfrak{n}$. Die Gleichung der Ebene Q laute $\mathfrak{n}\,\mathfrak{x} = h$, so daß $\mathfrak{n}\,\mathfrak{x} \leq h$ ein von dieser Ebene berandeter Halbraum ist. Da $\mathfrak{n}$ die äußere Normale ist, enthält dieser Halbraum das Polyeder P. Zugleich ist P in dem Halbraum $\mathfrak{n}\,\mathfrak{x} \leq h_0$ enthalten, und darum enthält dieser letztere auch den Halbraum $\mathfrak{n}\,\mathfrak{x} \leq h$. Hieraus folgt, daß

$$h \leq h_0 \tag{11}$$

ist.

Berührt die Ebene Q das Polyeder P in einer Seitenfläche und ist $\mathfrak{n}_j$ die Normale dieser Seitenfläche, so ist offensichtlich $\mathfrak{n} = \mathfrak{n}_j$ und $h = h_j$, d. h. wegen (11) $h_0 \geq h_j$. Die Relationen $\mathfrak{n} = \mathfrak{n}_j$ und $h_0 \geq h_j$ zeigen, daß in diesem Falle die Behauptung des Lemmas erfüllt ist; allein die Anzahl der Normalen $\mathfrak{n}_j$, nach denen $\mathfrak{n}$ zerlegt wird, reduziert sich hier auf eins.

Wir betrachten den allgemeinen Fall. Die Ebene Q möge das Polyeder in irgendeinem Punkt A berühren, gleichgültig ob in einer Ecke, Kante oder Seitenfläche. W sei eine körperliche Ecke, die von Strahlen erfüllt wird, welche von A aus in Richtung der äußeren Normalen der Stützebenen im Punkt A laufen. Wie schon in Kap. I, § 5 gezeigt, ist W eine konvexe polyedrische Ecke, deren Kanten entlang den Normalen der im Punkt A zusammentreffenden Seitenflächen verlaufen.

Liegt der Punkt A innerhalb einer Kante, so reduziert sich W auf eine ebene Ecke; liegt aber A innerhalb einer Seitenfläche, so reduziert sich W auf einen einzigen Strahl. Die Normale $\mathfrak{n}$ der Stützebene Q verläuft in der Ecke W. Ist dies tatsächlich eine körperliche Ecke, so zerlegen wir sie durch diagonale Ebenen in Dreiflache und überzeugen uns, daß $\mathfrak{n}$ in einem gewissen Dreiflach verläuft, dessen Kanten entlang den Normalen $\mathfrak{n}_{j_1}, \mathfrak{n}_{j_2}, \mathfrak{n}_{j_3}$ von Seitenflächen des Polyeders laufen.

Der so verlaufende Vektor läßt sich offensichtlich nach den Vektoren $\mathfrak{n}_{j_1}, \mathfrak{n}_{j_2}, \mathfrak{n}_{j_3}$ zerlegen mit nicht-negativen Koeffizienten:

$$\mathfrak{n} = \nu_{j_1}\mathfrak{n}_{j_1} + \nu_{j_2}\mathfrak{n}_{j_2} + \nu_{j_3}\mathfrak{n}_{j_3} \quad (\nu_{j_1}, \nu_{j_2}, \nu_{j_3} \geq 0)\,. \tag{12}$$

Artet aber W in einen ebenen Winkel oder in einen Strahl aus, so erhalten wir eine ebensolche Zerlegung nach zwei Vektoren oder einem Vektor. Läßt man Koeffizienten zu, deren Wert ν_{j_i} gleich Null ist, so kann man diese Fälle in die Formel (12) einbeziehen.

Die im Satz geforderte Zerlegung des Vektors $\mathfrak{n}$ ist also gefunden, und es bleibt nur die Ungleichung

$$h_0 \geq \nu_{j_1} h_{j_1} + \nu_{j_2} h_{j_2} + \nu_{j_3} h_{j_3} \tag{13}$$

zu beweisen.

Der Vektor $\mathfrak{a}$ möge vom Ursprung aus zum Punkt A laufen, in welchem die Ebene Q das Polyeder P berührt. Dieser Punkt liegt auf den Ebenen der in ihm zusammentreffenden Seitenflächen und auf der Ebene Q; daher genügt $\mathfrak{a}$ den Gleichungen dieser Ebenen

$$\mathfrak{n}_{j_1}\mathfrak{a} = h_{j_1}\,, \quad \mathfrak{n}_{j_2}\mathfrak{a} = h_{j_2}\,, \quad \mathfrak{n}_{j_3}\mathfrak{a} = h_{j_3} \quad \text{und} \quad \mathfrak{n}\,\mathfrak{a} = h\,. \tag{14}$$

Multipliziert man die ersten drei Gleichungen mit den entsprechenden ν_{j_p} und addiert sie, so erhält man infolge von Gleichung (2)

$$\sum_p h_{j_p} \nu_{j_p} = \mathfrak{a} \sum_p \nu_{j_p} \mathfrak{n}_{j_p} = \mathfrak{a}\,\mathfrak{n} = h\,. \tag{15}$$

Da $h \leq h_0$ ist, folgt hieraus die Ungleichung (13), und das Lemma ist bewiesen. (Die letzte, in Klammern stehende Behauptung des Lemmas ist in Formel (15) enthalten, weil, wenn $\mathfrak{n}\,\mathfrak{x} = h_0$ die Stützebene ist, diese auch Q ist, d. h. $h = h_0$.)

4. Nun zeigen wir, daß Lemma 2 schon die Hinlänglichkeit der Bedingungen des Satzes 2 enthält, d. h. wir beweisen den folgenden Satz:

Satz 2b. *Ist das Polyeder P der Durchschnitt der Halbräume $\mathfrak{n}_i\,\mathfrak{x} \leq h_i$ ($i = 1, \ldots, m$), so liefert unter den Bedingungen von Satz 2 (d.h. wenn bei $\mathfrak{n}_k = \sum_i \nu_{k_i} \mathfrak{n}_i$, worin die $\mathfrak{n}_i$ linear unabhängig und alle $\nu_{k_i} > 0$ sind, $h_k < \sum_i \nu_{k_i} h_i$ ist) jede Ebene $\mathfrak{n}_i\,\mathfrak{x} = h_i$ auf P eine ganze Seitenfläche.*

Wir nehmen an, das Polyeder P habe keine Seitenfläche mit der Normalen $\mathfrak{n}_k$. Da es nach seiner Definition im Halbraum $\mathfrak{n}_k\,\mathfrak{x} \leq h_k$ liegt, so gibt es gemäß Lemma 2 linear unabhängige Vektoren $\mathfrak{n}_j$, welche Normalen von Seitenflächen von P und so beschaffen sind, daß die Formeln

$$\mathfrak{n}_k = \sum_j \nu_{k_j} \mathfrak{n}_j \qquad (\nu_j > 0) \tag{16}$$

und

$$h_k \geq \sum_j \nu_{k_j} h_j\,{}^{1} \tag{17}$$

gelten. Aber in Gleichung (16) verlangt die Bedingung des Satzes 2 gerade das Umgekehrte:

$$h_k < \sum_j \nu_{k_j} h_j\,.$$

Der gewonnene Widerspruch zeigt, daß das Polyeder P Seitenflächen mit einer beliebigen von den Normalen $\mathfrak{n}_i$ besitzt, und der Satz 2b ist somit bewiesen.

5. Wir beweisen jetzt den hinreichenden Charakter der Bedingungen des Satzes 1.

Satz 1b. *Wenn die den Vektoren $\mathfrak{n}_i$ zugeordneten Zahlen h_i so beschaffen sind, daß die Bedingung von Satz 1 erfüllt ist (d. h. wenn bei $\mathfrak{n}_k = \sum_i \nu_{k_i} \mathfrak{n}_i$, wobei die $\mathfrak{n}_i$ linear unabhängig und alle $\nu_{k_i} < 0$ sind, $h_k > \sum_i \nu_{k_i} h_i$ ist), so besitzt der Durchschnitt der Halbräume $\mathfrak{n}_i\,\mathfrak{x} \leq h_i$ innere Punkte.*

Ist nur ein Vektor $\mathfrak{n}_i$ gegeben, so läuft der Satz auf eine Trivialität hinaus. Daher beweisen wir ihn durch Induktion nach der Anzahl der Vektoren $\mathfrak{n}_i$ und nehmen an, er gelte für $m - 1$ Vektoren.

$\mathfrak{n}_1, \ldots, \mathfrak{n}_m$ und $h_1, \ldots, h_m$ seien Vektoren und Zahlen, welche den Bedingungen des Satzes genügen. Auf Grund der gemachten Voraussetzung über die

---

[1] Der Sonderfall des Lemmas 2, daß der Vektor $\mathfrak{n} = \mathfrak{n}_k$ sich nach einer Normalen „zerlegen" läßt, entfällt hier, da vorausgesetzt wurde, daß $\mathfrak{n}_k$ nicht Normale einer Seitenfläche ist.

Gültigkeit des Satzes für $m-1$ Vektoren besitzt dann der Durchschnitt von $m-1$ Halbräumen

$$\mathfrak{n}_i \mathfrak{x} \leq h_i \quad (i = 1, \ldots, m-1)$$

einen inneren Punkt. Der Durchschnitt ist ein konvexes körperliches Polyeder P, welches ein Prisma oder sogar ein Halbraum sein kann.

Zugleich nehmen wir an, daß der Durchschnitt aller m Halbräume $\mathfrak{n}_i \mathfrak{x} \leq h_i$, d. h. der Durchschnitt des Polyeders P mit dem m-ten Halbraum $\mathfrak{n}_m \mathfrak{x} \leq h_m$, keine inneren Punkte besitzt und sogar leer sein kann. Das bedeutet offensichtlich, daß P keine Punkte innerhalb des m-ten Halbraums $\mathfrak{n}_m \mathfrak{x} \leq h_m$ hat.

Da das Polyeder P keine Punkte innerhalb des Halbraums $\mathfrak{n}_m \mathfrak{x} \leq h_m$ besitzt, ist es im ergänzenden Halbraum $\mathfrak{n}_m \mathfrak{x} \geq h_m$ oder, was dasselbe ist, in

$$-\mathfrak{n}_m \mathfrak{x} \leq -h_m$$

enthalten.

Dieser ergänzende Halbraum besitzt die äußere Normale $-\mathfrak{n}_m$, und die Entfernung der ihn berandenden Ebene vom Ursprung ist gleich $-h_m$. Da er das Polyeder P enthält, kann man Lemma 2 anwenden. Nach diesem Lemma gibt es höchstens drei linear unabhängige Vektoren $\mathfrak{n}_j$, derart, daß

$$-\mathfrak{n} = \sum_j \nu_{m_j} \mathfrak{n}_j \quad (\nu_{j_m} > 0) \tag{18}$$

und

$$-h_m \geq \sum_j \nu_{m_j} h_j \tag{19}$$

ist. Da aber alle $\nu_{mj} > 0$ sind, so ergibt zugleich (18) eine Zerlegung des Vektors $\mathfrak{n}_m$ nach den $\mathfrak{n}_j$ mit negativen Koeffizienten $-\nu_{m_j}$. Dann muß aber gemäß der Bedingung des Satzes

$$h_m > \sum_j -\nu_{m_j} h_j \tag{20}$$

sein. Das widerspricht aber der Ungleichung (19). Damit ist die Annahme, daß der Durchschnitt aller m Halbräume $\mathfrak{n}_i \mathfrak{x}_i \leq h_i$ keine inneren Punkte habe, unmöglich, und Satz 1b ist bewiesen.

6. Aus den Sätzen 1 und 2 ergeben sich sogleich die Bedingungen, welche den unendlichen Teil eines konvexen Polyeders kennzeichnen.

Satz 4. *Dafür, daß die Ebenen $\mathfrak{n}_i \mathfrak{x}_i = h_i$ Ebenen unendlicher Seitenflächen eines konvexen Polyeders mit den äußeren Normalen $\mathfrak{n}_i$ sind, ist die Erfüllung folgender Bedingungen notwendig und hinreichend: 1) die Zahlen h_i genügen den Bedingungen der Sätze 1 und 2, 2) die Vektoren $\mathfrak{n}_i$ weisen in einen Halbraum und sind so beschaffen, daß keiner von ihnen, wenn man sie von einem Punkt aus anträgt, ins Innere einer durch sie aufgespannten konvexen polyedrischen Ecke geht, oder, was dasselbe ist, es müssen alle ihre Endpunkte auf dem Rand eines durch sie aufgespannten konvexen sphärischen Polygons liegen; es muß mindestens drei Vektoren $\mathfrak{n}_i$ geben, weil ein unendliches Polyeder (das sich nicht auf ein Zweiflach reduziert) mindestens drei unendliche Seitenflächen haben muß.*

Die Notwendigkeit der Bedingung 1) ist in der Notwendigkeit der Bedingungen der Sätze 1 und 2 enthalten, während die Notwendigkeit der Bedingung 2) sich aus der entsprechenden Eigenschaft des sphärischen Bildes eines unendlichen Polyeders ergibt (Kap. I, § 5, Nr. 3). Genau so läßt sich die Hinlänglichkeit dieser Bedingungen beweisen. Und zwar zeigt Satz 3 unter der Bedingung 1), daß ein Polyeder P existiert, bei welchem die Ebenen $\mathfrak{n}_i \mathfrak{x} = h_i$ Ebenen der Seitenflächen sind. Da nach Bedingung 2) die Vektoren $\mathfrak{n}_i$ in einen Halbraum weisen, ist das Polyeder P unendlich. Keine seiner Seitenflächen ist endlich, da das sphärische Bild einer endlichen Seitenfläche innerhalb des sphärischen Bildes des Polyeders liegt.

Man kann den Bedingungen des Satzes 4 eine Form geben, in welcher sie ein besonders einfaches Nachprüfen erlauben, wenn die Vektoren $\mathfrak{n}_i$ und die Zahlen h_i faktisch vorgegeben sind.

1) Damit die Vektoren $\mathfrak{n}_i$ in einen Halbraum weisen, ist notwendig und hinreichend, daß sich keiner von ihnen nach drei anderen nicht-komplanaren mit negativen Koeffizienten zerlegen läßt. (Dafür, daß sie ins Innere eines Halbraums weisen, ist es notwendig und hinreichend, daß keiner von ihnen sich nach beliebig vielen anderen mit negativen Koeffizienten zerlegen läßt.)

2) Damit keiner der Vektoren $\mathfrak{n}_i$, die in einen Halbraum gehen, ins Innere einer durch die übrigen Vektoren aufgespannten polyedrischen Ecke geht, ist notwendig und hinreichend, daß keiner der Vektoren $\mathfrak{n}_i$ eine Zerlegung nach drei anderen nicht-komplanaren mit positiven Koeffizienten zuläßt.

3) Aus 1) und 2) folgt, daß man in Satz 4 die Bedingungen der Sätze 1 und 2 für die Zahlen h_i nur für Zerlegungen der Vektoren $\mathfrak{n}_i$ nach höchstens zwei anderen nachprüfen muß.

Die Behauptung 1) läßt sich durch Induktion nach der Anzahl der Vektoren $\mathfrak{n}_i$ beweisen. Die Behauptung 2) ist einleuchtend, weil der Vektor $\mathfrak{n}$, wenn er innerhalb einer polyedrischen Ecke V verläuft, im Inneren eines der Dreiflache verläuft, in die man V zerlegen kann, und sich folglich nach Vektoren entlang den Kanten dieses Dreiflachs mit positiven Koeffizienten zerlegen läßt.

7. Anmerkungen und Aufgaben. 1. Alle Schlußfolgerungen dieses Paragraphen lassen sich wörtlich auf einen Raum beliebiger Dimension ausdehnen. Der Unterschied besteht lediglich darin, daß es im n-dimensionalen Raum n linear unabhängige Vektoren geben kann. In den Schlußfolgerungen dieses Paragraphen die entsprechenden Änderungen vorzunehmen, macht keine Mühe.

2. Für den Durchschnitt P der gegebenen Halbräume $\mathfrak{n}_i \mathfrak{x}_i \leq h_i$ sind vier Fälle möglich:

a) P ist leer;

b) P ist nicht leer, besitzt aber keine inneren Punkte;

c) P hat innere Punkte und ist folglich ein konvexes Polyeder; aber nicht alle Ebenen Q_i, welche die gegebenen Halbräume beranden, sind Ebenen seiner Seitenflächen;

d) P ist ein konvexes Polyeder, und alle Ebenen Q_i sind Ebenen seiner Seitenflächen.

Die Sätze 1 und 2 geben die Bedingungen, welche die Fälle c) und d) kennzeichnen. Man beweise, daß die Fälle a) und b) durch folgende notwendigen und hinreichenden Bedingungen gekennzeichnet werden und erkläre den anschaulichen Sinn dieser Bedingungen:

a) Unter den Vektoren $\mathfrak{n}_i$ gibt es einen solchen $\mathfrak{n}_k$, der eine Zerlegung nach einigen anderen mit negativen Koeffizienten zuläßt: $\mathfrak{n}_k = \sum_i \nu_{k_i} \mathfrak{n}_i$ ($\nu_{k_i} < 0$), und die entsprechenden Stützzahlen genügen der Ungleichung

$$h_k < \Sigma \nu_{k_i} h_i. \tag{a}$$

b) Es gilt keine der Ungleichungen (a); aber es gibt einen Vektor $\mathfrak{n}_k$, der eine Zerlegung $\mathfrak{n}_k = \Sigma \nu_{k_i} \mathfrak{n}_i$ mit negativen Koeffizienten zuläßt, und die entsprechende Stützzahl genügt der Gleichung

$$h_k = \sum_i \nu_{k_i} h_i. \tag{b}$$

Diese zwei Sätze zusammen mit den Sätzen 1 und 2 ergeben die vollständige Aufteilung in die vier Fälle a) bis d).

3. Man erkläre den Sinn derjenigen Fälle, daß eine oder mehrere der Ungleichungen (2) und (3) in den Sätzen 1 und 2 sich in Gleichungen verwandeln.

4. a) Man beweise, daß es dafür, daß gegebene Vektoren nicht ins Innere eines Halbraums weisen, notwendig und hinreichend ist, daß mindestens einer von ihnen sich nach anderen mit negativen Koeffizienten zerlegen läßt.

b) Man beweise, daß es dafür, daß gegebene Vektoren nicht in einen Halbraum weisen (aber nicht unbedingt in sein Inneres!), notwendig und hinreichend ist, daß sich mindestens einer von ihnen nach drei anderen linear unabhängigen mit negativen Koeffizienten zerlegen läßt.

c) Man beweise, daß es, wenn ein Vektor $\mathfrak{n}$ sich nach den Vektoren $\mathfrak{n}_1, \ldots, \mathfrak{n}_m$ mit negativen (positiven) Koeffizienten zerlegen läßt ($\mathfrak{n} = \lambda_1 \mathfrak{n}_1 + \cdots + \lambda_m \mathfrak{n}_m$), unter den Vektoren $\mathfrak{n}_1, \ldots, \mathfrak{n}_m$ linear unabhängige gibt, nach welchen $\mathfrak{n}$ eine Zerlegung mit Koeffizienten desselben Vorzeichens zuläßt.

5. Satz von Helly. Nach Satz 1 läßt sich der Vektor $\mathfrak{n}_k$ nach drei linear unabhängigen mit den negativen Koeffizienten ν_{k_i} und $h_k > \Sigma \nu_{k_i} h_i$ zerlegen, wenn die entsprechenden vier Halbräume gemeinsame innere Punkte besitzen. Zugleich ist nach Satz 1 die Erfüllung dieser Bedingungen hinreichend dafür, daß eine beliebige Anzahl von Halbräumen gemeinsame innere Punkte hat.

Hieraus folgt unmittelbar der Satz:

Besitzen je vier unter einer endlichen Anzahl gegebener Halbräume gemeinsame innere Punkte, so haben auch alle Halbräume gemeinsame innere Punkte.

Da jedes konvexe Polyeder der Durchschnitt einer endlichen Anzahl von Halbräumen ist, so folgt hieraus der Satz:

Besitzen je vier von endlich vielen konvexen Polyedern gemeinsame innere Punkte, so haben auch alle Polyeder gemeinsame innere Punkte.

Dasselbe gilt in einem Raum beliebiger Dimension n, wobei die Zahl vier durch $n+1$ zu ersetzen ist.

Aus dem Gesagten läßt sich leicht folgern, daß wenn je vier bzw. $(n+1)$ von endlich vielen konvexen Polyedern gemeinsame (nicht unbedingt innere) Punkte haben, so auch alle Polyeder mindestens einen gemeinsamen Punkt besitzen.

Haben ferner je vier bzw. $(n+1)$ aus einer endlichen Anzahl konvexer Körper gemeinsame Punkte, so besitzen auch alle diese Körper mindestens einen gemeinsamen Punkt. (Es reicht hin, sich die gegebenen Körper durch sie enthaltende konvexe Polyeder zu approximieren; dann ergibt sich dieser Satz aus dem vorhergehenden.)

Man kann beweisen, daß dasselbe Ergebnis auch für eine willkürliche unendliche Menge endlicher konvexer Körper gilt: *besitzen je vier bzw. $(n+1)$ von ihnen gemeinsame Punkte, so haben sie auch alle mindestens einen gemeinsamen Punkt.* Dies ist der Satz von Helly. Seinen ganz einfachen Beweis kann man in der Arbeit Hellys [41] finden. Im übrigen liegt der Schwerpunkt der Schlußfolgerung gerade im Fall einer endlichen Anzahl von Körpern.

Man überzeugt sich leicht, daß ein solcher allgemeiner Satz für unendliche konvexe Körper nicht mehr gilt.

6. Satz 3 läßt sich beweisen, wenn man das Abbildungslemma anwendet. Bei der Anwendung auf den gegebenen Fall läuft das Abbildungslemma auf folgende einfache Behauptung hinaus: Ist eine offene Menge $\mathfrak{P}$ des m-dimensionalen euklidischen Raums in einer anderen offenen und zusammenhängenden Menge $\mathfrak{H}$ desselben Raumes enthalten und zwar derart, daß $\mathfrak{P}$ bezüglich $\mathfrak{H}$ abgeschlossen ist, so ist $\mathfrak{P} = \mathfrak{H}$. Das folgt aus der Definition des Zusammenhangs (Kap. II, §8, Nr. 4). Als Menge $\mathfrak{H}$ muß man eine Punktmenge im m-dimensionalen Raum betrachten, deren Koordinaten $h_1, \ldots, h_m$ den Bedingungen der Sätze 1 und 2 genügen, wenn die Vektoren $\mathfrak{n}_1, \ldots, \mathfrak{n}_m$ gegeben sind. Und als Menge $\mathfrak{P}$ muß man die Menge derjenigen Punkte $(h_1, \ldots, h_m)$ ansehen, für welche der Durchschnitt der Halbräume $\mathfrak{n}_i\,\mathfrak{x}_i \leq h_i$ ein konvexes Polyeder ist.

Wir schlagen vor, einen solchen Beweis für Satz 3 durchzuführen. Er birgt keine prinzipiellen Schwierigkeiten, obwohl seine strenge Durchführung einige Einzelheiten erfordert, die eines gewissen Interesses nicht entbehren.

§ 6. Verallgemeinerungen

1. Alle Sätze dieses Kapitels lassen sich zugleich mit ihren Beweisen auf einen euklidischen Raum beliebiger Dimension übertragen. Sie lassen sich ferner alle durch Grenzübergang auf beliebige konvexe Körper verallgemeinern, ebenfalls in einem Raum beliebiger Dimension. Eine solche Verallgemeinerung setzt jedoch die Einführung allgemeiner Begriffe für beliebige konvexe Körper voraus, welche die entsprechenden, auf Polyeder bezogenen, elementaren Begriffe ersetzen.

Ein konvexer Körper wird nicht durch endlich viele Stützzahlen, sondern durch eine „Stützfunktion" vorgegeben, die von Minkowski eingeführt und untersucht worden ist [42], [43].

Es sei $\mathfrak{u}\mathfrak{x} = H(\mathfrak{u})$ die Gleichung der Stützebene des konvexen Körpers H mit der äußeren Normalen $\mathfrak{u}$, wobei $\mathfrak{u}$ kein Einheitsvektor zu sein braucht. Ist $\mathfrak{u} = \mathfrak{n}$ ein Einheitsvektor, so ist $H(\mathfrak{u}) = h(\mathfrak{n})$ der mit entsprechendem Vorzeichen versehene Abstand des Ursprungs von der betrachteten Ebene. Überhaupt ist offenkundig

$$H(\mathfrak{u}) = |\mathfrak{u}|\, H\left(\frac{\mathfrak{u}}{|\mathfrak{u}|}\right),$$

wobei $\frac{\mathfrak{u}}{|\mathfrak{u}|}$ schon der Einheitsvektor ist.

Die für alle Vektoren $\mathfrak{u}$ bestimmte Funktion $H(\mathfrak{u})$ heißt *Stützfunktion* des Körpers H. (Streng genommen ist $H(\mathfrak{u})$ für $\mathfrak{u} = 0$ nicht definiert, aber natürlicherweise gilt $H(0) = 0$.) Sie wird natürlich durch ihre Werte für die Einheitsvektoren $\mathfrak{n}$ (oder, wie man oft geeigneterweise annimmt, für Punkte auf der Einheitsphäre) vollständig bestimmt.

Es gilt der Satz:

Dafür, daß die Funktion $H(\mathfrak{u})$ Stützfunktion eines konvexen Körpers ist (der möglicherweise in ein ebenes Gebiet, eine Strecke oder einen Punkt ausartet), ist die Erfüllung zweier Bedingungen notwendig und hinreichend:

1. $H(\lambda\,\mathfrak{u}) = \lambda\, H(\mathfrak{u})$ *für jedes* $\lambda \geq 0$ *(die Bedingung der „positiven Homogenität erster Ordnung");*

2. $H(\mathfrak{u} + \mathfrak{v}) \leq H(\mathfrak{u}) + H(\mathfrak{v})$ *für beliebige* $\mathfrak{u}$ *und* $\mathfrak{v}$ *(die Konvexitätsbedingung).*

Die Bedingung dafür, daß ein konvexer Körper mit der Stützfunktion $H(\mathfrak{u})$ nicht ausartet, lautet:

3. *für alle nicht-komplanaren* $\mathfrak{u}_1, \mathfrak{u}_2, \mathfrak{u}_3$ *ist*

$$\Sigma H(\mathfrak{u}_i) > -H(-\Sigma\,\mathfrak{u}_i)\,.$$

Dies ist analog der Bedingung von § 5, Satz 1.[1]

[1] Siehe folgende Fußnote. Es genügt, $-\sum_i \mathfrak{u}_i$ durch $\mathfrak{n}$ und $\mathfrak{u}_i$ durch $\nu_i\,\mathfrak{n}_i$ mit $\nu_i < 0$ zu ersetzen.

Dieser Satz wurde zuerst von MINKOWSKI und später auf verschiedene Arten von vielen Autoren bewiesen. Man kann ihn durch Grenzübergang aus §5, Satz 1 erhalten. Er entspricht §5, Satz 3 über Stützzahlen, weil eine Stützzahl der Wert einer Stützfunktion für die Normale der entsprechenden Seitenfläche ist. Die Stützfunktion eines konvexen Polyeders ist stückweise linear und wird daher durch ihre Werte für diese Normalen bestimmt. Und zwar ist sie linear in einer körperlichen Ecke, die von Normalen zu den Stützebenen in einer Ecke erfüllt wird. (Ist $\mathfrak{a}$ ein Vektor, der zu dem Punkt A führt, so ist die Gleichung der Ebene, welche durch den Punkt A geht und die Normale $\mathfrak{u}$ hat, $\mathfrak{u}\,\mathfrak{x} = \mathfrak{u}\,\mathfrak{a}$; und folglich ist die Stützfunktion des Punktes A $H(\mathfrak{u}) = \mathfrak{a}\,\mathfrak{u}$, woraus sich auch unsere Behauptung über die Stützfunktion eines Polyeders ergibt.)

Die Bedingungen von §5, Satz 3, d.h. die Zusammenfassung der Bedingungen der Sätze 1 und 2 (wobei in den Ungleichungen das Gleichheitszeichen zugelassen ist), lassen sich leicht aus den Bedingungen des oben angeführten Satzes über die Stützfunktion ableiten.[1] §5, Satz 3 läßt sich jedoch nicht als Spezialfall dieses letzteren ansehen, schon deshalb nicht, weil man auf Grund der gegebenen Zahlen h_i, die den Vektoren $\mathfrak{n}_i$ zugeordnet sind, i. allg. keine stückweise lineare Funktion $H(\mathfrak{u})$ konstruieren kann, derart, daß $H(\mathfrak{n}_i) = h_i$ ist. (Eine solche Funktion läßt sich durch Zerlegung des Raumes in Dreiflache mit Kanten in Richtung der Vektoren $\mathfrak{n}_i$ bestimmen. Wegen ihres stückweise linearen Charakters wird sie in jeder solchen Ecke durch ihre Werte auf ihren Kanten bestimmt. Jedoch ist die Zerlegung des Raumes in Dreiflache mit Kanten längs $\mathfrak{n}_i$ allgemein gesagt durchaus nicht eindeutig. Es entsteht dann die Frage nach der Einteilung der Zerlegung, für welche die konstruierte Funktion der Konvexitätsbedingung genügt.)

2. Verallgemeinerungen der Sätze der §§1—4 auf beliebige konvexe Körper im n-dimensionalen euklidischen Raum lassen sich mit Hilfe des Begriffes der Flächenfunktion einer konvexen Fläche formulieren, deren Definition in Kap. II, §7, Nr. 2 gegeben wurde. Wir erinnern daran, daß eine Flächenfunktion eine Mengenfunktion auf der Einheitskugel E ist. Sie ist für alle (BORELschen) Teilmengen auf E bestimmt, welche im sphärischen Bild der gegebenen konvexen Fläche enthalten sind. Ist die Fläche geschlossen, so ist dies eine beliebige Menge auf der Sphäre E. Ist aber die Fläche unendlich, so ist ihr sphärisches Bild S in einer Halbsphäre enthalten. In diesem Fall hat die Flächenfunktion sicherlich nur für Mengen endliche Werte, deren abgeschlossene Hülle innerhalb S liegt; für andere kann sie unendlich sein.

Verallgemeinerung des MINKOWSKIschen Satzes. *Dafür daß eine (für beliebige BORELsche Mengen auf E definierte) Mengenfunktion $F(M)$ auf der Einheitssphäre E eine Flächenfunktion irgendeines endlichen konvexen Körpers ist, ist es notwendig und hinreichend, daß sie folgenden Bedingungen genügt:*

1. *$F(M)$ ist endlich, nicht-negativ und total-additiv.*

2. *$\int_E \mathfrak{n}\, F(dM) = 0$, wobei $\mathfrak{n}$ ein Einheitsvektor ist, welcher einem Punkt auf der Sphäre E entspricht.*

3. *Bei jedem Einheitsvektor $\mathfrak{n}_0$ ist $\int_E (\mathfrak{n}_0\, \mathfrak{n})\, F(dM) > 0$.*

---

[1] Es sei $\mathfrak{n} = \sum_i \nu_i\, \mathfrak{n}_i$, wobei alle $\nu_i < 0$ sind. Dann ist nach Bedingung 2) $H(-\mathfrak{n}) = H(-\sum_i \nu_i\, \mathfrak{n}_i) \leq \sum H(-\nu_i\, \mathfrak{n}_i)$, und nach Bedingung 1), da $-\nu_i > 0$ ist, $H(-\nu_i\, \mathfrak{n}_i) = -\nu_i H(\mathfrak{n}_i)$, so daß

$$H(-\mathfrak{n}) \leq \sum_i -\nu\, H(\mathfrak{n}_i) \qquad (*)$$

ist. Aber nach Bedingung 2) ist $H(-\mathfrak{n}) + H(\mathfrak{n}) \geq H(0)$, und $H(0) = 0$ (wegen Bedingung 1), wobei man $\lambda = 0$ wählen muß. Daher ist $H(-\mathfrak{n}) \geq -H(\mathfrak{n})$, was zusammen mit (*) $H(\mathfrak{n}) \geq \sum_i \nu_i H(\mathfrak{n}_i)$ ergibt oder mit den Bezeichnungen von §5 $h \geq \sum \nu_i\, h_i$; aber dies ist die Bedingung (2a) von §5, Satz 1. Die Bedingung von Satz 2 läßt sich noch einfacher ableiten.

Die zweite Bedingung besagt, daß der vektorielle Flächeninhalt einer geschlossenen Fläche gleich Null ist; die dritte besagt, daß der Flächeninhalt der Projektion eines konvexen Körpers in einer beliebigen Richtung $\mathfrak{n}_0$ nicht Null wird.

Besteht die Funktion $F(M)$ aus einer endlichen Anzahl von Massenpunkten[1], so reduziert sich dieser allgemeine Satz auf einen Satz über Polyeder. Die Normalen der Seitenflächen entsprechen denjenigen Punkten auf der Kugel, wo die „Massen" der Funktion $F(M)$ gegeben sind. In diesem Fall läuft die dritte Bedingung auf die Forderung der Nichtkomplanarität der Normalen hinaus.

Der Beweis des angegebenen allgemeinen Satzes läßt sich am einfachsten durch Grenzübergang von Polyedern durchführen.[2]

Verallgemeinerung des Satzes aus § 3. *Es sei G ein endliches konvexes Gebiet (mit Ausschluß seines Randes) in einer Ebene T, $\mathfrak{n}_0$ die Normale zur Ebene T, F der Flächeninhalt des Gebietes G. Dafür, daß die Mengenfunktion $F(M)$ auf der Kugel E, die für eine beliebige, in der offenen Halbsphäre $E(\mathfrak{n}_0)$ mit Mittelpunkt $\mathfrak{n}_0$ enthaltene Borelsche Menge definiert ist, Flächenfunktion eines unendlichen konvexen Körpers ist, dessen Projektion auf die Ebene T das Gebiet G bedeckt, sind die folgenden Bedingungen notwendig und hinreichend:*

1. *$F(M)$ ist nicht-negativ, total-additiv und endlich für jedes M, dessen abgeschlossene Hülle in $E(\mathfrak{n}_0)$ enthalten ist.*

2. $\int\limits_{E(\mathfrak{n}_0)} (\mathfrak{n}_0\, \mathfrak{n})\, F(dM) = F.$

Hier hat der konvexe Körper H als Grenzkegel einen Strahl in Richtung $\mathfrak{n}_0$. Die Projektion des Körpers H, welche das Gebiet G bedeckt, ist in der abgeschlossenen Hülle dieses Gebietes enthalten.

Da die Funktion $F(M)$ nur in der offenen Sphäre $E(\mathfrak{n}_0)$ definiert ist, sind die zu $\mathfrak{n}_0$ parallelen Stützebenen aus der Betrachtung ausgeschlossen, obgleich der Körper H solche Ebenen haben kann wie z.B. ein nach einer Seite hin unendlicher Zylinder.

Der Wert der Funktion $F(M)$ für die gesamte Halbsphäre $E(\mathfrak{n}_0)$ ist nichts anderes als der Flächeninhalt desjenigen Teils der Oberfläche des Körpers H, welcher keine zu $\mathfrak{n}_0$ parallelen Stützebenen besitzt.

Besteht die Funktion $F(M)$ aus endlich vielen Massenpunkten, so reduziert sich dieser allgemeine Satz auf den Satz in §3 über Polyeder.

Verallgemeinerung des Satzes aus § 4. *Es sei M_0 ein (offenes) konvexes, von einer Halbsphäre verschiedenes Gebiet auf der Sphäre. Auf dem Rand des Gebietes M_0 sei eine Funktion $h_0(\mathfrak{n})$ vorgegeben, welche die Entfernungen der Stützebenen eines gewissen konvexen Körpers H_0 vom Koordinatenursprung darstellt (die Werte der Stützfunktion für die Punkte auf dem Rand des Gebiets M_0). Schließlich sei $F(M)$ eine nicht-negative, vollständig-additive Mengenfunktion, welche für Borelsche Teilmengen des Gebietes M_0 definiert und für jedes M endlich ist, dessen abgeschlossene Hülle in M_0 enthalten ist.*

Dann existiert ein unendlicher konvexer Körper H, bei welchem:

1) das sphärische Bild M_0 bedeckt und in der abgeschlossenen Hülle von M_0 enthalten ist;

2) die Werte der Stützfunktion $h(\mathfrak{n}_i)$ gegen $h_0(\mathfrak{n})$ konvergieren, wenn die Punkte $\mathfrak{n}_i$ gegen den Punkt $\mathfrak{n}$ des Randes des Gebietes M_0 konvergieren;

3) $F(M)$ Flächenfunktion dieses Körpers H ist (wobei jedoch ein Gebiet von Punkten seiner Oberfläche ausgeschlossen ist, wo die Normalen der Stützebenen zum Rand des Gebietes M_0 gehen.)

Der Körper H_0 spielt hier die Rolle des unendlichen Teiles des Körpers H. Der Körper H kann aus einem endlichen Teil bestehen, der gleichsam über den unendlichen Teil gestülpt

[1] D. h. es existieren solche Punkte $\mathfrak{n}_1, \ldots, \mathfrak{n}_m$ der Kugel, daß $F(M) = 0$ ist, wenn M keinen von diesen Punkten enthält, und daß $F(M) > 0$ ist, wenn M mindestens einen von ihnen enthält.

[2] Siehe A. D. Alexandrow [23]. Ein anderer Beweis, der den Satz direkt in seiner allgemeinen Form unter Einschluß der Polyeder gibt, steht in meiner Arbeit [37].

ist, den H mit H_0 gemeinsam hat; das sphärische Bild dieses unendlichen Teils ergibt dann den Rand des Gebietes M_0. In diesem Fall hat die Funktion $F(M)$ für das ganze Gebiet M_0 sicherlich einen endlichen Wert. Es ist jedoch möglich, daß der Körper H auch keinen solchen unendlichen Teil besitzt, sondern sich ihm nur asymptotisch annähert.

Der Beweis der Verallgemeinerungen der Sätze aus den §§3 und 4 läßt sich mittels Grenzübergang durch Polyeder durchführen (diese Beweise sind z. Z. noch nirgends veröffentlicht).

3. Letzterer Satz ist weniger allgemein als der Satz aus §4 in der Hinsicht, daß $F(M)$ hier der Flächeninhalt ist, während in dem Satz in §4 beliebige monotone Funktionen auftreten.

Eine vollständige Verallgemeinerung des Satzes aus §4 auf beliebige konvexe Körper ist uns nicht bekannt. Als Vermutung für den Fall konvexer Körper mit regulärer Oberfläche läßt sich folgender Satz aufstellen:

Es sei M_0 ein konvexes, von einer Halbsphäre verschiedenes Gebiet auf der Sphäre. $h_0(\mathfrak{n})$ seien die Werte der Stützfunktion eines gewissen konvexen Körpers H_0 für die Punkte $\mathfrak{n}$ auf dem Rand des Gebietes M_0. Ferner sei $f(x,y;\mathfrak{n})$ eine Funktion des Punktes $\mathfrak{n}$ im Gebiet M_0 und zweier skalarer Veränderlicher x, y, die in dem Gebiet $x \geq y$ bestimmt und monoton ist (d.h. $f(x_1, y_1; \mathfrak{n}) > f_2(x, y_2; \mathfrak{n})$, wenn $x_1 \geq y_1$, $x_2 \geq y_2$ ist und mindestens in einem Fall keine Gleichheit eintritt). Dabei ist die Funktion f „hinreichend regulär" (stetig oder sogar analytisch). Dann existiert für jede „genügend reguläre" Funktion $g(\mathfrak{n})$, die in M_0 definiert ist, eine unendliche konvexe Fläche H, für welche *1)* das sphärische Bild das Gebiet M_0 bedeckt und in der abgeschlossenen Hülle dieses Gebietes enthalten ist; *2)* die Grenzwerte der Stützfunktion der Fläche H auf dem Rand des Gebietes M_0 die vorgegebene Funktion $h_0(\mathfrak{n})$ ergeben; *3)* $f(R_1, R_2; \mathfrak{n}) = g(\mathfrak{n})$ ist, wenn $\mathfrak{n}$ die Normale im Punkt X der Fläche H ist und $R_1 \geq R_2$ ihre Hauptkrümmungsradien in diesem Punkt sind.

Diesen Satz haben wir für eine Fläche im dreidimensionalen Raum formuliert; im n-dimensionalen Raum muß die Funktion f entsprechend den $n-1$ Hauptkrümmungsradien von $n-1$ skalaren Variablen abhängen.

Dieser Satz ist der Behauptung äquivalent, daß eine gewisse Differentialgleichung lösbar ist. Die Hauptkrümmungsradien lassen sich nämlich durch die Stützfunktion $h(\mathfrak{n})$ und deren Ableitungen erster und zweiter Ordnung ausdrücken. Daher ist die Bedingung 3) der Erfüllung einer gewissen gegebenen partiellen Differentialgleichung zweiter Ordnung äquivalent. Die Behauptung besteht darin, daß eine solche Gleichung immer eine Lösung besitzt in Form einer „konvexen Funktion" $h(\mathfrak{n})$, die auf dem Rand eines gegebenen Gebietes M_0 die im voraus vorgegebenen Werte $h_0(\mathfrak{n})$ annimmt, welche natürlich der notwendigen Konvexitätsbedingung genügen.

Das Vorhandensein des allgemeinen Satzes für Polyeder aus §4 und die Methode der Approximation durch Polyeder geben uns die Hoffnung, daß ein solcher Satz tatsächlich gilt. Wir kennen jedoch seinen Beweis nicht. Geht man von Polyedern aus, so besteht die Schwierigkeit in der „Approximation" der Funktion $f(x,y;\mathfrak{n})$ durch gewisse Funktionen von Polygonen — den Seitenflächen der Polyeder.

Dem Fall des Flächeninhalts entspricht $f(x,y;\mathfrak{n}) = x\,y$, da das Produkt $R_1 R_2$ eben der Grenzwert des Verhältnisses des Flächeninhalts eines Gebietes auf der Fläche zum Flächeninhalt ihres sphärischen Bildes ist. Dann aber wird die Approximation einleuchtend.

Es wäre überaus interessant, den vorgebrachten allgemeinen Satz wenn auch nur unter gewissen speziellen Voraussetzungen über die Funktion $f(x,y;\mathfrak{n})$ zu beweisen, vor allem für den Fall, daß sie überhaupt nicht von $\mathfrak{n}$ abhängt.

4. Für Polyeder im Lobatschewskischen oder im sphärischen Raum sind keine Ergebnisse bekannt, welche den Sätzen dieses Kapitels analog wären. Die Suche nach solchen Ergebnissen läßt sich in der zu Ende des vorhergehenden Kapitels angedeuteten Richtung unternehmen, wobei man den Begriff der vorgegebenen Stellung der Seitenfläche durch

irgendeinen entsprechenden Begriff ersetzen muß, der ohne Parallelität im euklidischen Sinne auskommt.

Es seien im LOBATSCHEWSKIschen Raum beispielsweise der Punkt O und die Geraden $l_1, \ldots, l_n$ gegeben, welche durch O gehen. Auf diesen Geraden seien positive Richtungen angegeben, die nicht in einen Halbraum führen. Wir untersuchen die Polyeder P, die von den zu den Geraden l_i senkrechten Ebenen Q_i berandet werden, derart, daß die positiven Richtungen auf diesen Geraden von den das Polyeder P enthaltenden Halbräumen wegführen. Aus Analogie mit den Sätzen der §§ 5 und 1 treten dann zwei Fragen auf:

1. Es seien $h_1, \ldots, h_n$ die Entfernungen der Ebenen $Q_1, \ldots, Q_n$ vom Punkt O. Welcher Art sind die notwendigen und hinreichenden Bedingungen, denen die Zahlen h_i genügen müssen, damit die Ebenen Q_i Ebenen der Seitenflächen des Polyeders P sind? (Die Entfernung h_i wählt man natürlich mit entsprechendem Vorzeichen.)

2. Welcher Art sind die notwendigen und hinreichenden Bedingungen, denen die Zahlen $F_1, \ldots, F_n$ genügen müssen, damit ein Polyeder P mit den Flächeninhalten der Seitenflächen F_i existiert?

Die erste Frage läßt sich wahrscheinlich ohne besondere Mühe lösen, während sich uns die zweite als recht schwierig darstellt.

Analoge Aufgaben kann man auch für unendliche konvexe Polyeder formulieren. Eine neue Komplikation entsteht bei der Betrachtung von Polyedern mit mehreren unendlichen Teilen. Daß im LOBATSCHEWSKIschen Raum solche konvexen Polyeder existieren, wurde im Kap. III, § 6, Nr. 4 gezeigt.

KAPITEL VIII

DER ZUSAMMENHANG DER KONGRUENZBEDINGUNG VON POLYEDERN MIT PARALLELEN SEITENFLÄCHEN MIT ANDEREN PROBLEMEN

Unter einem Polyeder verstehen wir in diesem Kapitel stets ein körperliches endliches konvexes Polyeder.

Die in Kap. VI, § 3 abgeleitete allgemeine Kongruenzbedingung für Polyeder mit parallelen Seitenflächen bietet wesentliche Anwendungsmöglichkeiten bei einigen Problemen, welche mit ihr auf den ersten Blick keinerlei Zusammenhang haben.

Genauer gesagt besitzt dabei der Satz Minkowskis über die Kongruenz von Polyedern mit parallelen und flächengleichen Seitenflächen die weiteste Verwendung.[1]

Der erste Paragraph dieses Kapitels, welcher sich mit der Zerlegung des Raumes in kongruente Polyeder beschäftigt, steht mit den folgenden in keiner Weise in Zusammenhang. Die Paragraphen 2 und 3 hingegen beziehen sich auf einen Problemkreis, der bei allgemeiner Fragestellung für beliebige konvexe Körper als Gegenstand einer eleganten und folgenreichen Theorie dient, welche die „Theorie gemischter Volumina" genannt wird.

§ 1. Paralleloeder

1. Als *Paralleloeder* bezeichnet man ein konvexes Polyeder, das die Eigenschaft besitzt, lückenlos den ganzen Raum auszufüllen, wenn man gleiche Exemplare in paralleler Stellung längs ganzer Seitenflächen aneinanderlegt. Die einfachsten Beispiele bilden der Würfel und das reguläre sechsseitige Prisma.

Die Aufgabe besteht darin, alle möglichen Paralleloeder zu finden. Das bedeutet erstens, alle ihre vom Gesichtspunkt der Struktur aus möglichen Typen zu finden, und zweitens, für jeden solchen Typus diejenigen metrischen Größen anzugeben, bei denen ein Polyeder von entsprechender Struktur ein Paralleloeder ist, d. h. eine Erfüllung des ganzen Raumes auf dem Wege des parallelen Aneinanderlegens längs ganzen Seitenflächen zuläßt.

Diese Aufgabe ist nicht nur an sich, sondern auch angesichts ihres Zusammenhangs mit der Kristallographie und Zahlentheorie interessant. Das Problem wurde erstmalig im Jahre 1890 durch den großen russischen Kristallographen

[1] Diese Aussage ist insofern wesentlich, als der Satz Minkowskis in einem Raum beliebiger Dimensionen gilt und daher auch seine Folgerungen, die wir erhalten werden, denselben Grad an Allgemeinheit besitzen.

E. S. FJODOROW gelöst. Jedoch befand sich in seiner Lösung eine wesentliche Lücke: FJODOROW bewies nicht, daß jedes Paralleloeder ein Symmetriezentrum besitzt, obwohl er diese Tatsache benutzte. Diese Lücke wurde durch MINKOWSKI durch seinen Satz über die Kongruenz von Polyedern mit flächengleichen und parallelen Seitenflächen ausgefüllt. Bekanntlich gelangte MINKOWSKI zu diesem allgemeinen Satz bei der Suche nach einem Existenzbeweis für den Mittelpunkt eines Paralleloeders.

Wir beweisen die Existenz des Mittelpunktes und geben dann die Ableitung der Paralleloeder nach B. N. DELAUNAY wieder. Diese Ableitung von DELAUNAY bildet ein Muster einer schönen geometrischen Konstruktion.[1]

2. Satz 1. *Sind die Seitenflächen eines konvexen Polyeders paarweise kongruent und parallel, d. h. lassen sie sich durch Parallelverschiebung zur Deckung bringen, so haben sowohl das Polyeder selbst als auch alle seine Seitenflächen ein Symmetriezentrum.*

P sei ein Polyeder, das den Bedingungen des Satzes genügt, und P' ein Polyeder, das zu P bezüglich irgendeines Punktes O symmetrisch ist. G und G_1 seien kongruente und parallele Seitenflächen auf P und G', G_1' ihnen symmetrische Seitenflächen auf P'. Offensichtlich besitzen die Seitenflächen G und G_1' (und auch G_1 und G') parallele äußere Normalen (Abb. 134). Außerdem sind sie flächengleich. Da dies für eine beliebige Seitenfläche G des Polyeders P gilt, so schließen wir auf Grund des MINKOWSKIschen Satzes, daß die Polyeder P und P' kongruent und parallel gelegen sind. Aber es läßt sich leicht beweisen:

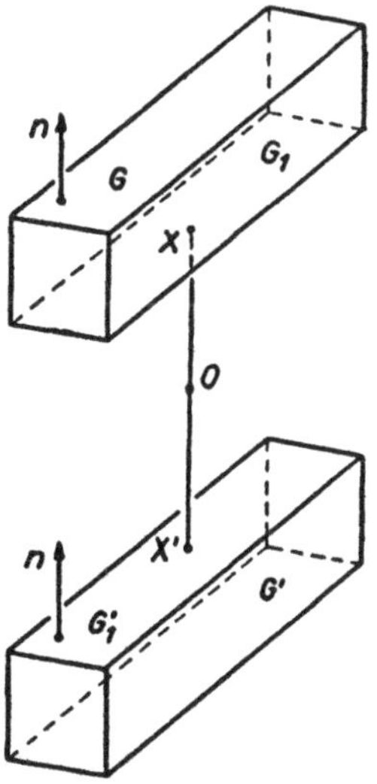

Abb. 134

Ist irgendeine Figur F einer Figur F' kongruent und parallel, welche zu F bezüglich eines beliebigen Punktes symmetrisch ist, so besitzt F selbst ein Symmetriezentrum.[2] Folglich hat das Polyeder P ein Symmetriezentrum. Daher sind

[1] Über den Zusammenhang von Paralleloedern mit der geometrischen Kristallographie siehe das Buch [44].

[2] Der Beweis ist aus Abb. 135 ersichtlich. Die Figuren F und F' seien symmetrisch bezüglich des Punktes O und außerdem gleich und parallel, $\mathfrak{a}$ sei der Vektor der Verschiebung von F nach F' und O' ein solcher Punkt, daß $\overrightarrow{O'O} = \frac{\mathfrak{a}}{2}$ ist. X sei ein beliebiger Punkt der Figur F, X' ein zu ihm symmetrischer Punkt der Figur F', und $\overline{X}$ derjenige Punkt der Figur F, welchem X' auf Grund der Parallelverschiebung entspricht. Dann ist $O'O = \frac{1}{2}\overline{X}X'$, und daher ist $O'O$ eine Mittelparallele des Dreiecks $XX'\overline{X}$. Die Punkte X und $\overline{X}$ sind folglich bezüglich O' symmetrisch. Damit ist bewiesen, daß in der Figur F jedem Punkt X ein Punkt $\overline{X}$ entspricht, der zu X bezüglich O' symmetrisch ist. O' ist folglich das Symmetriezentrum der Figur F.

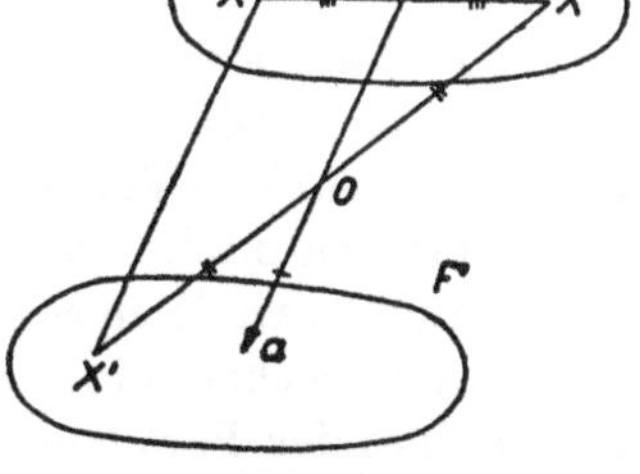

Abb. 135

seine Seitenflächen G und G' nicht nur kongruent und parallel, sondern auch bezüglich des Symmetriezentrums des Polyeders symmetrisch. Aus dem gleichen allgemeinen Grunde hat folglich auch jede Seitenfläche G des Polyeders P ein Symmetriezentrum.

Aus Satz 1 folgert man leicht

Satz 2. *Jedes Paralleloeder und alle seine Seitenflächen besitzen Symmetriezentren.*

Wir betrachten irgendeine Erfüllung des Raums mit Paralleloedern. G_0 sei eine Seitenfläche des Paralleloeders P_0; an ihr liegt das folgende Paralleloeder P_1 an P_0 an. Bei Parallelverschiebung, die P_0 in P_1 überführt, geht die Seitenfläche G_0 in die Seitenfläche G_1 desselben Paralleloeders P_1 über. Folglich entspricht jeder Seitenfläche des Paralleloeders eine ihr kongruente und parallele Seitenfläche; daraus folgt auf Grund von Satz 1, daß das Paralleloeder selbst und alle seine Seitenflächen Symmetrieachsen besitzen.

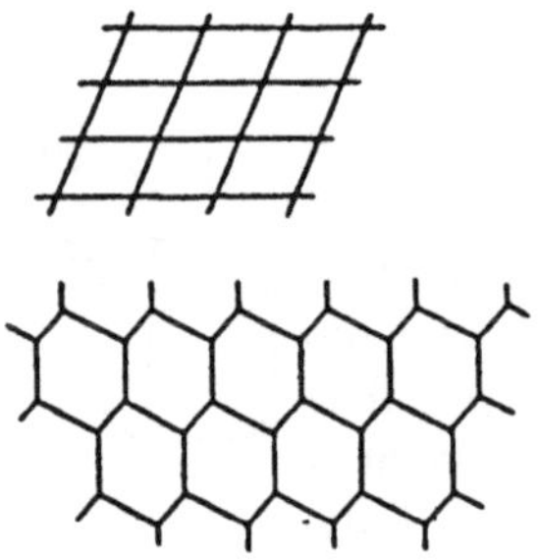

Abb. 136

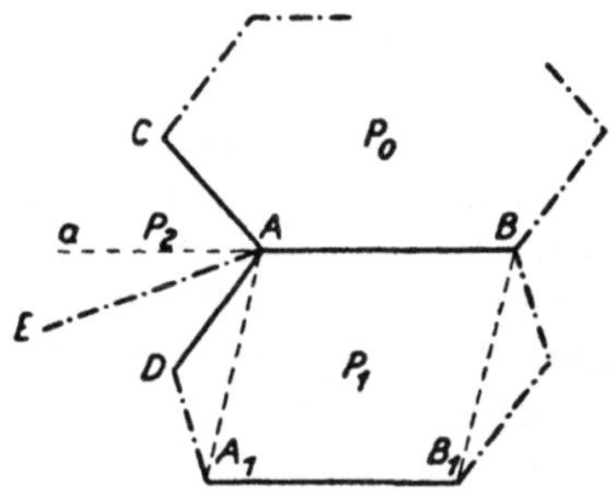

Abb. 137

(Da der Minkowskische Satz in einem Raum beliebiger Dimension gilt, so besitzen die Sätze 1 und 2 dieselbe Eigenschaft.)

3. Um alle Typen von Paralleloedern des dreidimensionalen Raumes abzuleiten, müssen wir zuerst die analoge Aufgabe für die Ebene lösen, d. h. wir müssen alle konvexen Polygone finden, mit denen man die Ebene ausfüllen kann, wenn man sie parallel an ganzen Seiten aneinanderlegt. Solche Polygone nennen wir Parallelogone (Abb. 136).

Satz 3. *Jedes Parallelogramm und jedes Sechseck mit einem Symmetriezentrum ist ein Parallelogon; andere Parallelogone gibt es nicht.*

Daß jedes Parallelogon ein Symmetriezentrum besitzt, wird genauso bewiesen wie Satz 2, mit der Vereinfachung, daß man sich hier nicht auf den allgemeinen Satz 1 berufen muß. Auch ohnedies ist es klar, daß ein Polygon mit paarweise gleichen und parallelen Seiten ein Zentrum hat.

Wir untersuchen eine beliebige Bedeckung der Ebene mit Parallelogonen. P_0 sei eines der Parallelogone und P_1 ein in der Seite AB an P_0 angrenzendes Parallelogon (Abb. 137). Da P_1 eine gleiche und parallele Seite A_1B_1 besitzt, so enthält es das ganze Parallelogramm ABB_1A_1. Reduziert sich P_1 auf dieses Parallelogramm, so ist der erste im Satz als möglich genannte Fall gegeben.

Es bleibt zu beweisen, daß das Parallelogon im entgegengesetzten Fall ein Sechseck ist.

Wenn P_1, d. h. also auch P_0 sich nicht auf ein Parallelogramm reduzieren, so gehen von ihrer Ecke A die Seiten AC und AD aus, von denen keine die Fortsetzung der anderen ist.[1] Wir wollen zeigen, daß in diesem Fall nur noch ein einziges Parallelogon an die Ecke A angrenzen kann.

Wir nehmen an, dies sei nicht so; dann grenzt an P_0 in der Seite AC ein Parallelogon P_2 mit der Seite AE an, die von AD verschieden ist (s. Abb. 137). Wir ziehen die Fortsetzung a der Seite AB. Die Seite AE kann nicht auf dieser Fortsetzung liegen, da sonst das Parallelogon P_2 kein Parallelogramm enthalten könnte, welches dem Parallelogramm ABB_1A_1 kongruent und parallel wäre. Die Seite AE kann ferner nicht auf derselben Seite der Linie a liegen wie die Seite AC; denn dann könnte das Parallelogon P_2 keine Seite haben, die AB parallel ist (sonst erwiese es sich als nicht-konvex).

Also liegt die Seite AE auf der anderen Seite der Linie a. An das Parallelogon P_1 grenzt aber in der Seite AD ein Parallelogon P_3 an, für welches die gleiche Überlegung gilt. Folglich überdecken sich die Parallelogone P_2 und P_3, und das ist nur möglich, wenn sie zusammenfallen, d. h. wenn AE mit AD zusammenfällt.

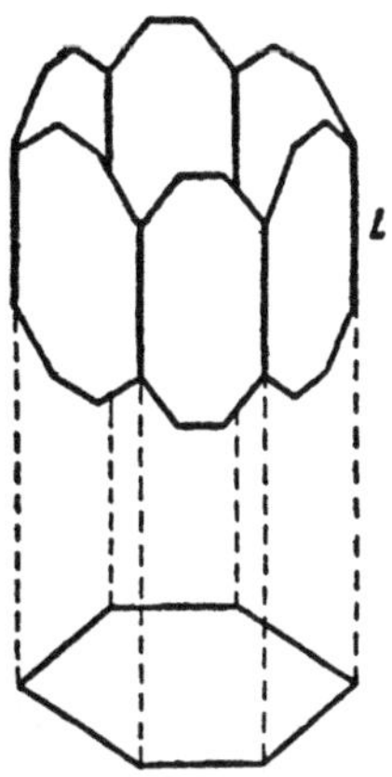

Abb. 138

Das Parallelogon P_2 kann also nur mit den Seiten AC und AD an P_0 und P_1 angrenzen. Ist dies aber der Fall und verwenden wir die Tatsache, daß alle diese Parallelogone kongruent und parallel gelegen sind und Symmetriezentren besitzen, so überzeugen wir uns sofort davon, daß sie Sechsecke sind. (Da P_2 den Parallelogonen P_0 und P_1 kongruent und parallel ist, so besitzt es Ecken, die ihren Ecken bei A entsprechen. Da P_2 ein Zentrum besitzt, so entsprechen diesen Ecken welche, die ihnen symmetrisch sind. Dann erhellt aus der Konvexität, daß P_2 keine anderen als die gewonnenen sechs Ecken haben kann.)

Daß jedes Parallelogramm und jedes Sechseck mit einem Zentrum tatsächlich eine Ebene erfüllen können, läßt sich unmittelbar nachprüfen.

4. Wir wenden uns nun direkt der Ableitung von Paralleloedern zu.

A) Alle Seitenflächen eines Paralleloeders, die einer beliebig gegebenen L seiner Kanten parallel sind, bilden eine „geschlossene Zone", d. h. eine zyklische Folge von Seitenflächen, die an zu L parallelen Kanten aneinandergrenzen. Die Projektion des Paralleloeders entlang der Kante L ist ein Polygon, dessen sämtliche Seiten Projektionen der Seitenflächen der Zone sind. Die Kante L heißt Zonenkante (Abb. 138).

L_1 sei eine Kante des Paralleloeders P und G_1 eine Seitenfläche mit dieser Kante. Da die Seitenfläche G_1 ein Symmetriezentrum hat, besitzt sie noch eine Kante L_2,

[1] Dies wird vollkommen klar, wenn man sich erinnert, daß die Parallelogone P_0 und P_1 Parallelogramme enthalten, die in der Seite AB aneinandergrenzen; deshalb können die Seiten AC und AD nur dann als Fortsetzung voneinander dienen, wenn sie selbst Seiten dieser Parallelogramme sind.

die L_1 kongruent und parallel ist. In der Kante L_2 grenzt an die Seitenfläche G_1 noch die Seitenfläche G_2, die wiederum eine Kante L_3 besitzt, welche L_2 kongruent und parallel ist, usw.

Da die Anzahl der sich auf diese Weise ergebenden Seitenflächen nur endlich sein kann, muß sich die Folge der Seitenflächen $G_1, G_2 \ldots$ schließen.

Projiziert man das Paralleloeder längs der Kante L auf eine Ebene, so werden alle zu dieser Kante parallelen Seitenflächen in geradlinige Strecken projiziert, von denen keine innerhalb der Projektion liegt[1]: andernfalls läge das Paralleloeder entgegen seiner Konvexität nicht auf einer Seite der entsprechenden Seitenfläche. Daher müssen die Projektionen aller Seitenflächen einer Zone auf dem Rand der Projektion des Paralleloeders liegen, und da die Zone sich schließt, so sind alle Seiten der Projektion Projektionen der aufeinanderfolgenden Seitenflächen der Zone.

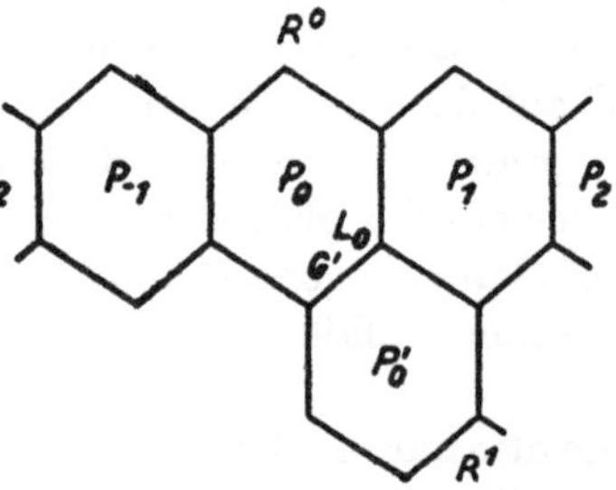

Abb. 139

B) Bei der Erfüllung des Raums bilden Paralleloeder, die in den Seitenflächen einer Zone und deren natürlichen Fortsetzungen aneinandergrenzen, eine undurchdringliche Schicht, d. h. eine Schicht, die den Raum zerlegt. Die Projektion dieser Schicht entlang der Zonenkante ergibt eine Zerlegung der Ebene in Parallelogone.

Wir betrachten eine Zerlegung des Raums in Paralleloeder. In ihm wählen wir irgendein Paralleloeder P_0 und irgendeine seiner Kanten L_0. Nach dem Bewiesenen entspricht der Kante L_0 eine geschlossene Zone von Seitenflächen. Das unendliche Prisma, welches von den Ebenen dieser Seitenflächen berandet wird, nennen wir Zonenprisma. Der Schnitt des Zonenprismas mit einer Ebene ist die Projektion des Paralleloeders längs der Kante L_0 auf die gegebene Ebene.

In einer Seitenfläche G, welche die Kante L_0 enthält, grenzt an das Paralleloeder P_0 das Paralleloeder P_1 an, und in der zu G parallelen Seitenfläche grenzt an P_0 das Paralleloeder P_{-1} an; in den Seitenflächen, die G parallel sind, grenzen ferner an P_1 und P_{-1} die Paralleloeder P_2 und P_{-2} an usw. Auf diesem Wege erhalten wir eine lineare Reihe von Paralleloedern und zugleich eine Reihe R^0 ihrer Zonenprismen Π_i. Diese Reihe von Zonenprismen zerlegt den Raum. (S. Abb. 139, wo Projektionen von Paralleloedern entlang der Kante L_0 dargestellt sind.)

In der anderen Seitenfläche G', welche die Kante L_0 enthält, grenzt an das Paralleloeder P_0 das Paralleloeder P'_0. Es grenzt in der Kante L_0 auch an P_1 an.

[1] Es ist hier wie auch überall weiterhin nicht nötig, daß die Projektionsebene senkrecht zur Richtung der Projektion ist.

Da die Zweiflache an der gemeinsamen Kante L_0 der Paralleloeder P_0, P_1, P'_0 nicht ineinander enthalten sind, so sind auch die Zonenprismen nicht ineinander enthalten.

Legen wir in den Seitenflächen, welche der Seitenfläche G parallel sind, die Paralleloeder P'_1, P'_{-1} an das Paralleloeder P'_0 an usw., so erhalten wir eine neue lineare Reihe von Paralleloedern und entsprechend eine Reihe R^1 ihrer Zonenprismen. Man überzeugt sich aber leicht davon, *daß die Reihen R^0 und R^1 der Zonenprismen ohne Lücken und Überdeckungen aneinandergrenzen.* Dazu betrachten wir alle Paralleloeder, welche in der Kante L_0 aneinanderstoßen. Jedes von ihnen ist in einem Zweiflach enthalten mit einer Kante, welche L_0 enthält. In diesem Zweiflach ist auch das entsprechende Zonenprisma enthalten, und die Ebenen der Seitenflächen dieses Prismas, die in L_0 aneinanderstoßen, fallen mit den Seitenflächen des genannten Zweiflachs zusammen. Daher verteilen sich die Zonenprismen um die L_0 enthaltende Kante ohne Lücken und Überdeckungen. Da die Paralleloeder Symmetriezentren haben, so haben auch die Zonenprismen Symmetriezentren, und im Schnitt der Prismen mit einer Ebene, die der Kante L_0 nicht parallel ist, ergeben sich folglich zentral-symmetrische Polygone, die sich ohne Lücken und Überdeckungen um die gemeinsame Ecke lagern. Außerdem sind diese Polygone offensichtlich kongruent und parallel gelegen. Wie wir uns bei der Ableitung der Parallelogone überzeugt haben, gibt es jedoch in diesem Falle lediglich zwei Möglichkeiten: die Polygone sind entweder Parallelogramme oder Sechsecke. Und daraus ist unmittelbar ersichtlich, daß die Reihen R^0 und R^1 ohne Lücken und Überdeckungen aneinandergrenzen.

Fahren wir nun fort und legen die folgenden Reihen von Paralleloedern nach beiden Seiten von der ursprünglichen Reihe R_0 auseinander, so erhalten wir eine ganze Schicht von Paralleloedern. Dem Bewiesenen zufolge erfüllen hierbei die Zonenprismen ohne Lücken und Überdeckungen den ganzen Raum, und da dem Aneinanderlegen der Prismen das Aneinanderlegen von Paralleloedern in den Seitenflächen der Zonen entspricht, so ist die von uns konstruierte Schicht von Paralleloedern undurchdringlich. Außerdem haben wir uns davon überzeugt, daß wir bei der Projektion dieser Schicht entlang der Zonenkante auf eine Ebene eine Zerlegung der Ebene in Parallelogone erhalten.

C) Liegen die Paralleloeder P und P′ in benachbarten Schichten und überdecken sich ihre Zonenprojektionen, d. h. die Projektionen entlang einer Zonenkante, so ist der Durchschnitt ihrer Projektionen die Projektion ihrer gemeinsamen Seitenfläche.

Aus dem Vorhergehenden folgt, daß das ganze System von Paralloedern, die den Raum erfüllen, in Schichten zerfällt; diese werden von Paralleloedern gebildet, welche in den Seitenflächen der gegebenen Zone und der natürlichen Fortsetzungen der Zone aneinandergrenzen. Zwei Schichten S und S', welche gemeinsame Punkte besitzen, müssen vollständig aneinandergrenzen, so daß zwischen ihnen keine Lücken bleiben: sonst ließe sich eine solche Lücke durch irgendein Paralleloeder erfüllen; von diesem ausgehend könnten wir eine Schicht konstruieren, die angesichts ihrer Undurchdringlichkeit die Schichten S und S' trennte.

Die Zonenprojektionen der Paralleloeder P und P' aus den benachbarten Schichten S und S' mögen sich überdecken, und A sei ein beliebiger ihnen gemeinsamer innerer Punkt. Die parallel zur Zonenkante durch A gehende Gerade l schneidet beide Paralleloeder und schneidet keine anderen Paralleloeder aus denselben Schichten, da die Projektionen der Paralleloeder einer Schicht sich nicht überdecken. Und da die Schichten vollständig aneinandergrenzen, so dringt diese Gerade, welche von P aus in Richtung von P' geht, zugleich in P' ein, so daß P und P' einen gemeinsamen Punkt haben, dessen Projektion der gegebene Punkt A ist. Folglich besteht der ganze Durchschnitt der Projektion dieser Paralleloeder aus den Projektionen ihrer gemeinsamen Punkte. Damit erweist sie sich als Projektion ihrer gemeinsamen Seitenfläche, da die Paralleloeder in ganzen Seitenflächen aneinandergrenzen.

D) Alle Paralleloedertypen können mittels „schichtweiser Konstruktion" gefunden werden, die in folgendem besteht:

Wir wählen irgendeine geschlossene Zone eines Paralleloeders (die Kante dieser Zone nehmen wir der Bequemlichkeit halber als vertikal an). Dann zerfallen alle seine Seitenflächen in drei Gruppen: in die Zone und zwei zueinander symmetrische „Mützen" — ein „obere" und eine „untere".

S und S' seien zwei benachbarte, der gewählten Zone entsprechende Schichten, wobei wir annehmen, S' liege über S. $\overline{S}$ und $\overline{S}'$ seien die Zonenprojektionen dieser Schichten auf ein und dieselbe Ebene. Infolge von B) stellen diese Projektionen zwei schlichte Überdeckungen der Ebene mit gleichartigen Parallelogonen dar. P sei ein Paralleloeder aus der Schicht S und $\overline{P}$ seine Projektion. Sie wird von den Projektionen der Paralleloeder aus der Schicht S' bedeckt, und gemäß C) ist ihr Durchschnitt mit einer beliebigen dieser Projektionen die Projektion irgendeiner Seitenfläche des Paralleloeders P (Abb. 140).

Hieraus folgt auch die schichtweise Konstruktion:

Um alle möglichen Paralleloeder zu finden, reicht es hin, alle möglichen Bedeckungen gleichartiger Zerlegungen der Ebene in Parallelogone zu betrachten (dies bestimmt die Struktur der Mütze und zugleich auch die Struktur der Zone).

5. Um die Ableitung zu vollenden, bleibt nun noch diese schichtweise Konstruktion durchzuführen.

Man muß hier entsprechend den zwei möglichen Arten von Parallelogonen zwei Fälle unterscheiden.

Erster Fall: Die Parallelogone sind Sechsecke. Beim Aufeinanderlegen der einen Zerlegung $\overline{S}'$ auf die andere können vier Möglichkeiten entstehen je nachdem, wohin die gegebene Ecke A der Zerlegung $\overline{S}'$ fällt (Abb. 141):

I. ins Innere eines der Parallelogramme Q_1, Q_2, Q_3;
II. ins Innere einer der Seiten BA_i dieser Parallelogramme[1];
III. in den Punkt B;
IV. in einen der Punkte A_1, A_2, A_3.

[1] Man sieht leicht, daß wenn A z.B. auf die Seite A_1A_1' fällt, dies dem Fall äquivalent ist, daß es auf A_2B fällt.

Diesen vier Fällen entsprechen die vier auf Abb. 142 dargestellten Projektionen der Mütze der Paralleloeder und entsprechend vier Typen von Paralleloedern, die so dargestellt sind, daß die Zonenkante senkrecht ist.

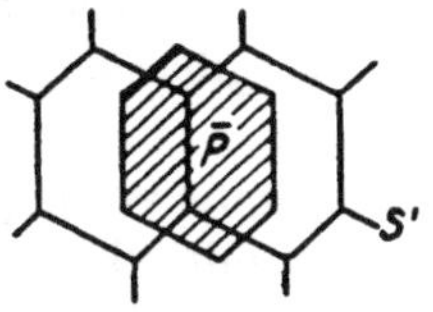

Abb. 140

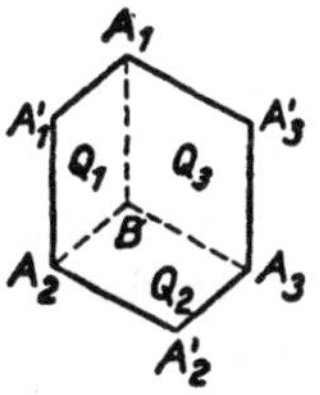

Abb. 141

Zweiter Fall: Die Parallelogone sind Parallelogramme. Hier gibt es für das Aufeinanderlegen einer Zerlegung auf die andere offenbar nur drei Möglichkeiten, die auf Abb. 142 dargestellt und mit II', IV', V benannt sind. Die Bezeichnung II' und IV' weist darauf hin, daß die betreffenden Polyeder dieselbe Struktur haben wie die Polyeder II und IV. Der Unterschied liegt lediglich darin, daß man

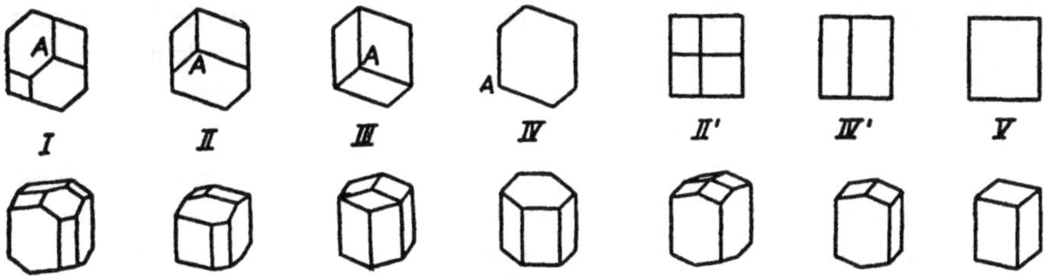

Abb. 142

Projektionen nimmt, welche Zonen entsprechen, die in ihrer topologischen Struktur eine verschiedene Rolle spielen.

Man erhält im ganzen fünf verschiedene Paralleloedertypen (Abb. 143): (I) Einen Vierzehnflächner; 8 sechseckige Seitenflächen, 6 Parallelogramme. (II) Ein Dodekaeder; 4 sechseckige Seitenflächen, 8 Parallelogramme. (III) Ein

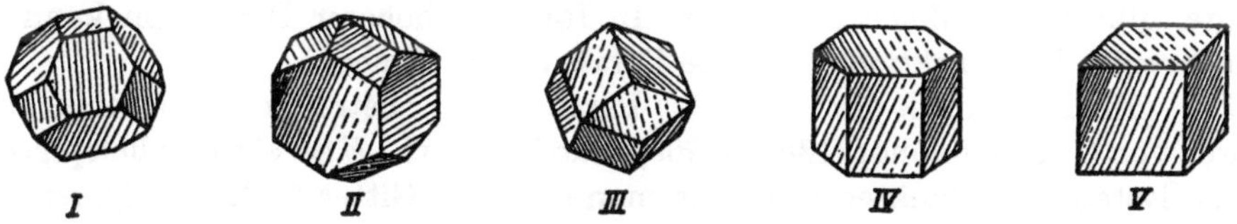

Abb. 143

Dodekaeder, dessen Seitenflächen alle Parallelogramme sind. (IV) Ein Prisma mit sechs Seitenflächen. (V) Ein Parallelepiped. (Den Vierzehnflächner der symmetrischsten Art bildet das „Kubooktaeder", d. h. ein Polyeder, welches der Durchschnitt eines Würfels mit einem Oktaeder ist, dessen Achsen zu den Seitenflächen des Würfels senkrecht stehen, wobei die auf den Seitenflächen des Oktaeders ausgeschnittenen Sechsecke Symmetriezentren haben müssen.

Man kann nun ein endgültiges Ergebnis formulieren:

Satz 4. *Dafür, daß ein konvexes Polyeder ein Paralleloeder ist, ist notwendig und hinreichend, daß es die Struktur eines der fünf angeführten Typen hat und daß sowohl es selbst als auch alle seine Seitenflächen Symmetriezentren besitzen.*

(Man kann zeigen, daß die Forderung nach dem Vorhandensein eines Symmetriezentrums beim Polyeder selbst überflüssig ist: es ergibt sich aus dem Vorhandensein von Symmetriezentren bei den Seitenflächen.)

Die Notwendigkeit dieser Bedingungen wurde durch die vorhergehenden Überlegungen bewiesen; ihre Hinlänglichkeit ergibt sich unmittelbar. Wir betrachten z. B. ein Polyeder des ersten Typus. Wir wählen eine seiner Zonen und konstruieren eine Schicht von solchen Polyedern, die in den Seitenflächen der Zone aneinandergrenzen. Eine derartige Konstruktion ist möglich, da die Zonenprojektion ein Sechseck mit einem Zentrum, d. h. ein Parallelogon darstellt. Wir konstruieren sodann eine andere genau solche parallele Schicht und legen sie so auf die vorhergehende, daß irgendeine Seitenfläche der unteren Mütze eines ihrer Paralleloeder mit der entsprechenden Seitenfläche der oberen Mütze eines Paralleloeders aus der ersten Schicht zusammenfällt. Dann liegen die Schichten vollständig aufeinander, wie man dies leicht auf Grund der Struktur der Mützen sieht. Wenn wir dieses Aufeinanderlegen von Schichten fortführen, so erhalten wir eine Erfüllung des ganzen Raumes.

6. Grundlage der durchgeführten Ableitung ist die Existenz einer geschlossenen Zone, welche sich ihrerseits unmittelbar aus der Existenz eines Zentrums beim Paralleloeder und seinen Seitenflächen ergibt. In einem mehr als dreidimensionalen Raum ist eine derartig einfache Schlußfolgerung unmöglich, und in ihm bilden nicht unbedingt alle irgendeiner Kante parallelen Seitenflächen eine geschlossene Zone. D. h. die Seitenflächen der $(n-1)$-dimensionalen Projektion eines n-dimensionalen Paralleloeders entlang einer Kante brauchen nicht Projektionen seiner $(n-1)$-dimensionalen Seitenflächen zu sein. Dennoch gelang es B. N. Delaunay, im vierdimensionalen Raum eine schichtweise Konstruktion durchzuführen und alle vierdimensionalen Paralleloeder zu finden. Wie sich zeigte, gibt es von ihnen 52 Typen. In Räumen höherer Dimension kann die schichtweise Konstruktion nicht alle Paralleloeder ergeben.

Die gründlichste, n-dimensionale Paralleloeder betreffende Untersuchung wurde von G. F. Woronoi (1868—1908)[1] durchgeführt. E sei ein parallelepipedrisches System von Punkten oder, wie man sagt, ein Gitter (d. h. ein System der Endpunkte von Vektoren $\sum_{i=1}^{n} x_i a_i$, wobei a_i gegebene Vektoren und x_i beliebige ganze Zahlen sind). Wir konstruieren um jeden Punkt A des Gitters E ein Gebiet nächster Punkte, d. h. eine Menge von Punkten X derart, daß der Abstand AX nicht größer als der Abstand zwischen X und einem beliebigen anderen Punkt des Gitters E ist. Es läßt sich leicht beweisen, daß diese Gebiete konvexe Polyeder

[1] Eine Darlegung der Arbeiten G. F. Woronois siehe im Buch von B. N. Delaunay [45]. Dort sind alle weiteren Arbeiten über Paralleloeder angeführt.

sind, die in ganzen Seitenflächen aneinandergrenzen.[1] *Sie heißen Woronoische Gebiete* des Gitters E. Daraus, daß das Gitter in sich parallel verschiebbar ist, folgt, daß alle seine Woronoischen Gebiete kongruent und parallel gelegen sind. Sie sind folglich Paralleloeder. Man kann leicht beweisen, daß dafür, daß ein Paralleloeder ein Woronoisches Gebiet irgendeines Gitters ist, notwendig und hinreichend ist, daß die Geraden aus seinem Zentrum zu den Zentren der Seitenflächen senkrecht zu den Seitenflächen sind.

Woronoi stellte die Hypothese auf, daß man jedes Paralleloeder auf dem Wege der affinen Transformation in ein „Woronoisches Gebiet" umformen kann. Er selbst bewies dies für „primitive" Paralleloeder, d. h. für solche, die bei der Überdeckung des Raumes in möglichst kleiner Anzahl, nämlich in $(n + 1)$, in den Ecken zusammentreffen. Bei $n = 3$ ist allein das Paralleloeder des Typus I, der Vierzehnflächner, primitiv. Für $n = 4$ gibt es drei Typen primitiver Paralleloeder.

Der Satz von Woronoi wurde für alle dreidimensionalen und vierdimensionalen Paralleloeder von B. N. Delaunay bewiesen und von O. K. Shitomirski auf eine weitere Klasse n-dimensionaler Paralleloeder als die primitiven ausgedehnt. In vollem Umfang bleibt er jedoch bisher ohne Beweis. Bewiesen wir ihn, so gewönnen wir auch ein Hilfsmittel zur Auffindung der Paralleloeder des n-dimensionalen Raums, da Woronoi die Methode angab, wie man die „Woronoischen Gebiete" findet.

§ 2. Polyeder kleinsten Flächeninhalts bei gegebenem Volumen

1. Es handelt sich um folgenden Satz, der zuerst von Lindelöf im Jahre 1876 bewiesen wurde.

Satz 1. *Unter allen konvexen Polyedern mit vorgegebenen Stellungen der Seitenflächen und mit gegebenem Volumen hat das einer Kugel umbeschriebene Polyeder den kleinsten Oberflächeninhalt.*

Dieser Satz ist eine einfache Folge eines anderen, allgemeineren Satzes von Minkowski. Zur Formulierung dieses letzteren machen wir einige Vorbemerkungen.

Wir verallgemeinern den früher eingeführten Begriff der Stützzahl (Kap. I, § 2) und bezeichnen mit der Stützzahl $h(\mathfrak{n})$ eines Polyeders den Abstand des Ursprungs von der Stützebene des Polyeders mit der äußeren Normalen $\mathfrak{n}$; wie immer gilt dabei dieser Abstand als positiv, wenn die vom Ursprung aus abgetragene Normale $\mathfrak{n}$ zur Stützebene gerichtet ist und andernfalls als negativ. Unter $\mathfrak{n}$ verstehen wir immer einen Einheitsvektor. Daher kann man sagen, daß $h(\mathfrak{n})$ die rechte Seite in der Normalgleichung der Ebene mit der äußeren Normalen $\mathfrak{n}$ ist:

$$\mathfrak{n}\,\mathfrak{x} = h(\mathfrak{n})\,. \qquad (1)$$

[1] Sie werden von Ebenen begrenzt, die senkrecht zu den Strecken sind, welche den gegebenen Punkt mit anderen Punkten des Gitters verbinden und die durch deren Mitten gehen.

Die Verallgemeinerung im Vergleich mit der in Kap. I, § 2 gegebenen Definition besteht darin, daß jetzt die Stützebene mit der Normalen $\mathfrak{n}$ nicht die Ebene einer Seitenfläche zu sein braucht. In diesem ganzen und den folgenden Paragraphen haben wir diesen verallgemeinerten Begriff der Stützzahl im Auge.

Wir haben es jedesmal mit einer endlichen Anzahl gegebener paarweise verschiedener Vektoren $\mathfrak{n}_i$ zu tun, unter welchen sich die Normalen aller Seitenflächen des betrachteten Polyeders befinden. Der Kürze wegen schreiben wir h_i an Stelle von $h(\mathfrak{n}_i)$. Den Durchschnitt eines Polyeders und seiner Stützebene mit der Normalen $\mathfrak{n}_i$ nennen wir die i-te Seitenfläche, obgleich sie in eine Kante oder Ecke ausarten kann. Artet sie nicht aus, so sprechen wir von einer wirklichen Seitenfläche. Den Flächeninhalt der i-ten Seitenfläche bezeichnen wir mit F_i; artet die Seitenfläche aus, so wird er gleich Null.

Lemma 1. *Verschiebt man den Ursprung um den Vektor $\mathfrak{a}$, so bekommt die Stützzahl $h(\mathfrak{n})$ den Summanden* $-\mathfrak{a}\,\mathfrak{n}$.

Nach Formel (1) ist nämlich $h(\mathfrak{n}) = \mathfrak{n}\,\mathfrak{x}$. Ist $h'(\mathfrak{n})$ die Stützzahl bei Neuwahl des Ursprungs O', so gilt

$$h'(\mathfrak{n}) = \mathfrak{n}\,\mathfrak{x}',$$

wobei der Vektor $\mathfrak{x}'$ von O' aus in einen beliebigen Punkt X der Stützebene weist. Ist O der alte Ursprung, so ist $\overrightarrow{OO'} = \mathfrak{a}$ und $\mathfrak{x}' = \overrightarrow{O'X} = \overrightarrow{O'O} + \overrightarrow{OX} = -\mathfrak{a} + \mathfrak{x}$ und daher

$$h'(\mathfrak{n}) = \mathfrak{n}\,\mathfrak{x} - \mathfrak{n}\,\mathfrak{a} = h(\mathfrak{n}) - \mathfrak{n}\,\mathfrak{a}\,.$$

Lemma 2. *Der Rauminhalt eines Polyeders wird durch die Formel*

$$V = \frac{1}{3}\sum_i h_i F_i$$

ausgedrückt.

Diese Formel ist einleuchtend: sie drückt das Volumen des Polyeders als algebraische Summe der Rauminhalte von Pyramiden aus, deren gemeinsame Spitze im Ursprung und deren Grundflächen auf den Seitenflächen des Polyeders liegen. Liegt hierbei der Ursprung nicht im Innern des Polyeders, so muß man den Rauminhalt der außerhalb des Polyeders liegenden Pyramide abziehen. Das muß so sein; denn in diesem Fall ist die Stützzahl h_i negativ.

Lemma 3. *Es ist für jedes Polyeder* $\sum_i \mathfrak{n}_i F_i = 0$.

Diese Formel ist uns bekannt. Sie folgt übrigens aus den Lemmas 1 und 2. Bei Verschiebung des Ursprungs um einen beliebigen Vektor $\mathfrak{a}$ ändert sich nämlich das Volumen natürlich nicht, und daher ist

$$\sum h_i F_i = \sum (h_i - \mathfrak{a}\,\mathfrak{n}_i)\, F_i = \sum h_i F_i - \mathfrak{a} \sum \mathfrak{n}_i F_i\,.$$

Und da dies bei einem beliebigen Vektor $\mathfrak{a}$ gilt, so ist

$$\sum \mathfrak{n}_i F_i = 0\,.$$

Lemma 4. *P^0, P^1 seien zwei Polyeder und $\mathfrak{n}_1, \ldots, \mathfrak{n}_r$ Vektoren, unter welchen sich die Normalen aller ihrer wirklichen Seitenflächen befinden. Sind h_i^0, F_i^1 entsprechend die Stützzahlen und Flächeninhalte der Seitenflächen des Polyeders P^0 und P^1, so ändert sich die Summe*

$$V_{011} \equiv V(P^0 P^1 P^1) = \frac{1}{3} \sum_i{}' h_i^0 F_i^1 \tag{2}$$

weder bei Verschiebung des Ursprungs noch bei Parallelverschiebungen der Polyeder P^0, P^1. Auch bei Einführung neuer Vektoren $\mathfrak{n}_i$ ändert sie sich nicht.

Verschiebt man den Ursprung um den Vektor $\mathfrak{a}$, so muß gemäß Lemma 1 die genannte Summe durch die folgende ersetzt werden:

$$\sum_i (h_i^0 - \mathfrak{a}\,\mathfrak{n}_i) F_i^1 = \sum_i h_i^0 F_i^1 - \mathfrak{a} \sum_i \mathfrak{n}_i F_i^1 .$$

Wegen Lemma 3 verschwindet aber die letzte Summe, woraus auch die erste Behauptung des Lemmas folgt.

Bei Verschiebung des Polyeders P^1 ändern sich die Flächeninhalte und Stellungen seiner Seitenflächen nicht, und die Summe V_{011} bleibt daher unverändert. Die Verschiebung des Polyeders P^0 wirkt aber auf die Veränderung seiner Stützzahlen wie eine entgegengesetzte Verschiebung des Ursprungs. Daher ändert sich die Summe V_{011} auch bei Verschiebungen des Polyeders P^0 nicht. Daß die Summe $V(P^0 P^1 P^1)$ sich bei Einführung neuer Vektoren $\mathfrak{n}_i$ nicht ändert, ist daraus ersichtlich, daß die Stützebenen mit diesen Vektoren das Polyeder P^1 in solchen „Seitenflächen" berühren, für die $F_i^1 = 0$ ist.

Indem wir uns auf die offenkundige Analogie zwischen den Ausdrücken der Größe V_{011} und des Volumens stützen, nennen wir die Größe V_{011} das gemischte Volumen der Polyeder P^0 und P^1. Ist P^0 dem Polyeder P^1 kongruent und parallel, so ist offensichtlich V_{011} dem Volumen des Polyeders P^0 gleich. Eine andere Bedeutung der Größe $V(P^0 P^1 P^1)$ wird in § 3 erklärt, und dort wird auch der Sinn ihrer Benennung offenbar. Einstweilen läßt sich zu ihrer Erklärung nur bemerken, daß bei ähnlicher Vergrößerung des Polyeders P^0 um das λ-fache $V(P^0 P^1 P^1)$ den Faktor λ und bei derselben Vergrößerung des Polyeders P^1 den Faktor λ^2 erhält; da für P^0, das P^1 kongruent und parallel ist, $V(P^0 P^1 P^1)$ gleich dem Volumen des Polyeders P^0 ist, so benennt man dieses Volumen natürlicherweise mit $V(P^0 P^0 P^0)$.

Wir formulieren nun den Satz Minkowskis:

Satz 2. *Für alle konvexen Polyeder P^0, P^1 ist*

$$V^3(P^0 P^1 P^1) \geq V(P^0 P^0 P^0) \cdot V^2(P^1 P^1 P^1) .$$

Dabei gilt das Gleichheitszeichen dann und nur dann, wenn die Polyeder P^0 und P^1 homothetisch sind, (d. h. sich auseinander durch eine Parallelverschiebung und eine Ähnlichkeitstransformation von irgendeinem Zentrum aus ergeben).

2. Satz 1 ist dank der anschließenden Bemerkung eine einfache Folge des Satzes 2:

Haben die Polyeder P^0 und P^1 ein und dieselben äußeren Normalen der wirklichen Seitenflächen und ist das Polyeder P^0 einer Einheitskugel umbeschrieben, so ist

$3\,V(P^0\,P^1\,P^1)$ *der Oberflächeninhalt des Polyeders* P^1. Wählen wir den Ursprung im Zentrum der Kugel, welcher das Polyeder P^0 umbeschrieben ist, so erhalten wir nämlich, daß alle seine Stützzahlen $h_i^0 = 1$ sind. Gemäß der Definition des gemischten Volumens $V(P^0\,P^1\,P^1)$ haben wir dann nach der Formel (2) $V(P^0\,P^1\,P^1) = \sum F_i^1 = F(P^1)$, wobei $F(P^1)$ der Oberflächeninhalt des Polyeders P^1 ist.

Nach dieser Bemerkung folgt aus Satz 2, daß (wir gehen zu der verkürzten Benennung der Volumen über)

$$F^3(P^1) \geq 27\;V(P^0)\;V^2(P^1)$$

ist und das Gleichheitszeichen dann und nur dann gilt, wenn das Polyeder P^1 dem Polyeder P^0 ähnlich ist. Das bedeutet offenbar, daß der Flächeninhalt $F(P^1)$ ein Minimum bei gegebenem Volumen $V(P^1)$ dann und nur dann erreicht, wenn das Polyeder P^1 dem Polyeder P^0 ähnlich ist, d. h. wenn es ebenfalls einer gewissen Kugel umbeschrieben ist. Und hierin besteht eben die Behauptung von Satz 1.

3. Wir wenden uns dem Beweis von Satz 2 zu.

Es sei gegeben das Polyeder P^1, und $\mathfrak{n}_1, \ldots, \mathfrak{n}$ seien paarweise verschiedene Einheitsvektoren, unter denen sich alle äußeren Normalen der wirklichen Seitenflächen des Polyeders P^1 befinden. P sei ein variables Polyeder, das im Raum durch Ebenen mit den Normalen $\mathfrak{n}_i$ ausgeschnitten wird. Unter den Polyedern P ist das gegebene Polyeder P^1 enthalten. Das Polyeder P ist der Durchschnitt von Halbräumen $\mathfrak{n}_i\,\mathfrak{x} \leq h_i$, wobei h_i die mit entsprechendem Vorzeichen gewählten Entfernungen zwischen dem Ursprung und der i-ten Ebene Q_i sind. Die Ebene Q_i braucht das Polyeder P nicht zu berühren. Dann ist h_i nicht seine Stützzahl. Sind alle h_i vorgegeben, so ist nichtsdestoweniger das Polyeder P vollständig bestimmt, und man kann die Zahlen h_i seine „Stützzahlen“ in Anführungszeichen nennen. (Berührt die i-te Ebene das Polyeder P nicht, so wird die Zahl h_i nicht durch das Polyeder bestimmt.)

Lemma 5. *Das Volumen V des Polyeders P ist eine differenzierbare Funktion seiner „Stützzahlen“ h_i, und es ist*

$$\frac{\partial V}{\partial h_i} = F\,,$$

wobei F_i der Flächeninhalt der entsprechenden Seitenfläche ist. (Berührt die i-te Ebene das Polyeder nicht, so gibt es keine i-te Seitenfläche, und es wird angenommen, daß $F_i = 0$ ist.)

Dieses Lemma ist einleuchtend genug und wurde in Kap. VII, § 2 bewiesen.

Es ist offenbar, daß die Ebenen der Seitenflächen F_i stetig von den „Stützzahlen“ h_i abhängen, so daß das Volumen V stetige partielle Ableitungen besitzt.

Wir beweisen nun die folgende Behauptung, aus welcher sich Satz 2 durch eine einfache formale Überlegung ergibt:

Satz 2a. *P sei ein variables Polyeder, das von den Ebenen $\mathfrak{n}_i\,\mathfrak{x} = h_i$ mit gegebenen äußeren Normalen $\mathfrak{n}_i$ begrenzt wird, und P^1 sei eines dieser Polyeder. Unter der Bedingung, daß*

$$\Phi\,(h_i, \ldots, h_r) \equiv \sum_{i=1}^{r} h_i\,F_i^1 = \sum_{i=1}^{r} h_i^1\,F_i^1 = 3\;V(P^1) \tag{3}$$

ist, besitzt dann das Polyeder P den größten Rauminhalt dann und nur dann, wenn es dem Polyeder P^1 kongruent und parallel ist. (F_i^1 sind die Flächeninhalte der Seitenflächen des gewählten Polyeders P^1, $V(P^1)$ ist sein Volumen.)

Die lineare Form Φ hängt nicht von der Wahl des Ursprungs ab und ändert sich bei Parallelverschiebungen der Polyeder nicht, was wörtlich genauso bewiesen wird wie Lemma 4. Der Unterschied liegt lediglich darin, daß die h_i nicht echte Stützzahlen zu sein brauchen und Φ daher nicht eine Funktion des Polyeders P, sondern nur der Zahlen h_i ist.

In Verbindung mit dieser Bemerkung kann man annehmen, daß der Ursprung im Inneren aller betrachteten Polyeder P liegt. Dann sind alle h_i positiv, und die Summe Φ besteht nur aus nicht-negativen Gliedern. Artet daher die i-te Seitenfläche des Polyeders P nicht aus, d. h. ist $F_i > 0$, so folgt aus (3), daß $h_i \leq \frac{3\,V(P^1)}{F_i^1}$ ist. Dies bedeutet, daß alle „Stützzahlen" des variablen Polyeders P, welche nicht-ausartenden Seitenflächen des Polyeders P^1 entsprechen, beschränkt sind.

Es möge nun die i-te Seitenfläche des Polyeders P^1 ausarten, so daß $F_i^1 = 0$ ist. Dann verschwindet der entsprechende Summand in der linearen Form Φ, und der Zahl h_i werden keinerlei Beschränkungen auferlegt. Dennoch ist die wirkliche i-te Stützzahl des Polyeders P beschränkt.

Wir nehmen das Gegenteil an. Wie weit man dann die i-te Ebene Q_i auch fortbewegt, sie berührt immer das variable Polyeder P. Rückt man sie daher ins Unendliche, so wird das Polyeder P unendlich. Dies bedeutet, daß alle Ebenen außer Q_i ein unendliches Polyeder beranden und ihre Normalen in einen Halbraum weisen. In diesem Fall können aber diese Ebenen, wie sie auch bezüglich des Ursprungs liegen mögen, kein endliches Polyeder beranden. Insofern als außerdem die i-te Seitenfläche auf dem Polyeder P^1 ausartet, ist die Ebene Q_i nicht an der Berandung dieses Polyeders beteiligt: es wird von allen übrigen Ebenen berandet. Der gewonnene Widerspruch zeigt, daß die wirkliche i-te Stützzahl des Polyeders P beschränkt sein muß.

Aus dem Bewiesenen folgt, daß alle wirklichen Stützzahlen der Polyeder P unter der Bedingung (3) beschränkt sind, und folglich sind auch die Polyeder selbst beschränkt. Daher existiert unter ihnen ein Polyeder P^0 größten Volumens.

Es handelt sich um das Maximun des Volumens V unter der Bedingung (3), d. h. um das betreffende Extremum. Da nach Lemma 5 das Volumen eine differenzierbare Funktion der Zahlen h_i ist, so muß gemäß der bekannten LAGRANGEschen Regel beim Maximum

$$\frac{\partial V}{\partial h_i} = \lambda \frac{\partial \Phi}{\partial h_i} \qquad (i = 1, \ldots, r)$$

sein oder, da $\frac{\partial V}{\partial h_i} = F_i$ und $\frac{\partial \Phi}{\partial h_i} = F_i^1$ ist, so ist

$$F_i = \lambda F_i^1 \qquad (i = 1, \ldots, r)\,. \tag{4}$$

Dies bedeutet, daß die Flächeninhalte der Seitenflächen des maximalen Polyeders und des gegebenen P^1 proportional sind. Aber bei ähnlicher Vergrößerung des Polyeders P^1 um das $\sqrt{\lambda}$-fache erhalten wir das Polyeder $\sqrt{\lambda}\, P^1$, dessen Flächeninhalte der Seitenflächen gleich $\lambda\, F_i$ sind. Daher besagen die Gleichungen (4), daß das maximale Polyeder P und das Polyeder $\sqrt{\lambda}\, P^1$ paarweise parallele und flächengleiche Seitenflächen haben. In diesem Falle sind gemäß Kap. VI, § 3, Satz 2 diese Polyeder kongruent und parallel gelegen. Bringt man sie durch Parallelverschiebung zum Zusammenfallen, so ergibt sich, daß ihre Stützzahlen gleich sind. Sind daher h_i die Stützzahlen des maximalen Polyeders, so ist $h_i = \sqrt{\lambda}\, h_i^1$. Setzt man diese Werte in (3) ein, so erhält man $\lambda = 1$, d. h. das maximale Polyeder ist dem gegebenen P^1 kongruent, w. z. b. w.

4. Nun beweisen wir Satz 2 selbst:

Für je zwei Polyeder P^0, P^1 ist

$$V^3(P^0\, P^1\, P^1) \geq V(P^0\, P^0\, P^0)\; V^2(P^1\, P^1\, P^1)\,,$$

und das Gleichheitszeichen gilt dann und nur dann, wenn die Polyeder homothetisch sind.

$\mathfrak{n}_1, \ldots, \mathfrak{n}_r$ seien alle paarweise verschiedenen äußeren Normalen der wirklichen Seitenflächen der Polyeder P^0 und P^1. Wir betrachten die Polyeder P, die von Ebenen mit den Normalen $\mathfrak{n}_i$ berandet werden und so beschaffen sind, daß

$$\sum_{i=1}^{r} h_i\, F_i^1 = \sum_{i=1}^{r} h_i^1\, F_i^1 = 3\; V(P^1) \tag{5}$$

ist. (Hier und weiterhin erstreckt sich die Summe über alle i von 1 bis r, da die Einführung überflüssiger Vektoren $\mathfrak{n}_i$ die Summen nicht ändert: die ihnen entsprechenden Seitenflächen arten aus, d. h. $F_i^1 = 0$.) Wir setzen $\mu\; V(P^0\, P^1\, P^1) = V(P^1)$, d. h. nach den Formeln (2) und (5) für $V(P^0\, P^1\, P^1)$ und $V(P^1)$:

$$\mu = \frac{\Sigma\, h_i^1\, F_i^1}{\Sigma\, h_i^0\, F_i^1}\,. \tag{6}$$

Unterwirft man das Polyeder P^0 einer ähnlichen μ-fachen Vergrößerung mit dem Ähnlichkeitszentrum im Ursprung, so erhalten wir ein Polyeder $\mu\, P^0$ mit den Stützzahlen $\mu\, h_i^0$. Aus der Definition von μ folgt nach Formel (6)

$$\sum \mu\, h_i^0\, F_i^1 = \sum h_i^1\, F_i^1\,,$$

d. h. das Polyeder $\mu\, P^0$ ist unter den Polyedern P enthalten. Da nach Satz 2a unter den Polyedern P das Polyeder P^1 das größte Volumen hat, so ist

$$V(\mu\, P^0) \leq V(P^1) \tag{7}$$

und $V(\mu\, P^0) = V(P^1)$ dann und nur dann, wenn $\mu\, P^0$ dem Polyeder P^1 kongruent und parallel ist.

Bei ähnlicher μ-facher Vergrößerung des Polyeders multipliziert sich sein Volumen mit μ^3. Behalten wir die Definition von μ im Auge, so erhalten wir daher aus (7)

$$V(P^1) \geq \mu^3\; V(P^0) = \frac{V^3(P^1)}{V^3(P^0\, P^1\, P^1)}\; V(P^0)$$

oder

$$V^3(P^0\, P^1\, P^1) \geq V^2(P^1)\; V(P^0)\,,$$

und gemäß der Gleichheitsbedingung in Formel (7) tritt hier die Gleichheit dann und nur dann ein, wenn $\mu P^0 = P^1$ ist, d. h. wenn P^0 und P^1 homothetisch sind. Satz 2 ist somit bewiesen, und da in Nr. 2 erklärt wurde, daß Satz 1 in ihm enthalten ist, so ist dieser auch bewiesen.

5. Es mag scheinen, daß dieser Weg Satz 1 zu beweisen zu kompliziert ist. Wäre es nicht einfacher, sofort das Minimum des Flächeninhalts bei vorgegebenem Volumen V und gegebenen Stellungen der Seitenflächen zu suchen? Es ist verhältnismäßig leicht zu beweisen, daß 1. dieses Minimum erreicht wird und zwar für ein solches Polyeder, welches nur nicht-ausartende Seitenflächen der gegebenen Stellungen besitzt, und daß 2. für ein Polyeder, bei dem alle Seitenflächen nicht ausarten, der Flächeninhalt der Oberfläche F eine differenzierbare Funktion der Stützzahlen h_i ist. Wendet man dann auf das Polyeder des kleinsten Flächeninhalts die LAGRANGEsche Regel an, so erhält man

$$\frac{\partial F}{\partial h_i} = \lambda \frac{\partial V}{\partial h_i} = \lambda F_i \qquad (i = 1, \ldots, r),$$

wobei F_i der Flächeninhalt seiner i-ten Seitenfläche ist.

Der Beweis jedoch, daß diesen Gleichungen nur das einer Kugel umbeschriebene Polyeder genügt, erweist sich als ziemlich kompliziert. Indem wir daher den allgemeineren Satz 2 beweisen, gewinnen wir an Einfachheit, ganz davon zu schweigen, daß Satz 2 außer Satz 1 auch andere interessante Folgen enthält, von denen in § 3 die Rede sein wird.

6. Alle Ergebnisse dieses Paragraphen lassen sich auf einen Raum beliebiger Dimension ausdehnen. Im n-dimensionalen Raum definieren wir das gemischte Volumen $V(P^0 P^1 P^1 \ldots P^1)$ der Polyeder P^0 und P^1 durch die Formel

$$V(P^0 \underbrace{P^1 \ldots P^1}_{n-1}) = \frac{1}{n} \sum_i h_i^0 F_i^1,$$

wobei h_i^0 die Stützzahlen des Polyeders P^0 und F_i^1 die „Flächeninhalte" der $(n-1)$-dimensionalen Seitenflächen des Polyeders P^1 sind.

Satz 2 läßt sich dann so formulieren: für je zwei n-dimensionale konvexe Polyeder ist

$$V^n(P^0 P^1 \ldots P^1) \geq V(P^0 \ldots P^0) \cdot V^{n-1}(P^1 \ldots P^1), \tag{8}$$

wobei das Gleichheitszeichen dann und nur dann gilt, wenn P^0 und P^1 homothetisch sind.

Aus diesem Satz MINKOWSKIS folgt wie in Nr. 2 sogleich die Minimaleigenschaft des einer Kugel umbeschriebenen Polyeders.

Die Verallgemeinerung des angeführten Beweises von Satz 2 auf den n-dimensionalen Raum stellte jedoch eine leere Formalität dar! Es steht so, daß der MINKOWSKIsche Satz über die Kongruenz von Polyedern, welchen wir dort benutzten, im n-dimensionalen Raum auf Grund des n-dimensionalen Satzes 2 bewiesen wird. Ein anderer Beweis für ihn ist bislang noch nicht bekannt.

Im n-dimensionalen Fall erweist sich folglich der Zusammenhang dieser Sätze als umgekehrt, natürlich nur solange, als kein unabhängiger Beweis des MINKOWSKIschen Satzes über die Kongruenz von Polyedern gefunden ist. Eine vollständige Untersuchung der Zusammenhänge zwischen den erwähnten Sätzen im n-dimensionalen Raum und ein Beweis des n-dimensionalen Satzes 2 (Ungleichung (8)) wird im anschließenden Paragraphen wiedergegeben.

§ 3. Gemischte Volumina und die BRUNNsche Ungleichung

1. Wir betrachten Linearkombinationen konvexer Körper und vor allem konvexer Polyeder im n-dimensionalen Raum (s. Kap. VI, § 2). Die für sie in Kap. VI, § 2 gewonnenen Ergebnisse lassen sich wörtlich auf den Fall beliebiger Dimension verallgemeinern, und wir wollen hierbei nicht verweilen.

Wir erinnern lediglich daran, daß wenn P_i konvexe Polyeder sind,

$$P = \lambda_1 P_1 + \cdots + \lambda_n P_n$$

ebenfalls ein konvexes Polyeder ist und jede seiner Seitenflächen G eine ebensolche Linearkombination derjenigen Seitenflächen G_i der Polyeder P_i ist, welche in zu G parallelen Ebenen liegen. Hier wir auch überall weiterhin werden nur nicht-negative Koeffizienten λ_i zugelassen. Die Parallelität der Ebenen der Seitenflächen verstehen wir im Sinne der Parallelität der äußeren Normalen.

Die Seitenflächen G_i, welche eine echte $(n-1)$-dimensionale Seitenfläche G ergeben, können in $(n-2)$-dimensionale ausarten usw. Im dreidimensionalen Fall ergeben z. B. die nicht-parallelen Kanten, welche in parallelen Stützebenen der Polyeder P_1 und P_2 liegen, auf $P_1 + P_2$ eine Seitenfläche in der Form eines Parallelogramms.

Wir machen noch auf eine einfache Tatsache aufmerksam:

Ist h die Stützzahl der Seitenfläche G und sind h_i die Stützzahlen der Seitenflächen G_i, so ist

$$h = \lambda_1 h_1 + \cdots + \lambda_m h_m\,. \tag{1}$$

Sind nämlich $\mathfrak{x}_1, \ldots, \mathfrak{x}_m$ Vektoren, welche in Punkte auf den Seitenflächen $G_1, \ldots, G_m$ gehen, so geht der Vektor

$$\mathfrak{x} = \lambda_1 \mathfrak{x}_1 + \cdots + \lambda_m \mathfrak{x}_m \tag{2}$$

in einen Punkt auf der Seitenfläche G. Nach der Definition der Stützzahlen selbst ist $h = \mathfrak{n}\,\mathfrak{x}$, $h_i = \mathfrak{n}\,\mathfrak{x}_i$. Multiplizieren wir daher (2) mit der Normalen $\mathfrak{n}$, so erhalten wir (1).

Satz 1. *$P^1, \ldots, P^m$ seien gegebene konvexe Polyeder im n-dimensionalen Raum und $P = \lambda_1 P^1 + \cdots + \lambda_m P^m$, wobei λ_i variable nicht-negative Zahlen sind. Das Volumen $V(P)$ des Polyeders P ist ein homogenes Polynom n-ten Grades bezüglich der λ_i.*

Hier sind Polyeder P^i zulässig, welche in Polyeder geringerer Dimension ausarten. Ihre Linearkombination kann n-dimensional sein, wie z. B. die Linearkombination nicht-komplanarer Strecken.

Der Beweis wird durch Induktion nach der Zahl der Dimensionen n geführt. Bei $n = 1$ ist der Satz einleuchtend, da in diesem Fall P^i Strecken auf einer Geraden sind und die Länge der Strecke $\sum \lambda_i P^i$ einer ebensolchen Linearkombination ihrer Längen gleich ist.

Wir nehmen an, der Satz gelte im $(n-1)$-dimensionalen Raum. Die Polyeder P^i mögen im n-dimensionalen Raum liegen. Das Volumen des Polyeders $P = \sum \lambda_i P^i$ wird durch seine Stützzahlen und die Flächeninhalte der Seitenflächen durch die Formel

$$V(P) = \frac{1}{n} \sum_j h_j F_j \tag{3}$$

ausgedrückt. Die Seitenflächen des Polyeders P sind ebensolche Linearkombinationen der parallelen Seitenflächen der Polyeder P^i. Da eine Parallelverschiebung der „Summanden" auch nur eine Parallelverschiebung der Linearkombination hervorruft, so kann man annehmen, daß jede Seitenfläche des Polyeders P eine Linearkombination von Polyedern in einem $(n-1)$-dimensionalen Raum ist. Daher ist nach Induktionsvoraussetzung ihr $(n-1)$-dimensionales Volumen, d. h. der Flächeninhalt F_j, ein homogenes Polynom $(n-1)$-ten Grades bezüglich der λ_j.

Gemäß Formel (1) sind aber die Stützzahlen h_j des Polyeders P lineare Funktionen der λ_i.

Hieraus folgt, daß die rechte Seite der Formel (3) ein homogenes Polynom n-ten Grades bezüglich der λ_i ist, und der Satz ist bewiesen.

Man schreibt das homogene Polynom, als welches sich das Volumen des Polyeders $P = \sum_{i=1}^{m} \lambda_i P^i$ darstellt, gewöhnlich in der Form

$$V(P) = \sum_{i_1, \ldots, i_n = 1}^{m} \lambda_{i_1} \lambda_{i_2} \ldots \lambda_{i_n} V_{i_1 i_2 \ldots i_n} \tag{3'}$$

auf, wobei jeder Index i_j unabhängig von den anderen alle Werte von 1 bis m durchläuft. Man findet daher in einer solchen Aufzeichnung ein und dasselbe Produkt $\lambda_{i_1}, \ldots, \lambda_{i_n}$ so oft, wie es mögliche Permutationen der Indizes $i_1, \ldots, i_n$ gibt. Die Koeffizienten $V_{i_1 i_2 \ldots i_n}$ werden dabei so bestimmt, daß sie nicht von der Reihenfolge der Indizes abhängen.

Wir wählen ein beliebiges Produkt $\lambda_{i_1} \lambda_{i_2} \ldots \lambda_{i_n}$. Wir setzen in der Formel $P = \sum \lambda_i P^i$ alle λ_i gleich Null, außer denen, welche zu dem gewählten Produkt gehören. Dann gehören die entsprechenden Polyeder P^i überhaupt nicht zur Kombination. Daraus folgt: der Koeffizient $V_{i_1 \ldots i_n}$ hängt beim Produkt $\lambda_{i_1} \ldots \lambda_{i_n}$ lediglich von den Polyedern $P_{i_1}, \ldots, P_{i_n}$ ab. Da nicht alle $i_1, \ldots, i_n$ unbedingt verschieden sein müssen, so können auch unter diesen Polyedern gleiche sein, d. h. ein und dasselbe Polyeder kann sich mehrere Male wiederholen.

Setzt man insbesondere $\lambda_1 = 1$ und alle übrigen $\lambda_i = 0$, so ist $P = P^1$, und aus (3') folgt, daß der Koeffizient $V_{1 \ldots 1}$ das Volumen des Polyeders P^1 ist.

Der Koeffizient $V_{i_1 \ldots i_n}$ heißt allgemein *das gemischte Volumen* der Polyeder $P^{i_1} \ldots P^{i_n}$ und schreibt sich $V(P^{i_1} \ldots P^{i_n})$. Er hängt nach Definition nicht von der Reihenfolge der Indizes i_j ab, d. h. er ist eine symmetrische Funktion der Polyeder P^{i_j}.

Wir beschränken uns auf Linearkombinationen zweier Polyeder. In diesem Fall kann die Formel (3′) in der Form

$$V(\lambda_1 P^1 + \lambda_2 P^2) = \sum_{k=1}^{n} \lambda_1^{n-k} \lambda_2^k \binom{n}{k} V(\underbrace{P^1 \ldots P^1}_{n-k} \underbrace{P^2 \ldots P^2}_{k}) \tag{4}$$

geschrieben werden.

2. Wir zeigen jetzt, daß das gemischte Volumen $V(P^1 P^2 \ldots P^2)$ mit dem in § 2 eingeführten gemischten Volumen zusammenfällt. Diese Behauptung ist in folgendem Satz enthalten:

Satz 2. *Ist $V(P^0 P^1 \ldots P^1)$ ein gemischtes Volumen im Sinne der Formel (4), sind F_i^1 die Flächeninhalte der Seitenflächen des Polyeders P^1 und h_i^0 die entsprechenden Stützzahlen des Polyeders P^0, so ist*

$$V(P^0 P^1 \ldots P^1) = \frac{1}{n} \sum_i h_i^0 F_i^1 . \tag{5}$$

Zum Beweis bemerken wir, daß das Volumen des Polyeders $P = P^1 + \lambda P^0$ eine differenzierbare Funktion seiner Stützzahlen h_i und daß

$$\frac{\partial V(P)}{\partial h_i} = F_i$$

ist, wobei F_i der Flächeninhalt der entsprechenden Seitenfläche ist (§ 2, Lemma 5). Gleichzeitig ist gemäß (1)

$$h_i = h_i^1 + \lambda h_i^0 .$$

Daher ist das nach λ abgleitete Volumen $V(P)$

$$\frac{\partial V(P)}{\partial \lambda} = \sum \frac{\partial V}{\partial h_i} \frac{d h_i}{d \lambda} = \sum h_i^0 F_i .$$

$P = P^1 + \lambda P^0$ konvergiert aber bei $\lambda \to 0$ gegen P^1, so daß $F_i \to F_i^1$ ist. Daher gilt

$$\left(\frac{\partial V}{\partial \lambda}\right)_{\lambda=0} = \sum h_i^0 F_i^1 . \tag{6}$$

Zugleich ist nach der Definition des gemischten Volumens (Formel (4))

$$V(P) = V(P^1 \ldots P^1) + n \lambda V(P^0 P^1 \ldots P^1) + \cdots ,$$

wobei die Glieder zweiten und höheren Grades in λ mit Punkten bezeichnet sind. Aus dieser Formel folgt, daß

$$\left(\frac{\partial V}{\partial \lambda}\right)_{\lambda=0} = n V(P^0 P^1 \ldots P^1)$$

ist. Dies zusammen mit (6) erbringt den Beweis des Satzes.

3. Der Satz 1, wonach das Volumen einer Linearkombination ein homogenes Polynom ist, läßt sich von Polyedern leicht auf beliebige konvexe Körper verallgemeinern.

Gegeben seien die konvexen Körper $H_1, \ldots, H_m$ und $H = \lambda_1 H_1 + \cdots + \lambda_m H_m$ sei ihre Linearkombination mit nicht-negativen Koeffizienten. Man überzeugt sich leicht, daß wenn die Polyeder $P_1, \ldots, P_m$ entsprechend gegen die Körper $H_1, \ldots, H_m$ konvergieren, ihre Linearkombination $P = \lambda_1 P_1 + \cdots + \lambda_m P_m$ gegen H konvergiert. Das bedeutet, daß bei allen λ_i das Volumen $V(P)$ gegen das Volumen $V(H)$ konvergiert. Und da $V(P)$ ein Polynom gegebenen Grades ist, so ist auch $V(H)$ ein Polynom desselben Grades. Damit ist folgender Satz bewiesen:

Satz 1a. *Das Volumen einer Linearkombination konvexer Körper mit nicht-negativen Koeffizienten ist ein homogenes Polynom n-ten Grades bezüglich dieser Koeffizienten.*

Die Koeffizienten dieses Polynoms heißen ebenfalls gemischte Volumina und schreiben sich genauso.

In Zusammenhang hiermit ist es bei vielen gemischte Volumina betreffenden Fragen nicht nötig, die Polyeder unter allen konvexen Körpern gesondert zu behandeln.

(Satz 2 läßt sich auch auf beliebige konvexe Körper verallgemeinern, wobei in Formel (5) die Summe durch das Integral ersetzt wird.)

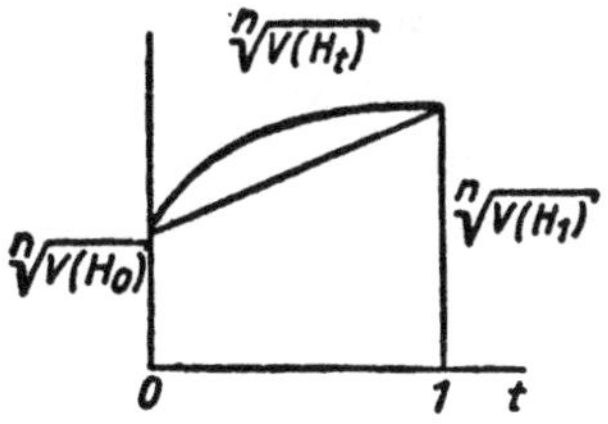

Abb. 144

4. Der deutsche Geometer BRUNN bewies im Jahre 1887 den folgenden Satz, welcher in Verbindung mit den Sätzen 1 und 2 den Ausgangspunkt der gesamten „Theorie gemischter Volumina“ bildete:

Satz 3. *Sind H_0 und H_1 beliebige konvexe Körper, ist $H_t = (1-t) H_0 + t H$ und $0 < t < 1$, so gilt für die Rauminhalte folgende Ungleichung (die „BRUNNsche Ungleichung“):*

$$\sqrt[n]{V(H_t)} \geq (1-t) \sqrt[n]{V(H_0)} + t \sqrt[n]{V(H_1)}, \tag{7}$$

wobei, wie MINKOWSKI später präzisierte, das Gleichheitszeichen hier dann und nur dann steht, wenn die Körper H_0 und H_1 homothetisch sind (in diesem Fall ist auch der Körper H_t ihnen bei beliebigem t homothetisch).

Wir erinnern daran, daß der Körper H_t der geometrische Ort der Punkte ist, welche die Strecken mit Endpunkten in beliebigen Punkten der Körper H_0 und H_1 im Verhältnis $t : (1-t)$ teilen.

Sind H_0 und H_1 gegeben, so ist die Größe $\sqrt[n]{V(H_t)}$ eine Funktion von t. Stellen wir sie graphisch dar (Abb. 144), so sehen wir, daß die Ungleichung (7) besagt, daß das graphische Bild der Funktion $\sqrt[n]{V(H_t)}$ über der Sehne verläuft, welche seine Endpunkte verbindet. Bei beliebigen t_1, t, t_2 ist unter der Bedingung $0 < t_1 < t < t_2 < 1$

$$H_t = \frac{t_2 - t}{t_2 - t_1} H_{t_1} + \frac{t - t_1}{t_2 - t_1} H_{t_2}, \tag{8}$$

was sich durch direkte Berechnung auf Grund einfacher algebraischer Eigenschaften der Linearkombination von Körpern nachprüfen läßt. Auf Grund der gleichen Ungleichung (7), die wir nun auf H_{t_1}, H_{t_2} und H_t anwenden, überzeugen wir uns daher, daß das graphische Bild der Funktion $\sqrt[n]{V(H_t)}$ auch über der Sehne liegt, welche die Punkte verbindet, die den gewählten t_1 und t_2 entsprechen, d. h. es liegt über einer beliebigen ihrer Sehnen und stellt somit eine konvexe Kurve dar.

Der Brunnsche Satz kann also folgendermaßen formuliert werden:

$\sqrt[n]{V(H_t)}$, wo $H_t = (1 - t) H_0 + H_1$ und $0 \leq t \leq 1$ ist, ist eine konvexe Funktion von t, die sich nur in dem Fall auf eine lineare reduziert, daß die Körper H_0 und H_1 homothetisch sind.

Einen Beweis dieses bemerkenswerten Satzes skizzieren wir später; er ist übrigens nicht sehr kompliziert. Sofort jedoch wollen wir seinen Zusammenhang mit der in § 2 eingeführten Minkowskischen Ungleichung erklären.

5. *Wir beweisen, daß aus dem Brunnschen Satz die Minkowskische Ungleichung*

$$V^n(H_1 H_0 \ldots H_0) \geq V(H_1 \ldots H_1)\, V^{n-1}(H_0 \ldots H_0) \tag{9}$$

folgt, wobei hier das Gleichheitszeichen dann und nur dann steht, wenn H_0 und H_1 homothetisch sind. Hier sind $V(H_0 \ldots H_0) = V(H_0)$, $V(H_1 \ldots H_1) = V(H_1)$ die Volumina der Körper H_0, H_1.

Da das graphische Bild der Funktion $\sqrt[n]{V(H_t)}$ über der Sehne liegt, so ist

$$f(t) = \sqrt[n]{V(H_t)} - (1 - t)\sqrt[n]{V(H_0)} - t\sqrt[n]{V(H_1)} \geq 0\,.$$

Und da $f(0) = 0$ ist, so ist die Ableitung $f'(0) \geq 0$, und kraft der Konvexität der Funktion $f(t)$ ist $f'(0) = 0$ nur in dem Fall, daß $f(t) \equiv 0$ ist, d. h. daß die Körper H_0 und H_1 homothetisch sind.

Wir wollen zeigen, daß diese Ungleichung $f'(0) \geq 0$ die Minkowskische Ungleichung (9) ist.

Gemäß Formel (4), welche, wie gezeigt, für beliebige konvexe Körper gilt, ist das Volumen des Körpers $H_t = (1 - t) H_0 + t H_1$

$$V(H_t) = \sum_{k=1}^{n} (1 - t)^{n-k} t^k \binom{n}{k} V_k,$$

wobei

$$V_k = V(\underbrace{H_0 \ldots H_0}_{n-k}\ \underbrace{H_1 \ldots H_1}_{k})$$

ist.

Wendet man diese Formel an, so läßt sich $f'(0)$ leicht berechnen; dabei erweist sich, daß

$$f'(0) = \frac{V_1 - V_0}{V_0^{\frac{n-1}{n}}} + V_0^{\frac{1}{n}} - V_n^{\frac{1}{n}}$$

ist. Daher ist die Ungleichung $f'(0) \geq 0$ der Ungleichung $V_1 \geq V_0^{\frac{n-1}{n}} V_n^{\frac{1}{n}}$ oder $V_1^n \geq V_0^{n-1} V_n^n$ äquivalent, was in den von uns angewandten Bezeichnungen eben die Ungleichung MINKOWSKIS ist. Das Gleichheitszeichen steht in ihr dann, wenn $f'(0) = 0$ ist, d. h. wenn H_0 und H_1 homothetisch sind.

Jetzt beweisen wir, *daß auch umgekehrt die BRUNNsche Ungleichung aus der Ungleichung MINKOWSKIS folgt.*

Aus der vorhergehenden Schlußweise ist klar, daß die MINKOWSKIsche Ungleichung der Bedingung $f'(0) \geq 0$ äquivalent ist, worin die Funktion $f(t)$ die Differenz beider Seiten der BRUNNschen Ungleichung ist. Diese Bedingung besagt, daß das graphische Bild der Funktion $\sqrt[n]{V(H_t)}$ mindestens im Ausgangspunkt über der Sehne verläuft. Kraft der Formel (8) läßt sich aber bei beliebigen $t_1 < t_2$ der Körper H_t mit $t_1 < t < t_2$ als Kombination der Körper H_{t1}, H_{t2} mit solchen Koeffizienten darstellen, deren Summe gleich Eins ist und die folglich die Form $1 - s$, s haben. Daher kann jedes t_1 die Rolle des Ausgangspunktes $s = 0$ spielen, d. h. es zeigt sich, daß die vorausgehende Bemerkung in jedem beliebigen Punkt des graphischen Bildes der Funktion $\sqrt[n]{V(H_t)}$ anwendbar ist, wenn man die MINKOWSKIsche Ungleichung für die Körper H_{t1}, H_{t2} benutzt. Das graphische Bild der Funktion $\sqrt[n]{V(H_t)}$ verläuft demnach überall über der Sehne. Und hierin eben besteht die BRUNNsche Ungleichung.

Wenn in der MINKOWSKIschen Ungleichung (9) gerade für die Körper H_0, H_1 das Gleichheitszeichen steht, so ist $f'(0) = 0$, und dann reduziert sich angesichts der Konvexität des graphischen Bildes der Funktion $\sqrt[n]{V(H_t)}$ das graphische Bild unbedingt auf eine Strecke, d. h. auch in der BRUNNschen Ungleichung steht das Gleicheitszeichen.

In § 2 wurde die MINKOWSKIsche Ungleichung für dreidimensionale Polyeder bewiesen. Auf Grund des gewonnenen Ergebnisses können wir nun hieraus die BRUNNsche Ungleichung für diese Polyeder und durch den einleuchtenden Grenzübergang auch für beliebige dreidimensionale konvexe Körper ableiten. Die Bedingung betreffend das Gleichheitszeichen läßt sich jedoch durch Grenzübergang nicht beweisen.

6. Jetzt erklären wir noch den Zusammenhang zwischen der Ungleichung MINKOWSKIS und seinem Satz über die Kongruenz von Polyedern mit flächengleichen Seitenflächen.

In § 2 erhielten wir die MINKOWSKIsche Ungleichung für dreidimensionale Polyeder, indem wir einfache Überlegungen über das Maximum anwandten und wesentlich den genannten Satz über die Kongruenz von Polyedern benutzten. Man sieht leicht, daß alle dort angeführten Schlußfolgerungen in einem Raum beliebiger Dimension anwendbar sind. Dies gestattet zu behaupten, *daß die Minkowskische Ungleichung für n-dimensionale Polyeder (zugleich mit der Bedingung der Gültigkeit ihres Gleichheitszeichens) aus dem Kongruenzsatz n-dimensionaler Polyeder mit parallelen und flächengleichen Seitenflächen folgt.*

Wir zeigen, daß auch umgekehrt *der letzte Satz aus der Minkowskischen Ungleichung und der Bedingung der Gültigkeit ihres Gleichheitszeichens folgt.*

Die Polyeder P^0 und P^1 mögen entsprechend parallele und flächengleiche Seitenflächen haben, so daß

$$F_i^0 = F_i^1$$

ist. Für das gemischte Volumen $V(P^0 P^1 \dots P^1)$ haben wir dann (Satz 2)

$$V(P^0 P^1 \dots P^1) = \frac{1}{n} \sum_i h_i^0 F_i^1 = \frac{1}{n} \sum_i h_i^0 F_i^0 = V(P^0 \dots P^0). \tag{10}$$

Nach der Ungleichung Minkowskis ist

$$V^n(P^0 P^1 \dots P^1) \geq V(P^0 \dots P^0)\, V^{n-1}(P^1 \dots P^1), \tag{11}$$

woraus sich infolge von (10)

$$V(P^0 \dots P^0) \geq V(P^1 \dots P^1) \tag{12}$$

ergibt. Vertauschen wir aber die Rollen von P^0 und P^1, so erhalten wir genau so, daß $V(P^1 \dots P^1) \geq V(P^0 \dots P^0)$ ist. Folglich gilt

$$V(P^0 \dots P^0) = V(P^1 \dots P^1).$$

Wie aus der Ableitung der Ungleichung (12) klar wird, muß dann das Gleichheitszeichen auch in der Minkowskischen Ungleichung (11) stehen. Daher müssen die Polyeder P^0 und P^1 homothetisch sein. Da aber zudem die Flächeninhalte ihrer Seitenflächen gleich sind, sind P^0 und P^1 kongruent und parallel gelegen.

So führt die Brunnsche Ungleichung über die Ungleichung Minkowskis zum Kongruenzsatz von Polyedern mit flächengleichen parallelen Seitenflächen.[1] Über dieselbe Minkowskische Ungleichung führt sie zur Maximaleigenschaft von Polyedern, die einer Kugel umbeschrieben sind, wie in § 2 gezeigt wurde. Es bleibt die Brunnsche Ungleichung zu beweisen.

7. Den Beweis für Satz 3 — die Brunnsche Ungleichung mit der Minkowskischen Ergänzung — führt man am kürzesten durch Induktion nach der Zahl der Dimensionen. Im eindimensionalen Raum, d. h. auf der Geraden, ist der Satz

[1] Analog läßt sich der in Kap. VI, §6 angeführte allgemeine Satz über die Kongruenz konvexer Körper mit gleichen Flächenfunktionen beweisen. Ist $F_i(M)$ die Flächenfunktion des Körpers H_i, so ist analog zu Satz 2 $V(H_0 H_1 \dots H_1) = \frac{1}{n} \int h_0(n)\, F_1(dM)$. Daher folgt aus der Gleichung $F_0(M) = F_1(M)$ die Gleichung $V(H_0 H_1 \dots H_1) = V(H_0 \dots H_0)$ und kraft der Minkowskischen Ungleichung $V(H_0 \dots H_0) \geq V(H_1 \dots H_1)$, und es wiederholt sich dieselbe Überlegung wie für Polyeder.

trivial: hier reduziert sich die Ungleichung immer auf eine Gleichung, welche auf Grund der Definition der Linearkombination von Strecken einleuchtend ist.

Wir nehmen an, der Satz gelte im $(n-1)$-dimensionalen Raum und beweisen ihn für den n-dimensionalen Raum. Dafür zeigen wir zuerst, daß es hinreicht, folgendes zu beweisen:

Satz 3*. *Haben die konvexen Körper H_0, H_1 gleiche Volumina. so besitzt bei einem gewissen t mit $0 < t < 1$ der Körper $H_t = (1-t)\, H_0 + t\, H_1$ das größte Volumen, ausgenommen den Fall, daß die Körper H_0 und H_1 kongruent und parallel gelegen sind, so daß H_t ihnen auch kongruent ist.*

Wir wollen zeigen, daß die allgemeine Formulierung von Satz 3 aus dieser speziellen folgt. Es seien H_0 und H_1 beliebige konvexe Körper; dann besitzen die Körper

$$K_0 = \frac{1}{\sqrt[n]{V_0}}\, H_0 \quad \text{und} \quad K_1 = \frac{1}{\sqrt[n]{V_1}}\, H_1$$

ein Volumen, das gleich Eins ist. Gemäß der speziellen Formulierung des BRUNNschen Satzes muß daher

$$V(K_s) \geq 1 \tag{13}$$

sein, wobei $K_s = (1-s)\, K_0 + s\, K_1$, $0 < s < 1$ ist. Wir setzen

$$s = \frac{t\, V_1^{\frac{1}{n}}}{(1-t)\, V_0^{\frac{1}{n}} + t\, V_1^{\frac{1}{n}}}.$$

Dann ist

$$K_s = \frac{(1-t)\, H^0 + t\, H_1}{(1-t)\, V_0^{\frac{1}{n}} + t\, V_1^{\frac{1}{n}}} = \frac{H_t}{(1-t)\, V_0^{\frac{1}{n}} + t\, V_1^{\frac{1}{n}}}.$$

Daher ist (13) dem äquivalent, daß

$$V(H_t) \geq \left[(1-t)\, V_0^{\frac{1}{n}} + t\, V_1^{\frac{1}{n}}\right]^n$$

ist, und dies ist eben die allgemeine BRUNNsche Ungleichung. Dabei steht das Gleichheitszeichen hier nur dann, wenn es in (13) steht, d. h. wenn K_0 und K_1 kongruent und parallel und also H_0 und H_1 homothetisch sind.

8. Wir setzen nun voraus, Satz 3 gelte für $(n-1)$-dimensionale Körper und beweisen Satz 3* für n-dimensionale Körper. H_0 und H_1 seien konvexe Körper im n-dimensionalen Raum mit gleichem Volumen; wir setzen diese Volumina gleich Eins. Wir legen eine Ebene T und verschieben die Körper H_0, H_1 so, daß die Ebene T Stützebene für sie beide wird. (Dies ändert das Volumen des Körpers $(1-t)\, H_0 + t\, H_1$ nicht.) Wir führen eine Veränderliche v ein, $0 \leq v \leq 1$, und ordnen einander die Schnitte der Körper H_0, H_1 mit Ebenen zu, die T parallel sind und von den Körpern H_0, H_1 gleiche Volumina v abschneiden. Die Abstände dieser Schnitte G_0, G_1 der Körper H_0, H_1 von der Ebene T sind Funktionen von v. Wir benennen sie $x_0(v)$, $x_1(v)$. Die Flächeninhalte der Schnitte nennen wir $F_0(v)$,

$F_1(v)$. Daraus, daß v das entsprechend von G_0 und G_1 abgeschnittene Volumen ist, folgt, daß $F_0\,dx_0 = dv$, $F_1\,dx_1 = dv$ und folglich

$$\frac{dx_0}{dv} = \frac{1}{F_0}, \quad \frac{dx_1}{dv} = \frac{1}{F_1} \tag{14}$$

ist.

Die Linearkombination der Schnitte G_0, G_1

$$G_t = (1 - t)\,G_0 + t\,G_1$$

ist offensichtlich im Körper H_t enthalten. Sie liegt in der Ebene, die der ursprünglichen Ebene parallel ist und in einem Abstand $x_t(v)$ von ihr verläuft, für den

$$x_t(v) = (1 - t)\,x_0(v) + t\,x_1(v) \tag{15}$$

ist. Ist $F_t(v)$ der Flächeninhalt der Figur G_t, so haben wir für das Volumen des Körpers H_t die Ungleichung

$$V(H_t) \geq \int\limits_0^1 F_t(v)\,dx_t(v) = \int\limits_0^1 F_t(v)\,x_t'(v)\,dv\,. \tag{16}$$

Nach der Voraussetzung der Induktion ist die Brunnsche Ungleichung auf die Schnitte G_0, G_1 anwendbar und daher ist

$$F_t(v) \geq \left[(1 - t)\,F_0^{\frac{1}{n-1}}(v) + t\,F_1^{\frac{1}{n-1}}(v)\right]^{n-1}. \tag{17}$$

Außerdem ist wegen der Formeln (14) und (15)

$$\frac{dx_t}{dv} = \frac{1 - t}{F_0} + \frac{t}{F_1}. \tag{18}$$

Auf Grund von (17), (18) erhalten wir aus (16), daß

$$V(H_t) \geq \int\limits_0^1 \left[(1 - t)\,F_0^{\frac{1}{n-1}} + t\,F_0^{\frac{1}{n-1}}\right]^{n-1} \left[\frac{1 - t}{F_0} + \frac{t}{F_1}\right] dv \tag{19}$$

ist. Wir zeigen, daß die Integrandenfunktion immer 1 ist, d. h. bei beliebigen F_0, $F_1 > 0$ und bei $0 < t < 1$ ist

$$\left[(1 - t)\,F_0^{\frac{1}{n-1}} + t\,F_1^{\frac{1}{n-1}}\right]^{n-1} \left[\frac{1 - t}{F_0} + \frac{t}{F_1}\right] \geq 1\,, \tag{20}$$

wobei die Gleichheit nur eintritt, wenn $F_0 = F_1$ ist.

Teilen wir durch und multiplizieren wir mit F_0 und setzen wir $\frac{F_1}{F_0} = \xi$, so erhalten wir, daß die linke Seite dieser Ungleichung

$$f(\xi) = \left[1 - t + t\,\xi^{\frac{1}{n-1}}\right]^{n-1} \left(1 - t + \frac{t}{\xi}\right)$$

ist. Bei $\xi = 0$ und bei $\xi = \infty$ ist $f(\xi) = \infty$. Bei $\xi > 0$ hat daher $f(\xi)$ ein Minimum. Berechnet man die Ableitung, so erhält man

$$f'(\xi) = \frac{t(1-t)}{\xi^2}\left(1 - t + t\,\xi^{\frac{1}{n-1}}\right)^{n-2}\left(\xi^{\frac{n}{n-1}} - 1\right),$$

so daß für $0 < t < 1$ und $\xi > 0$ die Ableitung nur bei $\xi = 1$ zu Null wird. Diesem Wert von ξ entspricht demnach auch das Minimum von $f(\xi)$, das $f(1) = 1$ gleich ist. Darum ist $f(\xi) \geq 1$, wobei $f(\xi) = 1$ nur dann ist, wenn $\xi = 1$ ist. Und dies ist eben die Ungleichung (20) mit der sie begleitenden Bedingung.

Aus dieser Ungleichung folgt, daß das Integral (19) nicht kleiner als Eins und somit $V(H_t) \geq 1$ ist, w. z. b. w.

Wir zeigen jetzt, daß $V(H_t) = 1$ nur dann ist, wenn die Körper H_0, H_1 kongruent und parallel gelegen sind.

Dazu überprüfen wir die Kette von Ungleichungen, die uns darauf führte, daß $V(H_t) \geq 1$ ist. Ist $V(H_t) = 1$, so muß in jeder von ihnen das Gleichheitszeichen stehen. Daher muß $f(\xi) = 1$ sein, d. h. es ist $\xi = 1$ oder, mit anderen Worten

$$F_0(v) = F_1(v)\,. \tag{21}$$

Dann folgt aber aus den Formeln (14) unter der Bedingung, daß $x_0(0) = x_1(0) = 0$ ist (d. h. unter der Bedingung, daß die Körper H_0 und H_1 sich auf ein und dieselbe Ebene T stützen), daß

$$x_0(v) = x_1(v) \tag{22}$$

ist, d. h. die Ebenen, welche von den Körpern H_0 und H_1 gleiche Volumina abschneiden, fallen zusammen.

Hieraus folgt, daß die Schwerpunkte beider Körper sich in derselben Höhe über der Ebene T befinden.[1] Verschieben wir daher den Körper H_0 so, daß die Schwerpunkte beider Körper zusammenfallen, so machen wir T zur Stützebene für beide.

Die Ebene T wurde aber willkürlich gewählt! Fallen daher die Schwerpunkte zusammen, so müssen auch alle Stützebenen der Körper H_0 und H_1 und also auch diese Körper selbst zusammenfallen. Folglich waren sie vor der Verschiebung kongruent und parallel gelegen.

Der BRUNNsche Satz mit der Ergänzung MINKOWSKIS ist also bewiesen. Damit sind die MINKOWSKIsche Ungleichung, der Kongruenzsatz für Polyeder mit gleichen Flächeninhalten und Stellungen der Seitenflächen und auch die Maximaleigenschaft des einer Kugel umbeschriebenen Polyeders bewiesen, und zwar schon alles im n-dimensionalen Raum.

9. Wir leiten noch einen allgemeinen Ausdruck für das gemischte Volumen mehrerer Polyeder ab, welcher dem Ausdruck (5) für das gemischte Volumen $V(P^0 P^1 \ldots P^1)$ analog ist.

Satz 4. $P^1, \ldots, P^n$ seien konvexe Polyeder und $V(P^1, P^2, \ldots, P^n)$ sei ihr gemischtes Volumen, d.h. der durch $n!$ geteilte Koeffizient beim Produkt $\lambda_1 \lambda_2 \ldots \lambda_n$ in dem Ausdruck

---

[1] Dies ist aus der Formel $X = \frac{1}{v}\int x\,F\,dx$ für die Koordinaten des Schwerpunktes ersichtlich.

des Volumens des Polyeders $P = \lambda_1 P^1 + \cdots + \lambda_n P^n$. $Q_i^1, Q_i^2, \ldots, Q_i^n$ seien Seitenflächen der Polyeder $P^1, \ldots, P^n$, die in ihrer Kombination die $(n-1)$-dimensionale Seitenfläche $Q_i = \lambda_1 Q_i^1 + \cdots + \lambda_n Q_i^n$ des Polyeders P ergeben. Bezeichnet dann $F(Q_i^2 \ldots Q_i^n)$ den gemischten Flächeninhalt (das gemischte $(n-1)$-dimensionale Volumen) der Seitenflächen $Q_i^2, \ldots, Q_i^n$, so ist

$$V(P^1 \ldots P^n) = \frac{1}{n} \sum_i h_i^1 F(Q_i^2 \ldots Q_i^n) . \tag{23}$$

Wir setzen $\lambda_2 P^2 + \cdots + \lambda_n P^n = P^*$; dann ist $P = \lambda_1 P^1 + P^*$ und

$$V(P) = V(P^* \ldots P^*) + n \lambda_1 V(P^1 P^* \ldots P^*) + \ldots \tag{24}$$

Nach Satz 2 ist

$$V(P^1 P^* \ldots P^*) = \frac{1}{n} \sum h_i^1 F(Q_i^* \ldots Q_i^*) ,$$

und da die Seitenfläche Q_i^* die Linearkombination der Seitenflächen $Q_i^2, \ldots, Q_i^n$ ist, so gilt

$$V(P^1 P^* \cdots P^*) = \sum_{j_1, \ldots, j_{n-1} = 2}^{n} \lambda_{j_1} \ldots \lambda_{j_{n-1}} \frac{1}{n} \sum_i h_i^1 F(Q_i^{j_1} \ldots Q_i^{j_{n-1}}) . \tag{25}$$

Der durch $(n-1)!$ geteilte Koeffizient beim Produkt $\lambda_2 \ldots \lambda_n$ ist hier gleich

$$\frac{1}{n} \sum_i h_i^1 F(Q_i^2 \cdots Q_i^n) .$$

Infolge von (24) ist dies aber der durch $n!$ geteilte Koeffizient im Polynom

$$V(P) = \Sigma \lambda_{j_1} \lambda_{j_2} \ldots \lambda_{j_n} V(P^{j_1} \ldots P^{j_n})$$

beim Produkt $\lambda_1 \ldots \lambda_n$. Damit ist die Formel (23) bewiesen.

Es können insbesondere einige der Polyeder P^j zusammenfallen, so daß die Formel (23) in jedem beliebigen Falle anwendbar ist. So erhalten wir für den einfachsten gemischten Rauminhalt $V(P^0 P^1 \ldots P^1)$ die Ausdrücke

$$V(P^0 P^1 \ldots P^1) = \frac{1}{n} \sum_i h_i^0 F(Q_i^1 \ldots Q_i^1) = \frac{1}{n} \sum_i h_i^1 F(Q_i^0 Q_i^1 \ldots Q_i^1) . \tag{26}$$

10. „Die Theorie der gemischten Volumina" hat Minkowski in seiner Arbeit „Volumen und Oberfläche" [3] aufgebaut. Außer den von uns dargelegten Ergebnissen enthält die Arbeit noch andere Ungleichungen zwischen gemischten Volumina und ihre Anwendungen auf Extremalaufgaben der Theorie konvexer Körper sowie auf Eindeutigkeitssätze konvexer Körper mit gegebenen Krümmungsfunktionen.

Die Verschiedenartigkeit und Originalität der hier festgestellten Zusammenhänge zwischen einzelnen schwierigen Problemen machen diese Theorie gemischter Volumina zu einem der interessantesten Kapitel der Geometrie. Ein Überblick über ihre bis zum Jahre 1934 gewonnenen Ergebnisse wird im Buch von Bonnesen und Fenchel [43] gegeben. Die weitere Entwicklung der Theorie ist in meiner Arbeit [20] veröffentlicht. (Gleichzeitig gewann Fenchel einen Teil derselben Ergebnisse.) Arbeiten im Gebiet dieser Theorie erscheinen von Zeit zu Zeit auch jetzt noch.

In Kap. XI, §3 wird die Anwendung der Theorie gemischter Volumina auf den Beweis der Sätze über die Starrheit von Polyedern angewandt.

KAPITEL IX

POLYEDER MIT ECKEN AUF GEGEBENEN STRAHLEN

§ 1. Geschlossene Polyeder

1. Wir wollen geschlossene konvexe Polyeder betrachten, die in ihrem Inneren einen gegebenen Punkt O enthalten und so beschaffen sind, daß alle ihre Ecken auf gegebenen Strahlen $\mathfrak{e}_1, \ldots, \mathfrak{e}_n$ liegen, die von O ausgehen, und zwar je eine Ecke auf jedem Strahl. Dafür daß bei gegebenen O und $\mathfrak{e}_1, \ldots, \mathfrak{e}_n$ solche Polyeder existieren, ist notwendig und hinreichend, daß die Strahlen $\mathfrak{e}_1, \ldots, \mathfrak{e}_n$ nicht in einen (abgeschlossenen) Halbraum weisen.

Weisen nämlich alle Strahlen $\mathfrak{e}_i$ in einen Halbraum, der von einer durch den Punkt O gehenden Ebene Q begrenzt wird, so liegt auch ein Polyeder mit Ecken auf diesen Strahlen auf einer Seite der Ebene Q, so daß der Punkt O nicht in seinem Inneren liegt. Gehen aber die Strahlen $\mathfrak{e}_i$ nicht in einen Halbraum, so erhalten wir, wenn wir auf ihnen Punkte A_i in gleichen Abständen von O wählen und die konvexe Hülle der Gesamtheiten dieser Punkte konstruieren, ein einer Kugel einbeschriebenes Polyeder P mit den Ecken A_i. Der Punkt O liegt in seinem Inneren, da sonst durch ihn eine Ebene ginge, welche einen Halbraum begrenzte, der das Polyeder P in sich enthielte. In Widerspruch zur Voraussetzung wiesen dann alle Strahlen $\mathfrak{e}_i$ in diesen Halbraum.

In Verbindung mit dieser Bemerkung werden wir stets voraussetzen, daß die gegebenen Strahlen $\mathfrak{e}_1, \ldots, \mathfrak{e}_n$ nicht in einen Halbraum gehen.

2. Sind die Strahlen $\mathfrak{e}_i$ vorgegeben, so ist das Polyeder P durch die Abstände r_i seiner Ecken vom Punkt O vollständig bestimmt. Diese Zahlen r_i können nicht willkürlich sein; dafür, daß der Punkt A_k auf dem Strahl $\mathfrak{e}_k$ Ecke des Polyeders P ist, ist notwendig und hinreichend, daß er nicht in der konvexen Hülle der Gesamtheit der übrigen Punkte A_i liegt. Diese Forderung erlegt bestimmte Bedingungen auf, welchen die Zahlen r_i genügen müssen. Zur Ableitung dieser Bedingungen nehmen wir an, daß die $\mathfrak{e}_1, \ldots, \mathfrak{e}_n$ nicht nur die Strahlen selbst bezeichnen, sondern auch die Einheitsvektoren, die ihre Richtungen angeben. Den gegebenen Punkt O nehmen wir als Koordinatenursprung.

Satz 1. *Dafür, daß gegebene positive Zahlen $r_1, \ldots, r_n$ als Abstände der auf gegebenen Strahlen $\mathfrak{e}_1, \ldots, \mathfrak{e}_n$ liegenden Ecken eines konvexen Polyeders vom Koordinatenursprung dienen können, ist die Erfüllung der folgenden Bedingung notwendig und hinreichend: ist*

$$\mathfrak{e}_k = \alpha_{k i_1} \mathfrak{e}_{i_1} + \alpha_{k i_2} \mathfrak{e}_{i_2} + \alpha_{k i_3} \mathfrak{e}_{i_3} \tag{1}$$

die Zerlegung eines der Vektoren $\mathfrak{e}_i$ nach drei anderen mit nicht-negativen Koeffizienten, so gilt die Ungleichung

$$\frac{1}{r_k} < \frac{\alpha_{ki_1}}{r_{i_1}} + \frac{\alpha_{ki_2}}{r_{i_2}} + \frac{\alpha_{ki_3}}{r_{i_3}}. \tag{2}$$

Die Notwendigkeit. Alle Ecken $A_1, \ldots, A_n$ des Polyeders P mögen auf den Strahlen $\mathfrak{e}_1, \ldots, \mathfrak{e}_n$ liegen. Sind $r_1, \ldots, r_n$ die Entfernungen der Ecken vom Ursprung O, so sind die Vektoren $\overrightarrow{OA_i}$ gleich $r_i\,\mathfrak{e}_i$. Für den Vektor $\mathfrak{e}_k$ möge die Zerlegung (1) mit nicht-negativen Koeffizienten α gelten. Das bedeutet, daß der Strahl $\mathfrak{e}_k$ in der dreiseitigen Ecke verläuft, die durch die Strahlen $\mathfrak{e}_{i_1}, \mathfrak{e}_{i_2}, \mathfrak{e}_{i_3}$ aufgespannt wird.

Ist der Punkt A_k auf dem Strahl $\mathfrak{e}_k$ tatsächlich Ecke des Polyeders P, so wird sie vom Ursprung durch die Ebene Q abgetrennt, welche durch die Punkte A_{i_1}, A_{i_2}, A_{i_3} geht. Ist daher

$$\mathfrak{n}\,\mathfrak{x} = p \tag{3}$$

die Gleichung der Ebene Q in der Normalform, so haben wir für den Vektor $\overrightarrow{OA_k} = r_k\,\mathfrak{e}_k$

$$\mathfrak{n}\,\mathfrak{e}_k\,r_k > p\,. \tag{4}$$

Setzen wir hier statt $\mathfrak{e}_k$ seine Zerlegung (1) ein, so erhalten wir

$$\alpha_{ki_1}(\mathfrak{e}_{i_1}\mathfrak{n}) + \alpha_{ki_2}(\mathfrak{e}_{i_2}\mathfrak{n}) + \alpha_{ki_3}(\mathfrak{e}_{i_3}\mathfrak{n}) > \frac{p}{r_k}\,. \tag{5}$$

Da der Punkt A_{ij} auf der Ebene Q liegt, so genügt der Vektor $\overrightarrow{OA_{i_j}} = r_{i_j}\,\mathfrak{e}_{i_j}$ der Gleichung (3). Deshalb ist

$$(\mathfrak{n}\,\mathfrak{e}_{i_j})\,r_{i_j} = p \quad \text{oder} \quad \mathfrak{n}\,\mathfrak{e}_{i_j} = \frac{p}{r_{i_j}}\,. \tag{6}$$

Setzen wir diese Ausdrücke der Skalarprodukte $\mathfrak{n}\,\mathfrak{e}_{i_j}$ in die Ungleichung (5) ein und kürzen wir durch p, so erhalten wir die Ungleichung (2).

Die Hinlänglichkeit. Die positiven Zahlen $r_1, \ldots, r_n$ mögen der Bedingung des Satzes genügen. Nimmt man die Punkte $A_1, \ldots, A_n$ auf den Strahlen $\mathfrak{e}_1, \ldots, \mathfrak{e}_n$ und konstruiert die konvexe Hülle der Gesamtheit dieser Punkte, so erhält man das Polyeder P. Wir nehmen jedoch an, Punkt A_1 sei beispielsweise nicht Ecke. Dann liegt er in der konvexen Hülle der Gesamtheit der übrigen Punkte $A_2, \ldots, A_n$.

$A_{i_1}, \ldots, A_{i_k}$ $(k \leq n-1)$ seien die Ecken des Polyeders P. Da nach der Voraussetzung die Strahlen $\mathfrak{e}_i$ nicht in einen Halbraum gehen, so liegt der Punkt O innerhalb des Polyeders P, und dieses kann daher in Tetraeder zerlegt werden, welche die gemeinsame Ecke O haben und deren übrige Ecken in den Punkten $A_{i_1}, \ldots, A_{i_k}$ liegen. Der Punkt A_1 liegt in einem dieser Tetraeder, z. B. im Tetraeder $OA_2A_3A_4$. Dann liegt er auf derselben Seite der Ebene seiner Grundfläche $A_2 A_3 A_4$ wie auch der Punkt O, und darum gilt für den Vektor $\overrightarrow{OA_1} = r_1 \mathfrak{e}_1$ die zu (4) entgegengesetzte Ungleichung, d. h.

$$\mathfrak{n}\, \mathfrak{e}_1 r_1 \leq p \,. \tag{7}$$

Gleichzeitig liegt der Strahl $\mathfrak{e}_1$ in der dreiseitigen Ecke, die durch die Strahlen $\mathfrak{e}_2$, $\mathfrak{e}_3$, $\mathfrak{e}_4$ aufgespannt ist, und daher läßt sich sein Vektor $\mathfrak{e}_1$ nach den Vektoren $\mathfrak{e}_2$, $\mathfrak{e}_3$, $\mathfrak{e}_4$ mit nicht-negativen Koeffizienten zerlegen. Wenden wir daher die vorhergehende Ableitung an und gehen wir von der Ungleichung (7) aus, so gelangen wir zu einer Ungleichung, die (2) entgegengesetzt ist, was der Voraussetzung widerspricht. Demnach kann der Punkt A_1 nicht in der konvexen Hülle der Gesamtheit der übrigen Punkte A_i liegen und ist somit eine Ecke des Polyeders P.

Der so bewiesene Satz 1 begründet übrigens die Struktur der Mannigfaltigkeit geschlossener konvexer Polyeder mit Ecken auf gegebenen Strahlen. Und zwar betrachten wir einen n-dimensionalen Raum, in dem wir als Koordinaten die den Entfernungen vom Ursprung reziproken Zahlen $x_i = \frac{1}{r_i}$ nehmen.

Dann sind die Ungleichungen (2) linear und bestimmen zusammen mit den Positivitätsbedingungen $x_i > 0$ in diesem Raum eine konvexe polyedrische Ecke, deren Scheitel im Koordinatenursprung liegt. Jedem Punkt in ihrem Inneren entspricht ein bestimmtes Polyeder. Ähnlichen Polyedern mit Ähnlichkeitszentrum in O entsprechen Punkte auf einer Halbgeraden, die in unserer n-dimensionalen polyedrischen Ecke vom Ursprung ausgeht.

3. Unsere Aufgabe ist es, zu ergründen, in welchem Maße ein Polyeder mit Ecken auf gegebenen Strahlen durch die Krümmungen seiner Ecken bestimmt wird und welche Werte man diesen Krümmungen von vornherein zuschreiben kann, damit sicher ein entsprechendes Polyeder existiert. Die Krümmung einer Ecke ist 2π vermindert um die Summe der ebenen Winkel, die in ihr zusammentreffen, und sie ist auch gleich dem Flächeninhalt des sphärischen Bildes der Ecke (Kap. I, § 5). Daher sind bei ähnlichen Polyedern die Krümmungen der entsprechenden Ecken gleich. Es zeigt sich, daß auch umgekehrt aus der Gleichheit der Krümmungen die Ähnlichkeit von Polyedern mit Ecken auf gegebenen Strahlen folgt. Dies ist ein Spezialfall des anschließenden Satzes:

Satz 2. *Die Ecken der geschlossenen konvexen Polyeder P und P' mögen auf ein und denselben Strahlen liegen, die vom Punkt O ausgehen, der im Inneren dieser Polyeder liegt. Dann sind entweder diese Polyeder ähnlich (mit Ähnlichkeitszentrum in O) oder jedes von ihnen hat eine Ecke derart, daß der Raumwinkel bei dieser Ecke auf dem Wege einer Parallelverschiebung ins Innere des Raumwinkels bei der entsprechenden Ecke des anderen Polyeders eingelagert werden kann.* (Hierbei nehmen wir an, daß die polyedrische Ecke V_1 sich ins Innere der Ecke V_2 einlagern läßt, wenn ihre Ecken zusammenfallen und V_2 die polyedrische Ecke V_1 enthält, ohne mit ihr zusammenzufallen. Wie immer, betrachtet man dabei eine polyedrische Ecke mit unbestimmt fortgesetzten Seitenflächen.)

Man kann auch anders sagen: *lassen sich bei den Polyedern P und P' die polyedrischen Ecken an den entsprechenden Ecken nicht ineinander einlagern, so sind die Polyeder ähnlich.*

Angesichts des einfachen Zusammenhangs zwischen der polyedrischen Ecke und ihrem sphärischen Bild kann man diesen Satz formulieren, indem man von der Möglichkeit spricht, das sphärische Bild der einen Ecke ins sphärische Bild der anderen einzulagern. (Der Vergrößerung einer Ecke entspricht offensichtlich die Verkleinerung des sphärischen Bildes.)

Da die Summe der ebenen Winkel der umfassenden polyedrischen Ecke V_2 größer ist als bei der umfaßten V_1 und die Krümmung entsprechend kleiner, folgt aus der Gleichheit der Krümmungen der entsprechenden Ecken der Polyeder P und P' sogleich, daß für sie die Bedingung des Satzes 2, daß die polyedrischen Ecken sich nicht ineinander einlagern lassen, erfüllt ist. Folglich ist die Ähnlichkeit der Polyeder P und P' mit gleichen Krümmungen der Ecken tatsächlich lediglich ein Spezialfall des Satzes 2.

Der Beweis von Satz 2 ist überaus einfach und wurde schon in Kap. II, § 5 durchgeführt. Wir rufen ihn uns ins Gedächtnis zurück. Die Polyeder P und P' mögen in ihrem Inneren den Punkt O enthalten und Ecken auf ein und denselben, von O ausgehenden Strahlen $\mathfrak{e}_i$ besitzen. Bei einer Ähnlichkeitstransformation des Polyeders P' werden diese Bedingungen nicht zerstört, und seine polyedrischen Ecken ändern sich nicht (sondern werden nur parallel verschoben), und wir können daher das Polyeder P' einer beliebigen solchen Transformation unterwerfen. Wir verkleinern es soweit, daß es ganz innerhalb des Polyeders P liegt, und dann lassen wir es stetig ähnlich wachsen, bis eine seiner Ecken erstmals mit der entsprechenden Ecke des Polyeders P zusammenfällt. Da hierbei dennoch alle Ecken im körperlichen Polyeder P bleiben, so bleibt auch P' selbst in P, da P' die konvexe Hülle der Gesamtheit seiner Ecken ist.

Fällt hierbei das Polyeder P' mit P zusammen, so war es also vor der Transformation P ähnlich, was der ersten im Satz angeführten Möglichkeit entspricht. Daher nehmen wir an, das Polyeder P' falle nicht mit P zusammen, sondern berühre es lediglich irgendwo, liege aber im übrigen innerhalb P.

Ist das Polyeder P' in P eingeschlossen, fällt aber die Ecke A' auf P' mit der Ecke A auf P zusammen, so ist die polyedrische Ecke V' bei der Ecke A' des Polyeders P' in der polyedrischen Ecke V bei der Ecke A des Polyeders P eingeschlossen.

Fallen hierbei die Ecken V und V' nicht zusammen, so haben wir beim Polyeder P' schon eine Ecke gefunden, die sich ins Innere der entsprechenden Ecke des Polyeders P einlagern läßt. Fallen hingegen die Ecken V und V' zusammen, so fallen ihre Kanten zusammen und folglich auch die Ecken der Polyeder P und P', die als Ecken dieser Kanten dienen; denn gemäß der Bedingung liegen diese Ecken noch auf ein und denselben von O ausgehenden Strahlen. Für diese Ecken können wir dieselbe Überlegung wiederholen usw., bis wir zu einem gewissen Paar zusammenfallender Ecken E und E' gelangen, deren polyedrische Ecken nicht zusammenfallen: sonst würden entgegen der gemachten Voraussetzung alle Ecken der Polyeder P und P' zusammenfallen.

Setzen wir daher voraus, die Polyeder P und P' seien nicht ähnlich, so finden wir bei ihnen ein solches Paar entsprechender Ecken, daß die polyedrische Ecke bei der Ecke des Poyeders P' sich ins Innere der polyedrischen Ecke bei der Ecke des Polyeders P einlagern läßt. Der Satz ist bewiesen.

Aus Satz 2 folgt offensichtlich das anschließende Ergebnis:

Wir sagen, $f(V)$ sei eine monotone Funktion einer konvexen polyedrischen Ecke, wenn für kongruente und parallele Ecken V und V' $f(V) = f(V')$ ist; ist aber die Ecke V im Inneren von V' enthalten, so ist $f(V) < f(V')$.

Satz 3. *Sind bei zwei Polyedern mit Ecken auf gegebenen Strahlen für jedes Paar entsprechender Ecken irgendwelche monotonen Funktionen ihrer Raumwinkel (polyedrischen Ecken) gleich, so sind die Polyeder ähnlich.*

Aus der Monotoniebedingung folgt nämlich, daß sich entsprechende polyedrische Ecken nicht ineinander einlagern lassen, und nach Satz 2 müssen daher die Polyeder ähnlich sein.

Für jedes Paar entsprechender Ecken kann man hier seine eigene monotone Funktion wählen. Außer der Summe der ebenen Winkel (oder der Krümmung) kann als Beispiel einer monotonen Funktion der Flächeninhalt des sphärischen Polygons dienen, das durch eine polyedrische Ecke auf der Einheitssphäre mit dem Mittelpunkt im Scheitel der Ecke ausgeschnitten wird.

4. Die Frage nach den zulässigen Werten der Eckenkrümmungen eines Polyeders mit Ecken auf gegebenen Strahlen wird durch folgenden Satz beantwortet:

Satz 4. *Vom Punkt O mögen Strahlen* $\mathfrak{e}_1, \ldots, \mathfrak{e}_n$ *ausgehen, die nicht in einen Halbraum weisen.* $\sigma_{i_1 i_2 \ldots i_m}$ *sei die Krümmung der polyedrischen Ecke, welche der Rand der konvexen Hülle der Gesamtheit der Strahlen* $\mathfrak{e}_{i_1}, \mathfrak{e}_{i_2}, \ldots \mathfrak{e}_{i_m}$ *ist.*

Gibt es ein geschlossenes konvexes Polyeder mit Ecken auf den Strahlen $\mathfrak{e}_i$, *so genügen die Krümmungen* ω_i *seiner Ecken der Ungleichung*

$$\sum \omega_i > \sigma_{i_1 i_2 \ldots i_m}, \tag{8}$$

wobei über alle Strahlen summiert wird, die nicht in die konvexe Hülle der Gesamtheit der Strahlen $\mathfrak{e}_{i_1}, \ldots, \mathfrak{e}_{i_m}$ *fallen, und so für alle möglichen Gesamtheiten von Strahlen* $\mathfrak{e}_{i_1}, \ldots, \mathfrak{e}_{i_m}$, *die aus den gegebenen ausgewählt werden.*[1]

Sind umgekehrt die positiven Zahlen ω_i *gegeben, die allen Ungleichungen* (1) *genügen und so beschaffen sind, daß ihre Summe gleich* 4π *ist, so existiert ein geschlossenes konvexes Polyeder, dessen Ecken auf den gegebenen Strahlen liegen und bei dem die auf dem Strahl* $\mathfrak{e}_i$ *liegende Ecke die Krümmung* ω_i *hat.*

Da die Bedingungen, daß alle ω_i positiv sind und in der Summe 4π ergeben, offensichtlich notwendig sind, behauptet der Satz, daß diese zwei Bedingungen

[1] Unter der Bedingung, daß die Strahlen $\mathfrak{e}_{i_1}, \ldots, \mathfrak{e}_{i_m}$ ins Innere eines Halbraumes gehen, weil sonst die Ungleichung (8) trivial oder sinnlos ist (wenn die konvexe Hülle der Gesamtheit dieser Strahlen der ganze Raum ist).

zugleich mit allen Ungleichungen (8) notwendig und hinreichend sind für die Existenz eines Polyeders mit gegebenen Eckenkrümmungen ω_i.

Die Notwendigkeit der Ungleichungen (8) wurde in Kap. II, § 5 bewiesen; wir rufen uns diesen Beweis ins Gedächtnis zurück.

Gegeben sei uns ein Polyeder P mit Ecken auf den gegebenen Strahlen $\mathfrak{e}_i$. Wir nehmen die Strahlen $\mathfrak{e}_{k_1}, \ldots, \mathfrak{e}_{k_m}$, die in einen Halbraum gehen, und konstruieren ihre konvexe Hülle V. Dies ist eine körperliche Ecke, deren Scheitel im Punkt O liegt. Die Strahlen $\mathfrak{e}_{j_1}, \ldots, \mathfrak{e}_{j_p}$ und entsprechend auch die Ecken $A_{j_1}, \ldots, A_{j_p}$ mögen außerhalb V liegen.

Eine Stützebene von V schneidet das Polyeder P, und verschiebt man sie parallel vom Punkt O fort, so wird sie in einem gewissen Augenblick Stützebene des Polyeders P in einer seiner nicht in V fallenden Ecken. Es hat demnach jede Stützebene von V eine ihr parallele Stützebene von P in einer der Ecken $A_{j_1}, \ldots, A_{j_p}$. Außerdem gibt es in diesen Ecken auch andere Stützebenen, z. B. die Ebenen der V schneidenden Ebenen der Seitenflächen. Dies bedeutet, daß das sphärische Bild der Gesamtheit der Ecken $A_{j_1}, \ldots, A_{j_p}$ größer ist als das sphärische Bild der Ecke V, d. h. es gilt die Ungleichung (8).

5. Wir beweisen nun, daß bei Erfüllung aller Bedingungen des Satzes ein Polyeder mit den gegebenen Krümmungen ω_i existiert. Dazu benutzen wir das Abbildungslemma (Kap. II, § 2).

Wir betrachten alle geschlossenen konvexen Polyeder mit Ecken auf den gegebenen Strahlen $\mathfrak{e}_1, \ldots, \mathfrak{e}_n$. r_i möge die Entfernung der Ecke vom Ursprung O bezeichnen. Wie am Ende von Nr. 2 erklärt wurde, wird im n-dimensionalen Raum mit den Koordinaten $x_i = \frac{1}{r_i}$ die Gesamtheit aller zu betrachtenden Polyeder als konvexe körperliche Ecke mit Scheitel im Punkt $(O, \ldots, O)$ dargestellt. Der Klasse ähnlicher Polyeder entspricht ein Strahl, der im Inneren dieser Ecke von ihrem Scheitel aus verläuft. Die Menge aller Klassen ähnlicher Polyeder läßt sich daher durch denjenigen Teil der Einheitskugel mit Mittelpunkt im Punkt $(O, \ldots, O)$ darstellen, welchen die erwähnte körperliche Ecke ausschneidet. Dieses $(n - 1)$-dimensionale sphärische Gebiet stellt eine Mannigfaltigkeit $\mathfrak{P}$ von Klassen ähnlicher Polyeder dar.

$\mathfrak{K}$ sei eine Mannigfaltigkeit von Gesamtheiten K von je n positiven Zahlen $(\omega_1, \ldots, \omega_n)$, deren Summe gleich 4π ist und die den Ungleichungen (8) genügen. Im n-dimensionalen Raum mit den Koordinaten $\omega_1, \ldots, \omega_n$ begrenzen die linearen Ungleichungen (8) zusammen mit den Ungleichungen $\omega_i > 0$ eine konvexe Menge; der Schnitt dieser Menge mit der Ebene $\sum_{i=1}^{n} \omega_i = 4\pi$ ergibt die Mannigfaltigkeit $\mathfrak{K}$. Diese Mannigfaltigkeit ist also $(n - 1)$-dimensional und zusammenhängend.

Jedes der betrachteten Polyeder hat Eckenkrümmungen, die den Bedingungen genügen, welche die Mannigfaltigkeit $\mathfrak{K}$ bestimmen. Ähnliche Polyeder besitzen die gleichen Krümmungen. Auf Grund dessen läßt sich die Mannigfaltigkeit $\mathfrak{P}$ eindeutig in die Mannigfaltigkeit $\mathfrak{K}$ abbilden.

Diese Abbildung φ ist umkehrbar eindeutig, da nach dem in Nr. 3 Bewiesenen Polyeder mit gleichen Krümmungen ähnlich sind. Einleuchtenderweise ist diese Abbildung auch stetig. Da die Mannigfaltigkeit $\mathfrak{K}$ zusammenhängend ist und dieselbe Dimension besitzt wie $\mathfrak{P}$, bleibt lediglich noch die Erfüllung der letzten Bedingung des Abbildungslemmas nachzuprüfen.

Die Folge K_1, $K_2 \ldots$ möge gegen den Punkt K konvergieren, wobei $K_i = \varphi(P_i)$ ist, d. h. die Punkte K_i aus $\mathfrak{K}$ sind Bilder von Punkten P_i aus $\mathfrak{P}$. Man muß beweisen, daß eine konvergente Teilfolge P_{i_j} existiert, deren Grenzpunkt P in K abgebildet wird: $P_{i_j} \to P$, $\varphi(P) = K$.

Da die Mannigfaltigkeit $\mathfrak{P}$ ein Gebiet auf einer $(n - 1)$-dimensionalen Kugel ist, so kann man sicherlich aus der Folge P_i eine konvergente Folge auswählen. Es könnte jedoch sein, daß der Grenzpunkt P_0 einer solchen Folge P_{i_j} nicht im Gebiet $\mathfrak{P}$ selbst, sondern auf seinem Rand liegt. Wir wollen zeigen, daß dies unmöglich ist.

Jeder Punkt aus $\mathfrak{P}$ stellt ein Polyeder dar, bei welchem die Entfernungen der Ecken vom Ursprung der Bedingung

$$\sum x_i^2 = \sum \frac{1}{r_i^2} = 1$$

unterworfen sind. Daher stellt ein Punkt auf dem Rand von $\mathfrak{P}$ auch ein konvexes Polyeder mit derselben Bedingung dar, aber mit gewissen „Koordinaten" $x_i = \frac{1}{r_i}$, die vielleicht gleich Null sind. Ein solches Polyeder P_0 ist unendlich, und die konvexe Hülle der Gesamtheiten derjenigen Strahlen $\mathfrak{e}_i$, denen die Abstände $r_i = \infty$ $\left(x_i = \frac{1}{r_i} = 0\right)$ entsprechen, ist nichts anderes als seine Grenzecke V. Es seien $r_1, \ldots, r_m$ endlich, $r_{m+1}, \ldots, r_n$ mögen aber gegen Unendlich streben. Das Polyeder P ist offensichtlich bei allen endlichen r_i die konvexe Hülle der Gesamtheiten der Ecken, die auf den Strahlen $\mathfrak{e}_1, \ldots, \mathfrak{e}_m$ liegen, und des Polyeders R, welches die konvexe Hülle der Menge ist, die vom Punkt O und den auf den Strahlen $\mathfrak{e}_{m+1}, \ldots, \mathfrak{e}_n$ liegenden Ecken gebildet wird. Rücken diese letzteren Ecken ins Unendliche, so konvergiert das Polyeder R gegen die polyedrische Ecke V — die konvexe Hülle der Gesamtheit der Strahlen $\mathfrak{e}_{m+1}, \ldots, \mathfrak{e}_n$. Daher konvergiert das Polyeder P gegen die konvexe Hülle der Gesamtheit der auf den Strahlen $\mathfrak{e}_1, \ldots, \mathfrak{e}_m$ liegenden Ecken und der Ecke V. Folglich ist diese Ecke V auch die Grenzecke des Grenzpolyeders P_0.

Die Krümmung des Polyeders P_0 ist gleich der Krümmung seiner Grenzecke V, d. h. die Summe der Krümmungen seiner Ecken $A_1, \ldots, A_m$ ist gleich der Krümmung der konvexen Hülle der Gesamtheit der Strahlen $\mathfrak{e}_{m+1}, \ldots \mathfrak{e}_n$. In unseren Bezeichnungen wird dies durch die Gleichung

$$\sum_{i=1}^{m} \omega_i = \sigma_{m+1,\ldots,n} \tag{9}$$

ausgedrückt. Konvergieren jedoch die Polyeder P_i, so konvergieren die Krümmungen ihrer Ecken gegen die Krümmungen der Ecken des Grenzpolyeders P_0. Nach Voraussetzung konvergieren hingegen die Krümmungen der Ecken der Polyeder P_{ij} gegen die Gesamtheit der Zahlen ω, die der Mannigfaltigkeit $\mathfrak{K}$ angehört, d. h. für die Grenzwerte der Zahlen ω sind alle Ungleichungen (8) erfüllt.

Die Gleichung (9) ist demnach unmöglich, und somit kann das Polyeder P_0 nicht unendlich sein.

Die Teilfolge der Polyeder P_{ij} konvergiert also gegen das endliche Polyeder P_0 mit den Grenzwerten der Eckenkrümmungen. Dem Polyeder P_0 entspricht somit eben die Grenzgesamtheit K_0 der Zahlen ω; dies bedeutet, daß

$$\varphi(P_0) = K_0$$

ist.

Hiermit ist bewiesen, daß die Abbildung φ auch der letzten Bedingung des Abbildungslemmas genügt. Und sind einmal alle seine Bedingungen erfüllt, so gilt auch seine Aussage: die Mannigfaltigkeit $\mathfrak{P}$ läßt sich auf die ganze Mannigfaltigkeit $\mathfrak{K}$ abbilden, d.h. jeder nach den Bedingungen des Satzes zulässigen Gesamtheit von Werten der Zahlen ω entspricht eine Klasse ähnlicher Polyeder. Somit ist die Existenz eines Polyeders mit gegebenen Krümmungswerten bewiesen.

6. Für Polyeder mit Rand kann man verschiedene Sätze aufstellen, die den Sätzen 2—4 analog sind. Wir führen die zwei einfachsten von ihnen an.

Auf einer Ebene T sei ein endliches konvexes Polygon Q gegeben, in dessen Innerem die Punkte $A_1, \ldots, A_m$ bezeichnet seien. Im Raum sei ein geschlossener Streckenzug L vorgegeben, der sich auf den Rand des Polygons Q senkrecht projizieren läßt. Wir untersuchen konvexe Polyeder mit folgenden Eigenschaften: 1. sie sind durch den Streckenzug L berandet; 2. sie besitzen Ecken, die in die Punkte A_i projiziert werden, und sie haben keinerlei andere innere Ecken; 3. sie sind mit der konvexen Seite nach einer Seite gewandt (entweder zur Ebene T oder von ihr weg).

Von diesen Polyedern kann man folgendes behaupten:

Satz 5. *Zwei solcher Polyeder haben (wenn sie nicht zusammenfallen) immer ein Paar entsprechender Ecken, in denen die Raumwinkel durch Parallelverschiebung ineinander eingelagert werden können.*

Es seien P_1 und P_2 zwei solcher Polyeder, wobei P_1 Punkte besitzt, die „tiefer" als die Punkte von P_2 mit derselben Projektion auf die Ebene T liegen (die wir als horizontal denken). „Heben" wir dann das Polyeder P_1, so bringen wir es in eine solche Lage, daß es P_2 noch irgendwo berührt, im übrigen aber „höher" als P_2 liegt. Bei einer solchen Lage ist es einleuchtend, daß P_1 eine Ecke besitzt, bei welcher der Raumwinkel innerhalb des Raumwinkels an der entsprechenden Ecke des Polyeders P_2 liegt, und der Satz ist bewiesen.

Satz 6. *Für alle positiven Zahlen $\omega_1, \ldots, \omega_m$, deren Summe kleiner als 2π ist, existiert ein und nur ein solches konvexes Polyeder des oben erwähnten Typus, bei dem die Zahlen ω_i Eckenkrümmungen sind: und zwar ist ω_i die Krümmung der Ecke, die in den Punkt A_i orthogonal projiziert wird.*

Die Eindeutigkeit des angeführten Polyeders folgt aus Satz 5. Die Existenz ergibt sich sofort auf Grund des Abbildungslemmas. Wir betrachten die m-dimensionale Mannigfaltigkeit $\mathfrak{R}$, deren Punkte die Gesamtheiten der positiven Zahlen $\omega_1, \ldots, \omega_m$ sind, unter der Bedingung, daß ihre Summe kleiner als 2π ist. Ferner sei $\mathfrak{P}$ die Mannigfaltigkeit von Polyedern des betrachteten Typus; auch sie ist m-dimensional (und, wie leicht zu beweisen ist, nicht leer). Es gibt eine natürliche Abbildung der Mannigfaltigkeit $\mathfrak{P}$ in $\mathfrak{R}$, und man kann leicht beweisen, daß sie allen Bedingungen des Abbildungslemmas genügt. Damit ist Satz 6 bewiesen. (Die genaue Durchführung der angedeuteten Überlegung stellen wir dem Leser anheim.)

In den Sätzen 5 und 6 handelt es sich um Polyeder, deren Ecken auf parallelen, durch die Punkte $A_1, \ldots, A_m$ senkrecht zur Ebene T verlaufenden Strahlen liegen; solche Strahlen „schneiden einander in einem unendlich weit entfernten Punkt“. Völlig analog lassen sich Polyeder mit Ecken auf gegebenen Strahlen betrachten, die von einem gegebenen Punkt O ausgehen. Dann kann man genau so Sätze über Polyeder mit Rand formulieren, die den Sätzen 5 und 6 analog sind. Es sind hierbei verschiedene Fälle möglich: die Strahlen können ins Innere eines Halbraumes gehen oder nicht; man kann Polyeder betrachten, die von einem oder von mehreren Streckenzügen berandet werden. (Die Streckenzüge muß man der Bedingung unterwerfen, daß sie überhaupt ein konvexes Polyeder mit Ecken auf gegebenen Strahlen beranden können.) Der einfachste Fall ist der, daß alle Strahlen im Inneren einer konvexen körperlichen Ecke verlaufen, auf deren Oberfläche der gegebene Streckenzug L liegt; dabei muß man Polyeder voneinander gesondert untersuchen, die mit ihrer konvexen Seite dem Scheitel der Ecke zugewandt oder von ihm abgewandt sind. Die Formulierungen und Beweise der hier möglichen Sätze können als gute Aufgabe dienen. Als weiteres Thema kann die Verallgemeinerung auf den Fall dienen, daß die Strahlen nicht von einem Punkt ausgehen, sondern „durch“ den gegebenen Streckenzug L gehen.

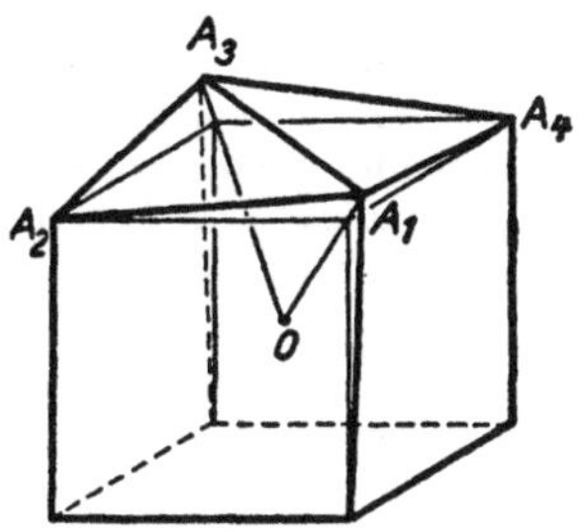

Abb. 145

7. Satz 2 kann man einen Satz gegenüberstellen, der sich auf unendlich kleine Deformationen eines Polyeders bezieht.

Wir wählen im Inneren eines geschlossenen konvexen Polyeders P_0 einen Punkt O und ziehen von ihm aus die Strahlen L_i durch alle Ecken des Polyeders P_0. Verschiebt man die Ecken entlang den Strahlen L_i, so deformiert sich das Polyeder P_0. Bei genügend kleinen Verschiebungen fällt keine der Ecken in die konvexe Hülle der Gesamtheit der anderen, und sie bleibt folglich Ecke des deformierten Polyeders P.

Wir setzen voraus, daß die Ecken sich bei Veränderung eines Parameters t mit bestimmten Geschwindigkeiten entlang der Strahlen L_i bewegen. Offensichtlich drehen sich dann die Seitenflächen und Kanten des Polyeders auch mit bestimmten Geschwindigkeiten.

Bei Bewegung der Ecken kann sich die Struktur des Polyeders natürlich ändern. Das ist z. B. der Fall, wenn man die Ecken A_1 und A_3 vom Zentrum O des Würfels auf Abb. 145 fortbewegt und die Ecken A_2 und A_4 nicht verrückt oder umgekehrt; in beiden Fällen wird hierbei die Seitenfläche $A_1 A_2 A_3 A_4$ geknickt, aber im ersten Fall entlang der Diagonalen $A_1 A_3$ und im zweiten längs der Diagonalen $A_2 A_4$.

Bei kleinen Deformationen können aber schon bestehende Kanten nicht verschwinden, sondern es können lediglich neue auftreten, die im Anfangsmoment Diagonalen der Seitenflächen waren.

Beim Betrachten der Raumwinkel an den Ecken des Polyeders werden wir solche Diagonalen als „neue" Kanten dieser Ecken ansehen, im Unterschied zu den echten oder „alten" Kanten; die „neuen" Kanten liegen auf „alten" Seitenflächen. Bei weiterer Verallgemeinerung kann man auch Deformationen zulassen, die eine Zerstörung der Konvexität des Polyeders dadurch hervorrufen, daß die Seitenflächen in den Diagonalen nicht so geknickt werden, daß die Konvexität aufrecht erhalten bleibt. Bewegt man beispielsweise die Ecken A_1 und A_3 des Würfels auf Abb. 145 nach außen, so ist eine Knickung der Seitenfläche in der Diagonale $A_2 A_4$ möglich, was zu einem nicht-konvexen Polyeder führt.

Auch in diesem Falle werden wir allgemein sagen, das Polyeder deformiere sich infolge der Bewegung seiner Ecken.

Wir wollen polyedrische Ecken unabhängig von Parallelverschiebungen und Ähnlichkeitstransformationen als eindeutig betrachten; auch letztere ändern nämlich weder Form noch Dimensionen der polyedrischen Ecke. Wir werden sagen, die polyedrische Ecke (der Raumwinkel) V_0 verkleinert sich, wenn bei einer Deformation, welche ihren Scheitel unverändert läßt, keine ihrer (seiner) Kanten sich mit positiver Geschwindigkeit nach außen bewegt und mindestens eine echte Kante sich dreht und mit einer von Null verschiedenen Geschwindigkeit ins Innere der Ecke V_0 wandert. Man betrachtet eine Ecke als wachsend, wenn sich bei Änderung der Geschwindigkeiten in die entgegengesetzten zeigt, daß sie sich verkleinert.[1]

S a t z 7. *Ein geschlossenes konvexes Polyeder möge sich infolge der Bewegung seiner Ecken auf gegebenen, von einem Punkt O seines Inneren ausgehenden Strahlen deformieren. Dann ist entweder seine Anfangsdeformation eine Ähnlichkeit mit dem Zentrum O, d.h. die Anfangsgeschwindigkeiten der Bewegung der Ecken sind ihren Entfernungen vom Punkt O proportional, oder es existiert eine Ecke, an welcher der Raumwinkel abnimmt, und eine Ecke, an welcher der Raumwinkel wächst* (man muß an die Bedingung denken, daß die Ecken unabhängig von Parallelverschiebung oder Ähnlichkeit als eindeutig betrachtet werden, so daß man beim Vergleich immer annehmen kann, daß ihre Scheitel sich decken).

Der Beweis ist ebenso einfach wie der Beweis von Satz 2.

Als relative Geschwindigkeit der Ecke A_i bezeichnen wir die Geschwindigkeit der Änderung des Abstandes OA_i, bezogen auf die Längeneinheit, d.h. die Größe $v_i = \frac{\dot{r}_i}{r_i}$, wobei $r_i = OA_i$ ist. Eine Ähnlichkeitstransformation ist durch die Gleichheit aller v_i charakterisiert.

Wir nehmen an, die Deformation reduziere sich nicht auf eine Ähnlichkeit, so daß nicht alle v_i untereinander gleich sind.

Wir wählen eine Ecke mit dem größten Wert der relativen Geschwindigkeit; es sei dies die Ecke A_1. Wir fügen zu allen relativen Geschwindigkeiten die Größe $-v_1$, d.h. die relative Geschwindigkeit der Ecke A_1 mit umgekehrtem Vorzeichen. Damit fügen wir zur betrachteten Anfangsdeformation eine Ähnlichkeitstransformation hinzu und ändern daher nach dem Wesen der Deformation die polyedrischen Ecken des Polyeders nicht.

Da aber v_1 die größte relative Geschwindigkeit war, so sind jetzt die relativen Geschwindigkeiten bei allen Ecken nicht positiv, und bei A_1 ist die Geschwindigkeit gleich Null,

[1] Der Drehung einer echten Kante der Ecke V nach außen braucht nicht eine entgegengesetzte Drehung nach innen zu entsprechen: diese Eigenschaft besitzt die Drehung in einer beliebigen, durch die Kante gehenden Stützebene. Daher darf man bei der Untersuchung der echten Kanten der Bewegungsgeschwindigkeit nach außen keine Bedingung auferlegen.

d. h. A_1 bewegt sich nicht, und die übrigen Ecken bleiben entweder auch stehen oder rücken ins Innere des Polyeders. Dabei bleiben sie nicht alle stehen, da sonst im Widerspruch zur Voraussetzung ihre relativen Geschwindigkeiten v_i bis zur Hinzufügung der Geschwindigkeit $-v_1$ gleich wären.

Bewegt sich mindestens eine Ecke A_i, die mit A_1 durch eine Kante verbunden ist, ins Innere (d. h. ist $v' = v_i - v_1 < 0$), so bedeutet dies, daß der Raumwinkel bei der Ecke A_1 abnimmt.

Sind hingegen alle mit A_1 durch Kanten verbundenen Ecken unbeweglich, so wählen wir statt A_1 eine beliebige von ihnen usw. Da nicht alle Ecken unbeweglich sind, gelangen wir so schließlich zu einer Ecke mit abnehmendem Raumwinkel.

Substrahieren wir von allen relativen Geschwindigkeiten die kleinste von ihnen, so können wir völlig analog beweisen, daß es eine Ecke mit wachsender polyedrischer Ecke gibt, und der Satz ist bewiesen.

Aus Satz 5 kann man einen Starrheitssatz ableiten, der dem Satz 3 über die Ähnlichkeit von Polyedern analog ist. Wir erinnern daran, daß die von t abhängende Größe x stationär heißt, wenn $\left(\frac{dx}{dt}\right)_{t=0} = 0$ ist. Ein Polyeder heißt unter gegebenen Bedingungen starr, wenn es unter diesen Bedingungen keine Deformationen außer den trivialen zuläßt; wir haben dabei nur die Anfangsgeschwindigkeiten der Deformation im Auge. In diesem Fall ist eine triviale Deformation die Ähnlichkeit, d. h. eine Deformation, bei welcher die Anfangsgeschwindigkeiten der Ecken ihren Abständen vom Punkt O proportional sind.

Wir führen noch den Begriff der wesentlich monotonen (wachsenden) Funktion einer polyedrischen Ecke ein und verstehen hierunter eine Größe f, die von der polyedrischen Ecke abhängt, so daß sie bei Vergrößerung der Ecke mit positiver Geschwindigkeit wächst, d. h. $\frac{df}{dt} > 0$.

Wir benutzen die in Verbindung mit Satz 7 eingeführten Begriffe und leiten folgenden Starrheitssatz ab:

Satz 8. *Ein geschlossenes konvexes Polyeder ist im oben definierten Sinne starr, wenn seine Ecken auf gegeebenen Strahlen bleiben, die von einem inneren Punkt ausgehen, und für jede seiner polyedrischen Ecken irgendeine wesentlich monotone Funktion stationär ist.*

Wenn man die Wechselseitigkeit zwischen einer polyedrischen Ecke und ihrem sphärischen Bild benutzt, so kann man die Sätze 5 und 6 in Begriffen des sphärischen Bildes wiederholen. Wir betrachten hierzu die Deformation des sphärischen Bildes einer beliebigen Ecke des Polyeders, die durch die Deformation des Polyeders selbst bei Bewegung seiner Ecken entlang den gegebenen, vom Punkt O ausgehenden Strahlen L_i hervorgerufen ist.

Bewegen sich die Ecken mit bestimmten Geschwindigkeiten, so drehen sich auch die Kanten mit bestimmten Geschwindigkeiten. Und da die Seiten des sphärischen Polygons S_{A_i}, welches das sphärische Bild der Ecke A_i ist, in Ebenen liegen, die zu den in A_i zusammentreffenden Kanten senkrecht sind, so bewegen auch sie sich mit bestimmten Geschwindigkeiten. Streng genommen muß man von einer Drehung der das Polygon S_{A_i} berandenden Großkreise sprechen; jeder solche Kreis ist senkrecht zu der entsprechenden, zur Ecke A_i laufenden Kante und dreht sich zugleich mit der Drehung dieser Kante.

Rückt eine Kante an der Ecke A ins Innere der polyedrischen Ecke V, so bewegt sich die entsprechende Seite des Polygons S von diesem Polygon fort. Einer Verkleinerung der Ecke V in dem in Satz 5 angenommenen Sinn entspricht daher eine Vergrößerung des Polygons S in dem Sinne, daß ihre Seiten sich infolge der Drehung der sie tragenden Großkreise mit bestimmten Geschwindigkeiten nach außen bewegen.

Nachdem wir in Übereinstimmung hiermit die Begriffe der „Verkleinerung" und „Vergrößerung" des sphärischen Bildes der Ecke eines Polyeders und auch den Begriff seiner wesentlich monotonen Funktionen definiert haben, können wir die Sätze 5 und 6 in Begriffen des sphärischen Bildes wiederholen. Eine wesentlich monotone wachsende Funktion einer polyedrischen Ecke ist eine wesentlich monotone abnehmende Funktion für ihr sphärisches Bild und umgekehrt.

8. In Kap. II, § 5, Nr. 6 wurde die Möglichkeit klargelegt, Sätze über Polyeder mit Ecken auf gegebenen Strahlen in Sätze über Polyeder, deren Seitenflächen zu den gegebenen Strahlen senkrecht sind, polar zu tranformieren. Dort wurden Sätze formuliert, die zu den Sätzen 2 und 4 polar sind. Die Sätze 5 und 6 erlauben eine ebensolche Polartransformation.

Alle Schlußfolgerungen dieses Paragraphen lassen sich ganz wörtlich auf einen Raum beliebiger Dimensionen $n \geq 2$ übertragen, mit dem Unterschied lediglich, daß man in Satz 1 Zerlegungen des Vektors $\mathfrak{e}_k$ nach n anderen betrachten, in Satz 4 aber statt 4π den Flächeninhalt der Einheitssphäre im n-dimensionalen Raum nehmen muß. Außerdem muß es sich um eine Krümmung handeln, die der $(n-1)$-dimensionale Flächeninhalt des sphärischen Bildes ist.

§ 2. Unendliche Polyeder

1. Wir wollen unendliche konvexe Polyeder betrachten, die so über einer gewissen gegebenen Ebene T gelegen sind, daß

1. jede zur Ebene T senkrechte Gerade das Polyeder entweder nicht schneidet oder in ihm eine ganze Halbgerade enthält;

2. die Ecken des Polyeders auf gegebene Punkte $A_0, A_1, \ldots, A_n$ auf der Ebene T projiziert werden.

Wir setzen im weiteren diese Voraussetzungen ohne besonderen nochmaligen Hinweis als erfüllt voraus.

Da bei ähnlicher Verkleinerung eines Polyeders die erste, seiner Lage auferlegte Bedingung nicht zerstört wird, so besitzt seine Grenzecke dieselbe Eigenschaft. Wir sagen, es wird „eindeutig[1] auf die Ebene T projiziert“.

Wir schließen Polyeder, bei denen sich die Grenzecke auf eine Halbgerade reduziert, nicht von der Betrachtung aus; diese Halbgerade ist dann zur Ebene T senkrecht.

Sprechen wir in Verbindung hiermit von der polyedrischen Ecke V, die als Grenzecke des Polyeders dient, so lassen wir immer zu, daß V eine ebene Ecke oder Halbgerade sein kann. Ferner zählen wir zu den unendlichen Polyedern auch unendliche konvexe Polygone. Reduziert sich beispielsweise die Grenzecke V auf eine ebene Ecke und liegen die Punkte $A_0, \ldots, A_n$ auf einer Geraden, so reduziert sich das Polyeder P unbedingt auf ein Polygon. Diese Möglichkeit werden wir immer im Auge haben, ohne besonders daran zu erinnern.

Die Punkte $A_0, \ldots, A_n$ auf der Ebene T seien auf willkürliche Weise gegeben, und es sei gegeben eine polyedrische Ecke V, die eindeutig auf die Ebene T projiziert wird. Wir beweisen, daß in diesem Fall *ein unendliches konvexes Polyeder mit der Grenzecke V und mit Ecken existiert, die in die gegebenen Punkte A_i projiziert werden.*

[1] Dieser Terminus ist in gewissem Grade bedingt, da die Ecke Seitenflächen haben kann, die zur Ebene T senkrecht sind.

Wir führen den Beweis durch Induktion nach der Anzahl der Punkte A_i. Für einen einzigen Punkt A_0 ist die Behauptung einleuchtend, da die gegebene Ecke V selbst mit der Ecke im Punkt A_0 das gesuchte Polyeder ist. Wir setzen nun voraus, die Behauptung gelte für n Punkte und beweisen sie für $n + 1$ Punkte A_0, $A_1, \ldots, A_n$.

Wir nehmen zuerst an, es läge keiner der Punkte $A_0, \ldots, A_n$ in der konvexen Hülle der übrigen Punkte. Wir legen dann den Scheitel der Ecke V in den Punkt A_0 und konstruieren die konvexe Hülle der Ecke V und der Punkte $A_0, \ldots, A_n$.

Nach Kap. I, § 4, Satz 5 ist dies ein konvexes Polyeder mit der Grenzecke V und mit Ecken in den Punkten $A_0, \ldots, A_n$, d. h. eben das gesuchte Polyeder.

Es bleibt daher noch anzunehmen, daß unter den Punkten $A_0, \ldots, A_n$ mindestens einer, sagen wir A_n, in der konvexen Hülle der übrigen n Punkte $A_0, \ldots, A_{n-1}$ enthalten ist. Gemäß der Voraussetzung, daß die Behauptung für n Punkte gilt, existiert ein Polyeder P mit der Grenzecke V und mit Ecken, die in die Punkte $A_0, \ldots, A_{n-1}$ projiziert werden. Da der Punkt A_n in der konvexen Hülle dieser Punkte liegt, so schneidet die senkrecht zur Ebene T durch den Punkt A_n gehende Gerade L notwendig das Polyeder P, indem sie in einem gewissen Punkt B in es eindringt (Abb. 146). Wählt man auf der Strecke $A_n B$ einen Punkt B', der B genügend nahe ist, und konstruiert man die konvexe Hülle des Polyeders P und des Punktes B', so erhält man ein Polyeder P'. Es besitzt eine Ecke B', die sich in den Punkt A_n projizieren läßt. Ist zugleich die Verschiebung von B nach B' hinreichend klein, so bleiben alle Ecken des Polyeders P auch Ecken des Polyeders P'. Im Ergebnis hat das Polyeder P' die Grenzecke V und Ecken, die in die Punkte $A_0, \ldots, A_n$ projiziert werden. Unsere Behauptung ist somit bewiesen.

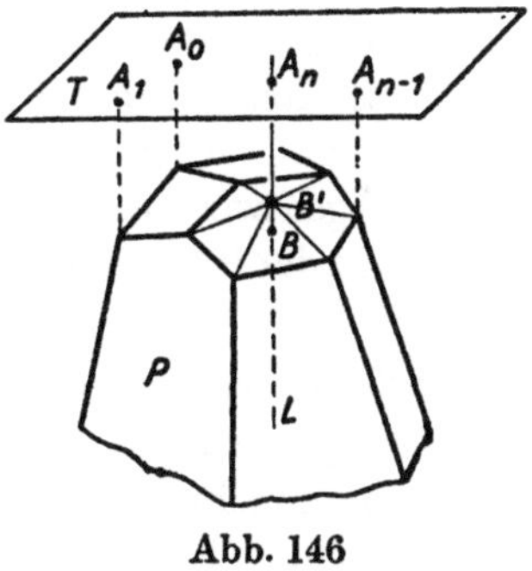

Abb. 146

Ein unendliches konvexes Polyeder ist der Rand der konvexen Hülle seiner Ecken und seiner Grenzecke, d. h. es wird durch deren Vorgabe vollständig bestimmt; dabei kann man die vorgegebene Grenzecke V mit dem Scheitel in eine beliebige vorgeschriebene Ecke des Polyeders legen.

Sind die Projektionen $A_0, \ldots, A_n$ der Ecken auf die Ebene T vorgegeben, so werden die Ecken selbst durch ihre Entfernungen $h_0, \ldots, h_n$ von der Ebene T vollständig bestimmt; man betrachtet hierbei diese Entfernungen als positiv nach derjenigen Seite der Ebene T, nach welcher der unendliche Teil des Polyeders gewandt ist, und nach der anderen Seite als negativ.

Bei vorgegebenen Projektionen der Ecken und vorgegebener Grenzecke V wird daher das Polyeder durch Angabe der $n + 1$ Zahlen $h_0, \ldots, h_n$ vollständig bestimmt.

Diese Zahlen können nicht willkürlich sein, da ein gegebener Punkt B_k Ecke der konvexen Hülle der Ecke V und aller Punkte B_i mit den Projektionen A_i dann und nur dann sein kann, wenn er nicht der konvexen Hülle der übrigen

Punkte B_i und der Ecke V angehört, unter der Bedingung, daß der Scheitel der Ecke V in einem beliebigen dieser Punkte liegt. Dies unterwirft offensichtlich die Höhen h_i der Punkte B_i bestimmten Bedingungen, die die Form gewisser Ungleichungen haben. Die Ableitung dieser Ungleichungen bildet eine völlig elementare Aufgabe. Ihre Lösung ist für das weitere nicht nötig, und wir überlassen sie dem Leser.

2. Analog zu § 1, Satz 2 gilt

Satz 1. *Besitzen zwei unendliche konvexe Polyeder ein und dieselbe Grenzecke V und Projektionen $A_0, \ldots, A_n$ der Ecken auf die Ebene T, so lassen sich diese Polyeder entweder durch Parallelverschiebung in einer zu T senkrechten Richtung zur Deckung bringen, oder es gibt auf einem von ihnen eine Ecke, bei welcher man den Raumwinkel auf dem Wege einer solchen Verschiebung ins Innere des Raumwinkels an der entsprechenden Ecke des anderen Polyeders einlagern kann.*

Es sind mit anderen Worten zwei Polyeder mit den gemeinsamen Daten V und $A_0, \ldots, A_n$ kongruent und parallel, wenn nur bekannt ist, daß sich die Raumwinkel an ihren entsprechenden Ecken nicht ineinander einlagern lassen.

Hier sagen wir wie auch in § 1, ein Raumwinkel W befinde sich innerhalb W', wenn W in der (körperlichen) Ecke W' enthalten ist, aber nicht mit ihr zusammenfällt.

Der Beweis ist genauso einfach wie der Beweis von § 1, Satz 2.

Die Polyeder P und P' mögen gemeinsame Daten V und $A_0, \ldots, A_n$ haben. Man kann annehmen, die Scheitel ihrer Grenzecken lägen in irgendwelchen ihrer entsprechenden Ecken. Verschiebt man dann das Polyeder P' in einer zur Ebene T senkrechten Richtung, so erfährt seine Grenzecke eine ebensolche Verschiebung, aber die Projektionen der Ecken ändern sich nicht; wir können also das Polyeder P' einer beliebigen solchen Verschiebung unterwerfen.

Wir verschieben das Polyeder P' so, daß alle seine Ecken über den entsprechenden Ecken des Polyeders P liegen (d. h. alle $h_i' > h_i$). Es zeigt sich dann, daß seine Grenzecke in der Grenzecke des Polyeders P und P' selbst in P enthalten ist, wie daraus klar wird, daß ein unendliches Polyeder die konvexe Hülle der Gesamtheit seiner Ecken und seiner Grenzecke ist.

Verschiebt man nun das Polyeder P' zur Ebene T hin, so fällt in einem gewissen Moment eine seiner Ecken, sagen wir B', erstmalig mit der entsprechenden Ecke B des Polyeders P zusammen. Dabei tritt das Polyeder P' noch nicht aus P heraus, da alle seine Ecken und seine Grenzecke in P bleiben (richtiger in dem von P berandeten Körper). Dies wird daraus klar, daß ein körperliches Polyeder die konvexe Hülle der Gesamtheit seiner Ecken und der Grenzecke ist. Daher erweist sich der Raumwinkel W' an der Ecke B' des Polyeders P' als in dem Raumwinkel W an der Ecke B des Polyeders P eingelagert.

Fallen diese Raumwinkel W' und W nicht zusammen, so ergibt sich eben, daß die Ecke W' auf dem Wege der Verschiebung ins Innere des Raumwinkels W eingelagert ist, d. h. es verwirklicht sich die zweite im Satz angegebene Möglichkeit. Fallen aber die Raumwinkel W und W' zusammen, so fallen ihre Kanten und folglich auch die Ecken der Polyeder P und P' zusammen, die als Endpunkte dieser Kanten dienen; denn nach Voraussetzung liegen diese Ecken auf gemeinsamen Senkrechten zur Ebene T. Für die Raumwinkel an diesen Ecken können wir dieselbe Überlegung wiederholen usw., bis wir zu einem Paar entsprechender Ecken gelangen, an denen die Raumwinkel nicht zusammenfallen. Dann ist der Raumwinkel U' bei einer solchen Ecke auf dem Polyeder P' im Inneren des entsprechenden Raumwinkels U enthalten. Finden wir hingegen kein Paar nicht zusammenfallender Ecken, so fallen sie also alle zusammen, d. h. das Polyeder P' fällt mit P zusammen. Es ließ sich demnach mit P durch Verschiebung zur Deckung bringen, und damit verwirklicht sich die erste im Satz vorgesehene Möglichkeit.

Analog zu § 1, Satz 3 folgt aus Satz 1 offensichtlich

Satz 2. *Sind bei zwei unendlichen konvexen Polyedern mit gemeinsamen Grenzecken und Eckenprojektionen auf die Ebene T für jedes Paar von Raumwinkeln an entsprechenden Ecken die Werte irgendeiner monotonen Funktion gleich, so lassen sich die Polyeder durch Parallelverschiebung zur Deckung bringen.*

Dies gilt insbesondere, wenn die entsprechenden Ecken gleiche Krümmungen besitzen.

3. § 1, Satz 4 entspricht im Falle unendlicher Polyeder

Satz 3. *Auf der Ebene T seien die Punkte $A_0, \ldots, A_n$ und die polyedrische Ecke V gegeben, die sich eindeutig auf die Ebene T projizieren läßt. Dafür, daß ein unendliches konvexes Polyeder existiert mit Ecken, die sich in die Punkte $A_0, \ldots, A_n$ projizieren lassen, mit der Grenzecke V und den Krümmungen der Ecken $\omega_0, \ldots, \omega_n$, ist es notwendig und hinreichend, daß die Zahlen ω_i folgenden Bedingungen genügen:*

1) $0 < \omega_i < 2\pi$ $(i = 1, \ldots, n)$;

2) die Summe aller ω_i ist gleich der Krümmung der Ecke V.

Nach Satz 2 ist ein solches Polyeder eindeutig bestimmt bis auf Verschiebung in einer zur Ebene T senkrechten Richtung.

Die Notwendigkeit der ersten Bedingung ist einleuchtend. Die Notwendigkeit der zweiten Bedingung wird klar, wenn man sich erinnert, daß, wie schon in Kap. I, § 5, Nr. 3 erwähnt wurde, das sphärische Bild eines unendlichen konvexen Polyeders mit dem sphärischen Bild seiner Grenzecke zusammenfällt. An Stelle der Vorgabe der Ecke V kann man daher im Satz die Vorgabe eines konvexen sphärischen Polygons ins Auge fassen, das als das sphärische Bild des gesuchten Polyeders dienen soll.

Nun bleibt übrig, die Hinlänglichkeit der Bedingungen des Satzes, d. h. die Existenz eines Polyeders mit gegebenen Krümmungen der Ecken zu beweisen. Dazu benutzen wir wiederum das Abbildungslemma.

Die Punkte $A_0, \ldots, A_n$ und die Ecke V seien gegeben. Wir werden unendliche konvexe Polyeder P betrachten, deren eine Ecke im Punkt A_0 festliegt, deren übrige Ecken sich in die übrigen Punkte A_i projizieren lassen und deren Grenzecke V ist. Nach dem in Nr. 1 Bewiesenen existieren derartige Polyeder, und ihre Mannigfaltigkeit $\mathfrak{P}$ ist daher nicht leer.

Jedes solche Polyeder wird durch die Vorgabe der n Höhen $h_1, \ldots, h_n$ seiner Ecken bestimmt, die sich in die Punkte $A_1, \ldots, A_n$ projizieren lassen. Sind die gegebenen Zahlen $h_1^0, \ldots, h_n^0$ die Längen der Höhen der Ecken des Polyeders P^0, so dienen auch beliebige ihnen hinreichend nahe Zahlen $h_1, \ldots, h_n$ als Längen der Höhen der Ecken eines gewissen Polyeders P. Die den Höhen der Ecken auferlegte Bedingung besteht ja darin, daß keine Ecke in die konvexe Hülle der Gesamtheit der anderen Ecken und der Ecke V fallen soll; gilt dies bei irgendwelchen Höhen $h_1^0, \ldots, h_n^0$, so gilt dasselbe bei beliebigen, ihnen genügend nahen Werten der Höhen. Hieraus folgt, daß jeder Punkt P^0 in der Menge $\mathfrak{P}$ eine kubische n-dimensionale Umgebung hat, so daß $\mathfrak{P}$ eine offene Menge im n-dimensionalen Raum der Koordinaten $h_1, \ldots, h_n$ ist.

Wir betrachten nun den $(n + 1)$-dimensionalen Raum mit den Koordinaten $\omega_0, \ldots, \omega_n$. Ω sei die Krümmung der gegebenen Ecke V. Dann ergibt die Bedingung 2 des Satzes

$$\omega_0 + \omega_1 + \cdots + \omega_n = \Omega\,, \tag{1}$$

d. h. sie bestimmt in unserem Raum eine gewisse Ebene. Die Bedingung 1 des Satzes bestimmt in diesem Raum das Innere eines Würfels, und der Schnitt dieses Inneren mit der Ebene (1) bestimmt einen Wertebereich der ω_i, welcher beiden Bedingungen des Satzes genügt. Dies ist die Mannigfaltigkeit $\mathfrak{K}$ der zulässigen Gesamtheiten von Zahlen ω_i. Sie bildet eine n-dimensionale zusammenhängende Mannigfaltigkeit.

Da jedem Polyeder P aus der Mannigfaltigkeit $\mathfrak{P}$ eine Gesamtheit von Werten der Krümmungen seiner Ecken entspricht, die den Bedingungen des Satzes genügt, so erhalten wir eine natürliche Abbildung φ der Mannigfaltigkeit $\mathfrak{P}$ in die Mannigfaltigkeit $\mathfrak{K}$. Diese Abbildung ist offenbar stetig. Da bei den Polyedern P eine Ecke fest ist, so fallen nach Satz 3 Polyeder mit gleichen Eckenkrümmungen einfach zusammen. Dies besagt, daß die Abbildung φ umkehrbar eindeutig ist.

Die Mannigfaltigkeit $\mathfrak{K}$ ist schließlich zusammenhängend und hat dieselbe Dimension, wie $\mathfrak{P}$. Wir sehen also, daß die ersten drei Bedingungen des Abbildungslemmas erfüllt sind, und es bleibt lediglich zu zeigen, daß auch die vierte Bedingung dieses Lemmas erfüllt ist.

Eine Folge von Punkten K_j aus der Mannigfaltigkeit $\mathfrak{K}$, welche Gesamtheiten von Eckenkrümmungen von Polyedern P_j darstellen, möge gegen den Punkt K aus $\mathfrak{K}$ konvergieren:

$$K_j = \varphi(P_j) \to K = (\omega_0, \omega_1, \ldots, \omega_n) \in \mathfrak{K}\,. \tag{2}$$

Da der Punkt $K = (\omega_0, \ldots, \omega_n)$ zu $\mathfrak{K}$ gehört, so konvergieren gemäß der ersten Bedingung des Satzes alle seine Koordinaten $\omega_i > 0$, d. h. die Krümmungen der Ecken der Polyeder P_j, gegen positive Werte. Daher findet sich ein $\varepsilon > 0$ derart, daß für alle Krümmungen ihrer Ecken

$$\omega_i^j > \varepsilon \; (i = 0, \ldots, n;\; j = 1, 2 \ldots) \tag{3}$$

ist.

Wir verschieben jedes Polyeder P_j so in einer zur Ebene T senkrechten Richtung, daß T seine Stützebene wird. Da sich alle Ecken der Polyeder P_j in gegebene Punkte A_i projizieren lassen, so kann man aus den Polyedern P_j eine Teilfolge von Polyedern auswählen, die sich sämtlich in ein und demselben der Punkte A_i, sagen wir im Punkt A_n auf die Ebene T stützen. Um die Benennungen nicht zu komplizieren, bezeichnen wir die Polyeder dieser Folge ebenfalls mit P_j.

Die Ecke B_i^k des Polyeders P_{m_k} möge auf der Höhe h_i^k über der Ebene T liegen, und der Abstand ihrer Projektion A_i auf die Ebene T vom Punkt A_n sei gleich r_i. Der Punkt A_n ist Ecke des Polyeders P_{m_k}, und deshalb kann keine Stützebene an P_{m_k} in der Ecke B_i^k den Strahl schneiden, welcher von A_n senkrecht zur Ebene T ins Polyeder P_{m_k} führt. Hieraus schließen wir auf Grund einleuchtender elementarer Überlegungen, daß wenn Θ der Winkel ist, welcher durch diesen Strahl und die Stützebene in der Ecke B_i^k gebildet wird,

$$\operatorname{tg} \Theta \leq \frac{r_i}{h_i^k} \tag{4}$$

ist. Θ_0 sei so beschaffen, daß

$$\operatorname{tg} \Theta_0 = \frac{r_i}{h_i^k} \tag{5}$$

ist. Dann ergibt sich aus der Ungleichung (4), daß das sphärische Bild der Ecke B_i^k in einem Streifen der Breite Θ_0 um den Äquator der Einheitssphäre liegt, wenn man als Pol das sphärische Bild der Ebene T nimmt. Der Flächeninhalt dieses Streifens ist gleich $2\pi \sin \Theta_0$. Infolge der Ungleichung (3) ist zugleich dieser Flächeninhalt größer als ε. Folglich gilt

$$2\pi \sin \Theta_0 > \varepsilon \quad \text{und} \quad \operatorname{tg} \Theta_0 > \frac{\varepsilon}{2\pi}. \tag{6}$$

Auf Grund der Gleichung (5) ergibt sich hieraus, daß

$$h_i^k < \frac{2\pi r_i}{\varepsilon}$$

ist. Das bedeutet, daß die Abstände aller Ecken der Polyeder P_{m_k} von der Ebene T beschränkt sind. Daher kann man aus den Polyedern P_{m_k} eine konvergente Folge auswählen.[1] Das Grenzpolyeder hat offensichtlich die Grenzflächeninhalte $\omega_0, \ldots, \omega_n$ der sphärischen Bilder seiner Ecken. Damit ist bewiesen, daß wenn $K_m = \varphi(P_m) \to K$ ist, eine Teilfolge P_{m_j} existiert, derart, daß $P_{m_j} \to P$ und $K = \varphi(P)$ ist.

Es zeigt sich somit, daß alle Bedingungen des Abbildungslemmas erfüllt sind, und wenn wir es anwenden, so erhalten wir einen Existenzbeweis für ein Polyeder mit gegebenen Krümmungen der Ecken.

[1] Die Polyeder dieser Folge verschieben wir natürlich umgekehrt so, daß sie eine der Ecken im Punkt A_0 haben. Dabei wird die Konvergenz offensichtlich nicht zerstört.

4. Das gewonnene Ergebnis läßt sich noch folgendermaßen formulieren:

Auf der Ebene T seien die Punkte $A_0, \ldots, A_n$ gegeben, und jedem von ihnen sei je eine Zahl ω_i zugeordnet mit folgenden Bedingungen: 1) $0 < \omega_i < 2\pi$, *2)* $\sum_{i=0}^{n} \omega_i \leq 2\pi$. *Dann existiert ein unendliches konvexes Polyeder, das sich eindeutig auf die Ebene T projizieren läßt, dessen Ecken über den Punkten A_i liegen und entsprechend die Krümmungen ω_i haben.* Dabei kann man noch willkürlich die Grenzecke des Polyeders angeben, das allerdings so beschaffen sein muß, daß ihre Krümmung gleich der Summe der Zahlen ω_i ist. Da $\sum \omega_i \leq 2\pi$ ist, so gibt es sicher eine derartige Ecke.

Bei dieser Formulierung ist besonders klar, daß die Krümmungen der Ecken eines unendlichen konvexen Polyeders keinen außer trivialen Bedingungen unterliegen. (Die Bedingung $\omega_i < 2\pi$ ist einleuchtend, für $n \geq 1$ ist sie aber überflüssig, da sie aus den Bedingungen $\omega_i > 0$ und $\sum \omega_i \leq 2\pi$ folgt.)

Hierin unterscheidet sich der vorliegende Satz von § 1, Satz 4 für geschlossene Polyeder: dort gibt es die zusätzliche Bedingung (8), die man nicht als ebenso trivial ansehen kann. Sie steht jedoch mit der Lage der Strahlen $\mathfrak{e}_i$ in Zusammenhang. In Verbindung hiermit ist es natürlich zu fragen: welcher Art sind die Bedingungen, die dafür notwendig und hinreichend sind, daß die gegebenen Zahlen $\omega_1, \ldots, \omega_n$ Krümmungen aller Ecken mindestens irgendeines geschlossenen konvexen Polyeders sein können? Notwendig sind die Bedingungen: 1) $0 < \omega_i < 2\pi$ und 2) $\sum_{i=1}^{n} \omega_i = 4\pi$. Sind sie aber hinreichend? Die Frage bleibt offen. (Aus den Bedingungen 1) und 2) folgt, daß $n \geq 3$ sein muß. Ist $n = 3$, so gibt die Konstruktion eines Dreiecks mit Winkeln, die gleich $\pi - \frac{\omega_i}{2}$ sind, eine positive Antwort; dies ist ein wenn auch ausgeartetes Polyeder, dessen Eckenkrümmungen gleich ω_i sind.)

5. Wenn man die in §1, Nr. 6 eingeführten Begriffe, insbesondere den Begriff der Verkleinerung und Vergrößerung einer polyedrischen Ecke benutzt, so kann man einen Satz formulieren, der sich zu Satz 1 genauso verhält wie §1, Satz 5 zu §1, Satz 2.

Satz 4. *Deformiert sich ein unendliches konvexes Polyeder ohne Änderung seiner Grenzecke, die sich eindeutig auf die Ebene T projizieren läßt, infolge der Bewegung seiner Ecken auf den zu dieser Ebene senkrechten Geraden, so nimmt mindestens einer seiner Raumwinkel ab und mindestens einer wächst.*

Hieraus läßt sich ferner ein Starrheitssatz entnehmen, der §1, Satz 6 ganz ähnlich ist. Man kann schließlich Satz 4 wie auch diesen Starrheitssatz in Begriffen der sphärischen Bilder der Ecken wiederholen. All dies wie auch der Beweis von Satz 4 ist vollkommen analog dem, was in §1, Nr. 6 abgeleitet wurde. Wir werden daher nicht dabei verweilen.

6. In den vorhergehenden Punkten handelte es sich um unendliche Polyeder mit Ecken auf gegebenen parallelen Strahlen. Das entsprach gleichsam dem, daß sich der gemeinsame Ursprung aller Strahlen im Unendlichen befindet. Man kann jedoch unendliche konvexe Polyeder betrachten, deren Ecken auf gegebenen Strahlen liegen, die von einem gegebenen Punkt O ausgehen, der sich im Inneren des Polyeders befinden muß. In diesem Fall ist es natürlich, den Scheitel der Grenzecke in den Punkt O zu legen.

Es entstehen dann Fragen, die denen völlig analog sind, welche in §1 für geschlossene Polyeder gelöst wurden.

1. Unter welchen Lagebedingungen der Strahlen $e_1, \ldots, e_n$ und der Ecke V existieren unendliche konvexe Polyeder mit Ecken auf diesen Strahlen und mit der Grenzecke V?

2. Welcher Art sind die notwendigen und hinreichenden Bedingungen, welche den Bereich von möglichen Werten der Abstände r_i der Polyederecken vom Ursprung O bestimmen (unter der Bedingung, daß die Strahlen e_i und die Grenzecke V vorgegeben sind)?

3. Welcher Art sind die Bedingungen, die notwendig und hinreichend dafür sind, daß gegebene Zahlen $\omega_1, \ldots, \omega_n$ als Krümmungen der Ecken eines Polyeders mit gegebener Grenzecke und mit Ecken auf gegebenen Strahlen dienen können?

Daß die Strahlen e_i, die Krümmungen ω_i und die Grenzecke V ein Polyeder eindeutig bis auf eine Ähnlichkeitstransformation mit dem Zentrum O bestimmen, wird wörtlich genau so bewiesen wie das analoge Ergebnis für geschlossene Polyeder. Es gelten natürlich auch im gegebenen Fall allgemeine Sätze, die den Sätzen 2 und 3 in §1 völlig analog sind.

Die gestellten Fragen erlauben eine vollständige Lösung mittels derselben Methoden, die wir in §1 anwandten. Wir überlassen es daher dem Leser selbst, die entsprechenden Sätze zu formulieren und zu beweisen.

7. Wie schon in Kap. I, §1 angemerkt wurde, ist die Untersuchung eines unendlichen konvexen Polyeders dem Wesen nach der Untersuchung eines unbestimmt fortsetzbaren endlichen Polyeders äquivalent. Bedingung einer solchen Fortsetzbarkeit ohne Auftreten neuer Schnitte der äußeren Seitenflächen ist hierbei die Konvexität des sphärischen Bildes. Zugleich ist die Angabe der Grenzecke der Angabe des sphärischen Bildes des Polyeders äquivalent. In Verbindung mit diesen Bemerkungen sieht man, daß sich unsere Sätze über unendliche Polyeder für Polyeder mit Rand wiederholen lassen.

8. Zum Schluß merken wir an, daß sich die Ergebnisse dieses Paragraphen mit ihren Beweisen auf einen Raum beliebiger Dimension $n \geq 2$ übertragen lassen; nur in Satz 3 muß man statt 2π den Flächeninhalt der Halbsphäre im entsprechenden Raum nehmen.

§ 3. Verallgemeinerungen

1. Wie schon erwähnt, lassen sich die Ergebnisse der §§ 1 und 2 im wesentlichen wörtlich auf Polyeder im n-dimensionalen Raum verallgemeinern, und wir brauchen uns hierbei nicht aufzuhalten.

Mit entsprechenden Änderungen lassen sie sich auch auf Polyeder im Lobatschewskischen Raum übertragen. Da es in diesem Raum keine Ähnlichkeit und keine Parallelverschiebung gibt, werden die Eindeutigkeitssätze und die Bedingungen der Existenzsätze dort anders formuliert. Die Krümmung einer Ecke wird genauso bestimmt: sie ist gleich 2π minus der Summe der ebenen Winkel an der Ecke; dies ist seinerseits der Größe der körperlichen Ecke gleich, die von den Normalen der durch die Ecke gelegten Stützebenen erfüllt wird. Wir führen das Ergebnis für geschlossene Polyeder an:

Von einem Punkt O im Lobatschewskischen Raum mögen die Strahlen $l_1, \ldots, l_m$ ausgehen, die nicht in einen Halbraum weisen. Dafür, daß ein geschlossenes konvexes Polyeder mit Ecken auf den gegebenen Strahlen und mit gegebenen Eckenkrümmungen $\omega_1, \ldots, \omega_m$ existiert, ist es notwendig und hinreichend, daß die Zahlen ω_i folgenden Bedingungen genügen: 1) $0 < \omega_i < 2\pi$ $(i = 1, \ldots, m)$; 2) bei einer beliebigen Gesamtheit von Strahlen $l_{i_1}, \ldots, l_{i_k}$, die ins Innere eines Halbraumes gehen, muß $\Sigma\,\omega_i > \sigma_{i_1, \ldots, i_k}$ sein, wobei $\sigma_{i_1, \ldots, i_k}$ die Krümmung des Scheitels der polyedrischen Ecke ist, welche die konvexe Hülle der Strahlen $l_{i_1}, \ldots, l_{i_k}$ ist, und die Summe $\Sigma\omega_i$ sich über alle übrigen Strahlen erstreckt; 3) die Summe aller ω_i ist größer als 4π. Unter diesen Bedingungen ist ein solches Polyeder eindeutig bestimmt.

Vergleichen wir diesen Satz mit den Sätzen 3 und 4 in § 1, so sehen wir erstens, daß ein Polyeder mit Ecken auf gegebenen Strahlen und mit gegebenen Eckenkrümmungen schon ohne Zusätze über die Ähnlichkeit eindeutig bestimmt ist. Zweitens wiederholen die Bedingungen 1) und 2) des formulierten Satzes die Bedingungen von § 1, Satz 4 (mit dem Unterschied, daß man jetzt die notwendige Bedingung hinzufügen muß, daß $\omega_i < 2\pi$ ist, welche in § 1, Satz 4 automatisch aus den anderen sich ergab), die Bedingung 3) aber ist verschieden von der Bedingung, daß die Summe der Eckenkrümmungen gleich 4π ist, wie dies im euklidischen Raum gilt; im Lobatschewskischen Raum kann sie beliebig größer als 4π sein.

Andere Sätze, die den Sätzen der §§ 1 und 2 analog sind, formulieren wir nicht. Ihre Formulierungen und Beweise bieten keine prinzipiellen Schwierigkeiten; insbesondere lassen sich alle Existenzbeweise mit Hilfe des Abbildungslemmas leicht durchführen.

2. Wir wenden uns nun den Verallgemeinerungen auf beliebige konvexe Körper des euklidischen Raums zu.

H sei ein konvexer Körper, *O* ein Punkt in seinem Inneren und $r(\mathfrak{e})$ die Entfernung zwischen *O* und dem Rand des Körpers *H* in Richtung des Einheitsvektors $\mathfrak{e}$.

Wir ordnen einem beliebigen Vektor $\mathfrak{x}$ die Zahl

$$D(\mathfrak{x}) = \frac{|\mathfrak{x}|}{r\left(\frac{\mathfrak{x}}{|\mathfrak{x}|}\right)} \tag{1}$$

zu, d. i. das Verhältnis der Länge des Vektors $\mathfrak{x}$ zur Entfernung zwischen *O* und dem Rand des Körpers *H* in Richtung dieses Vektors $\mathfrak{x}$. (Bei $\mathfrak{x} = 0$ ist die Richtung nicht bestimmt, und wir setzen $D(\mathfrak{o}) = 0$.) Die so definierte Funktion des Vektors $\mathfrak{x}$ führte Minkowski ein und nannte sie *Distanzfunktion* des Körpers *H*.

Verhältnismäßig einfach läßt sich der Satz beweisen:

Dafür, daß eine gegebene Funktion $D(\mathfrak{x})$ des Vektors $\mathfrak{x}$ Distanzfunktion eines konvexen Körpers ist, sind folgende Bedingungen notwendig und hinreichend:

1) $D(\lambda\,\mathfrak{x}) = \lambda\, D(\mathfrak{x})$ bei beliebigen $\lambda \geq 0$;
2) $D(\mathfrak{x} + \mathfrak{y}) \leq D(\mathfrak{x}) + D(\mathfrak{y})$ bei beliebigen $\mathfrak{x}$ und $\mathfrak{y}$;
3) $D(\mathfrak{x}) > 0$, wenn nur $\mathfrak{x} \neq 0$ ist.

Die Notwendigkeit der Bedingungen 1) und 3) leuchtet aus der Definition der Distanzfunktion selbst ein; Bedingung 2) ergibt sich leicht aus der Konvexität des Körpers *H*.

Kraft der ersten Bedingung wird die Funktion $D(\mathfrak{x})$ durch ihre Werte für die Einheitsvektoren $\mathfrak{e}$ vollständig bestimmt; insofern als $|\mathfrak{e}| = 1$ ist, folgt dann aus der Definition (1), daß

$$D(\mathfrak{e}) = \frac{1}{r(\mathfrak{e})}$$

ist, d. h. $D(\mathfrak{e})$ ist die zur Entfernung zwischen dem Punkt *O* und dem Rand des Körpers *H* in Richtung des Vektors $\mathfrak{e}$ reziproke Größe.

Aus den Bedingungen 1) und 2) läßt sich leicht folgendes ableiten:

ist
$$\mathfrak{e} = \alpha_1\,\mathfrak{e}_1 + \alpha_2\,\mathfrak{e}_2 + \alpha_3\,\mathfrak{e}_3\,,$$
wobei alle $\alpha_i > 0$ sind, so ist

$$D(\mathfrak{e}) < \alpha_1\, D(\mathfrak{e}_1) + \alpha_2\, D(\mathfrak{e}_2) + \alpha_3\, D(\mathfrak{e}_3)$$

oder

$$\frac{1}{r(\mathfrak{e})} < \frac{\alpha_1}{r(\mathfrak{e}_1)} + \frac{\alpha_2}{r(\mathfrak{e}_2)} + \frac{\alpha_3}{r(\mathfrak{e}_3)}\,.$$

Das ist nichts anderes als die Ungleichung (2) in § 1, Satz 1. Es ist ganz klar, daß § 1, Satz 1 ein Spezialfall des eben angeführten Satzes von Minkowski ist. Für Polyeder braucht man die Funktion $D(\mathfrak{x})$ nicht zu betrachten: es genügt, eine endliche Anzahl ihrer Werte zu wählen — die umgekehrten Größen der Abstände der Ecken vom Ursprung O.

Man überzeugt sich leicht, daß die Distanzfunktion eines Polyeders stückweise linear ist. Und zwar ist sie linear in jeder körperlichen Ecke, welche eine Seitenfläche des Polyeders aus dem Punkt O projiziert. Sie wird somit durch ihre Werte für die Vektoren $\mathfrak{e}_i$ bestimmt, die in die Ecken des Polyeders weisen.

3. Die formale Analogie zwischen der Distanz- und der Stützfunktion und entsprechend zwischen §1, Satz 1 und §5, Satz 1 in Kap. VII hat einen interessanten geometrischen Grund.

Wir betrachten die Polarität bezüglich der Einheitssphäre, d.h. eine Transformation, welche dem Punkt mit dem Vektor $r\,\mathfrak{e}$ (wobei $\mathfrak{e}$ ein Einheitsvektor und $r > 0$ ist) die Ebene mit der Normalgleichung $\mathfrak{e}\mathfrak{x} = \frac{1}{r}$ zuordnet. Man kann leicht beweisen, daß bei einer derartigen Transformation[1] jedem konvexen Körper H ein konvexer Körper H' nach folgender Regel zugeordnet wird: jedem inneren Punkt des Körpers H entspricht eine Ebene, welche den Körper H' nicht schneidet, und den Randpunkten des Körpers H entsprechen die Stützebenen des Körpers H'. (Der Körper H' ist der Durchschnitt der durch diese Ebenen bestimmten Halbräume.) Da die zur Polarität inverse Transformation selbst wieder eine Polarität ist, so ist dieser Zusammenhang zwischen den Körpern H und H' umkehrbar.

Der Ursprung möge innerhalb des Körpers H liegen; dann liegt er auch innerhalb H'. Aus der Definition der Polarität und des umkehrbaren Zusammenhangs zwischen den Körpern H und H' läßt sich leicht ableiten, daß die Distanzfunktion des einen von ihnen die Stützfunktion des anderen ist und umgekehrt. Ist H ein Polyeder, so ist H' auch ein Polyeder, wobei den Seitenflächen des einen die Ecken des anderen entsprechen und umgekehrt.

4. F sei eine geschlossene konvexe Fläche, O ein Punkt in ihrem Inneren und E die Einheitssphäre mit Zentrum im Punkt O. M sei eine Punktmenge auf der Sphäre E und $\omega(M)$ der Flächeninhalt des sphärischen Bildes derjenigen Menge auf der Fläche F, deren Zentralprojektion vom Punkt O aus auf die Sphäre E die gegebene Menge M ist. Diese Mengenfunktion $\omega(M)$ nennen wir die auf die Sphäre E übertragene Krümmung der Fläche F. Diese Funktion ist für jede Borelsche Menge M auf der Sphäre E definiert. Benutzt man diesen Begriff, so kann man einen Satz formulieren, welcher §1, Satz 4 auf beliebige geschlossene konvexe Flächen verallgemeinert:

Dafür, daß eine Funktion $\omega(M)$ einer (Borelschen) Menge M auf der Sphäre E die auf die Sphäre E übertragene Krümmung einer konvexen Fläche ist, die in ihrem Inneren das Zentrum O der Sphäre E enthält, ist notwendig und hinreichend, daß 1) $\omega(M)$ nicht-negativ und total-additiv ist; 2) $\omega(E) = 4\pi$[2] ist; 3) für jede sphärisch konvexe Menge M die Ungleichung

$$\omega\,(E - M) > \sigma(M^*)$$

erfüllt ist, wobei $\sigma(M^*)$ der Flächeninhalt der zu M dualen Menge M^* ist, d.h. der Menge, die durch die Endpunkte der Normalen der Stützebenen desjenigen Kegels mit der Ecke O gebildet wird, der auf der Sphäre E die Menge M ausschneidet.

Besteht die Funktion ω aus endlich vielen „Punktmassen" $\omega_1, \ldots, \omega_m$ in den Punkten $A_1, \ldots, A_m$ (d.h. $\omega(M) = 0$, wenn M keinen von den Punkten A_i enthält, und $\omega(A_i) = \omega_i$), so verwandelt sich der gegebene Satz in §1, Satz 4.

Der Beweis des formulierten Satzes wird durch Grenzübergang von Polyedern durchgeführt.[3]

---

[1] Vgl. Kap. I, §5, Nr. 4.

[2] Im n-dimensionalen Raum ist $\omega(E)$ gleich dem Flächeninhalt der ganzen Einheitssphäre.

[3] Siehe A. D. Alexandrow [9].

Der entsprechende Eindeutigkeitssatz lautet:

Haben zwei geschlossene Flächen F und F' ein und dieselbe Krümmung, die auf ein und dieselbe Sphäre E übertragen ist, so lassen sich diese Flächen durch eine Ähnlichkeitstransformation mit Ähnlichkeitszentrum im Zentrum der Sphäre E ineinander überführen.[1]

Den Sätzen 2 und 3, § 1, entsprechen auch allgemeine und ebenso einfach zu beweisende Sätze über allgemeine konvexe Flächen. So entspricht dem Satz 2 die völlig triviale Behauptung: Haben zwei geschlossene konvexe Flächen F_1 und F_2 einen gemeinsamen inneren Punkt O, so sind sie entweder ähnlich mit Ähnlichkeitszentrum in O, oder man kann die Fläche F_1 durch eine Ähnlichkeitstransformation mit dem Zentrum O zu einer die Fläche F_2 in irgendeinem Punkt berührenden, sie aber sonst umfassenden Fläche machen oder umgekehrt. Der Unterschied zu § 1, Satz 2 über Polyeder besteht darin, daß es sich im Fall von Polyedern nur um Ecken handelt, und daher ist der von ihnen handelnde Satz etwas weniger trivial.

Geht man zum sphärischen Bild über, so kann man § 1, Satz 2 eine schon nicht ganz so unmittelbar einleuchtende, aber dennoch sehr leicht beweisbare Behauptung gegenüberstellen:

F_1 und F_2 seien geschlossene konvexe Flächen mit einem gemeinsamen inneren Punkt O. Solche Flächen sind entweder ähnlich mit Ähnlichkeitszentrum in O, oder es gibt auf ihnen Mengen M_1 und M_2 mit einem gemeinsamen Kegel, der sie aus dem Punkt O heraus projiziert; diese sind so beschaffen, daß das sphärische Bild der Menge M_1 nur ein Teil des sphärischen Bildes der Menge M_2 ist.

Hieraus folgt der Ähnlichkeitssatz der Flächen F_1 und F_2, bei welchen den sphärischen Bildern der Mengen M_1 und M_2 mit gemeinsamem projizierenden Kegel gleiche Werte irgendeiner monotonen Funktion der Menge auf der Sphäre entsprechen. Insbesondere erhalten wir einen Ähnlichkeitssatz für Flächen mit gleicher Krümmung, „die auf die Sphäre E mit dem Mittelpunkt O übertragen ist".

In meiner Arbeit [11], in der dieser Ähnlichkeitssatz aufgestellt wird, ist der allgemeine Satz im wesentlichen bewiesen, wenn auch nicht formuliert.

5. F sei eine unendliche vollständige konvexe Fläche und $\mathfrak{e}$ die Richtung irgendeines im Inneren von F enthaltenen Strahles. T sei eine zu $\mathfrak{e}$ senkrechte Ebene und M eine willkürliche BORELsche Menge auf der Ebene T. Mit $\omega(M)$ bezeichnen wir den Flächeninhalt des sphärischen Bildes derjenigen Menge auf der Fläche F, welche (in Richtung von $\mathfrak{e}$) auf die Menge M projiziert wird. Es kann sein, daß die Projektion der Fläche F nicht die ganze Ebene bedeckt. Dann kann nicht jedes M als Projektion eines Teils der Fläche F dienen; in diesem Fall aber, wenn M mit der Projektion von F den Durchschnitt Null hat, setzen wir $\omega(M) = 0$. Wird hingegen M nur zum Teil von der Projektion von F bedeckt, so haben wir das sphärische Bild derjenigen Menge auf F im Auge, deren Projektion dennoch in M fällt.

Die Mengenfunktion $\omega(M)$ auf der Ebene T erweist sich somit als definiert; wir bezeichnen sie als auf die Ebene T übertragene Krümmung der Fläche F.

Unter Benutzung dieses Begriffes formulieren wir eine Verallgemeinerung von § 2, Satz 4 auf beliebige unendliche konvexe Flächen:

Dafür, daß eine gegebene Funktion $\omega(M)$ einer (BORELschen) Menge auf der Ebene T die auf T übertragene Krümmung einer gewissen konvexen Fläche mit gegebenem Grenzkegel K ist, ist notwendig und hinreichend, daß 1) $\omega(M)$ nicht-negativ und total-additiv ist; 2) für ein solches M, das aus nur einem Punkt besteht, $\omega(M) < 2\pi$ ist; 3) der Wert der Funktion ω für die ganze Ebene gleich der Krümmung des Kegels K ist.

Der Kegel K kann hier in eine doppelt bedeckte ebene Ecke oder in eine Halbgerade ausarten; dabei ist aber in jedem Falle gemeint, daß jede zur Ebene T senkrechte Gerade ihn entweder überhaupt nicht schneidet oder in ihm eine ganze Halbgerade enthält.

[1] Siehe A. D. ALEXANDROW [11].

Dieser Satz ist besonders interessant, da er zeigt, daß die Krümmung einer konvexen Fläche als Mengenfunktion keinen Bedingungen außer den augenscheinlichen unterworfen ist (obgleich sich diese nicht ganz einfach mit aller Strenge beweisen lassen). Der Satz wird durch Grenzübergang von Polyedern bewiesen.

Der entsprechende Eindeutigkeitssatz lautet:

Haben zwei unendliche vollständige konvexe Flächen mit gleichen und parallelen Grenzkegeln ein und dieselbe Krümmung, die auf die Ebene T übertragen ist, so lassen sich diese Flächen durch Parallelverschiebung in einer zu T senkrechten Richtung zur Deckung bringen (unter der Bedingung, daß $\omega(T) > 0$ ist; ist $\omega(T) = 0$, so kann die Fläche ein beliebiger unendlicher Zylinder sein, und ihr Grenzkegel reduziert sich auf ein Zweiflach).

Es ist dies eine Folge des allgemeinen Satzes: Lassen sich zwei unendliche Flächen mit gleichen Grenzkegeln eindeutig auf die Ebene T projizieren, so lassen sie sich entweder durch Parallelverschiebung in einer zur Ebene T senkrechten Richtung zur Deckung bringen, oder es gibt auf ihnen solche Mengen M_1 und M_2 mit einer gemeinsamen Projektion auf T, daß das sphärische Bild der Menge M_1 nur ein Teil des sphärischen Bildes von M_2 ist. Ist die Fläche F regulär und wird sie durch die Gleichung $z = f(x, y)$ dargestellt, so ist ihre auf die Ebene (x, y) übertragene Krümmung

$$\omega(M) = \int K\,dF = \iint \frac{z_{xx} z_{yy} - z_{xy}^2}{(1 + z_x^2 + z_y^2)^{\frac{3}{2}}}\,dx\,dy\,,$$

wie sogleich aus dem bekannten Ausdruck für die Gaussche Krümmung K und für das Flächenelement dF folgt. Im regulären Fall sind daher unsere Sätze den Existenz- und Eindeutigkeitssätzen (eindeutig bis auf einen Summanden) für die Lösung der Gleichung $z_{xx} z_{yy} - z_{xy}^2 = (1 + z_x^2 + z_y^2)^{\frac{3}{2}}\, g(x, y)$ auf der ganzen Ebene äquivalent, wobei $g(x, y)$ eine gegebene Funktion $\left(g = \dfrac{d\omega}{dx\,dy}\right)$ ist.

Aus unseren Sätzen selbst folgt zwar nicht, daß die Funktion $z = f(x, y)$ sogar zweimal differenzierbar ist; die Lösbarkeit der Gleichung muß man daher in verallgemeinertem Sinne verstehen. Ist jedoch die Funktion $g(x, y)$ genügend oft differenzierbar, so ist die Funktion $z = f(x, y)$ zweimal differenzierbar, d. h. sie ist eine Lösung der Gleichung im gewöhnlichen Sinne.

Die Verallgemeinerung von § 1, Satz 6 lautet: *In einem konvexen Gebiet G auf der Ebene T sei eine total-additive, nicht-negative Mengenfunktion $\omega(M)$ gegeben, derart, daß $\omega(G) < 2\pi$ ist. L sei eine geschlossene Kurve im Raum, die sich auf den Rand des Gebietes G projizieren läßt. Es existiert eine von der Kurve L berandete konvexe Fläche, deren auf die Ebene T übertragene Krümmung $\omega(M)$ ist. Es gibt nur zwei solcher Flächen: sie sind mit der konvexen Seite nach entgegengesetzten Seiten gewandt.* Dies bedeutet für den regulären Fall, übersetzt in die Sprache der Differentialgleichungen, die Lösbarkeit einer Randwertaufgabe für die oben angeführte Gleichung in einem beliebigen konvexen Gebiet, bei beliebigen stetigen Randbedingungen.

KAPITEL X

DIE STARRHEIT EINES KONVEXEN POLYEDERS MIT STATIONÄREM NETZ

Ein Polyeder P möge sich mit der Veränderung eines gewissen Parameters t deformieren, den man geeigneterweise als Zeit auffaßt; der Ausgangslage entspricht $t = 0$. Es wird vorausgesetzt, daß bei der Deformation die Kanten und Seitenflächen des Polyeders geknickt werden können, so daß neue Ecken und neue Kanten entstehen.

In diesem Kapitel werden uns nur *unendlich kleine Deformationen erster Ordnung* interessieren; *d. h. mit anderen Worten die Geschwindigkeiten im Moment* $t = 0$. Wenn wir weiterhin von einer Deformation sprechen, haben wir gewöhnlich eben eine unendlich kleine Deformation im Auge; das Fehlen eines entsprechenden Zusatzes wird nicht zu Mißverständnissen führen. Die Geschwindigkeiten beziehen sich immer auf den Anfangsmoment $t = 0$.

Ist für irgendeine Größe x ihre Ableitung nach t bei $t = 0$ gleich Null:

$$\left(\frac{dx}{dt}\right)_{t=0} = 0\,,$$

so sagen wir, die Größe x sei dort stationär.

Eine Figur heißt *starr*, wenn sich (unter gegebenen Bedingungen) jede Deformation notwendig auf eine Bewegung reduziert, d. h. wenn die Geschwindigkeiten im Anfangsmoment die gleichen wie bei einem festen Körper sind.

Schon in Kap. II, § 6 wurde die allgemeine Analogie zwischen den Starrheits- und den Eindeutigkeitssätzen hervorgehoben; die Sätze, welche in diesem Kapitel aufgestellt werden, sind den in Kap. III bewiesenen Eindeutigkeitssätzen analog, und ihre Beweismethode ist im wesentlichen dieselbe. Es ist hier jedoch ein wesentlicher Unterschied: in den Starrheitssätzen handelt es sich nicht um eine wirkliche Deformation, sondern lediglich um ihren Hauptteil erster Ordnung bezüglich t. Hiermit sind Umstände verbunden, die für endliche Deformationen und entsprechend für Eindeutigkeits- oder Kongruenzsätze nicht eintreten. (Insbesondere gelten im Unterschied zu den Ergebnissen des Kap. III die hier bewiesenen Sätze nicht für Polyeder, die in doppelt bedeckte Polygone ausarten, wie schon in Kap. II, § 6 gezeigt wurde. Wir schließen daher solche Polyeder gänzlich aus der Betrachtung aus.)

§ 1. Deformationen einer polyedrischen Ecke

1. V sei eine konvexe polyedrische Ecke.[1] Wir nehmen an, daß mehrere Seitenflächen der Ecke V in einer Ebene liegen können und dadurch eine „wirkliche" Seitenfläche bilden. Kanten, welche solche Seitenflächen trennen, heißen „unechte"; ihre Neigungswinkel sind gleich π. Wenn wir im weiteren einfach von Kanten reden, meinen wir sowohl echte oder wirkliche als auch unechte Kanten. Wir lassen außerdem zu, daß sich die Ecke V auf ein Zweiflach, aber nicht auf eine Ebene reduziert. Dann sind alle ihre Neigungswinkel gleich π, außer zweien, die kleiner als π sind; solche Kanten dieser Ecken bilden eine Gerade.

Wir werden Deformationen der Ecke V betrachten, die durch Drehung ihrer Kanten um den Scheitel hervorgerufen werden. Mit der Drehung der Kanten drehen und deformieren sich die Seitenflächen der Ecke V; es wird vorausgesetzt, daß keine neuen Kanten auftreten, daß aber „unechte" Kanten zu „echten" werden können.

Es wird nicht ausgeschlossen, daß im Ergebnis der Deformation die Ecke V aufhört konvex zu sein. Bei hinreichend kleinen endlichen Deformationen ist das nur in dem Falle möglich, daß unechte Kanten vorhanden sind und die wirklichen Seitenflächen sich in diesen Kanten nach innen knicken. Dann wachsen die Flächenwinkel an diesen Kanten und werden größer als π.

Die Aufgabe besteht darin, die Vorzeichen zu untersuchen, mit der sich die Anfangsgeschwindigkeiten der Flächenwinkel der deformierten Ecke V ändern unter der Bedingung, daß alle ihre ebenen Winkel stationär sind. Die Aufgabe ist derjenigen analog, welche in Kap. III, § 1 für endliche Deformationen ohne Zerstörung der Konvexität untersucht wurde, und man kann sie durch eine analoge Methode lösen; dabei betrachtet man allerdings nicht die Zuwüchse der Winkel, sondern nur ihre Hauptteile oder, was dasselbe ist, die Ableitungen nach t bei $t = 0$.[2] Wir wenden jedoch ein anderes Verfahren an, das nicht nur schneller zum Ziel führt, sondern auch einiges selbständiges Interesse besitzt.[3]

2. Da man eine Bewegung der Ecke V als ein Ganzes ausschließen kann, darf man annehmen, daß irgendeine beliebige ihrer Kanten p_1 und eine der Seitenflächenebenen, die in p_1 zusammentreffen, unbeweglich sind. Dann dreht sich die Ebene der anderen Seitenfläche an der Kante p_1 um diese Kante. Und ist der ebene Winkel auf dieser Seitenfläche stationär, so dreht sich (im Anfangsmoment) diese ganze Seitenfläche um die Kante p_1 wie ein starrer Körper. Schließt man nun eine Drehung der Kante p_1 und der vorher feststehenden Seitenfläche nicht aus, so kann man sagen, daß die Deformation eines Zweiflachs in einer relativen Drehung der Ebenen der Seitenflächen um ihre gemeinsame Kante besteht. Diese Schluß-

[1] Die Ausartung der Ecke V in eine doppelt bedeckte ebene Ecke ist nicht zugelassen.

[2] Es wird weiter sichtbar, daß sogar bei Erhaltung der Konvexität im Fall einer unendlich kleinen Deformation eine Vorzeichenverteilung möglich ist, die bei einer endlichen Deformation unmöglich ist. Das zeigt noch einmal, daß es, auch wenn man der Analogie mit den Schlußfolgerungen des Kap. III folgt, dennoch nötig ist, die abgeleiteten und nicht die endlichen Zuwüchse zu benutzen.

[3] Dies Verfahren ist nicht neu, obwohl mir nicht bekannt ist, von wem es stammt.

folgerung gilt natürlich für ein beliebiges Paar von Seitenflächen mit einer gemeinsamen Kante.

Die Drehung eines festen Körpers wird durch den Vektor der Winkelgeschwindigkeit angegeben, der so in Richtung der Drehachse weist, daß er zusammen mit der Richtung der Drehung selbst eine Rechtsschraube bildet. Die Addition der Drehungen um einander schneidende Achsen reduziert sich, wie bekannt, auf eine Vektoraddition ihrer Winkelgeschwindigkeiten.[1]

Wir wählen auf der Ecke V einen Umlaufsinn um den Scheitel und bestimmen ihm entsprechend die Reihenfolge der Kanten und Seitenflächen. Auf jeder Kante p_i wählen wir den Vektor $\mathfrak{w}_i$ der Winkelgeschwindigkeit der Drehung der folgenden Seitenfläche bezüglich der vorhergehenden. Man betrachtet den Vektor $\mathfrak{w}_i$ als auf der Kante liegend, und er kann daher entweder zum Scheitel der Ecke V oder von ihm weg weisen. Die Länge des Vektors $\mathfrak{w}_i$ ist nichts anderes als die absolute Größe der Anfangsgeschwindigkeit $\dot{\varphi}_i$ der Änderung des Neigungswinkels φ_i an der Kante p_i. *Die Richtung des Vektors* $\mathfrak{w}_i$ *bestimmt das Vorzeichen dieser Geschwindigkeit*, da sich mit Änderung der Richtung von $\mathfrak{w}_i$ die Richtung der Drehung ändert. *Dieser Zusammenhang der Richtung des Vektors* $\mathfrak{w}^i$ *mit dem Vorzeichen der Geschwindigkeit* $\dot{\varphi}_i$ *ist ein und derselbe für alle Kanten;* d. h. entspricht auf einer Kante der Richtung von $\mathfrak{w}_i$ vom Scheitel weg $\dot{\varphi}_i > 0$ (oder umgekehrt), so ist dies auf allen Kanten der Fall. Wir bringen die Ecke V mit der Einheitssphäre S zum Schnitt, deren Mittelpunkt im Scheitel der Ecke V liegt; auf der Sphäre S erhalten wir ein Polygon V' mit den Ecken p_i' und den Seiten P_i', die den Kanten und Seitenflächen der Ecke V entsprechen (Abb. 147). Die Winkel φ_i dieses Polygons sind den Neigungswinkeln der Ecke V gleich. Der auf der Ecke V angegebene Umlaufsinn bestimmt den Umlaufsinn des Polygons V' und somit die Orientierung der Sphäre S.[2] Der Eindeutigkeit wegen nehmen wir an, diese Orientierung bilde zusammen mit der Richtung vom Zentrum der Kugel her eine Rechtsschraube. (Da die Kanten der Ecke V vom Mittelpunkt der Sphäre S aus-

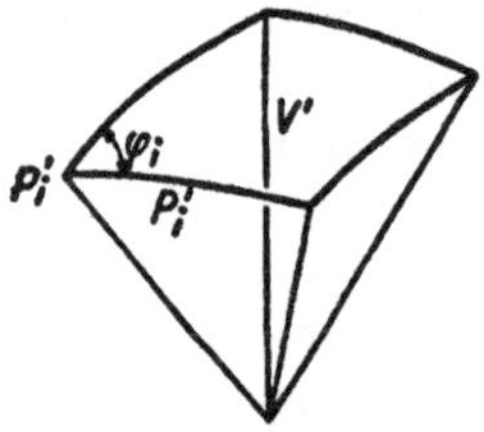

Abb. 147

[1] O sei ein fester Punkt eines starren Körpers, den wir als Koordinatenursprung nehmen. Ist $\mathfrak{w}$ der Vektor der Winkelgeschwindigkeit und $\mathfrak{x}$ ein Vektor von O nach einem beliebigen Punkt X des starren Körpers, so ist die Geschwindigkeit dieses Punktes $\mathfrak{v} = \mathfrak{w} \times \mathfrak{x}$. Bei der Addition zweier Drehungen mit den Winkelgeschwindigkeiten $\mathfrak{w}_1$, $\mathfrak{w}_2$ um Achsen, die einander im Punkt O schneiden, erhalten wir $\mathfrak{v} = \mathfrak{v}_1 + \mathfrak{v}_2 = \mathfrak{w}_1 \times \mathfrak{x} + \mathfrak{w}_2 \times \mathfrak{x} = (\mathfrak{w}_1 + \mathfrak{w}_2) \times \mathfrak{x}$, d. h. die Winkelgeschwindigkeit der Gesamtdrehung ist $\mathfrak{w} = \mathfrak{w}_1 + \mathfrak{w}_2$.

[2] Die Orientierung wird wie immer durch den Umlaufsinn einer kleinen Kontur angegeben. Wir wählen einen kleinen Kreis C mit Mittelpunkt auf dem Rand des Polygons V'. Wir bilden die Kontur C', die aus dem in V' liegenden Bogen des Kreises C und aus einem Randabschnitt des Polygons V' besteht. Die Orientierung dieser Kontur und somit auch die Kontur des Kreises C wird durch den Umlaufsinn des Randes des Polygons V' angegeben. (Bewegt man den Kreis C entlang dem Rand des Polygons V', so ist es aus Stetigkeitserwägungen einleuchtend, daß die gegebene Definition der Orientierung nicht von der Wahl des Punktes auf dem Rand des Polygons V' abhängt, der als Mittelpunkt des Kreises C dient.)

gehen, so bedeutet dies, daß alle durch den Umlaufsinn auf V und durch deren Kanten bestimmten Schrauben Rechtsschrauben sind.) Es weise z. B. der Vektor $\mathfrak{w}_i$ vom Scheitel der Ecke V fort. Gemäß der Definition des Vektors $\mathfrak{w}_i$ bedeutet dies, daß die Richtung der Kante p_i mit der Drehrichtung der Seitenfläche P_i bezüglich P_{i-1} eine Rechtsschraube bildet. Daher muß sich die Seite P'_i des Polygons V' bezüglich P'_{i-1} in der durch die Orientierung der Sphäre S angegebenen Richtung drehen, d. h. sie muß sich ins Innere des Polygons V' drehen. Die Geschwindigkeit $\dot{\varphi}_i$ der Änderung des Winkels φ_i ist folglich negativ.

Dieser Schluß gilt für alle Kanten, und somit ist der Zusammenhang zwischen der Richtung des Vektors $\mathfrak{w}_i$ und dem Vorzeichen der Geschwindigkeit $\dot{\varphi}_i$ ein und derselbe für sie alle. (Ändert man den Umlaufsinn der Ecke V, so wird dieser Zusammenhang nur umgekehrt: den Vektoren $\mathfrak{w}_i$, die vom Scheitel ausgehen, entsprechen $\dot{\varphi}_i > 0$.)

Die Frage nach der Vorzeichenverteilung der Geschwindigkeiten $\dot{\varphi}_i$ reduziert sich somit auf die Frage nach der Verteilung der Richtungen der Vektoren $\mathfrak{w}_i$. Zur Lösung der letzteren Frage beweisen wir folgenden Satz:

Die Summe aller Vektoren $\mathfrak{w}_i$ ist gleich Null.

Wie vermerkt wurde, reduziert sich nämlich die Addition der Drehungen auf die Addition der Vektoren der Winkelgeschwindigkeiten. Daher bestimmt die Summe $\mathfrak{w}_i + \mathfrak{w}_{i+1}$ die Drehung der $(i + 2)$-ten Seitenfläche bezüglich der i-ten. Addiert man alle Geschwindigkeiten $\mathfrak{w}_i$ von der ersten bis zur letzten, so überzeugt man sich, daß die gewonnene Summe die Drehung der ersten Seitenfläche bezüglich sich selbst bestimmt, d. h. sie bestimmt das Fehlen einer Drehung. Daher ist die Summe aller Vektoren $\mathfrak{w}_i$ gleich Null.

3. Wir beweisen nun das folgende Lemma, in welchem das für uns nötige Ergebnis über die Vorzeichenverteilung der Änderungsgeschwindigkeiten der Neigungswinkel enthalten ist.

Lemma 1. *Eine konvexe polyedrische Ecke V, die sich möglicherweise auf ein Zweiflach, aber nicht auf eine ebene Ecke reduziert, möge sich so deformieren, daß alle ihre ebenen Winkel stationär sind. Wir ordnen jeder ihrer Kanten das Vorzeichen der Anfangsgeschwindigkeit der Änderung des Neigungswinkels an dieser Kante zu; die Kanten der stationären Neigungswinkel lassen wir ohne Vorzeichen. Es gibt dann für die Verteilung dieser Vorzeichen nur vier Möglichkeiten:*

1) Keine Kante besitzt ein Vorzeichen.

2) Die Anzahl der Zeichenwechsel ist nicht kleiner als vier.

3) Es gibt nur zwei Zeichenwechsel; dann gehören aber alle bezeichneten Kanten einer wirklichen Seitenfläche an, und die äußersten dieser Kanten haben dasselbe Vorzeichen.

4) Es gibt nur zwei bezeichnete Kanten; dann bilden sie zusammen eine Gerade und sind nicht nur mit demselben Vorzeichen versehen, sondern die Änderungsgeschwindigkeiten ihrer Neigungswinkel sind gleich. Dieser Fall ist offensichtlich nur auf einer Ecke V möglich, die sich auf ein Zweiflach reduziert, da nur in diesem Fall *zwei Kanten zusammen eine Gerade bilden können, und zwar die Kante desjenigen Zweiflachs, auf das sich die Ecke V reduziert.* (Daß die Änderungsgeschwindigkeiten der Neigungswinkel an diesen zwei Kanten gleich, aber an allen übrigen Kanten die Winkel stationär sind, da die Kanten nicht mit Vorzeichen versehen sind, bedeutet, daß die Ecke V bei der Deformation ein Zweiflach bleibt, wenn man Größen, die von höherer als erster Ordnung sind, außer acht läßt.)

Unter Benutzung der Schlußfolgerungen aus Nr. 2 kann man dieses Lemma in der Sprache der Vektoren $\mathfrak{w}_i$ wiederholen[1]:

Lemma 1a. *Auf den Kanten der konvexen polyedrischen Ecke V, die sich möglicherweise auf ein Zweiflach, aber nicht auf eine ebene Ecke reduziert, seien die Vektoren $\mathfrak{w}_i$ so gegeben, daß ihre Gesamtsumme gleich Null ist. Für die Verteilung der Richtungen dieser Vektoren zum Scheitel der Ecke V oder von ihm fort gibt es dann nur folgende Möglichkeiten:*

1) Alle Vektoren sind gleich Null.

2) Die Anzahl der Richtungsänderungen ist nicht kleiner als vier.

3) Es gibt nur zwei Richtungsänderungen, und dann liegen alle Vektoren $\mathfrak{w}_i$, die nicht gleich Null sind, auf einer wirklichen Seitenfläche, und die äußeren dieser Vektoren haben die gleiche Richtung (d. h. entweder beide zum Scheitel hin oder von ihm fort).

4) Es gibt nur zwei Vektoren, die nicht gleich Null sind. Daraus, daß ihre Summe gleich Null ist, ist es dann aber klar, daß sie auf einer Geraden liegen, in der Größe gleich sind und entweder beide vom Scheitel fort oder beide zum Scheitel weisen. (Dieser Fall ist nur möglich, wenn die Ecke V ein Zweiflach ist.)

Auf Grund der Schlußfolgerungen aus Nr. 2 enthält Lemma 1a das Lemma 1, und daher genügt es, Lemma 1a zu beweisen.[2]

Vektoren, die gleich Null sind, haben keine Richtung, und man braucht sie nicht zu berücksichtigen; wir werden entsprechend annehmen, daß es mindestens einen Vektor gibt, der nicht gleich Null ist; damit ist die erste Möglichkeit ausgeschlos-

---

[1] Alle Fälle 1)—4) lassen sich tatsächlich verwirklichen: der erste bei Fehlen einer Deformation; der vierte bei einer beliebigen Deformation eines Zweiflachs ohne Knickung seiner (wirklichen) Seitenflächen; den zweiten ersieht man am leichtesten am Beispiel der Deformation eines Vierkants: zwei Kanten, an denen die Winkel wachsen, werden hier von Kanten getrennt, an denen die Winkel abnehmen. Den dritten Fall erhalten wir auf einem Vierkant, das in ein Dreikant ausgeartet ist: die Winkel an den Kanten p, q, r sind kleiner als π, die vierte Kante s liegt auf der wirklichen Seitenfläche (q, r), und der Winkel an ihr ist gleich π. Bewegt man die Kante s in der Ebene, die zu der sie enthaltenden Seitenfläche senkrecht ist, so sind alle ebenen Winkel und auch der Winkel an der Kante p stationär, die Winkel an q, r, s hingegen sind nicht stationär, und wenn der Winkel bei s abnimmt, so wachsen die Winkel bei p und r.

[2] Beide Lemmas sind äquivalent. Daß Lemma 1 in Lemma 1a enthalten ist, wurde schon in Nr. 2 gezeigt. Gibt man zugleich auf den Kanten der Ecke V Vektoren $\mathfrak{w}_i$ an, deren Summe gleich Null ist, so bestimmen wir, indem wir sie als Vektoren von Winkelgeschwindigkeiten ansehen, damit eine Deformation der Ecke V, an der, wie man sich leicht überzeugt, alle ebenen Winkel stationär sind.

sen. Die Anzahl der Richtungsänderungen ist bei einem geschlossenen Umlauf sicherlich gerade. Man muß daher drei Fälle unterscheiden:

a) Alle Vektoren haben die gleiche Richtung, d. h. entweder alle zum Scheitel hin oder alle von ihm fort.

b) Es gibt nur zwei Richtungsänderungen.

c) Es gibt mindestens vier Richtungsänderungen.

Zum Beweis des Lemmas bleibt zu zeigen, daß wir im Fall a) die vierte und im Fall b) die dritte im Lemma angeführte Möglichkeit vor uns haben.

4. Wir betrachten den Fall a); der Bestimmtheit halber nehmen wir an, alle Vektoren wiesen vom Scheitel fort (im entgegengesetzten Fall genügt es, ihre Vorzeichen zu ändern).

Da die Ecke V konvex ist, so liegt sie auf einer Seite der Ebene P einer beliebigen ihrer Seitenflächen, und es weisen daher alle Vektoren $\mathfrak{w}_i$ in den abgeschlossenen Halbraum, der von der Ebene P berandet wird und die Ecke V enthält. Lägen die Vektoren nicht alle in der Ebene P, so könnte ihre Summe nicht gleich Null sein. Es müssen demnach alle Vektoren $\mathfrak{w}_i$ in der Ebene P liegen, die einer wirklichen Seitenfläche der Ecke V angehören.

Da nun eine wirkliche Seitenfläche konvex ist, so liegt sie in einer Halbebene P'. L sei eine Gerade, welche diese Halbebene auf der Ebene P berandet. Die Vektoren $\mathfrak{w}_i$ weisen in die Halbebene P', und wenn sie nicht auf der Geraden L lägen, so könnte ihre Summe nicht gleich Null sein. Sie können folglich nur auf der Geraden L liegen. Dann ist aber einleuchtend, daß wenn überhaupt Vektoren vorhanden sind, es nur zwei sind und sie gleich und beide entweder zum Scheitel hin oder von ihm weg gerichtet sind. Damit ist bewiesen, daß bei Fehlen von Richtungsänderungen nur die vierte im Lemma angeführte Möglichkeit sich verwirklichen läßt.

5. Wir untersuchen nun den Fall b), daß es nur zwei Richtungsänderungen gibt. Man muß beweisen, daß dann alle Vektoren $\mathfrak{w}_i$ auf einer wirklichen Seitenfläche liegen und die äußeren von ihnen gleich gerichtet sind.

Da es nur zwei Richtungsänderungen gibt, so gibt es nur zwei Folgen von Vektoren gleicher Richtungen; numeriert man die Vektoren auf passende Weise, so kann man annehmen, daß die Vektoren $\mathfrak{w}_1, \ldots, \mathfrak{w}_m$ zum Scheitel und die Vektoren $\mathfrak{w}_{m+1}, \ldots, \mathfrak{w}_n$ von ihm weg weisen. Wir legen auf den Seitenflächen der Ecke V aus ihrem Scheitel die Halbgeraden p und q so, daß sie diese Folgen von Vektoren trennen (Abb. 148). Die durch diese Halbgeraden verlaufende Ebene (pq) ist entweder die Ebene einer der Seitenflächen der Ecke V, oder sie zerlegt die Ecke in zwei Ecken V_1 und V_2. Da die Halbgeraden p und q die eine Folge von Vektoren von der anderen trennen, so liegen die Vektoren der einen von ihnen in einem abgeschlossenen Halbraum, der von der Ebene (pq) berandet wird, und die Vektoren der anderen liegen im anderen Halbraum.

Eine solche Lage haben wir, wenn wir annehmen, daß jeder Vektor auf seiner Kante liegt. Trägt man aber alle diese Vektoren vom Scheitel der Ecke V ab, so zeigt sich, daß Vektoren, die von ihm weg weisen, in denselben Halbraum gehen, in welchen die zum Scheitel weisenden Vektoren gehen. Da die Summe aller Vektoren gleich Null ist, so kann keiner von ihnen ins Innere dieses Halbraumes weisen. Sie liegen folglich alle in der Ebene (pq). Dann ist aber diese Ebene die Ebene einer der Seitenflächen der Ecke V, da sie deren Kanten mit den Vektoren $\mathfrak{w}_i$ enthält. Es ist also bewiesen, daß alle Vektoren $\mathfrak{w}_i$ in der Ebene einer Seitenfläche liegen.

Wir nehmen nun entgegen dem zweiten Teil der zu beweisenden Behauptung an, daß die äußeren Vektoren, die wir jetzt (in neuer Numerierung) mit $\mathfrak{w}_1$ und $\mathfrak{w}_n$ benennen, verschiedene Richtung haben: der Vektor $\mathfrak{w}_1$ zum Scheitel hin und $\mathfrak{w}_n$ von ihm weg. Beim Übergang von $\mathfrak{w}_n$ zu $\mathfrak{w}_1$ tritt dann ein Richtungswechsel ein; aber da wir voraussetzen, daß es im ganzen nur zwei solcher Wechsel gibt, so kommt in der Folge $\mathfrak{w}_1, \ldots, \mathfrak{w}_n$ nur ein Richtungswechsel vor, der, sagen wir, beim Übergang vom Vektor $\mathfrak{w}_m$ zum Vektor $\mathfrak{w}_{m+1}$ stattfindet.

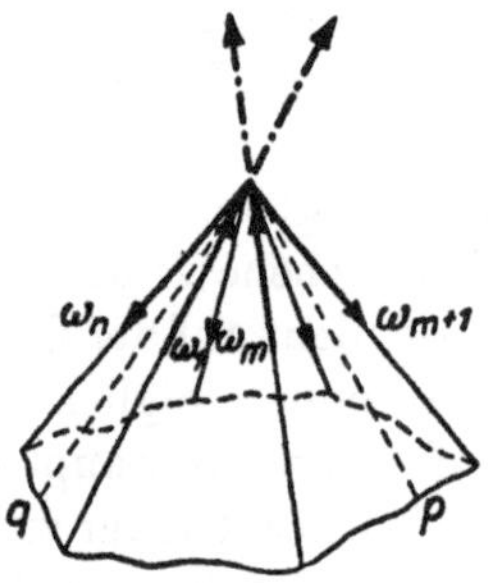

Abb. 148

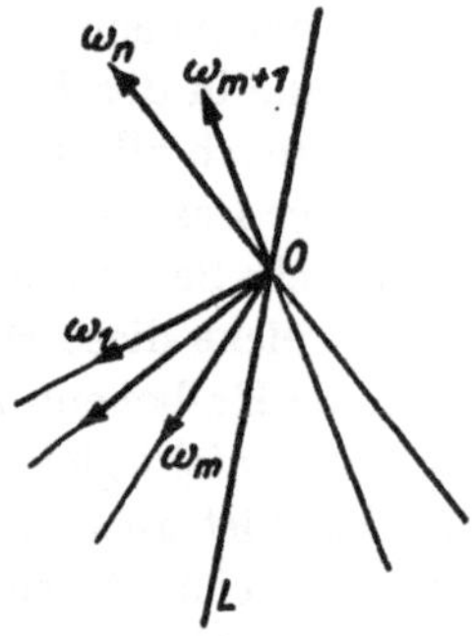

Abb. 149

P sei die Ebene, die alle Vektoren $\mathfrak{w}_1, \ldots, \mathfrak{w}_n$ enthält. L sei eine Gerade, welche in der Ebene P durch den Scheitel O der Ecke V verläuft und die Kanten, welche die Vektoren $\mathfrak{w}_1, \ldots, \mathfrak{w}_n$ tragen, von den Kanten trennt, die die Vektoren $\mathfrak{w}_{m+1}, \ldots, \mathfrak{w}_n$ tragen. Liegen die Vektoren auf den entsprechenden Kanten, so weisen sie entsprechend zum Scheitel und von ihm fort. Trägt man sie hingegen vom Scheitel aus ab, so weisen sie alle vom Scheitel in eine von der Geraden L begrenzte Halbebene (Abb. 149). In diesem Fall kann aber offenbar ihre Summe nicht gleich Null sein. Die Voraussetzung, daß die äußeren Vektoren verschieden gerichtet sind, ist folglich unmöglich: sie müssen die gleiche Richtung haben.

Es tritt somit im Falle b) tatsächlich nur die dritte, im Lemma angeführte Möglichkeit ein, und das Lemma ist vollständig bewiesen.

6. Reduziert sich die polyedrische Ecke V auf eine ebene, so ist völlig klar, daß alle Vektoren $\mathfrak{w}_i$ zum Scheitel (oder von ihm fort) weisen können, obwohl ihre Summe gleich Null ist. Es können folglich alle ebenen Winkel stationär und die Zweiflache nicht-stationär sein, und zwar können sie sich alle in einer Richtung ändern, so daß die Ecke V konvex bleibt. Hiervon kann man sich unmittelbar überzeugen. Dazu legen wir auf den Kanten der Ecke V die Punkte A_i in der Entfernung a vom Scheitel O fest und heben den Scheitel über die Ebene, auf die sich die Ecke V im Anfangsmoment reduzierte. Die Punkte A_i bewegen wir aber nicht. Wie man leicht nachprüfen kann, sind dann die Längen der Strecken OA_i und mit ihnen die ebenen Winkel der Dreiecke $OA_i A_{i+1}$ stationär, während die Neigungswinkel bei den Kanten OA_i mit Geschwindigkeiten, die nicht gleich Null sind, abnehmen.

§ 2. Das verschärfte CAUCHYsche Lemma

1. Ein geschlossenes konvexes Polyeder P möge sich so deformieren, daß einige seiner Seitenflächen entlang den Diagonalen geknickt werden können. Diese Diagonalen sind „neue" Polyederkanten. Unser Ziel ist es zu beweisen, daß wenn hierbei die ebenen Winkel des Polyeders stationär sind, dann auch seine Flächenwinkel stationär sind. Insbesondere sind folglich die Winkel an den „neuen" Kanten stationär, d. h. die Anfangsgeschwindigkeit der Entstehung dieser Kanten ist gleich Null. Dieser Satz ist dem in Kap. III, § 2 bewiesenen über die Kongruenz von Zweiflachen unter der Bedingung der Kongruenz der ebenen Ecken analog. Wir können jedoch hier das CAUCHYsche Lemma nicht benutzen, da, wie im vorhergehenden Paragraphen gezeigt wurde, bei stationärem Charakter der ebenen Winkel um den Scheitel nicht vier, sondern nur zwei Zeichenwechsel auftreten brauchen. (Dort ist noch die Möglichkeit erwähnt, daß um eine gewisse Ecke A keine Zeichenwechsel auftreten; dann sind aber nur zwei Kanten und beide mit demselben Vorzeichen versehen. Man kann diesen Fall ganz ausschließen: es genügt, alle nicht bezeichneten Kanten auszuschließen und beide bezeichneten Kanten als eine zu nehmen, dann verschwindet die Ecke A einfach.) In dem in § 1 bewiesenen Lemma sind jedoch besondere Eigenschaften der Zeichenverteilung erwähnt, wenn es nur zwei Zeichenwechsel gibt. Es zeigt sich, daß bei Beachtung dieser Eigenschaften das Ergebnis des CAUCHYschen Lemmas dennoch gültig bleibt: eine solche Zeichenverteilung ist unmöglich. Da dieses Ergebnis in verschiedenen Fällen verwendet wird (in den §§ 3—5 dieses Kapitels und in Kap. XI), so formulieren und beweisen wir es hier in allgemeiner Form als „verschärftes CAUCHYsches Lemma".

Statt von der Zeichenverteilung auf den Polyederkanten kann man natürlich von der Zeichenverteilung auf den Strecken — den „Kanten" eines gewissen Streckennetzes auf einer Fläche sprechen, die einer Sphäre homöomorph ist, wobei man dieses Streckennetz gewissen notwendigen Bedingungen unterwirft. Dieser abstraktere Gesichtpunkt ist bei der Anwendung des Lemmas nützlich.

2. Das verschärfte CAUCHYsche Lemma. Auf einer Fläche, die einer Sphäre homöomorph ist, sei ein Netz von Linien — von „Kanten" gegeben, die keine paarweise gemeinsamen Punkte haben außer den Endpunkten — den „Ecken" des Netzes; dieses Netz besitzt dabei drei Eigenschaften: a) keine zwei Ecken sind durch zwei Kanten verbunden; b) jedes der Gebiete — der „Seitenflächen", in welche das Netz die Oberfläche zerlegt, wird von einer geschlossenen Kette von Kanten ohne mehrfache Punkte begrenzt; c) eine Kante, die zwei Ecken einer Seitenfläche verbindet, gehört dieser Seitenfläche an.

Auf einigen Seitenflächen seien noch „neue Kanten" gezogen, die ihre Diagonalen sind und einander nicht schneiden, und zwar so, daß die Bedingungen a) und c) nicht zerstört werden. Diese Kanten teilen die „alten" Seitenflächen in „neue" Seitenflächen.[1]

Gewissen Kanten, sowohl „alten" als auch „neuen", seien die Zeichen Plus oder Minus zugeordnet, wobei auch einige Kanten unbezeichnet bleiben können. Eine Ecke, zu der mindestens eine bezeichnete Kante führt, nennen wir bezeichnet; die Anzahl dieser Ecken nennen wir E.

Wir nennen eine Ecke *speziell*, wenn die Zeichenverteilung auf den in ihr zusammentreffenden Kanten dem § 1, Lemma 1, Fall 3) entspricht. D. h. die Anzahl der Zeichenwechsel um eine solche Ecke ist gleich zwei, und alle zu ihr führenden Kanten sind unbezeichnet, außer denjenigen, die einer „alten" Seitenfläche angehören, wobei die zwei äußeren dieser Kanten mit einem und demselben Vorzeichen versehen sind. Wir nennen die Anzahl der speziellen Ecken E^*.

Das verschärfte CAUCHYsche Lemma besteht in der Behauptung, daß *die Gesamtzahl N der Zeichenwechsel beim Umlaufen aller Ecken der Ungleichung*

$$N \leq 4E - 2E^* - 8 \tag{1}$$

genügt.

Hieraus folgt, *daß es keine solche Zeichenverteilung geben kann, bei welcher um jede nicht-spezielle, bezeichnete Ecke mindestens vier Zeichenwechsel auftreten.* Bei einer solchen Verteilung wäre nämlich $N \geq 4(E - E^*) + 2E^*$, da es um E^* spezielle Ecken je zwei Zeichenwechsel gibt. Das widerspricht aber der Ungleichung (1).

Überdies besteht in der Ungleichung (1) noch ein „Vorrat": -8. *Daher kann man eine Ecke ganz ohne Zeichenwechsel oder drei Ecken mit zwei (willkürlichen) Zeichenwechseln zulassen: dennoch ist infolge dieses „Vorrates" eine solche Zeichenverteilung unmöglich.*

Der Beweis dieses verschärften CAUCHYschen Lemmas ist dem Beweis des einfachen CAUCHYschen Lemmas in Kap. II, § 1 analog.

3. Wir betrachten ein Netz, das nur von bezeichneten Kanten gebildet wird; unbezeichnete Kanten schließen wir ganz von der Betrachtung aus. Das Netz zerlegt die betrachtete Fläche in Gebiete. Aus der Bedingung a) des Lemmas folgt, daß es keine Gebiete gibt, die nur von zwei Kanten berandet werden.

Berechnet man die Gesamtzahl der Zeichenwechsel beim Umlaufen der Gebiete, so erhält man dieselbe Zahl N, da der Übergang von einer Kante zur nächsten gleichzeitig sowohl um eine Ecke als auch um ein Gebiet vor sich geht. Eine Kante, die zum Gebiet gehört, es aber nicht von anderen Gebieten abtrennt, wird hierbei doppelt durchlaufen (s. Abb. 61, S. 77). In Verbindung hiermit zählt man

[1] Diese Bedingungen sind natürlich erfüllt für das Netz der Kanten eines konvexen Polyeders und einander nicht schneidende Diagonalen seiner Seitenflächen. Das Wort „Linie" bezeichnet ein homöomorphes Bild einer geradlinigen Strecke.

eine solche Kante als zwei Seiten des Gebietes. Bezeichnet F_n daher die Anzahl der Gebiete mit n Seiten und K die gemeinsame Kantenzahl, so gilt

$$2K = \sum_n n F_n. \tag{2}$$

Sind E, K und F die Anzahlen der Ecken, Kanten und Gebiete, so ist nach dem verallgemeinerten EULERschen Satz

$$E - K + F \geq 2. \tag{3}$$

Multiplizieren wir mit 4 und wenden wir die Formel (2) an, so erhalten wir hieraus

$$4E - 8 \geq \sum_n 2(n-2) F_n. \tag{4}$$

Beweisen wir daher, daß die Gesamtanzahl der Zeichenwechsel der Ungleichung

$$N \leq \sum_n 2(n-2) F_n - 2E^* \tag{5}$$

genügt, so gilt die Ungleichung (1) um so mehr.

Diese Anschätzung (5) für die Gesamtanzahl der Zeichenwechsel erhalten wir durch Abzählung der Zeichenwechsel um die Gebiete.

4. G sei eines der Gebiete im Netz der mit Vorzeichen versehenen Kanten. Wir sagen, die Ecke A ist eine *singuläre Ecke im Gebiet G*, wenn 1. die Ecke A im Sinne der im Lemma gegebenen Definition eine spezielle ist; 2. die in A zusammentreffenden Seiten des Gebietes G eben die zwei äußeren Kanten in der Reihe der nach A führenden bezeichneten Kanten sind, welche auf einer „alten Seitenfläche" liegen; in Übereinstimmung mit der Definition einer speziellen Ecke sind diese äußeren Kanten mit einem und demselben Vorzeichen versehen.

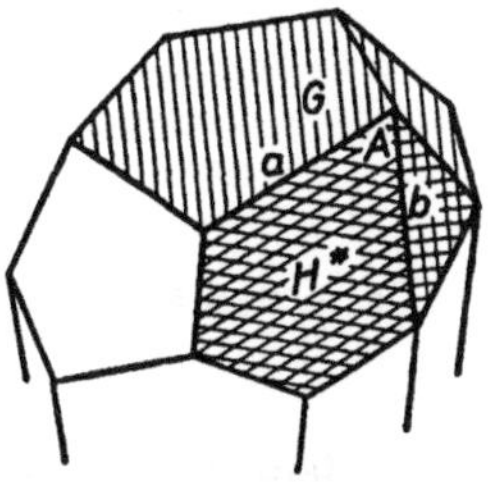

Abb. 150

Aus den im Lemma erwähnten Eigenschaften der speziellen Netzecken ergeben sich leicht die folgenden Eigenschaften der singulären Ecken in einem beliebigen Gebiet G:

1. Jede spezielle Netzecke ist singulär in einem und nur einem Gebiet.

2. In einer singulären Ecke des Gebietes G tritt beim Umlaufen des Gebietes G kein Zeichenwechsel auf.

3. Ist die Ecke A des Gebietes G singulär in G, so sind die in ihr zusammentreffenden Seiten a und b des Gebietes G Kanten oder Diagonalen einer alten Seitenfläche H. Sie schneiden jedenfalls aus H einen gewissen Teil H^* aus, den wir auch als „Seitenfläche" bezeichnen. H^* fällt nur in dem Fall mit H zusammen, daß beide genannten Kanten (alte) Kanten der Seitenfläche H sind (Abb. 150); die Seitenfläche H^* ist mit horizontaler, das Gebiet G mit vertikaler und die Seitenfläche H mit schräger Schraffierung bedeckt. Die Seitenfläche H^* ist ein Teil der alten Seitenfläche H, der übrige Teil der Seitenfläche H ist in G gefallen. Das Gebiet G und die Seitenfläche H^* liegen auf verschiedenen Seiten der Kanten

a und b (mindestens in ihrer Nähe).[1] H^* ist eben derjenige Teil der Seitenfläche H, auf dem die zu A führenden bezeichneten Kanten liegen, woraus klar wird, daß H^* von G durch die äußeren dieser Kanten abgetrennt wird.

4) Sind zwei benachbarte Ecken A und B des Gebietes G singuläre Ecken in G, so gehören alle drei Seiten AB, AC, BD des Gebietes G einer Seitenfläche an (Abb. 151). Wie eben bemerkt wurde, gehören nämlich die Seiten AB und AC einer von G abgetrennten Seitenfläche H an, und ebenso gehören die Seiten AB und BD einer von G angetrennten Seitenfläche H' an. Auf einer Seite von AB kann aber nur eine Seitenfläche liegen, und darum fallen H und H' zusammen.

5. Nach diesen Bemerkungen wenden wir uns der Abschätzung der Anzahl der Zeichenwechsel zu, die beim Umlaufen eines beliebigen Gebietes G stattfinden.

e_G sei die Anzahl aller Ecken des Gebietes G, e_G^* die Anzahl seiner singulären Ecken und n_G die Anzahl der Zeichenwechsel beim Umlaufen von G. Wir zeigen, daß

$$n_G \leq 2\,(e_G - e_G^* - 2) \tag{6}$$

ist.

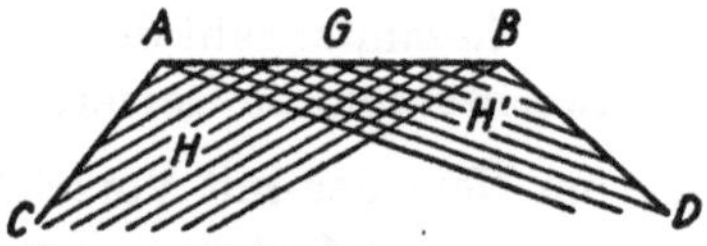

Abb. 151

Da in den singulären Ecken keine Zeichenwechsel auftreten, so ist

$$n_G \leq e_G - e_G^*;$$

außerdem ist n_G sicher gerade und daher

$$n_G \leq 2\left[\frac{e_G - e_G^*}{2}\right], \tag{7}$$

wobei die eckige Klammer wie üblich den ganzzahligen Teil der in ihr eingeschlossenen Zahl bezeichnet.

Ist $x \geq 3$, so gilt, wie man leicht nachprüfen kann,

$$\left[\frac{x}{2}\right] \leq x - 2\,.$$

Bei $e_G - e_G^+ \geq 3$ folgt daher das für uns erforderliche Ergebnis:

$$n_G \leq 2\,(e_G - e_G^+ - 2). \tag{8}$$

Wir nehmen nun an, daß $e_G - e_G^* < 3$ ist, d. h. daß das Gebiet G maximal zwei nicht-singuläre Ecken besitzt. Nach dem oben Bewiesenen kann es keine Gebiete mit nur zwei Ecken geben, und daher ist $e_G \geq 3$, und bei $e_G - e_G^* < 3$ ist $e_G^* \geq 1$, d. h. das Gebiet G besitzt sicherlich singuläre Ecken. Die Anzahl der nicht-singulären Ecken ist $e_G - e_G^* \leq 2$.

[1] Es ist nicht von vornherein klar, daß die Seitenfläche H^* nicht zum Gebiet G gehören kann; obgleich H^* von „neuen Kanten“ ausgeschnitten wird, könnten doch gewisse ihrer Stücke zu G gehören. In der Nähe der genannten Kanten ist dies jedoch unmöglich; darin besteht auch unsere Behauptung.

Wir beweisen, daß es nicht weniger als zwei nicht-singuläre Ecken geben kann, und daß sie, wenn es zwei sind, nicht benachbart sind.

Wir nehmen das Gegenteil an. Die aufeinander folgenden Ecken $A_1, \ldots, A_{e-2}$ des Gebietes G seien singulär, und die zwei restlichen benachbarten Ecken A_{e-1}, A_e möglicherweise nicht-singulär. Dann folgt aus der oben genannten letzten Eigenschaft singulärer Ecken, daß alle Seiten $A_e A_1$, $A_1 A_2, \ldots, A_{e-2} A_{e-1}$ einer Seitenfläche H^* angehören. In diesem Fall gehört die Seite $A_{e-1} A_e$ auch H^* an; denn nach der Bedingung c) des Lemmas gehört eine Kante des ursprünglichen Netzes einer Seitenfläche an, wenn sie zwei ihrer Ecken verbindet. Ist demnach die Seite $A_{e-1} A_e$ eine „alte Kante", so ist sie eine Kante der Seitenfläche H^*; ist sie aber eine „neue Kante", so ist sie eine Diagonale der Seitenfläche H^*. Im letzten Fall trennt die Seite $A_{e-1} A_e$ von der Seitenfläche H^* einen gewissen Teil ab. In jedem Fall zeigt sich, daß alle Seiten des Gebietes G ein Gebiet H^{**} beranden, das einem Kreis homöomorph ist.

Gemäß der Grundeigenschaft der singulären Ecken müssen von allen Ecken $A_1, \ldots, A_{e-2}$ Kanten ausgehen, die zwischen den Kanten $A_i A_{i+1}$ liegen. Diese Kanten müssen offensichtlich Diagonalen der Seitenfläche H^* und somit des Gebietes H^{**} sein. Nach Voraussetzung können sie einander nicht schneiden. Aber $A_1, \ldots, A_{e-2}$ sind sämtlich Ecken des Gebietes H^{**} außer den zwei benachbarten A_{e-1}, A_e, und da H^{**} einem Kreis homöomorph ist, so kann man aus keiner Ecke $A_1, \ldots, A_{e-2}$ auch nur je eine Diagonale so ziehen, daß diese Diagonalen einander nicht schneiden.[1] (Ist insbesondere $e = 3$ und gibt es nur eine singuläre Ecke A_1, so sind gar keine Diagonalen vorhanden.) Selbst wenn es zwei nicht-singuläre Ecken gibt, so sind sie nicht benachbart.

Sind aber alle mit Ausnahme von zwei nicht-benachbarten Ecken singulär, so führen alle Seiten des Gebietes G zu singulären Ecken, und darum stehen an ihnen allen dieselben Vorzeichen, d. h. die Anzahl der Zeichenwechsel ist $n_G = 0$. Zugleich ist in diesem Fall die Differenz der Anzahl aller Ecken und der singulären Ecken $e_G - e_G^* = 2$. Daher gilt

$$n_G = 2\,(e_G - e_G^* - 2),$$

d. h. die Abschätzung (6) gilt auch im Falle $e_G - e_G^* < 3$.

6. Addieren wir die Anzahlen n_G der Zeichenwechsel für alle Gebiete G, so erhalten wir die Gesamtanzahl N der Zeichenwechsel und haben gemäß der Abschätzung (6)

$$N = \sum n_G \leq \sum 2\,(e_G - 2) - 2 \sum e_G^*. \tag{9}$$

Ist F_n die Anzahl der Gebiete G mit n Ecken, d. h. auch mit n Seiten, so ist

$$\sum 2\,(e_G - 2) = \sum_n 2\,(n - 2)\,F_n. \tag{10}$$

Ferner ist jede singuläre Ecke des Netzes in einem und nur einem Gebiet singulär. Daher ist die Summe der Anzahlen der singulären Ecken, über alle Gebiete erstreckt, gleich der Anzahl aller singulären Netzecken, d. h.

$$\sum e_G^* = E^*. \tag{11}$$

[1] Ein strenger Beweis ergibt sich unmittelbar durch Induktion nach der Anzahl der Ecken.

Man kann daher die Abschätzung (9) folgendermaßen umschreiben:

$$N \leq \sum_n 2\,(n-2)\,F_n - 2\,E^* .$$

Die Ungleichung (5) ist somit bewiesen, und zugleich ist auch der Beweis für das ganze verschärfte CAUCHYsche Lemma erbracht.

§ 3. Der stationäre Charakter der Flächenwinkel eines Polyeders bei stationärem Charakter seiner ebenen Winkel

1. P sei ein konvexes Polyeder; es kann geschlossen oder unendlich sein oder es kann einen Rand haben.

Wir zerlegen seine Seitenflächen in willkürliche Teile durch Strecken (oder im Fall unendlicher Seitenflächen durch Halbgeraden), *die einander im Inneren der Seitenflächen nicht begegenen. Die Endpunkte dieser Strecken können folglich nur auf Kanten oder in Ecken des Polyeders liegen.*[1]

Wir betrachten jeden Teil einer Seitenfläche als Seitenfläche, die Strecken oder Halbgeraden, welche die Seitenflächen zerlegen, als Kanten, die Endpunkte dieser Strecken (oder Halbgeraden) als Ecken. Es treten beim Polyeder also „unechte" Kanten auf, die innerhalb seiner wirklichen Seitenflächen liegen, und „unechte" Ecken, die innerhalb seiner wirklichen Kanten liegen. Überall weiterhin in diesem und den folgenden Paragraphen verstehen wir Seitenflächen, Kanten und Ecken im genannten verallgemeinerten Sinne.

Wir betrachten eine stetige Deformation des Polyeders P bei Änderung eines gewissen Parameters t, wobei der Ausgangsstellung $t = 0$ entspricht. Die Deformation unterwerfen wir den folgenden Bedingungen:

1. Jede Ecke einschließlich der „unechten" Ecken bewegt sich mit bestimmter (vielleicht variabler) Geschwindigkeit, d. h. ihre Koordinaten sind differenzierbare Funktionen von t.

2. Es treten weder neue Ecken noch neue Kanten auf.

Aus diesen Bedingungen ergibt sich ganz klar, daß die wirklichen Seitenflächen des Polyeders nicht anders als um die von vornherein eingeführten unechten Kanten, und daß ihre als Seitenflächen angesehenen Teile sich mit bestimmten Geschwindigkeiten um ihre gemeinsamen Kanten drehen, wobei sich die Kanten selbst ebenfalls drehen und ihre Längen ändern. Es ist auch offensichtlich, daß sich alle Elemente des Polyeders, insbesondere die ebenen Winkel und Flächenwinkel, mit feststehenden Geschwindigkeiten ändern, d. h. sie sind differenzierbare Funktionen von t. Es wird dabei nicht vorausgesetzt, daß das Polyeder konvex bleiben muß.

Im weiteren handelt es sich eben um solche Deformationen.

[1] Ohne diese Bedingung kann aus dem stationären Charakter der ebenen Winkel nicht der stationäre Charakter der Flächenwinkel folgen, wie aus der zu Ende von § 1 gemachten Bemerkung klar wird. Zerlegt man z. B. die Seitenfläche eines Würfels, indem man in ihr zwei Diagonalen zieht, so sind die Flächenwinkel nicht stationär.

Uns interessieren die Bedingungen, unter denen aus dem stationären Charakter der ebenen Winkel der stationäre Charakter der Flächenwinkel folgt. Die Lösung dieser Frage ergibt sich aus der Vereinigung von § 1, Lemma 1 mit dem in § 2 bewiesenen verschärften CAUCHYschen Lemma.

In § 1, Lemma 1 ist der Fall 4) möglich, daß um eine Ecke keine Zeichenwechsel stattfinden, daß es aber mit Vorzeichen versehene Kanten gibt. Wie dort erwähnt wurde, kann jedoch dieser Fall nur in dem Scheitel einer Ecke eintreten, die sich auf ein Zweiflach reduziert, und zwar nur dann, wenn diese Ecke auch ein Zweiflach bleibt (natürlich bei einer Genauigkeit erster Ordnung). Hieraus erhellt, daß man einen solchen Scheitel ganz ausschließen kann: alle zu ihm führenden unechten Kanten sind nicht bezeichnet und können ausgeschlossen werden, und beide echten zu einem derartigen Scheitel führenden Kanten bilden eine einzige Kante.

§ 1, Lemma 1, Fall 4) ist also ausgeschlossen, und es bleiben, wenn man das Fehlen bezeichneter Kanten nicht beachtet, nur die Fälle 1), 2) und 3), die eben zum verschärften CAUCHYschen Lemma gehören. Das führt auf die Sätze über den stationären Charakter der Flächenwinkel konvexer Polyeder.

2. Satz 1. *Sind bei der Deformation eines geschlossenen konvexen Polyeders alle ebenen Winkel auf seinen Seitenflächen stationär, so sind auch alle seine Flächenwinkel stationär.*

Wir ordnen jeder Polyederkante das Vorzeichen der anfänglichen Änderungsgeschwindigkeit des Flächenwinkels an dieser Kante zu; Kanten mit stationären Flächenwinkeln lassen wir ohne Vorzeichen. Da die ebenen Winkel stationär sind, muß die Zeichenverteilung um jede Ecke § 1, Lemma 1 genügen. Nach dem in § 2 bewiesenen, verschärften CAUCHYschen Lemma ist jedoch eine Zeichenverteilung mit diesen Bedingungen unmöglich, wenn auch nur eine Kante ein Vorzeichen besitzt. Daher müssen alle Kanten unbezeichnet sein, w. z. b. w.[1]

3. Satz 2. *P sei ein endliches konvexes Polyeder, das von einem geschlossenen Streckenzug berandet wird und die Eigenschaft besitzt, daß keine seiner inneren, d. h. nicht auf dem Rande liegenden Ecken, mit dem Rand durch mehr als eine Kante verbunden ist. Sind bei der Deformation eines solchen Polyeders alle seine ebenen Winkel an den inneren Ecken stationär, so sind auch alle seine Flächenwinkel stationär.*

---

[1] Im Unterschied zu Kap. III, § 2, Satz 1 über die Kongruenz von Flächenwinkeln bei Kongruenz der ebenen Winkel gilt dieser Satz für Polyeder, die in doppelt bedeckte Polygone ausarten, nicht einmal unter der Bedingung, daß das Polyeder bei der Deformation konvex bleibt (unter Ausschluß des trivialen Falles eines doppelt bedeckten Dreiecks). Wir wählen z. B. ein doppelt bedecktes Quadrat $ABCD$, dessen Seite gleich a ist, und heben die Ecke D aus seiner Ebene in die Höhe $h = v\,t$, wobei v die Bewegungsgeschwindigkeit der Ecke D ist. Wir erhalten ein Tetraeder mit der Kante

$$CD = \sqrt{a^2 + h^2} \approx a + \frac{1}{2}\frac{h^2}{a} = a + \frac{1}{2}\frac{v^2}{a}t^2 .$$

Hieraus ersieht man leicht, daß die Änderung der ebenen Winkel von der Ordnung t^2 ist, d. h. sie sind alle stationär, während die Änderung der Flächenwinkel offenbar von der Ordnung t ist.

Identifiziert man gedanklich alle Randpunkte des Polyeders P mit einem Punkt O, so verwandeln wir es in eine Fläche $\bar{P}$, die einer Sphäre homöomorph ist. Sie wird durch das Netz P' der inneren Kanten des Polyeders P unter der Bedingung in Seitenflächen zerlegt, daß in P' alle zum Rand des Polyeders P führenden Kanten in dem einen Punkt O zusammentreffen. Nach der dem Polyeder P auferlegten Bedingung wird hierbei keine Ecke mit der Ecke O durch zwei Kanten verbunden. Das Netz auf der Oberfläche $\bar{P}$ genügt daher den im verschärften CAUCHYschen Lemma gestellten Bedingungen.

Wir nehmen an, das Polyeder P deformiere sich so, daß die ebenen Winkel an den inneren Ecken stationär sind, während die Flächenwinkel nicht stationär sind. Verteilt man dann an seinen Kanten Vorzeichen entsprechend der Änderung der Flächenwinkel, so erhält man um die inneren Ecken die in § 1, Lemma 1 vorgesehenen Zeichenverteilungen. Überträgt man diese Vorzeichen auf die Kanten des Netzes P', erweist sich, daß nur um die Ecke O die Zeichenverteilung keinen Bedingungen unterworfen ist. Aber das verschärfte CAUCHYsche Lemma behauptet, daß sogar bei Vorhandensein einer solchen Ausnahmeecke eine Zeichenverteilung unter den Bedingungen von § 1, Lemma 1 unmöglich ist. Daher müssen die Flächenwinkel stationär sein.

Satz 3. *Sind bei einem unendlichen konvexen Polyeder, bei dem von keiner Ecke mehr als eine unendliche Kante ausgeht, alle ebenen Winkel stationär, so sind auch die Flächenwinkel stationär.*

Zum Beweis braucht man lediglich vom Polyeder einen endlichen Teil so abzuschneiden, daß nur unendliche Kanten zu seinem Rand führen. Dann bezieht man sich auf Satz 2.

Da auf einem unendlichen Polyeder mit der Krümmung 2π alle unendlichen Kanten parallel sind und daher von den Ecken sicher nicht mehr als je eine Kante ausgehen kann, so ist folgender Satz in Satz 3 enthalten:

Satz 4. *Sind bei der Deformation eines unendlichen konvexen Polyeders mit der Gesamtkrümmung 2π die ebenen Winkel stationär, so sind auch die Flächenwinkel stationär.*

4. Für ein unendliches Polyeder, das der Bedingung von Satz 3 nicht genügt, folgt aus dem stationären Charakter der ebenen Winkel der stationäre Charakter der Flächenwinkel im allgemeinen nicht. Ein Beispiel hierfür gibt die Deformation einer polyedrischen Ecke.

Ein unendliches konvexes Polyeder, das nicht-parallele unendliche Kanten besitzt, hat eine Grenzecke, die nicht in eine Halbgerade ausartet. Die Kanten dieser Ecke sind den unendlichen Kanten des Polyeders parallel; daher drehen sie sich bei den betrachteten Deformationen des Polyeders mit bestimmten Geschwindigkeiten, und die Grenzecke deformiert sich entsprechend.

Satz 5. *Deformiert sich ein unendliches konvexes Polyeder, dessen Grenzecke nicht in eine Halbgerade ausartet, derart, daß alle ebenen Winkel auf seinen Seiten-*

flächen und seine Grenzecke stationär sind[1]*, so sind auch die Flächenwinkel des Polyeders stationär.*

P sei ein unendliches konvexes Polyeder, dessen Grenzecke sich nicht auf eine Halbgerade reduziert. Wir wählen eine beliebige unendliche Kante des Polyeders P; $p_1, \ldots, p_n$ seien alle unendlichen Kanten, die der gegebenen parallel sind (diese selbst einbegriffen), und die der Reihe nach benachbarten unendlichen Seitenflächen angehören (s. Abb. 84 auf S. 153). Wir fassen alle diese Kanten $p_1, \ldots, p_n$ in einer Klasse zusammen. Die Gesamtheit aller unendlichen Kanten zerfällt so in Klassen. Insbesondere braucht eine Klasse nur eine Kante zu enthalten, wenn die in dieser Kante aneinandergrenzenden Seitenflächen keine ihr parallelen Kanten besitzen.

Wir fügen zum Polyeder P nach folgender Regel uneigentliche Ecken und Kanten hinzu:

1. Alle unendlichen Kanten einer Klasse treffen in einer uneigentlichen Ecke zusammen, die Kanten verschiedener Klassen aber in verschiedenen Ecken.

2. Die uneigentlichen Ecken bilden natürlicherweise eine zyklische Folge. Wir verbinden je zwei aufeinander folgende uneigentliche Ecken durch eine uneigentliche Kante.

Das auf diese Weise ergänzte Polyeder P nennen wir P; es ist einem einfachen Polygon homöomorph: sein „Rand" setzt sich aus uneigentlichen Kanten zusammen. Jede Seitenfläche des Polyeders $\bar{P}$ wird von einem geschlossenen Streckenzug ohne mehrfache Punkte berandet. Und zwar schließen sich die Ränder der unendlichen Seitenflächen mit parallelen Kanten in uneigentlichen Ecken, und die Ränder der unendlichen Seitenflächen mit nicht-parallelen unendlichen Kanten schließen sich durch uneigentliche Kanten.

Je zwei Ecken A und B des Polyeders $\bar{P}$ können nur durch eine Kante verbunden werden, und diese Kante gehört der Seitenfläche mit den Ecken A und B an. Sind nämlich beide Ecken A und B gleichzeitig eigentliche oder uneigentliche, so ist diese Behauptung einleuchtend. Es sei nun die Ecke A eine eigentliche und B eine uneigentliche. Dann ist die sie verbindende Kante AB unendlich. In der uneigentlichen Ecke B können nur unendliche Kanten zusammentreffen, die AB parallel sind; aber sie können diese Ecke nicht mit derselben eigentlichen Ecke A verbinden. Daher ist die Kante AB die einzige, welche die Ecken A und B verbindet, und sie gehört den zwei in ihr aneinandergrenzenden Seitenflächen an. Keine anderen Seitenflächen können beide Ecken A und B enthalten, weil die anderen Seitenflächen mit der uneigentlichen Ecke B nach Voraussetzung Kanten

[1] Die Kanten der Grenzecke sind den unendlichen Polyederkanten parallel. Daher ist die Bedingung betreffs ihres stationären Charakters dem stationären Charakter der Richtungen der unendlichen Kanten äquivalent. Andererseits werden die ebenen Winkel der Grenzecke durch die ebenen Winkel der unendlichen Seitenflächen des Polyeders vollständig bestimmt: sie sind gleich den Winkeln zwischen ihren unendlichen Seiten. Daher genügt es, nur den stationären Charakter der Flächenwinkel der Grenzecke zu fordern. Es sind dies Flächenwinkel bei den Klassen paralleler unendlicher Kanten im Sinne von Kap. III, § 4.

haben, die AB parallel sind und die in diesen Kanten aneinandergrenzen, und dann können sie offensichtlich nicht A als ihre Ecke besitzen.

Wir wählen nun ein zweites Exemplar $\overline{P}'$ des Polyeders $\overline{P}$ und identifizieren bei diesen beiden Polyedern die entsprechenden uneigentlichen Kanten und Ecken. Als Ergebnis erhalten wir das abstrakte Polyeder $\overline{P} + \overline{P}'$, das einer Sphäre homöomorph ist und dieselben Struktureigenschaften besitzt, die eben für das Polyeder $\overline{P}$ aufgestellt wurden:

a) Jede Seitenfläche auf $\overline{P} + \overline{P}'$ ist durch einen geschlossenen Streckenzug ohne mehrfache Punkte berandet.

b) Sind zwei Ecken einer Seitenfläche durch eine Kante verbunden, so gehört sie dieser Seitenfläche an.

Dies sind gerade diejenigen Bedingungen, denen die im verschärften CAUCHYschen Lemma betrachteten Netze der Kanten unterworfen sind. Daher kann dieses Lemma auf das Polyeder $\overline{P} + \overline{P}'$ angewendet werden.

Deformiert sich das Ausgangspolyeder P, so versehen wir die Kanten des Polyeders $\overline{P} + \overline{P}'$ nach folgender Regel mit Vorzeichen. Jeder eigentlichen Kante auf $\overline{P}$ ordnen wir das Vorzeichen der Anfangsgeschwindigkeit der Änderung des Flächenwinkels in P an dieser Kante zu. Die entsprechende Kante auf $\overline{P}'$ versehen wir mit dem entgegengesetzten Vorzeichen. Die Kanten der stationären Flächenwinkel und auch alle uneigentlichen Kanten lassen wir unbezeichnet.

Zum Beweis des Satzes muß man zeigen, daß es keine bezeichneten Kanten geben kann, wenn alle ebenen Winkel des Polyeders P und seine Grenzecke V stationär sind.

Infolge des stationären Charakters der ebenen Winkel besitzt die Zeichenverteilung um jede eigentliche Ecke des Polyeders $\overline{P} + \overline{P}'$ die in § 1, Lemma 1 genannten Eigenschaften (nur sind auf $\overline{P}'$ die Vorzeichen entgegengesetzt, was für die Anwendbarkeit des verschärften CAUCHYschen Lemmas keine Rolle spielen kann, wie aus seiner Formulierung klar wird).

Wir zeigen nun, daß um jede uneigentliche Ecke entweder alle Kanten unbezeichnet sind oder mindestens vier Zeichenwechsel auftreten.

In der uneigentlichen Ecke A mögen die unendlichen Kanten $p_1, \ldots, p_n$ des Polyeders $\overline{P}$ und entsprechend die Kanten $p_1', \ldots, p_n'$ des Polyeders $\overline{P}'$ zusammentreffen. Die uneigentlichen Kanten sind gemäß Voraussetzung nicht bezeichnet, und man braucht sie deshalb nicht zu betrachten. Alle Kanten p_i sind parallel und ergeben bei unendlicher ähnlicher Verkleinerung des Polyeders P auf den Scheitel seiner Grenzecke hin eine einzige Kante p auf der Ecke V. Die sich an die äußeren Kanten p_1 und p_2 anschließenden unendlichen Seitenflächen ergeben die Seitenflächen der Ecke V, die in der Kante p zusammentreffen. Ist daher α ein Flächenwinkel der Grenzecke V an der Kante p und sind $\alpha_1, \ldots, \alpha_n$ Flächenwinkel des Polyeders P an den Kanten $p_1, \ldots, p_n$, so gilt

$$\alpha = \alpha_1 + \cdots + \alpha_n .$$

Ist die Grenzecke stationär, so ist $\left(\frac{d\alpha}{dt}\right)_{t=0} = 0$ und daher

$$\left(\frac{d\alpha_1}{dt}\right)_{t=0} + \cdots + \left(\frac{d\alpha_n}{dt}\right)_{t=0} = 0 .$$

Folglich sind entweder alle Winkel α_i stationär oder die Anfangsgeschwindigkeiten wechseln ihr Vorzeichen.

Da an die Kanten $p_1', \ldots, p_n'$ die entgegengesetzten Vorzeichen gesetzt werden, so sind im ersten Fall alle Kanten um die Ecke A nicht bezeichnet, und im zweiten Fall ergeben sich mindestens vier Zeichenwechsel (mindestens je ein Wechsel in jeder Folge $p_1, \ldots, p_n$ und $p_1', \ldots, p_n'$ und zwei Wechsel beim Übergang von einer von ihnen zur anderen).

Es zeigt sich also, daß wenn es bezeichnete Kanten gäbe, die Zeichenverteilung an den Kanten des Polyeders $\overline{P} + \overline{P}'$ gerade eine solche wäre, deren Unmöglichkeit durch das verschärfte Cauchysche Lemma festgestellt worden ist. Es kann folglich keine bezeichneten Kanten geben, und der Satz ist damit bewiesen.

5. Satz 6. *Deformiert sich ein von einem geschlossenen Streckenzug berandetes Polyeder P so, daß alle ebenen Winkel auf seinen Seitenflächen und auch die Winkel zwischen jedem Paar von Randkanten, die in einer Ecke zusammentreffen, stationär sind, so sind auch alle seine Flächenwinkel stationär.*

Wir ordnen jeder Kante des Polyeders P das Vorzeichen der Anfangsgeschwindigkeit der Änderung des entsprechenden Flächenwinkels zu. Die Kanten mit stationären Winkeln und auch die Randkanten lassen wir ohne Vorzeichen. Dann genügt die Zeichenverteilung um jede innere Ecke den Bedingungen von § 1, Lemma 1.

A sei eine Randecke und p und q seien die in ihr zusammentreffenden Randkanten. Spannt man durch sie die ebene Ecke (pq) auf, so erhält man eine konvexe polyedrische Ecke mit dem Scheitel A, bei der alle ebenen Ecken stationär sind. Daher sind entweder alle in A zusammentreffenden Kanten nicht bezeichnet, oder es treten um A mindestens zwei Zeichenwechsel auf, unter Einschluß der Vorzeichen, die man nun den Kanten p und q zuordnen muß. Gibt es mindestens vier Zeichenwechsel, so tritt auf den in A zusammentreffenden inneren Kanten des Polyeders P mindestens ein Zeichenwechsel auf. Finden jedoch nur zwei Zeichenwechsel statt, so muß die Zeichenverteilung so sein, wie sie im dritten Fall von § 1, Lemma 1 angegeben wurde: alle bezeichneten Kanten liegen auf einer wirklichen Seitenfläche, und die äußeren von ihnen sind mit demselben Vorzeichen versehen. Diese äußeren Kanten können nicht die Kanten p und q sein, da es an der Ecke (pq) überhaupt keine solchen Kanten gibt. Daher gibt es auf den inneren Kanten des Polyeders P, die in der Ecke A zusammentreffen, wiederum einen Zeichenwechsel.

Wir nehmen jetzt ein zweites Exemplar P' des Polyeders P, setzen an seine Kanten entgegengesetzte Vorzeichen und identifizieren die entsprechenden Randkanten auf P und P'. Argumentieren wir genauso wie im Beweis von Satz 5, so überzeugen wir uns, daß das Vorhandensein von bezeichneten Kanten zu einer solchen Zeichenverteilung auf dem abstrakten Polyeder $P + P'$ führt, die nach dem verschärften CAUCHYschen Lemma unmöglich ist. Daher gibt es keine bezeichneten Kanten, und der Satz ist bewiesen.

Benutzt man den im verschärften CAUCHYschen Lemma vorhandenen „Vorrat", so genügt es, in Satz 6 den stationären Charakter der Winkel zwischen allen Paaren benachbarter Randkanten mit Ausnahme von dreien zu fordern.

Ferner läßt sich Satz 6 mit seinem Beweis wörtlich auf „lokal konvexe" Polyeder übertragen, d. h. auf solche, bei denen alle polyedrischen Ecken sowohl an den inneren wie auch an den Randecken konvex sind (spannen wir dann eine ebene Ecke auf ein Paar von Randkanten, die in einer Ecke zuasmmentreffen, so erhalten wir eine geschlossene konvexe polyedrische Ecke).

6. Die Frage nach den zusätzlichen Bedingungen, die den stationären Charakter der Flächenwinkel eines von mehreren Streckenzügen berandeten Polyeders sichern, bleibt offen. Es wäre trivial zu fordern, daß die ebenen Winkel auf der konvexen Hülle des Polyeders stationär sind, — dann liefe alles auf den Satz über das geschlossene Polyeder hinaus. Eine solche Bedingung würde jedoch dem ganzen Polyederrand gleichzeitig auferlegt, während die Bedingung des Satzes 6 für jede Randkante einzeln formuliert wird. Die Frage stellt sich nach solchen lokalen Bedingungen und nicht nach den Bedingungen „im ganzen".

§ 4. Die Starrheit von Polyedern und das Gleichgewicht von Stabsystemen

1. Wir untersuchen in diesem Paragraphen Folgerungen der in den §§ 1 und 3 gewonnenen Ergebnisse vom Gesichtspunkt der Mechanik aus.

Satz 1. *Ein geschlossenes konvexes Polyeder mit starren Seitenflächen ist starr.*

Die Starrheit der Seitenflächen besagt, daß bei jeder Deformation des Polyeders die Längen ihrer Kanten und ihre ebenen Winkel stationär sind. Nach § 3, Satz 1 sind aber bei stationärem Charakter der ebenen Winkel auch die Flächenwinkel stationär. Hieraus folgt, daß sich die Anfangsdeformation eines Polyeders auf eine Bewegung reduzieren muß.

Diese Folgerung fußt auf dem einleuchtenden allgemeinen Lemma:

Sind bei der Deformation irgendeines Polyeders alle seine Kanten und auch die ebenen und Flächenwinkel stationär, so ist die Anfangsdeformation eine Bewegung.[1]

Genauso folgen aus den anderen Sätzen des § 3 entsprechende Sätze über die Starrheit konvexer Polyeder.

---

[1] Zum Beweis nehmen wir eine Seitenfläche Q_1 des Polyeders P_0 und halten ihre Ecke A, die Richtung einer der Seiten AB der Seitenfläche Q_1, die von A ausgeht, und die Stellung der Ebene der Seitenfläche Q_1 fest. Dadurch schließen wir von vornherein eine bloße Bewegung des Polyeders P_0 als eines festen Körpers aus.

Da nun die Ecke A und die Richtung der Seite AB unbeweglich sind und nach dem Bewiesenen die Länge der Seite AB stationär ist, so ist die Ecke B auch unbeweglich. Hierunter verstehen wir, daß ihre Anfangsgeschwindigkeit gleich Null ist. Ferner ist der Winkel zwischen der Seite AB und der folgenden Seite BC stationär, und die ganze Ebene der Seitenfläche Q_1 ist unbeweglich; daher ist auch die Richtung der Seite BC unbeweglich. Dann folgt aber aus dem stationären Charakter der Länge BC die Unbeweglichkeit der

2. Wie man weiß, existiert zwischen der Kinematik und der Statik eines festen Körpers eine volle formale Analogie. Ordnet man den Vektoren der Winkelgeschwindigkeiten Kräfte und den Geschwindigkeiten Momente von Vektorenpaaren zu, so entspricht der Addition der Bewegungen die Addition der Kräfte. Insbesondere entsprechen den Bedingungen der wechselseitigen Kompensation der Bewegungen die Gleichgewichtsbedingungen. (Das System der Kräfte $\mathfrak{p}_i$ und der Paare $\mathfrak{m}_j$ ist nämlich der Kraft $\mathfrak{p} = \sum \mathfrak{p}_i$ und dem Paar $\mathfrak{m} = \sum \mathfrak{m}_j + \sum (\mathfrak{p}_i \cdot \mathfrak{r}_i)$ äquivalent, wobei $\mathfrak{r}_i$ der Vektor vom Angriffspunkt der Kraft $\mathfrak{p}$ zum Angriffspunkt der Kraft $\mathfrak{p}_i$ ist. Und genauso ergeben die Bewegungen mit den Winkelgeschwindigkeiten $\mathfrak{w}_i$ und den Lineargeschwindigkeiten $\mathfrak{v}_j$ eine Bewegung mit der Winkelgeschwindigkeit $\mathfrak{w} = \sum \mathfrak{w}_i$ und mit der Lineargeschwindigkeit $\mathfrak{v} = \sum \mathfrak{v}_j + \sum (\mathfrak{w}_i \cdot \mathfrak{r}_i)$, wobei $\mathfrak{r}_i$ ein Vektor von einem Punkt auf der Drehachse $\mathfrak{w}$ zu einem Punkt auf der Drehachse $\mathfrak{w}_i$ ist.)

Diese Analogie erlaubt es, die kinematischen Behauptungen in der Sprache der Statik zu wiederholen und umgekehrt. Daher müssen auch unsere kinematischen Sätze über den stationären Charakter von Flächenwinkeln oder über die Starrheit eines Polyeders mit festen Seitenflächen eine „Kräfte"-Interpretation zulassen.

Wir führen eine solche Interpretation an; in ihr handelt es sich nicht um ein aus festen Seitenflächen zusammengesetztes Polyeder, sondern um ein System von Stäben, welche die Gesamtheit von Kanten eines konvexen Polyeders bilden. Gemäß der von uns angenommenen Voraussetzung werden hierbei unter den Kanten auch unechte zugelassen, die im Inneren der echten Seitenflächen zwischen Punkten ihrer Ränder verlaufen. Die Stäbe denken wir uns als in den Endpunkten in Scharnieren befestigt.

Wir sagen, daß ein solches System sich ohne die Eiwirkung äußerer Kräfte unter Spannungen befindet, wenn entlang jedem Stabe dehnende oder zusammenziehende Kräfte wirken, wobei diese Kräfte sich in den Ecken das Gleichgewicht halten. Ein Beispiel für ein Stabsystem unter Spannungen wurde schon in Kap. II, § 6, Nr. 3, Abb. 71 angeführt.

Wir zeigen, daß Satz 1 dem folgenden äquivalent ist:

Satz 2. *Ein System von Stäben, welche die Gesamtheit der Kanten eines geschlossenen konvexen Polyeders bilden, kann sich nicht unter Spannungen befinden, ohne daß äußere Kräfte einwirken.*

Ecke C. Führt man diese Überlegung fort, so überzeugt man sich, daß alle Ecken der Seitenfläche Q_1 unbeweglich sind.

Der Winkel zwischen der Seitenfläche Q_1 und der Seitenfläche Q_2, die in der Seite AB an Q_1 angrenzt, ist stationär; deshalb ist die Ebene der Seitenfläche Q_2 unbeweglich; außerdem sind ihre Ecken A, B unbeweglich. Wendet man die vorhergehende Überlegung auf die Seitenfläche Q_2 an, so überzeugt man sich, daß alle ihre Ecken unbeweglich sind. Und geht man zu den folgenden angrenzenden Seitenflächen über usw., so überzeugt man sich, daß alle Ecken des Polyeders P_0 unbeweglich sind. Schließen wir also lediglich die Bewegung des Polyeders als eines Ganzen aus, so machen wir alle seine Ecken unbeweglich. Ohne Ausschluß der Bewegung könnten sie sich somit nur so bewegen, als wäre das Polyeder starr, w. z. b. w.

Zum Beweis von Satz 2 erinnern wir uns, daß wir bei der Ableitung von § 3, Satz 1 über den stationären Charakter von Flächenwinkeln von der Darstellung der relativen Drehungen benachbarter Seitenflächen durch die entlang den Kanten weisenden Vektoren der Winkelgeschwindigkeiten ausgingen. Dabei waren die Summen dieser Vektoren um eine Ecke gleich Null. Der Beweis von § 3, Satz 1 lief eben auf den Beweis hinaus, daß man an den Kanten eines geschlossenen konvexen Polyeders solche Vektoren nicht anbringen kann (wenn sie nicht alle gleich Null sind). Man braucht lediglich diese Vektoren als Spannungen zu interpretieren, und man erhält Satz 2.

Man sieht, daß auch umgekehrt § 3, Satz 1 aus Satz 2 folgt.

3. Man kann folgende allgemeine Behauptung aufstellen:

Satz 3. *P sei ein willkürliches, einfach-zusammenhängendes endliches Polyeder*[1] *und R das System seiner Kanten unter Ausschluß der Randkanten. Die Behauptung von der Starrheit des Polyeders P unter der Bedingung der Starrheit seiner Seitenflächen ist folgender Behauptung äquivalent: das System R kann sich nicht ohne Einwirkung äußerer Kräfte unter Spannungen befinden, selbst dann nicht, wenn die freien Endpunkte der Kanten, d. h. die Endpunkte der zum Rand des Polyeders P führenden Kanten, so befestigt sind, daß die Spannung in ihnen durch die Reaktion des Stützpunktes kompensiert wird.* (Für ein geschlossenes Polyeder entfällt die zusätzliche Abmachung über Kanten mit freien Endpunkten.)

Wir zeigen, daß aus der Unmöglichkeit von Spannungen im Kantensystem die Starrheit des Polyeders folgt.

P sei ein Polyeder, das aus starren Seitenflächen besteht, die entlang den Kanten in Scharnieren befestigt sind. $\mathfrak{w}_i$ seien die Winkelgeschwindigkeiten der Drehung der Seitenflächen. Dann besagt die Bedingung, daß die Seitenflächen entlang den Kanten befestigt sind, daß die relative Drehung der benachbarten Seitenflächen Q_j und Q_k um ihre gemeinsame Kante stattfindet, d. h. daß die Differenz ihrer Winkelgeschwindigkeiten $\mathfrak{w}_j - \mathfrak{w}_k$ in Richtung der Kante verläuft.

Wir geben auf dem Polyeder eine Orientierung an, indem wir den Umlaufsinn einer kleinen Kontur festsetzen. Besitzen die zwei Seitenflächen Q_j und Q_k die Kante AB gemeinsam und folgt beim Umlaufen der Ecke A die Seitenfläche Q_j nach Q_k, so geht beim Umlaufen der Ecke B die Seitenfläche Q_j der Seitenfläche Q_k voran. Vereinbart man daher, die relativen Drehungen der folgenden Seitenfläche bezüglich der vorhergehenden zu betrachten, so erhält man beim Umlaufen von A auf der Kante AB den Vektor $\mathfrak{w}_j - \mathfrak{w}_k$, und beim Umlaufen von

[1] D. h. ein solches, auf welchem jede Kontur irgendeinen Teil des Polyeders berandet und dessen vollständiger Rand ist. Diese Eigenschaft besitzen nur Polyeder, die einer Kugel oder einem Kreis homöomorph sind. Aus dem Beweis ersieht man, daß der einfache Zusammenhang wesentliche Bedeutung besitzt, und man kann sich an Hand von Beispielen leicht überzeugen, daß ohne ihn aus der Starrheit die Unmöglichkeit von Spannungen nicht zu folgen braucht. Der Einfluß des Zusammenhangs (der Bettischen Gruppen) der Fläche auf den wechselseitigen Zusammenhang zwischen den verschiedenen Aspekten des Begriffes von ihrer unendlich kleinen Verbiegung und entsprechend Starrheit ist von N. W. Efimow vermerkt worden [25].

B den Vektor $\mathfrak{w}_k - \mathfrak{w}_j$. Natürlicherweise nimmt man hierbei an, der erste Vektor sei in der Ecke A angelegt und der zweite in der Ecke B.

Interpretiert man nun diese Vektoren als Kräfte, so zeigt sich, daß sich die Kante AB unter einer ausdehnenden oder zusammenziehenden Spannung befindet.

Umlaufen wir eine Ecke auf den Seitenflächen $Q_1, Q_2 \ldots$, so kehren wir zur ursprünglichen Seitenfläche Q_1 zurück, und daher ist die Summe aller Differenzen $\mathfrak{w}_2 - \mathfrak{w}_1$, $\mathfrak{w}_3 - \mathfrak{w}_2, \ldots$ gleich Null. D. h. die Spannungen entlang den Kanten kommen in den Ecken ins Gleichgewicht. Dies gilt für die inneren Ecken, und in den Randecken gleichen sich die Spannungen nach der Voraussetzung über die Reaktion des Stützpunktes aus.

Wir kommen zum Ergebnis, daß sich das Kantensystem des Polyeders ohne Einwirkung äußerer Kräfte unter Spannungen befindet. Ist dies unmöglich, so werden alle Differenzen $\mathfrak{w}_j - \mathfrak{w}_k$ zu Null, d. h. die Winkelgeschwindigkeiten aller Seitenflächen sind gleich und die Flächenwinkel stationär.

Aus der Unmöglichkeit von Spannungen im Kantensystem folgt demnach die Starrheit.

Wir beweisen die umgekehrte Behauptung. Das Kantensystem eines Polyeders P möge sich unter Spannungen befinden, die sich in den Ecken ausgleichen. Dann wirken in den Endpunkten jeder Kante entgegengesetzte Vektoren.

Wir geben auf P eine Orientierung an; beim Umlaufen der Ecke A möge die Seitenfläche Q_j auf Q_k folgen; den in der Ecke A angelegten Spannungsvektor längs der gemeinsamen Kante AB dieser Seitenflächen nennen wir $\mathfrak{a}_{j_k}$. In der Ecke B wird der Vektor $\mathfrak{a}_{k_j} = - \mathfrak{a}_{j_k}$ angelegt.

Wir beziffern alle Seitenflächen und schreiben der Seitenfläche Q_1 einen beliebigen Vektor $\mathfrak{w}_1$ zu.

Grenzt die Seitenfläche Q_i mit Q_1 in einer Kante zusammen, so schreiben wir ihr den Vektor $\mathfrak{w}_i = \mathfrak{w}_1 + \mathfrak{a}_{1i}$ zu; gehen wir so von jeder Seitenfläche Q_j zur angrenzenden Q_k über, so schreiben wir dieser den Vektor $\mathfrak{w}_k = \mathfrak{w}_j + \mathfrak{a}_{k_j}$ zu. Wir wollen zeigen, daß auf diese Art jeder Seitenfläche eindeutig ein gewisser Vektor zugeschrieben wird, unabhängig vom Weg, auf dem wir von der Seitenfläche Q_1 zu ihr gelangt sind.

Dies ist der Tatsache äquivalent, daß wir beim Umlaufen auf einem geschlossenen Weg jedesmal denselben Wert des Vektors $\mathfrak{w}$ für die ursprüngliche Seitenfläche erhalten. Für das Umlaufen einer Ecke ist dies einleuchtend, da die Summe der Vektoren $\mathfrak{a}_{i_k}$ um die Ecke gleich Null ist. Und jeden geschlossenen Umlauf auf einem einfach-zusammenhängenden Polyeder kann man in die Summe der Umlaufungen von Ecken zerlegen. (Und zwar wird hier der einfache Zusammenhang ausgenutzt.)

Auf diese Weise wird jeder Seitenfläche eindeutig ein Vektor $\mathfrak{w}$ zugeschrieben. Interpretieren wir ihn als Winkelgeschwindigkeit, so erhalten wir das Ergebnis, daß die Seitenflächen des Polyeders sich um ihre gemeinsamen Kanten drehen. Ist aber das Polyeder starr, so ist dies unmöglich, und somit sind auch die Spannungen im System seiner Kanten unmöglich.

Der auf diese Weise bewiesene Satz 3 erlaubt, alle Sätze des § 3 in Begriffen von Stabsystemen zu wiederholen, wenn man dabei die in ihnen vorhandenen zusätzlichen Bedingungen passend formuliert, wie z. B. die Bedingung von § 3, Satz 5 über den stationären Charakter der Grenzecke. Hierbei werden unendliche Polyeder natürlicherweise durch endliche ersetzt. Die genauen Formulierungen der entsprechenden Sätze überlassen wir dem Leser.

§ 5. Über Netzdeformationen

1. Wir wollen konvexe Polyeder betrachten, deren Seitenflächen, Kanten und Ecken wir im verallgemeinerten Sinne gemäß den zu Anfang von § 3 eingeführten Angaben verstehen.

Ein und dasselbe Polyeder besitzt unendlich viele verschiedene Netze. Wir beschränken uns auf solche Netze allein, deren Ecken mit denen des Polyeders zusammenfallen: jede Netzecke ist eine Polyederecke und umgekehrt. Diese Bedingung haben wir in diesem und auch im nächsten Paragraphen ständig im Sinn.

Ist P ein unendliches konvexes Polyeder, so hat es unendliche Seitenflächen, die, indem sie der Reihe nach an den unendlichen Kanten aneinandergrenzen, auf diese Weise das bilden, was wir einen *„Trichter" des Polyeders P* nennen.

Finden sich unendliche Seitenflächen auch an endlichen Kanten, so führen wir in diesen Kanten Schnitte. Wenn wir von einem Trichter reden, haben wir stets im Sinne, daß diese Zerschneidungen schon von vornherein ausgeführt sind, so daß keine endlichen Seiten des Trichters verheftet sind.

Einen Trichter, der entlang einer beliebigen unendlichen Kante aufgeschnitten ist, kann man in die Ebene abwickeln. Das Aufschneiden längs einer unendlichen Kante birgt eine Willkür; um diese auszuschließen, betrachten wir den nicht aufgeschnittenen Trichter selbst. Vom Standpunkt seiner inneren Geometrie aus wird ein Trichter durch die Angabe der Längen seiner berandenden Seiten-Kanten und der Winkel zwischen benachbarten Seiten vollständig bestimmt.

Analoge Überlegungen gelten für ein beliebiges Netz eines unendlichen Polyeders. Daher werden wir immer annehmen, das Netz eines solchen Polyeders bestehe aus endlich vielen endlichen Polygonen und außerdem noch aus einem „Trichter". In speziellen Fällen kann es sein, daß überhaupt keine endlichen Polygone vorkommen, wie dies z. B. für das Netz einer polyedrischen Ecke der Fall ist. Ein Trichter im allgemeinen Sinn ist ein Netz aus unendlichen Polygonen, welche in zyklischer Folge in den unendlichen Kanten verheftet werden. Da wir im Trichter alle unendlichen Kanten als schon verheftet ansehen, so gibt es in den von uns betrachteten Polyedernetzen keine unendlichen Kanten.

Unter dem natürlichen Netz eines endlichen Polyeders verstehen wir ein Netz, das von seinen Seitenflächen gebildet wird, und bei einem unendlichen Polyeder ein Netz, das von seinen endlichen Seitenflächen und dem Trichter der unendlichen Seitenflächen gebildet wird.

Wir sagen, die Struktur eines Netzes sei gegeben, wenn das Netz nur als abstrakter Komplex durch Angabe der „Verheftungsregel" vorgegeben ist, d. h.

durch Angabe der Identifizierungen der Seiten und Ecken der Polygone. Bei gegebener Struktur läßt sich ein Netz vollständig durch Angabe der Seitenlängen und der Winkel seiner Polygone bestimmen (einschließlich des Trichters). Besteht das Netz nur aus Dreiecken, so ist die Angabe der Winkel überflüssig. Für jede Struktur eines Netzes ist es leicht, unanhängige „bestimmende Parameter" zu nennen, die unter den Seitenlängen und Winkeln der Polygone ausgewählt werden. Jedoch spielt diese Wahl für uns keine Rolle, und daher sprechen wir einfach von bestimmenden Parametern, d. h. von den Längen der Seiten-Kanten und von den Winkeln.

Ohne die Struktur des Netzes zu ändern, kann man, jedenfalls in gewissen Grenzen, seine bestimmenden Parameter verändern. Es ist wichtig im Auge zu behalten, daß bei Angabe der Struktur eines Netzes alle seine Elemente: Seitenflächen, ihre Seiten und Ecken, individualisiert werden; z. B. werden sie beziffert. Es handelt sich daher um die stetige Änderung der Parameter, die eben mit den gegebenen Elementen in Zusammenhang stehen, z. B. um die Änderung eines Winkels an einer gegebenen Ecke des gegebenen Polyeders. (Diese Bemerkung ist darum wichtig, weil ein Netz, allgemein gesagt, eine Abbildung auf sich selbst gestatten kann, welche die „Verheftungsregel" aufrecht erhält; als Beispiel kann das natürliche Netz eines beliebigen regulären Polyeders dienen.)

Wir sagen, *ein Netz sei stationär*, wenn seine bestimmenden Parameter stationär sind, d. h. wenn sie Funktionen eines gewissen Parameters t sind und ihre Ableitungen nach t im Anfangsmoment gleich Null sind.

2. Wir betrachten ein willkürliches Netz R eines gegebenen Polyeders P. Die Kante L dieses Netzes möge die Ecken A und B verbinden und verlaufe auf gewissen Seitenflächen des Polyeders P. Wir wickeln, von der Ecke A nach B fortschreitend, alle diese Seitenflächen der Reihe nach in die Ebene ab; sie bedecken ein gewisses Polygon Q, in welchem die Kante L die Diagonale ist, welche die Ecken A und B verbindet (s. Abb. 92 auf S. 179). Es ist freilich nicht ausgeschlossen, daß die Kante L mehrmals über ein und dieselben Seitenflächen läuft, und dann treten diese Seitenflächen im Polygon Q entsprechend oft auf. Die Kante L schneidet jede Kante des Polyeders und daher jede Seitenfläche nur endlich oft (ausgenommen den Fall, daß die Kante L mit einer Polyederkante zusammenfällt). Dies läßt sich leicht unmittelbar beweisen.[1] Wir können uns jedoch darauf beziehen, daß diese Behauptung in dem stärkeren Ergebnis enthalten ist, das wir im Verlauf des Beweises von Kap. IV, § 2, Lemma 3 gewonnen haben.

Hieraus folgt, daß sich jedes Polyedernetz aus einem natürlichen durch endlich viele Aufschneidungen und Verheftungen ergibt. Daher ergeben sich auch zwei beliebige Netze eines Polyeders auf analoge Weise auseinander.

Wir abstrahieren vom Polyeder und betrachten zwei Netze R und S, die sich auseinander durch endlich viele Aufschneidungen und Verheftungen an geradlinigen Strecken ergeben, und zwar so, daß im Ergebnis keine neuen Ecken auf-

[1] Sonst ließe sich auf L ein Punkt C angeben, in dessen beliebiger Nähe sie eine gewisse Kante L' des Polyeders schnitte. Da sich aber die Kante L in der Nähe von C auf eine geradlinige Strecke reduziert, so fällt sie in diesem Fall mit L' zusammen.

treten und keine Ecken verschwinden; kurz gesagt, die Netze haben ihre Ecken gemeinsam. Jede Kante des Netzes S setzt sich so aus Strecken auf den Seitenflächen des Netzes R zusammen, daß sie bei sukzessiver Verheftung dieser Seitenflächen in der Ebene in eine geradlinige Strecke übergeht.

Wir sagen, die Lage der Kante L des Netzes S im Netz R sei gegeben, wenn angegeben ist, 1. welche Ecken des Netzes R sie verbindet; 2. über welche ihrer Polygone sie der Reihe nach verläuft und 3. welche von deren Seiten sie nacheinander schneidet. Ist die Lage aller Kanten des Netzes S in R angegeben, so sagen wir, *die Lage des Netzes S in R* sei gegeben. Offensichtlich wird die Angabe der Lage des Netzes S in R vollständig durch die Regel des Aufschneidens und Verheftens bestimmt, die das Netz R in S verwandelt und somit die Struktur des Netzes S bestimmt.

Lemma 1. *Zwei Netze R_0 und S_0 mögen sich auseinander durch Aufschneidungen und Verheftungen ergeben und mögen „gemeinsame Ecken besitzen". Wir lassen die Struktur des Netzes R_0 unverändert und ändern seine bestimmenden Parameter, wobei wir neue Netze R erhalten. Sind dann die Änderungen der Parameter genügend klein, so existiert für jedes Netz R ein und nur ein einziges Netz S, das bezüglich R ebenso gelegen ist wie S_0 bezüglich R_0. Die bestimmenden Parameter des Netzes S sind differenzierbare Funktionen der Parameter des Netzes R.*

Wir betrachten irgendeine Kante L_0 des Netzes S_0. Fällt sie mit einer der Kanten des Netzes R_0 zusammen, so ordnen wir ihr im Netz R die entsprechende Kante zu.

Die Kante L_0 möge mit keiner Kante des Netzes R_0 zusammenfallen. Wir wickeln dann der Reihe nach alle diejenigen Polygone des Netzes R_0 in die Ebene ab, über welche sie verläuft. Man kann den Trichter in die Ebene nur abwickeln, indem man ihn aufschneidet. Schneidet daher die Kante L_0 den Trichter, so müssen wir ihn aufschneiden. Wir führen diese Aufschneidung entlang einer Halbgeraden, die von einer gegebenen Ecke ausgeht und mit einer der gegebenen endlichen Seiten des Trichters, welche diese Ecke berühren, einen gegebenen Winkel bildet. Dann ändert sich der aufgeschnittene Trichter eindeutig mit der Änderung der bestimmenden Parameter. Als Ergebnis erhalten wir ein Polygon Q_0, in dem L_0 die Diagonale ist. Bei kleiner Veränderung der Parameter des Netzes R_0 ändert sich das Polygon Q_0 wenig. Daher existiert ein $\varepsilon_L > 0$ derart, daß wenn nur alle Parameter sich um weniger als ε_L verändern, im veränderten Polygon dennoch immer noch die Diagonale L verläuft, welche in den Polygonen des Netzes R, die dieses bilden, dieselben Ecken verbindet und dieselben Seiten schneidet. Wir ordnen diese Diagonale L der Kante L_0 zu; sie liegt genauso im Netz R, wie L_0 im Netz R_0 liegt. Es gibt offenbar keine andere Strecke derselben Lage.

Wählt man nun $\varepsilon > 0$ kleiner als alle ε_L für alle Kanten L des Netzes S_0, so überzeugt man sich, daß wenn die Parameter des Netzes R_0 sich um weniger als ε geändert haben, man jeder Kante des Netzes S_0 eine und zwar nur eine einzige Strecke zuordnen kann, die im veränderten Netz R eine ebensolche Lage hat. Nimmt man alle diese Strecken als Kanten des Netzes S, so ergibt sich, daß S genauso in R wie S_0 in R_0 liegt.

Da die Kante L des Netzes S entweder eine Kante des Netzes R oder eine Diagonale des Polygons Q ist, so sind ihre Länge und auch die Winkel, die durch sie mit den Seiten des Polygons Q gebildet werden, differenzierbare Funktionen der Seitenlängen und der Winkel der Polygone des Netzes R. (Daß die Länge der Diagonalen und die durch sie gebildeten Winkel diferenzierbare Funktionen der Seitenlängen und Winkel des Polygons sind, ist hinreichend einleuchtend.)

Ein Winkel setzt sich in jedem Polygon des Netzes S aus Polygonwinkeln des Netzes R und deren Teilen zusammen, die von den Kanten ausgeschnitten werden, welche in der entsprechenden Ecke zusammentreffen. Daher sind auch die Winkel des Netzes S differenzierbare Funktionen der Seiten und Winkel im Netz R. Somit ist die zweite Behauptung des Lemmas bewiesen.

3. Lemma 2. *Ein konvexes Polyeder P_0 möge sich, möglicherweise unter Zerstörung seiner Konvexität, so deformieren, daß auf ihm weder neue Ecken noch neue Kanten auftreten und somit die Struktur seines natürlichen Netzes R_0 erhalten bleibt. Auf P_0 sei ein anderes seiner Netze S_0 gegeben. Ist dann die Deformation hinreichend klein, so existiert auf dem deformierten Polyeder P ein und nur ein einziges Netz S, das bezüglich seines natürlichen Netzes R genauso liegt wie S_0 bezüglich R_0. Dies Netz S ist das einzige, welches dem Netz S_0 hinreichend nahe ist.*

Dieses Lemma ist schon in Lemma 1 enthalten. Die letzte Behauptung des Lemmas ist daraus ersichtlich, daß die Kanten des Netzes S ihrer im Beweis des Lemmas 1 gegebenen Konstruktion zufolge die einzigen Strecken sind, die den Kanten des ursprünglichen Netzes S_0 nahe sind.

Das Polyeder P_0 möge sich nun, möglicherweise unter Zerstörung der Konvexität, so deformieren, daß keine neuen Ecken auftreten, während neue Kanten auftreten können. Dies bedeutet, daß die endlichen Seitenflächen des Polyeders in den Diagonalen und die unendlichen auch in gewissen von einer Ecke ausgehenden Halbgeraden geknickt werden können. Z. B. kann man alle Ecken des geschlossenen Polyeders P_0 so verschieben, daß der Rand ihrer konvexen Hülle ein P nahes Polyeder ist. Dabei können in einer Ebene liegende Ecken aufhören in einer Ebene zu liegen, und dann wird die entsprechende Seitenfläche geknickt.

Die Anzahl der möglichen Diagonalen ist endlich, und daher ist auch die Anzahl der verschiedenen Strukturen des endlichen Teiles des deformierten Polyeders P endlich.

Die Knickung der unendlichen Seitenflächen in neuen unendlichen Kanten hat keinen Einfluß auf die Struktur des natürlichen Netzes, da an ihm die ganze zum Trichter verheftete Gesamtheit dieser Seitenflächen Teil hat.

Zieht man im Polyeder P_0 von vornherein die Diagonalen, in denen bei gegebener Deformation seine Seitenflächen geknickt werden, und nimmt man sie als Kanten, so hat das deformierte Polyeder P ein natürliches Netz derselben Struktur wie das Polyeder P_0 mit diesen neuen Kanten. Gemäß Lemma 2 läßt sich deshalb bei genügend kleiner Deformation auf jedem Polyeder P ein Netz S konstruieren, das dem von vornherein gegebenen Netz S_0 des Polyeders P_0 entspricht.

Man kann dieses Ergebnis auf folgende Weise ausdrücken:

Lemma 3. *Deformiert sich das Polyeder P_0 hinreichend wenig, ohne daß neue Ecken auftreten, so kann man auf jedem deformierten Polyeder P eins und zwar ein einziges Netz S konstruieren, das dem gegebenen Netz S_0 des Polyeders P_0 nahe ist.*

Deformiert sich insbesondere das Polyeder P_0 unter Änderung einer gewissen Veränderlichen t, so sind die bestimmenden Parameter des Netzes S eindeutige Funktionen von t.

§ 6. Die Starrheit eines Polyeders mit stationärem Netz

1. Satz 1. *Ein geschlossenes konvexes Polyeder mit stationärem Netz ist starr.*

Genauer ausgedrückt: Auf dem geschlossenen konvexen Polyeder P_0 sei irgendein Netz S_0 gegeben, dessen Ecken mit den Polyederecken zusammenfallen. Dieses Polyeder möge sich unter stetiger Änderung einer gewissen Veränderlichen t deformieren, ohne daß neue Ecken auftreten. (Auf P_0 sind unechte Ecken innerhalb der Kanten zugelassen.) Nach Lemma 3 des vorhergehenden Paragraphen läßt sich dann auf jedem deformierten Polyeder P_t (jedenfalls bei solchen t, die dem Anfangswert $t = 0$ nahe sind) eindeutig ein Netz S_t konstruieren, das S_0 nahe ist, und die bestimmenden Parameter dieses Netzes sind eindeutige Funktionen von t. Sie seien alle stationär, d. h. bei $t = 0$ zeien ihre Ableitungen gleich Null. Dann reduziert sich eine unendlich kleine Deformation des Polyeders P_0 auf eine Bewegung, d. h. die Anfangsgeschwindigkeiten der Bewegung seiner Ecken (also auch die Drehgeschwindigkeiten der Kanten und Seitenflächen) sind so beschaffen, als ob das Polyeder P_0 ein fester Körper wäre.

Beweis. Bei einer Deformation des Polyeders P_0 können seine Seitenflächen in den Diagonalen geknickt werden, was zu einer Strukturänderung seines natürlichen Netzes führt. Dabei ist es möglich, daß sogar bei solchen t, die Null beliebig nahe sind, ein und dieselben Seitenflächen in verschiedenen Diagonalen brechen können. In diesem Fall wählen wir einen Typus einer solchen Knickung der Seitenflächen und berücksichtigen nur die entsprechenden Werte von t. Wenn wir hierbei beweisen können, daß das Polyeder starr ist, d. h. daß eine unendlich kleine Deformation sich auf eine Bewegung reduziert, so ist damit der Satz bewiesen, insofern als diese Schlußfolgerung auf einen beliebigen Typus von Knikkung der Seitenflächen anwendbar ist.

Das Intervall der Änderung des Parameters t läßt sich nämlich in gewisse Mengen $T_1, T_2, \ldots, T_m$ zerlegen, die jede einem Typus einer Knickung der Seitenflächen entsprechen. Beschränken wir uns auf den k-ten Typus einer Knikkung, so beschränken wir uns auf die Werte von t aus der Menge T_k. Sind $x(t)$ die Koordinaten einer Ecke des Polyeders P_t, so kann man deren Ableitung $\dot{x}(0)$ berechnen, indem man sich auf diese Werte von t beschränkt (wenn nur unter ihnen welche sind, die Null beliebig nahe sind). Wenn wir beweisen können, daß bei drei befestigten Ecken die berechnete Ableitung bei beliebigem k gleich Null ist, so ist auch die Ableitung gleich Null, die unter der gewöhnlichen Bedingung berechnet ist, daß t beliebige Werte durchläuft. D. h. es zeigt sich, daß bei Befestigung dreier Ecken das Polyeder unbeweglich ist, und damit ist seine Starrheit bewiesen.

Wir nehmen also an, das deformierte Polyeder P_t habe eine vollständig bestimmte Struktur. Die auf ihm entstandenen neuen Kanten entsprechen Diagonalen der Seitenflächen des Polyeders P_0. Nehmen wir daher diese Diagonalen als Kanten des Polyeders P_0 selbst, so ergibt sich, daß die Polyeder P_t und P_0 natürliche Netze R_t und R_0 ein und derselben Struktur besitzen. Nach der Bedingung ist das gegebene Netz S_0 des Polyeders P_0 stationär, d. h. die Ableitungen der bestimmenden Parameter des entsprechenden variablen Netzes S_t des Polyeders P_t sind für $t = 0$ gleich Null.

Gemäß § 5, Lemma 1 sind die bestimmenden Parameter des Netzes R_t differenzierbare Funktionen der bestimmenden Parameter des Netzes S_t, welches dem gegebenen Netz S_0 des Polyeders P_0 entspricht. Das natürliche Netz des Polyeders P_0 ist daher ebenfalls stationär. In diesem Fall sind aber alle Winkel und Seitenlängen auf den Seitenflächen des Polyeders stationär, da seine Seitenflächen Seitenflächen seines natürlichen Netzes sind. Gemäß § 3, Satz 1 sind bei stationärem Charakter der Winkel auf den Seitenflächen auch alle Flächenwinkel stationär. Und hieraus ergibt sich infolge des zu Anfang von § 4 angeführten Lemmas die Starrheit des Polyeders.

2. Satz 2. *Ein unendliches konvexes Polyeder, dessen sämtliche unendlichen Kanten parallel sind, ist starr, wenn irgendeines seiner gegebenen Netze stationär ist.*

Der genaue Inhalt dieses Satzes läßt sich wörtlich ebenso klarlegen wie der Inhalt von Satz 1. Im Beweis behalten wir die Bezeichnungen von Satz 1 bei: P_0 ist das gegebene Polyeder, S_0 sein gegebenes Netz, P_t und S_t das deformierte Polyeder und sein entsprechendes Netz.

Werden die Seitenflächen des Polyeders P_0 geknickt, so wählen wir wiederum lediglich einen Typus ihrer Knickung und beschränken uns nur auf die entsprechenden Werte von t. Nimmt man die Diagonalen, in denen die Seitenflächen des Polyeders P_0 knicken, als Kanten dieses Polyeders, so ergibt sich, daß die natürlichen Netze R_t der Polyeder P_t dieselbe Struktur besitzen wie auch das natürliche Netz R_0 des Polyeders P_0. Da das Netz S stationär ist und die Parameter des Netzes R differenzierbare Funktionen der Parameter des Netzes S sind, so ist das Netz R stationär. Also sind die Kantenlängen und die Winkel der endlichen Seitenflächen des Polyeders P_0 und auch die Kantenlängen und Winkel des Trichters stationär. Die Winkel des Trichters an denjenigen seiner Ecken, welche Endpunkte der unendlichen Kanten des Polyeders sind, bilden jedoch die Summen der Winkel der unendlichen Seitenflächen und nicht diese Winkel selbst. Zum Beweis des stationären Charakters aller Winkel auf den unendlichen Seitenflächen sind deshalb zusätzliche Überlegungen erforderlich.

A_0 sei eine der Ecken des Trichters des Polyeders P_0, und von dieser Ecke gehe eine unendliche Kante L_0 aus. α_0, β_0 seien Winkel auf den unendlichen Seitenflächen an der Ecke A_0. A_t, L_t, α_t, β_t seien die entsprechenden Elemente des deformierten Polyeders P_t. Schneiden wir den Trichter des Polyeders P_t in der Kante L_t auf und wickeln wir ihn in die Ebene ab, so erhalten wir ein unendliches Polygon V_t. Bei $t = 0$ ist dies der abgewickelte Trichter V_0 des Polyeders P_0 (Abb. 152). Die unendlichen Seiten des Polygons V_0 sind parallel, während sie bei V_t nicht parallel zu sein brauchen. Wir müssen beweisen, daß $\left(\frac{d\alpha}{dt}\right)_{t=0} = \dot{\alpha}(0) = 0$ ist.

Wir nehmen jedoch an, daß $\dot{\alpha}(0) \neq 0$, und der Bestimmtheit wegen, daß $\dot{\alpha}(0) > 0$ ist.

Wir betrachten die Deformation des Polygons V_0 im Polygon V_t. Wenn man die Bewegung des Polygons als ganzes ausschließt, kann man die Ecke A_0 und die Richtung der von ihr ausgehenden endlichen Kante als unbeweglich ansehen. Die Deformation zerlegen wir in zwei Teile: in eine Deformation erster und eine Deformation höherer Ordnung. Die Deformation erster Ordnung besteht in der Veränderung der Elemente des Polygons mit konstanten Geschwindigkeiten, die den Anfangsgeschwindigkeiten der gegebenen Deformation gleich sind. Die Deformation höherer Ordnung ergänzt die Deformation erster Ordnung zu einer wirklichen Deformation.[1]

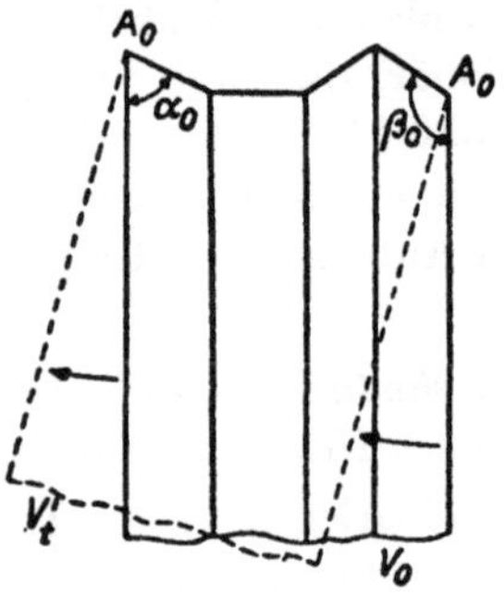

Abb. 152

Wir betrachten zuerst die Deformation erster Ordnung. Alle Seitenlängen des Polygons V_t und alle seine Ecken außer $\alpha(t)$ und $\beta(t)$ sind entsprechende Elemente des Trichters. Daher sind sie alle stationär und ändern sich bei einer Deformation erster Ordnung überhaupt nicht. Da zudem die Ecke A_0 und die von ihr ausgehende endliche Seite unbeweglich sind, so bleiben überhaupt alle Ecken des Polygons V_0 bei einer Deformation erster Ordnung unbeweglich. Nur seine unendlichen Seiten drehen sich so, daß die entsprechenden Winkel sich mit den Anfangsgeschwindigkeiten $\dot{\alpha}(0)$ und $\dot{\beta}(0)$ ändern. Da wegen des stationären Charakters $\dot{\alpha}(0) = -\dot{\beta}(0)$ ist, so bleiben hierbei die unendlichen Seiten parallel. Folglich verwandelt die Deformation erster Ordnung das Polygon V_0 in das Polygon V_t' mit denselben Ecken und mit parallelen unendlichen Seiten (s. Abb. 152).

Schneidet man von V_t' den Winkel ab, der an den Winkel α_0 angefügt wurde, und legt man ihn auf der anderen Seite an, so erhält man das ursprüngliche Polygon V_0. Folglich ist V_t' das Netz des Trichters des Polyeders P_0, das lediglich nicht in der Kante L_0 sondern in der Linie L_t' aufgeschnitten ist, die den unendlichen Seiten des Polygons V_t' entspricht. Die Linie L_t' schneidet L_0 in einem gewissen Punkt B_t', und da L_0 einer Kante des Polyeders P_0 entspricht, so ist ihre Strecke $A_0 B_t'$ kürzer als die Strecke $A_0 B_t'$ der Linie L_t'. (Beide Ecken A_0 des

[1] Ist $x(t)$ eine Größe, die mit dem Polgyon V_t zusammenhängt, so setzen wir $x(t) = x(0) + \dot{x}(0)\, t + \varepsilon(t)$. $\dot{x}(0)\, t$ gibt hier die Deformation erster Ordnung und $\varepsilon(t)$ die Deformation höherer Ordnung an.

Polygons V_0 bilden eine Ecke des Trichters, und daher unterscheiden wir sie bei dieser Überlegung nicht.)

Zu der Deformation erster Ordnung fügen wir nun die verbleibende Deformation höherer Ordnung. Das Polygon V'_t verwandelt sich dann in V_t, und seine unendliche Seite L'_t in die unendliche Seite L_t des Polygons V_t. Ist t genügend klein, so ruft die Deformation höherer Ordnung eine so kleine Drehung der Linie L'_t hervor, daß sie nach wie vor L_0 in einem gewissen Punkt B_t schneidet, wobei die Strecke $A_0 B_t$ der Linie L_0 wiederum kürzer als die Strecke $A_0 B_t$ der Linie L_t ist.

Die Linie L_t entspricht aber nach Voraussetzung einer Kante des Polyeders P_t, und darum lassen sich keine zwei ihrer Punkte durch eine kürzere Strecke als die Strecke der Linie L_t selbst verbinden. Es ergibt sich ein Widerspruch, der beweist, daß $\dot{\alpha}(0)$ nicht von Null verschieden sein kann.

Es ist somit bewiesen, daß jeder Winkel auf einer unendlichen Seitenfläche des Polyeders P_0 stationär ist. Der stationäre Charakter der Winkel auf den endlichen Seitenflächen wurde zu Anfang festgestellt. Benutzen wir daher § 3, Satz 4, so gelangen wir zum Schluß, daß alle Flächenwinkel des Polyeders auch stationär sind. Wenn der stationäre Charakter der Seitenlängen und der Winkel der Seitenflächen und auch der Flächenwinkel nun bekannt ist, so läßt sich die Starrheit des Polyeders wörtlich durch dieselbe einfache Überlegung feststellen, welche im Beweis des Satzes 1 angewandt wurde.

3. Wir wenden uns nun den unendlichen Polyedern mit nicht-parallelen unendlichen Kanten zu. Jedes solche Polyeder P hat eine Grenzecke V, die nicht in eine Halbgerade ausartet. Jeder Kante L der Ecke V entspricht mindestens eine unendliche Kante des Polyeders P, welche sich in L verwandelt, wenn P sich unendlich ähnlich auf die Ecke V hin verkleinert.

Für die Starrheit des Polyeders P reichen die zwei Bedingungen des stationären Charakters seines Netzes und der Grenzecke nicht hin. Man kann das Polyeder P so deformieren, daß sich sein Netz und seine Grenzecke überhaupt nicht ändern, während eine Kante, welche einer gegebenen Kante L der Grenzecke entspricht, sich dreht, d. h. der Winkel, welcher durch diese Kante mit der zu ihr führenden endlichen Kante gebildet wird, sich ändert. Die Möglichkeit einer solchen Deformation wurde in Kap. IV, § 5 für ein beliebiges Polyeder bewiesen, und ebenda wurde ein ganz einfaches Beispiel angeführt.

In Verbindung hiermit ist noch eine dritte Bedingung für den stationären Charakter erforderlich. Ihre Formulierung und der hinreichende Charakter aller drei Bedingungen sind in folgendem Satz enthalten:

Satz 3. *Ein unendliches konvexes Polyeder P mit einer Grenzecke, welche nicht in eine Halbgerade ausartet, möge sich so deformieren, daß drei Bedingungen für den stationären Charakter erfüllt sind: es seien stationär 1) ein gewisses seiner Netze S, 2) seine Grenzecke V und 3) eine gewisse seiner Kanten L, die einer gegebenen Kante der Ecke V entspricht. Unter diesen Bedingungen ist das Polyeder starr, d. h. eine unendlich kleine Deformation erster Ordnung reduziert sich auf eine Bewegung.*

Die Bedingung 3) bedeutet den stationären Charakter des Winkels, der durch die Kante L mit einer der zu seinem Scheitel führenden endlichen Kanten des Trichters des gegebenen Netzes S gebildet wird.[1] Die unendliche Kante L liegt sicher auf diesem Trichter, und es handelt sich, grob gesagt, um ihre Unbeweglichkeit auf dem Trichter.

Der Beweis dieses Satzes ist ebenso angelegt wie der Beweis des Satzes 2. Vor allem folgt wie auch in Satz 2 aus dem stationären Charakter eines gewissen gegebenen Netzes der stationäre Charakter des natürlichen Netzes des Polyeders P. (Hierbei beschränken wir uns wiederum auf einen Typus der Knickung endlicher Seitenflächen in den Diagonalen und nehmen diese Diagonalen als Kanten des Polyeders.) Ferner bemerken wir von neuem, daß die Winkel des Polyedertrichters, allgemein gesagt, durch mehrere Winkel auf den unendlichen Seitenflächen des Polyeders gebildet werden. Daher entsteht wiederum die Aufgabe, den stationären Charakter dieser Winkel zu beweisen.

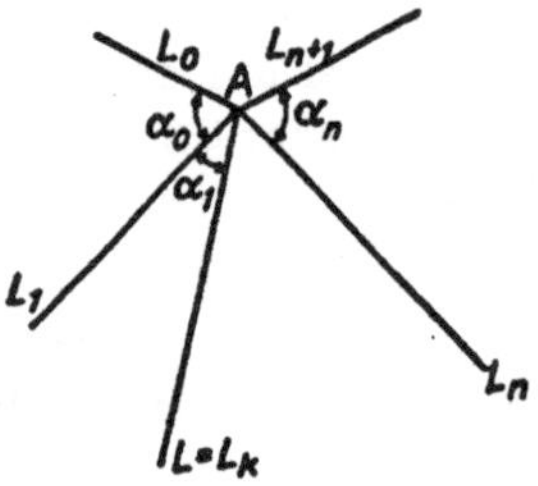

Abb. 153

Nach der Bedingung 3) des Satzes ist der Winkel, welcher durch die Kante L mit einer gewissen endlichen Kante des Trichters des Netzes S gebildet wird, stationär. Aus dem stationären Charakter des Netzes S und des natürlichen Netzes läßt sich leicht schließen, daß die Winkel zwischen ihren Kanten stationär sind. Daher sind die Winkel, welche durch die Kante L mit den endlichen zum Endpunkt dieser Kante führenden Kanten des Polyeders P gebildet werden, stationär. Es handelt sich natürlich um Winkel, die auf dem Polyeder P gemessen wurden; sie können sich aus den Winkeln mehrerer Seitenflächen zusammensetzen.

$L_1, \ldots, L_n$ seien alle unendlichen Kanten, die im Endpunkt A der Kante L zusammentreffen; eine von ihnen, sagen wir L_k, ist L. Außerdem führen zu A noch zwei endliche Kanten L_0, L_{n+1} des Polyedertrichters. Alle Kanten sind in der Reihenfolge ihrer Lage numeriert; mit α_i bezeichnen wir den Winkel zwischen der i-ten und der $(i+1)$-ten Kante (Abb. 153).

Die Winkel zwischen der Kante $L_k = L$ und den Kanten L_0 und L_{n+1} sind entsprechend gleich $\alpha_0 + \cdots + \alpha_{k-1}$ und $\alpha_k + \cdots + \alpha_n$. Da sie stationär sind, gilt

$$\dot\alpha_0 + \cdots + \alpha_{k+1} = \dot\alpha_k + \cdots + \dot\alpha_n = 0\,. \tag{1}$$

Die unendlichen Kanten L_i sind den Kanten der Grenzecke V parallel, in welche sie bei unendlicher ähnlicher Verkleinerung übergehen. Die Winkel zwischen ihnen sind daher den Winkeln zwischen den Kanten der Grenzecke V gleich. Diese sind der Bedingung des Satzes zufolge stationär. Folglich ist

$$\dot\alpha_1 = \dot\alpha_2 = \cdots = \dot\alpha_{n-1} = 0\,. \tag{2}$$

Aus (1) und (2) folgt, daß auch

$$\dot\alpha_0 = \dot\alpha_n = 0 \tag{3}$$

[1] Die Rolle von L kann ein beliebiger Strahl auf dem Polyeder P erfüllen, welcher der gegebenen Erzeugenden der Grenzecke V entspricht.

ist. Damit ist bewiesen, daß alle Winkel auf den unendlichen Seitenflächen an der Ecke A stationär sind.

Q sei nun eine unendliche Seitenfläche, welche den Winkel α_0 enthält. (Abb. 154). $\beta_1, \beta_2, \ldots, \beta_m$ seien andere ihrer Winkel, wobei β_m der Winkel an ihrer unendlichen Kante ist: die unendliche Seitenfläche Q besitzt zwei unendliche Kanten: eine L_1 mit dem Endpunkt A und eine M mit dem Endpunkt B. Alle Winkel β_i außer β_m sind zugleich Winkel des Trichters. Daher ist

$$\dot{\beta}_1 = \dot{\beta}_2 = \cdots = \dot{\beta}_{m-1} = 0. \tag{4}$$

Der Winkel zwischen den Kanten L_1 und M ist, wie sich leicht berechnen läßt, gleich

$$\alpha_0 + \beta_1 + \cdots + \beta_m - m\pi.$$

Aber dieser Winkel ist dem Winkel zwischen den entsprechenden Kanten der Grenzecke V gleich, und da dieser stationär ist, gilt

$$\dot{\alpha}_0 + \dot{\beta}_1 + \cdots + \dot{\beta}_m = 0. \tag{5}$$

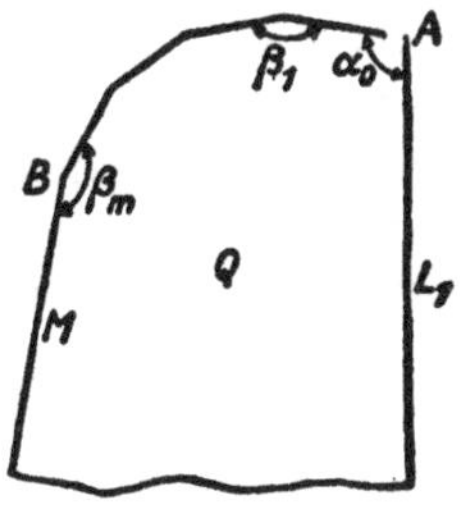

Abb. 154

Verwendet man nun die Gleichungen (3), (4) und (5), so erhält man

$$\dot{\beta}_m = 0.$$

Somit sind alle Winkel auf der Seitenfläche Q stationär, und insbesondere ist der Winkel zwischen ihrer unendlichen Kante M und der an diese angrenzenden endlichen Kante stationär. Daher kann man für alle Winkel, die in derselben Ecke B zusammentreffen, die Überlegung wiederholen, die oben auf die in der Ecke A zusammentreffenden Winkel angewendet wurde. Es zeigt sich dann, daß alle Winkel an der Ecke B stationär sind. Führen wir diese Schlußfolgerung weiter, so ergibt sich, daß alle Winkel auf den unendlichen Seitenflächen stationär sind.

Wir haben jetzt den Beweis erbracht, daß die Winkel auf allen, sowohl den endlichen als auch den unendlichen Seitenflächen stationär sind, und nach der Bedingung des Satzes ist auch die Grenzecke des Polyeders stationär. Auf Grund von § 3, Satz 5 folgt hieraus der stationäre Charakter aller Flächenwinkel.

Hiernach läßt sich die Starrheit des Polyeders durch die wörtliche Wiederholung der Überlegung beweisen, welche wir zu Ende des Beweises von Satz 1 durchgeführt haben.

4. Satz 4. *P sei ein endliches konvexes Polyeder, das von einem geschlossenen Streckenzug berandet wird. Sind ein gewisses seiner Netze und alle (räumlichen) Winkel zwischen benachbarten Randkanten stationär, so ist das Polyeder P starr.*

Den Beweis dieses Satzes bildet eine wörtliche Wiederholung des Beweises von Satz 1, mit dem einzigen Unterschied, daß man auf § 3, Satz 6 über den stationären Charakter der Flächenwinkel eines Polyeders mit Rand Bezug nehmen muß.

(Wie in § 3, Satz 6 kann es sich hier um ein lokal konvexes Polyeder handeln, und es genügt, den stationären Charakter der Winkel zwischen benachbarten

Randkanten für alle ihre Paare mit Ausnahme von dreien zu fordern. Und ebenso wie in § 3 bleibt die Frage nach den Starrheitsbedingungen eines von mehreren Streckenzügen berandeten Polyeders offen.)

Wir merken noch einige Sätze ohne Beweis an:

Satz 5. *Hat eine Mütze ein gewisses stationäres Netz und können sich die Randecken nur in der Ebene des Mützenrandes bewegen, so ist die Mütze starr; sie erlaubt dann nur Bewegungen längs der Ebene des Randes.*

Der Beweis gründet sich auf die Verheftung zweier symmetrischer Mützen zu einem geschlossenen Polyeder.

Satz 6. *P sei ein unendliches konvexes Polyeder mit parallelen unendlichen Kanten, das von einem unendlichen Streckenzug berandet wird. Sind ein gewisses seiner Netze und alle (räumlichen) Winkel zwischen benachbarten Randkanten stationär, so ist das Polyeder starr.*

Satz 7. *P sei ein unendliches konvexes Polyeder mit nicht-parallelen unendlichen Kanten, das von einem unendlichen Streckenzug berandet wird. Es seien folgende Bedingungen stationären Charakters erfüllt: es seien stationär 1) ein gewisses seiner Netze, 2) seine Grenzecke, 3) die räumlichen Winkel zwischen benachbarten Randkanten. Dann ist das Polyeder P stationär.*

§ 7. Verallgemeinerungen

1. Wir haben uns bisher auf die Untersuchung solcher Deformationen von Polyedern beschränkt, bei denen sie Polyeder bleiben. Man kann sich jedoch ein Polyeder vorstellen, das aus biegsamem, aber nicht dehnbarem Material gemacht ist, z. B. aus Papier. Es ist dann natürlich, unter seinen Verbiegungen solche zu betrachten, bei welchen die Seitenflächen und Kanten nicht einfach geknickt werden, sondern sich willkürlich verbiegen. Infolge der Bedingung der „Nichtdehnbarkeit des Materials" müssen aber dabei die Längen aller Kurven auf den Seitenflächen unverändert bleiben.

Eine solche Verbiegung eines geschlossenen konvexen Polyeders ist unter Erhaltung der Konvexität unmöglich, worauf schon in Kap. III, § 6 hingewiesen wurde.

Hier interessiert uns nicht die Verbiegung, sondern die infinitesimale Verbiegung, d. h. wir verlangen nicht die Unveränderlichkeit der Kurvenlängen auf den Seitenflächen, sondern nur deren stationären Charakter.

Eine unendlich kleine Deformation wird durch die Angabe der Bewegungsgeschwindigkeit $\mathfrak{v}$ eines jeden Polyederpunktes bestimmt. Die Bedingung betreffs des stationären Charakters der Längen führt auf eine lineare Differentialgleichung für den Geschwindigkeitspol von $\mathfrak{v}$.

$d\mathfrak{x}$ sei das Differential eines Vektors, dessen Endpunkt auf der Fläche eine Kurve beschreibt, und $d\mathfrak{v}$ das entsprechende Geschwindigkeitsdifferential. Auf Grund des stationären Charakters der Längen ist

$$\frac{\partial}{\partial t}(d\mathfrak{x})^2 = 0.$$

Es ist aber $\frac{\partial}{\partial t}(d\mathfrak{x}^2) = 2\,d\mathfrak{x}\,\frac{\partial}{\partial t}\,d\mathfrak{x} = 2\,d\mathfrak{x}\,d\,\frac{\partial \mathfrak{x}}{\partial t} = 2\,d\mathfrak{x}\,d\mathfrak{v}$, so daß

$$d\mathfrak{x}\,d\mathfrak{v} = 0 \tag{1}$$

ist, d. h. das Differential des Flächenvektors ist senkrecht zum entsprechenden Differential der Geschwindigkeit. Dies ist die bekannte Gleichung einer infinitesimalen Verbiegung. Ihr anschaulicher Sinn ist klar: die Strecke $d\mathfrak{x}$ hat nur in dem Fall eine stationäre Länge, daß die relative Geschwindigkeit ihrer Endpunkte zu ihr senkrecht ist, d. h. daß ein Endpunkt sich lediglich um den anderen dreht.

Läßt man Verzerrungen der Seitenflächen zu, so ist kein Polyeder starr, weil kein ebenes Gebiet und folglich auch keine Seitenfläche starr ist, nicht einmal wenn ihre Ränder befestigt sind.

Nimmt man nämlich die Geschwindigkeit $\mathfrak{v}$ in jedem Punkt des ebenen Gebietes G, welche senkrecht zur Ebene dieses Gebietes ist, so ist die Gleichung (1) sicher erfüllt. Zugleich kann man sicherstellen, daß die Geschwindigkeit $\mathfrak{v}$ auf dem Rand des Gebietes verschwindet.

Bei einer so allgemeinen Fragestellung entscheidet sich aus trivialem Grund also die Frage nach der Starrheit immer negativ.

Dennoch kann man auch in diesem Falle einige nicht triviale Ergebnisse erhalten. So kann man beweisen:

Erfährt ein geschlossenes konvexes Polyeder eine infinitesimale Verbiegung, d. h. deformiert es sich unter Verzerrung der Seitenflächen, jedoch so, daß die Kurvenlängen auf ihnen stationär sind, so bewegt sich dabei die Gesamtheit seiner Ecken wie ein fester Körper, d. h. ihre Bewegungsgeschwindigkeiten im Anfangsmoment sind so, als ob sie alle einem festen Körper angehörten. (Die Aufrechterhaltung der Konvexität bei der Deformation wird nicht gefordert.)

Das geschlossene konvexe Polyeder P möge eine unendlich kleine Verbiegung erfahren. Wir betrachten die dieser entsprechende Deformation des Randes der konvexen Hülle der Gesamtheit seiner Ecken. Im Anfangsmoment ist sie das Polyeder P. Daher kann man ihre Veränderung auch als eine gewisse — freilich eine andere — Deformation desselben Polyeders betrachten.

Aus Gleichung (1) läßt sich leicht ableiten, daß wenn bei der Deformation einer geradlinigen Strecke die Länge stationär ist, auch die Entfernung zwischen ihren Endpunkten stationär ist. Unter den Bedingungen des soeben formulierten Satzes sind daher die Entfernungen zwischen den Punkten jeder Seitenfläche des Polyeders stationär.

Hieraus kann man leicht schließen, daß auch die Deformation des Randes der konvexen Hülle der Gesamtheit der Ecken des Polyeders P eine unendlich kleine Verbiegung von ihm darstellt. Dann reduziert sich aber nach § 6, Satz 1 diese Deformation auf eine Bewegung, und unser Satz ist bewiesen.

Man kann offensichtlich analoge Sätze für unendliche Polyeder und Polyeder mit Rand formulieren, wobei man natürlich die Bedingungen für die Grenzecke und entsprechend die Bedingungen für den Rand mit heranzieht. Die genauen Formulierungen und Beweise dieser Sätze bilden eine noch ungelöste Aufgabe.

2. Die Verallgemeinerung der Ergebnisse dieses Kapitels auf Polyeder in nicht-euklidischen Räumen: im Lobatschewskischen und im sphärischen Raum, läßt sich dort, wo es sich um endliche, geschlossene Polyeder oder Polyeder mit Rand handelt, wörtlich durchführen. Man braucht hier weder in den Formulierungen noch in den Beweisen etwas zu ändern. Im Fall unendlicher Polyeder bleibt die Frage darum offen, weil im Lobatschewskischen Raum der Ersatz des Begriffes der Grenzecke eines Polyeders nicht erforscht ist. Für Polyeder, die einer Ebene homöomorph sind, dürfte diese Aufgabe kaum große Schwierigkeiten bereiten. Im allgemeinen Fall jedoch bleibt die Frage völlig offen.

3. Die infinitesimalen Verbiegungen krummer Flächen dienen schon lange als Gegenstand zahlreicher Untersuchungen im Gebiet der Differentialgeometrie. Als unendlich kleine Verbiegung einer Fläche bezeichnet man eine Deformation, bei der die Längen aller Kurven auf der Fläche stationär sind. Läßt eine Fläche keine unendlich kleinen Verbiegungen außer Bewegungen zu, so nennt man sie starr.

[1] In den Arbeiten Efimows und Cohn-Vossens befindet sich eine ziemlich vollständige Liste der Originalliteratur.

Einen Bericht über die Untersuchungen über infinitesimale Verbiegungen krummer Flächen kann man in einer Reihe von Arbeiten [22], [25], [36][1] finden. Wir erwähnen nur zwei Ergebnisse, die konvexe Flächen betreffen und unseren Sätzen über Polyeder analog sind.

1) Eine geschlossene konvexe Fläche, die keine ebenen Stücke enthält, ist starr. Unter etwas engeren Voraussetzungen wurde dieser Satz zuerst von LIEBMANN aufgestellt. Er ist einstweilen nur für dreimal differenzierbare Flächen und nur für Drehflächen ohne irgendwelche Differenzierbarkeitsvoraussetzungen bewiesen [46].

2) Eine konvexe Fläche, die von einer geschlossenen Kurve berandet wird und sich eindeutig auf eine gewisse Ebene T projizieren läßt, ist starr, wenn man fordert, daß die Geschwindigkeitsvektoren der Punkte ihres Randes der Ebene T parallel sind. Auch dieser Satz ist nur für dreifach differenzierbare Flächen bewiesen. Er entspricht unserem Satz 5 in § 6. Dort handelt es sich jedoch lediglich um eine Mütze. Daher entsteht die Aufgabe, für Polyeder einen analogen allgemeinen Satz zu gewinnen.

Einen Beweis dieser Sätze und einen vollständigen Bericht über andere bekannte Ergebnisse findet der Leser in der Arbeit [25].

4. Für konvexe Polyeder in einem mehr als dreidimensionalen Raum erweist sich die Frage nach der Starrheit aus demselben Grunde als trivial, aus dem die Frage nach der Eindeutigkeit eines mehrdimensionalen Polyeders mit gegebenem Netz trivial ist. Schon allein eine dreidimensionale polyedrische Ecke im vierdimensionalen Raum erweist sich als starr, da ihr Schnitt mit einer Sphäre, deren Mittelpunkt in ihrem Scheitel liegt, ein geschlossenes konvexes Polyeder auf einer dreidimensionalen Sphäre oder je nachdem im dreidimensionalen sphärischen Raum darstellt. Wie in Nr. 2 erwähnt wurde, ist ein solches Polyeder starr, und zugleich ist auch die polyedrische Ecke starr, deren Schnitt das Polyeder ist.

KAPITEL XI

STARRHEITSBEDINGUNGEN EINES POLYEDERS MIT GEGEBENEN STELLUNGEN DER SEITENFLÄCHEN

In diesem Kapitel werden solche Deformationen eines konvexen Polyeders untersucht, bei denen die Stellungen der Seitenflächen (d. h. die äußeren Normalen) unverändert bleiben. Wie in Kap. X, interessieren uns nur unendlich kleine Deformationen erster Ordnung, oder, was dasselbe ist, die Geschwindigkeiten im Anfangsmoment. Die Aufgabe besteht im Auffinden der Bedingungen, unter denen ein Polyeder starr ist. Da die Stellungen der Seitenflächen unverändert bleiben, ist eine Drehung ausgeschlossen, und daher besteht die Starrheit darin, daß eine unendlich kleine Deformation sich auf eine Parallelverschiebung reduziert.

Die Starrheitsbedingungen werden in den Sätzen des § 2 gegeben.

Zum Beweis dieser Sätze muß man zuerst die Deformationen von Seitenflächen betrachten, die durch Parallelverschiebungen ihrer Ebenen hervorgerufen werden. Jede Seitenfläche eines geschlossenen oder unendlichen konvexen Polyeders ist von Geraden berandet, die sich im Schnitt ihrer Ebene mit den Ebenen der anderen Seitenflächen ergeben. Es muß sich daher um die Deformationen eines konvexen Polygons handeln, die durch Parallelverschiebungen der es berandenden Geraden hervorgerufen sind. Berühren sich zwei Seitenflächen nur in den Ecken, so kann eine beliebig kleine Verschiebung der Ebene einer von ihnen dazu führen, daß sie sich in einer Kante berühren. In Verbindung hiermit muß man die Möglichkeit des Auftretens neuer Kanten in Rechnung ziehen.

§ 1. Über Deformationen von Polygonen

1. Das konvexe Polygon P möge aus einer Ebene durch mehrere Geraden herausgeschnitten werden, die es entweder alle in den Seiten oder in den Ecken berühren. In letzterem Falle werden wir annehmen, daß es auf dem Polygon auch Seiten der entsprechenden Stellungen gibt, daß aber ihre Länge gleich Null ist. Die Entfernung zwischen Ursprung und berandender Gerade nennen wir die Stützzahl des Polygons. (Der Ursprung wird natürlich in der Ebene des Polygons gewählt; die Entfernung zwischen Ursprung und Geraden gilt wie immer als negativ, wenn die im Ursprung abgetragene äußere Normale von der Geraden weg weist.)

Wir wollen Polygone betrachten, die sich aus dem gegebenen P durch Deformationen ergeben, die durch Parallelverschiebungen der es berandenden Geraden hervorgerufen werden, jedoch nur so, daß keine dieser Geraden aufhört das

Polygon zu berühren.[1] Die letzte Abmachung hat bei beliebig kleinen Deformationen für diejenigen Geraden einen Sinn, welche im Anfangsmoment das Polygon nur in den Ecken berührt haben. Unter dieser Bedingung wird nicht nur das deformierte Polygon durch seine Stützzahlen bestimmt, sondern auch umgekehrt werden die Entfernungen zu den berandenden Geraden durch das Polygon bestimmt, insofern die Stellungen dieser Geraden vorgegeben sind.

In Verbindung hiermit kann man eine beliebige Funktion des Polygons als Funktion seiner Stützzahlen $f(h_1, \ldots, h_n)$ ansehen. Da Seiten der Länge Null zulässig sind, so kann man bei der Untersuchung einer beliebigen endlichen Anzahl endlicher Polygone annehmen, daß ihre Seiten entsprechend parallel sind; dann läßt sich die Funktion $f(h_1, \ldots, h_n)$ für sie alle und auch für diejenigen bestimmen, die sich aus ihnen bei Parallelverschiebungen der berandenden Geraden ergeben.

Wir nennen die Polygonfunktion $f(Q) = f(h_1, \ldots, h_n)$ *wesentlich monoton*, wenn sie den folgenden Bedingungen genügt:

1) $f(h_1, \ldots, h_n)$ ändert sich bei Parallelverschiebungen des Polygons nicht.

2) Jede partielle Ableitung $\frac{\partial f}{\partial h_i}$ existiert und ist bis zum Verschwinden der i-ten Seite stetig.[2]

3) Es ist $\frac{\partial f}{\partial h_i} > 0$ bei jedem i, wenn die i-te Seite eine von Null verschiedene Länge hat. Auf Grund der Stetigkeit ist dann bei Verschwinden der i-ten Seite $\frac{\partial f}{\partial h_i} \geq 0$.

Aus der letzten Bedingung wird klar, daß wenn ein Polygon Q_1 im Inneren von Q_2 enthalten ist, $f(Q_1) < f(Q_2)$ ist, weil in diesem Fall alle $h_i^{(1)} \leq h_i^{(2)}$ sind und mindestens ein $h_k^{(1)} < h_k^{(2)}$ ist. Gemäß Bedingung *1* ist $f(Q_1) < f(Q_2)$ auch dann, wenn sich Q_1 durch Parallelverschiebung ins Innere von Q_2 einlagern läßt.

Als Beispiele wesentlich monotoner Funktionen können der Flächeninhalt und der Umfang dienen. Ist f der Flächeninhalt, so ist $\frac{\partial f}{\partial h_i} = l_i$, wobei l_i die Länge der entsprechenden Seite ist, da bei Verschiebung dieser Seite um die Entfernung Δh_i zum Flächeninhalt des Polygons der Flächeninhalt des Rechtecks mit der Höhe Δh_i und der Grundlinie l_i hinzukommt, und zwar eindeutig bis auf unendlich

[1] Daher können die Stützzahlen nicht beliebige Werte annehmen, sondern nur solche, die dem abgeschlossenen Gebiet angehören, welches durch diese Bedingung bestimmt wird. Die dieses Gebiet bestimmenden Ungleichungen wurden in Kap. VII, § 5 wiedergegeben. Die Gestalt dieses Gebietes hat jedoch hierbei keine Bedeutung. Außerdem sind die angeführten Ungleichungen in Lemma 1 dieses Paragraphen enthalten.

[2] Verschwindet die i-te Seite bei $h_i = h_i^0$, so verstehen wir unter $\left(\frac{\partial f}{\partial h_i}\right)_{h_i = h_i^0}$ die entsprechende einseitige Ableitung. Die Stetigkeit bis zum Verschwinden der i-ten Seite bedeutet hierbei, daß $\frac{\partial f}{\partial h_i} \to \left(\frac{\partial f}{\partial h_i}\right)_{h_i = h_i^0}$ ist, wenn h_i so gegen h_i^0 strebt, daß bei keinem h_i die i-te Seite ausartet.

kleine Größen höherer Ordnung. Hier ist eben $\frac{\partial f}{\partial h_i} = 0$, wenn die i-te Seite verschwindet. Ist f der Umfang, so ist $\frac{\partial f}{\partial h_i} = \text{const} > 0$, was sich u. a. aus folgendem Lemma ergibt:

Lemma 1. *Die Seitenlänge eines Polygons ist eine lineare Funktion seiner Stützzahlen h_i.* Und zwar ist, wenn man alle Seiten der Reihe nach numeriert und mit φ_i den Winkel zwischen den Parallelen zur $(i-1)$-ten[1] und i-ten Seite bezeichnet,

$$l_i = \frac{h_{i-1} - h_i \cos \varphi_i}{\sin \varphi_i} + \frac{h_{i+1} - h_i \cos \varphi_{i+1}}{\sin \varphi_{i+1}}. \quad (1)$$

Zum Beweis wenden wir uns der Abb. 155 zu, auf der drei aufeinander folgende Seiten und die Senkrechten vom Ursprung O auf die diese Seiten tragenden Geraden dargestellt sind; die Längen dieser Senkrechten sind Stützzahlen. Fällt man von A_i das Lot auf OA_{i-1}, so erhält man

$$OA_{i-1} = h_{i-1} = A_i B \sin \varphi_i + h_i \cos \varphi_i .$$

Hieraus folgt

$$A_i B = \frac{h_{i-1} - h_i \cos \varphi_i}{\sin \varphi_i}.$$

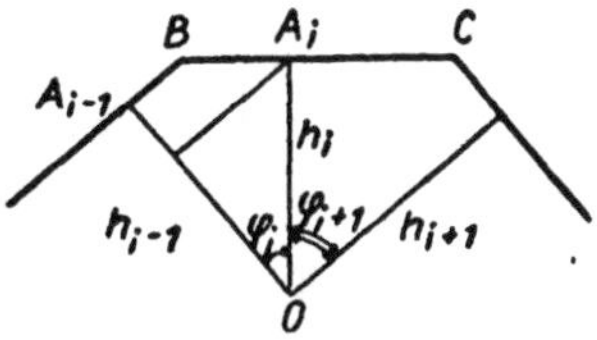

Abb. 155

Eine analoge Formel gilt für $A_i C$. Und da $l_i = BA_i + A_i C$ ist, so erhalten wir für l_i den Ausdruck (1). (Ist der Winkel φ_i oder φ_{i+1} stumpf, so ändert sich die Abbildung, aber die Schlußfolgerung bleibter halten.)

2. Lemma 2. *Ein endliches konvexes Polygon Q möge sich infolge von Parallelverschiebungen der es berandenden Geraden mit bestimmten, möglicherweise variablen Geschwindigkeiten deformieren. Dann ändern sich (wie aus Lemma 1 folgt) seine Seitenlängen auch mit bestimmten Geschwindigkeiten. Wir ordnen jeder Seite des Polygons Q das Vorzeichen der Anfangsgeschwindigkeit der Änderung ihrer Länge zu. Seiten mit stationärer Länge lassen wir unbezeichnet.*

Ist bei der betrachteten Deformation eine gewisse streng monotone Funktion f des Polygons Q stationär, so gibt es für die Zeichenverteilung auf den Seiten des Polygons nur drei Möglichkeiten:

1) Keine Seite ist bezeichnet, und dann reduziert sich die Anfangsdeformation auf eine unendlich kleine Parallelverschiebung.

2) Es existieren mindestens vier Zeichenwechsel.

3) Es gibt nur zwei Zeichenwechsel. Dann sind zwei Seiten, deren Länge nicht gleich Null ist und die in einer Ecke A zusammentreffen, mit Minus bezeichnet, und gewisse Seiten der Länge Null, die in der Ecke A liegen, sind mit Plus bezeichnet.

Der letzte Fall besagt, daß einige berandende Geraden, die das Polygon Q in der Ecke A berühren, sich in sein Inneres verschieben, so daß die entsprechenden Seiten der Länge Null länger werden. Es findet im Anfangsmoment keine andere Deformation des Polygons Q statt, wenn man nicht die Möglichkeit in Rechnung zieht, daß

---

[1] Die Reihenfolge der Seiten von der Länge Null entspricht der Reihenfolge der Normalen der sie tragenden Geraden.

es sich noch als Ganzes parallel verschiebt. Ist dabei h_i die Stützzahl, welche einer ins Innere verschobenen Seite der Länge Null entspricht, so ist notwendig $\frac{\partial f}{\partial h_i} = 0$, *d. h. bei* $\frac{\partial f}{\partial h_i} > 0$ *ist der dritte Fall unmöglich.*

Dieses Lemma ist Kap. VI, § 1, Lemma 3 analog, und wir beweisen es, indem wir es auf dieses Lemma zurückführen.[1]

Reduziert sich die ursprüngliche Deformation auf eine Parallelverschiebung des Polygons, so sind die Seitenlängen stationär, und wir haben den ersten Fall vor uns.

Wir nehmen an, die Anfangsdeformation reduziere sich nicht auf eine Parallelverschiebung; $\dot{h}_i$ seien die Anfangsgeschwindigkeiten der Änderung der Stützzahlen bei dieser Deformation. Zuerst schließen wir die Verlängerung derjenigen Seiten der Länge Null aus, für welche $\frac{\partial f}{\partial h_i} = 0$ ist (d. h. wir verschieben die Geraden, welche diese Seiten tragen, zugleich mit den Ecken, durch welche sie verlaufen. Dies zerstört offensichtlich den stationären Charakter der Funktion f nicht, so daß $\frac{\partial f}{\partial h_k} = 0$ ist).

Wir wählen einen hinreichend kleinen Wert t und konstruieren ein Polygon Q mit den Stützzahlen $h_i + \dot{h}_i t$. Dann sind gemäß Lemma 1 die Änderungen der Seitenlängen $\dot{l}_i t$, wobei $\dot{l}_i t$ die Anfangsgeschwindigkeit der Änderung der Länge der i-ten Seite ist.

Die Polygone Q und Q' können kongruent und parallel sein; dann reduziert sich die betrachtete Deformation auf eine Parallelverschiebung. Wir nehmen an, dies sei nicht der Fall und man könne eines der Polygone Q und Q' durch Parallelverschiebung ins Innere des anderen einlagern; sagen wir, Q lasse sich in Q' einlagern. Fügen wir zur Deformation dann die entsprechende Parallelverschiebung hinzu, so erhalten wir, daß alle $\dot{h}_i \geq 0$ sind und mindestens ein $\dot{h}_k > 0$ ist.

Da jetzt alle $\frac{\partial f}{\partial h_i} > 0$ sind, erhalten wir aber in diesem Fall

$$\dot{f} = \sum \frac{\partial f}{\partial h_i} \dot{h}_i > 0,$$

was dem stationären Charakter der Funktion f widerspricht. Es läßt sich folglich keines der Polygone Q, Q' ins Innere des anderen einlagern. Gemäß Kap. VI, § 1,

[1] Es ist jedoch wichtig, im Sinn zu behalten, daß wir es in Kap. VI, § 1, Lemma 3 mit zwei verschiedenen Polygonen oder, was dasselbe ist, mit einer endlichen Deformation eines gegebenen Polygons zu tun haben, während es sich hier um eine unendlich kleine Deformation erster Ordnung, d. h. um die Anfangsgeschwindigkeit handelt. Hierdurch wird erstens die Notwendigkeit hervorgerufen, eine wesentlich monotone, und nicht eine einfach monotone Polygonfunktion zu betrachten, und außerdem tritt im Zusammenhang hiermit der dritte Fall der Zeichenverteilung ein, der unter den Bedingungen von Kap. VI, § 1, Lemma 3 offenbar unmöglich ist. Ist $f(Q)$ der Flächeninhalt, so ist $(f - 1)^2$ bei beliebiger Deformation eines Polygons, dessen Flächeninhalt gleich Eins ist, stationär. Es ist dabei $(f - 1)^2$ eine monotone Polygonfunktion.

Lemma 3 ändern dann die Differenzen der Längen ihrer parallelen Seiten das Vorzeichen mindestens viermal. Da diese Differenzen den Anfangsgeschwindigkeiten $\dot{l}_i$ proportional sind, so ändern auch diese Geschwindigkeiten ihr Vorzeichen mindestens viermal.

Es bleibt nun die Verlängerung derjenigen Seiten von der Länge Null zu betrachten, für die $\frac{\partial f}{\partial h_i} = 0$ ist. Nach der betrachteten Deformation des Polygons bewegen wir also die diese Seiten tragenden Geraden um die Entfernung $\dot{h}_i t$ ins Innere des Polygons. Dies verursacht das Auftreten neuer echter Seiten. Dabei muß man zwei der soeben erhaltenen Fälle unterscheiden: 1) ohne diese zusätzliche Deformation waren die Polygone Q und Q' kongruent und parallel; 2) die Anzahl der Zeichenwechsel der Geschwindigkeiten $\dot{l}_i$ ist mindestens vier.

Bewegen wir die Seite l_i, welche in der Ecke A zwischen den Seiten l_j und l_k liegt, deren Längen nicht gleich Null sind, ins Innere, so verkürzen sich diese Seiten, d. h. die Geschwindigkeiten der Änderung ihrer Längen nehmen ab. Geschieht dies daher im ersten Fall in mindestens zwei verschiedenen Ecken, so erhalten wir mindestens vier Zeichenwechsel. Geschieht es aber nur in einer Ecke, so erhalten wir die dritte, im Lemma angegebene Möglichkeit der Zeichenverteilung.

Bevor die Seiten der Länge Null ins Innere verschoben werden, möge es nun vier Zeichenwechsel geben. Wir zeigen, daß die Anzahl der Zeichenwechsel sich nicht verringern kann, wenn diese Seiten ins Innere gerückt werden.

In der Ecke A, in welcher die Seiten AB und AC zusammentreffen, mögen eine oder mehrere neue echte Seiten entstehen.

Bis zur Einführung dieser neuen Seiten sind für die Seiten AB und AC die in der Tabelle angegebenen Zeichenverteilungen möglich.

	1	2	3	4	5	6	7	8	9
AB	0	—	0	—	+	0	+	—	+
AC	0	0	—	—	0	+	—	+	+

Da die Seiten AB und AC die gleiche Rolle spielen, so sind die Zeichenverteilungen 2 und 3, 5 und 6, 7 und 8 äquivalent, und es genügt daher die folgende Tabelle zu betrachten

	I	II	III	IV	V	VI
AB	0	—	—	+	+	+
AC	0	0	—	0	—	+

Rückt man die Geraden, welche die Seiten der Länge Null tragen, ins Innere der Polygons, so verkürzen sich die Seiten AB und AC, d. h. die Änderungsgeschwindigkeiten ihrer Längen sind negativ. Zugleich werden die Seiten von der Länge Null sicher länger. Sind daher die beiden Seiten AB und AC nicht länger geworden (Fälle I, II, III), so werden sie kürzer; sie werden somit mit Minus bezeichnet, und die neuen Seiten mit Plus. Dies bedeutet das Auftreten zweier Zeichenwechsel.

Hat sich nur eine der Seiten verlängert (Fälle IV, V), so wird sie sich vielleicht nach Einführung der neuen Seiten verkürzen. Dies könnte zu Verlusten von Zeichenwechseln führen. Diese Verluste werden jedoch dadurch kompensiert, daß an den neuen Seiten zwischen AB und AC Pluszeichen stehen, womit das Auftreten neuer Zeichenwechsel verbunden ist. Die möglichen Fälle sind in der Tabelle angegeben.

<table>
<tr><td rowspan="2">Vor Einführung neuer Seiten</td><td>AB</td><td colspan="3">+</td><td colspan="3">+</td></tr>
<tr><td>AC</td><td colspan="3">0</td><td colspan="3">—</td></tr>
<tr><td rowspan="3">Nach Einführung neuer Seiten</td><td>AB</td><td>+</td><td>0</td><td>—</td><td>+</td><td>0</td><td>—</td></tr>
<tr><td>Neue Seiten</td><td>+</td><td>+</td><td>+</td><td>+</td><td>+</td><td>+</td></tr>
<tr><td>AC</td><td>—</td><td>—</td><td>—</td><td>—</td><td>—</td><td>—</td></tr>
</table>

Aus dieser Tabelle wird klar, daß kein Verlust an Zeichenwechseln eintritt.

Sind schließlich beide Seiten AB und AC länger geworden, so waren sie mit Pluszeichen versehen und es gab beim Übergang von AB zu AC keine Zeichenwechsel. An den eingeführten neuen echten Seiten stehen auch Pluszeichen, und daher können die Wechsel von Plus zu Minus (nach beiden Seiten der Ecke A) nicht verschwinden. Es können nur neue Zeichenwechsel auftreten, wenn die Zeichenverteilung z. B. so war wie in Abb. 156.

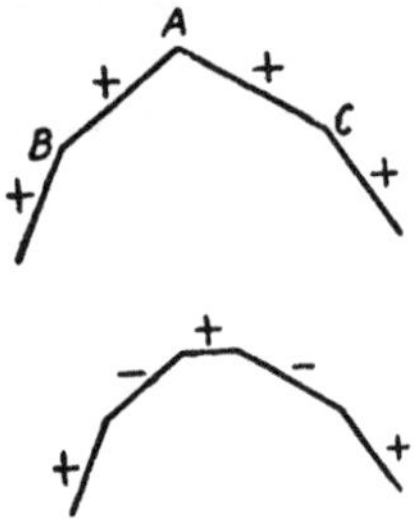

Abb. 156

Die Einführung neuer Seiten führt also jedenfalls nicht zu Verlusten von Zeichenwechseln, und das Lemma ist vollständig bewiesen.

3. Wir betrachten nun Deformationen unendlicher konvexer Polygone, wobei die Geraden, welche die unendlichen Seiten dieser Polygone tragen, unbeweglich bleiben. Wir nehmen an, eine unendliche Seite verkürze sich, wenn sich ihr Endpunkt mit einer von Null verschiedenen Anfangsgeschwindigkeit ins Innere dieser Seite einlagern läßt, und sie werde länger, wenn sich ihr Endpunkt nach der entgegengesetzten Seite bewegt.

Lemma 3. *Ein unendliches konvexes Polygon möge sich infolge einer Parallelverschiebung nur derjenigen Geraden deformieren, welche seine endlichen Seiten tragen, einschließlich der Seiten von der Länge Null. Wir ordnen jeder Seite das Vorzeichen der Anfangsgeschwindigkeit der Änderung ihrer Länge zu, wobei wir die vereinbarte Bedingung bezüglich der unendlichen Seiten im Auge behalten. Die Seiten von unveränderlicher Länge lassen wir unbezeichnet.*

Unter dieser Bedingung gibt es nur drei Möglichkeiten der Zeichenverteilung:

1) Keine Seite ist bezeichnet; das Polygon ist im Anfangsmoment unbeweglich.

2) Es treten mindestens zwei Zeichenwechsel auf.

3) Beide unendlichen Seiten sind mit einem und demselben Vorzeichen versehen, und alle endlichen Seiten sind nicht bezeichnet. Dieser Fall ist nur für ein Polygon mit parallelen unendlichen Seiten möglich. Er besagt, daß sich das Polygon im Anfangsmoment entlang seinen unendlichen Seiten wie ein starres Ganzes bewegt.

Dieses Lemma ist Kap. VI, § 1, Lemma 4 äquivalent und wird durch Bezugnahme auf dieses Lemma bewiesen, ähnlich wie soeben Lemma 2 bewiesen wurde. Ist Q das ursprüngliche Polygon, so konstruieren wir ein Polygon Q' mit den Stützzahlen $h_i + \dot{h}_i t$, wobei h_i die Stützzahlen des Polygons Q und $\dot{h}_i$ die Anfangsgeschwindigkeiten ihrer Veränderung sind. Infolge von Lemma 1 sind dann die Differenzen der Seitenlängen der Polygone Q' und Q $\dot{l}_i t$, worin $\dot{l}_i$ die Anfangsgeschwindigkeiten der Änderung dieser Längen sind. (Nach der vereinbarten Bedingung ist $\dot{l}_i$ für die unendlichen Seiten die Bewegungsgeschwindigkeit ihres Endpunktes.) Wenden wir daher auf die Polygone Q und Q' Kap. VI, § 1, Lemma 4 an, so erhalten wir das erforderliche Ergebnis.

§ 2. Sätze über die Starrheit von Polyedern

1. Ein konvexes Polyeder, ein geschlossenes oder ein unendliches, wird durch die Ebenen seiner Seitenflächen vollständig bestimmt. Bewegt man diese Ebenen, so deformiert sich das Polyeder entsprechend. Wir setzen voraus, es handle sich um eine Parallelverschiebung dieser Ebenen mit bestimmten Geschwindigkeiten. Die Normalen bleiben also unverändert oder zumindest stationär, während die Stützzahlen differenzierbare Funktionen der Zeit t sind. Wir sagen, das Polyeder deformiere sich infolge einer Parallelverschiebung der Ebenen der Seitenflächen.

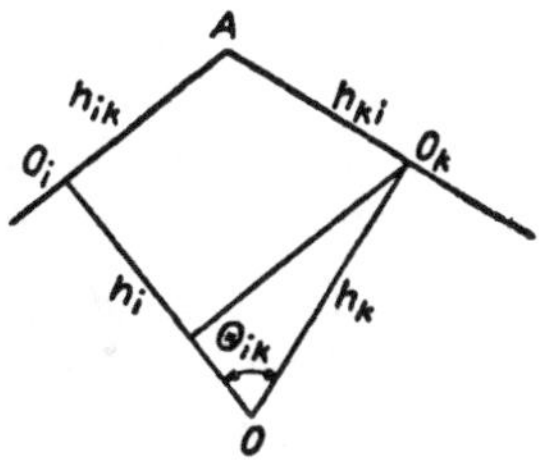

Abb. 157

Eine Seitenfläche des Polyeders wird von Geraden berandet, die Schnittlinien ihrer Ebene mit den Ebenen anderer Seitenflächen sind. Auch diese Geraden verschieben sich parallel; daher sind die Deformationen der Seitenflächen gerade der Art, wie sie in § 1 untersucht wurden. Es können auf den Seitenflächen neue Kanten auftreten. Die Lage der eine Seitenfläche berandenden Geraden auf der Ebene T dieser Seitenfläche wird bei vorgegebenen Stellungen durch die Stützzahlen bezüglich des Ursprungs bestimmt, welchen man in der Ebene T wählt. Es ist das natürlichste, hierfür den Ursprung O', die Projektion des im Raum gewählten Ursprungs O auf die Ebene T zu nehmen.

Die so bestimmten *Stützzahlen einer Seitenfläche sind also lineare Funktionen der Stützzahlen des Polyeders.*

Den Beweis ersieht man aus Abb. 157, wo die Ebenen der i-ten und k-ten Seitenfläche in der Projektion längs ihrer gemeinsamen Kante dargestellt sind. Θ_{i_k} ist hier der Winkel zwischen den Normalen dieser Seitenflächen; h_i, h_k sind die Stützzahlen der Seitenflächen; O_i, O_k sind die Ursprünge in diesen Seitenflächen; $O_i A = h_{i_k}$, $O_k A = h_{k_i}$ sind die Stützzahlen der gemeinsamen Kante, die erste auf der i-ten, die zweite auf der k-ten Seitenfläche.

Projiziert man O_k auf OO_i, so erhält man $OO_i = h_i = h_{k_i} \sin \Theta_{i_k} + h_k \cos \Theta_{i_k}$, woraus

$$h_{k\,i} = \frac{h_i - h_k \cos \Theta_{i_k}}{\sin \Theta_{i_k}} \tag{1}$$

folgt. h_{k_i} ist also eine lineare Funktion von h_i und h_k.

Hieraus folgt, daß wenn die Stützzahlen h_i mit bestimmten Geschwindigkeiten sich ändern, auch die h_{k_i} bestimmte Änderungsgeschwindigkeiten besitzen. Nach § 1, Lemma 1 gilt dann aber dasselbe für die Kantenlängen des Polyeders.

Diese Bemerkungen sichern die Möglichkeit einer Anwendung von § 1, Lemma 2 und 3.

Da die Kantenlängen und die Stützzahlen der Seitenflächen lineare Funktionen der Stützzahlen des Polyeders sind, so sind bei Bewegung der Seitenflächen mit konstanten Geschwindigkeiten auch die Änderungsgeschwindigkeiten der Kantenlängen und der Stützzahlen der Seitenflächen konstant. In Starrheitsfragen kann man sich aber auf eine gleichförmige Bewegung der Seitenflächen beschränken; dann sind auch die Änderungen der Kanten und der Stützzahlen der Seitenflächen gleichförmig, und insbesondere bedeutet ihr stationärer Charakter einfach ihre Unveränderlichkeit. Man braucht daher im weiteren keine Sorge zu haben wegen der Vermengung der Begriffe des stationären Charakters und der Unveränderlichkeit hinsichtlich der Kanten und Stützzahlen.

2. Satz 1. *Sind für jede Seitenfläche eines geschlossenen konvexen Polyeders ihre Stellung und eine gewisse wesentlich monotone Funktion stationär, so ist das Polyeder starr.*

Es möge sich mit anderen Worten ein geschlossenes konvexes Polyeder infolge einer Parallelverschiebung der Ebenen seiner Seitenflächen deformieren. Erweist sich hierbei für jede Seitenfläche irgendeine wesentlich monotone Funktion und zwar allgemein gesagt für jede Seitenfläche eine eigene stationär, so reduziert sich die Deformation des Polyeders auf eine Parallelverschiebung, d. h. die Anfangsgeschwindigkeiten der Ebenen seiner Seitenflächen sind so, als bildeten sie einen starren Körper.[1]

Der Beweis gründet sich auf die Verbindung von § 1, Lemma 2 mit dem verstärkten CAUCHYschen Lemma (Kap. X, § 2).

Wir verschieben die Ebenen der Seitenflächen eines gegebenen Polyeders P um kleine Entfernungen, die ihren Anfangsgeschwindigkeiten proportional sind. Dann erhalten wir ein neues Polyeder P', auf dem keine auf P vorhanden gewesene Kante verschwunden ist, aber möglicherweise neue Kanten aufgetreten sind. Das

[1] Fordert man keine wesentliche Monotonie der stationären Funktionen, so entfällt der Satz. Beispiel: die Funktion $f = (F(Q) - 1)^2$, worin $F(Q)$ der Flächeninhalt ist. Diese Funktion ist bei beliebigen Parallelverschiebungen der Seitenflächen des Einheitswürfels stationär.

bedeutet, daß die Seitenflächen des Polyeders P Seiten von der Länge Null hatten, welche sich bei der betrachteten Deformation verlängern.

Wir versehen jede Kante des Polyeders P' mit dem Vorzeichen der anfänglichen Änderungsgeschwindigkeit ihrer Länge oder genauer der Länge derjenigen Kante des ursprünglichen Polyeders P, aus dem sich die gegebene Kante von P' ergeben hat. Hierbei erinnern wir uns, daß gewisse Kanten von P' aus Kanten der Länge Null auf P entstanden sein können. Kanten, deren Längen stationär sind, lassen wir unbezeichnet. Da für jede Seitenfläche eine gewisse wesentlich monotone Funktion stationär ist, genügt die Zeichenverteilung um jede Seitenfläche dem § 1, Lemma 2. D. h. auf jeder Seitenfläche liegt einer von den drei folgenden Fällen vor:

1. Es ist keine Kante der Seitenfläche bezeichnet.

2. Beim Umlaufen der Seitenfläche treten mindestens vier Zeichenwechsel auf.

3. Es gibt zwei Zeichenwechsel; dann sind aber die Kanten, die an einer Stelle aus Kanten der Länge Null entstehen, mit Pluszeichen versehen, während die ihnen benachbarten gewöhnlichen Kanten mit Minus bezeichnet sind.

Im verstärkten Cauchyschen Lemma (Kap. X, § 2) werden der Zeichenverteilung um die Ecken, aber nicht der um die Seitenflächen, analoge Bedingungen auferlegt. Wir wählen daher innerhalb jeder Seitenfläche des Polyeders P je einen Punkt und verbinden die Punkte in benachbarten Seitenflächen durch Linien, welche die entsprechenden Kanten schneiden. Als Ergebnis erhalten wir auf P ein Netz R, das zum Netz seiner Seitenflächen dual ist: einer Seitenfläche auf P entspricht eine Ecke des Netzes R, einer Kante eine Kante, einer Ecke eine Seitenfläche (s. Abb. 128, S. 255).

Analog konstruieren wir auf dem Polyeder P' ein duales Netz R' und versehen jede seiner Kanten mit dem Vorzeichen der entsprechenden Kante auf P'. Den ersten zwei oben genannten Möglichkeiten der Zeichenverteilung um eine Seitenfläche auf P' entsprechen dann im Netz R' zwei mögliche Zeichenverteilungen um die Ecken:

1. Keine zur Ecke führende Kante ist bezeichnet.

2. Beim Umlaufen einer Ecke gibt es mindestens vier Zeichenwechsel.

Wir wollen erklären, was dem übriggebliebenen Fall von nur zwei Zeichenwechseln entspricht. Er steht damit in Zusammenhang, daß es auf dem Polyeder P „Kanten der Länge Null" geben konnte, die auf P' in echte Kanten übergehen. Dies bedeutet, daß in einer gewissen Ecke A des Polyeders P vier oder mehr Seitenflächen zusammentreffen, die nach Verschiebung ihrer Ebenen aufhören in einer Ecke zusammenzutreffen (Abb. 158). Die Ecke A spaltet sich gleichsam und zwischen den in ihr zusammentreffenden Seitenflächen treten neue Kanten auf.

Dies bedeutet für die dualen Netze R und R' folgendes: Das Netz R hat eine Seitenfläche G_A, welche der Ecke A entspricht; die Ecken dieser Seitenfläche entsprechen den in A zusammentreffenden Seitenflächen des Polyeders P. Der Spaltung der Ecke A entspricht eine Zerlegung der Seitenfläche G_A durch neue Kanten in Teile. Diese neuen Kanten entsprechen den neuen Kanten des Polyeders P'. Sie verbinden diejenigen Ecken der Seitenfläche G_A, welche den Seitenflächen des Polyeders P entsprechen, die nach der Deformation in den neuen Kanten aneinandergrenzen.

Alles dies besagt, daß die Seitenfläche G_A durch Diagonalen in Teile zerlegt wird. Der Übergang vom Netz R zu R' besteht also im Ziehen von Diagonalen auf gewissen seiner Seitenflächen. Somit genügt das Netz R' den durch das verstärkte CAUCHYsche Lemma auferlegten Bedingungen.

Es mögen um die Seitenfläche H' des Polyeders P' nur zwei Zeichenwechsel stattfinden (dritter Fall). Dann gibt es auf der Seitenfläche H des Polyeders P eine Ecke A, deren Spaltung eben die neuen Kanten auf P' ergibt. Die bezeichneten Kanten der Seitenfläche H' trafen alle in der Ecke A auf P zusammen, aber nur die zwei äußeren waren echte Kanten.

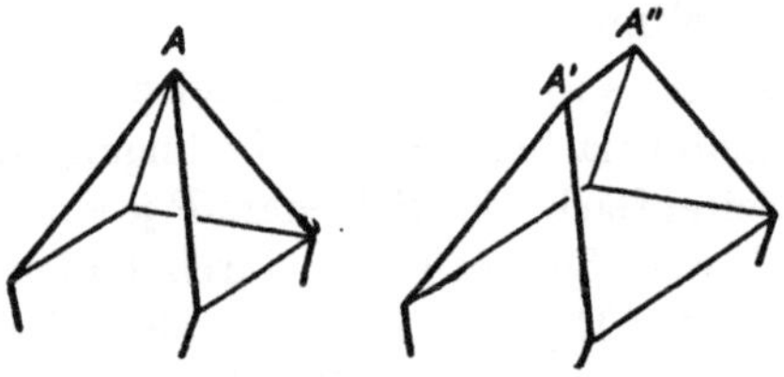

Abb. 158

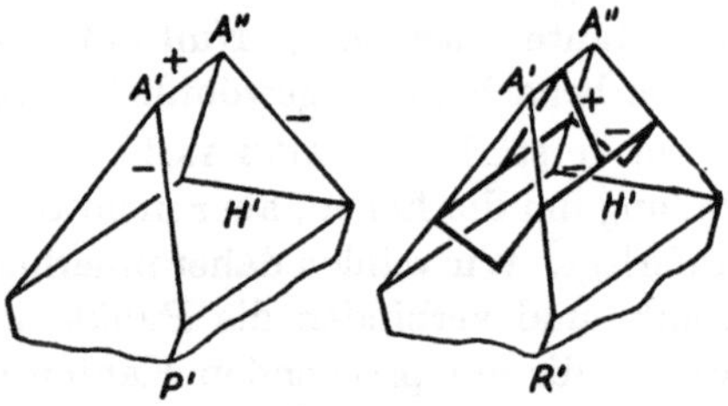

Abb. 159

Hieraus ist ersichtlich, daß sich die dritte Möglichkeit einer Zeichenverteilung um eine Seitenfläche des Polyeders P' beim Übergang zum dualen Netz R' in folgendes verwandelt: 3. Es treten beim Umlaufen einer Ecke (welche der Seitenfläche H' entspricht) nur zwei Zeichenwechsel auf; dann sind aber die neuen Kanten, die auf einer „alten" (der Ecke A entsprechenden) Seitenfläche liegen, mit Pluszeichen versehen, während die ihnen benachbarten „alten" Kanten mit Minuszeichen versehen sind (Abb. 159 gibt beide Darstellungen der Zeichenverteilung auf P' und auf R').

Dies ist die dritte Möglichkeit in der Form, in der sie im verstärkten CAUCHYschen Lemma eine Rolle spielt.

Gibt es somit bezeichnete Kanten, so erhalten wir eine Zeichenverteilung, die auf Grund dieses Lemmas unmöglich ist. Also gibt es keine bezeichneten Kanten, d. h. die Längen aller Kanten des Polyeders P sind stationär.

Hieraus ist schon ersichtlich, daß sich die Deformation des Polyeders P auf eine Parallelverschiebung reduziert, und der Satz ist bewiesen.

3. Man kann das gewonnene Ergebnis etwas verallgemeinern, wenn man Deformationen von Polyedern zuläßt, die mit dem Auftreten von neuen Seitenflächen in Zusammenhang stehen. Und zwar nehmen wir an, das gegebene Polyeder P sei nicht nur durch die Ebenen seiner Seitenflächen, sondern auch noch durch

gewisse durch seine Kanten gehende Seitenflächen begrenzt.[1] Dann können Parallelverschiebungen dieser Ebenen zum Auftreten neuer Seitenflächen auf P führen. Dies kann man so darstellen, daß gewisse Seitenflächen auf P in Kanten ausarten und sich bei einer Deformation in echte Seitenflächen verwandeln. Eine solche ausgeartete Seitenfläche wird von zwei zusammenfallenden (längs einer Kante verlaufenden) Geraden und noch von anderen durch die Endpunkte der Kante gehende Geraden „berandet" (Abb. 160).

In Verbindung hiermit stellt sich das Entstehen einer neuen Seitenfläche an Stelle einer Kante als Deformation eines in eine Strecke ausartenden Polygons dar, die durch Bewegung der berandenden Geraden hervorgerufen wird. Bei einem solchen Polygon sind im Anfangsmoment zwei Seiten gleich, und die übrigen haben die Länge Null.

Das Polygon Q möge in die Strecke AB ausarten. Durch A mögen einige berandende Geraden verlaufen. Rückt eine von ihnen „nach außen" (die Stützzahl wächst), so hört sie auf, das Polygon Q zu berühren, und hört somit auch auf, berandende

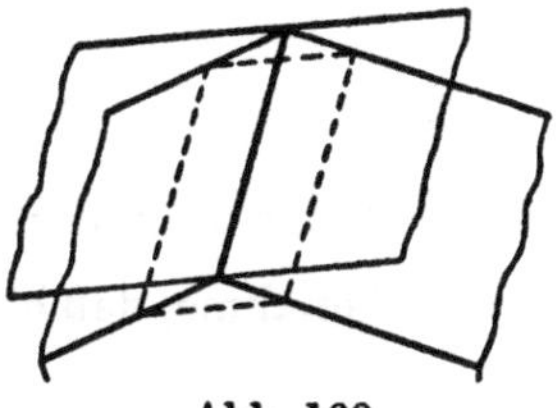

Abb. 160

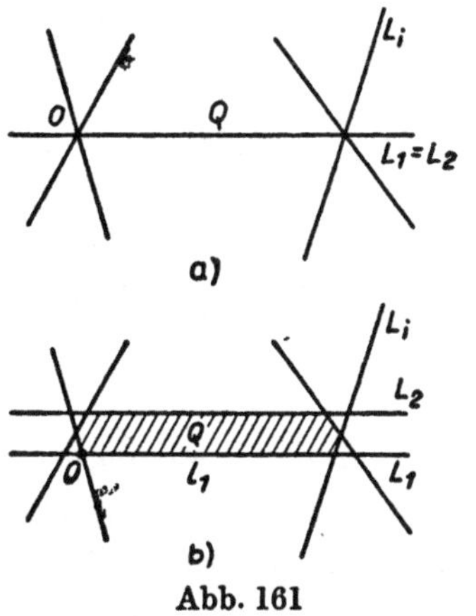

Abb. 161

Gerade zu sein. Ihre Wegbewegung führt nicht zu einer Deformation des Polygons, und man kann die Gerade daher mit Erfolg als unbeweglich annehmen. Daher schließen wir solche Verschiebungen der berandenden Geraden aus.

Lemma. *Ein Polygon, das im Anfangsmoment in eine Strecke ausartet, möge sich infolge von Parallelverschiebungen der berandenden Geraden deformieren. Ist hierbei irgendeine seiner wesentlich monotonen Funktionen stationär, so bleibt es entweder eine Strecke, oder die Änderungsgeschwindigkeiten der Seitenlängen ändern beim Umlaufen des Polygons ihr Vorzeichen viermal.*

Das Polygon Q möge in eine Strecke ausarten und sich so deformieren, daß die wesentlich monotone Funktion $f(Q)$ stationär ist. Wir nehmen an, es werde bei der Deformation ein echtes Polygon. Dies bedeutet, daß die zwei es berandenden Geraden L_1 und L_2, die im Anfangsmoment zusammenfielen, getrennt liegen (Abb. 161).

[1] Die Verallgemeinerung, welche die Ausartung der Seitenflächen in Ecken gestattet, ist nicht interessant; sie ist trivial, da bei Umwandlung eines Punktes in ein Polygon alle Stützzahlen als wachsend angenommen werden können, und daher ist entweder $df > 0$ oder f hört auf, wesentlich monoton zu sein für Polygone, die in einen Punkt ausarten, wie dies z. B. für den Flächeninhalt gilt.

Dabei muß es offenbar an beiden Endpunkten der Strecke Q länger werdende Seiten der Länge Null geben. Damit vier Zeichenwechsel stattfinden, ist es daher nötig, daß beide Seiten, deren Länge nicht Null ist, kürzer werden (die Seiten der Länge Null können natürlich nicht kürzer werden!)

Wir nehmen jedoch an, daß eine dieser Seiten, l_1, nicht kürzer wird, sondern entweder stationär ist oder länger wird. Wir legen den Ursprung O in einen ihrer Endpunkte. Im Anfangsmoment wird sie vom Schnittpunkt der Geraden L_1 mit den Geraden berandet, welche die Seiten der Länge Null tragen. Aber da sie nicht kürzer wird, können sich diese Geraden dem Punkt O nicht nähern. Die Änderungsgeschwindigkeiten ihrer Stützzahlen sind daher nicht negativ: $\dot{h}_i \geq 0$. Zugleich entfernt sich die Gerade L_2 von L_1, und daher ist die Änderungsgeschwindigkeit ihrer Stützzahl positiv: $\dot{h}_2 > 0$. Schließlich geht die Gerade L_1 weiterhin durch den Ursprung, und daher ist $\dot{h}_1 = 0$.

Also sind alle $\dot{h}_i \geq 0$ und $\dot{h}_2 > 0$. Nach der Voraussetzung der wesentlichen Monotonie ist aber $\frac{df}{dh_i} \geq 0$ und für Seiten, deren Länge nicht gleich Null ist, $\frac{df}{dh_i} > 0$, d. h. $\frac{df}{dh_2} > 0$. Es ist deshalb

$$\frac{df}{dt} = \sum \frac{df}{dh_i} \dot{h}_i > 0 .$$

Nach Voraussetzung ist indessen die Funktion f stationär, d. h. $\frac{df}{dt} = 0$. Der erhaltene Widerspruch zeigt die Unrichtigkeit der Annahme, daß eine der Seiten, deren Länge nicht Null ist, nicht kürzer wird.

Es werden demnach beide Seiten, deren Länge nicht Null ist, kürzer; wir haben somit genau vier Zeichenwechsel, und das Lemma ist bewiesen.

Nun möge sich das Polyeder P infolge von Parallelverschiebungen der Ebenen seiner Seitenflächen deformieren, wobei gewisse Seitenflächen im Anfangsmoment in Kanten ausarten. Setzen wir an die Kanten des deformierten Polyeders P' die Vorzeichen der Änderungsgeschwindigkeiten ihrer Längen, so gelangen wir zu denselben Schlußfolgerungen, die beim Beweis von Satz 1 gemacht wurden. Um eine aus einer Kante entstandene Seitenfläche gibt es immer vier Zeichenwechsel, und daher können solche Seitenflächen überhaupt nicht auftreten.

Folglich kann man in Satz 1 unter den Ebenen der Seitenflächen des Polyeders solche zulassen, die im Anfangsmoment durch die Kanten gehen, d. h. es werden Seitenflächen zugelassen, die in Kanten ausarten.

Dis ist der Tatsache äquivalent, daß in den Sätzen des Kap. VI über die Kongruenz von Polyedern mit parallelen Seitenflächen auch Seitenflächen zugelassen sind, die in Kanten ausarten.

Als Beispiel läßt sich der Starrheitssatz eines Polyeders mit stationären Umfängen der Seitenflächen nennen. Man kann dann unter den Seitenflächen solche zulassen, die in Kanten ausarten. Der Umfang einer solchen „Seitenfläche“ ist gleich der doppelten Kantenlänge.

Für den Fall, daß der Flächeninhalt stationär ist, ist die Verallgemeinerung trivial, da die ausgeartete Seitenfläche den Flächeninhalt Null hat und unter der Bedingung, daß der Flächeninhalt stationär ist, auch Kante bleiben muß, d. h. die Verallgemeinerung erweist sich hier als inhaltslos.

4. Satz 2. *Ein unendliches konvexes Polyeder möge sich infolge von Parallelverschiebungen der Ebenen seiner endlichen Seitenflächen deformieren; die Ebenen der unendlichen Seitenflächen seien unbeweglich. Ist dann für jede endliche Seitenfläche irgendeine wesentlich monotone Funktion stationär, so ist das Polyeder unbeweglich (genauer, die Ebenen aller seiner Seitenflächen sind stationär).* Hierbei sind unter den Seitenflächen solche zulässig, die im Anfangsmoment in Kanten ausarten.

Dieser Satz entspricht Kap. VI, § 4, Satz 2 über die Kongruenz unendlicher Polyeder; er verhält sich zu ihm ebenso wie der eben bewiesene Satz 1 zu Kap. VI, § 3, Satz 2 über geschlossene Polyeder.

Der Beweis von Satz 2 gründet sich auf dieselben Überlegungen.

Verschieben wir die Ebenen der Seitenflächen des gegebenen Polyeders P um kleine Entfernungen, die ihren Anfangsgeschwindigkeiten proportional sind, so erhalten wir ein Polyeder P'. An seinen Kanten verteilen wir die Vorzeichen der Änderungsgeschwindigkeiten ihrer Längen. Für die endlichen Seitenflächen erhalten wir dann dieselben drei Möglichkeiten wie in Satz 1 und für die unendlichen Seitenflächen die in § 1, Lemma 3 angeführten Möglichkeiten.

Danach wählen wir ein zweites Exemplar P'' desselben Polyeders mit entgegengesetzt verteilten Vorzeichen und definieren das abstrakte Polyeder $P' + P''$, wobei wir entsprechende unendliche Kanten bei P' und P'' identifizieren, indem wir jedes Paar entsprechender unendlicher Seitenflächen in eine vereinigen.

Ferner gehen wir von $P' + P''$ zum dualen Netz R' über; für dieses lassen sich dieselben Schlußfolgerungen wiederholen, die wir im Beweis von Satz 1 gewonnen haben.

Wenden wir dann das verschärfte CAUCHYsche Lemma auf das Netz R' an, so erhalten wir den Beweis des Satzes 2.

Eine ins Einzelne gehende Durchführung des angedeuteten Gedankenganges würde sich auf eine einfache Wiederholung dessen reduzieren, was schon in den Beweisen von Kap. VI, § 1, Satz 1 und 2 enthalten ist.

5. Satz 2 kann verschärft und auf den n-dimensionalen Raum ausgedehnt werden, genauso, wie das in Kap. VI, § 5 für den analogen Satz über die Kongruenz unendlicher Polyeder geschehen ist. Auf diese Weise ergibt sich

Satz 3. *Ein n-diemsionales unendliches konvexes Polyeder möge sich infolge von Parallelverschiebungen der Ebenen seiner endlichen Seitenflächen deformieren; die Ebenen der unendlichen Seitenflächen seien hingegen unbeweglich. Für jede endliche Seitenfläche sei mindestens eine der beiden Bedingungen erfüllt: 1) die Ebene dieser Seitenfläche ist stationär, 2) für diese Seitenfläche ist irgendeine wesentlich monotone Funktion stationär.*[1] *Unter diesen Bedingungen ist das Polyeder unbeweglich, d. h. die Ebenen aller seiner Seitenflächen sind stationär.*

Dieser Satz läßt sich für endliche Polyeder mit Rand ebenso wiederholen, wie dies für den analogen Kongruenzsatz in Kap. VI, § 5 geschehen ist.

Der Beweis ist dem Beweis des Satzes in Kap. VI, § 5 vollständig äquivalent. Es sei $h(\mathfrak{n}, t)$ die Stützfunktion des sich deformierenden Polyeders (d. h. der Abstand seiner Stützebene mit der Normalen $\mathfrak{n}$ vom Koordinatenursprung als Funktion von $\mathfrak{n}$ und dem Parameter t, mit dessen Änderung die Deformation durchgeführt wird). Ist die Anfangsgeschwindigkeit ihrer Änderung $\left(\frac{\partial h}{\partial t}\right)_{t=0}$ überall gleich Null, so ist das Polyeder im Anfangsmoment unbeweglich. Daher nehmen wir an, daß es ein Gebiet von Vektoren $\mathfrak{n}$ gibt, wo $\left(\frac{\partial h}{\partial t}\right)_{t=0} > 0$ ist. Dann bestimmen wir in diesem Gebiet die Funktion

$$\varphi(\mathfrak{n}) = \frac{1}{\left(\frac{\partial h}{\partial t}\right)_{t=0}}$$

und untersuchen die Fläche R, die durch die Endpunkte der Vektoren $\varphi(\mathfrak{n})\,\mathfrak{n}$ gebildet wird.

Dies ist der in Kap. VI, § 5 dargestellten Konstruktion analog, nur mit dem Unterschied, daß an Stelle der Differenz der Stützfunktionen die Ableitung $\frac{\partial h}{\partial t}$ auftritt. Der weitere Verlauf des Beweises ist auch den Schlußfolgerungen von Kap. VI, § 5 analog, und wir führen ihn hier nicht an.

6. Ein Polyeder mit Rand wird nicht allein durch die Ebenen der Seitenflächen, sondern noch durch die seine Randkanten enthaltenden Geraden bestimmt. Diese Geraden liegen in den Ebenen der äußeren Seitenflächen. Wir lassen Deformationen des Polyeders zu, bei welchen diese Geraden Parallelverschiebungen in den Ebenen der äußeren Seitenflächen erfahren (die sich dabei selbst parallel verschieben können).

Satz 4. *Ein endliches konvexes, von einem geschlossenen Streckenzug berandetes Polyeder möge sich infolge von Parallelverschiebungen der Ebenen seiner Seitenflächen und der seine Randkanten tragenden Geraden deformieren. Dabei möge sich 1) für jede Seitenfläche eine gewisse wesentlich monotone Funktion als stationär erweisen; 2) mögen auf jeder äußeren Seitenfläche die Anfangsgeschwindigkeiten der Längenänderungen der Randkanten ein und dasselbe Vorzeichen haben (für jede Seitenfläche ein eigenes), wobei auch der Wert Null zulässig ist.*

Unter diesen Bedingungen reduziert sich die Anfangsdeformation des Polyeders auf eine Parallelverschiebung.

Dieser Satz ist Kap. VI, § 5, Satz 2 analog.

Sein Beweis gründet sich ähnlich den Beweisen der Sätze 1 und 2 auf das verschärfte CAUCHYsche Lemma 1 in § 1. Wir konstruieren wieder ein deformiertes

[1] Es handelt sich um eine wesentlich monotone Funktion eines $(n - 1)$-dimensionalen Polyeders, die genauso bestimmt wird wie für ein Polygon.

Polyeder P' und verteilen an seinen Kanten Vorzeichen. Dann nehmen wir sein zweites Exemplar P'' mit entgegengesetzt verteilten Vorzeichen und bestimmen das abstrakte Polyeder $P' + P''$, indem wir die entsprechenden Randkanten der Polyeder P' und P'' erst identifizieren und dann ausschließen. Danach konstruieren wir ein duales Netz, wenden auf es dieselben Überlegungen wie im Beweis von Satz 1 an und erhalten den Beweis unseres Satzes.

§ 3. Der Zusammenhang der Starrheitssätze miteinander und mit der Theorie der gemischten Volumina

1. In § 2, Satz 1 ist insbesondere der folgende Satz enthalten:

Satz 1. *Ein geschlossenes konvexes Polyeder mit stationären Stellungen und Flächeninhalten der Seitenflächen ist starr.*

Wir wollen beweisen, daß man daraus den folgenden Satz als rein formale Folge ableiten kann:

Satz 2. *Ein geschlossenes konvexes Polyeder mit starren Seitenflächen ist starr.*

Dieser Satz wurde in Kap. X, § 4 bewiesen, wobei wir dort die Seitenflächen in verallgemeinertem Sinne verstanden. Hier haben wir hingegen gewöhnliche Seitenflächen im Auge. Das Ergebnis ist folglich schwächer als das in Kap. X, § 4 gewonnene. Trotzdem ist der formale Zusammenhang von Satz 2 mit Satz 1, auf welchen sich die Schlußfolgerung gründet, von nicht geringem Interesse. Bei seiner Betrachtung zeichnet sich auf natürliche Weise der Zusammenhang beider Sätze mit der Theorie der gemischten Volumina ab (Kap. VII, §§ 2 und 3), und die Anwendung dieser Theorie ergibt einen neuen Beweis für Satz 1 und zugleich auch für Satz 2.[1]

2. Wir wenden uns also der formalen Zurückführung von Satz 2 auf Satz 1 zu. Ein Polyeder mit starren Seitenflächen möge sich deformieren. Dann dreht sich jede Seitenfläche Q_m wie ein starrer Körper, und ihre Drehung wird durch den Vektor der Winkelgeschwindigkeit $\mathfrak{w}_i$ charakterisiert. Da die relative Drehung zweier benachbarter Seitenflächen Q_i und Q_j um ihre gemeinsame Kante vor sich geht, so ist die Differenz $\mathfrak{w}_i - \mathfrak{w}_j$ längs dieser Kante gerichtet. Dies ist der Tatsache äquivalent, daß die Differenz $\mathfrak{w}_i - \mathfrak{w}_j$ senkrecht zu den (äußeren) Normalen $\mathfrak{n}_i$, $\mathfrak{n}_j$ der beiden Seitenflächen ist, d. h. es ist

$$(\mathfrak{w}_i - \mathfrak{w}_j)\,\mathfrak{n}_i = 0\,, \quad (\mathfrak{w}_i - \mathfrak{w}_j)\,\mathfrak{n}_j = 0$$

oder

$$\mathfrak{w}_i\,\mathfrak{n}_i = \mathfrak{w}_j\,\mathfrak{n}_i\,, \quad \mathfrak{w}_i\,\mathfrak{n}_j = \mathfrak{w}_j\,\mathfrak{n}_j\,. \tag{1}$$

Wir setzen

$$\mathfrak{w}_i\,\mathfrak{n}_i = p_i \tag{2}$$

und betrachten eine Deformation desselben Polyeders, die in einer Parallelverschiebung der Seitenflächen mit konstanten Geschwindigkeiten p_i in der Richtung ihrer Normalen besteht. Im Moment t sind dann die Stützzahlen des Polyeders

$$h_i^t = h_i + t\,p_i\,. \tag{3}$$

[1] Diese Zusammenhänge haben große Bedeutung in der Ableitung der Starrheitssätze für gekrümmte Flächen. Für Polyeder wurden sie erstmalig von H. Weyl [19] bemerkt.

Wir beweisen, daß bei einer durch die Gleichungen (3) bestimmten Deformation auf Grund der wechselseitigen Beziehungen (1) die Flächeninhalte der Seitenflächen stationär sind. Damit wird Satz 2 über die Starrheit eines Polyeders mit starren Seitenflächen auf Satz 1 über die Starrheit eines Polyeders bei stationärem Charakter der Stellungen und Flächeninhalte der Seitenflächen zurückgeführt.

Der stationäre Charakter der Stellungen und Flächeninhalte der Seitenflächen besagt nämlich gemäß Satz 1, daß das Polyeder nur eine Parallelverschiebung mit einer beliebigen Geschwindigkeit $\mathfrak{a}$ erfährt. Dann sind aber die p_i Komponenten dieser Verschiebung, die zu den Seitenflächen normal sind, und es ist denmach

$$p_i = \mathfrak{n}_i \mathfrak{a} .$$

Wir fügen zur betrachteten Deformation des Polyeders seine Drehung als die eines Ganzen mit der Winkelgeschwindigkeit $-\mathfrak{a}$ hinzu. Dann sind die Geschwindigkeiten der Drehung seiner Seitenflächen $\mathfrak{w}'_i = \mathfrak{w}_i - \mathfrak{a}$, und es sind die $p'_i = \mathfrak{w}'_i \mathfrak{n}_i = 0$ für alle i. Nach (1) ist aber

$$\mathfrak{w}'_i \mathfrak{n}_j = \mathfrak{w}'_j \mathfrak{n}_j = \mathfrak{w}'_i \mathfrak{n}_i = 0 ,$$

wobei $\mathfrak{n}_j$ die Normale einer beliebigen Seitenfläche ist, die mit Q_i eine gemeinsame Kante besitzt. Da sich unter diesen Normalen sicher zwei befinden, die nicht in einer Ebene mit $\mathfrak{n}_i$ liegen, so folgt aus den obigen Gleichungen, daß

$$\mathfrak{w}'_i = 0$$

ist. Somit reduziert sich die neue Deformation auf eine Bewegung, also reduzierte sich auch die ursprüngliche Deformation auf eine Bewegung, d. h. wir haben Satz 2 erhalten.

3. Wir wollen beweisen, daß aus den Beziehungen (1) der stationäre Charakter der Flächeninhalte der Seitenflächen folgt. Dazu betrachten wir eine gegebene Seitenfläche Q_i. In ihrer Ebene wählen wir als Koordinatenursprung die Projektion des räumlichen Koordinatenursprungs. Sind h_{ij} die Stützzahlen der Kanten der Seitenfläche Q_i bezüglich dieses Ursprungs, so ist nach § 2, Formel (1)

$$h_{ij} = \frac{h_j - h_i \cos \Theta_{ij}}{\sin \Theta_{ij}} = \frac{h_j - h_i (\mathfrak{n}_i \mathfrak{n}_j)}{|\mathfrak{n}_i \times \mathfrak{n}_j|} , \tag{4}$$

wobei h_j und $\mathfrak{n}_j$ die Stützzahl und die Normale der Seitenfläche Q_j sind, die mit Q_j in der entsprechenden Kante aneinandergrenzen.

Für das deformierte Polyeder erhalten wir auf Grund der Formel (3)

$$h^t_{ij} = h_{ij} + t\, p_{ij} , \tag{5}$$

wobei

$$p_{ij} = \frac{p_j - p_i (\mathfrak{n}_i \mathfrak{n}_j)}{|\mathfrak{n}_i \times \mathfrak{n}_j|} \tag{6}$$

ist.

Bei Verschiebung der Seite l des Polygons um die kleine Entfernung δ wird zum Polygon ein Trapez mit der Grundlinie l und der Höhe δ hinzugefügt. Daher ist die Ableitung des Flächeninhalts F_i der Seitenfläche Q_i nach der Stützzahl h_{ij} die Länge der entsprechenden Seite:

$$\frac{\partial F_i}{\partial h_{i_j}} = l_{i_j}. \tag{7}$$

Wegen (5) ist somit

$$\left(\frac{dF_i}{dt}\right)_{t=0} = \sum_j \left(\frac{\partial F_i}{\partial h_{i_j}} \frac{dh_{i_j}}{dt}\right)_{t=0} = \sum_j p_{i_j} l_{i_j}. \tag{8}$$

Es bleibt jetzt nur zu zeigen, daß die hier rechts stehende Summe infolge der Gleichungen (1) zu Null wird. Dazu bemerken wir, daß nach (1) und (2)

$$p_i = \mathfrak{w}_i \mathfrak{n}_i, \quad p_j = \mathfrak{w}_i \mathfrak{n}_j \tag{9}$$

ist. Daher folgt aus (6)

$$p_{i_j} = \frac{\mathfrak{n}_j - \mathfrak{n}_i (\mathfrak{n}_i \mathfrak{n}_j)}{|\mathfrak{n}_i \times \mathfrak{n}_j|} \mathfrak{w}_i = \mathfrak{n}_{i_j} \mathfrak{w}_i, \tag{10}$$

worin der Vektor

$$\mathfrak{n}_{i_j} = \frac{\mathfrak{n}_j - \mathfrak{n}_i (\mathfrak{n}_i \mathfrak{n}_j)}{|\mathfrak{n}_i \times \mathfrak{n}_j|} \tag{11}$$

nichts anderes ist als der Einheitsvektor der äußeren Normale der Seite l_i der Seitenfläche Q_i, wovon man sich leicht unmittelbar überzeugen kann. Daher gilt die Beziehung der Geschlossenheit

$$\sum_j \mathfrak{n}_{i_j} l_{i_j} = 0. \tag{12}$$

Multiplizieren wir mit $\mathfrak{w}_i$ und wenden wir Formel (10) an, so erhalten wir hieraus

$$\sum_j p_{i_j} l_{i_j} = 0, \tag{13}$$

woraus sich wegen der Relation (8)

$$\left(\frac{dF_i}{dt}\right)_{t=0} = 0$$

ergibt, w. z. b. w.

4. Wir beweisen nun Satz 1 über die Starrheit eines Polyeders mit stationären Stellungen und Flächeninhalten der Seitenflächen, wobei wir uns auf die Grundlagen der Theorie der gemischten Volumina stützten.

Die Anfangsgeschwindigkeiten der Parallelverschiebung der Seitenflächen des gegebenen Polyeders P seien p_i, d. h. $\left(\frac{dh_i}{dt}\right)_{t=0} = p_i$. Die Anfangsgeschwindigkeiten der Änderung der Stützzahlen der Kanten der Seitenflächen seien p_{i_j}, d. h. $\left(\frac{dh_{i_j}}{dt}\right)_{t=0} = p_{i_j}$.

Für die Ableitung des Flächeninhaltes der Seitenfläche haben wir Formel (8)

$$\left(\frac{dF_i}{dt}\right)_{t=0} = \sum_j p_{i_j} l_{i_j}.$$

Die Bedingung des stationären Charakters der Flächeninhalte ergibt somit

$$\sum_j p_{i_j} l_{i_j} = 0. \tag{14}$$

Wir betrachten das Polyeder P' mit den Stützzahlen

$$h_i' = h_i + t\, p_i \tag{15}$$

mit so kleinem t, daß auf P' keine zwei Seitenflächen benachbart werden, die auf P nicht benachbart sind. Ein Unterschied in der Struktur der Polyeder P und P' kann nur dadurch bedingt sein, daß gewisse auf P in einer Ecke zusammentreffende Seitenflächen auf P' getrennt liegen können, während andere nicht in einer Ecke, sondern in einer Kante aneinandergrenzen. In diesem Fall kann man annehmen, daß es auch auf P eine solche Kante gibt, die aber die Länge Null hat.

Q_i und Q_i' seien entsprechene Seitenflächen der Polyeder P und P'. Der gemischte Flächeninhalt dieser Seitenflächen, der ähnlich dem gemischten Volumen definiert wird (s. Kap, VIII, § 2, Lemma 4), ist

$$F(Q_i Q_i') = \frac{1}{2} \sum_j h_{i_j}' l_{i_j} \tag{16}$$

oder wegen Formel (5)

$$F(Q_i Q_i') = \frac{1}{2} \sum_j h_{i_j} l_{i_j} + \frac{1}{2} t \sum_j p_{i_j} l_{i_j} .$$

Hieraus folgt auf Grund Bedingung (14)

$$F(Q_i Q_i') = \frac{1}{2} \sum_j h_{i_j} l_{i_j} = F(Q_i Q_i), \tag{17}$$

wobei $F(Q_i Q_i) = \frac{1}{2} \sum_j h_{i_j} l_{i_j}$ nichts anderes als der Flächeninhalt der Seitenfläche Q_i ist.

Wir schreiben die Minkowskische Ungleichung für gemischte Flächeninhalte[1]

$$F(Q_i Q_i')^2 \geq F(Q_i Q_i)\, F(Q_i' Q_i'); \tag{18}$$

[1] Diese Ungleichung ist natürlich eine spezielle Form der allgemeinen Ungleichung, die in Kap. VIII, § 3 für den n-dimensionalen Raum abgeleitet wurde. Für Flächeninhalte läßt sie sich jedoch ganz einfach ableiten. Wir suchen das Minimum des Quotienten

$$\Phi = \frac{F(Q\,Q')^2}{F(Q\,Q)\, F(Q'Q')}$$

bei gegebenem Q und variablem Q'. Es ist leicht zu sehen, daß dieses Minimum erreicht wird. Bezeichnen wir die Stützzahlen und die Seitenlängen der Polygone Q und Q' mit h_j, h_j' und l_j, l_j', so haben wir beim Minimum $\frac{\partial \Phi}{\partial h_j'} = 0$ und wegen (16) $\frac{\partial F(Q\,Q')}{\partial h_j'} = \frac{1}{2} l_j$. Da $F(Q'\,Q')$ der Flächeninhalt des Polygons ist, so gilt $\frac{\partial F(Q'\,Q')}{\partial h_j'} = l_j$. Berechnet man auf Grund dieser Relationen die Ableitungen und setzt man sie gleich Null, so gelangen wir dazu, daß beim Minimum $l_j = \lambda\, l_j'$ ist, wobei $\lambda = \frac{F(Q\,Q')}{F(Q'\,Q')}$ ist. Sind aber die Seitenlängen proportional, so sind die Polygone Q und Q' ähnlich, d. h. das Minimum Φ wird für ähnliche Polygone erreicht. Dann ist aber $\Phi = 1$. Es ist also $\Phi \geq 1$ und $\Phi = 1$ nur dann, wenn Q und Q' ähnlich sind. Dies ist eben die Ungleichung (18) mit der Ergänzung über die Gleichheitsbedingung.

das Gleichheitszeichen steht hier dann und nur dann, wenn Q_i und Q_i' homothetisch sind. Infolge von (17) folgt hieraus, daß

$$F(Q_i Q_i') \geq F(Q_i' Q_i') \tag{19}$$

ist, wobei das Gleichheitszeichen nur unter der Bedingung steht, daß es in (18) steht, d. h. dann, wenn die Seitenflächen Q_i und Q_i' homothetisch sind. Da sich aber dann (19) auf die Gleichung ihrer Flächeninhalte reduziert, so verwandelt sich damit (19) nur unter der Bedingung in eine Gleichung, daß die Seitenflächen Q_i und Q_i' kongruent und parallel sind.

Multipliziert man (17) mit h_i' und summiert über alle Seitenflächen, so erhält man

$$\sum_i h_i' F(Q_i Q_i') = \sum_i h_i' F(Q_i Q_i). \tag{20}$$

Multipliziert man (19) mit h_i und summiert dann über alle Seitenflächen, so erhält man

$$\sum_i h_i F(Q_i Q_i') \geq \sum_i h_i F(Q_i' Q_i'). \tag{21}$$

Infolge von Kap. VIII, Satz 4 (Formel (26))[1] ist aber

$$\sum_i h_i' F_i(Q_i Q_i') = \sum_i h_i F(Q_i' Q_i'); \qquad \sum_i h_i F(Q_i Q_i') = \sum h_1' F(Q_i Q_i). \tag{22}$$

Daher folgt aus (20), daß in (21) das Gleichheitszeichen steht. Dies ist nur unter der Bedingung möglich, daß in allen Ungleichungen (19) das Gleichheitszeichen steht. Dann sind aber alle Seitenflächen Q_i und Q_i' entsprechend kongruent und parallel gelegen, d. h. die Polyeder P und P' selbst sind kongruent und parallel gelegen. Auf Grund der Definition des Polyeders P' bedeutet dies, daß die Geschwindigkeiten p_i der Bewegung der Seitenflächen so sind, als wäre das Polyeder P starr; d. h. es ist bei stationärem Charakter der Flächeninhalte der Seitenflächen starr.

5. Alle durchgeführten Ableitungen lassen sich auf stetig verbogene konvexe Flächen übertragen. Erfährt eine Fläche eine unendlich kleine Verbiegung, so bewegt sich jedes ihrer unendlich kleinen Stücke wie ein fester Körper, so daß man ihm einen bestimmten Vektor der Winkelgeschwindigkeit $\mathfrak{w}$ zuschreiben kann.

[1] Hier braucht man sich nicht auf Kap. VIII, § 3, Satz 4 zu beziehen, da man dasselbe Ergebnis unmittelbar gewinnen kann. Wenden wir die Formel (16) an (und stellen wir Q_i und Q_i' um), so erhalten wir

$$\sum_i h_i' F_i(Q_i Q_i') = \sum_i h_i' \frac{1}{2} \sum_j h_{i_j} l_{i_j}' = \sum_i \frac{h_i'}{2} \sum_j \frac{h_j - h_i \cos\Theta_{i_j}}{\sin\Theta_{i_j}} l_{i_j}'.$$

Hier kommt jede Kante l_{ij}' doppelt vor: einmal bei der Seitenfläche Q_i und einmal bei der Seitenfläche Q_j. Daher läßt sich dieselbe Summe wie folgt schreiben:

$$\sum\sum \frac{h_i' h_j}{2} \frac{l_{ij}'}{\sin\Theta_{i_j}} - \sum\sum \frac{h_i' h_i}{2} \frac{\cos\Theta_{i_j}}{\sin\Theta_{i_j}} l_{i_j}' = \sum\sum \frac{h_j' h_i}{2} \frac{l_{ij}'}{\sin\Theta_{i_j}}$$

$$- \sum\sum \frac{h_i' h_i}{2} \frac{\cos\Theta_{i_j}}{\sin\Theta_{i_j}} = \sum_i h_i \frac{1}{2} \sum_j \frac{h_j' - h_i' \cos\Theta_{i_j}}{\sin\Theta_{i_j}} l_{i_j}' = \sum_i h_i F(Q_i' Q_i').$$

So läßt sich auf einer Fläche $\mathfrak{x}(u, v)$ ein „Drehfeld" $\mathfrak{w}(u, v)$ bestimmen. Da zwei benachbarte unendlich kleine Stücke der Fläche sich ähnlich unendlich kleinen Seitenflächen gleichsam um eine gemeinsame Kante drehen, so liegt $d\mathfrak{w}$ in der Tangentenebene. Das bedeutet, daß die durch den Endpunkt des Vektors $\mathfrak{w}(u, v)$ beschriebene Fläche — der sogenannte „Drehriß" — in jedem Punkt eine Singularität besitzt, oder ihre Tangentenebene ist der Tangentenebene der gegebenen Fläche parallel.

Wir betrachten nun die Funktion $p(\mathfrak{n}) = \mathfrak{n}\,\mathfrak{w}$, wobei $\mathfrak{n}$ die Normale der Fläche $\mathfrak{x}$ und folglich auch Normale von $\mathfrak{w}$ ist. $p(\mathfrak{n})$ ist die Entfernung zwischen Ursprung und Tangentenebene des Drehrisses mit der Normalen $\mathfrak{n}$. Wie sich zeigt, ist die Funktion $p(\mathfrak{n})$ einer Gleichung unterworfen, die der folgenden Bedingung äquivalent ist: ändert man die Stützfunktion $h(\mathfrak{n})$ mit der Geschwindigkeit $p(\mathfrak{n})$, so ist die GAUSSsche Krümmung in jedem Punkt stationär.

Daß sich unter dieser Bedingung die Deformation einer geschlossenen konvexen Fläche auf eine Parallelverschiebung reduziert, läßt sich mittels derselben Formeln der Theorie gemischter Volumina beweisen, die lediglich für reguläre Flächen und nicht für Polyeder formuliert werden [37], [47].[1]

6. Die oben dargelegte Ableitung des Starrheitssatzes eines Polyeders mit stationären Stellungen und Flächeninhalten der Seitenflächen läßt sich wörtlich auf einen Raum beliebiger Dimension n ausdehnen. Für $n > 3$ muß man jedoch nicht die in Kap. VIII, § 3 abgeleitete MINKOWSKIsche Ungleichung, sondern eine andere anwenden:

$$V(P_1 P_0 \ldots P_0)^2 \geq V(P_1 P_1 P_0 \ldots P_0)\, V(P_0 \ldots P_0).$$

Diese Ungleichung wird aus der BRUNNschen Ungleichung abgeleitet. Gemäß der BRUNNschen Ungleichung ist $f(t) = \sqrt[n]{V((1-t)\,P_0 + t\,P_1)}$ eine konvexe Funktion von t. Daher ist $f''(0) \leq 0$. Berechnen wir $f''(0)$, so erhalten wir die gegebene quadratische MINKOWSKIsche Ungleichung. Man kann ferner noch beweisen, daß wenn die Polyeder P_1 und P_0 parallele Seitenflächen bei gleicher Struktur haben, das Gleicheitszeichen hier nur dann steht, wenn P_1 und P_0 homothetisch sind.

§ 4. Verallgemeinerungen

1. Im Unterschied zum Fall unendlicher Polyeder läßt sich für geschlossene Polyeder in einem Raum beliebiger Dimension kein Satz gewinnen, der so allgemein wäre wie § 2, Satz 1. Dies ist aus dem Beispiel zu ersehen, das die Unmöglichkeit einer solchen Verallgemeinerung des Kap. VI, § 3, Satz 1 beweist (s. Kap. VI, § 3, Nr. 2). Im n-dimensionalen Raum gilt folglich für $n > 3$ ein analoger Starrheitssatz nur für gewisse spezielle Funktionen der Seitenflächen, deren stationärer Charakter sich als Starrheitsbedingung darstellt. So kann man z. B. beweisen, daß *ein geschlossenes konvexes Polyeder mit stationären Stellungen und Flächeninhalten (d. h. $(n-1)$-dimensionalen Volumina) der Seitenflächen in einem Raum beliebiger Dimension starr ist.*

Der Beweis gründet sich auf die Theorie gemischter Volumina und ist dem in § 5, Nr. 4 gegebenen Beweis dieses Satzes für den Fall des dreidimensionalen Raumes völlig analog.[2]

---

[1] Eine andere Form derselben Ableitung wird bei BLASCHKE [32] gegeben.

[2] Auf ähnlichem Wege kann man einen allgemeinen Satz erhalten, wenn man an Stelle der Flächeninhalte der Seitenflächen die gemischten Flächeninhalte $F_i(P, \ldots, PP_1, \ldots, P_m)$ der Seitenflächen des zu deformierenden Polyeders P und der Polyeder $P_1, \ldots, P_m$ nimmt, die ihm analog sind, die also dieselbe Struktur und Seitenflächen haben, welche den Seitenflächen des Polyeders P entsprechend parallel sind (wie z. B. der Würfel und rechtwinklige Parallelepipede; bei $m = 0$ reduziert sich dies auf den Fall stationärer Flächeninhalte). Der Beweis fußt auf allgemeinen Eigenschaften gemischter Volumina und auf einer allgemeinen Ungleichung zwischen ihnen, die man in meiner am Ende von Kap. VIII zitierten Arbeit finden kann. Angesichts der Beschränkung auf „analoge" Polyeder $P, P_1, \ldots, P_m$ erscheint jedoch das Ergebnis nicht als genügend interessant.

Aber schon die Frage nach der Starrheit eines n-dimensionalen geschlossenen Polyeders unter der Bedingung, daß die $(n-2)$-dimensionalen Flächeninhalte der Flächen seiner $(n-1)$-dimensionalen Seitenflächen stationär sind — entsprechend den Umfängen bei $n = 3$ — bleibt offen.

Es sind ferner keine analogen Starrheitssätze für Polyeder im LOBATSCHEWSKIschen oder im sphärischen Raum bekannt, obgleich die Frage nach solchen Sätzen ähnlich der in Kap. VI, § 6, Nr. 4 gestellten Fragen nach der Kongruenz nicht sinnlos zu sein braucht.

2. Für reguläre Flächen des euklidischen Raums kann man Starrheitssätze aufstellen, die den Sätzen 1—3 in § 2 analog sind.

Es sei $f(x, y; \mathfrak{n})$ eine Funktion des Einheitsvektors $\mathfrak{n}$ und der skalaren Veränderlichen x und y, die im Gebiet $x \geq y$ definiert und wesentlich monoton, d. h. so beschaffen ist, daß $\frac{\partial f}{\partial x}$ und $\frac{\partial f}{\partial y}$ existieren, stetig und positiv sind.

Die Bedingung, welche der Flächendeformation aufzuerlegen ist, wird darin bestehen, daß die Funktion $f(R_1 R_2; \mathfrak{n})$ in jedem ihrer Punkte stationär ist, wobei R_1 und R_2 die Hauptkrümmungsradien und $\mathfrak{n}$ die Normale in diesem Punkt sind.

Die Fläche selbst betrachten wir als Einhüllende ihrer Tangentenebenen, und die Deformation findet infolge der Parallelbewegung der Tangentenebenen statt. Die zu deformierende Fläche wird also als Einhüllende der Familie von Ebenen

$$\mathfrak{n}\,\mathfrak{x} = h(\mathfrak{n}; t)$$

bestimmt, worin t der Parameter ist, von dem die Deformation abhängt; $v(\mathfrak{n}) = \frac{\partial h(\mathfrak{n}; 0)}{\partial t}$ ist die Anfangsgeschwindigkeit der Bewegung der Tangentenebenen.

Wir formulieren die Ergebnisse.

1. Erweist sich bei einer Deformation vom beschriebenen Typus einer geschlossenen Fläche F irgendeine Funktion $f(R_1, R_2; \mathfrak{n})$, die den oben formulierten Bedingungen genügt, überall als stationär, so ist die Fläche F starr.

Dieser Satz läßt sich unter der Voraussetzung des stückweisen analytischen Charakters der Funktionen f, h, v beweisen. Im übrigen werden solche Regularitätsforderungene kaum durch das Wesen der Sache hervorgerufen und können wesentlich abgeschwächt werden, wenn die Fläche F überall eine positive Krümmung besitzt. Allgemein braucht aber die Fläche auch nicht konvex zu sein, wenn nur die Funktion $h(\mathfrak{n}; t)$ für alle $\mathfrak{n}$ bestimmt und stückweise-analytisch ist.

Der Beweis des Satzes ist im wesentlichen in meiner Arbeit „Ein allgemeiner Eindeutigkeitssatz für geschlossene Flächen" enthalten, die in Kap. VI, § 6 zitiert wurde. Die Abschwächung der Regularitätsbedingungen kann man aus der ebenda zitierten Arbeit POGORELOWS ableiten.

2. Eine endliche konvexe Fläche F mit Rand möge ein sphärisches Bild S haben, das in einer Halbsphäre enthalten ist. Sie möge sich infolge von Parallelverschiebungen ihrer Tangentenebenen deformieren, wobei a) die Tangentenebenen am Rand stationär sind, b) eine gewisse Funktion $f(R_1, R_2; \mathfrak{n})$, welche den oben genannten Bedingungen genügt, in allen Punkten stationär ist. Dann ist die Fläche im Anfangsmoment unbeweglich, d. h. die Bewegungsgeschwindigkeit der Tangentenebenen ist $v(\mathfrak{n}) = 0$.

Dieser Satz gilt in einem Raum beliebiger Dimension und wird ähnlich wie in § 2, Satz 3 durch Betrachtung der Fläche bewiesen, welche durch die Endpunkte der Vektoren $\frac{1}{v(\mathfrak{n})}\,\mathfrak{n}$ gebildet wird, wobei $v(\mathfrak{n}) = \left(\frac{\partial h(\mathfrak{n}; t)}{\partial t}\right)_{t=0}$ die Anfangsgeschwindigkeit der Bewegung der Stützebene ist. (Liegt das sphärische Bild nicht im Inneren einer Halbkugel, ist es aber doch in einer Halbsphäre enthalten, so gilt der Satz wahrscheinlich auch. In anderen Fällen wird er nicht erfüllt sein.)

Beide Sätze 1 und 2 reduzieren sich auf Sätze über lineare partielle Differentialgleichungen zweiter Ordnung. Die Krümmungsradien R_1 und R_2 der deformierten Fläche lassen sich nämlich auf bekannte Weise durch die „Stützfunktion" $h(\mathfrak{n};t)$ [32] und deren erste und zweite Ableitungen nach den Komponenten der Normalen $\mathfrak{n}$ oder, was dasselbe ist, nach den Koordinaten ξ, η auf der Sphäre ausdrücken. Daher ist

$$f(R_1, R_2; \mathfrak{n}) = (h_{\xi\xi}, h_{\xi\eta}, h_{\eta\eta}, \ldots, h; \mathfrak{n}).$$

Die Bedingung für den stationären Charakter ist

$$\left(\frac{\partial \Phi}{\partial t}\right)_{t=0} = 0. \tag{1}$$

Aber es gilt

$$\frac{\partial \Phi}{\partial t} = \frac{\partial \Phi}{\partial h_{\xi\xi}} \frac{\partial h_{\xi\xi}}{\partial t} + \frac{\partial \Phi}{\partial h_{\xi\eta}} \frac{\partial h_{\xi\eta}}{\partial t} + \cdots + \frac{\partial \Phi}{\partial h} \frac{\partial h}{\partial t}$$

und

$$\left(\frac{\partial h}{\partial t}\right)_{t=0} = v.$$

Daher reduziert sich die Bedingung (1) auf eine lineare partielle Differentialgleichung für die Funktion $v(\mathfrak{n}) = v(\xi, \eta)$. Infolge der Bedingungen

$$\frac{\partial f}{\partial R_1} > 0, \quad \frac{\partial f}{\partial R_2} > 0$$

ist diese Gleichung vom elliptischen Typus. Daher bedeutet insbesondere Satz 2 die Eindeutigkeit der Lösung einer solchen Gleichung bei gegebenen Bedingungen auf dem Rand des Gebietes S.

3. Eine Verallgemeinerung von Satz 1 für geschlossene Flächen im n-dimensionalen Raum ist nicht bekannt. Man muß sich auf spezielle Funktionen der Hauptkrümmungsradien beschränken.

So gilt im n-dimensionalen Raum der Satz:

Eine geschlossene konvexe Fläche ist starr, wenn irgendeine elementarsymmetrische Funktion ihrer Hauptkrümmungsradien stationär ist (das Produkt aller n—1-Krümmungsradien, die Summe ihrer Produkte zu je n—2 usw.). Es wird vorausgesetzt, daß die Fläche analytisch ist und die Krümmungsradien nirgends zu Null werden. [Diese Bedingungen können abgeschwächt werden, aber es ist als sicher bekannt, daß sich dieser Satz nicht auf willkürliche konvexe Flächen verallgemeinern läßt (dann werden die Krümmungsfunktionen als Mengenfunktionen auf der Kugel definiert.)]

Ein Beweis für diesen Satz ist nirgends veröffentlicht; man kann ihn aber leicht erhalten, wenn man sich auf gewisse allgemeine Ergebnisse der Theorie gemischter Volumina stützt, welche in meiner am Ende von Kap. VIII zitierten Arbeit gewonnen wurden. Auf demselben Wege läßt sich ein analoger Starrheitssatz für eine geschlossene konvexe Fläche beweisen, unter der Bedingung, daß die „gemischte Krümmungsfunktion" ihrer selbst und anderer gegebener geschlossener konvexer Flächen stationär ist. Die zum Beweis notwendigen Begriffe und Fakten findet man in derselben Arbeit.

LITERATURVERZEICHNIS

[1] CAUCHY, A., Sur les polygones et polyèdres, Second Memoire, „Journal Ecole Polytechn.", 9, 87 (1813).

[2] HADAMARD, J., Lecons de Géométrie élémentaire. Teil II, Stereometrie, S. 534—543 (1921).

[3] MINKOWSKI, H., Allgemeine Lehrsätze über die konvexen Polyeder. „Nachr. Ges. Wiss. Göttingen", 1897. (Wiederabgedruckt in: MINKOWSKI, H., Gesammelte Abhandlungen. Bd. II, Leipzig 1921.)

[4] Люстерник, Л. А., Выпуклые тела. (LJUSTERNIK, L. A., Konvexe Polyeder), 2. Aufl., 1941.

[5] Оловянишников, С. П., Об изгибании бесконечных выпуклых поверхностей. (OLOWJANISCHNIKOW, S. P., Über die Verbiegung unendlicher konvexer Flächen), „Матем. сборник", 18, 3 (1945).

[6] DEHN, M., Über die Starrheit konvexer Polyeder. „Math. Ann.", 77, 466—473 (1916).

[7] DEHN, M., „Успехи матем. наук", (Fortschr. Mathem. Wiss.), 2 (1936).

[8] Элементарное доказательство теоремы Минковского и некоторых других теорем о выпуклых многогранниках. (Ein elementarer Beweis des Satzes von MINKOWSKI und einiger anderer Sätze über konvexe Polyeder), „Изв. Акад. наук.", (Nachr. Akad. Wiss.), 1937.

[9] Александров, А. Д., Применение теоремы об инвариантности области к доказательствам существования. (ALEXANDROW, A. D., Anwendung des Satzes über die Invarianz des Gebietes auf Existenzbeweise), „Изв. Акад. наук", (Nachr. Akad. Wiss.), 1939.

[10] Александров, А.Д., Существование выпуклого многогранника и выпуклой поверхности с заданной метрикой. (ALEXANDROW, A. D., Die Existenz eines konvexen Polyeders und einer konvexen Fläche mit gegebener Metrik), „Матем. сборник", 11, 1 (1941).

[11] Александров, А. Д., Существование и единственность выпуклой поверхности с данной интегральной кривизной. (ALEXANDROW, A. W., Existenz und Eindeutigkeit einer konvexen Fläche mit gegebener Gesamtkrümmung), „Доклады Акад. наук.", (Ber. Akad. Wiss.), 35, 8 (1942).

[12] ALEXANDROW, A.D., Die innere Geometrie der konvexen Flächen. Akademie-Verlag, Berlin 1955.

[13] Ebenda, Kap. V, §§ 2, 4.

[14] HILBERT, D., Grundlagen der Geometrie. Leipzig und Berlin 1930.

[15] Ефимов, Н. В., Высшая геометрия. (EFIMOW, N. W., Höhere Geometrie), Kap. V, Nr. 14, 1. Aufl., 1945.

[16] Голузин, Г. М., О методе непрерывности в теории конформных отображений. (GOLUSIN, G. M., Über die Methode der Stetigkeit in der Theorie der konformen Abbildungen), „Матем. сборник", (46), 4, 1, 3 (1938).

[17] Оловянишников, С. П., Об изгибании бесконечных выпуклых поверхностей. (OLOWJANISCHNIKOW, S. P., Über die Verbiegung unendlicher konvexer Polyeder), „Матем. сборник", (60), 18, 3 (1946).

[18] LINDELÖF, L., Propriétés générales des polyèdres qui, sous une étendue superficielle donnée, renferment le plus grand volume. „Math. Ann.", 2, 150 (1876).

[19] WEYL, H., Über die Starrheit der Eiflächen und konvexen Polyeder. S.-B. preuß. Akad. Wiss., 250—266 (1917).

[20] Александров, А. Д., К теории смешанных объёмов выпуклых тел, част I. (ALEXANDROW, A. D., Zur Theorie gemischter Volumina konvexer Körper, Teil I), „Матем. сборник", 2, 5 (1937); Teil II, ebenda, 2, 6 (1937).

[21] Александров, А. Д., Геометрия и топология в Советском Союзе § 8. (ALEXANDROW, A. D., Geometrie und Topologie in der Sowjetunion, §8), „Успехи матем. наук.", (Fortschr. Matem. Wiss.), (21), 2, 5 (1937).

[22] Кон-Фоссен, С. Э., Изгибание поверхностей в целом. (ST. COHN-VOSSEN, Die Verbiegung von Flächen im Großen), „Успехи матем. наук", (Fortschr. Mathem. Wiss.), 1 (1936).

[23] Александров, А. Д., О поверхностной функции выпуклого тела. (ALEXANDROW, A. D., Von der Flächenfunktion eines konvexen Körpers, „Матем. собрник", (48), 6, 167 (1939).

[24] Оловянишников, С. П., Обобщение теоремы Коши о выпуклых многогранниках. (OLOWJANISCHNIKOW, S. P., Verallgemeinerung des CAUCHYschen Satzes über konvexe Polyeder), „Матем. сборник", (60), 18, 3 (1946); siehe auch [17].

[25] EFIMOW, N. W., Flächenverbiegung im Großen. Akademie-Verlag. Berlin 1957.

[26] POGORELOW, A. W., Die eindeutige Bestimmtheit konvexer Flächen. Akademie-Verlag. Berlin 1956.

[27] Александров, А. Д., Полные выпуклые поверхности в пространстве Лобачевского. (ALEXANDROW, A. D., Vollständige konvexe Flächen im LOBATSCHEWSKIschen Raum), „Изв. Акад. наук. СССР", сер. матем., (Nachr. Akad. Wiss. UdSSR, Ser. Math.) 9, 113 (1945).

[28] Александров, А. Д., Метод склеивания в теории поверхностей. (ALEXANDROW, A. D., Die Verheftungsmethode in der Flächentheorie), „Доклады Акад. наук СССР", (Ber. Akad. Wiss. UdSSR) 57, 9 (1947).

[29] WEYL, H., Über die Starrheit der Eiflächen und konvexen Polyeder. (Die Übersetzung dieser Arbeit befindet sich in: „Успехи матем. наук" (Fortschr. Mathem. Wiss.) (24), 3, 2, 49).

[30] Розенсон, Н. А., О римановых пространствах класса I. (ROSENSOHN, N. A., Über RIEMANNsche Räume erster Klasse), „Известия Акад. наук СССР", сер. матем., (Nachr. Akad. Wiss. UdSSR, Ser. Mathem.), Teil 1, 4, 181—192 (1940); Teil II, 5, 325—352 (1941); Teil III, 7, 253—284 (1943).

[31] EISENHART, Riemannian Geometry. Princeton 1948.

[32] BLASCHKE, Differentialgeometrie, § 12.

[33] Александров, А. Д., О теоремах единственности для замкнутых поверхностей. (ALEXANDROW, A. D., Über die Eindeutigkeitssätze für geschlossene Flächen), „Доклады Акад. наук СССР", (Ber. Akad. Wiss. UdSSR) 22, 3 (1939).

[34] Погорелов, А. В., Распространение общей теоремы единственности А. Д. Александрова ... (POGORELOW, A. W., Eine Ausdehnung des allgemeinen Eindeutigkeitssatzes von A. D. ALEXANDROW ...), Доклады Акад. наук СССР, (Ber. Akad. Wiss. UdSSR), 62, 3, 297 (1948).

[35] Александров, А. Д., Одна общая теорема единственности для замкнутых поверхностей. (ALEXANDROW, A. D., Ein allgemeiner Eindeutigkeitssatz für geschlossene Flächen), „Доклады Акад. наук СССР", (Ber. Akad. Wiss. UdSSR), 19, 233 (1938).

[36] Александров, А. Д., О работах Кон-Фоссена. (ALEXANDROW, A. D., Über die Arbeiten COHN-VOSSENS), „Успехи матем. наук", (Fortschr. Mathem. Wiss.), (19), 2, 3, 115—120 (1947).

[37] Александров, А. Д., К теории смешанных объёмов выпуклых тел, Част III. (ALEXANDROW, A. D., Zur Theorie gemischter Volumina konvexer Körper, Teil III), „Матем. сборник", (35), 3, 1 (1938).

[38] Фихтенгольц, Г. М., Курс дифференциального и интегрального исчисления. (Fichtenholz, G. M., Kurs der Differential- und Integralrechnung), Bd. 1, Nr. 202, S. 536 (1948).
[39] Courant, R., Vorlesungen über Differential- und Integralrechnung. Bd. II, Kap. III, § 6, S. 160/161, 2. Aufl. Berlin 1931.
[40] Blaschke, W. und Herglotz, G., Über die Realisierung einer geschlossenen Fläche mit vorgeschriebenem Bogenelement ... S.-B. Bayer. Akad. Wiss., 2, 229—230 (1937).
[41] Helly, Jahresberichte d. deutsch. Math.-Vereinig. 32, 175/176 (1923).
[42] Minkowski, H., Theorie der konvexen Körper. Gesammelte Abhandlungen, Bd. II.
[43] Bonnesen und Fenchel, Theorie der konvexen Körper. Springer-Verlag, 1934.
[44] Делоне, Падуров, Александров, Математические основы структурного анализа кристаллов. (Delaunay, Padurow, Alexandrow, Mathematische Grundlagen der Strukturanalyse von Kristallen), Kap. III.
[45] Делоне, Б. Н., Петербургская школа теории чисел. (Delaunay, B. N., Petersburger Schule der Zahlentheorie), S. 268—321 (1947).
[46] Александров, А. Д., Бесконечно малые изгибания нерегулярных поверхностей. (Alexandrow, A. D., Infinitesimale Verbiegungen nichtregulärer Flächen), „Матем. сборник", 1, 3 (1936).
[47] Blaschke, „Nachr. Ges. Wiss. Göttingen", 607—610 (1912).

SACHVERZEICHNIS

Bei Fragen zur Produktsicherheit wenden Sie sich bitte an:
If you have any questions regarding product safety,
please contact:

Walter de Gruyter GmbH
Genthiner Straße 13
10785 Berlin
productsafety@degruyterbrill.com